化学工业出版社“十四五”普通高等教育规划教材

高等学校教材

Organic Chemistry

有机化学

（第二版）

袁金伟 肖咏梅 主编

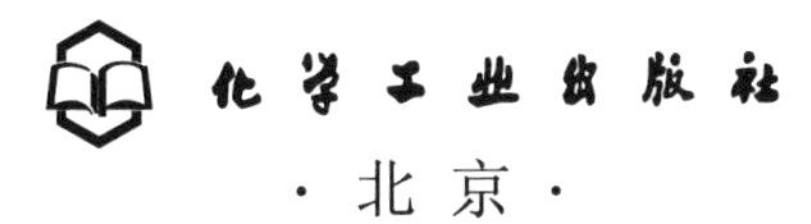

·北京·

内容简介

《有机化学》（第二版）采用官能团分类，脂肪族与芳香族混编的体系，在内容上通过相似类比法揭示各类有机化合物之间结构与性质的联系。具体内容包括：绪论，烷烃，烯烃，炔烃与二烯烃，核磁共振波谱与红外光谱，脂环烃，对映异构，芳烃，卤代烃，醇与酚，醚与环氧化物，醛、酮和醌，羧酸及其衍生物，羟基酸和羰基酸，含氮有机化合物，杂环化合物，碳水化合物，氨基酸、多肽和蛋白质，脂类及相关的天然产物和元素有机化合物等共 20 章。本书注意通过一些典型的生态问题与有机化学的关系，引导学生树立绿色化学意识；对于部分重难点知识点，本书配有教学视频，读者可扫描二维码进行学习。

本书可作为高等院校化学、化工、轻化、食品、生物、材料和环境等专业的教材，也可供农学、石油和纺织等专业参考使用。

图书在版编目（CIP）数据

有机化学 / 袁金伟，肖咏梅主编. —2 版. —北京：化学工业出版社，2022.8（2025.1 重印）
高等学校教材
ISBN 978-7-122-41791-6

Ⅰ. ①有… Ⅱ. ①袁… ②肖… Ⅲ. ①有机化学-高等学校-教材 Ⅳ. ①O62

中国版本图书馆 CIP 数据核字（2022）第 113328 号

责任编辑：宋林青　　文字编辑：师明远
责任校对：宋　夏　　装帧设计：史利平

出版发行：化学工业出版社（北京市东城区青年湖南街 13 号　邮政编码 100011）
印　　装：涿州市般润文化传播有限公司
787mm×1092mm　1/16　印张 30½　字数 800 千字　2025 年 1 月北京第 2 版第 3 次印刷

购书咨询：010-64518888　　售后服务：010-64518899
网　　址：http://www.cip.com.cn
凡购买本书，如有缺损质量问题，本社销售中心负责调换。

定　　价：69.80 元

前 言

本书于2008年由彭凤鼐等为主编正式出第一版，在河南工业大学食品科学与工程、油脂工程、粮食工程、食品质量与安全、生物工程、动物科学、生物技术、环境工程等本科专业一直使用，兄弟院校对本书也颇为认可，根据十余年使用的结果反馈，以及信息技术在教学中的应用，我们紧跟学科发展趋势和教学改革方向，对本书相关内容进行了修改和补充，于2022年完成修订。

本书的指导思想是在高等教育快速发展的大环境下，使有机化学理论课教学适应OBE理念与现代信息技术发展的要求，充分利用现代信息技术，在保持第一版教材的可读性和特色的前提下，根据学科发展，拓宽和更新知识内容，注重对学生科学态度、分析问题的方法和解决问题的能力的培养，全方位提高学生的专业素质。本书具有以下特点：

① 优化教学内容。删除原书中合成高分子化合物章节内容，增加脂类及相关的天然产物与元素有机化合物两章内容；对课后习题进行更新，增加部分国内高校考研试题，供学生巩固与练习。

② 教材内容的编写采用相似类比法。通过对各类化合物从结构到性质的相似性进行类比，增加基本理论、结构与性质、重要反应在教学过程中再现的次数，使整个教学内容在不断地前后联系中向前推进，有利于增强教学效果。

③ 注重教学内容与专业的相关性。教学内容既涵盖有机化学的结构框架，以保持课程理论体系的完整，又结合轻工、食品、生物、环境等学科的特点，将最新的研究成果引进教学体系，不但丰富了有机化学理论教学体系，而且可以更好地激发学生学习有机化学的兴趣，拓宽学生的知识面，夯实学生的理论基础，为学生学习专业课做好铺垫。

④ 提高教材的可读性。为了利于自主学习，本书从20章内容中精选出75个知识点，充分利用信息化手段，制作了短视频，读者可扫描教材中的二维码进行学习。此外，该课程在中国大学MOOC爱课程已上线，教材内容与线上课程相匹配，可以辅助学习。

本书由袁金伟、肖咏梅担任主编，参加编写的人员有：魏宏亮（第1章），刁小琼（第2、3章），王刚（第4章），买文鹏（河南工程学院，第5章），樊璐露（第6章），董振华（第7章），郭涛（第8章），毛璞（第9章），郭书玲（第10、11章），肖咏梅（第12章），刘国星（河南农业大学，第13、14章），游利琴（第15章），杨亮茹（第16章），卢奎（第17章），刘星（第18、19章），袁金伟（第20章）。全书由袁金伟统稿定稿。

本书在编写过程中，得到了河南工业大学教务处、化学化工学院的大力支持，深致谢意。
由于编者水平有限，书中难免存在纰漏之处，恳请读者指出，以期再次印刷时得以改正。

微信扫码

视频讲解
课件
读者交流群

编 者

2022年2月于河南工业大学

目录

知识点微课目录

续表

第1章　绪　论

有机化合物与
有机化学

1.1　有机化合物和有机化学

1.1.1　有机化合物与有机化学的基本概念

中世纪末期席卷欧洲的“文艺复兴”动摇了封建社会的基础，解放了人们的思想，促进了自然科学的发展。进入 18 世纪，新兴的资产阶级在欧洲崛起，解放了生产力，以使用机器为特点的工业生产迅速发展起来，需要大量的化学制品和材料。有机化学就是在这种思想文化背景和社会需求的推动下诞生于 19 世纪初，历经短短两个多世纪的发展，已成为一门体系完整的基础学科。和其他自然科学一样，有机化学的产生和发展源于人类的生活和生产实践。数千年以前，人类就开始认识、利用动植物中的化合物，例如，古埃及用蚕丝做衣服，用树叶染色，我国早在夏禹时就开始酿酒制醋。我国汉朝时发明了用植物纤维造纸的技术，并于唐朝传入欧洲，这是对人类文明进步的杰出贡献。后来，人们也逐渐从动植物体内得到了一些较纯的化合物，例如没食子酸、甘露醇、乙醚、氯乙烷等。到 18 世纪，随着从动物和植物中发现的化合物愈来愈多，为便于研究，人们对物质进行分类。当时人们认为动植物体内的物质与生命密切相关，是在生物体内的生命力影响下生成的，是有生机的，它们往往会随着机体的死亡而分解、腐烂、变质、发臭，因此化学家把它们归为一类，称为“有机化合物”，以区别于来自矿物质的“无机化合物”。1808 年，瑞典化学家柏齐利乌斯(J. Berzelius)首次使用“有机化学”一词。

但是，19 世纪中叶以前的化学界为“生命力论”所支配，认为有机化合物只能来源于生物界，是靠“生命力”创造出来的，不可能人工合成，这样在无机化合物与有机化合物之间划了一条不可逾越的鸿沟。“生命力论”极大地阻碍了有机化学的发展。1828 年，德国化学家柏齐利乌斯的学生维勒（F. Wöhler）企图通过加热氰酸（HOCN）与氨（NH_3）的混合物制取无机化合物氰酸铵（NH_4OCN），但事与愿违，意外地得到了人们熟知的有机化合物——尿素（人和动物尿液的主要成分）。

$$\mathrm{HOCN} + \mathrm{NH_3} \xrightarrow{\triangle} \underset{\text{尿素}}{\mathrm{H_2N{-}\overset{\overset{\displaystyle O}{\|}}{C}{-}NH_2}}$$

这个“失败”的实验使人们第一次由无机化合物合成了有机化合物，打破了传统有机化合物的概念，也动摇了“生命力论”学说，随着乙酸（1845 年）、油脂（1854 年）等化合物的人工合成，彻底否定了“生命力论”，为人类合成多种新的有机化合物和有机化学的飞速发展扫除了障碍，这是科学史上的重大事件。

随着有机化合物的品种数目日益增多，有机分析技术也日臻完善。1781 年德国化学家拉瓦锡（A. Lavoisier）将他的燃烧理论用于有机分析，首次测定出一些有机化合物含有碳和氢，有的还含有氧。特别是德国化学家李比希（von Liebig），经过他的改进，有机元素分析成为精确的分析技术，并测定了大量有机化合物的分子式。

由于有机化合物都含有碳，绝大多数含有氢，其次为氧、氮、卤素、硫、磷等。因此，1848年德国化学家葛美林（L. Gmelin）指出，“只有碳是有机化合物的基本元素”，并把有机化合物定义为“碳化合物”，有机化学是“碳化合物的化学”。虽然不是所有的含碳化合物都属于有机化合物，例如碳酸盐、二氧化碳、一氧化碳等均属于无机化合物，但是，葛美林的定义抓住了有机化合物都含有碳的本质特征而广为人们接受，至今许多教材仍采用葛美林的定义。

有机合成和有机分析的迅速发展所积累的丰富实践材料，为有机化学结构理论的建立奠定了基础。1861 年俄国化学家布特列洛夫（A. M. Butlerov）发表了《论物质化学结构》的论文，在有机化学中首次使用“化学结构”这一术语，阐述了化学结构的概念及理论，为有机化学结构理论的建立作出了杰出贡献。碳和氢是构成有机化合物的两种主要元素，随着化学结构理论的建立，人们发现碳氢化合物是有机化合物的母体，其他的有机化合物可视为母体化合物的氢原子被其他原子或基团取代的衍生物。因此，1872 年德国化学家肖莱马（K. Schorlemmer）在他的专著《有机化学教程》中，更为科学地把有机化学定义为“碳氢化合物及其衍生物的化学”，而有机化合物就是碳氢化合物及其衍生物。

1.1.2 有机化合物的特点

有机化学之所以发展成为化学学科的一个独立分支，一门体系完整的基础学科，最重要的原因是它的研究对象碳氢化合物及其衍生物在结构和性质方面具有鲜明的特点。

在结构方面，有机化合物的同分异构现象十分普遍（详见 2.3 节），而无机化合物却没有这种现象。例如，分子式为 C_3H_6 的有机化合物有两种：丙烯（$CH_3CH{=}CH_2$）和环丙烷（H_2C—CH_2 \ / C H_2）。前者属于不饱和烃，后者属于饱和烃，它们是性质不同的两种化合物，互为同分异构体。

在性质方面，有机化合物一般易燃易爆，而无机化合物绝大多数不能燃烧；有机化合物一般易挥发，通常是气体、液体或熔点低于 400℃的固体，而大多数无机化合物不熔或难熔；有机化合物一般不溶或难溶于水，在溶解或熔融状态下难导电，而无机化合物则相反；有机化合物的化学反应速率一般缓慢，通常需要高温高压和使用催化剂，副反应多，往往形成多种产物的混合物，而无机化学反应往往可瞬息完成，产物也比较单一。当然，这些性质上的差异或特点是就大多数化合物而言，是相对的。少数有机化合物，例如乙醇（CH_3CH_2OH）、乙酸（CH_3COOH）等可无限溶于水，四氯化碳（CCl_4）不燃，是常用灭火剂，在光照条件下甲烷（CH_4）与氟（F_2）的反应以爆炸方式进行，这表明有机化合物与无机化合物性质上的区别不是绝对的。

有机化合物结构和性质上的这些特点起因于它们的元素组成。有机化合物从最简单的甲烷到结构十分精密复杂、携带遗传信息的核酸都含有碳。碳原子的结构及其成键性质决定了碳碳键（C—C）特别牢固（键能约 350kJ/mol），所以在有机化合物中碳原子可以彼此牢固地连接成直链、支链和闭合的环状构造。例如，仅五个碳原子就可以形成以下多种碳链构造，而且其中还可能存在立体异构体。

```
                                        C
                                        |
C—C—C—C—C    C—C—C—C    C—C—C       C
                |          |      C     C
                C          C       C—C

     C
 C—C/         C   C          C
 |  |        / \ /          / \
 C—C        C—C          C—C—C—C
               \
                C
```

具有这些碳链构造的烃（碳氢化合物）都是客观存在的。众所周知的聚乙烯塑料，其聚乙烯分子中有 10 万个以上的 C 原子彼此连接在一起。其他的元素如 N、O 自相形成的键要弱得多（键能 N—N 键约 160kJ/mol，O—O 键约 146kJ/mol），以致它们不能自相结合成链和环。事实上，没有发现三个以上的 N 原子或 O 原子自相结合在一起的化合物。这就是有机化合物虽然构成元素种类少但数目却繁多的真正原因。迄今为止，有机化合物的数目已超过 8000 万种，而无机化合物仅 100 万余种。有机化合物的元素组成也决定了它们是一些共价化合物，共价键键能高，而共价分子间的作用力是弱小的范德华（van der Waals）力（详见 2.4 节），所以有机化合物一般具有易挥发、熔点低、难溶于水、难导电、化学反应速率缓慢等特点。

1.1.3　学习有机化学的意义

1.1.3.1　有机化学与近代物质文明

在人类刚刚告别的 20 世纪中，有机化学这门年轻的基础科学以其辉煌的成就为人类近代物质文明做出了重要贡献。

以有机化学为理论基础的有机合成工业为人类提供了极为丰富的生活资料。从五光十色的塑料制品、人造皮革、多种多样的合成洗涤剂和食品添加剂到绚丽多彩的合成染料、化纤织物和美容化妆品，应有尽有，有机合成产品已经进入人类日常生活、工作的方方面面。有机合成工业也为近代科技各个领域、工农业生产和国防各个部门提供了许多性能优异的新材料。从油漆涂料、合成橡胶到工程塑料，已是无处不在，发挥着极为广泛而重要的作用。例如，以石灰石和煤为原料通过有机合成可制得木材黏合剂、建筑装饰乳胶漆、高强度绝缘漆和性能优良的化学纤维维尼纶；由石油裂解气合成的聚乙烯、聚丙烯是两种性能优良而价廉的工程塑料，其薄膜广泛用于包装、农用地膜；由有机合成得到的丁苯橡胶、氯丁橡胶、丁腈橡胶和异丁橡胶等合成橡胶，有的具有很高的抗冲击强度，可用作飞机轮胎，有的具有很好的耐油性，可用作超级游轮的内衬，它们的性能与应用范围远非天然橡胶所及；被称为塑料王的聚四氟乙烯可抵抗任何化学药品的侵蚀，具有优良的耐磨性、电绝缘性和微波穿透性，在−200～+250℃宽广的温度范围内具有良好的力学性能，是航天航空等尖端工业科技部门不可缺少的功能性材料；由双酚 A 可以合成万能胶、光盘材料等。现代农业和医药卫生部门也离不开有机合成，多种高效杀虫剂、植物生长激素、高效氮肥——尿素、包括抗生素在内的多种药物、隐形眼镜、人造皮肤、人造血管等都是有机合成产品。因此，可以毫不夸张地说，没有有机化学的长足进步，人类近代物质文明将黯然失色。

1.1.3.2　有机化学与其他学科的关系

有机化学的发展与其他学科的进步关系十分密切。各门自然科学从不同的角度、不同的层面揭示物质的结构及其运动变化的基本规律，不仅丰富和发展了自身的内涵，而且相互促进推动了自然科学整体水平的提高。例如，近代物理学为有机化学的理论与应用研究提供了许多强有力的测试手段，如气相色谱、液相色谱、红外光谱、核磁共振、质谱、紫外光谱和圆二色谱等，使人们能够跟踪一个复杂有机化学反应，从分子结构水平上全方位地了解反应的全过程，达到控制与应用有机化学反应的目的。有机化学的发展也推动了其他学科的进步，边缘新兴学科生物化学的迅速崛起就是一例。有机化学诞生于生物体化学成分的提取、利用与研究，与生物学有不解之缘，在其后的发展过程中逐渐成为一门独立的学科。20 世纪下半期，有机化学又开始向生命科学靠拢，利用有机化学的方法与理论揭示生物体生命过程的化学本质，使生物化学这门边缘学科取得了一个又一个重大成就。例如，1965 年 9 月我国科学家在世界上首次合成了具有生物活性的蛋白质——牛胰岛素；1981 年 11 月我国又合成了酵母丙氨酸转移核糖核酸。现在，有机化学正向生命的基础——蛋白质的人工合成飞速前进，这一发展将为生命科学与医学开辟极为美好的前景。有机化学的基本原理与方法也是轻工、纺织、食品科学与工程重要的化学基础。现代信息技术的高速发展离不开有机高分子材料的研发，这些领域的研究对象无论是天然的有机化合物还是合成的有机化合物，从原料到制成产品的过程，无论是物理的还是化学的，均与有机化学息息相关。

1.1.3.3 有机化学与生态环境

科学技术与生态环境的关系，特别是有机化学与生态环境的关系愈来愈受到关注。虽然现代科学与技术造福了人类，但也带来许多意想不到的问题，甚至是关系到人类生死存亡的大问题。有机化学与有机合成的发展不断合成出许多新的物质，并通过各种途径进入生态环境，其中有许多通过食物链传递富集于生物体中，久而久之发现它们之中不少竟然是人类的“杀手”。例如，20 世纪 30 年代美国杜邦化学公司推出了新一代制冷剂氟利昂，它风靡全球近半个世纪，使空调、冰箱迅速进入了千家万户，让人类生活更加舒适。可是，20 世纪 70 年代科学家发现氟利昂严重破坏大气臭氧层——保护人类和地球上所有生物免遭太阳紫外线杀害的“生命之伞”。1942 年，一种新的有机氯农药 DDT 问世，它是上百种害虫的克星，合成它的瑞士化学家米勒（P. Miller）因此荣获诺贝尔化学奖，但风行一代人以后，人类才开始从它严重污染生态环境的惨痛教训中认识了它的本来面目——既是一种效果优良的有机杀虫剂，更是一种可怕的环境激素（environment hormone）。它进入生物体以后，即使数量很少也会像激素一样影响生物体的内分泌功能，导致生殖器畸形、精子数量减少、乳腺癌发病率上升。目前，已确认 DDT 等有机氯农药、多氯联苯、多氯二苯并二噁英、表面活性剂壬基酚乙氧基化物、塑料增塑剂邻苯二甲酸苄基羟乙酯、船舰外壳的防腐蚀涂料三丁锡和三苯锡、制造快餐盒和发泡塑料的原料苯乙烯等数十种合成有机化合物均属“环境激素”。1870 年人类制得第一种塑料赛璐珞，至今品种达 200 种，应用越来越广，人类社会从生产到生活已从塑料的生产与应用中得到了无尽的好处，20 世纪被誉为“塑料的时代”。但是“人丁兴旺”产生了后遗症，这些合成的高分子材料在自然环境中很难分解，愈来愈多的废弃塑料造成了日趋严重的白色污染。又如，为了和害虫作斗争，为了生产更多的粮食不得不大量使用杀虫剂，使土壤、水源受到污染并使杀虫剂通过食物链进入食品。

总之，当代社会面临的各种重大生态环境问题中，大部分直接或间接地与有机化学和有机化学工业有关。从陆地到海洋、从地面到高空，许多不能降解的有毒有害的有机合成化合物已是无处不在，甚至在南极企鹅和北极熊体内都可以找到 DDT 和 PCB（多氯联苯）的踪迹。人类赖以生存的地球生态环境正受到日益严重的威胁和破坏已是不争的事实。

1.1.3.4 有机化学的未来

科学技术在迅速发展，但生态环境却在持续恶化，其中大量合成化学物质进入环境以后，在其迁移和转化中造成的污染非常普遍而且严重。因此，人类呼唤绿色无污染的化学工艺与技术。现今的有机合成方法与技术效率低，原子经济性（原料分子中的原子转化为目标产物的百分比）低，产生大量污染环境的副产物。因此，研究原子经济性高的合成方法是有机化学一个迫在眉睫的发展方向。传统的有机合成方法中广泛使用卤代烃，利用卤代烃的多种化学反应合成许多重要的有机化合物。但是，卤代烃对人和动物的毒害作用比较强，而且有一些还严重破坏大气臭氧层，国际上已禁止生产和使用。因此，寻找新的环境友好的有机合成路线已经提上议事日程，这是有机化学发展中面临的又一项重大课题。为了保护环境，也为了人类自身的安全，有机化学将致力于开发对环境无污染并可以循环使用的新材料，例如用转基因方法生产可降解的生物塑料和润滑油。通过深入研究人工合成信息素，可实现化学仿生杀虫，替代有毒的危害生态环境的杀虫剂。可以预言，新兴的生物化学工程学科和相应的产业部门将很快实现此类设想。

地球上的生命起源于海洋，海洋覆盖了地球表面的 71%，占生物圈的 90%，生活在海洋中的生物种类是陆地上的 10 倍，而人类真正加以研究的只有 1%。目前许多国家的科学家开始致力于从海洋生物中提取发现新的生物分子，自 1969 年以来受到专利保护的生物分子中一半以上都有抗肿瘤作用，已投入市场的胞嘧啶糖苷就是从海绵中提取的抗癌药物。为了保护有限的海洋资源，一些很有价值的海洋生物分子必将由有机合成化学制备，一门新的学科——海洋化学刚刚起步，它的核心内容无疑是海洋生物分子的分离提取与有机合成。

如果说 20 世纪人类已经开始从有机化学与生物化学的结合上探索生命的奥秘，那么新的世纪人类将利用极为精密的有机结构测试手段和绿色高效的有机合成技术，轻而易举地实现具有生物活性的蛋白质分子的合成，从而使生命科学和医学的发展产生质的飞跃。

总之，有机化学与人类的生活、生产、科学与技术进步有着广泛而密切的联系，它有辉煌的过去，也有美好的未来；它存在着极好的发展机遇，也面临着严峻的挑战。研究和学习有机化学具有非常重要的意义。

1.1.3.5　学习有机化学的方法

有机化学的内容包括事实性和理论性两部分。各种各样的有机化合物和化学反应是事实性的内容，应有尽有，而一类有机化合物共有的结构特征、性质与反应的共同规律是其理论性内容，这些理论性的内容则相对较为简单。理论性内容是事实性内容的统帅，这一点鲜明地表现在有机化合物的性质、反应对结构的依赖关系上。物质的结构决定性质是一个普遍规律。因此，学习有机化学应遵循以下原则。

① 掌握有机化合物的结构，其关键是官能团的结构，以及官能团与结构的其余部分之间的相互影响。必须根据有机化合物的结构来理解、归纳总结有机化合物的性质与反应；通过有机化合物的性质与反应来论证、确认有机化合物的结构。把性质、反应与结构紧密地联系起来，切忌抛开有机化合物的结构孤立地罗列、记忆性质与反应，否则，会感到有机化学内容庞杂、难理解、记不住。

② 注意各类有机化合物之间的联系和相互转化。有机化合物种类繁多，结构复杂，但它们之间存在着普遍的内在联系。本书内容表述采用相似类比法，有比较才有鉴别，对比可以帮助我们了解多类有机化合物从结构到性质的相互联系，辨别彼此之间的异同，不仅可提高对有机化学内容的科学性与系统性的认识，而且有助于理解、记忆有机化学的基本内容。

③ 注重理论联系实际。有机化学是一门实践性很强的基础学科，通过有机化学实验不仅可以加深对教学内容的理解，而且可以得到从事科学研究的基础训练，获得汲取知识和拓展知识的能力。有机化学与人类的生活、生产及其他科学密切相关，学习中要广泛联系实际，了解有机化学与食品、粮油科学技术及轻工纺织科学技术的关系。这样，不仅可以开拓我们的视野和思路，而且可以不断获得学习的动力，增进学习的兴趣。

④ 认真完成习题。在听课、阅读教材或教学参考书之后，解答问题和习题是学习有机化学很重要的一个环节。完成习题既是对教学内容的复习与巩固，又能对教学内容起补充和提高作用。当今有机化学已由叙述性的科学发展成为体系完整的严密科学，和物理学一样，解答有机化学习题也是非常重要的。

在学习有机化学过程中如果注意实践这个基本原则，不仅可以帮助你学习到系统的有机化学知识，而且可以提高你的自学能力，分析问题、解决问题的能力，实验能力，理论联系实际的能力和记忆能力，使知识和能力在学习过程中得到同步增长。

1.2　有机分子的结构

1.2.1　分子结构的涵义

共价键的性质与成键原子轨道的空间排布，决定了有机化合物分子中原子的相互结合不仅有严格的顺序，而且有一定的空间排列方式。例如甲烷分子，原子间的成键顺序是四个 H 原子分别以单键与同一个 C 原子相连，空间排列方式是四个 C—H 键以 C 原子为中心分别指向正四面体的四个顶角。在有机化学中，我们称分子中原子的成键顺序为构造（constitution），称分子中原子或基团的空间排列方式为构型（configuration）。有机分子的结构（structure）是一个含义更广的概念，它既反映分子的构造，也反映分子的构型和构象。

1.2.2　构造式和构造简式

根据未知有机化合物元素定量分析的结果和分子量测定可以推导未知化合物的分子式。但是，分子式不能表明分子中诸原子是如何相互结合的，以及分子的构造怎样。如表 1-1 所示，构造式的用处就是说明分子中原子相互结合的次序和结合的方式。如果分子中原子的排列可迅速而清楚地辨认，通常使用构造简式更为简明方便。例如甲烷分子中，因为四个 C—H 键是等价的，所以其构造简式为 CH_4；乙烯分子中，因为每个双键碳原子的两个 C—H 键是一样的，所以乙烯的构造简式为 $H_2C{=}CH_2$。对于环状结构的有机分子，其构造简式常用正多边形表示，多边形的顶角都表示 C 原子，H 原子一概省略。若成环原子有杂原子（O、S、N 等非 C 原子），则杂原子一律保留。所以环丙烷 $\overset{CH_2}{CH_2-CH_2}$ 的构造简式为▽，氧化乙烯 $\underset{O}{H_2C-CH_2}$ 的构造简式为 $\underset{O}{\bigtriangledown}$ 。

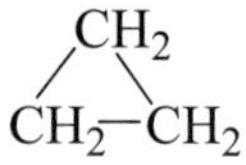

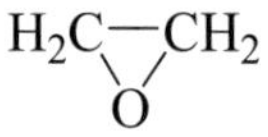

表 1-1　几种常见化合物的结构式

化合物	构造式	构造简式	
		缩简式	键线式
正戊烷	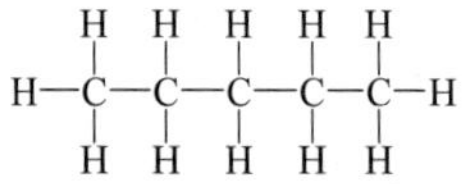 H　H　H　H　H H—C—C—C—C—C—H H　H　H　H　H	$CH_3CH_2CH_2CH_2CH_3$	
2-己炔	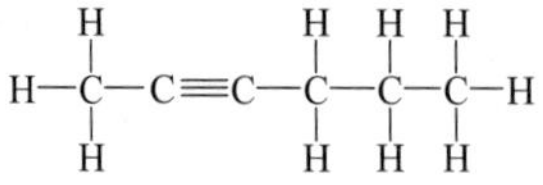 H　　　　H　H　H H—C—C≡C—C—C—C—H H　　　　H　H　H	$CH_3C{\equiv}CCH_2CH_2CH_3$	
1-丁烯	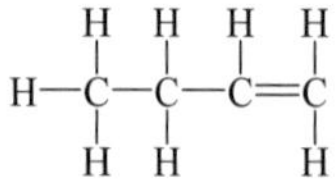 H　H　H　H H—C—C—C=C H　H　　H	$CH_3CH_2CH{=}CH_2$	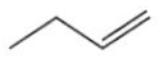
正丙醇	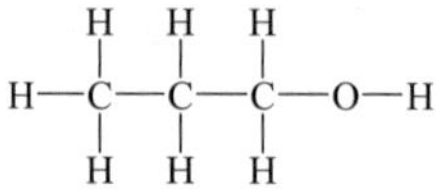 H　H　H H—C—C—C—O—H H　H　H	$CH_3CH_2CH_2OH$	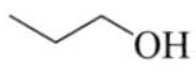 OH
2-丁酮	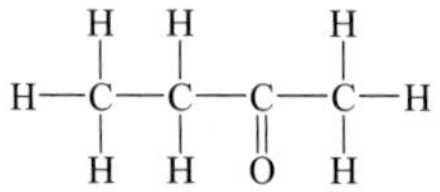 H　H　　H H—C—C—C—C—H H　H　O　H	$CH_3CH_2\underset{O}{\underset{\Vert}{C}}CH_3$	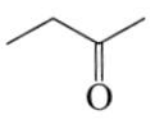 O

续表

化合物	构造式	构造简式	
		缩简式	键线式
丁酸	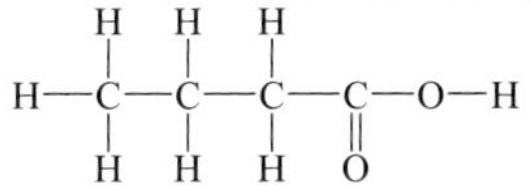 H—C(H)(H)—C(H)(H)—C(H)(H)—C(=O)—O—H	$CH_3CH_2CH_2COOH$	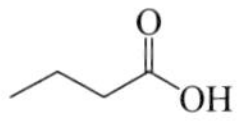 O, OH
四氢呋喃	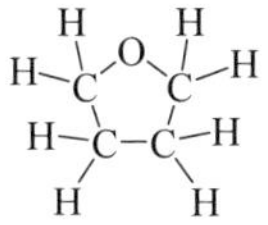 H, H, H—C—O—C—H, H—C—C—H, H, H	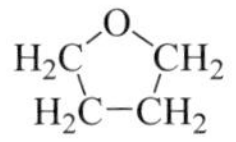 H_2C—O—CH_2, H_2C—CH_2	 O
苯	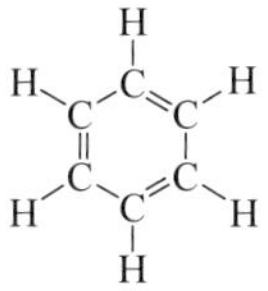 H, H—C, C—H, C, C, H—C, C—H, H	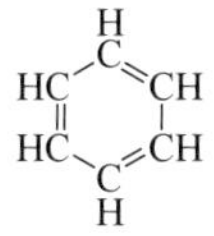 H, HC, CH, HC, CH, H	

[问题 1-1]　将下列构造式改写成构造简式。

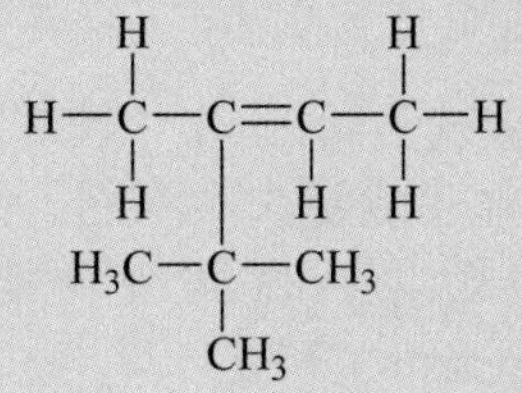

(a)

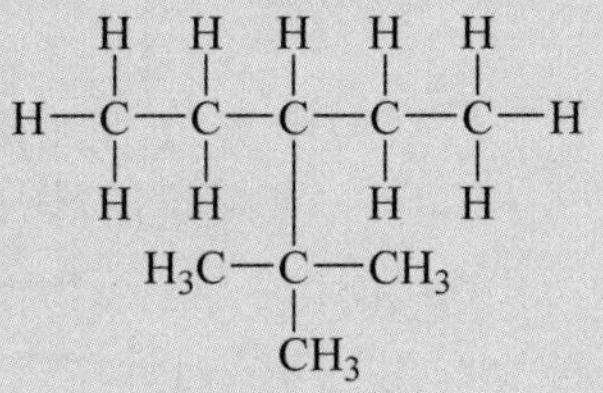

$$H-\underset{H}{\overset{H}{C}}-\underset{H}{\overset{H}{C}}-\overset{H}{\underset{H_3C-\underset{CH_3}{C}-CH_3}{C}}-\underset{H}{\overset{H}{C}}-\underset{H}{\overset{H}{C}}-H$$

(b)

$$H-\underset{H}{\overset{H}{C}}-C=\underset{H}{C}-\underset{H}{\overset{H}{C}}-H \quad (C \text{ 上连 } H_3C-\underset{CH_3}{C}-CH_3)$$

(c) 环己烷构造式（六个 C，每个 C 连两个 H）

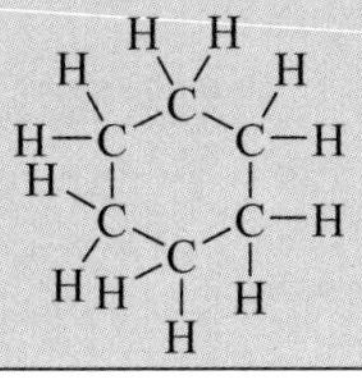

(d) 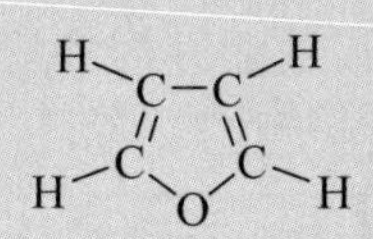 呋喃构造式（H—C—C—H，H—C═ ═C—H，O）

在有机化学中，除了某些场合要求特别强调分子中原子或基团的空间排列方式之外，广泛使用构造式（或构造简式）表述有机分子的结构。所以我们在面对构造式时必须注意平面构造式所表示的其实是三维分子结构。例如甲烷分子：

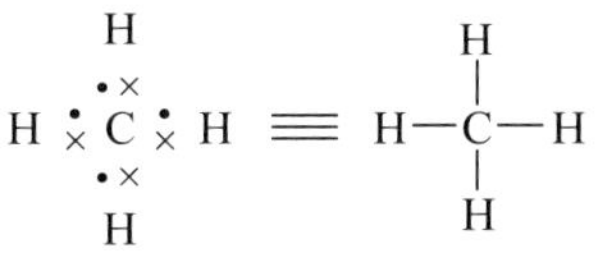

$$H\overset{\bullet\times}{\underset{\bullet\times}{\ddot{C}}}H \equiv H-\underset{H}{\overset{H}{C}}-H$$

熟悉了这些式子，我们很快就会明白下面的构造式是等同的。

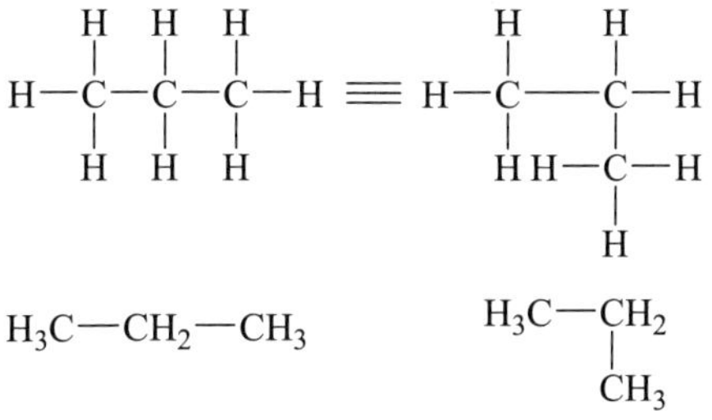

$$H-\underset{H}{\overset{H}{C}}-\underset{H}{\overset{H}{C}}-\underset{H}{\overset{H}{C}}-H \equiv H-\underset{H}{\overset{H}{C}}-\overset{H}{C}(-H)(-\underset{H}{\overset{H}{C}}-H)$$

$$H_3C-CH_2-CH_3 \qquad H_3C-\underset{CH_3}{CH_2}$$

显然，平面构造式的直链意味着没有支链，但这种碳链的真实形状其实是曲折的，而不是笔直的。在比较简单的有机分子中，原子的这种空间排列已被 X 射线、电子和中子衍射等研究所证实。像蛋白质这样巨大而复杂的分子，其形状的测定是极其困难的。1964 年荷特金（D. Hodgkin）教授成功地测定了维生素 B_{12}（$C_{63}H_{90}O_{14}N_{14}PCo$）的立体结构而成为世界上第三位获得诺贝尔奖的女科学家。经过几年的艰苦工作，1969 年她又成功地确定了胰岛素（$C_{254}H_{377}N_{65}O_{75}S_3$）的立体化学结构。分子的形状对性质的影响具有深远的意义，例如生物体内酶的惊人的催化能力是由原子特定的空间排布决定的；某些药物的药理效应、杀虫剂的毒理作用都是由特殊的分子形状与神经系统中的感觉部位相互作用引起的。

1.2.3 同分异构

在有机化学中，经常遇到这种情况，两个或两个以上性质不同的化合物，它们具有相同的分子式。例如，四个碳原子的烷烃有两种——正丁烷和异丁烷；分子式为 C_2H_6O 的化合物也有两种。

$$H_3C—CH_2—CH_2—CH_3 \qquad H_3C—\underset{H}{\overset{CH_3}{\overset{|}{C}}}—CH_3 \qquad H_3C—CH_2—OH \qquad H_3C—O—CH_3$$

正丁烷　　异丁烷　　乙醇　　乙醚

这两种丁烷的碳链不同，正丁烷没有支链，异丁烷有一个支链，它们的分子式均为 C_4H_{10}，而乙醇和甲醚则是原子成键次序不同。凡分子式相同而结构不同的化合物称为同分异构体（isomer）。这种现象叫做同分异构现象（isomerism）。同分异构分为构造异构（constitutional isomerism）和立体异构（stereoisomerism）两类，每一类又有若干种不同的情况。这些内容将在后续章节中详细讨论。

总之，分子越复杂，可能的异构体数目也越多。同分异构现象的普遍存在是有机化合物结构复杂、种类繁多的主要原因。

[问题 1-2]　下面的构造式所表示的分子是否为同分异构体？为什么？

$$\text{(a)}\ H—\underset{\underset{H}{|}}{\overset{\overset{Cl}{|}}{C}}—Cl \qquad \text{(b)}\ Cl—\underset{\underset{H}{|}}{\overset{\overset{H}{|}}{C}}—Cl$$

1.3 原子轨道杂化与分子构型

杂化轨道理论是价键理论的完善与补充，在有机化学中有广泛应用。

1.3.1 碳原子轨道的杂化

处于最低能态（基态）的碳原子，其电子构型为 $1s^22s^22p^2$，有三个简并（等价）的 2p 轨道，根据洪特（Hund）规则，电子在简并轨道中应当尽可能地分散而且自旋平行。因此，基态碳原子的电子构型可更精确地表示为 $1s^22s^22p_x^1 2p_y^1 2p_x^0$（选择 x 和 y，而不选择 y 和 z 或其他，完全是随机的）。按照价键理论，根据基态碳原子的电子构型，C 原子最多只能形成三个共价键，其中两个是普通的共价键，由 $2p_x^1$ 和 $2p_y^1$ 分别与其他原子的一个电子配对，

第三个键是由 $2p_z^0$ 空轨道接受其他原子提供的一对电子形成配位键（coordinate covalent bond）。然而，在甲烷 CH_4 分子中碳原子确实是四价的，而且实验测得四个 C—H 键的键长相等，分子也无极性。为了使价键理论与事实相吻合，1931 年鲍林（L. Pauling）提出了原子轨道杂化理论。按照这一理论，当碳原子与其他原子成键时已不再处于基态，而是进入了能量较高的激发态，一个 2s 电子跃迁到 $2p_z$ 空轨道，形成四个成单的电子（电子跃迁所需要的能量可由形成四个共价键时放出的能量得到补偿），而且处于激发态的 C 原子其 2s 和 2p 轨道的全部或一部分相互作用，电子云密度和能量重新分配形成一组新的轨道，或者说杂化形成一组新的轨道。这种杂化轨道既像 s 轨道也像 p 轨道，形状为梨形。杂化轨道的这种形态非常有利于与其他原子轨道实现最大交盖形成稳定的共价键。s 轨道与 p 轨道的杂化示意于图 1-1。

s　+　p　→　杂化轨道

图 1-1　s 轨道与 p 轨道杂化示意图

碳原子的 s 轨道和 p 轨道的杂化有 sp^3、sp^2 和 sp 三种方式，是有机化学价键结构理论的基础。

（1）sp^3 杂化

当 C 原子与四个其他原子形成单键时，处于激发态 C 原子的一个 2s 轨道与三个 2p 轨道相互作用（杂化）形成四个相同的 sp^3 杂化轨道。

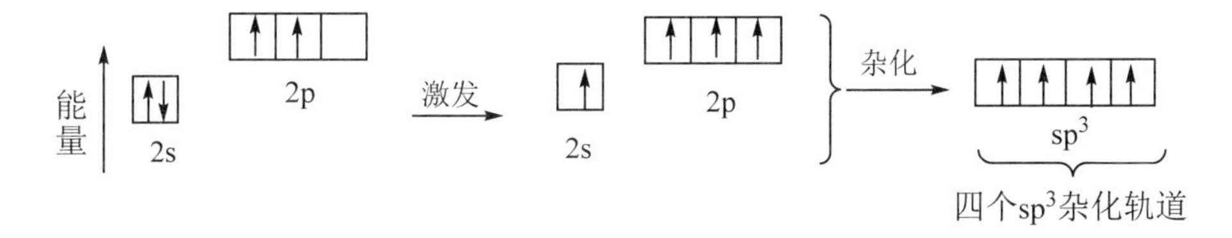

因为杂化过程是 s 轨道和 p 轨道成分和能量的平均分配，所以每个 sp^3 轨道含有 1/4s 成分，3/4p 成分。为使体系能量最低（轨道之间斥力最小），四个 sp^3 轨道的空间分布必须尽可能地远，如图 1-2 所示。C 原子的四个 sp^3 轨道由正四面体的中心指向四个顶角，分别与四个 H 原子的四个 1s 轨道交盖形成四个相同的 C—H 键（sp^3-s 键），构成甲烷分子。在甲烷分子中所有 H—C—H 的键角均为 109°28′。

在甲烷（CH_4）分子中，C—H 键是由氢原子的 1s 轨道和 C 原子的 sp^3 轨道沿轴线方向彼此交盖形成的（见图 1-3）。我们称两个原子轨道沿轨道轴线方向彼此交盖形成的共价键为σ（sigma）键。σ键的特点：①原子轨道交盖程度大，键能较高，比较稳定；②成键轨道有一个对称轴（连接两个原子核的直线），成键轨道电子云围绕键轴对称分布，这样以σ键结合的两个原子可以自由地绕键轴扭转，不会改变轨道交盖程度的大小，也不影响键的强度。σ键的这些特点对有机分子的结构和性质有重要影响。

图 1-2　甲烷分子的 sp^3 杂化碳原子　　图 1-3　C—H σ键

例如，在乙烷（$H_3C—CH_3$）分子中，C—C 键是 sp^3-sp^3σ键，所有的 C—H 键均为 sp^3-s σ键。 有机化合物中的碳原子，只要它是以四个单键与其他原子结合，都进行 sp^3 杂化。

[问题 1-3]　指出下列分子中每个键是由什么轨道交盖形成的？

(a) $CH_3-CH(CH_3)-CH_3$（异丁烷结构式）　　(b) 环丙烷（C_3H_6）结构式

（2）sp^2 杂化

在有机化学中时常遇到 C 原子形成碳碳双键（C═C）、碳氧双键（C═O）和碳氮双键（C═N）的情况。例如在乙烯（C_2H_4）分子中，两个 C 原子之间必须共用两对电子以碳碳双键（C═C）结合。

H:C::C:H ≡ H—C═C—H（每个 C 上另连一个 H）

因为构成双键的每个 C 原子只和另外三个原子成键，所以 C═C 中的 C 原子是由激发态的一个 2s 轨道与两个 2p 轨道相互作用进行 sp^2 杂化。

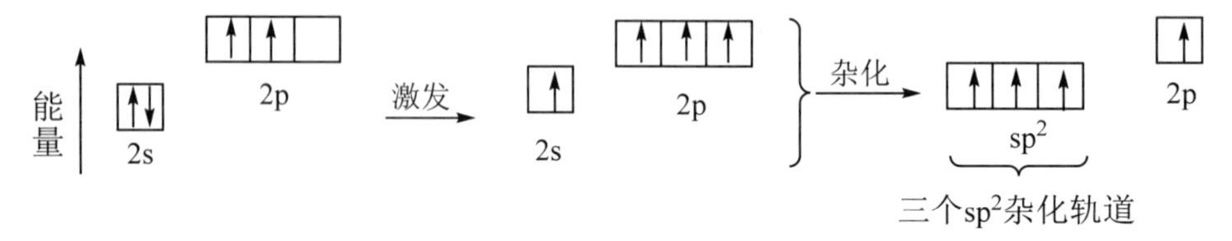

sp^2 杂化的结果是形成三个等价的 sp^2 杂化轨道和一个没有杂化的 p 轨道。sp^2 杂化轨道与 sp^3 杂化轨道相似，也是梨形，差别在于每个 sp^2 轨道中 s 成分占 1/3，p 成分占 2/3。为了使体系能量最低（轨道之间斥力最小），三个梨形的 sp^2 杂化轨道以 C 原子为中心对称地分布在同一平面上，即三个轨道的对称轴以 C 原子为中心分别指向正三角形的三个顶点，没有参加杂化的半充满的一个 p 轨道垂直于 sp^2 轨道所在的平面（见图 1-4）。

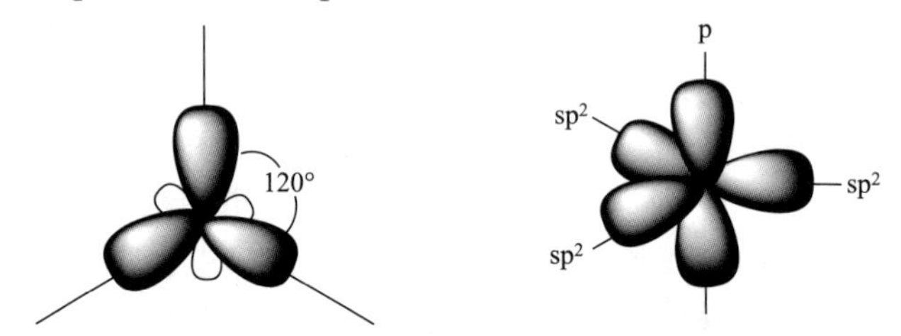

(a) 三个sp^2轨道共平面，键角120°　　(b) p轨道垂直于sp^2轨道所在平面

图 1-4　s 轨道和 p 轨道杂化示意图

在乙烯（$H_2C═CH_2$）分子中，每个双键 C 原子用两个 sp^2 轨道分别与两个 H 原子的 1s 轨道交盖形成两个 C—H σ键（sp^2-s 键），剩下的一个 sp^2 轨道与另一个双键 C 原子的 sp^2 轨道交盖形成一个 C—C σ（sp^2-sp^2 键）。两个双键 C 原子还各有一个半充满的 p 轨道，它们的轴线均垂直于 sp^2 轨道所在的平面，彼此平行侧面交盖形成双键 C 原子之间的第二个键 p-p 键（见图 1-5）。

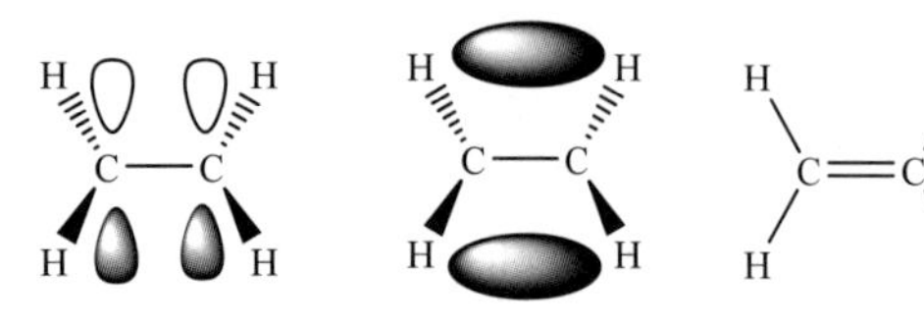

图 1-5　乙烯分子中 C═C 键的结构

由 p 轨道平行侧面交盖形成的共价键称为π（pi）键。由图 1-5 不难看出，π键 p 轨道侧面交盖的程度较小，而且交盖部位不像σ键那样集中于两个原子核之间，而是分散在σ键所在平面的上下两处，π电子云离核较远且向外显露。π键结构上的这一特点决定了 C═C 中的π键是一个较弱的键，热化学计算表明 C—C σ 键键能约为 347 kJ/mol，而 C═C 中π键键能为 252 kJ/mol。以σ单键连接的两个原子绕键轴扭转，成键轨道的交盖程度或者说σ键的强度不会改变。但是，以双键连接的两个原子，由于π键的限制，在通常条件下不能绕σ键键轴自由扭转（见图 1-6）。

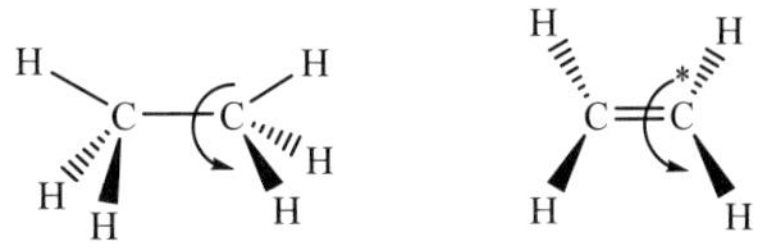

(a) C—C σ单键可自由扭转　(b) C═C 不能扭转

图 1-6　π键使 C═C 不能扭转

讨论烯烃的化学性质时，我们将会清楚地看到 C═C 结构的这些特点对有机化合物的性质与反应有非常重要的影响。

在有机化合物中，当碳原子与氧原子或氮原子形成双键时，与 C═C 相似，碳氧双键 >C═O、碳氮双键 >C═N— 也是由一个较强的σ键和一个较弱的π键构成，如图 1-7 所示。

(a) 碳氧双键 >C═O 的结构　(b) 碳氮双键 >C═N— 的结构

图 1-7　>C═O 与 >C═N— 的结构

由图 1-7 可见，因为电负性的差异，碳氧双键和碳氮双键的π键电子云密度在靠近 O 原子和 N 原子的一端较大；碳氧双键的 O 原子有两对未共用电子对，碳氮双键的 N 原子有一对未共用电子对。

[问题 1-4]　指出下列分子中每个键是由什么轨道交盖形成的？

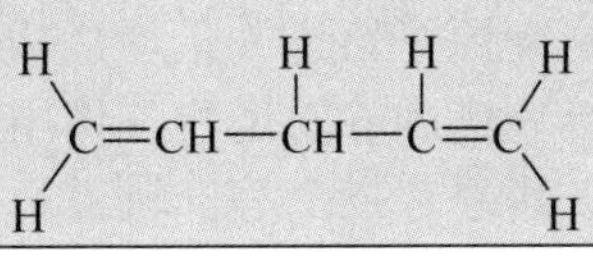

$$H_2C{=}CH{-}CH_2{-}CH{=}CH_2$$

（3）sp 杂化

C 原子不仅可以形成单键和双键，还可以形成叁键。例如乙炔（C_2H_2），两个 C 原子必须共用三对电子以 C≡C 结合。

H∶C⋮⋮C∶H ≡ H—C≡C—H

因为每个叁键碳原子只与另外两个原子成键，所以 C≡C 中的 C 原子是由激发态的一个 2s 轨道与一个 2p 轨道相互作用进行 sp 杂化。

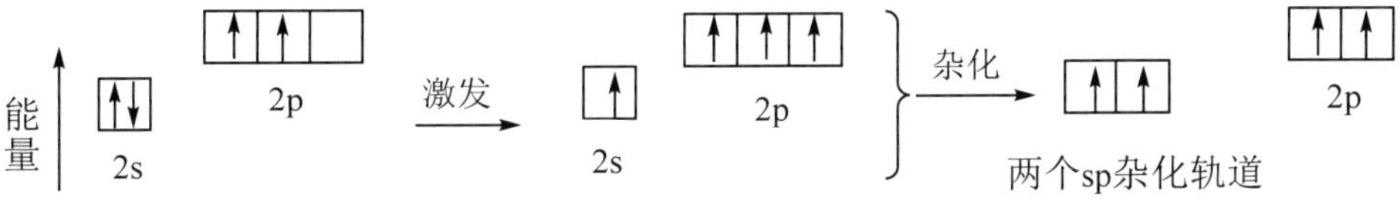

能量　2s　2p　激发　2s　2p　杂化　两个sp杂化轨道　2p

sp 杂化轨道与 sp^3、sp^2 杂化轨道相似，为梨形，不同在于每个 sp 轨道中 s 成分占 1/2，p 成分占 1/2。为了使体系能量最低，两个 sp 轨道成直线形排布。例如，乙炔分子中的每个叁键 C 原子以一个 sp 轨道与一个 H 原子的 1s 轨道交盖形成 C—H σ键（sp-s 键），第二个 sp

轨道与另一个叁键C原子形成C—C σ键（sp-sp键），这样每个键碳原子还剩下两个半充满的p轨道（p_y与p_x），并且两两平行侧面交盖构成两个π键（见图1-8），在C≡C中，这些π电子云将C—C σ键围在一个电子云的圆筒中。由于C≡C是由一个较强的σ键和两个较弱的π键构成，因此，C≡C 的键能为 813kJ/mol，小于 C—C 键能的三倍（346.9kJ/mol×3=1040.7kJ/mol）。

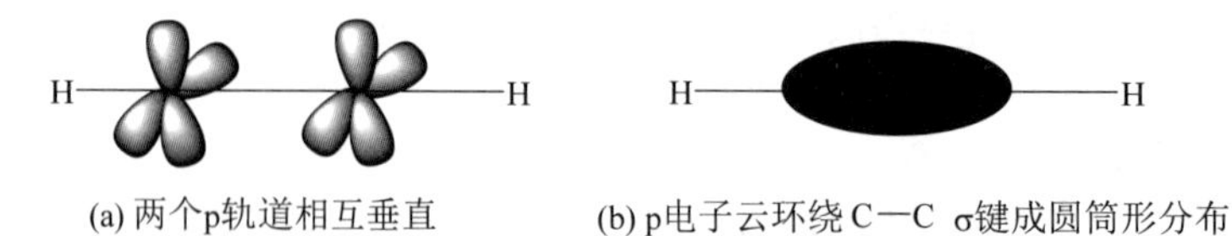

图1-8 乙炔分子中C≡C的结构

与C≡C相似，碳氮叁键（—C≡N）、氮氮叁键（—$\overset{+}{N}$≡N）也是由一个σ键和两个π键构成的。

[问题1-5] 下面分子中每个键是由什么轨道交盖形成的？

$$H-\underset{H}{\overset{H}{C}}-C\equiv C-H$$

1.3.2 氮原子轨道的杂化

在有机化学中经常遇到含氮的有机化合物，它们之中有许多在结构上与无机化合物NH_3有相似之处。

氮原子的电子构型为$1s^22s^22p_x^12p_y^12p_z^1$。如果在$NH_3$分子中的N是用纯粹的p轨道与H原子的ls轨道交盖成键，则NH_3分子中的H—N—H键角应为90°。但实验测得的键角为107°，即使考虑到比较靠近的H原子之间的相互排斥，H—N—H键角也不应该增大这么多。近代价键理论认为，在NH_3分子中N原子轨道为了增加成键能力进行了轨道杂化。N原子填充有一对电子的2s轨道，与三个半充满的p轨道相互作用，进行轨道成分与能量的不均匀分配，组成四个不等性的杂化轨道。其中有三个等价轨道各有一个电子分别与三个H原子的1s轨道交盖形成三个N—H σ键，余下的一个杂化轨道保留一对未成键的电子。这种情况，由于有孤对电子的轨道参与杂化造成了杂化轨道的成分与能量不完全相同。这种杂化方式与C原子的轨道杂化不同，称为不等性杂化。不等性sp^3杂化过程可示意如下：

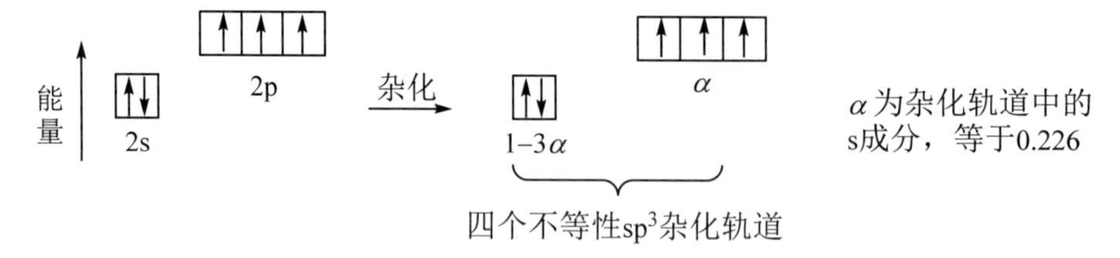

由于N原子进行sp^3杂化，所以NH_3分子具有四面体结构（见图1-9），三个N—H键成三角锥体，N原子上保留一对未成键的电子处于不等性sp^3杂化轨道。由于N原子上未成键电子对所占据的杂化轨道有较多的s成分，而其余的三个轨道则含有较多的p成分，这就使得H—N—H键角不是等性杂化（正四面体）的109°28'而是减为107°。

N原子在成键时亦可进行sp^2杂化，并分为两种情况。其一，杂化的结果为三个半充满

的 sp^2 杂化轨道呈平面分布，垂直于该平面有一个填充一对电子的 p 轨道[见图 1-10（a）]；其二，杂化的结果为两个半充满的 sp^2 杂化轨道和一个填充一对电子的 sp^2 杂化轨道呈平面分布，垂直于该平面有一个半充满的 p 轨道[见图 1-10（b）]。

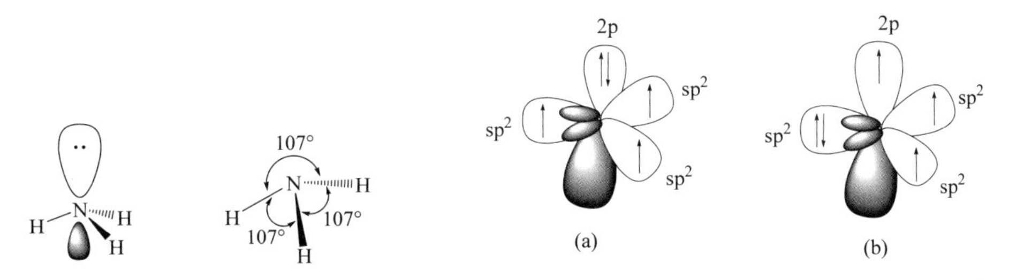

图 1-9　氨分子（NH_3）的结构　　图 1-10　N 原子的 sp^2 杂化轨道排布

1.3.3　氧原子轨道的杂化

在各种含氧的有机化合物中，有许多在结构上与无机化合物 H_2O 相似。水分子中氧的原子轨道进行不等性 sp^3 杂化。氧原子的 2s 和 2p 轨道具有六个电子（$2s^2 2p_x^2 2p_y^1 2p_z^1$），轨道杂化以后有两对电子要占据两个有方向性的杂化轨道而成为未成键电子对，杂化的不等性比 NH_3 中的 N 更加明显。未成键电子对所占据的杂化轨道起排斥和压缩作用，以致两个 O—H 键间的夹角被压缩成 104.5°，而不是正四面体的 109°28'（见图 1-11）。

氧分子在成键时亦可进行 sp^2 杂化，结果生成一组新的杂化轨道，两个半充满的 sp^2 轨道与一个充满电子的 sp^2 轨道分布在同一平面上，垂直于该平面有一个未杂化的由一对电子占据的 p 轨道（见图 1-12）。

图 1-11　水分子（H_2O）的结构　　图 1-12　氧原于 sp^2 杂化轨道

有机化合物中的羟基（—OH）、烷氧基（—OR）和醚键（C—O—C），当它们与饱和碳原子成键时，氧原子进行不等性 sp^3 杂化；当它们与双键碳原子相连时，氧原子进行 sp^2 杂化。无论氧原子进行何种杂化成键都保留两对未成键的电子，这一特征对含氧有机化合物的性质有重要影响。

1.4　共价键的形成与性质

共价键是有机化合物的结构基础。因此，在详细讨论各类有机化合物之前，有必要概述一下共价键的形成和属性，以及有机分子结构与性质的一般知识。

1.4.1　共价键的形成

由于原子的电子结构不同，故可以不同的方式相互化合。1916 年美国物理化学家路易斯（G. N. Lewis）提出了化学键理论的基本要点。

① 离子键（ionic bond）是由一个原子向另一个原子转移电子形成的。用点代表价电子，NaCl 离子键的形成可描述为

$$Na\cdot + \cdot\ddot{\underset{\cdot\cdot}{Cl}}: \longrightarrow [Na]^{+}\left[:\ddot{\underset{\cdot\cdot}{Cl}}:\right]^{-} \quad 或 \quad Na^{+}\ Cl^{-}$$

② 共价键（convalent bond）是由两个原子间共用电子形成的。例如，两个 Cl 原子共用一对电子形成 Cl_2 分子。

$$:\ddot{\underset{\cdot\cdot}{Cl}}\cdot + \cdot\ddot{\underset{\cdot\cdot}{Cl}}: \longrightarrow :\ddot{\underset{\cdot\cdot}{Cl}}:\ddot{\underset{\cdot\cdot}{Cl}}: \quad 或 \quad Cl_2$$

③ 原子间转移或共用电子的目的在于达到惰性气体原子稳定的电子构型。这种电子构型通常是外层为 8 个电子，称为八隅规则（octet rule）。

上述的 $Na\cdot$、$\cdot\ddot{\underset{\cdot\cdot}{Cl}}:$、$[Na]^{+}\left[:\ddot{\underset{\cdot\cdot}{Cl}}:\right]^{-}$ 和 $:\ddot{\underset{\cdot\cdot}{Cl}}:\ddot{\underset{\cdot\cdot}{Cl}}:$ 称为路易斯结构式（Lewis structure）或点电子结构式（electron-dot structure）。显然，NaCl 和 Cl_2 中每个原子的最外层均为 8 电子的稳定构型。

在路易斯化学键理论基础上发展起来的价键理论（简称 VB 法）是近代共价键理论的重要组成部分。价键理论认为，当两个自旋相反的成单电子相互接近时，由于电子自旋相反彼此吸引形成稳定的共价键。从形式上看，原子间共价键的形成就是成单电子的配对，所以价键理论又称电子配对法。例如氢分子的形成：

$$H\cdot + \cdot H \longrightarrow H:H$$

“：”和“—”都表示一个共价键。两个原子共用一对电子形成共价单键，例如 H：H 或 H—H；共用两对电子形成共价双键，例如 $H_2C::CH_2$ 或 $H_2C{=}CH_2$；共用三对电子形成共价叁键，例如 $HC\vdots\vdots CH$ 或 $HC{\equiv}CH$。这些用短线代表成键电子对的式子称为路易斯价键式或构造式。

从本质上讲，电子配对就是原子轨道或电子云的交盖，H_2 分子的形成就是两个氢原子的 1s 轨道彼此交盖的结果（见图 1-13）。原子轨道交盖使成键的两原子间电子出现的概率增加，电子云密度加大，不仅有效地屏蔽了原子核之间的斥力，而且把两个原子核牢固地吸引在一起，体系能量降低，形成稳定的化学键。

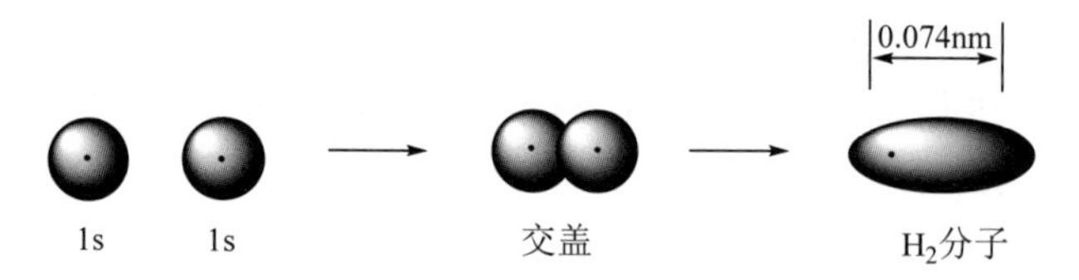

图 1-13 两个 H 原子 1s 轨道交盖形成 H_2 分子

显然，原子轨道交盖的程度越大，成键两原子核之间的电子云密度也越大，形成的共价键也越牢固。

价键理论的模型比较直观，易于理解，使用方便，在普通有机化学中被广泛采用。

1.4.2 共价键的基本性质

共价键的基本性质，即共价键的属性，包括键长、键角、键能和键的极性，又称键参数。它们从不同的角度描述共价键的特性，在研究有机分子结构，阐明与解释有机化合物性质方面是非常重要的。

（1）键长

以共价键结合的两个原子，原子核之间的平衡距离称为共价键的键长（bond length），所谓原子核之间的平衡距离是指成键的原子接近到一定程度，原子轨道交盖产生的引力与两核之间的排斥力正好达到平衡。键长可由实验测定，用纳米（nm）表示，一般为 0.074～0.2nm。表 1-2 为某些共价键的键长。

表 1-2　某些共价键的键长

键	键长/nm	键	键长/nm
C—H	0.109	C—F	0.138
C—C	0.154	C—Cl	0.177
C═C	0.134	C—Br	0.191
C≡C	0.120	C—I	0.212
C—N	0.147	C═O	0.122
C—O	0.143	O—H	0.096
C—S	0.181	S—H	0.133

（2）键角

因为共价键有方向性，任何两价以上的原子与其他原子形成共价键时，两个共价键的空间夹角称为键角（bond angle）。例如，水分子中的 H—O—H 键角为 104.5°，氨分子中的 H—N—H 键角为 107°：

键角104.5°　　键角107°

所有的有机分子都是一些多原子分子，绝大多数有机分子具有三维空间结构而不是平面结构。上述氨分子的结构就是有机化学中常用的一种三维结构表示方法，等粗的实线（——）表示该键在书写平面上，楔形实线（▬）表示该键伸向书写平面前方，楔形虚线（┈┈）表示该键伸向书写平面后方。

（3）键能

共价键形成时，要释放出一定的能量，使体系能量降低；共价键离解，要吸收同等数量的能量，此能量称为键能（bond energy）。

双原子分子的键能等于使分子离解成两个原子（在基态下）所需的能量。例如，使 1mol H_2 离解成 2mol H 需要 434.7kJ 能量，因此 H—H 键的键能为 437kJ/mol，即 D(H—H)= 434.7kJ/mol。

使多原子分子完全离解为原子所需的能量等于分子中所有键的键能总和，因而每一个键的键能则是根据总和计算出来的平均值。例如，NH_3 分子有三个等价的 N—H 键，但每个键的离解能不相同：

$$\ddot{N}H_3 \longrightarrow \cdot\ddot{N}H_2 + H\cdot \qquad D_1 = 435.1\ \text{kJ/mol}$$

$$\cdot\ddot{N}H_2 \longrightarrow \cdot\ddot{N}H + H\cdot \qquad D_2 = 397.5\ \text{kJ/mol}$$

$$\cdot\ddot{N}H \longrightarrow \cdot\ddot{N}\cdot + H\cdot \qquad D_3 = 338.9\ \text{kJ/mol}$$

NH_3 分子中 N—H 键的键能就是三个等价键的平均离解能：$\dfrac{D_1+D_2+D_3}{3}$=390.5kJ/mol，

因此键能与离解能在概念上是有区别的。

键能愈高，键的强度愈大。一些常见共价键的键能见表 1-3。

表 1-3 某些常见共价键的键能

键	键能/（kJ/mol）	键	键能/（kJ/mol）
C—H	413.8	F—F	154.7
C—C	346.9	Cl—Cl	242.4
C═C	610.2	Br—Br	192.3
C≡C	836.0	I—I	150.5
C—N	305.1	C—F	484.8
C—O	359.4	C—Cl	338.5
C—S	271.1	C—Br	284.2
H—F	564.3	C—I	217.3
H—Cl	430.5	C═O	741.9
H—Br	363.6	O—H	463.9
H—I	296.8	S—H	343.0

[问题 1-6] 已知甲烷的各步离解能为：

$$CH_4 \longrightarrow \cdot CH_3 + H\cdot \quad D_1 = 425\ \text{kJ/mol}$$

$$\cdot CH_3 \longrightarrow \cdot \dot{C}H_2 + H\cdot \quad D_2 = 439\ \text{kJ/mol}$$

$$\cdot \dot{C}H_2 \longrightarrow \cdot \dot{\underset{\cdot}{C}}H + H\cdot \quad D_3 = 448\ \text{kJ/mol}$$

$$\cdot \dot{\underset{\cdot}{C}}H \longrightarrow \cdot \dot{\underset{\cdot}{C}} \cdot + H\cdot \quad D_4 = 347\ \text{kJ/mol}$$

试计算 C—H 键键能。

（4）键的极性

同种元素原子之间形成的共价键，例如 H—H、Cl—Cl 等键，共用的电子对完全均等地被两者共享，或者说两个原子对成键电子具有相等的吸引力，两个原子核所形成的正电荷重心和成键原子负电荷重心恰好重合，这种类型的共价键称为非极性键。不同元素原子间形成的共价键，因元素电负性不同，共用电子对不是均等地由双方共享而是偏向电负性较大的一方，靠近电负性较大的原子一方有较大的电子云密度分布，带有部分负电荷，而电负性较小的一方相对带部分正电荷，键的正电荷重心与负电荷重心不重合，这种类型的共价键称为极性键。极性键的正电荷与负电荷部分分离，形成类似于磁极的两极，称为偶极（dipole）。氯化氢分子中 H—Cl 键的偶极可表示为：

$$\overset{\delta^+}{H}—\overset{\delta^-}{Cl} \quad 或 \quad \overset{\longmapsto}{H—Cl}$$

偶极的方向（$\longmapsto$）由部分正电荷（δ^+）一端指向部分负电荷（δ^-）一端。电荷（q）与偶极距离（d）的乘积称为偶极矩μ（dipole moment）。

$$\mu=qd$$

偶极矩的单位为德拜（Debye），简写为 D。按 SI 单位制，μ的单位为 C·m（库仑·米），1D 约为 3.335×10^{-30} C·m。偶极矩可由实验测得，它反映了共价键中共用电子对偏移的程度——键的极性大小。非极性键如 H—H、Cl—Cl 等，μ=0；极性键μ≠0，μ值越大，键的极性越大。表 1-4 为某些共价键的偶极矩。

表 1-4　某些共价键的偶极矩

键	偶极矩/D	键	偶极矩/D
H—C	0.4	C—Cl	1.46
H—N	1.31	C—Br	1.38
H—O	1.51	C—I	1.19
C—N	0.22	C═O	2.3
C—O	0.74	C≡N	3.5
C—F	1.41		

键的极性影响整个分子的极性。由于偶极矩是矢量，所以分子的极性取决于键的极性和分子的几何形状。例如四氯化碳（CCl_4），尽管 C—Cl 键有极性，但是因分子具有正四面体结构，各键偶极矩矢量之和等于零，分子没有极性，为非极性分子。一氯甲烷（CH_3Cl）因各键偶极矩矢量之和不等于零，为极性分子。

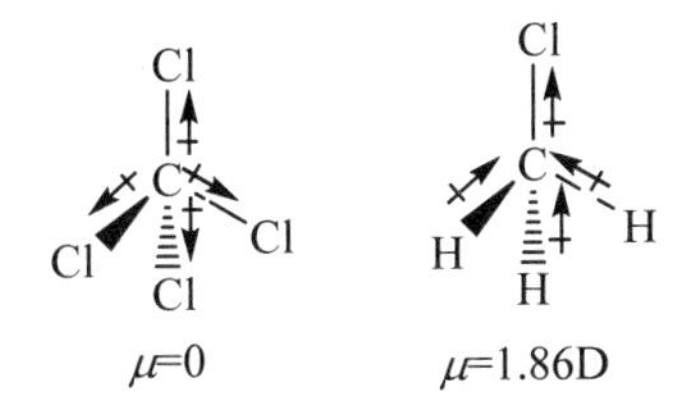

总之，对于双原子分子来说，键有极性分子也有极性，键无极性分子亦无极性；对于多原子分子来说，键的极性与分子的极性并无一定的关系，当键有极性时要考虑分子结构的对称性方可判定分子有无极性，常见元素的电负性值如表 1-5 所示。

表 1-5　有机化学中常见元素的电负性值

H						
2.1						
Li	Be	B	C	N	O	F
1.0	1.5	2.0	2.5	3.0	3.5	4.0
Na	Mg	Al	Si	P	S	Cl
0.9	1.2	1.5	1.8	2.1	2.5	3.0
K	Ca					Br
0.8	1.0					2.8
						I
						2.6

[问题 1-7]　已知 CO_2 的偶极矩是零，H_2O 的偶极矩是 1.85D，试推测 CO_2 与 H_2O 分子的结构。

1.5 官能团和有机化合物的分类

1.5.1 官能团

有机化合物的物理性质和化学性质，特别是化学性质，通常是由分子中某个特殊的原子团、原子排列或键决定的。换句话说，有机化合物中特殊的原子团、原子排列或键，以及它们与分子的其余部分的相互作用决定着有机化合物的基本性质。因此，有机分子中特殊的原子团、原子排列和键称为官能团（functional group）。

含有相同官能团的化合物具有相似的化学性质，因此，把它们归为同一类，称为同系列（homologous series）。例如 CH_3OH、CH_3CH_2OH、$CH_3CH_2CH_2OH$ 等构成有机化合物饱和一元醇的同系列，同系列的所有成员可以用一个通式表示，例如饱和一元醇的通式是 $C_nH_{2n+1}OH$。表 1-6 列举了官能团和同系列的某些例子。根据官能团的结构与性质，以及同系列化合物相似的规律，就可以系统而方便地研究和掌握各类有机化合物的性质与反应。元素按周期分类为无机化学的研究带来了许多方便，以官能团和同系列为基础的有机化合物分类对有机化学的研究具有同样重要的意义。

表 1-6 某些有机物同系列及官能团

同系物列表	官能团	
	名称	结构
烷烃	—	—
烯烃	碳碳双键	$>C=C<$
炔烃	碳碳叁键	$-C\equiv C-$
卤代烃	碳卤键	$\geq C-X$ （X=F，Cl，Br，I）
醇	羟基	$-OH$
醚	醚键	$-\overset{\vert}{\underset{\vert}{C}}-O-\overset{\vert}{\underset{\vert}{C}}-$
醛	羰基	$>C=O$
酮	羰基	$>C=O$
羧酸	羧基	$-C(=O)OH$
胺	氨基	$-NH_2$
胺	取代氨基	$>NH$ 或 $\geq N$
硝基化合物	硝基	$-NO_2$
磺酸	磺酸基	$-SO_3H$
腈	氰基	$-CN$

1.5.2 有机化合物的碳架结构

碳原子组成的有机分子骨架称为碳架，按照碳架结构不同，可将有机化合物分为开链化合物（又称为脂肪族化合物）、碳环化合物与杂环化合物三类，其中碳环化合物又分为脂环族化合物与芳香族化合物，杂环化合物又分为脂杂环化合物与芳杂环化合物。

1.5.2.1　开链化合物

碳原子组成链状结构，可以是直链，也可以含有一个或几个支链。由于长链状的有机化合物最初是从油脂中获得的，所以也称为脂肪族化合物。

$H_3C-CH_2-CH_3$　　$H_3C-CH(CH_3)-CH_2-CH_3$　　$H_3C-C(CH_3)_2-CH_2-CH_3$

1.5.2.2　碳环化合物

① 脂环族化合物　碳原子相互连接成一个或几个环，其性质与开链化合物相似。

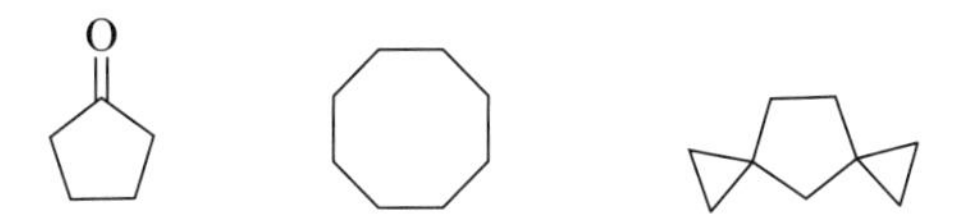

② 芳香族化合物　碳原子相互连接成具有芳香性的环状化合物。

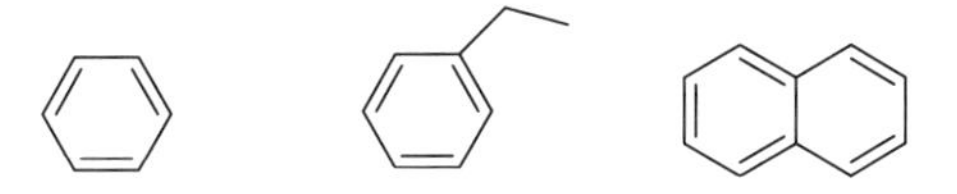

1.5.2.3　杂环化合物

环中除碳原子外，还含有一个或几个N、O、S等原子。

① 脂杂环化合物

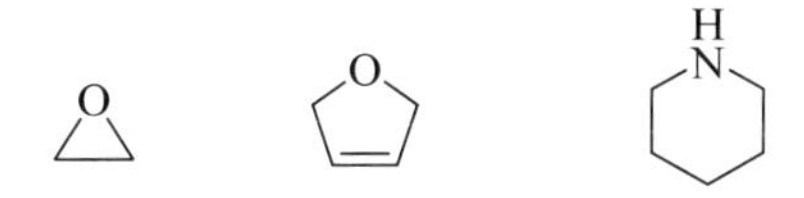

② 芳杂环化合物

1.6　有机化学反应

1.6.1　共价键的断裂方式

化学的基本矛盾是化学键的断裂与形成，亦即旧键的断裂与新键的生成。旧键的断裂方式对反应的过程有决定性的影响。

两个原子或基团A和B之间共价键的断裂有均裂(homolytic cleavage)和异裂(heterolytic leavage）两种方式：

$$A:B \xrightarrow{\text{I}} A\cdot + B\cdot \quad (\text{均裂})$$

$$A:B \xrightarrow{\text{II}} A^+ + :B^- \quad (\text{异裂})$$

方式Ⅰ，A和B各得到1个电子并形成两个电中性的原子或基团（假定A—B是一个中性分子），共价键的这种断裂方式称为均裂。均裂所生成的电中性原子或基团都具有未成对电子，称为自由基或游离基（free radical）。通常非极性键倾向于均裂，气态或非极性溶剂，以及高温加热、光和其他自由基的作用都有利于共价键均裂产生自由基。自由基因其价层电子结构不完整，能量高，倾向于迅速与其他分子反应，或自相结合。

方式Ⅱ，共价键断裂的结果是共用电子对仅归电负性较大的一方所有，生成带正电荷和带负电荷的离子（ion）。共价键的这种断裂方式称为异裂。极性键、极性溶剂和极性催化剂有利于共价键异裂产生离子。

由共价键均裂产生的自由基和由共价键异裂产生的离子都是有机化学反应中常见的活性中间体。它们的产生、结构和稳定性对于研究有机反应的机理，认识有机反应的规律具有重要意义，在学习各类有机化合物的结构与反应时应充分注意。

因为有机化合物是由较多的原子结合而成的共价分子，一般地讲，不仅有机化学反应速率比较缓慢，多采用高温、高压和催化剂等手段加速反应，而且反应过程中分子的各个部位都可能受到影响发生副反应，生成多种产物的混合物。所以，有机反应方程式所表示的仅仅是反应的主要产物。在书写有机反应方程式时，一般用符号“$\longrightarrow$”和必要的条件（温度、压力、催化剂等）表示由反应物转化为主要的产物，不必配平有机反应方程式。例如：

$$CH_4 + Cl_2 \xrightarrow{\text{日光}} CH_3Cl + HCl$$

事实上，这个反应还有 CH_2Cl_2、$CHCl_3$、CCl_4、CH_3CH_3 等生成。

1.6.2 有机反应的能量

所有的物理变化或化学变化都包含着能量的变化，能量的变化也影响着物理变化或化学变化过程的进行。

（1）能量与化学平衡

一个化学反应的发生，必定有个推动力，这个推动力就是吉布斯自由能（Gibbs free energy）ΔG，它是产物与反应物的能量之差：

$$\Delta G = \Delta G_{\text{产物}} - \Delta G_{\text{反应物}}$$

一个化学反应的标准吉布斯自由能$\Delta G^{\ominus}$与平衡常数 K 的关系为：

$$\Delta G^{\ominus} = -RT\ln K = -2.3RT\lg K \tag{1-1}$$

气体常数 R=8.314J/（K·mol），T 为热力学温度。此式表明平衡时产物与反应物的自由能变。

例如，顺-2-丁烯与反-2-丁烯是两种立体异构体（详见 3.2.1 节），它们在 500K 建立平衡，平衡存在量分别为40%和 60%，即

$$\underset{\substack{\text{顺-2-丁烯}\\40\%}}{H_3C(H)C{=}C(H)CH_3} \underset{}{\overset{500K}{\rightleftharpoons}} \underset{\substack{\text{反-2-丁烯}\\60\%}}{H_3C(H)C{=}C(H)CH_3}$$

因此，在平衡态顺-2-丁烯与反 2-丁烯的自由能变为：

$$\Delta G^{\ominus} = -2.3\times 8.314\text{J/（K·mol）}\times 500\text{K}\times \lg\frac{60}{40} = -1.68\text{kJ/mol}$$

这说明反-2-丁烯比顺-2-丁烯稳定，能量低 1.68kJ/mol（原因详见 3.2.3 节）。由式（1-1）可知，如果 K>1，$\Delta G^{\ominus}$为负；K<1，$\Delta G^{\ominus}$为正。反应过程中任何时间的吉布斯自由能定义为：

$$\Delta G = \Delta G^{\ominus} + RT\ln Q \tag{1-2}$$

Q为产物与反应物的浓度比，例如在500K下加热顺-2-丁烯，当有20%转变为反-2-丁烯，此时

$$\Delta G=\Delta G^{\ominus}+2.3RT\lg Q$$
$$=-1.68\text{kJ/mol}+2.3\times8.314\ \text{J/(K·mol)}\times500\text{K}\times\lg\frac{20}{80}$$
$$=-7.43\text{kJ/mol}$$

因此，在500K当20%顺-2-丁烯转变成反-2-丁烯仍有7.43kJ/mol的推动力使顺-2-丁烯继续转变为反-2-丁烯以达到平衡。

平衡时 $RT\ln Q=+1.68$kJ/mol，所以$\Delta G=0$，即随着反应达到平衡，$\Delta G\rightarrow0$。ΔG小于零时要求终态的能量低于始态。化学反应的推动力就是使过程由较高的能态向较低的能态转化。以下是所有化学反应的共同规则：

$\Delta G>0$，不利于反应进行，反应不能自发进行；

$\Delta G<0$，有利于反应进行，反应可以自发进行；

$\Delta G=0$，反应到达平衡状态。

[问题1-8] 计算在500K，40%和80%的顺-2-丁烯转变为反-2-丁烯的ΔG。根据计算结果，在不补充自由能的情况下能有80%的顺-2-丁烯转变为反-2-丁烯吗？

反应热（ΔH）和自由能（ΔG）的关系为：

$$\Delta G=\Delta H-T\Delta S \tag{1-3}$$

焓变（ΔH）是反应过程中吸收或放出的热量。熵变（ΔS）是反应产生的分子排列混乱程度的量度。混乱程度增加常常是因反应生成物分子数目增加，ΔS为正数所致，由式（1-3）可知，这样有利于自发反应。例如1-己烯的燃烧，分子总数增加，体系混乱程度增加，ΔS为正。

$$C_6H_{12}+9O_2\longrightarrow6H_2O+6CO_2\text{（混乱程度增加，}\Delta S>0\text{）}$$

对于1-己烯的催化氢化，生成物分子数趋向减少，表现为混乱程度降低，ΔS为负，对反应物自发转变为产物不利。

$$C_6H_{12}+H_2\longrightarrow C_6H_{14}\text{（混乱程度降低，}\Delta S<0\text{）}$$

（2）能量与化学反应速率——过渡状态理论

热力学只涉及一个化学反应的始态和终态，与过程无关，只能说明平衡的条件，不能说明过程所需要的时间——反应速率。研究化学反应的事实表明，即使产物比反应物的自由能低，若反应物不能克服能障，反应也不会发生，为了使反应物转变为产物必须增加反应体系的能量。

为了说明能量与化学反应速率的关系，1935年波拉尼（M. Polanyi）提出了过渡状态理论，也叫活化配合物理论。该理论认为：化学反应中反应物转变为产物之前必须得到一个最小的能量——活化自由能（$\Delta G^{\neq}$，free energy of activation），活化自由能是反应物达到进行反应的活化状态——过渡态（transition state，TS）所必需的能量。处于过渡态的反应物称为反应活化配合物（activated complex）。活化配合物是反应过程中反应物能量最高的状态，是一种旧键部分断裂新键部分生成、无确定结构的、瞬间存在的状态。在讨论影响速率的因素时，也常采用活化能（E_a）。活化能和活化自由能虽然物理意义并不完全相同，但它们都能说明反应物形成过渡态时势能的变化，都表达了能量因素对反应速率的影响，所以$\Delta G^{\neq}$与E_a是相当的。

活化自由能的大小是衡量反应难易程度的标志。活化自由能越小，反应越容易进行，反应速率也越高；活化自由能越大，反应越难进行，反应速率也越低。

对于一步完成的反应：

$$\mathrm{A + B{-}C \rightleftharpoons \underset{过渡态}{A\cdots B\cdots C} \longrightarrow A{-}B + C}$$

其反应进程与能量的关系示意于图 1-14。这种关系好比从一个山谷到另一个山谷必须翻越一座山峰一样，这个山峰称为反应的能垒，反应物必须越过能垒才能发生反应生成产物。这种能量曲线表示了动力学和热力学两种影响反应进程的因素。活化自由能是反应物和过渡态的能量差（$\Delta G^{\neq}$），它影响着反应速率的快慢，平衡自由能为反应物与产物的能量差（$\Delta G^{\ominus}$），它决定于平衡常数 K 及反应的热效应。

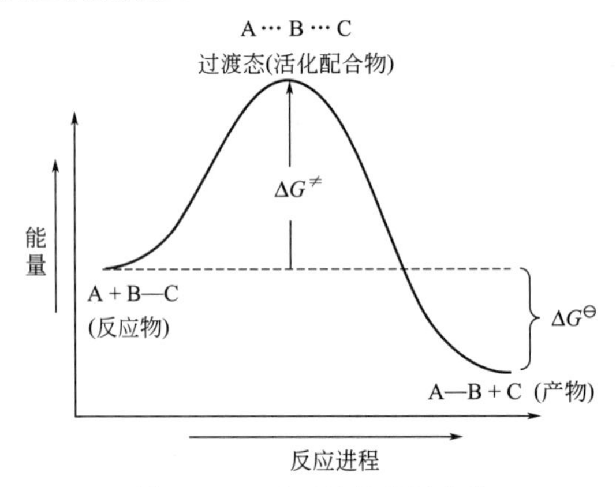

图 1-14　一步反应的能量曲线

对于多步反应：

$$\mathrm{A{-}B + C^- \longrightarrow A{-}C + B^-}$$

假定 A—B 为中性分子，C 为带负电荷的试剂，且反应分两步进行：

$$\begin{cases} \mathrm{A{-}B \rightleftharpoons \underset{过渡态（Ⅰ）}{A^{\delta+}\cdots B^{\delta-}} \longrightarrow A^+ + B^-} \\ \mathrm{A^+ + C^- \rightleftharpoons \underset{过渡态（Ⅱ）}{A^{\delta+}\cdots C^{\delta-}} \longrightarrow A{-}C} \end{cases}$$

其过程能量曲线如图 1-15 所示。图中曲线两峰之间低处为两步反应的活性中间体（A^+），每步反应都经过一个过渡态。δ^+与δ^-分别表示部分正电荷与部分负电荷。整个反应的速率决定于反应物和曲线中最高点[过渡态（Ⅰ）]之间的能量差，即活化自由能$\Delta G_1^{\neq}$。因为第一步反应发生共价键的断裂，所以是决速步骤。活性中间体转变为产物比反应物生成活性中间体快得多。

过渡状态理论对有机化学来说最重要的有两点：

第一，反应物与活化配合物（过渡态）处于平衡状态，由于活化配合物处于能量最高点，其寿命极短，它是反应物处在旧键部分断裂新键部分生成，其结构不能确定的状态。

第二，所有的活化配合物都以固定不变的速率转变为产物。在一组相似的反应中，活化自由能愈高，反应进程中达到过渡态愈难、愈迟，相应的反应速率也愈小，产物也愈少（见图 1-16）。

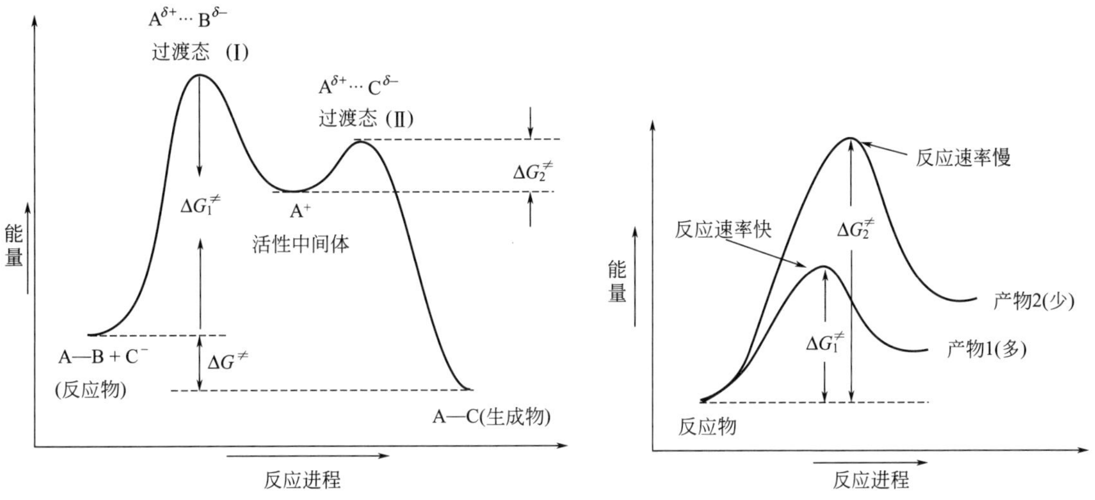

图 1-15 两步反应的能量曲线

图 1-16 一组相似反应中过渡态到达的先后及产物分布示意图

阅读材料

维勒（Friedrich Wöhler，1800—1882）

跨越鸿沟的时代巨人——人工合成尿素的创造人维勒，出生于德国法兰克福，毕业于马尔堡大学，获医学博士学位。大学期间，他把业余时间都用在了化学实验上。1827 年，他发现了在现代生活中仅次于铁的重要金属铝（Al），次年又发现了铍和钇。早在 1825 年，维勒在实验氰作用于氨水时发现除了生成草酸外，还有一种白色结晶，经证明就是有机物尿素。维勒用人工合成尿素有力地批判了生命力论，并第一次证明了无机物也能生成有机物。

范特霍夫（Jacobus Henicus vant Hoff，1832—1911）

1852 年 8 月 30 日生于荷兰鹿特丹一个医生家庭。早在上中学时，范特霍夫就迷上了化学，经常从事自己的“小实验”。1869 年入德尔夫特高等工艺学校学习技术。1871 年入莱顿大学主攻数学。1872 年去波恩师从凯库勒，后来又去巴黎受教于武兹。1874 年获博士学位，1876 年起在乌德勒州立兽医学院任教。1877 年起在阿姆斯特丹大学任教，先后担任化学、矿物学和地质学教授。1896 年迁居柏林。1885 年被选为荷兰皇家学会会员，还是柏林科学院院士及许多国家的化学学会会员。范特霍夫首先提出碳原子是正四面体构型的立体概念，弄清了有机物旋光异构的原因，开辟了立体化学的新领域。在物理化学方面，他研究过质量作用和反应速率，发展了近代溶液理论，包括渗透压、凝固点、沸点和蒸气压理论；并应用相律研究盐的结晶过程；还与奥斯特瓦尔德一起创办了《物理化学杂志》。1901 年，他以溶液渗透压和化学动力学的研究成果，成为第一个诺贝尔化学奖获得者。主要著作有《空间化学引论》《化学动力学研究》《数量、质量和时间方面的化学原理》等。

路易斯（Gilbert Newton Lewis，1875—1946）

美国物理化学家，1899 年在诺贝尔奖获得者 T. W. 理查兹指导下获哈佛大学哲学博士学位。曾在哈佛大学、麻省理工学院、加州大学伯克利分校任教。在麻省理工学院工作时期，他提出了逸度和活度的概念，使原来只适用于理想体系的热力学能够应用于真实体系，并对一些十分重要的热力学量作了准确测量和校准。1923 年，他与兰多尔特合著的《热力学和化学物质的自由能》一书成为经典著作。1916 年，他提出化学键是两个原子共享一对电子的重要概念。1923 年他的《原子分子的价和结构》一书为物理有机化学和价键理论的发展奠定了基础。他还为酸碱作出了更为广泛的定义，形成路易斯酸碱理论。1933 年他首次分离出氢的同位素氘，并制备了重水的纯样品。他为使美国化学跃居世界先进行列做出了重大贡献，培养出了吉奥克等一批诺贝尔奖获得者。

鲍林（Linus Carl Pauling，1901—1995）

美国化学家，1901 年 2 月 28 日出生于俄勒冈州皮特兰市一个药剂师家中。1922 年毕业于俄勒冈州立大学化工系，1925 年在加州理工学院获博士学位，曾到欧洲各国作访问学者。1927 年回到加州大学理工学院，1931 年升任教授。1969 年任斯坦福大学化学教授一职直到退休。1974 年任该校荣誉教授。

鲍林的主要成就有：对化学键本质提出独特见解。首先提出化学键有混合特征，即既有共价键又有离子键。创立杂化轨道理论，首先提出碳原子有 sp、sp^2 和 sp^3 杂化，从而从化学键本质来阐明碳原子成键的复杂性。此外，还测定一批化合物的键长、键角等。最早提出电负性概念，并用实验测定元素电负性的数值。这有助于预见各种化合物的共价性和离子性，以及极化程度等，进而从理论上预测化合物的性质。提出共振学说，引出共振能概念，提出共振使化合物分子特别稳定的见解。发现氢键，并提出形成氢键的理论，指出氢键本质上与共价键和范德华力不同。他还用氢键理论解释水、气等缔合现象并获得成功。首先提出蛋白质分子的螺旋状结构。在蛋白质分子中，由于氢键的作用可形成两种螺旋体，一种是α螺旋体，另一种是β螺旋体。这为以后发现 DNA 结构提供了理论基础。提出用维生素 C 抗癌的建议并做了大量研究工作。鲍林著述甚多，主要著作有《化学键的本质》《量子力学导论》《分子构造》《线光谱结构》《大学化学》《普通化学》等。一生得过两次诺贝尔奖，一次是 1954 年诺贝尔化学奖，另一次是 1962 年诺贝尔和平奖。此外，曾获吉布斯奖、理查兹奖、牛顿-路易斯奖、巴斯德奖、戴维奖、罗豪诺索夫奖等数十项奖。鲍林晚年致力于和平事业，反对生产毁灭性武器，有“和平老人” 的美名。鲍林曾指导我国著名化学家唐有祺、卢嘉锡等化学家工作。他曾两次访问我国，关心我国的化学事业。

本章小结

1. 有机化合物可定义为碳氢化合物及其衍生物，有机化学是研究有机化合物的组成、结构、性质、合成方法及其化学变化规律的科学。

2. 有机化合物的元素组成决定了它们都是共价化合物，与以离子键为主要特征的无机化合物相比，具有同分异构现象普遍、熔沸点较低、难溶于水、难导电、化学反应速率缓慢、副反应多等特点。但这些差别是相对的。

3. 原子轨道交盖形成共价键，交盖的程度越大形成的共价键越牢。轨道杂化理论是近代价键理论的补充和完善，原子轨道杂化的目的是增加成键的数目与成键的能力，碳原子轨道有如下三种等性杂化方式。

sp^3 杂化：形成四个等价的 sp^3 轨道，由正四面体的中心指向四个顶角，成四面体排布。代表化合物为甲烷（CH_4）。

sp^2 杂化：形成三个等价的 sp^2 轨道，由正三角形的中心指向三个顶角，成正三角形排布，垂直于 sp^2 轨道所在的平面，还有一个没有杂化的 p 轨道。代表化合物为乙烯（$CH_2=CH_2$）。

sp 杂化：形成两个等价的 sp 轨道，指向完全相反的方向，成直线形排布，另有两个互相垂直的没有杂化的 p 轨道。代表化合物为乙炔（HC≡CH）。

碳原子轨道的以上三种杂化方式，由于参与杂化的轨道进行轨道成分与能量的平均分配形成一组等价轨道，这种性质的杂化称为等性杂化。

NH_3 分子中的 N 原子和 H_2O 分子中的 O 原子，由于有孤对电子参与杂化，以致轨道成分与能量分配不均匀，这种性质的杂化称为不等性杂化。NH_3 分子的 N 原子进行不等性 sp^3 杂化，H—N—H 键角 107°，三个 N—H 键成三角锥体排布，N 原子上保留有一对未共用电子（亦称未成键电子对或孤电子对），占据一个具有方向性的 sp^3 杂化轨道。H_2O 分子的 O 原子也进行不等性 sp^3 杂化，H—O—H 键角 104.5° ，O 原子保留有两对未共用电子，占据两个具有方向性的 sp^3 杂化轨道。

在某些含氮和含氧的有机化合物中，还常见 N 和 O 的 sp^2 杂化。

4. 两个原子轨道沿轨道轴线方向头碰头交盖形成σ键；σ键键能高，成键原子可以绕键轴自由扭转。两个 p 轨道彼此侧面肩并肩地交盖形成π键；π键键能低，它的存在阻碍了成键原子绕σ键键轴自由扭转。

5. 共价键的极性影响分子的极性。双原子分子的键有极性，分子亦有极性；多原子分子，即使键有极性，当分子结构对称，导致偶极矩矢量之和为零时，分子也无极性。

6. 实验式表明一个分子中各种原子的最简整数比，分子式说明一个分子中各种原子的个数。构造指有机分子中原子的成键顺序，构型与构象指一定构造的分子中原子或基团的空间排布方式，结构是一个更广泛的概念，它包含分子的构造、构型与构象。

7. 两种或两种以上的有机化合物具有相同的分子式，但结构不同，显示不同的性质，这种现象称为同分异构。因构造不同引起的异构称为构造异构。

8. 决定有机化合物性质的原子团、原子排列或键称为官能团，含有相同官能团的一族化合物称为同系列。同系列化合物具有相似的化学性质。

9. 化学反应的基本热力学关系：

$$\Delta G^{\ominus} = -RT\ln K$$

$$\Delta G = \Delta G^{\ominus} - RT\ln Q$$

$$\Delta G^{\ominus} = \Delta H^{\ominus} - T\Delta S^{\ominus}$$

标准吉布斯自由能变$\Delta G^{\ominus}$是平衡时反应物与生成物的能量差；活化自由能$\Delta G^{\neq}$与活化能 E_a 的基本意义相同，是活化配合物与反应物的能量差，它决定着化学反应的速率；$\Delta G^{\neq}$（或 E_a）越大，反应速率越小，$\Delta G^{\neq}$（或 E_a）越小，反应速率越大。

习　题

1-1　解释下列术语：

（1）有机化合物　（2）杂化轨道　（3）键长　（4）键能　（5）键角

（6）均裂反应　（7）异裂反应　（8）官能团　（9）同系列

1-2　将下列构造式改写成构造简式。

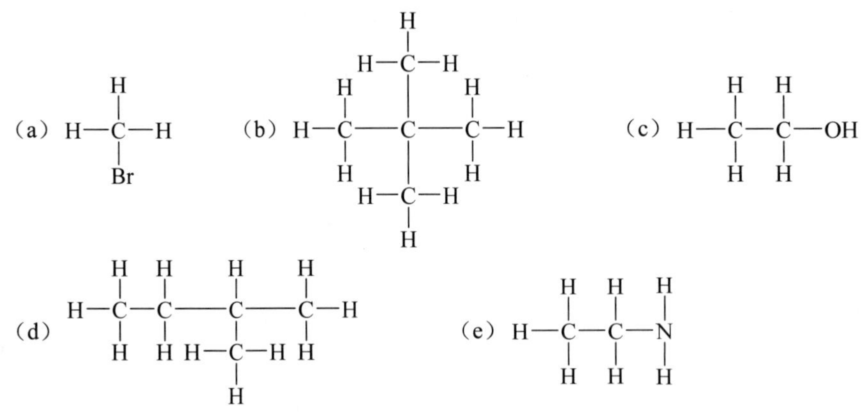

1-3　写出下列环状化合物的构造简式。

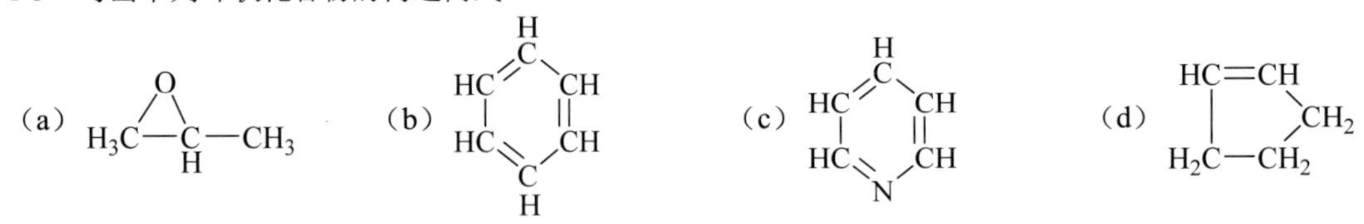

1-4　利用键能数据通过计算确定下列反应是吸热的还是放热的。

（a）$CH_4+F_2 \longrightarrow CH_3F+HF$

（b）$CH_4+Cl_2 \longrightarrow CH_3Cl+HCl$

（c）$CH_4+Br_2 \longrightarrow CH_3Br+HBr$

（d）$CH_4+I_2 \longrightarrow CH_3I+HI$

1-5　BF_3 的偶极矩为零，试确定 BF_3 的分子形状。

1-6　NH_3 分子的 N 原子和 H_2O 分子的 O 原子均进行不等性 sp^3 杂化，试解释为什么 H—O—H 键角（104.5°）比 H—N—H 键角（107°）小一点。

1-7　尽管氟的电负性比氯大，可是氯甲烷的偶极矩（μ= 1.87D）比氟甲烷（μ=1.8D）大，为什么？

1-8　下列化合物中哪些含有离子键？哪些含有共价键？哪些既有离子键又有共价键？

（a）CH_3COONa　（b）CH_3I　（c）LiOH　（d）CH_3ONa

（e）CH_3CH_2OH　（f）H_2S　（g）$CHCl_3$

1-9　将下列化合物中标有字母的碳-碳键，按照键长的增加排列其顺序。

A:（1）$H_3C\overset{a}{—}CH_2—CH_3$　（2）$H_3C—CH\overset{b}{=}CH_2$　（3）$H_3C—C\overset{c}{\equiv}CH$

B:（1）$H_3C\overset{a}{—}CH_2—CH_3$　（2）$H_3C\overset{b}{—}CH=CH_2$　（3）$H_3C\overset{c}{—}C\equiv CH$

C:（1）$H_3C\overset{a}{—}Br$　（2）$H_3C\overset{b}{—}Cl$　（3）$H_3C\overset{c}{—}I$

1-10　比较下列各系列化合物的偶极矩的大小。

A: $CHCl_3$　CH_2Cl_2　CH_3Cl　CCl_4

B: (Cl)(H)C=C(H)(H)　(Cl)(H)C=C(Cl)(H)（顺式）　(Cl)(H)C=C(H)(Cl)（反式）

1-11　指出下列化合物中碳原子的轨道杂化状态。

（1）$HC\equiv C—CH=CH—CH_3$　（2）$H_2C=C=CH_2$

（3）1-环己烯基-$C\equiv CH$　（4）$H_3C—CH_2—\overset{\overset{O}{\|}}{C}—CCl_3$

（5）$H_2C{=}CH{-}\overset{+}{C}H_2$　　（6）$H_3C{-}CH{=}CH{-}\dot{C}H_2$

（7）$C_6H_5{-}\overset{-}{C}H_2$

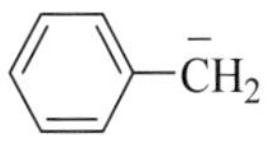

1-12　下列化合物是否有极性？若有，请以 ┼→ 标明偶极矩方向。

（1）H—Br　（2）$(H_3C)(Cl)C{=}C(Cl)(CH_3)$　（3）$(H_3C)(Cl)C{=}C(CH_3)(Cl)$

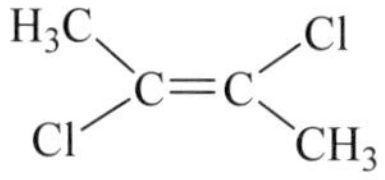

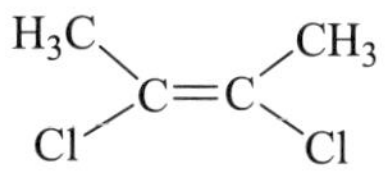

（4）CH_2Cl_2　（5）CH_3OH（O 为 sp^3 杂化）　（6）CH_3OCH_3（O 为 sp^3 杂化）

微信扫码

视频讲解
课件
读者交流群

第2章 烷 烃

由碳和氢两种元素组成的有机化合物称为烃（hydrocarbon）。烃分子的碳架既可是链状的，也可是环状的。因为脂肪族化合物具有链状碳架，所以具有链状碳架的烃称为脂肪烃或开链烃。脂肪烃中碳与碳仅以单键相连的称为饱和烃或烷烃（alkane）。

2.1 烷烃的同系列与同分异构

烷烃的同分异构

2.1.1 烷烃的同系列

烷烃分子如甲烷 CH_4、乙烷 $CH_3—CH_3$、丙烷 $CH_3—CH_2—CH_3$、丁烷 $CH_3—CH_2—CH_2—CH_3$ 等，每两个烷烃分子式之间相差 CH_2 或其整数倍，烷烃分子具有相似的性质，这样的一系列化合物称为同系列（homologous series）。同系列中的化合物彼此互称为同系物（homolog），CH_2 称为同系列的系差。烷烃具有通式 C_nH_{2n+2}。

2.1.2 烷烃的同分异构

（1）碳架异构

烷烃同系列的任一成员均可视为由低一级（少一个 C 原子的）成员的一个 H 原子被 CH_3 取代而成。显然，因丙烷 $CH_3CH_2CH_3$ 有两种不同位置的 H 原子，所以烷烃同系列从丁烷开始出现同分异构现象。丁烷有两种异构体，正丁烷 $CH_3CH_2CH_2CH_3$ 和异丁烷 $CH_3CH(CH_3)_2$，前者碳链为直链，后者出现支链。这种因分子中碳原子排列次序不同，亦即碳架不同产生的异构现象称为碳架异构或构造异构。可见，随着分子中 C 原子数目的增加，烷烃构造异构体数迅速增多。例如 C_9H_{12} 有 35 个同分异构体，$C_{10}H_{22}$ 的同分异构体多达 75 个。

为了迅速而准确地确定某一烷烃的全部构造异构体，可采用碳架试构法。例如正己烷 C_6H_{14} 的五种异构体可依如下步骤导出：

① 写出 C_6H_{14} 的直链碳架

C—C—C—C—C—C　　（Ⅰ）

② 取直链碳架（Ⅰ）减去一个 C 原子，并用它作为支链与剩余碳架不同位置的 C 原子连接，得到

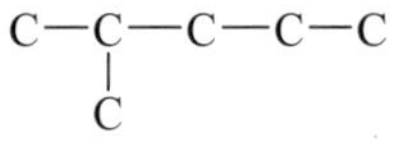

```
C—C—C—C—C      C—C—C—C—C
  |                |
  C                C
 (Ⅱ)              (Ⅲ)
```

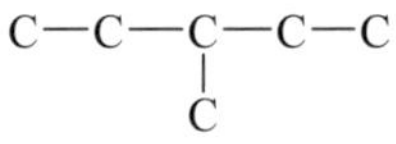

③ 将碳架（Ⅰ）减去两个 C 原子，并作为两个支链与剩余碳架不同位置的 C 原子连接，得到

```
      C              C
      |              |
  C—C—C—C        C—C—C—C
      |                |
      C                C
    (Ⅳ)            （Ⅴ）
```

④ 把减去的两个 C 原子作为一个支链与剩余碳架不同位置的 C 原子连接，得到

```
C—C—C—C
    |
    C—C
   （Ⅵ）
```

由于（Ⅵ）与（Ⅲ）完全相同，出现了相同的结果，因此推导至此结束。将碳架（Ⅰ）～（Ⅴ）的余价用 H 原子饱和，得到 C_6H_{14} 的全部五种构造异构体，如下所示：

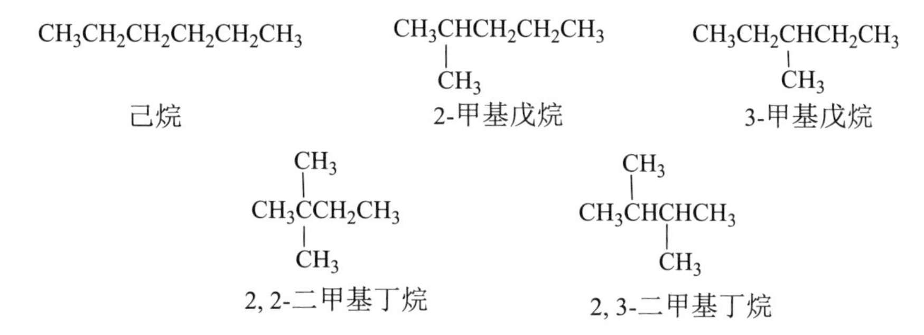

（2）伯、仲、叔、季碳原子与伯、仲、叔氢原子

由烷烃的碳架异构可知，在烷烃分子中有四种不同位置的 C 原子和三种不同位置的 H 原子。这些不同位置的区分很必要，因为不同位置的 C 原子和 H 原子具有不同的性质。在烷烃分子中，只与一个 C 原子相连的碳原子称为伯碳原子，也叫一级碳原子，用 1° 表示；与两个 C 原子相连的碳原子称为仲碳原子，也叫二级碳原子，用 2° 表示；与三个 C 原子相连的碳原子称为叔碳原子，也叫三级碳原子，用 3° 表示；与四个 C 原子相连的碳原子称为季碳原子，也叫四级碳原子，用 4° 表示。与伯、仲、叔碳原子相连的 H 原子相应地叫做伯、仲、叔氢原子，也用 1°、2°、3° 表示。例如：

```
伯       仲     叔      季
1°       2°     3°      4° C
    H    H    CH3   CH3
    |    |    |     /
H — C —  C —  C  —  C — CH3
    |    |    |     |
    H    H    H     CH3
1°       2°     3° H
```

> [问题 2-1]　烷烃 C_7H_{16} 有多少种构造异构体？其中有几种异构体含有 4° 碳原子？
>
> [问题 2-2]　某烃含 C 83.3%，含 H 16.7%，在标准状态下密度为 3.220g/L，其分子中只有两种位置不同的碳原子。试确定它的构造式。

2.1.3　烷烃的结构

从图 2-1 可见，甲烷分子中碳原子的四个 sp^3 杂化轨道由正四面体的中心指向四个顶角，分别与四个氢原子的 1s 轨道沿轨道轴线方向彼此交盖重叠形成四个相同的 C—H σ键（sp^3-s

键），所有的 H—C—H 的键角均为 109.5°，C—H 键键长 110 pm。其他的烷烃的碳原子也是 sp^3 杂化，与相邻碳原子和氢原子形成σ键，C—C 键键长 154 pm，C—H 键键长 110 pm，∠CCC 键角约为 110°～113°。因此随着碳原子个数的增长，直链烷烃的结构不是直线形，而是锯齿形的，如图 2-2。

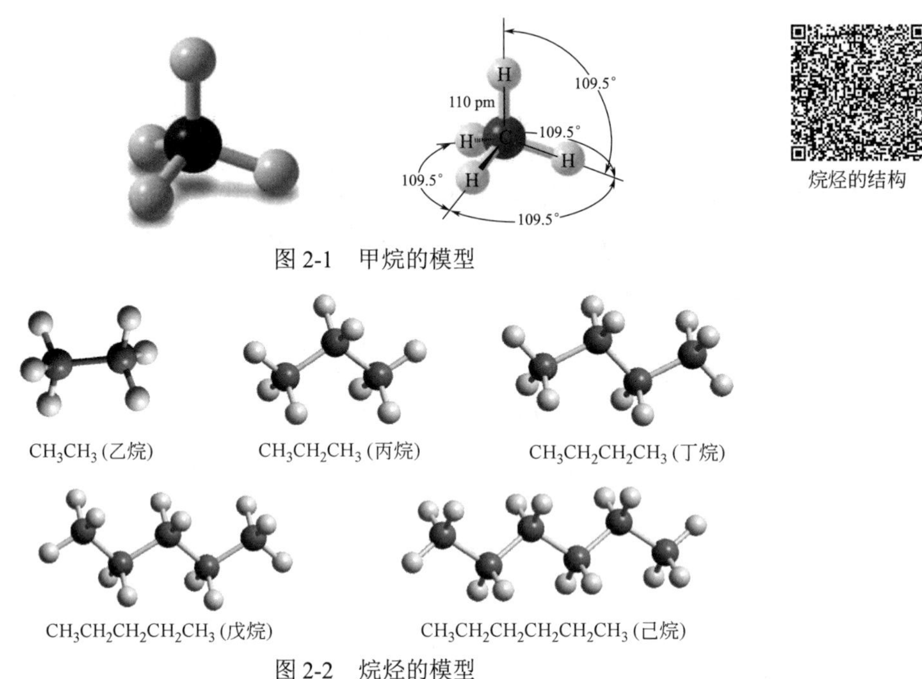

图 2-1 甲烷的模型

图 2-2 烷烃的模型

2.2 烷烃的命名

为了研究方便，必须对有机化合物进行命名，通过科学的命名正确地反映有机化合物的结构。熟悉有机化合物的命名方法是学习有机化学的基本要求，而烷烃的命名是有机化合物命名的基础。常用的命名法有系统命名法、习惯命名法和衍生物命名法。

2.2.1 烷基的命名

烷烃分子去掉一个 H 原子剩余的部分叫做烷基，通式为 C_nH_{2n+1}—，常用符号 R—表示（R—也代表烃基）。熟悉简单常见的烷基是掌握有机化合物命名方法的基础。常用的烷基如表 2-1 所示。

表 2-1 常用的几种烷基

母体	烷基	名称	符号
CH_4（甲烷）	CH_3—	甲基	Me（methyl）
CH_3CH_3（乙烷）	CH_3CH_2— （或 C_2H_5—）	乙基	Et（ethyl）
$CH_3CH_2CH_3$（丙烷）	$CH_3CH_2CH_2$— （或 n-C_3H_7—）	正丙基	n-Pr（propyl）
	$CH_3\underset{\mid}{C}HCH_3$ （或 i-C_3H_7—）	异丙基	i-Pr

续表

母体	烷基	名称	符号
$CH_3CH_2CH_2CH_3$（正丁烷）	$CH_3CH_2CH_2CH_2—$ （或 n-C_4H_9—）	正丁基	n-Bu（butyl）
	$CH_3\underset{\vert}{C}HCH_2CH_3$ （或 s-C_4H_9—）	仲丁基	s-Bu
$CH_3\underset{\underset{CH_3}{\vert}}{C}HCH_3$（异丁烷）	$CH_3\underset{\underset{CH_3}{\vert}}{C}HCH_2—$ （或 i-C_4H_9—）	异丁基	i-Bu
	$H_3C—\overset{\overset{CH_3}{\vert}}{\underset{\underset{CH_3}{\vert}}{C}}—$ （或 t-C_4H_9—）	叔丁基	t-Bu

2.2.2　烷烃的命名

（1）系统命名法

烷烃的系统命名

系统命名法是根据国际纯粹与应用化学联合会（International Union of Pure and Applied Chemistry，IUPAC）的命名原则结合我国的文字特点制定的，由中国化学会于 1980 年公布，又称 CCS 命名法，是一种普遍通用的命名方法。

① 直链烷烃的命名

按照分子中碳原子的数目称为“某烷”。碳原子数目在十以下的分别用甲、乙、丙、丁、戊、己、庚、辛、壬、癸表示，碳原子数在十以上的烷烃，则用十一、十二等数字表示。例如：

$CH_3CH_2CH_2CH_3$	$CH_3(CH_2)_6CH_3$	$CH_3(CH_2)_{13}CH_3$
丁烷	辛烷	十五烷

② 带支链烷烃的命名

带支链的烷烃是把支链作为取代基进行命名，其命名原则如下：

a. 选择构造式中最长的碳链作为主链，其余的当作支链，如果主链的选择有多种可能，选择支链最多的碳链作为主链，依主链所含碳原子数目称为“某烷”。

b. 将主链上的碳原子从最靠近支链的一端开始依次用阿拉伯数字编号，如果从主链的任一端开始编号，第一个支链的位置相同，逐次比较取代基位次，先遇到最小位次者优先。

c. 把支链视为取代基，把取代基的名称写在烷烃名称之前，取代基的位置用它所在主链碳原子的编号来表示，写在取代基名称之前。

d. 如果支链上还有取代基，则从与主链相连的碳原子开始编号，注明支链上取代基的位置和名称，把支链上的取代基连同支链作为一个整体写在括号内，括号外冠以支链的位置，或用带撇的数字标明取代基在支链中的位次。

e. 如果含有几种不同的取代基，则按照“顺序规则”（见 3.2 节）比较其顺序优劣，顺序优先者后列出。如果含有数个相同的取代基，则在该取代基的名称前面用二、三、四等字样表示相同取代基的数目。

例如：

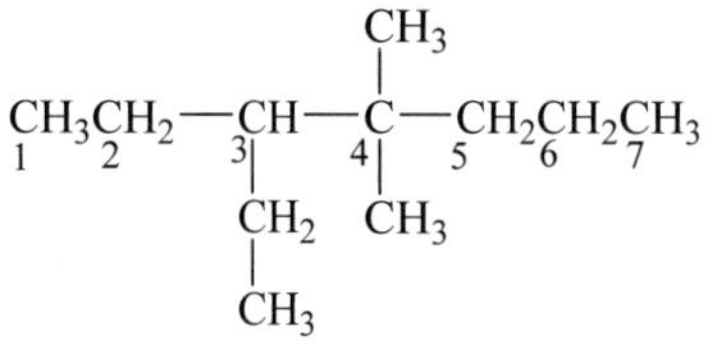

$$
\begin{array}{ccccccc}
 & & & & CH_3 & & \\
 & & & & | & & \\
\underset{1}{C}H_3\underset{2}{C}H_2 & — & \underset{3}{C}H & — & \underset{4}{C} & — & \underset{5}{C}H_2\underset{6}{C}H_2\underset{7}{C}H_3 \\
 & & | & & | & & \\
 & & CH_2 & & CH_3 & & \\
 & & | & & & & \\
 & & CH_3 & & & &
\end{array}
$$

命名为4,4-二甲基-3-乙基庚烷。

例如：

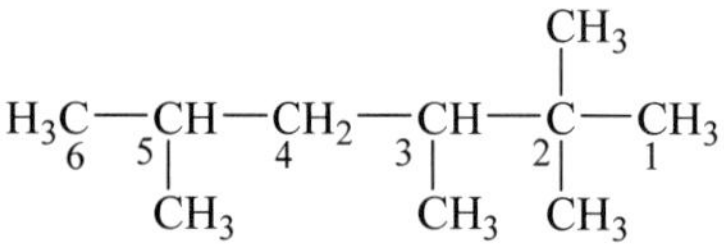

$$
\begin{array}{ccccccccc}
 & & & & & & CH_3 & & \\
 & & & & & & | & & \\
H_3\underset{6}{C} & — & \underset{5}{C}H & — & \underset{4}{C}H_2 & — \underset{3}{C}H — & \underset{2}{C} & — & \underset{1}{C}H_3 \\
 & & | & & & | & | & & \\
 & & CH_3 & & & CH_3 & CH_3 & &
\end{array}
$$

命名为2,2,3,5-四甲基己烷，不是2,4,5,5-四甲基己烷，因为违背了命名原则b。

又如，下面烷烃的系统命名法名称是3,3-二甲基-4-乙基-5-（1,2-二甲基丙基）壬烷。

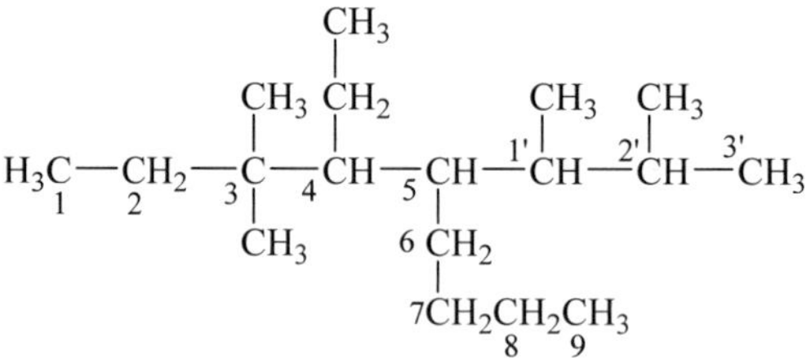

$$
\begin{array}{ccccccccccccc}
 & & & & & & CH_3 & & & & & & \\
 & & & & & & | & & & & & & \\
 & & & & CH_3 & & CH_2 & & & CH_3 & & CH_3 & \\
 & & & & | & & | & & & | & & | & \\
H_3\underset{1}{C} & — & \underset{2}{C}H_2 & — & \underset{3}{C} & — & \underset{4}{C}H & — & \underset{5}{C}H & — \overset{1'}{C}H — & & \overset{2'}{C}H & — \overset{3'}{C}H_3 \\
 & & & & | & & & & | & & & & \\
 & & & & CH_3 & & & & \overset{6}{C}H_2 & & & & \\
 & & & & & & & & | & & & & \\
 & & & & & & & & \overset{7}{C}H_2\underset{8}{C}H_2\underset{9}{C}H_3 & & & &
\end{array}
$$

关于有机化合物的命名，无论在学习还是在实际工作中，不仅要求对已知结构的化合物能正确地命名，而且能要求根据化合物的名称迅速地写出构造式或结构式。

例如，写出2,4-甲基-3-乙基己烷的构造式。

首先，写出己烷的碳链：

$$C—C—C—C—C—C$$

然后，根据取代基的位置和名称将取代基连到主链上：

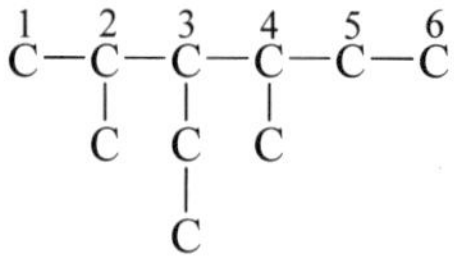

$$
\begin{array}{ccccccccccc}
\overset{1}{C} & — & \overset{2}{C} & — & \overset{3}{C} & — & \overset{4}{C} & — & \overset{5}{C} & — & \overset{6}{C} \\
 & & | & & | & & | & & & & \\
 & & C & & C & & C & & & & \\
 & & & & | & & & & & & \\
 & & & & C & & & & & &
\end{array}
$$

最后，用氢原子将碳架饱和，即得到完整的构造式：

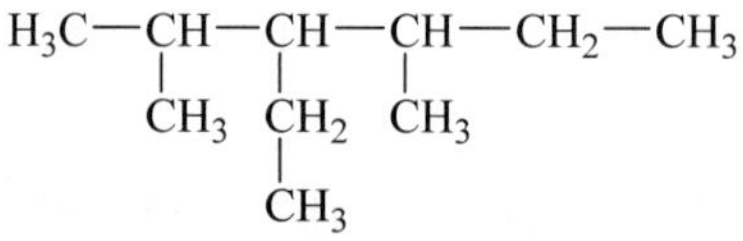

$$
\begin{array}{ccccccccccc}
H_3C & — & CH & — & CH & — & CH & — & CH_2 & — & CH_3 \\
 & & | & & | & & | & & & & \\
 & & CH_3 & & CH_2 & & CH_3 & & & & \\
 & & & & | & & & & & & \\
 & & & & CH_3 & & & & & &
\end{array}
$$

[问题 2-3] 以系统命名法命名下列化合物。

(a)

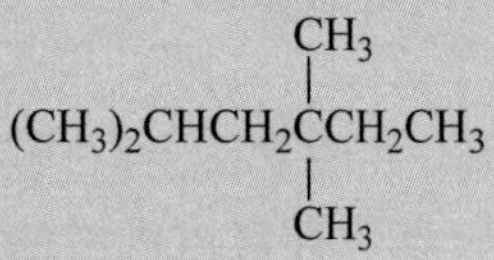

$$
\begin{array}{c}
CH_3 \\
| \\
(CH_3)_2CHCH_2CCH_2CH_3 \\
| \\
CH_3
\end{array}
$$

(b)

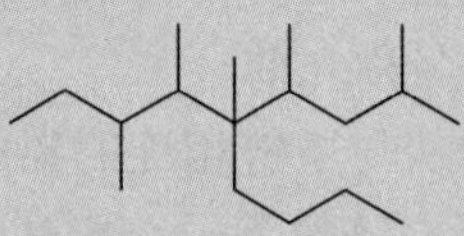

[问题 2-4] 写出下列化合物的构造式。

(a) 2,3,5,5-四甲基庚烷　　(b) 2,3,5-三甲基-4-（1,2-二甲基丙基）庚烷

（2）习惯命名法（普通命名法）

简单的烷烃一般用习惯命名法命名，用甲、乙、丙、丁、戊、己、庚、辛、壬、癸、十

一、十二、……表示分子中碳原子的数目，称为某烷。异构体则用“正”“异”“新”加以区别，写在“某烷”的前面。“异”表示一端的第二个碳原子上连有两个甲基，其余为直链；“新”表示第二个碳原子上有三个甲基，其余为直链。如五个碳原子的烷烃习惯名称为：

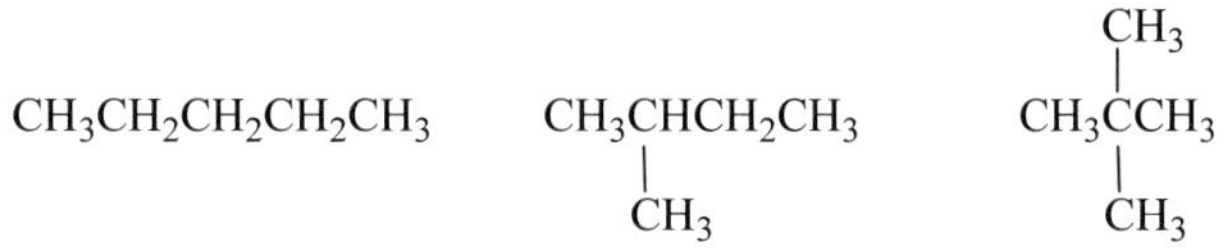

$CH_3CH_2CH_2CH_2CH_3$　正戊烷

$CH_3CH(CH_3)CH_2CH_3$　异戊烷

$CH_3C(CH_3)_2CH_3$　新戊烷

习惯命名法不能完全反映出分子的结构特征，对于同分异构体数目多于三个的烷烃难以准确命名，因此，不适用于结构比较复杂的烷烃。

（3）衍生物命名法

烷烃的衍生物命名法是以甲烷为母体，把烷烃的同系物都看作甲烷的氢原子被烷基取代而成的化合物。命名时一般选择连接取代基最多的碳原子作为母体甲烷的碳原子，烷基则按从小到大的顺序排列，写在甲烷的前面，相同取代基的个数以二、三、四等数字表示，写在该种取代基的前面。例如：

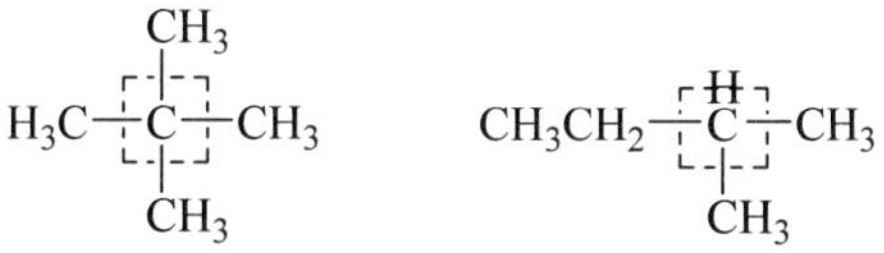

$H_3C-C(CH_3)_2-CH_3$　四甲基甲烷

$CH_3CH_2-CH(CH_3)-CH_3$　二甲基乙基甲烷

衍生物命名法能清楚地表示出简单分子的结构，比习惯命名法合理，但是不适合于结构较复杂的烷烃，因为复杂的烷烃往往无法命名烷基。

2.3　烷烃的构象

烷烃的构象

烷烃分子中的 C 原子相互以 sp^3-sp^3 σ键相连。以σ键相连的两个原子可以绕键轴任意旋转。当烷烃的 C—C σ键围绕键轴扭转时，则与该旋转键上的碳原子相连的原子或基团会随着改变相对的空间位置，产生不同的空间排列方式。这种围绕σ键旋转而产生的分子中原子或基团不同的空间排列方式称为构象。

2.3.1　乙烷的构象

乙烷是最简单的含有 C—C σ键的烷烃。如果使乙烷的一个甲基固定，让另一个甲基绕 C—C 键键轴旋转，随着旋转角度的变化，两个甲基中的氢原子会不断地改变相对位置，出现无数的不同空间排列方式——构象。其中比较典型的构象有两个，即重叠式（或称顺叠式）和交叉式（或称反叠式），以透视式表示为：

重叠式　交叉式

这种透视式表示方法看起来比较直观，但书写比较麻烦，因此又常用纽曼（Newman）投影式来表示。乙烷的上述构象以 Newman 投影式表示为：

重叠式　　交叉式

Newman 投影式是在 C—C σ键的延长线上观察的，前后两个碳原子重叠在一起，以○表示，前面碳原子上的三个键以⅄表示，后面碳原子上的三个键以⌽表示，同一个碳原子上的三个键在投影式中互呈 120°夹角。这样，C—C σ键旋转 60°时，则重叠式构象就变成了交叉式构象：

旋转60°

重叠式　　交叉式

在乙烷的重叠式构象中，两个碳原子上的氢原子距离最小，因而 C—H 键上的σ电子对之间相距最近，相互间排斥力最大，内能最高，是最不稳定的构象。在乙烷的交叉式构象中，两个碳原子上的氢原子距离最大，因而 C—H 键上的σ电子对之间相距最远，相互排斥力最小，内能最低，是最稳定的构象。但重叠式和交叉式构象能量相差不大，约为 12kJ/mol。因此，在室温下分子所具有的平均动能足以克服该能垒，使两种构象以极快的速度相互转化，不可能分离出其中的任何一种构象，只有在接近绝对零度的低温时，分子才以交叉式构象存在。乙烷分子中 C—C 键扭转时，分子内能的变化如图 2-3 所示。

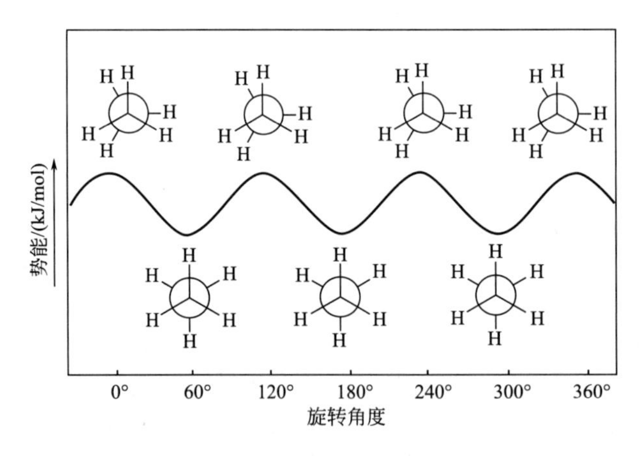

图 2-3　乙烷各种构象的能量变化

由图 2-3 可以看出，随 C—C σ键的旋转，乙烷构象的能量变化呈正弦曲线，曲线上任何一点都对应一个构象。因此，在室温条件下乙烷的构象有无数多个，是处于交叉式、重叠式和介于这两者之间的无数构象的动态平衡混合物，因为受到能量的制约，而趋向处于能量最低的交叉式或其附近的构象。

2.3.2 丁烷的构象

丁烷可以看作乙烷的二甲基衍生物。当丁烷的 C2—C3 σ键扭转时，两个甲基在空间的相对位置将不断发生变化，其典型的构象共有四种：

旋转60° 旋转60° 旋转60°

（Ⅰ）	（Ⅱ）	（Ⅲ）	（Ⅳ）
完全重叠式	邻位交叉式	部分重叠式	对位交叉式
顺叠式	顺错式	反错式	反叠式

其中能量最低最稳定的构象是对位交叉式，因为其不仅体积最大的两个甲基距离最大，彼此斥力最小，而且σ电子对之间的排斥力也最小；其次是邻位交叉式构象和部分重叠式构象，显然完全重叠式构象能量最高，是最不稳定的构象。但是它们之间的能量差也不大，在室温条件下分子所具有的动能足以使 C—C σ键自由旋转，从而形成由对位交叉式和完全重叠式作为两个极限的无数种构象的平衡混合物，其中因对位交叉式能量最低而占优势，能量最高的完全重叠式构象实际上并不存在，和乙烷的构象一样，在室温下也无法使这些不同的构象彼此分离。丁烷的 C2—C3 σ键在 0° ～360° 间旋转时，对应的各种构象的能量变化如图 2-4 所示。

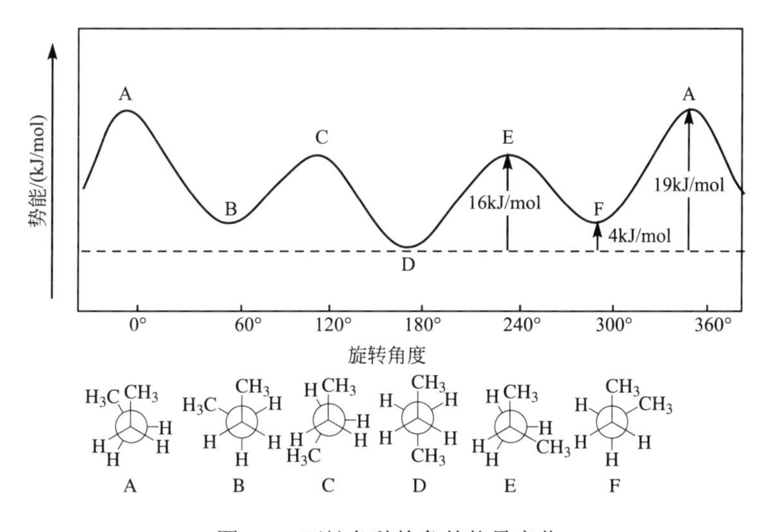

图 2-4 丁烷各种构象的能量变化

同样，在正丁烷分子中，当 C1—C2 σ键、C3—C4 σ键旋转时也可以产生不同的构象，可见烷烃的构象随着分子中碳原子数目的增多变得越来越复杂，但是它们主要以能量最低最稳定的构象（优势构象）存在。因为构象对有机化合物的性质有重要影响，所以构象是有机化合物结构的重要内容之一，是立体化学不可缺少的内容。

[问题 2-5] 用 Newman 投影式表示 2,2,3,3-四甲基丁烷 C2—C3 键旋转的典型构象，并指出哪一个是优势构象。

[问题 2-6] 用透视式表示 CH_2BrCH_2OH 最稳定和最不稳定的构象。

2.4 烷烃的物理性质

由于烷烃的组成元素碳和氢之间电负性差别很小，碳原子又具有四面体结构的对称性，因此一般认为烷烃为非极性分子，分子间作用力主要是色散力。室温下 C_1～C_4 的烷烃为无色气体，C_5～C_{17} 的烷烃为黏度逐渐增大的无色液体，从十八烷开始为固体，表 2-2 是一些烷烃的物理常数。

表 2-2 一些烷烃的物理常数

名称	构造式	熔点/℃	沸点/℃	密度/（g/mL）
甲烷	CH_4	−182	−162	
乙烷	CH_3CH_3	−172	−88.5	
丙烷	$CH_3CH_2CH_3$	−187	−42	
正丁烷	$CH_3(CH_2)_2CH_3$	−138	0	
正戊烷	$CH_3(CH_2)_3CH_3$	−130	36	0.626
正己烷	$CH_3(CH_2)_4CH_3$	−95	69	0.659
正庚烷	$CH_3(CH_2)_5CH_3$	−90.5	98	0.684
正辛烷	$CH_3(CH_2)_6CH_3$	−57	126	0.703
正壬烷	$CH_3(CH_2)_7CH_3$	−54	151	0.718
正癸烷	$CH_3(CH_2)_8CH_3$	−30	174	0.730
正十一烷	$CH_3(CH_2)_9CH_3$	−26	196	0.740
正十二烷	$CH_3(CH_2)_{10}CH_3$	−10	216	0.749
正十三烷	$CH_3(CH_2)_{11}CH_3$	−6	234	0.757
正十四烷	$CH_3(CH_2)_{12}CH_3$	5.5	252	0.764
正十五烷	$CH_3(CH_2)_{13}CH_3$	10	266	0.765
正十六烷	$CH_3(CH_2)_{14}CH_3$	18	280	0.775
正十七烷	$CH_3(CH_2)_{15}CH_3$	22	292	
正十八烷	$CH_3(CH_2)_{16}CH_3$	28	308	
正十九烷	$CH_3(CH_2)_{17}CH_3$	32	320	
正二十烷	$CH_3(CH_2)_{18}CH_3$	36	343	
异丁烷	$(CH_3)_2CHCH_3$	−159	−12	
异戊烷	$(CH_3)_2CHCH_2CH_3$	−160	28	0.620
新戊烷	$(CH_3)_4C$	−17	9.5	
异己烷	$(CH_3)_2CH(CH_2)_2CH_3$	−154	60	0.654
3-甲基戊烷	$CH_3CH_2CH(CH_3)CH_2CH_3$	−118	63	0.676
2,2-二甲基丁烷	$(CH_3)_3CCH_2CH_3$	−98	50	0.649
2,3-二甲基丁烷	$(CH_3)_2CHCH(CH_3)_2$	−129	58	0.668

（1）沸点

因为色散力随分子量的增加而增大，所以直链烷烃的沸点随分子量增加而升高。

一般来说，同分异构体沸点随支链的增加而降低，因为支链的存在，降低了分子结构的规整性，使分子间距离加大，分子间力减小，例如正戊烷的沸点高于异戊烷。分子的形状也是决定沸点高低的重要因素。例如正戊烷的沸点显著高于新戊烷。

$$CH_3CH_2CH_2CH_2CH_3 \qquad CH_3CH(CH_3)CH_2CH_3 \qquad CH_3C(CH_3)_2CH_3$$

正戊烷（熔点36℃）　异戊烷（熔点28℃）　新戊烷（熔点9.5℃）

因为新戊烷中四个甲基环绕中心碳作四面体分布，整个分子很像一个密实的球，而正戊烷分子伸展，呈椭圆球形。分子越近乎球形，表面积越小，与相邻分子的接触面积越小，分子间力也越小，沸点也就越低。

总之，在烷烃的同分异构体中，以直链烷烃的沸点最高，支链越多沸点越低。

（2）熔点

和沸点相似，直链烷烃的熔点也是随着碳原子数目的增加而升高。

在烷烃同分异构体中，支链烷烃的熔点一般比直链烷烃的熔点低。但是，当支链烷烃分子的对称性较高时，则因比较容易进入晶格中形成整齐排列，往往具有更高的熔点。戊烷三种异构体熔点的变化就是一个很好的例子。

$$CH_3CH_2CH_2CH_2CH_3 \qquad CH_3CH(CH_3)CH_2CH_3 \qquad CH_3C(CH_3)_2CH_3$$

正戊烷（熔点-130℃）　异戊烷（熔点-160℃）　新戊烷（熔点-17℃）

（3）溶解度

烷烃是非极性化合物，不溶于水和其他极性高的溶剂，而易溶于苯、醚、氯仿等非极性和弱极性的溶剂，这是“相似相溶”规则的一个例子。因为烷烃的化学性质稳定，所以液态烷烃是非极性和弱极性物质的良好溶剂。例如，石油制品溶剂油（C_7～C_{11}，沸点 150～200℃的烷烃混合物）是油漆和橡胶的溶剂，轻汽油（C_5～C_6，沸点 40～60℃的烷烃混合物）用来从大豆、花生等油料中浸出油脂，是食用油脂工业广泛使用的溶剂。

（4）密度

烷烃比水轻，其相对密度随分子量增加而逐渐增大，最后接近 0.8。主要原因是烷烃的分子间力与分子量成正比，分子间力增大导致分子间距离减小，相对密度增加。因为分子之间不能无限地接近，所以烷烃的相对密度随分子量增加而增大，并趋近 0.8 左右。绝大部分有机化合物的相对密度都小于 1，比水轻，因为与烷烃相似，许多有机化合物的主要部分是由碳和氢构成的。相对密度大于 1 比水重的有机物都含有氯、溴、碘等原子量较大的原子。

2.5　烷烃的化学性质

烷烃的卤化

烷烃分子中只含 C—C 及 C—H σ键，σ键键能高，可极化性小，所以烷烃是一类没有官能团的、化学性质很稳定的有机化合物。在常温下烷烃与强酸、强碱、强氧化剂及还原剂无作用。但是，烷烃的化学稳定性是相对的，在一定的条件下也会发生某些反应。

2.5.1　烷烃的卤化反应

在光照（紫外线）或高温条件下，烷烃与卤素单质发生反应，结果烷烃分子中的 H 原子被卤原子取代生成卤代烷烃并放出卤化氢，这一反应称为卤化反应。例如将甲烷与氯气混合，进行光照或加热到400℃会迅速发生氯化反应：

$$CH_4 + Cl_2 \xrightarrow[\text{或 }400℃]{\text{光}} CH_3Cl + CH_2Cl_2 + CHCl_3 + CH_3CH_3 + HCl + \cdots$$

结果生成多种产物的混合物。

（1）卤化反应的机理——自由基取代

由甲烷的氯化反应可见，烷烃卤化反应总是生成多种产物的复杂混合物。如何控制反应条件使反应以某种产物为主，以提高反应的原子经济性是实际中必须解决的问题。要做到这点必须了解反应发生的原因、旧键断裂与新键生成的方式、在反应物转变成产物的过程中原子或基团相互连接的次序和方式发生了哪些变化，从而找到制约反应过程的因素，达到调节控制反应的目的。这就是化学反应机理（reaction mechanism）要阐明的基本内容与要解决的主要问题。

在大量实验的基础上，通过理论分析和总结，证明了烷烃卤化反应的机理是自由基取代反应。烷烃自由基取代反应机理包括链引发、链增长和链终止三个阶段。以甲烷氯化反应为例，机理如下：

第一阶段　链引发（initiation）

链引发是生成自由基的最初阶段。Cl_2分子吸收光量子或在高温下热振动均裂成两个氯自由基（Cl·）

$$Cl—Cl \xrightarrow[\text{或}\triangle]{h\nu} 2Cl\cdot \qquad \Delta H=242.4\ kJ/mol$$

第二阶段　链增长（propagation）

氯自由基（Cl·）价层电子构型（$2s^2 2p_x^2 2p_y^2 2p_z^1$）不完整，能量高因而具有很高的反应活性，它一旦形成就迅速发生生成新自由基的一系列反应，这一系列反应称为链增长，也叫链传递。

首先，Cl·使甲烷脱氢原子生成甲基自由基（$\cdot CH_3$）和HCl：

$$Cl\cdot + H—CH_3 \longrightarrow \cdot CH_3 + HCl \qquad \Delta H = 4.184\ kJ/mol$$

$\cdot CH_3$也很活泼，它与Cl_2反应夺取一个Cl·生成CH_3Cl和Cl·：

$$\cdot CH_3 + Cl—Cl \longrightarrow CH_3Cl + Cl\cdot \qquad \Delta H = -106.7\ kJ/mol$$

这个步骤产生的Cl·既可使CH_4脱去氢原子重复以上反应，又可以使CH_3Cl去氢原子，开始一个生成$\cdot CH_2Cl$的新反应。

$$Cl\cdot + H—CH_2Cl \longrightarrow \cdot CH_2Cl + HCl$$

$$\cdot CH_2Cl + Cl—Cl \longrightarrow CH_2Cl_2 + Cl\cdot$$

整个反应连锁循环，生成CH_3Cl、CH_2Cl_2、$CHCl_3$、CCl_4等一系列产物。所以，这个反应阶段称为链增长或链传递。

第三阶段　链终止（termination）

链增长的连锁循环可被终止反应打破。毁灭自由基或形成稳定的、无反应活性化合物的任何反应都能终止自由基链增长反应。烷烃卤化反应是通过自由基相互结合终止的。例如：

$$Cl\cdot + \cdot CH_3 \longrightarrow CH_3Cl$$

$$\cdot CH_3 + \cdot CH_3 \longrightarrow CH_3CH_3$$

通过生成无反应活性自由基终止连锁反应将在第 19 章中介绍。

[问题 2-7]　由环己烷与氯在光照条件下反应制备一氯环己烷，试写出反应机理。

通过共价键均裂产生自由基而进行的反应称为自由基反应（free-radical reactions）。自由基反应分为自由基取代与自由基加成两类，后者将在 3.4 节讨论。自由基反应的特点是：a.被光照、高温或过氧化物催化；b.反应过程可划分为链引发、链增长和链终止三个阶段；c.一般在气相或非极性溶剂中容易进行。自由基化学在有机合成中有广泛应用，也是生命科学、材料科学、环境科学等新兴边缘科学重要的理论基础。

（2）自由基取代反应过程的能量变化

由烷烃卤化反应机理可知，烷烃的自由基卤化反应一经引发，反应速率取决于烷基自由基 R·的生成速率，或烷烃脱氢的难易程度。这一点由图 2-5 烷烃卤化反应过程的能量曲线清晰可见。链引发产生的自由基 Cl·进攻烷烃 RH 夺取 H 原子，随着相互作用的程度加深，体系能量逐渐升高并达到反应过程的最高能量状态——过渡态 I，此时旧的 R—H 键部分均裂，新的 H—Cl 键部分形成，R 与 Cl 具有部分自由基（δ·）的性质，这是一种结构不能确定的状态，体系能量达到最高点。随着反应进一步展开，R—H 键完全均裂，H—Cl 键完全生成，产生活性中间体烷基自由基 R·，体系能量降到一个较低点。

$$H—R + Cl\cdot \rightleftharpoons \left[\overset{\delta^+}{R}\cdots H\cdots \overset{\delta^-}{Cl}\right] \rightleftharpoons R\cdot + HCl$$

过渡态 I

烷基自由基是一个能量高的活性中间体，随即与 Cl_2 作用，经过渡状态 II 生成产物 RCl。

$$R\cdot + Cl—Cl \rightleftharpoons \left[\overset{\delta^+}{R}\cdots Cl\cdots \overset{\delta^-}{Cl}\right] \rightleftharpoons Cl\cdot + RCl$$

过渡态 II

图 2-5 中的能量曲线表明活化自由能$\Delta G_1^{\neq}>\Delta G_2^{\neq}$，亦即烷基自由基 R·的生成是烷烃卤化反应最困难、最慢的一步，它决定了整个反应的速率，称为多步化学反应的决速步骤或限速步骤。能量曲线也表明，限速步骤活化自由能的大小决定了过渡态 I 的能量高低。但是过渡态是一种旧键部分破裂、新键部分生成、其结构不能确定的状态，当然无法通过分析它的结构确定过渡态能量的高低。然而，活性中间体烷基自由基 R·不仅结构确定，而且它的稳定性大小与过渡态 I 的能量高低总是一致的。或者说，活性中间体较稳定，过渡态的能量也较低；活性中间体较不稳定，过渡态的能量也较高。这样，通过分析活性中间体烷基自由基 R·的结构，辨认其稳定性高低，可以估计限速步骤活化自由能的大小，判别反应进行的难易程度。总之，活性中间体越稳定，越容易生成，反应越容易进行；活性中间体能量越高生成越困难，反应越难进行。这就是多步有机化学反应一个

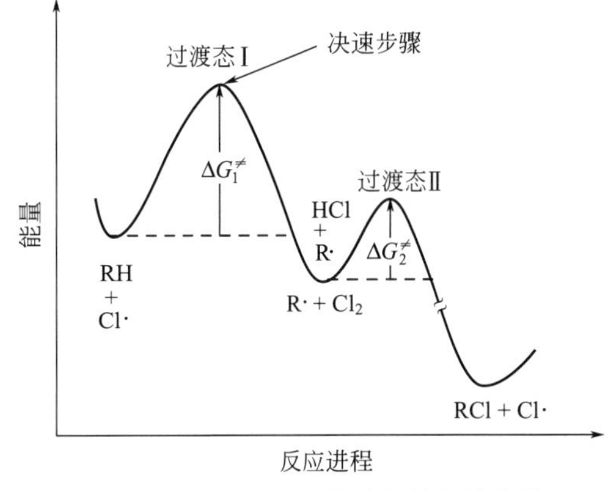

图 2-5　烷烃卤化反应过程的能量变化

普遍的规律，体现了能量最低原理。

（3）自由基反应的选择性和烷基自由基的稳定性

在烷烃的卤化反应中底物（烷烃）和试剂（卤素）的活性都表现出一定的规律。首先考察以下实验事实：

反应Ⅰ，将等物质的量的甲烷和乙烷与氯气混合，在光照下进行反应，结果所得一氯甲烷（CH_3Cl）和一氯乙烷（CH_3CH_2Cl）的比例为1∶400。

$$CH_4 + CH_3CH_3 \xrightarrow[h\nu]{Cl_2} Cl{-}CH_3 + Cl{-}CH_2CH_3$$

反应Ⅱ，丙烷在光照条件下分别进行氯化和溴化。两种一氯代物1-氯丙烷（$CH_3CH_2CH_2Cl$）与2-氯丙烷（$CH_3CHClCH_3$）之比为9∶11，两种一溴代物1-溴丙烷（$CH_3CH_2CH_2Br$）与2-溴丙烷（$CH_3CHBrCH_3$）之比为1∶49。

$$CH_3CH_2CH_3 \xrightarrow[h\nu]{Cl_2} CH_3CH_2CH_2Cl + CH_3CH(Cl)CH_3 \quad 9:11 \qquad \text{Ⅰ}$$

$$CH_3CH_2CH_3 \xrightarrow[h\nu]{Br_2} CH_3CH_2CH_2Br + CH_3CH(Br)CH_3 \quad 1:49 \qquad \text{Ⅱ}$$

先分析氯化反应。从碰撞概率看，反应Ⅰ中CH_4有四个H原子，CH_3CH_3有六个H原子，CH_3Cl与CH_3CH_2Cl之比应为2∶3；同理反应Ⅱ中$CH_3CH_2CH_2Cl$与$CH_3CHClCH_3$之比应为3∶1。显然，这与实验结果大不相同。事实表明，在烷烃的卤化反应中，不同位置的H原子具有不同的反应活性，显示出底物具有选择性。

$$R_3C{-}H \quad R_2CH{-}H \quad R{-}CH_2{-}H \quad H_3C{-}H$$

卤化反应中氢原子活性降低 →

这个规律可由下面的伯、仲、叔、甲烷C—H键的离解能大小得到证明：

$$H_3C{-}H \longrightarrow \cdot CH_3 + H\cdot \qquad 434.7kJ/mol$$

$$CH_3CH_2{-}H \longrightarrow \cdot CH_2CH_3 + H\cdot \qquad 409.6kJ/mol$$

$$(CH_3)_2CH{-}H \longrightarrow \cdot CH(CH_3)_2 + H\cdot \qquad 397.1kJ/mol$$

$$(CH_3)_3C{-}H \longrightarrow \cdot C(CH_3)_3 + H\cdot \qquad 380.4kJ/mol$$

C—H键的离解能越小，键均裂时体系吸收的能量越小，氢原子被取代的活性越高，生成的烷基自由基也相对越稳定。因此，各种烷基自由基的稳定性大小排序如下：

$$R_3C\cdot \quad R_2\dot{C}H \quad R{-}\dot{C}H_2 \quad \cdot CH_3$$

3° 2° 1° 甲基自由基

自由基能量增加，稳定性降低 →

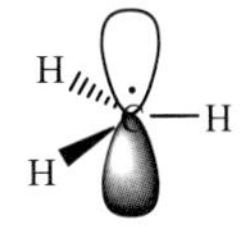

图 2-6　甲基自由基的结构

烷基自由基的结构以甲基自由基为例进行说明（见图 2-6）。中心碳原子与双键碳原子相似地进行 sp^2 杂化，三个 sp^2 轨道共平面，自由基单电子处于垂直于该平面的未杂化的 p 轨道上。关于烷基自由基的稳定性规律将在 3.4.3 节进一步讨论。

烷烃分子不同位置的氢原子在卤化反应中活性不同，其根本原因是形成过渡态所需要的活化自由能大小不同，或者说活性中间体自由基的稳定性不同。如图 2-7 所示，因为$\Delta G_1^{\neq} < \Delta G_2^{\neq}$，或者稳定性 $CH_3\dot{C}HCH_3 > CH_3CH_2\dot{C}H_2$，所以仲氢的活性高于伯氢。

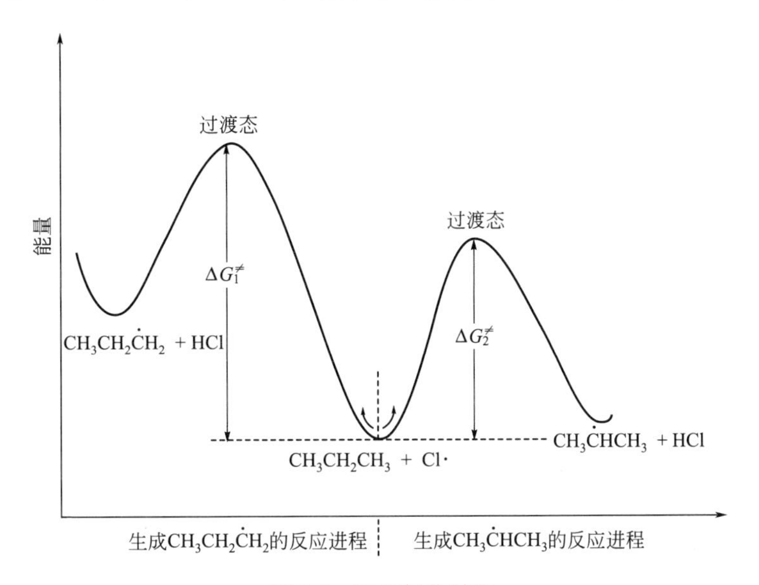

图 2-7　丙烷氯化过程

由反应Ⅱ可见，烷烃的溴化反应与氯化反应相比显示出很高的选择性。丙烷的溴化产物 $CH_3CHBrCH_3$ 占 98%，而其氯化产物 $CH_3CHClCH_3$ 只有 55%。如图 2-8 所示，因为自由基 Cl·的能量比 Br·高，所以形成过渡态溴化反应（$\Delta G_1^{\neq}$）所需活化自由能高于氯化反应（$\Delta G_2^{\neq}$）。这样，氯化反应的能量低，多种自由基都比较容易生成，主要产物的优势并不十分明显，即选择性不高。相反，溴化反应的能量高，只有相对比较稳定的自由基才能迅速形成，主要产物的优势非常明显，即选择性很高。

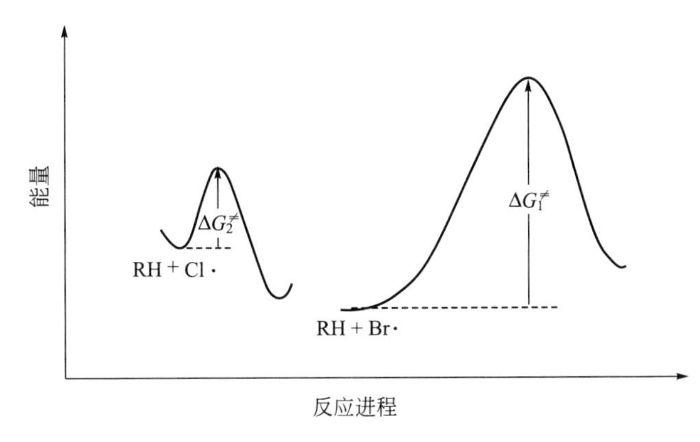

图 2-8　烷烃氯化反应与溴化反应决速步骤的能量变化

烷烃卤化反应中试剂 X_2 的活性随元素电负性降低而下降，因为相应的自由基 X·能量降低。其中氯化反应和溴化反应比较平稳，氟化反应非常剧烈难以控制，碘化反应则因 I·活性太低而不能进行。

$$\xrightarrow{F_2 \quad Cl_2 \quad Br_2 \quad I_2}$$

与烷烃卤化反应活性降低

这一规律可由表 2-3 得到证明。

表 2-3 甲烷卤化反应（$X_2+CH_4 \longrightarrow CH_3—X+HX$）的热效应（$\Delta H$）

X_2	ΔH/（kJ/mol）	X_2	ΔH/（kJ/mol）
F_2	−422.2	Cl_2	−105.4
Br_2	−33.4	I_2	54.3

[问题 2-8] 由丙烷通过下列两步反应制备异丙醇，第一步反应最好采用何种试剂？

$$CH_3CH_2CH_3 \xrightarrow[h\nu]{X_2} CH_3\underset{\displaystyle X}{\underset{|}{C}}HCH_3 \xrightarrow{OH^-} CH_3\underset{\displaystyle OH}{\underset{|}{C}}HCH_3 + X^-$$

[问题 2-9] 2-甲基丁烷的氯化反应，一氯代产物有四种，它们的比例为：

$$CH_3\overset{\displaystyle CH_3}{\overset{|}{C}}HCH_2CH_3 + Cl_2 \xrightarrow{300℃} \underset{34\%}{ClCH_2\overset{\displaystyle CH_3}{\overset{|}{C}}HCH_2CH_3} + \underset{16\%}{CH_3\overset{\displaystyle CH_3}{\overset{|}{C}}HCH_2CH_2Cl}$$

$$+ \underset{28\%}{CH_3\overset{\displaystyle CH_3}{\overset{|}{C}}H\underset{\displaystyle Cl}{\underset{|}{C}}HCH_3} + \underset{22\%}{CH_3\overset{\displaystyle CH_3}{\overset{|}{\underset{\displaystyle Cl}{\underset{|}{C}}}}CH_2CH_3}$$

这一反应结果是否与烷烃卤化反应氢原子的活性顺序相矛盾？为什么？

[问题 2-10] 写出 2,2,4-三甲基戊烷进行卤化反应时可能得到的一卤代产物的构造式。

2.5.2 烷烃的催化氧化

烷烃在通常条件下是不被氧化的，但在金属氧化物或金属盐存在下，烷烃的部分氧化反应也能发生。例如以碳原子数目 20～30 的高级烷烃——石蜡为原料，在高锰酸钾、二氧化锰等催化下，用空气氧化可制得高级脂肪酸。

$$RCH_2CH_2R' + O_2 \xrightarrow[110℃]{MnO_2} RCOOH + R'COOH$$

这一反应很有意义，它提高了烷烃的经济价值，这些脂肪酸是很有用的工业原料。目前，我国已采用这一方法进行工业生产合成脂肪酸，其中 C_{12}～C_{13} 的高级脂肪酸可代替动植物油脂用于制造肥皂。

2.6 烷烃的来源和用途

2.6.1 烷烃的来源

工业上烷烃的主要来源是石油和天然气（见表2-4）。

表2-4 石油的主要馏分

蒸馏温度/℃	馏分碳原子数	用途
<20	C_1～C_4	天然气、液化气等
20～60	C_5～C_6	石油醚
60～100	C_6～C_7	粗汽油
40～200	C_5～C_{10}	汽油
175～325	C_{12}～C_{18}	煤油
250～400	≥C_{12}	柴油
难挥发液体	≥C_{20}	矿物油、润滑油
难挥发固体	≥C_{20}	固体石蜡、沥青、焦油

天然气中主要成分是甲烷（80%～90%），还有少量乙烷、丙烷、丁烷等低级烷烃。

2.6.2 烷烃的用途

甲烷是重要的燃料，也用于制造氢气、一氧化碳等化工原料；乙烷工业上主要通过蒸汽裂解生产乙烯；丙烷一般被压缩成液化石油气使用，也是生产丙醇的原料；丁烷也是液化石油气的成分之一，还可做亚临界生物技术萃取剂、制冷剂，经酸催化异构成异丁烷，制备高辛烷值液体燃料的原料；戊烷可用作低沸点溶剂、塑料工业发泡剂，与2-甲基丁烷一起用作燃料，制造人造冰、麻醉剂等；己烷主要用作溶剂，例如食用植物油的提取剂；六个碳以上的烷烃主要用途为燃料、化工原料和润滑油等。

其中2,2,4-三甲基戊烷（即异辛烷）和正庚烷是测定汽油辛烷值（抗震性）的标准燃料。异辛烷的抗爆性较好，辛烷值给定为 100，正庚烷的抗爆性差，给定为 0。汽油辛烷值是按标准条件，在实验室标准单缸汽油机上用对比法进行测定的。调节标准燃料组成的比例，使标准燃料产生的爆震强度与试样相同，此时标准燃料中异辛烷所占的体积分数就是试样的辛烷值。

阅读材料

甲烷与全球气候变暖

人们熟知的温室气体首推二氧化碳（CO_2），而甲烷的温室效应却鲜为人知。2018 年 4 月 2 日，美国能源部劳伦斯伯克利国家实验室的研究人员首次直接证明了甲烷导致地球表面温室效应不断增加。研究表明，由 CH_4 引起的温室效应占总效应的 20%以上。CO_2 和 CH_4 构成了大气中两种重要的温室气体，其正常的平衡存在量约占大气体积的 0.3%。甲烷在大气中的浓度比 CO_2 少得多，但是增长率却大得多。据联合国政府间气候变化委员会（IPCC）1996 年发表的第二次气候变化评估报告（《报告》），1750～1990 年共 240 年间 CO_2 增加了 30%，而同期甲烷却增加了 145%。

温室气体滞留、吸收太阳能和地球表面辐射能量，因而对地球起保温作用，称为温室效应。由于温室效应使地球保持 15℃的平均气温，否则的话地球的平均温度将是−18℃。但是全球迅速工业化，越来越多地燃用烃类有机物（煤、石油和天然气）获取能源，超量排放 CO_2 使大气中的 CO_2 含量增加；畜牧业的高速发展，每年向大气排放的 CH_4 多达 50 亿吨，一头奶牛一昼夜排放 CH_4 多达 $500dm^3$。因此大气中的温室气体逐渐高出正常值，破坏了地球的热平衡，使地球平均温度缓慢上升，从 19 世纪中期至今已上升了 0.43℃，且上升速度正在加快。计算表明，如果地球的平均温度下降 2℃，则地球会进入第二个冰河时期，若上升 2℃则足以引起两极冰盖融化，导致海平面上升（全部融化海平面将上升 60 米），人类将会丧失工农业生产和经济最发达的滨海地区。全球气候变暖使降雨量分布更不均匀，中纬度旱灾频发，我国西北内陆和黄河流域、中东、非洲将更加缺乏雨水；我国天山、祁连山冰川将后退缩小，长江黄河水源将日趋枯竭；全球气候变暖使物种灭绝速度加快，而微生物、病毒肆虐，人类成为微生物、病毒攻击的对象。

因此，人类正共谋控制和减少温室气体的排放，加速研究开发利用温室气体 CO_2 和 CH_4 的一碳化工技术，使大气中的温室气体保持在正常的数量。

本章小结

1.烷烃的通式为 C_nH_{2n+2}，属于饱和烃。烷烃的同分异构是由碳链构造不同引起的，称碳链异构。

2.烷烃分子去掉一个氢原子剩余的部分叫作烷基，烷基和烃基用 R—表示。

3.烷烃分子的命名有习惯命名法、衍生物命名法和系统命名法。其中系统命名法最重要，其关键是选择含取代基最多的、最长的碳链作主链。

4.烷烃分子中只含σ键，σ键的特点是可以绕键轴任意旋转。由于 C—C σ键的旋转所产生的分子中原子或基团不同的空间排列方式称为构象。构象异构体以透视式或 Newman 投影式表示。构象异构体有无限多个。丁烷的典型构象考虑 C2—C3 键旋转时有四种，其中以对位交叉式最稳定，是优势构象。

5.“相似相溶”是判定物质相互溶解性的经验规律。“相似”本质上是指分子极性相似。

6.烷烃的化学性质稳定，通常条件下与强酸、强碱、强氧化剂等无作用，但在光照、高温或过氧化物催化下，烷烃可发生卤化反应。卤化反应是自由基取代反应，反应历程由链引发、链增长、链终止三个相互关联的阶段构成。

习　　题

2-1　用系统命名法命名下列化合物，并标出其中的叔碳原子和季碳原子。

```
         H2C—CH3                           H2C—CH3
          |                                 |
         CH2                               CH2
          |                                 |
(a) H3C—CH—CH—CH2—CH3         (b) H3C—C—CH—CH2—CH3
              |                             |   |
             CH2                           CH3 CH2
              |                                 |
            H2C—CH3                           H2C—CH3
```

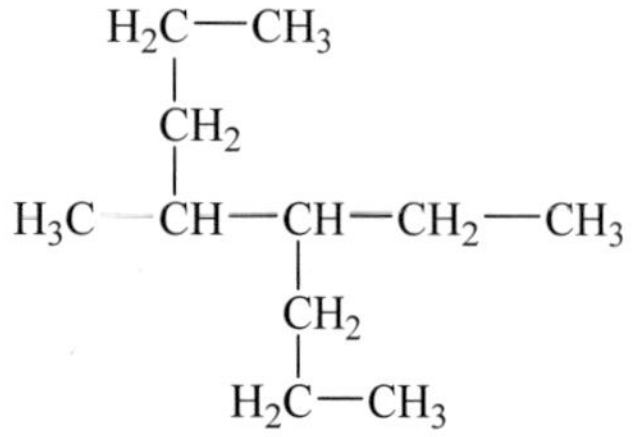

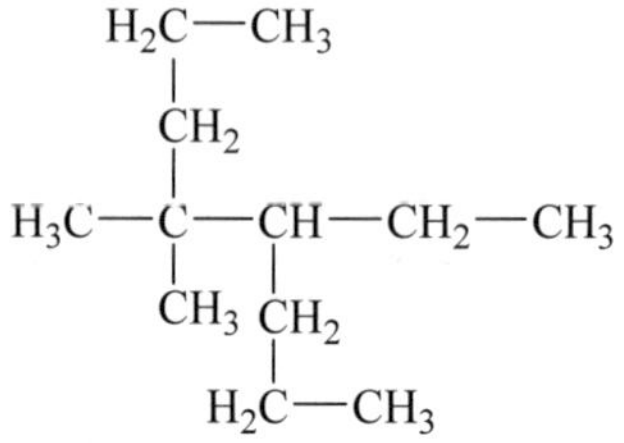

（c）$(CH_3)_3CCH(CH_3)_2$　　（d）$(CH_3)_2CH(CH_2)_3C(CH_3)_3$

（e）$CH_3CH(C_2H_5)CH(CH_3)CH(CH_3)_2$

2-2　写出下列烷烃的构造式。

（a）2,2-二甲基-3-乙基己烷　　（b）2-甲基-4-乙基庚烷

（c）2,3,5-三甲基-4-正丙基庚烷　　（d）3,3,4-三甲基-5-（1,2-二甲基丙基）壬烷

（e）二甲基乙基甲烷

2-3　根据烷烃沸点高低的规律，按沸点由高到低排列下列化合物。

（a）正辛烷　（b）2-甲基庚烷　（c）2,2-二甲基己烷　（d）正己烷

（e）正戊烷　（f）2-甲基己烷　（g）新戊烷　（h）异戊烷

2-4　C_5H_{12} 的异构体中，哪一个仅有一种一氯代物？哪一个有三种一氯代物？哪一个有四种一氯代物？

2-5　写出 3-甲基己烷进行氯化反应时可能得到的一氯代物的构造式。

2-6　比较下列自由基的稳定性大小

（a）$CH_3CH_2\cdot$　（b）$\cdot CH_3$　（c）$CH_3\dot{C}HCH(CH_3)CH_3$　（d）$CH_3CH_2\dot{C}(CH_3)CH_3$

2-7　以 C2 和 C3 的σ键为轴旋转，用 Newman 投影式分别画出 2-甲基丁烷和 2,2-二甲基丁烷的典型构象式，并指出哪一个是稳定的构象。

2-8　将下列透视式构象改为 Newman 投影式构象。

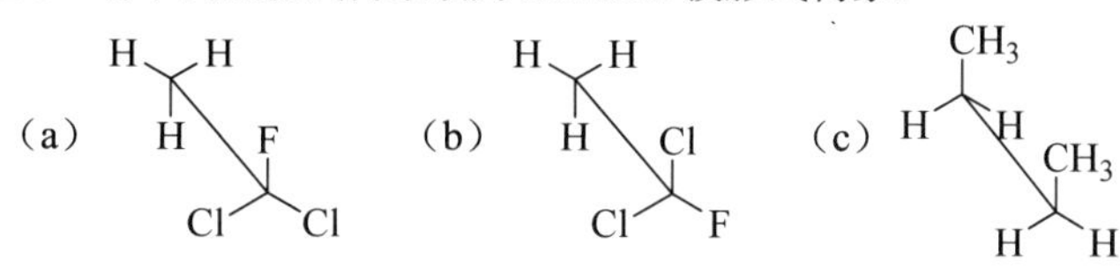

2-9　以甲烷溴化反应为例，利用有关的键能数据，证明烷烃的卤化反应引发阶段 $X_2 \xrightarrow{\text{光}} 2X\cdot$ 不是决速步骤。

2-10　某烃含 C 84.2%，含 H 15.8%，其蒸气密度为空气密度的 3.93 倍，该化合物的一溴代物只有一种，试解释之。

2-11　解释甲烷与乙烷等物质的量混合物与少量氯反应的结果，画出过程的能量曲线。

$$CH_3CH_3 + CH_4 + Cl_2 \longrightarrow \underset{>99\%}{CH_3CH_2Cl} + \underset{<1\%}{CH_3Cl} + HCl$$

第3章　烯　烃

分子中含有碳碳双键（C═C）的不饱和烃，称为烯烃（alkene）。含有一个碳碳双键（C═C）的不饱和烃，称为单烯烃，通式为 C_nH_{2n}。

3.1　烯烃的结构

烯烃中碳原子为 sp^2 杂化，3 个 sp^2 杂化轨道分别与两个 H 一个 C 形成σ键，剩下的一个未杂化的 p 轨道垂直于 sp^2 杂化轨道所在的平面。由于相邻两个碳原子都是 sp^2 杂化，且形成了 C—C σ键，两个剩余的 p 轨道相互平行，肩并肩形成π键。例如乙烯分子，分子中两个 C 四个 H 共平面，∠HCH 键角 118°，∠HCC 键角 121°，C—H 键键长 109 pm，C═C 键键长 134 pm。

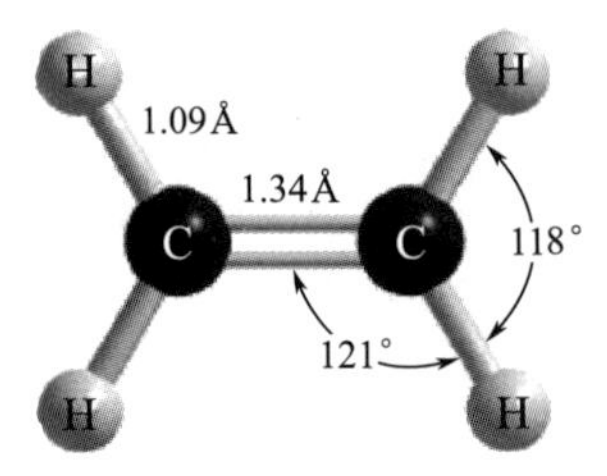

烯烃的结构

烯烃的异构与命名

3.2　烯烃的异构与命名

最简单的烯烃是乙烯（$CH_2=CH_2$），然后是丙烯（$CH_3-CH=CH_2$），它们都没有异构现象。从四个碳原子的烯烃 C_4H_8，开始有异构现象。由于 C═C 的存在，使得烯烃的异构比烷烃复杂，既可由构造因素引起异构，又可由立体因素引起异构。

（1）构造异构与命名

① 构造异构

烯烃的构造异构是由碳链的构造不同和官能团双键（C═C）的位置不同引起的。

a. 碳链异构　与烷烃的碳链异构相同，烯烃也有碳链异构。例如，$CH_3CH_2CH=CH_2$ 和 $CH_3\underset{\underset{\displaystyle CH_3}{|}}{C}=CH_2$，$CH_3CH_2CH_2CH=CH_2$ 和 $CH_3CH_2\underset{\underset{\displaystyle CH_3}{|}}{C}=CH_2$ 的异构都是碳链异构。

b. 位置异构　对于碳链相同的烯烃，由于官能团双键（C═C）位置不同而产生的异构称为位置异构。例如，$CH_3CH_2CH_2CH=CH_2$ 和 $CH_3CH_2CH=CHCH_3$，$CH_3\underset{\underset{\displaystyle CH_3}{|}}{C}HCH=CH_2$

和 $CH_3\underset{CH_3}{\underset{|}{C}}=CHCH_3$ 的异构都是位置异构。

② 命名

烯烃的命名有习惯命名法、衍生物命名法和系统命名法，本书主要介绍系统命名法。烯烃的系统命名法和烷烃相似，其要点如下：

a. 选择包含 C═C 双键在内的最长碳链作主链，其余视为取代基，依主链所含碳原子数目称为某烯。

b. 从最靠近 C═C 双键的一端开始将主链编号。

c. 以双键碳原子中编号较小的数字表示双键的位置，写在烯烃名称的前面。

d. 取代基的书写方法完全等同烷烃。

例如：

$CH_3CH_2CH=CH_2$　1-丁烯

$CH_3CH=CHCH_3$　2-丁烯

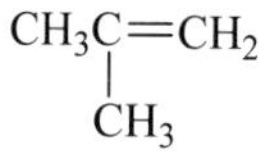

$CH_3\underset{CH_3}{\underset{|}{C}}=CH_2$　甲基丙烯

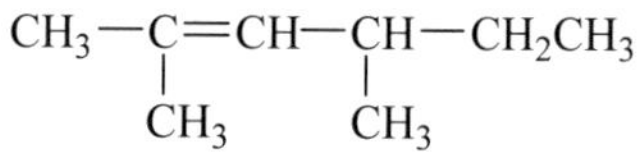

$CH_3-\underset{CH_3}{\underset{|}{C}}=CH-\underset{CH_3}{\underset{|}{CH}}-CH_2CH_3$　2,4-二甲基-2-己烯

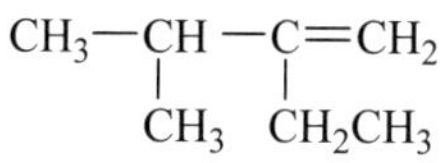

$CH_3-\underset{CH_3}{\underset{|}{CH}}-\underset{CH_2CH_3}{\underset{|}{C}}=CH_2$　3-甲基-2-乙基-1-丁烯

烯烃去掉一个氢原子剩下的部分叫做烯基。重要的烯基有：

$CH_2=CH-$　乙烯基

$CH_3-CH=CH-$　丙烯基

$CH_2=CH-CH_2-$　烯丙基

（2）产生顺反异构的原因与条件

烯烃双键碳原子的σ键共平面，由于π键的存在，使得双键碳原子不能绕σ键键轴自由旋转。当 C═C 双键两端所连的原子或基团均不相同时，它们在空间将会有不同的取向，由此而产生的异构称为顺反异构。顺反异构属有机化合物的构型异构，是立体异构的一种。例如 2-丁烯的顺反异构：

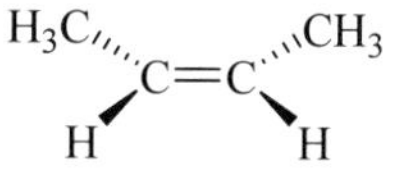

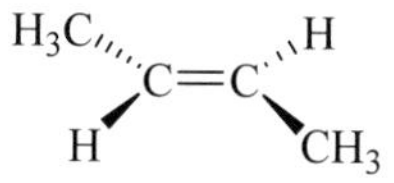

	顺-2-丁烯	反-2-丁烯
结构	H_3C、CH_3 在同侧，H、H 在同侧（$C=C$）	H_3C、CH_3 在异侧（$C=C$）
熔点	−139℃	−106℃
沸点	4℃	1℃

从物理常数可以看出，它们是不同的化合物。

顺反异构的起因是 C═C 双键不能自由扭转，产生条件是每个双键碳原子所连的两个原子或基团互不相同。如 1-丁烯（$CH_3CH_2CH=CH_2$），因有一个双键碳原子连有两个氢原子而无顺反异构现象。

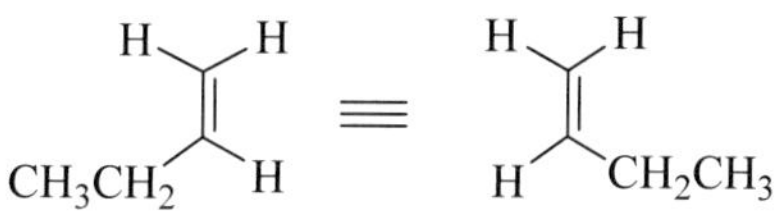

$$\begin{matrix} H & & H \\ & C=C & \\ CH_3CH_2 & & H \end{matrix} \equiv \begin{matrix} H & & H \\ & C=C & \\ H & & CH_2CH_3 \end{matrix}$$

（3）命名

顺反异构体的命名有顺反命名法和 *Z*/*E* 命名法两种。

① 顺反命名法

当双键两端相同的原子或基团在双键的同一侧时称为顺式（*cis*），不在同一侧时称为反式（*trans*），例如：

$$\begin{array}{cccc} H_3C\text{—}C{=}C\text{—}CH_3 \ (H,\ H) & H_3C\text{—}C{=}C\text{—}H \ (H,\ CH_3) & H_3C\text{—}C{=}C\text{—}CH_3 \ (H,\ CH_2CH_3) & H_3C\text{—}C{=}C\text{—}CH_2CH_3 \ (H,\ CH_3) \end{array}$$

顺-2-丁烯 反-2-丁烯 顺-3-甲基-2-戊烯 反-3-甲基-2-戊烯

这种命名法要根据双键两端相同的原子或基团的取向而命名，当碳碳双键上连接的四个原子或基团完全不相同时便无法命名了，因此顺反命名法具有局限性。例如下面一对异构体便无法标明其构型。

$$(H_3C)(H)C{=}C(F)(Cl) \qquad (H_3C)(H)C{=}C(Cl)(F)$$

② *Z*/*E* 命名法

Z/*E* 命名法是比较双键两端的两个原子或基团的相对大小，当大的原子或基团在双键同一侧时称为 *Z* 式，不在同一侧时称为 *E* 式。*Z* 和 *E* 分别取自德文 Zusammen（在同一侧）和 Entgegen（相反）的第一个字母。比如某烯烃 C═C 双键上连有 a、b、d 和 e 四个不同的原子或基团，并假定 a>b，d>e，则下面的两种异构体（Ⅰ）的构型为 *Z*,（Ⅱ）的构型为 *E*。

（大）a　d（大） （大）a　e（小）
C═C　　C═C
（小）b　e（小） （小）b　d（大）
（Ⅰ）　（Ⅱ）

由此可见 *Z*/*E* 命名法的关键是比较双键碳原子上所连的原子或基团的相对大小，比较原子或基团相对大小的依据是顺序规则（sequence rules）。顺序规则的核心意思是原子序数优先原则，即首先比较与双键直接相连的原子的原子序数，原子序数越大越优先，同位素则按质量大小排列，最小的是未共用电子对。常见的原子大小次序如下：

I > Br > Cl > S > P > O > N > C > D > H > 未共用电子对

当直接相连的原子相同时，再比较第二个原子，依此类推，直到分出优先顺序。如—CH_3 和—CH_2CH_3，第一个原子都是碳原子，但在—CH_3 中与碳原子相连的是三个氢原子（H、H、H），而在—CH_2CH_3 中与第一个碳原子相连的是两个氢原子和一个碳原子（H、H、C），碳的原子序数大于氢，因此—CH_2CH_3 优先于—CH_3。

当取代基为不饱和基团时，例如—CH═CH_2，其中第一个碳原子相当于与两个碳原子相连（C、C、H），因此优先于—CH_2CH_3；$\overset{O}{\overset{\|}{-C-H}}$ 中碳原子相当于与两个氧原子相连（O、O、H），因此优先于—CH_2OH（O、H、H）；当—CH═CH_2 与—CH(CH_3)$_2$ 比较时，可以将前者看作 $-\underset{C}{\overset{C}{C}}-\underset{C}{\overset{H}{C}}-H$，而应排在 $-\underset{CH_3}{\overset{H}{C}}-CH_3$ 的前面，几种常用烃基的优先次序为：

$$-C{\equiv}CH > -C(CH_3)_3 > -CH{=}CH_2 > -CH(CH_3)_2 > -CH_2CH_2CH_3 > -CH_2CH_3 > -CH_3$$

顺序规则在第 6 章讨论对映异构时还要用到，因此要熟练掌握。

用 *Z*/*E* 法命名时，表示构型的 *Z*/*E* 写在括号内，放在化合物名称的前面，例如：

$H_3C(H)C=C(H)CH_3$ (Z)-2-丁烯　　$H_3C(H)C=C(H)CH_3$ (E)-2-丁烯　　$H_3C(H)C=C(CH_3)CH_2CH_3$ (E)-3-甲基-2-戊烯　　$H_3C(H)C=C(CH_2CH_3)CH_3$ (Z)-3-甲基-2-戊烯

由上可见，*Z*/*E* 命名法和顺反命名法并不存在完全对应的关系，即顺式异构体的构型不一定是 *Z*，反式异构体的构型不一定是 *E*。显然 *Z*/*E* 命名法适用于所有烯烃顺反异构体的命名。

[问题 3-1] 用系统命名法命名下列化合物

(a) $CH_3CH(CH_3)—CH=C(CH_3)—CH_2CH_3$　(b) $CH_3CH_2—C(=CH_2)—CH_2CH_3$　(c) $CH_3CH_2(H)C=C(CH_2CH_2CH_3)CH(CH_3)CH_2CH_3$

[问题 3-2] 写出分子式为 C_6H_{12} 的所有烯烃的构造式，并指出哪些具有顺反异构。

3.3 烯烃的物理性质

与烷烃同系列相似，烯烃同系列的沸点也随分子量的增加而升高。常温下，烯烃同系列前三个为气体，1-戊烯和其异构体为第一个液态烯烃，1-十八碳烯为第一个固态烯烃。烯烃不溶于水，而溶于有机溶剂，密度都小于 1g/mL。一些烯烃的物理常数见表 3-1。

由表 3-1 可见，顺-2-丁烯与反-2-丁烯相比具有较高的沸点和较低的熔点。其原因是顺式异构体两个甲基位于碳碳双键同侧，分子有一个小的偶极矩，而反式异构体两个甲基处于碳碳双键异侧，键矩相互抵消，分子无极性，所以前者分子间力较大，沸点较高。但顺式异构体分子对称性较低，不易进入晶格，所以熔点较低。这是许多顺反异构体共有的规律。

顺-2-丁烯	反-2-丁烯
$H_3C(H)C=C(H)CH_3$（顺式）	$H_3C(H)C=C(H)CH_3$（反式）
$\mu \neq 0$	$\mu = 0$
沸点　4℃	沸点　1℃
熔点　−139℃	熔点　−106℃

表 3-1　一些烯烃的物理常数

名称	构造式	熔点/℃	沸点/℃	密度/（g/mL）
乙烯	$CH_2=CH_2$	−169	−102	
丙烯	$CH_2=CHCH_3$	−185	−48	
1-丁烯	$CH_2=CHCH_2CH_3$	−185.3	−6.5	
1-戊烯	$CH_2=CH(CH_2)_2CH_3$	−165	30	0.643
1-己烯	$CH_2=CH(CH_2)_3CH_3$	−138	63.5	0.675
1-庚烯	$CH_2=CH(CH_2)_4CH_3$	−119	93	0.698
1-辛烯	$CH_2=CH(CH_2)_5CH_3$	−104	122.5	0.716
1-壬烯	$CH_2=CH(CH_2)_6CH_3$	−81	146	0.731

续表

名称	构造式	熔点/℃	沸点/℃	密度/(g/mL)
1-癸烯	$CH_2=CH(CH_2)_7CH_3$	−87	171	0.743
顺-2-丁烯	*cis*-$CH_3CH=CHCH_3$	−139	4	
反-2-丁烯	*trans*-$CH_3CH=CHCH_3$	−106	1	
异丁烯	$CH_2=C(CH_3)_2$	−141	−7	
顺-2-戊烯	*cis*-$CH_3CH=CHCH_2CH_3$	−151	37	0.655
反-2-戊烯	*trans*-$CH_3CH=CHCH_2CH_3$	−140	36	0.647
3-甲基-1-丁烯	$CH_2=CHCH(CH_3)_2$	−135	25	0.648
2-甲基-2-丁烯	$CH_3CH=C(CH_3)_2$	−123	39	0.660
2,3-二甲基-2-丁烯	$(CH_3)_2C=C(CH_3)_2$	−74	73	0.705

3.4 烯烃的化学性质

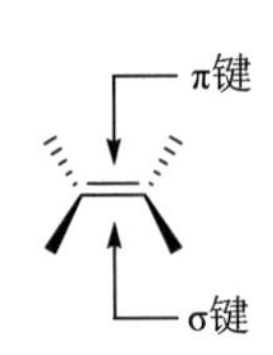

烯烃的官能团 C═C 双键由一个σ键和一个π键构成。由于π键原子轨道交盖程度小，而且分散于σ键所在平面的上下两处，其键能为 263.3kJ/mol，比双键中的σ键键能 346.9kJ/mol 小得多，因此，它易受外电场影响而极化发生化学反应。受活泼 C═C 双键的影响，烯烃分子中与 C═C 双键直接相连的 α-C 也被极化，α-H 显示一定的化学活性。

烯烃官能团 C═C 双键的电子结构及其影响决定了烯烃是一类化学性质活泼的有机物，能发生一系列的化学反应。

3.4.1 加成反应

烯烃 C═C 双键中比较弱的π键在试剂进攻下发生断裂，试剂分别与两个双键碳原子形成两个更强的σ键，这种反应称为加成反应，这是烯烃最重要的一类反应。

在加成反应中，碳原子的杂化状态由 sp^2 变成了 sp^3，不饱和烃变成了饱和化合物。

（1）加氢

在通常条件下，将烯烃与氢气混合，观察不到反应的发生，但是在镍、铂或钯等催化剂存在下，反应迅速发生，C═C 双键中的π键打开被氢所饱和。例如：

$$>C=C< + H_2 \xrightarrow[\text{(Pt 或 Pd)}]{\text{Ni}} -\underset{\text{H}}{\overset{|}{\underset{|}{C}}}-\underset{\text{H}}{\overset{|}{\underset{|}{C}}}-$$

$$CH_3CH=CH_2 + H_2 \xrightarrow{\text{Ni}} CH_3CH_2CH_3$$

这一反应称为催化氢化反应，也叫催化加氢反应。在食品工业中，可用这一反应对食用油脂进行氢化，控制氢化程度可以得到食品工业中包括人造奶油在内的各种不同用途的专用油脂。食用植物油，由于分子结构中含有多个 C═C 双键，分子碳链刚性较强，彼此不能紧密靠近，分子间力较小，因而熔点较低，常温下为液态。液态植物油经催化加氢，C═C 双键被氢饱和，碳链变得比较柔软，分子可紧密靠近，分子间力加大，熔点随之升高，高度氢化时液态油可转变成固态脂。例如：

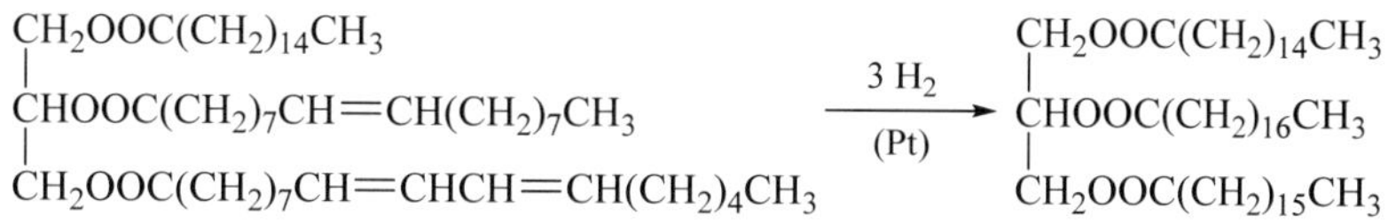

$$\begin{array}{l}CH_2OOC(CH_2)_{14}CH_3\\|\\CHOOC(CH_2)_7CH{=}CH(CH_2)_7CH_3\\|\\CH_2OOC(CH_2)_7CH{=}CHCH{=}CH(CH_2)_4CH_3\end{array}\xrightarrow[(Pt)]{3\,H_2}\begin{array}{l}CH_2OOC(CH_2)_{14}CH_3\\|\\CHOOC(CH_2)_{16}CH_3\\|\\CH_2OOC(CH_2)_{15}CH_3\end{array}$$

烯烃的加氢反应是一个放热反应。一摩尔烯烃打开π键加氢饱和时放出的能量，称为氢化热（heat of hydrogenation）。根据烯烃氢化热的大小可以比较烯烃异构体的稳定性。例如：

$$CH_3CH_2CH{=}CH_2 + H_2 \xrightarrow{Ni} CH_3CH_2CH_2CH_3 \quad + 127\ kJ/mol$$

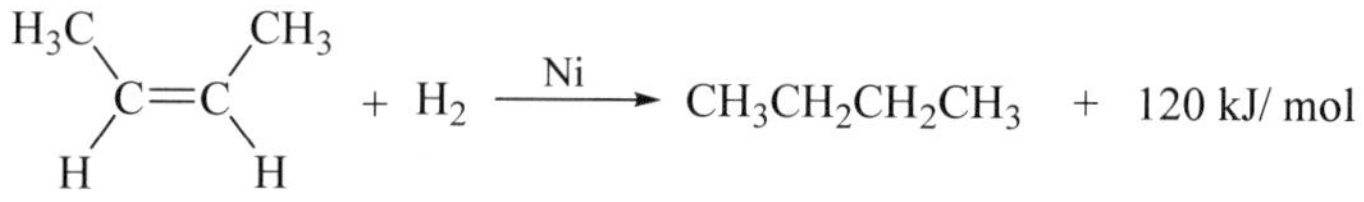

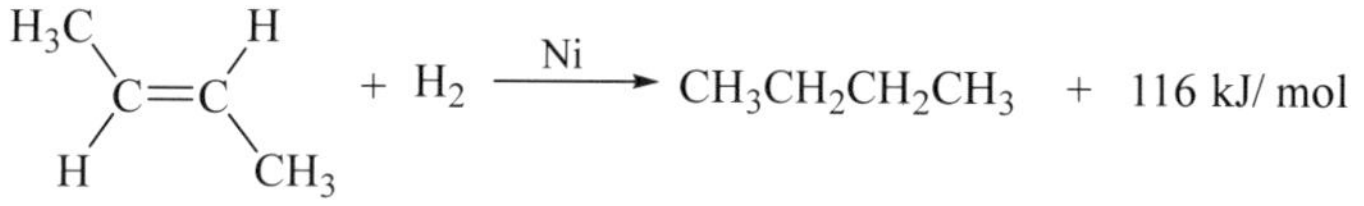

$$\begin{array}{ccc}H_3C & & CH_3\\ & C{=}C & \\ H & & H\end{array} + H_2 \xrightarrow{Ni} CH_3CH_2CH_2CH_3 \quad + 120\ kJ/mol$$

$$\begin{array}{ccc}H_3C & & H\\ & C{=}C & \\ H & & CH_3\end{array} + H_2 \xrightarrow{Ni} CH_3CH_2CH_2CH_3 \quad + 116\ kJ/mol$$

丁烯的几种异构体的加氢反应都生成正丁烷，所放出的热量不同，说明它们原来的能量高低不同。放热多则表明它原来的能量高，较不稳定。这一关系可示意于图 3-1。

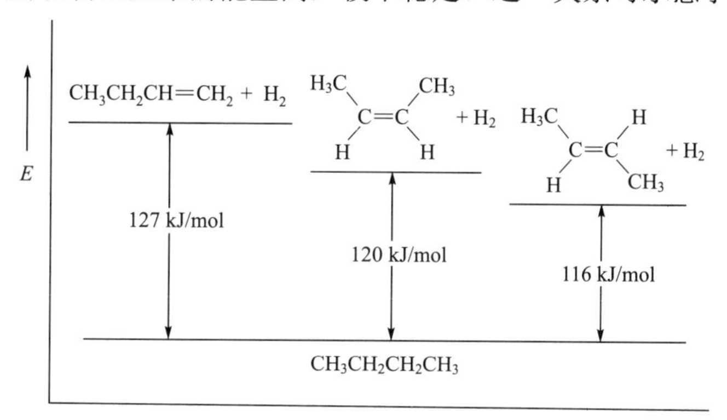

图 3-1　丁烯异构体稳定性的比较

由于顺-2-丁烯的两个—CH_3位于C═C双键同一侧，距离近相互排斥（见图 3-2），所以顺-2-丁烯的稳定性比反-2-丁烯低。1-丁烯的稳定性比 2-丁烯小的原因将在第 4 章讨论。

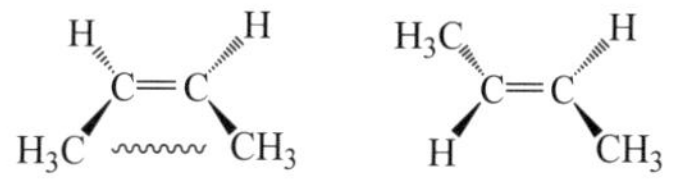

$$\begin{array}{ccc}H & & H\\ & C{=}C & \\ H_3C & \sim\sim\sim & CH_3\end{array}\qquad\qquad\begin{array}{ccc}H_3C & & H\\ & C{=}C & \\ H & & CH_3\end{array}$$

距离近相互排斥　　距离远无排斥

图 3-2　顺-2-丁烯两个—CH_3之间的排斥作用

（2）加卤素（离子型亲电加成）

氯和溴容易与烯烃在液态或气态下反应生成邻二卤代物：

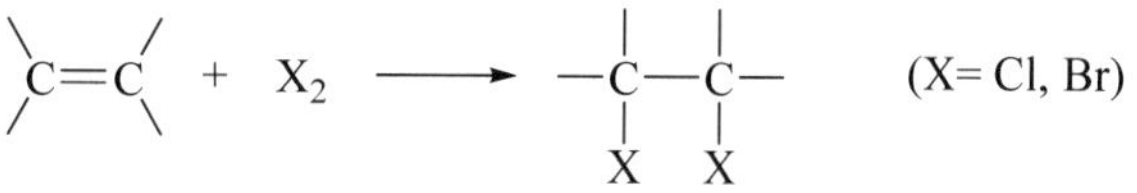

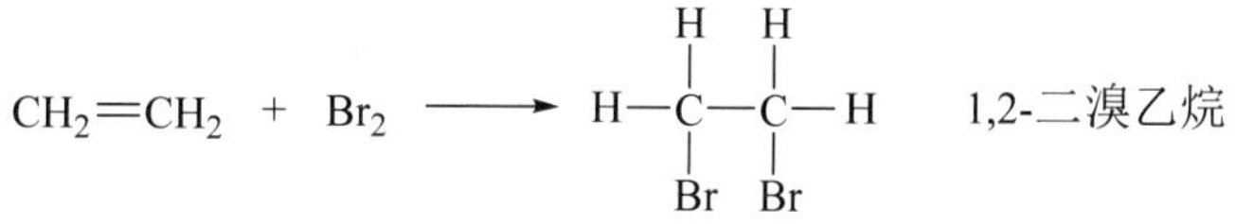

$$\gt C{=}C\lt \; + \; X_2 \longrightarrow -\underset{X}{\overset{|}{\underset{|}{C}}}-\underset{X}{\overset{|}{\underset{|}{C}}}- \qquad (X= Cl, Br)$$

烯烃与溴的加成反应

例如：

$$\underset{棕}{CH_2{=}CH_2} \; + \; \underset{红色}{Br_2} \longrightarrow \underset{无色}{H-\underset{Br}{\overset{H}{C}}-\underset{Br}{\overset{H}{C}}-H} \qquad 1,2\text{-二溴乙烷}$$

因为加成产物是无色的，所以烯烃遇溴的四氯化碳（CCl_4）溶液或水溶液，溴的棕红色迅速消失。

这个反应被用来检验 C═C 双键的存在。卤素与烯烃反应的活性顺序是：

$$\xrightarrow{F_2 \quad Cl_2 \quad Br_2 \quad I_2}$$

与烯烃加成反应活性降低

通常氟与烯烃的反应非常剧烈，难以控制，得到的常是分解产物。碘与烯烃的反应非常慢，且产物不稳定，易脱碘形成烯烃，因此，一般认为碘不与烯烃起加成反应，用溴化碘（IBr）或氯化碘（ICl）则可顺利反应。

在油脂和食品工业中，常利用 C═C 双键与卤素的加成反应测定油脂的不饱和程度。将油脂与溴化碘（IBr）反应，100g 油脂所吸收碘的克数称为油脂的碘值，反应可表示为：

$$\cdots -\underset{H}{C}=\underset{H}{C}- \cdots + IBr \longrightarrow \cdots -\underset{I}{\overset{|}{C}}-\underset{Br}{\overset{|}{C}}- \cdots$$

油脂分子

显然，碘值越大说明油脂的不饱和程度越高。

在研究烯烃与卤素加成反应的过程中，发现了许多令人深思的现象。例如，当溴与乙烯在 $NaNO_3$ 水溶液中反应时生成两种产物：

$$CH_2=CH_2 + Br_2 \xrightarrow{NaNO_3(H_2O)} \underset{(\text{I})}{\underset{Br\quad Br}{H_2C-CH_2}} + \underset{(\text{II})}{\underset{Br\quad ONO_2}{H_2C-CH_2}}$$

诸如此类的大量事实说明，烯烃与卤素的加成反应不是一步完成的简单反应，否则这个反应只能生成产物（Ⅰ），不可能出现产物（Ⅱ）。依据大量实验，经过理论分析，确认烯烃与卤素 X_2（Br_2，Cl_2）的加成反应分两步进行，机理如下：

第一步：烯烃 + $X^{\delta+}-X^{\delta-}$ $\underset{}{\overset{慢}{\rightleftharpoons}}$ ts_1 ⟶ 卤鎓离子 + X^-

第二步：卤鎓离子 + X^- $\overset{快}{\rightleftharpoons}$ ts_2（$X^{\delta+}$…C—C…$X^{\delta-}$）⟶ 反式加成产物（两个 X 分处两侧）

首先，具有亲电性质的 X_2 分子接近烯烃电子云密度较高的 C═C 双键，受到π电子的极化产生诱导偶极（$X^{\delta+}—X^{\delta-}$），X—X 键逐渐弱化，经过渡态 ts_1 生成活性中间体卤鎓离子和 X^-。然后 X^-从背面进攻卤鎓离子，经过渡态 ts_2 完成加成反应。第一步是由共价键过渡到离子键，比较困难，是反应的决速步骤；第二步是离子反应，比较容易。因为加成反应是试剂 X_2 对 C═C 双键的亲电加成反应。试剂卤素称为亲电试剂。鎓离子的形成和 X^-对鎓离子的进攻方位（与第一个 C—X 键相反的方向），显示了这一加成反应具有反式加成的立体化学特点。根据反应机理，自然很容易理解在 $NaNO_3$ 水溶液中乙烯与溴的加成反应结果：

$$CH_2{=}CH_2 + Br_2 \xrightarrow{-Br} H_2\overset{\overset{Br}{/+\backslash}}{C{-}}CH_2 \begin{cases} \xrightarrow{Br^-} \underset{Br}{\underset{|}{H_2C}}{-}\underset{Br}{\underset{|}{CH_2}} \\ \xrightarrow{NO_3^-} \underset{Br}{\underset{|}{H_2C}}{-}\underset{ONO_2}{\underset{|}{CH_2}} \end{cases}$$

又如，当丙烯用 Br_2 与 NaCl 的溶液处理时，只得到一种溴氯加成产物。反应历程如下：

第一步：

$$CH_3CH{=}CH_2 + Br_2 \xrightarrow{-Br} \left[\overset{Br^{\delta+}}{CH_3\underset{\delta^+}{CH}{-}CH_2} \right], 没有 \left[\overset{Br^{\delta+}}{CH_3CH{-}\underset{\delta^+}{CH_2}} \right]$$

部分2° 碳正离子　　部分1° 碳正离子

第二步：

$$\left[\overset{Br^{\delta+}}{CH_3\underset{\delta^+}{CH}{-}CH_2} \right] + Cl^- \longrightarrow CH_3\underset{Cl}{\underset{|}{CH}}{-}\underset{Br}{\underset{|}{CH_2}}, 没有 CH_3\underset{Br}{\underset{|}{CH}}{-}\underset{Cl}{\underset{|}{CH_2}}$$

[问题 3-3] 完成下面的反应方程式，写出主要反应产物：

$$CH_3CH{=}CH_2 + Br_2 \xrightarrow{NaCl(H_2O)}$$

[问题 3-4] 为什么环己烯（环己烯结构）与溴加成，生成反-1,2-二溴环己烷（Br、H / H、Br 反式结构），而没有顺-1,2-二溴环己烷（H、H / Br、Br 顺式结构）生成？

（3）加卤化氢

① 加 HX（马氏规则）

在加热条件下烯烃可与气态 HX 或其浓溶液发生加成反应，生成卤代烷烃，例如：

$$CH_2{=}CH_2 + HBr \longrightarrow \underset{溴乙烷}{CH_3CH_2Br}$$

烯烃与卤化氢的加成反应

卤化氢的反应活性顺序是：

$$\xrightarrow[\text{与烯烃加成反应活性降低}]{HI \quad HBr \quad HCl}$$

不对称烯烃（双键的两个 C 原子连接着不同基团的烯烃）与 HX 加成时，可能生成两种产物。例如：

$$CH_3CH{=}CH_2 \xrightarrow{HX} \begin{cases} CH_3CH_2CH_2X \\ CH_3\underset{X}{\underset{|}{CH}}{-}CH_3 \end{cases}$$

1869 年俄国化学家马尔柯夫尼可夫（Markovnikov）总结出一条规则：不对称烯烃与 HX 等试剂加成时，HX 离解出的 H^+或试剂带正电荷的部分总是加到含氢较多的双键 C 原子上，而 X^-或试剂中带负电荷的部分加到另一个双键 C 原子上，这一规则称为 Markovnikov 规则，简称马氏规则。例如：

$$CH_3CH{=}CH_2 \xrightarrow{HCl} CH_3CH(Cl)-CH_3$$

$$(H_3C)_2C{=}CHCH_3 \xrightarrow{HCl} (H_3C)_2C(Cl)-CH_2CH_3$$

$$\text{1-甲基环己烯} \xrightarrow{HI} \text{1-碘-1-甲基环己烷}$$

烯烃与 HX 的加成反应机理也是离子型亲电加成。与 X_2 对烯烃加成不同的是，活性中间体不是鎓离子而是碳正离子。

第一步：
$$\gt C{=}C\lt \underset{}{\overset{慢}{\rightleftharpoons}} \underset{ts_1}{[\gt \overset{\delta^+}{C}{=}C(H\cdots X^{\delta^-})\lt]} \longrightarrow \gt \overset{+}{C}-C(H)\lt + X^-$$

第二步：
$$\gt \overset{+}{C}-C(H)\lt + X^- \xrightarrow{快} \underset{ts_2}{[\gt \overset{\delta^+}{C}(\cdots X^{\delta^-})-C(H)\lt]} \longrightarrow \gt C(X)-C(H)\lt$$

根据这一反应机理，Markovnikov 规则可以解释如下：

$$RCH{=}CH_2 + HX \xrightarrow{-X^-} \underset{2^\circ}{R\overset{+}{C}HCH_3} + \underset{1^\circ}{RCH_2\overset{+}{C}H_2}$$

因为烷基碳正离子的稳定性（详见第 4 章）：

$$\underset{3^\circ}{R_3\overset{+}{C}} > \underset{2^\circ}{R_2\overset{+}{C}H} > \underset{1^\circ}{R-\overset{+}{C}H_2} > \underset{\text{甲基碳正离子}}{\overset{+}{C}H_3}$$

烷烃正离子稳定性降低

所以，$R\overset{+}{C}HCH_3$ 比 $RCH_2\overset{+}{C}H_2$ 更稳定，其过渡态的能量较低，以较快的速度形成并与 X^- 结合生成反应的主要产物 $RCHXCH_3$（见图 3-3）。

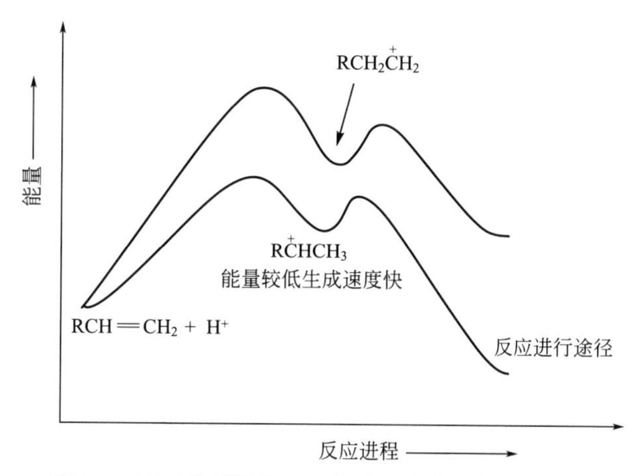

图 3-3　不对称烯烃与 HX 加成决速步骤的能量曲线

② 不对称烯烃与 HBr 加成的过氧化物效应

不对称烯烃与 HBr 加成在通常条件下遵守马氏规则，但是在有过氧化物（ROOR）存在时却违反马氏规则，生成反马氏规则产物。

$$RCH{=}CH_2 + HBr \longrightarrow \underset{\displaystyle Br}{RCHCH_3}$$

$$RCH{=}CH_2 + HBr \xrightarrow{ROOR} RCH_2CH_2Br \ \text{（反马氏规则产物）}$$

这种效应只有 HBr 才有，HCl 与 HI 都不会发生，因此称为不对称烯烃与 HBr 加成的过氧化物效应。

当有过氧化物存在时，HBr 对烯烃的加成是按自由基机理进行的，称为自由基加成反应。过程如下：

Br· 生成：

$$ROOR \xrightarrow{\triangle} 2RO\cdot$$

$$RO\cdot + HBr \xrightarrow{\triangle} ROH + Br\cdot$$

Br· 对烯烃的加成：

$$Br\cdot + RCH{=}CH_2 \longrightarrow \underset{\displaystyle Br}{RCH\dot{C}H_2} + R\dot{C}HCH_2Br$$

1°　不稳定，不容易生成；2°　比较稳定，容易生成

形成产物：

$$R\dot{C}HCH_2Br + HBr \longrightarrow RCH_2CH_2Br + Br\cdot$$

过氧化物的过氧键受热后很容易均裂生成烷氧基自由基（RO·），随后生成的 Br·具有很高的选择性，在进攻烯烃 C═C 双键时只生成比较稳定的 2°自由基。这就决定了在过氧化物存在的条件下不对称烯烃与 HBr 加成必然生成反马氏规则的产物。

[问题 3-5] 预测下面反应的产物，并写出反应的机理。

$$\text{1-甲基环戊烯}(\text{环}-CH_3) \xrightarrow[ROOR]{HBr}$$

（4）加次卤酸

当烯烃用 Cl_2 或 Br_2 的水溶液处理时，则生成卤代醇（—X 和—OH 处于相邻碳原子上的化合物）。

$$R_2C{=}CH_2 \xrightarrow{X_2+H_2O} R_2C(OH){-}CH_2X$$

因此，认为这一反应是烯烃与次卤酸 HOX 的加成，而且是遵守马氏规则的。

$$R_2C{=}CH_2 + \overset{\delta^-}{HO}{-}\overset{\delta^+}{X} \longrightarrow R_2C(OH){-}CH_2X$$

由下面的反应机理很容易理解不对称烯烃与 X_2+H_2O 反应的结果：

第一步：$R_2C{=}CH_2 + X_2 \longrightarrow \left[R_2\overset{\delta^+}{C}{-}CH_2 \text{（X}^{\delta^+}\text{桥连）} \right] + X^-$

第二步：$\left[R_2\overset{\delta^+}{C}{-}CH_2 \text{（X}^{\delta^+}\text{桥连）} \right] + H_2O \longrightarrow R_2C(\overset{+}{O}H_2){-}CH_2X \xrightleftharpoons{-H^+} R_2C(OH){-}CH_2X$

[问题 3-6] 1-甲基环戊烯与 Cl_2 的水溶液反应生成什么产物？写出反应机理。

（5）加硫酸

烯烃与浓硫酸加成生成硫酸酯而溶于其中。不对称烯烃与 H_2SO_4 加成也遵守马氏规则，生成的硫酸酯经水解得到醇，这也是早期制备醇的方法之一。

$$R_2C{=}CH_2 + \overset{\delta^+}{H}{-}\overset{\delta^-}{OSO_3H} \longrightarrow R_2C(OSO_3H){-}CH_3 \xrightarrow[-H_2SO_4]{H_2O} R_2C(OH){-}CH_3$$

从反应的最终结果看，是烯烃 C═C 双键上加一分子水，因此这种制备醇的方法称为烯烃的间接水合法。

（6）加水

如果有少量强酸如硫酸存在，烯烃同样可与 H_2O 加成生成醇，这至今仍然是工业上合成醇的基本方法，称为烯烃的直接水合法。不对称烯烃与 H_2O 加成也遵守马氏规则。

$$CH_2{=}CH_2 + H_2O \xrightarrow{H_3PO_4} CH_3CH_2OH$$

$$RCH{=}CH_2 + \overset{\delta^+}{H}{-}\overset{\delta^-}{OH} \xrightarrow{H^+} RCH(OH){-}CH_3$$

显然，无机酸是反应的催化剂。机理如下：

第一步：$RCH{=}CH_2 + H^+ \longrightarrow R\overset{+}{C}H{-}CH_3$

第二步：$R\overset{+}{C}H{-}CH_3 + H_2O \longrightarrow \underset{\text{质子化的醇}}{RCH(\overset{+}{O}H_2){-}CH_3} \rightleftharpoons RCH(OH){-}CH_3 + H^+$

[问题 3-7] 异丁烯溶于冷的浓硫酸，写出反应方程式。

[问题 3-8] 预言下列反应的主要产物：

(a) $(H_3C)_3CCH{=}CH_2 + H_2O \xrightarrow{H^+}$

(b) 1-甲基环戊烯 $+ H_2O \xrightarrow{H^+}$

3.4.2 氧化反应

烯烃的氧化与还原

采用不同的氧化剂，烯烃可被氧化成多种多样的产物。烯烃的氧化反应可分为两类：一类是仅有π键断裂的无裂解氧化；另一类是C═C双键断裂的裂解氧化。常用氧化剂见表3-2。

表 3-2 常见的烯烃氧化剂

氧化剂	产物	氧化剂	产物
无裂解氧化		裂解氧化	
$KMnO_4/OH^-$（冷）	邻二醇	$KMnO_4/OH^-$（热）	羧酸[①]和酮
$C_6H_5CO_3H$	环氧化合物	1）O_3, 2）Zn/H_2O	醛和酮
O_2/Ag	环氧化合物		

① 若为甲酸 HCOOH，则最终氧化产物为 CO_2+H_2O。

3.4.2.1 无裂解氧化

（1）生成邻二醇

烯烃用冷的碱性高锰酸钾溶液氧化生成邻二醇，试剂的紫色消失。这个反应常用来检验C═C双键的存在。例如：

$$CH_2{=}CH_2 \xrightarrow{冷 MnO_4^-} \text{(环状锰酸酯：}H_2C{-}CH_2\text{ 经两个 O 与 Mn 相连，Mn 上另有 O 和 } O^-\text{)} \xrightarrow{OH^-} \underset{OH}{CH_2}{-}\underset{OH}{CH_2}$$

乙二醇

通常用下面的方程式表示：

$$CH_2{=}CH_2 \xrightarrow[OH^-]{冷 KMnO_4} \underset{OH}{CH_2}{-}\underset{OH}{CH_2}$$

（2）生成环氧化合物

烯烃在惰性溶剂中用过氧化苯甲酸（$C_6H_5\overset{O}{\overset{\|}{C}}OOH$）处理生成环氧化合物。

$$CH_3CH{=}CHCH_3 \xrightarrow{C_6H_5CO_3H} H_3CHC\overset{O}{\frown}CHCH_3$$

乙烯或丙烯用活性银催化，经空气氧化生成环氧乙烷或1,2-环氧丙烷，这是工业上合成这两种重要环氧化合物的方法。

$$CH_2{=}CH_2 + O_2 \xrightarrow[220\sim280℃]{Ag} H_2C\overset{O}{—}CH_2$$

环氧乙烷或氧化乙烯

$$CH_3CH{=}CH_2 + O_2 \xrightarrow[约300℃]{Ag} CH_3CH\overset{O}{—}CH_2$$

1,2-环氧丙烷

环氧乙烷（沸点 13.5℃），又名氧化乙烯，常温下为气体。它是一种重要的基本有机化工原料，在有机合成中有广泛应用，也是一种高效灭菌消毒剂，应用于外科手术器械消毒，在粮食工业中是一种性能优良的大米保鲜熏蒸剂。

3.4.2.2 裂解氧化

烯烃用热的高锰酸钾溶液氧化，或经臭氧氧化随后还原水解，则 C═C 双键裂解氧化。裂解氧化产物与烯烃的构造相关，所以这是测定烯烃构造的传统方法。

（1）热高锰酸钾溶液氧化

烯烃用热的酸性 $KMnO_4$ 溶液处理，C═C 双键完全断裂氧化。例如：

$$RCH{=}CH_2 \xrightarrow{KMnO_4} RCOOH + [HCOOH] \longrightarrow CO_2 + H_2O$$

$$R_2C{=}CHR' \xrightarrow[\triangle]{KMnO_4} R'COOH + R—\overset{\overset{O}{\|}}{C}—R$$

氧化产物取决于烯烃的构造，有如下规律：

$$CH_2{=} \xrightarrow{[O]} CO_2 + H_2O$$

$$RCH{=} \xrightarrow{[O]} RCOOH \quad 羧酸$$

$$R_2C{=} \xrightarrow{[O]} R—\overset{\overset{O}{\|}}{C}—R \quad 酮$$

这样，未知构造的烯烃经热 $KMnO_4$ 氧化，根据生成的氧化产物，可以推测该烯烃的构造。例如，某烯烃分子式 C_5H_{10}，用热 $KMnO_4$ 氧化生成一种酮和一种羧酸。根据氧化产物，C_5H_{10} 的构造类型应为 $\begin{matrix}R\\R'\end{matrix}\!\!>C{=}\underset{H}{C}—R''$。显然，其中的 R=R'=R"=$CH_3$，即 C_5H_{10} 的构造式是 $(CH_3)_2C{=}CHCH_3$。反应方程式：

$$(CH_3)_2C{=}CHCH_3 \xrightarrow[\triangle]{KMnO_4} CH_3COOH + H_3C—\overset{\overset{O}{\|}}{C}—CH_3$$

（2）臭氧化

臭氧化反应一直被用来测定不饱和化合物的结构，称为臭氧分析（ozonolysis）。臭氧分析包括两个独立的反应：一个是烯烃与臭氧反应生成臭氧化物；另一个是臭氧化物还原水解生成最终产物。

首先，将臭氧气体通入烯烃的惰性溶剂（如 CCl_4）中，O_3 进攻π键生成称为 1,2,3-三氧桥烷（1,2,3-trioxolane）的不稳定中间体。然后，这个中间体经过一系列的转变，C═C 双键的σ键断裂生成臭氧化物 1,2,4-三氧桥烷（1,2,4-trioxolane）。它不经分离进行第二步反应——臭氧化物还原水解。例如：

$$(CH_3)(H)C=C(CH_3)_2 + {}^{+}O-O-O^{-} \longrightarrow \left[\text{1,2,3-三氧桥烷}\right] \longrightarrow \text{臭氧化物}$$

臭氧　　1,2,3-三氧桥烷　　臭氧化物

$$\text{臭氧化物} \xrightarrow{Zn/H_2O} CH_3\overset{O}{\overset{\|}{C}}H + CH_3\overset{O}{\overset{\|}{C}}CH_3$$

转变为醛　转变为酮　　乙醛　　丙酮

这一反应方程式可简化表示为：

$$(CH_3)_2C=CHCH_3 \xrightarrow[2)\ Zn/H_2O]{1)\ O_3} CH_3CHO + H_3C-\overset{O}{\overset{\|}{C}}-CH_3$$

烯烃臭氧化、还原水解的产物取决于烯烃的构造，有如下规律：

$$CH_2= \longrightarrow H\overset{O}{\overset{\|}{C}}H$$

$$RCH= \longrightarrow R\overset{O}{\overset{\|}{C}}H$$

$$R_2C= \longrightarrow R-\overset{O}{\overset{\|}{C}}-R$$

一个未知构造的烯烃经过臭氧化、还原水解，根据生成的产物可以推断该烯烃的构造。例如，分子式为 C_4H_8 未知构造的烯烃，经臭氧化、还原水解得到一种酮和一种醛两种产物。根据还原水解产物，C_4H_8 的构造类型应为 $\begin{matrix}R\\ \quad\end{matrix}\!\!>C=\underset{H}{C}-R''$（R、R' 连于同一碳上）。显然其中的 R=R'=CH_3，R"不能是烷基，只能是 H，即 C_4H_8 的构造式为 $(CH_3)_2C=CH_2$，反应方程式：

$$(CH_3)_2C=CH_2 \xrightarrow[(2)\ Zn/H_2O]{(1)\ O_3} HCHO + H_3C-\overset{O}{\overset{\|}{C}}-CH_3$$

[问题 3-9]　写出下列反应的产物：

(a) $CH_3CH=C(CH_3)_2 \xrightarrow[OH^-]{\text{冷}\ KMnO_4}$

(b) 1-甲基环戊烯（CH_3） $\xrightarrow[\triangle]{KMnO_4}$

[问题 3-10] 化合物 $H_3C-C_6H_4-CH(CH_3)_2$ 经臭氧化再还原水解的产物是什么？写出构造式。

[问题 3-11] 写出（a）与（b）烯烃的构造式：

（a） $$C_6H_{10} \xrightarrow[\triangle]{KMnO_4} CH_3\overset{O}{\overset{\|}{C}}CH_2CH_2CH_2COOH$$

（b） $$C_6H_{10} \xrightarrow{O_3} \xrightarrow{Zn/H_2O} CH_3CHO + CH_3\overset{O}{\overset{\|}{C}}CH_2CH_3$$

3.4.3 聚合反应

在一定条件下，例如在高温、高压或催化剂的影响下，烯烃分子打开 C═C 双键中的π键自相加成，成千上万个烯烃分子首尾连接形成分子量为几十万到上百万的大分子（macromolecules），这一过程称为烯烃的聚合反应，其产物称为聚合物（polymers）。聚乙烯和聚丙烯是烯烃最重要的两种聚合物，价廉、性能优良、应用广泛。例如：

$$n\,CH_2{=}CH_2 \xrightarrow[\text{或催化剂}]{\text{高温高压}} \left[CH_2-CH_2\right]_n$$

聚乙烯（PE）

$$n\,CH_2{=}\underset{\displaystyle CH_3}{\underset{|}{CH}} \xrightarrow[\text{或催化剂}]{\text{高温高压}} \left[CH_2-\underset{\displaystyle CH_3}{\underset{|}{CH}}\right]_n$$

聚丙烯（PP）

3.4.4 α-氢的卤化反应

烯烃分子中的α-C—H 键由于受到官能团 C═C 双键的影响，电子云密度有所降低，此烯烃的α-氢显示出高于其他 C—H 键的化学活性。例如，在高温或光照条件下，烯烃的α-氢可被卤原子取代。

$$H_3C-CH{=}CH_2 + X_2 \xrightarrow[-HX]{500℃\text{ 或 }h\nu} \underset{\displaystyle X}{\underset{|}{H_2C}}-CH{=}CH_2$$

如果是在常温条件下进行，则反应发生在 C═C 双键上，得到加成产物。

$$H_3C-CH{=}CH_2 + X_2 \xrightarrow{25℃} H_3C-\underset{\displaystyle X}{\underset{|}{\overset{\displaystyle H}{\overset{|}{C}}}}-\underset{\displaystyle X}{\underset{|}{CH_2}}$$

显而易见，后一种情况是 C═C 双键与 X_2 的离子型亲电加成反应；前一种情况，从反应条件便知是烯烃分子中发生在饱和碳原子上的自由基卤化反应。机理如下：

$$X_2 \xrightarrow[\text{或 }h\nu]{500℃} 2X\cdot$$

$$X\cdot + H_3C-CH{=}CH_2 \longrightarrow H_2\dot{C}-CH{=}CH_2 + HX$$

$$X_2 + H_2\dot{C}-CH{=}CH_2 \longrightarrow \underset{\displaystyle X}{\underset{|}{H_2C}}-CH{=}CH_2 + X\cdot$$

取代反应选择性发生在烯烃α-C 上的原因，除了 C═C 双键对α-C—H 键的影响使其活化以外，反应过程中的能量因素更有决定性的影响。在上述机理中，$CH_3CH{=}CH_2$ 脱氢生成活性中间体 $H_2\dot{C}{-}CH{=}CH_2$ 是整个反应过程的决速步骤。在 $CH_3CH{=}CH_2$ 可能生成的各种自由基中，唯有烯丙位自由基 $H_2\dot{C}{-}CH{=}CH_2$ 的能量最低，最容易生成，这就决定了烯烃的卤化反应是活泼的α-氢反应。关于烯丙位自由基 $H_2\dot{C}{-}CH{=}CH_2$ 的结构及稳定性将在第 4 章中讨论。

[问题 3-12]　试由 $H_3C{-}CH{=}CH_2$ 合成 $H_2C(Cl){-}CH_2{-}CH_2(Br)$。

3.5　烯烃的制法

3.5.1　醇脱水

烯烃可以由醇在酸性条件下脱水形成。伯醇相对难脱水，例如乙醇，需要浓硫酸作催化剂加热至 170℃脱水形成乙烯；仲醇脱水条件相对温和，例如环己醇在 85%的磷酸存在下加热至 165～170℃可脱水形成环己烯；叔丁醇则只需要在 20% H_2SO_4、85℃的条件下就可以脱水形成甲基丙烯。

$$CH_3CH_2OH \xrightarrow[170℃]{浓\ H_2SO_4} H_2C{=}CH_2 + H_2O$$

$$环己醇 \xrightarrow[165\sim170℃]{85\%\ H_3PO_4} 环己烯 + H_2O \quad 80\%$$

$$(CH_3)_3C{-}OH \xrightarrow[85℃]{20\%\ H_2SO_4} (H_3C)_2C{=}CH_2 + H_2O \quad 84\%$$

3.5.2　卤代烷烃脱卤化氢

卤代烃在碱性条件下可以脱水形成相应的烯烃。例如溴代十八烷在大位阻强碱叔丁醇钾的作用下，40℃脱去卤化氢形成十八碳烯。2-甲基-2-溴丁烷在乙醇钠的进攻下，70℃脱卤化氢得到 2-甲基-2-丁烯和 2-甲基-1-丁烯两种产物，具体规律详见第 9 章卤代烃。

$$CH_3(CH_2)_{15}CH_2CH_2Br \xrightarrow[t\text{-}BuOH,\ 40℃]{t\text{-}BuOK} CH_3(CH_2)_{15}CH{=}CH_2 \quad 85\%$$

$$2\text{-甲基-2-溴丁烷} \xrightarrow[EtOH,\ 70℃]{EtONa} 2\text{-甲基-2-丁烯}\ (69\%) + 2\text{-甲基-1-丁烯}\ (31\%)$$

3.5.3　炔烃加氢

炔烃在特殊催化剂条件下加氢，可以停留在烯烃这一步，因此可以制备相应的顺式或反式烯烃。例如，3-己炔在 Ni_2B 的催化下加氢得到顺-3-己烯；4-辛炔在金属锂、液态乙胺条件下得到反-4-辛烯。具体反应见第 4 章炔烃内容。

$\xrightarrow{H_2 / Ni_2B\ (P\text{-}2)}$ 97%

顺-3-己烯

$\xrightarrow[(2)\ NH_4Cl]{(1)\ Li,\ EtNH_2,\ -78℃}$ 52%

反-4-辛烯

阅读材料

烯烃复分解反应

烯烃复分解反应是指在金属催化剂催化下的碳碳双键切断再重组形成新的碳碳双键的反应。

$$2\ R^1R^2C{=}CR^1R^2 \rightleftharpoons R^1R^1C{=}CR^1R^1 + R^2R^2C{=}CR^2R^2$$

1931 年施耐德（Schneider）和弗洛里希（Fröhlich）发现将丙烯加热到 852ºC 时得到副产物乙烯和 2-丁烯；1956 年埃莱乌特里奥（Eleuterio）发布了第一例催化复分解反应。烯烃复分解反应机理由法国石油研究院的伊夫•肖万（Yves Chauvin）与他的学生埃里松（Hérisson）在 1971 年提出并通过实验证实。

$$M{=}CR_2 + H_2C{=}C< \rightleftharpoons \cdots \rightleftharpoons M{=}CH_2 + R_2C{=}C<$$

$$\cdots \rightleftharpoons M{=}C< + R_2C{=}CH_2$$

肖万将复分解反应机理比喻成一种互换舞伴的舞蹈，一对舞伴指的是组成烯烃的两个卡宾。舞者们不能直接交换舞伴，而是必须通过司仪（即金属卡宾）的结合才能交换。这位司仪也有一位舞伴，组成烯烃的这对舞伴加入后形成了一个圈，这样司仪就可以通过这个圈从这对舞伴中获得一个新舞伴从而交换舞伴。司仪带着他的新舞伴再继续与另一对舞伴交换舞伴。

烯烃复分解反应机理的发现激发了化学家研究烯烃复分解催化剂的热情。1990 年理查德•施罗克(Richard R. Schrock)证实金属钼卡宾化合物可以作为有效的烯烃复分解催化剂，研制成第一种实用的催化剂——Schrock 催化剂。但是此类催化剂对氧和水非常敏感，对含羰基和羟基的底物也不适用，一定程度上限制了 Schrock 催化剂的广泛应用。

之后美国加州理工学院的罗伯特·格拉布（Robert Grubbs）发展了钌卡宾络合物，发现该催化剂不但对空气稳定，而且在水、酸或醇的存在下依然保持催化活性。Grubbs 催化剂已经成功地应用于一些特殊功能的高分子材料的制备，用于抗癌药物、天然产物的合成中。

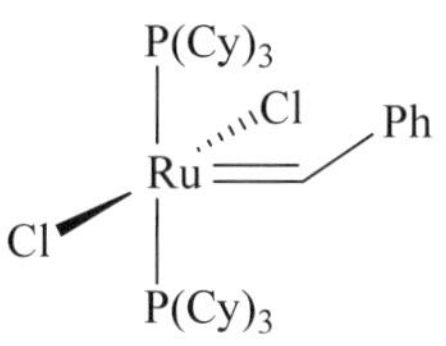

Grubbs一代催化剂 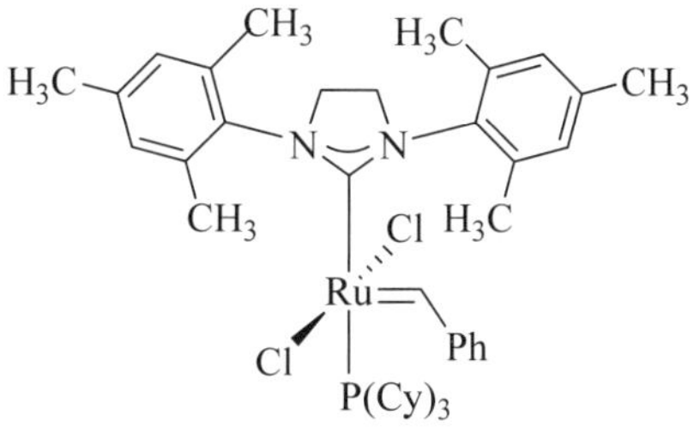　　　　Grubbs二代催化剂

因为在烯烃复分解反应研究方面做出了突出贡献，化学家伊夫·肖万（Yves Chauvin）、罗伯特·格拉布（Robert Grubbs）和理查德·施罗克（Richard R. Schrock）获得了2005年的诺贝尔化学奖。

Yves Chauvin　　Robert Grubbs　　Richard R. Schrock

本章小结

烯烃的通式为 C_nH_{2n}，官能团为 C═C 双键。

重要的烯基有：乙烯基 CH_2═CH—、丙烯基 CH_3CH═CH—、烯丙基 CH_2═CH—CH_2—。

烯烃的异构有碳链异构、位置异构（官能团 C═C 双键的位置不同）和顺反异构三种。

由于π键的存在，以双键相连的两个碳原子不能绕σ键键轴相对自由旋转而引起顺反异构。烯烃产生顺反异构的条件是：每个双键碳原子所连接的两个原子或基团互不相同。烯烃顺反异构的命名有顺反命名法和 *Z*/*E* 命名法。原子或基团的大小按顺序规则确定，顺序规则的核心是原子序数的优先原则。

>C═C< 由σ键和π键构成，π键电子云裸露，易极化变形，键能小，易断裂而发生化学反应。由于受到官能团碳碳双键的影响，烯烃的α-H 也表现出化学活性。烯烃的化学反应可概括为：

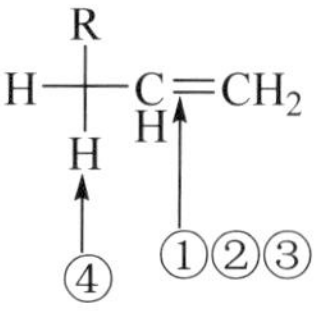

① 加成反应
② 氧化反应
③ 聚合反应
④ α-氢的卤化反应

烯烃的离子型亲电加成反应分两步进行，第一步形成活性中间体卤鎓离子或碳正离子，

第二步卤鎓离子或碳正离子与试剂的剩余部分结合，完成整个反应。

不对称烯烃与 HX、HOX、H_2SO_4、H_2O 等发生离子型亲电加成反应，反应遵守马氏加成规则。

不对称烯烃在过氧化物存在下与 HBr 的加成反应违反马氏规则，按自由基加成历程进行。

烯烃在热的酸性 $KMnO_4$ 溶液中的氧化反应和臭氧化反应，其产物与烯烃的结构有很好的相关性，常用于确定烯烃的化学结构。

习　　题

3-1　用系统命名法命名下列化合物。

（a）$CH_3\underset{|}{C}H(CH_3)-CH=CH_2$　即 $CH_3CH(CH_3)-CH=CH_2$

（b）$(C_2H_5)_2C=CHCH(CH_2CH_3)CH_3$

（c）$CH_3CH_2(H)C=C(CH_2CH_2CH_3)(CH_3)$（$CH_3CH_2$ 与 $CH_2CH_2CH_3$ 同侧，H 与 CH_3 同侧）

（d）$H_3C(H)C=C(CH_3)CH_2CH(CH_3)CH_2CH_3$（$H_3C$ 与 CH_3 同侧，H 与 $CH_2CH(CH_3)CH_2CH_3$ 同侧）

3-2　用反应方程式表示 3-甲基-1-丁烯与下列试剂的作用。

（a）冷而稀的 $KMnO_4$ 溶液　　（b）氢溴酸

（c）热的酸性 $KMnO_4$ 溶液　　（d）冷的浓 H_2SO_4

（e）Cl_2+H_2O　　（f）$Br_2(CCl_4)$

（g）H_2O，H^+　　（h）H_2O，H_3PO_4

（i）O_3，Zn/H_2O　　（j）HBr，R_2O_2

（k）Br_2，$NaCl(H_2O)$

3-3　写出下列反应的主要产物。

（a）$CH_3CH_2C(CH_3)=CH_2 + ICl \longrightarrow$

（b）$CH_3CH_2C(CH_3)=CH_2 + Cl_2 + H_2O \longrightarrow$

（c）$CH_3CH_2CH=C(CH_3)_2 \xrightarrow{H^+,\ KMnO_4\ 溶液}$

（d）$CH_3CH_2CH=C(CH_3)_2 \xrightarrow{O_3} \xrightarrow[H_2O]{Zn}$

（e）$CH_3CH_2CH=C(CH_3)_2 + HBr \xrightarrow{R_2O_2}$

3-4　按稳定性从大到小的顺序排列下列活性中间体。

$CH_3\overset{+}{C}H_2$　　$CH_3\overset{+}{C}(CH_3)_2$　　$CH_3\overset{+}{C}HCH_3$

3-5　（a）未知烯烃 A（C_6H_{12}），用酸性 $KMnO_4$ 氧化得到两种支链羧酸；

（b）A 的同分异构体 B 经同样的氧化得到丙酮。

试确定 A、B 的结构，并写出反应方程式。

3-6　化合物 A、B、C 均为庚烯的异构体，A 经臭氧氧化及水解生成 CH_3CHO 和 $CH_3CH_2CH_2CH_2CHO$，同样的方法处理化合物 B 得到 $CH_3\overset{O}{\overset{\|}{C}}CH_3$ 和 $CH_3CH_2\overset{O}{\overset{\|}{C}}CH_3$，处理化合物 C 得到 CH_3CHO 和 $CH_3CH_2\overset{O}{\overset{\|}{C}}CH_2CH_3$，写出 A、B、C 的构造式。

3-7　任选无机试剂实现下列转变。

（a）1-丁烯 ⟶ 2-丁醇　　（b）亚甲基环戊烷（环戊烷$=CH_2$）⟶ 1-(溴甲基)-2-氯环戊烷（环上CH_2Br、$-Cl$）

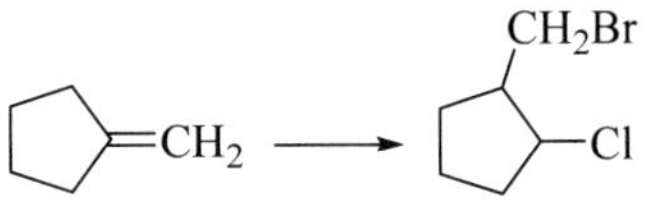

3-8　己烷是一种常用溶剂，但使用中往往要求不能含有烯烃，如何检验该溶剂中有无烯烃？若有应当如何除去？

3-9　某化合物分子式为C_5H_{10}，能使溴的CCl_4溶液褪色，吸收一分子H_2得到2-甲基丁烷，与$KMnO_4$反应得到一分子羧酸和一分子丙酮，试推测该化合物的结构。

3-10　试用反应历程解释下面反应的结果。

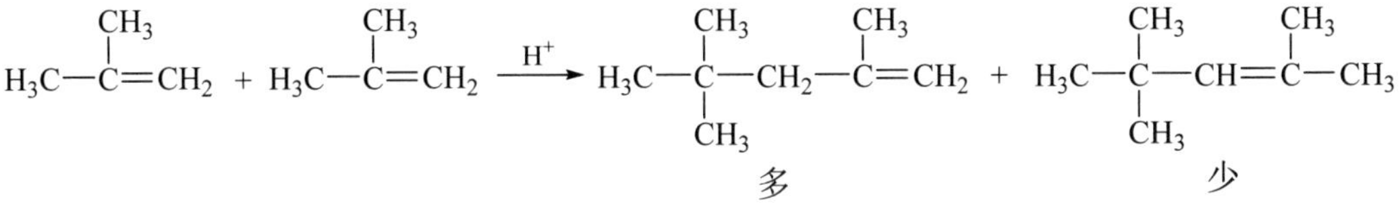

$$H_3C-\underset{}{\overset{CH_3}{\overset{|}{C}}}=CH_2 + H_3C-\overset{CH_3}{\overset{|}{C}}=CH_2 \xrightarrow{H^+} \underset{多}{H_3C-\overset{CH_3}{\overset{|}{\underset{CH_3}{\underset{|}{C}}}}-CH_2-\overset{CH_3}{\overset{|}{C}}=CH_2} + \underset{少}{H_3C-\overset{CH_3}{\overset{|}{\underset{CH_3}{\underset{|}{C}}}}-CH=\overset{CH_3}{\overset{|}{C}}-CH_3}$$

3-11　试画出下列反应过程的能量变化曲线，指出活性中间体所在的位置及构造。

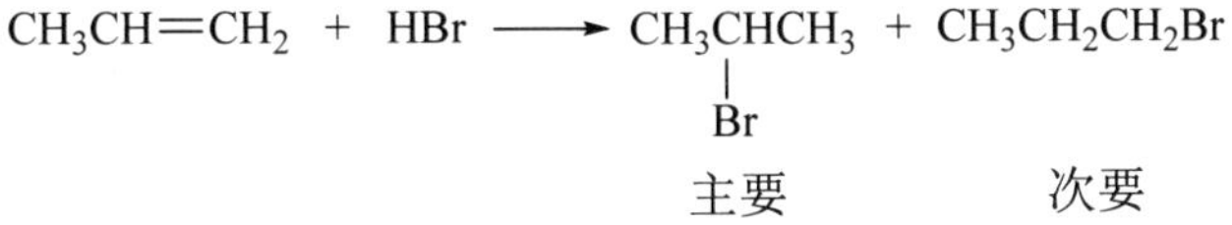

$$CH_3CH=CH_2 + HBr \longrightarrow \underset{主要}{CH_3\underset{Br}{\underset{|}{C}}HCH_3} + \underset{次要}{CH_3CH_2CH_2Br}$$

3-12　某烃含C 85.7%，H 14.3%，1 mol该烃完全燃烧生成二氧化碳264g，其一氯代物只有一种。试确定该烃的构造式。

3-13　顺-2-丁烯或反-2-丁烯在乙醇溶液中与HCl反应，产物之一为：

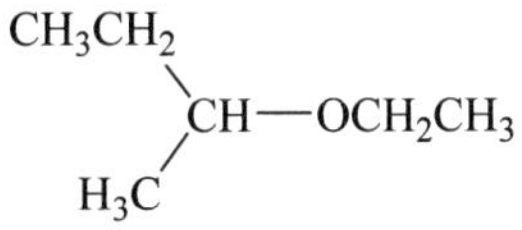

$$\begin{matrix} CH_3CH_2 & \\ & \diagdown \\ & CH-OCH_2CH_3 \\ & \diagup \\ H_3C & \end{matrix}$$

试写出反应历程说明这个产物的生成过程。

3-14　将下列烯烃按酸催化与水加成反应的活性由大到小排列，并加以解释。

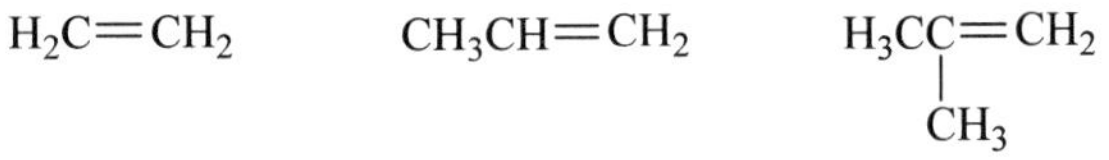

$$H_2C=CH_2 \qquad CH_3CH=CH_2 \qquad H_3C\underset{CH_3}{\underset{|}{C}}=CH_2$$

第 4 章　炔烃与二烯烃

4.1　炔烃的异构与命名

4.1.1　异构

与烯烃相似，碳链的构造和官能团 $C\equiv C$ 叁键的位置是炔烃同分异构的两个因素。炔烃（alkynes）的通式是 C_nH_{2n-2}，最简单的炔烃是乙炔 $HC\equiv CH$，其次是丙炔 $CH_3C\equiv CH$。炔烃同系列从丁炔开始出现异构。例如己炔 C_6H_{10} 有以下七种炔烃异构体：

$$HC\equiv CCH_2CH_2CH_2CH_3 \quad CH_3C\equiv CCH_2CH_2CH_3 \quad CH_3CH_2C\equiv CCH_2CH_3$$

$$\begin{array}{c}HC\equiv CCH_2\underset{\displaystyle |\atop\displaystyle CH_3}{C}HCH_3\end{array} \quad \begin{array}{c}CH_3C\equiv C\underset{\displaystyle |\atop\displaystyle CH_3}{C}HCH_3\end{array} \quad \begin{array}{c}HC\equiv C\underset{\displaystyle |\atop\displaystyle CH_3}{C}HCH_2CH_3\end{array} \quad HC\equiv C-\overset{\displaystyle CH_3\atop\displaystyle |}{\underset{\displaystyle |\atop\displaystyle CH_3}{C}}-CH_3$$

由于—$C\equiv C$—为直线构型，因此炔烃不存在顺反异构。

4.1.2　命名

炔烃的命名原则与烯烃相同。首先选择包括 $C\equiv C$ 叁键在内的最长碳链为主链，其余视为取代基，从离 $C\equiv C$ 叁键最近一端将主链碳原子编号，根据主链碳原子数目称为某炔，取代基和官能团位次标记在名称前面。例如：

$$\begin{array}{c}HC\equiv CCH_2\underset{\displaystyle |\atop\displaystyle CH_3}{C}HCH_3\\ \text{4-甲基-1-戊炔}\end{array} \qquad \begin{array}{c}CH_3C\equiv C\underset{\displaystyle |\atop\displaystyle CH_3}{C}HCH_3\\ \text{4-甲基-2-戊炔}\end{array}$$

如果分子中含有 $C\equiv C$ 与 $C=C$ 两种官能团，则按烯、炔顺序命名，叫“某烯某炔”。所选取的最长碳链应包含 $C\equiv C$ 与 $C=C$，并满足最低系列原则（位次之和为最小）。例如：

$HC\equiv CCH_2CH=CHCH_3$　4-己烯-1-炔（不是4-烯-1-己炔或2-己烯-5-炔）

若分子中 $C\equiv C$ 与 $C=C$ 位置相同，则 $C=C$ 应取最小位次。例如：

$CH_3C\equiv C-CH=CHCH_3$　2-己烯-4-炔（不是4-己烯-2-炔）

[问题 4-1]　用系统命名法命名下列化合物。

（a）$HC\equiv CC(CH_3)_3$　（b）$H_2C=CH-C\equiv C-CH_3$

[问题 4-2]　化合物 $HC\equiv C-CH_2-CH=CH_2$ 中 C2 原子轨道是何种杂化？

4.2 炔烃的物理性质

与烷烃和烯烃相似，决定炔烃物理性质的主要因素是分子间的色散力。在炔烃同系物中，常温下乙炔、丙炔和丁炔是气体，从戊炔开始为液体，高级炔烃为固体。炔烃的沸点随分子量的增加而升高。炔烃密度小于水，易溶于非极性的乙醚、四氯化碳等溶剂中。单取代炔烃与相同分子量的二取代炔烃相比沸点较低，例如：

	$CH_3C\equiv CCH_3$	$HC\equiv CCH_2CH_3$
沸点	27℃	8℃

某些炔烃的物理性质见表 4-1。

表 4-1 某些炔烃的物理性质

名称	结构	沸点/℃	熔点/℃
乙炔	$HC\equiv CH$	−84	−82
丙炔	$HC\equiv CCH_3$	−23	−103
1-丁炔	$HC\equiv CCH_2CH_3$	8	−122
2-丁炔	$CH_3C\equiv CCH_3$	27	−32
1-戊炔	$HC\equiv CCH_2CH_2CH_3$	39	−90
2-戊炔	$CH_3C\equiv CCH_2CH_3$	56	−101
1-己炔	$HC\equiv CCH_2CH_2CH_2CH_3$	71	−132
2-己炔	$CH_3C\equiv CCH_2CH_2CH_3$	84	−88
3-己炔	$CH_3CH_2C\equiv CCH_2CH_3$	81	−105
1-庚炔	$HC\equiv C(CH_2)_4CH_3$	100	−81
1-辛炔	$HC\equiv C(CH_2)_5CH_3$	125	−80
1-壬炔	$HC\equiv C(CH_2)_6CH_3$	161	−65
1-癸炔	$HC\equiv C(CH_2)_7CH_3$	174	−44

4.3 炔烃的结构与化学性质

有机化合物种类（数目）繁多、结构复杂、性质纷呈。面对大量的有机化学结构与化学反应，如何从相互联系上认识结构与性质变化的基本规律十分必要。

相似是物质世界诸事物普遍的内在联系，也贯穿于有机化合物之间，类比是揭示这种联系的有效方法。相似与类比是一种科学的思维方法，要点如下：

① 相似是各类有机化合物之间普遍的内在联系。同系列有机化合物相似人所共知，不同系列有机化合物相似不仅普遍，而且更值得关注。

② 相似首先是结构相似，结构相似决定性质相似；相似不是相同，结构上的差异导致性质变化，这就是各类有机化合物彼此不同的原因。

③ 任何复杂的有机化合物都是由基本结构以一定的方式结合而成的，不同方式的结合构成不同的有机物，显示不同的性质，但是它们和基本结构总有联系。

④ 类比是揭示不同类有机化合物相似的一种方法。

下面以炔烃的结构与性质为例，通过炔烃与烯烃结构、性质的相似类比，阐明以上要点。

4.3.1 炔烃的结构

炔烃的结构

炔烃的官能团是碳碳叁键—C≡C—。如 1.3 节所述，叁键碳原子进行 sp 杂化，构成叁键的两个碳原子彼此以一个σ键和两个相互垂直的π键相连。C≡C 和 C═C 双键相似，都是由σ键和π键构成，差别在于 C═C 双键的碳原子进行 sp^2 杂化只有一个π键，而 C≡C 叁键的碳原子进行 sp 杂化有两个π键，π电子云围绕σ键成圆筒形分布，结构比较严整（参看 1.3 节图 1-8），而且由于 sp 轨道的 s 成分比 sp^2 轨道多，因此叁键碳原子的电负性比双键碳原子大。C≡C 叁键与 C═C 双键的类比见表 4-2。

表 4-2 C≡C 叁键与 C═C 双键的类比

构成	碳原子轨道杂化方式	杂化轨道 s 成分	π电子云特点	碳原子电负性	键长/nm	键能/（kJ/mol）
C═C σ键和π键	sp^2	1/3	垂直对称地分布在σ键所在平面上方和下方，较易极化	2.75	0.134	610.2
C≡C σ键和π键	sp	1/2	围绕 C—C σ键成圆筒形分布，体系较严整，较难极化	3.29	0.120	836.0

4.3.2 炔烃的化学性质

由于炔烃的官能团 C≡C 叁键与烯烃的官能团 C═C 双键相似，因此炔烃可以发生与烯烃相类似的某些化学反应。但是 C≡C 叁键又有自己的特点，使炔烃具有不同于烯烃的化学性质。

炔烃的加成反应

4.3.2.1 加成反应

炔烃 C≡C 叁键中较弱的π键可以打开与某些试剂发生加成反应。

（1）催化加氢

在铂、镍等催化剂存在下，炔烃可与两分子氢加成，得到烷烃。例如：

$$RC{\equiv}CH + 2H_2 \xrightarrow{\text{Pt或Ni}} RCH_2CH_3$$

由于炔烃比烯烃具有更大的不饱和性，C≡C 叁键比 C═C 双键更容易被催化剂表面吸附而极化，因此炔烃比烯烃更容易进行催经加氢。选择适当的催化剂，如用喹啉部分毒化的 Pd-$BaSO_4$、用醋酸铅部分毒化的 Pd-$CaCO_3$（常称 Lindlar 催化剂）、Ni_2B 催化剂（常称 P-2），炔烃的催化加氢可停留在烯烃阶段。例如：

$$HC{\equiv}CH + H_2 \xrightarrow[\text{或Lindlar催化剂或P-2}]{\text{Pd-BaSO}_4\text{，喹啉}} H_2C{=}CH_2$$

$$C_6H_5{-}CH{=}C(C_6H_5){-}CH{=}CH{-}C{\equiv}C{-}C_6H_5 + H_2 \xrightarrow[\text{喹啉}]{\text{Pd-BaSO}_4} C_6H_5{-}CH{=}C(C_6H_5){-}CH{=}CH{-}CH{=}CH{-}C_6H_5 \quad (90\%)$$

使用 Lindlar 催化剂或 P-2 催化剂还可以控制炔烃加氢产物的构型，主要生成顺式烯烃。例如：

$$CH_3C\equiv CCH_3 + H_2 \xrightarrow[\text{或P-2}]{\text{Lindlar催化剂}} \underset{\text{顺-2-丁烯}}{\overset{H_3C\qquad CH_3}{\underset{H\qquad\quad H}{C=C}}}$$

（2）亲电加成

与烯烃相似，炔烃也可以与 X_2、HX、H_2O 等进行亲电加成。但是，C≡C 叁键的π轨道结构比 C═C 双键严整，键能较高，较难极化。所以，炔烃亲电加成反应的活性比烯烃低。

① 加卤素

炔烃可与两分子卤素加成生成四卤化物。例如：

$$H_3C-C\equiv C-CH_3 + \underset{\text{红棕色}}{2Br_2(CCl_4)} \longrightarrow \underset{\text{无色}}{H_3C-CBr_2-CBr_2-CH_3}$$

所以，使用溴的四氯化碳或水溶液，根据红棕色是否褪去可以检验炔烃的存在，但不能区分炔烃与烯烃。

炔烃与卤素加成反应的活性比烯烃低。例如，烯炔与 Br_2 加成优先发生在 C═C 上。

$$HC\equiv C-CH_2-CH=CH_2 + Br_2(CCl_4) \longrightarrow HC\equiv C-CH_2CH(Br)-CH_2Br$$

因为炔烃形成的三元环状鎓离子的碳原子为 sp^2 杂化，要求其键角互为约 120°。烯烃形成的三元环状鎓离子的碳原子为 sp^3 杂化，要求其键角互为约 109.5°。而三元环的键角（内角）约为 60°。很显然，炔烃生成的鎓离子角张力比烯烃生成的鎓离子的角张力要大，稳定性小，而较难生成，故炔烃比烯烃较难与卤素加成。

稳定性　$-C=C-$（Br^+ 桥）$<$ $>C-C<$（Br^+ 桥）

② 加卤化氢

炔烃可与卤化氢加成，但反应活性较低，必须用 HgX_2 催化，而且往往停留在卤代烯烃加卤化氢阶段。例如：

$$HC\equiv CH + HCl \xrightarrow{HgCl_2} H_2C=CH-Cl$$

这是工业上合成氯乙烯的方法。氯乙烯经聚合可得到一种价廉而性能优良的高分子材料聚氯乙烯（PVC）：

$$n\ H_2C=CH(Cl) \xrightarrow{\text{聚合}} \left[CH_2-CH(Cl)\right]_n \quad \text{PVC}$$

不对称炔烃与 HX 加成和不对称烯烃一样遵守马氏规则，与 HBr 加成若有过氧化物存在与烯烃相似也产生过氧化物效应。例如：

$$H_3C-C\equiv CH + HX \xrightarrow{HgX_2} H_3C-\underset{X}{\underset{|}{C}}=CH_2$$

$$H_3C-\underset{Cl}{\underset{|}{C}}=CH_2 + HX \xrightarrow{HgX_2} H_3C-\overset{X}{\overset{|}{\underset{Cl}{\underset{|}{C}}}}-CH_3$$

$$CH_3C\equiv CH + HBr \xrightarrow{ROOR} H_3C-CH=CHBr$$

炔烃与卤化氢的加成反应机理亦与烯烃相似，但生成的中间体是乙烯基型碳正离子。

$$第一步：\quad -C\equiv C- + H-X \xrightarrow{慢} -\underset{H}{\underset{|}{C}}=\overset{+}{C}- + X^-$$

$$第二步：\quad -\underset{H}{\underset{|}{C}}=\overset{+}{C}- + X^- \xrightarrow{快} -\underset{H}{\underset{|}{C}}=\underset{X}{\underset{|}{C}}-$$

由于乙烯基型碳正离子不如烷基碳正离子稳定，因此炔烃与卤化氢的加成（亲电加成）比烯烃慢。

③ 加水

炔烃也可与 H_2O 加成，但反应活性不及烯烃，必须用硫酸汞的硫酸溶液催化。例如：

$$HC\equiv CH + H_2O \xrightarrow[H_2SO_4]{HgSO_4} [H_2C=\underset{:OH}{\underset{|}{CH}}] \xrightarrow{重排} H_3C-\underset{O}{\underset{\|}{C}}-H$$

乙烯醇　　　　乙醛

乙炔加 H_2O 首先生成一个羟基（—OH）与双键碳原子直接相连的化合物乙烯醇，它非常不稳定，立刻进行分子内重排，—OH 上的 H 原子转移到另一个双键碳原子上，碳氧之间形成碳氧双键，形成乙醛。这是工业上生产乙醛的方法之一，称乙炔直接水合法。

其他的炔烃在 $HgSO_4/H_2SO_4$ 催化下与水加成遵守不对称加成规则，因此产物只能是酮。例如：

$$H_3C-C\equiv CH + H_2O \xrightarrow[H_2SO_4]{HgSO_4} [H_3C-\underset{:OH}{\underset{|}{C}}=CH_2] \xrightarrow{重排} H_3C-\underset{O}{\underset{\|}{C}}-CH_3$$

丙酮

[问题 4-3]　完成下列反应方程式：

（a）$(CH_3)_2CHC\equiv CH + HCl \xrightarrow{HgCl_2}$

（b）$CH_3CH_2C\equiv CH + HBr \xrightarrow{ROOR}$

（c）$CH_3C\equiv CCH_2CH_3 + H_2O \xrightarrow[H_2SO_4]{HgSO_4}$

（3）其他加成

① 加羧酸

乙炔在碱存在下可与醋酸加成生成醋酸乙烯酯。

$$HC\equiv CH + H_3C-\overset{\overset{\large O}{\|}}{C}-OH \xrightarrow[\triangle]{OH^-} H_3C-\overset{\overset{\large O}{\|}}{C}-OCH=CH_2$$

醋酸乙烯酯

反应是 $H_3C-\overset{\overset{\large O}{\|}}{C}-O^-$ 对叁键碳原子进攻引起的亲核加成：

$$H_3C-\overset{\overset{\large O}{\|}}{C}-OH + OH^- \longrightarrow H_3C-\overset{\overset{\large O}{\|}}{C}-O^- + H_2O$$

$$H_3C-\overset{\overset{\large O}{\|}}{C}-O^- + HC\equiv CH \longrightarrow H_3C-\overset{\overset{\large O}{\|}}{C}-O-CH=\ddot{C}H$$

$$H_3C-\overset{\overset{\large O}{\|}}{C}-O-CH=\ddot{C}H + H_2O \longrightarrow H_3C-\overset{\overset{\large O}{\|}}{C}-OCH=CH_2 + OH^-$$

这是工业上合成醋酸乙烯酯的方法。醋酸乙烯酯是合成高分子材料聚醋酸乙烯酯、聚乙烯醇和化学纤维维尼纶的原料（详见第 13 章）。

② 加氢氰酸

乙炔可与 HCN 加成生成丙烯腈。丙烯腈是合成橡胶和合成纤维腈纶的原料：

$$HC\equiv CH + HCN \longrightarrow H_2C=CH-CN$$

丙烯腈

这一反应也是由负离子（CN^-）引起的亲核加成反应：

$$HC\equiv CH \xrightarrow{CN^-} H\ddot{C}=CH-CN \xrightarrow{HCN} H_2C=CH-CN + CN^-$$

③ 加醇

在 NaOH 或 KOH 的存在下，乙炔可与醇加成生成乙烯基醚。例如：

$$HC\equiv CH + CH_3OH \xrightarrow{KOH} H_2C=CH-O-CH_3$$

甲基乙烯基醚

这一反应与加 CH_3COOH、加 HCN 相似，也是由负离子（CH_3O^-）引起的亲核加成反应，甲基乙烯基醚是制造油漆涂料、黏合剂、增塑剂等的原料。

[问题 4-4]　试写出反应机理解释下列反应。

$$HC\equiv CH + ROH \xrightarrow{KOH} H_2C=CH-O-R$$

[问题 4-5]　如何由 $HC\equiv CH$ 合成 $CH_3CH_2OCH=CH_2$？

4.3.2.2　氧化反应

炔烃的还原与氧化

与烯烃相似，炔烃也可以被氧化，例如被高锰酸钾氧化和被臭氧氧化。

（1）高锰酸钾氧化

炔烃被 $KMnO_4$ 氧化，$C\equiv C$ 叁键断裂，氧化产物取决于炔烃的结构：

$$\equiv CH \xrightarrow{[O]} CO_2 + H_2O$$

$$\equiv CR \xrightarrow{[O]} RCOOH$$

例如：

$$RCH_2C\equiv CH \xrightarrow{KMnO_4} RCH_2COOH + CO_2 + H_2O$$

反应结果，高锰酸钾的紫色消失，利用这一现象可定性鉴别炔烃，但不能区分炔烃与烯烃。根据氧化产物可以推测炔烃的结构。

（2）臭氧化

炔烃经臭氧化，然后水解生成两分子羧酸。例如：

$$CH_3CH_2C\equiv CCH_3 \xrightarrow[CCl_4]{O_3} \xrightarrow{H_2O} CH_3CH_2COOH + CH_3COOH$$

根据反应产物也可推测炔烃的结构。

[问题 4-6] 试确定炔烃 A 和 B 的构造式：

$$A(C_6H_{10}) \xrightarrow[②H_2O]{①O_3} \text{一种羧酸}$$

$$B(C_4H_6) \xrightarrow{KMnO_4} CO_2\text{与羧酸}$$

4.3.2.3 活泼氢反应

由表 4-2 可知，由于碳原子三种不同杂化轨道的 s 成分为 sp＞sp^2＞sp^3，三种不同杂化态碳原子的电负性 C_{sp}＞C_{sp^2}＞C_{sp^3}。所以碳氢键的极性和相应化合物的 pK_a 值为：

	$CH_3CH_2—H$	$H_2C=CH—H$	$HC\equiv C—H$
pK_a	42	36.5	25

C—H键极性增大 →

端基炔的化学反应

显然，炔烃中 C_{sp}—H 键比烯烃分子中 C_{sp^2}—H 键和烷烃分子中 C_{sp^3}—H 键具有更大的极性，其氢原子更容易转变为 H^+，具有更大的酸性。但是它的酸性比水还要弱得多，只有与极强的碱作用才能放出氢。例如乙炔分子中的活泼氢能与极活泼的金属 Na、K 等作用，生成炔金属化合物并放出氢气。例如：

$$HC\equiv CH + Na \xrightarrow{\text{液氨}} \underset{\text{乙炔钠}}{HC\equiv CNa} + \frac{1}{2}H_2$$

在较高的温度下，乙炔中的两个 H 都可以被置换。例如：

$$HC\equiv CH + 2Na \xrightarrow{\text{约}200℃} \underset{\text{乙炔二钠}}{NaC\equiv CNa} + H_2$$

乙炔的一烷基衍生物（也称端炔）也能进行这一反应。例如：

$$RC\equiv CH + NaNH_2 \longrightarrow RC\equiv CNa + NH_3$$

氨基钠（$NaNH_2$）是一种很强的碱，其 NH_2^- 可夺取炔烃的活泼氢转变为共轭酸 NH_3。炔钠是一个有用的有机合成中间体，通过它可以制备碳链更长、更高级的炔烃。例如：

$$HC \equiv CNa + RX \xrightarrow{\text{液氨}} HC \equiv CR + NaX$$

伯卤烷

$$RC \equiv CNa + R'X \xrightarrow{\text{液氨}} RC \equiv CR' + NaX$$

伯卤烷

这是有机合成中增长碳链的方法之一，但是只能使用伯卤代烷——卤原子与伯碳原子相连的卤代烷。

[问题 4-7]　试由 HC≡CH 合成 3-己炔。

利用炔烃的活泼氢反应可鉴别炔烃是否含有—C≡C—H 的结构。例如，乙炔和端炔可迅速与硝酸银的氨溶液或氯化亚铜的氨溶液反应，生成白色炔化银沉淀和棕红色炔化亚铜沉淀。

$$HC \equiv CH + Ag(NH_3)_2NO_3 \longrightarrow AgC \equiv CAg\downarrow \quad \text{白色}$$

$$HC \equiv CH + Cu(NH_3)_2Cl \longrightarrow CuC \equiv CCu\downarrow \quad \text{棕红色}$$

$$RC \equiv CH + Ag(NH_3)_2NO_3 \longrightarrow RC \equiv CAg\downarrow \quad \text{白色}$$

$$RC \equiv CH + Cu(NH_3)_2Cl \longrightarrow RC \equiv CCu\downarrow \quad \text{棕红色}$$

由于内炔（结构为 RC≡CR 的炔烃）、烯烃和烷烃都不能发生以上反应，所以试剂 $Ag(NH_3)_2NO_3$ 和 $Cu(NH_3)_2Cl$ 常用来区分含活泼氢的炔烃与内炔、烯烃或烷烃。

上述的重金属炔化物（炔银、炔铜）与轻金属炔化物（如炔钠）不同，前者在干燥状态下因撞击或受热（乙炔银 140～150℃）会发生爆炸。因此，实验中生成的重金属炔化物，尤其是炔银必须及时用硝酸分解，以免发生危险。例如：

$$AgC \equiv CAg + HNO_3 \longrightarrow HC \equiv CH + AgNO_3$$

利用炔化物的这些性质既可以从混合物中分离出含活泼氢的炔烃，也可以从废液中萃取贵重金属，如用 3-甲基-1-丁炔萃取金属银。

[问题 4-8]　用化学方法区分下列各组化合物。

（a）甲烷、乙烯和乙炔　（b）1-丁炔和 2-丁炔

从以上讨论可知，由于炔烃的结构与烯烃相似，炔烃可以发生与烯烃类似的许多化学反应，如催化加氢、亲电加成、氧化和臭氧化等；由于两者结构的差异，发生同一反应时的条件或产物并不完全相同，而且炔烃和烯烃都有自己特有的性质。这就是有机化合物结构、性质相似的一例。显然，只要注意到炔烃的结构与烯烃相似，通过类比便可迅速地在已有知识的基础上从已知（烯烃）了解认识未知（炔烃），从结构到反应把握它们的联系与区别。

4.4　二烯烃

分子中含有两个 C═C 双键的开链不饱和烃，称为二烯烃（dienes），也叫双烯烃。分子中含有两个以上 C═C 双键的开链不饱和烃，则叫多烯烃。

二烯烃的通式是 C_nH_{2n-2}，与炔烃互为同分异构体，是官能团不同引起的异构现象，属于

官能团异构。

4.4.1 二烯烃的分类与命名

（1）分类

根据两个 C═C 双键的相对位置不同，二烯烃可分为三类。一为累积二烯烃，两个双键在同一个 C 原子上，例如丙二烯 $H_2C═C═CH_2$；二为隔离二烯烃，两个双键被两个或两个以上的单键间隔开，例如 1,4-己二烯 $H_2C═CH—CH_2—CH═CH—CH_3$；三为共轭二烯烃，两个双键被一个单键间隔开，例如 1,3-丁二烯 $H_2C═CH—CH═CH_2$。

碳原子数相同的三类二烯烃互为同分异构体，其中共轭二烯烃在理论与实际应用方面都是最重要的，是本节讨论的重点。

（2）命名

二烯烃的系统命名法与烯烃相似。因分子中有两个双键，故称为二烯，而且在名称之前用两个阿拉伯数字分别表示两个双键起始碳原子的位次，并在两个数字之间加一逗号“，”隔开。例如：

$H_2C═CH—CH═CH_2$

1,3-丁二烯（俗称丁二烯）

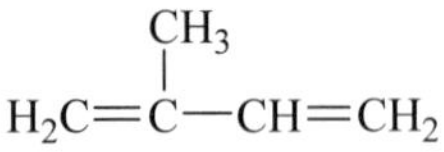

$H_2C═C(CH_3)—CH═CH_2$

甲基-1,3-丁二烯（不是2-甲基-1,3-丁二烯，因为甲基的位置是唯一确定的。俗称异戊二烯）

$H_2C═C═CH—CH_3$

1,2-丁二烯

$H_2C═CH—CH_2—CH_2—CH═CH_2$

1,5-己二烯

二烯烃的顺反异构体，必须在名称前注明两个双键的立体构型。例如 2,4-己二烯有三种顺反异构体，名称如下：

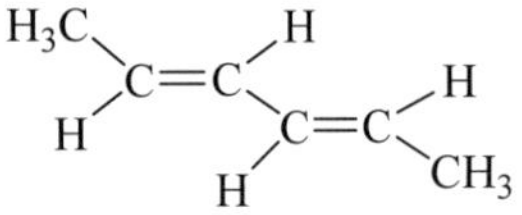

(2*E*,4*E*)-2,4-己二烯（或反,反-2,4-己二烯）

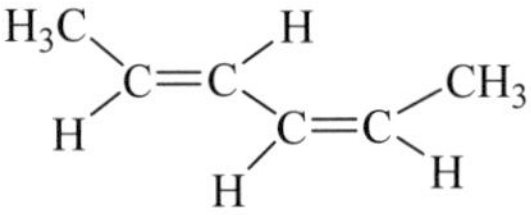

(2*E*,4*Z*)-2,4-己二烯（或反,顺-2,4-己二烯）

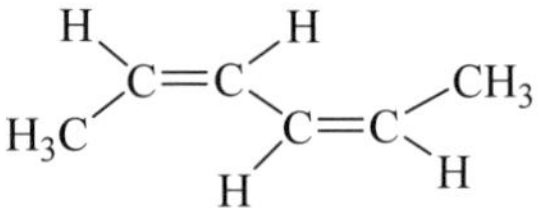

(2*Z*,4*Z*)-2,4-己二烯（或顺,顺-2,4-己二烯）

[问题 4-9] 命名下列化合物：

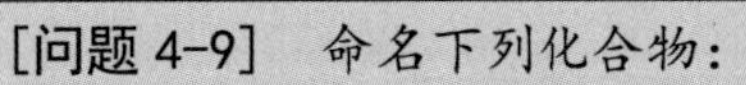

(a) 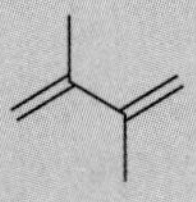 (b)

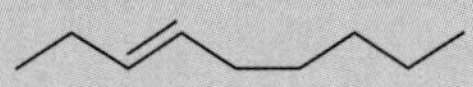

[问题 4-10] 2,4-庚二烯有多少种立体异构体？

4.4.2 共轭二烯烃的特性

从形式上看，共轭二烯烃有两个相同的官能团 C═C 双键，显然结构上与烯烃相似。事实上，共轭二烯烃确实可以进行与烯烃类似的许多反应，如加氢、亲电加成、氧化、聚合等。除此之外，研究共轭二烯烃的理化性质，还发现了许多新的特点。下面以共轭二烯烃中最简单也是最重要的代表 1,3-丁二烯为例来说明。

共轭二烯烃的特性

（1）1,4-加成

共轭二烯烃的 C═C 双键与烯烃一样可以进行亲电加成反应。但是 1,3-丁二烯与一分子亲电试剂加成时，却意外地得到了两种产物。例如：

$$H_2C{=}CH{-}CH{=}CH_2 + HBr \longrightarrow H_2C{=}CH{-}\underset{\displaystyle Br}{\underset{|}{C}H}{-}CH_3 + H_3C{-}CH{=}CH{-}\overset{\displaystyle Br}{\overset{|}{C}H_2}$$

3-溴-1-丁烯（1,2-加成）　　1-溴-2-丁烯（1,4-加成）

3-溴-1-丁烯的生成是意料之中的，它符合烯烃加成反应的规律。但是，1-溴-2-丁烯的生成却是令人费解的，一分子 HBr 居然加到 C1 和 C4 上，原有的两个π键消失了，而 C2 和 C3 之间的单键变成了双键。生成产物 3-溴-1-丁烯的加成方式称为 1,2-加成；生成产物 1-溴-2-丁烯的加成方式称为 1,4-加成。1,4-加成方式及其产物的出现是共轭二烯烃性质的一大特点。

（2）键长、氢化热与吸收光谱

共轭二烯烃 1,3-丁二烯的 1,4-加成方式及其产物的出现，引导人们思考探究其原因。进一步研究发现，以 1,3-丁二烯为代表的共轭二烯烃的键长、氢化热及吸收光谱也具有不同寻常的性质。

① 键长

实验测得共轭二烯烃 1,3-丁二烯的键长数据与一般分子的键长对比如下：

	键长/nm	
	C═C	C—C
共轭二烯烃		
$H_2C{=}CH{-}CH{=}CH_2$	0.137	0.147
一般分子		
$H_2C{=}CH_2$，$H_3C{-}CH_3$	0.134	0.154

显然，共轭二烯烃 1,3-丁二烯分子中的 C═C 双键的键长比普通的 C═C 双键长 0.003nm 而其 C—C 单键的键长比普通的短 0.007nm。换句话说，在 1,3-丁二烯烯分子中较短的 C═C 双键有所伸长，而较长的 C—C 单键有所缩短，双键与单键的差别减小，这种现象称为键长的平均化。

② 氢化热

如 3.4.1 节所述，烯烃的加氢是一个放热反应，根据氢化热的大小可以评价烯烃的稳定性。测定二烯烃的氢化热有以下结果：

$$H_2C{=}CH{-}CH{=}CH{-}CH_3 + 2H_2 \xrightarrow{Ni} n\text{-}C_5H_{12} \qquad \Delta H{=}-226\ kJ/mol$$

$$H_2C{=}CH{-}CH_2{-}CH{=}CH_2 + 2H_2 \xrightarrow{Ni} n\text{-}C_5H_{12} \qquad \Delta H{=}-254\ kJ/mol$$

可见共轭二烯烃 1,3-戊二烯的稳定性比隔离双键二烯烃高，前者的能量比后者低 28kJ/mol。

③ 吸收光谱

由于π电子的运动离原子核的平均距离较远，有较大的流动性，比较容易极化。用连续波长的紫外光照射乙烯和 1,3-丁二烯得到以下的最大吸收（λ_{max}）值：

$$\begin{array}{lcc} & H_2C{=}CH_2 & H_2C{=}CH{-}CH{=}CH_2 \\ \lambda_{max} & 185nm & 217nm \end{array}$$

数据表明，共轭二烯烃分子中的π电子受激发所需要的能量比普通烯烃的π电子低，亦即共轭二烯烃的π电子具有更大的流动性，更容易被激发。

4.4.3 1,3-丁二烯的结构与共轭效应

共轭双键二烯烃性质的以上特点源于它的结构。

在1,3-丁二烯分子中，每个sp^2杂化碳原子都是动用三个sp^2杂化轨道，分别与氢的1s轨道和相邻碳原子的sp^2杂化轨道交盖成键，一共形成九个σ键。如图4-1所示，每个碳原子还剩下一个p电子，这四个p轨道彼此平行，它们不仅在C1与C2、C3与C4之间侧面交盖，而且在C2与C3之间也有一定程度的交盖，从而使C2与C3之间电子云密度增大，键长缩短，具有部分双键的性质，同时C1与C2、C3与C4之间的π电子云的密度稍有下降。也就是四个π电子的运动范围扩展到了四个碳原子上，而不是像构造式所表述的那样两个π电子分布在C1与C2之间，另外两个π电子分布在C3与C4之间，它们形成了一个整体，这种现象称为键的离域（delocalization）。键的离域作用是共轭体系中原子间相互影响的结果，这种影响称为共轭效应（conjugative effect），简称C效应。显然，只有当1,3-丁二烯的四个碳原子处于同一平面时，四个p轨道才能彼此有效侧面交盖。

共轭效应

图4-1 1,3-丁二烯 $H_2C{=}CH{-}CH{=}CH_2$ 的p轨道

共轭效应引起键的离域，因此共轭体系的电子云密度，即键长发生平均化，体系能量也随之降低。上述1,3-戊二烯的氢化热比1,4-戊二烯低28kJ/mol，就是1,3-戊二烯π电子离域、键长平均化的结果，称为离域能（delocalization energy）。

由于共轭效应的影响，1,3-丁二烯与亲电试剂加成时既有1,2-加成产物，也有1,4-加成产物。当HBr与$H_2C{=}CH{-}CH{=}CH_2$加成时，HBr电离出的H^+按马氏规则首先与C1或C4结合，并生成活性中间体碳正离子$H_3C{-}\overset{+}{C}H{-}CH{=}CH_2$。由于C═C的π电子与C3上的空2p轨道形成共轭体系，因此活性中间体的正电荷实际上被分散在C2和C4上，$H_3C{-}\overset{\delta^+}{C}H{\cdots}CH{\cdots}\overset{\delta^+}{C}H_2$。第二步当$Br^-$与活性中间体结合完成加成反应时，$Br^-$既可与C2结合（1,2-加成），也可与C4结合（一对π电子由C3与C4之间转移到C2与C3之间，发生1,4-加成）。

$$H_2C{=}CH{-}CH{=}CH_2 \xrightarrow[-Br^-]{HBr} H_3C{-}\overset{+}{C}H{-}CH{=}CH_2$$

$$H_3C{-}\overset{\delta^+}{C}H{\cdots}CH{\cdots}\overset{\delta^+}{C}H_2 + Br^- \longrightarrow H_3C{-}\underset{Br}{\underset{|}{C}H}{-}CH{=}CH_2 + H_3C{-}CH{=}CH{-}\underset{Br}{\underset{|}{C}H_2}$$

（1）共轭体系的分类

在$H_2C{=}CH{-}CH{=}CH_2$分子中，p电子或π电子的运动范围不再局限在两个碳原子之间，而是扩展到了四个碳原子之间。一个分子中的成键轨道扩大到三个或更多的原子所形成的化学键叫离域键，具有离域键的结构体系称为共轭体系。

共轭体系可分为π-π共轭体系、p-π共轭体系和超共轭体系三类。

① π-π共轭体系

这是由多个不饱和键（双键或叁键）与单键交错排列所构成的共轭体系。既可以是两个π键之间的共轭，也可以是更多π键之间的共轭；可以是开链的，也可以是环状的。不可或缺的条件是构成共轭体系的所有原子必须共平面。例如：

$H_2C{=}CH{-}CH{=}CH_2$　　$H_2C{=}CH{-}CH{=}CH{-}CH{=}CH_2$　　$H_2C{=}CH{-}C{\equiv}CH$

$H_2C{=}CH{-}\underset{H}{C}{=}O$　　$CH_3CH{=}CH{-}\overset{O}{\overset{\|}{C}}{-}OR$　　$H_2C{=}CH{-}C{\equiv}N$

$-\underset{H}{C}{=}O$

已经详细讨论过的 1,3-丁二烯是π-π共轭体系最典型的代表物（见图 4-1）。

② p-π共轭体系

由不饱和键与相邻原子的 p 轨道或 sp^2 杂化轨道构成的共轭体系称为 p-π共轭体系。

例如：

$H_2C{=}CH{-}\ddot{C}l$　　$H_2C{=}CH{-}\overset{+}{C}H_2$　　$H_2C{=}CH{-}\dot{C}H_2$

$R{-}\overset{O}{\overset{\|}{C}}{-}\ddot{C}l$　　$-\ddot{O}H$　　$-\ddot{N}H_2$　　$R{-}\overset{O}{\overset{\|}{C}}{-}\ddot{O}H$　　$R{-}\overset{O}{\overset{\|}{C}}{-}\ddot{N}H_2$

在 p-π共轭体系中，π轨道与 p 轨道或 sp^2 杂化轨道平行侧面交盖形成一个整体。电子离域运动的结果发生键长平均化，体系能量降低。图 4-2 为烯丙位碳正离子 $H_2C{=}CH{-}\overset{+}{C}H_2$ 与烯丙位自由基 $H_2C{=}CH{-}\dot{C}H_2$ 的轨道结构式。显然，π电子离域的结果是正电荷被分散，自由基单电子性质下降，体系能量降低。

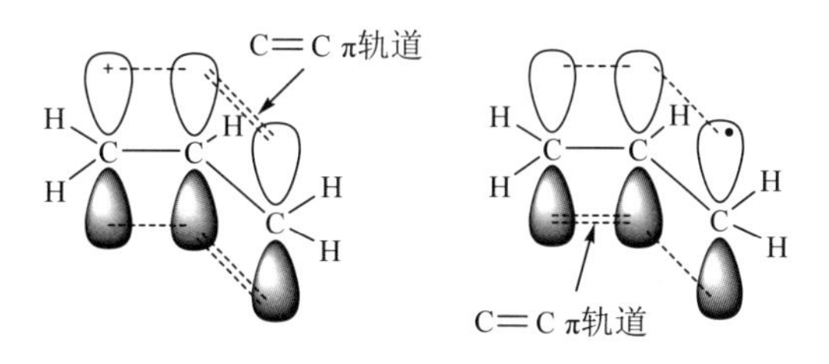

图 4-2　烯丙位碳正离子与烯丙位自由基轨道结构式

[问题 4-11]　为什么炔烃与 HCl 加成时，反应往往停留在 $H_2C{=}CHCl$ 阶段？

③ 超共轭体系

超共轭体系是由烷基的 C—H σ键与邻近的π键或 p 轨道构成的。因为氢原子的体积最小，不能有效地屏蔽 C—H σ键的电子，所以当 C—H σ键与π键或 p 轨道邻近时，便会发生轨道的微弱交盖和一定程度的电子离域。例如：

$H_2C{=}CH{-}CH_3$　　$H_3C{-}\overset{+}{C}H_2$　　$H_3C{-}\dot{C}H_2$　　$-CH_3$

图 4-3 为丙烯分子中的超共轭效应示意图，由于 C2—C3 σ键可自由旋转，所以甲基（$—CH_3$）中的三个 C—H σ轨道均可与 C═C 的π轨道发生微小交盖。因此，在超共轭体系中参与的 C—H σ键越多，超共轭效应越强。例如，烷基碳正离子和烷基自由基的稳定性规律主要取决于超共轭效应。

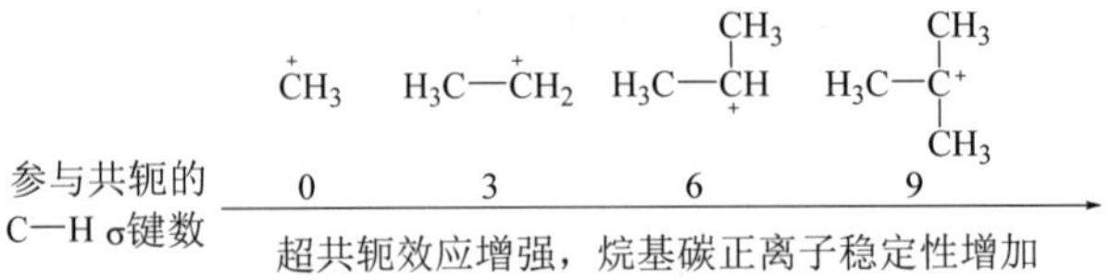

$\overset{+}{C}H_3$　$H_3C—\overset{+}{C}H_2$　$H_3C—\overset{+}{C}H—CH_3$　$(CH_3)_3C^+$

参与共轭的 C—H σ键数　0　3　6　9

超共轭效应增强，烷基碳正离子稳定性增加

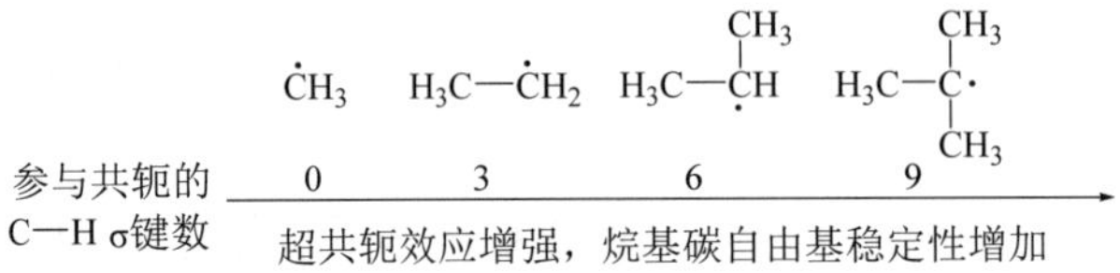

$\dot{C}H_3$　$H_3C—\dot{C}H_2$　$H_3C—\dot{C}H—CH_3$　$(CH_3)_3C\cdot$

参与共轭的 C—H σ键数　0　3　6　9

超共轭效应增强，烷基碳自由基稳定性增加

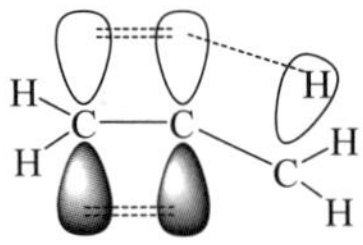

图 4-3　丙烯分子的超共轭效应

[问题 4-12]　为什么 1-丁烯的氢化热比 2-丁烯的大？

（2）共轭效应的特征

由以上讨论可知，在共轭体系中，电子不是定域在成键原子之间，而是在整个共轭体系中做整体运动，每个成键电子都要受到共轭体系中其他原子核的作用。这样，在共轭体系中原子或基团之间的相互作用，通过电子的离域沿整个共轭体系传递。因此，共轭效应最突出的特征是它的传导方式，由离域的键或电子沿共轭体系传递，其结果是共轭体系的电子云密度平均化，键长平均化。以上三类共轭体系中键长的平均化现象对比如表 4-3 所示。

表 4-3　三类共轭体系中键长的平均化

共轭体系		键长/nm	
π-π共轭		C—C	C═C
	$H_3C—CH_3$, $H_2C═CH_2$	0.154	0.134
	$CH_2═CH—CH═CH_2$	0.147	0.137
	 苯	0.139	0.139
p-π共轭		C═C	C—Cl
	$H_3C—Cl$, $H_2C═CH_2$	0.134	0.177
	$H_2C═CH—Cl$	0.138	0.172
超共轭		C═C	C—C
	$H_2C═CH_2$, $H_3C—CH_3$	0.134	0.154
	$H_3C—CH═CH_2$	0.135	0.148

由此可见，无论是哪类共轭效应都导致共轭体系的单键比孤立的单键短，双键都比孤立的双键长。苯的键长平均化是最彻底的（详见第 8 章）。

（3）动力学控制的反应与热力学控制的反应

已知共轭二烯烃如 1,3-丁二烯进行亲电加成时有 1,2-和 1,4-加成两种产物。实验还表明，在较低温度下主要生成 1,2-加成产物，在较高温度下主要生成 1,4-加成产物。

$$H_2C{=}CH{-}CH{=}CH_2 \xrightarrow{HBr} H_3C{-}\underset{\displaystyle Br}{\underset{|}{C}H}{-}CH{=}CH_2 + H_3C{-}CH{=}CH{-}CH_2Br$$

反应温度/℃		
−80	80%	20%
40	20%	80%

1.6.2 节指出，影响化学反应的进程有动力学和热力学两个因素。活化自由能（$\Delta G^{\neq}$）是反应物与过渡态的能量差，它影响、决定着反应速率的快慢。上述加成反应中 1,2-加成的活性中间体是 $H_3C{-}\overset{+}{C}H{-}CH{=}CH_2$，1,4-加成的活性中间体是 $H_3C{-}CH{=}CH{-}\overset{+}{C}H_2$。两者都有 p-π共轭效应使体系能量降低，但前者还有三个 C—H σ键，可产生超共轭效应使之稳定化，而后者没有。所以稳定性：

$$H_3C{-}\overset{+}{C}H{-}CH{=}CH_2 > H_3C{-}CH{=}CH{-}\overset{+}{C}H_2$$

反应温度较低时，生成产物的比例取决于反应速率，亦即取决于反应的活化自由能大小，或者说取决于活性中间体碳正离子的稳定性。稳定性越高的碳正离子越容易生成，反应速率也就越快。所以，在低温下主要生成 $H_3C{-}\overset{+}{C}H{-}CH{=}CH_2$，并得到 1,2-加成产物，反应受速率或受动力学控制。

反应温度较高时，分子所具有的平均动能足以克服较高的能垒（活化自由能$\Delta G^{\neq}$）。这时不再是$\Delta G^{\neq}$的大小或者活性中间体碳正离子的稳定性高低决定反应产物的比例，而是反应的平衡常数即产物的热力学稳定性大小决定反应产物的比例。产物愈稳定，生成愈多。因为 1,2-加成产物与 1,4-加成产物的稳定性：

$$H_3C{-}CH{=}CH{-}CH_2Br > H_3C{-}\underset{\displaystyle Br}{\underset{|}{C}H}{-}CH{=}CH_2$$

所以，较高温度下主要生成稳定性较高或平衡常数较大的 1,4-加成产物 $H_3C{-}CH{=}CH{-}CH_2Br$，反应受平衡或受热力学控制。

[问题 4-13]　为什么稳定性 $H_3C{-}CH{=}CH{-}CH_2Br > H_3C{-}\underset{\displaystyle Br}{\underset{|}{C}H}{-}CH{=}CH_2$？

4.4.4　共振论及其应用

共振论及其应用

（1）共振论简介

甲烷、乙烯等有机化合物，都可以用单个的价键式合理地表述它们的结构。但是，苯（苯环结构式）、1,3-丁二烯（$H_2C{=}CH{-}CH{=}CH_2$）、烯丙位碳正离子（$H_3C{-}\overset{+}{C}H{-}CH{=}CH_2$）、烯丙基自由基（$H_2C{=}CH{-}\dot{C}H_2$）等，都不能用单个的价键式表述它们的真实结构。因为这些离域键结构体系既不存在典型的 C═C 双键和 C—C 单键，也没有定域的正电荷和成单电子，表述具有离域键的分子或结构是一个非常实际而且重要的问题。

1931～1933 年，美国化学家鲍林提出共振论（resonance theory），解决了用经典价键结构式表述具有离域键的分子及结构的问题。

为了表述苯分子的真实结构，共振论认为必须使用两个价键式：

（Ⅰ）⟷（Ⅱ）

（Ⅰ）和（Ⅱ）表示苯分子中π电子离域的极限，称为极限结构，也称共振结构（resonance forms）或共振符号（resonance symbols）。极限结构是假设的，实际并不存在，例如在苯分子中π电子的离域不可能达到（Ⅰ）和（Ⅱ）两个极限情况，苯分子的真实结构既不是（Ⅰ）也不是（Ⅱ），而是介于（Ⅰ）和（Ⅱ）之间某一状态。或者说苯的分子结构可由（Ⅰ）和（Ⅱ）两个价键式共同说明，是两个极限结构的共振杂化（resonance hybrid）或叠加。

共振论认为，任何具有离域键的分子或结构都可以使用两个或更多的极限结构表述，这些极限结构之间的差别仅仅是π电子或 p 电子的位置不同，但是其中任何一个极限结构都不能完全说明真实的结构及其性质。

为了强调极限结构不是真实结构，真实的结构是所有极限结构的叠加或共振杂化，美国的 R.J.Fessenden 教授打了个比喻，他说："犀牛（一种真实的动物）可以看成是独角野牛（假想的）和龙（假想的）的共振杂化体，犀牛具有独角野牛和龙的特点，而不是两者的相互转变。"因此，共振论使用双头箭头（$\longleftrightarrow$），以区别通常的可逆符号"$\rightleftharpoons$"。

共振：　犀牛（真实存在）　　独角野牛（假设的） $\longleftrightarrow$ 龙（假设的）

平衡：　$2H_2O$（真实存在） $\rightleftharpoons$ H_3^+O（真实存在） + OH^-（真实存在）

① 电子的迁移

在一连串的极限结构中，常常用小的弯箭头表示π电子的迁移，使用这种弯箭头有助于有条不紊地由一个极限结构过渡到下一个极限结构。这些电子的迁移纯粹是人为的，因为π电子实际上不是迁移，而是离域。必须注意电子的迁移箭头只能指向邻近的原子或键的位置。例如：

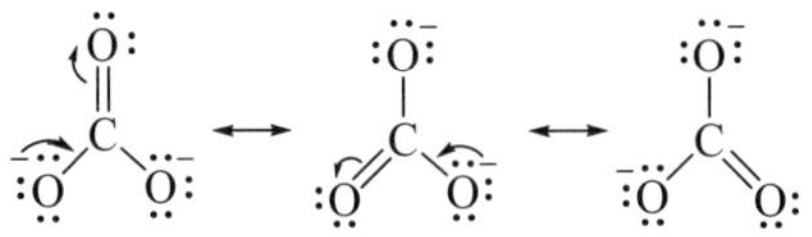

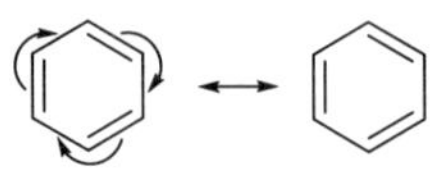

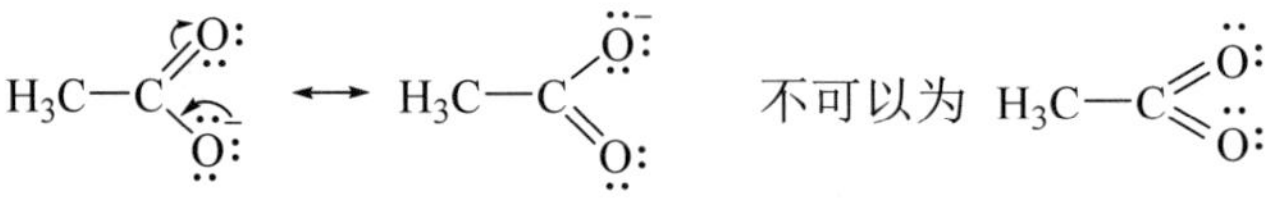

$H_3C-C(=O)O^- \longleftrightarrow H_3C-C(O^-)=O$　　不可以为　$H_3C-C(=O)(=O)$

使用电子迁移箭头必须特别注意化合价的规则，第二周期元素的原子价层电子最大容量为 8 个。因此，常在极限结构中表示出共用的电子。

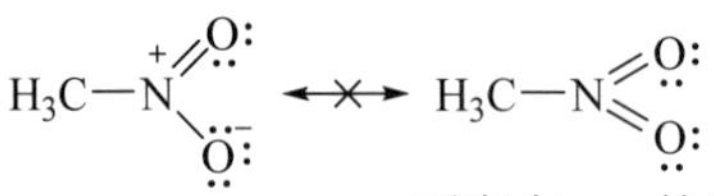

$H_3C-\overset{+}{N}(=O)O^- \;\longleftrightarrow\!\!\!\!\!\!\times\;\; H_3C-N(=O)=O$

不存在，N的最外层不能容纳10个电子

$H_2C=CH-\ddot{Cl}: \;\longleftrightarrow\!\!\!\!\!\!\times\;\; H_2\overset{+}{C}-CH=\ddot{Cl}:$

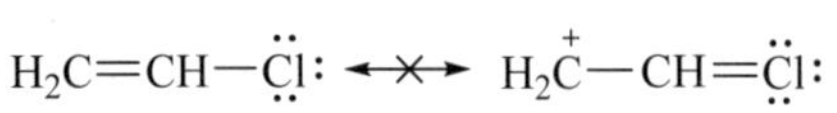

不存在，Cl的最外层不能容纳10个电子

[问题 4-14]　硝酸根离子（NO_3^-）含有 3 个等同的 N—O 键，写出 NO_3^- 的共振结构。

② 极限结构（共振结构）对真实结构的贡献

分子（或离子、自由基）的每个极限结构都表明真实结构电子离域的极限情况，或者说每个极限结构对真实结构都有贡献。但是，它们有的贡献较大，有的贡献较小，有的贡献相同。如果某个极限结构的能量最低、最稳定，它就与真实结构最接近、最相像，或者说这个极限结构对真实结构贡献比较大，反之则贡献较小。总之，各个极限结构对真实结构贡献的大小与极限结构的稳定性相对应。

判定极限结构对真实结构贡献大小的原则如下：

a. 没有电荷分离的极限结构比有电荷分离的稳定，贡献较大。例如：

能量较低，贡献较大　$H_2C=\ddot{O}:$ ⟷ $H_2C^+-\ddot{O}:^-$　能量较高，贡献较小

甲醛 HCHO

b. 电荷分离遵守电负性大小原则的极限结构比不遵守原则的稳定，贡献较大。例如：

$H_2C=\ddot{O}:$ ⟷ $H_2C^+-\ddot{O}:^-$ ⟷̸ $H_2\ddot{C}^--\ddot{O}:^+$

贡献非常小，可以忽略

c. 所有原子具有完整价层电子的极限结构比较稳定，贡献较大，例如：

$H_2\overset{+}{C}-\ddot{O}-CH_3$ ⟷ $H_2C=\overset{+}{\ddot{O}}-CH_3$

较稳定，贡献较大

d. 相邻原子带有同性电荷的极限结构不稳定，贡献较小，例如：

$\overset{+}{N}H_3$ H X ⟷ $\overset{+}{N}H_3$ H X ⟷ $\overset{+}{N}H_3$ H X

不稳定，贡献较小

e. 如果表述某个离域体系的极限结构式有几个是同样的，具有相等的能量，则称为等价共振。具有等价共振的离域体系特别稳定。例如：

$H_2C=CH-\overset{+}{C}H_2$ ⟷ $H_2\overset{+}{C}-CH=CH_2$

$H_2C=CH-\dot{C}H_2$ ⟷ $H_2\dot{C}-CH=CH_2$

⟷

[问题 4-15]　下列哪一个极限结构对真实结构的贡献较大？

$CH_3C(\ddot{O}:^-)=CH-\overset{+}{C}H_2$ ⟷ $CH_3\overset{+}{C}(\ddot{O}:^-)-CH=CH_2$ ⟷ $CH_3C(=\ddot{O}:)-CH=CH_2$

[问题 4-16]　为什么 CO_3^{2-} 在碱性溶液中很稳定？

③ 书写极限结构的规则

在以后的章节中将常遇到用共振论表述各种离域体系，因此必须明确书写极限结构的规则。

a. 极限结构之间只允许电子在邻近的原子或键的位置迁移，不能改变原子排列的次序。例如：

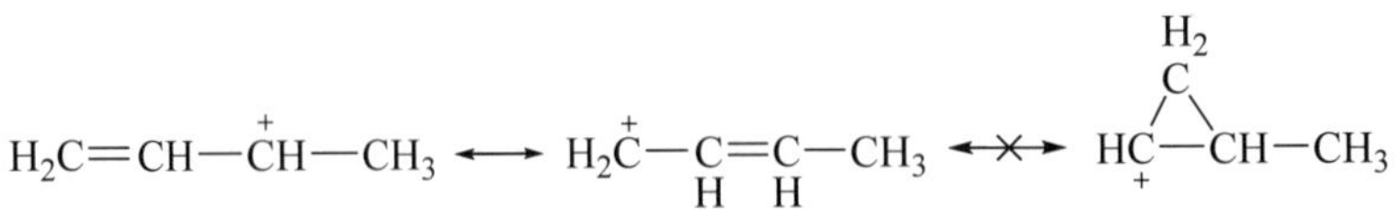

$$H_2C{=}CH{-}\overset{+}{C}H{-}CH_3 \longleftrightarrow H_2\overset{+}{C}{-}\underset{H}{C}{=}\underset{H}{C}{-}CH_3 \;\nleftrightarrow\; \text{(环丙基：}H\overset{+}{C}{-}CH{-}CH_3\text{，两碳经 }CH_2\text{ 成环)}$$

b. 极限结构式中各原子的最外层电子数不得超过最大电子容量，包括碳在内的第二周期元素的价层电子不能超过 8 个。例如：

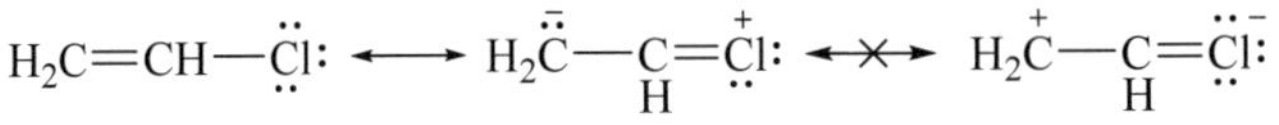

$$H_2C{=}CH{-}\ddot{\underset{..}{Cl}}{:} \longleftrightarrow H_2\overset{..-}{C}{-}\underset{H}{C}{=}\overset{+}{\underset{..}{Cl}}{:} \;\nleftrightarrow\; H_2\overset{+}{C}{-}\underset{H}{C}{=}\overset{..-}{\underset{..}{Cl}}{:}$$

右边极限结构中的 Cl 原子外层电子数为 10，这是不可能的。

c. 表述同一离域体系的所有极限结构必须具有相同数目的未成对电子。例如：

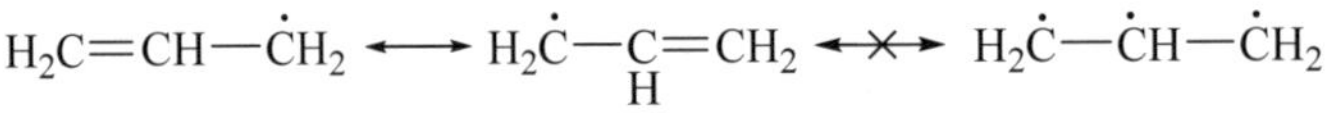

$$H_2C{=}CH{-}\dot{C}H_2 \longleftrightarrow H_2\dot{C}{-}\underset{H}{C}{=}CH_2 \;\nleftrightarrow\; H_2\dot{C}{-}\dot{C}H{-}\dot{C}H_2$$

右边的极限结构式之所以不正确，是因为若三个单电子自旋同向，则彼此排斥体系能量很高，对真实结构毫无贡献；若其中有两个单电子自旋反向，则必定成键，不能单独存在。

④ 共振稳定化

如果一个结构是两个或更多极限结构的共振杂化，则真实结构的能量要比任何一个极限结构的能量低，这个真实结构被认为是共振稳定化的。例如：

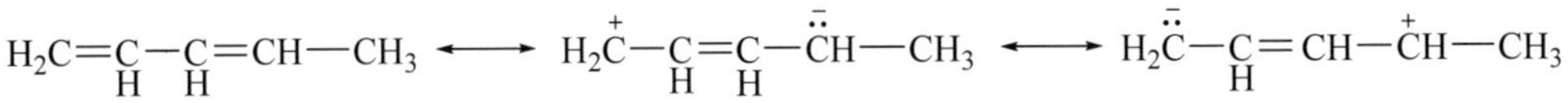

$$\underset{(\text{Ⅰ})}{H_2C{=}\underset{H}{C}{-}\underset{H}{C}{=}CH{-}CH_3} \longleftrightarrow \underset{(\text{Ⅱ})}{H_2\overset{+}{C}{-}\underset{H}{C}{=}\underset{H}{C}{-}\overset{..-}{C}H{-}CH_3} \longleftrightarrow \underset{(\text{Ⅲ})}{H_2\overset{..-}{C}{-}\underset{H}{C}{=}CH{-}\overset{+}{C}H{-}CH_3}$$

1,3-戊二烯真实结构的能量比以上三个极限结构中的任何一个都低。

4.4.3 节曾指出 1,3-戊二烯的氢化热比有两个孤立双键的 1,4-戊烯低 28kJ/mol，称为离域能。离域能本质上就是共振能，是电子离域运动共振稳定化的结果。

[问题 4-17] 下列化合物哪一个是共振稳定化的？

（a）$CH_3CH_2CH_3$　（b）$H_2C{=}C{=}CH_2$　（c）$H_3C{-}O{-}\overset{\overset{O}{\|}}{\underset{\underset{O}{\|}}{S}}{-}O^-$

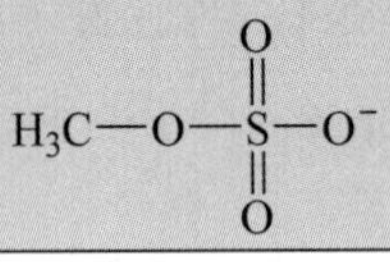

（2）共振论的应用

共振论作为表述离域键结构体系的一种方法，在有机化学中广泛应用。

① 阐明共价键的有关属性

a. 键长的变化　例如在 $CH_3CH_2{-}Cl$ 和 $H_2C{=}CH{-}Cl$ 中，C—Cl 键长分别为 0.177nm 和 0.172nm。因为在 $H_2C{=}CH{-}Cl$ 中存在 p-π共振效应，其电子离域可表示为：

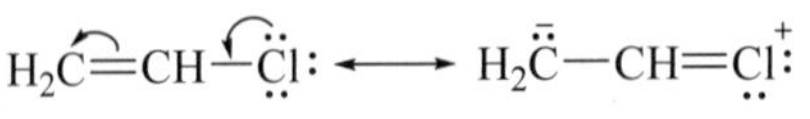

$$H_2C{=}CH{-}\ddot{\underset{..}{Cl}}{:} \longleftrightarrow H_2\overset{..-}{C}{-}CH{=}\overset{+}{\underset{..}{Cl}}{:}$$

由于共振，碳-氯之间存在着双键成分（尽管很小），故键长变短了一点。

[问题 4-18]　试预测 环己基—Cl 和 苯基—Cl 中哪一个 C—Cl 键较长，说明原因。

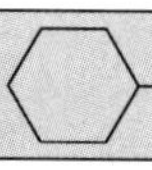

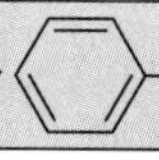

b. 偶极矩变化　共振论可以很直观地说明分子偶极矩的变化。例如 CH_3CH_2Cl 的偶极矩为 2.05D，而 $H_2C{=}CHCl$ 的偶极矩为 1.44D。因为 Cl 电负性极大，所以偶极的方向为 $CH_3CH_2{-}Cl$ 和 $H_2C{=}CH{-}Cl$。但氯乙烯分子由于共振（$H_2C{=}CH{-}\ddot{C}l: \longleftrightarrow H_2\bar{C}{-}CH{=}\overset{+}{Cl}:$）产生一个反向偶极，使氯乙烯分子偶极矩降低。

偶极矩的变化能引起有关化合物熔点和沸点的变化。例如：

	熔点/℃	沸点/℃
$CH_3CH_2{-}Cl$	−138.7	−12.3
$H_2C{=}CH{-}Cl$	−160	−13.9

显然，由于共振的结果，$H_2C{=}CH{-}Cl$ 的分子极性比 CH_3CH_2Cl 小，与分子间力相关的熔点和沸点均较低。

② 说明酸碱性质

例如醋酸分子中存在着 p-π共轭效应，可表示为：

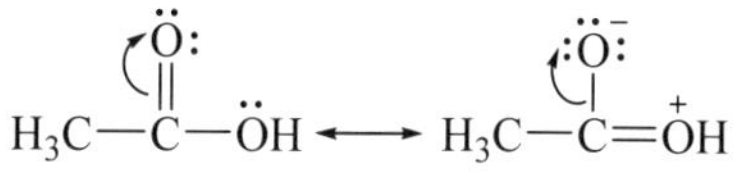

$$H_3C{-}\overset{\ddot{O}:}{\overset{\|}{C}}{-}\ddot{O}H \longleftrightarrow H_3C{-}\overset{:\ddot{O}:^-}{\overset{|}{C}}{=}\overset{+}{O}H$$

共振的结果是 O—H 之间电子云密度下降，键能变小，有电离出 H^+的倾向，所以醋酸是一种酸性有机化合物。

又如苯胺（pK_b=10.8）的碱性比氨（NH_3，pK_b=4.8）弱，因为苯胺分子存在 p-π共轭效应，可表示为：

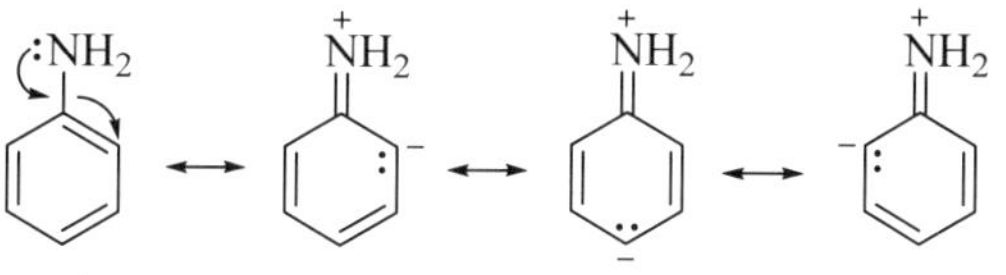

$$C_6H_5\ddot{N}H_2 \longleftrightarrow \overset{+}{N}H_2{=}C_6H_5^-(邻位) \longleftrightarrow \overset{+}{N}H_2{=}C_6H_5^-(对位) \longleftrightarrow \overset{+}{N}H_2{=}C_6H_5^-(邻位)$$

共振的结果是苯胺分子中 N 原子上的电子云密度比 NH_3 的小，显示碱性下降。

③ 解释反应结果或预测反应产物

共轭二烯烃 1,3-丁二烯不仅可以进行 1,2-加成，也可以进行 1,4-加成，共振论可对此作简明解释。例如：

$$H_2C{=}CH{-}CH{=}CH_2 + HX \longrightarrow H_3C{-}\underset{X}{\underset{|}{C}H}{-}CH{=}CH_2 + H_3C{-}CH{=}CH{-}CH_2X$$

因为：

$$H_2C{=}CH{-}CH{=}CH_2 + HX \xrightarrow{-X^-} \underbrace{H_3C{-}\overset{+}{C}H{-}CH{=}CH_2 \longleftrightarrow H_3C{-}CH{=}CH{-}\overset{+}{C}H_2}_{贡献大小相近}$$

所以：

$$H_3C{-}\overset{+}{C}H{-}CH{=}CH_2 \longleftrightarrow H_3C{-}CH{=}CH{-}\overset{+}{C}H_2$$

$$\downarrow X^- \qquad\qquad \downarrow X^-$$

$$H_3C{-}\underset{X}{\underset{|}{C}H}{-}CH{=}CH_2 \qquad H_3C{-}CH{=}CH{-}CH_2X$$

3.4.4 节所述丙烯α-H 在自由基卤化反应中性质活泼。按共振论的观点，其主要原因是反应的活性中间体 $H_2\dot{C}—CH=CH_2$ 发生等价共振，能量低，容易生成。即：

$$X_2 \xrightarrow{h\nu} 2X\cdot$$

$$H_3C—CH=CH_2 + X\cdot \longrightarrow \underbrace{H_2\dot{C}—CH=CH_2 \longleftrightarrow H_2C=CH—\dot{C}H_2}_{\text{等价共振，能量低}}$$

$$H_2\dot{C}—CH=CH_2 + X_2 \longrightarrow CH_2X—CH=CH_2 + X\cdot$$

…

应用共振论也可以预测反应的主要产物。例如，可预测以下反应的主要产物：

$$H_2C=C(CH_3)—CH=CH_2 + HX \longrightarrow$$

因为共轭二烯烃与 HX 的反应为离子型亲电加成反应，活性中间体为碳正离子，根据马氏规则主要生成以下两种活性中间体：

$$H_2C=C(CH_3)—CH=CH_2 \xrightarrow{H^+} \underset{(\text{I})}{H_3C—\overset{+}{C}(CH_3)—CH=CH_2} + \underset{(\text{II})}{H_2C=C(CH_3)—\overset{+}{C}H—CH_3}$$

活性中间体（Ⅰ）和（Ⅱ）带正电荷的中心碳原子都处于烯丙位，但（Ⅰ）有 6 个 C—H 键与中心碳原子产生超共轭效应，比（Ⅱ）多 3 个 C—H 键。因此（Ⅰ）比（Ⅱ）更稳定，以更快的速度生成。由于（Ⅰ）是由两个能量相近的极限结构共振稳定化的，所以反应的主要产物有以下两种：

$$H_3C—\overset{+}{C}(CH_3)—CH=CH_2 \longleftrightarrow H_3C—C(CH_3)=CH—\overset{+}{C}H_2$$

$$\downarrow X^- \qquad\qquad \downarrow X^-$$

$$H_3C—CX(CH_3)—CH=CH_2 \qquad H_3C—C(CH_3)=CH—CH_2X$$

由以上讨论可知，要运用共振论正确地解释反应的结果和预言反应的主要产物，必须明确反应的活性中间体是什么，即明确反应的机理。尽管共振论使用比较方便，但共振论不是万能的，它也存在局限性。对于一个有机化学问题，不管用什么理论进行解释，正确的结构只能有一个，都应与实验结果相符。

[问题 4-19] 试用共振论解释下面的反应结果。

$$CH_3CH_2—CH=CH_2 + Br_2 \xrightarrow{h\nu} H_3C—CHBr—CH=CH_2 + H_3C—CH=CH—CH_2Br$$

[问题 4-20] 下列反应的主要产物是什么？

$$\text{1-甲基环戊烯}\ (H_3C\text{-取代环戊烯}) + HCl \longrightarrow$$

阅读材料

天然橡胶

天然橡胶是一种天然的高分子化合物，它是异戊二烯$\left(CH_2{=}\overset{\overset{\displaystyle CH_3}{|}}{C}{-}CH{=}CH_2\right)$的聚合体。

当这个二烯烃聚合的时候，两个双键转变为单键，分子中的单键变成双键，分子之间彼此以单键首尾连接。天然橡胶的平均分子量为 $8.0\times10^4\sim4.0\times10^5$。链节的构型都是顺式，富有弹性。

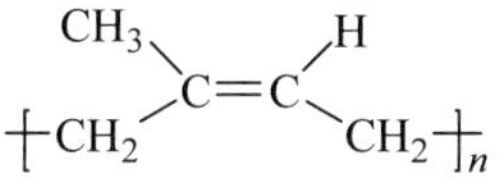

$$\left[\begin{array}{c} CH_3 \quad\quad H \\ \diagdown C{=}C \diagup \\ {-}CH_2 \diagup \quad\quad \diagdown CH_2{-} \end{array}\right]_n \qquad n=1500\text{~}7500$$

天然橡胶源于橡胶树分泌的白色胶乳，经脱水加工成干胶（生胶），生胶经素炼、硫化制得各种各样的橡胶制品，在工农业生产、交通运输、国防及日常生活中应用极为广泛。

天然橡胶受自然条件限制产量有限，其性能也难以满足应用要求，20 世纪 30 年代起各种性能优异的合成橡胶相继问世。例如丁腈橡胶（$CH_2{=}CHCH{=}CH_2$ 与 $CH_2{=}CH{-}CN$ 的共聚物）具有很好的耐油性，丁苯橡胶（$CH_2{=}CHCH{=}CH_2$ 与 $C_6H_5{-}CH{=}CH_2$ 的共聚物）具有高抗冲击强度等。

本章小结

1. 炔烃和二烯烃的通式都是 C_nH_{2n-2}，两者互为同分异构体。

炔烃的官能团 C≡C 叁键由一个σ键和两个相互垂直的π键构成，两个π键的电子云成圆筒形，结构严整，因而炔烃的π电子云可极化性和流动性不如烯烃的 C═C 双键，其亲电加成反应不如烯烃活泼。

炔烃的主要化学反应可概括为：

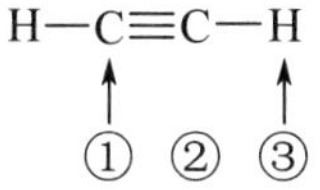

$$\underset{\uparrow \atop ①}{H{-}C}\underset{② \atop }{\equiv}\underset{\uparrow \atop ③}{C{-}H}$$

① 加成反应
② 氧化反应
③ 活泼氢反应

2. 共轭二烯烃的两个π键组成π,π-共轭体系，具有π,π-共轭效应。由于π电子的离域，体系能量降低。共轭二烯烃的化学性质与烯烃相似，也能发生加成、氧化和聚合反应，但结构特点赋予其特性，既能发生 1,2-加成，又能发生 1,4-加成反应。

3. 共轭体系中原子之间的强烈相互作用称为共轭效应（亦称 C 效应）。共轭体系有π,π-共轭、p,π-共轭和超共轭三种，与之对应的电子效应称为π,π-共轭效应、p,π-共轭效应和超共轭效应。由于共轭体系是通过原子轨道交盖构成的，所以共轭效应可沿整个共轭体系有效地传递，无越远越减现象。三种共轭效应的作用强度：π,π-共轭效应和 p,π-共轭效应>超共轭效应。

离域体系可用共振论表述。极限结构是假设的，它表示电子或键离域可以接近而不能达到的极限情况。一个具有离域体系的分子或离子或自由基的真实结构可用两个或更多的极限结构共同表述，是多个极限结构的共振杂化体。共振杂化的结果是体系键长平均化，能量降低。书写极限结构必须遵守一定的规则。极限结构对真实结构的贡献有大小与等价之分，区分它们极其重要。共振论可用于阐明共价键的属性，说明有机化合物的酸碱性质，解释或预测反应的结果等。

习　题

4-1　完成下面反应方程式。

（a）$CH_3CH_2CH_2C\equiv CH + H_2 \xrightarrow[\text{喹啉}]{Pb\text{-}CaCO_3}$

（b）$CH_3CH_2C\equiv CH + H_2O \xrightarrow[\text{稀}H_2SO_4]{HgSO_4}$

（c）$CH_3CH_2CH_2C\equiv CH \xrightarrow[H_3O^+]{KMnO_4}$

（d）$CH_3CH_2CH_2C\equiv CH \xrightarrow[NH_3]{Na} \xrightarrow{CH_3CH_2Br}$

4-2　用化学方法以明显的现象鉴别下列各组化合物。

（a）乙烯、乙炔、乙烷　　（b）己烷、1-己烯、1-己炔

4-3　有一炔烃，分子式为 C_6H_{10}，加氢后得到 2-甲基戊烷，与硝酸银的氨溶液反应生成白色沉淀，写出该炔烃的构造式。

4-4　选用适当的无机试剂完成下面转变。

（a）$CH_3CH_2C\equiv CH \longrightarrow CH_3CH_2CH_2CH_2Br$

（b）$HC\equiv CH \longrightarrow HC\equiv CCH_2CH_3$

4-5　三个化合物 A、B 和 C 的分子式均为 C_5H_8，这三个化合物可迅速地使 $Br_2(CCl_4)$褪色，A 遇银氨溶液产生沉淀，而 B 和 C 无反应。当在铂存在下用过量氢处理时，A 和 B 都生成正戊烷，在同样条件下 C 只吸收 1mol 氢生成分子式为 C_5H_{10} 的化合物。

（a）写出 A、B 和 C 的一种可能的构造式；

（b）试列举 B 和 C 可能的其他构造式；

（c）B 用酸性高锰酸钾溶液氧化生成 CH_3COOH 和 CH_3CH_2COOH，B 的构造式是什么？

（d）C 用酸性高锰酸钾溶液氧化生成 $HOOC(CH_2)_3COOH$，C 的构造式是什么？

4-6　（a）乙炔的 C—H 键是所有 C—H 键中键能最大的，它又是酸性最强的，这两个事实是否有矛盾？（b）共轭二烯烃比隔离二烯烃更稳定，又更活泼，这两个事实有矛盾吗？

4-7　（a）计算乙炔到乙烯的氢化热ΔH，已知乙烯到乙烷的氢化热ΔH=−137.1 kJ/mol，乙炔到乙烷的氢化热ΔH=−313.5 kJ/mol。（b）利用以上数据试比较乙炔到乙烯与乙烯到乙烷氢化的难易，并说明原因。

4-8　下列化合物和 HBr 加成，试按照相对活性由大到小进行排列。

（a）$H_2C{=}CHCH_3$

（b）$H_2C{=}CH_2$

（c）$H_2C{=}CH{-}CH{=}CH_2$

（d）$CH_3CH{=}CH{-}CH{=}CH_2$

（e）$H_2C{=}C(CH_3){-}C(CH_3){=}CH_2$

4-9　用共振论预测下面反应的主要产物。

（a）$CH_3CH_2CH{=}CH_2 + Cl_2 \xrightarrow{500\ ℃}$

（b）环戊烯基$=CH_2$ + HCl ⟶

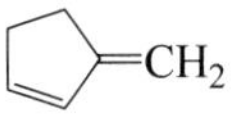

4-10　1,3,5-己三烯与等摩尔溴化氢反应，若反应受热力学控制（即平衡控制），主要产物将是什么？

4-11　写出下列分子或离子的共振结构，并指出哪个贡献大？为什么？

（a）$CH_2{=}CH{-}CH{=}\ddot{O}:$

（b）$CH_3{-}\ddot{\underset{..}{O}}{-}CH{=}CH_2$

（c）$CH_2{=}CH{-}\ddot{\underset{..}{O}}:^-$

（d）$CH_3{-}\overset{+}{C}H{-}CH{=}CH_2$

（e）$:\ddot{O}{=}C{=}\ddot{O}:$

（f）$CH_3{-}CH_2{-}C({=}O){-}\ddot{\underset{..}{O}}:^-$

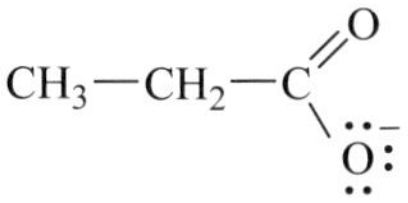

4-12　某二烯烃和一分子溴加成生成 2,5-二溴-3-己烯，该二烯烃臭氧化分解生成两分子 CH_3CHO 和一分子 $H{-}\overset{O}{\overset{\|}{C}}{-}\overset{O}{\overset{\|}{C}}{-}H$。

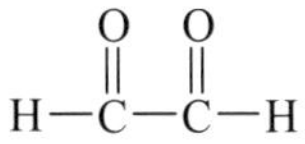

（a）写出该二烯烃的构造式；

（b）若上述的二溴加成产物再加一分子溴，得到的产物是什么？

4-13　比较 $CH_3CH{=}CHCH_3$ 和 $CH_2{=}CH{-}CH{=}CH_2$ 与 HBr 反应的难易，并说明为什么。

第 5 章　核磁共振波谱与红外光谱

有机化合物的结构决定了它的性质，研究有机化合物的结构是有机化学工作者的一项基本任务。确定有机化合物结构的经典方法主要是通过颜色反应、化学降解和化学合成等手段来完成。经典方法既费时又费力，并且需要消耗大量的样品。随着近代物理学的发展，一些新的物理仪器和分析方法相继出现，其中在有机化合物的结构确定中应用最广泛的莫过于质谱、紫外光谱、红外光谱和核磁共振波谱等分析方法。后三种谱图都是样品分子与特定波长的电磁辐射相互作用的结果，与分析化学中介绍的吸光光度法类似，故称波谱。在实际应用中，常将这四种分析方法称为波谱分析。本章仅就核磁共振与红外光谱的基本原理及简单应用作一介绍。

5.1　核磁共振氢谱

5.1.1　基本原理

在外加磁场中具有磁性的原子核（如 ^{1}H、^{13}C、^{19}F 等）能够吸收一定频率的电磁辐射的现象称为核磁共振（nuclear magnetic resonance，NMR），由氢核引起的核磁共振称为 ^{1}H 核磁共振（^{1}H NMR）或质子磁共振（proton magnetic resonance，PMR）。核磁共振现象是由哈佛大学的 E. M. Purcell 和斯坦福大学的 F. Bloch 于 1945 年各自独立发现的。之后经过多位科学家的进一步研究，如今已成为一种确定有机化合物结构的有力工具。

原子量或原子序数为奇数的原子核具有自旋现象，而原子核又是带正电荷的，带电粒子的运动会产生磁矩。因此，自旋核就相当于一个小磁子。当将自旋核放在一定强度的外加磁场中时，根据量子力学原理知道，它的磁矩具有两种取向，一种与外加磁场方向相同，用α表示，另一种与外加磁场方向相反，用β表示。α是稳定的取向，具有较低的能量，处于较低的能级；β是不稳定的取向，具有较高的能量，处于较高的能级（见图 5-1）。

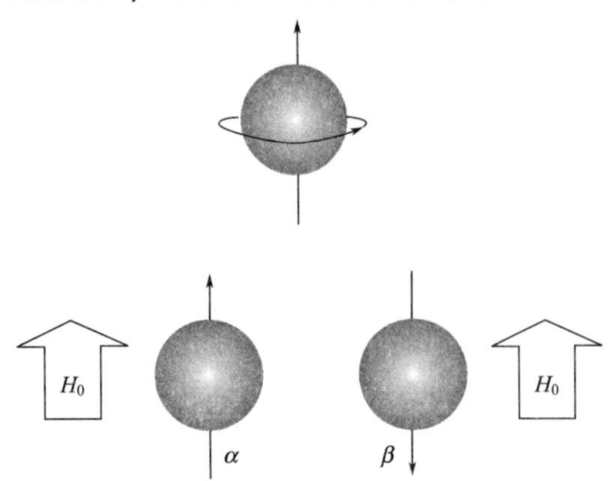

图 5-1　处于外加磁场中的 H 核磁矩

两能级的能量差为：

$$\Delta E = \frac{\gamma h}{2\pi} H_0 \tag{5-1}$$

式中，γ称旋磁比或磁旋比，与自旋核的特性有关，不同的自旋核具有不同的旋磁比；H_0 为外加磁场的强度；h 为 Plank 常数。显然，外加磁场中自旋核的分裂能级之差与外加磁场的强度及自旋核自身的特性有关。对于特定的自旋核，外加磁场的强度越大，其能级差就越大。

由于原子核被高速旋转着的电子所包围，而运动着的带负电荷的电子，在外加磁场中会产生一较弱的感应磁场，将抵消一部分外加磁场的强度，因此自旋核实际感受到的场强比外加磁场弱，即所谓原子核受到了屏蔽。屏蔽作用的大小用屏蔽常数σ表示，故式（5-1）可改写为：

$$\Delta E = \frac{\gamma h}{2\pi} H_0(1-\sigma) \tag{5-2}$$

当在外加磁场的垂直方向上施加另一射频场时，若该射频场的能量恰好等于自旋核的能级差，即：

$$\Delta E = h\nu_0 = \frac{\gamma h}{2\pi} H_0(1-\sigma)$$

或

$$\nu_0 = \frac{\gamma}{2\pi} H_0(1-\sigma) \tag{5-3}$$

则此自旋核将吸收该射频场的能量，从低能级跃迁到高能级，称为核磁共振。被记录下来的吸收信号构成核磁共振谱图。自旋核的能级跃迁所需的能量相对较小，所吸收的电磁波的波长较长（数米或数十米），属无线电波。

测定核磁共振谱所用的仪器称为核磁共振仪，主要由四部分组成：磁铁、射频场（电磁波）发射器、样品管、信号检测及记录系统，其基本结构见图 5-2。样品被置于磁铁两级之间并且被射频场所照射，当质子吸收电磁波而跃迁时，吸收的能量就被射频接收线圈接收并记录下来。

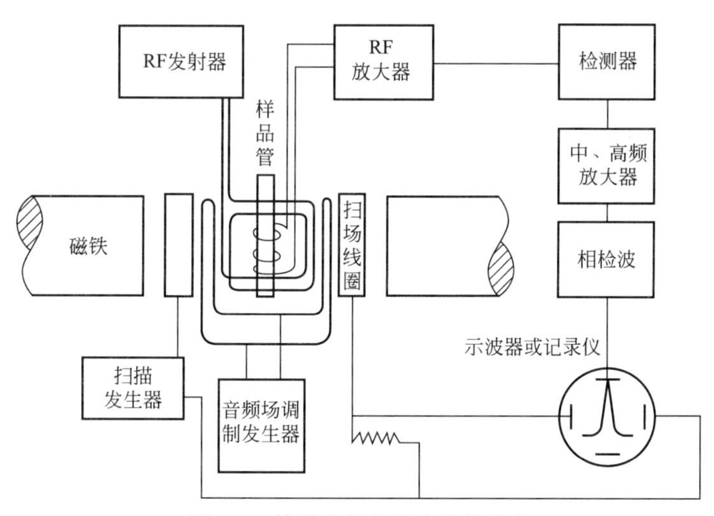

图 5-2　核磁共振仪基本结构示意

测定核磁共振谱的方法有两种。一种是固定外加磁场的强度，不断改变电磁波的频率，记录下样品对不同频率电磁波的吸收强度，以电磁波的频率为横坐标，吸收强度为纵坐标作图而得到样品的核磁共振谱图，此法称为扫频；另一种是固定电磁波的频率（比如 400 MHz，此仪器就称为 400 M 核磁共振仪），不断改变外加磁场的强度，记录下在不同外加磁场强度下样品射频场的吸收强度，经仪器转换后，给出样品的核磁共振谱图，此法称为扫场。现代核磁共振仪多采用扫场法。对于 ^{1}H 核来说，就可以得到 ^{1}H NMR 谱图。

5.1.2　化学位移

样品分子中处于不同环境的 ^{1}H 核，由于其所处的化学环境不同，^{1}H 核周围（包括邻近基团）的电子云密度就会不同，在外加磁场中所产生的感应磁场也将不同，屏蔽常数σ的值也不相同，因此它们所吸收电磁波的频率就会不同，在谱图上就表现为在不同的位置出现吸收峰。若感应磁场与外加磁场方向相反，则H核所感受到的磁场强度将比外加磁场减弱一些，对H核来讲，周围的电子起了屏蔽作用。核周围的电子云密度越大，屏蔽作用就越强，只有增强外加磁场，才能使其发生共振吸收，吸收峰出现在较高场强处（高场）。另一方面，若感应磁场的方向与外加磁场的方向相同，则H核所感受到的磁场将比外加磁场增强一些，H核受到了周围电子的去屏蔽作用，在较低的外加磁场强度（低场）下即产生吸收。例如，甲醇分子中的4个氢原子分别与两个不同原子相连，处于两种不同的化学环境中，两种氢原子周围的电子云密度不同，在^{1}H NMR谱图上就出现两个吸收峰，如图5-3所示。

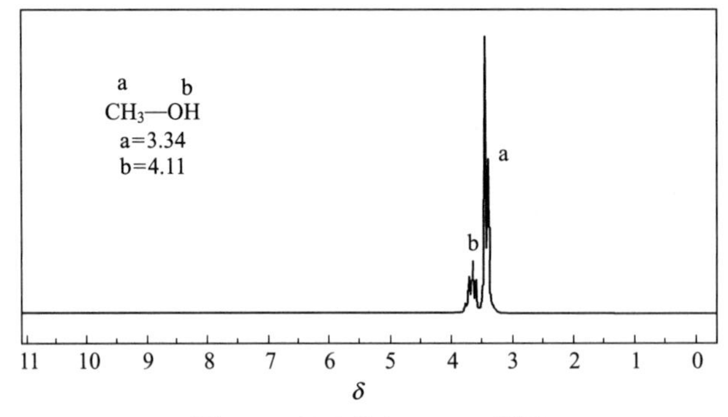

图5-3 甲醇的^{1}H NMR谱图

由于不同H核周围的电子云所产生的感应磁场相对于外加磁场而言很弱，屏蔽常数σ的差别很小，吸收的电磁辐射的频率差异甚微，很难精确地测定出其绝对数值并在谱图的横坐标上表示出来，所以要用其相对数值表示，即以某一标准物质H核的共振吸收峰为零点，测定出样品H核的共振吸收峰与零点的距离，用下式计算出其δ值并在谱图的横坐标上标识出来。这种用各类H核的共振吸收峰与标准物质的H核的共振吸收峰相对照，以频率或磁场强度表示的相对距离称为化学位移：

$$\delta = \frac{\nu_{样品} - \nu_{标准}}{\nu_{标准}} \times 10^6 = \frac{H_{样品} - H_{标准}}{H_{标准}} \times 10^6 \tag{5-4}$$

式中，δ为化学位移，乘以10^6是为了使数值易于读写。有些文献中也有用τ表示化学位移的，二者之间的关系为：

$$\tau = \delta - 10$$

^{1}H NMR谱测定中常用的标准物质为四甲基硅烷$Si(CH_3)_4$（tetramethylsilance，TMS）。该化合物的12个H核所处的化学环境完全相同，且受到的屏蔽较绝大多数H核高，其共振吸收峰出现在高场，位于右边，而绝大多数其他化合物H核的吸收峰均位于它的左边低场处，用化学位移计算式计算出的δ值通常为负值，在NMR谱图上表示时，常将负号省略，实际测定时，通常将少量TMS直接加入样品中，并溶于溶剂中，配制成溶液，TMS的吸收峰和样品的吸收峰同时被观察到并表示在同一张谱图上。

影响H核化学位移的因素主要有电子效应、邻近基团的各向异性效应等。

（1）电子效应

由于与H相连的原子或基团的电负性或吸电子能力的差异，导致H核周围的电子云密度不同，对H核屏蔽作用的强弱也就不同，引起H核吸收峰的位置不同的现象称为电子效应。由于H核的核外电子在外加磁场中产生的感应磁场对H核来说与外加磁场方向相反，因而

H 核受到了核外电子的屏蔽作用（见图 5-4）。核外电子云密度越大，屏蔽作用就越强。

例如，甲醇分子中的 4 个 H 原子，分别与两种不同的原子相连，由于 C 的电负性比 O 小，吸电子能力较弱，甲基碳所连的三个 H 核周围的电子云密度就较高，在外加磁场中产生的感应磁场较强，屏蔽作用较强，当辐射频率一定时，在较强的外加磁场中才能产生吸收，在谱图上表现为甲基的三个 H 核吸收峰出现在高场（右边），δ值较小；相反，由于 O 原子的吸电子能力较强，羟基 H 核周围的电子云密度较低，屏蔽作用较弱，或者说羟基 H 核受到了 O 的去屏蔽作用，其吸收峰就出现在低场（左边），δ值较大，见图 5-3。

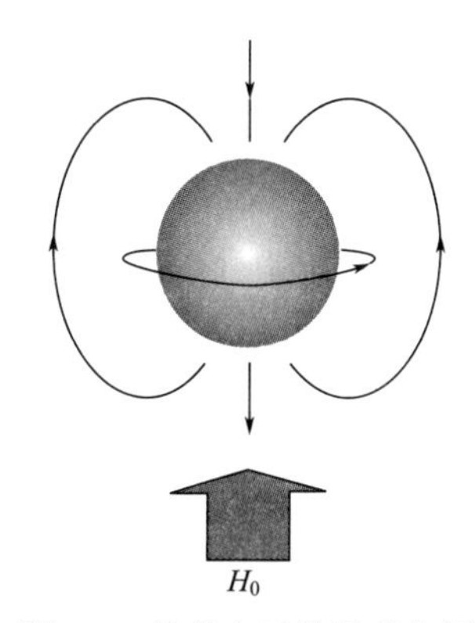

图 5-4　核外电子的屏蔽作用

[问题 5-1]　为什么标准化合物 TMS 的质子吸收峰远在高场？能否用 $C(CH_3)_4$ 替代？为什么？

[问题 5-2]　试将下列化合物中指定位置氢核按δ值由小到大排列，并说明理由。

$$\underset{a}{CH_3}\underset{b}{CH_2}\underset{c}{CH_2}Cl$$

又如，卤代甲烷的卤素原子不同时，由于其电负性不同，甲基 H 的共振吸收峰的δ值表现出规律性的变化：

CH_3I　CH_3Br　CH_3Cl　CH_3F

卤素原子的电负性增强 →

屏蔽作用减弱，去屏蔽作用增强 →

吸收峰移向低场 →
化学位移值增大

δ　2.16　2.68　3.05　4.26

（2）邻近基团的各向异性效应

由于磁场是环状闭合体系，H 核相邻基团的电子云在外加磁场中产生的感应磁场会作用在 H 核上，对 H 核产生屏蔽或去屏蔽作用，导致 H 核吸收峰位移的现象称邻近基团的各向异性效应。引起各向异性效应的因素主要是π电子环流，包括 C═C 双键、C≡C 叁键、芳环等基团。

对于 C═C 双键体系来说，双键上的π电子云被 C—C σ键分隔成上下两部分，在外加磁场中，π电子云将在σ键的上下分别形成两个闭合的环流，产生感应磁场，并作用在磁力线所及的 H 核上，产生屏蔽或去屏蔽作用，使所影响的 H 核吸收峰产生位移（如与双键直接相连的 H 核，将产生去屏蔽作用，如图 5-5 所示）。

例如，乙烯分子中的 H 核受到 C═C 双键的去屏蔽作用，只需要提供较弱的外加磁场，即可使其产生共振吸收，因此其吸收峰出现在低场。乙烯 H 核的吸收峰δ值为 5.84，大于乙烷 H 核的δ值 0.97。

C═O 双键、芳环π电子的各向异性效应与 C═C 双键相似。

对于碳碳叁键体系来说，C≡C 叁键的π电子绕σ键成筒形分布，外加磁场所产生的感应磁场对叁键上直接相连的 H 核而言与外加磁场方向相反（见图 5-6），产生屏蔽作用，导致吸收峰出现在高场。如乙炔分子中 H 核的吸收峰δ值为 2.8，较乙烯分子中 H 核的δ值小。

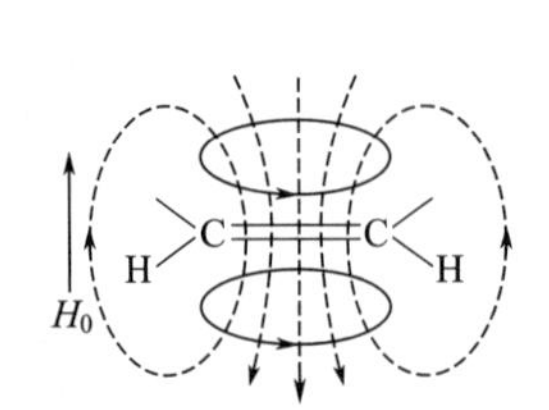

图 5-5　C═C 双键π电子的去屏蔽作用

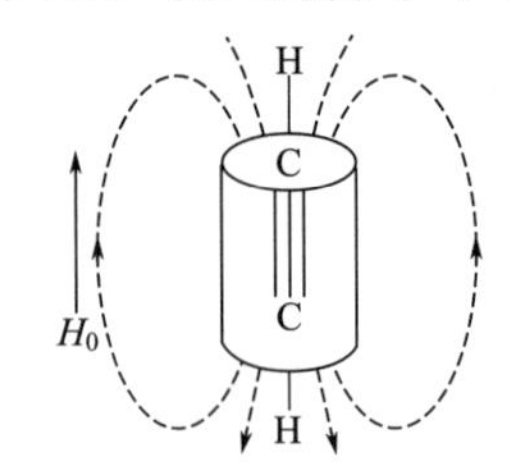

图 5-6　C≡C 叁键π电子的各向异性效应

由于不同化学环境中 H 核的共振吸收峰位置不同，因此根据样品的 ^{1}H NMR 谱的峰组数量，就可以推知样品分子中含有几种不同种类的 H 核。

一些典型化合物质子的化学位移如表 5-1 所示。

表 5-1　一些典型化合物质子的化学位移

质子类型	化学位移（δ）	质子类型	化学位移（δ）
RCH_3，R_2CH_2，R_3CH	0.9～1.8	H—C—Cl	3.1～4.1
H—C—C=C	1.5～2.6	H—C—Br	2.7～4.1
H—C≡C	1.8～3.1	H—C—O	3.3～3.7
H—C—C=O	2.0～2.5	H—C=C	4.5～6.5
H—C—C≡N	2.1～2.3	H—Ar	6.5～8.5
H—C—Ar	2.3～2.8	H(R)C=O	9～10
H—C—NR_2	2.2～2.9		

[问题 5-3]　将下列化合物 a、b、c 三处 H 核按产生核磁共振的场强由低到高排列。

$$\underset{c}{CH_3}\underset{b}{CH_2}C\equiv \underset{a}{CH}$$

5.1.3　自旋偶合与裂分

在前面讨论化学位移时，我们仅考虑了核周围电子在外加磁场中所产生的感应磁场对核的作用。实际上由于 H 核自身也是一个小的磁子，同一分子中的 H 核之间也会相互作用，这种作用虽不影响 H 核的化学位移，但也是不可以忽略的。

当用高分辨率的核磁共振仪测定 CH_3CH_2Cl 的核磁共振谱图（见图 5-7）时，可以发现其谱图并不是由一个个的单峰组成，而是由一组三重峰和一组两重峰组成。这种现象是由于 CH_3—和—CH_2—上氢原子核之间的相互干扰引起的。这种氢原子核之间的相互干扰叫自旋偶合（spin-spin coupling）。由自旋偶合引起的谱线增多的现象称为自旋裂分（spin-spin splitting）。对 CH_3CH_2Cl 的两种 H 核进行分析可知，—CH_2—上的 H 受到氯原子较强的−I 诱导效应，核外电子云密度较小，对核的屏蔽作用小，吸收峰应出现在相对低场，吸收峰 δ 值应较大；相反，CH_3—与氯原子间隔一个 C 原子，受到的−I 诱导效应较弱，核外电子云密度较高，对核的屏蔽作用较大，吸收峰应出现在相对高场，吸收峰 δ 值应较小。由此可以断定高场的三重峰来自 CH_3—，低场的四重峰来自—CH_2—。但三重峰或四重峰是如何产生的呢？其实就是来自自旋裂分。

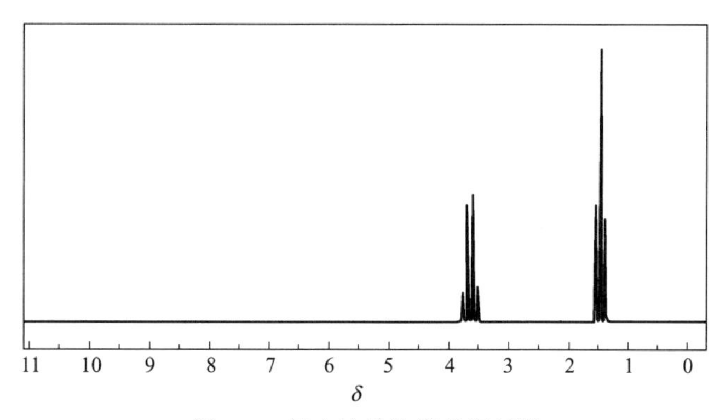

图 5-7　氯乙烷的核磁共振氢谱

自旋裂分现象只出现在相邻 H 核的化学位移不相同时，化学位移相同的 H 核之间不偶合，其吸收峰也不裂分。自旋裂分是十分复杂的，这里仅就最简单的邻位裂分情况进行讨论。

我们已经知道核的自旋磁矩在外加磁场中有两种取向，一种与外加磁场相同，另一种与外加磁场相反，因此它可使邻近 H 核感受到的磁场强度加强或减弱，使原来的一个峰分裂成强度完全相等的两个峰，其中一个移向低场，另一个移向高场，移动的距离相等。

例如在 1,1,2-三溴乙烷分子中，存在两种化学环境不同的 H 核（为了方便起见，分别用 H_a 和 H_b 标记）。H_a 只有一个，它产生的磁子的取向，使 H_b 感觉到的磁场与外加磁场有所不同。一种情况下，H_a 的磁场方向和外加磁场方向相同时，使得 H_b 感受到的磁场强度比外加磁场强，此时 H_b 的吸收峰移向低场；另一种情况下，H_a 的磁场方向与外加磁场方向相反时，使得 H_b 感受到的磁场强度比外加磁场弱，此时感受 H_b 的吸收峰向高场移动，因而 H_b 的吸收峰就分裂成对称的两重峰。与此类似，H_b 有两个，每一个 H_b 产生的磁矩在外加磁场中均有两种不同取向，两个 H_b 的磁场相互叠加就出现三种不同情况。一是两个 H_b 的磁场方向相同且与外加磁场方向相同，此时 H_a 实际感受到的磁场强度比外加磁场强，其吸收峰移向低场；二是两个 H_b 的磁场方向相反而相互抵消，此时 H_a 实际感受到的磁场与外加磁场相同，其吸收峰不移动；三是两个 H_b 的磁场方向相同且与外加磁场方向相反，此时 H_a 实际感受到的磁场比外加磁场弱，其吸收峰移向高场。这三种情形的最终结果是使 H_a 的吸收峰裂分成三重峰。1,1,2-三溴乙烷的自旋偶合裂分示意于图 5-8。

H_a　H_b
Br—C—C—Br
Br　H_b

在图 5-8 中，物理量 J_{ab} 称为偶合常数，它是确定哪两个 H 核相互偶合的标准，其单位为 Hz（赫兹），其大小与外加磁场无关，仅取决于分子的结构。

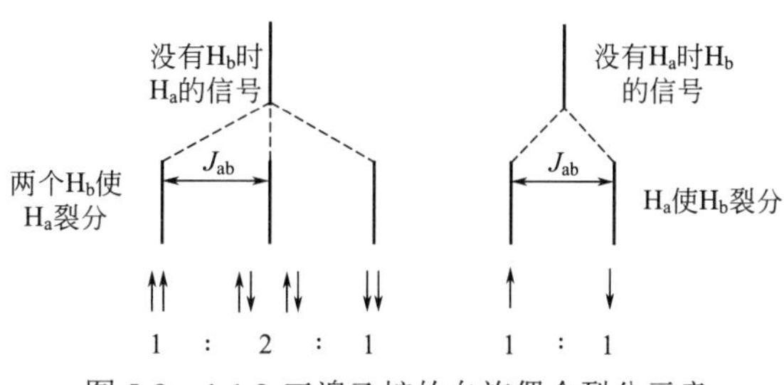

图 5-8　1,1,2-三溴乙烷的自旋偶合裂分示意

在简单情形下可推知，有更多邻位 H 的分子中，若邻位氢原子数为 n，则 H 核吸收峰的裂分峰数等于邻位氢原子数 n 加 1，即符合 n+1 规则。若邻近核上有 n 个相同种类的氢，则产生（n+1）个裂分峰，若邻近还有 n 个另一种氢原子与其偶合，则产生（n+1）×（n+1）个峰。由（n+1）规律所得的裂分峰，其强度比可按二项式（$a+b$）^{n} 展开式各项的系数来表示，如表 5-2 所示。如对 $n=1$ 的偶合，产生二重峰，强度比 1∶1；$n=2$，则产生三重峰，强度比为 1∶2∶1；$n=3$，则产生四重峰，强度比为 1∶3∶3∶1。单峰、二重峰、三重峰、四重峰、多重峰分别用 s、d、t、q 和 m 来表示。

表 5-2 普通多重峰的裂分模式

原子核偶合的质子数	多重峰形式	多重峰比例
1	doublet（双重）	1∶1
2	triplet（三重）	1∶2∶1
3	quartet（四重）	1∶3∶3∶1
4	pentet（五重）	1∶4∶6∶4∶1
5	sextet（六重）	1∶5∶10∶10∶5∶1
6	septet（七重）	1∶6∶15∶20∶15∶6∶1

根据谱图中每组峰的数量及偶合常数 J 的大小，可以确定哪些 H 是相邻的及相邻的 H 的数量，从而为样品分子结构的确定提供进一步证据。

[问题 5-4] 下列化合物在 ^{1}H NMR 谱图中有几组吸收峰？每组峰裂分的峰数是多少？

（a）CH_3CH_2Cl （b）$CH_3CH_2CH_2Cl$ （c）$CH_3CH_2CH(OCH_3)_2$ （d）$CH_3\overset{\overset{O}{\|}}{C}CH(CH_3)_2$

5.1.4 化学交换

图 5-9 是乙醇的 ^{1}H NMR 谱图，按照上面的分析，亚甲基的吸收峰将被甲基 H（3 个）和羟基 H（1 个）裂分成八重峰，而羟基 H 的吸收峰也将被亚甲基 H（2 个）裂分成三重峰。但事实并非如此，而是亚甲基 H 仅被甲基 H（3 个）裂分成四重峰，没有受到羟基 H 的影响，羟基 H 的吸收峰也没有受到亚甲基 H 的影响发生裂分，仅为单峰。除非乙醇的 NMR 谱是通过低温或很纯的样品得到，否则就观察不到羟基 H 与其他 H 的自旋偶合所导致吸收峰的自旋裂分。这一情形的出现是由于一个分子中的羟基 H 与其他羟基 H 之间存在着快速交换，这种交换称为化学交换。化学交换的速度非常快，以至于羟基 H 与邻近 H 核间无法区分自旋状态，因此吸收峰不产生裂分。这种解释的合理性可从含有重水的乙醇，羟基 H 被重水的氘取代，其 NMR 谱图羟基 H 的吸收峰消失这一现象中得到证实。

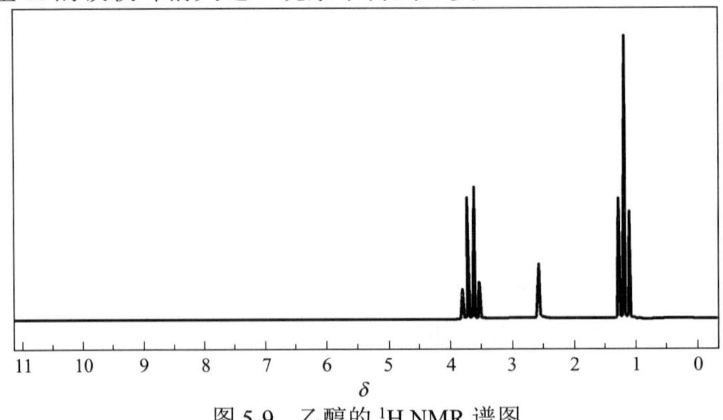

图 5-9 乙醇的 ^{1}H NMR 谱图

通常情况下，胺类化合物 N 上的活泼氢与邻位 H 间也不发生偶合。在运用 $n+1$ 规则时，通常可以忽略羟基、氨基中的 H 核。

5.1.5　峰面积与积分曲线

我们知道，吸光光度法（分析化学）的吸收曲线中，分子吸收峰的吸光度与参与吸收的样品分子的浓度成正比。同样，在 ^{1}H NMR 谱图中，各类 H 核的共振吸收峰的强度也应与对应 H 核的数量之间存在一定的关系。事实也确实如此，^{1}H NMR 谱图中各类 H 核的吸收峰面积与该类 H 的数量成正比，某类 H 越多，其峰面积就越大。各类 H 核的峰面积之比等于各类 H 的数量之比。如果已知样品分子的分子式，则可通过吸收曲线很容易地求得各类 H 的数量。如乙醇 ^{1}H NMR 谱图中，三类 H 的数量之比等于其峰面积之比，为 1∶2∶3。

通过以上的分析可知，样品的核磁共振谱图可以提供如下有用的信息：

① 样品分子中含有几种不同化学环境的 H。这可从谱图中吸收峰组的数量得到，每种化学环境的 H 都有一组吸收峰与其对应；

② 样品中每一类 H 所连接的基团的特性。这可从谱图中每组峰的化学位移而推得，一组峰的δ值越大，即其吸收峰出现在低场，H 核受到的去屏蔽效应就越强；

③ 哪些 H 是相邻的。这可从每组峰的裂分数量及偶合常数推出，并用于建立样品分子的构架；

④ 样品分子中各类 H 的数量。这可通过峰面积及分子式而求得。

【例 5-1】试分析有机化合物 $(CH_3)_2CHCl$ 的 ^{1}H NMR 谱图特征。

解：从该化合物的结构式 (a→H_3C, a→H_3C 连接于 CH—Cl，b 指向 CH 上的 H) 可以看出，在其分子中含有两种处于不同化学环境的 H 核，分别用 a、b 表示。因此，其 ^{1}H NMR 谱图上，应有两组共振吸收峰，其中 H 核 b 由于受到 Cl 原子较强的去屏蔽效应的影响，吸收峰出现在低场，其化学位移δ值较大；H 核 a 虽然也受到 Cl 原子—I 诱导效应的影响，但由于间隔了一个 C 原子，这种作用较弱，因此其吸收峰将出现在较高场，δ值较小。H 核 a 只有一个相邻氢原子，其吸收峰为双重峰，H 核 b 邻近有六个氢原子，其吸收峰将分裂为七重峰（6+1）。而且 H 核 a 的峰面积为 b 的六倍。

[问题 5-5]　下列化合物中各有几种类型的质子？它们的 ^{1}H NMR 谱图中吸收峰的面积之比是多少？

（a）$(CH_3)_2CHCl$　（b）$CH_3CH_2OCH_2CH_3$　（c）Cl—⟨苯环⟩—OCH_3

5.2　核磁共振碳谱

5.2.1　基本原理

碳元素占优势的同位素为 ^{12}C，没有核磁共振信号，^{13}C 同 ^{1}H 一样可以作为核磁共振研究的对象，但 ^{13}C 的天然丰度仅为 ^{12}C 的 1.108 %，且 ^{13}C 的核磁共振信号强度仅为 ^{1}H 的 1.59 %，这样 ^{13}C 的信号会被淹没在噪声之中，无法分辨。解决这个问题的方法是多次扫描，叠加所得谱图，使噪声互相抵消。傅里叶变换核磁共振仪可以在短时间内进行多次扫描，成功地解决了这一问题。一种原子核经射频激发到高能级后，经过一段时间（弛豫时间）后又回到低能级，恢复原子核在两个能级的正常分布。不同化学环境下的 ^{13}C 核弛豫时间不同，例如，季碳原子核羰基碳原子的弛豫时间较长，两次扫描之间的时间短，^{13}C 核在每次扫描后，来不及恢复正常的分布，这样就使谱图中相应的吸收峰的面积比其他弛豫时间较长的 ^{13}C 核小。因此，^{13}C NMR 谱中根据吸收峰的面积不能判断不同化学环境中 ^{13}C 核的相对数目。

由于 ^{13}C 的天然丰度很低，两个 ^{13}C 位于分子中相邻位置上的概率较小，因此，在 ^{13}C NMR 中不需要考虑 ^{13}C 核之间的自旋偶合。但 ^{13}C 与分子中的 ^{1}H 核之间有自旋偶合，与 ^{13}C 核直接相连的质子核邻近的质子都能使 ^{13}C 的信号分裂，这样信号出现重叠，难于分辨。采用质子去偶技术（proton spin decoupling）可以解决这个问题，在质子去偶 ^{13}C NMR 谱图中，^{13}C 核信号都是单峰，不等价的 ^{13}C 核都有单独的信号。

5.2.2 化学位移

^{13}C NMR 谱中化学位移是以四甲基硅烷中碳核的位移为标准，以某一信号在高场方向与标准信号的距离来计算的。一些常见 ^{13}C 化学位移值见表 5-3。

表 5-3 一些常见化合物 ^{13}C 化学位移值

化合物类型	化学位移 δ	化合物类型	化学位移 δ
$R\mathbf{C}H_3$	0—35	$R\mathbf{C}H_2Br$	20—40
$R_2\mathbf{C}H_2$	15—40	$R\mathbf{C}H_2Cl$	25—50
$R_3\mathbf{C}H$	25—50	$R\mathbf{C}H_2NH_2$	35—50
$R_4\mathbf{C}$	30—40	$R\mathbf{C}H_2OH$ 和 $R\mathbf{C}H_2OR$	50—65
$R\mathbf{C}\equiv\mathbf{C}R$	65—90	$R\mathbf{C}N$	110—125
$R_2\mathbf{C}=\mathbf{C}R_2$	100—150	$R\overset{O}{\overset{\|}{C}}OH$ 和 $R\overset{O}{\overset{\|}{C}}OR$	160—185
苯环	110—175	$R\overset{O}{\overset{\|}{C}}H$ 和 $R\overset{O}{\overset{\|}{C}}R$	190—220

与 ^{1}H NMR 谱相比，^{13}C NMR 谱有如下特点：^{1}H NMR 谱提供了化学位移、偶合常数、峰面积（积分曲线）三个重要信息，积分曲线与氢原子数目之间有定量关系；而在 ^{13}C NMR 谱中，由于峰面积与碳原子数之间没有定量关系，因此谱图中没有积分曲线。^{13}C 的化学位移比 ^{1}H 的化学位移大得多，一般来讲，氢核的化学位移在 0～10 之间，少数扩大范围 ±5，而碳核的化学位移一般在 0～250 之间。在氢谱中，必须考虑 ^{1}H 与 ^{1}H 之间的偶合裂分。而在碳谱中，不用考虑 ^{13}C 与 ^{13}C 之间的偶合，常规碳谱是去偶碳谱，^{13}C 的谱线都是分离的单峰。

根据质子核磁共振谱可以推测质子在碳架上的位置，而从 ^{13}C NMR 则可以得到碳架本身的信息，因此，^{13}C NMR 和 ^{1}H NMR 在有机化合物结构测定中是相辅相成的。

5.3 红外光谱

红外光谱（infrared spectra，IR）又称分子振动转动光谱，属于分子吸收光谱，其研究起始于 20 世纪初，1940 年商品红外光谱仪问世后立即在有机结构研究中得到了广泛应用。通过对红外光谱的研究，可以得到非常丰富的结构信息。任何两个不同的化合物都具有不同的红外光谱，且红外光谱具有样品适用范围广（固、液、气态样品或无机、有机样品均可检测）、仪器结构简单、测试迅速、操作方便、重复性好等优点，是鉴定化合物结构的最有效方法。

5.3.1　基本原理

由原子组成的分子处于各种量子化的能量状态之中，当其与电磁波作用时，就会吸收其中某种特定波长的电磁波，从低能级跃迁至高能级，用特殊仪器将吸收的电磁波波长及吸收强度记录下来，就可得到一复杂的吸收光谱。当使用的电磁波是紫外或可见光时，就得到化合物分子的紫外-可见吸收光谱，它是分子的电子能级跃迁与光波相互作用的结果（有关内容可参见分析化学相关书籍）；当使用的电磁波是红外光时（对应波长在 0.1～500 μm 之间，其中最常用的是波长在 2.5～500μm 之间的中远红外区），就得到化合物分子的红外吸收光谱（简称红外光谱，与可见吸收光谱图类似），它是分子的振动能级跃迁与光波相互作用的结果。

用来测定样品对红外光吸收的仪器为红外光谱仪，其主要由四大部分组成：光源、样品区（由参比池和样品池组成）、分光器和检测记录系统，其基本结构见图 5-10。

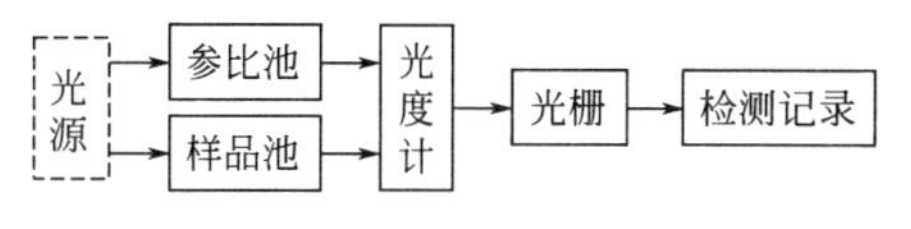

图 5-10　红外光谱仪的基本结构

红外光谱图的纵坐标常用透光率 T 表示（由参比池和样品池组成），因此吸收峰是倒峰，横坐标常用波数σ表示，单位为 cm^{-1}，波数σ是波长的倒数，与波长λ、频率ν和光速 c 之间的关系为：

$$\sigma = \frac{1}{\lambda} = \frac{\nu}{c}$$

透光率为电磁波透过样品的百分比，可用下式表示：

$$T = \frac{\text{透过样品的电磁波强度}}{\text{照射样品的原始电磁波强度}} \times 100\% \qquad (5\text{-}5)$$

某样品的红外吸收谱图如图 5-11 所示。

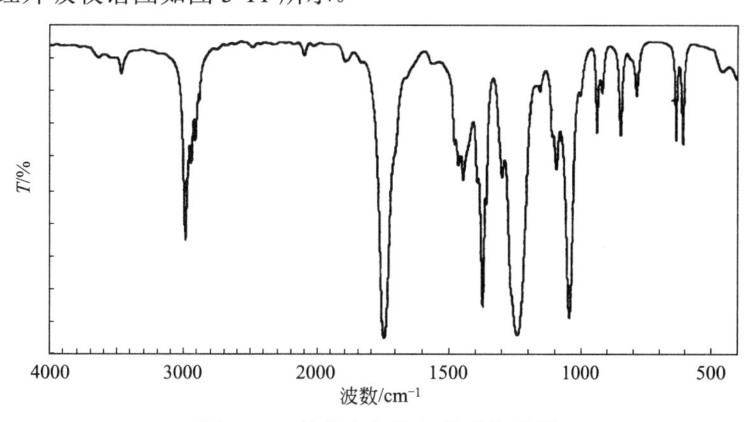

图 5-11　某化合物的红外吸收谱图

[问题 5-6]　下列电磁波哪种具有较高的能量？

（a）$1500cm^{-1}$ 的红外光和 $1600cm^{-1}$ 的红外光

（b）200nm 的紫外光和 300nm 的紫外光

（c）60000Hz 的无线电波和 60005Hz 的无线电波

[问题 5-7] 红外光谱图有时以 cm^{-1} 为横坐标，有时以μm 为横坐标，试实现下列转换。
（a）6000μm 转换为 cm^{-1} （b）800cm^{-1} 转换为μm

5.3.2 影响基团吸收峰位置的因素

根据经典力学的有关理论，共价键连接的两个原子所代表的振动频率与振动原子的质量及振动键的强度（即力常数）之间的关系，可用 Hooke 定理表示如下：

$$\nu = \frac{1}{2\pi}\sqrt{\frac{k(m_1 + m_2)}{m_1 m_2}}$$

当振动频率用波数σ表示时，其关系如下：

$$\sigma = \frac{1}{2\pi c}\sqrt{\frac{k(m_1 + m_2)}{m_1 m_2}} \tag{5-6}$$

式中，c 是光速，其值为 3×10^{10}cm/s；m_1 与 m_2 分别代表两个原子的质量，g。原子质量越小，原子越轻，振动越快，振动频率越高，所吸收光波的波长就越短，波数越大。力常数 k 的单位为 N/cm（牛顿/厘米），其值与键能、键长有关，键能越大，键长越短，k 值就越大，振动频率或波数也就越大。例如：C≡C 叁键的键能较 C═C 双键大，键长较 C═C 双键短，因此 C≡C 叁键的振动吸收频率或波数（2000～2400cm^{-1}）比 C═C 双键的（1550～1650cm^{-1}）大。

分子的振动分为两大类，一类是伸缩振动，即键长改变，键角不变的振动；伸缩振动又分为对称伸缩振动和不对称伸缩振动。另一类是弯曲振动，即键角改变键长不变的振动；弯曲振动又分为面内弯曲振动和面外弯曲振动。各种振动形式如图 5-12 所示。

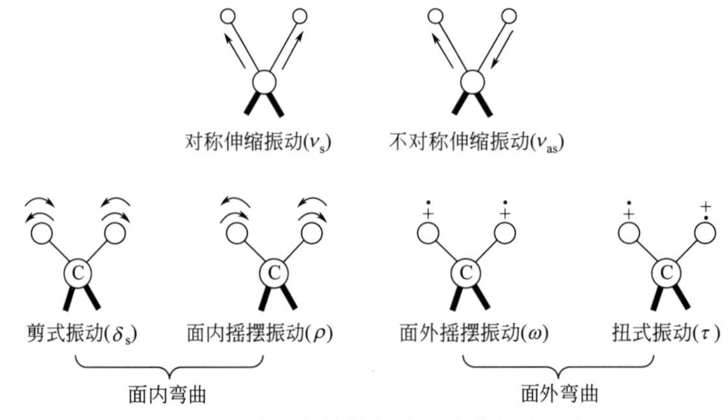

图 5-12 分子的伸缩振动和弯曲振动示意

由于 H 原子的质量很小，因此含 H 的共价键（C—H、O—H、N—H）伸缩振动的吸收都出现在高波数区域。

由于弯曲振动的键长不变，所需能量较小，故其吸收频率较低，一般在 1600cm^{-1} 以下。

为了谱图解析的方便，常将红外光谱分成以下几个主要区域。

倍频区（波数>3700 cm^{-1}），一般不用。

特征频率区（波数在 3700～1600cm^{-1}）。Y—H 伸缩振动区 2500～3700cm^{-1}，Y = O、N、C；Y≡Z 叁键和累积双键伸缩振动区 2100～2400 cm^{-1}，主要是：C≡C、C≡N 叁键和 C═C═C、C═N═O 等累积双键的伸缩振动吸收峰；Y═Z 双键伸缩振动区 1600～

1800cm⁻¹，主要是：C═O、C═N、C═C 等键。特征频率区主要用于确定分子中存在的官能团。

指纹区（波数<1600cm⁻¹）。主要是 C—C、C—N、C—O 等单键和各种弯曲振动的吸收峰。该区域内没有两个化合物的信号是完全一样的，常用来鉴定两个化合物是否相同。

一些重要官能团的红外特征吸收如表 5-4 所示。

表 5-4　一些重要官能团的红外特征吸收

化合物	C—H 伸缩振动	C═C，C≡C，C═C—C═C 苯环伸缩振动	C—H 弯曲振动
烷烃	2960～2850 cm^{-1}		$—CH_2—$，1460 cm^{-1} $—CH_3$，1380 cm^{-1} 异丙基，两个等强度的峰
烯烃	>3000 cm^{-1}（中） 3100～3010 cm^{-1}	1680～1620 cm^{-1}（强） $RCH═CH_2$，1645 cm^{-1}（中） $R_2C═CH_2$，1653 cm^{-1}（中） RCH═CHR，1650 cm^{-1}（中，顺） RCH═CHR，1675 cm^{-1}（弱，反） 三取代 1680 cm^{-1}（中～弱）	1000～800 cm^{-1} 910～905 cm^{-1}（强） 895～885 cm^{-1}（强） 730～650 cm^{-1}（弱且宽） 980～965 cm^{-1}（强） 840～790 cm^{-1}（强）
共轭烯烃	与烯烃同	向低波数位移，变宽	与烯烃同
炔烃	3310～3300 cm^{-1}（较强）	一取代 2140～2100 cm^{-1}（弱） 非对称二取代 2260～2190 cm^{-1}（弱）	700～600 cm^{-1}（强）
芳烃	3110～3010 cm^{-1}（中）	1600 cm^{-1}（中），1580 cm^{-1}（弱） 1500 cm^{-1}（强），1450 cm^{-1}（弱）	670 cm^{-1}（弱）
取代芳烃	同上	同上	一取代： 770～730 cm^{-1}，710～690 cm^{-1}（强） 二取代： 邻-770～735 cm^{-1}（强） 间-950～860（强） 810～750 cm^{-1}（强） 710～690 cm^{-1}（中） 对-833～810 cm^{-1}（强）
R—X	C—F C—Cl C—Br C—I	1350～1100 cm^{-1}（强） 750～700 cm^{-1}（中） 700～500 cm^{-1}（中） 610～685 cm^{-1}（中）	不明显
醇、酚、醚	—OH	游离 3650～3500 cm^{-1} 缔合 3400～3200 cm^{-1}，宽峰	
	C—O	1200～1000 cm^{-1}	
胺	RNH_2 R_2NH	3500～3300 cm^{-1}（游离） 缔合降低 100 cm^{-1} 3500～3400 cm^{-1}（游离） 缔合降低 100 cm^{-1}	

需要说明的是，并不是分子的任何振动都能产生红外吸收，只有在振动周期内发生偶极矩变化的振动才能产生红外吸收，没有偶极矩变化的分子振动不能引起红外吸收，在红外光谱中看不到它们的吸收峰。红外光谱产生的必要条件是：一是红外辐射光的频率与分子振动的频率相当，才能满足分子振动能级跃迁所需的能量，而产生吸收光谱；二是必须是能引起分子偶极矩变化的振动才能产生红外吸收光谱。如对称炔烃 R—C≡C—R 的 C≡C 叁键伸缩振动在红外光谱上就没有对应的吸收峰出现。振动过程中偶极矩变化越大，其红外吸收峰越强。实际应用中，红外吸收峰的强度常被分为：强峰（s）、中等强度峰（m）和弱峰（w）。

[问题 5-8] 试将下列化合物 C—H 键的伸缩振动吸收按波数由大到小排列。

（a）HC≡C—H （b）CH_3CH_2—H （c）CH_2═CH—H

5.4 烷烃、烯烃和炔烃的核磁共振波谱与红外光谱

5.4.1 烷烃的核磁共振波谱与红外光谱

（1）核磁共振

由于烷烃分子中只有 C、H 两种原子存在，因此在其核磁共振谱图上，所有的峰都出现在δ为 2.0 以下的高场，且多为相互重叠的多重峰（对长链脂肪烃来说，复杂的多重峰的重叠结果是谱图上只出现一个单峰，或由连续的多个峰组成的宽峰）。不采用特殊的实验技术，无法从其 ^{1}H NMR 谱图上推测出样品是哪种异构体，如正辛烷的 ^{1}H NMR 谱图（见图 5-13）。

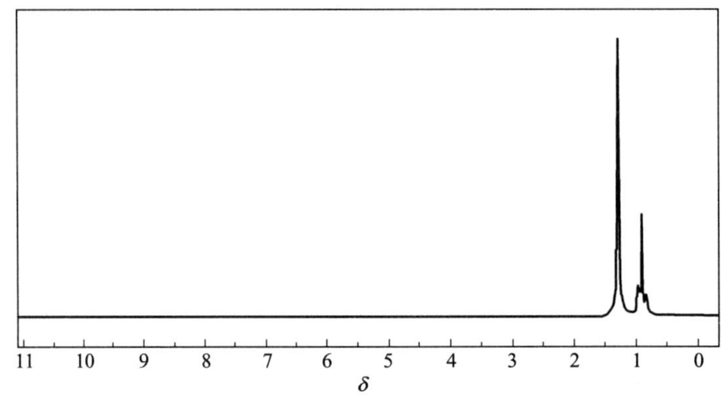

图 5-13 正辛烷的 ^{1}H NMR 谱图

（2）红外光谱

烷烃的红外光谱没有特殊的官能团吸收峰存在，其红外光谱是所有有机化合物中最简单的。在烷烃的分子结构中只有碳碳单键和碳氢键，因此，其红外光谱中也只有 C—H 键和C—C键的伸缩振动和弯曲振动吸收峰，分别出现在2900cm^{-1}左右、1400cm^{-1}左右及1200～800cm^{-1}之间，且对于长链脂肪烃来说，每组峰都是重叠的多重峰，但是，720cm^{-1}处尖锐吸收是—$(CH_2)_6$—存在的标志。多数烷烃的红外光谱都很相似，只是在指纹区谱图才有一些差异，可用于判定直链的长短，如正辛烷的红外光谱（见图 5-14）。

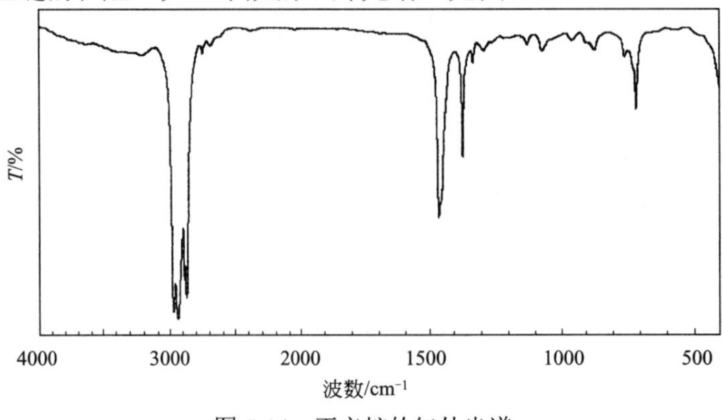

图 5-14 正辛烷的红外光谱

5.4.2　烯烃的核磁共振波谱与红外光谱

（1）核磁共振

烯烃的官能团是 C═C 双键。由于 C═C 双键π电子的特殊各向异性去屏蔽效应，使得与其直接相连的 H 核的吸收峰移向低场，δ值位于 4.5～5.9 之间，与简单的烷烃相比向低场移动 3～4。如 3,3-二甲基-1-丁烯的核磁共振谱图（见图 5-15）。

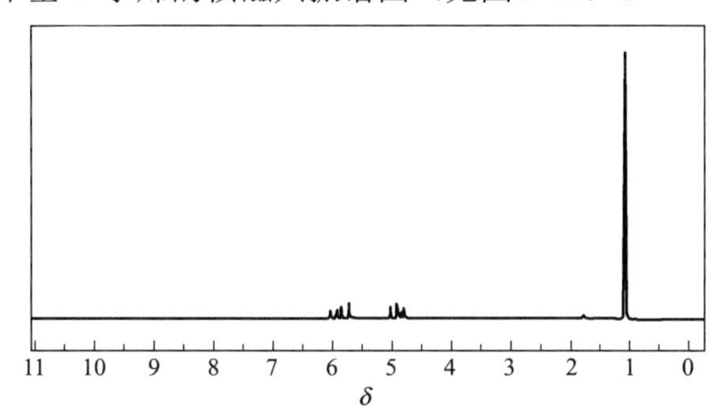

图 5-15　3,3-二甲基-1-丁烯的 ^{1}H NMR 谱图

（2）红外光谱

烯烃红外谱图的主要特征吸收峰是由 C═C 双键和═C—H 键的振动吸收引起的。C═C 双键的伸缩振动吸收峰位于 1600～1675cm^{-1} 处，较弱且易变，其强度和位置取决于双键碳原子上取代基的数量及性质。分子对称性越高，C═C 双键伸缩振动过程中分子偶极矩的变化越小，吸收峰越弱，如果有 4 个取代基时，常常看不到该峰。如果 C═C 双键有共轭作用时，共轭使力常数降低，吸收峰向低波数方向移动，强度增大。两个 C═C 双键共轭时，由于 C═C 双键的振动偶合，产生两个吸收峰，一强（1600cm^{-1}）一弱（1650cm^{-1}）。

═C—H 键的伸缩振动吸收峰在 3010～3100cm^{-1} 处，为一中等强度的吸收峰。═C—H 的面外摇摆振动吸收峰在 800～1000cm^{-1} 的指纹区，该区域吸收峰的数量及位置对鉴定烯烃的类型非常有用，如 1-辛烯的红外谱图（见图 5-16）。

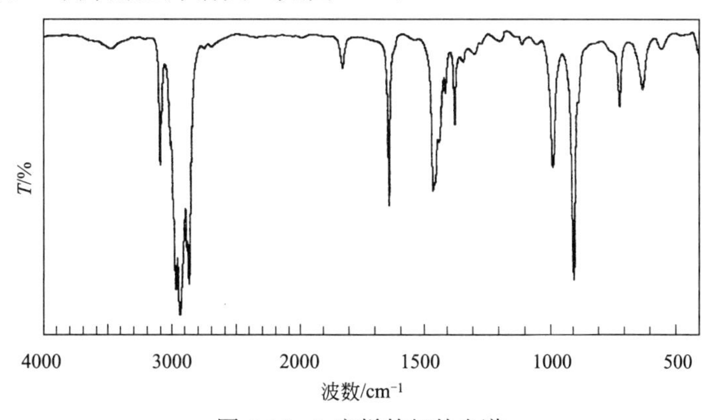

图 5-16　1-辛烯的红外光谱

5.4.3　炔烃的核磁共振波谱与红外光谱

（1）核磁共振

炔烃的官能团是 C≡C 叁键。若为端炔，则 C≡C 叁键上 H 核的吸收峰δ值为 2～3 之间，其他 H 核吸收峰位置与烷烃相似，如 3,3-二甲基-1-丁炔的核磁共振氢谱（见图 5-17）。

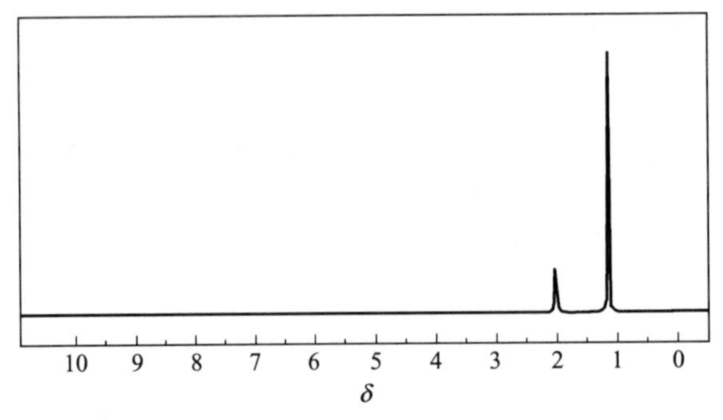

图 5-17 3,3-二甲基-1-丁炔的 ^{1}H NMR 谱图

（2）红外光谱

C≡C 叁键的键长较短，力常数较大，其伸缩振动与 C═C 双键比较，出现在高波数区，位于 2100～2200cm^{-1} 之间，炔烃的对称性对此峰影响甚大，若为对称炔烃（如乙炔），与烯烃类似，此峰将不出现。对于端炔来说，在 3300～3310cm^{-1} 之间和 600～700cm^{-1} 之间都会出现一较强的吸收峰，它们是由端位═C—H 的伸缩振动吸收引起的，如 1-辛炔的红外光谱（见图 5-18）。

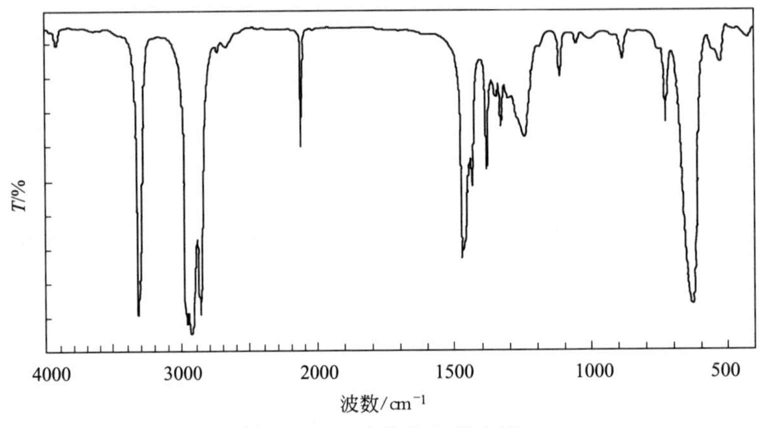

图 5-18 1-辛炔的红外光谱

阅读材料

爱德华·米尔斯·珀塞尔（E. M. Purcell，1912—1997）

生于美国伊利诺伊州的特落威尔（Taylorville）。他先在伊利诺伊州的马顿（Mattoon）公立学校接受教育，1929 年进入印第安纳州的普度（Purdue）大学电力工程系学习。然而，珀塞尔对物理学有着极大的兴趣。他在导师指导下做电子反射试验，发现许多电子反射能够产生电子影像，而作为粒子的电子具有波的性质。

珀塞尔对核磁共振的研究始于 1945 年。他认为，处于原子中心的原子核具有很小的磁场，在原子核外有静磁场存在时，核的旋进运动就会开始。研究发现，外加电磁波的频率与原子核的旋进频率相同时，将会发生共振。这种现象后来叫作核磁共振，而且在人类生活的各个方面得到了广泛应用。

菲力克斯·布罗赫（Felix Bloch，1905—1983）

生于苏黎世，1924 年入瑞士苏黎世联邦理工学院，一年后入德国莱比锡大学，1928 年获哲学博士学位，1934 年移居美国，任斯坦福大学教授，直至 1971 年退休。布洛赫从中学时期就对物理学有浓厚的兴趣，在大学攻读博士时对固体量子的研究，促进了他对固体物理学的建立和发展的研究成就。1932 年他提出了中子具有磁性的论断，1936 年他用实验证实中子磁矩的存在，1939 年准确地测定了终止的磁矩。1946 年，与助手们发现了高精度测量原子核磁矩的核感应方法，即后来称之为核磁共振的方法。他们以此方法测得核磁矩和角动量，进而求出核结构；发展了核磁共振能谱学，并成为对原子和分子键进行精细研究的有力工具。

由于珀塞尔和布罗赫同时发现核磁共振现象，1952 年，他们共同获诺贝尔物理学奖。

本章小结

1. 波谱分析是根据电磁波与被测物质之间的相互作用，确定未知化合物结构的一门学科。红外光谱与核磁共振谱在有机分子结构分析中有着广泛应用。

2. 电磁波的种类及特点由波长（λ）与频率（ν）决定。波长与频率的关系为：

$$\nu = c / \lambda$$

红外光谱中，频率常用波数（σ）表示，波数为波长的倒数。

3. 化合物的红外光谱图是其透光率（T）或吸光度（A）随入射电磁波的波长或频率的变化曲线。

4. 不同官能团或共价键吸收不同波长的红外光，这是利用红外光谱确定化合物结构的依据。

5. 核磁共振谱是由自旋核与电磁波相互作用，发生能级跃迁而形成的吸收光谱。由质子形成的 NMR 谱亦称 ^{1}H NMR 谱。

在 ^{1}H NMR 谱中，吸收峰的组数表明质子种类的多少，吸收峰强度比表明各种质子的相对数目，吸收峰的位置（化学位移δ）反映质子所处的化学环境。

6. 红外光谱和核磁共振谱的联合解析是确定有机化合物结构的有效方法。

习　题

5-1 试用红外光谱区别下列各对化合物。

（a）C_6H_5-OH 和 $C_6H_5-OCH_3$　（b）$C_6H_5-CH_2OH$ 和 $H_3C-C_6H_4-OH$（对位）

（c）$R-C\equiv C-H$ 和 $R-C\equiv C-R$　（d）$CH_3CH_2CH=CH_2$ 和 $CH_3CH_2C\equiv CH$

（e）$CH_3CH_2CH_2CHO$ 和 $CH_3CH_2COCH_3$　（f）$CH_3CH_2CH_2COOH$ 和 $CH_3COOCH_2CH_3$

（g）$C_6H_5-CH_2CH_3$ 和 $H_3C-C_6H_4-CH_3$（间位）　（h）$C_6H_5-CH_3$ 和 $C_6H_{11}-CH_3$（环己基）

5-2 试用 NMR 区别下列各化合物。

（a）$C_6H_5-CH_2OCH_3$ 和 $C_6H_5-OCH_2CH_3$　（b）$C_6H_5-CH(OH)CH_3$ 和 $C_6H_4(CH_3)-CH_2OH$（邻位）

（c）$CH_3CH_2CH_2CHO$ 和 $CH_3CH_2COCH_3$　　（d）$CH_3CH_2CH_2Cl$ 和 $CH_3CH(Cl)CH_3$

（e）$CH_3COOCH_2CH_3$ 和 CH_3CH_2COOH　　（f）$CH_3CH_2NH_2$ 和 $(CH_3)_2NH$

5-3　试用光谱法区别下列异构体。

（a）$H_3C\overset{O}{\overset{\|}{C}}-C_6H_4-CH_2CH_3$（对位）　和　$H_3C\overset{O}{\overset{\|}{C}}-C_6H_3(CH_3)_2$（2,4-二甲基）

（b）$C_6H_5-\overset{O}{\overset{\|}{C}}CH(CH_3)_2$　和　$C_6H_5-CH_2CH_2\overset{O}{\overset{\|}{C}}CH_3$

（c）$H_3C-C_6H_4-COOH$（对位）　和　$C_6H_5-\overset{O}{\overset{\|}{C}}OCH_3$

5-4　分子式 $C_8H_{18}O$ 的化合物，红外光谱如附图所示，试判断图（a）与图（b）所代表的化合物可能的结构。

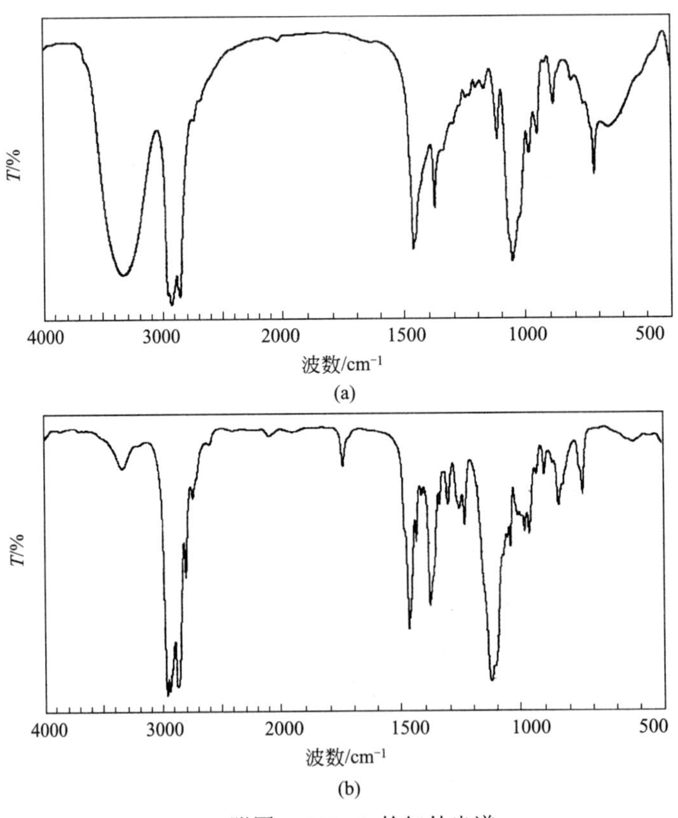

5-4 附图　$C_8H_{18}O$ 的红外光谱

5-5　化合物 C_8H_{10} 的红外光谱如附图所示，试推测该化合物的结构。

5-6　某化合物 A（$C_{12}H_{14}O_2$）可在碱存在下由芳醛和丙酮作用得到，红外显示 A 在 1675 cm^{-1} 有一强吸收峰，A 催化加氢得到 B，B 在 1715 cm^{-1} 有强吸收峰。A 和碘的碱溶液作用得到碘仿和化合物 C（$C_{11}H_{12}O_2$），使 B 和 C 进一步氧化均得到酸 D（$C_9H_{10}O_3$），将 D 和氢碘酸作用得到另一个酸 E（$C_7H_6O_3$），E 能用水蒸气蒸馏出来。试推测 A、B、C、D 和 E 的结构。

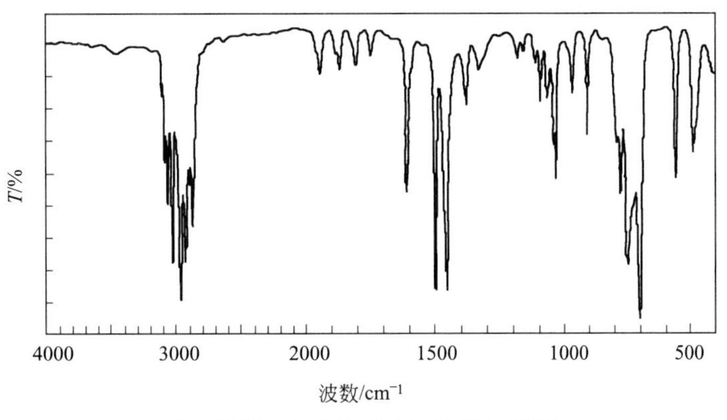

5-5 附图　化合物 C_8H_{10} 的红外光谱

5-7　分子式为 C_2H_6O，在 ^1H NMR 谱中出现一个信号的是什么化合物？出现三个信号的又是什么化合物？

5-8　分子式为 $C_3H_6O_2$，在 ^1H NMR 谱中出现两个单峰，其结构如何？

5-9　附图为化合物 $C_3H_6O_3$ 的 ^1H NMR 谱，δ值为 7.8 所对应的氢能与重水交换。试推测其结构。

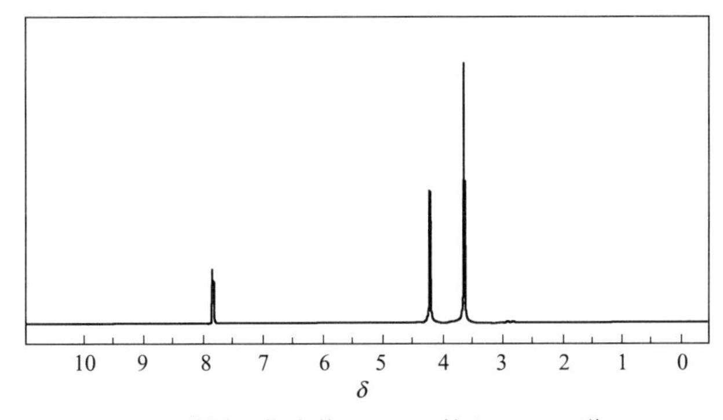

5-9 附图　化合物 $C_3H_6O_3$ 的 ^1H NMR 谱

5-10　化合物 $C_3H_5ClO_2$ 与 $NaHCO_3$ 水溶液作用放出 CO_2，在 ^1H NMR 谱中有下列信号：δ1.73（二重峰），δ4.47（四重峰），δ11.22（单峰），试推测该化合物的结构。

5-11　分子式为 C_9H_{10} 的化合物，其 ^1H NMR 谱如附图所示，试推测其可能的结构。

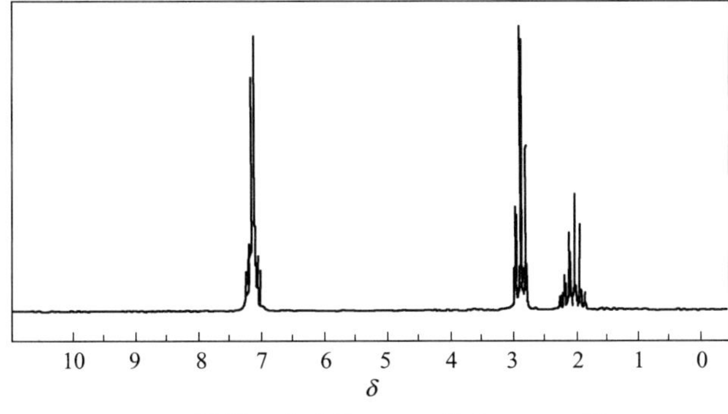

5-11 附图　化合物 C_9H_{10} 的 ^1H NMR 谱

5-12　化合物 $C_{14}H_{14}$ 的 ^1H NMR 谱上在δ 2.9 和δ 7.8 处均出现单峰，试判断该化合物是

$-CH_2CH_2-$ 还是 H_3C- $-CH_3$。

5-13　化合物 $C_5H_{12}O$ 的 ^1H NMR 谱如附图所示，试推测其结构。

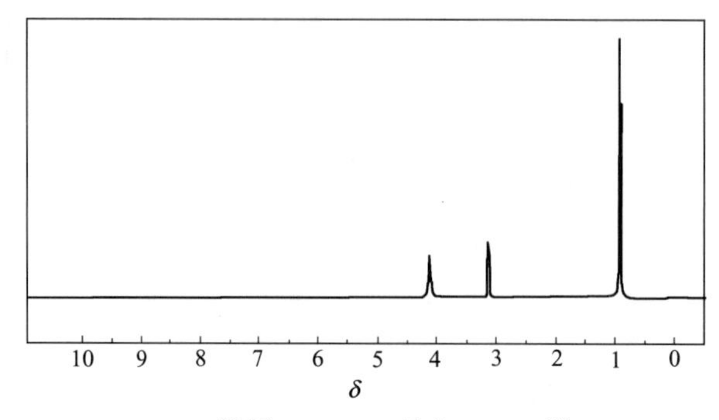

5-13 附图　$C_5H_{12}O$ 的 ^1H NMR 谱

5-14　化合物 A（$C_9H_{10}O$）不起碘仿反应，其红外光谱在 1690 cm^{-1} 处有强吸收峰，其 ^1H NMR 谱信号为：δ1.2（三重峰，3H，），δ3.0（四重峰，2H），δ7.7（多重峰，5H）。

A 的同分异构体 B 能起碘仿反应，其 IR 谱在 1705 cm^{-1} 处有强吸收峰；B 的 ^1H NMR 谱信号如下：δ2.0（单峰，3H），δ3.5（单峰，2H），δ7.1（多重峰，5H）。

试推测 A、B 的可能结构。

5-15　化合物 $C_9H_{10}O_2$ 的 IR 和 ^1H NMR 谱如附图（a）和（b）所示，试推测该化合物可能的结构。

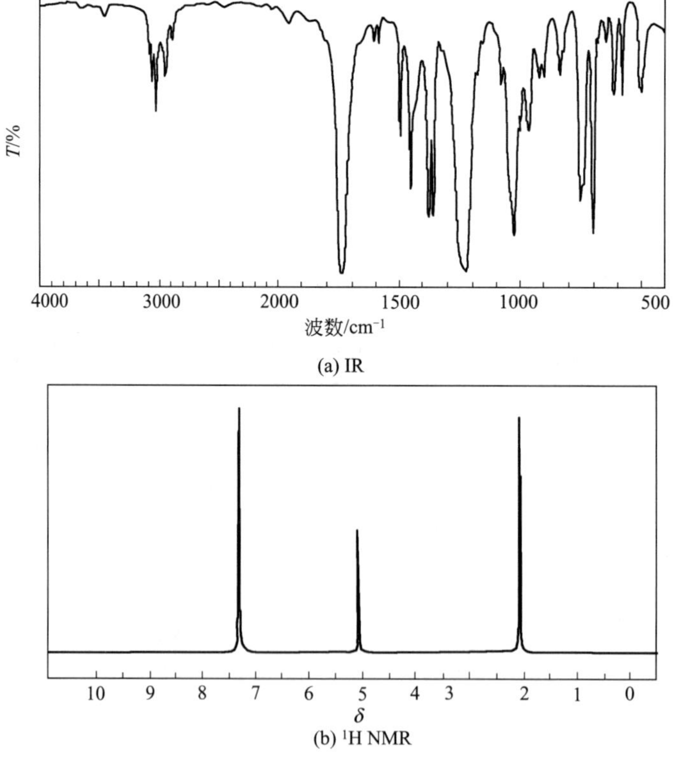

(a) IR

(b) ^1H NMR

5-15 附图　化合物 $C_9H_{10}O_2$ 的 IR 和 ^1H NMR 谱

5-16　化合物 $C_5H_{10}O_2$ 的 IR 和 ^{1}H NMR 谱如附图所示，试推测其可能的结构。

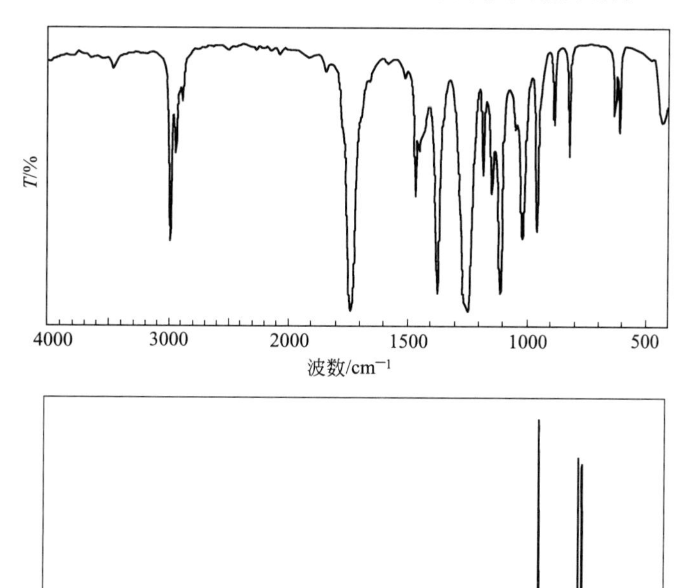

5-16 附图　化合物 $C_5H_{10}O_2$ 的 IR 和 ^{1}H NMR 谱

5-17　分子式 C_4H_7N 的化合物，在 IR 谱图 2250 cm^{-1} 处有尖锐的吸收峰，在 ^{1}H NMR 谱图上，δ1.33（单峰，6H），δ2.7（七重峰，1H）。试推测该化合物可能的结构。

5-18　化合物 A 由 C、H 和 O 组成，其中 C = 79.37%，H = 8.88%。A 的 IR 谱在 3400 cm^{-1}、1460 cm^{-1}、760 cm^{-1} 和 690 cm^{-1} 处有特征吸收峰，^{1}H NMR 谱在δ0.9（三重峰，3H），δ4.3（三重峰，1H），δ7.2（单峰，5H）和δ1.5～2.0（多重峰，2H +1H）处有吸收峰。试推测 A 可能的结构。

5-19　某化合物分子式为 $C_4H_4O_3$，其 IR 吸收峰在 1865 cm^{-1}、1782 cm^{-1} 和 1310～1200 cm^{-1} 处，^{1}H NMR 谱在δ2.7 有一个单峰。试推测该化合物可能的结构。

第 6 章　脂环烃

脂环烃（cyclic hydrocarbon）是脂肪烃中碳链闭合成环所形成的一类化合物，具有与脂肪烃相似的结构和性质，但由于化合物中有环的存在，其物理和化学性质又具有某些特殊性。脂环烃及其衍生物广泛存在于自然界中，它们中的多数是生物体的化学成分，具有重要的生理生化功能，因此，研究脂环烃在理论上和实际应用中均具有重要意义。本章主要讨论单环烷烃的理化性质、结构与环的稳定性规律，并介绍一些重要的天然脂环烃衍生物。

6.1　脂环烃的分类与命名

脂环烃的分类

6.1.1　脂环烃的分类

根据碳环中有无不饱和键，脂环烃可分为饱和脂环烃（saturated cyclic hydrocarbon）和不饱和脂环烃（unsaturated cyclic hydrocarbon）。饱和脂环烃又称为环烷烃（cyclic alkane），不饱和脂环烃又可分为环烯烃（cyclic alkene）、环炔烃（cyclic alkyne）等。例如：

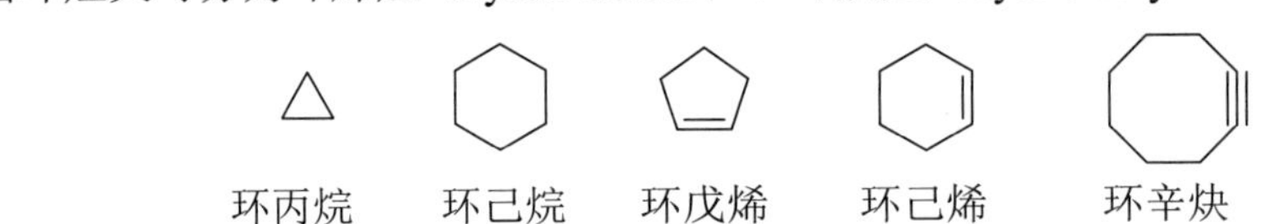

根据分子中碳环的数目，脂环烃又可分为单环脂环烃、螺环脂环烃、双环脂环烃和多环脂环烃。例如：

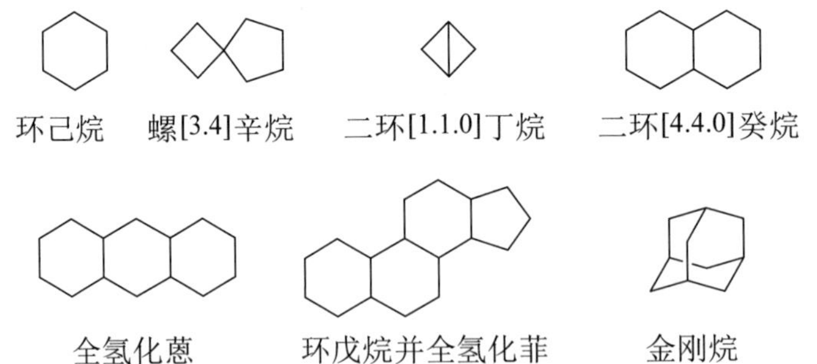

脂环烃的异构现象比开链脂肪烃复杂，成环碳原子数目不同、取代基不同以及取代基在环上的位置不同等，都会引起异构。例如，分子式为 C_5H_{10} 的环烷烃，其构造异构体（不包括立体异构体）就有如下五种：

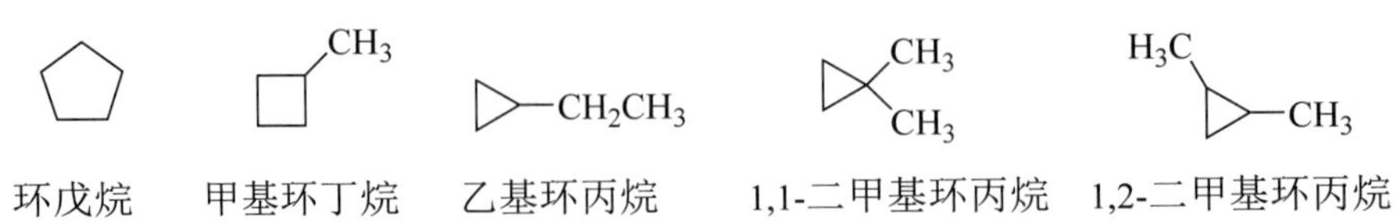

6.1.2 脂环烃的命名

脂环烃按照种类不同，命名方法各异。环烷烃的命名方法与烷烃的命名方法相似，依成环碳原子的数目称为环某烷。若环上有取代基，则把取代基的名称置于环字之前。例如：

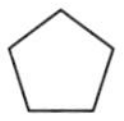

CH_3 CH_2CH_3

环戊烷 　　环己烷 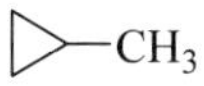　　甲基环丙烷 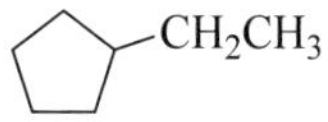　　乙基环戊烷

若取代基有两个或两个以上，则要注明它们在环上的位置，从连有取代基的环碳原子开始按一定方向依次编号，并遵循“最小位次”规则，当取代基不同时，较小的取代基优先，例如：

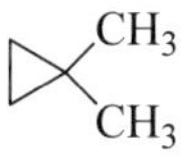

CH_3 CH_3 H_3C CH_2CH_3

1,1-二甲基环丙烷 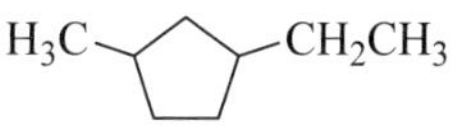　　1-甲基-3-乙基环戊烷
（不是3-甲基-1-乙基环戊烷）

环烯烃和环炔烃的命名与烯烃和烯炔的命名相似，依成环碳原子的多少称为环某烯或环某炔，不需注明不饱和键的位置。当环上有取代基时，从不饱和键开始编号，同时使取代基的位次遵守“最小位次”规则，但不饱和键的位置不需注明。对于环多烯（炔）烃，则要注明不饱和键的位置。例如：

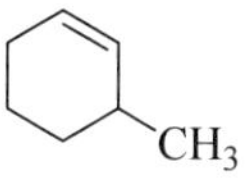

CH_3 CH_3 CH_3 CH_3

3-甲基环己烯（不是2-甲基环己烯）　　1-甲基环己烯（不是2-甲基环己烯）　　4-甲基环辛炔（不是3-甲基环辛炔）　　2-甲基-1,3-环己二烯

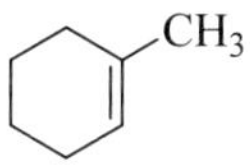

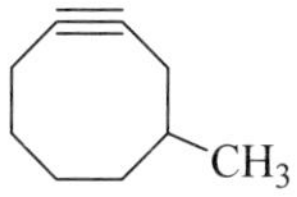

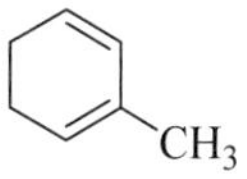

螺环烷烃（spirocyclic alkane）是指环与环之间共用一个碳原子的多环烷烃，共用的碳原子称为螺原子（spiro atom）。它的命名根据成环碳原子的总数称为螺某烷，两个环的大小用阿拉伯数字表示（不计共用的碳原子），从小到大写在“螺”字后面的方括号内。当有取代基时，将取代基的名称放在“螺”字前面，并注明取代基的位置，编号要从小环开始。例如：

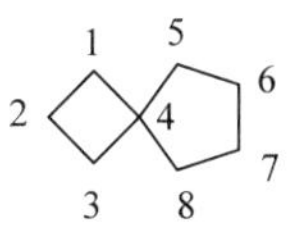

1 5 6 2 4 7 3 8　　CH_3 1 6 2 4 5 7 3 8

螺[3.4]辛烷 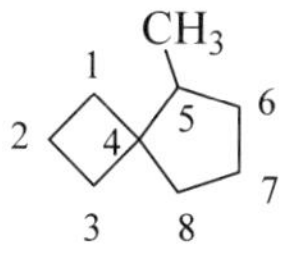　　5-甲基螺[3.4]辛烷

双环脂环烃和多环脂环烃又合称为桥环烷烃（bridged alkane），是指环与环之间共用两个或多个碳原子的多环烷烃。共用碳原子中的端碳原子为桥头碳（bridgehead carbon），两个桥头碳之间可以是一根键，也可以是碳链，称之为桥。双环化合物的命名，根据两个环的碳原子总数称为二环某烷，三条边的长短（不计共用的碳原子）用阿拉伯数字表示，按从大到小的顺序写在方括号内，放在“二环”的后面。

当有取代基存在时，取代基的名称写在“二环”的前面，并注明取代基的位置，编号则从三条边共用的两个桥头碳原子中的一个碳原子开始，从长到短依次进行编号，并遵守“最小位次”规则。例如：

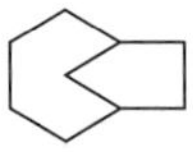

二环[4.2.1]壬烷 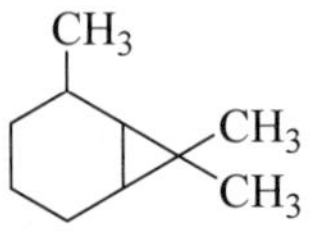　　2,7,7-三甲基二环[4.1.0]庚烷

多环化合物的系统命名比较复杂，一般采用习惯命名法或俗名，这里不再讨论。

[问题 6-1]　命名下列化合物。

(a) 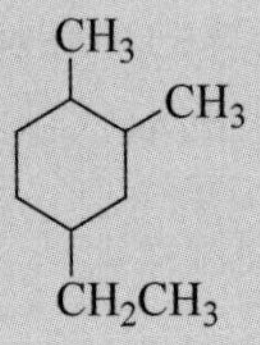　(b) 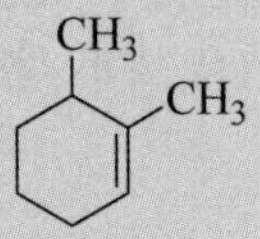　(c) 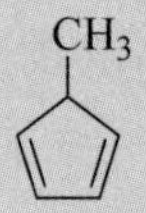　(d)

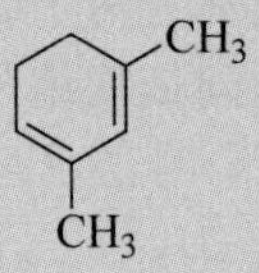

(e) 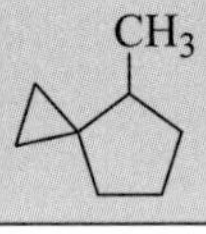　(f) 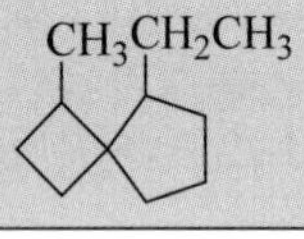　(g) 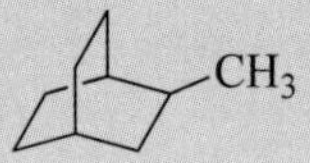　(h)

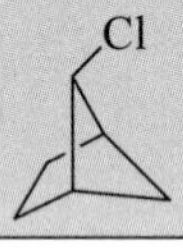

6.2　脂环烃的物理性质

脂环烃的物理性质与脂肪烃类似。在常温常压下，环丙烷和环丁烷为气体，从环戊烷开始为液体，高级同系物为固体。环丙烯和环丁烯也为气体，环戊烯为液体。

因为碳环的存在使分子结构紧凑，脂环烃的熔点、沸点和相对密度都较相同碳原子数目的脂肪烃高。脂环烃与脂肪烃类似，也不溶于水。

一些脂环烃的物理常数列于表 6-1。

表 6-1　一些脂环烃的物理常数

化合物名称	熔点/°C	沸点/°C	相对密度 d_4^{20}
环丙烷	−127	−33	
环丁烷	−80	13	
环戊烷	−94	49	0.746
环己烷	6.5	81	0.778
环庚烷	−12	118	0.810
环辛烷	14	149	0.830
甲基环戊烷	−142	72	0.749
顺-1,2-二甲基环戊烷	−62	99	0.772
反-1,2-二甲基环戊烷	−120	92	0.750
甲基环己烷	−126	100	0.769

脂肪烃与脂环烃的红外光谱特征吸收主要体现在：—C≡C—H 的 C—H 键伸缩振动吸收带约为 3300cm^{-1}；$\gt C=C\lt_{H}$ 的 C—H 键伸缩振动吸收带为 3010～3095cm^{-1}，但有时会被饱和碳原子 C—H 伸缩振动吸收带所遮蔽，因为后者范围为 2860～2960cm^{-1}；—C≡C—伸缩振动的吸收带为 2100～2140cm^{-1}；非共轭 $\gt C=C\lt$ 伸缩振动的吸收带为 1620～1680cm^{-1}，对称

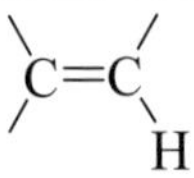

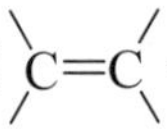

取代则使吸收带强度减弱，如图 6-1 所示。

脂肪烃与脂环烃的核磁共振氢谱特征峰主要如下：饱和烃中质子的化学位移δ一般为 0.20～1.50，烯烃与炔烃的 α-H 受不饱和键的影响，其化学位移δ为 1.6～2.80，碳碳双键上质子的化学位移δ为 5.25 左右，碳碳叁键质子的化学位移δ为 2.35 左右。常见脂环烃上质子的化学位移分别为：环丙烷，亚甲基质子δ 0.20 左右，次甲基质子δ 0.40 左右；环丁烷，亚甲基质子δ 2.45 左右；环戊烷，亚甲基质子δ 1.65 左右；环己烷，亚甲基δ 1.50 左右，次甲基质子δ1.80 左右；环庚烷，亚甲基质子δ1.25 左右，如图 6-2 所示。

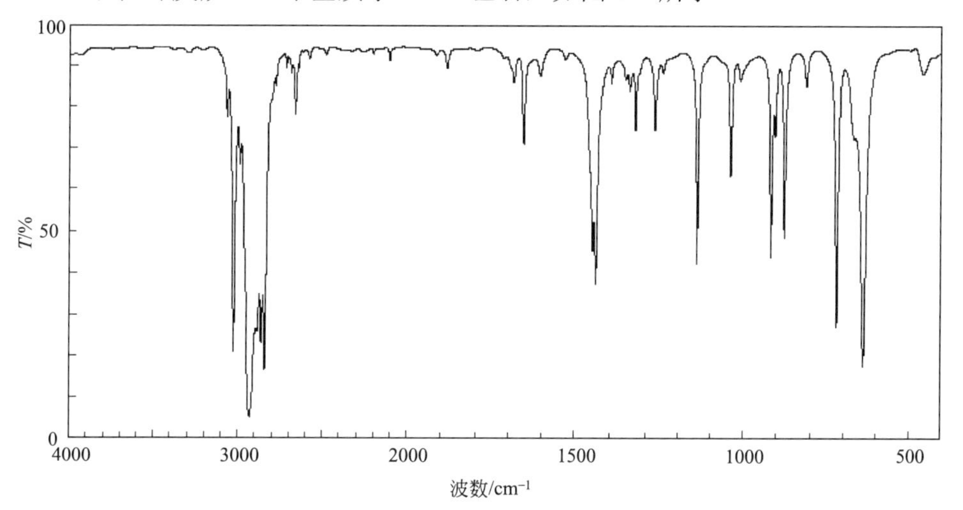

图 6-1　环己烯的红外光谱

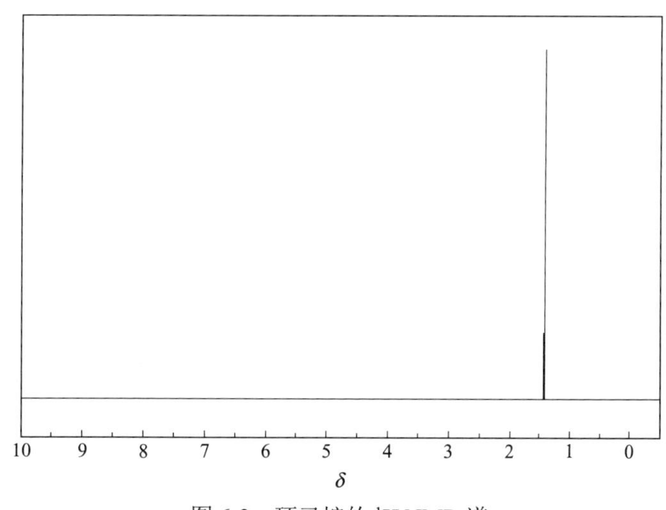

图 6-2　环己烷的 ^{1}H NMR 谱

脂环烃的结构与稳定性

6.3　环的稳定性

6.3.1　环的稳定性规律

不同的环烷烃具有不同的稳定性，人们通过实验发现，三元环和四元环不稳定，比较容易发生化学反应而开环，而五元环、六元环以及更大的环比较稳定。这是有机化学中的一个普遍规律，这一规律对于很多有机化学反应具有重要意义。

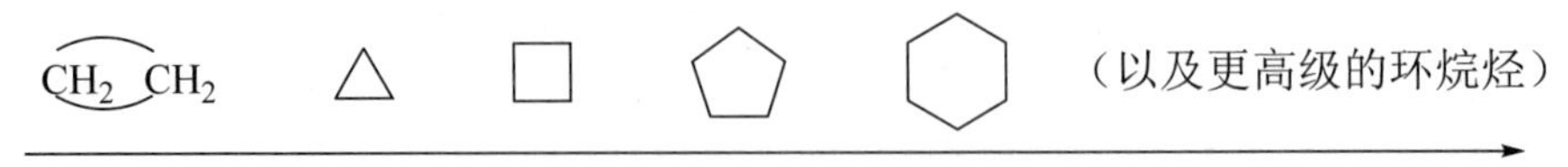

化学活性降低，环的稳定性增加

环的稳定性规律可从环烷烃的燃烧热得到证实。热力学常数是比较有机化合物相对稳定性的一个重要参数，在比较烯烃的位置异构体和顺反异构体的稳定性时，引入了氢化热的概念，即通过加氢反应，使它们变成相同的化合物，根据放热的多少来比较它们的相对稳定性。如果放热较多，说明原来烯烃分子的能量较高，稳定性就较差。为了比较环烷烃的稳定性，人们通过燃烧，使它们都生成同样的产物二氧化碳和水：

$$—CH_2— + \frac{3}{2}O_2 \longrightarrow CO_2 + H_2O + \text{热量}$$

计算出每一个$—CH_2—$的燃烧热，并与开链烷烃每个$—CH_2—$的平均燃烧热相比较，便可确定环烷烃的相对稳定性。一些化合物的燃烧热数据见表 6-2。

表 6-2　一些化合物的燃烧热

化合物	分子的燃烧热/（kJ/mol）	$—CH_2—$的平均燃烧热/（kJ/mol）
乙烯	1410	705
环丙烷	2091	697
环丁烷	2744	686
环戊烷	3320	664
环己烷	3948	658
开链烷烃	—	658

开链烷烃的每个$—CH_2—$的燃烧热通过测定一系列开链烷烃同系物的燃烧热求得。由表 6-2 中每摩尔$—CH_2—$的燃烧热数据可以看出，环己烷的稳定性与开链烷烃相同，其他小环烷烃的稳定性随环的缩小而降低，即稳定性顺序为：

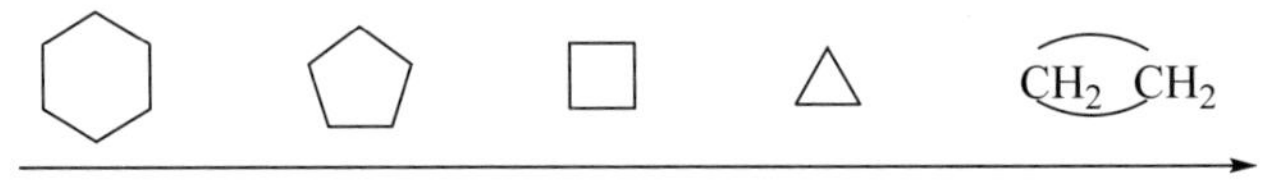

每摩尔 $—CH_2—$ 的燃烧热增大，稳定性降低

6.3.2　环稳定性规律的解释

① 拜尔（Baeyer）张力学说的解释

环的稳定性取决于环的结构。1885 年，德国化学家拜尔（Adolf von Baeyer）提出了张力学说。该学说认为，环烷烃的成环碳原子共平面构成正多边形，由于几何因素影响，它们的键角被迫压缩或扩大，偏离饱和碳原子的正四面体键角 109.5°，因而在环烷烃的分子中必然存在欲恢复正常键角的张力，键角偏离正常的键角越大，这种“张力”就越大，环烷烃就越不稳定。几个环烷烃的键角与正常键角的差值如下：

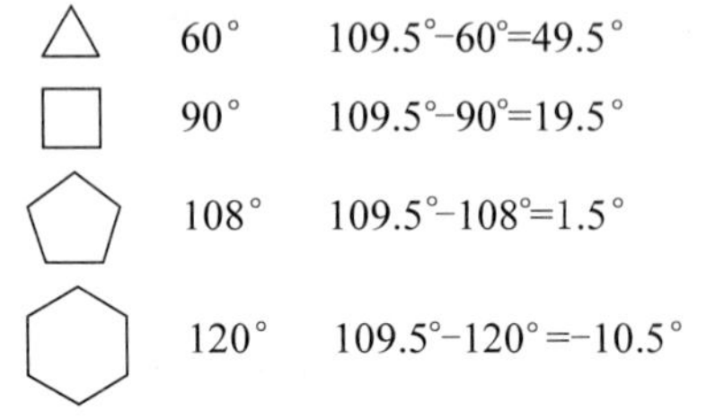

可见，环丙烷的键角与正常键角差别最大，最不稳定。从环丙烷到环戊烷，键角的差别逐渐减小，环的张力也逐渐减小，环的稳定性逐渐增强，这是符合实验事实的。但对于环己烷，Baeyer 张力学说就解释不通了。环己烷的键角变形应该比环戊烷大，其稳定性应该比环戊烷差，但事实上环己烷是非常稳定的。

Baeyer 张力学说的根本性错误是出发点错了。上述环烷烃的键角是按成环碳原子共平面计算出来的，事实上，环戊烷为了减小键张力，分子在空间尽可能地发生扭曲，以使键角更接近于 109.5°。从环丁烷开始，环烷烃的成环碳原子就不共平面了。但 Baeyer 张力学说对环丙烷稳定性的解释是成功的，因为环丙烷的三个碳原子必然共平面。

② 现代结构理论的解释

现代结构理论纠正了 Baeyer 张力学说的错误，给环烷烃的稳定性以满意的解释。现代结构理论认为，环烷烃分子中碳原子的杂化状态不是典型的 sp^3 杂化，由于环的几何因素的影响，例如环丙烷的三个碳原子构成等边三角形，碳原子的 sp^3 杂化轨道之间就不可能轴心重合发生最大交盖，只能呈一定夹角地进行部分交盖，形成所谓的弯曲键。由于原子轨道交盖的程度小，形成的 C—C σ键键能就较正常的 C—C σ键键能为小，不稳定，因而容易破裂，表现出较高的化学活性。环丙烷的成键情况如图 6-3（a）所示。

环丁烷的成键情况与环丙烷相似，但由于键角增大，碳原子的 sp^3 杂化轨道之间的交盖程度比环丙烷要大一些，因而环丁烷的稳定性比环丙烷好。

环戊烷由于环在空间的扭曲，使键角很接近 109.5°，因而碳原子的 sp^3 杂化轨道之间能够发生比较大的交盖，形成的 C—C σ键键能较大，较稳定。这就是环戊烷的稳定性比环丁烷要好得多的原因。

环己烷则通过环的扭曲，使 C—C 键键角刚好为 109.5°，这样，两个碳原子的 sp^3 杂化轨道就可以像开链烷烃那样轴心重合发生最大交盖 [如图 6-3（b）所示]。因此环己烷的稳定性跟开链烷烃相同，这与实验事实相符。

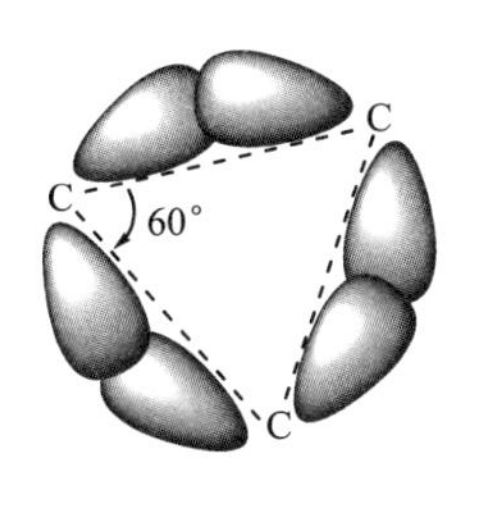

(a) 环丙烷分子中C—C键交盖不良，具有部分π键的性质

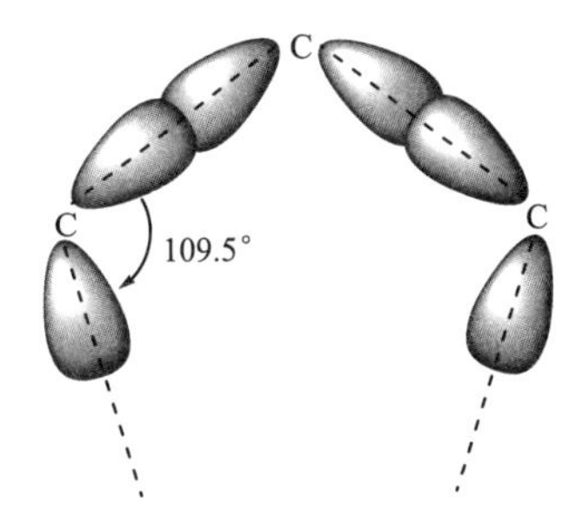

(b) 开链烷烃和大环环烷烃分子中的C—C键能实现最大交盖

图 6-3　环丙烷、开链烷烃和大环环烷烃的成键情况

为了使键角更接近 109.5°，环丁烷、环戊烷和环己烷通过在空间的扭曲，形成非平面结构。环丁烷形成蝶式构象，环戊烷形成信封式构象，环己烷则形成椅式构象和船式构象（如图 6-4 所示）。这种环在空间的扭曲就是环烷烃的构象问题，其中以环己烷的构象最具有特征，也最有意义，将在随后的章节详细讨论。

环丁烷的蝶式构象

环戊烷的信封式构象

船式构象

椅式构象

图 6-4　环烷烃的构象

6.4 环己烷及其衍生物的构象

环己烷的构象

6.4.1 环己烷的构象

如前所述，环己烷的六个成环碳原子，为了使其 sp^3 杂化轨道彼此实现最大交盖，形成牢固的C—C σ键，就必须维持109.5°的键角，这样，六个成环碳原子就不在同一个平面上，整个环通过C—C σ键的扭转，可以在椅式和船式两种不同的构象之间相互转变，这种转变可用透视式表示如下：

椅式构象　　　　船式构象

也可用Newman投影式进行描述：

椅式构象　　　　船式构象

椅式构象和船式构象是环己烷的两种典型构象，其中椅式构象较稳定，其能量比船式构象约低30kJ/mol。由透视式可见，船式构象的两个船头C—H σ键向内伸展，相距0.183nm，比椅式构象的0.250nm近，相互拥挤产生的非键张力较大；由Newman投影式可见，椅式构象中相邻两个碳原子的C—H键都处于交叉位置，而船式构象中C2与C3、C5与C6之间的C—H键处于重叠位置。这就是椅式构象比船式构象稳定的原因，但船式构象与椅式构象之间的能量相差并不大，在室温下，环己烷的碳环可以通过C—C σ键的扭转在椅式和船式两种构象之间相互转变，处于动态平衡。在环己烷的C—C σ键扭转过程中，每扭转一个角度，就对应一个不同的构象，因此环己烷的构象有无限多种。椅式构象和船式构象是环己烷两种无环张力的构象，因椅式构象较稳定，室温下在动态平衡中约占96%，是环己烷的优势构象。

在环己烷的椅式构象中，六个碳原子三个在上，三个在下，间隔分布，分处于两个相互平行的平面上。每个碳原子上的两个C—H键则以不同的取向分别与平面成不同的夹角。上面三个碳原子上的六个C—H键，每个碳原子有一个C—H键与碳原子所在的平面垂直，并向上伸展，另外三个C—H键则与平面成19.5°夹角向下伸展。下面三个碳原子的六个C—H键，情况则刚好相反，每个碳原子有一个C—H键与碳原子所在的平面垂直，且向下伸展，另外三个C—H键则与平面成19.5°的夹角向上伸展。在这十二个C—H键中，六个与平面垂直的C—H键称为直立键或a键（axial bond），另外六个与平面成19.5°夹角的C—H键称为平伏键或e键（equatorial bond）。

— a键（直立键）
--- e键（平伏键）

当环己烷的椅式构象通过 C—C σ键的转动变为另一种椅式构象时，原来的 a 键都变为 e 键，e 键都变为 a 键：

对于环己烷来说，这种由一种椅式构象转变为另一种椅式构象的转环作用，所需要的能量很小，在室温下即能迅速进行。

6.4.2　环己烷衍生物的构象

（1）一取代环己烷的构象

环己烷分子中的一个氢原子被其他原子或基团取代后，构成一取代环己烷。取代基可以连在 a 键上，也可以连在 e 键上，因此出现两种不同的构象。以甲基环己烷为例表示如下（见图 6-5）：

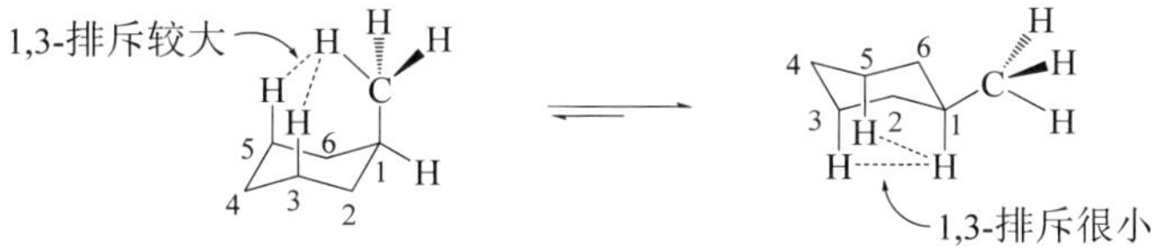

图 6-5　甲基环己烷的两种构象

取代环己烷的构象

当取代基（$—CH_3$）处于 a 键上时，受到 C3 和 C5 上两个直立氢的 1,3-排斥（1,3-diaxial repulsion），内能较高；而当取代基（$—CH_3$）处于 e 键上时，则基本上不存在 1,3-排斥，内能较低。从甲基环己烷椅式构象的 Newman 投影式更能清楚地看出这种排斥作用(见图 6-6)。因此，一取代环己烷的取代基主要处于 e 键上，这是一取代环己烷的优势构象。取代基的存在并不能阻止环己烷的转环作用（由一种椅式构象翻转成另一种椅式构象），所以，一取代环己烷的 a 型和 e 型构象异构体仍然是不能分离的平衡混合物，只是 e 型构象在平衡混合物中所占的比例较高而已。这一平衡关系的平衡常数 K 取决于 e-异象体与 a-异象体之间的 Gibbs 自由能变化$\Delta G^{\ominus}$（也叫取代基的构象能）。

$$\Delta G^{\ominus} = -RT\ \ln K = -RT\ \ln\left(\frac{\mathrm{e-X}}{\mathrm{a-X}}\right)$$

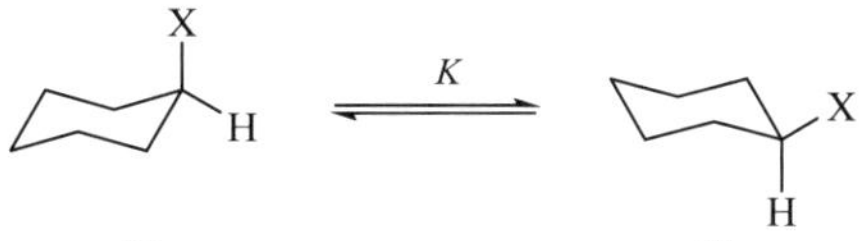

a-X　　　　e-X

(a) 甲基处于a键上，与CH_2为邻位交叉式，内能较高　　(b) 甲基处于e键上，与CH_2为对位交叉式，内能较低

图 6-6　甲基环己烷两种构象的 Newman 投影式

不同 X 基团的 a-异象体与 e-异象体之间的 Gibbs 自由能ΔG变化和平衡常数 K 的大小见表 6-3。$\Delta G^{\ominus}$越大，平衡混合物中 e-异象体的比例就越高，例如在 25℃时，甲基环己烷的 e-

异象体占 92.8%，而 a-异象体只占 7.2%。

表 6-3 25℃时一取代环己烷异象体之间的自由能变化（构象能）与平衡常数

取代基 X	$-\Delta G^{\ominus}$/（kJ/mol）	K	取代基 X	$-\Delta G^{\ominus}$/（kJ/mol）	K
—OH	2.09	2.3	—COOH	6.69	17
—F	1.05	1.5	$—CH_3$	6.28	13
—Cl	1.05	1.5	$—C_2H_5$	8.79	40
—Br	1.05	1.5	$—CH(CH_3)_2$	9.91	55
—I	1.67	2.0	$—C(CH_3)_3$	非常大	$>10^4$

（2）二取代环己烷的构象

二取代环己烷的情况比较复杂。一方面，两个取代基可分别处于 1,2-、1,3-、1,4-位碳原子上（1,1-二取代环己烷的构象与一取代环己烷类似），存在位置异构；另一方面，由于构成碳环的σ键的自由旋转受到限制，两个取代基可以伸向环的同侧或异侧，又存在顺反异构。例如，1,4-二甲基环己烷的顺反异构可用透视式表示如下：

H H / CH_3 CH_3　　H CH_3 / CH_3 H

顺-1,4-二甲基环己烷　　反-1,4-二甲基环己烷

对于 1,2-二取代环己烷，顺式异构体的两个取代基位于环的同侧，因此，两个取代基必然是一个处于 e 键上，另一个处于 a 键上，即其最稳定构象（优势构象）为 ea 型构象。若两个取代基不同，则以体积较大的取代基处于 e 键上为优势构象。例如顺-1,2-二甲基环己烷、顺-1-甲基-2-乙基环己烷的优势构象分别为：

CH_3 CH_3　　CH_3 CH_2CH_3

反-1,2-取代环己烷的两个取代基位于环的异侧，可以同时处于 a 键上，也可以同时处于 e 键上。因此，其优势构象为 ee 型构象。例如反-1,2-二甲基环己烷的优势构象为：

CH_3 CH_3

对于 1,3-二取代环己烷，其顺式异构体的两个取代基可以同时处于 e 键上，优势构象为 ee 型构象；而反式异构体的两个取代基只能一个处于 e 键上，另一个处于 a 键上，因此，优势构象为 ea 型构象。例如 1-甲基-3-乙基环己烷的顺反异构体的优势构象分别为：

CH_3 CH_2CH_3　　CH_2CH_3 CH_3

顺-1-甲基-3-乙基环己烷（ee型构象）　　反-1-甲基-3-乙基环己烷（ea型构象）

1,4-二取代环己烷的情况与 1,2-二取代环己烷类似。以 1-甲基-4-乙基环己烷为例，其顺反异构体的优势构象分别为：

顺-1-甲基-4-乙基环己烷（ea型构象）　　反-1-甲基-4-乙基环己烷（ee型构象）

（3）多取代环己烷的构象

关于多取代环己烷最稳定的构象，有如下两种情况。

① 当取代基相同时，则 e 取代基最多的构象为优势构象。例如杀虫剂六六六（六氯环己烷）有 8 种顺反异构体，其中有一种β-异构体最为稳定，因为它的构象最稳定，六个氯原子全在平伏键上：

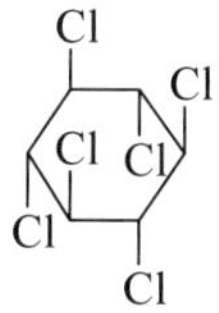

β-异构体

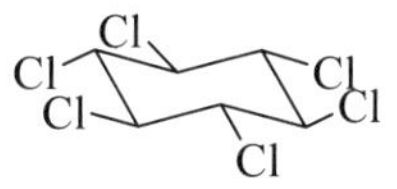

② 当环上连有不同取代基时，则通常需要考虑 a-异象体和 e-异象体的 Gibbs 自由能变化的大小，通过计算得出结论。例如 1-甲基-4-异丙基-2,6-二氯环己烷，以下两种几何异构体最稳定的构象为：

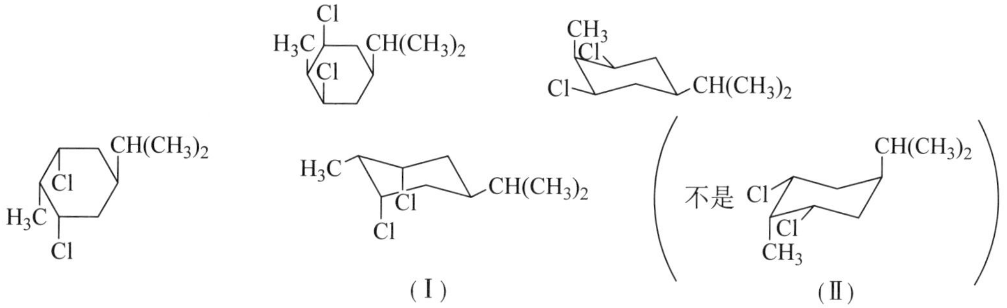

（Ⅰ）　　（不是　（Ⅱ））

因为（Ⅰ）的构象能（取代基的 Gibbs 自由能变化$\Delta G^{\ominus}$）为 1.05 +1.05 +0 +0 = 2.10（kJ/mol），而（Ⅱ）的构象能为 0 +0 +6.28 +9.91 = 16.19（kJ/mol），所以（Ⅰ）比（Ⅱ）更稳定。

必须注意：对于给定的取代环己烷的立体异构体，在书写其优势构象时，应保持其取代基的位置和方向不改变。例如，下面化合物的优势构象为：

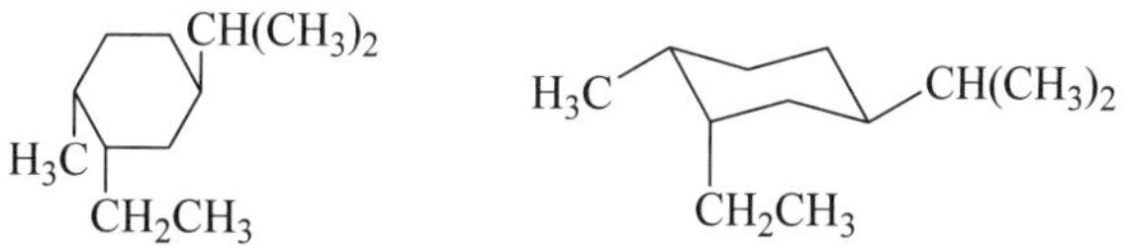

[问题 6-2]　画出下列化合物的优势构象。

（a）顺-1,3-二甲基环己烷　（b）反-1,3-二甲基环己烷

（c） 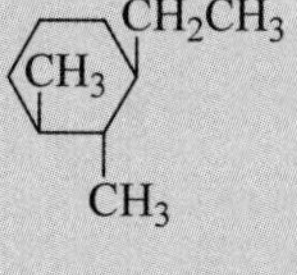　　（d）

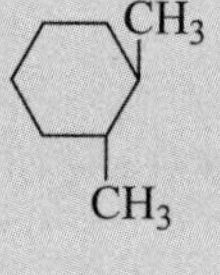

[问题 6-3]　试用问题 6-2（a）和（b）的结论，比较顺-1,3-二甲基环己烷和反-1,3-二甲基环己烷的相对稳定性。

6.5　环烷烃的化学性质

环烷烃的化学反应

一方面，环烷烃是由饱和碳原子构成的碳环，必然在化学性质上与烷烃有类似之处；另

一方面，环烷烃的碳链闭合成环，有别于碳链张开的烷烃，又使环烷烃的性质与烷烃有所不同。环烷烃与烯烃的通式均为 C_nH_{2n}，二者互为同分异构体，这预示环烷烃的性质与烯烃又有相似之处。事实上，环烷烃的化学性质既类似于烷烃，又类似于烯烃，但与烷烃、烯烃又有差别。正是这种相似与差别，使得环烷烃表现出特殊的化学性质。

（1）卤代反应、对氧化剂稳定——与烷烃相似

像烷烃一样，环烷烃可以发生卤代反应，例如：

$$\text{环己烷} + Cl_2 \xrightarrow{\text{高温或光照}} \text{氯代环己烷} + HCl$$

环烷烃的卤代反应也是按照自由基取代历程进行的，需要高温、光照或自由基引发剂，在气相或非极性溶剂中进行。

环烷烃不论环大环小，在通常条件下，与高锰酸钾、臭氧等氧化剂均无作用，表现出与烷烃相似的稳定性。

$$\text{环烷烃} \xrightarrow{KMnO_4} \text{不反应}$$

因此，可利用高锰酸钾溶液区分环烷烃与烯烃、炔烃等。

（2）加成反应——与烯烃相似

小环环烷烃能与 H_2、X_2、HX 等发生加成反应，开环形成链状化合物，这是环烷烃在化学性质上不同于烷烃而与烯烃的相似之处。为了说明环烷烃加成反应的活性，下面，我们将环烷烃与烯烃进行对比讨论。现代结构理论认为，乙烯分子中的两个碳碳键等同，是由碳原子的 sp^3 杂化轨道（由 p 轨道和 sp^2 杂化轨道再次杂化形成）重叠形成的，均为弯曲键。因此，乙烯可被看作一个特殊的环烷烃——环乙烷。

$$\widehat{CH_2\ CH_2}$$

① 催化加氢

在 Ni 催化下，小环环烷烃环丙烷、环丁烷以及烷基取代衍生物可以与一分子 H_2 加成，得到开链烷烃，但高级环烷烃很难与 H_2 反应。例如：

$$\widehat{CH_2\ CH_2} + H_2 \xrightarrow[\text{常温}]{Ni} CH_3CH_3$$

$$\triangle + H_2 \xrightarrow[80℃]{Ni} CH_3CH_2CH_3$$

$$\square + H_2 \xrightarrow[220℃]{Ni} CH_3CH_2CH_2CH_3$$

$$\text{环戊烷} + H_2 \xrightarrow[300℃]{Ni} CH_3CH_2CH_2CH_2CH_3$$

$$\text{环己烷（或更高级环烷烃）} + H_2 \xrightarrow[\triangle]{Pt} \text{不反应}$$

因催化加氢为吸附加成历程，取代环烷烃将在无取代基的两个碳原子之间（空间阻碍小，易吸附在固相催化剂表面）开环，例如：

$$\triangleright\!\!-\!CH_2CH_2CH_2CH_3 + H_2 \xrightarrow{Ni} (CH_3)_2CHCH_2CH_2CH_2CH_3$$

② 加卤素

环丙烷像乙烯一样，在常温下很容易与溴发生加成反应，开环生成 1,3-二溴丙烷。环丁烷和溴在加热下也能发生加成反应，生成 1,4-二溴丁烷。更高级的环烷烃则很难与溴加成。

$$\overset{\frown}{CH_2\ CH_2} + Br_2 \xrightarrow[\text{常温}]{CCl_4} BrCH_2CH_2Br$$

$$\triangle + Br_2 \xrightarrow[\text{常温}]{CCl_4} BrCH_2CH_2CH_2Br$$

$$\square + Br_2 \xrightarrow[\triangle]{CCl_4} BrCH_2CH_2CH_2CH_2Br$$

$$\text{cyclopentane、cyclohexane (或更高级环烷烃)} + Br_2 \xrightarrow[\triangle]{CCl_4} \text{不反应}$$

因此，不能用溴的 CCl_4 溶液区分环丙烷与烯烃、炔烃等。

③ 加卤化氢

环丙烷及其取代衍生物很容易与卤化氢发生加成反应，开环生成链状化合物。环丁烷在加热下也能与卤化氢加成，但更高级的环烷烃则不能与卤化氢反应。

$$\overset{\frown}{CH_2\ CH_2} + HX \xrightarrow{\text{常温}} CH_3CH_2X$$

$$\triangle + HX \xrightarrow{\text{常温}} CH_3CH_2CH_2X$$

$$\square + HX \xrightarrow{\triangle} CH_3CH_2CH_2CH_2X$$

$$\text{cyclopentane、cyclohexane (或更高级环烷烃)} + HX \xrightarrow{\triangle} \text{不反应}$$

烃基取代的环丙烷与卤化氢的加成反应也像不对称烯烃与卤化氢的加成反应一样，存在反应取向问题。碳环的断裂发生在连接取代基最多的碳原子和连接取代基最少的碳原子之间、卤原子与连接取代基最多的碳原子结合，反应取向遵守 Markovnikov 规则。例如：

$$\overset{\frown}{CH_2\ CH}\!-\!CH_3 + HBr \longrightarrow H_3C\!-\!\underset{\displaystyle Br}{\underset{|}{CH}}\!-\!CH_3$$

$$\triangleright\!\!-\!CH_3 + HBr \longrightarrow CH_3CH_2\!-\!\underset{\displaystyle Br}{\underset{|}{CH}}\!-\!CH_3$$

$$\text{1,1,2-trimethylcyclopropane } (H_3C, CH_3, CH_3) + HBr \longrightarrow H_3C\!-\!\overset{\displaystyle CH_3}{\overset{|}{CH}}\!-\!\overset{\displaystyle CH_3}{\overset{|}{\underset{\displaystyle Br}{\underset{|}{C}}}}\!-\!CH_3$$

从上述例子可以看出，环烷烃开环反应的活性为：三元环 > 四元环 > 五元环、六元环及更高级的环烷烃。

[问题 6-4] 完成下面反应方程式。

（a）▷—HC═CH—CH₃ $\xrightarrow{KMnO_4, H^+}$

（b）▷—CH_3 + Br_2 $\xrightarrow{CCl_4}$

[问题 6-5] 分子式为 C_4H_8 的化合物，能使 Br_2 的 CCl_4 溶液褪色，与 HBr 反应得到 2-溴丁烷（$CH_3CHBrCH_2CH_3$）。试推测该化合物可能的结构。

6.6 环烯烃的化学性质

环烯烃的化学性质与烯烃的化学性质相似，也能发生加成反应、氧化反应、α-H 的卤化反应等。

6.6.1 加成反应

环烯烃的 C═C 双键与烯烃一样，既可催化加氢，又可与 X_2、HX、H_2O、H_2SO_4、HOX 发生离子型亲电加成反应，与 HBr 在过氧化物存在下发生自由基加成反应。例如：

1-甲基环戊烯（CH_3）：

- $\xrightarrow[Ni]{H_2}$ 甲基环戊烷（CH_3）
- $\xrightarrow{X_2}$ 1,2-二卤-1-甲基环戊烷（X，X，CH_3）
- $\xrightarrow{HX}$ 1-卤-1-甲基环戊烷（X，CH_3）
- $\xrightarrow[H^+]{H_2O}$ 1-甲基环戊醇（OH，CH_3）
- $\xrightarrow{H_2SO_4}$ （OSO_3H，CH_3）
- $\xrightarrow{HOX}$ （X，OH，CH_3）
- $\xrightarrow[R_2O_2]{HBr}$ （Br，CH_3）

如果是较小的环烯烃，不仅 C═C 双键被加成，而且可继续开环加成，例如：

$$□ + 2H_2 \xrightarrow{Ni} CH_3CH_2CH_2CH_3$$

6.6.2 氧化反应

环烯烃的 C═C 双键与烯烃一样，既可被高锰酸钾氧化，又可被臭氧氧化，而且根据氧化产物可以推测未知环烯烃的结构。例如：

1-甲基环己烯（$-CH_3$）$\xrightarrow[H^+]{KMnO_4}$ $H_3C-\overset{O}{\overset{\|}{C}}-(CH_2)_4-COOH$

1-甲基环己烯（$-CH_3$）$\xrightarrow{O_3}\xrightarrow[H_2O]{Zn}$ $H_3C-\overset{O}{\overset{\|}{C}}-(CH_2)_4-CHO$

6.6.3 α-氢原子的反应

环烯烃与烯烃一样，受 C═C 双键的影响，α-氢原子在高温或光照条件下可被卤原子取代。例如：

3-甲基环戊烯（$-CH_3$） + Br_2 $\xrightarrow[\text{或高温}]{\text{光照}}$ 3-溴-3-甲基环戊烯（Br，CH_3） + Br—环戊烯—CH_3

该反应可能生成的自由基主要有以下两种：

$\cdot$（CH_3所连碳上）环戊烯基自由基—CH_3　　环戊烯基自由基（环上另一碳）—CH_3

因前者较稳定，所以反应的主要产物是由较稳定的烯丙位自由基的共振杂化所生成：

环戊烯自由基（$\cdot$，CH_3） ⟷ $\cdot$环戊烯—CH_3

$\downarrow$ Br_2，$-Br\cdot$　　　　$\downarrow$ Br_2，$-Br\cdot$

3-溴-3-甲基环戊烯（Br，CH_3）　　Br—环戊烯—CH_3

[问题 6-6] 写出下面反应的主要产物。

亚甲基环戊烷（$=CH_2$）：

$\xrightarrow{O_3}\xrightarrow[H_2O]{Zn}$

$\xrightarrow[\text{光}]{Br_2}$

$\xrightarrow[ROOR]{HBr}$

$\xrightarrow[H^+]{KMnO_4}$

阅读材料

阿道夫·冯·拜尔（Adolph Von Baeyer，1835—1917）

德国化学家，出生于柏林。曾为柏林的哲学博士，1871 年在斯特拉斯堡大学任教授，1875 年前往慕尼黑大学任职。1885 年提出张力学说：有机化合物的碳原子和不对称碳原子一样，

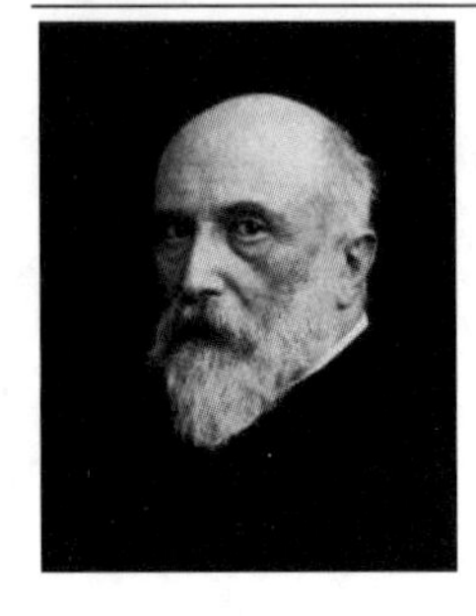

一般均位于正四面体的中心，其价键伸向四隅，各价键互成 109°28'的角度。拜尔假定两个碳原子结合时其价键在两个碳原子的中心之间直线连接（即在一平面上）。此外，1870 年拜尔和爱默林首次合成靛蓝，1871 年拜尔首次合成荧光素。1881 年，英国皇家学会授予拜尔戴维奖章以表彰其在合成靛蓝方面的贡献。1905 年，拜尔因成功合成靛蓝而获诺贝尔化学奖。

本章小结

1. 环烷烃的稳定性顺序为：

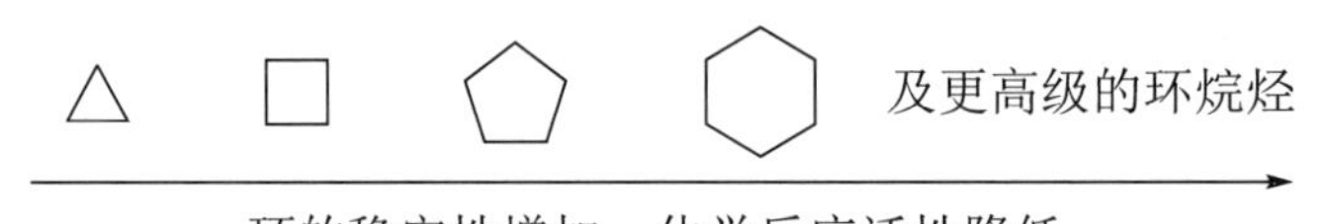

这是有机化学中的一个普遍规律，即三元、四元环化合物不稳定，五元、六元环化合物比较稳定。

2. 环己烷是无张力环，主要以椅式构象存在。一取代环己烷的取代基在 e 键上时构象较稳定。多取代环己烷，如果是同一种取代基连在 e 键上越多，构象越稳定；如果是不同的取代基，则构象能较低的构象较稳定。

3. 环烷烃属饱和烃，与开链烯烃互为同分异构体。环烷烃的化学性质显示饱和烃的特点，无论大环小环，都不被 $KMnO_4$ 溶液氧化，但又与烯烃类似，三元、四元环烷烃易开环发生加成反应。

4. 环烯烃的化学性质与开链烯烃类似，也能发生加成、氧化等反应。

习　题

6-1　写出分子式为 C_6H_{12} 的所有环烷烃的构造式并命名。

6-2　写出分子式为 C_3H_6 的所有化合物的构造式，并提出一种简便的化学方法来区分它们。

6-3　顺-1,3-二甲基环己烷的燃烧热比反式异构体小，为什么？

6-4　下面四个 1,4-二甲基环己烷的构象，哪一个最稳定？为什么？

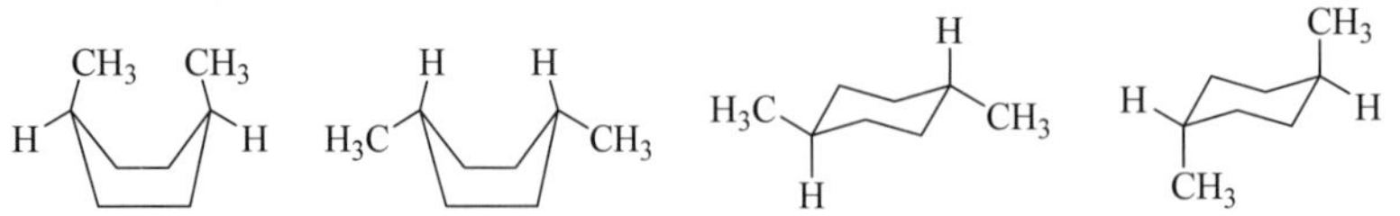

(a)　(b)　(c)　(d)

6-5　画出下列化合物最稳定的构象。

（a）甲基环己烷　（b）1,2-二甲基环己烷

（c）1,3-二甲基环己烷　（d）1,2,4-三甲基环己烷

（e）1,2,3,4,5,6-六羟基环己烷（肌醇）

6-6　市售的“樟脑丸”氢化后即为十氢化萘，它有下面两个顺、反异构体，哪一个较稳定？为什么？

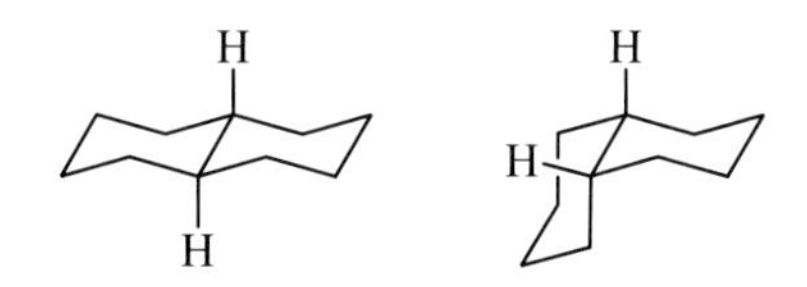

6-7　反-1,2-二溴环己烷在非极性溶剂中存在 50%的 aa 型构象，但在极性溶剂中 ee 型构象占优势，为什么？

6-8　顺-1,2-二甲基环丙烷比反-1,2-二甲基环丙烷具有更大的燃烧热，哪一种化合物较稳定？为什么？

6-9　已知环己醇的 a-异象体与 e-异象体的 Gibbs 自由能变化为–2.09 kJ/mol，试求室温下 e-异象体的百分含量。

6-10　完成下列反应方程式。

（a）$\triangleright$—CH_3 + HBr ⟶

（b）□—CH_2—CH_2—◁ $\xrightarrow[\text{Ni, 80℃}]{H_2}$

（c）1-甲基环己烯（CH_3） $\xrightarrow{Cl_2 + H_2O}$

（d）1-甲基环己烯（CH_3） + H_2O $\xrightarrow{H^+}$

（e）甲基环己二烯（CH_3） $\xrightarrow[H^+]{KMnO_4}$

（f）$CH_3CH_2CH_2CH$=环戊叉 $\xrightarrow{O_3}$ $\xrightarrow[H_2O]{Zn}$

（g）环戊二烯 + Br_2 (1mol) ⟶

（h）环辛二烯炔 + Br_2 (1mol) ⟶

6-11　用简便的化学方法区分下列各组化合物。

（a）乙烷、乙烯、环丙烷

（b）1-戊烯、1-戊炔、乙基环丙烷、环戊烷

6-12　环戊二烯与等物质的量的氯化氢反应，在较低温度下（即反应受速率控制）主要得到什么产物？为什么？

6-13　一未知化合物 A（C_6H_{12}）用 $KMnO_4$ 氧化仅得到一种羧酸。A 的另外两种同分异构体 B 经 $KMnO_4$ 氧化得到两种直链的羧酸，C 不能被 $KMnO_4$ 氧化。试写出 A、B、C 可能的构造式。

6-14　甲基环己烷进行光氯化反应时，能生成多少种一氯代产物？

6-15　4-甲基环戊烯以活性 Ag 催化空气氧化，得到两种异构的环氧化合物，其中一种是主要的，试解释原因。

第 7 章　对映异构

通过前面章节的学习，我们知道，有机分子具有一定的立体结构，如甲烷具有正四面体结构，乙烯是平面结构，乙炔是直线型结构，环己烷的结构具有椅式和船式两种极限形式。因此我们在研究有机分子时，不能从平面的角度去研究，而是要从立体、三维的角度来研究。

在有机化学中，我们经常遇到两个化合物具有相同的分子式，但却不是同一种物质，这种现象称为异构。异构可以分为两种：构造异构和立体异构。构造异构是由于分子中各个原子的连接方式不同引起的。按照其产生的原因可分为以下几种类型：

① 碳架异构　由于分子中碳链构造不同引起的异构。例如：

同分异构体的分类

正戊烷　　异戊烷

② 位置异构　由于分子中官能团位置不同引起的异构。例如：

Cl

Cl

1-氯丁烷　　2-氯丁烷

③ 官能团异构　由于分子中官能团不同引起的异构。例如：

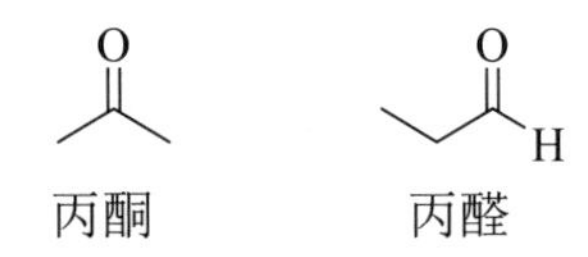

丙酮　　丙醛

④ 互变异构　由于官能团之间迅速互变达成平衡引起的异构，将在 14.4.2 讨论，在此不再详述。

除了原子的连接次序引起的碳架异构，分子中各个原子在空间伸展方向不同引起的异构称为立体异构。立体异构又可以分为构象异构和构型异构两种。

构象异构是在室温条件下σ键自由旋转引起的一种特殊的立体异构，在烷烃章节我们已经学习过，在此不再赘述。而构型异构又可以分为两种情况：顺反异构和对映异构。由于π键或环状结构的存在使σ键的自由旋转受限引起的顺反异构是构型异构的一种情况。这个我们已经在烯烃章节学习过，本章我们将学习构型异构的另一种情况——对映异构。

分子的对称因素与手性

7.1　分子的对称因素与手性

7.1.1　对称因素

自然界中的物质多种多样，从宏观的天体到微观的分子、原子和电子，多数都是高度对称的。对称是一种美的表现，如人体是左右对称的，简单的几何图形都有对称因素存在。对称因素包括对称中心、对称面和对称轴。多数分子也存在这些对称因素，如水分子、甲烷、氨气、乙烯、反-2-丁烯、乙醇、异丙醇、环状对称结构等。

如图 7-1 所示的几种分子中，水、反-2-丁烯、乙醇都存在对称面。对称面是一个假想的平面，它将一个分子剖成相互对称的两部分。反-1,3-二氟-反-2,4-二氯环丁烷存在对称中心。对称中心是分子中心的一个点，通过该中心的任何直线，在离中心等距离处可遇到完全相同的原子或基团。

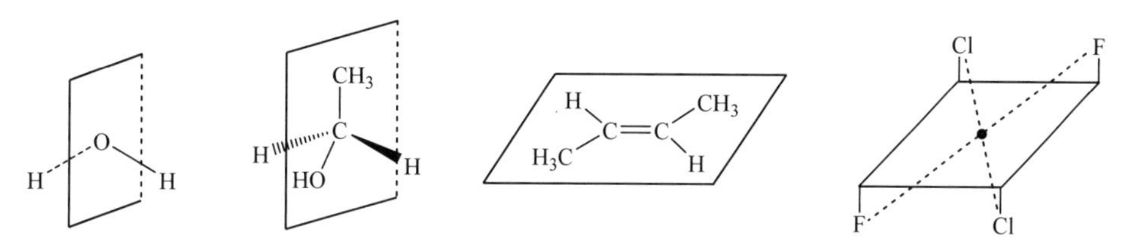

图 7-1　几种化合物的对称面或对称中心

对称轴（C_n）：分子围绕通过分子中心并且垂直于分子所在平面的直线旋转一定的角度后，与原来的分子重合，此直线为对称轴。分子旋转 360°/n，可以和原来分子重合，则称为 n 重对称轴（C_n）。反-1,2-二氯乙烯、BF_3、苯等，分别具有 C_2、C_3、C_6 对称轴。例如：反-1,2-二氯乙烯绕垂直于分子平面通过中心的轴旋转180°，得到的化合物与原来相同，也就是说当分子旋转 360° 时可以重合两次，所以反-1,2-二氯乙烯具有 C_2 对称轴。同样，BF_3 可以重合 3 次，所以具有 C_3 对称轴；苯可以重合 6 次，所以具有 C_6 对称轴。如图 7-2 所示。

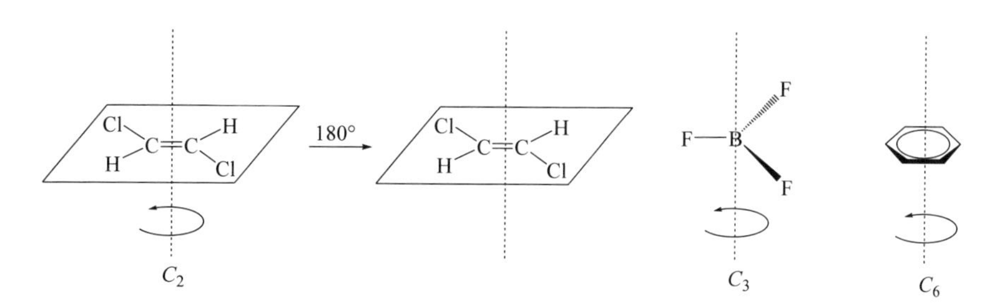

图 7-2　几种化合物的对称轴

总之，凡含有对称面或对称中心的分子都是对称分子（symmetric molecule）。

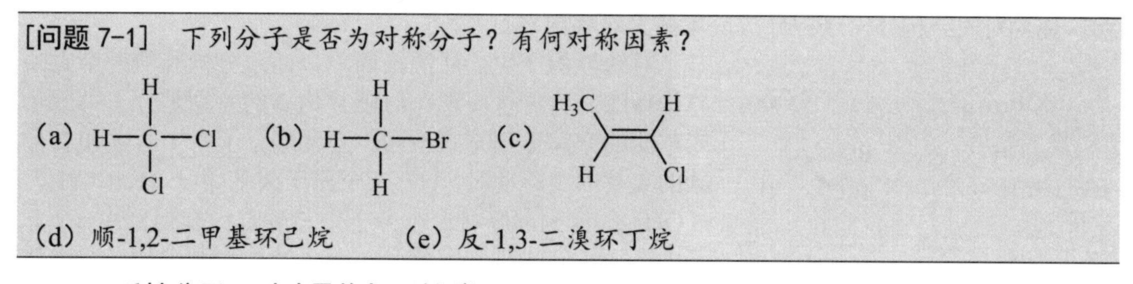
[问题 7-1]　下列分子是否为对称分子？有何对称因素？

（d）顺-1,2-二甲基环己烷　　（e）反-1,3-二溴环丁烷

7.1.2　手性分子、对映异构与手性碳原子

（1）手性分子

人的左手和右手不能彼此重叠，而是互为实物和镜像的关系，如图 7-3（a）所示。这种特征在自然界中广泛存在。人们将一种物质不能和它的镜像重叠的现象称为手性，类似于图 7-3（b）的椅子。

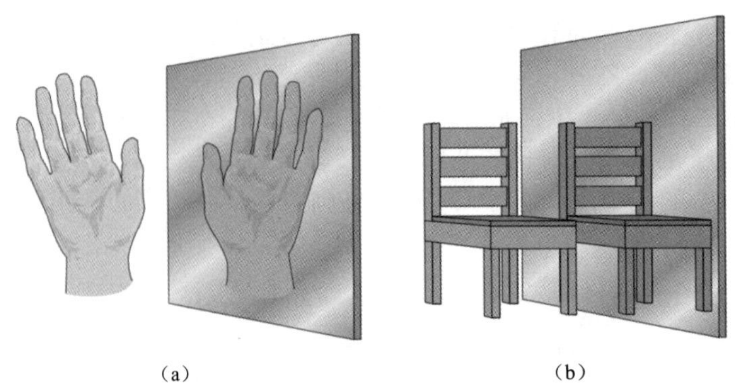

图 7-3　手性的含义

在研究有机分子结构时，会发现有些化合物分子如氟氯溴甲烷、乳酸等，其分子中无任何对称因素。这类分子称为不对称分子。如何识别对称分子和不对称分子呢？简单地说，分子中有对称因素的是对称分子，如水、甲烷、丁烯、乙醇等。无对称因素的是不对称分子（asymmetric molecule），如氟氯溴甲烷、乳酸、2-溴丁烷等。

Br, C, H, F, Cl　　COOH, C, OH, H, CH_3　　CH_2CH_3, C, H, H_3C, Br

不对称分子如 2-溴丁烷，虽然没有对称因素，但是 2-溴丁烷却有两种异构体，原子组成完全相同，但是不能重叠，两个分子互为实物和镜像的关系，就像人的左右手，互为镜像但不能重叠，因此不对称分子常称为手性分子。

CH_3, C, H, CH_3CH_2, Br　　CH_3, H, C, Br, CH_2CH_3

（2）对映异构与手性碳原子

乳酸分子没有对称因素，是不对称分子或手性分子。乳酸分子存在着两种结构（见图 7-4），原子组成完全相同，但两个分子互为镜像，不能重叠，它们是不同的物质，互为同分异构体，通常称为对映异构体，这种异构现象称为对映异构。

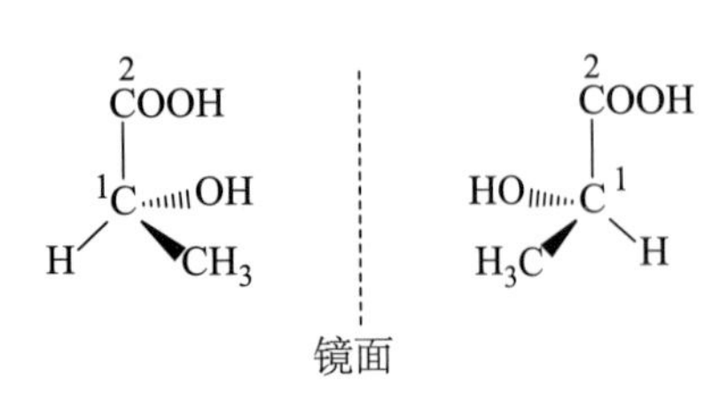

图 7-4　乳酸的两个对映异构体

对映异构产生的原因很简单，通过分析乳酸两个对映异构体的结构可以发现，对映异构体的差别是分子中原子或基团的空间排列方式不同。当乳酸分子中 1 号碳和 2 号碳的羧基固定不动时，下方三个原子或基团（—H、—CH_3、—OH）的排列顺序在一个分子中是顺时针排列，另一个分子中是逆时针排列，因此两个分子的构型刚好相反。由此可见，对映异构形成的原因是分子中原子或基团在空间伸展方向不同。所以，对映异构是有机化合物的一种构型异构。

进一步观察手性分子可以发现，有机分子中存在手性碳原子或不对称碳原子是产生对映异构体的一个普遍原因。手性碳原子是 sp^3 杂化的饱和碳原子，与其成键的四个原子或基团互不相同，如图 7-4 中乳酸分子的 1 号碳原子。在有机分子中，手性碳原子通常用*标出，标记为 C*，例如以下面三个分子中，4-辛醇、2-溴丁烷、2,4-二甲基己烷都含有手性碳原子，用 * 标出。

$$CH_3CH_2CH_2\overset{*}{C}H(OH)CH_2CH_2CH_2CH_3 \qquad CH_3\overset{*}{C}H(Br)CH_2CH_3 \qquad CH_3CH(CH_3)CH_2\overset{*}{C}H(CH_3)CH_2CH_3$$

尽管手性碳原子不是引起对映异构的唯一原因，但是一个有机化合物只要有手性碳原子存在，多数都存在对映异构体。限于篇幅，本书只讨论由于手性碳原子引起的对映异构。

一般情况下，对映异构体的物理性质完全相同，如熔点、沸点、溶解度、密度、酸性等。它们之间最主要的区别是对平面偏振光的旋光方向不同，对于两个构型相反的对映异构体，一个异构体能使平面偏振光向左偏转，一个使平面偏振光向右偏转，因此，对映异构也称为旋光异构，对映异构体又称为旋光异构体。

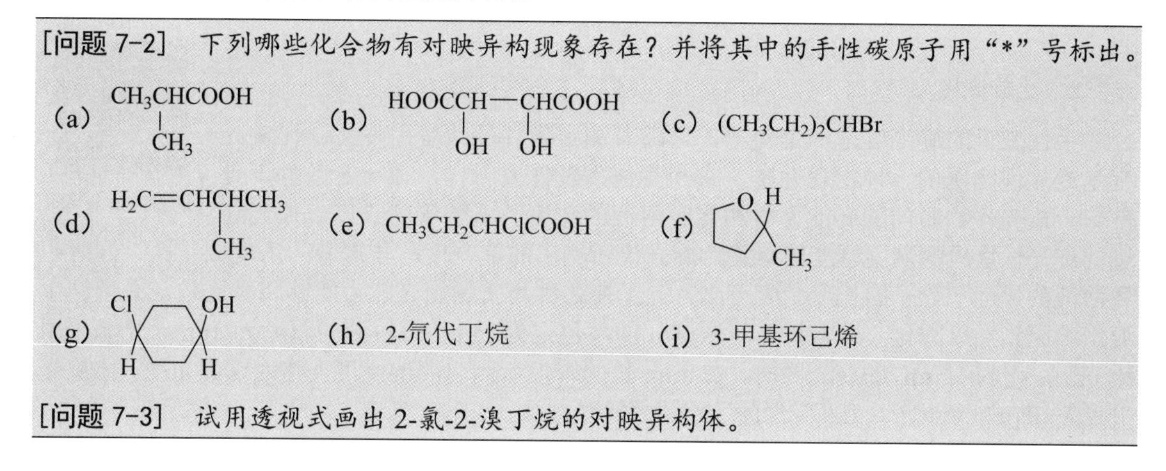

[问题 7-2]　下列哪些化合物有对映异构现象存在？并将其中的手性碳原子用“*”号标出。
(a) CH3CHCOOH CH3
(b) HOOCCH—CHCOOH OH OH
(c) (CH3CH2)2CHBr
(d) H2C═CHCHCH3 CH3
(e) CH3CH2CHClCOOH
(f) O H CH3
(g) Cl OH H H
(h) 2-氘代丁烷
(i) 3-甲基环己烯
[问题 7-3]　试用透视式画出 2-氯-2-溴丁烷的对映异构体。

7.2　光活性——手性分子对偏光的作用

1812 年，贝乌特（M. Biot）发现石英的晶体能使平面偏振光的偏光面旋转，有的晶体能使偏光面右旋，有的能使偏光面左旋。旋光方向不同的两种晶体，它们的晶形好像是物体和镜像的关系一样。后来又发现一些盐类的晶体，如氯酸钠和溴酸钠等，也有旋光作用，但是当它们溶于水中形成溶液时，这种旋光作用就会消失。因此，早期人们认为物质的旋光性与晶体的结构有关，晶体一旦溶解或熔融，晶体结构被破坏时，旋光性就随之消失。1848 年，法国生物学家巴斯德（L. Pasteur）在显微镜下将酒石酸钠铵晶体分离成两种互为镜像的晶体，这些晶体的外形奇特，无对称性，它们分别溶于水后仍有旋光性，且旋光能力相同而方向相反。后来又发现更多的有机化合物的旋光性并不受它们物理状态变化的影响，这使得人们认识到有机化合物的旋光性是由物质的分子结构决定的，从而为对映异构的研究奠定了基础。

7.2.1　偏光

光是一种电磁波，普通光可在垂直于它的传播方向的各个不同平面上振动。如果让普通光线通过一个 Nicol 棱镜（或人造偏振片），则一部分光线将被挡下来不能通过。因为这种棱镜（起偏镜）具有一种特殊的性质，它只能使在某一个平面上振动的光线通过，这个振动平面与棱镜的晶轴平行。这种只在一个平面上振动的光线称为平面偏振光，简称偏振光或偏光。

旋光性化合物的旋光度是通过旋光仪测定的，如图 7-5 所示，旋光仪的光源（a）一般使用单色光源如钠光灯，（b）是光传播的横截面，（c）为起偏镜，（d）是偏振光的横截面，（e）为盛液管，（f）为检偏镜。当偏振光通过盛有对称分子的溶液后振动平面不变，当（c）和（f）的晶轴平行时，可以观测到亮光。当偏振光通过盛有手性物质的盛液管后，振动平面会旋转一个角度α，这时，检偏镜也必须旋转相应的角度，观测者才能看到亮光。用旋光仪测出的α值，称为该手性物质的旋光度。

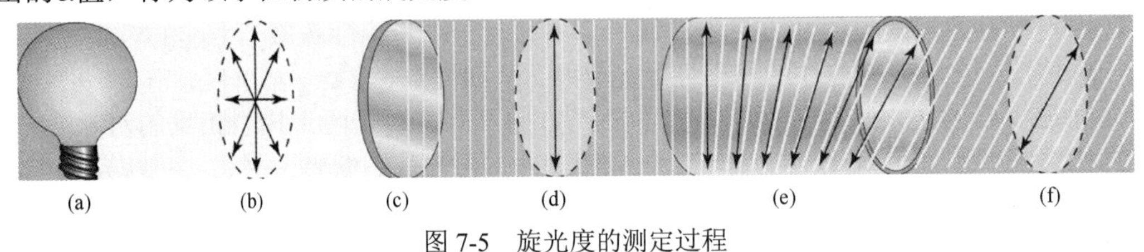

图 7-5 旋光度的测定过程

7.2.2 比旋光度

旋光性与比旋光度

手性分子的旋光度是一个变量，它随着测定条件的改变而变化。比旋光度是旋光性物质的一种物理性质，它和其他物理性质一样，在一定条件下是常数。旋光性物质的旋光能力与测定时溶液的浓度、盛液管的长度、偏光通过的旋光性物质的液层厚度等有关，旋光仪所测出的旋光度，与溶液的浓度成正比，同时也和溶液的厚度（管子的长度）成正比。为了使各种物质的旋光能力能够相互比较，必须把主要影响因素加以固定。通常把溶液浓度 c 的单位定为 1g/mL，溶液的厚度为 1dm，光源采用钠光。浓度为 1g/mL 的旋光物质，在 1dm 长的管内所测出的旋光度，称为比旋光度。比旋光度通常用$[\alpha]_\lambda^t$来表示。它们之间有如下关系：

$$[\alpha]_\lambda^t = \frac{\alpha}{cl}$$

式中，t 为测量时的温度，一般是 20℃；λ为波长，根据光源来决定，也是个固定值；l 为盛液管的长度，单位为 dm，一般固定为 1dm；c 为旋光物质的浓度，g/mL。

在表示一个化合物的比旋光度时，应注明测定时的相关条件，包括所用溶剂。例如乳酸水溶液使偏振光右旋，在 20℃时用钠光光源测得比旋光度为+3.82°（标记时，向右旋转为“+”，向左旋转为“−”），应表示为$[\alpha]_D^{20}$=+3.82°（水）。比旋光度是一个物理常数，可从物理及化学手册中查到。

应当注意，因为旋光仪读数盘是圆形的，不能分辨旋光方向，必须改变条件至少测定两次才能得出正确结果。例如，用长度为 1dm 的盛液管测量某旋光物质的α，刻度盘读数为+60°（即向右偏转 60°），但也可能是−300°（即向左偏转 300°）。到底是哪一个数值？这时可改用长度为 1.5dm 的盛液管，若测得的结果为+90°，则+60°为正确的；若测得的结果为−90°（实际读数为 270°），则−300°是正确的。

7.2.3 左旋体、右旋体和外消旋体

对映异构体因分子构型相反，其中一个使偏光振动平面右旋，称右旋体；另一个使偏光振动平面左旋，称左旋体；二者旋光能力相同，只是旋光方向相反。因此旋光仪中测不出旋光度的化合物，不一定是没有旋光性的物质，因为当等物质的量的左旋体和右旋体共同存在时，它们的旋光能力互相抵消，不显示旋光性。像这样由等物质的量的左旋体和右旋体组成

的混合物称为外消旋体（用“DL”或“±”表示）。如 D-乳酸就代表右旋乳酸，L-乳酸就代表左旋乳酸，DL-乳酸或±乳酸就代表外消旋乳酸。乳酸对映异构体和外消旋体的性质见表 7-1。

表 7-1 乳酸对映异构体与外消旋体的性质

物质	比旋光度 $[\alpha]_D^{20}$（水）	熔点/℃	pK_a（25℃）
(+)-乳酸（D-乳酸）	+3.82	26	3.79
(−)-乳酸（L-乳酸）	−3.82	26	3.79
(±)-乳酸（DL-乳酸）	0	18	3.79

自然界中许多有机物质例如组成蛋白质的多种氨基酸、葡萄糖和果糖等都是有旋光性的。如果在实验室由非旋光性物质合成旋光性物质，则生成的产物多为外消旋体。如丁烯与溴化氢作用，生成 2-溴丁烷，生成的化合物含有手性碳，是旋光性物质，但得到的一般都是左旋体和右旋体等物质的量的外消旋化合物。外消旋体通过某些方法也可以拆分开来，得到有光活性的异构体，这一过程称为外消旋体的拆分，本书对外消旋体的拆分方法不做介绍。

+ HBr ⟶ (Br, *)

对称分子　　　　不对称分子

[问题 7-4] 手性化合物 D 的 1mol/L 的溶液，于 1dm 盛液管中测得旋光度为+0.20°，D 的分子量为 200，试问：

(a) D 的比旋光度是多少？

(b) 将 D 的对映异构体 L 的 0.1mol/L 溶液与之等体积混合，其旋光度是多少？

(c) 如果 D 的溶液用等体积的溶剂稀释，溶液的旋光度是多少？

(d) (c) 中经稀释后 D 的比旋光度是多少？

(e) 其对映异构体 L 的比旋光度是多少？

(f) 100mL 含 0.01mol D 和 0.005mol L 的溶液，旋光度是多少？（假定盛液管长为 1dm，温度为 25℃）

[问题 7-5] 假定有一光活性物质样品，旋光度为+10°，可是旋光仪的读数标尺盘是圆的，+10°和−350°是一样的位置，你如何确定该物质的旋光度是+10°、−350°或是其他数值？

7.3 对映异构体的书写方法与构型标记

对映异构体之间的差别是分子中原子或基团在空间的伸展方向不同，即分子的构型不同，因此如何清楚而又快捷地表示和标记对映异构体分子的构型是一个非常重要的问题。

对映异构体的书写方法与构型标记

7.3.1 对映异构体的书写方法

表示对映异构体的构型有透视式和 Fischer 投影式两种方法。

（1）透视式

透视式就是将分子的手性碳原子置于书写平面上，用等粗的实线、楔形实线、楔形虚线来表示其上所连接的四个原子或基团伸展方向的式子。2-溴丁烷的对映异构体和乳酸的对映异构体如图 7-6 所示。

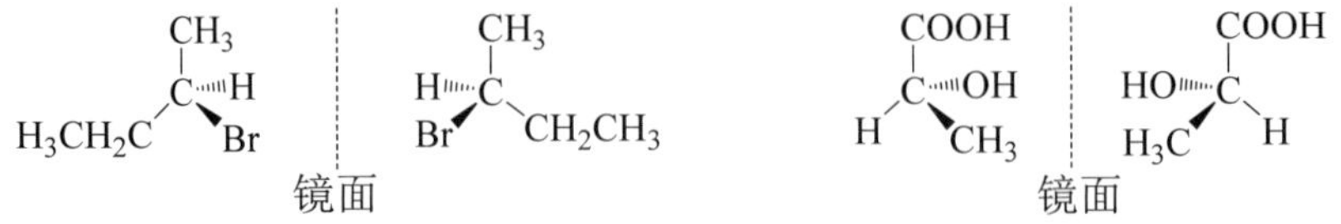

镜面　　　镜面

或表示为：

镜面　　　镜面

图 7-6　2-溴丁烷和乳酸的对映异构体

其中，等粗的实线表示在书写平面上，楔形实线表示伸向书写平面上方，楔形虚线表示伸向书写平面下方。这种表示方法直观、立体感强，但书写麻烦，特别不适用于结构复杂的分子，一般不常采用。

[问题 7-6]　下列各立体透视式中，哪些代表同一种化合物？

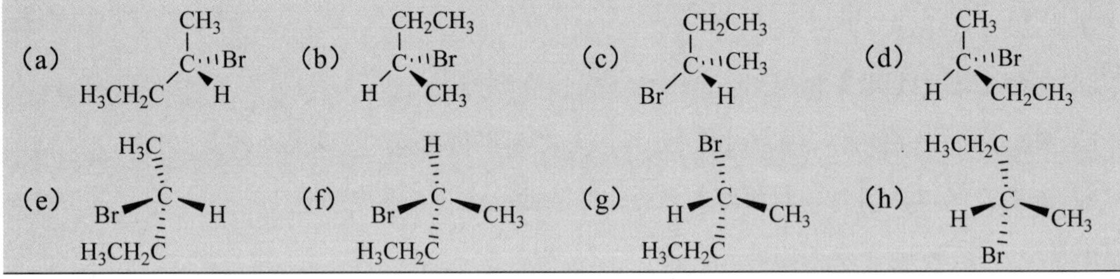

(a)　(b)　(c)　(d)

(e)　(f)　(g)　(h)

（2）Fischer 投影式

用 Fischer 投影式表示对映异构体时有以下规定：手性分子的立体结构在投影时要求手性碳原子上下两个键指向投影平面的后方，而左右两个键伸向投影平面的前方，以一个正十字交叉点表示手性碳原子。乳酸分子和 2-溴丁烷的透视式和 Fischer 投影式的对照关系（如图 7-7 所示）。

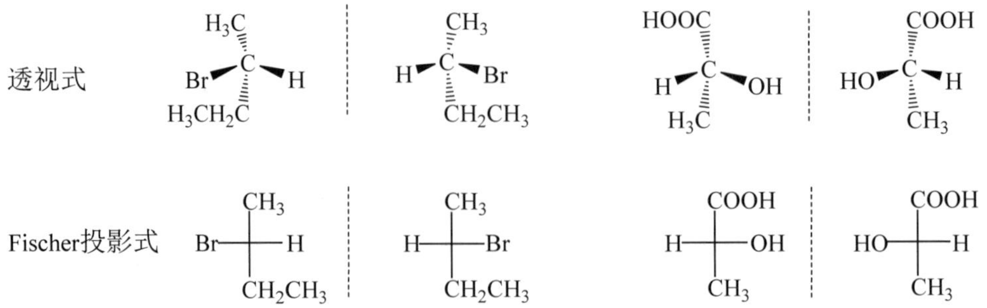

透视式

Fischer投影式

图 7-7　2-溴丁烷和乳酸分子的透视式对应的 Fischer 投影式

使用这种投影式时，要有立体观念，要遵守投影的有关规定：

① 不能把投影式离开纸平面而上下或左右反转过来，如下所示：

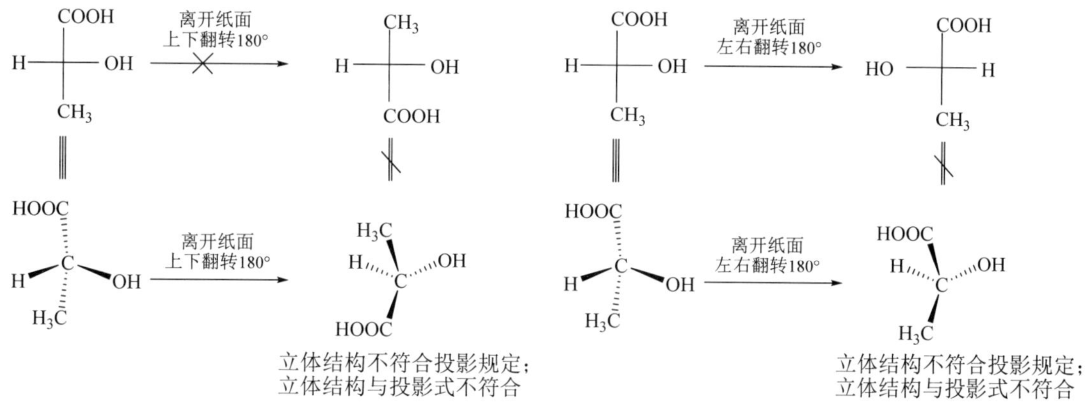

② 不能把投影式在纸平面上旋转 90° 或 270° 。

③ 可以将透视式在书写平面上旋转 180° ，如下所示：

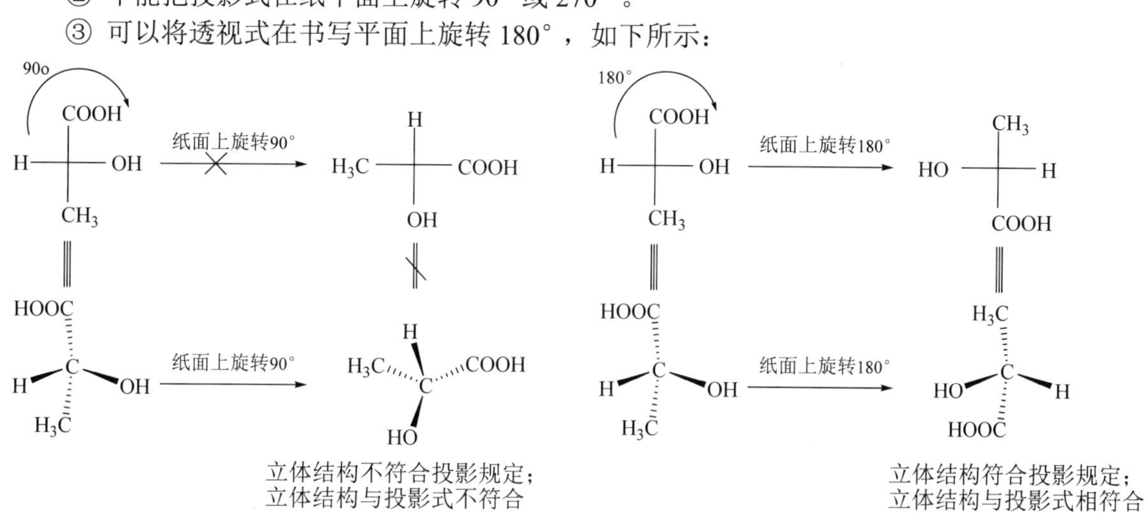

通过观测和总结以上 Fischer 投影式的变化，可以发现，投影式中任意两个原子或基团位置对调一次或奇数次之后，所得投影式为原来化合物的对映异构体；如果投影式中任意两个原子或基团位置对调偶数次，则所得投影式就是原来的化合物。

以下面 2-溴丁烷的投影式为例可以看到，（Ⅰ）、（Ⅲ）、（Ⅴ）三个结构式完全相同，（Ⅱ）、（Ⅳ）两个结构式完全一样。（Ⅰ）、（Ⅲ）、（Ⅴ）是（Ⅱ）、（Ⅳ）的对映异构体。

（Ⅰ）　（Ⅱ）　（Ⅲ）　（Ⅳ）　（Ⅴ）

7.3.2 对映异构体的构型标记

对映异构体有两种构型，一个左旋体，一个右旋体，因此不能都用一个名称，这不符合结构和名称一一对应的原则。立体化学中对映异构体的构型标记是一个最基本的问题。常用的标记方法有D/L标记法和*R*/*S*标记法两种。

（1）D/L标记法

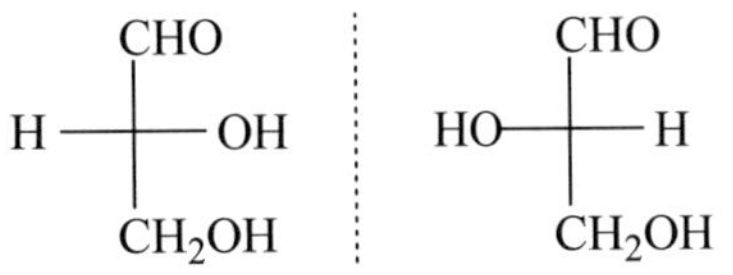

CHO
H—+—OH
CH_2OH
D-(+)-甘油醛
(a)

CHO
HO—+—H
CH_2OH
L-(−)-甘油醛
(b)

图7-8 甘油醛

立体化学发展早期，为了表示多种旋光化合物构型之间的关系，人们选择了右旋甘油醛作标准来确定其他对映异构体的相对构型。人为地规定如图7-8(a)所示的Fischer投影式为右旋甘油醛，其构型定为D型（D是拉丁文Dexcro的首字母，意为右旋）；图7-8（b）所示为左旋甘油醛，其构型定为L型（L是拉丁文Leavo的首字母，意为左旋）。

凡是通过不涉及手性碳原子变化的化学反应而与D-甘油醛（或L-甘油醛）发生联系的构型就为D型（或L型）。但是旋光性化合物的旋光方向则是由实验确定的，D型化合物可以是右旋的，也可以是左旋的。即有手性碳化合物的D或L构型来源于甘油醛，而其旋光方向跟D或L没有直接关系，因此，旋光性化合物命名时，用D或L表示构型，用+或−表示旋光方向，如：

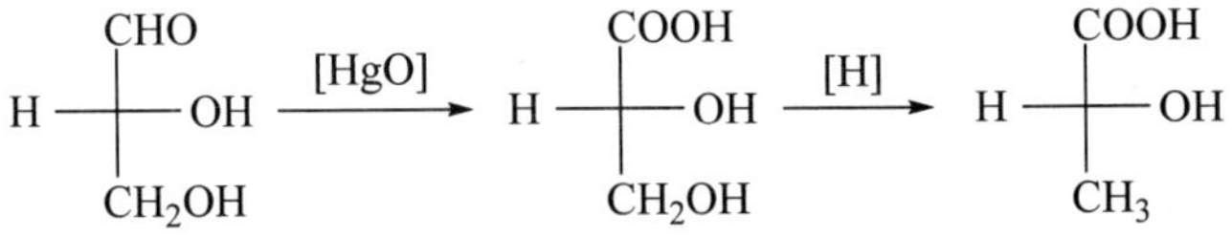

CHO / H—+—OH / CH_2OH (D-(+)-甘油醛) —[HgO]→ COOH / H—+—OH / CH_2OH (D-(−)-甘油酸) —[H]→ COOH / H—+—OH / CH_3 (D-(−)-乳酸)

从上边的转化可以看出，能使旋光方向右旋的D-甘油醛，经HgO氧化，醛基（—CHO）转化为羧基（—COOH），不涉及手性碳的变化，因此得到的产物甘油酸构型依然是D构型，但D-甘油酸能使旋光方向向左旋，D-甘油酸经还原将—CH_2OH基团还原为—CH_3，得到D-乳酸，旋光方向依然是左旋。因为这种构型标记方法是以甘油醛的构型为参照标准而确定的，因此称为相对构型。

随着立体异构化合物的大量积累，人们发现某些光活性物质（如3-甲基己烷）很难与甘油醛的结构联系起来。另外，有些化合物通过不同的途径，既可以与D-甘油醛联系，也可以与L-甘油醛相联系，难以给出确定的D/L构型。如：

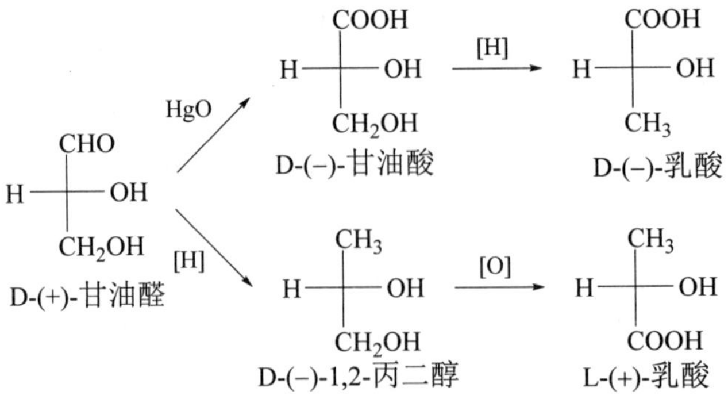

CHO / H—+—OH / CH_2OH (D-(+)-甘油醛) —HgO→ COOH / H—+—OH / CH_2OH (D-(−)-甘油酸) —[H]→ COOH / H—+—OH / CH_3 (D-(−)-乳酸)

CHO / H—+—OH / CH_2OH (D-(+)-甘油醛) —[H]→ CH_3 / H—+—OH / CH_2OH (D-(−)-1,2-丙二醇) —[O]→ CH_3 / H—+—OH / COOH (L-(+)-乳酸)

在上述反应中，D-（−）-乳酸和L-（+）-乳酸都能与D-（+）-甘油醛发生联系，这样就出现了自相矛盾的结果，无法确定哪一个应标记为D型。尽管如此，由于历史的原因，D/L构型标记法仍然在生物化学、医学、药物化学中使用。

（2）*R*/*S* 标记法

为了避免 D/L 标记法以上的缺点，1970 年，IUPAC 决定正式采用 *R*/*S* 构型标记法。化合物中任何手性碳原子的构型都可以用 *R*/*S* 法标记。

R/*S* 标记法是根据手性碳原子所连接的四个原子或基团的空间排列顺序来标记的。其标记原则如下：

① 按“顺序规则”将直接与手性碳原子连接的四个原子或基团依次由小到大用 1、2、3、4 标出来。例如乳酸分子的手性碳原子上连有的四个原子或基团的大小顺序为：—OH > —COOH > —CH_3 > —H。

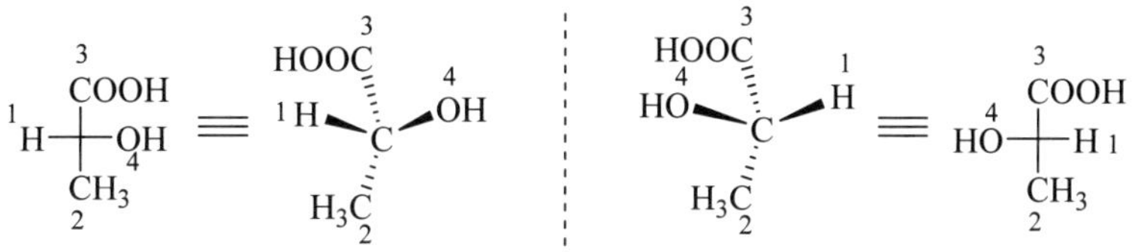

3 COOH, 1 H—|—OH 4, CH_3 2 ≡ 3 HOOC, 1 H, 4 OH, C, H_3C 2　|　3 HOOC, 4 HO, 1 H, C, H_3C 2 ≡ 3 COOH, 4 HO—|—H 1, CH_3 2

② 将透视式进行转动，使编号为 1 的原子或基团放在距离观察者最远的位置，再从编号为 4 的原子或基团开始，按 4→3→2 顺序连接，若是顺时针方向，标记为 *R* 型（*R* 是拉丁文 Rectus 的第一个字母，意思为“右”）；若为逆时针方向，则标记为 *S* 型（*S* 是拉丁文 Sinister 的第一个字母，意思为“左”）。

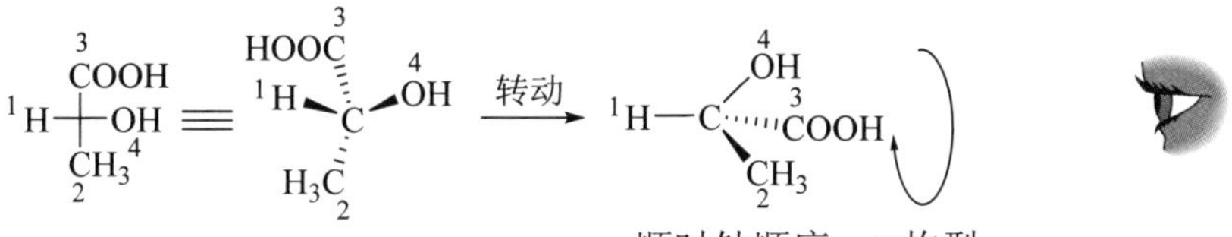

3 COOH, 1 H—|—OH 4, CH_3 2 ≡ 3 HOOC, 1 H, 4 OH, C, H_3C 2 —转动→ 1 H—C, 4 OH, 3 COOH, CH_3 2

顺时针顺序，*R* 构型
(*R*)-乳酸

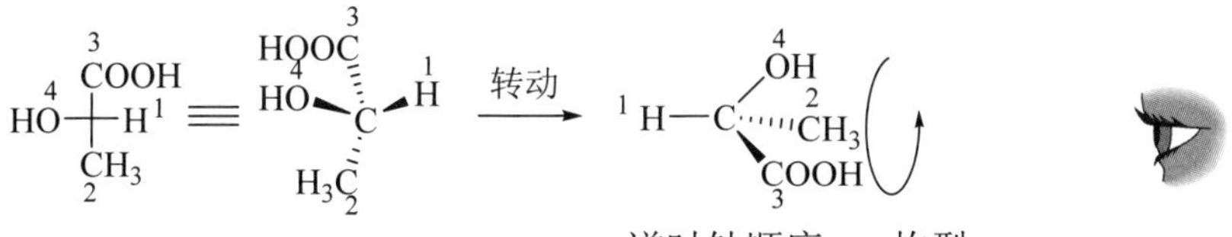

3 COOH, 4 HO—|—H 1, CH_3 2 ≡ 3 HOOC, 4 HO, 1 H, C, H_3C 2 —转动→ 1 H—C, 4 OH, 2 CH_3, COOH 3

逆时针顺序，*S* 构型
(*S*)-乳酸

对于用 Fischer 投影式书写的化合物，针对以下两种情况，可简洁而又准确地标记出 *R*/*S* 构型。

其一，当编号最小的原子或基团处于 Fischer 投影式的竖直方向时，依照“顺序规则”连接其余三个原子或基团，按以下规则标记构型：

若 4→3→2 为顺时针方向，则构型标记为 *R*。

若 4→3→2 为逆时针方向，则构型标记为 *S*。例如：

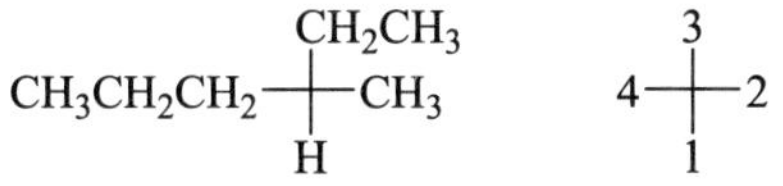

CH_2CH_3 (上), $CH_3CH_2CH_2$—|—CH_3, H (下)；3 (上), 4—|—2, 1 (下)

(*R*)-3-甲基己烷

H (上), $CH_3CH_2CH_2$—|—CH_3, CH_2CH_3 (下)；1 (上), 4—|—2, 3 (下)

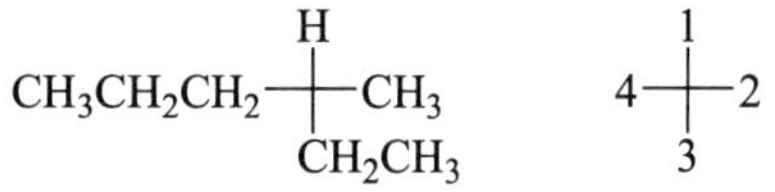

(*S*)-3-甲基己烷

其二，当编号最小的原子或基团处于 Fischer 投影式的左右两侧时，依照“顺序规则”连接其他三个原子或基团，按以下规则标记构型：

若 4→3→2 为逆时针方向，则构型标记为 *R*；

若 4→3→2 为顺时针方向，则构型标记为 *S*。例如：

$$\begin{array}{c} CH_2CH_2CH_3 \\ CH_3CH_2 - \!\!\!\!+\!\!\!\! - H \\ CH_3 \end{array} \qquad \begin{array}{c} 4 \\ 3 - \!\!\!\!+\!\!\!\! - 1 \\ 2 \end{array}$$

(*R*)-3-甲基己烷

$$\begin{array}{c} CH_2CH_2CH_3 \\ H_3C - \!\!\!\!+\!\!\!\! - H \\ CH_2CH_3 \end{array} \qquad \begin{array}{c} 4 \\ 2 - \!\!\!\!+\!\!\!\! - 1 \\ 3 \end{array}$$

(*S*)-3-甲基己烷

由以上例子可以看出，当最小的原子或基团在 Fsicher 投影式的竖直方向和左右两侧时，其构型的判断顺序刚好相反，因此，Fischer 投影式在书写平面上旋转 90° 或 270° 时，就会变成其对映异构体，而不是原来的化合物。当 Fischer 投影式离开纸平面翻转时，三个较大的原子或基团的空间排列顺序也会颠倒过来，从而变为其对映异构体。如（*R*）-3-甲基己烷，当其 Fischer 投影式离开纸面上下翻转或左右翻转后，三个较大的原子或基团的排列顺序会由顺时针方向变为逆时针方向，从而变成其对映异构体（*S*）-3-甲基己烷。

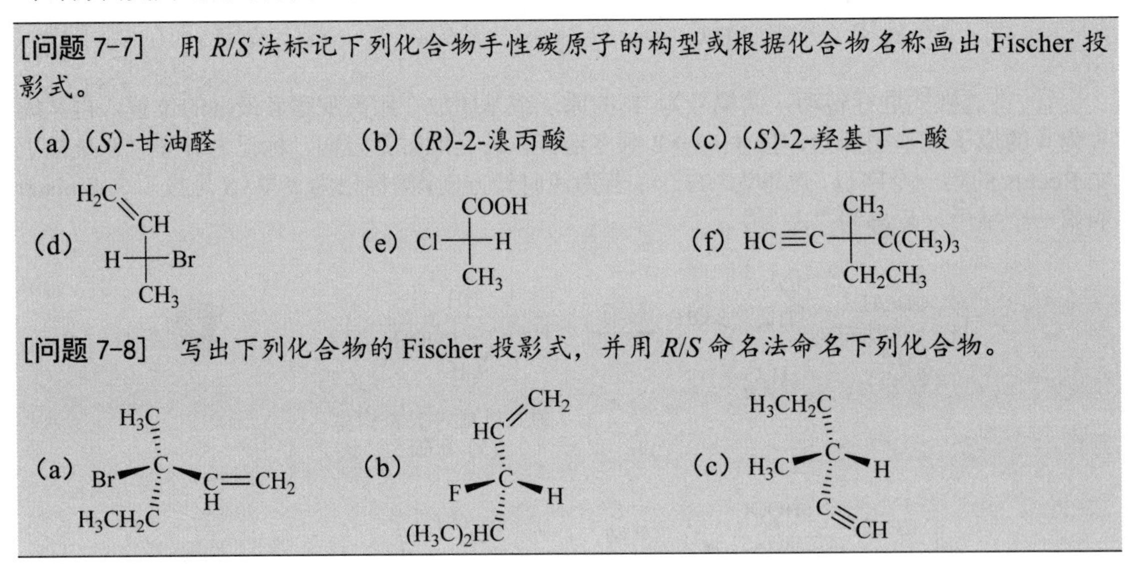

[问题 7-7] 用 *R*/*S* 法标记下列化合物手性碳原子的构型或根据化合物名称画出 Fischer 投影式。

(a)（*S*）-甘油醛　(b)（*R*）-2-溴丙酸　(c)（*S*）-2-羟基丁二酸

[问题 7-8] 写出下列化合物的 Fischer 投影式，并用 *R*/*S* 命名法命名下列化合物。

7.4 含一个以上手性碳原子化合物的对映异构

含有一个手性碳的化合物有一对对映异构体，那么含有两个手性碳原子的化合物有几对对映异构体呢？假如以 A 和 B 代表两个不同的手性碳原子，由于每一个手性碳原子可以有两种相反的构型，分别以 A+、A−和 B+、B−表示，这样根据排列组合，整个分子的构型可以有以下四种。

A +	A −	A +	A −
|	|	|	|
B +	B −	B −	B +
Ⅰ	Ⅱ	Ⅲ	Ⅳ

Ⅰ、Ⅱ：对映异构体；Ⅲ、Ⅳ：对映异构体

（Ⅰ、Ⅱ）与（Ⅲ、Ⅳ）：非对映异构体

这就是说含有两个手性碳原子的化合物，在理论上可以有四种对映异构体，其中Ⅰ是Ⅱ的镜像，Ⅲ是Ⅳ的镜像。对于Ⅰ和Ⅲ或者Ⅳ，或者Ⅱ和Ⅲ或者Ⅳ，虽然有一部分是呈镜像关系，但是另一部分是相同的，因此它们不是对映异构体，它们是非对映异构体（diastereoisomers）。所谓非对映异构体是指分子中部分构型相同，而部分构型呈镜像的异构体。非对映异构体和对映异构体不同，它们之间的性质，尤其是物理性质不相同，但是由于他们属于构型异构，所以化学性质还是有些相似。

【例 7-1】氯代苹果酸 HOOC—CHCl—CH(OH)—COOH 有两个手性碳原子，共有四种异构体，它们的结构分别如下：

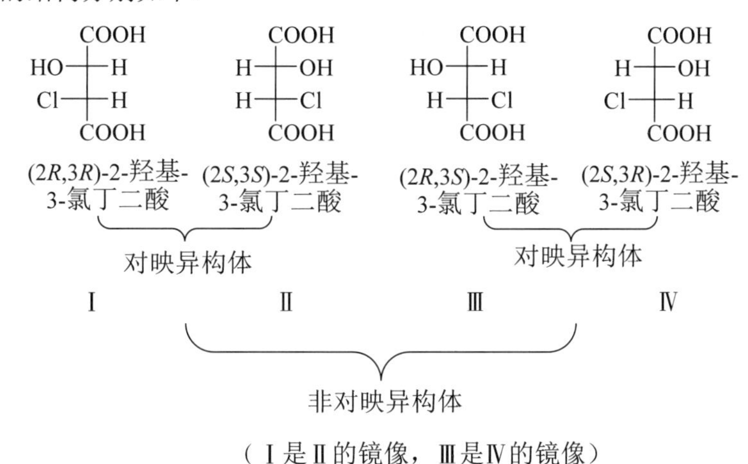

（Ⅰ是Ⅱ的镜像，Ⅲ是Ⅳ的镜像）

由 *R*/*S* 构型标记可知，2-羟基-3-氯丁二酸的四种异构体中，Ⅰ和Ⅱ、Ⅲ和Ⅳ是两对对映异构体。如果Ⅰ和Ⅱ、Ⅲ和Ⅳ等量混合，可组成两对外消旋体。Ⅰ或Ⅱ与Ⅲ或Ⅳ之间不是对映异构体的关系，而是非对映异构体。非对映异构体之间的熔点、沸点等物理性质不同，旋光度也不同。根据以上的推断，含有两个手性碳原子的化合物最多可有四种对映异构体，那么含有3个或更多手性碳原子的化合物该有多少种异构体呢？根据不对称碳原子构型的组合方法可知：含有3个手性碳原子的化合物应该有8种异构体，能够组成4对对映异构体；含有4个手性碳原子的化合物应该有16种异构体，能够组成8对对映异构体。假如以 n 代表分子中手性碳原子的个数，那么立体异构体的总数应该是 2^n，可组成 2^{n-1} 对对映异构体。

【例 7-2】酒石酸 HOOC—CHOH—CHOH—COOH 也有两个手性碳原子，按构型组合方法可以写出以下四种异构体：

Ⅰ	Ⅱ	Ⅲ	Ⅳ
COOH	COOH	COOH	COOH
HO—H	H—OH	HO—H	H—OH
HO—H	H—OH	H—OH	HO—H
COOH	COOH	COOH	COOH
(2*S*,3*R*)-2,3-二羟基丁二酸	(2*R*,3*S*)-2,3-二羟基丁二酸	(2*S*,3*S*)-2,3-二羟基丁二酸	(2*R*,3*R*)-2,3-二羟基丁二酸

根据构型标记与 Fischer 投影式书写规则，Fischer 投影式可在书写平面上旋转 180° 而不影响其构型。当构型Ⅰ在纸面上旋转 180° 后与构型Ⅱ的 Fischer 投影式完全相同，显然Ⅰ和Ⅱ实际代表同一种异构体，这种构型的分子是一个对称分子，其旋光能力在分子内部完全抵消，没有光活性，这种化合物叫内消旋体（mesomer），常用 *meso* 表示。所以实际上酒石酸仅有三种立体异构体，即一对对映异构体和一个内消旋体。

COOH HO—┼—H HO—┼—H COOH	COOH HO—┼—H H—┼—OH COOH	COOH H—┼—OH HO—┼—H COOH
(2*S*,3*R*)-(*meso*)-2,3-二羟基丁二酸	(2*S*,3*S*)-2,3-二羟基丁二酸	(2*R*,3*R*)-2,3-二羟基丁二酸

由此可见，含有 n 个手性碳原子的化合物，其对映异构体个数最多有 2^n 个。但只有所有的手性碳原子都不相同时才能达到最多的异构体数目。酒石酸分子中两个手性碳原子一样，因而会产生一个内消旋体。

[问题 7-9] HOOC—C(H)(Br)—C(H)(Cl)—COOH 是否有光活性？为什么？

[问题 7-10] $CH_3CH(OH)CH(Br)CH(OH)CH_3$ 有多少种构型异构体？试根据手性碳原子构型组合方法，画出全部异构体的 Fischer 投影式，并标记出手性碳原子的 *R*/*S* 构型。

[问题 7-11] (2*R*,3*S*)-酒石酸分子有无对称因素？

7.5 外消旋化、差向异构化与构型转化

外消旋化、差向异构化与构型转化是动态立体有机化学的基本内容，在研究有机反应历程和生物化学过程方面有着重要的应用。

7.5.1 外消旋化

有机分子的结构在外界因素的影响下发生变化，当发生变化的位置是手性中心结构时，化合物的旋光性也会随着发生相应的改变。一个纯旋光性物质的手性中心在光、热等因素的影响下发生化学反应，其构型向对映异构体转化，当体系逐渐趋于平衡，左旋体和右旋体各占一半，这样就形成了外消旋体，体系的光活性消失，这种过程称为外消旋化（racemization）。绝大多数旋光性物质的外消旋化并不是一个容易进行的过程，该过程一般需要形成一个能量较高的具有平面构型的非手性中间体，包括碳正离子、碳自由基和烯醇式结构等。

例如，（*S*)-仲丁基苯在光照条件下与 Br_2 反应，随着反应的展开，体系的光活性逐渐减小，最后完全消失。这是由于（*S*)-仲丁基苯的 α-氢原子被 Br· 夺取生成了具有平面构型的、比较稳定的苄基自由基，然后 Br_2 从平面型苄基自由基两侧与之成键生成（*S*）与（*R*)-α-溴代仲丁基苯外消旋混合物的缘故。过程如下：

$$Br_2 \xrightarrow{\text{光照}} 2Br\cdot$$

$$Br\cdot + Ph\text{—}C(CH_3)(H)\text{—}CH_2CH_3 \xrightarrow{-HBr} Ph\text{—}\dot{C}(CH_3)(C_2H_5) \xrightarrow{Br_2} Ph\text{—}C(CH_3)(Br)\text{—}CH_2CH_3 + Ph\text{—}C(Br)(CH_3)\text{—}CH_2CH_3 + Br\cdot$$

7.5.2 差向异构化

如果一个有光活性的化合物具有两个或两个以上的手性中心，在适当的条件下只有一个手性中心在反应中通过形成平面构型的活性中间体（碳正离子、碳自由基和烯醇式结构等）

转变成该中心碳原子构型相反的两种产物，这两种产物只有其中一个手性碳原子构型相反，它们不是对映异构体，而是非对映异构体。这一过程称为差向异构化。例如（1*S*,2*R*）-1,2-二氯正丁苯在光照条件下与溴反应，结果苄基位的 H 原子被 Br • 夺去生成 HBr 和具有平面构型的苄基自由基，然后 Br_2 从苄基自由基平面两侧与之反应生成该中心碳原子构型相反的两种产物：（1*S*,2*R*）-1,2-二氯-1-溴正丁苯和（1*R*,2*R*）-1,2-二氯-1-溴正丁苯。它们是非对映异构体的关系，反应前后光活性发生了变化，但不会消失。过程如下：

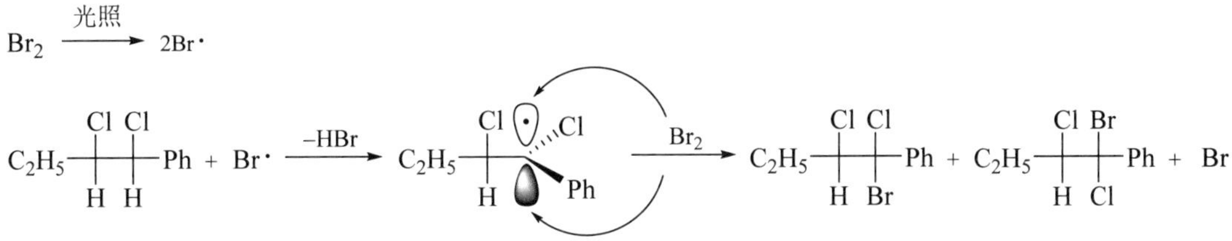

$$Br_2 \xrightarrow{\text{光照}} 2Br\cdot$$

可以看出，差向异构化与外消旋化有着相似之处，它们都是在溶剂或催化剂的作用下首先形成具有平面结构的活性中间体，其过程都涉及了手性中心的构型转化。不同之处在于外消旋化是底物的手性中心转化为平面结构，转化达平衡后形成了外消旋体；而差向异构化是底物分子中部分手性中心的构型发生变化，变化后形成的是原化合物的非对映异构体。

7.5.3 构型转化

在某些反应中，底物分子的手性中心受到试剂的进攻，与手性中心碳原子相连的某一原子或基团逐渐离去，旧键逐渐断裂，而进攻试剂与手性中心碳原子之间的新键逐渐形成，通过形成平面过渡态最后转变为产物，过程中手性碳原子的构型也随之翻转（由 *S* 变成 *R*，或由 *R* 变为 *S*）。这一动态立体化学过程称为构型转化，或称瓦尔登转化（Walden inversion）。例如（*S*）-2-溴辛烷的碱性水解反应，试剂 OH^-从 C—Br 键的背面进攻手性碳原子（因手性碳原子受溴原子电负性影响部分带正电荷），经过渡态生成（*R*）-2-辛醇，手性中心碳原子构型由 *R* 变成了 *S*，发生了构型转化。

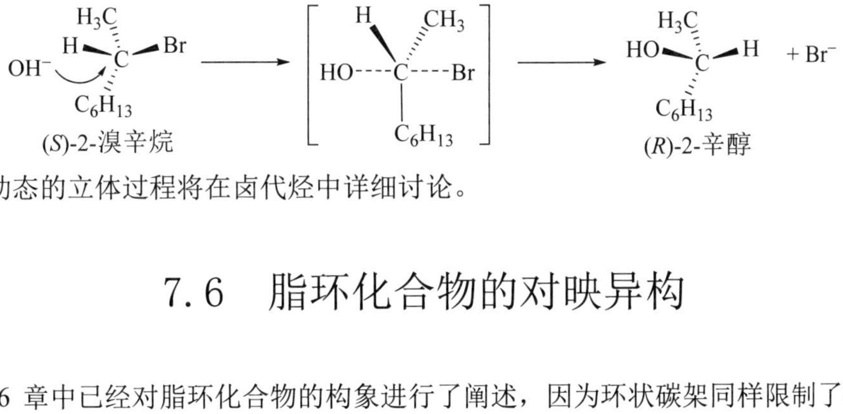

(*S*)-2-溴辛烷　　(*R*)-2-辛醇

这一动态的立体过程将在卤代烃中详细讨论。

7.6 脂环化合物的对映异构

在第 6 章中已经对脂环化合物的构象进行了阐述，因为环状碳架同样限制了碳碳σ键的自由旋转，所以当环上的取代基符合相应的条件时，也会像 C＝C 双键那样有顺反异构体存在。而且当分子具有手性时，脂环烃也存在对映异构现象，有对映异构体。

例如 1,2-二甲基环丙烷，因为环上有两个碳原子分别连着两个不同的原子或基团，所以，1,2-二甲基环丙烷有顺反异构。

顺-1,2-二甲基环丙烷　　反-1,2-二甲基环丙烷对于 1,2-二甲基环丙烷，由于 C1 和 C2 上所连的四个取代基各不相同，所以 C1 和 C2 为手性碳原子，也可以按照 *R/S* 构型标记法的规定来标记手性碳原子。将碳环视为与纸面垂直，可以分别确定顺式与反式异构体的对映异构情况。顺-1,2-二甲基环丙烷分子左右对称，是一个对称分子，其 C1 和 C2 的构型刚好相反，所连接的原子或基团又正好相同，旋光能力恰好在分子内部抵消，是一个内消旋体。而反-1,2-二甲基环丙烷分子中找不到对称因素，其分子中的 C1 和 C2 构型相同，分子具有旋光性。

顺式　　　　　　　　　　反式

(1*S*,2*R*)-(m)-1,2-二甲基环丙烷　(1*R*,2*R*)-1,2-二甲基环丙烷　(1*S*,2*S*)-1,2-二甲基环丙烷

因此 1,2-二甲基环丙烷共有三种异构体，其中一个是内消旋体，还有一对对映异构体。如果环状化合物中的两个手性碳原子不一样，也有四种异构体，两对对映异构体。例如 1,2-二取代环己烷的四种旋光异构体及其最稳定的构象式如下：

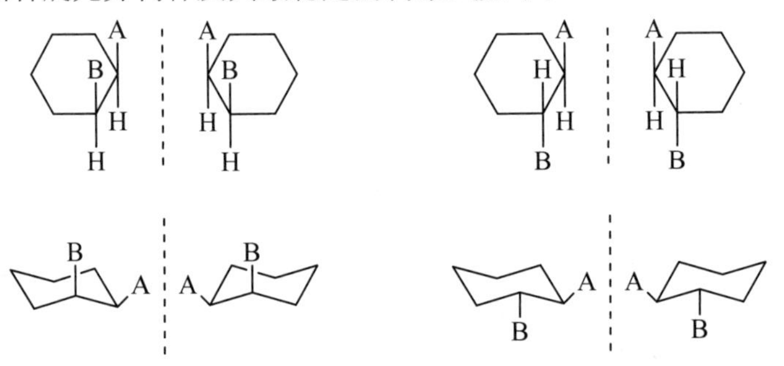

[问题 7-12]　1,3-二甲基环己烷和 1,4-二甲基环己烷各有多少种构型异构体？画出它们的立体异构。

[问题 7-13]　1,2-环丙烷二羧酸有多少种构型异构体？若将含构型异构体各 1mmol 的混合物进行蒸馏，可得几个馏分？有几个馏分有光学活性？

阅读材料

化学家简介

费歇尔（Emil Fischer，1852—1919），德国化学家，出生在莱茵地区科隆附近的奥伊尔斯金镇。1871 年入波恩大学，凯库勒是他的老师，1872 年后转学斯特拉斯堡，师从拜尔，毕业留校任教。1875 年转到慕尼黑大学工作，1879 年任副教授，1890 年到艾尔兰根大学任教授，曾先后在耶拿大学、维尔茨堡大学、海德尔堡大学、柏林大学担任教授。费歇尔在化学上的贡献是杰出的，他的主要业绩是把与生命有关的有机物质作为研究对象，如嘌呤类的研究、糖类的研究、多肽的研究及缩酚酸的研究，因此，他甚至被人们称为生物化学的创始人。1902 年获得诺贝尔化学奖。

反应停事件

1953 年，瑞士诺华制药的前身 CIBA 药厂在尝试开发抗生素时，合成了沙利度胺。但沙利度胺并没有抗生素活性，不过镇静作用却不错。四年后，联邦德国格兰泰药厂 Chemie Grünenthal

成功将其作为抑制妊娠反应的药物投入欧洲市场。

大部分孕妇在怀孕 6～8 周后都会有妊娠反应，通常表现为食欲不振、头晕乏力、恶心呕吐等，甚至有可能持续整天。抑制妊娠反应对于孕妇来说绝对是福音。沙利度胺的镇静作用能缓解妊娠反应，受到广大孕妇追捧。沙利度胺以“反应停”席卷全球，但市场繁荣的背后，却是另一个惊天悲剧。

沙利度胺（Thalidomide）

1960 年，欧洲地区的新生儿畸形比率异常升高。这些畸形婴儿没有臂与腿，或是手和脚连在身体上，如同海豹的肢体，因此被称作“海豹畸形儿”。1 年后，一个澳大利亚产科医生提出反应停是婴儿畸形的元凶。后续的病理学实验表明沙利度胺对灵长类动物有很强的致畸性。从 1961 年 11 月起，“反应停”在世界各国陆续被强制撤回，但欧洲和加拿大也已经发现超过 10000 名海豹畸形儿。全世界发达国家和地区只有美国没有发生这种悲剧，因为美国食品与药物管理局（FDA）采取了谨慎态度，没有引进这种药。

沙利度胺是典型的手性药物，含有一个手性碳，因此有 *R* 和 *S* 两种异构体，但是初期作为药物，销售的是其外消旋混合物。后续的研究表明，沙利度胺的致畸性来自于(*S*)-异构体。只有其（*R*)-异构体能起到镇静作用。

(*R*)-沙利度胺　　(*S*)-沙利度胺

对映异构化合物的生理活性差异及其潜在的危害，促使许多国家在 20 世纪 90 年代先后颁布了手性药物使用的管理条例，美国 FDA 在 1992 年的政策中规定：对于含有手性因素的药物倾向于发展单一对映异构体产品。我国 SFDA 对于申请新的外消旋药物，要求对两个对映异构体都必须提供详细的生理活性和毒理数据，而不得作为相同物质对待。

本章小结

1. 同分异构现象可进行如下分类：

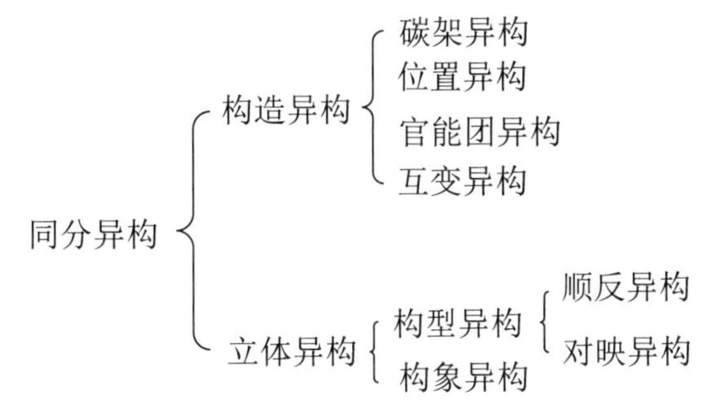

2. 实物与镜像不能完全重叠的性质称为分子的手性，具有手性的分子不存在对称因素，这种结构的不对称性是产生对映异构的根本原因。

3. 连有四个互不相同的原子或基团的饱和碳原子叫手性碳原子或不对称碳原子。有对映异构体的化合物一般都具有手性碳原子，但含有手性碳原子的化合物不一定存在构型异构

（或不一定是手性分子），不含手性碳原子的化合物也不一定没有手性。

4. 不对称分子能使偏振光的振动平面发生旋转的性质称为该不对称分子的旋光性或光学活性。在一定条件下，纯物质的旋光活性用比旋光度来衡量。

5. 手性分子和它的镜像结构相似而不能叠合，二者构成一对对映异构体，简称对映体。对映体分为左旋体和右旋体，它们的物理性质如熔点、沸点、离解常数等都相同，比旋光度也相同，只是旋光方向相反。

6. 描述或书写对映异构体一般有两种方法，即透视式和 Fischer 投影式。其中，普遍使用的 Fischer 投影式中，横竖两线的交叉点代表手性碳原子，手性碳的两个竖键指向书写平面的斜后方，两个横键伸向书写平面的斜前方。

7. 对映异构体的构型标记方法有 D/L 法和 *R*/*S* 法，由于人为的规定不同，两种构型标记方法之间没有对应关系。要熟悉掌握 *R*/*S* 构型标记法。

8. 物质的旋光方向可由旋光仪测定，而构型则是人为确定的，彼此无直接对应关系。

9. 含有 n 个手性碳原子的化合物应有 2^n 个旋光异构体，可以组成 2^{n-1} 对对映体。实物与镜像之间不重合的旋光异构体之间是非对映关系，互为非对映体，非对映体的物理性质如熔点、沸点等都不相同。

10. 内消旋体和外消旋体均无光学活性，但它们的消旋机制不同，前者是纯净物质，是对称分子，其旋光能力在分子内部抵消了，而后者是一对对映体的等量混合物，其旋光能力是在分子之间抵消的，它可以拆分成对映异构体。

11. 旋光性物质在外界条件影响下，其手性中心通过一个平面结构的活性中间体（如碳正离子、自由基、烯醇结构等）转化成对映体，当左旋体和右旋体等量时，体系达到平衡的过程叫外消旋化。当含有两个或两个以上手性碳原子的化合物中只有一个手性碳原子发生构型转化，生成非对映体混合物的过程称为差向异构化。在类似 S_N2 的化学反应中，亲核试剂直接进攻导致手性中心构型转化的过程也称为 Walden 转化。

12. 当脂环化合物分子具有手性时，也存在对映异构现象。在研究脂环化合物的对映异构时，应当首先考虑分子的顺反异构，然后分别分析顺式结构和反式结构的对映异构情况。

习　题

7-1　解释名词

（a）构型、构象、构造　　（b）旋光度、比旋光度

（c）手性、手性碳原子　　（d）对映体、非对映体、差向异构体

（e）内消旋体、外消旋体　（f）外消旋化、构型转化、差向异构化

7-2　关于甲烷的立体结构，为了满足其中四个 C—H 键都是一样的条件，除了呈正四面体外，还可以有另外两种形状。

（a）请问它们各是什么形状？

（b）这些形状可以根据 CH_2Cl_2 只有一种构型来否定，你认为对吗？

（c）C（$R^1R^2R^3R^4$）只有两个立体异构体也说明了其他两种形状是不对的，试问另外两种形状各有几个立体异构体？

7-3　将下列基团按照“顺序规则”的优先性排列。

（a）$-C_6H_5$（苯基）　（b）$-CH{=}CH_2$　（c）$-C{\equiv}N$　（d）$-CH_2I$

（e）$-CH_2NO_2$　（f）$-C(=O)NH_2$　（g）$-C(=O)CH_3$　（h）$-C(=O)Cl$

（i）$-C(=O)OH$　（j）$-C(=O)H$

7-4　下列哪些是手性分子？画出下列各化合物的立体异构体，并用 *R*/*S* 标出它们的构型。

（a）3-溴己烷　（b）3-甲基-2-氯戊烷

（c）1,1-二氯环丙烷　（d）顺-1,2-二氯环戊烷

（e）1-甲基-4-异丙基环己烷　（f）1-甲基-3-氯环己烷

7-5　分析 A、B、C、D 四个分子，指出 A 与其他三者之间的关系。

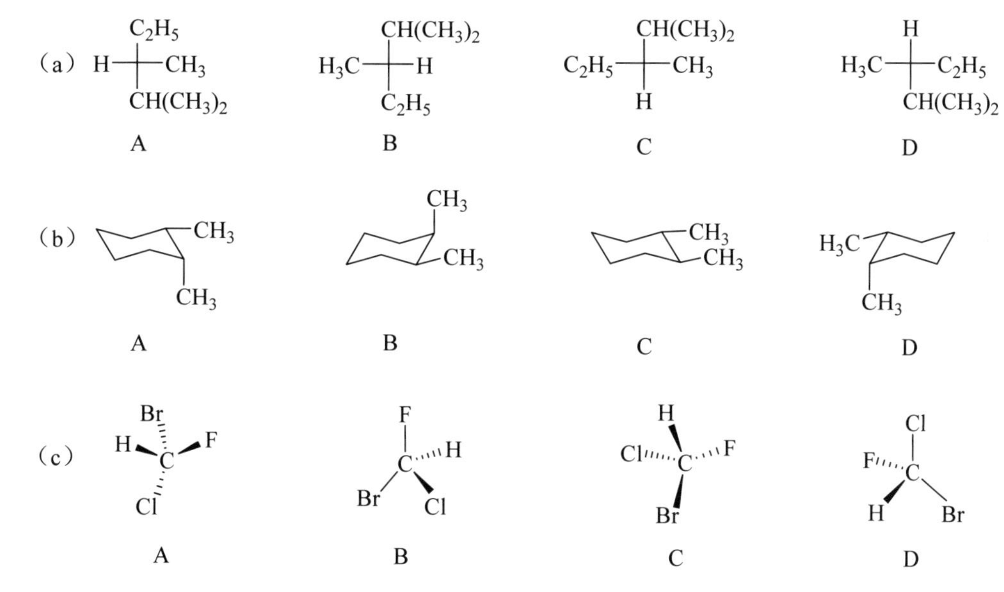

7-6　用 *R*/*S* 构型标记法命名下列投影式，并将（a）和（b）改写为主碳链竖直、C1 朝上的 Fischer 投影式。

（a）上 CH_3，左 Br，右 $CH{=}CH_2$，下 C_2H_5　（b）上 H，左 C_2H_5，右 CH_3，下 Cl　（c）上 CHO，左 HO，右 H，下 CH_2OH

7-7　下列化合物中有旋光异构体的，用 Fischer 投影式表示其对映体，并用 *R*/*S* 法命名。

（a）$CH_2(OH)CH(OH)COOH$　（b）$CH_2(OH)CH(OH)CH_2(OH)$

（c）$CH_2(OH)CH(OH)CH(OH)CN$

7-8　下列化合物中有不对称碳原子的用“*”标出，并指出旋光异构体数目。

（a）$CH_3CH_2C(Cl)_2CH_3$　（b）$CH_2ClCH_2CHClCH_3$　（c）$(CH_3)_2C(OH)COOH$

（d）$CH_3CH_2CH(NH_2)COOH$　（e）$CH_2{=}CHCH_2CH_2OH$　（f）$CH_2{=}C{=}CHCH_2CH_3$

（g）$CH_3CH(OH)CH(OH)CH(OH)CHO$　（h）$HOOCCH(Cl)CH(OH)COOH$　（i）1,2-二甲基环己烷（两个 CH_3 楔形，两个 H 虚线）

（j）$CH_3CHClCHClCH_3$　（k）$CH_3CH{=}C{=}CHCH_2CH_3$　（l）2,3,4,5,6-五羟基己醛

7-9　某质量浓度为20%，含25% *R*型和75% *S*型的碘甲烷混合溶液，在24℃时用1dm旋光管测试，观测到的旋光度将是多少？[已知(*R*)-碘甲烷的比旋光度$[\alpha]_D^{24}$=−15.9°]

7-10　写出$CH_3CH(OH)CH{=}CHCH_3$所有可能的立体异构体。

7-11　画出下列化合物的Fischer投影式。

（a）(*R*)-3-甲基-1-戊醇　（b）(*R*)-2-甲基-3-甲氧基-1-丙醇

（c）(*S*)-2,3-二甲基己烷　（d）(2*S*,3*R*)-2,3-二氯戊烷

7-12　在研究丙烷的氯化中，分离出分子式为$C_3H_6Cl_2$的四种产物A、B、C、D。试问：

（a）它们可能的结构是怎样的？

（b）这四种二氯代物进一步氯化时，由气相色谱确定A给出一个三氯代物，B给出两个三氯代物，C和D给出三个三氯代物。据此确定A、B应具有何种结构？

（c）C有手性，而D没有手性，C、D应具有何种结构？

（d）从C得到的三个三氯代物中只有一个具有旋光性，它应具有何种结构？

7-13　确定化合物A、B、C和D的结构式。

（a）化合物A(C_5H_8)有光学活性，经催化氢化生成B(C_5H_{10})，B无光活性，也不能拆分。

（b）化合物C(C_6H_{10})有光学活性，不含叁键。经催化氢化生成D(C_6H_{14})，D也无光活性，不能拆分。

7-14　透视式 H····C(COOH)(HO)(CH₂OH) 描述了左旋甘油酸分子的绝对构型，问：

```
    COOH
     |
 H''''C
    ◢   \
  HO     CH2OH
```

（a）若改写成如下的Fischer投影式，哪些是正确的？

```
     COOH            COOH               COOH            COOH
 H ──┼── OH     HO ──┼── CH2OH   HOH2C ──┼── H     HO ──┼── H
     CH2OH            H                  OH             CH2OH
      Ⅰ               Ⅱ                  Ⅲ               Ⅳ
```

（b）在与甘油醛联系确定相对构型时，是否因它是左旋物质就应与左旋甘油醛联系？

（c）在两种相对构型D型和L型中，哪一种与左旋甘油酸的绝对构型完全一致？

7-15　某烃A分子式为C_6H_{10}，有光学活性，A经催化加氢生成B（C_6H_{12}），B无光学活性。试导出A、B的结构式。

7-16　A和B的分子式均为C_7H_{14}，均有光学活性，而且旋光方向相同，A和B经催化加氢生成C(C_7H_{16})，C有光活性。试推出A、B、C的构造式。

第 8 章　芳　烃

继脂肪烃和脂环烃之后，本章讨论另一类重要的烃——芳烃（aromatic hydrocarbon）。与烯烃、炔烃、二烯烃相比，芳烃具有更高的不饱和性，但它们的化学性质却在许多方面与此相矛盾。

19 世纪初，人们从煤焦油中首先分离得到了以苯为代表的许多烃类化合物，它们富含碳元素，氢的含量低，化学性质不活泼，具有芳香气味，因此被称为芳香烃或芳烃。这一名称一直沿用至今，现在芳烃通常指苯及含有苯环结构的烃类化合物。

随着有机化学的发展，人们逐渐发现许多不含苯环结构的化合物也具有与苯类芳烃相类似的性质，这些化合物也属芳烃，为非苯芳烃。因此，芳香性不再是一种表面的感官现象，而是一类非常广泛的有机化合物共有的结构与性质特征。

本章主要讨论苯的分子结构和化学反应，以揭示芳烃化学反应的基本规律。

8.1　芳烃的分类和命名

苯的结构和芳烃命名

8.1.1　芳烃的分类

根据分子中所含苯环的数目及键合方式，芳烃可分为单环芳烃、多环芳烃和稠环芳烃三类。

（1）单环芳烃

分子中只含一个苯环的芳烃属于单环芳烃。例如：

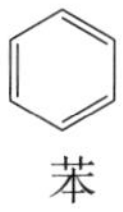

苯 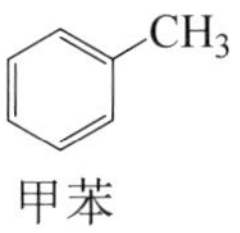　　甲苯（CH_3）　　苯乙烯（H、C、CH_2）　　邻二甲苯（CH_3、CH_3）

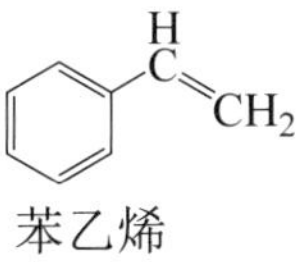

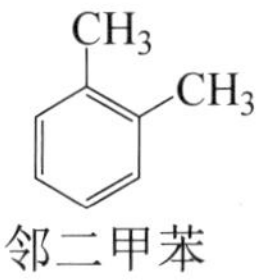

（2）多环芳烃

分子中两个或两个以上的苯环通过碳碳单键或双键相连的芳烃属于多环芳烃。例如：

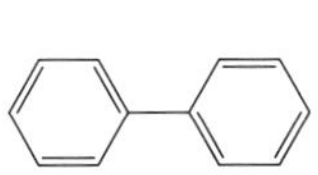

联苯 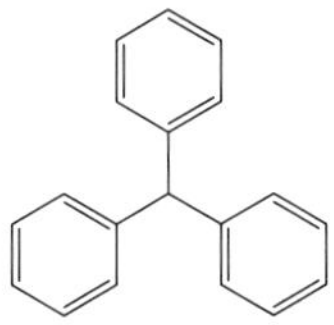　　三苯甲烷 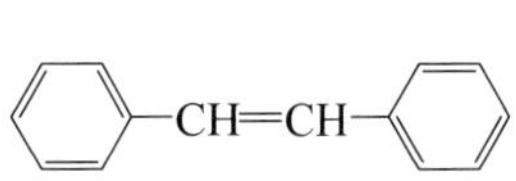　　1,2-二苯乙烯（CH═CH）

（3）稠环芳烃

分子中的多个苯环通过共用两个相邻的碳原子并联（稠合）在一起的芳烃属于稠环芳烃。例如：

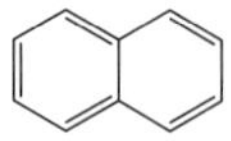

萘 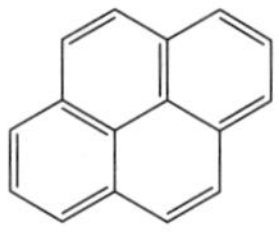　　芘

苯环之间的这种连接方式称为稠合。萘是由两个苯环稠合而成的，芘是由四个苯环稠合而成的。

在以上三类芳烃中，以单环芳烃的结构最简单，在以后的讨论中也会看到，研究单环芳烃的结构与化学反应在理论与实际应用上都是重要的。

8.1.2 芳烃的命名

单环芳烃可视为苯的同系物，命名时以苯为母体，烷基作为取代基，称为某烷基苯，“基”字通常省略。例如：

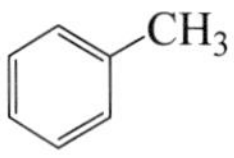

CH_3　　$CH_2CH_2CH_3$　　$CH(CH_3)_2$

甲苯 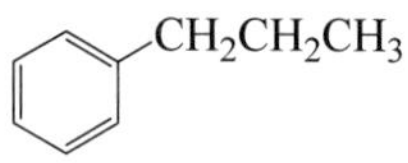　　丙苯 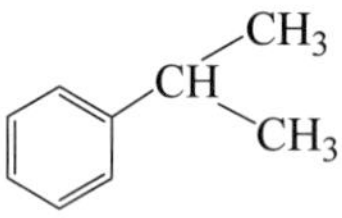　　异丙苯

若苯环上有两个或多个取代基，可用阿拉伯数字表示它们的位次，从较小的取代基开始编号，并遵守“最小位次”规则。例如：

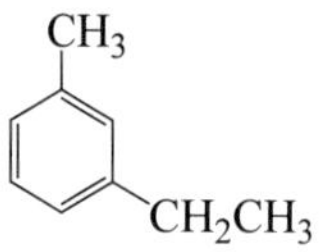

CH_3　CH_2CH_3　　CH_3　CH_2CH_3

1-甲基-3-乙基苯 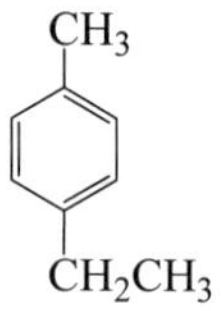　　1-甲基-4-乙基苯

当苯环上的两个取代基相同时，也可用“邻”“间”“对”表示它们的相对位置，例如：

CH_3 CH_3　　CH_3 CH_3　　CH_3 CH_3

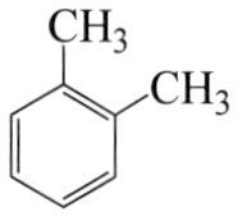

邻二甲苯 (1,2-二甲苯)　　间二甲苯 (1,3-二甲苯)　　对二甲苯 (1,4-二甲苯)

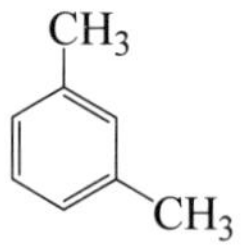

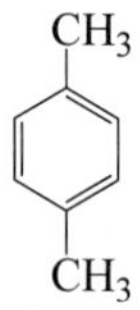

如果苯环上有三个相同的取代基，也常用“连”“偏”“均”表示它们的相对位置。例如：

CH_3 CH_3 CH_3　　CH_3 CH_3 CH_3　　CH_3 H_3C CH_3

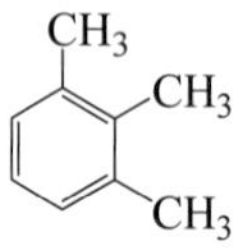

连三甲苯 (1,2,3-三甲苯)　　偏三甲苯 (1,2,4-三甲苯)　　均三甲苯 (1,2,5-三甲苯)

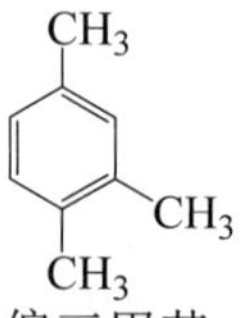

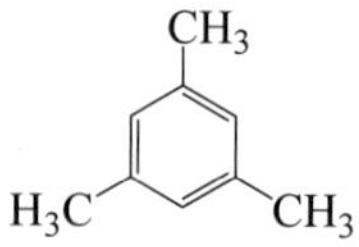

苯分子中减去一个氢原子剩下的原子团—C_6H_5叫做苯基（phenyl，简写为 Ph），对于侧链比较复杂，或侧链含 C═C、C≡C 官能团的单环芳烃，命名时常常把侧链作为母体，苯

环作为取代基。例如：

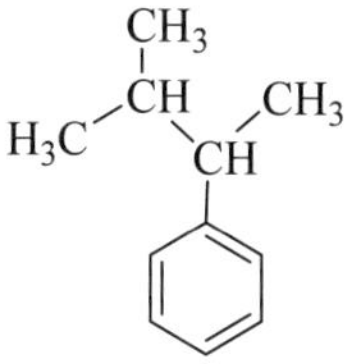

2-甲基-3-苯基丁烷 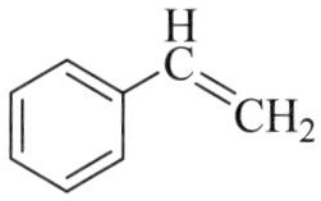　　苯乙烯 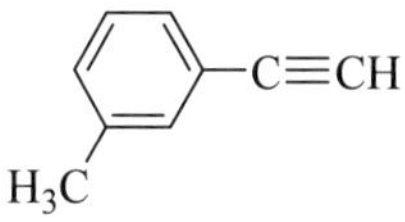　　3-甲基苯乙炔

多环芳烃的命名一般以侧链为母体，苯环作为取代基。例如：

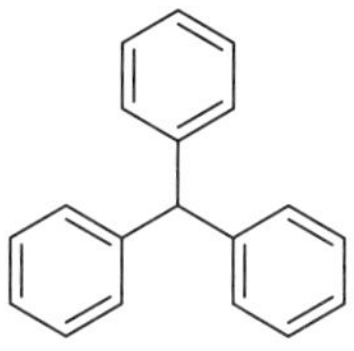

三苯甲烷 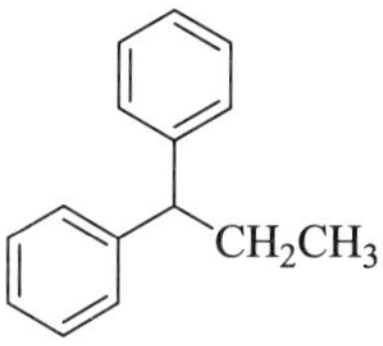　　1,1-二苯丙烷

关于稠环芳烃的命名，下面是基本结构的特定名称，更复杂的取代物多将它们作为母体来命名。

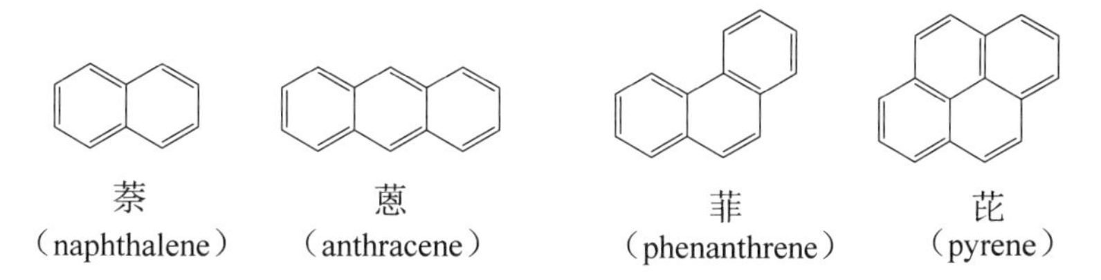

萘（naphthalene）　蒽（anthracene）　菲（phenanthrene）　芘（pyrene）

芳烃分子去掉一个氢原子剩下的原子团称为芳基，芳基常用 Ar（aryl 的缩写）表示。常见的芳基如苄基（苯甲基）。

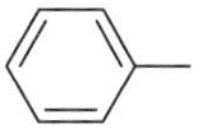

苯基(Ph— 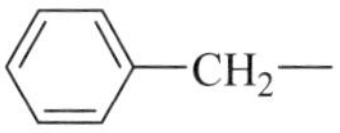)　　苄基($PhCH_2$—或Bz —)

［问题 8-1］　单环芳烃的同分异构是苯环上取代基——烃基的异构。取代基既可能产生碳架异构，又可能产生位置异构（几个取代基在苯环上的相对位置不同）。

（a）试写出单环芳烃 C_9H_{12} 的全部构造异构体并命名。

（b）分子式为 C_9H_8 的单环芳烃有多少种构造异构体？写出它们的构造式并命名。

8.2　苯的分子结构

苯（benzene）是最简单的芳烃，苯环结构是芳烃分子结构的核心。从苯的发现到确立苯分子结构的近代概念，经历了一个多世纪，它反映了有机化学发展的艰难道路，铭刻着许多科学家的功绩。

苯是由英国化学家法拉第（Michael Faraday）于 1825 年从伦敦煤气管道中的煤焦油里发

现的，1834 年确定其分子式为 C_6H_6。从苯的分子式可知，苯的含碳量很高，原子数 C∶H=1∶1，与乙炔（HC≡CH）相同，属高度不饱和化合物。但研究苯的化学性质发现，苯不具有烯烃、炔烃的典型反应，在化学性质上表现出明显的惰性。

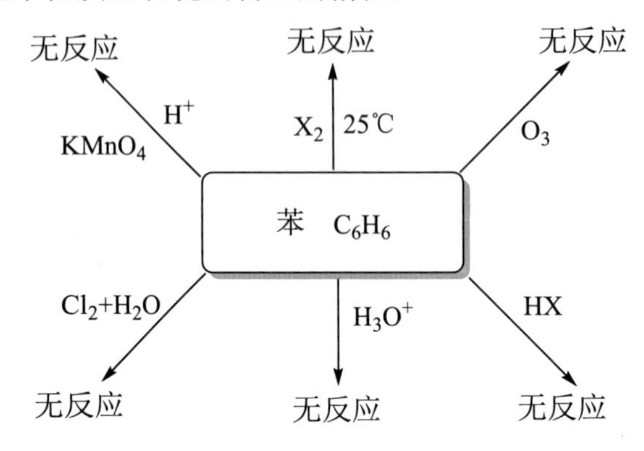

因此，苯分子在结构上必定具有特殊性。

1865 年，德国化学家凯库勒（F. A. Kekule）首先提出了苯分子的结构，认为苯分子的六个碳原子闭合成环，三个单键与三个双键交错排列，碳原子其余的价键分别被六个氢原子饱和。这就是著名的凯库勒结构式，其作为有机化学发展史中的重要里程碑不仅促进了有机化学的理论研究，也推动了化学工业的迅猛发展。

或

根据凯库勒结构式，二取代苯 $C_6H_4X_2$ 应当有四种异构体：

但实际上 $C_6H_4X_2$ 只有邻、间、对三种异构体，这说明凯库勒结构式并没有反映苯分子结构的真实情况。

从氢化热数据来看，苯的实际标准氢化热为：

$$C_6H_6 + 3H_2 \longrightarrow \qquad \Delta H^{\ominus} = -206\text{kJ/mol}$$

按凯库勒结构式，苯（假想的 1,3,5-环己三烯）的标准氢化热应当是环己烯标准氢化热的 3 倍，即：

$$+ H_2 \longrightarrow \qquad \Delta H^{\ominus} = -119\text{kJ/mol}$$

$$+ 3H_2 \longrightarrow \qquad \Delta H^{\ominus} = 3\times(-119\text{kJ/mol}) = -357\text{kJ/mol}$$

显然，苯的实际标准氢化热比假想的环己三烯的标准氢化热要小 151kJ/mol，这表明苯分子结构中并不存在典型的 C═C 双键，它比凯库勒结构式所表述的结构要稳定得多。

X 射线衍射实验测定，苯分子的碳环为平面正六边形结构，碳碳键长均为 0.139nm，这表明，苯分子中的碳碳键没有单键与双键之分，而是等同的键，键长比 C—C 单键（0.154nm）短一些，比 C═C 双键（0.134nm）长一些，介于 C═C 与 C—C 之间。

按照近代价键理论，苯分子中的六个碳原子都进行 sp^2 杂化，彼此通过 sp^2-sp^2σ键成一个六元碳环，每个成环碳原子又都与一个氢原子形成 sp^2-s σ键。由于两个 sp^2 杂化轨道的夹角是 120°，正好使六个碳原子处于同一平面，构成一个正六边形。这样，每个碳原子剩下一个没有杂化的 p 轨道，它们的对称轴都垂直于六个碳原子所在的平面，彼此侧面交盖形成一个闭合的整体（见图 8-1）。六个 p 轨道彼此交盖的结果，使得π电子的运动范围不再定域在两个碳原子之间，而是拓展到六个碳原子的周围，π电子的高度离域导致了键长完全平均化，体系能量显著降低，化学性质相对稳定。

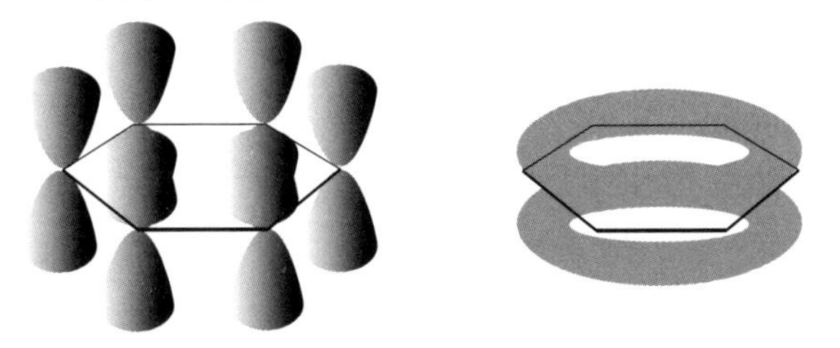

图 8-1　苯分子的结构——π电子的离域与键长完全平均化

苯的标准氢化热实测值比理论值低 151kJ/mol，这个因苯分子中π电子离域运动、键长彻底平均化而使体系能量降低的数值，称为苯的离域能或共振能。

苯分子的真实结构可用两个等价的共振结构式来表示：

但是，为了方便起见，至今仍然使用凯库勒结构式或代表苯的分子结构。后者为非经典价键式，正六边形表示键长完全平均化，圆圈代表π电子的离域。

由于苯在结构上具有闭合的共轭体系，π电子高度离域，键长彻底平均化，体系能量大幅度降低，所以在通常条件下，苯既不被氧化，也不发生加成反应，具有特殊的化学稳定性。但是，苯环具有丰富的π电子，电子云密度较高，相对较易受到亲电试剂的进攻，发生环上的亲电取代反应。苯分子在结构与性质上的这一特性称为芳香性（aromaticity）。

有机化合物的芳香性是一个广泛的近代概念，可以简单地说，芳香性的大小是闭合共轭体系键长平均化程度和化学稳定性的尺度。芳香性越大，键长平均化就越彻底，化学稳定性就越高。

因为苯环是各类芳烃的结构核心，所以单环芳烃、多环芳烃和稠环芳烃都与苯类似，表现出不同程度的芳香性，在结构与化学性质上具有相似的特点。不仅如此，而且有些不具有苯环结构的分子或离子，由于它们的环状结构也能形成闭合的共轭体系，发生键长平均化，使体系能量降低，在结构与性质上也与苯相似，具有芳香性。

8.3　芳烃的物理性质

同脂肪烃和脂环烃一样，芳烃是非极性的，不溶于水，可溶于醚、四氯化碳和环己烷等有机溶剂。苯是一种广泛使用的溶剂，它和水能形成共沸混合物（苯 91%，水 9%，沸点为 69.4 ℃），凡是溶于苯的化合物，都很容易通过这种恒沸混合物蒸馏进行干燥。

某些芳烃的熔点和沸点列于表 8-1。显然，对二甲苯的熔点高于邻、间二甲苯。因为对位取代分子结构比邻、间异构体的对称性高，可形成更有序、更规整的晶格。

表 8-1 某些芳烃的物理性质

名称	构造式	熔点/℃	沸点/℃	名称	构造式	熔点/℃	沸点/℃
苯		5.5	80	对二甲苯	H_3C—⬡—CH_3	13	138
甲苯	⬡—CH_3	−95	111	萘		80	218
邻二甲苯	⬡(CH_3)(CH_3)	−25	144	蒽		217	340
间二甲苯	⬡(CH_3)(CH_3)	−48	139	菲		101	340

值得特别注意的是芳烃的毒性与致癌作用。苯是常用的溶剂，它是一种具有芳香气味、无色、易流动的液体，但毒性大，长期吸入苯的蒸气或接触皮肤，会破坏人的造血机制。一般作溶剂时，最好使用危害性小得多的甲苯。由煤焦油和香烟焦油中发现的许多稠环芳烃，已确证有致癌作用。

[问题 8-2] 苯的分子量比甲苯小，但为什么苯的熔点高达 5.5℃，而甲苯的熔点要低得多（−95℃）？

芳烃的红外光谱比脂肪烃和脂环烃都要复杂，一般在 3125～3030cm^{-1} 给出苯环═C—H 的伸缩振动吸收，在 1600～1450cm^{-1} 给出苯环特征的碳架伸缩振动吸收，而在 900～665cm^{-1} 给出具有重要意义的═C—H 面外弯曲振动吸收，该区域的吸收可用来确定苯环上取代基的位置。表 8-2 列出了芳香化合物的红外光谱特征吸收，图 8-2 为甲苯的红外光谱图。

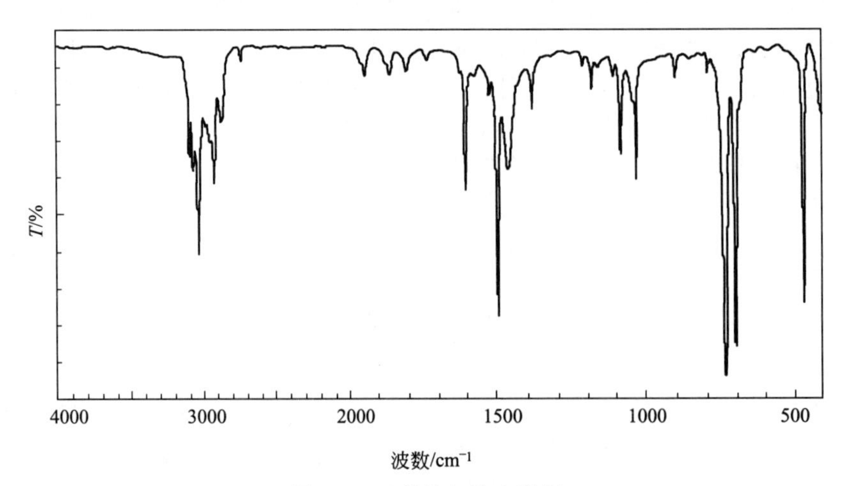

图 8-2 甲苯的红外光谱图

表 8-2　芳香化合物的红外光谱特征吸收

区号	位置/cm^{-1}	强度	意义
1	3125～3030	w～m	苯环的═C—H 伸缩振动，强度与芳香氢的多少有关
2	2000～1660	w～m	═C—H 面外弯曲振动的倍频，结合 5 区的吸收，对判断苯环的取代方式有一定意义
3①	1600～1450	m～s	苯环骨架振动，一般出现 2～4 个强弱不等的吸收，为芳环存在的判据
4	1250～1000	w～m	═C—H 面内弯曲振动，意义不大
5①	900～665	s～m	═C—H 面外弯曲振动
	770～730 710～690	强度相近	五个相邻氢
	770～735	s	四个相邻氢
	810～750 725～680	m	三个相邻氢
	860～800	s	二个相邻氢
	900～860	m	孤立氢

① 主要特征吸收。

芳烃的核磁共振氢谱，根据苯环上取代基的种类、多少和位置的不同，在δ为 7～8 的低场将给出数目不等的芳环质子的吸收峰，该区域的信号为芳环质子存在的重要证明。芳烃侧链的 ^1H NMR 信号，由于受芳环去屏蔽效应的影响，也向低场位移。图 8-3 为甲苯的低分辨 ^1H NMR 谱图。

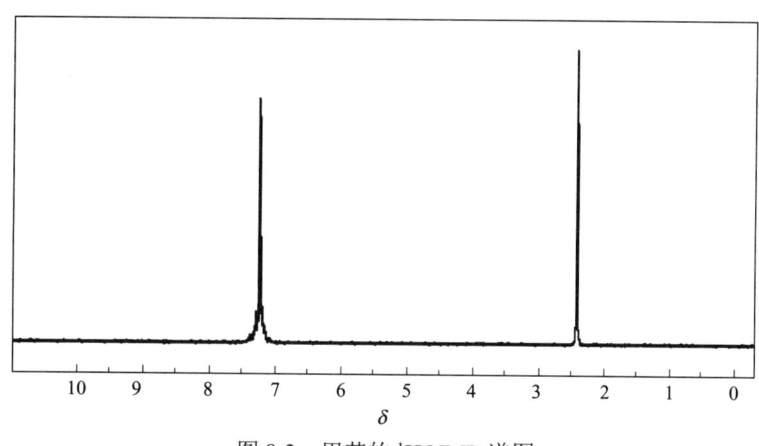

图 8-3　甲苯的 ^1H NMR 谱图

8.4　单环芳烃的化学性质

苯环上的亲电取代反应

8.4.1　苯环上的取代反应

8.4.1.1　苯的取代反应

苯的闭合大π键结构使苯的化学性质很不活泼。在通常条件下，苯与 X_2、HX、HOCl、H_2SO_4、H_2O、$KMnO_4$、O_3 等均不反应。但稳定性是相对的，在适当条件下，苯环上的氢原子也可被—NO_2（硝基）、—SO_3H（磺酸基）、—X（卤原子）、R—（烷基）、$R-\overset{\overset{O}{\|}}{C}-$（酰

基）、—CH_2Cl（氯甲基）等取代，生成苯的衍生物。

（1）硝化反应

苯与浓硝酸和浓硫酸的混合物在 50～60℃条件下，可发生硝化反应，结果苯环上的氢原子被硝基取代，生成硝基苯。

$$C_6H_6 + HNO_3 \xrightarrow[50\sim60℃]{H_2SO_4} C_6H_5NO_2 + H_2O$$

硝基苯是一种淡黄色油状液体，具有苦杏仁气味，有毒，不溶于水。硝化过程使用的硝化试剂是浓硝酸与浓硫酸的混合物，常简称为“混酸”。

（2）磺化反应

苯与浓硫酸或发烟硫酸（$H_2SO_4·SO_3$）混合，加热到 70～80℃，则发生磺化反应，结果苯环上的氢原子被磺酸基取代，生成苯磺酸。

$$C_6H_6 + H_2SO_4 \xrightleftharpoons{70\sim80℃} C_6H_5SO_3H + H_2O$$

磺化反应是可逆的，苯磺酸与水共热可脱去磺酸基。

$$C_6H_5SO_3H + H_2O \xrightarrow{\triangle} C_6H_6 + H_2SO_4$$

苯磺酸是一种有机强酸（$pK_a<1$），易溶于水的白色结晶，常用作有机反应的催化剂。

（3）卤化反应

卤素与烯烃的加成反应非常容易进行，但在通常条件下，卤素与苯不能进行加成反应，如果使用卤化铁（FeX_3）、卤化铝（AlX_3）或铁粉作催化剂，则氯或溴在加热条件下可与苯发生反应，结果苯环上的氢原子被氯原子或溴原子取代，生成氯苯或溴苯。

$$C_6H_6 + Cl_2 \xrightarrow[\triangle]{FeCl_3\text{ 或 }Fe} C_6H_5Cl + HCl$$

$$C_6H_6 + Br_2 \xrightarrow[\triangle]{FeBr_3\text{ 或 }Fe} C_6H_5Br + HBr$$

氟化反应非常猛烈，而碘化反应不能有效地进行（因生成的 HI 有还原性而使反应逆转），因此，不能用此方法制得氟代苯和碘代苯。卤化反应中，试剂的反应活性次序如下：

$$\xrightarrow[\text{卤化反应活性降低}]{F_2\quad Cl_2\quad Br_2\quad I_2}$$

（4）烷基化反应和酰基化反应

在无水 $AlCl_3$（$FeCl_3$、BF_3、HF、H_2SO_4 等）催化下，苯可与卤烷、烯烃或醇反应，结果苯分子的氢原子被烷基（R—）取代，发生烷基化反应，生成烷基苯。使用同样的催化剂，苯可与酰氯或酸酐反应，结果苯分子的氢原子被酰基取代，发生酰基化反应，生成苯的酰基取代衍生物——芳酮。苯的烷基化反应和酰基化反应是由法国化学家傅瑞德尔（C. Friedel）和美国化学家克拉夫茨（J. Crafts）在 1877 年发现的，因此称为 Friedel-Crafts 反应（常简称为傅-克反应）。在该反应中，卤烷、烯烃和醇被称为烷基化试剂，酰氯和酸酐则被称为酰基化试剂。

① 烷基化反应

苯的烷基化反应举例如下：

$$C_6H_6 + CH_3Cl \xrightarrow{AlCl_3} C_6H_5CH_3 + HCl$$

$$C_6H_6 + H_2C{=}CH_2 \xrightarrow{AlCl_3} C_6H_5CH_2CH_3$$

烷基苯发生烃基化反应的速率要比苯更快，为了减少二烃基化产物的生成，通常需要苯过量。

如果烷基化试剂含有三个或三个以上的碳原子，则因异构化作用，主要得到异构化的烷基苯：

$$C_6H_6 + RCH_2CH_2Cl \xrightarrow[\triangle]{AlCl_3} C_6H_5CH(R)CH_3 + HCl$$

$$C_6H_6 + RHC{=}CH_2 \xrightarrow[\triangle]{AlCl_3} C_6H_5CH(R)CH_3$$

若苯环上存在—NO_2、—SO_3H、—COOH、—CN 等强吸电子基团，则不能发生烷基化反应。

② 酰基化反应

苯的酰基化反应举例如下：

$$C_6H_6 + RCOCl \xrightarrow[\triangle]{AlCl_3} C_6H_5COR + HCl$$

$$C_6H_6 + (RCO)_2O \xrightarrow[\triangle]{AlCl_3} C_6H_5COR + RCOOH$$

与烷基化反应类似，当苯环上有—NO_2 等强吸电子基团时，不能发生酰基化反应。

酰基化反应不发生异构化，所以苯经酰基化，然后进行 Clemmensen 还原（将在第 12 章介绍），可以得到侧链含三个或三个以上碳原子的直链烷基苯。例如：

$$C_6H_6 + CH_3CH_2\overset{O}{\overset{\|}{C}}Cl \xrightarrow[\triangle]{AlCl_3} C_6H_5\overset{O}{\overset{\|}{C}}CH_2CH_3 \xrightarrow[HCl]{Zn\text{-}Hg} C_6H_5CH_2CH_2CH_3$$

(Clemmensen还原)

（5）氯甲基化反应

用无水 $ZnCl_2$ 作催化剂，苯与甲醛及浓盐酸反应，苯环上的氢原子可被氯甲基(—CH_2Cl)取代，生成苯氯甲烷（或称氯化苄、苄基氯），这一反应称为氯甲基化反应。

$$C_6H_6 + HCHO + HCl \xrightarrow[\triangle]{\text{无水 } ZnCl_2} C_6H_5CH_2Cl$$

当苯环上有—NO_2等强吸电子基团存在时，氯甲基化反应也不能发生。

8.4.1.2 烷基苯的取代反应

单环芳烃类化合物，除苯之外，就是各种各样的烷基苯。甲苯是烷基苯同系列中最简单的成员，它是一种无色挥发性液体，具有芳香气味，不溶于水，其毒性比苯小得多，常代替苯作溶剂。

一烷基苯的取代反应与苯相比表现出较高的化学活性，且主要生成邻、对位取代产物。例如：

$$C_6H_5CH_3 \xrightarrow[ZnCl_2]{HCHO,HCl} o\text{-}CH_3C_6H_4CH_2Cl + p\text{-}ClH_2CC_6H_4CH_3$$

$$C_6H_5CH_3 \xrightarrow[FeX_3]{X_2} o\text{-}CH_3C_6H_4X + p\text{-}XC_6H_4CH_3$$

$$C_6H_5CH_3 \xrightarrow[AlCl_3]{RCOCl} o\text{-}CH_3C_6H_4COR + p\text{-}ROCC_6H_4CH_3$$

$$C_6H_5CH_3 \xrightarrow{\text{混酸}} o\text{-}CH_3C_6H_4NO_2 + p\text{-}O_2NC_6H_4CH_3$$

$$C_6H_5CH_3 \xrightarrow[FeX_3]{RX} o\text{-}CH_3C_6H_4R + p\text{-}RC_6H_4CH_3$$

$$C_6H_5CH_3 \xrightarrow{H_2SO_4} o\text{-}CH_3C_6H_4SO_3H + p\text{-}HO_3SC_6H_4CH_3$$

[问题 8-3] 写出乙苯发生卤化、硝化、磺化、烷基化、酰基化、苯甲基化反应的主要产物。

苯环上亲电取代反应机理

8.4.1.3 亲电取代反应机理

苯环具有类似于C═C、C≡C丰富的π电子，且π电子云裸露，产生负电场。因此只有带正电荷或缺电子的试剂E^+（亲电试剂）才能接近苯环，并对苯环进攻。同时，因为苯环的闭合大π键结构非常稳定，亲电试剂进攻的结果通常是保持大π键，而将氢原子取代下来。所以，苯环上氢原子的反应一般为亲电取代反应（electrophilic substitution reaction）。

严格地讲，苯环上亲电取代反应经历三步，即π-配合物（π-complex）的形成、σ-配合物（σ-complex）的形成和消除质子完成反应。以苯的亲电取代反应为例，反应历程可表示如下：

$$C_6H_6 + E^+ \xrightarrow{\text{很快}} \underset{\pi\text{-配合物}}{[C_6H_6 \cdots E^+]} \xrightarrow{\text{慢}} \underset{\sigma\text{-配合物}}{[C_6H_6E]^+} \xrightarrow{\text{快}} C_6H_5E + H^+$$

$$E^+ = X^+[FeX_4]^-, \overset{+}{N}O_2, SO_3, R^+, R\overset{+}{C}{=}O, \overset{+}{C}H_2OH$$

首先，亲电试剂 E^+接近苯环，与苯环π电子云作用，很快形成π-配合物；其次，亲电试剂夺取π电子云中的一对电子，并与苯环碳原子形成σ-键，即形成σ-配合物，这一步因为破坏了苯环的闭合大π键结构，使体系能量迅速升高，因而进行缓慢，是反应的决速步骤；最后，σ-配合物脱去一个氢离子，重新构成稳定的闭合大π键而完成反应。

因为π-配合物的形成非常容易，对整个反应的速率无影响，因此苯环上亲电取代反应历程可忽略π-配合物的形成这一步，而简化为两步历程。两步反应历程的能量变化如图 8-4 所示。

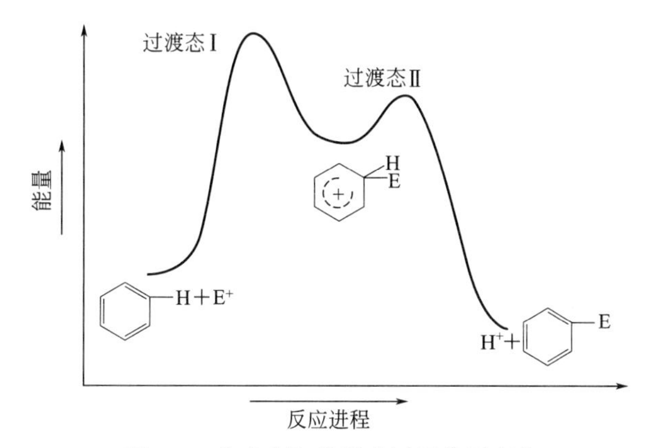

图 8-4　苯亲电取代反应过程能量变化

苯环上的卤化、硝化、磺化、烷基化、酰基化、氯甲基化等亲电取代反应的机理分别如下。

（1）卤化反应机理

有关卤化反应的实验表明，苯在通常条件下与卤素不发生反应，若有 FeX_3 存在，则反应可顺利进行。例如苯与液溴的混合物，在室温下溴的红色经久不变，若加入少量 $FeBr_3$，则红色逐渐褪去，由于反应生成 HBr 而出现白雾。

苯 + Br_2 —(室温)→ 不反应

苯 + Br_2 —($FeBr_3$，室温)→ 溴苯 + HBr

这是因为苯虽然具有丰富的π电子，但闭合的共轭体系使π键的活性显著降低，不像 C═C 双键那样可直接与卤素极化而进行反应。

$$Br—Br + >C=C< \longrightarrow >\overset{+}{C}—C<(Br桥) + Br^- \longrightarrow —\underset{Br}{C}—\overset{Br}{C}—$$

但当有 $FeBr_3$ 存在时，Br_2 可首先与 $FeBr_3$ 作用，通过生成配合物而促进 Br—Br 键的极化，并形成偶极分子：

$$Br—Br + FeBr_3 \rightleftharpoons \overset{\delta^+}{Br}—\overset{\delta^-}{Br}\cdots\cdots FeBr_3 \rightleftharpoons Br^+[FeBr_4]^-$$

然后 $Br^+[FeBr_4]^-$带部分正电荷的一端进攻苯环并夺取一对π电子，生成活性中间体σ-配合物。最后，活性中间体失去一个 H^+，恢复苯环闭合的共轭体系，生成取代产物溴苯。

苯 + $Br^+[FeBr_4]^-$ —(慢)→ σ-配合物 —(快)→ 溴苯 + $FeBr_3$ + HBr

σ-配合物

（2）硝化反应机理

硝化反应通常使用混酸，因硫酸的酸性比硝酸强，两者相互作用产生硝酰阳离子$\overset{+}{N}O_2$，亲电性的$\overset{+}{N}O_2$进攻苯环生成活性中间体σ-配合物，最后转变为取代产物硝基苯。

$$HO—NO_2 + H_2SO_4 \xrightleftharpoons{-HSO_4^-} H—\overset{+}{\underset{|\atop H}{O}}—NO_2 \xrightarrow{-H_2O} \overset{+}{N}O_2$$

$$C_6H_6 + \overset{+}{N}O_2 \xrightarrow{慢} [C_6H_6NO_2]^+ \xrightarrow{快} C_6H_5NO_2 + H^+$$

$$H^+ + HSO_4^- \rightleftharpoons H_2SO_4$$

显然，浓H_2SO_4的存在可以加快硝酰阳离子$\overset{+}{N}O_2$的生成，促进反应的进行。

（3）磺化反应机理

磺化反应实验发现，当使用浓H_2SO_4时，反应难以进行，若使用发烟硫酸，则在室温条件下即可反应，生成苯磺酸。这表明进攻苯环引起反应的是溶解于发烟硫酸中的SO_3。

$$C_6H_6 + \overset{\delta+}{S}O_2\overset{\delta-}{O} \xrightarrow{慢} [C_6H_6SO_3^-]^+ \xrightarrow{快} C_6H_5SO_3H$$

σ-配合物

（4）烷基化与酰基化反应机理及碳正离子的重排

烷基化反应，首先是催化剂$AlCl_3$与卤烷或烯烃或醇作用，生成活泼的烷基碳正离子；然后，R^+进攻苯环，通过生成σ-配合物转变为烷基苯。

$$R—X + AlX_3 \rightleftharpoons R^+[AlX_4]^-$$

$$R—OH + AlX_3 \rightleftharpoons R^+[Al(OH)X_3]^-$$

$$CH_2═CH_2 + AlX_3 \rightleftharpoons \overset{+}{C}H_2CH_2—AlX_3^-$$

$$C_6H_6 + R^+[AlX_4]^- \xrightarrow{慢} [C_6H_6R]^+ + AlX_4^- \xrightarrow{快} C_6H_5R + AlX_3 + HX$$

σ-配合物

上述反应中，若碳正离子 R^+可通过自身重排进一步稳定，那么 R^+必将发生重排反应（rearrangement reaction），生成更为稳定的烷基碳正离子 R^+。这是芳烃烷基化反应发生异构化的原因所在。例如，下面反应的主要产物就是碳正离子经过重排以后进攻苯环的结果：

$$C_6H_6 + CH_3CH_2CH_2Cl \xrightarrow{AlCl_3} C_6H_5CH(CH_3)_2 + HCl$$

该反应的过程如下：

$$CH_3CH_2CH_2Cl + AlCl_3 \longrightarrow [CH_3CH_2\overset{+}{C}H_2][AlCl_4]^- \xrightarrow{重排} [CH_3\overset{+}{C}HCH_3][AlCl_4]^-$$

这样，进攻苯环的是重排后生成的碳正离子，因此反应的主要产物是异丙苯。

$$C_6H_6 + [CH_3\overset{+}{C}HCH_3][AlCl_4]^- \longrightarrow [\text{arenium ion}: C_6H_6^{+}(H)CH(CH_3)_2] \longrightarrow C_6H_5CH(CH_3)_2$$

在有机化学中，重排反应是非常普遍的，碳正离子重排即是重排反应的一种。关于碳正离子重排，Frank Whitmore 描述为：一个氢原子、烷基或芳基，带着一对电子，从临近的碳原子上迁移到带正电荷的碳原子上，失去迁移基团的碳原子得到正电荷，而形成一个新的碳正离子。氢原子的迁移称为氢迁移，烃基的迁移称为烃基迁移。迁移一般发生在相邻的两个碳原子上，故称为1,2-迁移（1,2-migration）。碳正离子的重排经历三中心二电子过渡态一步完成。例如：

$$H_3C-CH_2-\overset{+}{C}H_2 \longrightarrow [H_3C-CH\cdots H\cdots CH]^+ \longrightarrow H_3C-\overset{+}{C}H-CH_3$$

1° 碳正离子, 能量较高　三中心两电子过渡态　2° 碳正离子, 能量较低

重排后所形成的新的碳正离子通常能量更低，因而稳定性更大。由此可见，碳正离子的重排也是遵守能量最低原理，受能量因素制约的。因此，碳正离子发生重排反应的条件就是通过重排能够形成更稳定的碳正离子，使体系能量降低。

在有机化学反应中，凡是通过重排能够降低体系能量的碳正离子都能进行重排，甚至有时可以通过连续的1,2-迁移，最终得到最稳定的碳正离子。例如：

$$H_3C-CH(CH_3)-CH_2-\overset{+}{C}H_2 \xrightarrow{\text{重排}} H_3C-CH(CH_3)-\overset{+}{C}H-CH_3 \xrightarrow{\text{重排}} H_3C-\overset{+}{C}(CH_3)-CH_2-CH_3$$

1° 碳正离子　2° 碳正离子　3° 碳正离子

$$\text{环丁基}-\overset{+}{C}(CH_3)_2 \xrightarrow[\text{减小环张力}]{\text{重排}} \text{2,2-二甲基环戊基正离子} \xrightarrow{\text{重排}} \text{1,2-二甲基环戊基正离子}$$

3° 碳正离子　2° 碳正离子　3° 碳正离子

重排是碳正离子的特性，因此发生重排反应是生成碳正离子的重要标志。在烯烃的亲电加成反应中，所生成的活性中间体碳正离子也可以发生重排反应。例如：

$$(H_3C)_3C-HC=CH_2 \xrightarrow[-X^-]{HX} (H_3C)_3C-\overset{+}{C}H-CH_3 \xrightarrow{\text{重排}}$$

$$(H_3C)_2\overset{+}{C}-CH(CH_3)_2 \xrightarrow{X^-} (H_3C)_2CX-CH(CH_3)_2$$

[问题8-4]　提出反应历程，解释下面反应。

$$C_6H_6 + CH_3CH=CH_2 \xrightarrow{AlCl_3} C_6H_5CH(CH_3)_2$$

[问题8-5]　下列两个反应，为什么反应（b）异构化的产物比反应（a）多？

(a) $$C_6H_6 + CH_3CH_2CH_2Cl \xrightarrow{AlCl_3} \underset{70\%}{C_6H_5CH(CH_3)_2} + \underset{30\%}{C_6H_5CH_2CH_2CH_3}$$

(b) 苯 + $(CH_3)_2CHCH_2Cl$ $\xrightarrow{AlCl_3}$ $C_6H_5C(CH_3)_3$ 100%

[问题 8-6] 如何由苯合成二苯甲烷？

酰基化反应首先是催化剂 $AlCl_3$ 与酰基化试剂作用生成酰基正离子 $R-\overset{O}{\overset{\|}{C^+}}$，因为酰基正离子不发生重排，所以没有异构化产物。酰基化反应的历程如下：

$$R-\overset{O}{\overset{\|}{C}}-Cl + AlCl_3 \rightleftharpoons [R-\overset{O}{\overset{\|}{C^+}}][AlCl_4]^-$$

$$C_6H_6 + [R-\overset{O}{\overset{\|}{C^+}}][AlCl_4]^- \longrightarrow \text{(环己二烯正离子，C(=O)R 与 H)} \longrightarrow C_6H_5COR$$

由于羰基能与催化剂（$AlCl_3$）络合，因此催化剂的用量应超过酰氯的物质的量。如果用酸酐作为酰化试剂，催化剂的用量要略微超过酸酐物质的量的两倍。

$$R-\overset{\ddot{O}:\rightarrow AlCl_3}{\overset{\|}{C}}-Cl \qquad R-\overset{:\ddot{O}\rightarrow AlCl_3}{\overset{\|}{C}}-O-\overset{\ddot{O}:\rightarrow AlCl_3}{\overset{\|}{C}}-R$$

烷基化和酰基化反应的亲电试剂分别为烷基碳正离子和酰基碳正离子，它们的亲电能力均较弱。所以，当苯环上有$-NO_2$ 等强吸电子基团存在时，因苯环上电子云密度较低，烷基化和酰基化反应不能进行。

[问题 8-7] 预测苯和下列混合物反应的主要产物是什么？

（1）$CH_3CH_2CH_2CH_2Cl$ + $AlCl_3$

（2）$(CH_3)_2CHCH_2\overset{O}{\overset{\|}{C}}Cl$ + $AlCl_3$

（5）氯甲基化反应机理

氯甲基化反应与烷基化反应相似，进攻苯环的是羟甲基碳正离子（$\overset{+}{C}H_2OH$）。反应历程如下：

$$H_2C=O + HCl \rightleftharpoons \overset{+}{C}H_2OH + Cl^-$$

$$C_6H_6 + \overset{+}{C}H_2OH \longrightarrow \text{(环己二烯正离子，CH}_2\text{OH 与 H)} \xrightarrow{-H^+} C_6H_5CH_2OH$$

$$C_6H_5CH_2OH + HCl \xrightarrow{ZnCl_2} C_6H_5CH_2Cl + H_2O$$

因为$\overset{+}{C}H_2OH$ 的亲电能力较弱，所以苯环上若有$-NO_2$ 等强吸电子基团存在，氯甲基化反应也不能进行。

烷基苯侧链上的反应

8.4.2 烷基苯侧链上的反应

烷基苯的侧链由于受到苯环的影响，表现出较大的化学活性。

（1）α-氢原子的卤化反应

烷基苯的结构与烯烃相似，因超共轭效应，α-氢原子表现出与烯烃相似的化学活性。

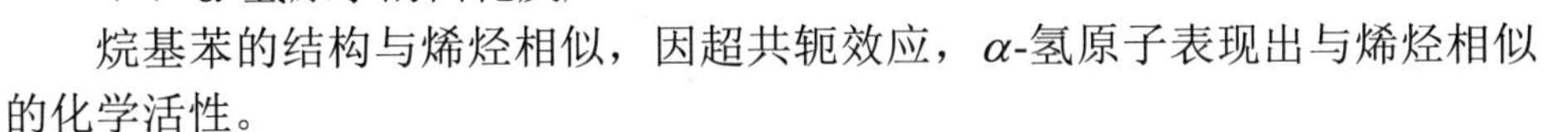

它们的α-氢原子都可以通过自由基反应被卤原子取代。例如：

$$C_6H_5CH_2CH_3 + Cl_2 \xrightarrow{h\nu} C_6H_5CHClCH_3 + HCl$$

$$CH_3CH=CH_2 + Cl_2 \xrightarrow{h\nu} ClCH_2CH=CH_2 + HCl$$

烷基苯α-H 的活性较高，最主要的原因是活性中间体自由基是共振稳定的，能量较低。

在α-H 的卤化反应中，Br_2 显示出比 Cl_2 高得多的选择性。例如：

$$C_6H_5CH_2CH_3 \xrightarrow[h\nu]{Cl_2} C_6H_5CHClCH_3\ (91\%) + C_6H_5CH_2CH_2Cl\ (9\%)$$

$$C_6H_5CH_2CH_3 \xrightarrow[h\nu]{Br_2} C_6H_5CHBrCH_3\ (99\%) + C_6H_5CH_2CH_2Br\ (1\%)$$

（2）氧化反应

任何含α-H 的单环芳烃经强烈氧化，如与高锰酸钾溶液共热，侧链都会被氧化成羧基（—COOH）。若α-碳原子上无氢，则不能被高锰酸钾氧化。例如：

$$C_6H_5CH_2R \xrightarrow[\triangle]{KMnO_4,\ H^+} C_6H_5COOH$$

$$m\text{-}(CH_3)_3C\text{-}C_6H_4\text{-}CH=CH_2 \xrightarrow[\triangle]{KMnO_4,\ H^+} m\text{-}(CH_3)_3C\text{-}C_6H_4\text{-}COOH$$

由于氧化剂高锰酸钾在反应过程中有明显的颜色变化，因此利用这一反应可以区分含α-H 和不含α-H 的芳烃。

[问题 8-8] 完成下面反应方程式。

$$\text{C}_6\text{H}_5\text{—C}_6\text{H}_{11} \xrightarrow[\triangle]{KMnO_4,\ H^+}$$

[问题 8-9] 试用简便方法区分甲苯与苯。

[问题 8-10] 烷基苯α-H 溴化反应的选择性为什么比氯化反应高？

异丙基苯用氧气缓和氧化，则生成α-H 过氧化物，再经酸性水解，得一分子苯酚和一分子丙酮，这是工业上制备苯酚、丙酮的一个重要反应，称为异丙苯法。

$$C_6H_5CH(CH_3)_2 \xrightarrow{O_2} C_6H_5C(CH_3)_2\text{—O—OH} \xrightarrow{H_3O^+} C_6H_5OH + CH_3\overset{O}{\overset{\|}{C}}CH_3$$

8.5 苯环上取代基的定位效应

取代基的定位效应

苯的一元取代物如果进一步发生取代反应，第二个取代基进入的位置与第一个取代基有关。前述烷基苯的取代反应，第二个取代基主要进入烷基的邻、对位，而硝基苯若进一步发生硝化反应，则主要得到间二硝基苯：

$$C_6H_5NO_2 \xrightarrow[100℃]{混酸} m\text{-}C_6H_4(NO_2)_2$$

这些结果表明，在芳烃的亲电取代反应中，苯环上已有的取代基对第二个取代基进入的位置具有导向作用。这种导向作用，就称为定位效应（orienting effect），已有的取代基称为定位基（orientating group）。常见取代基的定位效应列于表 8-3。

表 8-3　一元取代苯取代基的定位效应

取代基	产物分布/%			
	邻（*o*）	间（*m*）	对（*p*）	邻+对
溴化反应				
—OCH_3	1.6	—	98.4	约 100
—CH_3	32.9	0.3	66.8	99.7
—F	10.7	0.2	89.1	99.8
—Cl	10.7	0.1	89.2	99.9
—COOH	—	约 100	—	约 0
—NO_2	—	约 100	—	约 0
硝化反应				
—OCH_3	44	1	55	99
—CH_3	58.4	4.4	37.2	95.6
—F	8.7	—	91.3	约 100
—Cl	29.6	0.9	69.5	99.1

续表

取代基	产物分布/%			
	邻（*o*）	间（*m*）	对（*p*）	邻+对
—CN	17.1	80.9	2.0	19.1
—COOH	18.5	80.2	1.3	19.8
$—NO_2$	6.4	93.3	0.3	6.7
酰化反应				
$—OCH_3$	—	—	100	约 100
$—CH_3$	1.2	2.5	96	97.2
—F	0	0	100	100
—Cl	0	0.5	99.5	99.5
$—NO_2$	无反应			
磺化反应				
—OH	49	—	51	约 100
$—CH_3$	—	18.2	81.8	81.8
—F	0.9	—	99.1	约 100
—Cl	0.9	—	99.1	约 100
$—NO_2$	—	97	3	3

8.5.1　两类不同性质的定位基

大量实验事实表明，苯环上亲电取代反应的定位基可分为两种类型，一种是邻、对位定位基，另一种是间位定位基。

（1）邻、对位定位基

邻、对位定位基又叫第一类定位基，它们使第二个取代基主要进入其邻位和对位，且使苯环活化（activating）（卤原子除外），使亲电取代反应更容易进行。这类定位基主要包括以下基团：

$$\xrightarrow[\text{定位效应逐渐减弱}]{—O^-\ \ —NR_2\ \ —OR\ \ —NH_2\ \ —OH\ \ —NHCOR\ \ —OCOR\ \ —R\ \ —CH{=}CH_2\ \ —Ar\ \ —X}$$

邻、对位定位基在结构上具有以下特点：带有负电荷，或与苯环相连的原子带有未共用电子对，或为烃基（含非极性不饱和键的烯基、芳基）等。

（2）间位定位基

间位定位基又称为第二类定位基，它们使第二个取代基进入其间位，且使苯环钝化（deactivating），使亲电取代反应更难进行。这类定位基主要包括以下基团：

$$\xrightarrow[\text{定位效应逐渐减弱}]{—\overset{+}{N}R_3\ \ —CF_3\ \ —NO_2\ \ —CN\ \ —COOH\ \ —CHO\ \ —SO_3H\ \ —COOR\ \ —COR}$$

间位定位基结构上的特点如下：带正电荷，或为强吸电子基团，或与苯环相连的为极性不饱和键等。

一些常见定位基对苯环上亲电取代反应的活化或钝化效应列于表 8-4。

8.5.2　影响定位效应的因素

影响取代基定位效应的因素有多种，主要包括电子效应、空间效应、反应

定位效应的解释

温度等。

8.5.2.1 电子效应的影响

就影响结果而言，取代基的电子效应可分为诱导效应和共轭效应两种。取代基的电子效应对苯环上亲电取代反应定位效应（位置与活性）的影响，可以从静态的电子效应（反应的可能性）和动态的电子效应即反应过程（反应的可行性）两方面来考虑。

表 8-4 常见定位基对苯环上亲电取代反应的活化或钝化效应

定位基	反应	相对速率①	定位基	反应	相对速率①
邻、对位定位基			—F	酰基化	0.252
—N$(CH_3)_2$	硝化	2×10^{11}		硝化	0.14
—OCH_3	溴化	1.79×10^5	—Cl	氯化	0.10
	酰基化	2.9×10^5		硝化	0.033
—CH_3	溴化	605		酰基化	0.021
	酰基化	128	—Br	硝化	0.03
	硝化	24.5	间位定位基		
	磺化	31.0	—COOH	溴化	7.5×10^{-3}
—C（CH_3）$_3$	硝化	15.3	—CN	溴化	1.4×10^{-5}

① 相对于苯在同样条件下的反应速率，即在各种情况下苯的反应速率均为 1.0。

从静态的电子效应考虑，就是看取代基对苯环上π电子分布的影响。亲电取代反应一般发生在π电子云密度较高的部位。若取代基使苯环上某些部位的电子云密度升高，这反应就容易发生，该取代基就为致活基团；相反，则为致钝基团。

从动态的电子效应考虑，就是看取代基对亲电取代反应的决速步骤所生成的σ-配合物稳定性的影响。在反应的决速步骤可能生成的σ-配合物中，能量越低、越稳定的σ-配合物越易生成，反应就按该取向进行。这是最常用、结果最可靠的一种方法。

下面以—CH_3、—OH、—Cl、和—NO_2 为代表，来说明取代基的电子效应对定位效应的影响。

（1）—CH_3 的影响

在甲苯分子中，甲基对于苯环具有供电子效应（+I 效应和超共轭效应），苯环上电子云的分布类似于丙烯。实际测得的甲苯中苯环上各位置的π电子云密度也是如此。

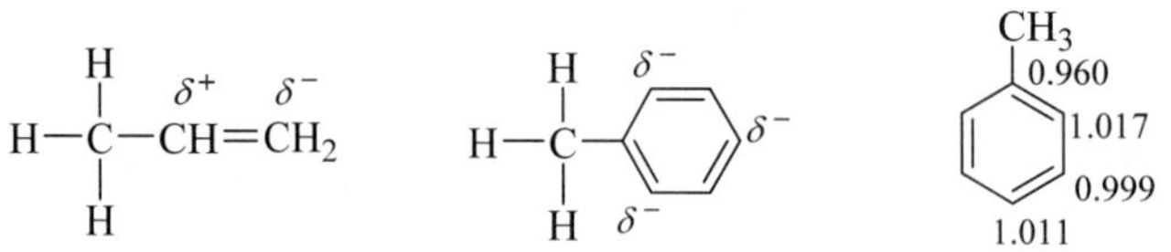

$$H_3C-\overset{\delta^+}{CH}=\overset{\delta^-}{CH_2}$$

（甲苯中苯环各位置π电子云密度：0.960，1.017，0.999，1.011）

因此，亲电试剂将进攻π电子云密度较高的邻位或对位，与苯相比，亲电取代反应也更容易进行，即甲基使苯环活化。

从反应过程来考虑，亲电试剂与甲苯反应时，可能进攻甲基的邻位、对位或间位，从而生成三种σ-配合物：

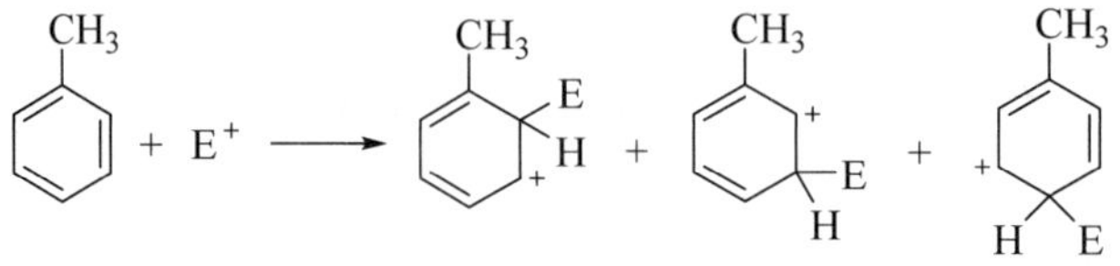

$$C_6H_5CH_3 + E^+ \longrightarrow (\text{Ⅰ}) + (\text{Ⅱ}) + (\text{Ⅲ})$$

三种σ-配合物（Ⅰ）、（Ⅱ）和（Ⅲ）都是非定域的碳正离子，能够通过电子离域形成π_5^4大π键而稳定化。但是—CH_3和—E 的相对位置不同，正电荷被分散的情况各异，体系的能量便有高有低。（Ⅰ）、（Ⅱ）和（Ⅲ）的电子离域情况可用共振结构描述如下：

活性中间体（Ⅰ）

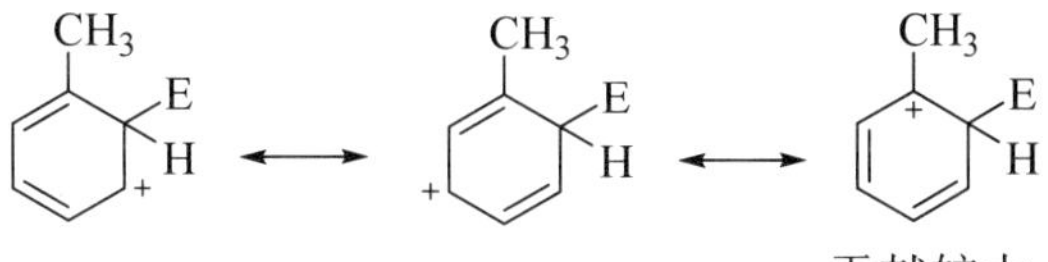

贡献较大

活性中间体（Ⅱ）

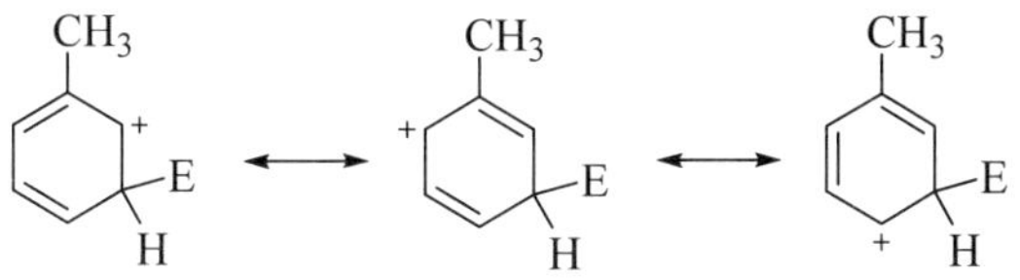

活性中间体（Ⅲ）

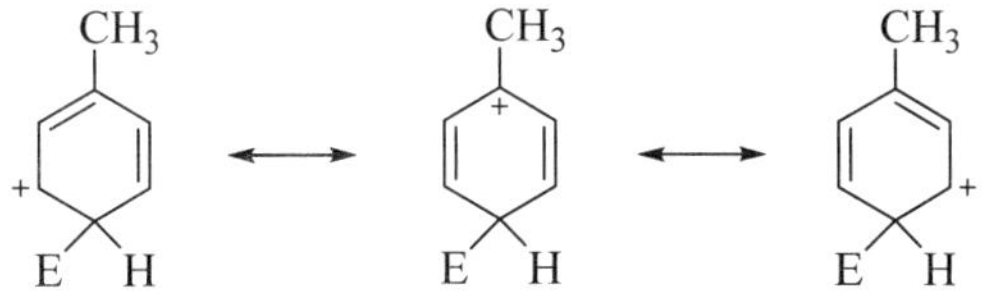

贡献较大

（Ⅰ）、（Ⅱ）和（Ⅲ）虽然都可写出三种共振极限式，但（Ⅰ）和（Ⅲ）都存在贡献较大、较稳定的极限式，而（Ⅱ）不存在，因此活性中间体σ-配合物（I）和（Ⅲ）的能量较低，（Ⅱ）的能量较高。甲苯的亲电取代反应以较快的速率生成σ-配合物（Ⅰ）和（Ⅲ），并最终得到邻、对位取代产物。

（2）—OH 的影响

在苯酚分子中，羟基对于苯环既具有–I 效应，又具有+C 效应（p-π共轭），因氧原子的未共用电子对处于 2p 轨道中，与苯环碳原子的 2p 轨道相近，能够较好交盖，因此，其+C 效应较强，羟基总体表现为供电子效应。羟基供电子的结果，使其邻、对位π电子云密度升高。

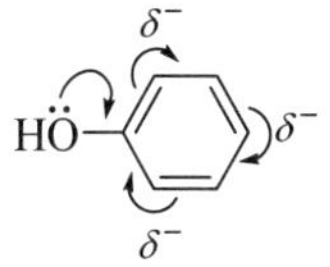

这种静态的电子效应也可用共振结构来描述：

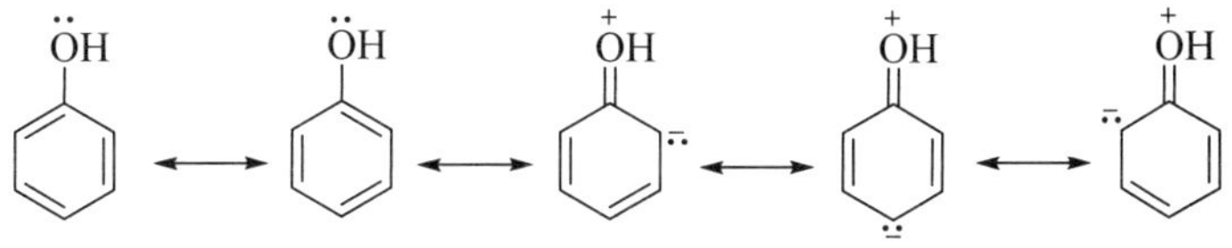

显然这些极限式共振杂化的结果使羟基的邻、对位带部分负电荷，电子云密度较高。因此，亲电试剂将进攻羟基的邻位和对位，使羟基表现出邻、对位定位效应，是致活基团。

从反应过程来考虑，当苯酚进行亲电反应取代时，可能生成三种不同的活性中间体：

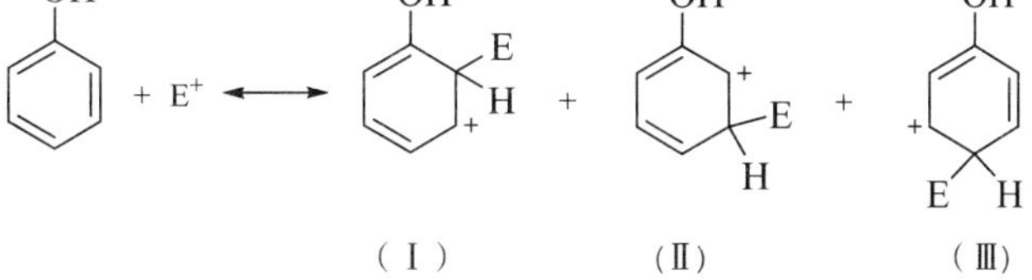

（Ⅰ）　（Ⅱ）　（Ⅲ）

（Ⅰ）、（Ⅱ）和（Ⅲ）都是共振稳定化的，可表述如下：

活性中间体（Ⅰ）　$\ddot{O}H$ E H + ⟷ $\ddot{O}H$ E H + ⟷ $\ddot{O}H$ + E H ⟷ $\overset{+}{O}H$ E H

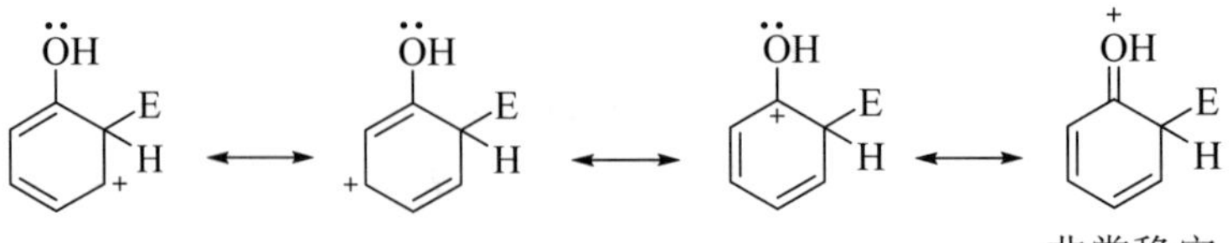

非常稳定

活性中间体（Ⅱ）　$\ddot{O}H$ + E H ⟷ $\ddot{O}H$ + E H ⟷ $\ddot{O}H$ E + H

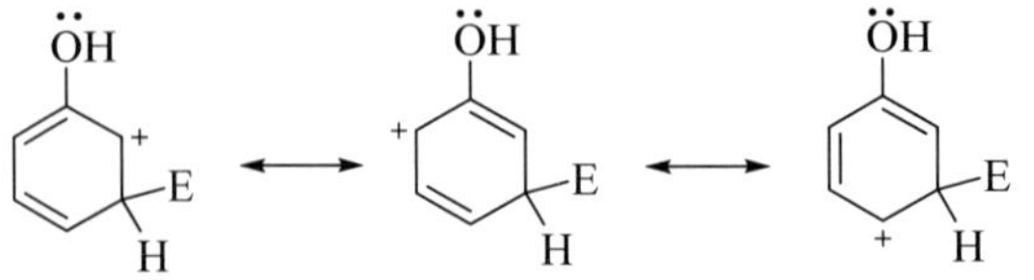

活性中间体（Ⅲ）　$\ddot{O}H$ + E H ⟷ $\ddot{O}H$ + E H ⟷ $\ddot{O}H$ + E H ⟷ $\overset{+}{O}H$ E H

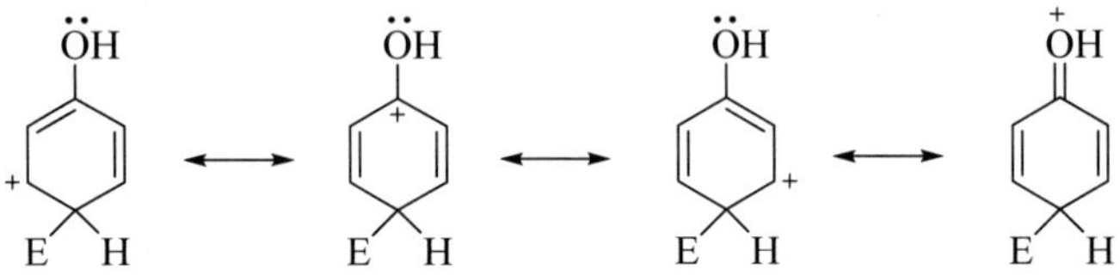

非常稳定

因为活性中间体（Ⅰ）和（Ⅲ）中都有一个非常稳定的共振结构（这个共振结构中每个原子都具有八隅体），所以能量较低，而（Ⅱ）的能量较高。亲电取代反应以较快的速率生成邻、对为σ-配合物，并转变为最后产物，这就是—OH 的邻、对位定位效应。苯酚亲电取代反应决速步骤的能量变化示意于图 8-5（a）。

（3）—Cl 的影响

当氯苯进行亲电取代反应时，也可能生成三种不同的活性中间体：

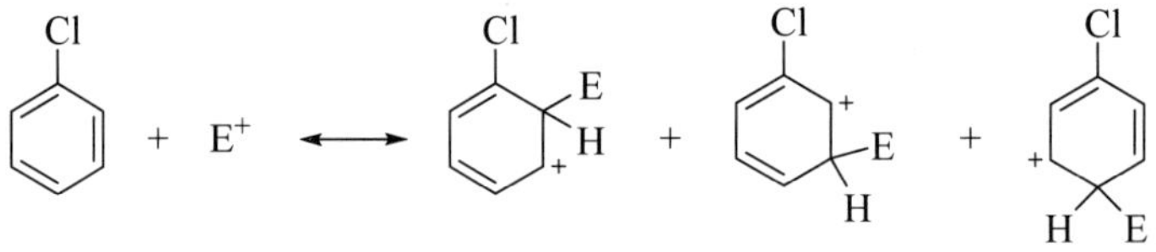

Cl + E^+ ⟷ Cl E H + ＋ Cl + E H ＋ Cl + H E

（Ⅰ）　（Ⅱ）　（Ⅲ）

（Ⅰ）、（Ⅱ）和（Ⅲ）的共振稳定化可表述如下：

活性中间体（Ⅰ）　:Cl: E H + ⟷ :Cl: E H + ⟷ :Cl: + E H ⟷ $:\overset{+}{Cl}$ E H

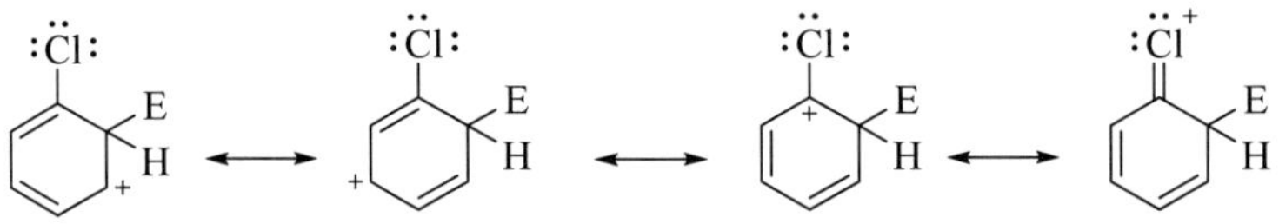

非常稳定

活性中间体（Ⅱ）　:Cl: + E H ⟷ :Cl: + E H ⟷ :Cl: E + H

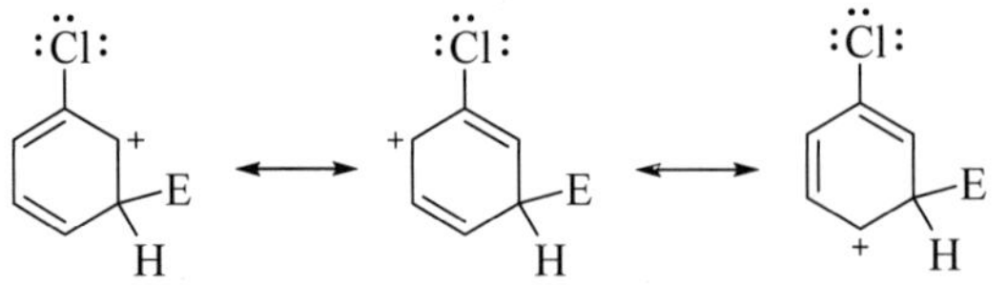

活性中间体（Ⅲ）　:Cl: + H E ⟷ :Cl: + H E ⟷ :Cl: + H E ⟷ $:\overset{+}{Cl}$ H E

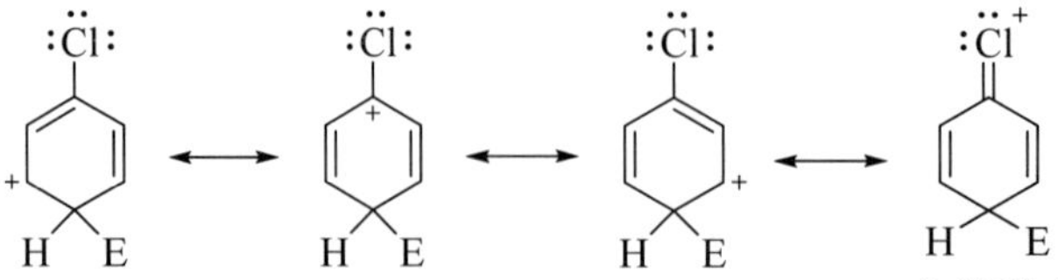

非常稳定

由于（Ⅰ）和（Ⅲ）各有一个非常稳定的共振结构（每个原子都是八隅体），所以（Ⅰ）和（Ⅲ）的能量比（Ⅱ）低，反应主要是通过生成（Ⅰ）和（Ⅲ）转变为邻、对位取代产物。

氯原子对于苯环来说，像羟基一样，既具有吸电子的–I 效应，又具有供电子的+C 效应。

但由于氯原子的未共用电子对处于3p轨道中，与苯环碳原子的2p轨道不能很好交盖，故其+C 效应较弱。因而，氯原子总体表现为吸电子效应，使苯环电子云密度降低，亲电取代反应困难。这就是卤原子既是第一类定位基，又是致钝基团的原因。

氯苯亲电取代反应决速步骤的能量变化示意于图8-5（b）。

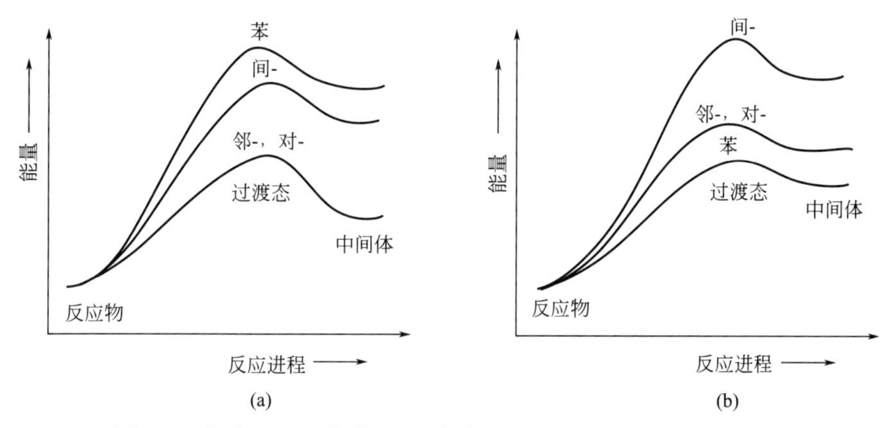

图8-5　苯酚（a）和氯苯（b）亲电取代反应决速步骤的能量变化

（4）—NO_2的影响

第二类定位基对苯环表现为吸电子效应，硝基可作为第二类定位基的代表。

硝基的吸电子作用使苯环上π电子云密度普遍降低，其间位降低得较少，π电子云密度相对较高。实际测定的硝基苯分子中苯环上的π电子云密度如下：

O_2N　　NO_2　0.7　0.705　0.79　0.72

因此，硝基苯的亲电取代反应发生在硝基的间位，硝基表现为致钝效应。

硝基的定位效应也可从反应过程来分析。当亲电试剂与硝基苯作用时，同样可能生成三种活性中间体：

NO_2　+ E^+ ⟶ （Ⅰ） + （Ⅱ） + （Ⅲ）

（Ⅰ）、（Ⅱ）和（Ⅲ）的正电荷通过共振稳定化被分散的情况可表示如下：

活性中间体（Ⅰ）　⟷　⟷　非常不稳定

活性中间体（Ⅱ）

活性中间体（Ⅲ）

非常不稳定

显然，（Ⅰ）和（Ⅲ）中各有一个带正电荷的碳原子直接与强吸电子基—NO_2相连的共振结构，对正电荷的分散十分不利，使得该共振结构具有很高的能量。而活性中间体（Ⅱ）则没有这种共振结构，所以，取代反应主要通过生成能量较低的（Ⅱ）转变为最后产物。这就决定了硝基的间位定位效应。过程决速步骤的能量变化示意于图 8-6，可见—NO_2使苯环钝化。

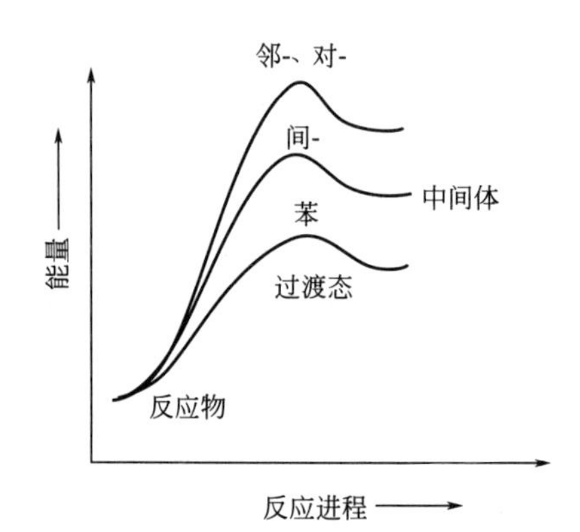

图 8-6 硝基苯亲电取代反应决速步骤的能量变化

8.5.2.2 空间效应和反应温度的影响

空间效应（steric effect）即空间阻隔作用，也是影响取代基定位效应的一个重要因素。这种因素与取代基或试剂的体积大小及形状有关，并通过取代基与试剂之间的空间阻隔影响反应。取代基或试剂的体积越大，空间阻隔就越大，空间效应就越强。空间效应与电子效应同时存在，共同影响有机分子的结构与性质，甚至有时会起到主导作用。

在芳环上的亲电取代反应中，空间效应主要影响第一类定位基邻位和对位取代产物的比例。例如甲苯发生硝化反应，邻位产物占 58%，乙苯的邻位硝化产物占 45%，异丙苯的邻位硝化产物占 30%，而乙酰苯胺的邻位硝化产物仅占 5%。显然，随着取代基体积的增大，空间效应增强，邻位取代产物逐渐减少，而相应的对位取代产物就逐渐增多。

亲电试剂的体积大小对产物的比例也有影响，例如：

溴苯 + X_2 $\xrightarrow{FeX_3}$ 邻-X溴苯 + 间-X溴苯 + 对-X溴苯

	邻位	间位	对位
X=Cl	42%	7%	51%
X=Br	13%	2%	85%

[问题 8-11] C_6H_5—OCH_3 在几乎相同的温度条件下进行硝化和乙酰化，试判断哪一个反应的邻位取代产物较多？为什么？

反应温度等也是影响取代基定位效应的因素。一般来讲，反应温度升高，原有取代基受热振动加剧，对其邻位产生的空间位阻增大，反应会趋向于对位取代，而降低邻位取代产物的产率。例如，甲苯的磺化反应在较高的温度条件下进行时主要得到对位取代的产物。

$$C_6H_5CH_3 \xrightarrow{H_2SO_4} o\text{-}CH_3C_6H_4SO_3H + p\text{-}CH_3C_6H_4SO_3H$$

反应温度	邻位	对位
0 ℃	43%	53%
100 ℃	13%	79%

一般情况下，在σ-配合物中，原有取代基与非定域碳正离子相互作用的电子因素是划分两类不同取代基的决定因素，而原有取代基与亲电试剂之间的空间位阻和反应温度则影响邻位和对位取代产物的相对数量。

8.5.3 二取代苯的定位效应

以上讨论的都是苯环上有一个取代基的情况，如果苯环上有两个取代基，再进行亲电取代反应，第三个取代基将主要进入什么位置呢？总的来说有以下两种情况。

（1）原有两个取代基为同类定位基

这种情况下，第三个取代基进入什么位置取决于定位效应较强的基团和空间效应。例如，对甲基乙酰苯胺的溴化反应，因定位能力—$NHCOCH_3$＞—CH_3，所以反应结果为：

$$p\text{-}CH_3C_6H_4NHCOCH_3 + Br_2 \xrightarrow[55\ ℃]{CH_3COOH} \text{2-Br-4-}CH_3C_6H_3NHCOCH_3$$

间甲基乙酰苯胺的硝化反应中—CH_3与—$NHCOCH_3$的定位效应是一致的，因空间阻碍，—NO_2 主要进入 4-位，进入 6-位较少，而很少进入 2-位。

$$m\text{-}CH_3C_6H_4NHCOCH_3 \xrightarrow{HNO_3,\ H_2SO_4} \underset{78\%}{\text{4-}NO_2\text{-3-}CH_3C_6H_3NHCOCH_3} + \underset{14\%}{\text{2-}NO_2\text{-5-}CH_3C_6H_3NHCOCH_3}$$

对硝基甲醛 O_2N—C_6H_4—CHO 的溴化反应，—NO_2 与—CHO 同为第二类定位基，定位位置发生矛盾，因—NO_2 的定位能力较强，溴化反应主要发生在—NO_2 的间位。

$$p\text{-}O_2NC_6H_4CHO + Br_2 \xrightarrow{FeBr_3} \text{2-Br-4-}NO_2C_6H_3CHO$$

[问题 8-12]　下列化合物进行卤化反应时，什么产物占优势？

(a) 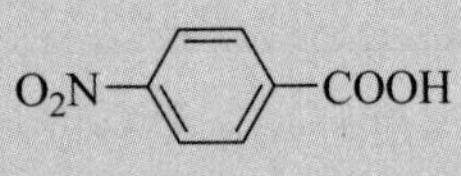 O_2N—⟨苯环⟩—COOH　　(b) CH_3 / CH_3

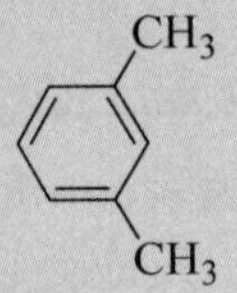

[问题 8-13]　下面反应为什么两种产物一多一少，但比较接近？

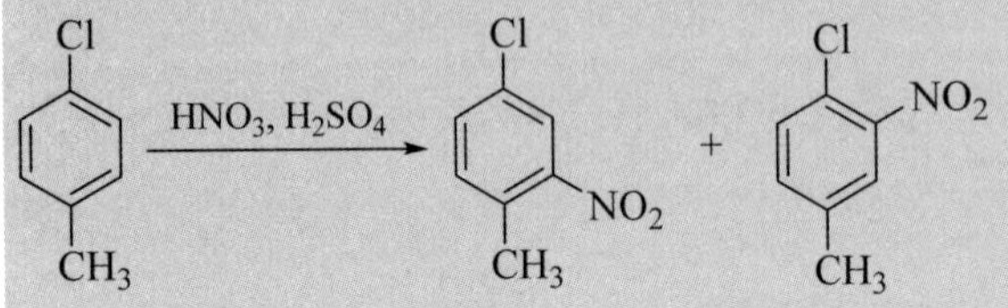

Cl / CH_3 $\xrightarrow{HNO_3,\ H_2SO_4}$ Cl / NO_2 / CH_3 (58%) + Cl / NO_2 / CH_3 (42%)

（2）原有两个取代基为不同类定位基

在这种情况下，第三个取代基进入的位置取决于第一类定位基和空间效应。例如，对硝基甲苯硝化，主要得到 2,4-二硝基甲苯，当然，此时第三个取代基进入的位置也与—NO_2 的定位效应相一致。

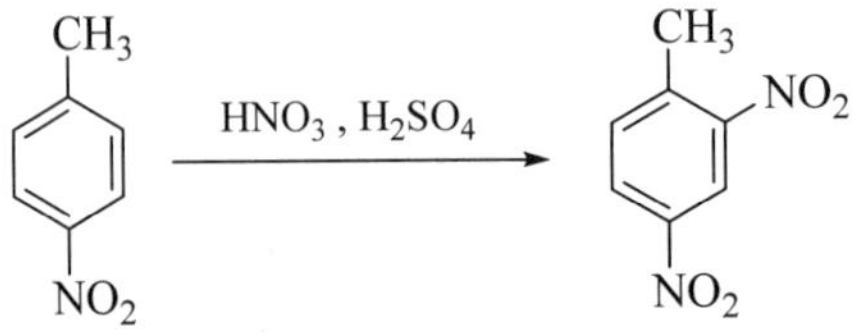

CH_3 / NO_2 $\xrightarrow{HNO_3\ ,\ H_2SO_4}$ CH_3 / NO_2 / NO_2 (90%)

又如间硝基乙酰苯胺的硝化，—NO_2 可进入 2-、4-和 6-三个位置，实际上 2-位因空间阻碍作用取代产物很少。

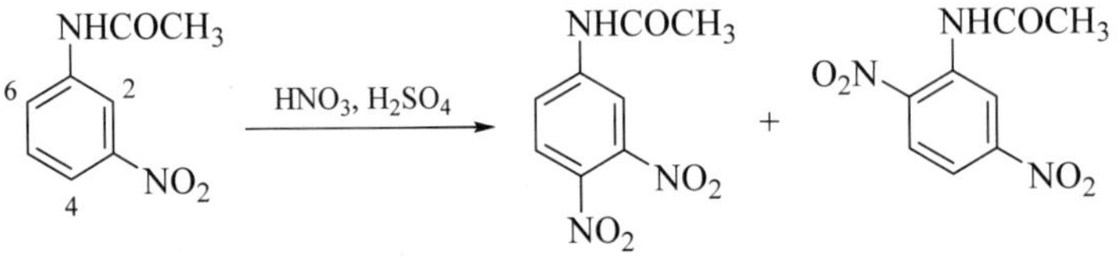

$NHCOCH_3$ (6, 2, 4) / NO_2 $\xrightarrow{HNO_3,\ H_2SO_4}$ $NHCOCH_3$ / NO_2 / NO_2 + $NHCOCH_3$ / O_2N / NO_2

[问题 8-14]　间氯苯甲酸进行磺化时，哪种产物最多？哪种产物最少？

8.5.4　定位效应的应用

定位效应的应用

定位效应不仅可用来预测反应的主要产物，而且在有机合成上有助于选择最佳的工艺路线。这一点可以通过下面的例子说明。

【例 8-1】　如何由苯和氯甲烷合成间硝基苯甲酸？

首先，应注意苯环上不能直接引入羧基（—COOH），羧基可由含α-氢原子的侧链氧化得到；其次，注意烷基化反应必须在引入硝基之前完成，烷基化以后紧接着是氧化，硝化是最后一步，次序不能颠倒。

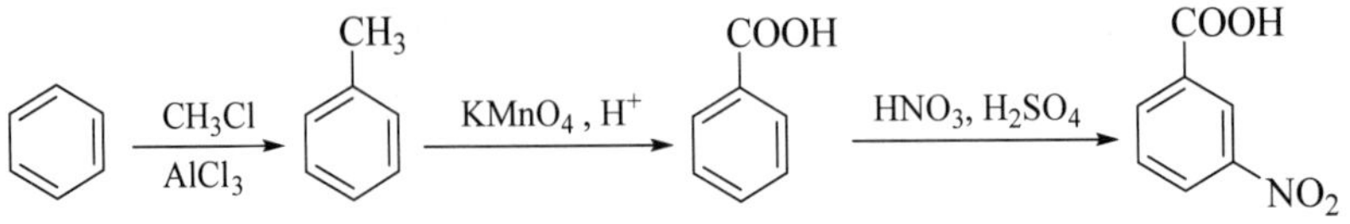

苯 $\xrightarrow[AlCl_3]{CH_3Cl}$ CH_3 $\xrightarrow{KMnO_4\ ,\ H^+}$ COOH $\xrightarrow{HNO_3,\ H_2SO_4}$ COOH / NO_2

【例 8-2】 由苯合成对氯间硝基苯磺酸。

目标分子的构造式为：

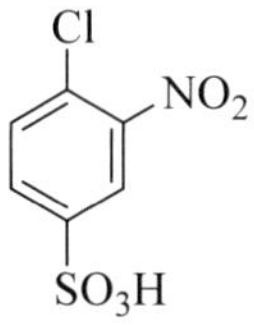

在苯环上要引入—Cl、—NO_2和—SO_3H三个基团，因为—NO_2和—SO_3H处于—Cl的邻位和对位，所以苯环上只能引入—Cl。下一步既可磺化，又可硝化，但应先磺化，利用—SO_3H体积较大，取代基主要进入—Cl的对位来减少副反应，最后硝化。

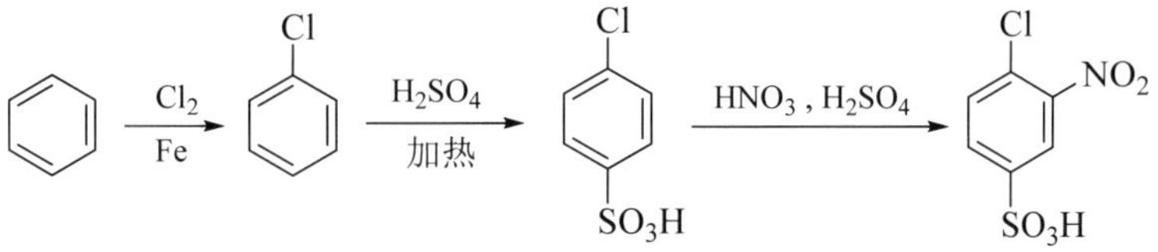

$$\text{C}_6\text{H}_6 \xrightarrow[\text{Fe}]{\text{Cl}_2} \text{C}_6\text{H}_5\text{Cl} \xrightarrow[\text{加热}]{\text{H}_2\text{SO}_4} p\text{-ClC}_6\text{H}_4\text{SO}_3\text{H} \xrightarrow{\text{HNO}_3\text{, H}_2\text{SO}_4} \text{4-Cl-3-NO}_2\text{C}_6\text{H}_3\text{SO}_3\text{H}$$

[问题 8-15] 写出实现下列转变的反应方程式。

(a) CH_3Cl，苯 ⟶ 4-溴-3-硝基苯甲酸（Br、NO_2、COOH）

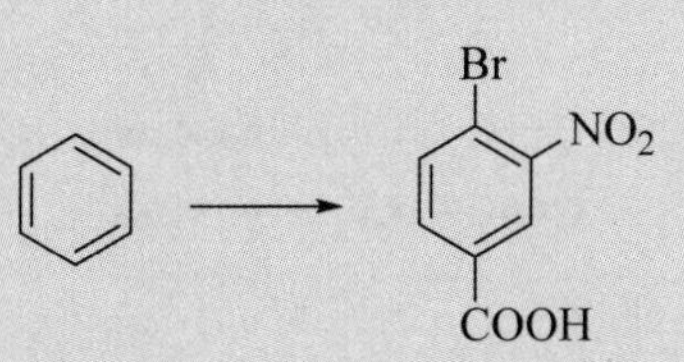

(b) $H_2C{=}CH_2$，苯 ⟶ 3-溴-4-乙基苯磺酸（SO_3H、Br、C_2H_5）

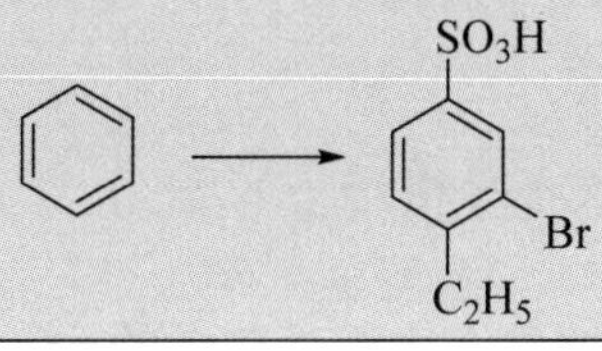

8.6 稠环芳烃

稠环芳烃是由多个苯环相互共用两个邻位碳原子并联而成的一类化合物。比较重要的稠环芳烃有萘、蒽、菲、芘等。

稠环芳烃的结构和化学反应

8.6.1 萘

萘（naphthalene）存在于煤焦油中，含量高达 11%。萘为白色片状晶体，熔点为 80℃，不溶于水，溶于酒精、乙醚、苯等有机溶剂。萘在室温下有相当大的蒸气压，易升华，有一定的毒性。

（1）萘的结构

萘的分子式为$C_{10}H_8$，由两个苯环通过共用两个邻位碳原子稠合而成。

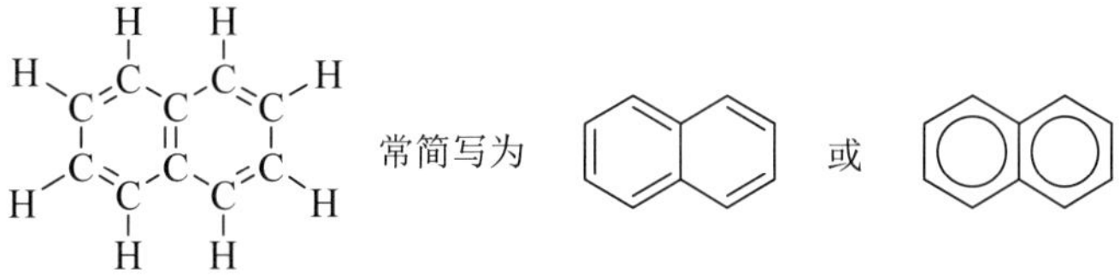

常简写为 或

与苯不同，萘分子中的 10 个碳原子是不相同的，为了便于说明萘的化学反应，给萘的衍生物命名，萘的碳原子按下面的规定编号标记。

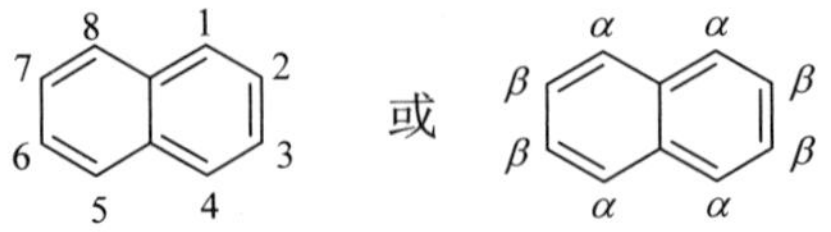
8
1
7
2
6
3
5
4
或
α
α
β
β
β
β
α
α

其中 1,4,5,8-位四个碳原子都与共用的碳原子直接相连，它们的位置是等同的，叫做 α位，其任何一个位置的氢原子被取代，都得到同样的一元取代产物，称为 α-取代物。同样 2,3,6,7-位四个碳原子也是相同的，它们与 α 位不同，称为β 位。β-氢原子被取代则得到β-取代物。这样萘的一元取代物有 α-与β-两种异构体。例如：

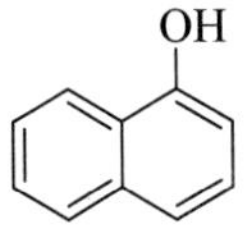
OH

α-萘酚（俗称甲萘酚）

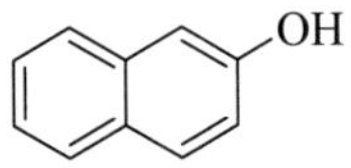
OH

β-萘酚（俗称乙萘酚）

萘分子在结构上与苯相似，形成闭合的π-π共轭体系，键长平均化，具有芳香性。但是，萘分子中碳原子的位置并不完全相同，因此键长的平均化程度比苯小，这就是萘分子结构的基本特点。

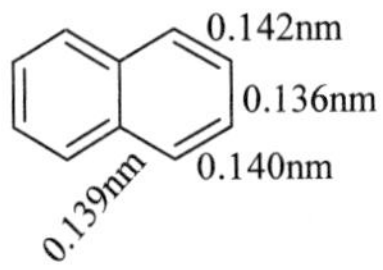
0.142nm
0.136nm
0.140nm
0.139nm

$H_3C—CH_3$ 中 C—C 键长为 0.154 nm

$H_2C═CH_2$ 中 C═C 键长为 0.134 nm

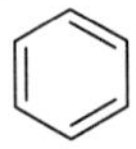 中 C—C 键长为 0.139 nm

（2）萘的化学性质

萘的结构决定了它的化学性质与苯相似，但又不尽相同。

① 亲电取代反应

与苯相似，亲电取代反应也是萘的主要化学性质。由于萘分子的π电子云离域不如苯彻底，芳香性较小，因而萘更容易发生亲电取代反应。

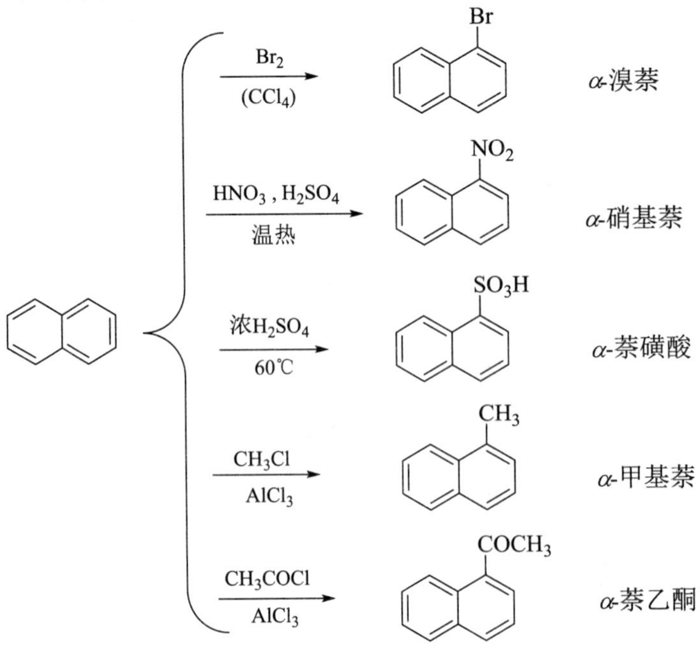
Br₂
(CCl₄)
Br
α-溴萘
HNO₃ , H₂SO₄
温热
NO₂
α-硝基萘
浓H₂SO₄
60℃
SO₃H
α-萘磺酸
CH₃Cl
AlCl₃
CH₃
α-甲基萘
CH₃COCl
AlCl₃
COCH₃
α-萘乙酮

由以上反应的反应条件可以看出，萘的亲电取代反应活性比苯高，例如，萘与溴的反应既不需要催化剂也不需要加热。上述亲电取代反应的结果表明，萘的 α位反应活性高于β位。这一特点可通过分析活性中间体σ-配合物的稳定性得到解释。

萘的亲电取代反应机理与苯相似，可能生成的两种活性中间体σ-配合物均为非定域的碳正离子，脱去 H^+得到相应的 α-、β-取代产物。

活性中间体（Ⅰ）的共振稳定化情况如下：

活性中间体（Ⅱ）的共振稳定化情况为：

由于（Ⅰ）有两个共振结构分别保留一个完整的苯环，这种共振结构较稳定，贡献也较大，而（Ⅱ）仅有一个这种共振结构，所以（Ⅰ）的能量较低。根据能量最低原理，萘的亲电取代反应主要是通过生成能量较低的 α 位取代的σ-配合物。图 8-7 为萘的溴化反应的能量曲线。

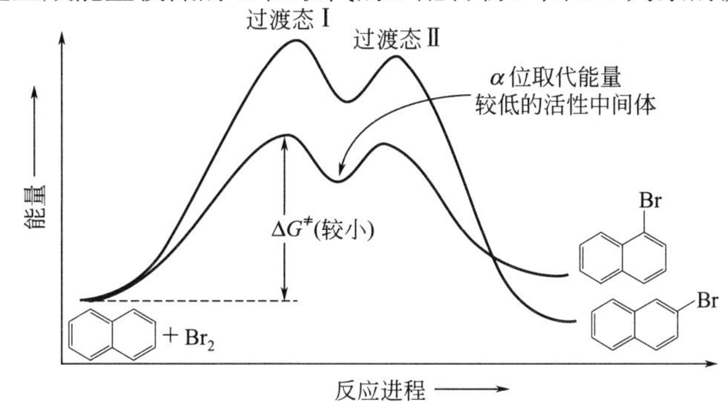

图 8-7　萘的 α和β位溴化过程的能量变化

研究萘的磺化反应发现，温和条件下大部分取代产物为 α-萘磺酸；强烈条件下，主要产物为β-萘磺酸。

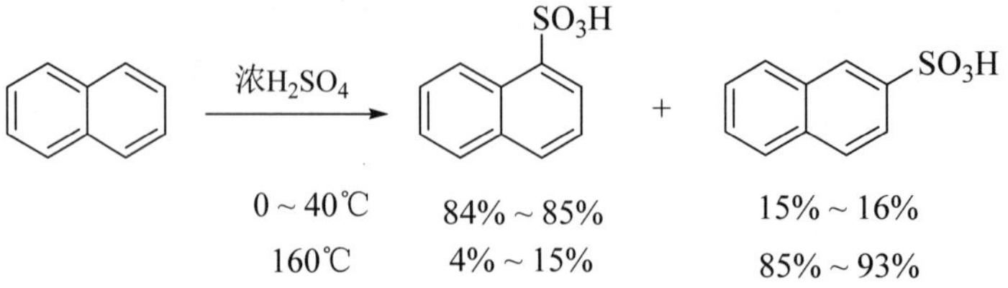

浓H_2SO_4

SO_3H + SO_3H

0～40℃	84%～85%	15%～16%
160℃	4%～15%	85%～93%

低温条件下，由于萘的 α位比β位活泼，α位σ-配合物的生成速率较快，所以主要产物为 α-萘磺酸。如前所述，一个有机反应，如果存在速率不同的竞争反应，反应速率的快慢决定产物的比例，这种反应就称为受动力学控制或受速率控制的反应。萘的低温磺化反应就是一个受速率控制的反应。

在高温条件下，尽管 α-萘磺酸的生成速率较快，但是—SO_3H 与 8 位上的氢原子距离非常近，高温振动加剧了排斥，磺酸基很容易脱落下来，并通过生成能量较高的β位σ-配合物转变为更稳定的β位取代产物β-萘磺酸。

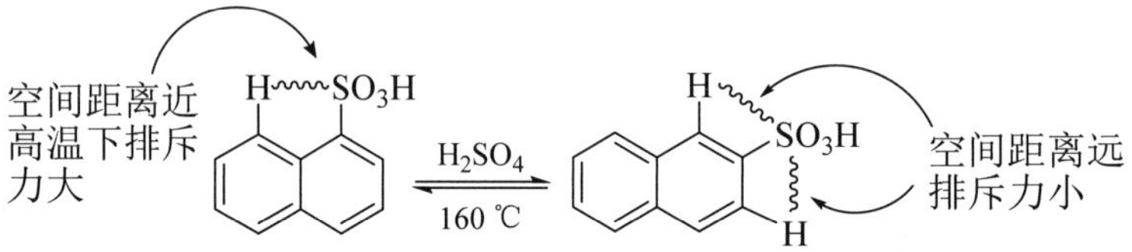

空间距离近
高温下排斥
力大

H～～SO_3H

H_2SO_4
160 ℃

H
SO_3H
H

空间距离远
排斥力小

一个有机反应，如果存在速率不同的竞争反应，反应产物的比例不是取决于速率的快慢，而是取决于产物的热力学稳定性，这种反应就称为受热力学控制或受平衡控制的反应。萘的高温磺化反应就是一个受热力学控制的反应。

[问题 8-16]　完成反应，并解释反应结果。

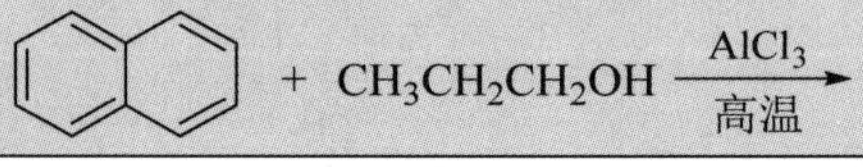

$$+ \ CH_3CH_2CH_2OH \xrightarrow[\text{高温}]{AlCl_3}$$

② 氧化反应

苯不易被氧化，而萘较易被氧化，这是萘的芳香性比苯小的又一表现。邻苯二甲酸就是通过萘氧化制备的。

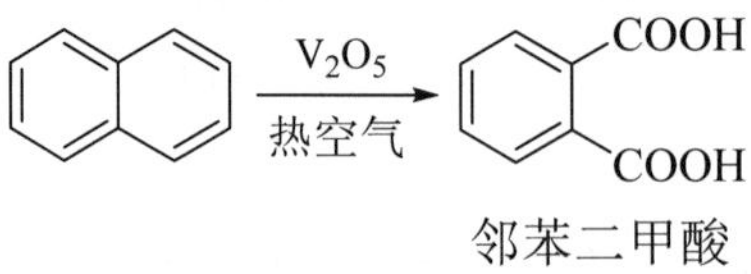

$$\xrightarrow[\text{热空气}]{V_2O_5}$$

COOH
COOH

邻苯二甲酸

邻苯二甲酸氢钾是分析化学中常用的基准试剂，用于标定碱的浓度。邻苯二甲酸二丁酯是聚氯乙烯塑料的增塑剂。

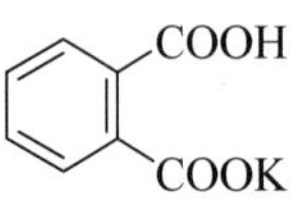

COOH
COOK

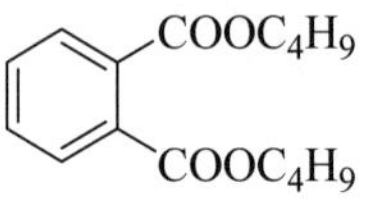

$COOC_4H_9$
$COOC_4H_9$

在室温下用三氧化铬的醋酸溶液处理萘可得到 1,4-萘醌：

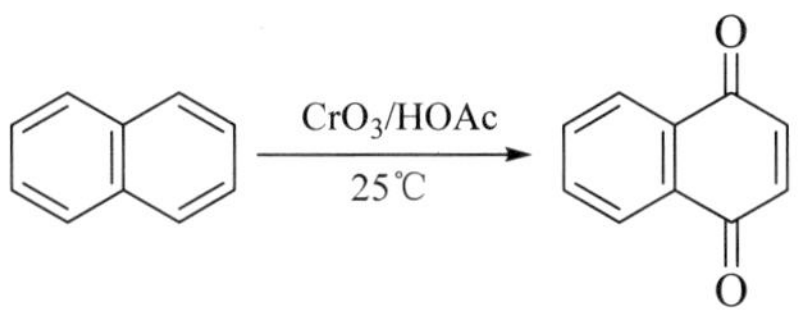

$CrO_3/HOAc$
25℃

③ 还原反应

萘在不同的催化剂和反应条件下，可分别得到不同的还原产物。

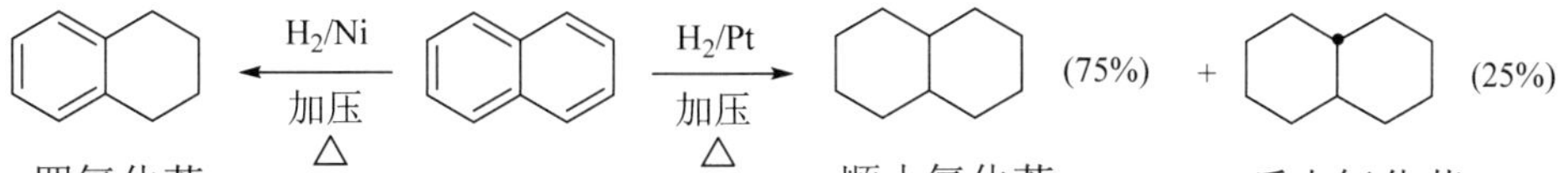

H_2/Ni 加压 △ ; H_2/Pt 加压 △

四氢化萘　　顺十氢化萘 (75%) + 反十氢化萘 (25%)

8.6.2 蒽

蒽为带有淡蓝色荧光的白色片状晶体，熔点为 217℃，不溶于水，加热下可溶于苯。蒽可从煤焦油中提取得到。

（1）蒽的结构

蒽分子由三个苯环稠合而成，所有碳原子均处于同一平面上，分子中任何相邻的碳原子之间均有 p 轨道交盖，构成包括全部碳原子在内的闭合共轭体系。

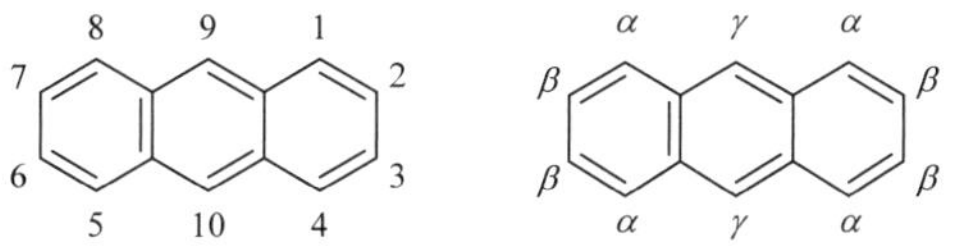

在蒽分子中，1,4,5,8-位相同，称为 α 位；2,3,6,7-位相同，称为β位；9,10-位相同，称为γ位。因此，蒽的一元取代物有 α、β、和γ三种异构体，例如：

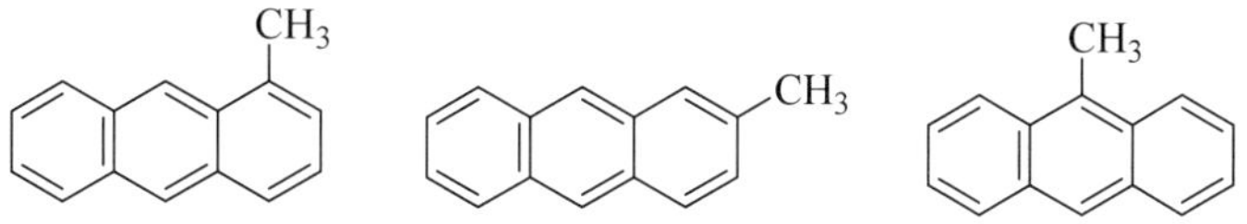

α-甲基蒽　　β-甲基蒽　　γ-甲基蒽

蒽和萘相似，都由苯环稠合而成，具有闭合的共轭体系，显示芳香性。但是，由于稠合的苯环增多，不同位置的碳原子增加，蒽分子中π电子云的离域程度比萘低，芳香性较小，化学活性增大。

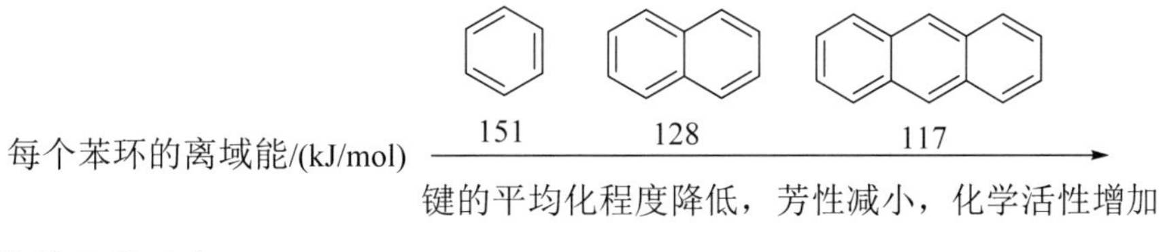

每个苯环的离域能/(kJ/mol)　151　128　117

键的平均化程度降低，芳性减小，化学活性增加

（2）蒽的化学反应

由于芳性较小，蒽比萘更容易发生化学反应，其中γ位活性最高，多数反应都发生在γ位。例如蒽在低温下，可迅速与 Cl_2、Br_2 等发生加成反应：

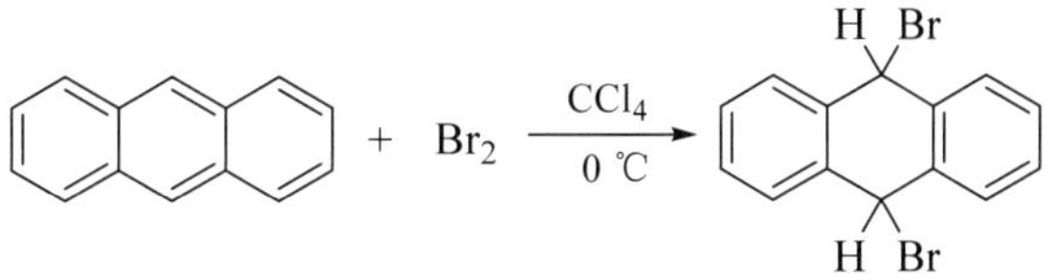

+ Br_2 $\xrightarrow[0\ ℃]{CCl_4}$

9,10-溴化-9,10-二氢蒽

用强氧化剂如重铬酸钾的硫酸溶液（$K_2Cr_2O_7$，H_2SO_4），可将蒽氧化成蒽醌。

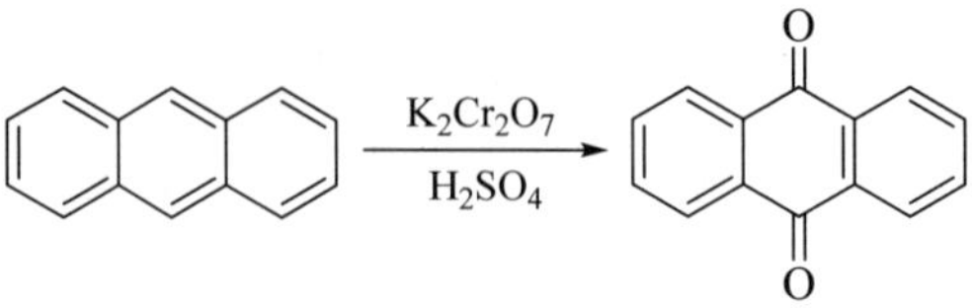

$$\xrightarrow[H_2SO_4]{K_2Cr_2O_7}$$

蒽醌

蒽催化加氢可得到9,10-二氢蒽。

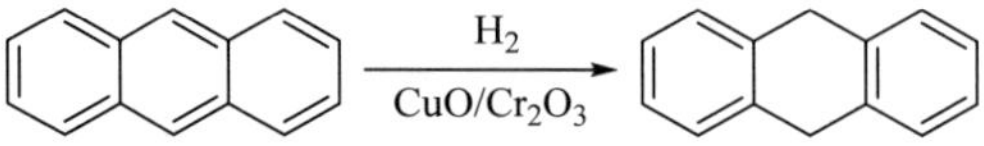

$$\xrightarrow[CuO/Cr_2O_3]{H_2}$$

[问题8-17] 为什么蒽的化学活性γ位最高？如加成反应、氧化反应都发生在γ位。

8.6.3 菲和芘

（1）菲

菲是蒽的同分异构体，是一种无色而有荧光的晶体，熔点为101℃，不溶于水，溶于热的苯中。

菲本身没有什么实际应用价值，但是，菲的衍生物在生理生化及理论研究上极为重要。对生物体有重要作用的许多天然化合物，如甾体化合物（见第19章）、性激素等，它们的分子中都含有全部氢化的菲环，而且在7,8-位并联了一个环戊烷，称为环戊烷并全氢化菲。

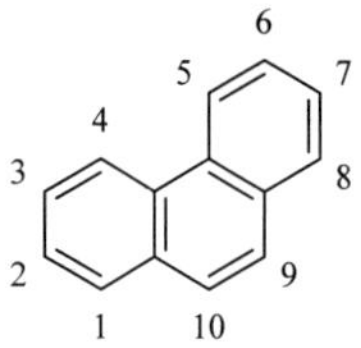

菲 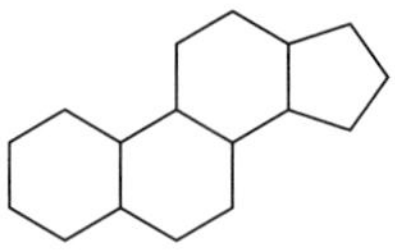　　　环戊烷并全氢化菲

（2）芘和致癌烃

芘由四个苯环稠合而成，在它的3,4-位再稠合一个苯环即得到3,4-苯并芘，后者是最早被发现的一种致癌烃。

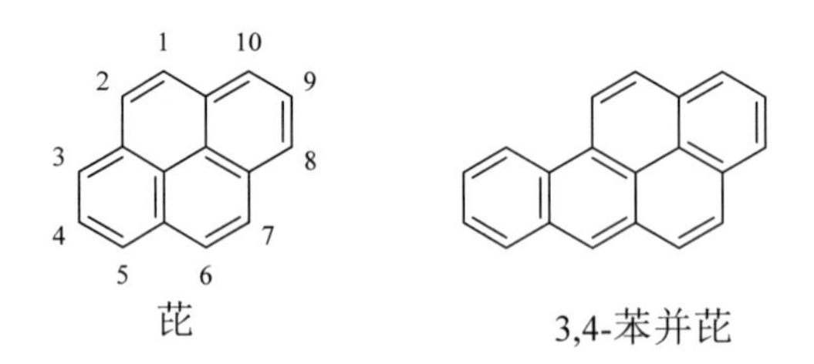

芘　　　3,4-苯并芘

3,4-苯并芘具有强烈的致癌作用。煤、木柴、香烟在燃烧过程中，发动机排出的废气中，食物特别是鱼肉烧焦时都有3,4-苯并芘生成，它是污染大气、食品的主要物质之一。3,4-苯并芘为浅黄色晶体，熔点为179℃，对热稳定，在紫外光照射下产生荧光，不溶于水，可溶于氯仿、苯等有机溶剂。

近年来的研究发现，蒽和芘的衍生物中有许多也有强烈的致癌作用，如1,2,5,6-二苯并蒽、1,2,3,4-二苯并菲等。

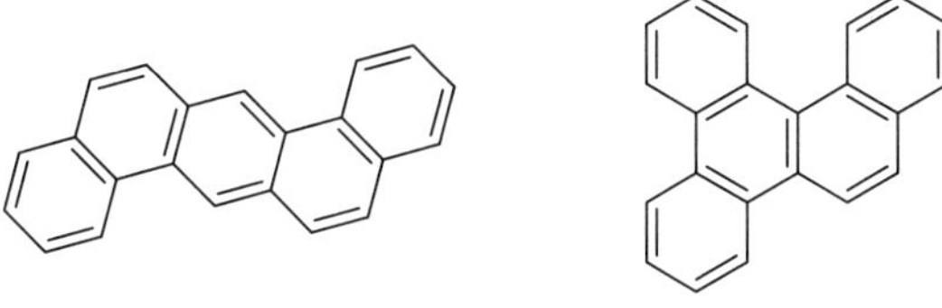

1,2,5,6-二苯并蒽　　　　1,2,3,4-二苯并菲

关于致癌烃的结构与致癌性的关系，目前仍在研究中。

休克尔规则和非苯芳香体系

8.7 非苯芳烃简介

仔细考察前面讨论的芳烃，如苯、萘、蒽等，发现它们在结构上具有如下规律：

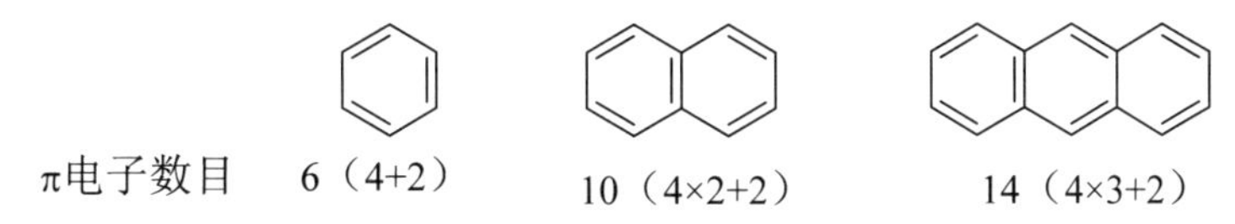

即都具有 $4n+2$ 个π电子，同时又都具有平面结构。据此，休克尔（Hückel）提出了判断芳香性的规则，称为休克尔规则（Hückel rule）。Hückel 规则的含义是，凡具有 $4n+2$ 个π电子，同时σ 键共平面的环状化合物都具有芳香性。芳香性的特征是环状闭合共轭体系，π电子高度离域，具有离域能，体系能量低，较稳定。

前面讨论的芳烃，都具有苯环结构，为苯系芳烃。按照 Hückel 芳香性规则，一些不具有苯环结构的分子或离子也可具有芳香性，称为非苯芳烃。本书第 16 章将讨论的杂环化合物如呋喃、吡啶以及环戊二烯负离子、环庚三烯正离子等，均为非苯芳烃。例如：

环戊二烯负离子（茂）
6个p电子，α环上原子共平面
具有芳香性

环庚三烯正离子（䓬）
6个p电子，α环上原子共平面
具有芳香性

环戊二烯负离子可由环戊二烯与金属钠等活泼金属或强碱反应得到，例如：

$$C_5H_6 + Na \longrightarrow [C_5H_5^{-}]Na^{+} + \frac{1}{2}H_2$$

因此，环戊二烯的 α-H 比烯烃、芳烃的 α-H 具有更强的酸性。

8.8 富勒烯

C_{60}、C_{70} 等原子簇是异于金刚石和石墨的碳的第三种同素异形体。1985 年 Kroto 制备出 C_{60} 和 C_{70} 等笼状分子并证实了它们的稳定存在。受到美国著名建筑设计师 R. B. Fuller 的球形建筑模型的启发，Kroto 等突破传统的碳原子族具有多炔直链结构观念的束缚，大胆提出 C_{60} 像一只普通足球，其三十二面体由 20 个六边形和 12 个五边形衔接成有 60 个顶角的削角球体，60 个碳原子位于 60 个顶角上，正好满足所有碳原子的成键要求。每个碳原子均采取 sp^2 杂化与相邻碳原子以σ单键相连，同时所有碳原子都贡献一个 p 电子构成球形放射状大π键体系，具有三维立体芳香性。Kroto 这一创造性构想类似于当年 Kekule 提出的苯的结构模型，Kroto 的构想被实验证实是完全正确的。1990 年 Krascher 等报道了一种新的 C_{60} 和 C_{70} 的常量制备和分离提纯方法，为富勒烯物理和化学性质的大规模研究并走向应用提供了可能性。1996 年诺贝尔化学奖授予 Curl、Kroto 和 Smally 三位富勒烯的开创性研究者，标志着富勒烯化学的发展逐步走向成熟。

按照 Kroto 的推测，C_{20} 可能会成为最小的富勒烯，C_{24} 是目前已观察到的最小的富勒烯。此外，C_{28}、C_{32}、C_{50}、C_{62}、C_{64}、C_{66}、C_{68}、C_{72}、C_{76}、C_{78}、C_{84} 以及 C_{180}、C_{240}、C_{540}、C_{720} 等超富勒烯都已经制备出来，C_{60} 和 C_{70} 在此类物质制备时因含量最高且最稳定而成为研究的主要对象。

8.8.1 C_{60} 和 C_{70} 的结构

C_{60} 是由 12 个五边形环与 20 个六边形环所构成，60 个碳原子占据着 60 个顶点，形成近似足球状对称的多面体（见图 8-8）。每个五边形环为单键，两个六边形环的共用边则为双键。单键键长为（0.145±0.0015）nm，双键键长为（0.140±0.0015）nm，分子直径为 0.71 nm。60 个碳原子处于等价的位置，在核磁共振碳谱中仅有一个峰，化学位移为 143。碳原子为 sp^2 杂化，未杂化的电子参与形成 π_{60}^{60} 的共轭体系。球体中空，红外光谱在 $1429cm^{-1}$、$1183cm^{-1}$、$577cm^{-1}$、$528cm^{-1}$ 处有振动吸收。

C_{70} 分子是由 70 个碳原子构成的橄榄球状封闭的多面体（见图 8-9），分子内含有 12 个五边形环和 25 个六边形环。70 个碳原子可分为 5 组等价的碳原子。在其 ^{13}C NMR 中出现了 5 个峰：130.8、147.8、148.3、150.8 和 144.4。

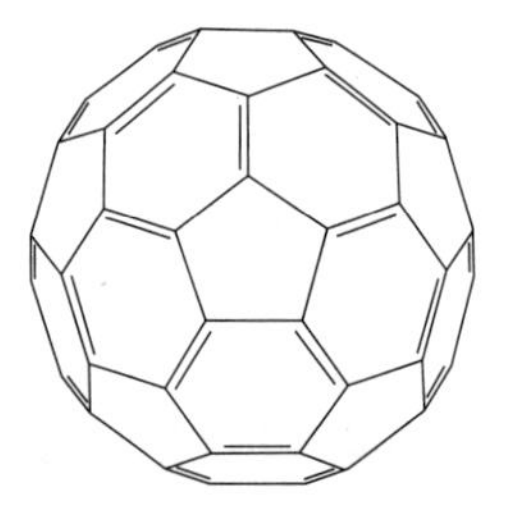
图 8-8 C_{60}

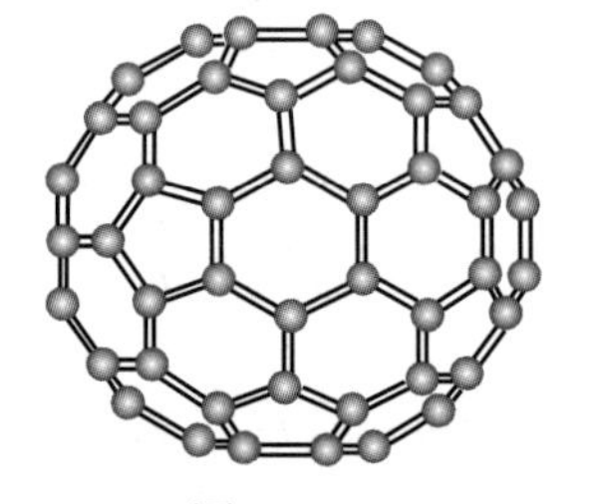
图 8-9 C_{70}

8.8.2 C_{60} 和 C_{70} 的性质

C_{60} 和 C_{70} 为棕黑色晶体，难溶于水，易溶于甲苯等有机溶剂。

C_{60} 和 C_{70} 独特的结构特点，使其既具有三维芳香特征，又具有烯烃的典型性质。其独特的中空笼状结构可以在笼内形成内包物（“汤圆”式结构），又可以在笼表面形成衍生物。

已经研究的 C_{60} 和 C_{70} 典型的化学性质有：氧化和亲核加成、还原和亲电加成、离解反应、加氢形成氢化物富勒烯（fullerenes）、与氧反应形成环氧化合物、与卤素反应生成卤代物、骨架碳被硼置换、与金属反应生成简单化合物（此类化合物具有超导性，如 K_3C_{60} 的 T_c=19.3K）、与金属反应生成络合物、与卡宾等发生插烯反应、通过电化学反应生成有机盐、作为“自由基海绵”发生自由基反应、与水加成生成 $C_{60}(OH)_n$、与惰性气体反应等。

8.8.3 C_{60}和C_{70}的制备

目前制富勒烯的方法很多，但大多产物复杂且难以获得大量的样品。

石墨激光化法是 C_{60} 的一种制备方法，其原理是利用脉冲激光激发加热到高温的石墨，碳蒸气快速冷却导致 C_{60} 形成，采用这种方法无法获得常量的样品。

石墨电弧蒸发法是目前普遍采用的一种方法，即在强电流下使一对石墨电极之间形成电弧，电弧放电过程中使石墨气化，在高温下碳原子或石墨碎片相互碰撞而形成各种全碳分子。正是利用这种方法，人们获得了克量级的 C_{60} 样品。

富勒烯发现者之一的 Smalley 等用太阳光直接蒸发石墨的方法获得了高产率的富勒烯。另一种有可能规模化生产富勒烯的方法是苯火焰燃烧法，这种方法可以控制产物的分布，有目的地富集某些富勒烯。另外，萘热裂解法和有机合成法是有助于揭示富勒烯形成机制的有前途的两种正在研究的方法。

8.8.4 富勒烯化学的前景展望

对于富勒烯及有关化合物的研究最初似乎是物理化学的一个领域，但其后的发展表明它至少与下列学科和应用研究有密切的关系——有机化学、无机化学、生物科学、材料科学、高分子科学、固态物理、天体物理、配位化学、催化科学、光化学、电化学、超导体研究、铁磁体研究、化学电源研究、贮能研究、润滑剂研究等，从而引起了各方面科学家和应用部门的关注。

展望未来，富勒烯化学有可能成为化学发展史上新的里程碑。人们有理由相信单质的成键规律会在一定程度上在这些元素所形成的化合物中得到继承，已知碳单质的两种形式金刚石和石墨分别对应了脂肪族化学和芳香族化学，那么新的单质碳形式富勒烯必然将会对应整个一大类富勒烯化学。

阅读材料

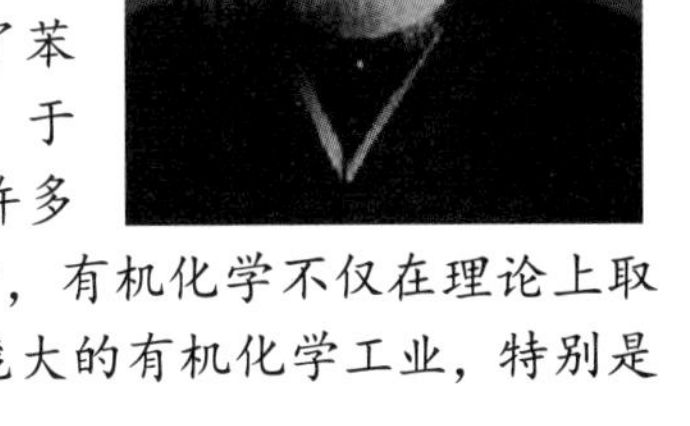

凯库勒（Friedrich August Kekulé，1829—1896）

德国化学家，出生于达姆施塔特。曾在吉森大学学习建筑，后在李比希的影响下，改学化学，1852 年获博士学位。1858 年任比利时根特大学化学教授，1857 年凯库勒提出碳是 4 价的；1858 年进一步提出，碳原子间可以相连成链状的学说。1865 年凯库勒提出了苯的环状结构学说：苯的结构可想象为 6 个链形碳原子闭合而成，于是打开了芳香族化学的大门。由于凯库勒的价键理论被应用到许多其他有机化合物的研究中，19 世纪中叶，有机化学不仅在理论上取得了蓬勃的发展，并且还在德国建立了庞大的有机化学工业，特别是染料及制药工业。

休克尔（Erich Hückel，1896—1980）

德国化学家，出生于柏林一个医生家庭。1914 年入哥廷根大学读物理，曾中断学习 1918 年重新攻读数学和物理。他与荷兰物理学教授德拜（Peter J. W. Debye）提出德拜-休克尔的离子互吸理论。他们认为，强电解质在水溶液中完全电离，强电解质溶液与理想行为的偏差可以归于离子间的电性相互作用。德拜和休克尔推导出当量电导率与溶液浓度的关系式。他于 1930 年开始对芳香性进行研究，基于

苯和吡啶等化合物的化学行为与结构联系，提出了著名的休克尔（4*n*+2）π电子规则。1931 年，休克尔提出了分子轨道的简化的近似计算方法，称为休克尔分子轨道法（HMO 法）。

傅瑞德尔（Charles Friedel，1832—1899）

法国化学家，生于法国斯特拉斯堡，在武慈指导下学习化学，1869 年获得博士学位，1876 年任教授，八年后接替武慈首席有机化学教授位置。傅瑞德尔对矿物学和有机化学的研究很有成就，合成了异丙醇、乳酸和甘油，从 1874 年至 1891 年和美国化学家克拉夫茨（Crafts）合作，发现无水三氧化铝催化下把卤代烃加到苯中，便会反应。这类反应以他们的名字命名为 Friedel-Crafts 烷基化和酰基化反应。

克拉夫茨（James Mason Crafts，1839—1917）

美国化学家，生于美国波士顿，在技术学校毕业获得学士学位后，再攻读机械学一年。1859 年攻读矿物学，1860 年、1861 年分别在本生、武悉指导下学习化学。1865 年返回美国，次年任康奈尔大学化学教授会领导人。四年后，担任麻省理工学院普通化学领导人。1874～1891 年在巴黎大学与傅瑞德尔合作，发明了傅-克反应。1891 年回到麻省理工学院任教后，担任该校校长职务。

本章小结

1. 苯是芳烃中最简单且芳香性最大的成员，结构上高度不饱和，但却具有特殊的化学稳定性，很难发生加成与氧化反应。

2. 苯和它的同系物最重要的化学性质是苯环上可以发生一系列亲电取代反应。亲电取代反应的活性中间体为σ-配合物，σ-配合物的生成是反应的决速步骤。

$$C_6H_6 + E^+ \xrightarrow{\text{慢}} [C_6H_6E]^+ \xrightarrow{\text{快}} C_6H_5E + H^+$$

σ-配合物

$$E^+ = NO_2^+ \ (\leftarrow HNO_3 + H_2SO_4)$$

$$\overset{\delta^+}{X}—\overset{\delta^-}{X}\cdots\cdots FeX_3 \ (\leftarrow X_2 + FeX_3)$$

$$SO_3 \ (\leftarrow H_2SO_4 \text{ 或 } H_2SO_4 \cdot SO_3)$$

$$R^+[AlX_4]^- \ (\leftarrow RX \text{ 或烯醇或醇} + AlX_3)$$

$$R—\overset{O}{\overset{\|}{C}}{}^+[AlX_4]^- \ \left[\leftarrow R—\overset{O}{\overset{\|}{C}}—Cl \text{ 或} (RCO)_2O + AlX_3\right]$$

$$\overset{+}{C}H_2OH \ (\leftarrow HCHO + ZnCl_2 + HCl)$$

3. 根据定位效应，苯环上的取代基可分为邻、对位和间位两类定位基。

邻、对位定位基除了$—CH═CH_2$与$C_6H_5—$以外都是饱和的，或直接与苯相连的原子具有孤对电子的基团，这类基团除卤素等几个基团以外都使苯环活化，有利于亲电取代。

间位定位基除了—CF_3、—CCl_3 以外都是不饱和的，或直接与苯环相连的原子带正电荷的基团，这类基团使苯环钝化，不利于亲电取代。

4. 决定定位效应的主要因素有电子效应、空间因素和反应温度等。其中电子效应是两类不同性质取代基定位效应的决定因素。电子效应通过影响σ-配合物的稳定性显示取代基的定位效应。空间因素和反应温度影响第一类定位基邻位与对位取代产物的比例。

5. 二取代苯的定位效应分为两种情况：同类定位基取决于强者，不同类定位基取决于第一类定位基。

6. 利用苯环上取代基的定位规律，不仅可以预测反应的主要产物，而且在合成苯的取代衍生物时，可以指导选择适宜的合成路线。

7. 烷基苯的烷基侧链易发生 α-氢原子的卤化反应。含 α-氢原子的烷基苯均可被高锰酸钾氧化成苯甲酸。

8. 苯、萘和蒽随着苯环稠合的数目增加，键长平均化程度下降，芳香性减小，化学活性增加。

9. 萘环上亲电取代反应的活性 α 位高于 β 位，蒽环上的反应活性 γ 位高于 α 位和 β 位。

10. 一个有机反应如果存在速率不同的竞争反应，反应速率的快慢决定产物的比例，这种反应为受动力学或受速率控制的反应。如果反应产物的比例与反应速率无关而取决于产物本身的稳定性，这种反应为受热力学或受平衡控制的反应。

11.芳香性条件：①具有 $4n+2$ 个 π 电子；②环上原子共平面；③共轭闭合成环。

习　题

8-1　通过补充必要的试剂或催化剂完成下列反应方程式。

(a) 苯 ⟶ 异丙苯（$CH(CH_3)_2$）

(b) 乙苯（CH_2CH_3）⟶ C_6H_5–$CHBrCH_3$

(c) 苯 ⟶ 苯磺酸（SO_3H）

(d) 苄基溴（CH_2Br）⟶ C_6H_5–CH_2–C_6H_5

(e) 苯 ⟶ 苄基氯（CH_2Cl）

(f) 萘 ⟶ 2-萘磺酸（SO_3H）

8-2　写出下列反应的主要反应产物。

(a) 甲苯（CH_3） + Br_2 $\xrightarrow{Fe}$

(b) 异丙苯（$CH(CH_3)_2$） + Br_2 $\xrightarrow{h\nu}$

(c) 间甲基苯乙烯（CH_3，$CH{=}CH_2$） $\xrightarrow{KMnO_4}$

(d) 苯乙烯（$CH{=}CH_2$） + $CH_3CH{=}CH_2$ $\xrightarrow{AlCl_3}$

（e） + $\xrightarrow{AlCl_3}$　　（f） 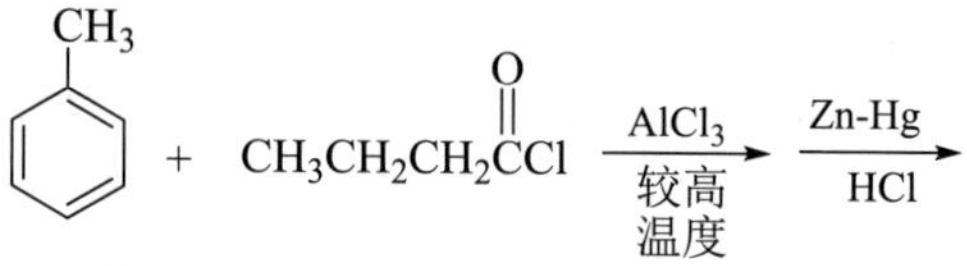 + $CH_3CH_2CH_2\overset{O}{\overset{\|}{C}}Cl$ $\xrightarrow[较高温度]{AlCl_3}$ $\xrightarrow[HCl]{Zn\text{-}Hg}$

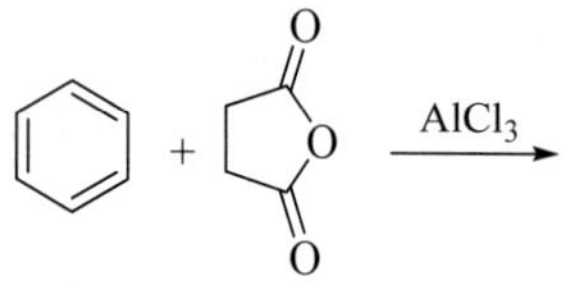

（g） + $CH_2ClCH{=}CHCH_3$ $\xrightarrow{AlCl_3}$　　（h） + $(CH_3CO)_2O$ $\xrightarrow{AlCl_3}$

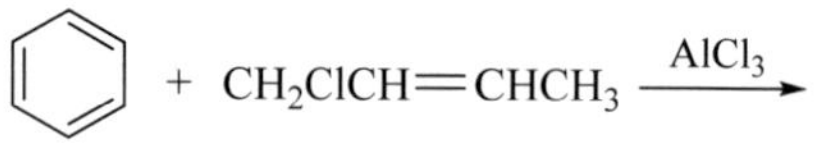

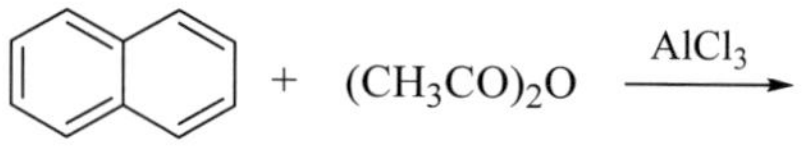

8-3 下面各对化合物中哪一个溴化反应的活性较大？

（a）乙酰苯胺和苯　　（b）溴苯和甲苯

（c）对二甲苯和对甲基苯甲酸　　（d）间二硝基苯和间硝基甲苯

（e）甲苯和苯酚　　（f）苯和萘

8-4 预测下列化合物一次硝化的主要产物。

（a） 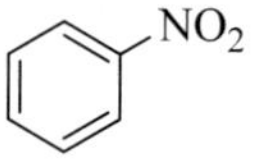 NO_2　　（b） 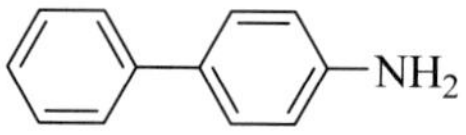 NH_2

（c） 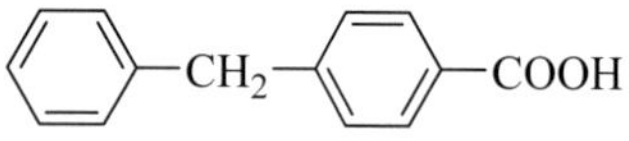 CH_2 COOH　　（d） 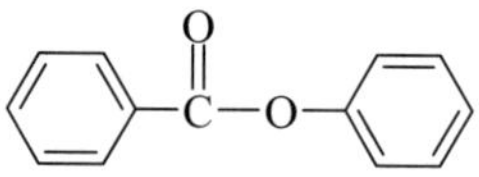 O C O

（e） 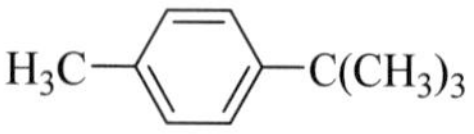 H_3C $C(CH_3)_3$　　（f） H_3CO NO_2

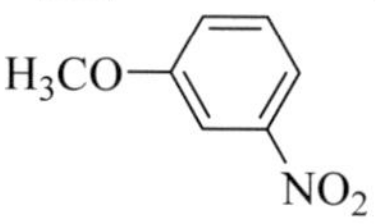

8-5 如何实现下列转变？

（a） 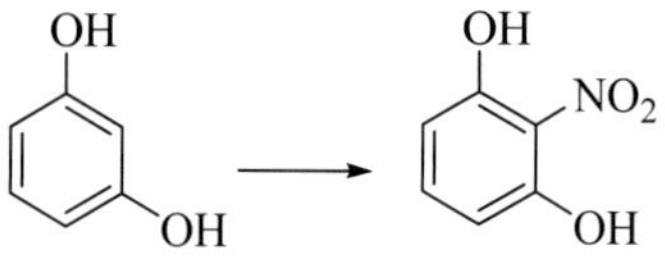 OH OH ⟶ OH NO_2 OH　　（b） 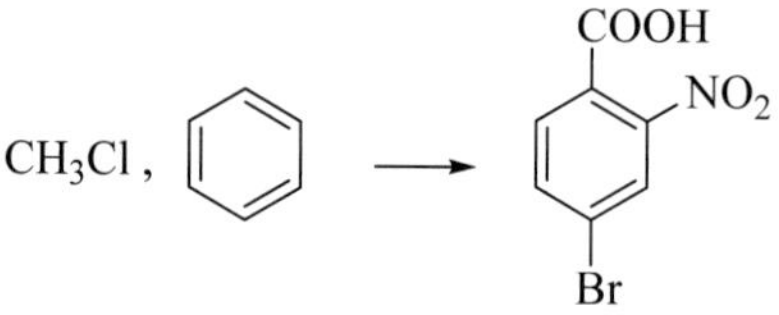 CH_3Cl， ⟶ COOH NO_2 Br

（c） CH_3 ⟶ COOH NO_2

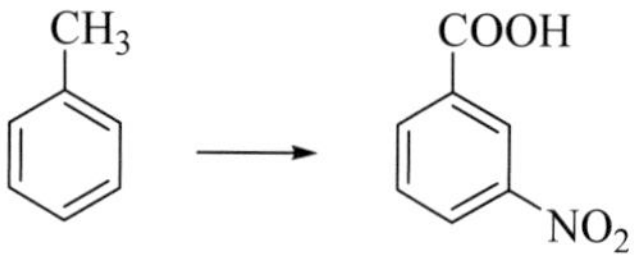

8-6 （a）氯化乙烯三甲胺 $CH_2{=}CH\overset{+}{N}(CH_3)_3Cl^-$ 与 HCl 加成的主要产物是什么？这个反应与丙烯和 HCl 的加成哪一个反应较快？

（b）用共振结构式说明三甲氨基 $-\overset{+}{N}(CH_3)_3$ 是一个间位定位基。

（c）$-NH_2$ 是一个很强的邻、对位定位基，但用混酸硝化时有相当多的间硝基苯胺生成，为什么？

8-7 下面的四个铵基化合物进行硝化的间位产物产率为：A100%；B88%；C19%；D5%。为什么？

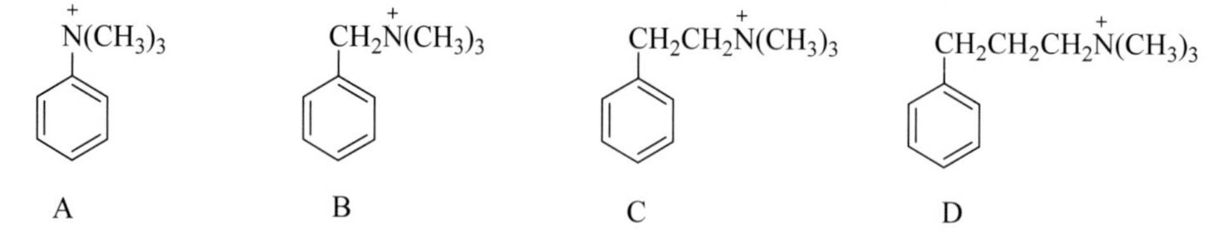

8-8 下列反应是受动力学控制的反应，试解释反应的结果。

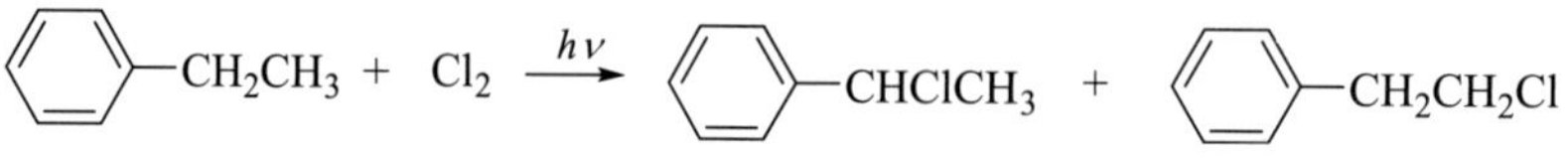

CH_2CH_3 + Cl_2 $\xrightarrow{h\nu}$ $CHClCH_3$ (91%) + CH_2CH_2Cl (9%)

8-9　二乙基苯进行环上的一溴化反应得到三种溴化二乙基苯（其中两种是主要的），试确定二乙基苯及其溴化产物的构造式。

8-10　简要回答下列问题。

（a）通过分析二甲苯的三种异构体溴化反应的一溴代产物，可以区分出哪一种异构体？

（b）为什么氯原子是一个邻、对位定位基，却使苯环钝化？

8-11　区分下列各组化合物。

（a） 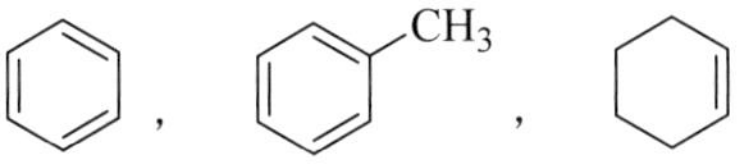　，CH_3，

（b）$C{\equiv}CH$，$CH{=}CH_2$，$C(CH_3)_3$

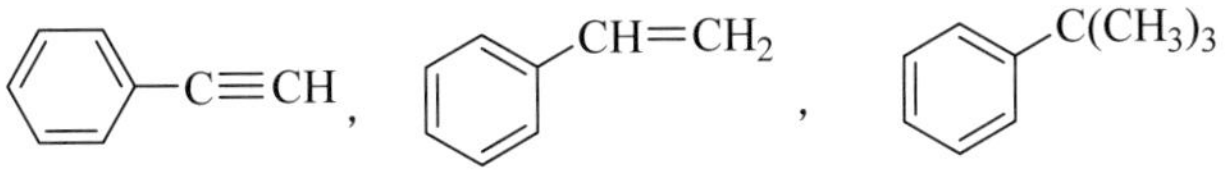

8-12　某烷基苯 C_9H_{12} 进行硝化时得到的产物只有一种，为 $C_9H_{11}NO_2$。试推测 C_9H_{12} 的构造式并命名。

第 9 章　卤代烃

卤代烃是指烃基与卤原子 X（X=F、Cl、Br 或 I）直接相连的化合物，其通式为 R—X。烷烃的自由基取代卤化产物，烯烃、炔烃和 X_2、HX 的亲电加成产物，烯烃与 HBr 的自由基加成产物，烯烃、烷烃苯与 X_2 的自由基取代产物，以及苯环上卤代反应的产物等都是卤代烃。

9.1　卤代烃的分类与命名

9.1.1　卤代烃的分类

卤代烃的分类方法有多种。按烷基结构的不同可分为脂肪族卤代烃与芳香族卤代烃。

$CH_2{=}CHCH_2Cl$　　C_6H_5Br

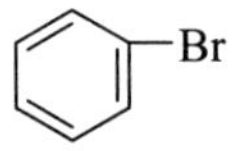

脂肪族卤代烃　　芳香族卤代烃

按卤代烃分子中所含卤原子数目的不同可分为一卤代烃、二卤代烃、多卤代烃。

CH_3CH_2Cl　C_6H_5Br　　$ClCH_2CH_2Cl$　邻二氯苯　　$CHCl_3$　1,2,3-三氯苯

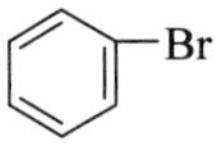

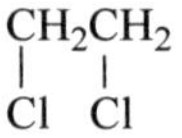

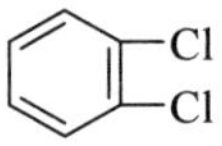

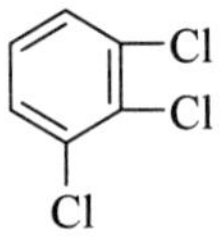

一卤代烃　　二卤代烃　　多卤代烃

按卤原子所连碳原子级别的不同，又可分为 1°卤代烃、2°卤代烃、3°卤代烃。

CH_3CH_2Br　$CH_3CH(CH_3)CH_2Cl$　　$CH_3CHClCH_2CH_2CH_3$　　1-氯-1-乙基环己烷

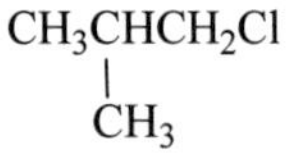

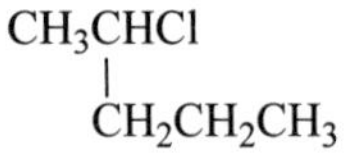

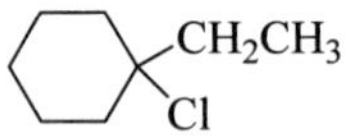

1° 卤代烃　　2° 卤代烃　　3° 卤代烃

按照烃基结构的不同又可分为卤代烷烃、卤代烯烃等。本章主要讨论卤代烷烃，它在有机化学中占有比较重要的地位。

［问题 9-1］　将下列卤代烃按 1°、2°、3° 分类。

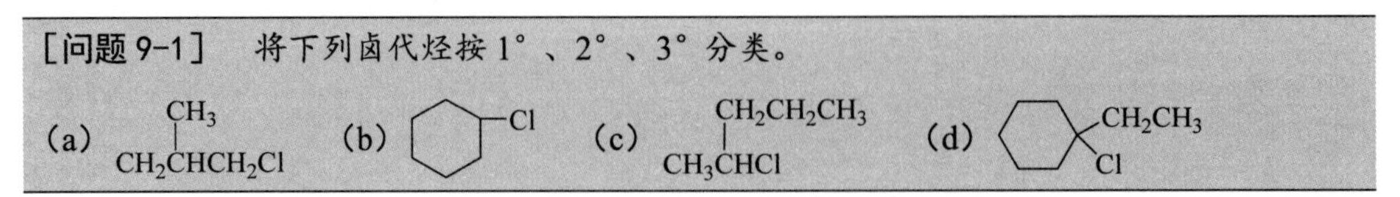

9.1.2　卤代烃的命名

对于烃基结构比较简单的卤代烃，可以用习惯命名法命名，例如：

CH_3I　碘甲烷　　$CH_2{=}CHCH_2Br$　烯丙基溴　　$(CH_3)_3CBr$　叔丁基溴　　CH_3CH_2Cl　氯乙烷

氯代环戊烷　　氯苯　　苄基溴

对于烃基结构比较复杂的卤代烃，应使用系统命名法命名，把卤代烃看作烃的衍生物，卤原子作为取代基。例如：

$CH_3CH_2CH(CH_3)CH(Br)CH_2CH_3$　3-甲基-4-溴己烷

$CH_3CH(Cl)CH{=}CHCH_3$　4-氯-2-戊烯

需要说明的是，在第一个例子中，有些教科书上可能命名为 3-溴-4-甲基己烷，这是因为在 IUPAC 命名法中，取代基的顺序取决于英文名称第一个字母的顺序，溴（bromo-，B）在甲基（methyl-，M）之前，而我们国内的命名法目前大多按“顺序规则”排列取代基的顺序，“较优基团”后列出。

[问题 9-2]　用系统命名法命名下列化合物。

(a) $BrCH_2CH_2CH(CH_2CH_3)CH_2CH_2CH_3$　(b) 1-Br-2-Cl 环戊烷（环戊烷上相邻碳分别连 Cl 和 Br）　(c) $CH_3CH_2CH(Cl)CH(CH_3)CH_2CH_2CH_3$

9.2　卤代烃的物理性质

9.2.1　卤代烃的物理性质

四个碳以下的氟代烷、两个碳以下的氯代烷以及溴甲烷是气体，一般的卤代烃为液体，高级卤代烃为固体。

所有的卤代烃均不溶于水，溶于大多数有机溶剂。

由于卤原子的原子半径在同周期元素中最小，且原子量最大，因此卤代烃的密度均较大，除一氟代烃、一氯代烃的相对密度小于 1 之外，其余的均大于 1，而且相对密度随分子中卤原子数目增多而增大（表 9-1）。

表 9-1　某些常见卤代烃的物理性质

化合物	分子量	沸点/℃	熔点/℃	相对密度	折射率
CH_3Cl	50.49	−24.22	−97.7	0.92(20℃)	1.3712(−24℃)
CH_3Br	94.94	3.56	−84	1.732(0℃)	1.4234(10℃)
CH_3I	141.94	42.4	−66.5	2.2789(20℃)	1.5308(20℃)
CH_3F	34.04	−78.4	−141.8	0.8774(−78℃)	—
C_2H_5Cl	64.52	12.3	−136	0.9214(0℃)	1.3742
C_2H_5Br	108.97	38.4	−118.6	1.4708(15℃)	1.4276(15℃)

续表

化合物	分子量	沸点/℃	熔点/℃	相对密度	折射率
C_2H_5I	155.97	72.4	−110.9	1.9358(20℃)	1.5137(20℃)
$CH_2{=\!=}CHCl$	62.50	−13.9	−159.7	0.97(−14℃)	1.4782
$CH_3CH_2CH_2Cl$	78.54	46.6	−122.8	0.8985(15℃)	1.3880(20℃)
$CH_3CH_2CH_2Br$	123	71.0	−110.1	1.3597(15℃)	1.4370(15℃)
$CH_2{=\!=}CHCH_2Cl$	76.53	45.2	−134.5	0.938(20℃)	1.4151
CH_2Cl_2	84.93	40.5	−96.7	1.3255(20℃)	1.4264
$CHCl_3$	119.39	61.7	−63.5	1.4985(15℃)	1.4486(15℃)
CH_2Br_2	173.85	96～97	−52.7	2.4956(20℃)	1.5419(20℃)
$CHBr_3$	252.77	149.6	8.1	2.9031(15℃)	1.6005(15℃)
CHI_3	393.73	—	120～123	4.008	—
n-C_4H_9Cl	92.57	78.44	−123.1	0.8864(20℃)	1.4020(20℃)
$(CH_3)_3CBr$	137.03	73.1	−16.2	1.215(25℃)	1.4250(25℃)
C_6H_5—Cl	112.56	131.7	−45.3	1.1063(20℃)	1.5248(20℃)
C_6H_5—Br	157.02	156.2	−30.72	1.4952(20℃)	1.5580(20℃)
C_6H_5—CH_2Cl	126.59	179	−43	1.0993(20℃)	1.5391(20℃)
C_6H_5—CH_2Br	171.04	198～199	−3.9	1.4380(20℃)	1.5752(20℃)

9.2.2 卤代烃的波谱性质

（1）卤代烃的红外光谱

C—X 键的伸缩振动吸收谱带在指纹区不易辨认，但是对鉴定卤代烃的结构还是有一定的帮助。各吸收谱带的位置分别为：

C—F	C—Cl	C—Br	C—I
1000～1350cm^{-1}（强）	700～750cm^{-1}（中）	500～700cm^{-1}（中）	485～610cm^{-1}（中）

如果同一碳原子上有多个卤原子，则出现“蓝移”现象，如—CF_2—在 1120～1280cm^{-1}，—CF_3 在 1120～1350cm^{-1}，CCl_4 在 794cm^{-1} 处。

（2）卤代烃的核磁共振氢谱

由于卤原子的电负性较强，使直接与卤原子相连的碳原子的屏蔽效应降低，化学位移向低场方向移动，其δ值一般在 2.16～4.4 之间。β-碳原子上质子所受影响下降，δ值一般为 1.24～1.55，间隔一个碳原子后影响更小，δ值一般为 1.03～1.08。图 9-1 为 1-氯丙烷的核磁共振氢谱与红外光谱。

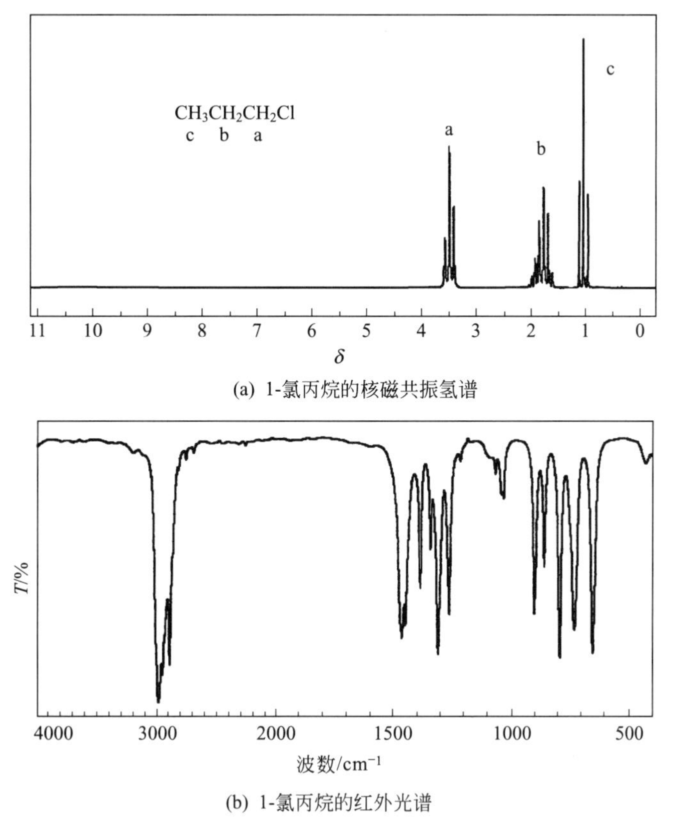

(a) 1-氯丙烷的核磁共振氢谱

(b) 1-氯丙烷的红外光谱

图 9-1　1-氯丙烷的核磁共振氢谱与红外光谱

［问题 9-3］　卤代烃 $C_3H_6Cl_2$ 的核磁共振氢谱如下图所示，试推测其结构。

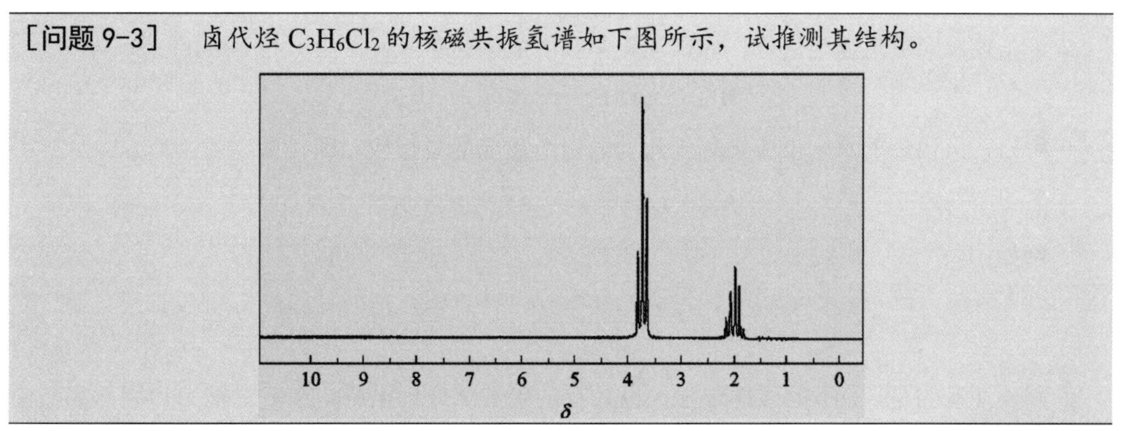

9.3　卤代烃的结构与化学性质

卤代烃的结构与化学性质

卤代烃结构上的最大特点就是分子中有 C—X 键存在，因而 C—X 键就是卤代烃的官能团。C—X 键是一个极性共价键，在外界电场影响下，C—X 键的电荷分布会发生相应的改变，这种改变能力称为可极化度。在同一主族中，原子序数越小，原子核对价电子的束缚越强，可极化度就越小；原子序数越大，原子核对价电子的束缚越弱，可极化度就越大；孤对电子仅受一个原子核的约束，因而可极化度也较共用电子对大。由此可知，各类卤代烃中 C—X 键的可极化度大小顺序为：

$$R—I > R—Br > R—Cl > R—F$$

可极化度越大，共用电子对就越松散，越易变形断裂发生反应。同样，可极化度越大的孤对电子，其亲核进攻能力也就越强。

C—X 键为极性共价键。卤原子的电负性大，电子云偏向卤原子，因此，卤原子带部分负电荷，碳原子电子云密度下降带部分正电荷。

带有部分正电荷的α-碳原子容易受到电子云密度较大的亲核试剂的进攻。由于吸电子诱导效应（–I）的传递，β位 C—H 键的极性也增大，导致β-H 受到电子云密度较大的亲核试剂进攻的可能性也增加了。

$$>C\text{●}X \equiv >C—X \qquad —\overset{\beta}{C}(\uparrow H)\rightarrow\overset{\alpha}{C}\rightarrow X$$

9.3.1 取代反应

因为卤代烃分子中 C—X 键定向极化，α-碳原子带部分正电荷，所以容易受到负离子或具有孤对电子的中性分子的进攻。结果，卤代烃分子的卤原子被其他原子或基团所取代，并以负离子的形式离去。

（1）水解

水分子中的氧原子有孤对电子，可以缓慢地与卤代烃的α-碳原子相互作用，生成醇和卤化氢，称为卤代烃的水解。

$$RX + H_2O \rightleftharpoons R—OH + HX$$

为了使反应更迅速地进行，通常加碱中和生成的卤化氢。

$$HX + NaOH \longrightarrow NaX + H_2O$$

所以，卤代烃的水解反应实际上为上面两个反应的总反应，即

$$RX + OH^- \longrightarrow R—OH + X^-$$

例如：

$$C_6H_5—CH_2CH_2Cl \xrightarrow[\text{室温，搅拌2h}]{H_2O\cdot NH_3} C_6H_5—CH_2CH_2OH$$

需要注意的是，OH^-的碱性较强，也具有进攻带部分正电荷的β-H 的能力，因而高级卤代烃水解时，可能伴随着消去反应的发生。

（2）醇解

与水相似，醇分子中的氧原子也具有孤对电子，因此醇分子也能缓慢地与卤代烃的α-碳原子相互作用。但当醇分子与碱金属反应生成醇金属盐（例如醇钠 RO^-Na^+）以后，烷氧基负离子（RO^-）就具有更强的进攻α-碳原子的能力。这样卤代烃与醇金属盐就可以顺利地发生取代反应，使卤原子被 RO—取代而生成醚。这是实验室常用的制备混醚的一种有效方法，称为 Williamson 合成醚法。

$$R—X + R'O^-Na^+ \longrightarrow R—O—R' + NaX$$

例如，实验室制备甲基叔丁基醚就是按照下面方法进行的：

$$CH_3Br + Na^+O^- -\underset{CH_3}{\overset{CH_3}{C}}-CH_3 \longrightarrow CH_3O-\underset{CH_3}{\overset{CH_3}{C}}-CH_3 + NaBr$$

需要特别注意的是，醇金属化合物的碱性极强，极易进攻β-氢原子而生成消去产物——烯烃。所以，Williamson 合成醚法不适用高级卤代烃的反应，也就是说甲基叔丁基醚不能用下述方法制备：

$$CH_3O^-Na^+ + Br-\underset{CH_3}{\overset{CH_3}{C}}-CH_3 \not\longrightarrow CH_3O-\underset{CH_3}{\overset{CH_3}{C}}-CH_3 + NaBr$$

[问题 9-4]　由 $CH_3CH{=}CH_2$ 与 $CH_2{=}CH_2$ 合成 $CH_3CH_2OCH(CH_3)_2$，下列哪一个路线比较合理？为什么？

(a) $CH_2{=}CH_2 + H_2O \xrightarrow{H^+} CH_3CH_2OH \xrightarrow{Na} CH_3CH_2O^-Na^+$

$CH_3CH{=}CH_2 \xrightarrow{HX} CH_3CHXCH_3 \xrightarrow{CH_3CH_2O^-Na^+} CH_3CH_2OCH(CH_3)_2$

(b) $CH_2{=}CH_2 + HX \longrightarrow CH_3CH_2X$

$CH_3CH{=}CH_2 + H_2O \xrightarrow{H^+} \xrightarrow{Na} (CH_3)_2CHO^-Na^+ \xrightarrow{CH_3CH_2X} CH_3CH_2OCH(CH_3)_2$

（3）氰解

卤代烃和氰化钠或氰化钾与醇的水溶液一起回流，卤原子可以被—CN 取代生成腈。

例如：

$$CH_3(CH_2)_3CH_2Cl + NaCN \longrightarrow \underset{\text{正己腈}}{CH_3(CH_2)_3CH_2CN} + NaCl$$

反应生成物腈分子的碳原子数目较反应物增加一个，氰基可以水解为羧酸或酰胺，还可以实现进一步的转化。这是有机合成中增长碳链的重要方法之一。

$$R-X + CN^- \longrightarrow R-CN \xrightarrow[H^+]{H_2O} RCOOH \xrightarrow{LiAlH_4} \xrightarrow{H_3O^+} RCH_2OH \xrightarrow{HX} RCH_2X$$

[问题 9-5]　完成反应方程式。

$$\text{环戊基}-Cl \xrightarrow{CN^-} ? \xrightarrow{H_3O^+} ?$$

（4）氨解

卤代烃与过量氨在乙醇中共热，或者低级卤代烃与氨基钠（或氨基钾）于液氨中反应，卤原子被氨基（—NH_2）取代生成胺。这也是工业上与实验室制备胺的常用方法之一。

$$RX + NH_3 \longrightarrow RNH_3^+X^- \xrightarrow{NH_3} RNH_2 + NH_2^+X^-$$

$$RX + NaNH_2 \xrightarrow{\text{液氨}} RNH_2 + NH_2^+X^-$$

例如：

$$C_6H_5CH_2Cl + CH_3NH_2 \xrightarrow[\text{②5\%NaOH}]{\text{①苯，45℃}} C_6H_5CH_2NHCH_3$$

约79％

（5）与 $AgNO_3$ 作用——生成硝酸酯

硝酸根负离子中的氧原子上电子云密度较高，可以进攻卤代烃的α-碳原子。卤代烃与硝酸银的乙醇溶液共热，卤原子被硝酸根负离子取代，生成硝酸酯与卤化银絮状沉淀。

$$RX + AgNO_3 \xrightarrow[\triangle]{\text{乙醇}} RONO_2 + AgX\downarrow$$

该反应有明显的现象发生，可以用来检验卤代烃。应当注意，这个反应进攻试剂的中心原子是氧原子，在产物中是氧原子与α-碳原子直接相连，不同于芳烃亲电取代反应中的硝化反应。在硝化反应中，进攻试剂的中心原子是电子云密度较低的氮原子，所以在产物结构中是氮原子与苯环直接相连。

［问题 9-6］ 完成下列反应方程式。

（a） $CH_3Br + OH^- \xrightarrow{H_2O}$

（b） $CH_3CH_2Br + C_6H_{11}O^-Na^+ \longrightarrow$

（c） $C_6H_{11}Cl + NH_3$(过量) $\longrightarrow$

（d） $CH_3CH{=}CH_2 + HBr \xrightarrow{ROOR'} \xrightarrow{AgNO_3}$

【例 9-1】 用化学方程式表示如何完成下列转变。

（a）$CH_3CH{=}CH_2 \longrightarrow CH_3CH_2CH_2COOH$

（b）$(CH_3)_2C{=}CH_2 \longrightarrow CH_3-C(CH_3)_2-O-CH_2CH(CH_3)CH_3$

解题分析：

（a）由于目标化合物 $CH_3CH_2CH_2COOH$ 比起始原料 $CH_3CH{=}CH_2$ 多一个碳原子，属于增长碳链的反应，可利用 CN^-增加一个碳原子，得到 $CH_3CH_2CH_2X$ 就可以进一步合成目标化合物。由 $CH_3CH{=}CH_2$ 转变为 $CH_3CH_2CH_2X$，可利用烯烃在过氧化物存在下与 HBr 的反马氏加成反应来实现。

（b）很明显，该混醚需要通过 Williamson 合成醚法制备。必须注意的是，高级卤代烃（2°与 3° R—X）与醇金属主要生成消去产物——烯烃，因此目标产物混醚必须由醇（$(CH_3)_3COH$）和（$(CH_3)_2CHCH_2X$）来合成。把（$(CH_3)_2C{=}CH_2$）分别转化为（$(CH_3)_3COH$）和（$(CH_3)_2CHCH_2X$），进一步即可合成目标化合物。

解：

（a）$CH_3CH{=}CH_2 \xrightarrow[ROOR]{HBr} CH_3CH_2CH_2Br \xrightarrow{CN^-} CH_3CH_2CH_2CN \xrightarrow{H_2O,\ H^+} CH_3CH_2CH_2COOH$

（b）$(CH_3)_2C{=}CH_2 \xrightarrow[ROOR]{HBr} CH_3-CH(CH_3)-CH_2Br$

$(CH_3)_2C{=}CH_2 \xrightarrow{H_2O,\ H^+} (CH_3)_3COH$

$(CH_3)_3COH \xrightarrow{Na} (CH_3)_3CO^-Na^+ \xrightarrow{(CH_3)_2CHCH_2Br} (CH_3)_3C-O-CH_2CH(CH_3)_2$

［问题 9-7］ 用反应方程式表明如何实现下列转变。

$$\text{C}_6\text{H}_6,\ \text{CH}_3\text{CH}{=}\text{CH}_2 \longrightarrow \text{C}_6\text{H}_5\text{—}\underset{\displaystyle \text{COOH}}{\text{CHCH}_2\text{CH}_3}$$

9.3.2 消去反应

在卤代烃分子中，由于受卤原子吸电子效应的影响，β-C—H 键的极性增加，β-H 酸性增强。所以，当含有β-C—H 键的卤烷与强碱性的 NaOH（或 KOH）的乙醇溶液共热时，β-H 容易以 H^+的形式脱去，同时脱去 X^-生成烯烃。这种由一个分子中脱去小分子，如 HX、H_2O，同时生成不饱和化合物的反应称为消去反应（elimination reaction），简称 E 反应。例如：

$$\underset{\displaystyle \text{Br}}{\text{CH}_3\text{CHCH}_3} + \text{NaOH} \xrightarrow[\triangle]{\text{CH}_3\text{CH}_2\text{OH}} \text{CH}_3\text{CH}{=}\text{CH}_2 + \text{NaBr} + \text{H}_2\text{O}$$

因为反应脱去的氢原子位于卤代烃的β位，所以这种反应又叫β-消除反应。

当 2° 或 3° 卤代烃含有几种不同的β-H 时，消除反应可以生成几种不同的产物。俄国化学家查依采夫（Alexander Saytzeff）在总结大量实验事实的基础上，于 1875 年提出：消去反应的主要产物是双键碳原子上取代基较多的烯烃，或者说消去反应主要是从含氢较少的β-碳原子上脱氢。例如：

$$\underset{\displaystyle \text{Br}}{\text{CH}_3\text{CHCH}_2\text{CH}_3} \xrightarrow{\text{KOH/乙醇}} \underset{19\%}{\text{CH}_2{=}\text{CHCH}_2\text{CH}_3} + \underset{81\%}{\text{CH}_3\text{CH}{=}\text{CHCH}_3}$$

消去反应的这个规则称为查依采夫规则（Saytzeff rule）。需要注意的是，查依采夫规则只适用于不含其他官能团的卤代烃，即卤代烷烃。

［问题 9-8］ 完成下列反应方程式。

(a) $\underset{\displaystyle \text{Br}}{(\text{CH}_3)_2\text{CHCHCH}_3} \xrightarrow[\triangle]{\text{KOH/乙醇}} ?$

(b) 1,2-二甲基环戊烯 $\xrightarrow{\text{HCl}} \xrightarrow[\triangle]{\text{KOH/乙醇}} ?$

9.4 亲核取代反应与消去反应的机理

亲核取代反应机理

9.4.1 亲核取代反应的机理

对比卤代烃的水解、醇解、氨解等取代反应，不难发现这些反应有一个共同点：进攻试剂或者是负离子，如 OH^-、RO^-、CN^-、NO_3^-；或者是带有孤对电子的中性分子，如:NH_3；这些进攻试剂的电子云密度都较高，它们与电子云密度较低的卤代烃的α-碳原子之间有较强的静电吸引，因而进攻α-碳原子发生反应。这样的试剂称为亲核试剂（nucleophile 或 nucleophlic reagent， 简写为 Nu）。由亲核试剂进攻饱和碳原子而引起的取代反应称为亲核取代反应（nucleophilic substitution reaction），简称 S_N 反应。

关于亲核取代反应的机理，这里只讨论最典型的两种，即双分子亲核取代反应（S_N2）与单分子亲核取代反应（S_N1）。

（1）S_N2 反应机理

双分子亲核取代反应又称为 S_N2 反应。“S_N”代表亲核取代，“2”代表双分子过程。

以 2-卤辛烷为例，该机理认为卤代烃的亲核取代反应是按如下方式进行的：亲核试剂从 C—X 键的背后进攻α-碳原子，因为从这个方向进攻α-碳原子更有利于形成过渡态。亲核试剂逐渐向α-碳原子靠近，对 C—X 键的共用电子对产生排斥作用，使该电子对更加远离α-碳原子，α-碳原子的电子云密度进一步下降，对亲核试剂的吸引力随之增强。反应体系的势能也随着亲核试剂与底物相互作用的逐渐增强进一步升高，并达到最大值。此时，旧键（C—X 键）部分断裂，新键（Nu—C 键）部分形成，反应进入过渡态。在过渡态时，α-碳原子由 sp^3 杂化转化为 sp^2 杂化，α-碳原子三个σ键共平面，亲核试剂与卤原子位于该平面的两侧，与α-碳原子在一条直线上。亲核试剂进一步接近α-碳原子，旧键 C—X 完全断裂，新键 Nu—C 完全生成，取代反应完成，体系势能由最高点降到最低点，如图 9-2 所示。反应过程中α-碳原子由 sp^3 杂化经过过渡态的 sp^2 杂化，最后又恢复到 sp^3 杂化，α-碳原子的构型发生了翻转。

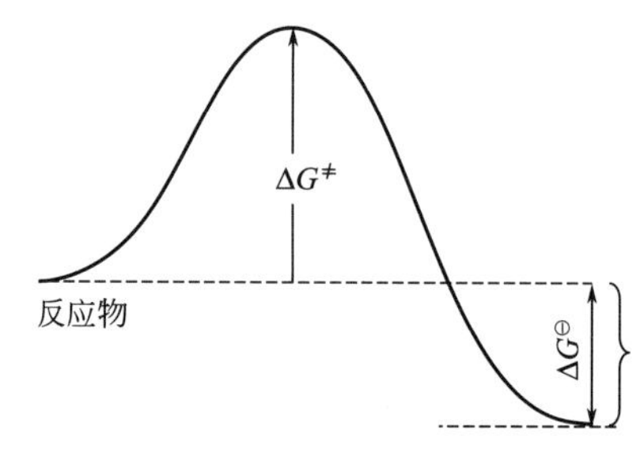

图 9-2 S_N2 反应过程能量变化示意图

S_N2 反应机理已被实验充分证实。其过程特点是：

① 试剂与反应物相互作用通过形成过渡态转变为产物，没有活性中间体生成，速率方程式的表述与反应方程式的书写形式相一致。

② 反应过程中α-碳原子的构型发生翻转，若α-碳原子为手性中心，则产物的构型与反应物正好相反——S_N2 反应机理的立体化学特征。

例如：(*R*)-(–)-2-溴辛烷与亲核试剂（OH^-）的 S_N2 反应过程为：

OH^- + H_3C、H、C_6H_{13} 的 $\overset{\delta^+}{C}$—$\overset{\delta^-}{Br}$ ⟶ [部分键 HO- -C(CH_3)(H)(C_6H_{13})- -Br] ⟶ HO—C(CH_3)(H)(C_6H_{13})

(*R*)-(–)-2-溴辛烷 光学纯度100％ (*S*)-(+)-2-辛醇 光学纯度100％

$v = k$[(*R*)-2-溴辛烷][OH^-]

［问题 9-9］ 溴甲烷可以缓慢地按下式水解，试写出其速率方程式。

$$CH_3Br + H_2O \xrightarrow{S_N2} CH_3OH + HBr$$

（2）S_N1 反应机理

单分子亲核取代反应又称为 S_N1 反应。“S_N”表示亲核取代，“1”表示单分子过程，这是一个分两步进行的复杂反应。下面以叔丁基卤代烷与亲核试剂的 S_N1 反应为例来说明。该机理认为反应过程如下：

$$\text{I}\quad -\overset{|}{\underset{|}{C}}-L \rightleftharpoons -\overset{|\,\delta^+\ \delta^-}{\underset{|}{C}}\cdots L \rightleftharpoons -\overset{|}{\underset{|}{C}}^+ + L^-$$

过渡态 I

$$\text{II}\quad -\overset{|}{\underset{|}{C}}^+ + Nu^- \rightleftharpoons -\overset{|\,\delta^+\ \delta^-}{\underset{|}{C}}\cdots Nu \rightleftharpoons -\overset{|}{\underset{|}{C}}-Nu$$

过渡态 II

首先在溶剂的作用下，底物的 C—X 键开始断裂，能量逐渐升高到最大值，形成过渡态Ⅰ，接着 C—X 键完全断裂，生成反应过程中的活性中间体——碳正离子，卤原子以卤负离子形式离去，这是反应的第一步。这一过程没有亲核试剂的参与，并且由共价键向离子键过渡，所以反应能垒高，是反应的决速步骤。然后，电子云密度较高的亲核试剂进攻第一步生成的碳正离子，生成过渡态Ⅱ后转变为亲核取代产物，这是第二步反应。由于离子参与反应，所以反应能垒低且速度快。S_N1 反应过程的能量变化如图 9-3 所示。

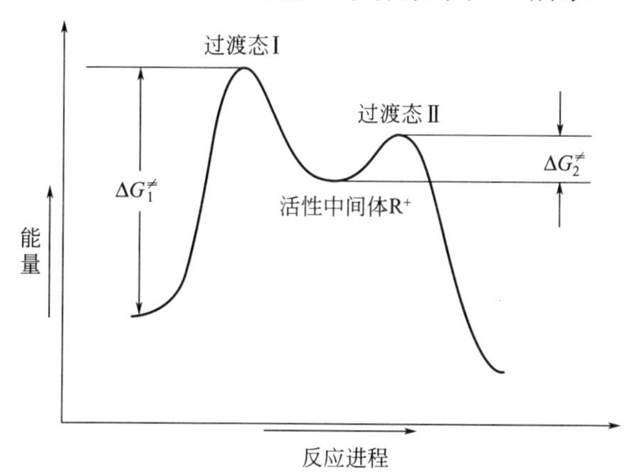

图 9-3　S_N1 反应过程的能量变化示意图

S_N1 反应机理也有充分的实验证据。这一过程的特点是：

① 反应分两步进行，有活性中间体碳正离子生成，其稳定性大小或能量高低，决定着整个反应的快与慢，速率方程式只与底物浓度有关。例如上述的叔丁基卤代烷与亲核试剂 S_N1 反应的速率为：

$$v=k[(CH_3)CX]$$

② 由于活性中间体碳正离子为平面构型，因此当卤代烃的α-碳原子为手性时，S_N1 反应会伴随着外消旋化——S_N1 反应的立体化学特征。

例如：有光学活性的（R)-α-溴代乙苯的碱性水解，得到无光学活性的（R)-α-苯乙醇与（S)-α-苯乙醇的混合物，发生外消旋现象。

$$C_6H_5-\underset{Br}{\overset{H}{C}}-CH_3 \rightleftharpoons C_6H_5-\overset{+}{C}(H)CH_3$$

（Ⅰ）

（Ⅱ）

在理想条件下，由于A、B两种方式成键的概率相等，生成等量的对映异构体，因此可以观察到外消旋现象。

［问题9-10］ 已知反应 $RX + OH^- \longrightarrow ROH + X^-$，其速率为 $k[RX]$。试确定该反应的机理，画出反应过程的能量变化曲线，并标记曲线特征位置的物质结构。

（3）影响亲核取代反应的因素

影响亲核取代反应的因素

卤代烃在发生亲核取代反应时，可能按照 S_N2 历程进行，也可能按照 S_N1 历程进行，或者两种历程同时存在，其中一种历程占优势。按何种历程进行取决于烃基结构、溶剂的极性、亲核试剂的性质等诸多因素。下面将讨论几种主要的影响因素。

① 烃基结构

在 S_N1 反应历程中，决速步骤是卤代烃在溶剂影响下电离生成碳正离子这一步。该步反应的过渡态与碳正离子不仅结构接近，而且变化一致。碳正离子的能量越低，该步反应的活化能也就越低。所以，在其他条件一致的情况下，卤代烃的级别越高，越倾向于按 S_N1 历程进行亲核取代反应。即：

CH_3X	CH_3CH_2X	$(CH_3)_2CHX$	$(CH_3)_3CX$
卤甲烷	1° RX	2° RX	3° RX

$\longrightarrow$ S_N1 反应活性增加

因为相应的碳正离子的稳定性有如下规律：

$\overset{+}{C}H_3$	$CH_3\overset{+}{C}H_2$	$(CH_2)_2\overset{+}{C}H$	$(CH_3)_3\overset{+}{C}$
甲基碳正离子	1°	2°	3°

$\longrightarrow$ 能量下降，碳正离子稳定性增强

例如：反应 $R{-}Br + H_2O \longrightarrow ROH + HBr$，几种烷基结构不同的卤代烃的相对速率为：

	CH_3Br	CH_3CH_2Br	$(CH_3)_2CHBr$	$(CH_3)_3CBr$
相对速率	1.00	1.00	11.60	1.2×10^6

表9-2为某些氯代烃在典型 S_N1 反应中的相对速率。显然，由于烃基的特殊结构使相应的碳正离子稳定性增强，S_N1 速率也相应增加。

表 9-2　某些氯代烃在典型 S_N1 反应中的相对速率

氯代烃	相对速率	氯代烃	相对速率
CH_3CH_2Cl	1.2×10^{-4}	$(C_6H_5)_2CHCl$	300
$CH_2=CHCH_2Cl$	0.04	$(C_6H_5)_3C-Cl$	3×10^{6}
$C_6H_5CH_2Cl$	0.08	$CH_3CH_2-\ddot{O}-CH_2Cl$	$>10^{9}$
$C_6H_5CHClCH_3$	1		

［问题 9-11］　为什么 $CH_3CH_2OCH_2—Cl$ 在乙醇溶液中水解时反应速率特别快？而 $CH_3N(CH_3)CH_2Cl$ 反应速率比它更快？

在 S_N2 反应中，亲核试剂从 C—X 背后进攻α-碳原子形成过渡态难易程度的高低，或者过渡态能量的高低决定了卤代烃的反应速率。由于烷基α-碳原子上取代基越多，亲核试剂进攻的空间位阻越大，而且过渡态因基团拥挤能量升高，中间过渡态内部张力越大，能量越高，越不利于 S_N2 反应的进行。因此，卤代烷在 S_N2 反应中的活性为：

CH_3X	CH_3CH_2X	$(CH_3)_2CHX$	$(CH_3)_3CX$
卤甲烷	1° RX	2° RX	3° RX

$\longrightarrow$ S_N2 反应活性降低，相对速率减小

例如，某些卤代烷在典型 S_N2 反应中的相对速率为：

	CH_3X	CH_3CH_2X	RCH_2CH_2X	$(CH_3)_2CHX$	$(CH_3)_3CX$	$(CH_3)_3CCH_2X$
相对速率	30	1	0.4	0.03	0.001	0.00001

［问题 9-12］　$(CH_3)_3CCH_2X$ 为 1° 卤代烃，为什么 S_N2 反应速率特别慢？

由以上讨论可见，烃基结构对亲核取代反应的影响很大。如图 9-4 所示，在其他条件相同的情况下，级别较低的卤代烷由于空间位阻较小，倾向于 S_N2 反应历程；级别较高的卤代烷由于电离生成的碳正离子较稳定，倾向于 S_N1 反应历程，而处于中间的 2° 卤代烷则选择性不明显。也可概括为：

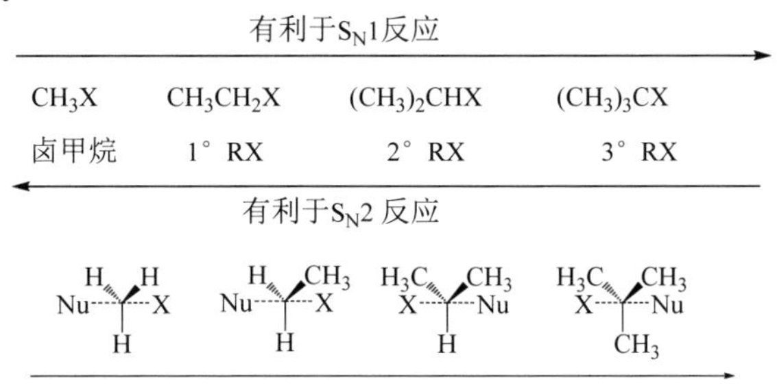

图 9-4　S_N2 反应过渡态中基团的空间效应示意图

［问题 9-13］ 按 S_N1 反应活性由大到小的顺序排列化合物。

（a）1-溴-3-甲基丁烷 （b）2-溴-2-甲基丁烷 （c）2-甲基-3-溴丁烷

② 亲核试剂的浓度对亲核能力的影响

亲核试剂对 S_N 反应的影响包括亲核试剂的浓度与亲核试剂的亲核能力两个方面。

S_N 反应的动力学方程式为：

$$反应速率=k[RX][Nu^-]$$

即在卤代烷浓度一定的情况下，反应速率与亲核试剂的浓度成正比。

而 S_N1 反应的动力学方程式为：

$$反应速率= k[RX]$$

即反应速率与亲核试剂的浓度没有关系。所以，在其他条件相同的情况下，亲核试剂浓度越高，越有利于 S_N2 反应；亲核试剂浓度越低，越有利于 S_N1 反应。例如，(*R*)-(−)-2-溴辛烷在和较高浓度的氢氧化钠水溶液反应时，几乎百分之百得到(*S*)-(+)-2-辛醇，这表明反应主要按 S_N2 历程进行。而与浓度极低的氢氧化钠水溶液反应时，产物几乎没有旋光性，因为产物为外消旋体，这证明反应主要按 S_N1 历程进行。

亲核试剂的亲核能力是指亲核试剂进攻α-碳原子并与之形成配位键的能力。很明显，在其他条件相同的情况下，亲核试剂的亲核能力越强，越有利于 S_N2 历程。需要说明的是，亲核能力与碱性是有区别的。

亲核试剂的亲核能力大小一般有以下规律。

a. 带负电荷的试剂比其共轭酸强。例如：

亲核能力 $HO^- > H_2O$；$RO^- > ROH$；$NH_3 > NH_4^+$

b. 若亲核试剂的亲核原子相同，则碱性越强亲核能力越强。例如：

$$\xrightarrow[\text{碱性增强，亲核能力增强}]{H_2O \quad ROH \quad OH^- \quad RO^-}$$

c. 若亲核试剂的亲核原子为同一主族元素，则原子体积越大，亲核能力越强，而碱性则相反。这主要是因为体积大的原子可极化度大，电子云易变形，较容易从 C—X 键的背后接近α-碳原子，而碱性不受可极化度的影响。例如：

亲核能力 $RS^- > RO^-$；$RSH > ROH$；$I^- > Br^- > Cl^- > F^-$

碱　　性 $RO^- > RS^-$；$ROH > RSH$；$F^- > Cl^- > Br^- > I^-$

d. 若亲核试剂的亲核原子为同一周期元素，则亲核能力与碱性一致。例如：

亲核能力 $H_3C^- > H_2N^- > HO^- > F^-$

碱　　性 $H_3C^- > H_2N^- > HO^- > F^-$

这主要是因为，对同周期元素的原子而言，可极化度几乎相同，所以亲核能力与碱性一致。

常见亲核试剂的亲核能力如表 9-3 所示，它是各种亲核试剂在甲醇溶液中与碘甲烷进行 S_N2 反应的相对速率常数。

表 9-3　常见亲核试剂的亲核能力

亲核试剂	相对速率常数(亲核能力)	亲核试剂	相对速率常数(亲核能力)
CH_3OH	1	C_6H_5SH	5×10^5
F^-	500	$C_6H_5O^-$	5.6×10^5
CH_3COO^-	2×10^4	Br^-	6×10^5
Cl^-	2.3×10^4	CH_3O^-	2×10^6
$(CH_3O)_3P$	1.6×10^5	CN^-	5×10^6
吡啶	1.7×10^5	$(C_2H_5)_2NH$	1×10^7
NH_3	3.2×10^5	$(C_6H_5)_3P$	1×10^7
CH_3SH	3.5×10^5	I^-	2×10^7
$C_6H_5\ddot{N}H_2$	5×10^5	$C_6H_5S^-$	8×10^9

［问题 9-14］ ① 绝大多数亲核试剂是负离子，但并非所有负离子都是亲核试剂。试解释为什么 BF_4^- 不是亲核试剂，你还能举出其他不是亲核试剂的负离子的例子吗？

② 试比较以下各对亲核试剂亲核能力的强弱。

（a）$(CH_3)_3B$　　$(CH_3)_3P$　　（b）CH_3OH　　CH_3SH

（c）$C_6H_5O^-$　　C_6H_5OH　　（d）n-$C_4H_9O^-$　　t-$C_4H_9S^-$

（e）CH_3NH_2　　$(CH_3)_2NH$　　（f）NH_3　　NH_4^+

（g）CH_3CH_2OH　　$(CH_3)_2CHOH$　　（h）CH_4　　NH_3

③ 当$(CH_3)_3COH$分别与 HCl 或 HBr 反应时，其他条件相同时反应速率几乎完全相同，但当 HCl 与 HBr 的等量混合物与$(CH_3)_3COH$反应时，主要产物是叔丁基溴，为什么？

③ 离去基团的影响

无论是 S_N1 历程还是 S_N2 历程，最关键的反应步骤都涉及 C—X 共价键的断裂。C—X 键易断裂，反应就容易进行，反应速率就快。在这一点上，两个反应历程是一致的。

容易离去的基团是那些 C—X 键断裂后能量较低的 X^-，即应是弱碱。对于卤代烃而言，如果其他条件相同，卤原子离去的活性顺序是：

$$\underrightarrow{\text{R—F}\quad \text{R—Cl}\quad \text{R—Br}\quad \text{R—I}}$$

卤原子的离去倾向增加，S_N1与S_N2反应活性上升

例如：

	$CH_3—Cl$	$CH_3—Br$	$CH_3—I$
S_N2相对速率	1.0	63	100

	$(CH_3)_3C—Cl$	$(CH_3)_3C—Br$	$(CH_3)_3C—I$
S_N1相对速率	1.0	39	99

C—X 键的离解能大小也很好地反映了 X 原子的离去能力。

	C—Cl	C—Br	C—I
离解能/(kJ/mol)	330	280	217

亲核取代反应是一类基本的有机化学反应。不仅卤代烃，而且醇、醚、羧酸衍生物等都能发生亲核取代反应。离去基团的离去难易程度可以用共轭酸的 pK_a 表示。离去基团的共轭酸酸性越强，即 pK_a 越小，离去基团越易离去；离去基团的共轭酸酸性越弱，即 pK_a 越大，离去基团越难离去。表 9-4 给出一些常见离去基团的离去活性与其共轭酸的关系。

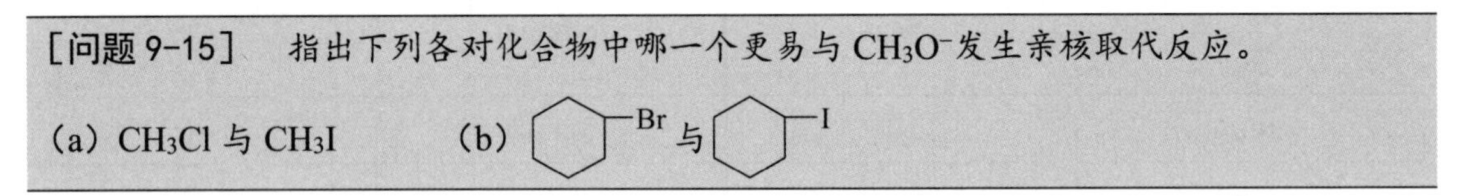
[问题 9-15] 指出下列各对化合物中哪一个更易与 CH_3O^- 发生亲核取代反应。

(a) CH_3Cl 与 CH_3I (b) 环己基—Br 与 环己基—I

表 9-4 常见离去基团的离去活性及其共轭酸的 pK_a 值

离去基团	共轭酸的 pK_a	离去活性
$H_3C—C_6H_4—SO_3^-$		易离去基团
I^-		
Br^-		
H_2O		
$(CH_3)_2S$		
Cl^-		
CF_3COO^-	0.2	
$H_2PO_4^-$	2	
CH_3COO^-	4.8	
CN^-	9.1	中等活性的离去基团
NH_3	9.2	
$C_6H_5O^-$	10	
RNH_2，R_3N	10	
$C_2H_5S^-$	10.6	
HO^-	15.7	活性较低的离去基团
CH_3O^-	15	
NH_2^-	36	活性极低的离去基团
CH_3^-	49	

④ 溶剂的影响

溶剂对亲核取代反应的影响主要体现在其对过渡态能量下降的贡献大小，这一贡献是通过溶剂化作用实现的。

增加溶剂的极性能够加速卤代烃的离解，对 S_N1 反应有利，这是因为 S_N1 反应的过渡态要比卤代烃的极性大，极性溶剂可以促进过渡态的形成，使其能量下降，这一现象称为溶剂化效应。溶剂的极性越强，溶剂化能力也越强，过渡态的能量下降也越多，亲核取代反应的活化能也就越小，反应也就越容易进行。

$$RX \longrightarrow [R^{\delta+}\text{---}X^{\delta-}] \longrightarrow R^+ + X^-$$

过渡态（电荷集中的过程）

表 9-5 所列举的实验数据证明了这一点。

表 9-5　叔丁基溴在不同浓度的乙醇中水解的速率变化

溶　剂	相对速率（55℃）	溶　剂	相对速率（55℃）
100%H_2O	1200	20%H_2O/80%C_2H_5OH	10
50%H_2O/50%C_2H_5OH	60	100%C_2H_5OH	1
40%H_2O/60%C_2H_5OH	29		

增加溶剂的极性对 S_N2 反应历程十分不利。因为 S_N2 反应历程过渡态的极性要比反应物的极性弱，增加溶剂的极性反而增强了亲核试剂的溶剂化作用，使其亲核能力下降。特别是质子性溶剂的影响更为明显，因为质子可以显著地降低亲核试剂的亲核能力。

$$Nu^- + R\text{—}X \longrightarrow [Nu^{\delta-}\text{---}R\text{---}X^{\delta-}] \longrightarrow Nu\text{—}R + X^-$$

过渡态（电荷分散的过程）

表 9-6 列举了常用的质子性溶剂与非质子性溶剂的介电常数，介电常数的大小可以反映溶剂的极性强弱。

表 9-6　一些常见有机溶剂的介电常数

质子性溶剂	介电常数（25℃）	非质子性溶剂
H_2O	81	
HCOOH	59	
	45	$(CH_3)_2SO$(DMSO)
	38	CH_3CN
	37	$HCON(CH_3)_2$
CH_3OH	33	
	30	$[(CH_3)_2N]_3PO$
CH_3CH_2OH	24	
	23	$H_3C-C(=O)-CH_3$
$H_3C-CH(OH)-CH_3$	18	
	7	(THF)
	4	$(C_2H_5)_2O$
	2	n-C_5H_{12}，C_6H_6，$CHCl_3$

9.4.2　消去反应的机理

消去反应机理

亲核试剂除了具有亲核能力之外，还显示碱性。当亲核试剂进攻带部分正电荷的 α-碳原子时，表现出来的性质是亲核性；当亲核试剂夺取带部分正电荷的β-氢原子时，表现出来的性质是碱性。当β-氢原子与卤原子同时失去，消去反应就发生了。所以，当卤代烃与亲核试剂相互作用时，亲核取代反应与消去反应总是相伴发生。消去反应代表性的机理有以下两种。

（1）E1 反应机理

单分子消去反应又称 E1 反应。“E”代表消去反应（elimination），“1”表示单分子过程。反应历程如下：

第一步：

$$-\underset{H}{\overset{|}{\underset{|}{C}}}-\overset{|}{\underset{|}{C}}-X \xrightleftharpoons{\text{慢}} \left[-\underset{H}{\overset{|}{\underset{|}{C}}}-\overset{|}{\underset{|}{C^{\delta+}}}\text{---}X^{\delta-}\right] \rightleftharpoons -\underset{H}{\overset{|}{\underset{|}{C}}}-\overset{|}{\underset{|}{C^+}} + X^-$$

过渡态

第二步：

$$-\underset{H}{\overset{|}{\underset{|}{C}}}-\overset{|}{\underset{|}{C^+}} + Nu^- \xrightleftharpoons{\text{慢}} \left[-\overset{|}{C}\text{=-=}C^{\delta+} \atop H\text{—}Nu^{\delta-}\right] \longrightarrow \;\rangle C=C\langle\; + HNu$$

过渡态

反应分两步进行，第一步与 S_N1 历程相同。卤代烃电离为碳正离子与卤负离子，该步进行很慢，为反应的决速步骤。第二步是亲核试剂显示碱性进攻带有部分正电荷的β-氢原子，β-碳原子提供孤对电子，α-碳原子提供空轨道，形成π键生成烯烃。总反应为：

$$-\underset{H}{\overset{|}{\underset{|}{C}}}-\overset{|}{\underset{|}{C}}-X + Nu^- \xrightarrow{E1} \;\rangle C=C\langle\; + HNu + X^-$$

反应速率=k[RX]

由于 E1 反应与 S_N1 反应都是通过生成同一活性中间体碳正离子进行的，而且反应速率相同，因此 E1 反应与 S_N1 反应是相互伴随的竞争反应。例如：

$$(CH_3)_3CBr \xrightarrow{NaOH,\ 80\%EtOH/20\%H_2O} \begin{cases} \underbrace{(CH_3)_3COH + (CH_3)_3COC_2H_5}_{64\%} \\ CH_2=C(CH_3)_2 \quad 36\% \end{cases}$$

显然这一反应是 E1 与 S_N1 竞争的结果：

$$NaOH + C_2H_5OH \rightleftharpoons C_2H_5O^-Na^+ + H_2O$$

$$(CH_3)_3CBr \rightleftharpoons H_3C-\overset{CH_3}{\underset{CH_3}{\overset{|}{\underset{|}{C^+}}}} + Br^-$$

$$H_3C-\overset{CH_3}{\underset{H_2C-H}{\overset{|}{\underset{|}{C^+}}}} \begin{cases} \xrightarrow[S_N1]{OH^-,\ C_2H_5O^-} \underbrace{(CH_3)_3COH + (CH_3)_3COC_2H_5}_{64\%} \\ \xrightarrow[E1]{C_2H_5O^-} H_2C=C(CH_3)_2 \quad 36\% \end{cases}$$

因为 E1 反应是通过碳正离子进行的，所以不同的卤代烃的 E1 反应活性有如下规律：

$$\xrightarrow[\text{E1反应速率增加}]{1^\circ\ RX\quad 2^\circ\ RX\quad 3^\circ\ RX}$$

（2）E2 反应机理

双分子消去反应又称 E2 反应，“E”代表消去反应，“2”代表双分子历程。E2 反应历程与 S_N2 很相似，也是一步完成的基元反应。亲核试剂表现出碱性，进攻β-氢原子并夺取它，同时离去基团带一对孤对电子离去，β-碳原子提供孤对电子，α-碳原子提供空轨道形成π键生成烯烃。旧键的断裂与新键的生成同步进行。

$$Nu^- + -\underset{H^{\delta+}}{\overset{|}{C}}-\overset{|}{C}-X^{\delta-} \longrightarrow \left[\underset{\underset{Nu---H}{\delta^+}}{-\overset{|}{C}}\cdots\overset{|}{C}---X^{\delta-} \right] \longrightarrow \;\rangle C=C\langle \; + HNu + X^-$$

反应速率=k[RX][Nu$^-$]

E2 反应与 S_N2 反应互为竞争反应，与 S_N2 反应不同的是，E2 反应中过渡态的 α-与β-碳原子之间具有部分双键特征。所以，α-与β-碳原子上取代基越多，过渡态的能量就越低，而且取代基越多，β-氢原子数量越多，越容易被消除。不同类型的卤代烃的反应活性遵守以下规律：

$$\xrightarrow[\text{E2反应速率增加}]{1^\circ RX \quad 2^\circ RX \quad 3^\circ RX}$$

（3）对 Saytzeff 规则的解释

如前所述，不对称的 2° RX 与 3° RX 发生消去反应时遵守 Saytzeff 规则，主要产物是双键碳原子上连有较多烷基的烯烃。例如：

$$\text{(a)}\ CH_3CH_2\underset{Br}{\underset{|}{C}}HCH_3 \xrightarrow[C_2H_5OH]{C_2H_5ONa} \underset{81\%}{CH_3CH=CHCH_3} + \underset{19\%}{CH_3CH_2CH=CH_2}$$

$$\text{(b)}\ CH_3CH_2\underset{Br}{\underset{|}{C}}(CH_3)_2 \xrightarrow[C_2H_5OH]{C_2H_5ONa} \underset{80\%}{CH_3CH=C(CH_3)_2} + \underset{20\%}{CH_3CH_2\underset{CH_3}{\underset{|}{C}}=CH_2}$$

（b）中反应结果可通过反应历程来解释。因为 2-甲基-2-溴丁烷为 3° 卤代烃，所以反应按 E1 历程进行。

第一步：

$$CH_3CH_2\underset{Br}{\underset{|}{C}}(CH_3)_2 \rightleftharpoons \underset{\text{过渡态 1}}{CH_3CH_2\underset{Br^{\delta-}}{\underset{|}{\overset{\delta^+}{C}}}(CH_3)_2} \rightleftharpoons CH_3CH_2\overset{+}{C}(CH_3)_2 + Br^-$$

第二步：

$$CH_3CH_2\overset{+}{C}H(CH_3)_2 \xrightarrow{C_2H_5O^-} \underset{\text{过渡态 2}}{CH_3\overset{\overset{\delta^-}{H---OC_2H_5}}{\underset{}{CH}}\cdots\overset{\delta^+}{C}(CH_3)_2} + \underset{\text{过渡态 2}'}{CH_3CH_2\underset{CH_3}{\overset{\delta^+}{C}}\cdots\overset{\overset{\delta^-}{H---OC_2H_5}}{CH_3}}$$

过渡态 2 $\downarrow$ $CH_3CH=C(CH_3)_2$ 80%

过渡态 2′ $\downarrow$ $CH_3CH_2C(CH_3)=CH_2$ 20%

第二步脱去β-氢原子的过程可能形成的两种过渡态都具有部分双键的性质。碳碳双键上烷基较多的烯烃具有更大的超共轭体系，能量较低。所以过渡态 2 的能量要比过滤态 2′ 的能量低，由过渡态 2 得到的烯烃 $CH_3CH{=}C(CH_3)_2$ 就成为优势产物。对 E1 而言，第一步生成的过渡态其能量高低决定了反应速率，第二步可能生成的各种过渡态之间的能量差别决定了反应方向。在没有其他官能团和杂原子的影响时，β-碳原子上的取代基越多，亲核试剂进攻β-碳原子上的氢原子生成的中间过渡态超共轭体系就越大，能量就越低，产物就是优势产物。这就是卤代烃在 E1 反应中遵守 Saytzeff 规则的原因。同样不难理解，在 E2 反应中因为过渡态也具有部分双键的性质，所以 E2 反应同样遵守 Saytzeff 规则。也就是说，卤代烃的消去反应是热力学控制的反应，以体系能量较低的产物为优势产物。

E1 反应过程的能量变化如图 9-5 所示。

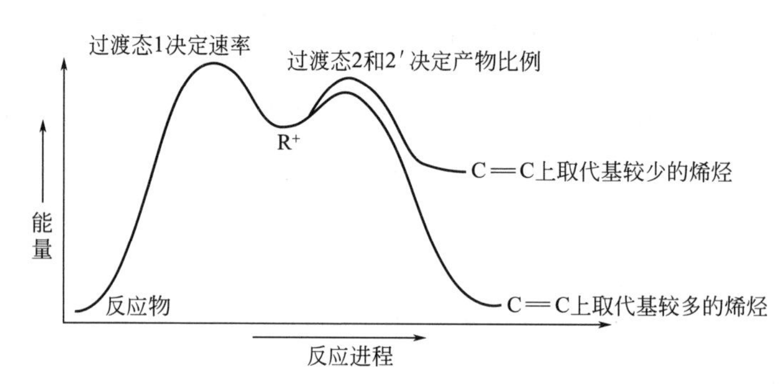

图 9-5　2-甲基-2-溴丁烷 E1 反应过程的能量变化

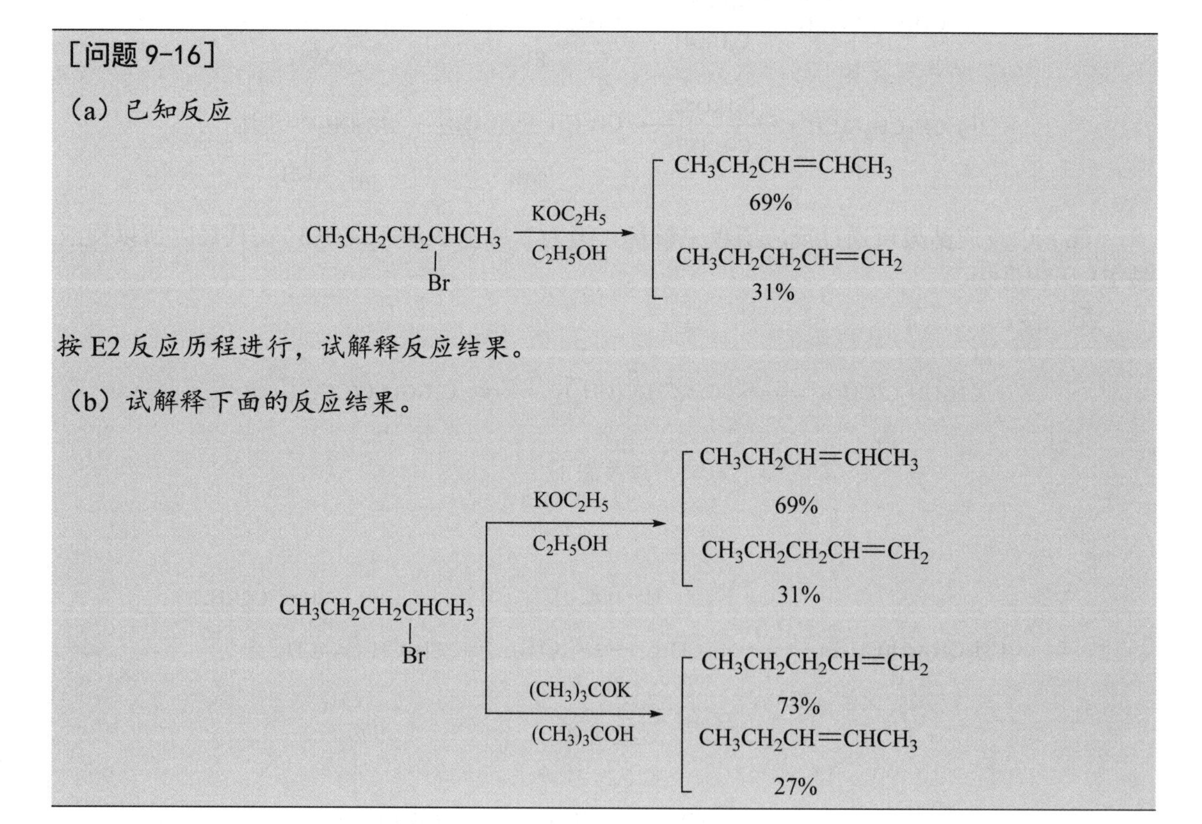

[问题 9-16]

（a）已知反应

$$CH_3CH_2CH_2CH(Br)CH_3 \xrightarrow[C_2H_5OH]{KOC_2H_5} CH_3CH_2CH{=}CHCH_3\ (69\%) + CH_3CH_2CH_2CH{=}CH_2\ (31\%)$$

按 E2 反应历程进行，试解释反应结果。

（b）试解释下面的反应结果。

$$CH_3CH_2CH_2CH(Br)CH_3 \xrightarrow[C_2H_5OH]{KOC_2H_5} CH_3CH_2CH{=}CHCH_3\ (69\%) + CH_3CH_2CH_2CH{=}CH_2\ (31\%)$$

$$CH_3CH_2CH_2CH(Br)CH_3 \xrightarrow[(CH_3)_3COH]{(CH_3)_3COK} CH_3CH_2CH_2CH{=}CH_2\ (73\%) + CH_3CH_2CH{=}CHCH_3\ (27\%)$$

9.5　影响亲核取代反应与消去反应竞争的因素

由于亲核试剂既有亲核性又有碱性，当亲核试剂进攻 α-碳原子时它表现的是亲核性，发生亲核取代反应；当它进攻卤代烃分子中另一个电子云密度较低的部位——β-氢原子时，它表现的是碱性，发生消去反应。因此，亲核取代反应与消去反应是相互伴随的竞争反应。例如：

$$\underset{\substack{|\\ Br}}{CH_3CHCH_3} \xrightarrow[C_2H_5OH，55℃]{C_2H_5ONa} \underset{21\%}{(CH_3)_2CHOC_2H_5} + \underset{79\%}{CH_2{=}CHCH_3}$$

影响反应取向的主要因素有烃基结构、亲核试剂的性质、溶剂的极性与反应温度等。这些因素为控制反应的方向，提高目标产物的产率提供了理论依据，具有很重要的实际意义。

9.5.1　烃基结构的影响

卤代烃的级别越高，β-氢原子数目就越多，亲核试剂进攻β-氢原子的概率就越大，消去反应占优势。相反，如果卤代烃的级别越低，即 α-碳原子上的取代基越少，则 C—X 键的背后空间位阻就越小，亲核试剂进攻 α-碳原子就容易得多。所以，烃基结构对反应取向的影响有以下规律：

$$1°\ RX \quad 2°\ RX \quad 3°\ RX$$

$$\xrightarrow{\text{有利于消去反应}}$$

$$\xleftarrow{\text{有利于取代反应}}$$

表 9-7 的实验结果充分地证明了这个规律，也证明了 9.3.1 节中所提到的用 Williamson 法合成醚不能使用 2° RX 与 3° RX。

表 9-7　RBr 在乙醇溶剂中与 CH_3CH_2ONa 反应

RBr	反应温度/℃	亲核取代产物/%	消去产物/%
CH_3CH_2Br	55	99	1
$CH_3CH_2CH_2Br$	55	91	9
$CH_3(CH_2)_3Br$	55	90	10
$(CH_3)_2CHCH_2Br$	55	40.4	59.5
$(CH_3)_2CHBr$	55	21	79
$(CH_3)_3CBr$	55	<3	>97

9.5.2　亲核试剂的影响

亲核试剂的影响主要表现在两个方面。首先是亲核试剂的碱性越强，意味着它进攻β-H 夺取质子的能力越强，有利于消去反应。下面的反应结果就是 CH_3CH_2OH 的碱性远远小于 $CH_3CH_2O^-$的缘故。

$$(CH_3)_3CBr \xrightarrow{C_2H_5OH} \underset{81\%}{(CH_3)_3COC_2H_5} + \underset{19\%}{CH_2{=}C(CH_3)_2}$$

$$(CH_3)_3CBr \xrightarrow[C_2H_5OH]{C_2H_5O^-} \underset{9\%}{(CH_3)_3COC_2H_5} + \underset{91\%}{CH_2{=}C(CH_3)_2}$$

其次，亲核试剂的体积也会影响反应取向，亲核取代反应对亲核试剂的体积较为敏感。

亲核试剂体积越大，进攻 α-碳原子越困难，越难进行亲核取代反应。而进攻β-氢原子时，受空间位阻影响较小。因此，亲核试剂体积越大，相对来说对消去反应越有利。例如：

$$CH_3(CH_2)_{15}CH_2CH_2Br \xrightarrow[(CH_3)_3COH，40℃]{(CH_3)_3COK} \left[\begin{array}{l} CH_3(CH_2)_{15}CH{=}CH_2 \\ \quad 85\% \\ CH_3(CH_2)_{17}OC(CH_3)_3 \\ \quad 15\% \end{array}\right.$$

9.5.3 溶剂极性的影响

消去反应与取代反应比较起来（E1 与 S_N1 比较，E2 与 S_N2 比较），中间过渡态的电荷更加分散，强极性溶剂可使电荷相对集中的过渡态能量下降。所以，溶剂极性越大越有利于亲核取代反应；溶剂的极性越小，越有利于消去反应。

$$RX \begin{cases} \xrightarrow[\text{醇，}\triangle]{NaOH\text{或}KOH} \text{消去反应为主} \\ \xrightarrow[H_2O]{NaOH\text{或}KOH} \text{亲核取代反应为主} \end{cases}$$

此外，消去反应是个能量上升的过程，是吸热反应，而亲核取代反应能量略有下降或变化很小，因此，加热有利于消去反应。

通过以上分析不难理解，下面的这些反应在实际操作中很难实现，应当予以充分注意。

$$R_3CX \xrightarrow[\triangle]{NaOH，\text{醇}} R_3C-OR'$$

$$R_3CX \xrightarrow[\triangle]{NaOH，H_2O} R_3C-OH$$

$$R_3CX \xrightarrow{R'C\equiv C^-Na^+} R_3C-C\equiv CR'$$

$$R_3CX \xrightarrow{CN^-} R_3C-CN$$

［问题 9-17］ 若希望进行较大程度的取代反应，较小程度的消去反应，下面的条件你选择哪一个？

（a）2-溴丁烷在 KOH 水溶液中或在 KOH 醇溶液中；

（b）1-溴丁烷或叔丁基溴在 KOH 水溶液中；

（c）2-溴丁烷在温热的 KOH 水溶液中或在煮沸的 KOH 水溶液中。

9.6 烃基结构对卤原子活性的影响

以上所讨论的主要是卤代烷烃的结构、性质与反应机理。实际上，许多基本的化学反应如烯烃的自由基取代、炔烃与卤化氢及卤素的亲电加成以及芳烃的自由基取代，所产生的是另类的卤代烃——卤代烯烃和卤代芳烃。与卤代烷烃不同的是，卤代烯烃和卤代芳烃是双官能团化合物，分子中含有卤原子和碳碳双键（或者苯环）两种官能团。下面主要讨论碳碳双键与苯环对卤原子活性的影响，即结构不同的卤代烯烃以及卤代芳烃的化学性质。

9.6.1　卤代烯烃和芳卤化合物的分类

（1）卤代烯烃的分类

按照两个官能团的相对位置不同，卤代烯烃可以分为如下三类：

① $>C=C-X$ 卤乙烯型卤代烯烃　分子中卤原子与碳碳双键直接相连，即卤原子连在 sp^2 杂化碳原子上。

② $>C=C-C-X$ 烯丙型卤代烯烃　分子中卤原子连在烯烃的 α-碳原子上，即烯丙位碳原子上。

③ $>C=C-(C)_n-X$ 隔离型卤代烯烃　分子中卤原子与双键相隔两个或两个以上的 sp^3 杂化碳原子。

（2）卤代芳烃的分类

按照结构不同，卤代芳烃也可以分为三类：

① 芳基型卤代芳烃　卤原子直接与芳香环相连，其结构与卤乙烯型卤代烯烃相似，命名以芳烃为母体。例如：

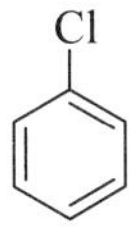

氯苯 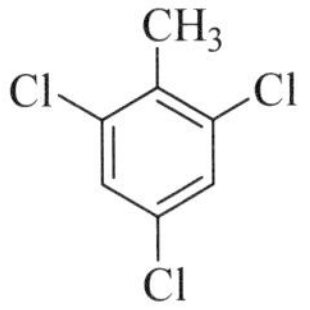　　2,4,6-三氯甲苯 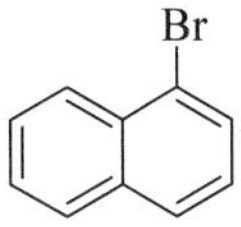　　α-溴萘

② 苄基型卤代芳烃　卤原子与芳环侧链的α-碳原子相连，其结构与烯丙型卤代烯烃相似。当侧链结构比较简单时命名以芳环为母体，当侧链结构比较复杂时命名以侧链为母体。例如：

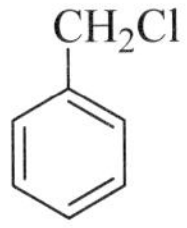

$C_6H_5CH_2Cl$　　$C_6H_5CHClCH_3$

α-氯代甲苯（氯化苄） 　1-苯基-1-氯乙烷（α-氯代乙苯）

③ 隔离型卤代芳烃　卤原子与芳环侧链的β-碳原子或更远的碳原子相连，其结构与隔离型卤代烯烃相似。其命名一般以侧链为母体。例如：

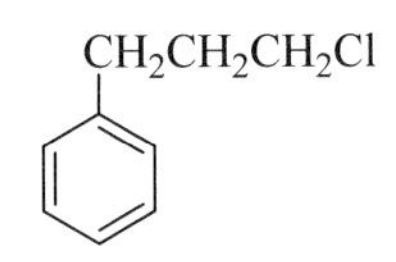

1-苯基-3-氯丙烷（γ-氯代正丙苯）

9.6.2　卤代烯烃与卤代芳烃的结构及卤原子的活性

在三种不同类型的卤代烯烃中，隔离型卤代烯烃因为碳碳双键与卤原子相距甚远，没有

形成特殊的结构体系，相互影响很小，其卤原子的活性与卤代烷烃相同，在此不再重复讨论。乙烯型和烯丙型卤代烯烃的碳碳双键与卤原子形成了新的结构体系，相互影响强烈，在理论和实践应用中都比较重要。与此相似，在三种不同类型的卤代芳烃中，芳基型与苄基型卤代芳烃占有特殊的地位。

（1）乙烯型、芳基型卤代烯烃的结构及卤原子的活性

① 结构

典型的乙烯型和芳基型卤代烯烃的结构如图 9-6 所示。

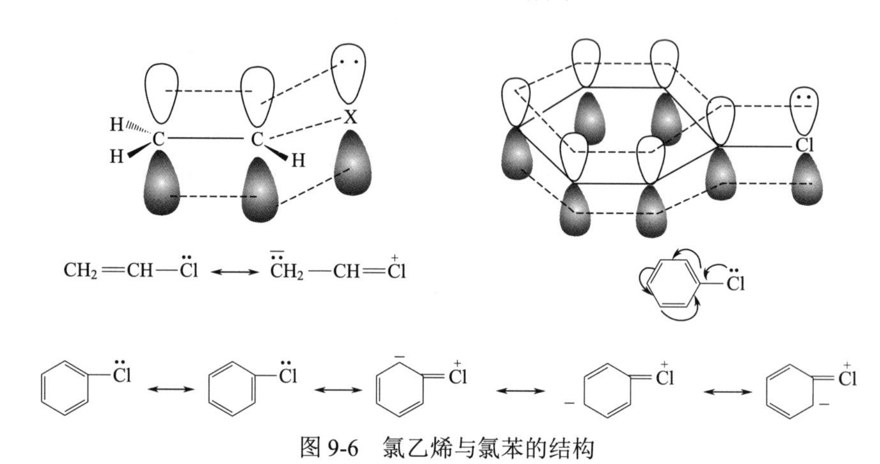

图 9-6 氯乙烯与氯苯的结构

② 卤原子的活性

在这类卤代烃分子中，卤原子与 sp^2 杂化碳原子直接相连，卤原子的孤对电子所在 p 轨道可与 sp^2 杂化碳原子的π键侧面交盖形成 p-π共轭体系。其结果是 C—Cl 键具有部分双键的性质，共轭体系内部出现键长平均化的趋势。与卤代烷烃相比该类卤代烃的极性减小，C—Cl 键键能增大，如表 9-8 所示。

表 9-8 乙烯型和芳基型卤代烃的极性

分子	键长/Å		偶极矩/D
	C—Cl	C═C	
CH_3CH_2—Cl	1.77		2.05
CH_2═CH_2		1.34	
		1.39	
CH_2═CH—Cl	1.72	1.38	1.44
—Cl	1.69		1.73

因此，该种类型卤代烃的 C—X 键断裂异常困难，卤原子的反应活性大大降低。例如，即使在加热的情况下，乙烯型卤代烃也不能与 $AgNO_3$ 乙醇溶液发生亲核取代反应出现浑浊现象，也不能在乙醚中与 Mg 反应生成 Grignard 试剂。

$$\gt C{=}C{-}X + AgNO_3（乙醇）\xrightarrow{加热} 不反应$$

$$\gt C{=}C{-}X + Mg \xrightarrow{纯乙醚} 不反应$$

芳基型卤代烃具有同样的化学性质。例如，即使在加热的情况下，氯苯也很难发生水解反应，如果用溴苯来制备 Grignard 试剂，需要沸点更高的醚——四氢呋喃（THF）。

$$PhCl \begin{cases} \xrightarrow[加热]{AgNO_3(乙醇)} 不反应 \\ \xrightarrow[纯乙醚]{Mg} 不反应 \\ \xrightarrow[常压]{NaOH(H_2O)} 不反应 \end{cases}$$

当苯环的邻、对位上有强烈的吸电子基团存在时，可使芳基卤代烃变得较为容易发生亲核取代反应。例如：

$$PhCl + NaOH \xrightarrow[Cu，20\sim30MPa]{300\sim400℃} PhO^-Na^+ \xrightarrow{H^+} PhOH$$

$$p\text{-}O_2NC_6H_4Cl \xrightarrow{Na_2CO_3，130℃} p\text{-}O_2NC_6H_4O^-Na^+ \xrightarrow{H^+} p\text{-}O_2NC_6H_4OH$$

$$2,4\text{-}(O_2N)_2C_6H_3Cl \xrightarrow[100℃]{Na_2CO_3} 2,4\text{-}(O_2N)_2C_6H_3O^-Na^+ \xrightarrow{H^+} 2,4\text{-}(O_2N)_2C_6H_3OH$$

$$2,4,6\text{-}(O_2N)_3C_6H_2Cl \xrightarrow[40℃]{Na_2CO_3，H_2O} 2,4,6\text{-}(O_2N)_3C_6H_2O^-Na^+ \xrightarrow{H^+} 2,4,6\text{-}(O_2N)_3C_6H_2OH$$

其原因是—NO_2 强烈的–I 与–C 效应通过苯环作用于 C—Cl 键，使得 C—Cl 键电子云密度下降，键能降低，极性增强，增加了氯原子的反应活性。

[问题 9-18]　(a) 试用共振论解释为什么分子极性 $CH_2{=}CHCl < CH_3CH_2Cl$，C—Cl 键长 Ph—Cl < CH_3CH_2—Cl？

(b) 为什么在碱性条件下 $p\text{-}O_2NC_6H_4Cl$ 比 $m\text{-}O_2NC_6H_4Cl$ 更容易水解？

（2）烯丙型与苄基型卤代烃

典型的烯丙型与苄基型卤代烃的碳正离子结构如图 9-7 所示。

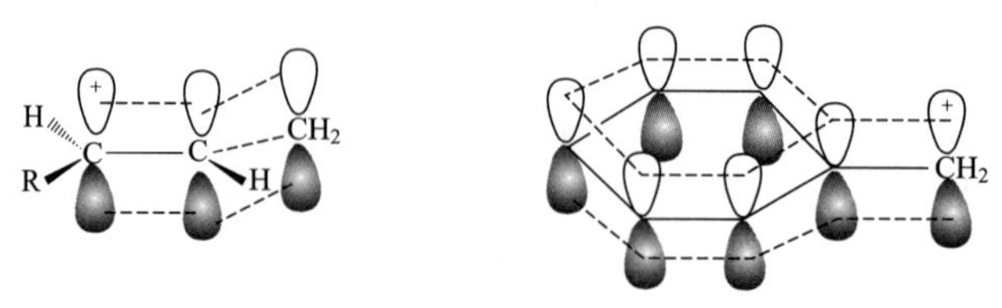

图 9-7　烯丙型与苄基型卤代烃的碳正离子结构

当卤原子连在碳碳双键或芳基侧链的α-碳原子上时，卤代烃较易电离为碳正离子。因为生成的碳正离子存在共轭体系，可使生成的正电荷得到较彻底的分散，体系较稳定。

$$\rangle C=\overset{|}{C}-\underset{|}{\overset{|}{C}}-X \rightleftharpoons \rangle C=\overset{|}{C}-\underset{|}{\overset{|}{C^+}} + X^-$$

$$\rangle C=\overset{|}{C}-\underset{|}{\overset{|}{C^+}} \longleftrightarrow {}^+\underset{|}{\overset{|}{C}}-\overset{|}{C}=C\langle$$

同样

$$C_6H_5CH_2X \rightleftharpoons C_6H_5\overset{+}{C}H_2 + X^-$$

因为

$$C_6H_5\overset{+}{C}H_2 \longleftrightarrow C_6H_5\overset{+}{C}H_2 \longleftrightarrow \text{(邻位}^+\text{)} \longleftrightarrow \text{(对位}^+\text{)} \longleftrightarrow \text{(邻位}^+\text{)}$$

当芳环上的邻、对位有给电子基团时，可使苄基碳正离子的能量进一步降低。

由于这一原因，烯丙型与苄基型卤代烃的性质特别活泼，特别容易发生水解、醇解、氨解、氰解等一系列亲核取代反应，也容易生成 Grignard 试剂。例如，3-氯丙烯与氯化苄在室温下即可与 $AgNO_3$ 醇溶液反应生成絮状沉淀。

$$CH_2=CHCH_2Cl + AgNO_3 \xrightarrow[\text{迅速}]{\text{乙醇}} AgCl\downarrow + CH_2=CHCH_2ONO_2$$

$$C_6H_5CH_2Cl + AgNO_3 \xrightarrow[\text{迅速}]{\text{乙醇}} AgCl\downarrow + C_6H_5CH_2ONO_2$$

如果烯丙型卤代烃主链的碳原子数多于三个时，则亲核取代反应生成两种数量相近的产物。

$$RCH=CHCH_2X + Nu^- \longrightarrow RCH=CHCH_2Nu + R\underset{\displaystyle Nu}{\underset{|}{C}}HCH=CH_2 + X^-$$

（Nu^-=OH^-、RO^-、CN^- 等）

其原因是碳正离子的烯丙基重排：

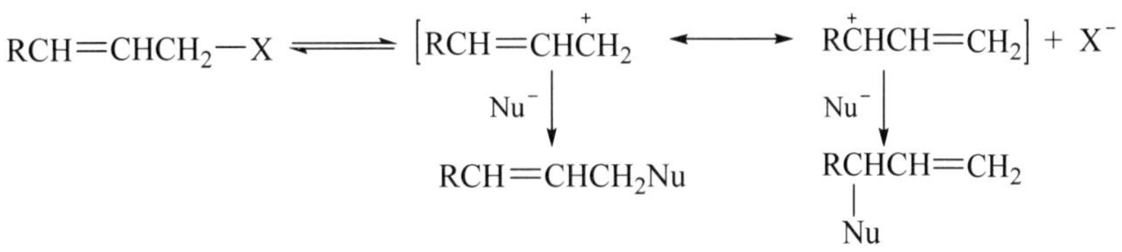

$$RCH{=}CHCH_2{-}X \rightleftharpoons [RCH{=}CH\overset{+}{C}H_2 \longleftrightarrow R\overset{+}{C}HCH{=}CH_2] + X^-$$

$$[RCH{=}CH\overset{+}{C}H_2] \xrightarrow{Nu^-} RCH{=}CHCH_2Nu \qquad [R\overset{+}{C}HCH{=}CH_2] \xrightarrow{Nu^-} RCH(Nu)CH{=}CH_2$$

[问题 9-19]　如何实现下列转变？

（a）$CH_3CH{=}CH_2 \longrightarrow CH_2{=}CHCH_2COOH$

（b）苯，$CH_4 \longrightarrow$ $C_6H_5CH_2OH$

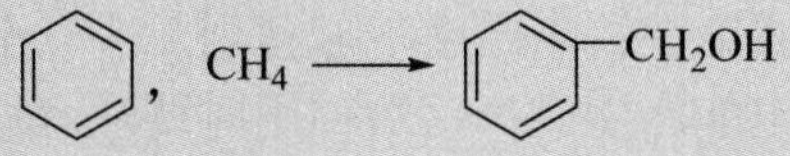

（c）$C_6H_5CH_2Cl$，$CH_3OH \longrightarrow C_6H_5CH_2OCH_3$

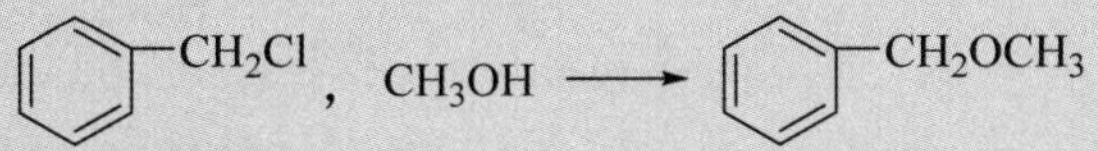

[问题 9-20]　解释下列反应结果。

（a）$CH_3CH{=}CHCH_2Cl \xrightarrow{OH^-} CH_3CH{=}CHCH_2OH + CH_3CH(OH)CH{=}CH_2$

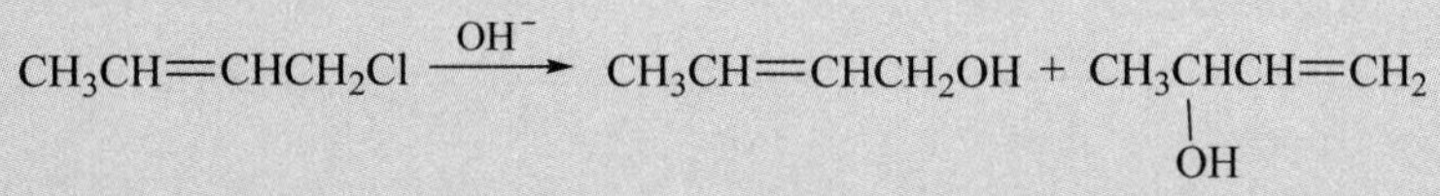

（b）1-环戊烯基-CH_2Cl + $CH_3ONa \longrightarrow$ 1-环戊烯基-CH_2OCH_3 + 2-亚甲基-1-甲氧基环戊烷（$=CH_2$，OCH_3）

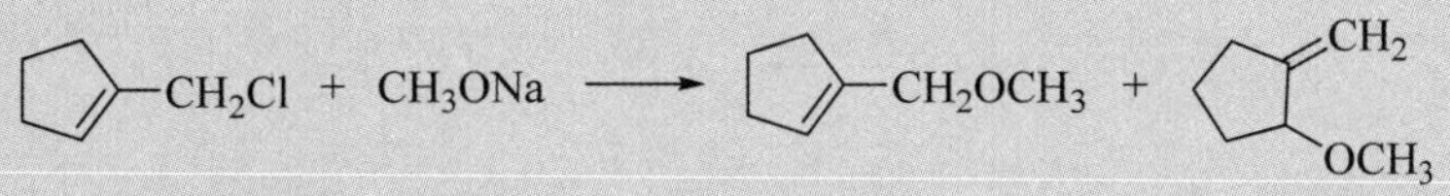

[问题 9-21]　（a）写出下列反应的主要产物，并解释反应结果。

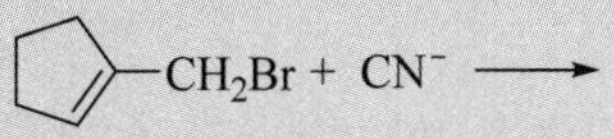

1-环戊烯基-$CH_2Br + CN^- \longrightarrow$

（b）比较下列各组化合物在 2%$AgNO_3$ 的乙醇溶液中的反应活性，并按活性从大到小排列。

① 3-溴丙烯、溴乙烯、1-溴丁烷、2-溴丁烷；

② 氯苯、氯化苄、对甲氧基氯化苄、对硝基氯化苄；

③ 溴苯、邻硝基溴苯、间硝基溴苯、2,4-二硝基溴苯、2,4,6-三硝基溴苯。

9.7　重要卤代烃

（1）三氯甲烷

三氯甲烷（$CHCl_3$）俗名氯仿（chloroform），是有香甜气味的无色液体，沸点为 61.7℃，密度为 1.4832g/mL，不燃，不溶于水，能溶解多种有机化合物，是常用的溶剂与合成原料。氯仿因有麻醉性，曾在 19 世纪用作麻醉剂，但由于氯仿光照下会氧化成有毒的光气，它作为麻醉剂是不安全的。

$$CHCl_3 + \frac{1}{2}O_2 \xrightarrow{\text{日光}} Cl\overset{O}{\overset{\|}{C}}Cl + HCl$$

为了避免光气的产生，氯仿应保存在密封的棕色瓶中，加 1%的乙醇可以破坏生成的光气。

（2）四氯化碳

四氯化碳（CCl_4）是无色液体，沸点为 76.5℃，密度为 1.5940g/mL，不溶于水，能溶解有机化合物，是常用的有机溶剂。四氯化碳沸点低、易挥发、蒸气密度大、不燃烧、不导电，常用作灭火剂，尤其适合于电源附近灭火。四氯化碳受热蒸发后，其蒸气像一条毯子一样把火焰包住，隔绝空气使火焰熄灭。四氯化碳与金属钠在较高温度下能猛烈反应以至爆炸，所以当金属钠着火时不能用它灭火。四氯化碳受热也能产生光气，故使用时要注意通风。

（3）氯乙烯与聚氯乙烯

氯乙烯在常温下是气体，可由乙炔与氯化氢进行亲电加成反应制得，也可以由乙烯与氯加成后再脱氯化氢制备。

$$HC \equiv CH + HCl \xrightarrow{HgCl_2} CH_2 = CHCl$$

$$CH_2 = CH_2 + Cl_2 \longrightarrow ClH_2C - CH_2Cl \xrightarrow[\triangle]{NaOH} CH_2 = CHCl$$

氯乙烯的主要用途是合成聚氯乙烯（PVC）。

$$n\,CH_2 = CH - Cl \longrightarrow \left[CH_2 - \underset{Cl}{\underset{|}{CH}} \right]_n$$

聚氯乙烯是一种性能优良而价廉的工程塑料，PVC 薄膜对非极性气体 N_2、O_2、CO_2 等有良好的气密性，在粮食贮藏技术中被广泛用于贮粮帐幕。

（4）氯苯

氯苯为无色透明液体，有芳烃气味，密度为 1.1063g/mL，熔点为−45.3℃，沸点为 131.7℃，不溶于水，能溶于乙醇、乙醚、氯仿和苯等有机溶剂。氯苯易燃烧，作为芳基型卤代烃，化学性质不活泼。工业上常用来制备苯酚、硝基氯苯、二硝基氯苯、二硝基苯酚、苦味酸等化工原料。工业制备方法是由苯直接氯代制得：

$$C_6H_6 + Cl_2 \xrightarrow[\triangle]{AlCl_3} C_6H_5Cl + HCl$$

（5）三碘甲烷

三碘甲烷俗称碘仿，为黄色晶体或结晶粉末，有特殊的气味，密度为 4.008g/cm^3，熔点为 120～123℃，加热易升华，难溶于水，可溶于乙醇，用作消毒剂和防腐剂。三碘甲烷由乙醇或丙酮与次碘酸钠反应制得（碘仿反应）。

（6）氯丙烯

3-氯丙烯又称烯丙基氯，为无色液体，工业产品常带微黄色，有刺激性气味，密度为 0.938g/mL（20℃），熔点为−134.5℃，沸点为 45.2℃，微溶于水，可溶于乙醇、异丙醇、乙醚、丙酮、石油醚等，作为烯丙型卤代烃的代表，它性质极活泼，水解生成烯丙醇，氨解生成烯丙胺，主要用来制备烯丙醇、环氧氯丙烷、工程塑料等。

（7）氯丹

氯丹（chlordane）又叫氯化茚，系统名称为 1,2,4,5,6,7,8,8-八氯-2,3,3α,4,7,7α-六氢-4,7-

亚甲基茚，结构式如下：

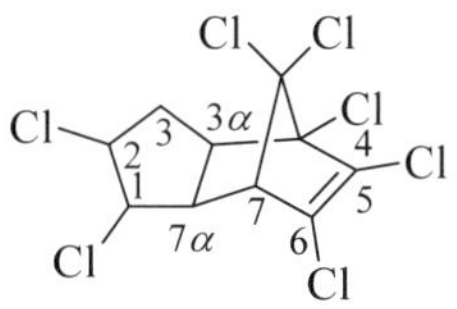

氯丹是一种有机氯杀虫剂，简称 1068，为无色或淡黄色液体，密度为 1.61g/mL（25℃），沸点为 175℃（2mmHg），工业品为琥珀色黏稠液体，有杉木气味。不溶于水，可溶于烃、酯、酮等有机溶剂，在碱性溶液中易分解，脱氯化氢而失去杀虫能力。对昆虫具有触杀、胃毒、熏蒸作用，曾用于防治地下害虫、白蚁等。氯丹是一种残留性杀虫剂，环境毒性强，为 2B 类致癌物，已禁用。工业上常用六氯环戊二烯和环戊二烯缩合后再在四氯化碳中通入氯气而制得。

9.8　有机金属化合物

卤代烃能与 Li、Na、K、Cu、Mg、Zn、Cd、Hg、Al 和 Pb 等金属作用，生成一类分子中含碳-金属（C—M，M 代表金属）键的化合物，这类含有金属和有机部分的化合物，称为有机金属化合物或金属有机化合物，可用 R—M 表示。

由于金属的电负性一般比碳原子小，因此 C—M 键一般是极性共价键，金属原子带有部分正电荷，而与之相连的碳原子带有部分负电荷，C—M 键比较容易断裂而显示出活泼性。

有机金属化合物性质活泼，能与多种化合物发生反应，许多有机金属化合物可用作有机合成试剂，在有机合成中具有重要用途。另外，也有许多有机金属化合物可用作有机反应的催化剂。近年来有机金属化合物在有机化学和有机化学工业中日益发挥着重要作用，已发展成为有机化学的一个重要分支。现仅就有机镁和有机锂简介如下。

9.8.1　有机镁化合物

卤代烃与金属镁在纯乙醚中会发生剧烈反应，生成有机合成上非常重要的一类化合物——烷基卤化镁。

格氏试剂的制备与应用

$$RX + Mg \xrightarrow{纯乙醚} RMgX$$

上述反应是由法国化学家格利雅（Victor Grignard）于 1900 年发明的，所以 RMgX 又称 Grignard 试剂。由于 Grignard 试剂对有机合成的发展起到了推动性作用，Victor Grignard 也因此于 1912 年获得诺贝尔化学奖。需要说明的是，制取芳基卤化镁时，反应比较困难，不能用乙醚而需要用极性较强的四氢呋喃（THF）作试剂。例如：

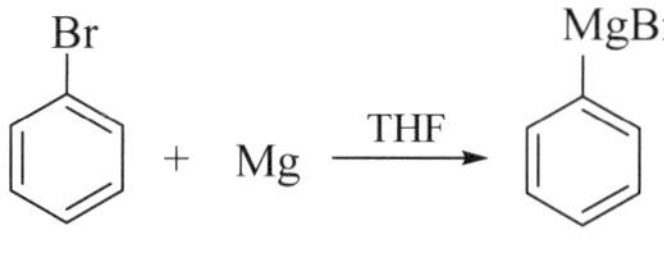

$$C_6H_5Br + Mg \xrightarrow{THF} C_6H_5MgBr$$

Grignard 试剂之所以在有机合成中地位非常重要，是因为 Grignard 试剂中存在 C—Mg 共价键。由于镁原子的电负性很小，导致碳原子的电子云密度很大，带有明显的负电荷。而一般情况下，碳原子与杂原子形成共价键时，大都是碳原子的电子云密度下降，带有部分正电荷。Grignard 试剂结构上的这一特点在有机合成上有非常重要的作用。

不仅 Grignard 试剂有极性很强的 C—Mg 共价键，而且 RMgX 可以被看作 $Mg(OH)_2$ 与 RH 生成的碱式盐。因此，RMgX 在理论上可以被任何比 RH 强的酸分解。例如各种无机酸、有机酸、醇、酚、胺、水，甚至端炔等含有各种活泼氢的化合物都可以分解 RMgX。因此，在制备和使用 Grignard 试剂时，应避免混入含有活泼氢的化合物。例如，在实验室制备 Grignard 试剂时，不仅乙醚需无乙醇、无水，卤代烃和使用的仪器均需干燥无水，就是这个原因。

$$RMgX + \begin{cases} H{-}X \longrightarrow R{-}H + MgX_2 \\ H{-}OH \longrightarrow R{-}H + Mg(OH)X \\ R'OH \longrightarrow R{-}H + Mg(OR')X \\ ArO{-}H \longrightarrow R{-}H + Mg(OAr)X \\ R'COO{-}H \longrightarrow R{-}H + Mg(OOCR')X \\ R'NH{-}H \longrightarrow R{-}H + Mg(NHR')X \\ R'C{\equiv}C{-}H \longrightarrow R{-}H + Mg(C{\equiv}CR')X \end{cases}$$

Grignard 试剂之所以用纯乙醚作溶剂来制备，除了乙醚不含活泼氢以外，还因为乙醚分子中氧原子的孤对电子可以与 Grignard 试剂中的镁原子形成配位键，既有利于反应进行，也有利于 Grignard 试剂的稳定。

C_2H_5—Ö—C_2H_5 → R—Mg—X ← C_2H_5—Ö—C_2H_5

[问题 9-22]　(a) 完成下列方程式。

① CH_3CHCH_3（Br 在中间碳上）+ Mg $\xrightarrow{\text{无水乙醚}}$

② $C_6H_5MgX + H_2O \longrightarrow$

③ 间溴氯苯（Cl、Br）+ Mg $\xrightarrow{\text{无水乙醚}}$

(b) 为什么在制备芳基氯化镁时需要用 THF 作溶剂？

9.8.2 有机锂化合物

在惰性溶剂（如戊烷、石油醚、乙醚等）中，金属锂与卤代烃反应生成烃基锂。例如：

$$CH_3(CH_2)_2CH_2Br + 2\,Li \xrightarrow[80\%\sim90\%]{\text{无水乙醚，}-10\sim-20℃} CH_3(CH_2)_2CH_2Li + LiBr$$

生成的烃基锂是一种有机试剂，其制法和性质与 Grignard 试剂很相似。烃基锂能被空气氧化，遇水（或其他含有活泼氢的化合物如酸、醇、氨等）分解，因此在制备和使用时，通常用氮气或氩气保护。所用卤代烃通常是氯代烃和溴代烃，其中溴代烃较活泼。

由于锂原子的电负性比镁原子小，C—Li 键比 C—Mg 键的极性更强，与之相连的碳原子带有更多的负电荷，其性质更像碳负离子，因此有机锂试剂比 Grignard 试剂具有更大的活性。而且有机锂试剂反应时副反应较少，因此在有机合成中越来越被人们所重视，有些反应已被用来代替 Grignard 试剂，而广泛用于有机合成以及催化聚合等方面。

9.8.3　二烃基铜锂

烃基锂与卤化亚铜反应生成二烃基铜锂。例如：

$$2\,RLi + CuX \xrightarrow{\text{纯醚，氮气}} R_2CuLi + LiX$$

（R = 1°、2°、3° 烷基，乙烯基，烯丙基，芳基；X = I, Br, Cl）

二烃基铜锂在有机合成中是一种重要的烃基化试剂，称为有机铜锂试剂，它能与多种有机化合物反应。例如，二烷基铜锂与卤代烷反应生成烷烃，这是制备烷烃的一种方法，称为 Corey-House 合成，已被用来代替 Wurtz 反应制备烷烃。例如：

$$[CH_3(CH_2)_3]_2CuLi + 2CH_3(CH_2)_6Cl \xrightarrow[0℃,\ 75\%]{\text{纯醚，5 d}} 2CH_3(CH_2)_9CH_3 + LiCl + CuCl$$

$$(CH_3)_2CuLi + CH_3(CH_2)_4I \xrightarrow[25℃,\ 98\%]{\text{纯醚，3.5 h}} CH_3(CH_2)_4CH_3 + CH_3Cu + LiI$$

由于有机铜锂试剂具有碱性，反应中的卤代烃以伯卤代烃为佳，叔卤代烃几乎不发生上述反应。除卤代烷烃外，乙烯型、烯丙型、苯基型和苄基型卤代烃也能发生上述反应。另外，分子中含有羰基、酯基、羟基、氰基和孤立双键等的卤代烃的衍生物，也能发生此反应，并且这些官能团不受影响。

$$\underset{\displaystyle CH_3}{C_2H_5\overset{}{C}}{=}CHCH_2CH_2\underset{\displaystyle I}{C}{=}CHCH_2OH \xrightarrow[>75\%]{(C_2H_5)_2CuLi} \underset{\displaystyle CH_3}{C_2H_5C}{=}CHCH_2CH_2\underset{\displaystyle C_2H_5}{C}{=}CHCH_2OH$$

［问题 9-23］　完成下列方程式。

（a）$CH_3CH_2Br + Li \longrightarrow$

（b）$CH_3(CH_2)_3C{\equiv}CH \xrightarrow{CH_3(CH_2)_3Li}$

（c）$n\text{-}C_5H_{11}Br + [(CH_3)_3C]_2CuLi \longrightarrow$

阅读材料

卤代烃与生态环境

卤代烃不仅是有机合成的基本原料与中间体，而且是工农业生产和日常生活中广泛使用的产品。卤代烃的化学性质异常稳定，空气氧化、光照、微生物降解通常都不能分解卤代烃。所以，一旦释放到自然界中它们将长期存在，对生态环境造成严重污染。

例如，DDT（1,1,1-三氯-2,2-二对氯苯基乙烷）是 1942 年由瑞士化学家 P. Miller 首先合成的一种有机农药，它能有效地杀灭 100 余种农业和卫生害虫。与其他卤代烃一样，它不溶于水，易溶于非极性或弱极性的有机溶剂。由于它的化学性质异常稳定，经过食物链的传递最后富集于人和动物的身体内，危害极大。

$$Cl-C_6H_4-\underset{\displaystyle CCl_3}{\overset{\displaystyle H}{C}}-C_6H_4-Cl$$

DDT

另一类严重危害生态环境的卤代烃是氟利昂（feron）——氟氯甲烷或氟氯乙烷，在商业上常用 F-*abc* 命名，*abc* 为三个阿拉伯数字，*a* 表示碳原子数减 1，*b* 表示氢原子数加 1，*c* 表示氟原子数。如果 F 后面仅两个数字，则表示 *a* 为零。例如，$C_2F_4Cl_2$ 命名为 F-114（freon-114），CF_2Cl_2 命名为 F-12（Freon-12）。

Feron 是美国杜邦公司（Du Pont Chem.Co.）首先实现工业化生产的，它无毒、无臭、无腐蚀性、不燃烧，是一种性能优良的制冷剂。在 20 世纪 70 年代中期，美国的空气压缩机所使用的制冷剂 50%为 feron-11 与 feron-12。feron 进入大气层后，由于密度的原因，主要停滞在距地面 16～50km 的平流层，特别是 20～30km 处。臭氧主要集中在平流层，由于它阻挡了 99%的紫外线与宇宙辐射，1%到达地面的辐射强度恰好满足人类与其他大部分生物的生存与延续需求。因此臭氧层又被誉为地球的“生命之伞”。1974 年美国的 S. Rowland、墨西哥化学家 M. Molina 和荷兰化学家 P. Crutzen 发现 feron 是破坏大气臭氧层的主要物质。其机理是 feron 在紫外线作用下发生自由基反应，feron 分子中较弱的 C—Cl 键均裂产生氯原子并引发连锁反应：

$$\text{freon} \xrightarrow{h\nu} \text{Cl}\cdot$$

$$\text{循环}\begin{cases} \text{Cl}\cdot + O_3 \longrightarrow \text{ClO}\cdot + O_2 \\ \text{ClO}\cdot + \text{O}\cdot \longrightarrow \text{Cl}\cdot + O_2 \end{cases}$$

$$O_3 \overset{h\nu}{\rightleftharpoons} O_2 + \text{O}\cdot$$

理论和实验研究表明一个氯原子可以分解破坏 10^5 个 O_3 分子。大气层臭氧浓度下降 1%，地面紫外线辐射强度增加 20%。强烈的紫外线辐射会引起白内障、皮肤癌等疾病的发病率上升。为了保护人类生存的基本条件，1987 年世界各国签订了《蒙特利尔公约》，1992 年联合国环境与发展大会进一步重申：到 2000 年全世界所有国家一律停止生产和使用 Freon。目前，已经开发几种无公害的代用品如 R600a（异丁烷）与 R134a（四氟乙烷），并已投入使用。

以上几个有代表性的例子深刻地说明卤代烃与生态环境息息相关，一个又一个的生态危机信号给传统的有机合成提出了严峻的挑战——人类应当尽快寻求新的无公害的有机合成产品。

化学家简介

威廉逊（A. W. Williamson，1824—1904）

英国化学家，出生在英国伦敦。在儿童时代由于健康不佳失去了一只眼睛和一臂的功能。1840 年在 Heideberg Gmelin 指导下学习化学，然后于 1844 年在 Giessen 在 Liebig 指导下学习。1849 年，他在伦敦被聘任为大学教授，在那里他主要从事酯化理论的研究，在不对称醚的合成领域做出了突出的贡献。1862 年他得到了英女王勋章。

格利雅（Victor Grignard，1871—1935）

法国化学家，生于法国塞堡。他发明了格利雅试剂——有机化学工作者所熟知的最有用和最多功能的试剂之一。在里昂他跟 L. Bouceault 学习一年后，在巴比埃指导下攻读博士学位。1900 年他在巴比埃的指导下着手把金属镁用于缩合反应研究。1901 年格利雅发表关于混合有机镁化合物的论文，并把有机镁应用到合成羧酸醇和烃类化合物，开拓了极性反转金属有机化合物研究的新领域。由于在有机化学研究的突出贡献格利雅于 1912 年获得了诺贝尔奖。

瓦尔登（Paul Walden，1863—1957）

瓦尔登是帝俄时代的拉脱维亚人，幼年失去双亲成为孤儿。在当地以优异的成绩小学毕业后，被公费保送到拉脱维亚的里加（Riga）上中学，成绩优异。1882 年 19 岁中学毕业，进入里加很有名的工业大学。1887 年他跟着他的老师，当时颇有名望的化学教授威廉·奥斯特瓦尔德去德国莱比锡大学，于 28 岁时获得博士学位。后来他回到母校工作，从助教、讲师、教授、教务长一直到校长。主要从事有机化学教学，并从事物理化学研究。1897～1899 年这三年间，他从事有机立体化学研究，发现了著名的瓦尔登转化现象。瓦尔登在 1906 年被选为俄罗斯科学院院士。从 1919 年起被德国的罗斯托克大学聘任为教授。1934 年他曾担任第九届国际“纯粹和应用化学联合会”的会长。他一生名誉很多，得过许多国外大学授予的荣誉学位及国外学术机构赠的奖章。他之所以取得惊人的成就是勤奋努力的结果，他自己说，曾经有些年每天只睡上 3～4 小时，大部分时间用来读书和做实验研究。

本章小结

1. 一元卤代烷烃的通式 $C_nH_{2n+1}X$（X=F、Cl、Br、I），官能团为 $\rangle$C—X。

2. 卤代烷烃的化学性质取决于官能团 C—X 键的极化程度，及其与烷基的相互影响。

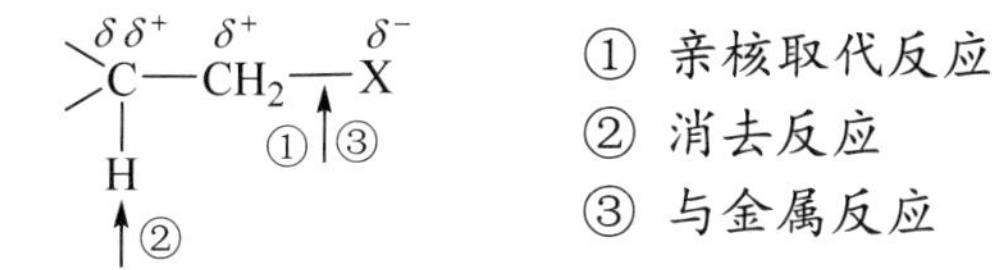

3. S_N1 和 E1 反应都是通过生成活性中间体——碳正离子进行的：

$$RX \xrightarrow{-X^-} [\,R^+\,] \begin{cases} \xrightarrow[S_N1]{Nu^-} RNu \\ \xrightarrow[E1]{-H^+} \text{烯烃} \end{cases}$$

S_N1 和 E1 反应都是分两步进行，R^+的生成是限速步骤。R^+的稳定性决定限速步骤活化能的大小。

由于碳正离子是平面型结构，亲核试剂可以从平面的上下两侧进攻，所以 S_N1 的立体化学特征是外消旋化。

E1 反应第二步（$R^+ \longrightarrow$ 烯烃）过渡状态的能量决定可能生成的产物的结构与比例，反应物通过一个过渡状态直接转变为产物。

4. S_N2 与 E2 都是一步完成的反应，没有活性中间体生成。亲核试剂（碱）直接进攻α-碳原子发生 S_N2 反应，若亲核试剂（碱）直接进攻β-碳原子则发生 E2 反应。

$$Nu^- + -\overset{|}{\underset{H}{C}}-\overset{|}{\underset{|}{C}}-X \begin{cases} \xrightarrow{S_N2} Nu-\overset{|}{\underset{|}{C}}-\overset{|}{\underset{|}{CH}} \\ \xrightarrow{E2} \rangle C{=}C\langle \end{cases}$$

反应的动力学方程式 $v=k[RX][Nu^-]$

S_N2 反应的立体化学特征是构型翻转。

5. 烃基结构与卤原子的性质对卤代烃的亲核取代反应与消去反应有重要影响。

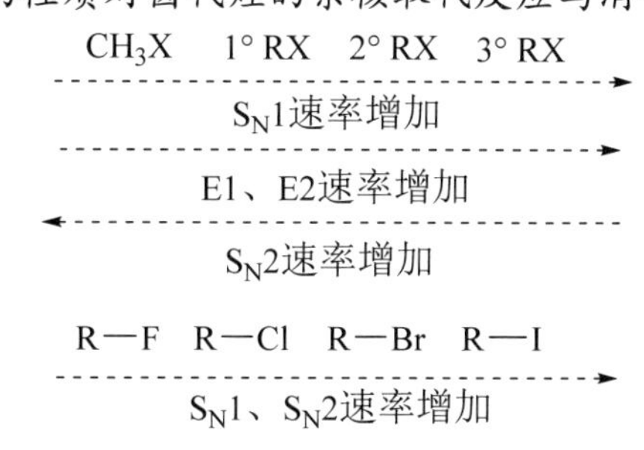

6. 卤代烃与亲核试剂的反应，由于亲核试剂具有亲核性与碱性双重性质，所以 S_N 与 E 反应同时发生且相互竞争。至于哪一个反应占优势，取决于卤代烃烷基的结构、亲核试剂的性质、溶剂的极性和反应温度等因素。一般卤代烃级别越高、亲核试剂碱性越大、溶剂的极性越弱、反应温度越高，反应越有利于消去反应；反之则越有利于亲核取代反应。

7. 不对称的仲、叔卤代烃进行消去反应时，遵守 Saytzeff 规则，即消去反应的主要产物是碳碳双键上烷基最多的烯烃，或者说，总是从含氢较少的 β-碳原子上脱去氢原子。

8. 对于卤代烯烃与芳卤化合物来说，根据卤原子与碳碳双键（芳环）距离的不同，可以分为三种类型：烯丙型（苄基型）、乙烯型（芳基型）、隔离型。由于存在两种官能团的相互影响，它们的性质要比卤代烷烃的性质复杂。

9. 烃基结构不同的卤代烃，在实验室可用 $AgNO_3$ 乙醇溶液来区分。

烯丙型 苄基型 3° RX	2° RX	乙烯型 芳环型 1° RX
室温下迅速出现浑浊	加热时出现浑浊	加热无反应

与 $AgNO_3$ 乙醇溶液反应卤原子活性降低 →

习　题

9-1 写出下列化合物的名称，并指出哪些是伯卤代物、仲卤代物、叔卤代物、烯丙型卤代物、卤乙烯卤代物。

（a）$(CH_3)_2CBrCH_2CH_3$

（b）$CH_3CH{=}CHCH_2CH(Cl)CH_2CH_3$

（c）H_3C—（环己烯环）—F

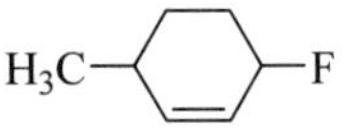

（d）$HC{\equiv}CC(CH_3)_2CH_2I$

（e）$H_2C{=}CHCHBrCH{=}CH_2$

（f）（双环化合物，Cl 取代）

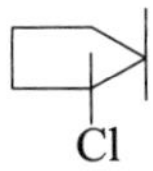

（g）$CH_3CH_2CH{=}CHBr$

9-2 写出 1-溴丁烷与下列试剂反应的产物。

（a）NH_3 (过量)

（b）$NaOC_2H_5$

（c）$(CH_3)_3CO^-$，$(CH_3)_3COH$，△

（d）Mg，纯乙醚

（e）$NaC{\equiv}CH$

（f）NaOH，H_2O

9-3 下列各步反应中有无错误（孤立地看）？如有，请指出。

（a）$CH_3CH{=}CH_2 \xrightarrow[(A)]{HOBr} CH_3CH(Br){-}CH_2(OH) \xrightarrow[(B)]{Mg/纯乙醚} CH_3CH(MgBr)CH_2OH$

（b）$(CH_3)_2C{=}CH_2 + HBr \xrightarrow[(A)]{ROOR} (CH_3)_3CBr \xrightarrow[(B)]{CH_3ONa} (CH_3)_3C{-}O{-}CH_3$

（c）$(CH_3)_2C{=}CH_2 + HCl \xrightarrow{(A)} (CH_3)_3CCl$；$(CH_3)_3CCl \xrightarrow[(B)]{NaOH,\ H_2O} (CH_3)_3COH$；$(CH_3)_3CCl \xrightarrow[(C)]{CN^-,\ H^+,\ H_2O} (CH_3)_3C{-}COOH$

（d）$CH\equiv CH \xrightarrow[(A)]{HCl/Hg^{2+}} CH_2=CHCl \xrightarrow[(B)]{NaOC_2H_5} CH_2=CH-OC_2H_5$

（e）$CH_2=CH-CH_2-CH_3 + Br_2 \xrightarrow[(A)]{高温} CH_2=CH-\underset{Br}{CH}-CH_3 \xrightarrow[\triangle (B)]{KOH,乙醇} CH_2=C=CH-CH_3$

9-4　试写出下列化合物脱卤化氢后的产物。

9-5　下面各对化合物中哪一个较易发生脱 HX 反应？为什么？

（a）$(CH_3)_2CH\underset{Br}{C}HCH_2CH_3$ 与 $(CH_3)_2CBrCH_2CH_2CH_3$

（b）$(CH_3)_2CHCHICH_3$ 与 $(CH_3)_2CHCH_2CH_2I$

（c）$CH_3CH_2CH_2I$ 与 $CH_3CH=CHBr$

（d）CH_3CHICH_3 与 $CH_3CHBrCH_3$

9-6　下列各对化合物中哪一个与 CH_3O^- 更容易发生 S_N1 反应？

（a）CH_3Cl 与 CH_3I

（b）苯基—Cl 与 环己基—Cl

（c）2-环戊烯基—Cl 与 1-环戊烯基—Cl

（d）$CH_2=CH-\underset{Br}{C}(CH_3)_2$ 与 $CH_3CH_2\underset{Br}{C}HCH_3$

9-7　下列各对化合物哪一个更容易发生 S_N2 反应？

（a）$(CH_3)_3CCl$ 与 $(CH_3CH_2)_2CHI$

（b）环己基—Cl 与 环己基—CH_2Cl

（c）$(CH_3)_2CHI$ 与 $(CH_3)_2CHCl$

（d）环己基—Cl 与 1-甲基-1-氯环己烷（CH_3，Cl）

9-8　完成下列反应方程式，写出所有可能的取代产物。

（a）2-溴-1-亚甲基环己烷（Br，$=CH_2$）$+ CN^- \longrightarrow$

（b）$CH_3CH_2O^-Na^+ +$ 环己基—$CH_2Cl \longrightarrow$

（c）$CH_3CH=CHCH=CHCH_2Cl + NaOCH_3 \longrightarrow$

9-9　写出下列反应的主要产物，指出反应机理的类型。

（a）$(CH_3)_3CCl + CH_3OH \longrightarrow$

（b）$(CH_3)_2CBrCH_2CH_3 + KOH \xrightarrow[\triangle]{乙醇}$

（c）$CH_3CH_2CH_2CH_2Br + (CH_3)_3CO^-K^+ \xrightarrow[\triangle]{(CH_3)_3COH}$

9-10　伯卤烷用甲醇（CH_3OH）进行醇解，它们的相对速率为：CH_3CH_2Br 1.0，$CH_3CH_2CH_2Br$ 0.28，$(CH_3)_2CHCH_2Br$ 0.0000042。试回答：①这个反应是 S_N1 还是 S_N2？②哪些因素影响它们的相对活性？

9-11　怎样使 $CH_3CH_2CH_2Br$ 转变成下列化合物？用反应方程式表示转变过程。

（a）$CH_3CH_2CH_2CN$　　（b）$CH_3CH_2CH_2COOH$

（c）$CH_3CH_2CH_2OCH_2CH_2CH_3$　　（d）$CH_3C\equiv CH$

9-12　下面一些化合物不能用来制备格氏试剂，为什么？

（a）$HOCH_2CH_2Br$　　（b）HO—⬡—CH_2Br

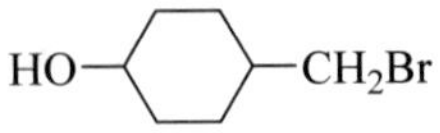

（c）$HC\equiv C-CH_2CH_2Br$

9-13　试用化学方法区分下列卤代烃。

（a）$CH_3CH=CHCHClCH_3$　　（b）1-溴环己烯（环己烯环—Br）

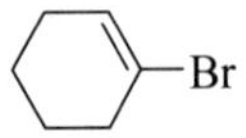

（c）$H_2C=CHCH_2CH_2Cl$

9-14　根据下面所说的情况判断哪些反应按 S_N2 历程，哪些按 S_N1 历程。

（a）叔卤代烃反应比仲卤代烃快

（b）反应速率取决于进攻的亲核试剂的亲核性

（c）反应速率与亲核试剂浓度成比例

（d）反应速率取决于离去基团的性质

9-15　下面是 25℃时，在 80%水和 20%乙醇中卤代烃形成醇时测得的相对速率。试解释为什么 $(CH_3)_2CHBr$ 的相对速率最小。

	CH_3Br	CH_3CH_2Br	$(CH_3)_2CHBr$	$(CH_3)_3CBr$
相对速率	2140	170	4.99	1010

9-16　有两种未知的同分异构体 A 和 B($C_6H_{11}Cl$)，不溶于硫酸。A 脱氯化氢生成一种物质 C(C_6H_{10})，而 B 脱氯化氢生成分子式相同的两种物质 D（主要产物）和 E（次要产物）。C 经 $KMnO_4$ 氧化生成 $HOOC(CH_2)_4COOH$，经同一条件氧化 D 生成 $CH_3\overset{O}{\overset{\|}{C}}CH_2CH_2CH_2COOH$，E 生成唯一的有机化合物（环戊酮）。试确定 A 和 B 的构造式，并写出有关反应方程式。

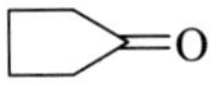

9-17　某卤代物分子式为 $C_6H_{13}I$，用 KOH 醇溶液处理后得到的产物进行臭氧氧化，臭氧氧化产物还原水解后生成 $(CH_3)_2CHCHO$ 和 CH_3CHO。试问该卤代物具有怎样的构造？写出各步反应式。

9-18　许多氯代烃和溴代烃的 S_N2 反应均可被碘化钠或碘化钾催化。例如 CH_3Br 的水解在碘化钠存在时速率要快得多，为什么？

9-19　当用下面反应制备格氏试剂时有副产物 $RCH=CHCH_2CH_2CH=CHR$ 生成，而且使用浓溶液时副反应尤为严重，为什么？

$$RCH=CHCH_2X + Mg \xrightarrow{\text{乙醚}} RCH=CHCH_2MgX$$

9-20　提出反应历程解释下列反应结果：

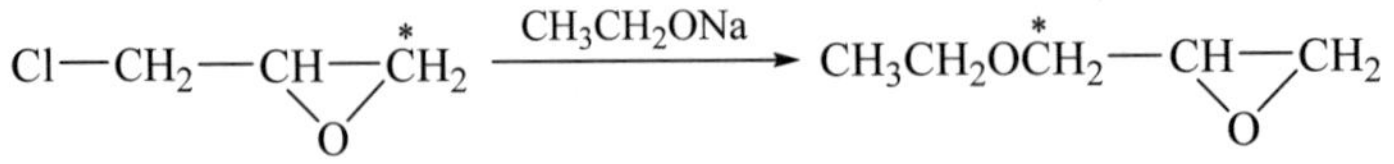

$$Cl-CH_2-\underset{\backslash O/}{CH-\overset{*}{C}H_2} \xrightarrow{CH_3CH_2ONa} CH_3CH_2O\overset{*}{C}H_2-\underset{\backslash O/}{CH-CH_2}$$

9-21　下列消除反应的主要产物是 A 还是 B？或是二者的混合物？说明理由。

$$C_6H_5CH_2\underset{\large OH}{\underset{|}{C}}HCH_2CH_3 \xrightarrow[-H_2O]{H^+,\ \triangle} \begin{cases} C_6H_5CH{=}CHCH_2CH_3 \quad (A) \\ C_6H_5CH_2CH{=}CHCH_3 \quad (B) \end{cases}$$

9-22　某旋光性化合物 A 在过氧化物存在下和 HBr 作用后得到两种分子式为 $C_7H_{12}Br_2$ 的异构体 B 和 C。B 也有光学活性，而 C 无光学活性。B 与一分子叔丁醇钾作用得到 A。C 和一分子的叔丁醇钾作用则得到无光学活性的混合物。A 和一分子叔丁醇钾作用得到分子式为 C_7H_{10} 的 D。D 经臭氧化再在锌粉存在下水解，得到两分子甲醛和一分子 1,3-环戊二酮。试写出 A、B、C、D 的立体化学式和各步反应。

第 10 章　醇与酚

醇（alcohol）、酚（phenol）、醚（ether）是三种结构最简单的含氧有机化合物。它们的分子中氧原子均以单键与其他原子或基团成键，它们可视为 H_2O 分子的一个或两个氢原子被烃基取代的产物。这就是把它们归为同一章讨论的原因。

醇、酚、醚不仅是重要的基本有机化合物，而且它们的结构与化学性质在有机合成上、机体代谢过程中具有普遍的意义。

10.1　醇的分类与命名

10.1.1　分类

根据分子中所含羟基（—OH）数目的不同，可将醇分为一元醇、二元醇和多元醇。一元醇，如乙醇 CH_3CH_2OH、环己醇 环己基—OH；二元醇，如乙二醇 $\underset{OH}{CH_2}-\underset{OH}{CH_2}$；多元醇，如丙三醇 $\underset{OH}{H_2C}-\underset{OH}{CH}-\underset{OH}{CH_2}$。

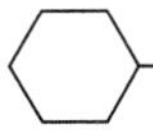

也可根据烃基不同，分为饱和醇和不饱和醇；脂肪醇和芳香醇。饱和醇，如正丙醇 $CH_3CH_2CH_2OH$；不饱和醇，如烯丙醇 $CH_2=CH-CH_2OH$；脂肪醇，如环戊醇 环戊基—OH、正丁醇 $CH_3CH_2CH_2CH_2OH$；芳香醇，如苄醇 $C_6H_5-CH_2OH$。

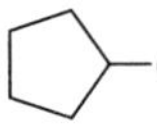

还可根据羟基所连碳原子级别不同分为伯醇、仲醇和叔醇。伯醇，如正丁醇 $CH_3CH_2CH_2CH_2OH$；仲醇，如仲丁醇 $CH_3-\underset{OH}{CH}-CH_2-CH_3$；叔醇，如叔丁醇 $CH_3-\overset{CH_3}{\underset{OH}{C}}-CH_3$。伯、仲、叔醇也称一级、二级、三级醇，通常用 1°ROH、2°ROH、3°ROH 表示。

10.1.2　命名

对于结构比较简单的醇，可按烃基的结构命名，也可按甲醇的衍生物来命名。例如：

CH_3-OH 甲醇　　$CH_3\underset{OH}{C}HCH_3$ 异丙醇（二甲基甲醇）

$H_3C-\overset{CH_3}{\underset{CH_3}{C}}-OH$ 叔丁醇　　$C_6H_5-CH_2OH$ 苄醇

对于结构比较复杂的醇，按系统命名法命名。醇的系统命名法是选择含有—OH 的最长

碳链为主链，若为不饱和醇，主链上应包括不饱和键，从离—OH 近的一端开始将主链碳原子编号，依主链碳原子数目称为“某醇”（饱和醇）或“某烯醇”（不饱和醇），将取代基的位次、名称及—OH 的位次写在“某醇”的前面。如果—OH 的编号为“1”，有时可省略。例如：

$CH_3CH(CH_3)CH_2CH(OH)CH_3$
4-甲基-2-戊醇

$H_2C{=}CHCH_2CH(OH)CH_3$
4-戊烯-2-醇

$CH_3CH(CH_3)—CH(CH_3)—CH(Cl)—CH(CH_3)CH_2OH$
2,4,5-三甲基-3-氯-1-己醇

$C_6H_5—CH_2CH_2OH$
2-苯基乙醇

有的醇还广泛使用俗名。例如：

CH_3CH_2OH　酒精

CH_3OH　木醇

$CH_2(OH)CH_2OH$　甘醇

$H_2C(OH)—CH(OH)—CH_2(OH)$　甘油

（环己六醇，每个环碳上连 OH）　肌醇

［问题 10-1］　将下列醇命名：

(a) $(CH_3)_2CHCH(OH)CH_2CH_3$　　(b) $CH_3CH{=}CHCH_2OH$

(c) （环己烷，一个碳上连 CH_3 和 H，另一碳上连 OH 和 H）　　(d) $PhCH(OH)CH_3$

10.2　醇的物理性质

10.2.1　醇的物理性质

某些醇的物理常数列于表 10-1。在直链饱和一元醇中，C_4 以下的为有酒精味的流动液体，C_5～C_{11} 的为具有不愉快气味的油状液体，C_{12} 以上的为无色的蜡状固体。低级醇的物理性质与分子量相近的烷烃或卤代烃相差很大。例如，甲醇的分子量与乙烷、氯甲烷的分子量相近，它们的某些物理性质如表 10-2 所示。

表 10-1　某些醇的物理常数

化合物	分子量	熔点/℃	沸点/℃	密度/(g/mL)	溶解度/(g/100g H_2O)
CH_3OH	32.04	−97.7	64.7	0.791	∞
CH_3CH_2OH	46.07	−114.1	78.3	0.789	∞
n-C_3H_7OH	60.11	−126.2	97.2	0.804	∞
$(CH_3)_2CHOH$	60.11	−89.5	82.4	0.786	∞
n-C_4H_9OH	74.12	−88.6	117.7	0.810	7.4

续表

化合物	分子量	熔点/℃	沸点/℃	密度/(g/mL)	溶解度/(g/100g H_2O)
$CH_3CH(OH)CH_2CH_3$	74.12	−114.7	99.5	0.807	12.5
$(CH_3)_2CHCH_2OH$	74.12	−108	107.9	0.804	8.5
$(CH_3)_3COH$	74.12	25.6	82.5	0.787	∞
n-$C_5H_{11}OH$	88.15	−78.9	137.8	0.815	2.7
n-$C_6H_{13}OH$	102.18	−51.6	157.5	0.819	0.55
n-$C_7H_{15}OH$	116.20	−34.6	175.8	0.822	0.2
n-$C_8H_{17}OH$	130.23	−15.0	195.2	0.826	0.10～0.05
CH_2═$CHCH_2OH$	58.05	−129	97.1	0.854	∞
(环己基)—OH	100.16	25.2	161.1	0.942	约 11
(苯基)—CH_2OH	108.13	−15.3	205.45	1.041	0.08
$HOCH_2CH_2OH$	62.07	−13	197.6	1.114	∞
$H_2C(OH)—CH(OH)—CH_2(OH)$	92.09	18.18	290（分解）	1.261	∞

表 10-2　甲醇、乙烷和氯甲烷的某些物理性质

化合物	分子量	沸点/℃	水溶性
甲醇	32	64.7	∞
乙烷	30	−88.6	不溶
氯甲烷	50.5	−24	微溶

低级醇的沸点明显高于分子量相近的烷烃和卤代烃。这是因为醇分子中含有—OH，与水相似，既可与醇分子以氢键缔合，使沸点升高，也可与水分子以氢键缔合，使水溶性增加。含四个碳原子的醇除叔丁醇可与水混溶外，其他醇在水中的溶解度都是有限的。随着烃基的增大，醇在结构上与 H_2O 相似程度越来越小，以至醇的水溶性急剧下降。例如正庚醇 n-$C_7H_{15}OH$ 在水中的溶解度仅为 0.2g/100g H_2O。基于同样的原因，正烷醇的沸点随分子量的增加与相应的正烷烃愈来愈接近，见表 10-3。

表 10-3　某些正烷醇与相应正烷烃的沸点

正烷醇		正烷烃	
名称	沸点/℃	名称	沸点/℃
n-C_3H_7OH	97.2	C_3H_8	−42.1
n-$C_5H_{11}OH$	137.8	n-C_5H_{12}	36
n-$C_8H_{17}OH$	195.2	n-C_8H_{18}	126
n-$C_{12}H_{25}OH$	257	n-$C_{12}H_{26}$	216

［问题 10-2］　正丁醇在水中的溶解度为 7.4g/100g H_2O，而叔丁醇为无限，试给出解释。

10.2.2　醇的波谱性质

（1）红外光谱

游离醇（分子间缔合力很小）羟基的伸缩振动吸收峰出现在 3500～3650cm^{-1} 区域，此峰峰尖且强度较弱。分子间缔合的羟基吸收峰在 3200～3600cm^{-1} 区域，此峰是一个强而宽的谱带。C—O 伸缩振动引起的吸收峰在 1000～1200cm^{-1} 区域内，由于伯、仲、叔醇的结构不同，在此区域内有不同的伸缩振动的吸收峰。伯醇：1050～1085cm^{-1} 区域，仲醇：1085～1125cm^{-1} 区域，叔醇：1125～1200cm^{-1} 区域。异丙醇的红外光谱示于图 10-1。

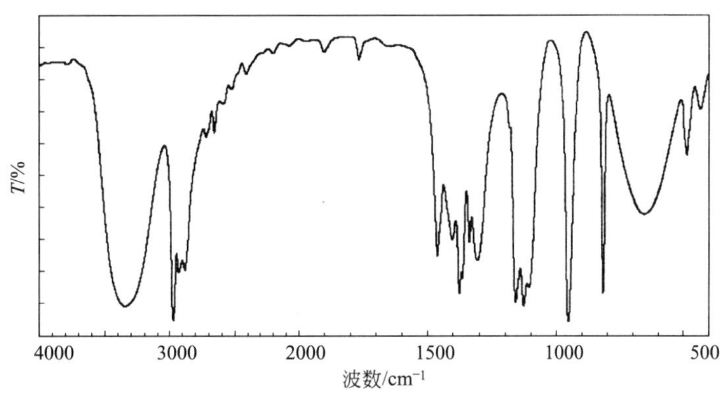

图 10-1　异丙醇的红外谱图

（2）核磁共振谱

醇的羟基质子（O—H）的核磁共振吸收由于氧原子的–I 效应，使羟基质子受到去屏蔽作用而移向低场，且为单峰。图 10-2 为乙醇的核磁共振谱图。

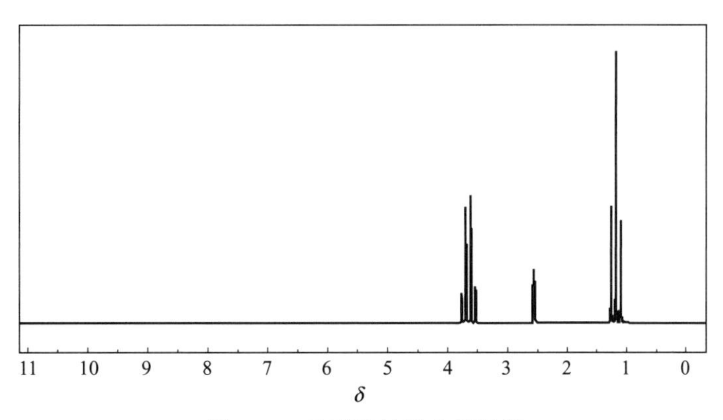

图 10-2　乙醇的核磁共振氢谱

10.3　醇的结构与化学性质

醇分子和水分子的结构相似，它们的氧原子均为 sp^3 杂化。在水分子中，O 原子具有单电子的两个 sp^3 轨道与 H 原子的 s 轨道交盖，形成两个 sp^3-s 的 O—H σ键；在醇分子中，O 原子与 H 原子同样形成一个 sp^3-s σ键，另一个 sp^3 轨道与 C 原子形成一个 sp^3-sp^3 的 O—C σ键。所以，在水和醇中，氧都保留两对未成键的 sp^3 电子，如图 10-3 所示。

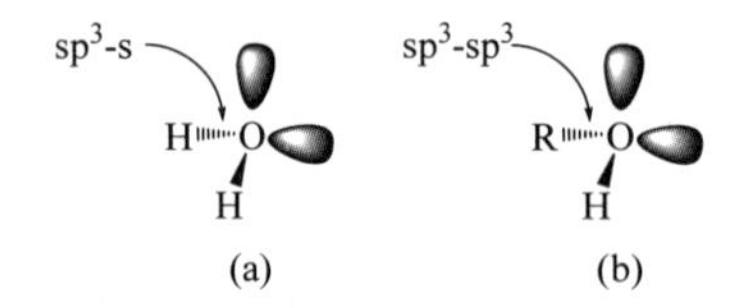

图 10-3 水分子（a）和醇分子（b）的结构

醇分子中氧原子的电负性较大，使氧原子部分带负电，C—O 键和 O—H 键高度定向极化；醇中氧又具有未共用的孤对电子，因此与水分子相似，醇分子的羟基在一定条件下，既可以给出 H^+，也可以质子化转变成 $R—\overset{+}{O}H_2$。醇分子与卤代烃也相似，醇分子的α-碳原子也带部分正电，是分子的正电中心，β-C—H 键也受到极化，β-H 带部分正电。

$$-\overset{|\delta\delta^+}{\underset{\uparrow\atop H}{C}}\leftarrow\overset{|\delta^+}{\underset{|}{C}}\leftarrow\overset{\delta^-}{O}\leftarrow H^{\delta^+}\qquad -\overset{|\delta\delta^+}{\underset{\uparrow\atop H}{C}}\leftarrow\overset{|\delta^+}{\underset{|}{C}}\leftarrow\overset{\delta^-}{X}$$

醇　　　　　　卤烷

羟基是醇的官能团，所以醇的性质主要由羟基决定。醇的结构与 H_2O、卤代烃有相似之处，所以也能发生与水和卤代烃相似的反应。但相似并非相同，自身结构的特点决定了醇的化学性质有别于 H_2O 和卤代烃。

10.3.1 生成鿏离子

醇与 H_2O 相似，在浓的强酸性条件下可质子化，形成鿏离子。

$$H—\overset{\overset{H}{|}}{\ddot{O}}: + HCl \rightleftharpoons H—\underset{+}{\overset{\overset{H}{|}}{O}}—H + Cl^-$$

水合氢离子

$$R—\overset{\overset{H}{|}}{\ddot{O}}: + HCl \rightleftharpoons R—\underset{+}{\overset{\overset{H}{|}}{O}}—H + Cl^-$$

鿏离子

这两个反应都是 H^+提供 1s 空轨道与氧原子的孤对电子配位结合形成 O—H σ键。由于电子对是氧单独提供，所以醇带单位正电荷。生成的 $R—\overset{+}{O}H_2$ 称鿏离子。醇的羟基经质子化后，C—O 键的极性增大，容易引起 C—O 键断裂，发生醇的取代反应和消除反应。所以，醇在酸性溶液里形成鿏离子是醇发生其他许多化学反应的主要原因，同时也使微溶于水的大部分醇可以溶于浓强酸。

10.3.2 与 HX 反应

醇的取代反应

在酸性溶液中，醇的羟基被质子化。羟基是一个弱的离去基团，经质子化后就是一个很好的离去基团，容易以很弱的碱（H_2O）离去。

$$R—OH \xrightleftharpoons{H^+} R—\overset{+}{O}H_2 \xrightleftharpoons{Nu^-} R—Nu + H_2O$$

在醇的取代反应中，HX 是常用的试剂。醇与 HX 取代的实质是 X^-进攻α-碳原子引起的亲核取代反应。此反应正好是卤代烃水解反应的逆反应。

$$R—Cl + H_2O \rightleftharpoons R—OH + HCl$$

从卤代烃水解反应的可逆性不难看出，醇的卤代在酸性条件下有利于产物的生成。

$$C_6H_5CH_2OH + HCl \rightleftharpoons C_6H_5CH_2Cl + H_2O$$

（1）氢卤酸的反应活性

在醇与 HX 的反应中，氢卤酸的反应活性如下：

	HF	HCl	HBr	HI
pK_a	3.2	−7	−9	−9.5

酸性增强，与ROH的反应活性增强 →

HF 是弱酸，HI 是最强的酸。X^-作为亲核试剂，其亲核能力按 F^-、Cl^-、Br^-、I^-依次增强。所以 HX 与醇的反应活性大小与酸的强弱顺序是一致的。

（2）醇的反应活性

醇与 HX 反应的活性顺序如下：

CH_3OH　1° ROH　2° ROH　3° ROH　$RHC{=}CH{-}CH_2{-}OH$、$C_6H_5CH_2OH$

与HX反应的活性增强 →

所有的醇与 HX 均生成相应的卤代烃。叔醇、烯丙型醇和苄醇在室温下即与 HX 反应，而伯、仲醇反应活性较低，须使用无水 $ZnCl_2$ 才能与 HCl 反应。

活性增强（与HX反应）↑

$$(CH_3)_3C{-}OH + HCl \longrightarrow (CH_3)_3C{-}Cl + H_2O$$

$$(CH_3)_2CH{-}OH + HCl \longrightarrow (CH_3)_2CH{-}Cl + H_2O$$

$$CH_3CH_2{-}OH + HCl \longrightarrow CH_3CH_2{-}Cl + H_2O$$

$ZnCl_2$ 的作用与 H^+相似，无水 $ZnCl_2$ 是一种很强的 Lewis 酸，Zn^{2+}的空轨道可接受氧原子的孤对电子，$ZnCl_2$ 与醇结合，削弱了 C—O 键，有利于羟基离去。

$$CH_3CH_2{-}\ddot{O}(H){:} + ZnCl_2 \longrightarrow CH_3CH_2{-}\overset{+}{O}(H){-}ZnCl_2^-$$

$$Cl^- + CH_3CH_2{-}\overset{+}{O}(H){-}ZnCl_2^- \longrightarrow Cl{-}CH_2CH_3 + [Zn(OH)Cl_2]^-$$

$$[Zn(OH)Cl_2]^- + H^+ \longrightarrow ZnCl_2 + H_2O$$

利用醇与 HCl 反应速率的快慢可区分伯、仲、叔醇。所用的无水 $ZnCl_2$ 的浓 HCl 溶液，是由美国化学家卢卡斯（J. Lucas）研制的，称为卢卡斯试剂。C_6 以下的低级醇可溶于卢卡斯试剂，而相应的氯代烃不溶。在室温下，叔醇迅速与 Lucas 试剂反应，因生成大量不溶性氯代烃，体系立即出现浑浊；仲醇与 Lucas 试剂作用较慢，约 5min 之后出现浑浊，最后分成两层；伯醇与 Lucas 试剂作用十分缓慢，澄清的溶液几小时内不起变化。

$$(CH_3)_3C—OH + HCl \xrightarrow[\text{室温}]{ZnCl_2} (CH_3)_3C—Cl + H_2O$$

立即出现浑浊

$$CH_3CH(OH)CH_3 + HCl \xrightarrow[\text{室温}]{ZnCl_2} CH_3CH(Cl)CH_3 + H_2O$$

5min后出现浑浊

$$CH_3CH_2CH_2OH + HCl \xrightarrow[\text{室温}]{ZnCl_2} CH_3CH_2CH_2Cl + H_2O$$

久置无现象，加热后出现浑浊

（3）反应历程

醇与 HX 的反应与卤代烷水解相似，既可按 S_N1 历程也可按 S_N2 历程进行，这取决于醇的结构。

$$CH_3OH \quad 1°\ ROH \quad 2°\ ROH \quad 3°\ ROH \quad RHC=CH—CH_2—OH \quad C_6H_5CH_2OH$$

$$\xrightarrow[\text{与HX反应，}S_N1\text{速率增加，}S_N2\text{速率降低}]{}$$

烯丙醇、苄醇、叔醇和仲醇一般采取 S_N1 反应历程。例如：

$$C_6H_5CH_2OH + HX \longrightarrow C_6H_5CH_2X + H_2O$$

机理为：

$$C_6H_5CH_2OH + HX \overset{-X^-}{\rightleftharpoons} C_6H_5CH_2\overset{+}{O}H_2 \longrightarrow C_6H_5\overset{+}{C}H_2 + H_2O$$

$$C_6H_5\overset{+}{C}H_2 + X^- \longrightarrow C_6H_5CH_2X$$

由醇与 HX 的 S_N1 反应机理可知，反应的中间体是碳正离子。所以碳正离子越稳定，其反应速率越快。

（4）碳正离子的重排

醇与 HX 的反应情况并不像以上所述的那么简单。例如，当 2-甲基-3-戊醇用浓 HCl 处理时会得到两种产物的混合物。

$$H_3C—CH(CH_3)CH(OH)CH_2CH_3 + HCl \longrightarrow \underset{(11\%)(\text{Ⅰ})}{CH_3CH(CH_3)CH(Cl)CH_2CH_3} + \underset{(89\%)(\text{Ⅱ})}{CH_3C(Cl)(CH_3)CH_2CH_2CH_3}$$

为什么会生成产物（Ⅱ），而且是主要产物？通常应当生成的产物（Ⅰ）为什么产率却很低？原因在于反应过程中经历了重排。

$$H_3C-\underset{CH_3}{CH}-\underset{OH}{CH}CH_2CH_3 \underset{}{\overset{H^+}{\rightleftharpoons}} H_3C-\underset{CH_3}{CH}-\underset{\overset{+}{O}H_2}{CH}CH_2CH_3 \overset{-H_2O}{\rightleftharpoons} H_3C-\underset{CH_3}{CH}\overset{+}{C}HCH_2CH_3$$

$$CH_3\underset{CH_3}{\overset{H}{C}}-\overset{+}{C}H-CH_2CH_3 \ (2° R^+) \xrightarrow[1,2\text{-H迁移}]{\text{重排}} CH_3\underset{CH_3}{\overset{+}{C}}-CH_2-CH_2CH_3 \ (3° R^+)$$

$$\downarrow Cl^- \qquad\qquad \downarrow Cl^-$$

$$CH_3\underset{CH_3}{CH}\underset{Cl}{CH}CH_2CH_3 \qquad\qquad CH_3\underset{CH_3}{\overset{Cl}{C}}CH_2CH_2CH_3$$

以上过程中，底物质子化脱水生成的碳正离子为 $2°R^+$，带正电荷的中心碳原子吸引邻位 C—H 键的σ电子，导致氢原子带着一对σ电子迁移到中心碳原子上，形成一个新的 C—H σ键，同时，$2°R^+$变成 $3°R^+$。在这个重排过程中，体系能量降低，趋向稳定。所以，产物绝大多数都是重排后的产物，而由未重排的能量较高的 $2°R^+$得到的产物反而较少。

总之，碳正离子重排的目的是降低体系的能量。一般而言，只要有可能通过邻位氢原子或烃基的迁移（通常称 1,2-迁移），由较低级的碳正离子变成较高级的碳正离子，或由小环经重排扩展成较大环，体系能量下降，则这种重排趋势必然发生。例如：

$$(CH_3)_3CCH_2OH + HBr \xrightarrow[4\text{天}]{65℃} (CH_3)_2\underset{Br}{C}CH_2CH_3 + H_2O \quad (72\%)$$

$$\text{环丁基}-\underset{CH_3}{\overset{CH_3}{C}}-OH + HBr \xrightarrow{20\sim30℃} \text{1-溴-2,2-二甲基环戊烷} \quad (74\%)$$

显然，前一个反应底物α-碳原子的背面空间被叔丁基封堵，很不利于 S_N2 历程，所以只能以很低的速率通过生成能量较高的 $1°R^+$，经过甲基的 1,2-迁移，转变成 $3°R^+$，并得到最后产物。第二个反应是由碳正离子（环丁基$-\overset{+}{C}(CH_3)_2$）通过扩环重排成无张力的五元环（2,2-二甲基环戊基正离子），然后与 Br^-结合生成最终产物。

为了避免重排的发生，通常是在弱碱性介质中进行亲核取代反应。因为在弱碱性介质中醇分子不可能质子化而生成碳正离子，就不可能发生碳正离子的重排，而是按 S_N2 历程反应。常用的亲核试剂是 PX_3、PX_5 和 $SOCl_2$（氯化亚砜）。例如，上述的 2-甲基-3-戊醇与浓 HCl 反应主要得到重排产物，若以弱碱性的吡啶作溶剂与 PCl_3 反应，则得到没有重排的取代产物。

$$H_3C-\underset{CH_3}{CH}\underset{OH}{CH}CH_2CH_3 + PCl_3 \xrightarrow{\text{吡啶}} CH_3\underset{CH_3}{CH}\underset{Cl}{CH}CH_2CH_3 + H_3PO_3 \quad (100\%)$$

［问题 10-3］ 写出反应历程，解释下面反应。

$$H_2C{=}CH{-}\overset{*}{C}H_2{-}OH \xrightarrow{HBr} \underset{46\%}{H_2C{=}CH{-}\overset{*}{C}H_2Br} + \underset{54\%}{H_2\overset{*}{C}{=}CH{-}CH_2Br}$$

［问题 10-4］ 试用化学方法区分下列醇。

（a） $C_6H_5CH_2OH$ （b） CH_3CH_2OH （c） 环己醇（$C_6H_{11}OH$）

10.3.3 脱水反应

醇的消去反应

（1）分子内脱水

醇分子受到羟基–I 效应的影响，β-H 显示微弱的酸性，与卤代烃相似，能进行消除反应生成烯烃。

$$R{-}\underset{H}{CH}{-}\underset{OH}{CH_2} \xrightarrow{\text{脱水剂}} RCH{=}CH_2 + H_2O$$

常用的脱水剂有浓 H_2SO_4、Al_2O_3 等。例如：

$$CH_3CH_2OH \xrightarrow[180^\circ C]{\text{浓}H_2SO_4} H_2C{=}CH_2 + H_2O$$

$$(CH_3)_2CHOH \xrightarrow[100^\circ C]{\text{浓}H_2SO_4} CH_3CH{=}CH_2 + H_2O$$

$$(CH_3)_3COH \xrightarrow[60^\circ C]{\text{浓}H_2SO_4} (CH_3)_2C{=}CH_2 + H_2O$$

$$C_6H_5\underset{OH}{CH}CH_3 \xrightarrow[\triangle]{\text{浓}H_2SO_4} C_6H_5CH{=}CH_2 + H_2O$$

烯丙型醇、苄基型醇脱水后往往生成共轭烯烃，所以它们的反应活性较高。由以上反应条件可以看出，醇的分子内脱水反应活性有如下规律：

1° ROH　2° ROH　3° ROH　烯丙型醇 苄基醇

→ 分子内脱水活性增强

与卤代烃的消除反应相似，醇的分子内脱水反应也遵循 Saytzeff 规则。例如：

$$CH_3CH_2{-}\underset{OH}{\overset{CH_3}{C}}{-}CH_3 \xrightarrow[\triangle]{\text{浓}H_2SO_4} \underset{(90\%)}{CH_3CH{=}C(CH_3)_2} + \underset{(10\%)}{CH_3CH_2{-}\underset{CH_3}{C}{=}CH_2}$$

$$\text{2-甲基环己醇} \xrightarrow[\triangle]{\text{浓}H_2SO_4} \underset{(84\%)}{\text{1-甲基环己烯}} + \underset{(16\%)}{\text{3-甲基环己烯}}$$

醇的脱水反应中仲醇和叔醇都是 E1 历程，反应中有碳正离子的生成，因此也可能发生重排。例如：

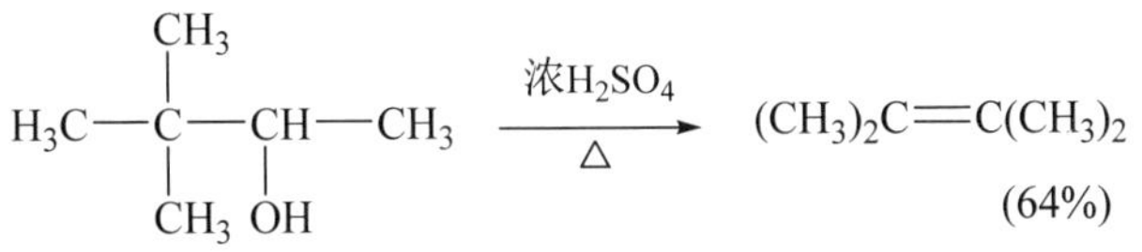

$$H_3C-\underset{CH_3}{\overset{CH_3}{|}}{C}-\underset{OH}{CH}-CH_3 \xrightarrow[\triangle]{浓H_2SO_4} (CH_3)_2C{=}C(CH_3)_2 \quad (64\%)$$

重排的机理为：

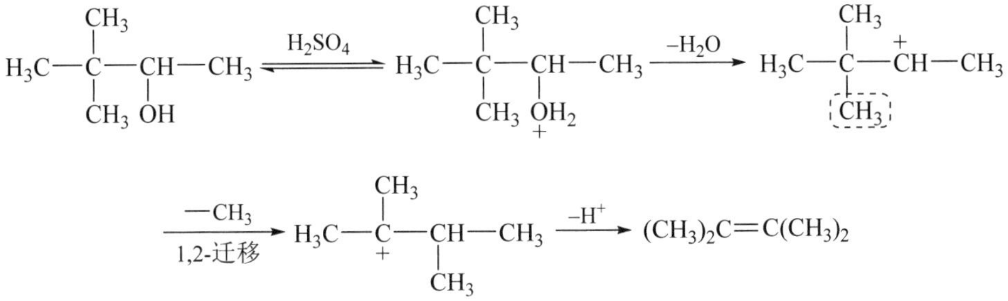

$$H_3C-\underset{CH_3}{\overset{CH_3}{C}}-\underset{OH}{CH}-CH_3 \xrightleftharpoons{H_2SO_4} H_3C-\underset{CH_3}{\overset{CH_3}{C}}-\underset{\overset{+}{O}H_2}{CH}-CH_3 \xrightarrow{-H_2O} H_3C-\underset{CH_3}{\overset{CH_3}{C}}-\overset{+}{C}H-CH_3$$

$$\xrightarrow[1,2-迁移]{-CH_3} H_3C-\overset{+}{\underset{}{\overset{CH_3}{C}}}-\underset{CH_3}{CH}-CH_3 \xrightarrow{-H^+} (CH_3)_2C{=}C(CH_3)_2$$

（2）分子间脱水

醇分子内脱水生成烯烃，醇分子间也可脱水生成醚。特别是伯醇，更容易分子间脱水生成醚。例如乙醇与浓 H_2SO_4 共热，170℃条件下发生分子内脱水生成烯烃；若在 140℃条件下，则发生分子间脱水生成醚。

$$CH_3CH_2OH + HOCH_2CH_3 \xrightarrow[140℃]{浓H_2SO_4} CH_3CH_2-O-CH_2CH_3 + H_2O$$

醇分子内脱水和醇分子间脱水是一对竞争反应。分子间脱水本质是 S_N 反应，一般来说较低温度下有利于醚的生成，较高温度下有利于烯烃的生成。需要指出的是，叔醇与脱水剂相互作用倾向于分子内脱水，其主要产物是烯烃，而不是醚。在有机合成上不适宜通过分子间脱水制备混醚。例如，不能用甲醇与乙醇通过分子间脱水制备甲乙醚（$CH_3-O-CH_2CH_3$）。

［问题 10-5］　按分子内脱水活性顺序排列如下化合物：

(a) 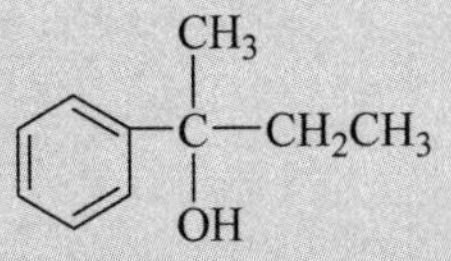 $C_6H_5-\underset{OH}{\overset{CH_3}{C}}-CH_2CH_3$　(b) $C_6H_5-CH_2-\underset{OH}{CH}-CH_3$　(c) $C_6H_5-CH_2CH_2\underset{OH}{CH}CH_3$

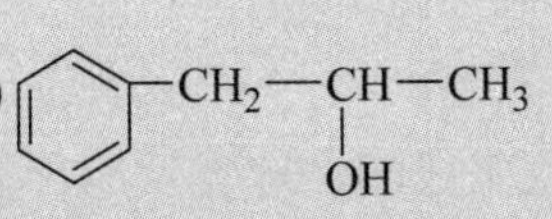

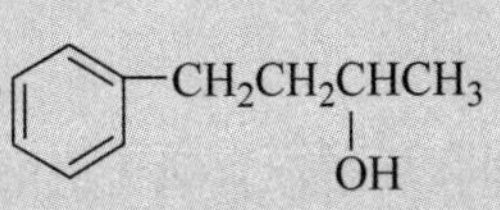

(d) 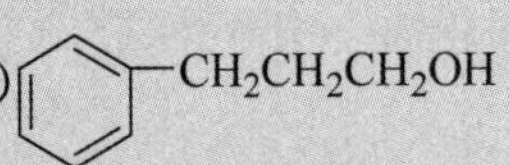 $C_6H_5-CH_2CH_2CH_2OH$　(e) 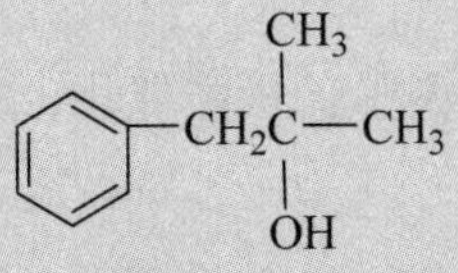 $C_6H_5-CH_2\underset{OH}{\overset{CH_3}{C}}-CH_3$

［问题 10-6］　醇脱水为什么需要酸性条件？

［问题 10-7］　为什么不能用下面的反应制备 $CH_3-O-CH_2CH_3$？

$$CH_3OH + CH_3CH_2OH \xrightarrow[\triangle]{H^+} H_3C-O-CH_2CH_3$$

［问题 10-8］　为什么不能用下面的反应由 $CH_3CH_2CH(CH_3)CH_2OH$ 制备 $CH_3CH_2C(CH_3){=}CH_2$？

$$CH_3CH_2\overset{CH_3}{\overset{|}{C}}HCH_2OH \xrightarrow[\triangle]{浓H_2SO_4} CH_3CH_2\overset{CH_3}{\overset{|}{C}}{=}CH_2$$

10.3.4 活泼氢的反应

醇与 H_2O 相似，醇的羟基显示弱酸性，其羟基的 H 可被活泼的金属 Na、K 等置换，生成醇金属，放出氢气。

$$H—OH + Na \longrightarrow NaOH + \frac{1}{2}H_2$$

$$R—OH + Na \longrightarrow R—ONa + \frac{1}{2}H_2$$

醇与金属钠反应不及 H_2O 与 Na 反应猛烈，放出的热不足以使生成的氢气自燃。生成的醇钠溶解在过量的醇中。如用乙醚作溶剂，则可以得到固态醇钠。醇钠是有机合成中重要的强碱，也可以作为亲核试剂。

醇与活泼金属反应的活性有以下规律：

$$\xrightarrow[\text{与活泼金属反应活性降低}]{H—OH \quad R—OH}$$

$$\xrightarrow[\text{与活泼金属反应活性降低}]{CH_3OH \quad CH_3CH_2OH \quad CH_3CH_2CH_2OH}$$

$$\xrightarrow[\text{与活泼金属反应活性降低}]{CH_3OH \quad 1^\circ ROH \quad 2^\circ ROH \quad 3^\circ ROH}$$

这是因为烷基的+I 效应使醇分子中 H—O 电子云密度增加，故其氢较难置换。

醇钠是比 NaOH 更强的碱，醇钠 RONa 遇水则分解为 NaOH 和醇，例如：

$$CH_3CH_2ONa + H_2O \longrightarrow CH_3CH_2OH + NaOH$$

醇与 H_2O 的相似还表现在醇可与氯化钙形成溶剂化盐，例如：$CaCl_2 \cdot 6H_2O$、$CaCl_2 \cdot 4CH_3OH$、$CaCl_2 \cdot 3CH_3CH_2OH$。所以甲醇、乙醇等醇的干燥不能用无水氯化钙，可以用无水 Na_2SO_4 干燥。

10.3.5 酯化反应

醇可以和有机酸或含氧无机酸反应生成酯，这类反应称为酯化反应。

（1）与有机酸生成酯

醇与有机酸（羧酸）反应生成酯需要少量无机酸催化，分子间脱去一分子 H_2O。

$$R—\overset{\overset{\Large O}{\|}}{C}—OH + H—O—R' \underset{\triangle}{\overset{H^+}{\rightleftharpoons}} R—\overset{\overset{\Large O}{\|}}{C}—O—R' + H_2O$$

例如：

$$CH_3COOH + CH_3CH_2OH \underset{\triangle}{\overset{H^+}{\rightleftharpoons}} CH_3COOCH_2CH_3 + H_2O$$

醇与有机酸的反应机理将在第 13.3.2 节详细讨论。

（2）与无机含氧酸生成酯

醇与 H_2SO_4、HNO_3、H_3PO_4、磺酰氯反应生成相应的酯。

① 硫酸酯

在不同条件下，硫酸既可与一分子醇反应生成酸性硫酸酯，也可与两分子醇反应生成中性硫酸酯。

$$C_2H_5—OH + H—O—SO_3H \xrightleftharpoons{<100℃} C_2H_5OSO_3H + H_2O$$

硫酸氢乙酯
（酸性硫酸酯）

$$C_2H_5OSO_2—OH + HO—C_2H_5 \rightleftharpoons C_2H_5OSO_2OC_2H_5 + H_2O$$

从上面反应可以看出，控制反应温度对产物有重大影响。因为乙醇与浓 H_2SO_4 作用，温度在 140℃时，生成乙醚；温度高于 170℃，生成乙烯，所以，醇与硫酸生成酯必须在低于 100℃进行。此外，因为此反应是可逆反应，加水可使烷基硫酸酯水解还原成醇，所以反应温度低、硫酸浓度高有利于平衡向右进行。

醇与硫酸生成的产物如硫酸二甲酯和硫酸二乙酯都是很好的烷基化试剂，通过适当的反应可将烷基导入某些有机分子中。必须注意，硫酸酯有剧毒，使用时必须小心。叔醇与 H_2SO_4 作用有强烈的消除倾向，所以叔醇与硫酸作用得不到硫酸酯，主要是烯烃。

② 硝酸酯

与硫酸一样，硝酸与醇反应生成酯。

$$R—OH + HONO_2 \xrightarrow[10℃]{H_2SO_4} R—ONO_2 + H_2O$$

例如在 10℃左右用浓 H_2SO_4 与浓 HNO_3 混合物与甘油作用，可得到三硝酸甘油酯（也叫硝化甘油或硝酸甘油）。

$$\begin{array}{l} CH_2—OH \\ | \\ CH—OH \\ | \\ CH_2—OH \end{array} + 3HNO_3 \longrightarrow \begin{array}{l} CH_2—O—NO_2 \\ | \\ CH—O—NO_2 \\ | \\ CH_2—O—NO_2 \end{array} + 3H_2O$$

三硝酸甘油酯是一种猛烈的炸药。它也用于治疗心绞痛，是一种速效救心丸的主要成分，因为它有扩张心脏冠状动脉的功效。

③ 磷酸酯

磷酸也可与醇反应生成酯。因为磷酸为三元酸，所以可以生成两种酸性磷酸酯和一种中性磷酸酯。

$$R—OH + (H—O)_3P{=}O \longrightarrow ROP(=O)(OH)_2 + H_2O$$

磷酸一烷基酯

$$2R—OH + (HO)_3P{=}O \longrightarrow (RO)_2P(=O)OH + 2H_2O$$

磷酸二烷基酯

$$3R—OH + (HO)_3P{=}O \longrightarrow (RO)_3P{=}O + 3H_2O$$

磷酸三烷基酯

由于磷酸的酸性较 H_2SO_4、HNO_3 弱，所以不易与醇直接成酯。磷酸酯一般是由醇和磷酰氯（$POCl_3$）作用制得。

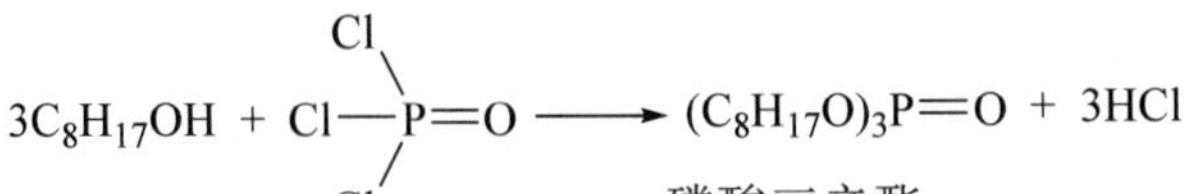

$$3C_8H_{17}OH + Cl-\underset{Cl}{\overset{Cl}{P}}=O \longrightarrow (C_8H_{17}O)_3P=O + 3HCl$$

磷酸三辛酯

磷酸酯是一类很重要的化合物。例如磷酸三辛酯可作萃取剂、增塑剂和发泡剂；某些特殊的磷酸酯例如脑磷脂、卵磷脂是油脂中非常宝贵的成分；生物体中普遍存在的起重要作用的磷元素就是以磷酸单酯、二磷酸单酯和三磷酸单酯形式存在的。

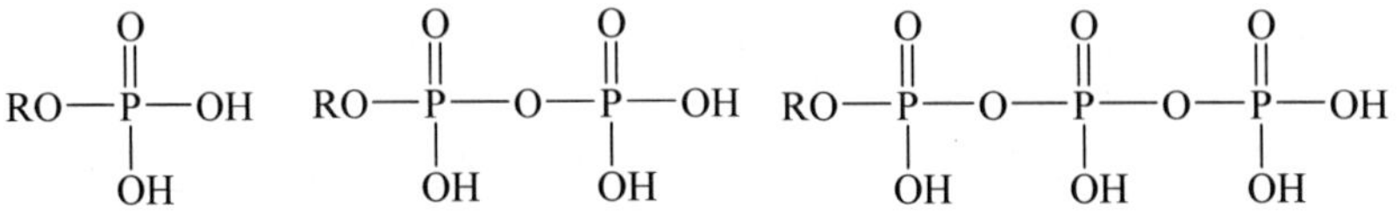

$$RO-\underset{OH}{\overset{O}{\overset{\|}{P}}}-OH \qquad RO-\underset{OH}{\overset{O}{\overset{\|}{P}}}-O-\underset{OH}{\overset{O}{\overset{\|}{P}}}-OH \qquad RO-\underset{OH}{\overset{O}{\overset{\|}{P}}}-O-\underset{OH}{\overset{O}{\overset{\|}{P}}}-O-\underset{OH}{\overset{O}{\overset{\|}{P}}}-OH$$

磷酸单酯　　二磷酸单酯　　三磷酸单酯

磷酸酯存在于核酸中，磷酸单酯、二磷酸单酯和三磷酸单酯是活细胞中通过酶催化合成的，例如在生理上起重要作用的一磷酸腺苷（AMP）、二磷酸腺苷（ADP）和三磷酸腺苷（ATP）。这些磷酸酯在生理条件下（pH=7.0）都以负离子形式存在。

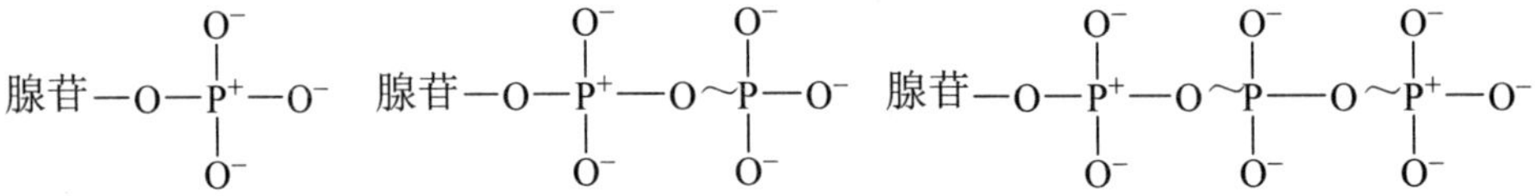

$$\text{腺苷}-O-\underset{O^-}{\overset{O^-}{P^+}}-O^- \qquad \text{腺苷}-O-\underset{O^-}{\overset{O^-}{P^+}}-O\sim\underset{O^-}{\overset{O^-}{P}}-O^- \qquad \text{腺苷}-O-\underset{O^-}{\overset{O^-}{P^+}}-O\sim\underset{O^-}{\overset{O^-}{P}}-O\sim\underset{O^-}{\overset{O^-}{P^+}}-O^-$$

AMP　　ADP　　ATP

与磷酸成酯 HO—CH_2 （腺嘌呤环，含 NH_2、N；核糖环含 O、H、OH OH）

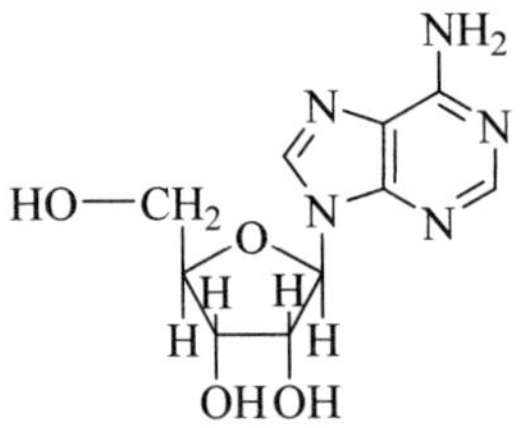

腺苷

生物体内的有机物在氧化过程中要释放出大量的能量，这些能量以“高能键”的形式（上述构造以“～”表示的键）储存在上述三磷酸酯与二磷酸酯中。这种高能键的水解要比一般磷酸酯的水解放出的能量多，一般磷酸酯水解放出能量为 8.5～16.8kJ/mol，而高能键水解放出的能量为 33.5～54.5kJ/mol。

为什么同样的 P—O 键水解放出的能量会有这样大的差别？这与 ATP 和 ADP 以负离子形式存在有关。因为二聚和三聚磷酸链上氧负离子互相排斥，使得 P—O 键不稳定，但水解后这种排斥降低，变得比较稳定，因此放出较多能量。许多生化过程都依赖这些能量来完成，如光合作用、肌肉的收缩、蛋白质的合成等。

许多有机磷杀虫剂也属于磷酸酯类化合物。有机磷杀虫剂的种类繁多，其中有几十种具有优良的杀虫效果。在农业、环境卫生和粮食害虫防治等方面广泛使用的有机磷杀虫剂主要有磷酸酯类、膦酸酯类和硫代磷酸酯类等。

a. 磷酸酯类

敌敌畏（DDVP）可作为磷酸酯类有机磷杀虫剂的代表，其构造式与系统名称如下：

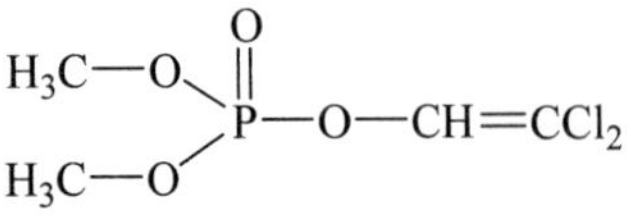

$$(H_3C-O)_2\overset{O}{\overset{\|}{P}}-O-CH=CCl_2$$

O,O-二甲基-*O*-(2,2-二氯乙烯基)磷酸酯

敌敌畏常温下为无色油状液体，微溶于水，挥发性强，密度（20℃）为 1.415g/cm^3，杀虫范围广，作用快。由于易挥发、易水解，所以残效期短，常用于环境卫生和粮食仓库熏蒸杀虫。对小白鼠的致死剂量为 98～136mg/kg 体重。

b. 膦酸酯类

敌百虫可作为膦酸酯类有机磷杀虫剂的代表，其构造式与系统名称如下：

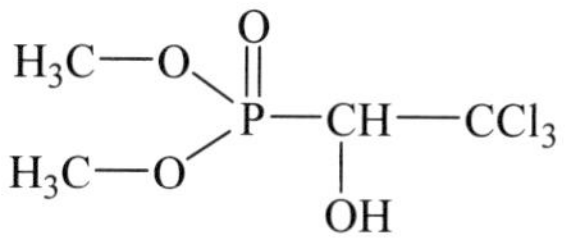

$$(H_3C-O)_2P(=O)-CH(OH)-CCl_3$$

O,O-二甲基-(2,2,2-三氯-1-羟基乙基)膦酸酯

敌百虫常温下为白色结晶，可溶于水和有机溶剂，是一种高效低毒杀虫剂，残效期短，大量用于环境卫生、蔬菜、果木、烟叶及茶桑等作物的害虫防治。对小白鼠的致死剂量为 580mg/kg 体重。敌百虫不能与碱共存，在碱性溶液中会转化为敌敌畏，继而水解失效。

c. 硫代磷酸酯类

对硫磷（又名 1605）、马拉硫磷和内吸磷（又名 1059）可作为硫代磷酸酯类有机磷杀虫剂的代表。

（Ⅰ）对硫磷　对硫磷常温下为淡黄色油状液体，有大蒜气味，难溶于水，具有胃杀、触杀及熏蒸作用，杀虫范围广，作用快，但对人畜毒性很高，主要用于防治棉花、果树及水稻害虫。其构造式及系统名称如下：

$$(CH_3CH_2O)_2P(=S)-O-C_6H_4-NO_2$$

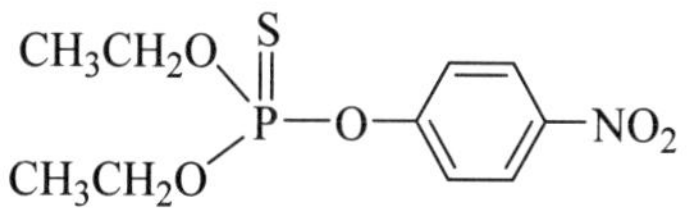

O,O-二乙基-*O*-(对硝基苯基)硫代磷酸酯

（Ⅱ）马拉硫磷　马拉硫磷为二硫代磷酸酯，常温下为无色油状液体，微溶于水，对害虫有胃杀、触杀作用，是一种低毒杀虫剂。其构造式及系统名称如下：

$$(CH_3-O)_2P(=S)-S-CH(CH_2COOC_2H_5)-COOC_2H_5$$

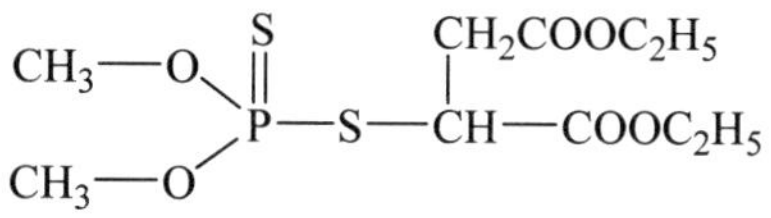

O,O-二甲基-*S*-(1,2-二乙氧羰基乙基)二硫代磷酸酯

（Ⅲ）内吸磷（又名 1059）　内吸磷的构造式及系统名称如下：

$$(CH_3CH_2O)_2P(=S)-O-CH_2CH_2-S-CH_2CH_3$$

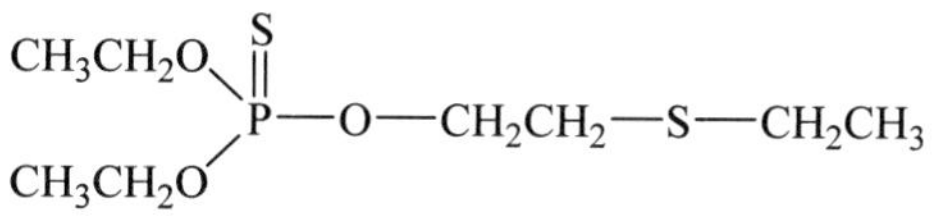

O,O-二乙基-*O*-(2-乙硫基乙基)硫代磷酸酯

这种有机磷杀虫剂因具有内吸作用而得名。所谓内吸作用就是药物被植物吸收以后传导到各部分组织内，当害虫吸食植物时而引起中毒死亡的作用。这样就能使药效持续一段时间而对植物无害。

内吸磷本来难溶于水，但施药后药剂与植物接触，在植物体酶的作用下—S—键被氧化成亚砜和砜，分子极性加大，水溶性增加，并随水分被植物吸收。

④ 磺酸酯

磺酸酯是醇与磺酰氯反应的产物。例如：

$$ROH + Cl-\overset{O}{\underset{O}{\overset{\|}{\underset{\|}{S}}}}-C_6H_4-CH_3 \xrightarrow{\text{吡啶}} RO-\overset{O}{\underset{O}{\overset{\|}{\underset{\|}{S}}}}-C_6H_4-CH_3$$

对甲苯磺酰氯

从以上产物可看出，磺酸酯的生成并没有破坏醇中的 C—O 键，所以生成的磺酸酯保持了原醇的构型。同时磺酸是强酸，其共轭碱磺酸根负离子为弱碱，是一个较好的离去基团，所以对甲基苯磺酸烷基酯和卤代烃一样，可以发生亲核取代反应和消去反应。

亲核取代反应：

$$R-O-Ts \xrightarrow{Nu^-} RNu + TsO^-$$

$$Ts\text{为} -SO_2-C_6H_4-CH_3 \quad \text{（对甲苯磺酰基）}$$

离去的是弱碱 TsO^-，与卤代烃碱性水解的机理一样，是一个强碱置换弱碱的过程。

$$R-X + OH^- \longrightarrow R-OH + X^-$$

消除反应：

$$\text{碱} + -\underset{H}{\underset{|}{\overset{|}{C}}}-\overset{OTs}{\overset{|}{\underset{|}{C}}}- \xrightarrow{E2} -\overset{|}{C}=\overset{|}{C}- + TsO^-$$

由以上看出，利用磺酸酯的 S_N2 和 E2 机理，可以避免醇转化成烯烃时的重排问题：先将醇与苯磺酰氯反应，生成苯磺酸烷基酯，再在碱性条件下生成烯烃，同时有一分子磺酸根负离子作为弱碱游离出来。

由以上讨论可知，醇的反应之所以与卤代烃的亲核取代反应相似，源于醇分子中的羟基与卤原子都是电负性较大的基团和原子，与它们直接相连的α-碳原子都带部分正电，因此醇和卤代烃的α-碳原子在一定条件下都可以受到亲核试剂的进攻发生亲核取代反应。但是，相比之下，—X 是一个较易离去的基团，而—OH 则难以离去，只有在强酸介质中被质子化以后，才可顺利地以 H_2O 离去，这也是醇的反应往往需要强酸催化的原因。

［问题 10-9］ 预测 2-戊醇、2,2-二甲基-1-丙醇脱水反应的主要产物。

［问题 10-10］ 完成下列反应：

(a) $$CH_3CH_2CH_2\overset{O}{\overset{\|}{C}}OH + CH_3OH \xrightleftharpoons{H^+,\triangle}$$

(b) $$C_6H_{11}-CH_2OH + CH_3\overset{O}{\overset{\|}{C}}OH \xrightleftharpoons{H^+,\triangle}$$

［问题 10-11］ 已知下列反应是双分子亲核取代反应，试提出反应机理，解释反应结果。

$$CH_3OH + H_2SO_4 \longrightarrow CH_3O-SO_2-OH + H_2O$$

10.3.6 氧化反应

在醇分子中，因—OH 的–I 效应使α-C—H 键的电子云密度下降，容易发生氧化反应。在有机化学中，加氢去氧的反应为还原反应，加氧去氢的反应为氧化反应。事实上，第一种情况中心原子的氧化数降低（被还原），后一种情况中心原子的氧化数升高（被氧化）。

醇的氧化反应

伯醇　$RCH_2OH \xrightarrow[\text{温和条件}]{[O]} RCHO$；$RCH_2OH \xrightarrow[\text{强烈条件}]{[O]} RCOOH$

仲醇　$RCH(OH)R' \xrightarrow{[O]} RC(=O)R'$

叔醇　$R-C(OH)(R')-R'' \xrightarrow{[O]}$ 通常条件下不被氧化

醇的氧化过程是氧原子首先进攻α-C—H 键，生成不稳定的同碳二元醇，然后脱水生成醛或酮。

伯醇　$R-CH_2-OH \xrightarrow{[O]} [R-CH(OH)-O-H] \xrightarrow{-H_2O} RCH(=O) \xrightarrow{[O]} RCOOH$

仲醇　$R-CH(OH)-R' \xrightarrow{[O]} [R-C(OH)(R')-O-H] \xrightarrow{-H_2O} R-C(=O)-R'$

在上述过程中，同碳二元醇因两个电负性较大的—OH 连在同一个碳原子上，互相争夺电子，结构不稳定，极易脱去一分子 H_2O 转化成稳定的产物。叔醇上因α-碳原子上无活泼 H，所以不能被氧化。

强烈的氧化条件有 $KMnO_4$ 溶液、$K_2Cr_2O_7$ 溶液和浓 HNO_3 等。对于伯醇，在强氧化条件下，氧化过程很难停留在生成醛的阶段而被氧化成羧酸。对于仲醇，一般氧化得到酮，酮不易再被氧化成羧酸。

为了使伯醇氧化到醛，必须使用温和的氧化条件。如 $K_2Cr_2O_7$/二甲亚砜、CrO_3/吡啶（Sarret 试剂）等是较温和的氧化剂。

$$CH_3(CH_2)_5CH_2OH \xrightarrow[CH_2Cl_2,\ 25℃]{\text{Sarret试剂}} CH_3(CH_2)_5CHO \quad (93\%\sim97\%)$$

Sarret 试剂具有选择性，分子中含有双键的一级醇在 Sarret 试剂作用下直接氧化成醛，双键不受影响；含双键的二级醇则氧化成酮，双键也不受影响。

$$Ph-CH=CH-CH_2OH \xrightarrow{CrO_3/\text{吡啶}} Ph-CH=CH-CHO \quad (75\%\sim90\%)$$

（甾体 3-羟基酮）$\xrightarrow{CrO_3/\text{吡啶}}$（甾体二酮） (92%)

伯醇、仲醇催化脱氢也可得到醛和酮，而叔醇则不行。

$$RCH_2OH \xrightarrow[250℃]{Cu} RCHO + H_2$$

$$\underset{\displaystyle RCHR'}{\overset{OH}{|}} \xrightarrow[250℃]{Cu} \underset{\displaystyle RCR'}{\overset{O}{\|}} + H_2$$

$$R-\underset{R'}{\overset{OH}{C}}-R'' \xrightarrow[250℃]{Cu} \text{通常条件下不被氧化}$$

显然用高锰酸钾溶液作氧化剂可区分伯醇、仲醇与叔醇。

10.4 醇的制法

10.4.1 烯烃的水合

（1）直接水合

烯烃与水用酸（常用硫酸或磷酸）催化加成生成醇，称为烯烃的直接水合（见 3.4.1 节）。

$$>C=C< + H_2O \xrightarrow{H^+} -\overset{H}{\underset{|}{C}}-\overset{OH}{\underset{|}{C}}-$$

烯烃与水加成遵守 Markovnikov 规则，有些烯烃反应易重排。例如：

$$H_3C-\underset{CH_3}{\overset{CH_3}{C}}-CH=CH_2 \xrightarrow[H_2SO_4]{H_2O} H_3C-\underset{OH}{\overset{CH_3}{C}}-\underset{CH_3}{CH}-CH_3$$

直接水合在高压下操作，对生产设备要求高，且易重排，一般用于工业生产简单的醇。例如：

$$CH_2=CH_2 + H_2O \xrightarrow[\substack{265\sim300℃\\68.646kPa}]{H_3PO_4} CH_3CH_2OH$$

（2）间接水合

① 烯烃与硫酸加成　烯烃与冷的浓硫酸加成生成硫酸氢酯，硫酸氢酯与水共热，水解得醇，此法称为烯烃的间接水合（见 3.4.1 节）。例如：

$$H_2C=CH_2 \xrightarrow[\text{加成}]{98\%H_2SO_4} \underset{\text{硫酸氢乙酯}}{CH_3CH_2OSO_3H} \xrightarrow[\substack{\triangle\\\text{水解}}]{H_2O} CH_3CH_2OH$$

烯烃与硫酸加成遵守马氏规则，有些烯烃反应易重排。例如：

$$H_3C-\underset{CH_3}{\overset{CH_3}{C}}-CH=CH_2 \xrightarrow{H_2SO_4} H_3C-\underset{OSO_3H}{\overset{CH_3}{C}}-\underset{CH_3}{CH}-CH_3 \xrightarrow[\triangle]{H_2O} H_3C-\underset{OH}{\overset{CH_3}{C}}-\underset{CH_3}{CH}-CH_3$$

② 烯烃的羟汞化　烯烃与醋酸汞［Hg(OAc)$_2$］的水溶液生成加成产物烷基汞，该步反

应称为烯烃的羟汞化。烷基汞用硼氢化钠（$NaBH_4$）还原生成醇，该步反应称为脱汞。通式如下：

烯烃羟汞化 $$\gt C=C\lt \xrightarrow[H_2O]{Hg(OAc)_2} -\underset{OH}{\overset{|}{\underset{|}{C}}}-\overset{HgOAc}{\overset{|}{\underset{|}{C}}}-$$
烷基汞

脱汞 $$-\underset{OH}{\overset{|}{\underset{|}{C}}}-\overset{HgOAc}{\overset{|}{\underset{|}{C}}}- \xrightarrow{NaBH_4} -\underset{OH}{\overset{|}{\underset{|}{C}}}-\overset{H}{\overset{|}{\underset{|}{C}}}-$$
烷基汞

例如：

$$H_2C=CH_2 \xrightarrow[(2)\ NaBH_4]{(1)\ Hg(OAc)_2,\ H_2O} H_3C-CH_2OH$$

烯烃经羟汞化-脱汞两步反应得到的醇和烯烃直接水合的产物醇一样，都遵守马氏规则。例如：

$$CH_3CH=CH_2 \xrightarrow[(2)\ NaBH_4]{(1)\ Hg(OAc)_2,\ H_2O} CH_3\underset{OH}{\underset{|}{CH}}-CH_3$$

此法制备醇，不发生重排。例如：

$$H_3C-\overset{H}{\overset{|}{\underset{CH_3}{\underset{|}{C}}}}-CH=CH_2 \xrightarrow[(2)\ NaBH_4]{(1)\ Hg(OAc)_2,\ H_2O} H_3C-\overset{H}{\overset{|}{\underset{CH_3}{\underset{|}{C}}}}-\underset{OH}{\underset{|}{CH}}-CH_3$$

③ 烯烃的硼氢化　烯烃与甲硼烷（BH_3）加成生成烷基硼，称为烯烃的硼氢化。烷基硼用过氧化氢的碱溶液氧化生成醇。甲硼烷不稳定，两分子甲硼烷结合生成乙硼烷，而乙硼烷在醚中会形成甲硼烷与醚的络合物（$H_3B\cdot OR_2$），故通常用乙硼烷的醚溶液与烯烃进行硼氢化反应。例如：

硼氢化 $$H_2C=CH_2 \xrightarrow{BH_3,\ THF} \underset{\text{一烷基硼}}{CH_3CH_2BH_2} \xrightarrow{H_2C=CH_2} \underset{\text{二烷基硼}}{(CH_3CH_2)_2BH} \xrightarrow{H_2C=CH_2} \underset{\text{三烷基硼}}{(CH_3CH_2)_3B}$$

氧化 $$\underset{\text{三烷基硼}}{(CH_3CH_2)_3B} \xrightarrow{H_2O_2\ /\ OH^-} 3CH_3CH_2OH$$

烯烃经硼氢化-氧化两步反应得到的产物醇，是反马氏规则的产物，而且不会重排。例如：

$$CH_3CH=CH_2 \xrightarrow[(2)\ H_2O_2\ /\ OH^-]{(1)\ BH_3,\ THF} CH_3CH_2-\overset{OH}{\overset{|}{CH_2}}$$

$$H_3C-\overset{CH_3}{\overset{|}{\underset{CH_3}{\underset{|}{C}}}}-CH=CH_2 \xrightarrow[(2)\ H_2O_2\ /\ OH^-]{(1)\ BH_3,\ THF} H_3C-\overset{CH_3}{\overset{|}{\underset{CH_3}{\underset{|}{C}}}}-CH_2-\overset{OH}{\overset{|}{CH_2}}$$

10.4.2 卤代烃的水解

卤代烃与稀氢氧化钠水溶液发生亲核取代反应生成醇，一般用低级卤代烃反应。例如：

$$(CH_3)_2CHCH_2CH_2—Cl \xrightarrow{NaOH} (CH_3)_2CHCH_2CH_2—OH$$

醇较易得到，因此，一般由醇制备卤代烃。合成醇时通常用一些易得到的卤代烃。例如：

$$C_6H_5—CH_2Cl \xrightarrow{NaOH} C_6H_5—CH_2OH$$

$$H_2C=CHCH_2Cl \xrightarrow{NaOH} H_2C=CHCH_2OH$$

10.4.3 格氏试剂与环氧化物反应

格氏试剂可与环氧化物发生开环反应，生成碳链增长的醇（见 11.5.2 节）。

$$R—MgX + \underset{\text{环氧乙烷}}{\overset{O}{\triangle}} \xrightarrow{\text{纯醚}} R—CH_2—CH_2(OMgX) \xrightarrow{H_3O^+} \underset{\text{伯醇}}{R—CH_2—CH_2(OH)}$$

此法可用于制备多两个碳的伯醇。例如：

$$C_6H_5MgBr + \overset{O}{\triangle} \xrightarrow{Et_2O} C_6H_5—CH_2—CH_2(OMgX) \xrightarrow{H_3O^+} C_6H_5—CH_2CH_2OH$$

也可合成碳链增长的其他醇。例如：

$$C_6H_5MgBr + \overset{O}{\triangle}—CH_3 \xrightarrow{Et_2O} C_6H_5—CH_2—CH(OMgX)CH_3 \xrightarrow{H_3O^+} C_6H_5—CH_2CH(OH)CH_3$$

如上例所示，取代环氧乙烷与格氏试剂反应时，取代基少的环碳与氧断开，与格氏试剂中的烷基形成 C—C 键。

10.4.4 格氏试剂与羰基化合物反应

格氏试剂与醛、酮加成-水解生成相应的醇（见 12.3.1 节），可用于制备碳链增长的醇。

$$R—MgX + \text{>C=O} \xrightarrow{Et_2O} \text{>C(OMgX)R} \xrightarrow{H_3O^+} \text{>C(OH)R}$$

格氏试剂与甲醛反应制备多一个碳的伯醇。反应通式为：

$$R—MgX + HCHO \xrightarrow{Et_2O} R—CH_2OMgX \xrightarrow{H_3O^+} \underset{\text{伯醇}}{R—CH_2OH}$$

例如：

$$C_6H_5MgBr + HCHO \xrightarrow[(2)\ H_3O^+]{(1)\ Et_2O} \underset{90\%}{C_6H_5—CH_2OH}$$

格氏试剂与除甲醛外的醛反应制备碳链增长的仲醇。反应通式为：

$$R—MgX + R'CHO \xrightarrow{Et_2O} R'CH(R)OMgX \xrightarrow{H_3O^+} R'CH(R)OH$$

仲醇

例如：

$$CH_3CH_2—MgBr + H_3C—CHO \xrightarrow[(2)\ H_3O^+]{(1)\ Et_2O} CH_3CH_2—CH(OH)—CH_3$$

80%

格氏试剂与酮反应制备碳链增长的叔醇。反应通式为：

$$R—MgX + R'COR'' \xrightarrow{Et_2O} R'C(R)(R'')OMgX \xrightarrow{H_3O^+} R'C(R)(R'')OH$$

叔醇

例如：

$$CH_3CH_2CH_2CH_2MgBr + CH_3COCH_3 \xrightarrow[(2)\ H_3O^+]{(1)\ Et_2O} CH_3CH_2CH_2CH_2C(OH)(CH_3)_2$$

92%

格氏试剂与羧酸酯反应也可制备碳链增长的叔醇。反应通式为：

$$R—MgX + R'COOR'' \xrightarrow{Et_2O} \left[R'C(R)(OMgX)OR''\right] \xrightarrow{-R''OMgX} R'COR \xrightarrow[(2)\ H_3O^+]{(1)\ RMgX} R'C(R)(R)OH$$

叔醇

例如：

$$CH_3CH_2MgBr + CH_3COOEt \xrightarrow{Et_2O} \left[CH_3CH_2C(CH_3)(OMgBr)OEt\right] \xrightarrow{-EtOMgBr} CH_3CH_2COCH_3 \xrightarrow[(2)\ H_3O^+]{(1)\ CH_3CH_2MgBr} CH_3CH_2C(OH)(CH_3)CH_2CH_3$$

10.4.5　醛、酮的还原

（1）催化加氢

金属 Pt、Pd、Ni 等催化醛、酮加氢分别生成伯醇、仲醇。

$$R—CHO \xrightarrow[Ni]{H_2} R—CH_2OH$$

$$R—CO—R' \xrightarrow[Ni]{H_2} R—CH(OH)—R'$$

此法无选择性，能还原其他不饱和键。例如：

$$R—CH{=}CH—CHO \xrightarrow[Ni]{H_2} R—CH_2—CH_2—CH_2OH$$

（2）被金属氢化物还原

金属氢化物 $LiAlH_4$ 或 $NaBH_4$ 可将醛、酮还原成醇。

$$\mathrm{R-\overset{O}{\overset{\|}{C}}-H} \xrightarrow[(2)H_2O]{(1)\ LiAlH_4(或NaBH_4)} \mathrm{R-CH_2OH}$$

$$\mathrm{R-\overset{O}{\overset{\|}{C}}-R'} \xrightarrow[(2)H_2O]{(1)\ LiAlH_4(或NaBH_4)} \mathrm{R-\overset{OH}{\overset{|}{C}H}-R'}$$

此法有选择性，对C═C和C≡C无影响。

$$\mathrm{R-CH{=}CH-\overset{O}{\overset{\|}{C}}H} \xrightarrow[(2)H_2O]{(1)\ LiAlH_4(或NaBH_4)} \mathrm{R-CH{=}CH-CH_2OH}$$

例如：

$$\mathrm{C_6H_5-CH{=}CH-\overset{O}{\overset{\|}{C}}H} \xrightarrow[(2)H_2O]{(1)\ NaBH_4,\ CH_3OH, 20\sim30℃} \mathrm{C_6H_5-CH{=}CH-CH_2OH}$$

97%

10.4.6 羧酸的还原

羧酸可以被 $LiAlH_4$ 还原生成伯醇。

$$\mathrm{R-\overset{O}{\overset{\|}{C}}-OH} \xrightarrow[(2)H_2O]{(1)LiAlH_4} \mathrm{R-CH_2-OH}$$

例如：

$$\mathrm{HOOC-(CH_2)_8-COOH} \xrightarrow[(2)H_2O]{(1)过量LiAlH_4} \mathrm{HOH_2C-(CH_2)_8-CH_2OH}$$

97%

10.5 几种重要的醇类化合物

10.5.1 甲醇

最早是用木材干馏法生产，所以甲醇又称木醇或木精。现代工业生产甲醇的方法是：

$$CO + H_2 \xrightarrow[300℃,\ 20MPa]{ZnO/Cr_2O_3/CaO} CH_3OH$$

这是一种原子经济性非常高的反应，原料 100%地转化为目标产物，不向环境排放任何副产物，是当代人类提倡的绿色化学的典范之一。

纯净的甲醇是无色透明、易燃易挥发的极性液体，与大多数有机溶剂互溶，具有麻醉作用，但毒性大，10mL 就能使人致盲。

甲醇具有多种用途。它是基本的有机化工原料之一，主要用于制造甲醛、醋酸、氯甲烷、硫酸二甲酯等多种有机产品，也是农药（杀虫剂）、医药（磺胺类、合霉素等）的原料，同时还是合成对苯二甲酸二甲酯、丙烯酸甲酯的原料之一。甲醇还能作无公害的燃料，单独或加入燃料中用作汽车、飞机的燃料。

10.5.2 乙醇

乙醇是人类最早利用的有机化合物之一，它是酒的主要成分，因此俗名酒精。至今不能由工业合成法完全代替由粮食发酵制取乙醇。谷物中的淀粉在麦曲中所含淀粉酶的作用下变成麦芽糖，这一步叫糖化；然后，在酵母中所含麦芽糖酶及酒化酶的作用下，经过葡萄糖而变成乙醇和 CO_2。

$$(C_6H_{10}O_5)_n \xrightarrow[\text{淀粉酶}]{H_2O} \underset{\text{麦芽糖}}{C_{12}H_{22}O_{11}} \xrightarrow[\text{麦芽糖酶}]{H_2O} C_6H_{12}O_6 \xrightarrow{\text{酒化酶}} CH_3CH_2OH + CO_2$$

工业法制乙醇是用乙烯和水作原料，通过加成反应制得：

$$CH_2{=}CH_2 + H_2O \xrightarrow[\substack{265\sim300^\circ C \\ 68.646kPa}]{H_3PO_4} CH_3CH_2OH$$

普通酒精是乙醇（95.57%）和水（4.43%）的恒沸混合物，沸点为 78.15℃，不能直接蒸馏得到无水乙醇。

实验室制备无水乙醇的方法是将普通酒精与生石灰回流，使水与生石灰结合然后蒸馏，所得产物仍含有 0.2%的水，再用金属镁处理即得沸点为 78.3℃、含乙醇 99.95%的无水乙醇。

乙醇是重要的化工原料，是广泛使用的溶剂和重要的有机合成原料，它也可作消毒剂、防腐剂使用。

10.5.3 乙二醇

乙二醇是最简单的二元醇，有甜味，俗称甘醇，是一种黏稠液体，沸点为 197℃，可作为高沸点溶剂。它能与水混溶，60%的乙二醇水溶液，其冰点为−40℃，因此乙二醇常用作机动车辆的抗冻剂。

乙二醇分子间脱水生成聚乙二醇 $HOCH_2CH_2O(CH_2CH_2O)_nCH_2CH_2OH$，是一种优良的食品添加剂，作为面包软化剂可改善面包内部的结构而使其富有弹性，也用作冰淇淋的形状稳定剂。

工业上乙二醇可由乙烯合成：

$$CH_2{=}CH_2 \xrightarrow[70\sim80^\circ C]{Cl_2 + H_2O} \underset{Cl}{CH_2}-\underset{OH}{CH_2} \xrightarrow[105\sim110^\circ C,\ 1MPa]{H_2O, Na_2CO_3} \underset{OH}{CH_2}-\underset{OH}{CH_2}$$

$$CH_2{=}CH_2 \xrightarrow[250^\circ C,\ 0.1MPa]{O_2, Ag} \underset{\diagdown O \diagup}{CH_2-CH_2} \xrightarrow[190^\circ C,\ 0.22MPa]{H_2O} \underset{OH}{CH_2}-\underset{OH}{CH_2}$$

10.5.4 甘油

丙三醇俗名甘油。它是油脂的组成部分，可由油脂水解得到，是制皂工业的副产品。工业上主要是以丙烯为原料采用氯丙烯合成。

$$CH_3CH{=}CH_2 \xrightarrow[400^\circ C]{Cl_2} \underset{Cl}{CH_2}CH{=}CH_2 \xrightarrow{Cl_2, H_2O} \begin{cases} \underset{Cl}{CH_2}-\underset{O-H}{CH}-\underset{Cl}{CH_2} \\ \underset{O-H}{CH_2}-\underset{Cl}{CH}-\underset{Cl}{CH_2} \end{cases}$$

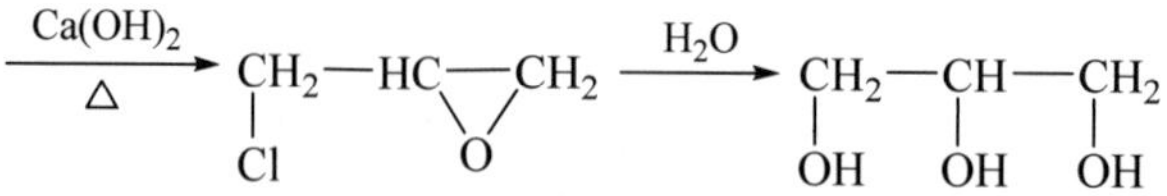

$$\xrightarrow[\triangle]{Ca(OH)_2} \underset{\underset{Cl}{|}}{CH_2}-HC\underset{O}{\diagdown\diagup}CH_2 \xrightarrow{H_2O} \underset{\underset{OH}{|}}{CH_2}-\underset{\underset{OH}{|}}{CH}-\underset{\underset{OH}{|}}{CH_2}$$

甘油为无色黏稠液体，有甜味。由于分子中含有三个羟基，分子间有很强的缔合能力，也极易与水分子缔合，所以甘油的沸点高达 290℃。甘油具有吸湿性，能吸收空气中的水分，直至含水分 20%以后不再吸水，可与水混溶。因此，甘油在食品、化妆品、皮革等工业部门有广泛应用。甘油也用于制造三硝酸甘油酯（见 10.3.5 节）。

甘油与硫酸氢钾和硫酸钾的混合物（5∶1）共热至 200℃时，失去两分子水，生成具有刺激性气味的丙烯醛，可作为鉴别甘油的特征反应。

10.5.5 肌醇

环己六醇［$C_6H_6(OH)_6$］俗名肌醇，白色晶体，熔点为 225℃，具有多羟基化合物共有的生理特征——甜味，易溶于水，不溶于无水乙醇和乙醚。

肌醇在动植物体内广泛存在，例如在大米加工的副产品米糠中，肌醇以肌醇六磷酸酯钙镁钾盐的形式存在。我国上海等地以米糠为原料提取肌醇，已有工业规模生产，产品外销，经济效益非常好。工业流程示意如下：

$$糠粕 \xrightarrow[浸泡]{稀HCl} 可溶性植酸 \xrightarrow[-H_3PO_4]{水解} 肌醇$$

植酸为肌醇的六磷酸酯，又称肌酸或植物精。肌醇对肝硬化、肝炎、脂肪肝及胆固醇过高有一定的疗效。

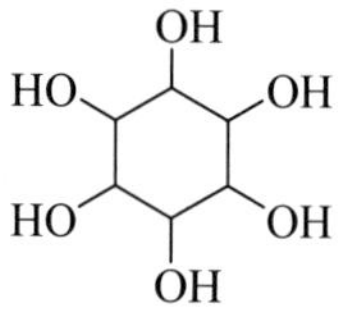

肌醇 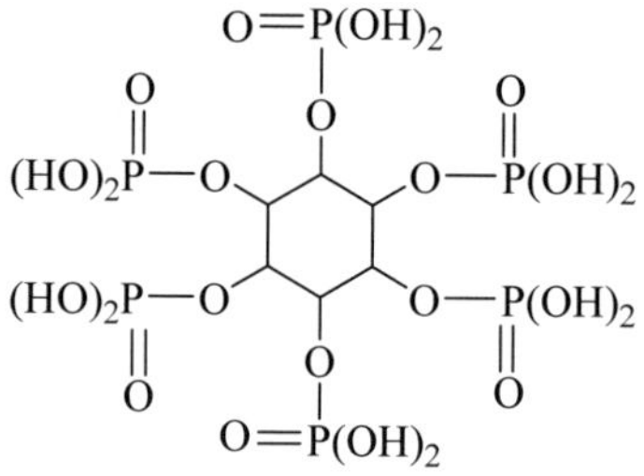　　　　肌酸

10.6 酚的物理性质

10.6.1 酚的物理性质

羟基直接与芳香环相连的化合物叫做酚，属于芳烃的羟基衍生物。根据所含羟基数目的多少，可分为一元酚和多元酚两类。苯酚是所有酚类化合物中最简单的一个。

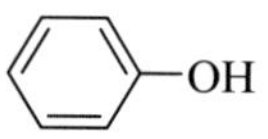

酚和醇一样，都含有羟基，分子间能够形成氢键，所以其沸点和熔点比分子量相近的芳烃、卤代烃和烷烃都高。大部分酚是固体，仅有少数几种烷基酚是液体。纯净的酚为无色，通常因含有氧化产物而带红色。酚带有强烈气味，微溶于水，能溶于乙醇、乙醚、苯等有机溶剂中。

10.6.2 酚的波谱性质

（1）红外光谱

和醇一样，酚羟基的红外吸收和氢键有关。例如，酚在 CCl_4 溶液中未形成氢键的羟基的伸缩振动吸收峰在 3640～3600cm^{-1} 区域内，形成氢键后吸收移向较低频率。对甲苯酚在 3200～3600cm^{-1} 区域内有一宽而强的—O—H 伸缩振动吸收峰，C—O 的伸缩振动吸收峰在 1230cm^{-1} 附近，见图 10-4。

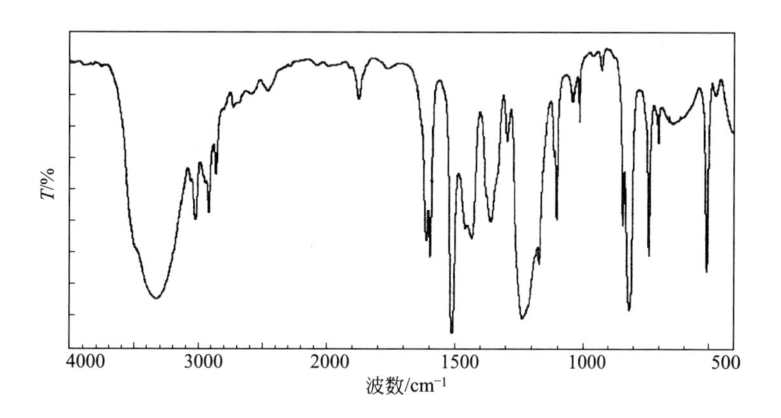

图 10-4　对甲苯酚的红外谱图

（2）核磁共振

简单的酚及衍生物的核磁共振谱图中，羟基上质子的吸收峰位置变化较大，一般δ为 4.5～8.0 处，如果将溶液稀释，吸收峰便移向高场，δ约为 4.5，见图 10-5。

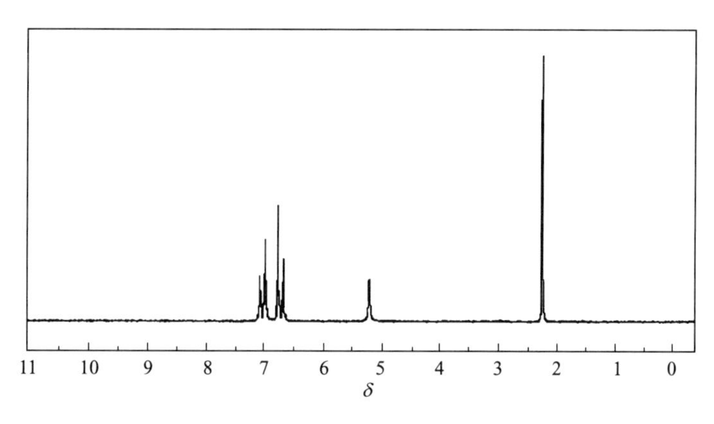

图 10-5　对甲苯酚的 ^{1}H NMR 谱图

10.7　酚的结构与化学性质

酚可视为水分子的一个氢原子被芳基（Ar—）取代的产物，因此其结构与醇相似。但是醇的—OH 与 sp^3 杂化碳原子相连，而酚的—OH 与 sp^2 杂化碳原子侧面交盖形成 p,π-共轭体系，产生共轭效应。

产生共轭效应的结果是酚的 C—O 键电子云密度升高，具有部分双键的性质，比醇的 C—O 键更牢固；酚的 O—H 键电子云密度下降，比醇和水更容易电离出 H^+；酚的芳环上电子云密度升高，尤其是—OH 的邻位和对位。

［问题 10-12］　苯酚的结构与脂肪族化合物的烯醇式结构相似，烯醇式结构一般非常不稳定，一旦生成即迅速重排生成羰基化合物，但是苯酚却是一个稳定的化合物，并不发生重排，而倾向于电离出 H^+。为什么？

10.7.1　酸性

由分子的结构可知，酚具有酸性，有明显的电离出 H^+的倾向。例如苯酚的 pK_a 为 10.0，酸性比水（pK_a=14.0）、醇（pK_a≈18）强，所以苯酚可溶于氢氧化钠溶液生成苯酚钠。

酚的化学反应

$$C_6H_5OH + NaOH \longrightarrow C_6H_5ONa + H_2O$$

但是醇很难与 NaOH 溶液反应，而且醇钠 RO^-Na^+在水中完全水解生成醇 ROH，酚钠只是部分水解。产生这种差异的原因是烷氧基负离子（RO^-）没有被共振稳定化，其负电荷得不到离域分散，能量较高，与 H^+有很强的结合能力；而苯氧负离子是共振稳定化体系，其负电荷因离域而被分散，具有高的稳定性。

苯酚的酸性虽比醇强，但比碳酸（pK_a=6.38）弱，它既不能使石蕊变色，也不能溶于 $NaHCO_3$ 溶液。向苯酚钠的水溶液里通 CO_2 气体，可游离出苯酚。

$$C_6H_5ONa + CO_2 + H_2O \longrightarrow C_6H_5OH + NaHCO_3$$

所以利用 $NaHCO_3$，根据有无 CO_2 气体放出可区分苯酚与羧酸。

$$C_6H_5OH + NaHCO_3 \longrightarrow \text{无反应(无}CO_2\text{气体放出)}$$

$$RCOOH + NaHCO_3 \longrightarrow RCOO^-Na^+ + CO_2\uparrow + H_2O$$

	ROH	C_6H_5—OH	RC(=O)—OH
pK_a	18	10	5

酸性增强 →

［问题 10-13］　乙苯中含有苯酚杂质，试设计一简单试验方案，将两者分离开。

当芳环上有其他取代基时，会影响酚的酸性，并且取代基不同，对酸性的影响程度有很大不同。一般来说，吸电子基团特别是强吸电子基团使酚的酸性增强；供电子基团使酚的酸性减弱。同一种取代基对酸性的影响，邻、对位的影响大于处在间位的，见表10-4。

表 10-4　某些酚的 pK_a 值

取代基	邻位	间位	对位
—OCH_3	9.98	9.65	10.21
—CH_3	10.29	10.09	10.26
—H	10.0	10.0	10.0
—Cl	8.48	9.02	9.38
—NO_2	7.22	8.39	7.15

由表 10-4 可知，对甲苯酚、苯酚、对硝基苯酚的 pK_a 值分别为 10.26、10.0、7.15，酸性依次增强。这一变化可以从酚氧负离子共振稳定化的情况看出来。

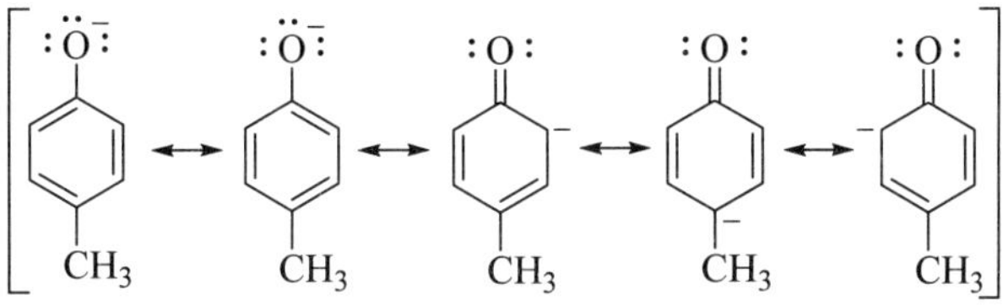

Ⅰ（特别不稳定）

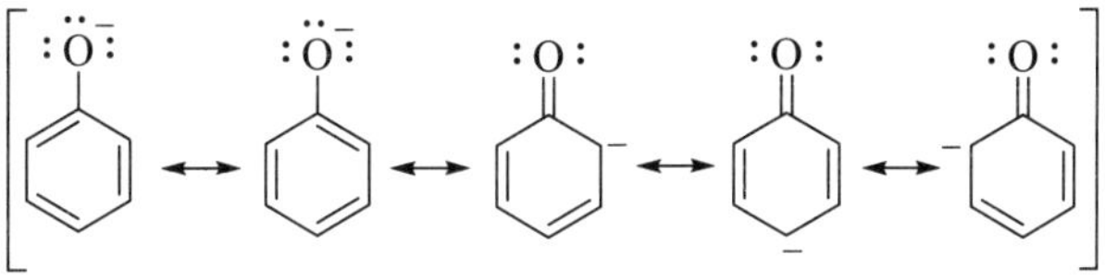

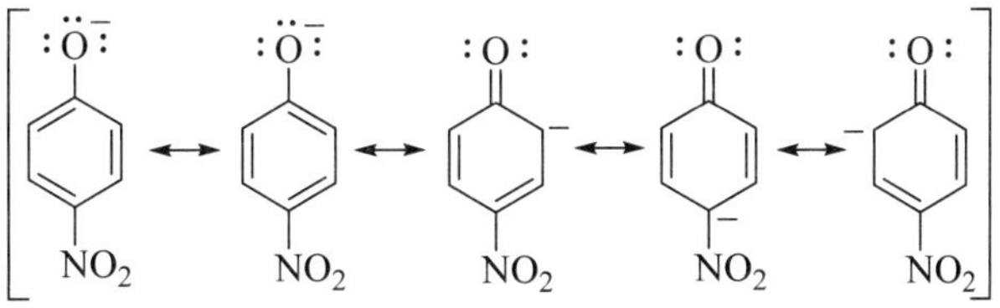

Ⅱ（特别稳定）

在对甲苯酚负离子的共振结构式Ⅰ中，供电子的—CH_3 直接与带负电荷的碳原子相连，对负电荷分散非常不利；在对硝基苯酚负离子的共振结构式Ⅱ中，电负性强大的—NO_2 扩大了负电荷离域的范围，对负电荷的分散非常有利；在苯酚负离子的共振结构中，没有特别稳定的也没有特别不稳定的共振结构。所以，负离子的稳定性 $O_2N-C_6H_4-O^- > C_6H_5-O^- > H_3C-C_6H_4-O^-$，酸性 $O_2N-C_6H_4-OH > C_6H_5-OH > H_3C-C_6H_4-OH$。

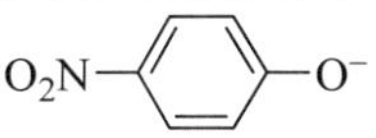

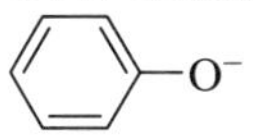

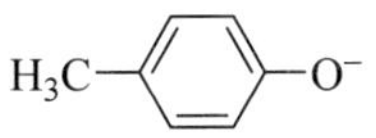

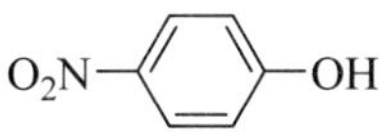

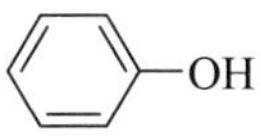

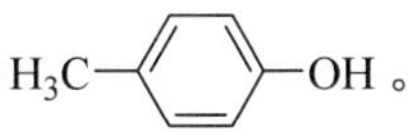

如果在酚的芳环上有多个吸电子基团，则酸性比苯酚的更强。例如 2,4,6-三硝基苯酚（俗称苦味酸）的 pK_a 为 0.24，是一种很强的有机酸，在生物化学技术中用于沉淀分离蛋白质。

［问题 10-14］　不查表判断下列化合物 pK_a 的大小，并用共振论加以解释。

（a）$H_3CO-C_6H_4-OH$ （b）$O_2N-C_6H_4-OH$ （c）间甲氧基苯酚（H_3CO，OH）

10.7.2 生成醚

如 9.3.1 节所述，脂肪醚可由醇钠与卤代烃 RX 通过亲核取代用 Williamson 法合成。同样，酚钠与卤代烃 RX 反应也可得到芳醚。例如：

$$C_6H_5-O^-Na^+ + CH_3I \longrightarrow C_6H_5-OCH_3 + NaI$$

但是酚不能像脂肪醇 ROH 一样，发生分子间的脱水反应而成醚。原因在于酚中的氧原子与苯环形成 p,π-共轭体系，使 C—O 间的电子云密度增大，键合得特别牢固，很不容易断裂。所以在醇中有关 C—O 键断裂的反应，在酚中不易发生，需要更强烈的条件。

$$CH_3CH_2OH + CH_3CH_2OH \xrightarrow[140℃]{H_2SO_4} CH_3CH_2OCH_2CH_3 + H_2O$$

$$C_6H_5-OH + HO-C_6H_5 \xrightarrow[450℃]{ThO_2} C_6H_5-O-C_6H_5 + H_2O$$

[问题 10-15] 下面的反应不用于制备芳醚，为什么？

$$RONa + C_6H_5-Cl \longrightarrow C_6H_5-O-R + NaCl$$

10.7.3 与 $FeBr_3$ 的显色反应

酚与 $FeBr_3$ 反应生成有色的络离子。苯酚与 $FeBr_3$ 反应显紫色。

$$6\,C_6H_5-OH + Fe^{3+} \longrightarrow [Fe(O-C_6H_5)_6]^{3-}$$

紫色

不同的酚显示不同的颜色。例如对甲苯酚显蓝色，邻苯二酚显深绿色等。利用显色反应可迅速鉴别酚。

[问题 10-16] 如何用化学方法区分苯甲酸与邻羟基苯甲酸？

10.7.4 与 $Br_2(H_2O)$ 反应

因酚羟基使苯环活化，所以卤素很容易与酚类化合物发生环上的亲电取代反应。例如苯酚与溴水迅速反应，生成大量的 2,4,6-三溴苯酚白色沉淀。

$$C_6H_5OH + Br_2(H_2O) \longrightarrow 2,4,6\text{-}Br_3C_6H_2OH \downarrow$$

这一反应现象明显，常用来定性鉴别苯酚。但是苯胺也能发生类似反应，所以该反应不能用来区分苯酚与苯胺。

10.7.5　氧化反应

酚很容易被氧化。例如苯酚长期与空气接触，由于被氧化逐渐由无色晶体变为粉红以至深褐色。多元酚特别是邻、对位多元酚极易被氧化，氧化产物为醌。例如 Ag_2O、AgBr 等弱氧化剂可以氧化对苯二酚为对苯醌，氧化邻苯二酚为邻苯醌。

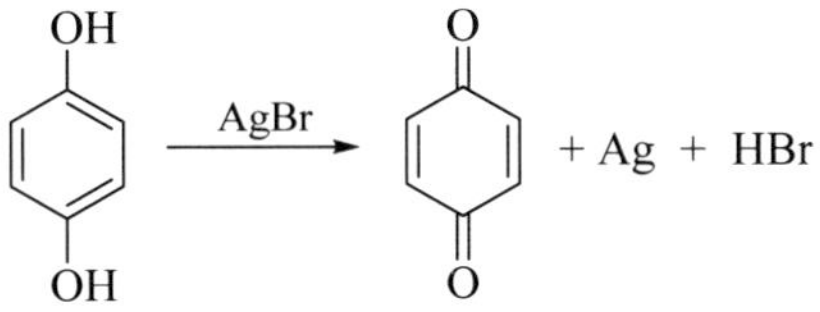

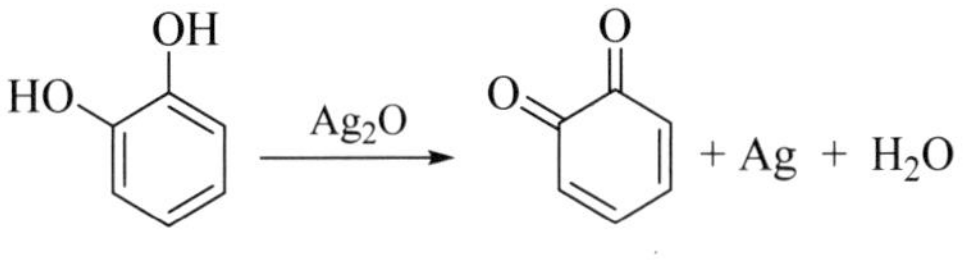

$$\text{对苯二酚} \xrightarrow{AgBr} \text{对苯醌} + Ag + HBr$$

$$\text{邻苯二酚} \xrightarrow{Ag_2O} \text{邻苯醌} + Ag + H_2O$$

由于对苯二酚可使照相底片感光后的 AgBr 还原为 Ag，所以它是一种强还原剂，用于照相显影。

醌类化合物都有颜色，对位醌多呈黄色，邻位醌多为红色或橙色。更详细的内容将在 12.4 节介绍。

酚的氧化在自由基反应中也有很重要的作用。例如对苯二酚和其他一些酚可用作自由基链反应的阻聚剂（inhibitor）。对苯二酚失去氢原子生成半醌，接着与自由基作用失去第二个氢原子生成醌。

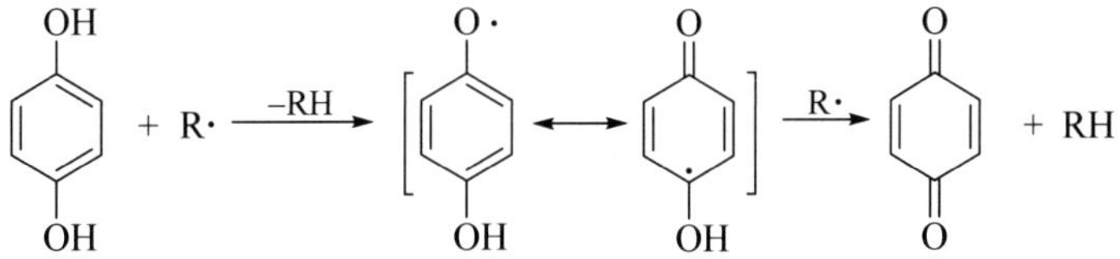

$$\text{对苯二酚} + R\cdot \xrightarrow{-RH} [\text{半醌（共振式）}] \xrightarrow{R\cdot} \text{对苯醌} + RH$$

R·被还原成 RH，从而消除自由基，终止自由基连锁反应。又如 BHT（4-甲基-2,6-二叔丁基苯酚）是橡胶、塑料制品的传统抗氧化剂，也是食用油脂的抗氧化剂，因为它可以有效地终止自由基反应引起的橡胶制品的老化和食用油脂的自动氧化。

10.8　重要的酚

10.8.1　萘酚

萘酚有α-萘酚和β-萘酚两种异构体。

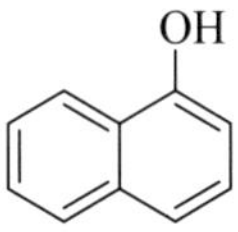

α-萘酚　　β-萘酚

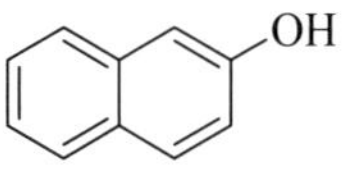

工业上利用相应的萘磺酸碱融熔制得：

$$C_{10}H_7SO_3Na \xrightarrow[300℃]{NaOH} C_{10}H_7ONa \xrightarrow{H^+} C_{10}H_7OH$$

一般α-萘酚是利用α-萘胺水解制得：

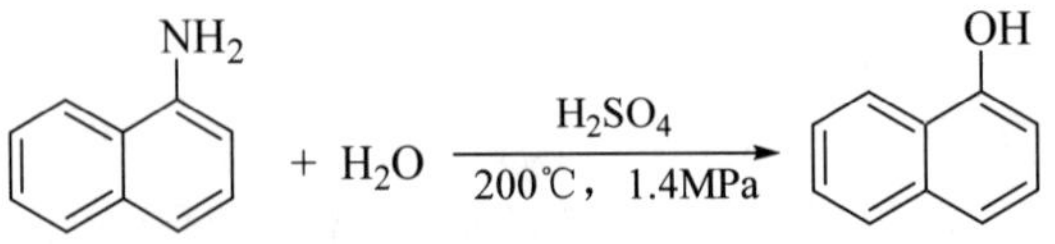

萘酚难溶于水，可溶于乙醇和乙醚，显弱酸性，可溶于 NaOH 溶液。

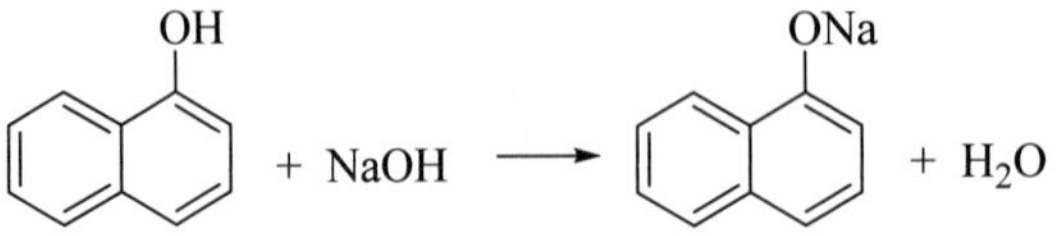

β-萘甲醚是一种香料。甲氨基甲酸-*α*-萘酯是一种广泛应用于果树、蔬菜及农田作物的杀虫剂，它们可由相应的萘酚制备。

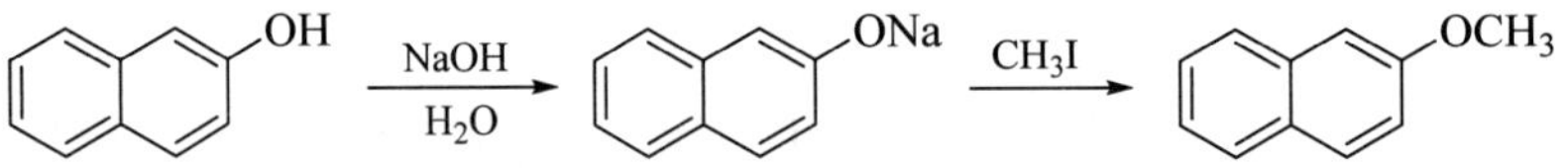

β-萘甲醚

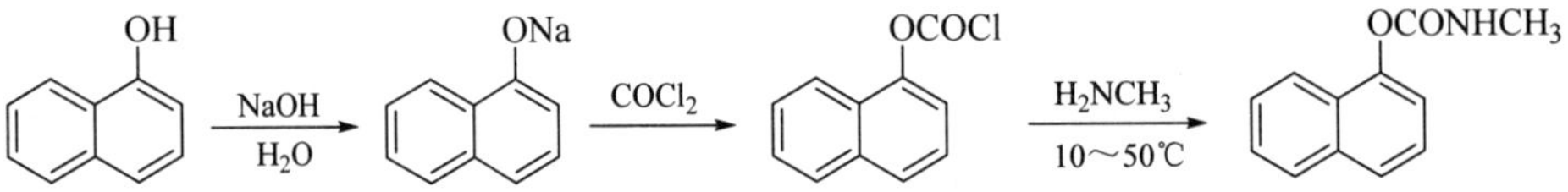

甲氨基甲酸-*α*-萘酯

在分析化学中，*α*-萘酚是常用的比色分析显色剂。

10.8.2 连苯三酚

连苯三酚又称 1,2,3-苯三酚或焦性没食子酸，因为工业上常用没食子酸蒸馏制取而得名。

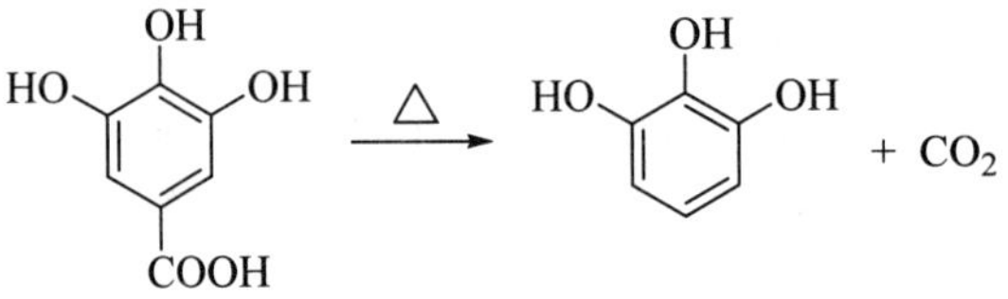

没食子酸　　焦性没食子酸

连苯三酚能溶于水及一般有机溶剂。它在浓碱溶液中可吸收 O_2，是粮食、食品气调贮藏中作气体分析使用的吸氧剂。

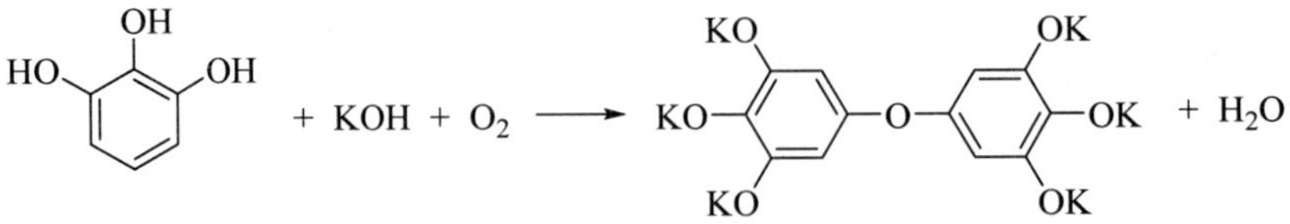

10.8.3 苦味酸

苦味酸（2,4,6-三硝基苯酚）是一种黄色晶体，不溶于冷水，能溶于热水、乙醇、乙醚等溶剂中。由于三个强吸电子基硝基的共同作用，大大地促进了酚羟基的电离，其负离子又是高度共振稳定化的，所以苦味酸具有强酸性，与无机酸相当。

$$\text{2,4,6-}(NO_2)_3C_6H_2OH + H_2O \longrightarrow \text{2,4,6-}(NO_2)_3C_6H_2O^- + H_3O^+$$

苦味酸是一种常用的生物碱试剂，用于沉淀生物碱和蛋白质。

[问题 10-17]　为什么 2,4,6-三硝基苯氧负离子非常稳定？试用共振论解释。

阅读材料

很多人喜欢喝酒精饮料，此类饮料都含有乙醇。乙醇进入体内后约有 95%在体内被肝脏代谢，生成二氧化碳和水。人体内有两种酶负责分解酒精，乙醇脱氢酶把乙醇脱氢变成乙醛，乙醛脱氢酶把乙醛转化成乙酸，进而代谢为二氧化碳和水。酒精浓度越高，人体吸收速度越快，而成人一般每小时能代谢 10mL 纯乙醇，大约相当于一听啤酒或一口烈酒中乙醇的含量，并且乙醇的代谢速率并不随浓度增加而增大，因此短时间内大量饮酒会使血液中酒精含量超过 0.08%，达到或高于 0.08%驾驶机动车属于酒后违章驾驶。乙醇能扩张血管，使人脸红身体发热，产生愉快的感觉，适量饮酒对人体无害，但长期大量过度饮酒会对人的生理和心理产生伤害，比如产生幻觉、过度兴奋、失去方向感和判断力以及行动力，会引起肝脏疾病、胃炎，会形成酒瘾，严重的甚至会危及生命，血液中乙醇含量超过 0.4%可使人中毒致死。

醇存在下，橙色的 Cr(Ⅵ)会变成绿色 Cr(Ⅲ)，这种颜色变化被用于测定人体内乙醇的含量。由于人每呼出 2100mL 的气体中的乙醇含量与 1mL 血液所含乙醇量相同，因此只要被测者以持续 10～20s 的时间往载有 $K_2Cr_2O_7$ 和 H_2SO_4 的粉末状硅胶（SiO_2）的管子中吹气，呼出的气体中的少量乙醇被氧化成乙酸，Cr(Ⅵ)变成 Cr(Ⅲ)，管子颜色从橙色逐渐变为绿色，根据绿色所达到的位置可测出人体中乙醇的含量。现在比较先进的检测酒精含量的方法有呼吸分析器测试，用分光光度分析技术来定量氧化的程度；还有气相色谱、电化学酒精检测仪和红外光谱仪等。

$$3CH_3CH_2OH + \underset{\text{橙色}}{2K_2Cr_2O_7} + 8H_2SO_4 \longrightarrow \underset{\text{绿色}}{2Cr_2(SO_4)_3} + 2K_2SO_4 + 11H_2O + 3CH_3COOH$$

乙醇测定原理反应式

本章小结

1. 醇可以根据分子中所含羟基的数目分为一元醇、二元醇和多元醇，也可根据分子中羟基所连碳原子的不同分为伯醇、仲醇和叔醇。

2. 醇的官能团是羟基（—OH）。醇的化学性质取决于羟基以及羟基与烃基的相互影响。由于醇的结构与水、卤代烃相似，因此，醇的主要化学反应表现类似于水，也类似于卤代烃。

3. 醇与活泼金属反应的活性比水小，并随烷基碳链的增长而降低。

4. Lucas 试剂（$ZnCl_2$+HCl）可用来区分 6 个碳以下的伯醇、仲醇、叔醇。

5. 醇的氧化

伯醇氧化可生成醛，酸性 $KMnO_4$ 溶液则将其氧化为羧酸。

仲醇氧化生成酮；叔醇一般条件下不被氧化。

6. 醇的制备

（1）直接水合

烯烃与水用酸催化加成生成醇，遵守马氏规则，易重排。

（2）间接水合

① 烯烃与硫酸加成　烯烃与冷的浓硫酸加成再水解得醇，遵守马氏规则，易重排。

② 烯烃的羟汞化　烯烃与醋酸汞［$Hg(OAc)_2$］的水溶液加成再脱汞得到醇，遵守马氏规则，不重排。

③ 烯烃的硼氢化　烯烃与甲硼烷（BH_3）加成再用过氧化氢的碱溶液氧化得到反马氏规则的醇，该反应不重排。

（3）卤代烃的水解

卤代烃与稀氢氧化钠水溶液发生亲核取代反应生成醇。一般用低级卤代烃反应。

（4）格氏试剂与环氧化物反应

格氏试剂与环氧化物发生开环反应，生成碳链增长的醇。

（5）格氏试剂与羰基化合物反应

格氏试剂与醛、酮加成-水解生成相应的醇，可用于制备碳链增长的醇。

① 格氏试剂与甲醛反应可制备多一个碳的伯醇。

② 格氏试剂与除甲醛外的醛反应制备碳链增长的仲醇。

③ 格氏试剂与酮反应制备碳链增长的叔醇。

④ 格氏试剂与羧酸酯反应也可制备碳链增长的叔醇。

（6）醛、酮的还原

① 催化加氢　金属 Pt、Pd、Ni 等催化醛、酮加氢分别生成伯醇、仲醇。

② 被金属氢化物还原　金属氢化物 $LiAlH_4$ 或 $NaBH_4$ 可将醛、酮还原成醇，此法有选择性，对 C═C 和 C≡C 无影响。

（7）羧酸的还原

羧酸可以被 $LiAlH_4$ 还原生成伯醇。

7. 酚类化合物因酚羟基（—OH）与苯环形成共轭体系，氧原子与苯环的结合加强，氢氧键削弱，同时苯环电子云密度增大。因此，酚苯化合物的酸性较强，苯酚能与 NaOH 溶液、Na_2CO_3 溶液形成酚钠，可与亲电试剂如溴水等发生取代反应。

若苯环上连有吸电子基，则可促进酚羟基（—OH）电离，使酸性增强；若苯环上连有供电子基，则不利于酚羟基的电离，酸性降低。而且，对位取代基的影响大于间位取代基，当取代基处在酚羟基的邻位，则往往产生邻位效应，情况比较复杂。

习　题

10-1　命名下列化合物，或写出相应的结构式。

（1）$PhCH_2CH_2OH$

（2）
```
                  CH2CH3
                  |
CH3CH2CHCHCH3
              |
              CH2OH
```

（3）$\begin{array}{c} H_3C \quad\ H \quad CH_3 \\ C{=}C{-}C{-}H \\ H \qquad\quad\ OH \end{array}$　　（4）Cl　OH

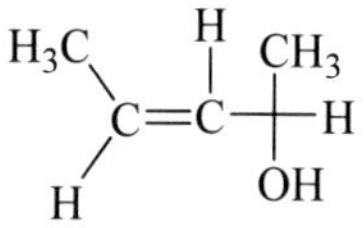

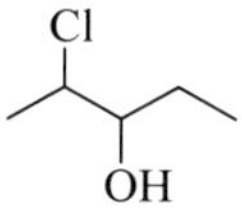

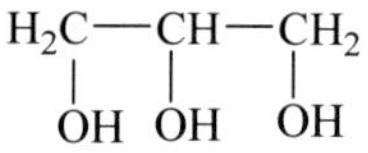

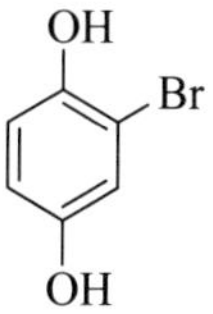

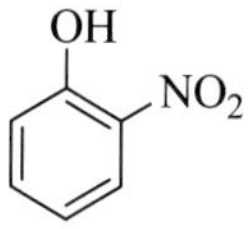

（5）$\begin{array}{ccccc} H_2C & — & CH & — & CH_2 \\ | & & | & & | \\ OH & & OH & & OH \end{array}$　　（6）OH　Br　OH

（7）OH　NO_2　　（8）OH

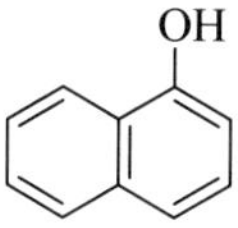

（9）敌敌畏　　（10）苦味酸

（11）β-萘酚　　（12）α,β-二苯基乙醇

10-2　用化学方法区分下列化合物。

（1）叔丁醇与正丁醇　　（2）$CH_3CH_2CH_2OH$ 与 H_2O

（3）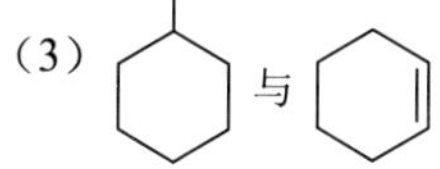

（4）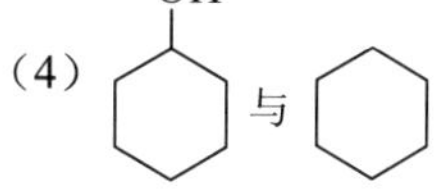

（5）$CH_3(CH_2)_2CH_2OH$ 与 $CH_3(CH_2)_2CH_2Cl$

（6）乙醇、乙酸和氯乙烷　　（7）甲苯与苯酚

（8）苯酚和环己醇　　（9）1-己醇和 1-溴己烷

（10）$CH_3(CH_2)_3CH_2OH$、$CH_3CH_2CH_2\underset{}{\overset{OH}{\overset{|}{C}}}HCH_3$ 与 $CH_3CH_2\overset{OH}{\overset{|}{\underset{\underset{CH_3}{|}}{C}}}CH_3$

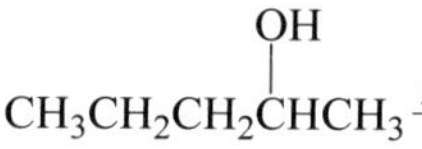

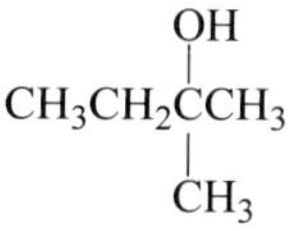

10-3　不查表，将下列化合物按沸点由高到低的次序排列。

（1）3-己醇　　（2）正己烷　　（3）二甲基正丙基甲醇

（4）正辛醇　　（5）正己醇　　（6）1,2-己二醇

10-4　试列出下列化合物的酸性大小顺序。

（1）H_2O、叔丁醇、正丁醇、仲丁醇、1-丁炔、己烷

（2）$CH_3CH_2CH_2OH$、$CH_3CH(OH)CH_3$

（3）OH、H_2CO_3、$NaHCO_3$、CH_3COOH

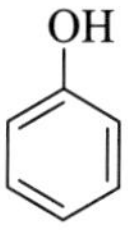

（4）OH $COCH_3$、OH、OH $COCH_3$

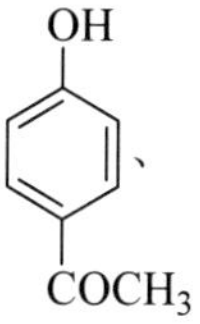

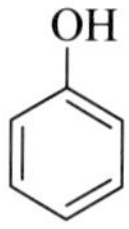

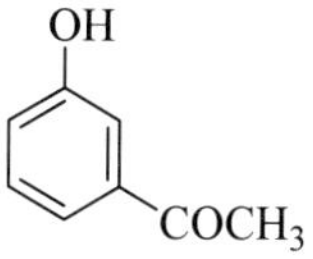

（5）OH Cl、OH、OH Cl

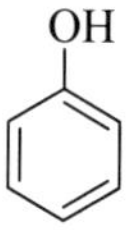

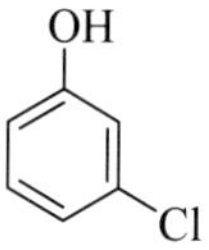

10-5　从 2,2-二甲基-1-丙醇和 HCl 作用制新氯戊烷是否合适？为什么？请提出更好的方案。

10-6 写出正丙醇与下列化合物反应的主要产物。

（1）HI/△ （2）先加金属 Na，再与 1-溴丁烷反应

（3）热的 $KMnO_4$ 碱溶液 （4）H_2SO_4，170℃

（5）（4）的产物+HBr （6）H_2SO_4，130℃

10-7 写出邻甲苯酚与下列试剂反应的主要产物。

（1）NaOH 水溶液 （2）①NaOH，②氯化苄

（3）Br_2，H_2O （4）$FeCl_3$ 溶液

10-8 写出下列反应的主要产物。

（1）CH_3 —OH $\xrightarrow[\triangle]{浓H_2SO_4}$ （2）OH + HCl $\xrightarrow{ZnCl_2}$

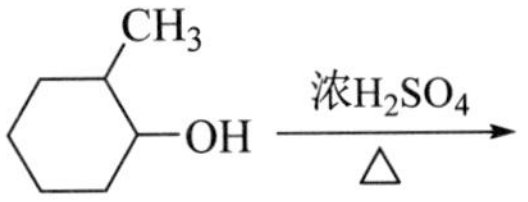

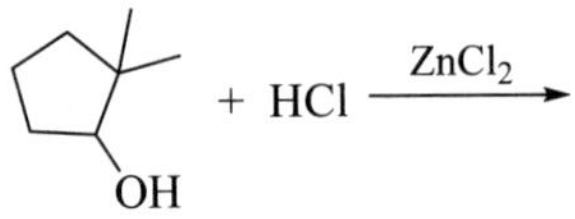

（3）—CH_2OH $\xrightarrow[吡啶]{CrO_3}$ （4）$\xrightarrow[H_2O]{H_2SO_4}$

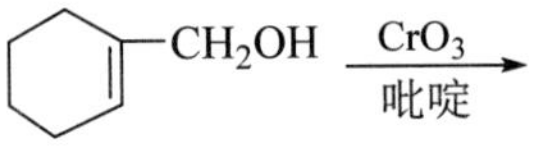

（5）$\xrightarrow[(2)H_2O_2\text{, NaOH}]{(1)BH_3\text{, THF}}$ （6）$\xrightarrow[(2)NaBH_4]{(1)Hg(OAc)_2\text{, }H_2O/THF}$

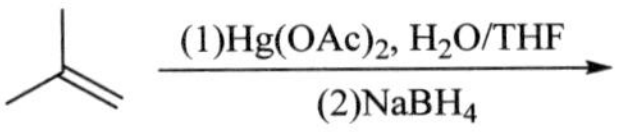

（7）OH $\xrightarrow{PBr_3}$ （8）H_3C—⟨苯环⟩—OH $\xrightarrow[H_2SO_4]{HNO_3}$

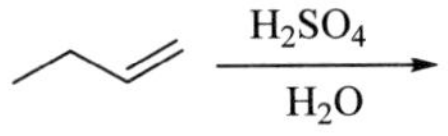

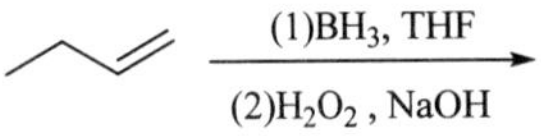

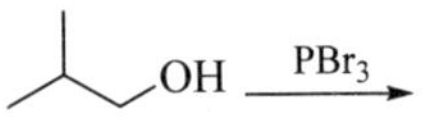

（9）OH $\xrightarrow{HNO_3\text{, }H_2SO_4}$

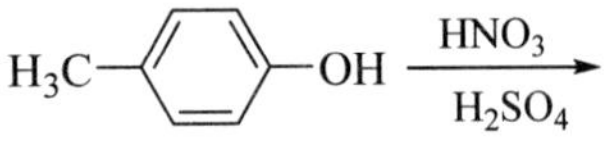

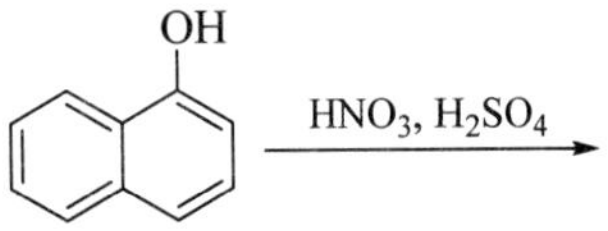

10-9 完成下列反应方程式，指出哪一个速率最快，哪一个最慢。

（1）—CH_2OH + HBr ⟶ （2）CH_3 OH + HBr ⟶

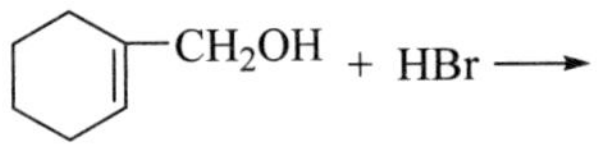

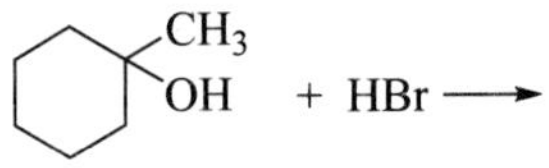

（3）$CH_3CH_2CH_2OH$ + HBr ⟶

10-10 下列化合物在硫酸中脱水反应速率由大到小的顺序是什么？

（1）H_3C OH （2）CH_3 CH_2OH （3）CH_3 OH

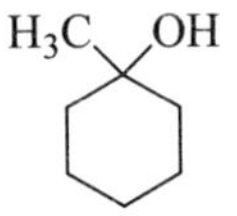

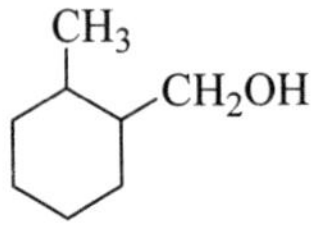

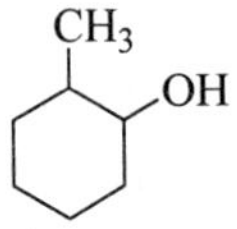

10-11 你将选用哪一条路线来制取环己基叔丁基醚？为什么？

（1）—OH $\xrightarrow{Na}$ —ONa $\xrightarrow{(CH_3)_3CCl}$ —O—$C(CH_3)_3$

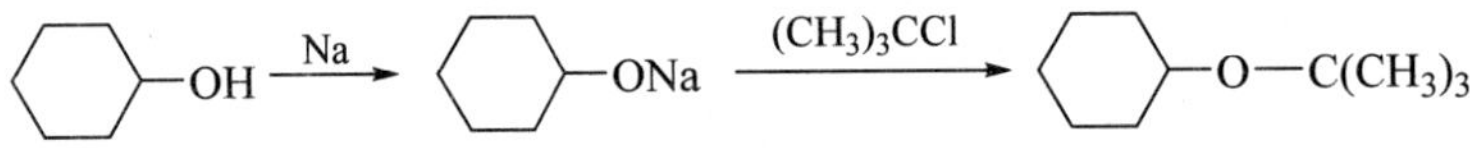

（2）$(CH_3)_3COH$ $\xrightarrow{Na}$ $(CH_3)_3CONa$ $\xrightarrow{\text{—Br}}$ —O—$C(CH_3)_3$

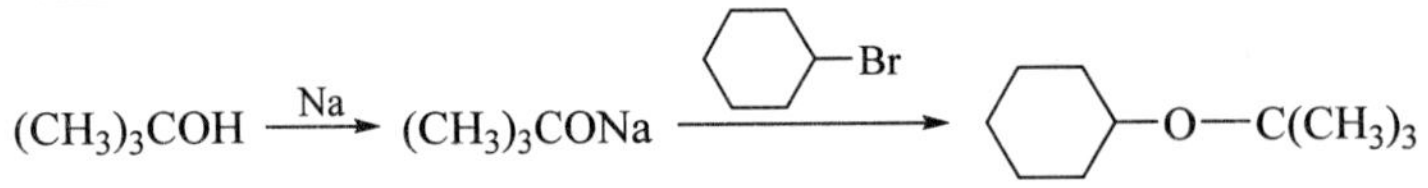

10-12 写出实现下列转变的各步反应方程式。

（1）正丁醇 ⟶ 2-丁醇 （2）1-丁烯 ⟶ $CH_3CH_2CH_2COOH$

（3）O ⟶ $CH_3C(OH)(CH_3)CH_2CH_2CH_3$

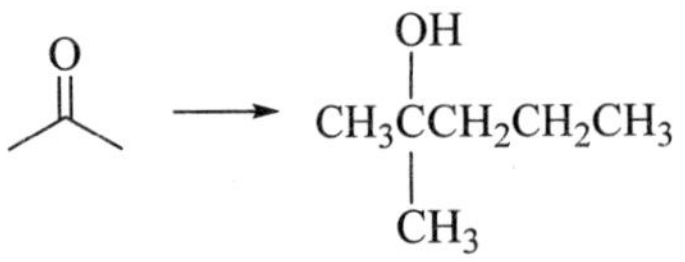

（4）、CH_3CH_3、HCHO ⟶ O

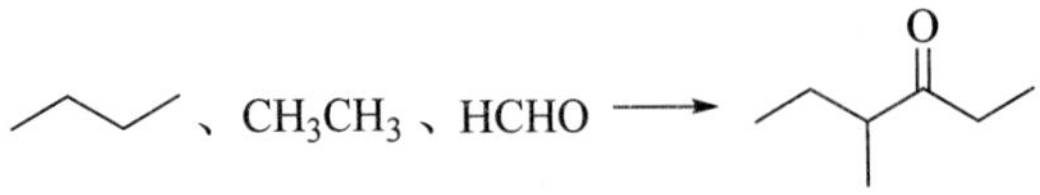

（5）由下列化合物制备 1-丁醇：（a）1-丁烯；（b）1-氯丁烷；（c）1-氯丙烷；（d）溴乙烷。

10-13 选择适当的原料合成下列化合物。

（1）$C_6H_{11}-C(CH_3)(OH)-C_2H_5$（环己基）

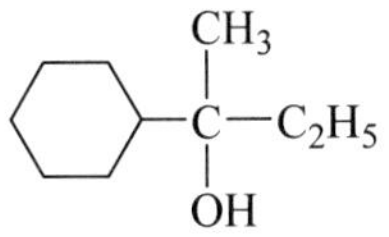

（2）$C_6H_5CH_2CH=C(CH_3)_2$

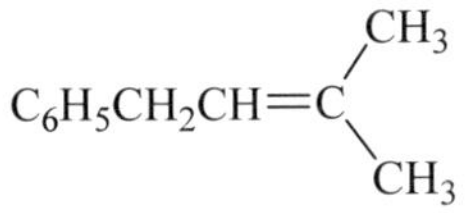

10-14 推测下面反应的机理。

（1）$H_3C-C(CH_3)_2-CH(OH)-CH_3 \xrightarrow{HBr} H_3C-C(OH)(CH_3)-CH(CH_3)-CH_3$

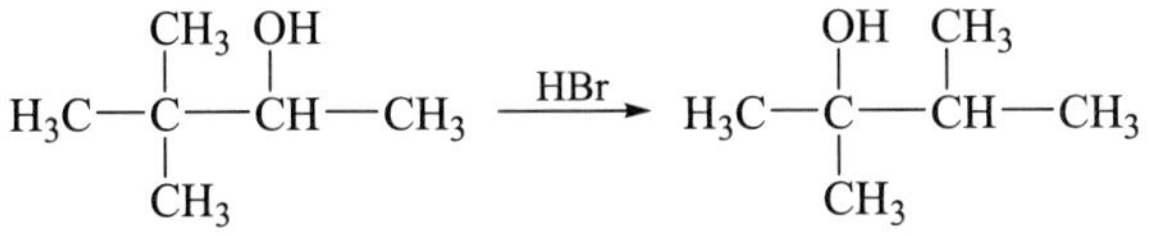

（2）$H_3C-C(CH_3)_2-CH(OH)-CH_3 \xrightarrow[\triangle]{H_3PO_4} H_3C-C(CH_3)=C(CH_3)-CH_3$

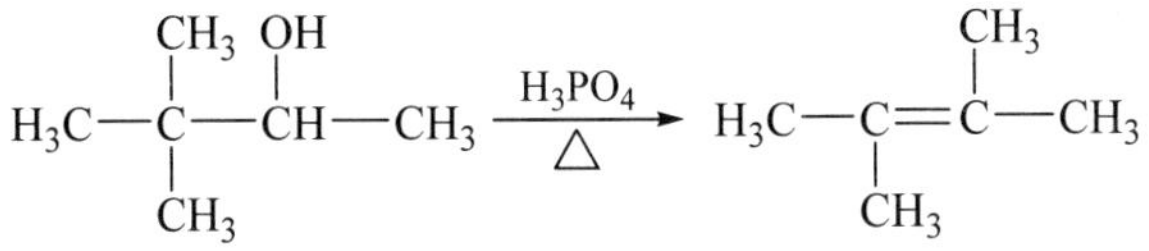

约80%

10-15 化合物 A($C_6H_{14}O$)可溶于硫酸，遇金属钠放氢气，与硫酸共热生成化合物 B(C_6H_{12})。B 可使 Br_2（CCl_4）褪色，B 经臭氧氧化水解生成一种物质 C(C_3H_6O)。C 用异丙基溴化镁处理，随后水解生成原来的化合物 A。确定 A、B、C 的构造式和各步反应方程式。

10-16 化合物 A、B、C 的分子式均为 $C_4H_{10}O$，A 能和 Na 反应，但不能被 $KMnO_4$ 氧化；B 能被 $KMnO_4$ 氧化，室温下与 Lucas 试剂无反应；C 与 Lucas 试剂混合 5min 后出现浑浊。试推测 A、B、C 的结构。

10-17 回答下列问题。

（1）试将 CH_3OH、1°醇、2°醇和 3°醇按酸性大小排列并进行解释。

（2）为什么丙醇的沸点高于相应的烃类化合物？

10-18 按亲核性强弱排列下列负离子。

（1）环己基$-O^-$　（2）$C_6H_5-O^-$　（3）$H_3CO-C_6H_4-O^-$（对位）

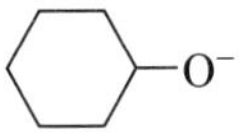

（4）$H_3C-C_6H_4-O^-$（对位）　（5）邻硝基苯氧负离子（NO_2 在邻位）　（6）$O_2N-C_6H_3(NO_2)-O^-$（2,4-二硝基苯氧负离子）

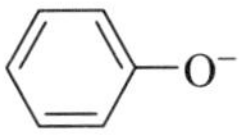

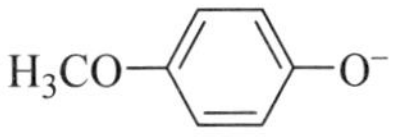

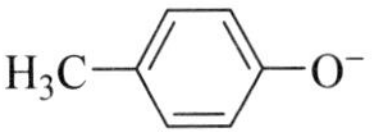

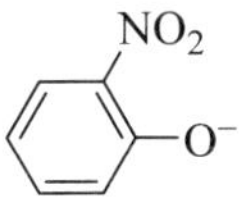

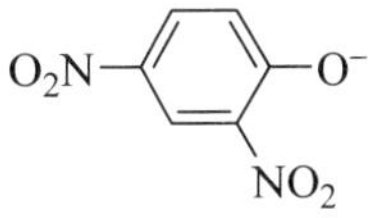

（7）间硝基苯氧负离子（O_2N 在间位）

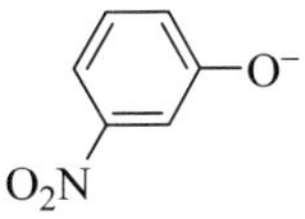

10-19 化合物 A 是具有光学活性的仲醇，A 与浓 H_2SO_4 作用得 B(C_7H_{12})，B 经臭氧氧化水解得 C($C_7H_{12}O_2$)，C 与 I_2/NaOH 作用生成戊二酸钠盐和 CHI_3。试写出 A、B、C 可能的结构。

第11章　醚与环氧化物

11.1　醚的分类与命名

11.1.1　醚的分类

醚可以看作 H_2O 的两个 H 原子被烃基取代的衍生物。所以醚的通式是 R—O—R′，R、R′既可是脂肪烃基，又可是芳基。醚的官能团为 C—O—C，俗称醚键。

醚可以根据分子中两个烃基是否相同来分类，两个烃基相同的叫单醚，不同的叫混醚。

单醚，例如：

$CH_3—O—CH_3$　　$CH_3CH_2—O—CH_2CH_3$　　$C_6H_5—O—C_6H_5$

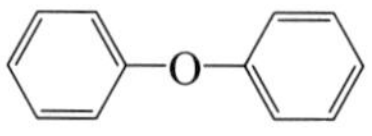

甲醚　　乙醚　　二苯醚

混醚，例如：

$CH_3—O—CH_2CH_3$　　$CH_3—O—CH{=}CH_2$　　$CH_3—O—C_6H_5$

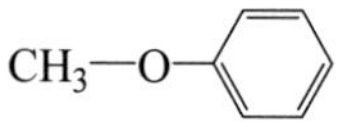

甲乙醚　　甲基乙烯基醚　　苯甲醚

根据分子中烃基的结构特点，醚分为脂肪醚、芳香醚和环醚。

脂肪醚是分子中只含脂肪烃基的醚，例如：

$CH_3CH(CH_3)CH_2OCH_2CH(CH_3)CH_3$　　$CH_3OC(CH_3)_3$

异丁基醚　　甲基叔丁基醚

芳香醚是醚键中含有芳香环的醚。例如：

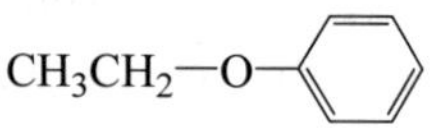

$CH_3CH_2—O—C_6H_5$　　苯乙醚

环醚，是两个烃基相互连接成环的醚。例如：

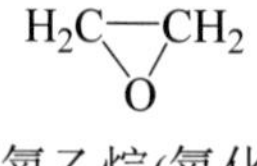

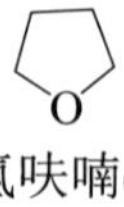

$H_2C—CH_2$（O 桥连两个碳）　　（五元环含 O）

环氧乙烷(氧化乙烯)　　四氢呋喃(THF)

11.1.2　醚的命名

单醚命名时，将烃基的数目和名称（“基”字可省略）依次写在“醚”的前面。对于脂肪族单醚，表示烃基数目的“二”字可略去，但芳香醚和不饱和醚的“二”字不能省略。例如：

$H_2C{=}CH{-}O{-}CH{=}CH_2$　　$CH_3{-}O{-}CH_3$　　$C_6H_5{-}O{-}C_6H_5$

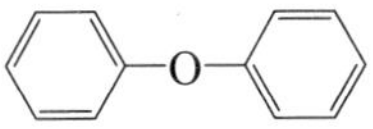

二乙烯(基)醚　　甲醚　　二苯醚

混醚命名时，要求写出两个烃基的名称，较小的烃基前置，芳基放在脂肪烃基的前面。例如：

$CH_3{-}O{-}CH(CH_3)_2$　　$CH_3{-}O{-}C_6H_5$

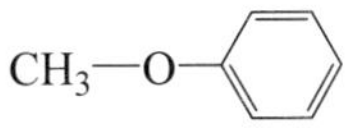

甲基异丙基醚　　苯甲醚

环醚命名常采用俗名，没有俗名的称环氧某烷。例如：

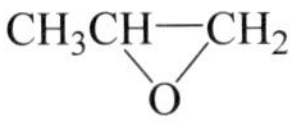

$CH_3CH{-}CH_2$（环氧）　　（五元环醚）　　（六元环，1,4-二氧）

1,2-环氧丙烷 　　1,4-环氧丁烷(THF) 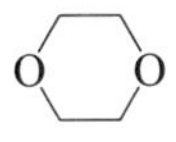　　1,4-二氧六环(二噁烷)

结构复杂的醚可看作烃氧基衍生物。命名时大的烃基作母体，包括—OR（烃氧基）在内的较小基团作取代基。例如：

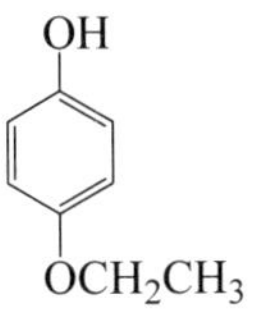

$HO{-}C_6H_4{-}OCH_2CH_3$　　$CH_3CH(OCH_3)CH_2CH_3$　　$CH_3CH(CH_3){-}CH(OCH_3)CH_2CH_3$

对乙氧基苯酚 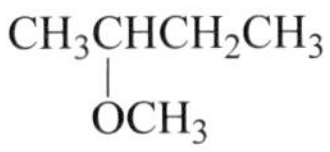　　2-甲氧基丁烷 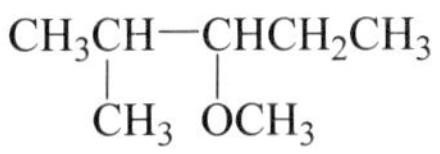　　2-甲基-3-甲氧基戊烷

多元醚命名时，首先写出多元醇的名称，再写出另一部分烃基的数目和名称，最后加以“醚”字。例如：

$CH_3OCH_2CH_2OCH_2CH_2OCH_3$　　$CH_3OCH_2CH_2OH$　　$CH_3OCH_2CH_2OCH_3$

二乙二醇二甲醚　　乙二醇单甲醚　　乙二醇二甲醚

在大自然中，有些醚是用俗名命名的，例如：

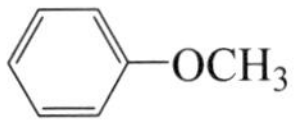

$C_6H_5{-}OCH_3$　　$H_3CO{-}C_6H_4{-}CH{=}CHCH_3$　　$H_3CO{-}C_6H_4{-}CH_2OH$

茴香醚 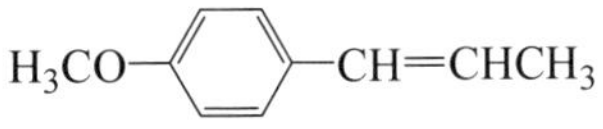　　茴香脑 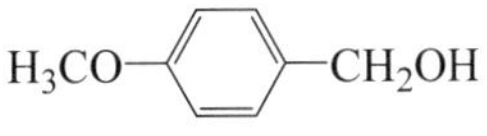　　茴香醇

[问题 11-1]　给出下列化合物的系统命名。

(a) $(CH_3)_3C{-}O{-}C(CH_3)_3$　(b) 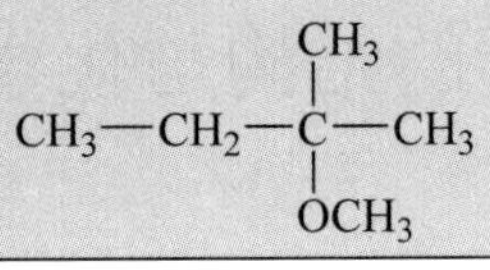 $CH_3{-}CH_2{-}C(CH_3)(OCH_3){-}CH_3$　(c) $CH_2(Cl){-}CH{-}CH_2$（环氧，O）

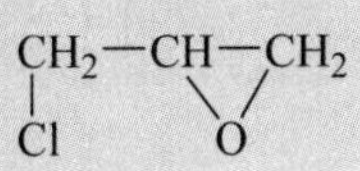

11.2　醚的物理性质

醚分子中氧原子两端都是烃基，所以醚不像醇那样有活泼氢，不能像醇一样通过氢键自身缔合，所以醚的沸点远低于同碳数的醇，与分子量相近的烷烃相似。但是醚分子中氧原子

上有孤对电子，所以可以与含活泼氢的 H_2O、ROH 等以氢键缔合。醚因此是某些极性物质的优良溶剂。由于醚分子的极性相对较小，与 H_2O 分子的缔合能力不强，所以多数醚难溶于水，每 100g 水中只能溶解 8g 乙醚。正因为此，醚也是弱极性物质的优良溶剂。例如弱极性的食用油脂能很好地溶于乙醚。

环醚在水中溶解度较大。例如，THF 与水完全互溶，这可能是氧原子在环中突出向外，使其更易与水形成氢键。

$R_2\ddot{O}$ 　 $\ddot{O}R_2$

$R_2\overset{\delta^-}{O}: \cdots \overset{\delta^+}{H}—\overset{\delta^-}{\ddot{O}}—H$

$R_2\overset{\delta^-}{O}: \cdots \overset{\delta^+}{H}—\overset{\delta^-}{\ddot{O}}—R$

醚不能通过氢键彼此缔合，但能与含活泼氢的化合物水、醇等缔合

醚的红外光谱图在 1050～1215cm^{-1} 区域中，由 C—O—C 的伸缩振动引起的一个强大且峰形较宽的吸收峰，是醚鉴别的唯一特征峰。乙醚的红外光谱如图 11-1 所示。

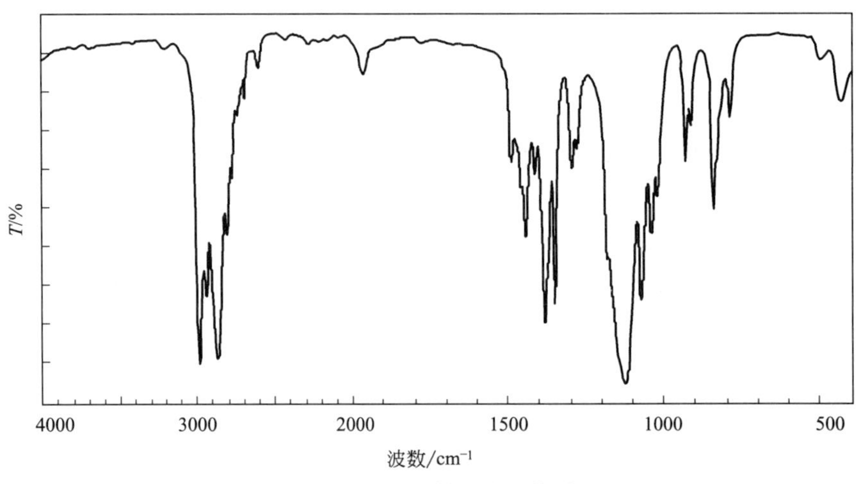

图 11-1　乙醚的红外光谱图

11.3　醚的结构与化学性质

醚分子可视为 H_2O 的二烃基取代物，也可看作醇中—OH 的 H 被烃基取代的衍生物。因此醚分子中的氧原子与 H_2O、醇中的氧原子一样，都是 sp^3 杂化，氧原子保留两对未成键的电子；醚的官能团为 C—O—C，无活泼氢，C—O—C 键很强，极性较小，所以醚对碱、氧化剂、还原剂及金属钠等都相当稳定，多作为溶剂使用。由于醚键氧原子上有未共用电子对，是一种 Lewis 碱，同时因氧的电负性较大，醚中烃基受氧的–I 效应的影响，与氧原子相连的碳显示部分正电性；与卤烷、醇相似，在一定条件下带部分正电性的碳原子易受到亲核试剂的进攻。

$$—\overset{|}{\underset{|}{C}}^{\delta^+}—\ddot{\underset{..}{O}}—\overset{|}{\underset{|}{C}}^{\delta^+}—$$

醚的结构特点

醚的反应与其结构紧密相关。

11.3.1　生成锌盐

醚的化学反应

与醇相似，醚可在浓的强无机酸如盐酸、硫酸等作用下生成锌盐而溶于其中，显示醚的碱性。

$$R-O-R \xrightarrow{\text{浓HCl}} \left[R-\overset{H}{\underset{+}{O}}-R\right]Cl^-$$

由于醚的碱性弱，锌盐只能在低温下存在于浓酸中，用水稀释后立即分解析出醚。例如，取试管一支，加入约 5mL 乙醚、少量 $CuSO_4$ 晶体和约 3mL 水，体系分为两层，上层是澄清的乙醚，下层为淡蓝色 $CuSO_4$ 的水溶液。然后一边摇动一边加入浓盐酸，直到成为均一的淡蓝色溶液，表明乙醚已形成锌盐溶于其中。若向体系中加入一定量的水，又析出无色透明的乙醚层，表明锌盐又被分解。

$$(CH_3CH_2)_2O \underset{H_2O}{\overset{\text{浓HCl}}{\rightleftharpoons}} [CH_3CH_2\overset{+}{\underset{H}{O}}CH_2CH_3]Cl^-$$

乙醚作为 Lewis 碱，还可与 Lewis 酸如 BF_3、$AlCl_3$、RMgX 等生成配合物。例如：

$$(CH_3CH_2)_2O: + BF_3 \longrightarrow (CH_3CH_2)_2\overset{+}{O}-\overset{-}{B}F_3$$

配合物

$$(CH_3CH_2)_2O: + RMgX \longrightarrow (CH_3CH_2)_2\overset{+}{O}-\overset{-}{Mg}\begin{matrix}R\\X\end{matrix}$$

BF_3 是有机反应中常用的催化剂，但常温下是气体（沸点–101℃），给使用带来很大不便，故将它配成乙醚溶液。在合成格氏试剂时，使用纯乙醚作溶剂，可以通过生成上述配合物使活泼的 RMgX 稳定。

[问题 11-2]　乙醚溶于冷的浓 H_2SO_4，试写出反应方程式。

11.3.2　醚键的断裂

醚可与强无机酸作用生成锌盐，使醚键进一步极化而削弱，一般在加热条件下，醚键发生断裂。使醚键断裂最有效的试剂是氢碘酸，I^-能有效地进攻锌离子引起亲核取代反应，在常温下可使醚键断裂生成碘代烃和醇。

$$R-O-R' + HI(\text{等物质的量}) \longrightarrow R-OH + R'I$$

若 HI 过量，则生成的醇继续与 HI 作用生成碘代烃。

$$R-O-R' + HI(\text{过量}) \longrightarrow RI + R'I$$

醚键断裂的机理主要取决于醚分子中烃基的结构。醚键断裂的方式分为以下几种情况：

① 含有不同的伯烷基的混醚与氢碘酸作用，机理为 S_N2。因空间位阻因素对 S_N2 的影响，反应结果是较小的烷基形成碘代烃，较大的烷基成醇（在等物质的量条件下）。例如：

$$CH_3CH_2-O-CH_3 + HI(\text{等物质的量}) \xrightarrow{-I^-} CH_3CH_2-\overset{+}{\underset{H}{O}}-CH_3 \xrightarrow[S_N2]{I^-} CH_3CH_2OH + CH_3I$$

② 含有仲烷基和伯烷基的混醚与 HI 作用的机理为 S_N2。醚键断裂时，伯烷基转变为碘代烃，仲烷基生成醇。

$$(CH_3)_2CH-O-CH_3 \xrightarrow{HI(\text{等物质的量})} (CH_3)_2CHOH + CH_3I$$

③ 含有叔烷基的醚，其醚键断裂的机理为 S_N1，总是叔烷基转变为碘代烃。例如：

$$CH_3-\underset{CH_3}{\overset{CH_3}{C}}-O-CH_3 \overset{H^+}{\rightleftharpoons} CH_3-\underset{CH_3}{\overset{CH_3}{C}}-\overset{+}{\underset{H}{O}}-CH_3 \longrightarrow CH_3OH + CH_3-\underset{CH_3}{\overset{CH_3}{C^+}}$$

$$CH_3-\underset{CH_3}{\overset{CH_3}{C^+}} \xrightarrow{I^-} (CH_3)_3CI$$

④ 含有芳基的混醚与 HI 作用，醚键总是在脂肪族烃基一边断裂。

$$Ar-O-R + HI \longrightarrow Ar-OH + RI$$

$$C_6H_5-O-CH_3 + HI \longrightarrow C_6H_5-OH + CH_3I$$

⑤ 含有乙烯基型烃基的混醚，其醚键的断裂发生在烷基的一边。

$$CH_3CH{=}CH-O-CH_3 + HI \longrightarrow CH_3I + [CH_3CH{=}CH-OH] \longrightarrow CH_3CH_2CHO$$

⑥ 含有烯丙基型结构的混醚与 HI 作用，醚键断裂发生在烯丙基一边，为 S_N1 机理。例如：

$$RCH{=}CH-CH_2-O-CH_2CH_3 + HI \xrightarrow{-I^-} RCH{=}CH-CH_2-\overset{+}{\underset{H}{O}}-CH_2CH_3 \longrightarrow$$

$$[RCH{=}CH-\overset{+}{C}H_2 \longleftrightarrow R\overset{+}{C}H-CH{=}CH_2] + CH_3CH_2OH$$

$$RCH{=}CH-\overset{+}{C}H_2 \xrightarrow{I^-} RCH{=}CH-CH_2I \qquad R\overset{+}{C}H-CH{=}CH_2 \xrightarrow{I^-} \underset{I}{RCH}-CH{=}CH_2$$

[问题 11-3] 用无水溴化氢断裂有旋光性的甲基仲丁基醚生成溴甲烷和仲丁醇，该仲丁醇的构型和光学纯度同原料一样，为什么？

[问题 11-4] 写出下列反应产物：

$$\text{3-甲基四氢吡喃} + HI(\text{等物质的量}) \xrightarrow{S_N2}$$

[问题 11-5]　为什么苯甲醚与 HI 反应，醚键断裂不发生在苯环一边？

11.3.3　形成醚的过氧化物

由于受到氧原子诱导效应的影响，当脂肪醚与空气接触时，α-C—H 键与空气中的氧作用生成过氧化物，这是最不希望发生的反应，称为自动氧化。

$$R-O-\underset{|}{\overset{\overset{\displaystyle H}{|}}{C}}- \;+\; O_2(\text{空气}) \longrightarrow R-O-\underset{|}{\overset{\overset{\displaystyle O-O-H}{|}}{C}}-$$

当乙醚与空气长期接触，可被空气氧化成乙醚过氧化物。

$$CH_3CH_2-O-CH_2CH_3 \xrightarrow[\text{慢}]{O_2} CH_3CH_2-O-\underset{\underset{\displaystyle CH_3}{|}}{CH}-O-O-H$$

乙醚过氧化物

乙醚过氧化物和其他有机过氧化物一样不稳定，受热时会发生猛烈爆炸。由于乙醚广泛用作溶剂，所以使用前必须检查是否含有过氧化物并确保使用时无过氧化物的存在。检验乙醚过氧化物最简单的方法是取少量待查乙醚与 10%的 KI 溶液混合振荡，若有过氧化物存在，则 I^-被氧化为 I_2，I_2 的紫褐色是乙醚过氧化物存在的证据。含有过氧化物的乙醚可与新配制的硫酸亚铁溶液混合振荡将过氧化物除去。另一种检验方法是将待查的样品与 $FeSO_4$ 溶液一起充分振荡后，加入几滴 KSCN 溶液，若出现红色则表明有过氧化物存在。

$$Fe^{2+} \xrightarrow[\text{[O]}]{\text{醚过氧化物}} Fe^{3+} \xrightarrow{SCN^-} \underset{\text{红色}}{[Fe(SCN)_6]^{3-}}$$

另一种除去乙醚中过氧化物的方法是让乙醚通过活性铝柱层，由于醚过氧化物极性较强，其中的乙醚过氧化物便可被吸附。

11.4　醚的制法

（1）威廉森（A.W.Williamson）制醚法

醇钠与卤代烃发生 S_N2 反应生成醚（见 9.3.1），该反应是合成混醚的重要方法，称为威廉森（Williamson）制醚法。

$$\underset{\text{醇钠}}{R-\ddot{\underset{..}{O}}\!:^-Na^+} + \underset{\text{卤代烃}}{R'-X} \longrightarrow \underset{\text{醚}}{R-\ddot{\underset{..}{O}}-R'} + NaX$$

例如：

$$CH_3CH_2CH_2OH \xrightarrow{Na} CH_3CH_2CH_2ONa \xrightarrow{CH_3CH_2I} \underset{70\%}{CH_3CH_2CH_2-O-CH_2CH_3}$$

仲卤代烷与醇钠作用时伴随有消去反应。叔卤代烷易发生消去反应，不能用于威廉森法制醚。制备叔烷基醚时，可以用叔烷氧基钠与其他卤代烷反应。例如：

$$(CH_3)_3CONa + CH_3CH_2Cl \longrightarrow (CH_3)_3COCH_2CH_3$$

芳香醚可由酚与卤代烷在 NaOH 的水溶液中反应得到。例如：

$$C_6H_5ONa + CH_3I \xrightarrow[56℃]{CH_3COCH_3} C_6H_5OCH_3 + NaI$$

95%

[问题 11-6] 用威廉森制醚法合成甲基异丙基醚，请列出两种合成路线，并比较哪种合成路线好，说明理由。

（2）醇分子间脱水制醚

醇在强酸催化下分子间脱水生成醚。

$$R{-}OH + HO{-}R \xrightarrow{H^+} R{-}O{-}R + H_2O$$

此法适用于伯醇在较低温度合成单醚。仲醇主要分子内脱水生成烯烃，叔醇几乎全部生成烯烃。例如：

$$CH_3CH_2{-}OH + HO{-}CH_2CH_3 \xrightarrow[140℃]{H_2SO_4} CH_3CH_2{-}O{-}CH_2CH_3$$

醇分子间脱水不能合成混醚。但是伯烷基和叔丁基组成的混醚，可以室温条件下用伯醇和叔丁醇在硫酸催化下完成。例如：

$$RCH_2{-}OH + HO{-}C(CH_3)_3 \xrightarrow[室温]{H_2SO_4} RCH_2{-}O{-}C(CH_3)_3 + H_2O$$

叔丁基醚还可由伯醇与异丁烯在强酸催化下生成。

$$RCH_2OH + CH_2{=}C(CH_3)_2 \xrightarrow{H_2SO_4} RCH_2OC(CH_3)_3$$

例如：

$$CH_3CH_2CH_2CH_2OH + CH_2{=}C(CH_3)_2 \xrightarrow{H_2SO_4} CH_3CH_2CH_2CH_2OC(CH_3)_3$$

11.5 环氧化合物

环氧乙烷（$H_2C{-}CH_2$ 与 O 成三元环）又称氧化乙烯，是一种环醚。包含 O 在内的三元环醚统称为环氧化合物。

（>C—C< 与 O 成三元环）环氧化合物

环氧乙烷是最简单的环氧化合物。环氧乙烷沸点 13.5℃，能溶于水、醇及乙醚，一般储存在钢瓶中。环氧乙烷是一种基本有机化工原料，广泛用于有机合成，它也是一种性能优良的广谱灭菌剂，对人畜无毒，常用于粮食、食品的熏蒸和医疗器械的灭菌消毒。

11.5.1 环氧化合物的结构

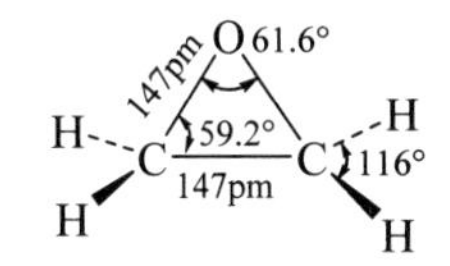

环氧乙烷与环丙烷相似，是一个张力很大的三元环；加之 C—O 键的高度极化，环氧乙烷虽是醚，但却与普通的醚不同，它是一个反应活性很高的环醚。

11.5.2 环氧化合物的化学性质

环氧化合物因为环有很大张力，很不稳定，特别容易发生醚键的断裂而开环生成稳定的开链化合物。环氧化合物不仅在酸性条件下易开环，甚至在碱性条件下也易开环。例如环氧乙烷在酸性或碱性条件下的开环反应：

环氧乙烷（$\overset{\delta^-}{O}$，$H_2C—\overset{\delta^+}{C}H_2$）+

$$\overset{\delta^-}{HO}—\overset{\delta^+}{H} \xrightarrow{H^+或OH^-} HOCH_2CH_2OH$$

$$X—H \xrightarrow{H^+} \underset{X}{H_2C}—\underset{OH}{CH_2}$$

$$RO—H \xrightarrow{H^+或OH^-} \underset{OR}{H_2C}—\underset{OH}{CH_2}$$

$$ArO—H \xrightarrow{H^+} \underset{OAr}{H_2C}—\underset{OH}{CH_2}$$

$$H_2N—H \longrightarrow \underset{NH_2}{H_2C}—\underset{OH}{CH_2}$$

$$R—MgX \xrightarrow{纯醚} \underset{R}{H_2C}—\underset{OMgX}{CH_2} \xrightarrow{H_3O^+} \underset{R}{H_2C}—\underset{OH}{CH_2}$$

$$NC—H \longrightarrow \underset{CN}{H_2C}—\underset{OH}{CH_2} \xrightarrow{H_3O^+} \underset{COOH}{H_2C}—CH_2—OH$$

环氧化合物开环反应的本质是亲核取代反应。

（1）酸催化开环

在酸性溶液中环氧乙烷及烷基取代环氧乙烷（环氧化合物）的氧原子首先质子化，质子化的环氧化合物可受到弱的亲核试剂 H_2O、ROH 或 X^-等的有效进攻而开环。例如环氧乙烷酸催化的水解与醇解历程为：

$$\text{环氧乙烷}(H_2C—CH_2,\ \ddot{O}) \underset{}{\overset{H^+}{\rightleftharpoons}} \text{质子化环氧乙烷}(H_2C—CH_2,\ \overset{H}{O^+}) \xrightarrow[S_N2]{H_2\ddot{O}} \overset{OH}{H_2C}—\underset{^+OH_2}{CH_2} \rightleftharpoons \overset{OH}{H_2C}—\underset{OH}{CH_2} + H^+$$

$$\text{环氧乙烷}(H_2C—CH_2,\ \ddot{O}) \overset{H^+}{\rightleftharpoons} \text{质子化环氧乙烷}(H_2C—CH_2,\ \overset{H}{O^+}) \xrightarrow[S_N2]{R\ddot{O}H} \overset{OH}{H_2C}—\underset{^+O(H)R}{CH_2} \rightleftharpoons \overset{OH}{H_2C}—\underset{OR}{CH_2} + H^+$$

不对称的环氧化合物在酸性条件下开环时，总是连有较多取代基的环碳与氧优先断裂。例如：

$$(CH_3)_2\overset{O}{C-CH_2} + CH_3OH \xrightarrow{H^+} H_3C-\underset{OCH_3}{\overset{CH_3}{C}}-\overset{OH}{CH_2}$$

$$H_3C\overset{O}{CHC-CH_2} + HX \longrightarrow CH_3\underset{X}{CH}-\overset{OH}{CH_2}$$

原因是酸性条件下质子化的环氧化合物 C—O 键的极性加大，环碳与对应的碳正离子性质类似，连有较多烷基的环碳带有更多的正电荷，更易吸引亲核试剂与之靠近而开环。

（2）碱催化开环

环氧化合物在碱性条件下亦可开环，这是其他的醚所不具有的性质。碱性条件下，环氧乙烷及烷基取代衍生物受到 OH^-、RO^-等亲核试剂进攻发生 S_N2 反应。环氧乙烷的碱催化水解及醇解历程如下：

$$H_2\overset{O}{C-CH_2} + OH^- \xrightarrow{S_N2} H_2\overset{O^-}{C}-\underset{OH}{CH_2} \xrightarrow{H-OH} H_2\overset{OH}{C}-\underset{OH}{CH_2} + OH^-$$

$$H_2\overset{O}{C-CH_2} + RO^- \xrightarrow{S_N2} H_2\overset{O^-}{C}-\underset{OR}{CH_2} \xrightarrow{H-OR} H_2\overset{OH}{C}-\underset{OR}{CH_2} + RO^-$$

不对称的环氧化合物在碱性条件下开环时，总是连有较少取代基的环碳与氧优先断裂。

$$R-\underset{R}{C}\overset{O}{-}CH_2 \quad \xleftarrow{\text{主要进攻方向}} Nu^- \xrightarrow{\text{主要进攻方向}} \quad H_2C\overset{O}{-}CH-R$$

原因是碱催化开环为典型的 S_N2 机理，连有取代基较少的环碳空间障碍较小，最容易受到亲核试剂的进攻而开环。例如：

$$H_3C\overset{O}{CHC-CH_2} \xrightarrow[CH_3CH_2OH]{CH_3CH_2ONa} CH_3\overset{OH}{CH}-\underset{OCH_2CH_3}{CH_2}$$

$$H_3C-\underset{CH_3}{C}\overset{O}{-}CH_2 \xrightarrow[CH_3OH]{CH_3ONa} CH_3\underset{CH_3}{\overset{OH}{C}}-\underset{OCH_3}{CH_2}$$

$$H_3C\overset{O}{CHC-CH_2} + R'MgX \longrightarrow CH_3\overset{OMgX}{CH}-\underset{R'}{CH_2} \xrightarrow{H_3O^+} CH_3\overset{OH}{CH}-\underset{R'}{CH_2}$$

[问题 11-7]　预测反应的主要产物并写出反应的历程。

$$H_3CHC\overset{O}{\frown}CH_2 + HX \longrightarrow \qquad H_3CHC\overset{O}{\frown}CH_2 + H_2O \xrightarrow{OH^-}$$

[问题 11-8]　试用反应方程式表示如何实现下列转变，无机试剂任选。

$$H_2C{=}CH_2 \longrightarrow CH_3CH_2CH_2CH_2OH$$

11.5.3　环氧化合物的制法

（1）烯烃用过氧酸环氧化

烯烃用过氧酸（RCO_3H）处理可生成环氧化合物。

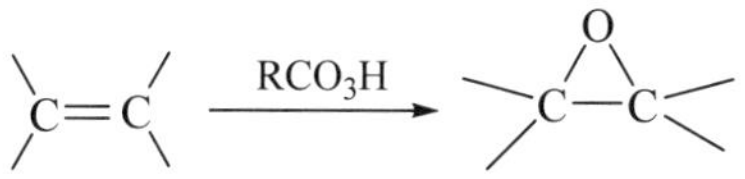

$$>C{=}C< \xrightarrow{RCO_3H} >C\overset{O}{\frown}C<$$

环氧化合物

例如：

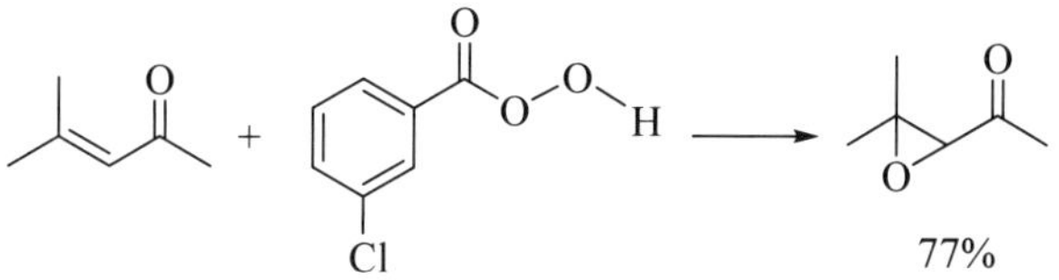

$$(CH_3)_2C{=}CHCOCH_3 + m\text{-}ClC_6H_4CO_3H \longrightarrow (CH_3)_2C\overset{O}{\frown}CHCOCH_3$$

77%

$$C_6H_5CH{=}CH_2 \xrightarrow[CHCl_3]{C_6H_5CO_3H} C_6H_5CH\overset{O}{\frown}CH_2$$

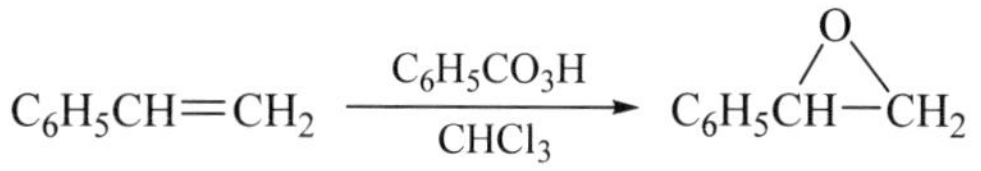

69%~75%

[问题 11-9]　写出下面反应的产物。

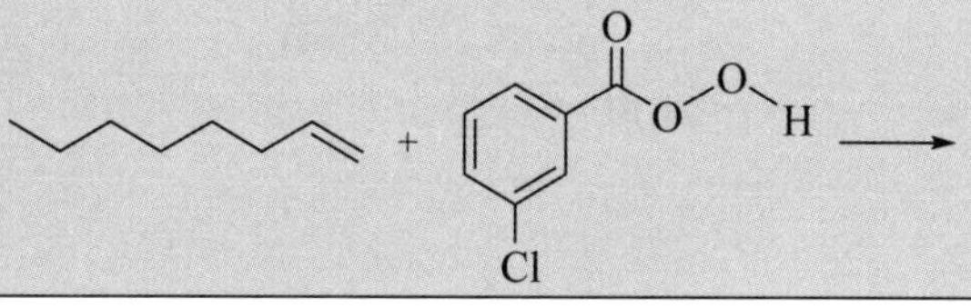

$$CH_3(CH_2)_5CH{=}CH_2 + m\text{-}ClC_6H_4CO_3H \longrightarrow$$

（2）β-卤代醇的分子内 S_N2 反应

在碱性水溶液中，β-卤代醇可以发生分子内 S_N2 反应生成环氧化合物。

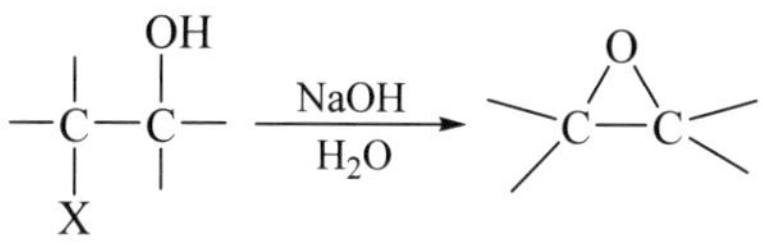

$$-\underset{X}{\overset{|}{C}}-\overset{OH}{\underset{|}{C}}- \xrightarrow[H_2O]{NaOH} >C\overset{O}{\frown}C<$$

β-卤代醇

例如：

$$H_2\underset{Cl}{C}-\overset{OH}{CH_2} \xrightarrow[H_2O]{NaOH} H_2C\overset{O}{\frown}CH_2$$

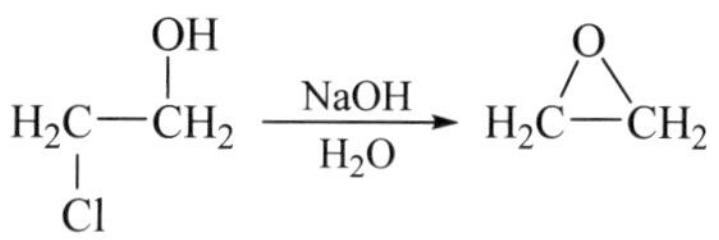

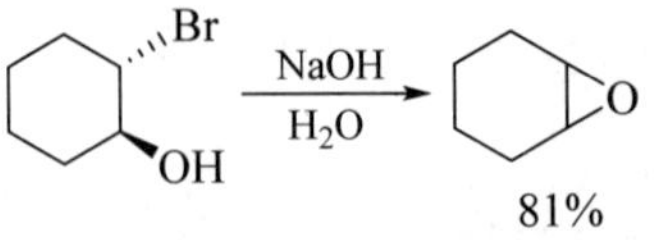

$$\text{(1R,2R)-2-溴环己醇} \xrightarrow[H_2O]{NaOH} \text{环氧环己烷}\ 81\%$$

[问题 11-10]　解释下面现象。

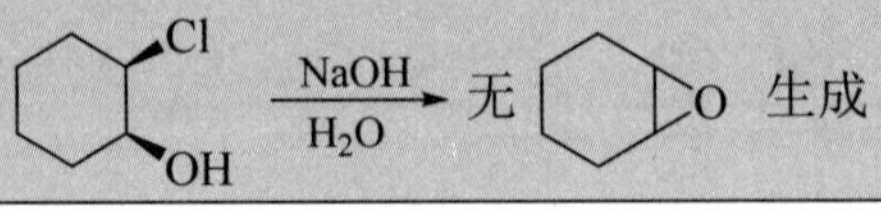

$$\text{顺-2-氯环己醇} \xrightarrow[H_2O]{NaOH} \text{无环氧环己烷生成}$$

11.6　硫醇与硫醚

11.6.1　硫醇

（1）结构与命名

硫与氧是同一主族元素，它的价层电子构型为 $3s^23p^4$，几乎所有种类的含氧有机物都有相应的含硫化合物。

含氧有机物	含硫有机物
R—OH 醇	R—SH 硫醇
Ar—OH 酚	Ar—SH 硫酚
R—O—R' 醚	R—S—R' 硫醚
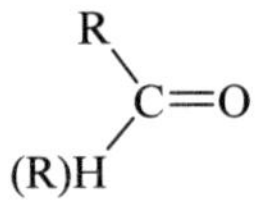 R(R)HC=O 醛(酮)	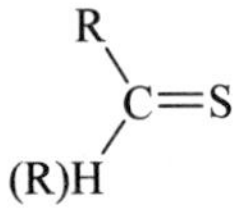 R(R)HC=S 硫醛(酮)
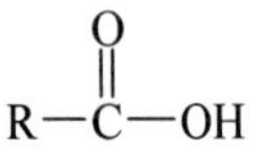 R—C(=O)—OH 羧酸	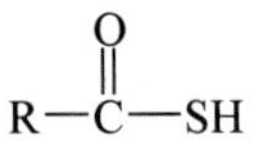 R—C(=O)—SH 硫羟酸
	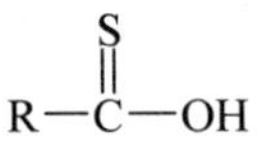 R—C(=S)—OH 硫代羧酸
	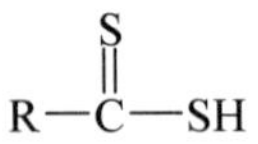 R—C(=S)—SH 二硫代羧酸
R—O—O—R 过氧化物	R—S—S—R 二硫化物

含硫化合物中的单、双键与含氧化合物的单、双键不一样。从硫的单键来看，都是由硫的第三电子层 sp^3 杂化轨道形成的σ键；从硫的双键来看，则与羰基化合物不同，硫醛（酮）都没有相应的醛（酮）稳定，因硫的体积较大，硫的 3p 轨道和碳的 2p 轨道相互重叠很少，所以硫原子利用其孤对电子形成配位键的能力比氧原子大。例如，硫原子可以用一对或两对 sp^3 电子通过配位键形成下列化合物：

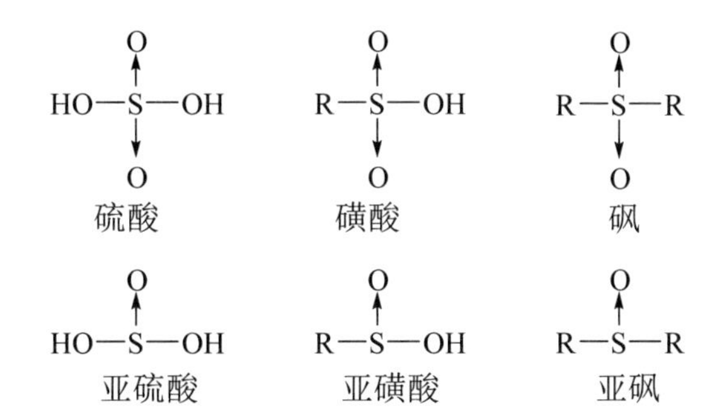

这些化合物中的 S→O 配位键是由硫的一对 sp^3 电子与氧的 2p 轨道形成的σ键。

醇可看作水分子的一个 H 被烃基取代的衍生物，硫醇也可看作 H_2S 分子中的一个 H 被烃基取代的衍生物。

H—O—H	H—O—R	H—S—H	H—S—R
水	醇	硫化氢	硫醇

其中—SH 是硫醇的官能团，称为巯基（音同"求"）或氢硫基。

从硫醇的结构可见，硫醇与醇十分相似，只是醇中的氧原子被硫原子取代，所以硫醇的命名与醇也十分相似，只需用"硫醇"取代"醇"即可。例如：

CH_3OH	甲醇	CH_3SH	甲硫醇
CH_3CH_2OH	乙醇	CH_3CH_2SH	乙硫醇
$H_2C{=}CHCH_2OH$	烯丙醇	$H_2C{=}CHCH_2SH$	烯丙硫醇
C_6H_5—OH	苯酚	C_6H_5—SH	苯硫酚

若分子中含有—SH 和—OH 两种官能团，按官能团的优先次序排列。例如：

$$\underset{\text{SH}}{H_2C}—\underset{\text{SH}}{CH}—\underset{\text{OH}}{CH_2}$$ 2,3-二巯基-1-丙醇

（2）物理性质

由于硫的电负性较氧小，而原子半径较氧原子大，硫醇既不能自身形成氢键，也不会与 H_2O 分子以氢键缔合，因此硫醇的沸点及在水中的溶解度比相应的醇低得多（表 11-1）。

表 11-1　硫醇与醇的物理性质比较

醇	沸点/℃	水溶性	硫醇	沸点/℃	水溶性
CH_3OH	65	∞	CH_3SH	5.8	微溶
CH_3CH_2OH	78.5	∞	CH_3CH_2SH	37	微溶
$CH_3CH_2CH_2OH$	97.5	∞	$CH_3CH_2CH_2SH$	68	难溶

低级硫醇有毒且有极难闻的气味，如当乙硫醇在空气中的浓度达到 0.02ng/L 时，其臭味即可被闻到，比麝香在空气中被嗅到的浓度（6.0ng/L）还要低得多。民用煤气往往加入微量乙硫醇，以防管道及用气设备漏气而使用者毫无觉察。硫醇的臭味随分子量的增大而减弱，9 个碳原子以上的硫醇已没有不愉快的气味。

（3）化学性质

硫醇的化学性质主要决定于其官能团巯基的反应。

① 酸性

硫醇的酸性比相应醇的酸性强。这是由于硫醇的价电子在第三层，S—H 键的键长（0.113nm）比 O—H 键（0.096nm）长，键能小，可极化度大。因此巯基中的氢较易离去而显示酸性，例如乙醇的 pK_a是 18，而乙硫醇的 pK_a是 9.5。硫醇可溶于稀的氢氧化钠水溶液中生成较稳定的硫醇钠，又称硫醇盐。

$$RSH + NaOH \rightleftharpoons RSNa + H_2O$$

硫醇还可以与重金属如 Hg、Pb、Cu、Ag 等生成不溶于水的硫醇盐。例如：

$$2RSH + (CH_3COO)_2Hg \longrightarrow \underset{\text{白色}}{(RS)_2Hg\downarrow} + 2CH_3COOH$$

$$2RSH + HgO \longrightarrow (RS)_2Hg\downarrow + H_2O$$

$$2RSH + (CH_3COO)_2Pb \longrightarrow \underset{\text{黄色}}{(RS)_2Pb\downarrow} + 2CH_3COOH$$

由于生成的沉淀$(RS)_2Hg$为白色，$(RS)_2Pb$为黄色，所以使用醋酸汞或醋酸铅可鉴别硫醇。

硫醇能与汞或其他重金属生成不溶性盐，这也是重金属中毒的原因。因为生命体中多种酶具有半胱氨酸，半胱氨酸中的巯基则是使这种酶具有生理活性的基团之一，变成重金属盐后，会使这个酶失去活性，导致产生汞或铅中毒的症状。临床常用的一种重金属化合物中毒的解毒剂也含有—SH。例如 2,3-二巯基-1-丙醇，医药上称为巴尔（BAL），它可以夺取与体内酶结合的重金属而形成稳定的配合物，从尿中排出而使酶的活性重新恢复，起到解毒作用。

$$2\,\underset{\substack{|\\ SH}}{H_2C}-\underset{\substack{|\\ SH}}{CH}-\underset{\substack{|\\ OH}}{CH_2} + Hg^{2+} \longrightarrow$$

```
H2C—CH—CH2—OH
 |   |
 S   S
  \ /
   Hg
  / \
 S   S
 |   |
HO—CH2—CH—CH2
```

[问题 11-11] 为了及时抢救汞、砷中毒的病人，在找不到巴尔的情况下喝大量牛乳和蛋清可以起到解毒的作用，为什么？

[问题 11-12] 试用化学方法区分乙醇和乙硫醇。

② 氧化

由于 S—H 键的键能（343kJ/mol）比 O—H 键的键能（463kJ/mol）低，所以硫醇比醇易氧化。其氧化方式与醇不同，硫醇的氧化反应发生在硫原子上，在缓和条件下如 I_2、稀 H_2O_2，甚至在空气中氧的作用下，硫醇生成二硫化物，而二硫化物又可以还原为硫醇。酶、硫辛酸（一种辅酶）的生物活性就与此反应有关。

$$RSH \underset{[H]}{\overset{[O]}{\rightleftharpoons}} R—S—S—R$$

例如：

$$2RSH + \frac{1}{2}O_2 \longrightarrow R—S—S—R + H_2O$$

此反应的机理是硫醇与氧先作用，生成烷硫基自由基，然后两个烷硫基自由基再结合生成二硫化物。

$$RSH + O{-}O \longrightarrow RS\cdot + HOO\cdot$$

$$HOO\cdot + RSH \longrightarrow RS\cdot + HOOH$$

$$RS\cdot + RS\cdot \longrightarrow RSSR$$

这是硫醇的特殊反应，醇不能发生这种反应，这是因为 S—H 键的键能比 O—H 键低得多，而且生成的二硫化物（RSSR）不同于过氧化物（ROOR），RSSR 是一个稳定的化合物。下面以半胱氨酸的氧化、硫辛酸的还原来表示硫醇与二硫化物的关系。

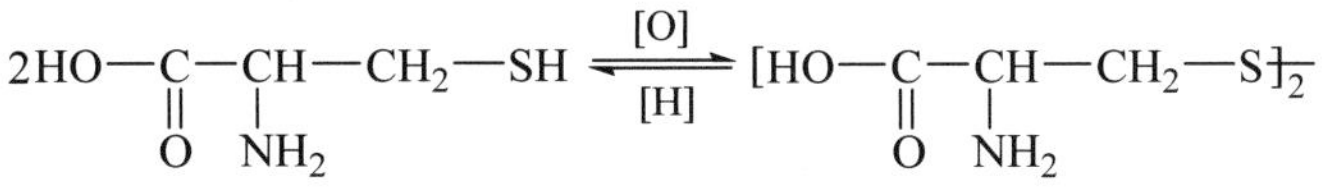

$$2HO{-}\underset{\underset{O}{\|}}{C}{-}\underset{\underset{NH_2}{|}}{CH}{-}CH_2{-}SH \underset{[H]}{\overset{[O]}{\rightleftharpoons}} [HO{-}\underset{\underset{O}{\|}}{C}{-}\underset{\underset{NH_2}{|}}{CH}{-}CH_2{-}S]_2$$

半胱氨酸

硫辛酸 $\underset{[O]}{\overset{[H]}{\rightleftharpoons}}$ 二氢硫辛酸（SH, SH, COOH）

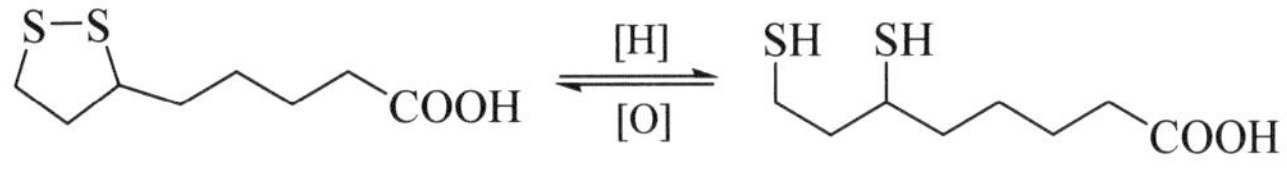

硫辛酸

上述氧化还原反应表明硫辛酸是一种弱氧化剂，事实上硫辛酸是一种辅酶，一种生物氧化作用中的氧化剂。在植物的叶绿体中含有一分子的硫辛酸，每个硫辛酸与上千个叶绿素分子一起，在光合作用中起着能量转移的作用。

在强烈氧化条件下，如浓硝酸或酸性 $KMnO_4$ 作氧化剂，硫醇则被氧化成磺酸。例如：

$$RSH \xrightarrow{HNO_3} RSO_3H$$

$$CH_3CH_2SH \xrightarrow[H^+]{KMnO_4} CH_3CH_2SO_3H$$

乙磺酸

11.6.2 硫醚

(1) 结构与命名

硫醚可视为硫化氢分子中的两个氢原子被烃基取代的衍生物，结构上与醚相似。

$\ddot{O}$: H / H	$\ddot{O}$: R / R	$\ddot{S}$: H / H	$\ddot{S}$: R / R
水	醚	硫化氢	硫醚

(官能团 —O—)　　(官能团 —S—)

硫醚的命名与醚相似，只要用“硫醚”代替“醚”即可。例如：

$CH_3CH_2{-}S{-}CH_2CH_3$　乙硫醚

$H_3C{-}S{-}CH(CH_3)_2$　甲基异丙基硫醚

二硫化物根据 S 所连的烃基命名为“二某烃基二硫”。例如：

$CH_3{-}S{-}S{-}CH_3$　二甲基二硫

(2) 物理性质与化学性质

如表 11-2 所示，由于硫醚的分子量较相应的醚大，所以硫醚的沸点比相应的醚高；由于硫的电负性较小，所以硫醚不能与水分子形成氢键而溶于水。

表 11-2 硫醚与醚物理性质的比较

醚	沸点/℃	水溶性	硫醚	沸点/℃	水溶性
$H_3C—O—CH_3$	−23.6	溶	$H_3C—S—CH_3$	37.5	不溶
$CH_3CH_2—O—CH_2CH_3$	34.5	溶	$CH_3CH_2—S—CH_2CH_3$	92	不溶

硫醚的化学性质不活泼，其化学反应是由于硫原子上存在孤对电子并能形成高价化合物所致，其中最重要的是氧化反应。如硫醚在等量的 H_2O_2 作用下被氧化为亚砜，若用过量的 H_2O_2 并且在稍高温度下进行反应，则亚砜进一步被氧化成砜。例如：

$$H_3C—S—CH_3 \xrightarrow[CH_3COOH]{30\%H_2O_2} H_3C—\overset{O}{\overset{\uparrow}{S}}—CH_3 \xrightarrow[CH_3COOH]{30\%H_2O_2} H_3C—\underset{O}{\underset{\downarrow}{\overset{O}{\overset{\uparrow}{S}}}}—CH_3$$

如使用 N_2O_4、$NaIO_4$ 及间氯过氧苯甲酸等作氧化剂，可防止过氧化反应，控制在生成亚砜的阶段。例如：

$$CH_3CH_2SCH_2CH_3 \xrightarrow[0℃]{N_2O_4,\ CHCl_3} CH_3CH_2—\overset{O}{\overset{\uparrow}{S}}—CH_2CH_3 \quad (98\%)$$

二甲亚砜是无色液体，沸点为 189℃，溶于水，是非质子极性有机物的溶剂，也是有机合成的一种重要试剂。

阅读材料

大蒜、洋葱、葱等是人们喜欢的日常饮食调味品。大蒜、洋葱等用热油煎制过程中能散发出香味。然而这些香味中都含有硫元素，这和大家对含硫化合物的一般印象截然相反。低分子量的硫醇、硫醚都有超难闻的臭味。例如臭鼬在受到惊吓时，为了防御而放出奇臭难闻的气味，该臭味中的主要成分是 3-甲基-1-丁硫醇、反-2-丁烯-1-硫醇、反-2-丁烯基甲基二硫醚。

$$CH_3CH(CH_3)CH_2CH_2SH$$

3-甲基-1-丁硫醇

$$\overset{H}{\underset{H_3C}{}}C=C\overset{CH_2SH}{\underset{H}{}}$$

反-2-丁烯-1-硫醇

$$\overset{H}{\underset{H_3C}{}}C=C\overset{CH_2SSCH_3}{\underset{H}{}}$$

反-2-丁烯基甲基二硫醚

乙硫醇在空气中的浓度达到 0.02×10^{-6}mg/L 时，其臭味即可被闻到，正是利用人们对其臭味的敏感性，通常把乙硫醇加入民用煤气中，以便煤气泄漏时能及时被发现。然而，不可思议的是，如果被高度稀释，含硫化合物反而会散发出令人愉快的香味。例如绿茶的“新茶香”的主要成分是二甲硫醚，二甲硫醚是在制茶过程中由茶叶中的甲基蛋氨酸硫盐受热分解而成。再比如大蒜，如前所述，大蒜被切开时会散发出辣眼的气味，这些气味组成都含有硫醚、亚砜、二硫化合物等。未加工的大蒜中原本没有蒜素，在切、压榨过程中大蒜的蒜氨酸酶使蒜中的含硫氨基酸[*S*-(1-烯丙基)-L-半胱氨酸亚砜]转化成次磺酸，然后脱水生成蒜素，过程如下：

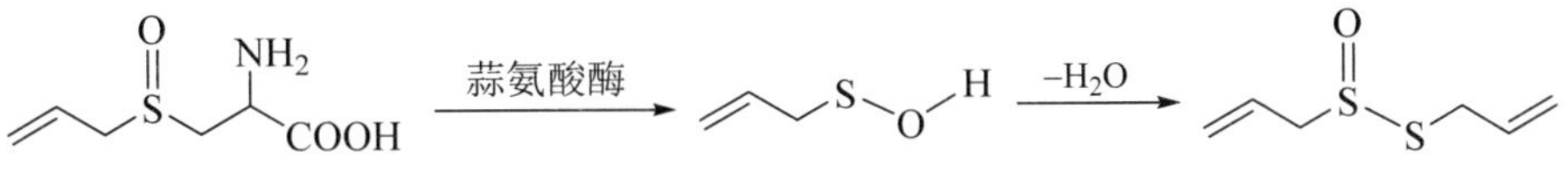

$$CH_2=CHCH_2-S(=O)-CH_2CH(NH_2)COOH \xrightarrow{\text{蒜氨酸酶}} CH_2=CHCH_2-S-O-H \xrightarrow{-H_2O} CH_2=CHCH_2-S(=O)-S-CH_2CH=CH_2$$

S-(1-烯丙基)-L-半胱氨酸亚砜　　次磺酸　　蒜素（香料）

蒜素分解生成多种二硫化合物。蒜素是非常好的抗菌剂。民间都有蒜能杀菌的说法，起作用的主要是蒜素，大蒜制剂曾经被用来治疗斑疹伤寒症、霍乱、痢疾、肺结核等疾病。蒜素片的主要原料是蒜素，具有抗菌活性及胃肠道保健作用；可以降血压、降低血脂、预防动脉硬化，是典型的血管清道夫；还可以抑瘤抗癌，能有效抑制胃癌、肺癌、口腔癌等。

本章小结

1. 醚根据烃基是否相同分为单醚、混醚；根据烃基结构分为脂肪醚、芳香醚、环醚；根据醚键个数分为一元醚、多元醚。

2. 醚键（C—O—C）是醚的官能团。醚分子的结构与醇和卤代烃相似，醚在强无机酸作用下生成鎓盐，在空气中与氧作用生成醚过氧化物。浓 HI 于常温下，可使醚键断裂，生成碘代烷和醇。产物与醚的烃基大小、结构有关，有一定的规律。

3. Williamson 制醚法是合成醚的重要方法，可以合成混醚，卤代烃尽量用 1° RX；低温、低级醇分子间脱水可合成单醚。

4. 环氧化合物是一类性质活泼的环醚，能与 H_2O、ROH、HX、NH_3、RMgX 等反应。一般可被酸、碱催化。其中环氧乙烷与格氏试剂 RMgX 反应，然后水解，是增长碳链和制备伯醇的方法之一。

5. 环氧化合物可通过烯烃用过氧酸环氧化合成；也可由β-卤代醇通过分子内 S_N2 反应得到。

6. 有机含硫化合物——硫醇、硫醚和二硫化物与有机含氧化合物——醇、醚和过氧化物构造形式上相似，但性质并非完全相同。

7. 硫醇的主要化学反应是具有酸性和可被氧化成二硫化物。

8. 硫醚可被氧化成砜和亚砜。

习　题

11-1　命名下列化合物。

（1）$(CH_3)_3C-O-CH_3$　　（2）$CH_3CH_2-O-CH=CH_2$

（3）（环氧化物结构式）　　（4）（四氢呋喃结构式）

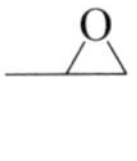

（5）$C_6H_5OCH_2CH_3$（苯环上连 OCH_2CH_3）　　（6）苯环上连 OH 和间位 OCH_3

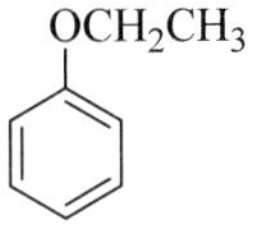

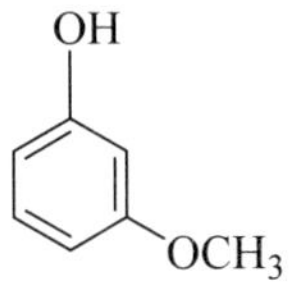

（7）$H_3C-S-CH_3$　　（8）$H_2C=CHCH_2-S-S-CH_2-CH=CH_2$

（9）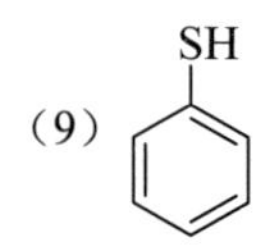

11-2 用化学方法区分下列化合物。

（1）苯甲醚、甲苯、苯酚、1-苯基乙醇

（2）乙醇、乙酸、乙硫醇

11-3 比较正丁醇、仲丁醇、2-甲基丙醇、1-氯丙烷、乙醚的沸点高低。

11-4 比较下列化合物在水中的溶解度大小。

（1）$HOCH_2CH_2CH_2OH$ （2）$CH_3CH_2CH_2CH_2OH$ （3）$C_2H_5OC_2H_5$ （4）$CH_3CH_2CH_2CH_3$

11-5 试给出下列化合物的酸性大小顺序。

（1）环己硫醇（C₆H₁₁—SH）、苯硫酚（C₆H₅—SH）、环己醇（C₆H₁₁—OH）

（2）C_2H_5SH、$ClCH_2CH_2SH$、$HSCH_2CH_2SH$

11-6 写出下列反应式的主要产物。

（1）$CH_3CH_2OCH_2CH_2CH_3 \xrightarrow{\text{过量浓HI}}$ （2）$CH_3OCH(CH_3)_2 \xrightarrow{\text{浓HI(1mol)}}$

（3）$(CH_3)_3C—O—CH_3 \xrightarrow[\triangle]{H_2SO_4}$ （4）$CH_3CH—CHC_6H_5$（环氧，O桥连） $+ C_6H_5OH \xrightarrow{H^+}$

（5）对甲基苯乙醚（OCH_2CH_3，CH_3 对位） $\xrightarrow{HNO_3,\ H_2SO_4}$ （6）对甲氧基苯酚（OH，OCH_3 对位） $\xrightarrow{HNO_3,\ H_2SO_4}$

（7）2,2-二甲基环氧乙烷 $\xrightarrow[(2)H^+,\ H_2O]{(1)(CH_3)_2CHMgCl}$

11-7 THF 是一种有用的溶剂，通常用它在盐酸作用下开环制备 1,4-二氯丁烷。

（1）写出开环反应机理。

（2）为什么在碱性介质中不能开环?

11-8 芥子气实际并非一种气体，而是一种高沸点液体，其名称来源于其气味像芥子。在第一次世界大战中曾被广泛用来作为毒剂，其结构为$(ClCH_2CH_2)_2S$，可以用环氧乙烷为原料合成。

（1）写出有关的合成步骤。

（2）可用漂白粉使芥子气氧化解毒，试写出作用的反应方程式。

11-9 写出 1,2-环氧丙烷与下列试剂作用的产物。

（1）H_2O/H^+ （2）CH_3OH/H^+

（3）CH_3OH/CH_3ONa （4）CH_3MgBr，然后水解

（5）NH_3 （6）$PhOH/H^+$

11-10 写出实现下列转变的各步反应方程式。

（1）$HC\equiv CH \longrightarrow CH_3(CH_2)_4CH_2OH$

（2）$H_2C=C(CH_3)_2 \longrightarrow (CH_3)_3C—O—CH_2CH(CH_3)_2$

（3）$H_2C=CH_2 \longrightarrow CH_3CH_2CH_2CHO$

（4）$H_2C=C(CH_3)_2$，$H_2C=CH_2 \longrightarrow (CH_3)_3C—O—CH_2CH_3$

（5）

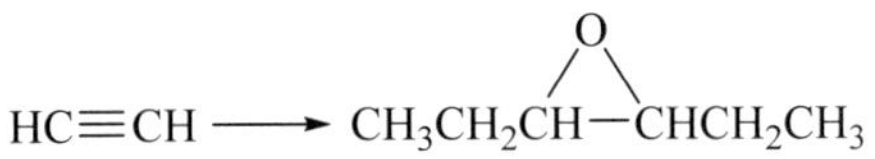

$$HC\equiv CH \longrightarrow CH_3CH_2CH\overset{O}{\diagup\diagdown}CHCH_2CH_3$$

11-11　选择适当的原料合成下列化合物。

（1）$CH_3CH_2\underset{\displaystyle CH_3}{\underset{|}{C}}HOCH_2CH_2CH_3$　　（2）二环己基醚

11-12　有两种液态化合物分子式都是 $C_4H_{10}O$，其中之一在 100℃时不与 PCl_3 作用，但能与浓 HI 作用生成一种碘代烷。另一种化合物与 PCl_3 共热时生成 2-氯丁烷。写出两种化合物的构造式。

11-13　回答下列问题。

（1）为什么在 HX 酸中 HI 最能有效使醚键断裂?

（2）说明下面反应结果。

$$(CH_3)_3COCH_3 \xrightarrow[\text{(I)}]{\text{无水HI,乙醚}} CH_3I + (CH_3)_3COH$$

$$(CH_3)_3COCH_3 \xrightarrow[\text{(II)}]{\text{HI水溶液}} CH_3OH + (CH_3)_3CI$$

11-14　提出反应历程，解释 $H_2C\overset{O}{\diagup\diagdown}C(CH_3)_2$ 与 CH_3OH 在 H^+和 CH_3O^-催化时生成不同的异构体。

第 12 章　醛、酮和醌

醛（aldehyde）、酮（ketone）和醌（quinone）都是含有羰基的有机化合物。分子中氧原子与碳原子以双键相连，它们都是基本的含氧有机化合物，因此，归为同一章进行讨论。

12.1　醛、酮的分类、命名与异构

12.1.1　醛、酮的分类

在醛和酮分子中，氧和碳以双键结合形成一个特殊的官能团——羰基。羰基是醛和酮的官能团，所以醛和酮又称羰基化合物。

醛和酮的主要区别是与羰基相连的基团不同，醛至少有一个氢原子与羰基相连，而酮中与羰基相连的是两个烃基。

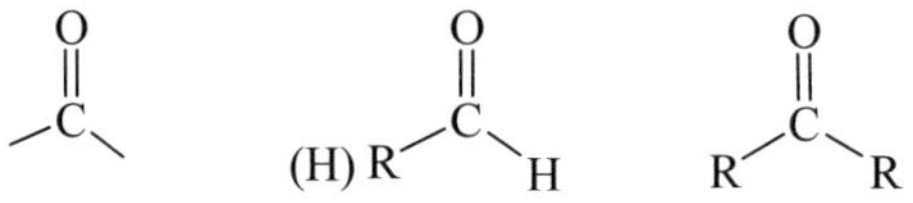

$$\underset{\text{羰基}}{>C=O} \qquad \underset{\text{醛}}{(H)R-\overset{O}{\overset{\|}{C}}-H} \qquad \underset{\text{酮}}{R-\overset{O}{\overset{\|}{C}}-R}$$

根据烃基的结构不同，醛、酮可分为饱和醛、酮与不饱和醛、酮，脂肪族醛、酮和芳香族醛、酮；根据官能团的数目可分为一元醛、酮和二元醛、酮。

脂肪族醛、酮，例如：

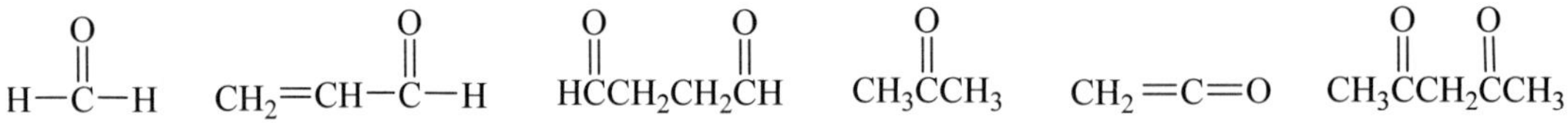

$$\underset{\text{甲醛}}{H-\overset{O}{\overset{\|}{C}}-H} \quad \underset{\text{丙烯醛}}{CH_2=CH-\overset{O}{\overset{\|}{C}}-H} \quad \underset{\text{丁二醛}}{H\overset{O}{\overset{\|}{C}}CH_2CH_2\overset{O}{\overset{\|}{C}}H} \quad \underset{\text{丙酮}}{CH_3\overset{O}{\overset{\|}{C}}CH_3} \quad \underset{\text{乙烯酮}}{CH_2=C=O} \quad \underset{\text{2,4-戊二酮}}{CH_3\overset{O}{\overset{\|}{C}}CH_2\overset{O}{\overset{\|}{C}}CH_3}$$

脂环族醛、酮和芳香族醛、酮，例如：

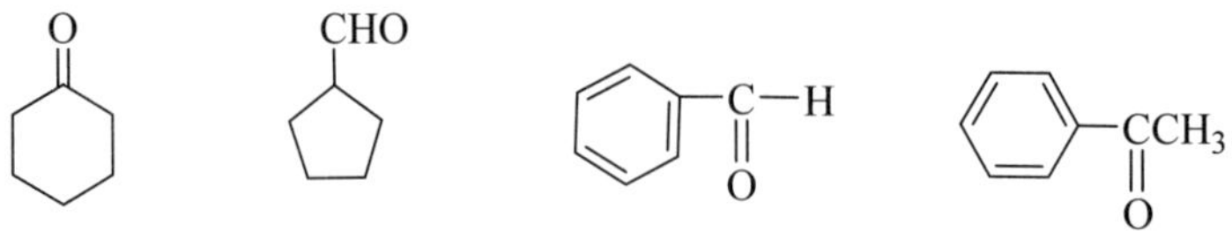

环己酮　　环戊基甲醛　　苯甲醛（C_6H_5-CHO）　　苯乙酮（$C_6H_5-COCH_3$）

12.1.2　醛、酮的命名

（1）系统命名法

脂肪族醛、酮的系统命名与醇相似，首先选择包括羰基的最长碳链作主链，然后将主链碳原子编号以确定取代基的位置。醛的羰基碳原子编号必须为 1，某些简单的醛名称如下：

$HCHO$　CH_3CHO　CH_3CH_2CHO　$(CH_3)_2CHCH_2CH_2CH_2CHO$

甲醛　乙醛　丙醛　5-甲基己醛

酮的命名必须从靠近羰基的一端开始编号，若羰基位次已确定无疑，可不指出位次。某些简单的酮名称如下：

CH_3COCH_3　$CH_3COCH_2CH_3$　$CH_3COCH_2CH_2CH_3$　$CH_3COCH{=}CH_2$

丙酮（不叫 2-丙酮）丁酮（不叫 2-丁酮）　2-戊酮　3-丁烯-2-酮

环酮的命名，羰基的位次必须为 1，再按环上取代基位次最小的原则依次编号，若羰基不包含在环内，则环作为取代基处理。例如：

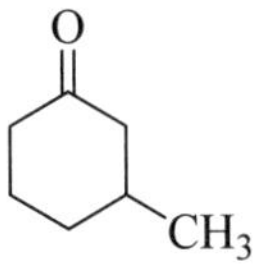

3-甲基环己酮（不叫 5-甲基环己酮） 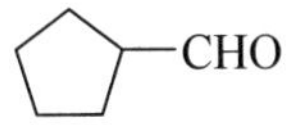　环戊基甲醛

芳香族醛、酮命名时一般将芳烃看作取代基，例如：

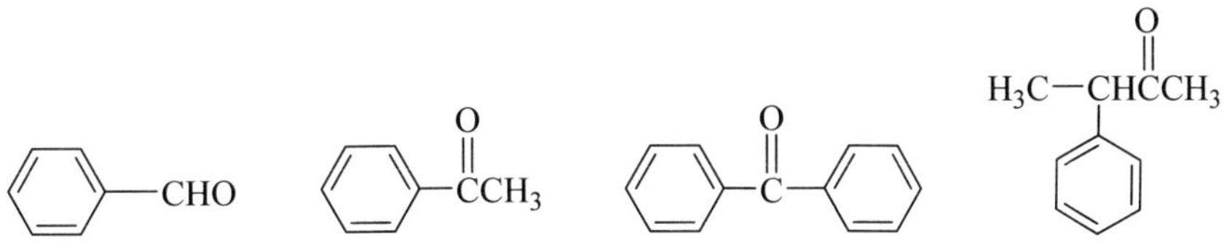

苯甲醛　苯乙酮　二苯甲酮　3-苯基-2-丁酮

（2）习惯命名法

有些醛、酮根据其来源不同常用习惯命名法命名。例如：

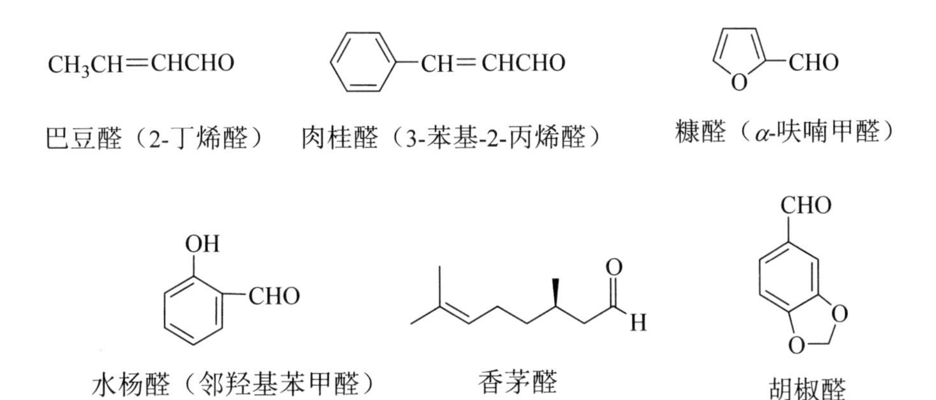

巴豆醛（2-丁烯醛）　肉桂醛（3-苯基-2-丙烯醛）　糠醛（α-呋喃甲醛）

水杨醛（邻羟基苯甲醛）　香茅醛　胡椒醛

12.1.3　醛、酮的异构

由于醛的羰基总是处于链端，所以不存在官能团羰基的位置异构，只有碳链不同引起的构造异构，而酮的异构起因于羰基的位置不同和碳链结构的不同两个因素。例如分子式为 $C_5H_{10}O$ 的羰基化合物有以下六种构造异构体：

$CH_3CH_2CH_2CH_2CHO$　　$CH_3CH_2CH(CH_3)CHO$　　$CH_3CH(CH_3)CH_2CHO$

正戊醛　　2-甲基丁醛　　3-甲基丁醛

$CH_3COCH_2CH_2CH_3$　　$CH_3CH_2COCH_2CH_3$　　$CH_3CH(CH_3)COCH_3$

2-戊酮　　3-戊酮　　3-甲基-2-丁酮

碳原子数相同的醛和酮互为异构体。

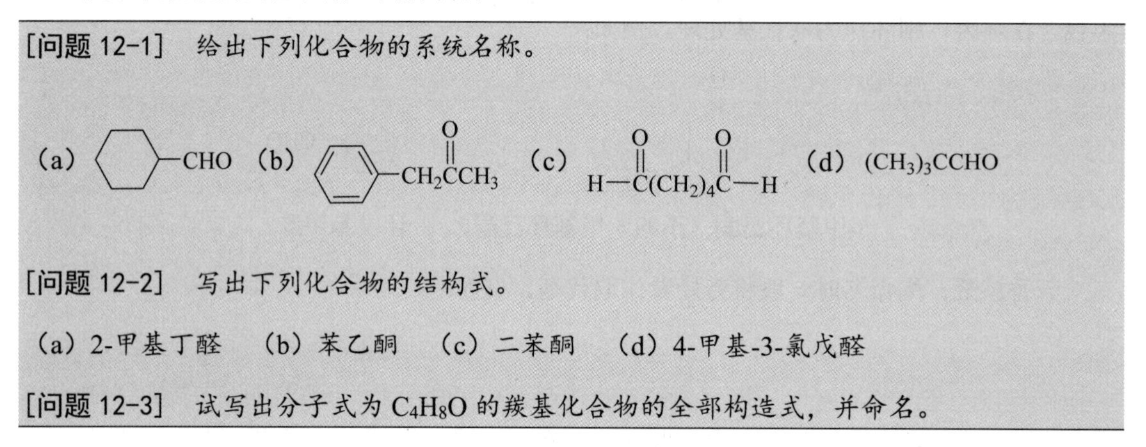

[问题 12-1]　给出下列化合物的系统名称。

(a) 环己基-CHO　(b) $C_6H_5CH_2COCH_3$　(c) $H-CO(CH_2)_4CO-H$　(d) $(CH_3)_3CCHO$

[问题 12-2]　写出下列化合物的结构式。

(a) 2-甲基丁醛　(b) 苯乙酮　(c) 二苯酮　(d) 4-甲基-3-氯戊醛

[问题 12-3]　试写出分子式为 C_4H_8O 的羰基化合物的全部构造式，并命名。

12.2　醛、酮的物理性质

常温下除甲醛是气体外，简单的醛、酮都是液体，高级的醛、酮为固体。一般低级醛、酮带有刺激性气味，而某些高级的醛、酮则带有香味，是香料的组成部分。例如肉桂醛有肉桂的香味，薄荷酮有薄荷的香气，而麝香酮则带有麝香的香气。

由于碳氧双键高度极化，所以醛、酮是极性分子。醛和酮的沸点比分子量相近、形状相似的烯烃高，但是醛和酮分子自身不能形成氢键，所以它们的沸点比相应的醇低得多。

	$CH_3CH=CH_2$	$CH_3CH=O$	CH_3CH_2OH
沸点/℃	–47.4	20.8	78.3
μ / D	0.4	2.7	1.7

	$(CH_3)_2C=CH_2$	$(CH_3)_2C=O$	$(CH_3)_2CHOH$
沸点/℃	–6.9	56	82.3
μ / D	0.5	2.7	1.6

某些醛和酮的物理性质示于表 12-1。

表 12-1　某些醛和酮的物理性质

化合物	分子量	沸点/℃	熔点/℃	密度/(g/mL)	溶解度/(g/100g 水)
甲醛	30.03	−19.5	−92	0.815	122
乙醛	44.05	20.82	−123.5	0.8053	∞
丙醛	80.08	48～49	−81	0.8071	30.6
正丁醛	72.11	74.8	−96.4	0.8016	7.1
正戊醛	86.13	102～103	−92	0.8095	1.35
苯甲醛	106.12	178.9	−26	1.044	0.3
苯乙醛	120.15	195	33～34	1.027	微溶
丙酮	58.08	56.24	−95.35	0.7908	∞
丁酮	72.11	79.6	−86.7	0.8049	24.0
2-戊酮	86.13	101.7	−77.8	0.8095	难溶
3-戊酮	86.13	102.0	−39.0	0.8143	3.4
环己酮	98.15	155.6	−32.1	0.9478	
苯乙酮	120.15	202.08	19.62	1.0238	0.55

低级的醛、酮因羰基氧能与水形成氢键而可溶于水。丙酮和丁酮不仅能溶于水，而且能溶解许多有机化合物，它们是良好的溶剂。它们的沸点很低，易与其他挥发性较差的化合物分离，丙酮的介电常数为 20.7，是一个极性溶剂。

$$(H_3C)_2C{=}\ddot{O}\cdots H{-}OH \;\; \cdots H{-}OH$$

核磁共振是鉴定醛的主要方法。醛分子中连接在羰基上的氢原子，在低场发生共振吸收，通常在δ=9～12 附近出现特征峰，而其他质子几乎在此无吸收。这是由于羰基电子环流产生感应磁场以及氧原子的–I 效应对氢原子有去屏蔽效应（见图 12-1）。因此，只要谱图中出现δ=9～12 的强峰，就表明醛基官能团的存在。3-甲基-2-丁酮、苯乙醛的 ^{1}H NMR 谱如图 12-2 和图 12-3 所示。在核磁碳谱中，羰基上碳的吸收一般在δ=200 左右，如图 12-4 苯乙醛的核磁共振碳谱。

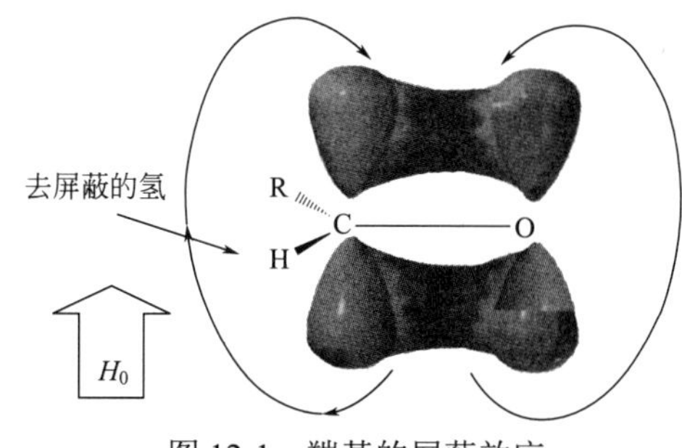

图 12-1　羰基的屏蔽效应

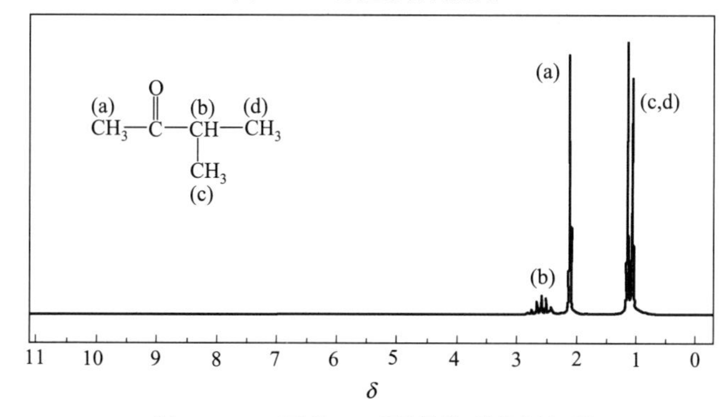

图 12-2　3-甲基-2-丁酮的核磁共振氢谱

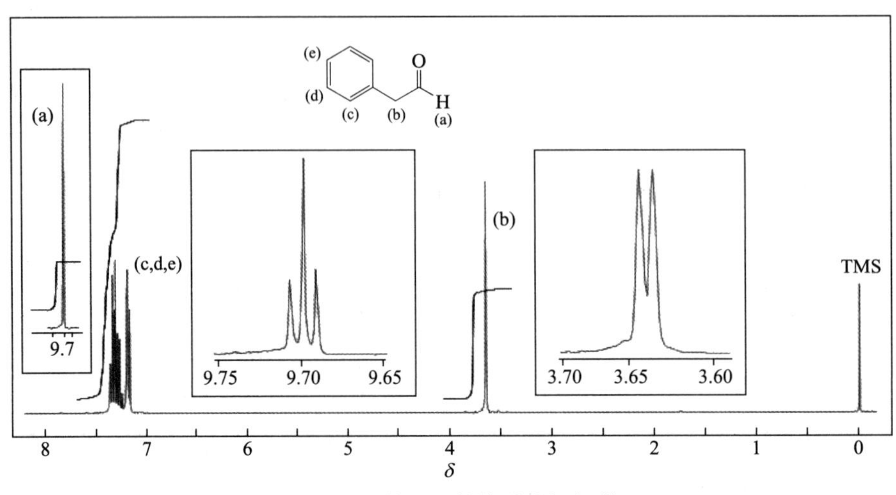

图 12-3 苯乙醛的核磁共振氢谱

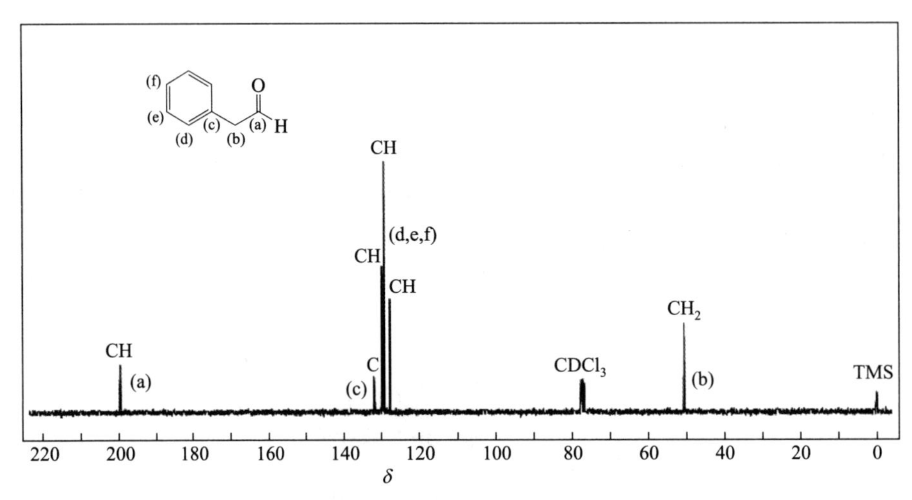

图 12-4 苯乙醛的核磁共振碳谱

醛、酮在红外光谱中的主要吸收谱带是羰基的伸缩振动，由于羰基是极性基团，它的伸缩振动导致偶极矩有很大变化，使羰基的伸缩振动有很强的吸收谱带，它出现在 1700cm^{-1} 左右，在这一区域很少有其他基团的吸收谱带，因此红外光谱是确定化合物分子中存在羰基的可靠的方法（图 12-5）。醛基（—CHO）在 2720cm^{-1} 附近有一特征的 C—H 伸缩振动谱带，它与羰基的谱带一样，是确定醛的有力证据。在不同的醛、酮化合物中，羰基的吸收谱带略有位移，如果羰基与其他碳碳双键组成共轭体系，羰基的吸收谱带移向长波方向（表 12-2）。

表 12-2 各种醛、酮的红外吸收

化合物	波数/cm^{-1}	强度	键，振动
饱和醛	1740～1720	s	C═O 伸缩
饱和酮	1725～1705	s	C═O 伸缩
α,β-不饱和醛	1705～1680	s	C═O 伸缩
α,β-不饱和酮	1685～1665	s	C═O 伸缩
—CHO	2720	m	C—H 伸缩

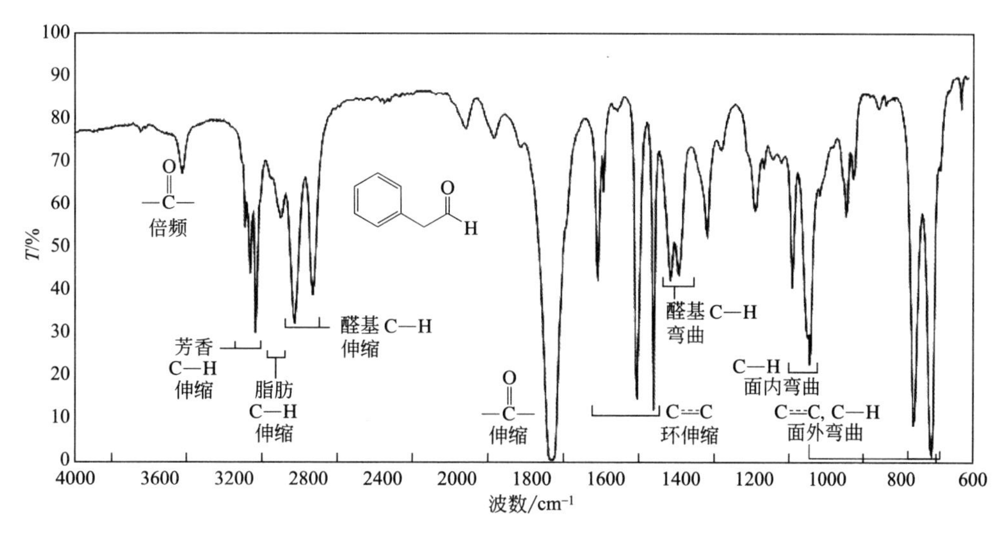

图 12-5　苯乙醛的红外光谱图

12.3　醛、酮的化学性质

醛、酮的羰基碳原子为 sp^2 杂化，键角接近 120°。与烯烃的碳碳双键相似，碳氧双键也由一个σ键和一个π键组成，但是构成元素不同，碳碳双键的π电子云于两原子之间呈对称分布，而碳氧双键因氧的电负性较大，π电子云于两原子之间分布偏向于氧（图 12-6）。

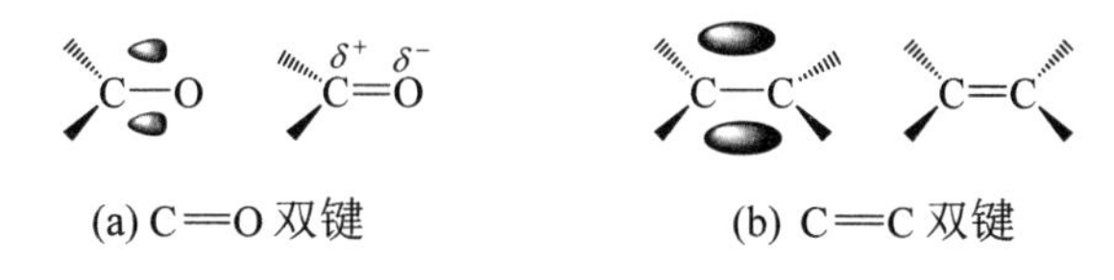

图 12-6　C═O 双键与碳碳双键结构的对比

在醛、酮分子中，羰基与烃基的相互影响和烯烃分子中 C═C 双键与烃基的相互影响也是相似的，都存在超共轭效应（图 12-7）。

由于醛和酮分子都含有羰基，因此它们具有许多共同的化学性质。但是，醛的羰基与氢原子相连，而酮没有，这就决定了它们的化学性质不完全相同。事实上，某些化学反应为醛所独有。

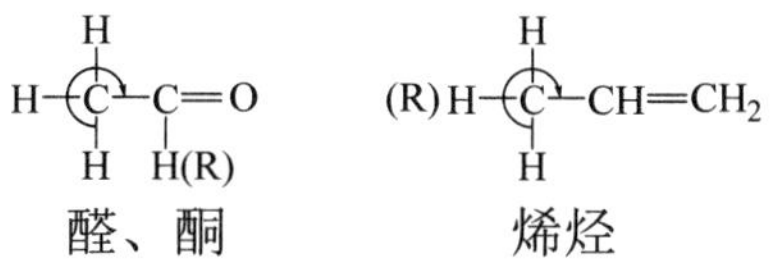

H—C(H)(H)—C(H(R))═O　　(R)H—C(H)(H)—CH═CH_2

醛、酮　　烯烃

图 12-7　C═C 双键与 C═O 双键的超共轭效应

12.3.1　羰基的加成反应——亲核加成

12.3.1.1　加成反应

C═O 双键与 C═C 双键相似，在一定条件下，较弱的π键打开与试剂发生加成反应。因为羰基定向极化 $\gt\overset{\delta^+}{C}=\overset{\delta^-}{O}$，所以试剂中带部分负电荷的原子或基团加到羰基的碳原子上，而带部分正电荷的原子与羰基的氧原子结合。

$$\gt\overset{\delta^+}{C}=\overset{\delta^-}{O} + \overset{\delta^+}{H}-\overset{\delta^-}{CN}$$

H	CN	氢氰酸
H	OSO_2Na	亚硫酸氢钠
H	OR	醇
H	NHB	氨或氨的衍生物（B为—H、—OH、—NH_2等）
MgX	R	格氏试剂
H	OH	水

下面分别详细讨论这些试剂与羰基（C═O）的加成反应。

（1）与 HCN 加成

醛、酮与 HCN 加成生成 α-羟基腈，此反应必须用碱作催化剂。

HCN与醛、酮的反应

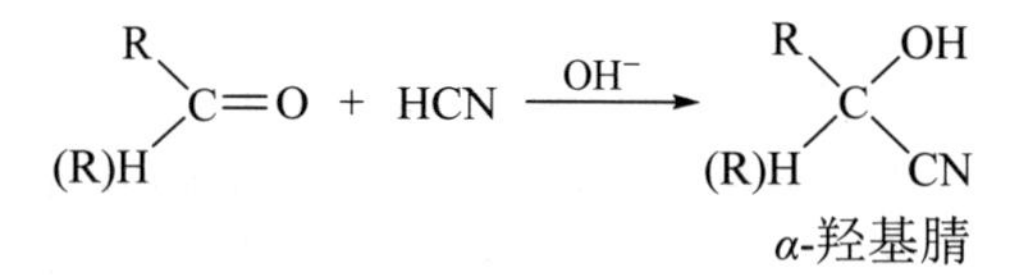

α-羟基腈

将α-羟基腈在酸性条件下水解得到α-羟基酸。

$$\text{R(R)HC(OH)CN} \xrightarrow{H_3O^+} \text{(R)H—C(R)(OH)—COOH}$$

α-羟基酸

α-羟基酸的碳原子数目比原来的醛或酮多一个，这是有机合成上增长碳链的方法之一。例如，利用丙酮与 HCN 的加成反应，可以合成重要的工程塑料和有机玻璃的原料——甲基丙烯酸甲酯，再经聚合得到聚合物。

$$(H_3C)_2C=O + HCN \xrightarrow{OH^-} (H_3C)_2C(OH)CN \xrightarrow{H_2SO_4,\ CH_3OH} H_2C=C(CH_3)-COOCH_3$$

甲基丙烯酸甲酯

$$nH_2C=C(CH_3)-COOCH_3 \xrightarrow{\text{聚合}} \left[CH_2-C(CH_3)(COOCH_3)\right]_n$$

聚甲基丙烯酸甲酯（PMMA）

[问题 12-4]　完成下列反应方程式。

$$CH_3CH_2CHO + HCN \xrightarrow{?} ? \xrightarrow{H_3O^+}$$

（2）与 $NaHSO_3$ 加成

NaHSO₃与醛、酮的反应

醛、甲基酮或碳原子数小于 8 的环酮可与 $NaHSO_3$ 饱和水溶液加成生成无色的结晶产物——α-羟基磺酸盐：

$$\text{R(CH}_3\text{)HC=O} + NaHSO_3 \rightleftharpoons \text{R(CH}_3\text{)HC(OH)SO}_3\text{Na}$$

由于试剂的体积较大，所以只有空间位阻较小的醛和甲基酮才能有效地发生加成反应。例如醛的加成产率为 70%～90%，甲基酮的加成产率约为 50%。由于这一反应是可逆的，α-羟基磺酸盐遇稀酸或稀碱又分解为原来的醛或酮。

$$\text{R(CH}_3\text{)HC(OH)SO}_3\text{Na} \xrightarrow{HCl} R-\overset{O}{\overset{\|}{C}}-H(CH_3) + SO_2\uparrow + H_2O + NaCl$$

$$\text{R(CH}_3\text{)HC(OH)SO}_3\text{Na} \xrightarrow{Na_2CO_3} R-\overset{O}{\overset{\|}{C}}-H(CH_3) + Na_2SO_3 + CO_2\uparrow + H_2O$$

α-羟基磺酸盐易溶于水，不溶于饱和的 $NaHSO_3$ 溶液，现象清晰，易于分离，所以利用它的加成反应不仅可以区分出醛和甲基酮，而且可以分离提纯醛和甲基酮。例如 2-戊酮和 3-戊酮的混合物可通过下面程序分离：

$$\left.\begin{array}{l} CH_3\overset{O}{\overset{\|}{C}}(CH_2)_2CH_3 \\ C_2H_5\overset{O}{\overset{\|}{C}}C_2H_5 \end{array}\right\} \xrightarrow[\text{过量}]{NaHSO_3} \left.\begin{array}{l} CH_3C(SO_3Na)(OH)(CH_2)_2CH_3\downarrow \\ C_2H_5\overset{O}{\overset{\|}{C}}C_2H_5 \end{array}\right\} \xrightarrow{\text{过滤}} \left\{\begin{array}{l} \text{晶体} \xrightarrow{HCl} \text{2-戊酮} \\ \text{滤液} \xrightarrow{\text{蒸馏}} \text{3-戊酮} \end{array}\right.$$

[问题 12-5]　丙酮中混有少量乙醇等非羰基化合物，试设计一个实验程序将丙酮提纯。

（3）与 ROH 加成

在无水 HCl 或浓 H_2SO_4 存在下，一分子醇和醛反应生成半缩醛（hemiacetal）。

$$\text{H(R)C=O} + ROH \xrightarrow[\text{（或干HCl）}]{\text{浓}H_2SO_4} \text{H(R)C}(\boxed{OH})(OR)$$

（OH：半缩醛羟基）

半缩醛羟基比较活泼，如有过量的醇存在，则继续反应生成缩醛（acetal）。

$$\text{H(R)C(OR)}\boxed{OH + H}OR \rightleftharpoons \underset{\text{缩醛}}{\text{H(R)C(OR)(OR)}}$$

缩醛和缩酮

例如：$$CH_3CHO + 2C_2H_5OH \xrightleftharpoons{\text{干}HCl} CH_3CH(OC_2H_5)_2$$

酮和醇反应也可以生成半缩酮（hemiketal）和缩酮（ketal），但与醛相比较，反应较困难。

$$R_2C{=}O + \begin{matrix}HO{-}CH_2\\ |\\ HO{-}CH_2\end{matrix} \xrightleftharpoons{\text{浓}H_2SO_4} R_2C\begin{matrix}O{-}CH_2\\ |\\ O{-}CH_2\end{matrix}$$

缩酮

通过共沸脱水等方法可以制备高产率的缩酮，例如：

$$\text{环己酮} + HOCH_2CH_2OH \xrightarrow{\text{对甲苯磺酸，苯}} \text{环己酮乙二醇缩酮} + H_2O$$

80%

由结构可知，缩醛和缩酮本质上是醚，所以它们对碱、氧化剂和还原剂都很稳定，遇稀酸则水解为原来的醛和酮：

$$(R)H(R)C(OR')_2 + H_2O \xrightarrow{H^+} (R)H(R)C{=}O + 2R'OH$$

缩醛(酮)

因为羰基特别是醛基是一个比较活泼的基团，易与亲核试剂加成，易被氧化或还原。所以，在有机化合物制备时常常要求先通过缩醛或缩酮反应把羰基保护起来，待一切反应完成之后，再水解缩醛或缩酮恢复羰基。例如为实现下面的转变：

$$CH_3\overset{O}{\overset{\|}{C}}CH_2CH_2Br \longrightarrow CH_3\overset{O}{\overset{\|}{C}}CH_2CH_2COOH$$

正确的途径是：

$$CH_3\overset{O}{\overset{\|}{C}}CH_2CH_2Br + \begin{matrix}HO{-}CH_2\\ |\\ HO{-}CH_2\end{matrix} \xrightleftharpoons{\text{浓}H_2SO_4} H_3C{-}\overset{O\quad O}{C}{-}CH_2CH_2Br \xrightarrow{CN^-}$$

$$H_3C{-}\overset{O\quad O}{C}{-}CH_2CH_2CN \xrightarrow{H_3O^+} CH_3\overset{O}{\overset{\|}{C}}CH_2CH_2COOH + \begin{matrix}HO{-}CH_2\\ |\\ HO{-}CH_2\end{matrix}$$

不难看出，过程中第一步保护羰基的反应是不能省略的。

[问题 12-6]　完成下列反应方程式：

(a) $$\text{环戊酮} + 2C_2H_5OH \xrightarrow{\text{浓}H_2SO_4}$$

(b) 2-羟基四氢吡喃 $+ C_2H_5OH \xrightarrow{干 HCl} \xrightarrow{H_3O^+}$

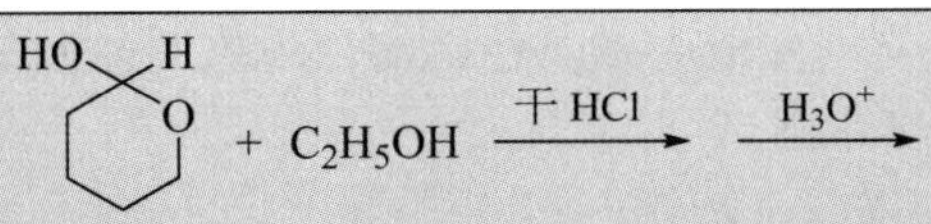

(c) 葡萄糖（吡喃型，HO、OH、OH、OH、OH） $\xrightarrow{H^+}$

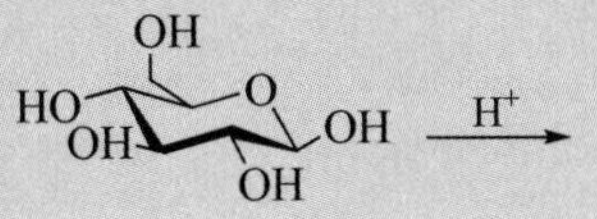

[问题 12-7]　用反应方程式表示如何实现下列转变，试剂任选。

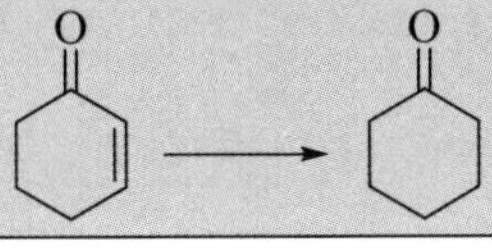

2-环己烯酮 ⟶ 环己酮

（4）与 NH_3 或其衍生物加成

氨的衍生物与醛、酮的反应

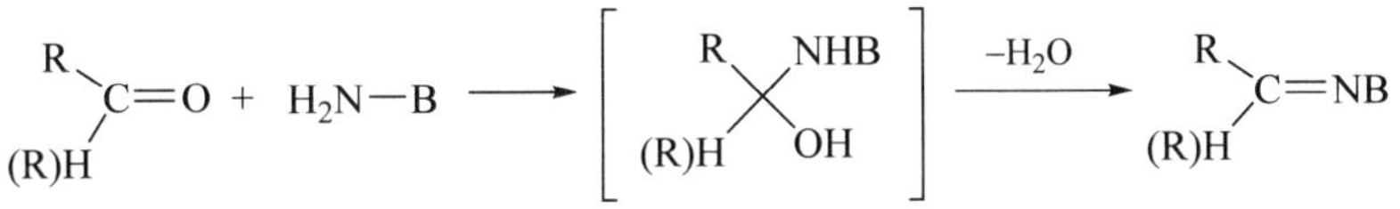

胺和胺的取代衍生物 $NH_2—B$（B═—H、—OH、—NH—$C_6H_3(NO_2)_2$（2,4-二硝基苯基））可与醛、酮发生加成反应，加成产物经分子内脱水得到稳定的产物。

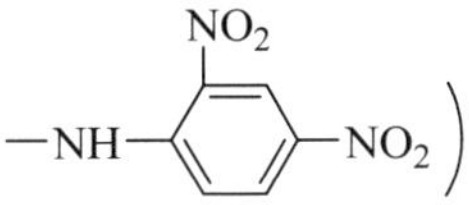

$$\mathrm{R(R)HC{=}O + H_2N{-}B \longrightarrow \left[R(R)HC(NHB)(OH)\right] \xrightarrow{-H_2O} R(R)HC{=}NB}$$

从反应的最终结果看，这一反应可视为试剂与羰基的氧原子脱去一分子水。

$$\mathrm{{>}C{=}O + H_2N{-}B \longrightarrow {>}C{=}N{-}B + H_2O}$$

例如：

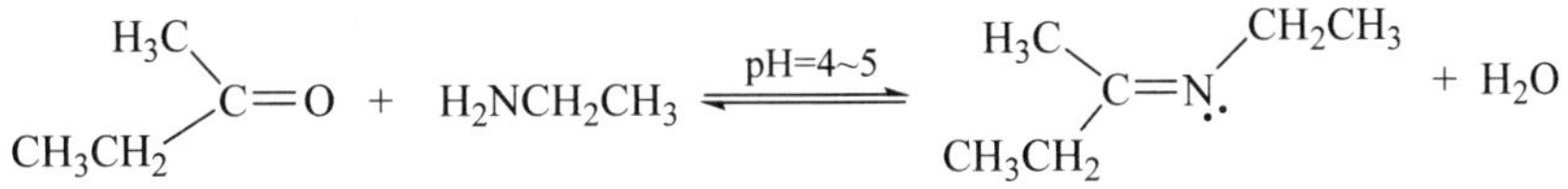

$$\mathrm{CH_3CH_2(H_3C)C{=}O + H_2NCH_2CH_3 \underset{}{\overset{pH=4\sim5}{\rightleftharpoons}} CH_3CH_2(H_3C)C{=}\ddot{N}CH_2CH_3 + H_2O}$$

1° 胺　　亚胺

E 和 *Z* 式异构体

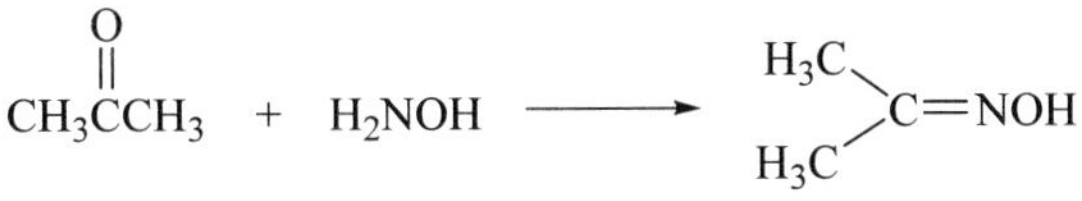

$$\mathrm{CH_3\overset{O}{\overset{\|}{C}}CH_3 + H_2NOH \longrightarrow (H_3C)_2C{=}NOH}$$

羟胺　　丙酮肟

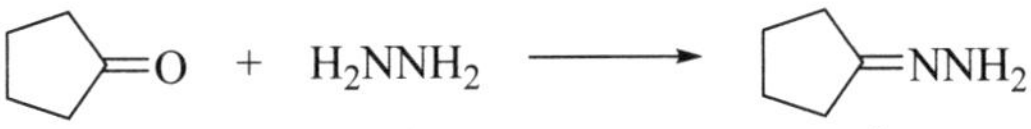

$$\text{环戊酮} + \mathrm{H_2NNH_2} \longrightarrow \text{环戊亚基}{=}\mathrm{NNH_2}$$

肼　　腙

$$\mathrm{C_6H_5CHO + H_2NNH{-}C_6H_3(NO_2)_2 \longrightarrow C_6H_5CH{=}NNH{-}C_6H_3(NO_2)_2}$$

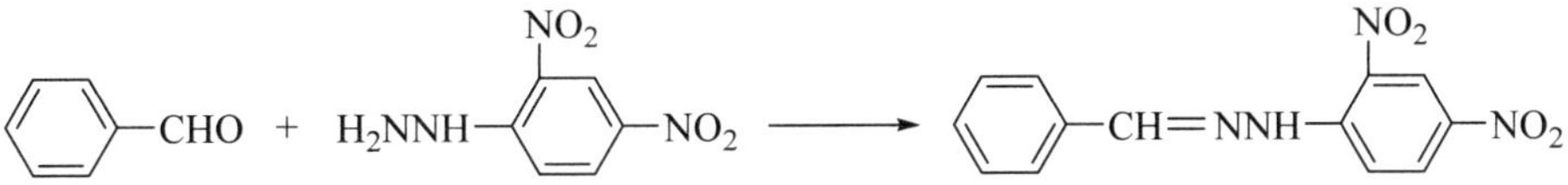

2,4-二硝基苯肼与醛、酮的反应非常迅速，立即生成大量黄色沉淀，现象明显，是定性检验醛、酮的一个灵敏反应。2,4-二硝基苯肼也称羰基试剂。

如果是仲胺与醛、酮化合物反应，产物则为烯胺。例如：

$$\underset{\substack{|\\H}}{-\overset{|}{C}}-\overset{\overset{\ddot{O}:}{\|}}{C}- + H-\ddot{N}(R)-R \xrightleftharpoons{cat.\ HA} {>}C{=}C{<}\ddot{N}(R)R + HOH$$

2° 胺　　　　烯胺

[问题 12-8]　完成下列反应方程式：

(a) $H_2CO + H_2NOH \longrightarrow$

(b) $CH_3\overset{O}{\overset{\|}{C}}CH_2CH_3 + H_2NNH-C_6H_3(2\text{-}NO_2)(4\text{-}NO_2) \longrightarrow$

[问题 12-9]　羰基化合物可与氨发生反应生成亚胺，$H_2O + NH_3 \longrightarrow {>}C{=}NH$，亚胺不稳定，遇水则分解为原来的羰基化合物和氨，但苯甲醛与苯胺反应生成的缩合物比较稳定，为什么？

(5) 与 Grignard 试剂作用　由于 Grignard 试剂的碳镁键具有较大的极性，R—MgX 中部分带负电荷的烃基具有亲核能力，所以 Grignard 试剂在纯醚溶剂中可迅速地与醛、酮加成，加成产物经水解得到醇。

Grignard试剂与醛、酮的反应

$$H_2C{=}O + R-MgX \xrightarrow{纯乙醚} R-CH_2-OMgX \xrightarrow{H_2O} R-CH_2-OH \ (伯醇)$$

$$\underset{H}{\overset{R'}{>}}C{=}O + R-MgX \xrightarrow{纯乙醚} R'-\underset{\substack{|\\R}}{CH}-OMgX \xrightarrow{H_2O} R'-\underset{\substack{|\\OH}}{\overset{\substack{H\\|}}{C}}-R \ (仲醇)$$

$$\underset{R''}{\overset{R'}{>}}C{=}O + R-MgX \xrightarrow{纯乙醚} R-\underset{\substack{|\\R'}}{\overset{\substack{R''\\|}}{C}}-OMgX \xrightarrow{H_2O} R-\underset{\substack{|\\R'}}{\overset{\substack{R''\\|}}{C}}-OH \ (叔醇)$$

CO_2(O═C═O)可看成一种特殊的羰基化合物，它与 Grignard 试剂加成，经水解得到羧酸。

$$O{=}C{=}O + R-MgX \xrightarrow{纯乙醚} R-\overset{\overset{O}{\|}}{C}-OMgX \xrightarrow{H_2O} R-\overset{\overset{O}{\|}}{C}-OH \ (羧酸)$$

例如：

$$C_6H_5-Cl \xrightarrow[THF]{Mg} C_6H_5-MgCl \xrightarrow[2.\ H_2O]{1.\ CO_2} C_6H_5-COOH$$

这类反应方程式通常采用更简洁的书写形式。如：

$$\mathrm{CH_3CHO} \xrightarrow[\text{2. } \mathrm{H_2O}]{\text{1. RMgX, 纯醚}} \mathrm{CH_3\underset{\underset{OH}{|}}{C}HR}$$

或

$$\mathrm{CH_3CHO} \xrightarrow{\text{RMgX, 纯醚}} \xrightarrow{\mathrm{H_2O}} \mathrm{CH_3\underset{\underset{OH}{|}}{C}HR}$$

上述反应是制备伯、仲、叔醇的重要方法，值得注意的是，一个目标醇往往可由多种试剂组合来制备。例如制备 2-苯基-2-己醇，可有下列 3 种路线：

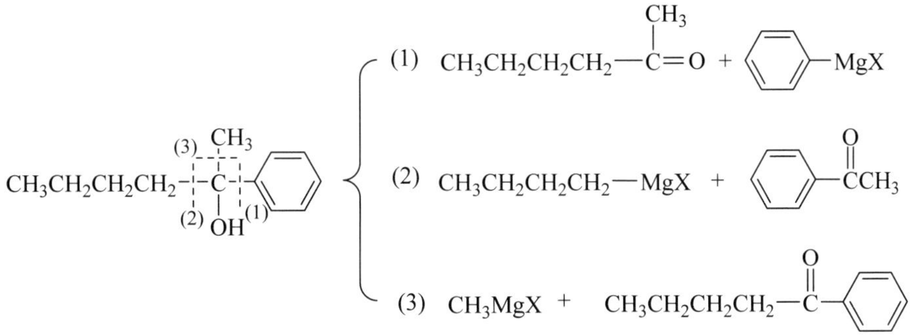

$\mathrm{CH_3CH_2CH_2CH_2-C(CH_3)(OH)-C_6H_5}$（(1)、(2)、(3) 为断键位置）

(1) $\mathrm{CH_3CH_2CH_2CH_2-C(CH_3){=}O} + \mathrm{C_6H_5MgX}$

(2) $\mathrm{CH_3CH_2CH_2CH_2-MgX} + \mathrm{C_6H_5\overset{\overset{O}{\|}}{C}CH_3}$

(3) $\mathrm{CH_3MgX} + \mathrm{CH_3CH_2CH_2CH_2-\overset{\overset{O}{\|}}{C}-C_6H_5}$

究竟哪一条路线为宜？当依具体情况而定。一般选择目标分子产率高、原料和试剂简单易得而且廉价的路线。

利用 Grignard 试剂制备醇时，Grignard 试剂不须分离，直接加入羰基化合物进行加成反应，再水解得到产物醇。必须注意，这一反应需无水操作。制备前应仔细干燥制备仪器，并排出体系中的 CO_2。

［问题 12-10］实现下列转变，试剂任选。

(a) 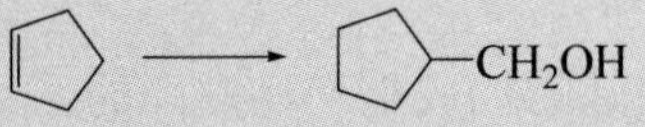 环戊烯 $\longrightarrow$ 环戊基$-\mathrm{CH_2OH}$

(b) $\mathrm{H_2C{=}CH_2} \longrightarrow \mathrm{CH_3CH_2COOH}$

（6）与水加成

当羰基化合物溶于水时，生成醛和酮的水合物。

$$\mathrm{R(R)HC{=}O + H{-}OH \rightleftharpoons R(R)HC(OH)_2}$$

前面曾经讨论过同碳二元醇一般不稳定，但是醛、酮溶于水生成的同碳二元醇——水合醛（酮）却有一定的稳定性，主要是由于羟基与水分子缔合而稳定的缘故。

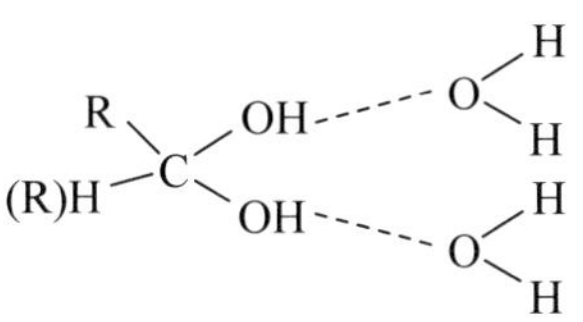

$$\mathrm{R(R)HC(OH\cdots OH_2)(OH\cdots OH_2)}$$

$$\mathrm{HCHO + H_2O \rightleftharpoons H_2C(OH)_2}\ (>99\%)$$

$$CH_3CHO + H_2O \rightleftharpoons H_3C-C(H)(OH)OH \ (58\%)$$

若羰基与强吸电子基团相连，则可形成稳定的水合物。例如三氯乙醛可以形成稳定的水合物。

$$Cl_3CCHO + H_2O \longrightarrow Cl_3CCH(OH)_2$$

水合三氯乙醛

重要的生物化学试剂茚三酮的水合物水合茚三酮也是一个稳定的化合物(详见 12.6.4 节)表 12-3 列举了某些羰基化合物的水合平衡常数。

表 12-3　某些羰基化合物的水合平衡常数

化合物	水合平衡常数
$H_2C=O$	2.2×10^3
$CH_3CH=O$	1.0
$(CH_3)_2CO$	1.4×10^{-3}
$ClCH_2CH=O$	27
$Cl_2CHCH=O$	2.8×10^4
茚三酮（苯并环戊三酮，三个 C=O）	∞

12.3.1.2　亲核加成反应机理及其影响因素

（1）亲核加成反应机理

由以上加成反应可见，若 A—B 代表试剂，则试剂与羰基的加成是严格取向的。

$$\underset{(R)H}{\overset{R}{>}}\overset{\delta^+}{C}=\overset{\delta^-}{O} + \overset{\delta^+}{A}-\overset{\delta^-}{B} \longrightarrow \underset{(R)H}{\overset{R}{>}}C\underset{B}{\overset{OA}{<}}$$

大量研究证明，这不是一步完成的简单反应，而是分两步进行的：首先是试剂中带负电荷的原子或基团，提供一对电子，与羰基碳原子配位成键，同时碳氧双键的一对电子转移到氧原子上成为氧负离子；然后试剂中带正电荷的部分与氧负离子结合完成整个反应。即

$$第一步\quad \underset{(R)H}{\overset{R}{>}}\overset{\delta^+}{C}=\overset{\delta^-}{O} + \overset{\delta^+}{A}-\overset{\delta^-}{B} \underset{}{\overset{慢}{\rightleftharpoons}} \underset{(R)H}{\overset{R}{>}}C\underset{B}{\overset{O^-}{<}} + A^+$$

$$第二步\quad \underset{(R)H}{\overset{R}{>}}C\underset{B}{\overset{O^-}{<}} + A^+ \xrightarrow{快} \underset{(R)H}{\overset{R}{>}}C\underset{B}{\overset{OA}{<}}$$

羰基上的加成反应是由试剂进攻带部分正电荷的羰基碳原子引起的，所以称为亲核加成（nucleophilic addition）反应。试剂 HCN、$NaHSO_3$、ROH、H_2N—B、RMgX、H_2O 等称为亲核试剂。HCN 与醛、酮的加成反应为亲核加成反应机理提供了最有力的证据。例如 CH_3CHO 与 HCN 的加成反应：

$$CH_3CHO + HCN \longrightarrow CH_3CH\begin{matrix}OH\\CN\end{matrix}$$

在没有任何外加酸碱的条件下经历 3～4h 反应也只完成一半。如果滴加少量强碱，反应在 2min 之内即可完成。若加入少量强酸，放置几个星期也觉察不到有什么反应。显然，是外加酸碱影响了弱酸（HCN）电离平衡的缘故。

$$HCN \rightleftharpoons H^+ + CN^- \qquad pK_a=9.4$$

无外加酸碱时，$[CN^-]$小，加入强碱，使$[CN^-]$大大增加；加入强酸，则使$[CN^-]$急剧减少。这就是亲核加成反应试剂中负电荷的部分对 $>C=O$ 碳原子亲核进攻决定了整个反应的证明。

（2）影响亲核加成反应的因素

由反应机理可知，羰基上亲核加成反应的决速步骤是亲核试剂对带部分正电荷的羰基碳原子的亲核进攻。所以，凡是有利于亲核进攻的因素都有利于醛、酮的亲核加成反应。这些因素包括电子因素和空间因素。

电子效应的影响集中反映在羰基碳原子正电荷的多少上。当与羰基相连的是供电的烷基时，羰基碳原子上正电荷减少，不利于亲核试剂的进攻。当羰基和芳基直接相连时，由于羰基和芳基共轭，羰基的正电荷产生离域现象，被分散到芳环上，也不利于亲核试剂的进攻。

空间效应的影响集中反映在与羰基相连的烃基大小对加成试剂的进攻产生空间阻碍，从而影响过渡态的形成。酮的羰基连有两个烃基，如果这两个烃基体积都大，加成试剂不易靠近羰基碳原子，加成反应难以进行。醛的羰基至少连有一个体积很小的氢原子，比酮易反应，综合电子效应和空间效应，醛、酮进行加成反应的难易程度一般如下：

HCHO　CH_3CHO　RCHO　PhCHO　$(CH_3)_2CO$　环戊酮　$\begin{matrix}CH_3\\Ph\end{matrix}>C=O$　Ph_2CO

$\longrightarrow$

在相同条件下亲核加成反应活性减弱
(R为超过一个碳原子的烃基)

［问题 12-11］　试用共振论解释为什么苯甲醛亲核加成反应的活性小于脂肪醛？

［问题 12-12］　为什么下面的亲核加成反应在 C═C 双键上？

$$CH_2=CHCOCH_3 + HCN \xrightarrow{OH^-} NCCH_2CH_2COCH_3$$

12.3.2　α-氢的反应

羟醛缩合反应

与烯烃相似，醛、酮的 α-C—H 键受羰基超共轭效应的影响，电子云密度降低，α-氢原子表现出非常弱的酸性，显示出一定的化学活性。

（1）羟醛缩合反应

在稀碱介质中，一分子醛的α-碳原子加到另一分子醛的羰基碳原子上，生成β-羟基醛的反应称为羟醛缩合反应（aldol condensation）。β-羟基醛只有在低温下才稳定，产物经温热或酸化，β-羟基醛迅速失水生成α,β-不饱和醛。例如：

$$2CH_3CHO \xrightarrow[5℃]{10\%NaOH} \underset{\substack{| \\ OH \\ \beta\text{-羟基丁醛}}}{CH_3CHCH_2CHO} \xrightarrow[\triangle]{-H_2O} \underset{\alpha,\beta\text{-不饱和丁醛}}{CH_3CH{=}CHCHO}$$

该反应是碱首先夺取醛的α-氢原子形成碳负离子，然后碳负离子作为亲核试剂进攻另一个醛分子的羰基碳形成氧负离子，最后氧负离子与水作用，夺取一个质子得到β-羟基醛。乙醛的羟醛缩合机理可表示如下：

$$CH_3CHO \xrightarrow{OH^-} [\bar{C}H_2{-}\underset{H}{C}{=}O \longleftrightarrow H_2C{=}\underset{H}{C}{-}O^-]$$

$$H_3C{-}\overset{O}{\overset{\|}{C}}{-}H + \bar{C}H_2CHO \rightleftharpoons CH_3\overset{O^-}{\overset{|}{C}}HCH_2CHO$$

$$CH_3\overset{O^-}{\overset{|}{C}}HCH_2CHO + H{-}OH \rightleftharpoons CH_3\overset{OH}{\overset{|}{C}}HCH_2CHO + OH^-$$

羟醛缩合反应是有机合成中增长碳链的重要方法之一。但两种不同α-H 的醛之间进行交替的羟醛缩合会生成多种缩合产物。

[问题 12-13] 在乙醛与丙醛的混合物中加入稀碱，预计能得到几种产物？写出反应式。

[问题 12-14] 完成反应方程式，写出反应机理。

$$CH_3CH_2CHO \xrightarrow[\triangle]{10\%\ OH^-}$$

与含有α-H 的醛相似，具有α-H 的酮在稀碱溶液作用下也可发生缩合反应，但由于酮分子中的羰基碳原子正电性较醛的低，缩合反应较醛困难一些。平衡主要偏向左方，只能得到少量β-羟基酮，如果设法使产物生成后不断从平衡体系中分离出来，则可以得到相当高的产率。例如：

$$CH_3\overset{O}{\overset{\|}{C}}CH_3 \xrightarrow{Ba(OH)_2} CH_3\underset{\underset{OH}{|}}{\overset{CH_3}{\overset{|}{C}}}CH_2\overset{O}{\overset{\|}{C}}CH_3 \quad 70\%$$

索氏提取

分子内羟醛缩合是由二酮合成环状化合物的重要方法，例如：

$$\text{2,5-己二酮} \xrightarrow[100℃]{KOH,\ H_2O} \text{3-甲基-2-环戊烯酮}$$

3-甲基-2-环戊烯酮

反应历程为：

$$\overset{\alpha}{CH_3}-\overset{O}{\overset{\|}{C}}-\overset{\alpha'}{CH_2}CH_2-\overset{O}{\overset{\|}{C}}CH_3 \xrightarrow[-H_2O]{OH^-} \overset{-}{C}H_2-\underset{O}{\underset{\|}{C}}-CH_2CH_2-\underset{O}{\underset{\|}{C}}-CH_3$$

$$\longrightarrow \text{(1-甲基-3-氧代环戊烷氧负离子)} \xrightarrow[-OH^-]{H-OH} \text{(3-羟基-3-甲基环戊酮)} \xrightarrow[-H_2O]{\triangle} \text{(3-甲基-2-环戊烯酮)}$$

这一反应的底物 2,5-己二酮有α与α'两种不同的 α-氢原子，因为碳负离子的稳定性与碳正离子相反，所以α-氢较易电离，而且分子内亲核加成的结果是生成稳定的五元环。

[问题 12-15] 提出反应历程，解释下列反应结果。

$$CH_3\overset{O}{\overset{\|}{C}}CH_2CH_2CH_2\overset{O}{\overset{\|}{C}}CH_2CH_3 \xrightarrow[\triangle]{KOH,\ H_2O} \text{(3-乙基-2-环己烯酮，取代基 }CH_2CH_3\text{)}$$

（2）卤化和卤仿反应

碘仿反应

在碱存在下，醛、酮的α-氢原子容易被卤素取代生成α-取代醛、酮，但反应不易停留在一取代阶段，因为醛、酮分子中一个α-氢原子被取代后，由于卤原子是吸电子的，它所连α-碳原子上的氢在碱的作用下更容易离去，因此第二、第三个α-氢原子将被卤原子迅速取代生成 α, α, α-三卤代醛、酮。这样，凡是有 $H_3C-\overset{O}{\overset{\|}{C}}-$结构的醛、酮与次卤酸钠（NaOX）溶液或卤素的碱溶液作用时，甲基上的三个 α-氢都被取代，得到多卤代醛、酮。例如：

$$CH_3\overset{O}{\overset{\|}{C}}CH_3 \xrightarrow{Br_2,\ OH^-} CH_3\overset{O}{\overset{\|}{C}}CH_2Br \xrightarrow{Br_2,\ OH^-} CH_3\overset{O}{\overset{\|}{C}}CHBr_2 \xrightarrow{Br_2,\ OH^-} CH_3\overset{O}{\overset{\|}{C}}CBr_3$$

生成的 α,α,α-三卤代醛、酮在碱溶液中不稳定，易分解成三卤甲烷（卤仿）和羧酸盐。

$$CH_3\overset{O}{\overset{\|}{C}}CBr_3 + OH^- \longrightarrow CH_3COO^- + CHBr_3$$

这个反应可用下面的反应式表示：

$$CH_3\overset{O}{\overset{\|}{C}}CBr_3 \xrightarrow{Br_2,\ OH^-} CH_3COO^- + CHBr_3$$

通常把次卤酸钠的碱溶液与醛、酮作用生成三卤甲烷的反应称为卤仿反应。如果使用次碘酸钠（NaOI）作反应试剂，产生具有特殊气味的黄色结晶碘仿，这个反应称为碘仿反应（iodoform test），通过碘仿反应可以鉴别具有 $H_3C-\overset{O}{\overset{\|}{C}}-$结构的醛和酮。由于次碘酸钠是一个强氧化剂，能将 $H_3C-\overset{OH}{\overset{|}{C}H}-$结构的醇氧化成 $H_3C-\overset{O}{\overset{\|}{C}}-$结构，因此，凡是具有甲基酮或能氧化成甲基酮结构的醇都能发生碘仿反应。例如：

$$CH_3\overset{O}{\overset{\|}{C}}CH_2CH_3 \xrightarrow{I_2+NaOH} CHI_3\downarrow + CH_3CH_2COONa$$

$$CH_3\overset{OH}{\overset{|}{C}}HCH_2CH_3 \xrightarrow{I_2+NaOH} CHI_3\downarrow + CH_3CH_2COONa$$

卤仿反应有时还用来制备一些具有特殊结构的羧酸，例如：

$$(CH_3)_3C\overset{O}{\overset{\|}{C}}CH_3 \xrightarrow{Br_2,\ OH^-} (CH_3)_3CCOONa + CHBr_3$$

$$\xrightarrow{H^+} (CH_3)_3CCOOH$$

$$\text{萘} \xrightarrow[\text{较高温度}]{CH_3\overset{O}{\overset{\|}{C}}Cl} \text{2-萘基}-\overset{O}{\overset{\|}{C}}CH_3 \xrightarrow[-CHCl_3]{Cl_2+NaOH} \text{2-萘基}-COONa \xrightarrow{H^+} \text{2-萘基}-COOH$$

[问题 12-16] 丙酮的碱催化卤代反应为什么不能停留在一卤代和二卤代阶段?

[问题 12-17] 下列化合物哪些能发生碘仿反应?能发生化学反应的写出反应方程式。

(a) 1-甲基环戊醇（环戊烷环上连 CH_3 和 OH）　(b) CH_3CH_2CHO　(c) $(CH_3)_3COH$　(d) $C_6H_5\overset{OH}{\overset{|}{C}}HCH_3$

12.3.3 氧化还原反应

12.3.3.1 醛、酮的氧化反应

醛、酮的氧化与还原

醛和酮分子中羰基碳原子的化合价为+1 或+2，而碳原子的最低和最高化合价为–4 和+4，所以醛、酮既可以被还原也可以被氧化。实际上，氧化还原反应是醛、酮的重要性质。在一定条件下醛、酮可被还原为醇，也可以被氧化为羧酸。但是醛和酮的还原性表现出明显的差异，因为醛的羰基上有氢原子，很容易被氧化，而酮的羰基上没有氢原子，所以不易被氧化。

（1）高锰酸钾氧化

醛可以迅速地被高锰酸钾溶液氧化，高锰酸钾溶液的紫色立即消失，醛被氧化成羧酸。酮不能发生这一反应。

$$R-\overset{O}{\overset{\|}{C}}-H \xrightarrow{KMnO_4} RCOOH$$

$$R-\overset{O}{\overset{\|}{C}}-R' \xrightarrow{KMnO_4} \text{无反应}$$

（2）费林（Fehling）试剂和土伦（Tollens）试剂氧化

Cu^{2+}或 Ag^+在碱性介质中可以氧化醛，而酮则不能被氧化。

$$RCHO + Cu^{2+} \xrightarrow{OH^-} RCOO^- + Cu_2O\downarrow$$

$$RCHO + Ag^+ \xrightarrow{OH^-} RCOO^- + Ag\downarrow$$

由于Cu^{2+}在碱性介质中易形成难溶的$Cu(OH)_2$沉淀，对反应不利，所以实施这一反应时，一般是将试剂配制成硫酸铜、氢氧化钠和酒石酸钾钠的混合溶液，由于酒石酸钾钠与Cu^{2+}络合，这一反应可在均相体系中进行，随着反应的进行，络离子不断地解离提供足够的Cu^{2+}，反应如下：

$$CuSO_4 + 2NaOH \longrightarrow Cu(OH)_2\downarrow + Na_2SO_4$$

$$Cu(OH)_2 + \begin{matrix} HO-CH-COOK \\ | \\ HO-CH-COONa \end{matrix} \rightleftharpoons \left[\begin{matrix} H \\ | \\ O \\ \swarrow \quad \diagdown \\ Cu \quad\quad CH-COOK \\ \quad\quad\quad | \\ \nwarrow \quad\quad CH-COONa \\ O \\ | \\ H \end{matrix} \right]^{2+}$$

$$\left[\begin{matrix} H \\ | \\ O \\ \swarrow \quad \diagdown \\ Cu \quad\quad CH-COOK \\ \quad\quad\quad | \\ \nwarrow \quad\quad CH-COONa \\ O \\ | \\ H \end{matrix} \right]^{2+} \rightleftharpoons Cu^{2+} + \begin{matrix} HO-CH-COOK \\ | \\ HO-CH-COONa \end{matrix}$$

这一试剂是由德国化学家 Hermann von Fehling 首先研制的，因此称为 Fehling 试剂。醛被Cu^{2+}氧化的反应式也可写为：

$$RCHO \xrightarrow{\text{Fehling试剂}} RCOO^- + Cu_2O\downarrow$$

Ag^+在碱性介质中也易形成沉淀（Ag_2O），一般是配制成硝酸银的氨溶液，以形成银氨络离子，使反应在均相中进行。

$$Ag^+ + 2NH_3 \rightleftharpoons Ag(NH_3)_2^+$$

这一试剂是德国化学家 Bernhard Tollens 研制的，因此称为 Tollens 试剂，这一反应也可表示为：

$$RCHO \xrightarrow{\text{Tollens试剂}} RCOO^- + Ag\downarrow$$

由于在洁净的反应器皿中有漂亮的银镜生成，这一反应也称银镜反应。

由于芳香族醛羰基碳原子上的正电性较低，芳香醛只能被 Tollens 试剂氧化，而不能与 Fehling 试剂作用。例如：

$$C_6H_5-CHO \xrightarrow{\text{Tollens试剂}} C_6H_5-COONH_4 + Ag\downarrow$$

$$C_6H_5-CHO \xrightarrow{\text{Fehling试剂}} \text{无反应}$$

用这一反应可以区分芳香醛和脂肪醛。

[问题 12-18] 用化学方法区分下列化合物。

（a）乙醇与乙醛 （b）环戊基甲醛与苯甲醛

12.3.3.2 醛、酮的还原反应

（1）催化加氢

醛和酮用金属 Ni 或 Pd 作催化剂，经催化加氢还原为伯醇或仲醇。这一还原方法的缺点是对不饱和键没有选择性。

$$\text{R—}\overset{\text{O}}{\overset{\|}{\text{C}}}\text{—H(R')} + \text{H}_2 \xrightarrow{\text{Ni}} \text{R—}\underset{\text{OH}}{\underset{|}{\text{CH}}}\text{—H(R')}$$

$$\text{R—CH=CH—CH=O} + \text{H}_2 \xrightarrow{\text{Pd}} \text{RCH}_2\text{CH}_2\text{CH}_2\text{OH}$$

（2）被金属氢化物还原

某些金属氢化物如氢化锂铝（$LiAlH_4$）和硼氢化钠（$NaBH_4$）能产生氢负离子（H^-），具有强烈的还原性，可将醛、酮还原为相应的醇，而且具有选择性，对 C═C 与 C≡C 无影响。

$$\text{R—}\overset{\text{O}}{\overset{\|}{\text{C}}}\text{—H(R')} \xrightarrow[\text{② H}_2\text{O}]{\text{① LiAlH}_4\text{(或NaBH}_4)} \text{R—}\overset{\text{OH}}{\overset{|}{\text{CH}}}\text{—H (R')}$$

$$\text{RCH=CHCH}_2\text{CH=O} \xrightarrow[\text{② H}_2\text{O}]{\text{① LiAlH}_4} \text{RCH=CHCH}_2\text{CH}_2\text{OH}$$

$LiAlH_4$ 能与水剧烈反应，使用 $LiAlH_4$ 时要在醚介质中进行。而 $NaBH_4$ 与羰基化合物的反应较为缓和，反应可在水、醇介质中进行，产率也较高。例如：

$$(\text{CH}_3)_2\text{C=CH}\underset{\text{O}}{\underset{\|}{\text{C}}}\text{CH}_3 \xrightarrow[\text{C}_2\text{H}_5\text{OH}]{\text{NaBH}_4} (\text{CH}_3)_2\text{C=CH}\underset{\text{OH}}{\underset{|}{\text{CH}}}\text{CH}_3 \quad (77\%)$$

[问题 12-19] 如何实现下列转变？

（a）$CH_2{=}CH_2 \longrightarrow CH_3CH_2CH_2CH_2OH$ （b）$HC{\equiv}CH \longrightarrow CH_3CH{=}CHCH_2OH$

（3）羰基还原为亚甲基（—CH_2—）

采用锌汞齐和浓盐酸作还原剂时，醛、酮的羰基被还原为亚甲基。

$$\text{R—}\overset{\text{O}}{\overset{\|}{\text{C}}}\text{—R'(H)} \xrightarrow{\text{Zn/Hg, HCl}} \text{R—CH}_2\text{R'(H)}$$

此反应是 1913 年由化学家克莱门森提出的，称为克莱门森反应（Clemmensen reaction）。由于苯环在反应中不受影响，所以常用来合成直链烷基苯。例如：

$$\text{C}_6\text{H}_6 + \text{CH}_3\text{CH}_2\text{CH}_2\overset{\text{O}}{\overset{\|}{\text{C}}}\text{Cl} \xrightarrow{\text{AlCl}_3} \text{C}_6\text{H}_5\text{—}\overset{\text{O}}{\overset{\|}{\text{C}}}\text{CH}_2\text{CH}_2\text{CH}_3 \xrightarrow{\text{Zn/Hg, HCl}} \text{C}_6\text{H}_5\text{—CH}_2\text{CH}_2\text{CH}_2\text{CH}_3$$

醛、酮与无水肼作用生成腙，然后将腙和乙醇以及乙醇钠在高压釜中加热至 180~200℃分解放出氮气生成亚甲基，这一反应叫 Wolff-Kishner 反应。

$$\underset{\text{(H)R'}}{\overset{\text{R}}{\ }}\!\!>C{=}O \xrightarrow{H_2NNH_2} \underset{\text{(H)R'}}{\overset{\text{R}}{\ }}\!\!>C{=}NNH_2 \xrightarrow{NaOC_2H_5} \underset{\text{(H)R'}}{\overset{\text{R}}{\ }}\!\!>CH_2 + N_2$$

反应时间为 50～100h，收率为 40%左右。

我国化学家黄鸣龙对反应条件做了改进。先将醛或酮、氢氧化钠、肼的水溶液和一个高沸点的溶剂（如二甘醇、三甘醇）一起加热，使醛、酮转变为腙，再蒸出过量的水和未反应的肼，待达到腙的分解温度（约 200℃）继续回流 3～4h 至反应完成。这样可以不使用价格昂贵的无水肼，而改用 85%水合肼，且反应在常压下进行，反应时间大大缩短，产率高（可达 90%）。这一方法俗称“一锅煮（one-pot）”，即 Wolff-Kishner-黄鸣龙反应，是在有机化学界唯一用中国人名字命名的化学反应。该法在碱性条件下进行，可用来还原对酸敏感的醛、酮。例如：

$$\text{环丁酮}{=}O + H_2NNH_2 \xrightarrow[HOCH_2CH_2OH]{KOH,150℃} \text{环丁烷} + N_2 + H_2O$$

（90℃）

（4）坎尼查罗反应（Cannizzaro reaction）

不含α-氢原子的醛用热的浓碱处理，发生自身氧化还原反应（歧化反应）。一分子的醛被氧化成羧酸，另一分子醛被还原为醇。这个反应是由意大利化学家 Stanislao Cannizzaro 于 1853 年发现的，称为 Cannizzaro 反应。例如：

$$HCHO \xrightarrow[\triangle]{NaOH（浓）} HCOONa + CH_3OH$$

$$C_6H_5{-}CHO \xrightarrow[\triangle]{NaOH（浓）} C_6H_5{-}COONa + C_6H_5{-}CH_2OH$$

两种不同的不含α-氢原子的醛进行 Cannizzaro 反应时，产物比较复杂。若两种醛之一为甲醛，由于甲醛还原性强，反应结果总是甲醛被氧化成羧酸，而另一种醛被还原为醇。例如工业上利用这个反应制备季戊四醇：

$$3HCHO + CH_3CHO \xrightarrow[50℃]{稀\ Ca(OH)_2} (HOCH_2)_3CCHO$$

三羟甲基乙醛

$$(HOCH_2)_3CCHO + HCHO \xrightarrow[\triangle]{浓\ Ca(OH)_2} C(CH_2OH)_4 + 1/2\ (HCOO)_2Ca$$

季戊四醇

季戊四醇为白色固体，大量用于涂料工业。

12.4　醌

12.4.1　醌的命名

醌是一类结构特殊的环状不饱和酮，由于醌类化合物多是从相应的芳烃衍生物氧化而制得，所以醌类化合物的命名都与相应的芳烃的命名相关。例如：

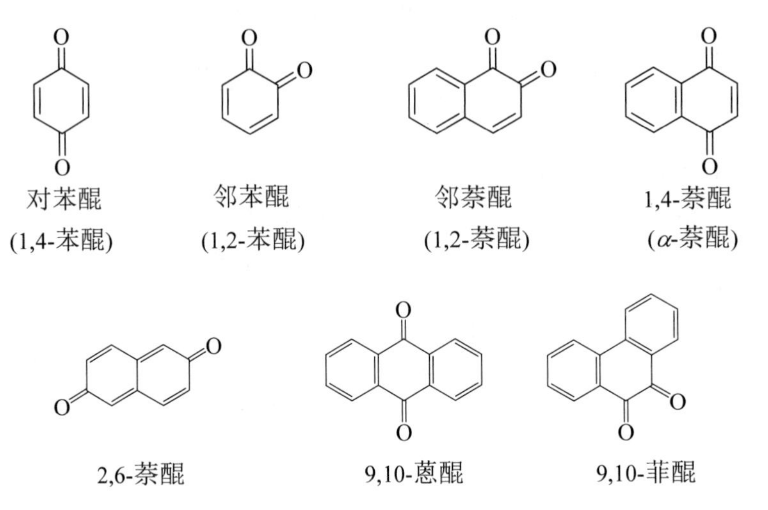

12.4.2 醌的结构与化学性质

醌是一类分子中含有 或 结构的环状二元酮，具有不饱和酮的结构。醌很容易被还原成二元醇，例如苯醌可被铁粉和水还原成对苯二酚。

$$\xrightarrow{Fe + H_2O}$$

由于醌具有不饱和酮的结构，因此它既能与亲电试剂加成，又能与亲核试剂加成。例如对苯醌可与溴加成生成四溴化醌，可与羟胺作用生成肟。

$$+ \ 2Br_2 \longrightarrow$$

$$+ \ 2H_2NOH \longrightarrow$$

9,10-蒽醌是蒽的重要衍生物，是一个稳定的化合物，不易被氧化。蒽醌分子中的两个羰基属第二类定位基，它们使旁边的两个苯环钝化，亲电取代反应较为困难。蒽醌不能进行烷基化和酰基化反应，硝化反应很困难，强烈条件下硝化反应的主要产物是α-硝基蒽醌。

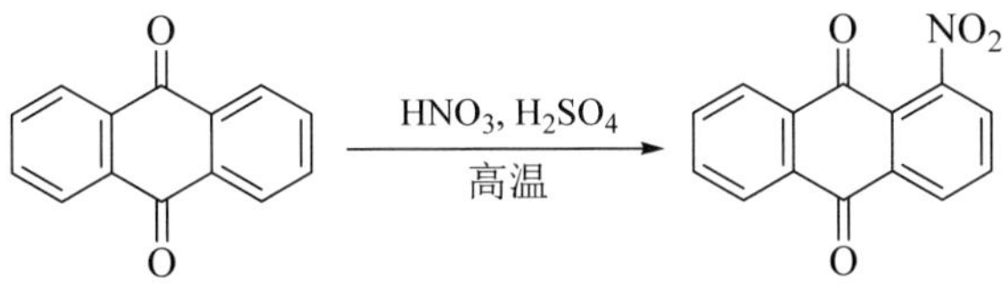

HNO_3, H_2SO_4
高温

蒽醌在 160℃高温条件下磺化主要生成β-蒽醌磺酸，磺酸基在一定条件下被氨基置换生成β-氨基蒽醌，β-氨基蒽醌和 KOH、KNO_3 共熔得到阴丹士林蓝染料，反应如下：

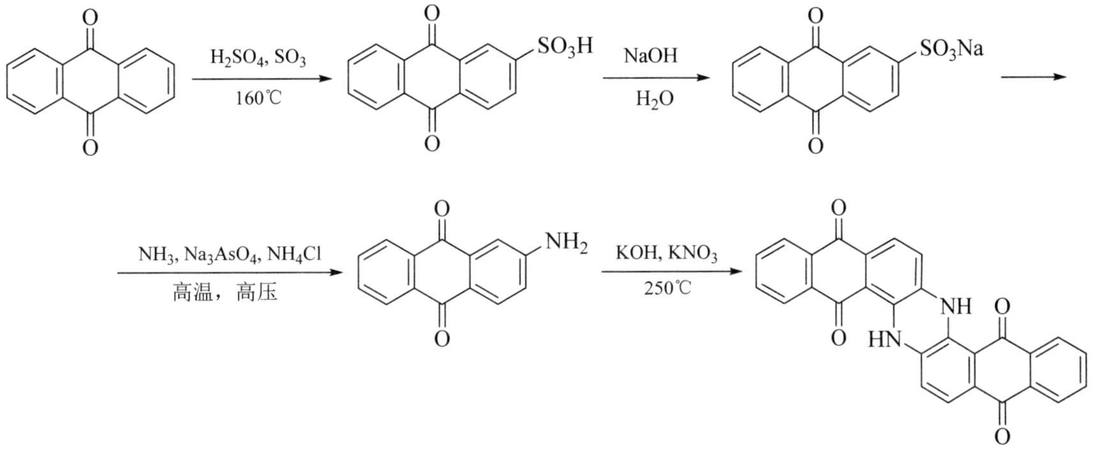

H_2SO_4, SO_3
160℃
NaOH
H_2O
NH_3, Na_3AsO_4, NH_4Cl
高温，高压
KOH, KNO_3
250℃

阴丹士林蓝

阴丹士林蓝染料是一种优良的还原染料，对光及洗涤的坚牢度很好。1,2-二羟基蒽醌俗称茜素，它由蒽经下列路线合成得到：

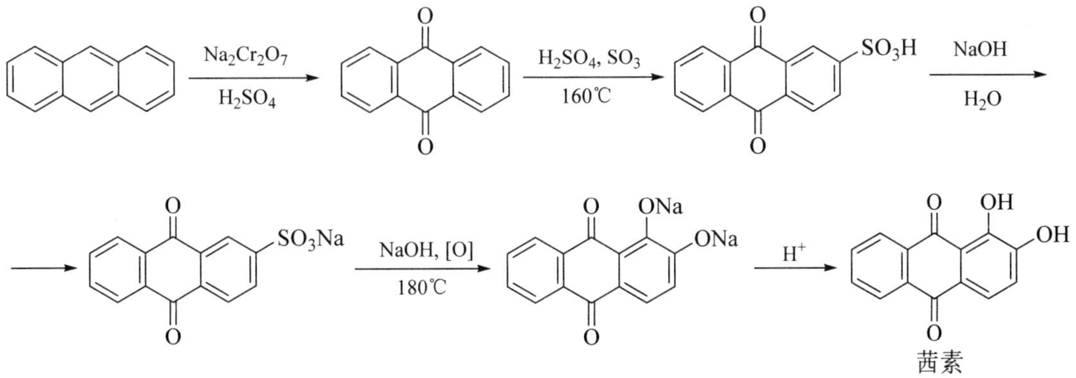

$Na_2Cr_2O_7$
H_2SO_4
H_2SO_4, SO_3
160℃
NaOH
H_2O
NaOH, [O]
180℃
H^+

茜素

茜素是一种媒介染料，染色时需要铝、铁、铬等金属的醋酸盐作媒染剂。使用不同的媒染剂可得到不同的颜色。例如用铝盐得到红色，用铁盐得到紫色，用铬盐得到棕红色。茜素的许多衍生物也都是性能优良的染料，例如茜素蓝：

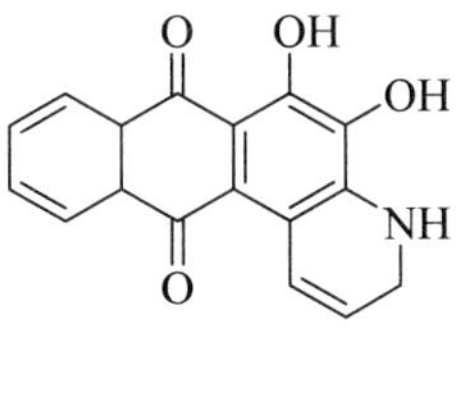

醌类化合物广泛存在于自然界生物体中，有些醌十分重要，将在下节讨论。

12.5 天然的羰基化合物

羰基化合物在自然界中广泛存在。挥发性的醛、酮是许多植物和动物气味的重要成分。例如，丙醛是苹果气味中的一种成分，而新鲜的菠萝气味中有乙醛和 2-戊酮的成分，2-己烯醛常称“叶醛”，它是弄碎了的新鲜植物叶片气味的主要成分。这类物质在吸引昆虫、动物传播花粉、散布种子方面具有特殊的重要性。人们所熟悉的某些气味的醛、酮有：

$CH_3(CH_2)_{10}CHO$ 柑橘香气

$(CH_3)_2C{=}CHCH_2C(CH_3){=}CHCHO$ 柠檬香气

$CH_3CH{=}C(CH_3)CHO$ 强烈醚香

$CH_3(CH_2)_2(CH{=}CH)_2CHO$ 水果清香

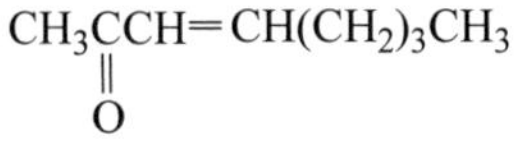

$CH_3C(=O)CH{=}CH(CH_2)_3CH_3$ 强烈的青草气味

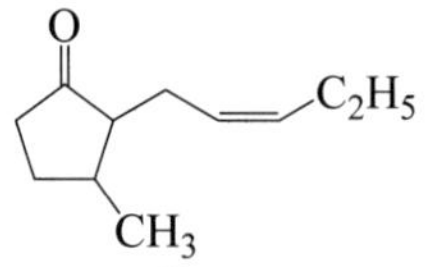

茉莉花香（3-甲基-2-(顺-2-戊烯基)环戊酮，侧链 C_2H_5，环上 CH_3）

近代食品工业广泛使用的香精，就是通过提取天然产物中的香料成分或人工合成经复配而成的具有特殊风味的化学物质，比较常见的有：

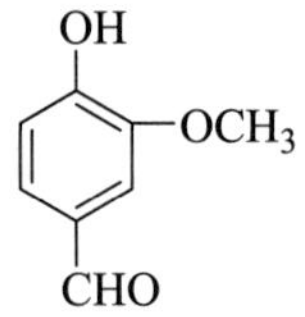

香兰素（苯环上 OH、OCH_3、CHO）

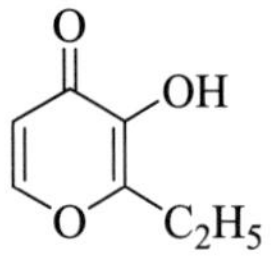

乙基麦芽酚（焦糖水果香）（吡喃酮环上 O、OH、C_2H_5）

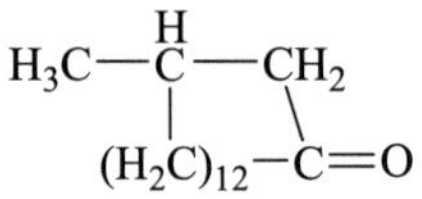

麝香酮（麝香香气）（$H_3C—CH—CH_2$，$(H_2C)_{12}—C{=}O$）

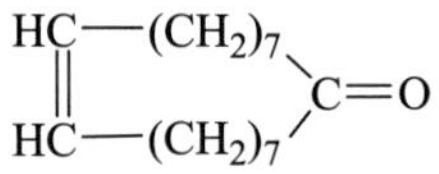

灵猫酮（灵猫香气）（$HC—(CH_2)_7$，$HC—(CH_2)_7$，$C{=}O$）

近年来许多研究工作已集中到信息素的研究方面。已经发现许多信息素中醛基和酮基是其重要的官能团。许多信息素都是性引诱剂，主要是吸引同属的异性成员。例如在麝牛和香猫（灵猫）臭腺中发现了大环酮。

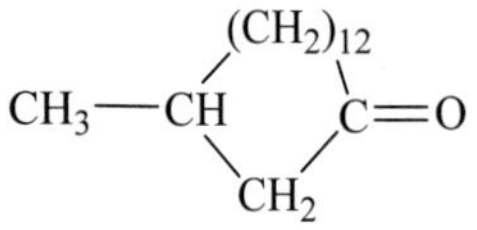

麝香酮（麝牛）（$CH_3—CH$，$(CH_2)_{12}$，$C{=}O$，CH_2）

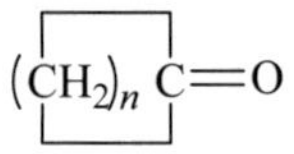

$(CH_2)_n$ C=O　n=15,16

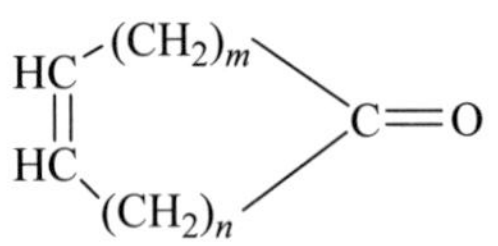

$HC—(CH_2)_m$，$HC—(CH_2)_n$，C=O
m=4, n=10
m=7, n=7
m=7, n=9
香猫酮混合物（香猫）

信息素大都是几种结构密切相关的化合物的混合物，甚至作为信息素最简单的羰基化合物也是如此。例如蚂蚁体内的报警信息素有三种物质，即 4-甲基-3-庚酮、2-庚酮和 2-壬酮。

$$CH_3CH_2\overset{O}{\overset{\|}{C}}\underset{CH_3}{\underset{|}{C}}HCH_2CH_2CH_3 \qquad CH_3\overset{O}{\overset{\|}{C}}(CH_2)_nCH_3 \quad n=4,6$$

蚂蚁报警信息素

报警信息素不仅能向同属成员发出警报，而且能引导它们投入战斗，例如当蜜蜂攻击入侵者时释放出乙酸异戊酯，引导其他蜜蜂攻击同一入侵者。

$$(CH_3)_2CHCH_2CH_2O\overset{O}{\overset{\|}{C}}CH_3$$

乙酸异戊酯(蜜蜂报警与攻击信息素)

许多信息素已经应用于害虫的防治。人们从害虫体中分离出信息素，测定其结构，然后在实验室人工合成，并应用于诱杀害虫。这方面最为惊人的发现是极其微量的信息素即能引发反应。例如一只吉卜赛雌蛾仅有 0.1μg 性信息素，而雄性吉卜赛蛾能探测到每立方米空气中仅几百个分子的浓度。目前人们已能够分离并纯化许多性信息素。例如家蝇和吉卜赛蛾的性信息素为：

$$CH_3(CH_2)_7CH{=}CH(CH_2)_{12}CH_3$$

家蝇性信息素

$$(CH_3)_2CH(CH_2)_4\overset{\quad O \quad}{CH{-}CH}(CH_2)_9CH_3$$

吉卜赛蛾性信息素

目前已有一部分信息素合成出来，并应用于诱杀害虫。因为害虫对化学杀虫剂已产生了高度的抗药性，所以信息素诱杀害虫作为一种天然的杀虫手段有很好的开发前景。信息素化学这个崭新的领域，即将出现在有机化学与生物化学的前沿。

羰基化合物与生物体颜色的关系也十分密切。具有颜色的醌类化合物在动植物体中广泛存在。例如茜素在茜草的根部，是一种天然的红色素，是人类最早使用的天然染料。大黄素是一种天然的黄色色素，广泛存在于真菌、地衣、花卉及昆虫的体内。它们都是蒽醌的衍生物。

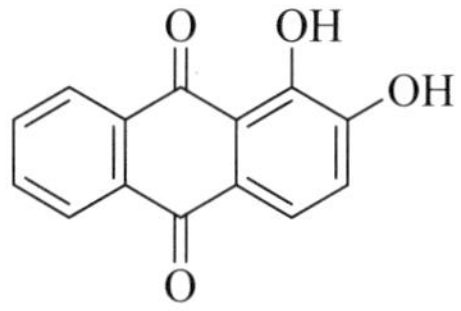

茜素(1,2-羟基蒽醌) 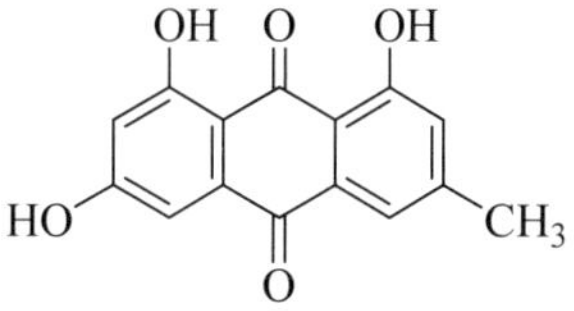　　大黄素

自由基反应是生物体化学过程的一部分，动物部分地将食物转化为能量，先是较复杂的碳水化合物变为葡萄糖，然后变成二氧化碳、水和能量。

$$C_6H_{12}O_6 + 6O_2 \xrightarrow{\text{许多步}} 6CO_2 + 6H_2O + 2870\text{kJ/mol}$$

葡萄糖的氧化不像燃烧那么直接，在动物细胞中转变成 CO_2 和 H_2O 要经过一系列的氧化还原反应，在氧化的最后步骤中需要 Fe^{2+}提供电子将 O_2 还原成 H_2O。

$$\frac{1}{2}O_2 + 2H^+ + 2Fe^{2+} \longrightarrow H_2O + 2Fe^{3+}$$

实现这一过程的关键物质是一种氢醌（hydroquinone），一种很容易能被氧化成醌的化合物。反过来醌也很容易还原成氢醌。下面的反应式表示生物体细胞中最简单的醌与氢醌之间可逆的氧化还原反应：

$$\text{HO}-\text{C}_6\text{H}_4-\text{OH} \underset{[H]}{\overset{[O]}{\rightleftharpoons}} \text{O}=\text{C}_6\text{H}_4=\text{O}$$

氢醌　　　　醌

细胞中的 Fe^{2+}是由 Fe^{3+}与氢醌反应再生的，所得产物存在于一切细胞之中，称为辅酶 Q 或泛醌（ubiquinone）。辅酶的环上连有两个甲氧基（CH_3O—）、一个甲基和一个含 C═C 双键长碳链的烃基。

$$\text{(H}_3\text{CO)}_2\text{(CH}_3\text{)(R)C}_6\text{(OH)}_2 + 2Fe^{3+} \longrightarrow \text{(H}_3\text{CO)}_2\text{(CH}_3\text{)(R)C}_6\text{O}_2 + 2H^{+} + 2Fe^{2+}$$

由 Fe^{3+}到 Fe^{2+}是单电子转移，化学家确认二氢泛醌的作用取决于它每一次失去电子的能力，活性中间体是相对比较稳定的半醌（semiquinone）自由基。

$$\text{HO}-\text{C}_6\text{H}_4-\text{OH} \xrightarrow{-\text{H}\cdot} \cdot\text{O}-\text{C}_6\text{H}_4-\text{OH} \xrightarrow{-\text{H}\cdot} \text{O}=\text{C}_6\text{H}_4=\text{O}$$

12.6　重要的醛、酮

12.6.1　甲醛

甲醛（formaldehyde）又名蚁醛，常温下为无色气体，具有强烈的刺激性、窒息性气味，对人的眼、鼻等有刺激作用。气体的相对密度为 1.067（空气=1），液体的相对密度（d_{4}^{-20}）为 0.815。熔点为–92℃，沸点为–19.5℃。与空气形成爆炸性混合物，爆炸范围为 7%～73%（体积分数）。极易溶于水，40%的水溶液俗称福尔马林，是常见的商品形式，福尔马林可作为消毒剂和防腐剂。

甲醛溶于水后形成水合甲醛：

$$\text{H}_2\text{C}=\text{O} + H_2O \rightleftharpoons \text{H}_2\text{C(OH)}_2 \quad (>99\%)$$

水合甲醛

甲醛的浓溶液经长期放置，或蒸发浓缩，则水合甲醛彼此脱水生成多聚甲醛：

$$HO—CH_2—OH + nHO—CH_2—OH + HO—CH_2—OH \longrightarrow HO—CH_2—(OCH_2)_n—OCH_2OH + (n+1)H_2O$$

多聚甲醛

多聚甲醛为链状聚合体的混合物。链长小于 12 个甲醛分子的多聚甲醛可溶于水，若链长超过 100 个甲醛分子，是不溶于水的白色固体。多聚甲醛加热到 180~200℃时，又重新分解出甲醛，因此多聚甲醛是气态甲醛的方便来源。日常所见实验室甲醛试剂中有大量白色固体就是多聚甲醛，使用时可加热解聚。

气态甲醛在常温下能形成三分子聚合体，可溶于水，不显醛的性质。但反应是可逆的，用少量无机酸催化加热又分解为甲醛。

$$3H_2C=O \underset{\triangle}{\overset{H^+}{\rightleftharpoons}} (CH_2O)_3$$

三聚甲醛

甲醛广泛用于制取聚甲醛树脂、酚醛树脂等有机和高分子产品，医学上，福尔马林常用来保存生物标本。

12.6.2　乙醛

乙醛（acetaldehyde）常温下是无色、易燃、易挥发、易流动的液体，有辛辣刺激性气味。相对密度（d_4^{18}）为 0.7834。熔点为–123℃，沸点为 20.8℃，n_D^{20} 为 1.3316。乙醛蒸气与空气的爆炸范围为 4.0%～57.0%（体积分数），乙醛在少量浓 H_2SO_4 作用下生成三聚乙醛，反应是可逆的。

$$3CH_3CHO \xrightleftharpoons{浓H_2SO_4} (CH_3CHO)_3 \quad (95\%)$$

三聚乙醛

三聚乙醛是一种有香味的液体（沸点为 128℃），不挥发，不易氧化，不具有醛的性质，但加稀 H_2SO_4 蒸馏极易解聚为乙醛，这是保存乙醛的好方法。

[问题 12-20]　试解释为什么三聚甲醛是固体而三聚乙醛却是液体化合物。

乙醛主要用于制备醋酸、醋酸酐、丁醇等有机化学品。

乙醛工业上可由乙烯或乙醇制备。

12.6.3　丙酮

丙酮（acetone）是无色、易挥发、易燃的液体，微有香气。相对密度（d_4^{20}）为 0.7899。熔点为–95.35℃，沸点为 56.2℃，n_D^{20} 为 1.3588。可与水、甲醇、乙醇、乙醚、氯仿和吡啶等混溶，与空气形成爆炸性混合物的范围为 2.15%～13.0%（体积分数）。

丙酮是重要的化工原料及溶剂，用于生产醋酐、氯仿、碘仿和环氧树脂等。

丙酮工业上常由异丙苯制备，同时得到苯酚，也可以由粮食发酵制得。

12.6.4 茚三酮

茚三酮（1,2,3-lndantrione）又称苯并环戊三酮，它的水合物稳定，称水合茚三酮。

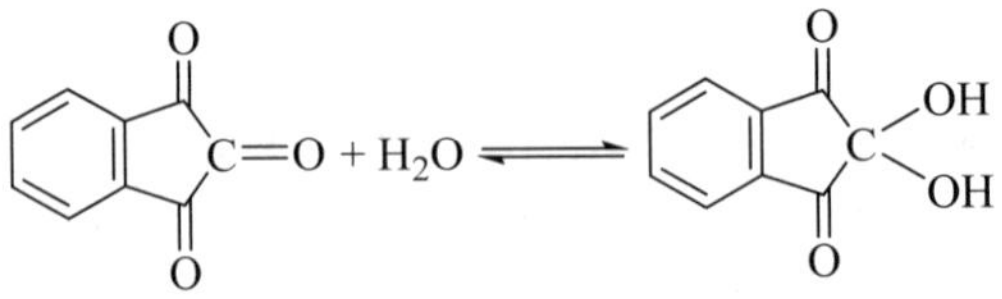

O C=O O + H_2O ⇌ O C OH OH O

水合茚三酮

水合茚三酮是鉴别α-氨基酸的常用试剂。

阅读材料

黄鸣龙（1898—1979）

生于江苏省扬州市，早年留学瑞士和德国，1924 年获柏林大学博士学位。1952 年回国，历任中国科学理化部委员，国际《四面体》杂志名誉编辑，全国药理学会副理事长，中国化学会理事等。1946 年，黄鸣龙在美国哈佛大学工作时，在做 Wolff-Kishner 还原反应时，出现了意外的情况（漏气），但他并未弃之不顾，而是照样研究下去，结果得到出乎意外的好产率。于是他仔细地分析原因，并经多次试验后总结如下：在将醛类或酮类的羰基还原成亚甲基时，把醛类或酮类与 NaOH 或 KOH，85% （有时可用 50% ）水合肼及双缩乙二醇或三缩乙二醇同置于圆底烧瓶中回流 3～4 小时便告完成。这一方法避免了 Wolff-Kishner 还原法要使用封管和金属钠以及用难于制备和价值昂贵的无水肼的缺点，产率大大提高。因此，黄鸣龙改良的 Wolff-Kishner 还原法在国际上应用广泛，并写入各国有机化学教科书中，简称 Wolff-Kishner-黄鸣龙还原法。黄鸣龙的其他杰出贡献还包括以甾体化合物研究为基础，开发并工业化甾体激素药物。

坎尼查罗（Stanislao Cannizzaro，1826—1910）

意大利化学家，生于意大利西西里岛。十九岁（1845 年）便在那不勒斯的代表大会上作了关于辨别运动神经和感觉神经方面的报告，受到与会代表的鼓励和鞭策，促使他一方面要从生物学的角度去研究，另一方面又要从化学方面去探索。1845 年秋，坎尼查罗前往比萨，并在著名实验家上皮利亚的实验室里当助手。后来，他到法国巴黎，在舍夫勒实验室从事科研。不久，他便返回意大利的亚历山大里亚工业学院进行科学研究。他发现，把苯甲醛与碳酸钾一起加热时，生成的产物既有苯甲酸，又有苯甲醇。但碳酸钾的量没有改变，即碳酸钾只起催化作用。人们把能生成这类产物的反应称为 Cannizzaro 反应。

本章小结

1. 醛含有官能团 $\underset{H}{\underset{|}{-C}}=O$，酮含有官能团 $\rangle C=O$。醛、酮的化学性质取决于官能团与烃基的相互影响。羰基碳因显部分正电性可发生亲核加成反应，醛、酮中的羰基既可被氧化为羧酸，也可被还原为醇。醛、酮的α-H 显酸性，可发生一系列反应。

2. 醛、酮的亲核加成反应

醛、酮的羰基碳可与 HCN、$NaHSO_3$、ROH、格氏试剂、氨或氨的衍生物和水等亲核性试剂发生加成反应，外加酸碱可催化反应过程。

3. 醛、酮α-H的反应

醛、酮的α-H可发生羟醛缩合、羟酮缩合、α-H卤代反应。

4. 氧化还原反应

（1）$KMnO_4$氧化　$RCHO \xrightarrow{KMnO_4} RCOOH$

（2）Fehling试剂或Tollens试剂氧化（区分醛和酮）：

$$RCHO + Cu^{2+} \xrightarrow{OH^-} RCOO^- + \underset{\text{红棕色}}{Cu_2O\downarrow}$$

$$RCHO + Ag^+ \xrightarrow[\triangle]{OH^-} RCOO^- + Ag\downarrow$$

（3）催化加氢：无选择性。

（4）$LiAlH_4$和$NaBH_4$可选择性还原羰基。

（5）Clemmenson与Wolff-Kishner-黄鸣龙反应将$>C{=}O$还原为$>CH_2$。

（6）Cannizzaro反应为无α-H醛的自身氧化还原。

习　题

12-1　写出具有分子式$C_5H_{10}O$的醛和酮的异构体，并进行系统命名。

12-2　1-己烯的分子量为84，2-戊酮的分子量为86。

（a）试推测这两种化合物哪一个沸点较高?为什么?

（b）列举一种试剂，它可以与1-己烯而不能与2-戊酮生成加成产物，并写出反应式。

（c）列举一种试剂，它可以与2-戊酮而不能与1-己烯生成加成产物，并写出反应式。

（d）指出（b）与（c）的反应机理。

（e）为什么一般能与$>C{=}O$加成的试剂却不能与$C{=}C$加成?

12-3　在没有催化剂存在时，丙酮与HCN的反应非常慢，几乎觉察不到。为了加速反应可选用什么催化剂?并说明它的催化机理。丙酮和（a）2,4-二硝基苯肼，（b）$LiAlH_4$，（c）$[Ag(NH_3)_2]^+$发生什么反应？1.00g丙酮用过量的碘的氢氧化钠溶液处理能得到多少克三碘甲烷?

12-4　在下列化合物的稀HCl溶液中，除了HCl、H_2O和化合物本身外，在每一种溶液中是否有其他化合物存在?写出它们的构造式。

（a）（含OH、O、OH、OH的吡喃环结构）　（b）H_3C-（1,3-二氧戊环-2-基）　（c）$C_6H_5-CH(OC_2H_5)_2$

12-5　完成下列反应方程式。

（a）$CH_3CH_2CH_2OH \xrightarrow[250℃]{Cu}$

（b）$CH_3CH_2CH_2\underset{\underset{O}{\|}}{C}CH_3 \xrightarrow[②\ H_2O]{①CH_3MgBr}$

（c）H_3C—(环己基)—CHO $\xrightarrow[OH^-]{HCN}$ $\xrightarrow{H_3O^+}$

（d）$CH_3CH_2CHCH_3$（Br） $\xrightarrow{?}$? $\longrightarrow$ $CH_3CH_2COO^-$

（e）(环戊烯基)—CHO + $(CH_2OH)_2$ $\xrightarrow{干HCl}$ $\xrightarrow{H_2/Ni}$ $\xrightarrow{H_3O^+}$

（f）(苯基)—CHO + HCN $\xrightarrow{OH^-}$? $\xrightarrow{H_3^+O}$

（g）(苯基)—$\overset{O}{\overset{\|}{C}}CH_2CH_3$ $\xrightarrow{?}$ (苯基)—$CH_2CH_2CH_3$

（h）(环己酮) $\xrightarrow[催化剂，H^+]{(四氢吡咯)NH}$

12-6　下列化合物中形成的水合物哪一个最稳定？哪一个最不稳定？写出 Br_2CHCHO 形成水合物的方程式。

（a）$BrCH_2CHO$　　（b）Br_3CCHO　　（c）Br_2CHCHO

12-7　用化学方法区分下列各组化合物。

（a）正戊醛、2-戊酮、3-戊酮和 2-戊醇

（b）甲醛、乙醛和乙醇三种化合物的水溶液

（c）丙醇、异丙醇和丙酮

（d）甲醛、乙醛和苯甲醛

12-8　分子式为 C_5H_8O 的化合物 A 容易与试剂溴、羟胺（NH_2OH）和硼氢化钠（$NaBH_4$）反应。

（a）化合物 A 中什么官能团能与上述试剂反应？

（b）如果 A 用 Fehling 试剂处理生成羧酸盐，那么 A 中必定存在什么官能团？

（c）A 经臭氧适当处理可得到丙酮，由此可推断出什么？

（d）写出 A 的构造式。

12-9　完成下列转变，无机试剂任选。

（a）$CH_3CH_2OH \longrightarrow CH_3CHO$

（b）$CH_2{=}CH_2 \longrightarrow CH_3\underset{\underset{O}{\|}}{C}CH_2CH_3$

（c）(甲苯，CH_3) $\longrightarrow$ (苯基)—$CH_2CH_2OCH_3$

（d）(苯)，$CH_3CH_2CH_2CH_2OH \longrightarrow$ (苯基)—$CH_2CH_2CH_2CH_3$

（e）$CH_3CHO \longrightarrow CH_3CH_2CH_2CHO$

（f）$CH_2{=}CH_2 \longrightarrow CH_3CH_2\overset{OH}{\underset{CH_3}{C}}CH_2CH_3$

(g) 苯甲醛 (CHO), $CH_2{=}CH_2$ ⟶ $C_6H_5CH_2CH_2CH_2OH$

(h) 3-氧代环戊烷甲酸乙酯 (O=环戊基-COOEt) ⟶ 3-氧代环戊烷甲酸 (O=环戊基-COOH)

12-10 在醛、酮与 HCN 的加成反应中，一个有用的改良方法是先让醛或酮与饱和 $NaHSO_3$ 反应，然后再向体系中加入 KCN 或 NaCN 完成反应，试说明该反应的反应过程。

12-11 未知化合物 A(C_8H_{16})在催化剂 Ni 存在下可吸收 1mol 氢气，当 A 用臭氧处理之后再用 Zn/H_2O 水解得到两种产物 D(C_3H_6O)和 E(C_5H_{10})，D 和 E 具有下列性质：

D 或 E+2,4-二硝基苯肼 ⟶ 黄色沉淀

D 或 E+Tollens 试剂 ⟶ 无反应

D+$NaHSO_3$ ⟶ 沉淀

E+$NaHSO_3$ ⟶ 无反应

给出 A、D 和 E 的构造式，并写出所有反应方程式。

12-12 确定下列转变过程中中间化合物的构造式。

(a) $CH_3CH_2OH \xrightarrow{HBr} A \xrightarrow[\text{乙醚}]{Mg} B \xrightarrow{\text{环戊基-CHO}} C \xrightarrow{H_3O^+} D$

(b) 4-羟基环己烷甲醛 (CHO, OH) $\xrightarrow[\text{干HCl}]{\text{过量}C_2H_5OH} A \xrightarrow{KMnO_4} B \xrightarrow[\triangle]{H_3O^+} C$

(c) 3-戊酮 $\xrightarrow[\text{②}H_2O]{\text{①}LiAlH_4} A \xrightarrow[\text{吡啶}]{PBr_3} B \xrightarrow[\text{乙醚}]{Mg} C \xrightarrow[\text{②}H_2O]{\text{①}HCHO} D$

(d) $C_6H_5CH_3 + Cl_2 \xrightarrow{\text{光照}} A \xrightarrow[\text{乙醚}]{Mg} B \xrightarrow{CO_2} \xrightarrow{H_3O^+} C$

12-13 化合物 A 分子式为 $C_6H_{12}O_3$，IR 在 $1710cm^{-1}$ 处有一强的红外吸收峰，当用 I_2 的 NaOH 溶液处理时，A 得到一黄色沉淀，用 Tollens 试剂处理时不反应，A 如果先用一滴 H_2SO_4 处理，然后用 Tollens 试剂处理就有银镜生成。A 的 ^1H NMR 谱：$\delta 2.1$（单峰，3H），$\delta 3.2$（单峰，6H）；$\delta 2.6$（二重峰，2H）；$\delta 4.7$（三重峰，1H）。写出 A 的构造式。

12-14 某化合物 A 分子式为 $C_8H_{14}O$，A 可以很快使溴水褪色，可以与 2,4-二硝基苯肼反应，A 被 $KMnO_4$ 氧化生成一分子丙酮及另一化合物 B；B 具有酸性，与 NaOI 反应生成一分子碘仿和一分子丁二酸。试确定 A 和 B 的构造式。

12-15 在麝香鼠的臭腺中有一种不饱和酮，分子式为 $C_{17}H_{26}O$，经臭氧氧化还原水解生成：

A. $HC(=O)(CH_2)_3C(=O)(CH_2)_5C(=O)H$ 　　B. $C_6H_{10}O_2$

B 可与 Tollens 试剂反应，但无碘仿反应，经 Clemmensen 还原生成正己烷，写出 B 和不饱和酮的构造式。

12-16 RBr（Ⅰ）的 Grignard 试剂与 CH_3CH_2CHO 生成醇（Ⅱ），Ⅱ可转变为 R'Br（Ⅲ），Ⅲ的 Grignard 试剂水解为烷烃（Ⅳ），Ⅳ也可由Ⅰ偶合而生成。化合物Ⅰ、Ⅱ、Ⅲ和Ⅳ的构造式是什么？

12-17 某化合物分子式为 $C_6H_{12}O$，能与羟胺作用生成肟，但不起银镜反应；经铂催化加氢得到一种醇。此醇经去水、臭氧化、水解反应后得到两种液体，其中之一能与 Tollens 试剂反应，但无碘仿反应；另一种

能起碘仿反应，但与 Fehling 试剂无反应。试写出该化合物的构造式。

12-18 化合物 A 的分子式为 $C_7H_{12}O_2$，A 对碱稳定，用稀酸处理生成 $HOCH_2CH_2OH$ 和 B(C_5H_8O)。B 遇饱和 $NaHSO_3$ 溶液生成无色晶体，但不能使高锰酸钾溶液褪色；B 与 Zn(Hg)+HCl 作用生成化合物 C(C_5H_{10})；C 与 Br_2(CCl_4)无反应；B 经催化加氢只生成一种化合物 D。试推测 A、B、C、D 的构造式。

12-19 某气态化合物含 C 40.4%，H 6.69%。标准状态下 1.00g 这种气体占有体积 746mL。求该化合物的分子式。

第 13 章 羧酸及其衍生物

羧酸（carboxylic acids）是有机化合物中碳的氧化态最高的化合物。

烃	醇	醛、酮	羧酸
RH	ROH	$R-\overset{O}{\overset{\Vert}{C}}-R(H)$	$R-\overset{O}{\overset{\Vert}{C}}-OH$

$\xrightarrow[\text{碳原子的氧化值升高}]{}$

羧酸可以看作烃分子中的氢原子被羧基取代后的衍生物，羧基是这类含氧有机化合物的官能团。

羧酸在自然界可以游离的形式存在，也可以羧酸衍生物的形式存在。许多羧酸及其衍生物不仅是重要的有机化工产品，而且在天然产物的构成和生物代谢过程中占有重要的地位。

13.1 羧酸的分类与命名

13.1.1 分类

羧酸既可按烃基的种类不同分为脂肪族羧酸、脂环族羧酸和芳香族羧酸；也可按官能团的数目多少分为一元羧酸、二元羧酸和多元羧酸。

脂肪族羧酸可分为饱和羧酸，例如：乙酸 CH_3COCH；不饱和羧酸，例如：丙烯酸 $H_2C{=}CHCOOH$。

脂环族羧酸，例如：环戊基甲酸 （环戊基）—COOH。

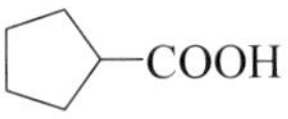

芳香族羧酸，例如：苯甲酸 （苯基）—COOH。

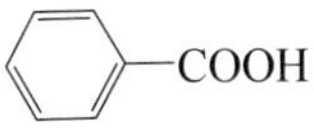

一元羧酸，例如：甲酸 HCOOH，苯甲酸 （苯基）—COOH

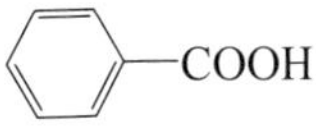

二元羧酸，例如：乙二酸 HOOC—COOH，丁烯二酸 HOOCCH═CHCOOH，邻苯二甲酸 （1,2-二COOH苯）。

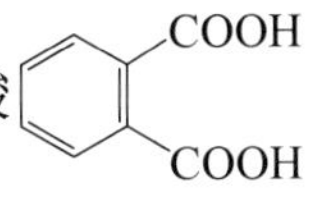

多元羧酸，例如：均苯四甲酸 （1,2,4,5-四COOH苯：HOOC、COOH、HOOC、COOH）。

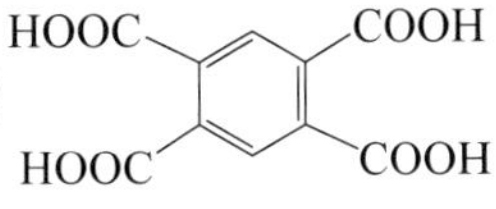

13.1.2 命名

羧酸常用的命名方法有两种，一种是系统命名法，另一种是习惯命名法。

（1）系统命名法

脂肪族羧酸的系统命名法是选择包含—COOH 碳原子在内的最长的碳链作为主链，称为某酸。从—COOH 碳原子开始最长的碳链按 1，2，3，…依次编号，以便确定取代基的位次。

如果是不饱和羧酸，所选择的最长碳链应包括不饱和键及羧基。例如：

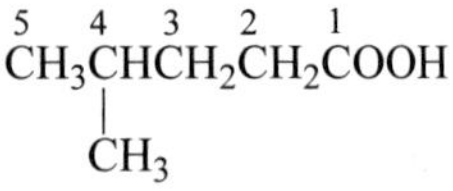

$$\overset{5}{C}H_3\overset{4}{C}H(CH_3)\overset{3}{C}H_2\overset{2}{C}H_2\overset{1}{C}OOH$$

4-甲基戊酸

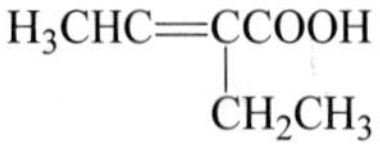

$$H_3CHC{=}C(CH_2CH_3)COOH$$

2-乙基-2-丁烯酸

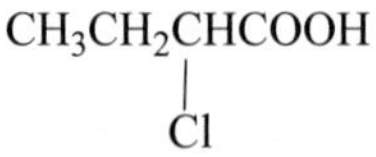

$$CH_3CH_2CH(Cl)COOH$$

2-氯丁酸

$$H_2C{=}C(CH_3){-}COOH$$

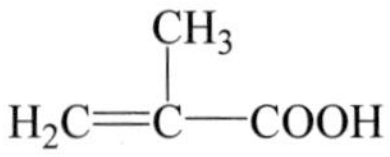

甲基丙烯酸

（不叫2-甲基丙烯酸）

脂肪族二元羧酸的系统命名是取分子中含两个羧基的最长碳链而称某二酸。例如：

$$HOOC{-}COOH$$

乙二酸

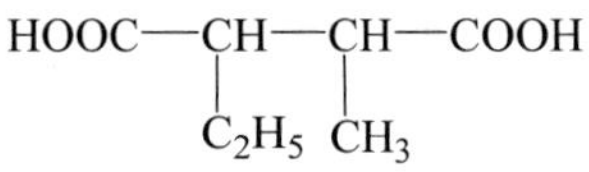

$$HOOC{-}CH(C_2H_5){-}CH(CH_3){-}COOH$$

2-甲基-3-乙基丁二酸

$$CH_3CH_2CH(COOH)_2$$

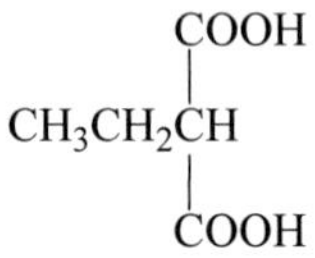

乙基丙二酸

芳香族羧酸和脂环族羧酸可以看作脂肪酸的芳基或脂环基的取代物来命名。例如：

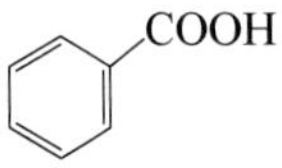

$$C_6H_5{-}COOH$$

苯甲酸

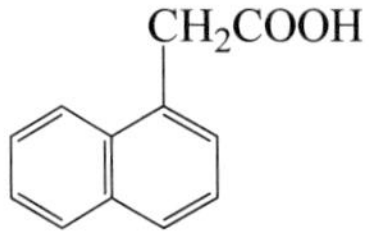

$$C_{10}H_7{-}CH_2COOH$$

α-萘乙酸

$$C_5H_9{-}CH_2COOH$$

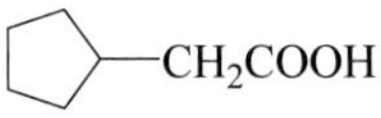

环戊基乙酸

羧酸命名时主链碳原子的位次亦常用α、β、γ等希腊字母表示，例如：

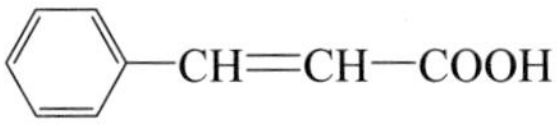

$$C_6H_5{-}CH{=}CH{-}COOH$$

β-苯基丙烯酸(肉桂酸)

（2）习惯命名法

某些羧酸起初来源于自然界，因而习惯上常根据其来源命名。例如，中世纪炼金术者通过蒸馏红蚂蚁得到甲酸，因此甲酸俗称蚁酸；乙酸最初来源于食醋，俗称醋酸。某些羧酸的俗名与系统名称列于表 13-1 中。

表 13-1 某些羧酸的俗名与系统名称

化合物	俗名	来源	系统名称
HCOOH	蚁酸	蚂蚁	甲酸
CH_3COOH	醋酸	食醋	乙酸
$CH_3CH_2CH_2COOH$	酪酸	奶酪	丁酸
$(COOH)_2$	草酸	植物	乙二酸
$CH_3(CH_2)_{10}COOH$	月桂酸	月桂	十二酸
$CH_3(CH_2)_{14}COOH$	棕榈酸	棕榈油	十六酸
$CH_3(CH_2)_{16}COOH$	硬脂酸	动物脂肪	十八酸

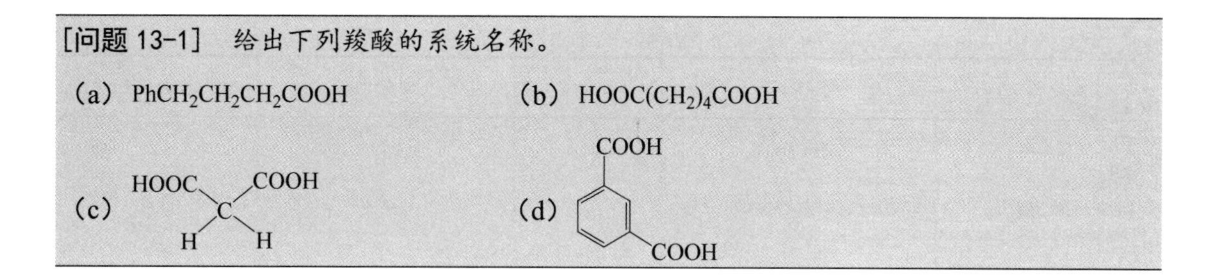

[问题 13-1]　给出下列羧酸的系统名称。

(a) $PhCH_2CH_2CH_2COOH$　　(b) $HOOC(CH_2)_4COOH$

13.2　羧酸的物理性质

羧酸分子具有强极性。由表 13-2 可见，含有 1～4 个碳原子的羧酸可与水混溶，一元羧酸随非极性的烃基碳链增长，水溶性迅速减小，以致完全不溶于水。表 13-3 表明羧酸的沸点比相同分子量的醇高得多。

在水溶液中，强极性的羧基倾向于与极性的水分子形成氢键，所以非极性烃基的低级羧酸可与水混溶。在非极性溶剂中或单独存在时，羧酸分子倾向于通过氢键形成聚合体（polymer），在气相中则通过氢键形成二聚体（dimer），这就是羧酸沸点比相同分子量的醇高得多的原因。

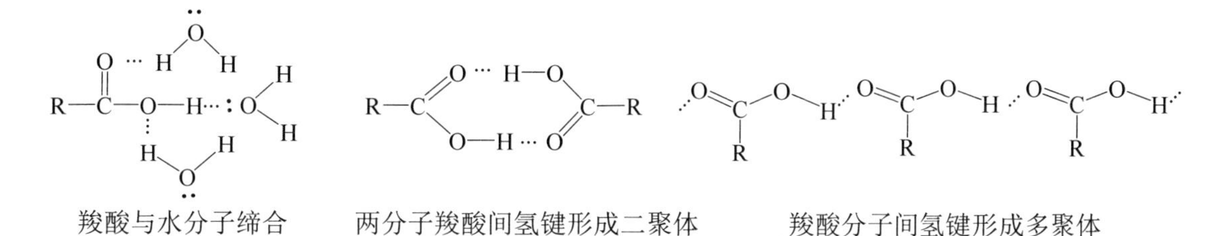

羧酸与水分子缔合　　两分子羧酸间氢键形成二聚体　　羧酸分子间氢键形成多聚体

表 13-2　某些羧酸的物理性质

名称	构造式	熔点/℃	沸点/℃	溶解度/(g/100g 水)
甲酸	HCOOH	8.3	100.6	∞
乙酸	CH_3COOH	16.7	117.9	∞
丙酸	CH_3CH_2COOH	−20.7	140.8	∞
丁酸	$CH_3CH_2CH_2COOH$	−5.2	163.3	∞
2-甲基丙酸	$(CH_3)_2CHCOOH$	−46.1	154.7	22.8
戊酸	$CH_3(CH_2)_3COOH$	−33.7	185.5	3.7
3-甲基丁酸	$(CH_3)_2CHCH_2COOH$	−29.3	176.5	5.0
2,2-二甲基丙酸	$(CH_3)_3CCOOH$	35.4	163.3	3.0
己酸	$CH_3(CH_2)_4COOH$	−3.95	205.7	0.96
辛酸	$CH_3(CH_2)_6COOH$	16.5	239.9	0.08
癸酸	$CH_3(CH_2)_8COOH$	31.3	268.7	0.015
乙二酸	$(COOH)_2$	189.5	分解	9.5
丙二酸	$CH_2(COOH)_2$	135.5	分解	61.0
丁烯二酸	顺式（马来酸）	130	135（分解）	78.8
	反式（富马酸）	287	200（升华）	0.7

续表

名称	构造式	熔点/℃	沸点/℃	溶解度/(g/100g 水)
苯甲酸	C_6H_5COOH	122.4	249	0.29
苯乙酸	$C_6H_5CH_2COOH$	76.5	265.5	微溶
邻甲苯甲酸	CH_3 COOH	107～108	259（751mmHg）	微溶
间甲苯甲酸	H_3C COOH	111～113	263	0.09
邻苯二甲酸	COOH COOH	206～208	191(脱水)	0.63

表 13-3　几种分子量相同的羧酸和醇的沸点

化合物	分子量	沸点/℃	化合物	分子量	沸点/℃
CH_3COOH	60	118	$CH_3CH_2CH_2OH$	60	97.2
CH_3CH_2COOH	74	141	$CH_3CH_2CH_2CH_2OH$	74	117
$CH_3CH_2CH_2COOH$	88	164	$CH_3(CH_2)_3CH_2OH$	88	138

[问题 13-2]　在 110 ℃和 454 mmHg 压力下，0.11g 醋酸蒸气体积为 63.7cm³；在 156 ℃和 458 mmHg 时，0.081g 醋酸的体积为 66.4cm³。试计算各温度下气相中醋酸的分子量，说明原因。

羧基由羰基和羟基组成，因此羧酸的红外光谱反映出了这两种结构单元，其中羰基伸缩振动出现在 1710～1760cm^{-1} 处，羟基的伸缩振动在 2500～3300cm^{-1} 有一个强的宽谱带。图 13-1 为正丁酸的红外光谱。

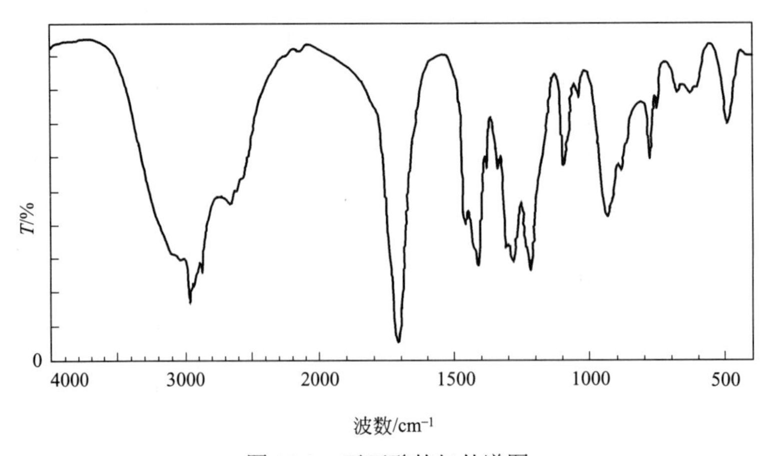

图 13-1　正丁酸的红外谱图

羧基质子的化学位移出现在低场，δ =9.5～13，其α-氢和醛、酮中的α-氢出现的位置大体相同，如—CH_2—COOH-δ=2.36，＞CHCOOH δ=2.52。图 13-2 为异丁酸的核磁共振谱图。

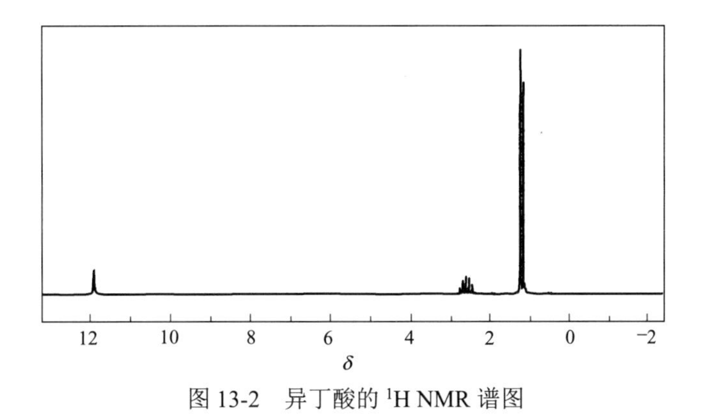

图 13-2　异丁酸的 ^{1}H NMR 谱图

13.3　羧酸的结构与化学性质

13.3.1　羧酸的结构

羧酸的官能团是羧基（$-\overset{\overset{\large O}{\|}}{C}-OH$），可视为羰基和羟基的组合，两者直接相连构成一个密切联系、相互影响的整体。羟基的氧原子与水和醇分子中的氧相似，具有孤对电子，其所在轨道与羰基的π轨道彼此交盖形成 p-π共轭体系，电子离域导致羟基氢氧之间电子云密度减小，羰基碳原子的正电性下降，并削弱了羰基与α-C—H 键之间的超共轭效应。羧酸体系的这种电子效应可表示如下：

$$\text{(R)H}-\underset{\underset{\large H}{|}}{\overset{\overset{\large H}{|}}{C}}-\overset{\overset{\large O}{\|}}{C}-\ddot{O}-H$$

由于羰基碳原子受直接相连的羟基影响，正电性较低，羧酸已没有醛和酮的典型性质，—OH 的性质与醇也显著不同。

一般认为在共轭体系中供给电子的原子或基团显示+C 效应，吸引电子的原子或基团显示–C 效应。在羧酸分子中羟基显示+C 效应，羰基显示–C 效应。

当苯环与羧基直接相连时，苯环与羰基构成π-π共轭体系，使羰基碳上正电性降低。例如苯甲酸分子的极限结构如下：

[问题 13-3] 在 $H_2\overset{-}{C}-\overset{O}{\overset{\|}{C}}-H$ 中存在共轭体系，试问 $>C=O$ 显示+C 还是−C 效应？并用极限结构表示这种共轭效应。

13.3.2 羧酸的化学性质

羧酸的酸性

由羧酸结构和电子效应可知，羧酸的化学性质取决于官能团羧基以及羧基与烃基的相互影响。

（1）酸性

羧基中的羟基受到共轭效应的影响，O—H 键的电子云密度降低 $\left(R-\overset{O}{\overset{\|}{C}}-OH \longleftrightarrow R-\overset{O^-}{\overset{|}{C}}=\overset{+}{O}H\right)$，在极性水分子的作用下可电离出氢离子($H^+$)，显示弱酸性，酸性的大小可用 K_a 表示。

$$R-\overset{O}{\overset{\|}{C}}-OH + H_2O \rightleftharpoons R-\overset{O}{\overset{\|}{C}}-O^- + H_3O^+$$

$$K_a=\frac{[RCOO^-][H_3O^+]}{[RCOOH]}\approx 10^{-5}$$

醇分子中不存在这种削弱 O—H 键强度的共轭效应，因而电离出 H^+ 的倾向比羧酸小得多。

$$R-OH + H_2O \rightleftharpoons RO^- + H_3O^+ \quad K_a\approx 10^{-15}\sim 10^{-20}$$

羧酸电离出 H^+ 的趋势比醇大的另一个原因是羧酸根负离子（$RCOO^-$）被共振稳定化（等价共振），负电荷被有效分散，稳定性较高；烷氧基负离子不存在共振稳定化因素，负电荷被定域在氧原子周围，稳定性较低。

$$\left[R-\overset{O}{\overset{\|}{C}}-O^- \longleftrightarrow R-\overset{O^-}{\overset{|}{C}}=O\right] \qquad RO^-\text{没有共振稳定化}$$

电子离域，稳定性高　　　电子定域，稳定性低

X 射线分析证实负离子 $R-\overset{O}{\overset{\|}{C}}-O^-$ 中两个碳氧键的键长完全相等，均为 0.126nm。这说明羧酸根离子中负电荷的离域是很彻底的。

$$R-C\begin{matrix}\diagup O^{\frac{1}{2}-}\\ \diagdown O^{\frac{1}{2}-}\end{matrix} \equiv R-C\begin{matrix}\diagup\!\!\diagup O\\ \diagdown O^-\end{matrix} \longleftrightarrow R-C\begin{matrix}\diagup O^-\\ \diagdown\!\!\diagdown O\end{matrix}$$

表 13-4 列举了某些羧酸的 pK_a 值。

表 13-4　某些羧酸的 pK_a 值

名称	构造式	pK_a	名称	构造式	pK_a
甲酸	HCOOH	3.75	乙酸	CH_3COOH	4.74
丙酸	CH_3CH_2COOH	4.87	丁酸	$CH_3CH_2CH_2COOH$	4.8
三甲基乙酸	$(CH_3)_3CCOOH$	5.02	草酸	$(COOH)_2$	1.27(pK_{a1}) 4.27(pK_{a2})
丙二酸	$CH_2(COOH)_2$	2.8(pK_{a1})	苯甲酸	C_6H_5COOH	4.17
苯乙酸	$C_6H_5CH_2COOH$	4.31	邻甲苯甲酸	CH_3 COOH	3.89
间甲苯甲酸	H_3C COOH	4.28	邻苯二甲酸	COOH COOH	2.89(pK_{a1}) 5.28(pK_{a2})

从表 13-4 可以看出，羧酸的 pK_a 约为 5，酸性比碳酸强。所以羧酸可溶于 NaOH 溶液而生成盐，也可分解碳酸盐并放出大量 CO_2 气体。

$$RCOOH + NaOH \longrightarrow RCOONa + H_2O$$

$$2RCOOH + Na_2CO_3 \longrightarrow 2RCOONa + CO_2\uparrow + H_2O$$

$$RCOOH + NaHCO_3 \longrightarrow RCOONa + CO_2\uparrow + H_2O$$

油脂在贮存过程中因酸败会慢慢产生脂肪酸，从而影响油脂的品质。利用 KOH 标准溶液可测定油脂中游离脂肪酸的含量，规定 1g 油脂所消耗 KOH 的毫克数为油脂的酸价。酸价越高，油脂的品质越差。

羧酸盐可被强无机酸分解而游离出羧酸。

[问题 13-4]　发酵粉的主要成分是酒石酸氢钾和碳酸氢钠的混合物，试写出发酵过程中所发生的化学反应方程式。

[问题 13-5]　如何使用简便的化学方法区分下列化合物？

（a）CH_3COOH　　（b）CH_3CH_2OH　　（c）CH_3CHO

[问题 13-6]　$CH_3(CH_2)_8COOH$ 中混有少量 $CH_3CH_2CH_2COOH$，如何纯化 $CH_3(CH_2)_8COOH$？

（2）羧酸衍生物的生成

羧酸衍生物的生成

在一定条件下羧酸中的—OH 可被卤原子、羧酸根、烷氧基和氨基取代，生成相应的羧酸衍生物——酰卤、酸酐、酯和酰胺。羧酸去除—OH 基团的剩余部分 $R-\overset{O}{\overset{\|}{C}}-$ 称为酰基。酰基的名称与相应的羧酸一致，例如 $H-\overset{O}{\overset{\|}{C}}-$ 为甲酰基，$H_3C-\overset{O}{\overset{\|}{C}}-$ 为乙酰基。

① 酰卤的生成

除甲酸外，羧酸与三氯化磷、五氯化磷或亚硫酰氯作用，羧基中的羟基被卤原子取代生成酰卤。酰氯是常见的酰卤。

$$3RCOOH + PCl_3 \longrightarrow 3RCOCl + H_3PO_3$$

$$RCOOH + PCl_5 \longrightarrow RCOCl + POCl_3 + HCl$$

$$RCOOH + SOCl_2 \longrightarrow RCOCl + SO_2\uparrow + HCl\uparrow$$

由于酰氯很容易水解，不能用水洗的方法除去反应中生成的无机物，通常用蒸馏法分离。在制备酰氯时采用哪种试剂，主要决定于原料、产物和副产物之间的沸点差。亚磷酸（H_3PO_3）在 200℃分解，沸点较高，因此 PCl_3 适合于制备低沸点的酰氯。三氯氧磷（$POCl_3$）的沸点为 107℃，可借蒸馏除去，因此 PCl_5 适用于制备沸点较高的酰氯。亚硫酰氯（$SOCl_2$）沸点 76℃，它与羧酸作用制备酰氯时，生成的副产物 HCl 和 SO_2 都是气体，易于分离，酰氯产率高，这是实验室制备酰氯最方便的方法。例如：

$$3CH_3COOH + PCl_3 \longrightarrow 3H_3C{-}\overset{O}{\overset{\|}{C}}{-}Cl + H_3PO_3\ (67\%)$$

$$CH_3(CH_2)_{16}COOH + SOCl_2 \longrightarrow CH_3(CH_2)_{16}COCl + SO_2 + HCl$$

② 酸酐的生成

饱和一元羧酸在脱水剂乙酸酐、P_2O_5 等存在下加热，分子间脱水生成酸酐。

$$2R{-}\overset{O}{\overset{\|}{C}}{-}OH \xrightarrow{\text{脱水剂}} R{-}\overset{O}{\overset{\|}{C}}{-}O{-}\overset{O}{\overset{\|}{C}}{-}R + H_2O$$

例如：

$$CH_3COOH \xrightarrow{P_2O_5} (CH_3CO)_2O$$

某些二元羧酸在加热下生成五元或六元环状酸酐。例如：

$$\begin{array}{l}H_2C{-}COOH\\ \ \ |\\ H_2C{-}COOH\end{array} \xrightarrow{300℃} \text{丁二酸酐} + H_2O$$

$$\text{邻苯二甲酸} \xrightarrow{230℃} \text{邻苯二甲酸酐} + H_2O$$

③ 酯的生成

在少量无机酸催化下，羧酸与醇相互作用失去一分子水生成酯。反应是一个平衡过程，常常通过使用过量的醇或酸，同时移去反应产物而使平衡右移以利于酯的生成。

$$R{-}\overset{O}{\overset{\|}{C}}{-}OH + R'OH \overset{H^+}{\rightleftharpoons} R{-}\overset{O}{\overset{\|}{C}}{-}OR' + H_2O$$

例如：
$$CH_3COOH + CH_3CH_2OH \underset{\text{蒸馏}}{\overset{H^+}{\rightleftharpoons}} CH_3COOC_2H_5 + H_2O$$
（>90%）

酯化反应可按两种机理进行。当参与酯化反应的醇是 1°醇或 2°醇时，脱水方式是羟基来自羧酸，氢来自醇，称为酰氧键断裂方式。醇对于羰基的亲核加成与羧酸的羟基被取代发生在同一反应中，经历下面的加成-消除历程：

$$R-\overset{O}{\overset{\|}{C}}-OH + H^+ \rightleftharpoons \left[R-\overset{\overset{+}{O}H}{\overset{\|}{C}}-OH \longleftrightarrow R-\underset{+}{\overset{OH}{\overset{|}{C}}}-OH\right]$$

$$R-\overset{\overset{+}{O}H}{\overset{\|}{C}}-OH + R'OH \xrightarrow{\text{慢}} R-\underset{\underset{+}{HOR'}}{\overset{OH}{C}}-OH \rightleftharpoons R-\underset{OR'}{\overset{OH}{C}}-\overset{+}{O}H_2 \rightleftharpoons$$

$$\left[R-\underset{OR'}{\overset{OH}{C^+}} \longleftrightarrow R-\overset{\overset{+}{O}H}{\overset{\|}{C}}-OR'\right] + H_2O \ (\text{酰氧键断裂脱水})$$

$$R-\overset{\overset{+}{O}H}{\overset{\|}{C}}-OR' \rightleftharpoons R-\overset{O}{\overset{\|}{C}}-OR' + H^+$$

如果是 3°醇，则脱水方式不同，羟基来自醇，氢来自羧酸，称为烷氧键断裂方式。

$$R'_3C-OH + H^+ \rightleftharpoons R'_3C-\overset{+}{O}H_2$$

$$R'_3C-\overset{+}{O}H_2 \rightleftharpoons R'_3C^+ + H_2O \ (\text{烷氧键断裂脱水})$$

$$R'_3C^+ + R-\overset{O}{\overset{\|}{C}}-OH \rightleftharpoons R-\overset{O}{\overset{\|}{C}}-\underset{H}{\overset{+}{O}}-CR'_3 \rightleftharpoons R-\overset{O}{\overset{\|}{C}}-OCR'_3 + H^+$$

[问题 13-7]　完成下列反应方程式：

$$HC\equiv CH + H_2O \xrightarrow[H_2SO_4]{HgSO_4} ? \xrightarrow{[O]} \xrightarrow[H^+]{C_2H_5OH}$$

④ 酰胺的生成

直接加热羧酸与氨生成的铵盐，分子内脱水生成酰胺。

$$R-\overset{O}{\overset{\|}{C}}-OH + NH_3 \longrightarrow R-\overset{O}{\overset{\|}{C}}-ONH_4 \xrightarrow{\triangle} R-\overset{O}{\overset{\|}{C}}-NH_2 + H_2O$$

例如：

$$CH_3CH_2CH_2COOH + NH_3 \xrightarrow{25℃} CH_3CH_2CH_2COONH_4 \xrightarrow[-H_2O]{180℃} CH_3CH_2CH_2CONH_2$$

（3）氧化还原反应

① 羧酸与氧化剂作用

羧酸是有机化合物的最高氧化态，一般的羧酸对氧化剂不敏感，但一些具有特殊结构的羧酸如甲酸、乙二酸可与氧化剂作用，碳被氧化成最高氧化态+4 价。

羧酸的氧化与还原

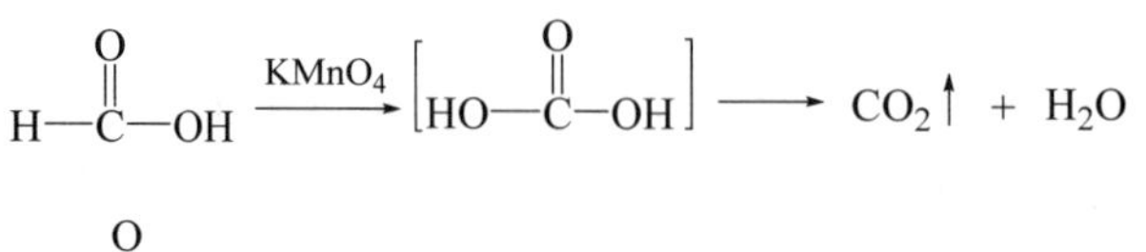

$$H-\overset{O}{\overset{\|}{C}}-OH \xrightarrow{KMnO_4} \left[HO-\overset{O}{\overset{\|}{C}}-OH\right] \longrightarrow CO_2\uparrow + H_2O$$

$$H-\overset{O}{\overset{\|}{C}}-OH \xrightarrow{\text{Tollens试剂}} HCO_3^- + Ag\downarrow$$

由甲酸的结构可知，甲酸具有醛的结构，故易被 $KMnO_4$ 和 Tollens 试剂氧化。

乙二酸（草酸）也具有还原性，可被 $KMnO_4$ 氧化，这个反应是定量进行的。分析化学中草酸是标定 $KMnO_4$ 溶液的基准试剂。

$$5(COOH)_2 + 2MnO_4^- + 6H^+ \longrightarrow 10CO_2\uparrow + 8H_2O + 2Mn^{2+}$$

[问题 13-8] 试用化学方法区分甲酸、乙醇和乙酸。

② 羧酸被还原

羧酸的直接还原曾在很长的历史时期都无法解决，通常的还原手段如 Zn/Hg-HCl、Ni/H_2 对羧酸均无效。近代出现了更强的还原试剂，如 $LiAlH_4$，可在室温条件下将羧酸还原成伯醇。

$$RCOOH \xrightarrow{LiAlH_4} \xrightarrow{H_2O} RCH_2OH$$

例如：

$$(CH_3)_3CCOOH \xrightarrow[(2)\ H_2O]{(1)\ LiAlH_4} (CH_3)_3CCH_2OH \quad (92\%)$$

这一反应不仅产率高，而且在还原非共轭不饱和酸时，对碳碳双键不会有影响。例如：

$$CH_3CH{=}CHCH_2COOH \xrightarrow[(2)\ H_2O]{(1)\ LiAlH_4} CH_3CH{=}CHCH_2CH_2OH$$

（4）α-氢的反应

和醛、酮相似，饱和一元羧酸的α-氢有一定的活性，可被卤素取代成α-卤代羧酸。但是羧酸中α-H 的活性小，反应一般在少量红磷催化下才能比较顺利地进行。例如：

$$CH_3COOH \xrightarrow[\text{红磷}]{Br_2} BrCH_2COOH \xrightarrow[\text{红磷}]{Br_2} Br_2CHCOOH \xrightarrow[\text{红磷}]{Br_2} Br_3CCOOH$$

卤代酸中卤素的性质与卤代烃中卤素的性质相似，可以进行亲核取代和消去反应。

$$CH_3\underset{Br}{\underset{|}{C}}HCOOH \begin{cases} \xrightarrow[H_3O^+]{NaOH} CH_3\underset{OH}{\underset{|}{C}}HCOOH \\ \xrightarrow{NH_3} CH_3\underset{NH_2}{\underset{|}{C}}HCOOH \\ \xrightarrow{NaCN} CH_3\underset{CN}{\underset{|}{C}}HCOOH \\ \xrightarrow[\text{醇，}\triangle]{KOH} H_2C{=}CHCOOH \end{cases}$$

[问题 13-9] 从电子效应方面分析羧酸α-H 的活性，并说明其活性较醛、酮低的原因。

（5）脱羧反应

一元羧酸的碱金属盐与碱石灰（NaOH 与 CaO 的混合物)共熔可脱去羧基生成烃。例如：

$$CH_3COONa + NaOH(CaO) \xrightarrow{热熔} CH_4\uparrow + Na_2CO_3$$

这是实验室制备 CH_4 的方法之一。含碳较多的羧酸脱羧时往往要在高温下进行，由于副产物多，产率很低，在制备上没有价值。当一元羧酸的α-碳原子上连有强吸电子基团时，羧酸较不稳定，加热时容易发生脱羧反应。例如：

$$H_3C—\overset{O}{\overset{\|}{C}}—CH_2COOH \xrightarrow{\triangle} H_3C—\overset{O}{\overset{\|}{C}}—CH_3 + CO_2$$

芳香羧酸脱羧较脂肪酸容易，因为苯基也是一个吸电子基团，例如：

$$O_2N—C_6H_4—COOH \xrightarrow[\triangle]{NaOH(CaO)} O_2N—C_6H_5 + CO_2$$

草酸和丙二酸型的二元羧酸在受热时容易发生脱羧反应，例如：

$$(COOH)_2 \xrightarrow{\triangle} HCOOH + CO_2$$

$$CH_2(COOH)_2 \xrightarrow{\triangle} CH_3COOH + CO_2$$

$$\text{1,1-环戊烷二甲酸 } C_5H_8(COOH)_2 \xrightarrow{\triangle} C_5H_9—COOH + CO_2$$

[问题 13-10]　完成反应式。

$$C_5H_9—COOH \xrightarrow[P]{Br_2} ? \xrightarrow[(2)\ CN^-]{(1)\ OH^-} \xrightarrow{H_3O^+} ? \xrightarrow{\triangle} ?$$

13.3.3　羧酸结构对酸性的影响

羧酸的酸性取决于羧基中氧氢之间电子云密度的大小。所以，当羧酸的烃基部分存在取代基时，由于取代基对羧基产生电子效应，影响羧基中氢氧之间的电子云密度，引起酸性的变化。诱导效应和共轭效应都会对羧酸的酸性产生影响。

（1）烃基对脂肪族羧酸酸性的影响

如果与羧基碳原子相连的基团 G 显示排斥电子的+I 效应，则羧基氧氢之间的电子云密度上升，O—H 键增强，电离变得更加困难，酸性减小。

$$G\rightarrow—C(=O)OH \rightleftharpoons G\rightarrow—C(=O)O^- + H^+$$

G推电子，pK_a增大

例如：

	H—COOH	H_3C—COOH
pK_a	3.75	4.74

如果与羧基碳原子相连的基团显示吸引电子的–I 效应，则羧基氧氢之间电子云密度下降，O—H 键的强度减弱，电离变得比较容易，酸性增强。

$$G \leftarrow C(=O)OH \rightleftharpoons G \leftarrow C(=O)O^- + H^+$$

G吸电子，pK_a减小

例如：

	CH_3COOH	$ClCH_2COOH$
pK_a	4.74	2.81

表 13-5 为某些羧酸和取代羧酸的 pK_a。

表 13-5 取代基对羧酸酸性的影响

化合物	取代基	对 O—H 键电子云密度的影响	pK_a	化合物	取代基	对 O—H 键电子云密度的影响	pK_a
CH_3COOH	—CH_3	0	4.74	CH_3CH_2COOH	—CH_3CH_2	+	4.87
$ClCH_2COOH$	—CH_2Cl	–	2.81	$Cl_2CHCOOH$	—$CHCl_2$	–	1.29
Cl_3CCOOH	—CCl_3	–	0.70	$BrCH_2COOH$	—CH_2Br	–	2.81
ICH_2COOH	—CH_2I	–	3.13	FCH_2COOH	—CH_2F	–	2.06

诱导效应本质上是原子或基团之间的一种静电吸引或排斥作用沿强劲的较难极化的σ键传递产生的效应。诱导效应随作用距离的增加迅速衰减，其有效作用距离仅 2～3 个σ键，影响的最大距离为 3～4 个σ键，表 13-6 列出了丁酸和不同位置一氯代丁酸的 pK_a 值。

表 13-6 丁酸和一氯代丁酸的酸性

化合物	Cl 与反应点位的距离（σ 键个数）	pK_a	化合物	Cl 与反应点位的距离（σ 键个数）	pK_a
$CH_3CH_2CH_2COOH$	—	4.82	$CH_3CH_2CH(Cl)COOH$	2	2.86
$CH_3CH(Cl)CH_2COOH$	3	4.05	$ClCH_2CH_2CH_2COOH$	4	4.52

（2）苯环上取代基对苯甲酸酸性的影响

当羧基直接与苯环相连时，由于苯环的+C 效应使羧基碳原子正电性下降，从而使羧基 O—H 键电子云密度上升，酸性减小。例如：

	C_6H_5—COOH	HCOOH
pK_a	4.20	3.75

当苯环上连有取代基时，苯甲酸的酸性受多种因素的影响，其中有电子效应，也有空间效应。例如：

	苯甲酸（C_6H_5COOH）	对羟基苯甲酸（COOH 对位 OH）	对氨基苯甲酸（COOH 对位 NH_2）	间羟基苯甲酸（COOH 间位 OH）	邻羟基苯甲酸（COOH 邻位 OH）
pK_a	4.20	4.57	4.36	4.08	2.98

苯环上羧基的对位引入羟基和氨基后，由于—OH 和—NH_2 中氧和氮的电负性都大于碳，–I 效应的结果应使其酸性比苯甲酸强，但事实上对羟基苯甲酸和对氨基苯甲酸的酸性都比苯甲酸弱，这是由于羟基和氨基对芳环产生的+C 效应起了主要作用。

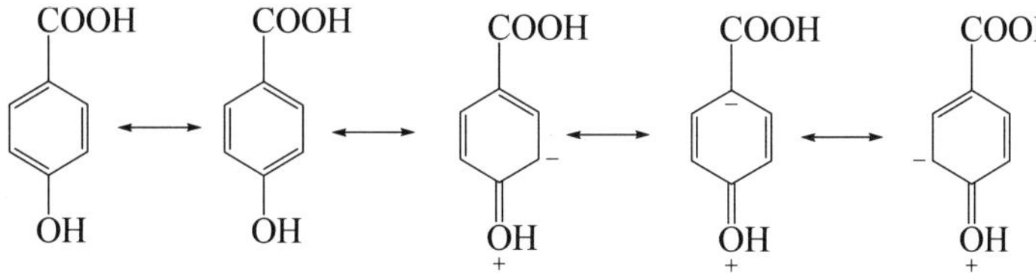

若羟基处于羧基的间位，则不利于共轭效应的传递，—OH 和—COOH 的–I 效应起主要作用，故间羟基苯甲酸的酸性比苯甲酸强。

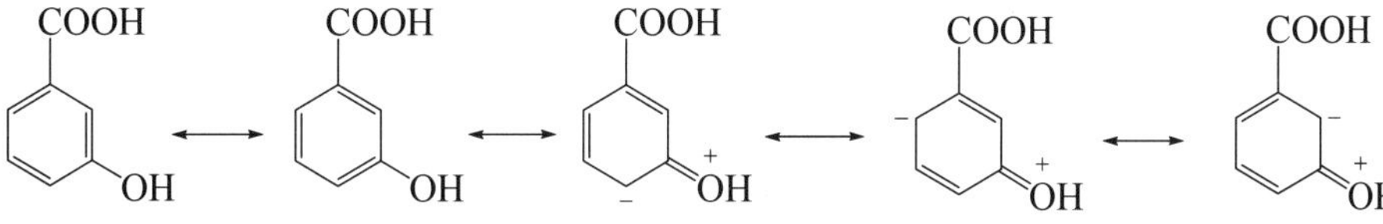

羟基处于羧基的邻位时，由于羟基与羧基形成分子内氢键而使—COO^-稳定，故邻羟基苯甲酸的酸性比苯甲酸的酸性强。

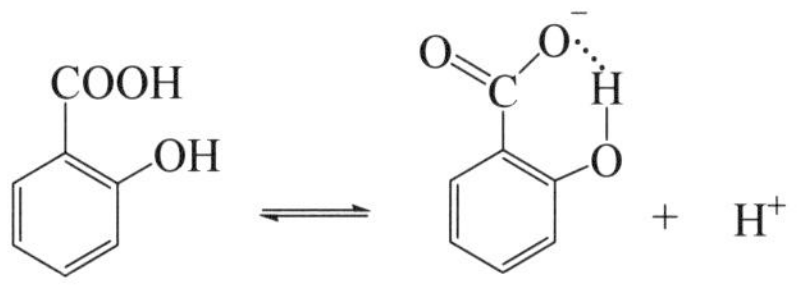

[问题 13-11] 不查表试比较下列各组化合物酸性的强弱，并解释原因。

（a）苯甲酸与苯乙酸　　（b）甲酸与苯甲酸

（c）对甲苯甲酸与苯甲酸　　（d）间羟基苯甲酸与对羟基苯甲酸

13.4 羧酸衍生物的化学性质

酰卤（R—C(=O)—X）、酸酐（R—C(=O)—O—C(=O)—R）、酯（R—C(=O)—OR'）和酰胺（R—C(=O)—NH_2）统称为羧酸衍生物。在羧酸衍生物中，由于有一个电负性大的原子（X、O、N）直接与酰基（R—C(=O)—）碳原子相连，酰基碳原子部分带正电成为分子的正电中心，因而容易受到亲核试剂的进攻，其中最基本的反应是发生羧酸衍生物的水解、醇解和氨解。

13.4.1 羧酸衍生物的水解、醇解和氨解

（1）水解反应

羧酸衍生物都可以水解，但反应的难易程度不同。酰氯常温下与水剧烈反应并放出大量 HCl 气体；酸酐在加热条件下缓慢水解；酯水解需酸或碱作催化剂；酰胺必须在酸或碱催化的同时加热方可水解。

反应活性降低（↓）

$$R-\overset{O}{\overset{\|}{C}}-Cl + H-OH \xrightarrow{\text{室温}} R-\overset{O}{\overset{\|}{C}}-OH + HCl$$

$$R-\overset{O}{\overset{\|}{C}}-O-\overset{O}{\overset{\|}{C}}-R + H-OH \xrightarrow{\triangle} 2R-\overset{O}{\overset{\|}{C}}-OH$$

$$R-\overset{O}{\overset{\|}{C}}-OR' + H-OH \xrightleftharpoons{H^+\text{或}OH^-} R-\overset{O}{\overset{\|}{C}}-OH + R'OH$$

$$R-\overset{O}{\overset{\|}{C}}-NH_2 + H-OH \begin{cases} \xrightarrow[\triangle]{NaOH} R-\overset{O}{\overset{\|}{C}}-O^- + NH_3\uparrow \\ \xrightarrow[\triangle]{HCl} R-\overset{O}{\overset{\|}{C}}-OH + NH_4Cl \end{cases}$$

酯水解是酯化反应的逆反应，酸催化酯水解反应机理如下：

酯的水解

$$R-\overset{O}{\overset{\|}{C}}-OR' + H^+ \rightleftharpoons \left[R-\overset{\overset{+}{O}H}{\overset{\|}{C}}-OR' \longleftrightarrow R-\overset{OH}{\underset{+}{\overset{|}{C}}}-OR'\right]$$

$$R-\overset{\overset{+}{O}H}{\overset{\|}{C}}-OR' + H_2O \rightleftharpoons R-\overset{OH}{\underset{\underset{+}{O}H_2}{\overset{|}{\underset{|}{C}}}}-OR'$$

$$R-\overset{OH}{\underset{\underset{+}{O}H_2}{\overset{|}{\underset{|}{C}}}}-OR' \rightleftharpoons R-\overset{OH}{\underset{OH}{\overset{|}{\underset{|}{C}}}}-\overset{H}{\underset{+}{\overset{|}{O}}}R \rightleftharpoons R-\overset{O}{\overset{\|}{C}}-OH + R'OH + H^+$$

酰胺与浓 NaOH 溶液共热放出氨气，这个反应可用来鉴别酰胺。

$$R-\overset{O}{\overset{\|}{C}}-NH_2 + OH^- \xrightarrow{\triangle} R-\overset{O}{\overset{\|}{C}}-O^- + NH_3\uparrow$$

（2）醇解反应

酰氯、酸酐、酯可以和醇作用生成酯，酰胺的反应活性较低，不能进行醇解。

反应活性降低（↓）

$$R-\overset{O}{\overset{\|}{C}}-Cl + R'OH \longrightarrow R-\overset{O}{\overset{\|}{C}}-OR' + HCl$$

$$R-\overset{O}{\overset{\|}{C}}-O-\overset{O}{\overset{\|}{C}}-R + R'OH \xrightarrow{\triangle} R-\overset{O}{\overset{\|}{C}}-OR' + RCOOH$$

$$R-\overset{O}{\overset{\|}{C}}-OR'' + R'OH \xrightarrow[\triangle]{H^+} R-\overset{O}{\overset{\|}{C}}-OR' + R''OH$$

酰氯与醇反应是制备酯的好方法，该反应条件温和、收率高，由于反应过程放出 HCl，加有机碱（如吡啶），搅拌下反应可得到较好的结果。例如：

$$(H_3C)_3C\overset{O}{\overset{\|}{C}}-Cl + C_6H_5OH \xrightarrow{\text{吡啶}} (CH_3)_3CCOOC_6H_5 + HCl \quad (80\%)$$

$$C_6H_5\overset{O}{\overset{\|}{C}}-Cl + HOC(CH_3)_3 \xrightarrow{\text{吡啶}} C_6H_5\overset{O}{\overset{\|}{C}}-OC(CH_3)_3$$

酸酐与醇的反应也很迅速，这个反应可用来使各种醇及多羟基天然产物（如纤维素、淀粉）酰基化。例如：

$$\text{(2-呋喃基)}CH_2OH + (CH_3CO)_2O \xrightarrow{CH_3COONa} \text{(2-呋喃基)}CH_2OCOCH_3 + CH_3COOH \quad (87\% \sim 93\%)$$

$$\underset{\text{淀粉}}{StOH} + (CH_3CO)_2O \xrightarrow{H^+} \underset{(70\%)}{StOCOCH_3} + CH_3COOH$$

酯的醇解也叫酯交换反应。例如下面这个反应可用来合成食品乳化剂蔗糖酯：

$$\underset{\text{硬脂酸甲酯}}{CH_3(CH_2)_{16}COOCH_3} + \underset{\text{蔗糖}}{C_{12}H_{22}O_{11}} \xrightarrow{H^+} \underset{\text{蔗糖酯}}{CH_3(CH_2)_{16}COOC_{12}H_{21}O_{10}} + CH_3OH$$

酯交换反应也是合成纤维维尼纶（vinylon）生产过程中的重要反应。

$$nH_2C{=}\underset{OCOCH_3}{\underset{|}{CH}} \xrightarrow{\text{聚合}} \left[CH_2-\underset{OCOCH_3}{\underset{|}{CH}}\right]_n \xrightarrow[-CH_3COOCH_3]{CH_3OH,\ H^+} \left[CH_2-\underset{OH}{\underset{|}{CH}}\right]_n \xrightarrow[H^+]{CH_2O}$$

$$\left[\overset{H_2}{C}-\overset{H}{C}-\overset{H_2}{C}-\overset{H}{C}\right]_n \text{（两个 CH 上的 O 经 } \underset{H_2}{C} \text{ 相连成环）}$$

聚乙烯醇缩甲醛 (vinylon)

（3）氨解反应

酰氯、酸酐和酯与氨反应制得酰胺。

反应活性降低（↓）

$$R-\overset{O}{\overset{\|}{C}}-Cl + 2NH_3 \longrightarrow R-\overset{O}{\overset{\|}{C}}-NH_2 + NH_4Cl$$

$$R-\overset{O}{\overset{\|}{C}}-O-\overset{O}{\overset{\|}{C}}-R + 2NH_3 \xrightarrow{\triangle} R-\overset{O}{\overset{\|}{C}}-NH_2 + RCOONH_4$$

$$R-\overset{O}{\overset{\|}{C}}-OR' + NH_3 \xrightarrow{\triangle} R-\overset{O}{\overset{\|}{C}}-NH_2 + R'OH$$

例如：

$$(H_3C)_2CH\overset{O}{\overset{\|}{C}}-Cl + 2NH_3 \longrightarrow (H_3C)_2CH-\overset{O}{\overset{\|}{C}}-NH_2 + NH_4Cl$$

异丁酰胺85%

$$C_6H_5-NH_2 + (CH_3CO)_2O \longrightarrow C_6H_5-NHCOCH_3 + CH_3COOH$$

[问题 13-12] 完成反应式。

(a) 丁二酸酐 + $CH_3OH \xrightarrow{\triangle}$

(b) $CH_3COOH \xrightarrow{PCl_3} \xrightarrow{NH_3}$

(c) $H_3CCOOCH{=}CH_2 + H_2O \xrightarrow{H^+}$

(d) $\left[\overset{H_2}{C}-\underset{OCOCH_3}{\overset{H}{C}}\right]_n + CH_3OH \xrightarrow{H^+}$

(e) $CH_3CH_2CONH_2 + H_2O \xrightarrow[\triangle]{OH^-}$

从以上反应事实可以看出，羧酸衍生物与亲核试剂水、醇和氨相互作用在反应活性上表现出明显的规律性：

$$R-\overset{O}{\overset{\|}{C}}-Cl \quad R-\overset{O}{\overset{\|}{C}}-O-\overset{O}{\overset{\|}{C}}-R \quad R-\overset{O}{\overset{\|}{C}}-OR' \quad R-\overset{O}{\overset{\|}{C}}-NH_2$$

水解、醇解、氨解活性降低 →

上述三类反应都是在试剂分子中引入酰基，所以叫酰基化反应。羧酸衍生物是酰基化试剂，它们的活性顺序为：

$$R-\overset{O}{\overset{\|}{C}}-Cl > R-\overset{O}{\overset{\|}{C}}-O-\overset{O}{\overset{\|}{C}}-R > R-\overset{O}{\overset{\|}{C}}-OR' > R-\overset{O}{\overset{\|}{C}}-NH_2$$

羧酸衍生物化学性质的相似性及规律性的变化，起因于结构的相似及其差异。

羧酸及其衍生物的水解、醇解和氨解反应，从本质上讲是亲核试剂进攻羰基碳原子引起的。因此，羰基碳上正电荷的高低决定羧酸衍生物的活性。

在羧酸衍生物 $R-\overset{O}{\overset{\|}{C}}-L$（L=—Cl、—OCOR、—OR'、—NH₂）中，L 是直接与酰基碳相连的原子，L 不仅电负性大，而且都有未共用电子对。这样，$R-\overset{O}{\overset{\|}{C}}-$ 与 L 之间的相互作用，既有 L 的–I 效应，也有 L 与 $R-\overset{O}{\overset{\|}{C}}-$ 的共轭效应。–I 效应使酰基碳原子电子云密度减小，共轭效应使酰基碳原子电子云密度增加。这两种作用相反的电子效应共同决定了酰基碳原子部分正电荷的多少，从而影响羧酸衍生物与亲核试剂反应的能力。

$$R-\overset{O}{\overset{\|}{C}}\rightarrow \qquad R-\overset{O}{\overset{\|}{C}}-\ddot{L} \longleftrightarrow R-\overset{O^-}{\overset{|}{C}}{=}L^+$$

–I 效应 酰基碳原子正电性升高　　共轭效应 酰基碳原子正电性降低

酰氯分子中的 p-π共轭体系由 Cl 原子的 3p 轨道与酰基碳原子的 2p 轨道交盖而成，因为

p 轨道大小不匹配，2p-3p 交盖不理想。即酰氯分子中的 p-π共轭效应较弱，而 Cl 的–I 效应很强，所以在各种羧酸衍生物中酰氯的酰基碳原子的正电荷最高，与亲核试剂的反应能力最强。

酸酐、酯和酰胺中 O 原子和 N 原子的孤对电子均处于第二电子层，与羰基碳原子 2p 轨道交盖良好，共轭效应强，所以酰基碳原子电荷都比酰氯低。但是酰胺与酯、酸酐相比，因氮电负性小于氧，故–I 效应较弱。所以酰胺的亲核反应活性最低。由于酸酐中氧原子上的孤对电子参与两个共轭体系的构成，所以酸酐中+C 效应不及酯，故亲核取代反应活性高于酯，如表 13-7 所示。

表 13-7　羧酸衍生物的反应活性

羧酸衍生物	–I 效应	+C 效应	活性
酰氯	很强	很弱	高
酸酐	强	弱	较高
酯	强	强	较低
酰胺	弱	强	低

13.4.2　克莱森酯缩合反应

Claisen 酯缩合反应

含有α-氢原子的酯与醇金属共热后酸化，结果酯分子中的—OR 被取代，生成缩合物β-二羰基化合物，这个反应称为克莱森酯缩合反应（Chaisen ester condensation reaction），是合成β-二羰基化合物的一个重要反应。例如：

$$2H_3C-\overset{O}{\overset{\|}{C}}-OC_2H_5 \xrightarrow[2.HOAc\text{ 或 }H^+]{1.C_2H_5ONa} H_3C-\overset{O}{\overset{\|}{C}}-CH_2-\overset{O}{\overset{\|}{C}}-OCH_2CH_3$$

乙酰乙酸乙酯（三乙）

与醛、酮相似，酯分子中由于羰基的影响，α-H 表现出非常弱的酸性，可与强碱 RO^-反应，生成碳负离子：

$$H-\underset{H}{\overset{H}{C}}-\overset{O}{\overset{\|}{C}}-OC_2H_5 \xrightarrow{C_2H_5ONa} \left[H_2\bar{C}-\overset{O}{\overset{\|}{C}}-OC_2H_5 \longleftrightarrow H_2C=\overset{O^-}{\overset{|}{C}}-OC_2H_5\right] + C_2H_5OH$$

对比：

$$H-\underset{H}{\overset{H}{C}}-CHO \overset{OH^-}{\rightleftharpoons} \left[H_2\bar{C}-\underset{H}{C}=O \longleftrightarrow H_2C=\underset{H}{C}-O^-\right]$$

生成的碳负离子 $H_2\bar{C}-\overset{O}{\overset{\|}{C}}-OC_2H_5$ 与另一分子酯发生亲核加成–消去历程，得到最终产物：

$$H_3C-\overset{O}{\overset{\|}{C}}-OC_2H_5 + H_2\bar{C}-\overset{O}{\overset{\|}{C}}-OC_2H_5 \rightleftharpoons H_3C-\underset{OC_2H_5}{\overset{O^-}{C}}-CH_2-\overset{O}{\overset{\|}{C}}-OC_2H_5$$

$$H_3C-\underset{OC_2H_5}{\overset{O^-}{C}}-CH_2-\overset{O}{\overset{\|}{C}}-OC_2H_5 \xrightarrow{-^-OC_2H_5} H_3C-\overset{O}{\overset{\|}{C}}-CH_2-\overset{O}{\overset{\|}{C}}-OC_2H_5$$

由于反应是在强碱介质中进行的，而乙酰乙酸乙酯分子中亚甲基受两个羰基的影响而显示酸性，故在溶液中实际上存在的是乙酰乙酸乙酯负离子：

$$H_3C-\overset{O}{\overset{\|}{C}}-\overset{-}{C}H-\overset{O}{\overset{\|}{C}}-OC_2H_5 \xrightarrow{H^+} H_3C-\overset{O}{\overset{\|}{C}}-CH_2-\overset{O}{\overset{\|}{C}}-OC_2H_5$$

如果分子中含有两个酯基，则在碱作用下发生分子内缩合反应，生成环酯：

$$\begin{array}{l} H_2C-CH_2-COOC_2H_5 \\ | \\ H_2C-CH_2-COOC_2H_5 \end{array} \xrightarrow[\text{甲苯}+C_2H_5OH]{Na} \xrightarrow{H^+} \text{2-乙氧羰基环戊酮}$$

74%～81%

Claisen 酯缩合反应在生物体中长链脂肪酸的生物合成上也具有重要意义。它是在酶的催化下通过乙酰辅酶 A 的缩合反应等一系列步骤实现的，可示意如下：

$$H_3C-\overset{O}{\overset{\|}{C}}-\text{辅酶A} + H_3C-\overset{O}{\overset{\|}{C}}-\text{辅酶A} \longrightarrow H_3C-\overset{O}{\overset{\|}{C}}-CH_2-\overset{O}{\overset{\|}{C}}-\text{辅酶A} \xrightarrow{\text{还原}} \xrightarrow{\text{水解}} CH_3CH_2CH_2COOH$$

当生成 $H_3C-\overset{O}{\overset{\|}{C}}-CH_2-\overset{O}{\overset{\|}{C}}-\text{辅酶A}$，再转变为 $H_2\overset{-}{C}-\overset{O}{\overset{\|}{C}}-CH_2-\overset{O}{\overset{\|}{C}}-\text{辅酶A}$，可再进行亲核取代，如此多次循环，就合成了长碳链羧酸。这就是从生物体分离得到的各种天然羧酸均具有偶数碳原子的原因。

[问题 13-13]　比较 CH_3CHO 和 $CH_3COOC_2H_5$ 中哪一个α-H 活泼，为什么？

13.4.3 丙二酸二乙酯的结构与性质

丙二酸二乙酯的结构与性质

如前所述，丙二酸的特点是受热易分解脱羧生成乙酸。

$$HOOCCH_2COOH \xrightarrow{\triangle} CH_3COOH + CO_2\uparrow$$

但是，丙二酸酯性质稳定。如丙二酸二乙酯是一种有香味的液体，沸点为 199℃。丙二酸二乙酯的合成、结构、性质与在有机合成上的应用涉及前面已经学过的许多重要的基本有机反应。

（1）合成

丙二酸二乙酯可以从基本有机化工产品乙酸出发制备。首先由乙酸合成氯乙酸，在α-碳原子上引入氯，再引入氰基，最后在酸性介质中与乙醇共热，使腈的水解与—COOH 的酯化一次完成。

$$CH_3COOH + Cl_2 \xrightarrow{\text{红磷}} \underset{Cl}{\underset{|}{C}}H_2COOH \xrightarrow{NaOH} \underset{Cl}{\underset{|}{C}}H_2COONa \xrightarrow{NaCN} \underset{CN}{\underset{|}{C}}H_2COONa$$

$$\xrightarrow[H_2SO_4]{C_2H_5OH} H_2C\begin{array}{l} \diagup COOC_2H_5 \\ \diagdown COOC_2H_5 \end{array}$$

[问题 13-14]　试回答在丙二酸二乙酯的合成路线中：

（a）为什么要将氯乙酸 $ClCH_2COOH$ 转变为 $ClCH_2COONa$？能否直接用氯乙酸与 NaCN 反应制备氰基乙酸钠 $\underset{CN}{\overset{CH_2COONa}{|}}$ ？为什么？

（b）由 $\underset{CN}{\overset{CH_2COONa}{|}}$ 合成 $CH_2(COOC_2H_5)_2$ 能否采用下面的程序：

$$\underset{CN}{\overset{CH_2COONa}{|}} \xrightarrow[H_2O]{H_2SO_4} HOOCCH_2COOH \xrightarrow[\triangle]{C_2H_5OH,\ H^+} CH_2(COOC_2H_5)_2$$

（2）结构与性质

丙二酸二乙酯的α-亚甲基由于受到左右两个酯基的影响，它的氢原子变得比较活泼，有电离出 H^+的倾向（pK_a=13）

$$C_2H_5O-\overset{O}{\overset{\|}{C}}-\underset{H}{\overset{H}{\overset{|}{\underset{|}{C}}}}-\overset{O}{\overset{\|}{C}}-OC_2H_5 \rightleftharpoons C_2H_5O-\overset{O}{\overset{\|}{C}}-\underset{H}{\underset{|}{\overset{-}{C}}}-\overset{O}{\overset{\|}{C}}-OC_2H_5 + H^+$$

当丙二酸二乙酯被用强碱醇钠(RO^-Na^+)处理时，转变为碳负离子，生成丙二酸二乙酯钠。这就是丙二酸二乙酯最重要最基本的性质。

$$CH_2(COOC_2H_5)_2 + C_2H_5ONa \xrightarrow{-C_2H_5OH} \underset{\text{丙二酸二乙酯钠}}{[CH(COOCH_5)_2]^-} + Na^+$$

显然，丙二酸二乙酯碳负离子是共振稳定化的，这也是亚甲基氢原子显示弱酸性的一个原因。

$$\left[C_2H_5O-\overset{O}{\overset{\|}{C}}-\overset{-}{C}H-\overset{O}{\overset{\|}{C}}-OC_2H_5 \longleftrightarrow C_2H_5O-\overset{O}{\overset{\|}{C}}-CH=\overset{O^-}{\overset{|}{C}}-OC_2H_5 \longleftrightarrow C_2H_5O-\overset{O^-}{\overset{|}{C}}=CH-\overset{O}{\overset{\|}{C}}-OC_2H_5\right]$$

（3）有机合成上的应用

利用丙二酸二乙酯亚甲基氢原子的微弱酸性，首先让丙二酸二乙酯与强碱醇钠反应转变为碳负离子（丙二酸二乙酯钠），然后碳负离子与卤烷进行亲核取代反应实现烷基化，于亚甲基碳原子上引入烷基，并经碱性水解、酸化、加热脱羧得到一烷基取代乙酸（二烷基取代乙酸或二元羧酸）。

$$R-CH_2COOH \qquad \begin{matrix}R\\ \\R\end{matrix}\!\!>\!CHCOOH \qquad \begin{matrix}CH_2COOH\\|\\(CH_2)_n\\|\\CH_2COOH\\n\geqslant 1\end{matrix}$$

合成路线如下：

$$CH_2(COOC_2H_5)_2 \xrightarrow{C_2H_5ONa} [CH(COOC_2H_5)_2]^-Na^+ \xrightarrow[-NaX]{RX} RCH(COOC_2H_5)_2$$

$$\xrightarrow[(2)\ H^+]{(1)\ OH^-,\ H_2O} RCH(COOH)_2 \xrightarrow[-CO_2]{\triangle} \underset{\text{一烷基取代乙酸}}{RCH_2COOH}$$

如果上面的第二步反应生成的一烷基取代丙二酸二乙酯 $RCH(COOC_2H_5)_2$ 先不水解，再与 C_2H_5ONa 反应，进行第二次烷基化，则可得到二烷基取代酸：

$$RCH(COOC_2H_5)_2 \xrightarrow[-C_2H_5OH]{C_2H_5ONa} [RC(COOC_2H_5)_2]^- Na^+ \xrightarrow[-NaX]{R'X} \begin{matrix} R \\ R' \end{matrix}\!\!>C(COOC_2H_5)_2$$

$$\xrightarrow[(2)\ H^+]{(1)\ OH^-,\ H_2O} \begin{matrix} R \\ R' \end{matrix}\!\!>C(COOH)_2 \xrightarrow[-CO_2]{\triangle} \begin{matrix} R \\ R' \end{matrix}\!\!>CHCOOH$$

在合成二烷基取代乙酸时，若R与R'大小不同，则从有利于亲核取代反的空间因素考虑，一般先引入大的烷基，后引入小的烷基。

【例 13-1】 试以乙烯为原料通过丙二酸二乙酯合成 2-乙基丁酸。

解 首先由乙烯合成丙二酸二乙酯：

$$H_2C{=}CH_2 + H_2O \xrightarrow[\triangle]{H_3PO_4} CH_3CH_2OH$$

$$CH_3CH_2OH \xrightarrow{[O]} CH_3COOH \xrightarrow[P]{Cl_2} \underset{\displaystyle Cl}{\underset{|}{CH_2}}COOH \xrightarrow{OH^-} \underset{\displaystyle Cl}{\underset{|}{CH_2}}COO^- \xrightarrow{NaCN} \xrightarrow[H^+,H_2O]{C_2H_5OH} CH_2(COOC_2H_5)_2$$

目标分子 2-乙基丁酸 $CH_3CH_2-\underset{\displaystyle CH_2CH_3}{\underset{|}{CH}}COOH$ 实为二烷基取代乙酸 $\begin{matrix} R \\ R \end{matrix}\!\!>CHCOOH$ (R= —CH_2CH_3)，所以合成路线如下：

$$2C_2H_5OH + 2Na \longrightarrow 2CH_3CH_2ONa + H_2\uparrow$$

$$H_2C{=}CH_2 + HCl \longrightarrow CH_3CH_2Cl$$

$$CH_2(COOC_2H_5)_2 \xrightarrow[(2)\ CH_3CH_2Cl]{(1)\ C_2H_5ONa} CH_3CH_2CH(COOC_2H_5)_2 \xrightarrow[(2)\ CH_3CH_2Cl]{(1)\ C_2H_5ONa} CH_3CH_2\underset{\displaystyle CH_2CH_3}{\underset{|}{C}}(COOC_2H_5)_2$$

$$\xrightarrow{OH^-,H_2O} \xrightarrow{H^+} CH_3CH_2\underset{\displaystyle CH_2CH_3}{\underset{|}{C}}(COOH)_2 \xrightarrow[-CO_2]{\triangle} CH_3CH_2\underset{\displaystyle CH_2CH_3}{\underset{|}{CH}}COOH$$

【例 13-2】 利用丙二酸二乙酯合成己二酸。

解 $\begin{matrix} H_2C-CH_2-COOH \\ | \\ H_2C-CH_2-COOH \end{matrix}$ 分子可视为两分子乙酸通过二元卤代烃 XCH_2-CH_2X 取代的产物，故合成方法为：

$$H_2C{=}CH_2 + Br_2 \longrightarrow CH_2BrCH_2Br$$

$$2CH_2(COOC_2H_5)_2 \xrightarrow[(2)\ BrCH_2CH_2Br]{(1)\ C_2H_5ONa} \begin{matrix} H_2C-CH(COOC_2H_5)_2 \\ | \\ H_2C-CH(COOC_2H_5)_2 \end{matrix} \xrightarrow[(2)\ H+]{(1)\ OH^-}$$

$$\begin{matrix} CH_2CH(COOH)_2 \\ | \\ CH_2CH(COOH)_2 \end{matrix} \xrightarrow[-2CO_2]{\triangle} \begin{matrix} CH_2CH_2COOH \\ | \\ CH_2CH_2COOH \end{matrix}$$

[问题 13-15] 由丙二酸二乙酯合成 2-甲基丁酸应使用什么卤代烷？写出反应方程式。

[问题 13-16] 由丙二酸二乙酯合成 3-甲基戊二酸应使用什么卤代烷？写出反应方程式。

13.4.4 酰胺的酸碱性

酰胺的酸性相当于醇，一般说来是中性化合物，它不能使石蕊试纸变色。酰胺也显示弱碱性。例如把氯化氢气体通入乙酰胺的乙醚溶液中生成不溶于乙醚的盐。

$$CH_3CONH_2 + HCl \longrightarrow CH_3CONH_2 \cdot HCl$$

但这个盐不稳定，遇水即分解成乙酰胺和盐酸。这说明酰胺的碱性非常弱，不能在酸溶液中形成稳定的盐。碳酰胺（脲）的碱性要比酰胺强，它与强无机酸（如硝酸）在水溶液中生成盐。

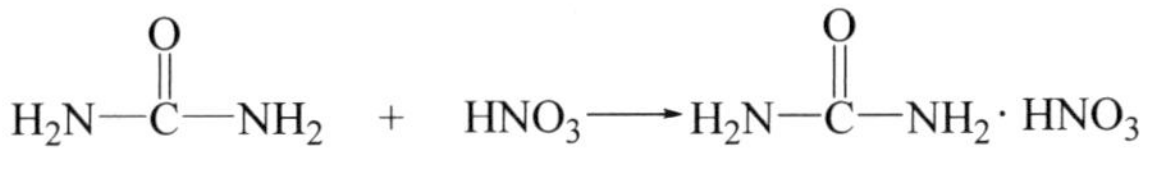

$$H_2N-\overset{\overset{\large O}{\|}}{C}-NH_2 + HNO_3 \longrightarrow H_2N-\overset{\overset{\large O}{\|}}{C}-NH_2 \cdot HNO_3$$

酰胺分子中氮原子上的孤对电子与羰基形成共轭体系，电子云密度平均化，结果氮原子周围的电子云密度显著降低，故酰胺的碱性很弱。碳酰胺由于有两个氨基同时与羰基形成共轭体系，碱性强于酰胺。

在酰胺分子中，由于氮原子的电子云密度降低，因此—NH_2上 N—H 键就或多或少地受到影响，电子云密度稍有降低，电离出质子的倾向增强而显微弱酸性。若分子中氮原子同时与两个羰基相连，这种作用就比较明显。例如丁二酰亚胺遇强碱可成盐：

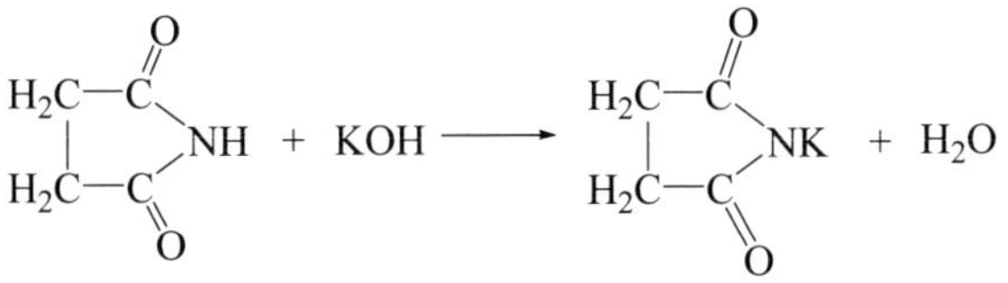

$$\text{丁二酰亚胺} + KOH \longrightarrow \text{丁二酰亚胺钾} + H_2O$$

丁二酰亚胺　　　　丁二酰亚胺钾

从以上分析可见：

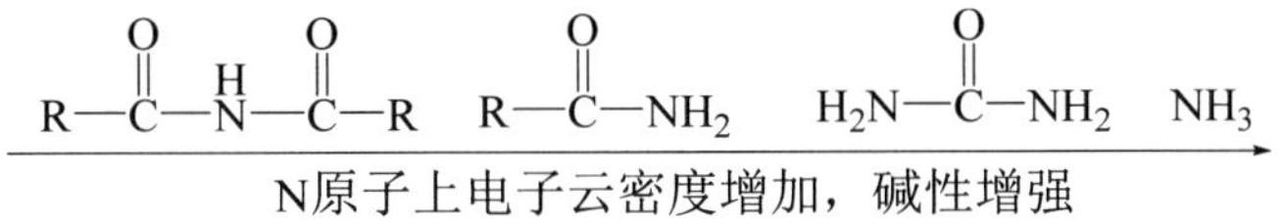

$$R-\overset{\overset{\large O}{\|}}{C}-\overset{H}{N}-\overset{\overset{\large O}{\|}}{C}-R \quad R-\overset{\overset{\large O}{\|}}{C}-NH_2 \quad H_2N-\overset{\overset{\large O}{\|}}{C}-NH_2 \quad NH_3$$

$\xrightarrow{\quad\quad\quad\quad\quad\quad\quad\quad\quad\quad}$
N原子上电子云密度增加，碱性增强

阅读材料

克莱森（R. L. Claisen，1851—1930）

生于德国科隆，他曾在波恩大学凯库勒的指导下学习，后来还在维勒实验室学习过。他在波恩大学取得了博士学位并成为凯库勒的助手。1886 年回国后在慕尼黑于拜尔指导下工作。他还在柏林大学与费歇尔一起工作过。他的成就包括羰基化合物的酰化、烯丙基重排（Claisen 重排）、肉桂酸的制备、吡唑的合成、异噁唑衍生物的合成和乙酰乙酸乙酯的制备。

本章小结

1. 羧酸的官能团是羧基（—COOH），羧酸($K_a \approx 10^{-5}$)是一种弱酸，其酸性比碳酸稍强。

2. 羧酸的化学性质取决于结构，可归纳为：

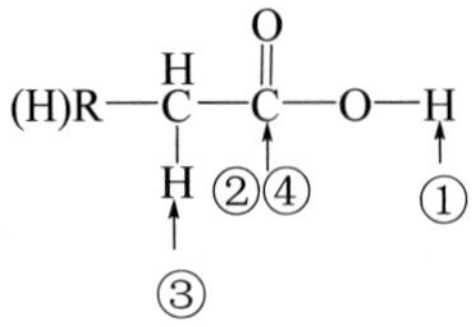

$$(H)R-\underset{H}{\overset{H}{C}}-\overset{O}{\overset{\|}{C}}-O-H$$

③ 指向 α-H；②④ 指向羰基碳；① 指向 O—H 上的 H

① 酸性
② —OH被取代生成羧酸衍生物
③ α-H卤代
④ 氧化还原反应

3. 羧酸衍生物（酰氯、酸酐、酯、酰胺）可以和水、醇、氨反应，是在分子中引入酰基的有效方法，故称酰基化试剂，其酰化能力强弱有如下规律：

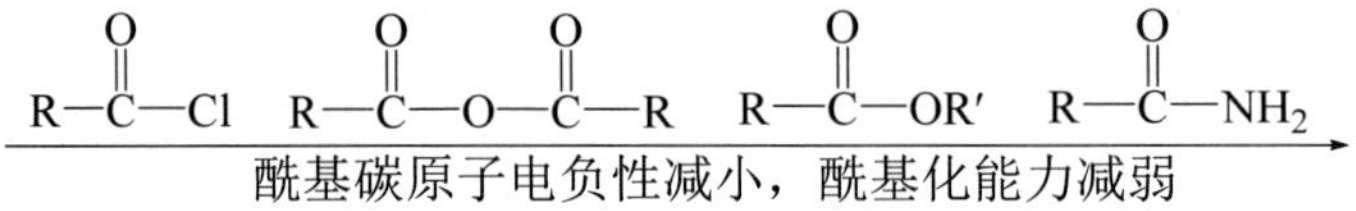

$$R-\overset{O}{\overset{\|}{C}}-Cl \quad R-\overset{O}{\overset{\|}{C}}-O-\overset{O}{\overset{\|}{C}}-R \quad R-\overset{O}{\overset{\|}{C}}-OR' \quad R-\overset{O}{\overset{\|}{C}}-NH_2$$

$\xrightarrow{\hspace{6em}}$ 酰基碳原子电负性减小，酰基化能力减弱

4. 酰胺具有弱酸性和弱碱性，其酸碱性大小有如下规律：

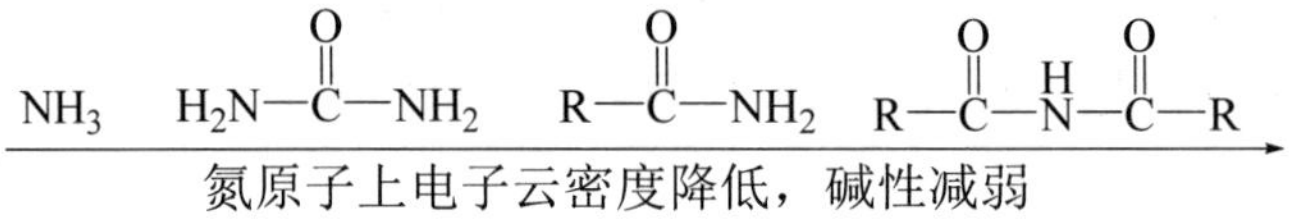

$$NH_3 \quad H_2N-\overset{O}{\overset{\|}{C}}-NH_2 \quad R-\overset{O}{\overset{\|}{C}}-NH_2 \quad R-\overset{O}{\overset{\|}{C}}-\overset{H}{N}-\overset{O}{\overset{\|}{C}}-R$$

$\xrightarrow{\hspace{6em}}$ 氮原子上电子云密度降低，碱性减弱

5. 脂肪族二元羧酸受热分解，是脱羧还是脱水取决于两个—COOH 之间的距离并受环的稳定性规律支配。

$$(COOH)_2 \xrightarrow[-CO_2]{\triangle} HCOOH$$

$$CH_2(COOH)_2 \xrightarrow[-CO_2]{\triangle} CH_3COOH$$

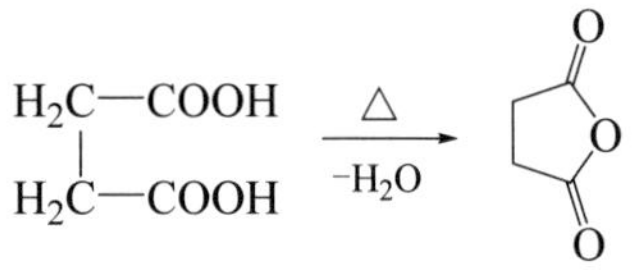

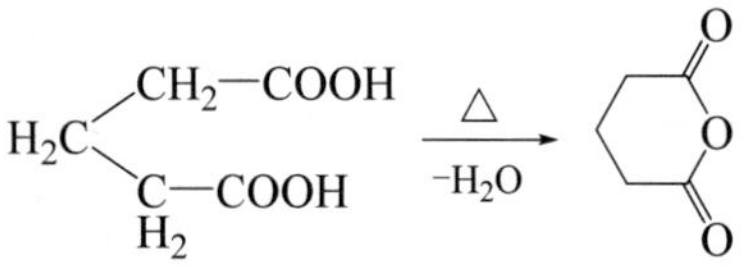

$$\begin{matrix} H_2C-COOH \\ | \\ H_2C-COOH \end{matrix} \xrightarrow[-H_2O]{\triangle} \text{丁二酸酐（五元环酸酐）}$$

$$H_2C\begin{matrix} CH_2-COOH \\ \underset{H_2}{C}-COOH \end{matrix} \xrightarrow[-H_2O]{\triangle} \text{戊二酸酐（六元环酸酐）}$$

6. 丙二酸二乙酯可以乙烯、乙炔为原料制备，通过丙二酸二乙酯合成烷基取代乙酸是合成羧酸的重要途径。

7. Claisen 酯缩合反应是含α-氢原子酯的重要反应。例如由乙酸乙酯可以合成重要的化合物乙酰乙酸乙酯。

$$CH_3COOC_2H_5 \xrightarrow[(2)\ HOAc]{(1)\ C_2H_5ONa} CH_3COCH_2COOC_2H_5$$

习　　题

13-1　用系统命名法命名下列化合物。

（a）$CH_3CH_2CHCOOH$（CH_3 连于 CH 上）

（b）$CH_3CH{=}\underset{H}{C}{-}COOH$

（c）$H_3C{-}C(CH_3)(COOH){-}COOH$

（d）$H_2C{=}CH{-}CONH_2$

（e）O ‖ C — O — C ‖ O（苯环并环）

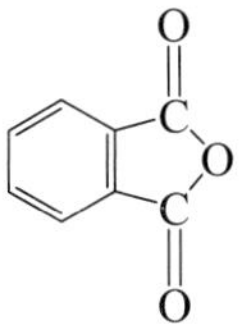

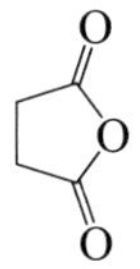

（f）O、O、O（五元环酸酐）

（g）$NHCOCH_3$（苯环）

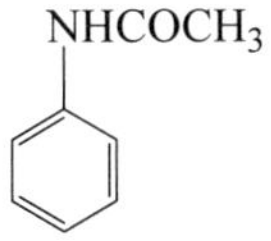

（h）Cl_3CCOOH

（i）$CH_3COOCH{=}CH_2$

（j）COCl（苯环）

13-2　写出下列化合物的构造式。

（a）蚁酸　（b）异丁酸　（c）硬脂酸（十八酸）

（d）棕榈酸（十六酸）　（e）对苯二甲酸　（f）水杨酸（邻羟基苯甲酸）

（g）甲乙酐　（h）丁酰氯　（i）乙酸异戊酯

（j）二甲基甲酰胺（DMF）　（k）丁二酰亚胺　（l）乙酸苄酯

（m）尿素　（n）ω-氯代丁酸　（o）苯甲酰胺

13-3　完成下列反应式。

（a）$H_2C{=}CH_2 \xrightarrow[H^+]{H_2O} \xrightarrow{[O]} \xrightarrow{NH_3} \xrightarrow{\triangle}$

（b）$CH_3CH_2CH_2COOH + C_2H_5OH \xrightarrow[\triangle]{H^+}$

（c）$CH_3CH_2COOH \xrightarrow[P]{Cl_2} \xrightarrow[OH^-]{H_2O}$

（d）$2CH_3COOH \xrightarrow[\triangle]{P_2O_5}$

（e）$CH_3CH_2CH_2COOH \xrightarrow[P]{Br_2} \xrightarrow{OH^-,\ NaCN} \xrightarrow[H^+]{H_2O}$

（f）（邻苯二甲酸酐：O、O、O）$+ C_2H_5OH \xrightarrow{H^+} \xrightarrow{SOCl_2} \xrightarrow[OH^-]{C_2H_5OH}$

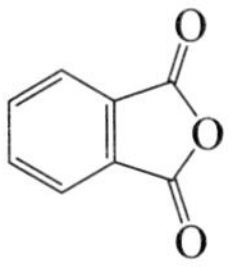

（g）COOH（苯环）$\xrightarrow{SOCl_2} \xrightarrow{NH_3}$

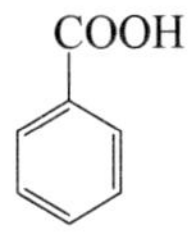

（h）$CH_3COOCH{=}CH_2 \xrightarrow[\triangle]{OH^-}$

（i）$\begin{matrix} COOH \\ | \\ COOH \end{matrix} \xrightarrow{\triangle}$

（j） $CH_3(CH_2)_{16}COOCH_3$ + $\underset{OH}{CH_2}$—$\underset{OH}{CH}$—$\underset{OH}{CH_2}$ (1mol) $\xrightarrow[\triangle]{OH^-}$

13-4 用化学方法区分下列各组化合物。

（a）甲酸、乙酸和乙酸乙酯

（b）乙酰氯、乙酸酐和乙酰胺

13-5 将下列化合物按指定性质排列。

（a）按与水反应活性由小到大排列

乙酰氯　　乙酸酐　　乙酸乙酯　　乙酰胺

（b）按碱性由强到弱排列

CH_3CONH_2　　CH_3COONH_4　　H_2NCONH_2　　$NH_3·H_2O$

（c）按酸性由强到弱排列

（1） HCOOH　　CH_3COOH　　CH_3CH_2OH　　$(COOH)_2$

（2） CH_3COOH　　$ClCH_2COOH$　　CH_3CH_2COOH

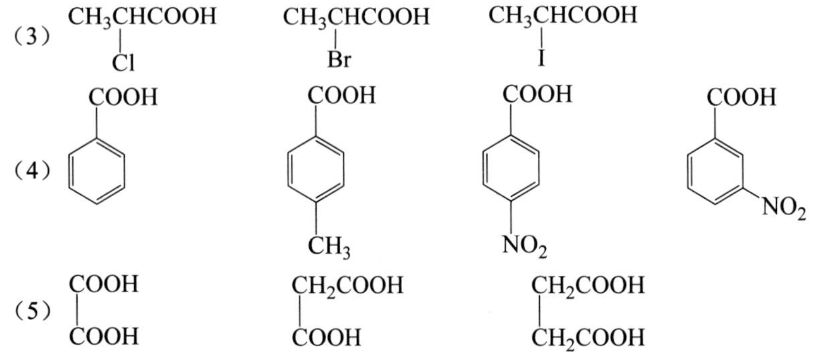

13-6 以甲醇和乙醇及必要的无机试剂为原料，用丙二酸二乙酯法合成下列化合物。

（a）2-甲基丙酸　　（b）戊二酸　　（c）α-甲基丁酸

13-7 完成下列转变（无机试剂任选）。

（a） $CH_3CH_2OH \longrightarrow CH_3COOC_2H_5$

（b） $CH_3CH_2OH \longrightarrow H_2NCH_2COOH$

（c） $CH_3CH_2OH \longrightarrow CH_3\underset{OH}{CH}COOH$

（d） $CH_3CH_2OH \longrightarrow (CH_3CO)_2O$

（e） $C_6H_5CH_2OH \longrightarrow C_6H_5COOCH_2C_6H_5$

（f） $C_6H_5CH_3$，丁二酸酐 $\longrightarrow H_3C-C_6H_4-CH_2CH_2CH_2COOH$

13-8 写出丁二酸酐与下列化合物反应的产物。

（a）NH_3　　（b）H_2O　　（c）CH_3CH_2OH

13-9 某化合物 A 的分子式为 $C_5H_6O_3$，它能与乙醇作用得到两个互为异构体的化合物 B 和 C，B 和 C 分别与亚硫酰氯作用后，再加入乙醇得到相同的化合物 D。试推测 A、B、C、D 的构造式并写出有关的反应式。

13-10　化合物 A、B、C 的分子式都是 $C_3H_6O_2$。A 与碳酸钠作用放出二氧化碳，B 和 C 不能，但 B 和 C 在氢氧化钠的水溶液中加热后可水解，B 的水溶液蒸馏出的液体能发生碘仿反应。试推测 A、B、C 的构造式并写出其反应式。

13-11　有一个中性化合物 $C_7H_{13}O_2Br$，与羟胺和苯肼均不反应。红外光谱在 2850～2950cm^{-1} 区域有吸收峰，而在 3000cm^{-1} 区域没有吸收峰，另外，一个强的吸收峰在 1740 cm^{-1}。核磁共振谱：$\delta = 1.0$(3H)，三重峰；$\delta = 1.3$(6H)，二重峰；$\delta = 2.1$(2H)，多重峰；$\delta = 4.2$(1H)，三重峰；$\delta = 4.6$ (1H)，多重峰。试推测此化合物的结构，并标明它们的吸收峰。

13-12　化合物 A 的分子式为 $C_6H_{12}O_2$，IR 在 1740 cm^{-1}、1250 cm^{-1} 和 1060 cm^{-1} 处皆有强吸收峰，而在 2950 cm^{-1} 以上则无吸收峰。A 的 NMR 仅有两个单峰，δ分别为 3.4 和 1.0，强度之比为 1∶3。试推测化合物 A 的结构。

13-13　（a）两个化合物 A 和 B 具有相同的分子式 $C_4H_4O_4$，并能发生下列反应：

与碳酸氢钠的溶液反应 1mol A 或 B 可游离出 2mol CO_2;

都能与溴的四氯化碳溶液反应，棕黄色消失；

完全还原 A 和 B 生成丁烷。试推测 A 和 B 可能的结构式。

（b）表 13-8 列出了 A 和 B 的性质：

表 13-8　A 和 B 的性质

性质	A	B
熔点/℃	130	287
水溶性	易溶	微溶
脱水温度/℃	160	310

试根据上述情况确定 A 和 B 的构造式，并说明理由。

13-14　$CH_2{=\!=}CHCH_2{}^{18}OH$ 用无机酸催化与 CH_3COOH 酯化时，有相当多的 $H_2{}^{18}O$ 生成，试提出反应机理，说明理由。

13-15　试用异丙醇作为唯一的有机试剂，合成(a) α-羟基丁酸和(b) β-羟基丁酸。

13-16　化合物 A($C_4H_6O_2$)不溶于 NaOH 溶液，和 Na_2CO_3 无反应，可使 Br_2 水褪色，有类似乙酸乙酯的香味，A 和 NaOH 溶液共热后变成 CH_3COONa 和 CH_3CHO。另一个化合物 B 分子式与 A 相同，它和 A 一样不溶于 NaOH 溶液，与 Na_2CO_3 无反应，可使 Br_2 水褪色，也有类似 A 的气味，但 B 和 NaOH 溶液共热后生成甲醇和一个羧酸盐，这个盐用 H_2SO_4 酸化后蒸馏出的有机物可使 Br_2 水褪色。试确定 A 和 B 的构造式。

第 14 章　羟基酸和羰基酸

羟基酸和羰基酸是分子中同时具有两种不同官能团的化合物，它们都是羧酸分子中烃基上的氢原子被羟基或氧原子取代而形成的化合物，因而又称为取代酸。像取代酸这样，在分子中同时具有两种或两种以上官能团的化合物，称为多官能团化合物。

羧酸分子中烃基上的氢原子被羟基取代后的化合物称为羟基酸，被氧原子取代后的化合物称为羰基酸。如果羰基取代的位置在碳链的末端，则称为醛酸，如丙醛酸（$CHOCH_2COOH$）；羰基位于碳链中间的称为酮酸，如丙酮酸（$CH_3COCOOH$）。这些含有不同官能团的化合物不仅具有各自官能团的一些典型性质，而且还有不同官能团之间相互作用和相互影响而产生的一些特殊性质。

14.1　羟基酸和羰基酸的命名

14.1.1　多官能团化合物的命名规则

在有机化学中经常遇到一个分子中含有多种官能团的化合物，例如烯烃的卤代、环醚的醚键断裂反应、羟醛缩合反应以及羧酸的α-氢卤化反应等生成的产物均为含有多种官能团的化合物。例如：

$$H_2C{=}CHCH_2CH_3 \xrightarrow[\text{高温}]{Cl_2} H_2C{=}CH\underset{\displaystyle Cl}{\underset{|}{C}}HCH_3 + \underset{\displaystyle Cl}{\underset{|}{C}}H_2CH{=}CHCH_3 + HCl$$

$$\text{(环氧丙烷)}\ \ {\overset{O}{\triangle}}{-}CH_3 + HI \longrightarrow \underset{\displaystyle OH}{\underset{|}{C}}H_2\underset{\displaystyle I}{\underset{|}{C}}HCH_3$$

$$CH_3CHO + CH_3CHO \xrightarrow[\triangle]{NaOH} CH_3CH{=}CHCHO + H_2O$$

$$CH_3CH_2COOH \xrightarrow[Cl_2]{P} CH_3\underset{\displaystyle Cl}{\underset{|}{C}}HCOOH + HCl$$

这些多官能团有机化合物的系统命名是根据官能团优先次序（nomenclature priority of functional group）决定的。表 14-1 为各官能团命名的优先次序。

在优先次序中排在前面的官能团为化合物母体名称。例如 $CH_3CH{=}CHCH_2CH_2Br$ 中含有两个官能团 C═C 和—X，前者为优，则其母体为烯烃，命名为 5-溴-2-戊烯。其他化合物使用相应方法命名。例如：

$CH_3CHOHCH_2CHO$	3-羟基丁醛	（—CHO 优先 —OH）
$O_2N{-}C_6H_4{-}OH$（对位）	对硝基苯酚	（—OH 优先 —NO_2）
$H_2C{=}CH{-}C{\equiv}CH$	3-丁烯-1-炔	（—C≡C— 优先）
$CH_3CH{=}CHCHO$	2-丁烯醛	（—CHO优先）
$CH_3\underset{\displaystyle Cl}{\underset{\vert}{C}}HCOOH$	2-氯丙酸	（—COOH优先）

表 14-1　官能团命名优先次序

官能团	化合物	官能团	化合物
—COOH	羧酸	(R)—OH	醇
$—SO_3H$	磺酸	(Ar)—OH	酚
—COOR	羧酸酯	—SH	硫醇
		$—NH_2$	胺
—C(=O)X	酰卤	—(R)—O—(R)	醚
$—CONH_2$	酰胺	—C≡C—	炔烃
—CN	腈		
—CHO	醛	>C=C<	烯烃
		—X	卤代烃
>C=O	酮	$—NO_2$	硝基化合物

14.1.2　羟基酸和羰基酸的命名

羟基酸和羰基酸都含有两个不同的官能团，前者是羟基和羧基，后者是羰基和羧基。由于官能团命名的优先次序是羧基优先于羰基和羟基，所以这两种化合物的系统命名都是以羧酸为母体，而羟基和羰基作为取代基；在命名时，取代基的位次由羧酸的碳链编号确定，既可以用阿拉伯数字 1、2、3、4、…编号，也可以用希腊字母α、β、γ、δ等编号。通常又把羟基连在碳链末端的羟基酸称为ω-羟基酸。例如：

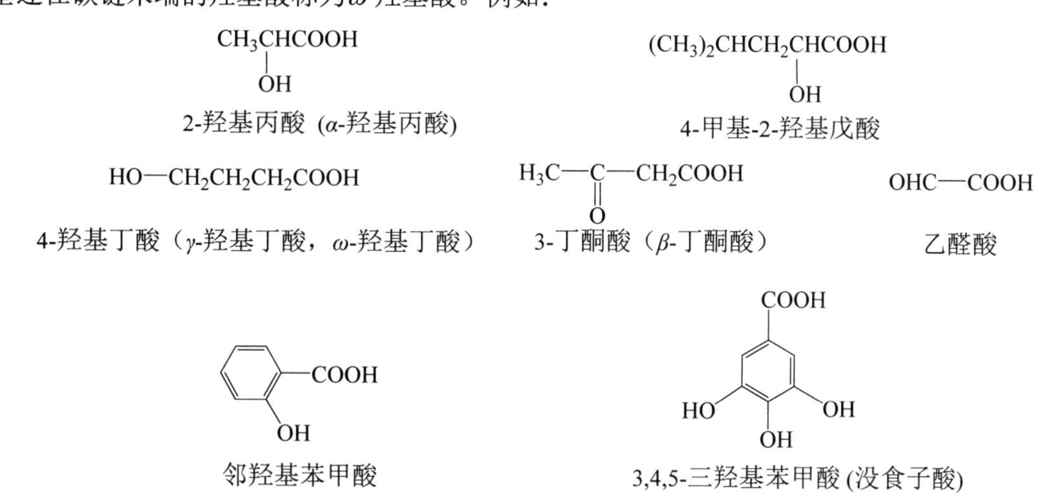

在脂肪族取代二元羧酸中，碳链用α、β、γ、…编号时，要从离羰基或羟基最近的羧基开始编号，也可以从两端开始分别以α、β、γ、…和α'、β'、γ'、…相对地来表示。如：

HOOCCHCHCOOH（两个 OH 取代）
2,3-二羟基丁二酸
（α,α'-二羟基丁二酸）

$HOOCCHCH_2COOH$（OH 取代）
2-羟基丁二酸
（α-羟基丁二酸）

自然界有许多重要的羟基酸，它们还经常使用俗名，见表 14-2。

表 14-2 自然界几种重要的羟基酸的名称

俗名	系统名称	构造式
乳酸	2-羟基丙酸	$CH_3CH(OH)COOH$
酒石酸	2,3-二羟基丁二酸	$HOOCCH(OH)CH(OH)COOH$
水杨酸	邻羟基苯甲酸	$o\text{-}HOC_6H_4COOH$
没食子酸	3,4,5-三羟基苯甲酸	$3,4,5\text{-}(HO)_3C_6H_2COOH$
苹果酸	2-羟基丁二酸	$HOOCCH(OH)CH_2COOH$
柠檬酸	3-羧基-3-羟基戊二酸	$HOOCCH_2C(OH)(COOH)CH_2COOH$

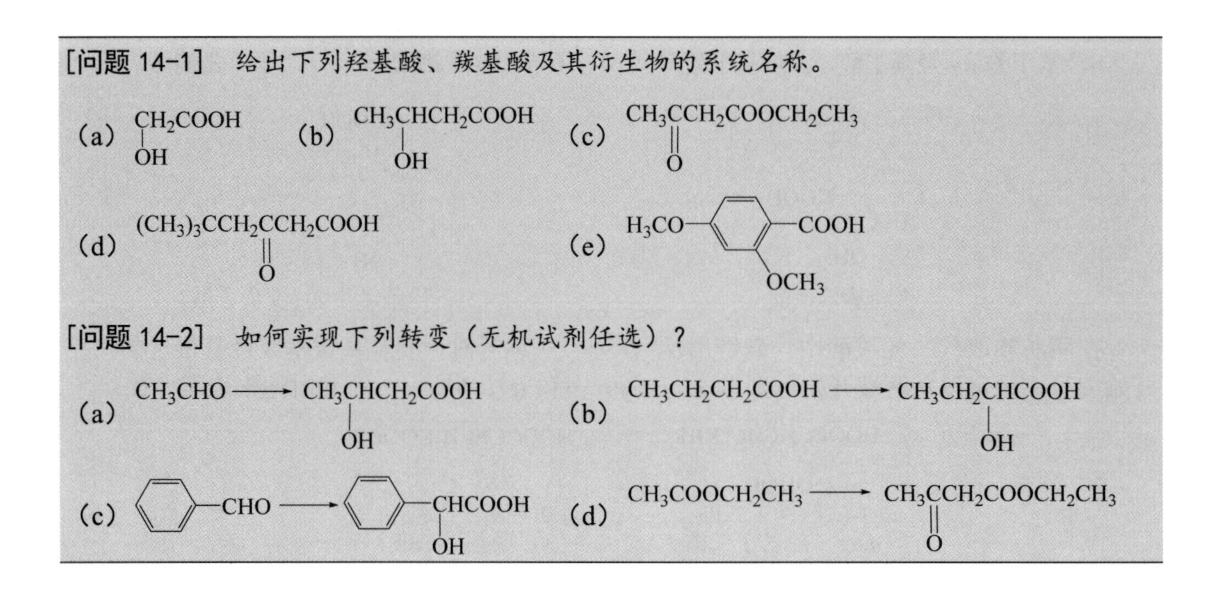
[问题 14-1] 给出下列羟基酸、羰基酸及其衍生物的系统名称。

(a) $CH_2(OH)COOH$ (b) $CH_3CH(OH)CH_2COOH$ (c) $CH_3COCH_2COOCH_2CH_3$

(d) $(CH_3)_3CCH_2COCH_2COOH$ (e) $H_3CO\text{-}C_6H_3(OCH_3)\text{-}COOH$

[问题 14-2] 如何实现下列转变（无机试剂任选）？

(a) $CH_3CHO \longrightarrow CH_3CH(OH)CH_2COOH$

(b) $CH_3CH_2CH_2COOH \longrightarrow CH_3CH_2CH(OH)COOH$

(c) $C_6H_5CHO \longrightarrow C_6H_5CH(OH)COOH$

(d) $CH_3COOCH_2CH_3 \longrightarrow CH_3COCH_2COOCH_2CH_3$

14.2　羟基酸的物理性质和化学性质

14.2.1　物理性质

羟基酸一般为结晶固体或黏稠液体。由于分子中有羟基和羧基两种官能团，它不仅可以形成分子内氢键、分子间氢键，也能与水形成分子间氢键。由于氢键数目多，因此它在水中的溶解度比相应的羧酸大，低级的羟基酸均易溶于水，其熔、沸点也比相应的羧酸高(表 14-3)。

表 14-3　某些羟基酸的熔点

名称	熔点/℃	名称	熔点/℃
羟基乙酸	79	酒石酸	170（内消旋体为 146）
乳酸	左、右旋体 25（外消旋体 18）	柠檬酸	100（1 分子水）；153（无水）
苹果酸	左、右旋体 100（外消旋体 133）	*β*-羟基丁酸	48
水杨酸	159	没食子酸	253（分解）

14.2.2　化学性质

羟基酸在化学性质上除了具有醇和酸的化学性质外，还因两种官能团的相互影响显示特殊的化学性质。

（1）酸性

在脂肪族化合物中，羟基是一个吸电子基团，由于羟基的–I 效应，因此羟基酸的酸性比其母体酸强（见表 14-4）。

表 14-4　羟基酸与相应母体酸的酸性

母体酸	pK_a	羟基酸	pK_a
乙酸	4.76	羟基乙酸	3.83
丙酸	4.88	2-羟基丙酸	3.86
丁二酸	4.16	3-羟基丙酸	4.51
苯甲酸	4.17	2-羟基丁二酸	3.40
		2,3-二羟基丁二酸	2.98
		水杨酸	2.98

羟基对酸性的影响显示诱导效应的特征，随着羟基和羧基间距离的增加这种影响迅速减弱。一般超过三个亚甲基以后，羟基对羧基的影响可以忽略不计。例如：

	$CH_3CH(OH)COOH$	$CH_2(OH)CH_2COOH$	CH_3CH_2COOH
pK_a	3.86	4.51	4.88

（2）脱水反应

羟基酸的脱水反应

羟基酸对热敏感，遇热即发生脱水反应。但随着分子中羟基和羧基相对位置的不同，其脱水方式也各不相同。

① *α*-羟基酸　受热时，发生分子间相互酯化脱水生成交酯，这是*α*-羟基酸的特征反应。

$$\text{R—CH(OH)—COOH} + \text{HOOC—CH(OH)—R} \longrightarrow \text{交酯（六元环）}$$

五元与六元环状化合物比较稳定，这是有机化学的一个普遍规律。α-羟基酸受热失水生成六元环交酯是体现这一规律的又一例证。交酯为中性化合物，具备酯的一般化学性质，经水解又变成原来的羟基酸。

$$\text{交酯} \xrightarrow[H^+或OH^-]{2H_2O} 2\,\text{R—CH(OH)—COOH}$$

② β-羟基酸　受热时分子内消除一分子水生成 α,β-不饱和酸。

$$RCH_2CH(OH)—CH(H)—COOH \xrightarrow[\triangle]{-H_2O} RCH_2CH{=}CHC(=O)OH$$

如果β-羟基酸发生像α-羟基酸那样的酯化脱水反应，则生成八元环状化合物。因此，反应选择了分子内消除脱水生成比较稳定的共轭烯酸α,β-不饱和酸。

当α-和γ-碳原子上都有氢原子存在时，不论两种碳原子的级别如何，消除反应都将发生在α-碳原子上。因此会出现以下违反 Saytzeff 规则的情况。

$$H_3C—CH(CH_3)—CH(OH)—CH_2—COOH \xrightarrow[\triangle]{-H_2O} H_3C—CH(CH_3)—CH{=}CH—COOH$$

共轭体系，能量低

$$H_3C—CH(CH_3)—CH(OH)—CH_2—COOH \xrightarrow[-H_2O]{\triangle}\!\!\!\!\!\times\ (H_3C)_2C{=}CHCH_2COOH$$

非共轭体系，能量较高，不能生成

③ γ-羟基酸、δ-羟基酸　受热均发生分子内酯化脱水生成γ-内酯和δ-内酯。

$$HOCH_2CH_2CH_2COOH \xrightarrow[\triangle]{-H_2O} \gamma\text{-丁内酯}$$

γ-丁内酯

$$HOCH_2CH_2CH_2CH_2COOH \xrightarrow[\triangle]{-H_2O} \delta\text{-戊内酯}$$

δ-戊内酯

④ 当羟基酸的—OH 与—COOH 相隔的亚甲基多于 4 个时，其受热倾向于发生分子间酯化生成长链聚酯。

$$m\,HO(CH_2)_nCOOH \xrightarrow[-(m-1)\,H_2O]{\triangle} H\!\left[O(CH_2)_n\overset{O}{\overset{\|}{C}}\right]_m\!OH\ (n>4)$$

由以上四类羟基酸的脱水反应可见，羟基酸的失水反应是受热力学控制的，在一定条件下，反应产物的稳定性甚至决定了化学反应的方向，这也是能量最低原理在有机化学中的体现。

（3）α-羟基酸的分解反应

α-羟基酸与稀硫酸共热，则分解成醛（酮）和甲酸。

α-羟基酸的分解反应

$$\text{R—CH(OH)COOH} \xrightarrow[\triangle]{\text{稀}H_2SO_4} \text{R—}\overset{\text{O}}{\overset{\|}{\text{C}}}\text{—H} + \text{HCOOH}$$

$$R_2C(OH)COOH \xrightarrow[\triangle]{\text{稀}H_2SO_4} R_2C{=}O + HCOOH$$

由于生成的醛（酮）可以用羰基试剂来鉴别，因此该反应可以用来区别α-羟基酸与其他羟基酸。

α-羟基酸还可以被高锰酸钾溶液氧化分解，生成少一个碳原子的羧酸或酮（α-羰基酸也容易被氧化）。例如：

$$\text{R—CH(OH)COOH} \xrightarrow{KMnO_4} \text{R—}\overset{\text{O}}{\overset{\|}{\text{C}}}\text{—OH} + CO_2 + H_2O$$

$$R_2C(OH)COOH \xrightarrow{KMnO_4} R_2C{=}O + CO_2 + H_2O$$

利用α-羟基酸和稀 H_2SO_4 或与 $KMnO_4$ 溶液共热发生分解反应，可由某一羧酸制备少一个碳原子的醛、酮与羧酸，这一反应是有机合成羰碳的方法之一。例如：

$$CH_3CH_2CH_2COOH \xrightarrow[P]{Br_2} CH_3CH_2CH(Br)COOH \xrightarrow{OH^-} CH_3CH_2CH(OH)COOH$$

$$\xrightarrow[\triangle]{KMnO_4} CH_3CH_2COOH + CO_2 + H_2O$$

$$CH_3CH_2CH(CH_3)COOH \xrightarrow[P]{Br_2} CH_3CH_2C(Br)(CH_3)COOH \xrightarrow{OH^-} CH_3CH_2C(OH)(CH_3)COOH$$

$$\xrightarrow[\triangle]{\text{稀}H_2SO_4} CH_3CH_2COCH_3 + HCOOH$$

[问题 14-3]　完成下列反应式。

（a）$CH_3COOH + Cl_2 \xrightarrow{P} \xrightarrow{OH^-} \xrightarrow{KMnO_4}$

（b）$(CH_3)_2CHCOOH \xrightarrow[P]{Br_2} \xrightarrow{OH^-} \xrightarrow[\triangle]{\text{稀}H_2SO_4}$

(c) $HC\equiv CH \xrightarrow[H_2O]{HgSO_4/H_2SO_4} \xrightarrow[0\sim5℃]{稀OH^-} \xrightarrow{(NH_3)_2Ag^+} \xrightarrow[\triangle]{稀H_2SO_4}$

[问题 14-4]　用化学方法鉴别下列各组化合物。

(a) $CH_3\overset{O}{\overset{\|}{C}}CH_3$　　$CH_3\overset{OH}{\overset{|}{C}}HCOOH$　　$HOCH_2CH_2COOH$

(b) CH_3CH_2COOH　$CH_3\overset{OH}{\overset{|}{C}}HCOOH$　　$(CH_3)_2\overset{OH}{\overset{|}{C}}COOH$

14.3　重要的羟基酸

14.3.1　乳酸

乳酸（α-羟基丙酸，$CH_3CHOHCOOH$）最初是在变酸的牛乳中发现的，故得名。它是牛乳中的乳糖经乳酸菌作用发酵而成的。乳酸也存在于人体和动物的肌肉中，当肌肉剧烈活动时，血液中的乳酸含量增加，乳酸的过度积累，就会刺激神经和肌肉而引起疲劳，休息一段时间后，积累的乳酸会逐渐转化为丙酮酸，丙酮酸再进一步被氧化。

纯净的乳酸为固体，熔点为 18℃，pK_a 值为 3.86，通常为无色或浅黄色糖浆状液体，具有很强的吸水性，溶于水、乙醇、乙醚和甘油。乳酸分子为手性分子，牛乳发酵制备的乳酸是外消旋混合物，熔点为 18℃；从肌肉中分离得到的为右旋乳酸，由乳酸菌发酵得到的为左旋乳酸，熔点均为 25℃。工业上，乳酸由淀粉或葡萄糖经乳酸菌发酵制备而成。

$$\underset{葡萄糖}{C_6H_{12}O_6} \xrightarrow{乳酸菌} \underset{乳酸}{CH_3\overset{OH}{\overset{|}{C}}HCOOH}$$

乳酸不仅是生物体代谢过程中的重要中间体，而且它的衍生物在医药、食品、印染、化工等行业都有较为广泛的应用。例如乳酸钙用于治疗缺钙引起的疾病；乳酸锌具有很好的营养强化作用；乳酸还具有消毒防腐作用；乳酸锑用作媒染剂；2-硬脂酰乳酸钙和 2-硬脂酰乳酸钠用于强化面团，增大面包体积，改善面包心的质量；另外由于它易于消化，乳酸菌发酵产品还大量用于各类食品及饮料中。

14.3.2　酒石酸

酒石酸（2,3-二羟基丁二酸，HOOCCHOHCHOHCOOH）最初来自葡萄酿酒时所产生的酒石（酸性酒石酸钾），它常以游离态或盐的形式存在于植物体内，以葡萄中含量最多。酒石酸是无色半透明的菱形结晶或结晶粉末，无臭，味酸，溶于水、乙醇和乙醚。酒石酸分子中有两个手性碳原子，共三种构型异构体，其熔点和旋光性见表 14-5。

表 14-5　酒石酸三种异构体的熔点和旋光性

酒石酸	熔点/℃	$[\alpha]_D^{20}$
右旋体	170	+12
左旋体	170	−12
内消旋体	146	0

酒石酸钾钠是配制 Fehling 试剂的原料之一；酒石酸锑钾$(KOOCCHOHCHOHCOO)_2Sb$（俗称吐酒石）在医药上用作呕吐剂和治疗血吸虫病的药物；二乙酰酒石酸单酰甘油和二乙酰酒石酸二酰甘油是常用的食品乳化剂，其结构为：

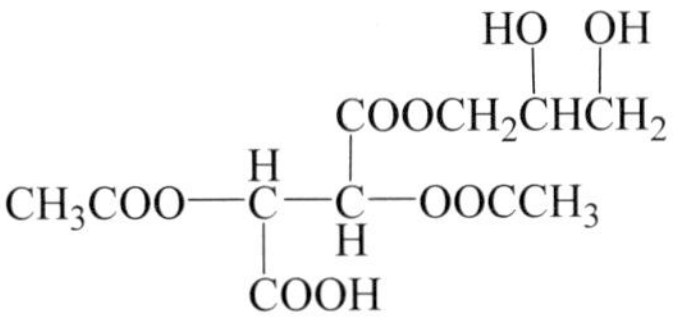

$$\begin{array}{c} \qquad\qquad\qquad\quad HO\;\; OH \\ \qquad\qquad\qquad\quad |\quad\; | \\ \qquad\qquad COOCH_2CHCH_2 \\ \quad H\quad\; | \\ CH_3COO-C-C-OOCCH_3 \\ \quad\; |\quad\;\; H \\ \quad COOH \end{array}$$

二乙酰酒石酸单酰甘油

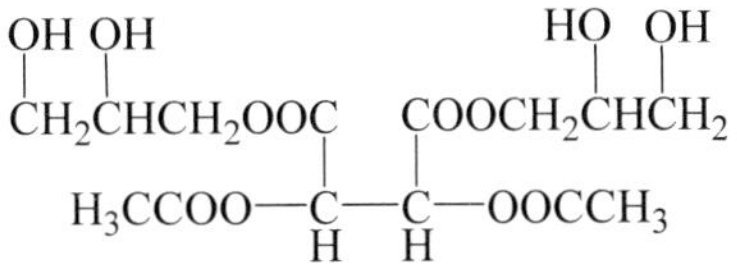

$$\begin{array}{c} OH\;OH \qquad\qquad\qquad\qquad HO\;\;OH \\ |\quad\; | \qquad\qquad\qquad\qquad\quad |\quad\; | \\ CH_2CHCH_2OOC \qquad COOCH_2CHCH_2 \\ \qquad\qquad\qquad | \qquad\quad | \\ H_3CCOO-C-C-OOCCH_3 \\ \qquad\quad H \quad H \end{array}$$

二乙酰酒石酸二酰甘油

14.3.3　苹果酸

苹果酸（2-羟基丁二酸，$HOOCCH_2CHOHCOOH$）最初从苹果中得到，它主要存在于未成熟的果实内，也存在于一些植物的叶子中，以未成熟的山楂、苹果、葡萄等果实中含量较多，它是植物中重要的有机酸之一。自然界存在的是左旋苹果酸，为无色结晶，熔点为 100℃，易溶于水和乙醇，微溶于乙醚，常用于制药及食品工业。

苹果酸既是α-羟基酸，也是β-羟基酸，将其在浓硫酸中加热，分解成丙醛酸、一氧化碳和水。

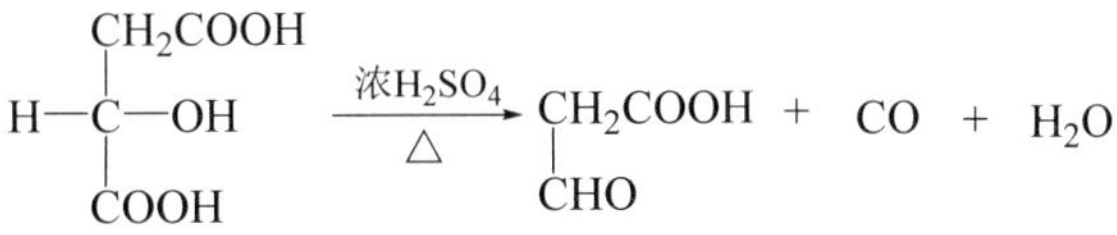

$$\begin{array}{c} CH_2COOH \\ | \\ H-C-OH \\ | \\ COOH \end{array} \xrightarrow[\triangle]{浓H_2SO_4} \begin{array}{l} CH_2COOH \\ | \\ CHO \end{array} + CO + H_2O$$

将苹果酸单独加热时，则按照β-羟基酸的热分解方式进行反应：

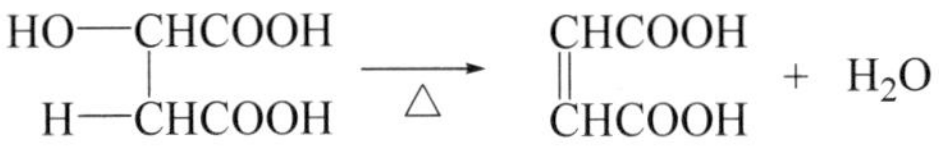

$$\begin{array}{r} HO-CHCOOH \\ | \quad\quad\; \\ H-CHCOOH \end{array} \xrightarrow{\triangle} \begin{array}{l} CHCOOH \\ \| \\ CHCOOH \end{array} + H_2O$$

丁烯二酸

如果把丁烯二酸进行水合又可以得到苹果酸，这是工业上制备苹果酸常用的方法。

14.3.4　柠檬酸

柠檬酸（3-羟基-3-羧基戊二酸，$HOOCCH_2-\underset{COOH}{\overset{OH}{C}}-CH_2COOH$）又称枸橼酸，存在于柠檬、葡萄、醋栗等植物的果实中，尤其在橘科植物的果实中含量较多。柠檬酸为无色结晶，通常带有一分子结晶水，熔点为 100℃，不含结晶水的柠檬酸熔点为 153℃，它易溶于水、乙醇和乙醚。

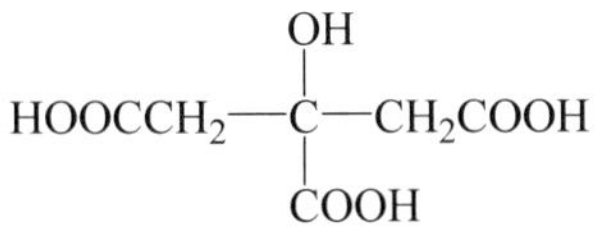

柠檬酸不仅是生物体代谢过程中的重要中间产物，而且作为食品添加剂大量应用于饮料、糖果等的调味；也用于制药，如柠檬酸铁铵是常用的补血剂。

柠檬酸既是α-羟基酸同时也是β-羟基酸，将其加热到 150℃，则分子内失水形成不饱和酸，后者还可以进行水合反应得到柠檬酸和异柠檬酸两种异构体。

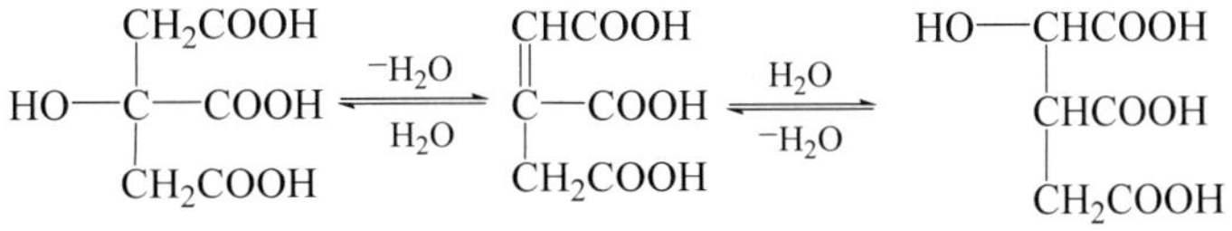

$$\begin{array}{c} CH_2COOH \\ | \\ HO-C-COOH \\ | \\ CH_2COOH \end{array} \underset{H_2O}{\overset{-H_2O}{\rightleftharpoons}} \begin{array}{l} CHCOOH \\ \| \\ C-COOH \\ | \\ CH_2COOH \end{array} \underset{-H_2O}{\overset{H_2O}{\rightleftharpoons}} \begin{array}{l} HO-CHCOOH \\ \qquad | \\ \qquad CHCOOH \\ \qquad | \\ \qquad CH_2COOH \end{array}$$

柠檬酸　　　　顺乌头酸　　　　异柠檬酸

14.3.5　水杨酸——水杨酸甲酯和乙酰水杨酸

水杨酸（邻羟基苯甲酸）有两种比较重要的衍生物，一种是水杨酸甲酯，另一种是乙酰水杨酸。

水杨酸甲酯是冬青油的主要成分，最早是由冬青树叶提取得到的，是一种有特殊香味的无色液体，沸点为 224℃。作为香精应用于糖果及日用化学品肥皂、牙膏制品中，也外用于跌打损伤，有镇痛作用。

乙酰水杨酸又名阿司匹林（asprine），是常用的发汗解热镇痛药，近年发现它有预防突发性心脏病的作用。

COOH　OH　水杨酸　　COOCH$_3$　OH　水杨酸甲酯　　COOH　OCOCH$_3$　乙酰水杨酸

14.4　羰基酸的物理性质与化学性质

14.4.1　物理性质

羰基酸分为醛酸和酮酸，其分子中既含有羧基又含有羰基，这两种官能团都是强极性基团，与羟基酸有着相似的极性和形成氢键的可能性，因此低级的羰基酸都易溶于水，沸点也比相应的母体酸高，多为无色液体。部分羰基酸的熔、沸点见表 14-6。

表 14-6　部分羰基酸的熔、沸点

化合物	结构	熔点/℃	沸点/℃
乙醛酸	OHCCOOH	70～75（半水）；98（无水）；约 50（1 水）	—
丙酮酸	$CH_3COCOOH$	13.6	165
α-丁酮酸	$CH_3CH_2COCOOH$	31~32	74～78（25mmHg）
β-丁酮酸	CH_3COCH_2COOH	36~37	100（分解）
草酰乙酸	$HOOCCOCH_2COOH$	152	—
β-丁酮酸乙酯	$CH_3COCH_2COOC_2H_5$	−44（烯醇式）；−39（酮式）	180.8
α-戊酮二酸	$HOOCCH_2CH_2COCOOH$	115~116	—

14.4.2　化学性质

羰基酸既有羧酸的性质又有羰基化合物的性质，如羧基的酸性、酯化及脱羧等反应，羰基的亲核加成、氧化还原、α-氢的反应等。除此之外，还有两种官能团之间相互影响所产生的一些特殊性质。羰基酸有醛酸和酮酸之分，其中酮酸比较重要，酮酸中又以β-酮酸的酯类最重要。

羰基酸的
脱羧反应

（1）酸性

由于羰基的−I 效应，酮酸的酸性比相应的母体酸强。但这种影响只有当羰基距羧基较近时才能充分显示出来。例如：

$$\underset{\mathrm{p}K_a\quad 4.88}{CH_3CH_2COOH} \qquad \underset{2.25}{H_3C-\overset{\overset{\displaystyle O}{\|}}{C}-COOH}$$

（2）α-羰基酸与β-羰基酸的脱羧反应

α-羰基酸分子中羰基与羧基直接相连，由于氧原子有较强的电负性，使得羰基与羧基碳原子间的电子云密度较低，因而 C—C 键容易断裂，在一定条件下，α-羰基酸可以发生脱羧反应生成少一个碳原子的醛或酸。

$$H_3C-\underset{\underset{\displaystyle O}{\|}}{C}-COOH \xrightarrow{\text{稀}H_2SO_4} CH_3CHO + CO_2$$

$$H_3C-\underset{\underset{\displaystyle O}{\|}}{C}-COOH \xrightarrow[\text{或加热}]{\text{浓}H_2SO_4} CH_3COOH + CO$$

β-羰基酸非常容易发生脱羧反应，受热即可脱去羧基，生成甲基酮。例如最重要的β-羰基酸——β-丁酮酸受热生成丙酮：

$$CH_3\overset{\overset{\displaystyle O}{\|}}{C}CH_2COOH \xrightarrow{\triangle} CH_3\overset{\overset{\displaystyle O}{\|}}{C}CH_3 + CO_2$$

在生物代谢过程中，丙酮酸在缺氧情况下脱羧生成乙醛，随即被酶催化还原为乙醇。饲料发酵或夏季缺氧储藏水分较高的大米时，或水果开始腐烂时，常散发出酒味就是发生这一过程的缘故。

$$CH_3\overset{\overset{\displaystyle O}{\|}}{C}COOH \xrightarrow{\text{酶}} CH_3CHO + CO_2 \xrightarrow[\text{酶}]{[H]} CH_3CH_2OH$$

α-酮酸及β-酮酸的脱羧反应，也是动植物呼吸产生二氧化碳的主要形式。

（3）β-丁酮酸酯的互变异构和化学反应

虽然β-丁酮酸是一个不稳定的化合物，受热容易脱羧，但是它的酯却非常稳定。如β-丁酮酸乙酯（又叫乙酰乙酸乙酯，三乙）是具有水果味的微溶于水的液体，沸点为 181℃，易溶于乙醇、醚等有机溶剂。它在有机合成和理论研究上都有较重要的意义。

早期在研究乙酰乙酸乙酯的化学性质时就发现它可以发生一系列化学反应。例如：

$$\underset{\text{乙酰乙酸乙酯}}{CH_3\overset{\overset{\displaystyle O}{\|}}{C}CH_2\overset{\overset{\displaystyle O}{\|}}{C}OC_2H_5} \begin{cases} \xrightarrow{Na} H_2 \\ \xrightarrow{\text{溴水}} \text{褪色} \\ \xrightarrow{FeCl_3\text{溶液}} \text{显紫红色} \\ \xrightarrow{\text{饱和}NaHSO_3} \text{无色晶体} \end{cases}$$

β-二羰基化合物酮式和烯醇式的互变异构

显然乙酰乙酸乙酯 $CH_3\overset{\overset{\displaystyle O}{\|}}{C}CH_2\overset{\overset{\displaystyle O}{\|}}{C}OC_2H_5$ 的结构无法说明它的全部性质。1885 年拉尔（Laar）提出假说，认为乙酰乙酸乙酯以及它的溶液中存在以下平衡：

$$H_3C-\overset{O}{\overset{\|}{C}}-CH_2-\overset{O}{\overset{\|}{C}}-OC_2H_5 \rightleftharpoons H_3C-\overset{OH}{\overset{|}{C}}=CH-\overset{O}{\overset{\|}{C}}-OC_2H_5$$

（Ⅰ）　　　　　　（Ⅱ）

（Ⅰ）为酮式，（Ⅱ）为烯醇式，拉尔称之为酮式与烯醇式的互变异构（enol-keto tautomerism）。1911 年克劳尔（Knorr）将乙酰乙酸乙酯的石油醚溶液冷却到−78℃并分离出了（Ⅰ）和（Ⅱ）两种异构体，从而证实了拉尔提出的上述酮式与烯醇式互变异构体是真实存在的。互变异构是有机化学中官能团异构的一种特殊情况。

乙酰乙酸乙酯产生互变异构的原因有两个。其一，在酮式结构中两个羰基之间的亚甲基由于受到超共轭效应的影响，其氢原子有转变为质子（H^+）的倾向，从亚甲基上解离出的H^+与左边羰基上的氧原子结合，经过电子转移形成烯醇式结构。烯醇式结构经过电子转移又形成酮式，于是形成了酮式与烯醇式的互变异构平衡。实验证明，在乙酰乙酸乙酯的平衡体系中，酮式占 92.5%，烯醇式占 7.5%。其二，乙酰乙酸乙酯的烯醇式有一定的稳定性是互变异构平衡存在的又一个原因。这种稳定性是由于共轭体系分子内形成氢键以及无张力六元环存在的缘故。

H
C
H_3C-C　$C-OC_2H_5$
O　O
H
氢键

[问题 14-5]　用化学反应方程式表述乙酰乙酸乙酯与下列试剂的反应。

（a）Na　（b）$Br_2(CCl_4)$　（c）$C_2H_5O^-Na^+$　（d）$NaHSO_3$

[问题 14-6]　试分析比较下列化合物指定位置氢原子转变为H^+的倾向，按由大到小排列顺序。

（a）CH_3CHO　（b）$CH_3CH_2COOC_2H_5$　（c）$C_2H_5OOCCH_2COOC_2H_5$

[问题 14-7]　实验测得乙酰乙酸乙酯烯醇式的沸点为 33℃(267 Pa)，酮式沸点为 41℃(267Pa)，为什么烯醇式的沸点反而比酮式低？

乙酰乙酸乙酯的酮式与烯醇式互变异构平衡是亚甲基上氢原子产生质子转移的结果，许多具有类似结构的化合物如β-羰基酸酯（$R-\overset{O}{\overset{\|}{C}}-CH_2-\overset{O}{\overset{\|}{C}}-OC_2H_5$）、β-二酮（$R-\overset{O}{\overset{\|}{C}}-CH_2-\overset{O}{\overset{\|}{C}}-R$）等都有互变异构体存在，其差别只是平衡体系中烯醇式结构的平衡存在量不同而已。几种物质烯醇式的平衡存在量见表 14-7。

表 14-7　某些化合物中烯醇式的百分含量

名称	结构式	烯醇式含量 /%
丙酮	CH_3COCH_3	81.5×10^{-4}
环己酮	（环己酮结构式，=O）	0.02
3-丁酮酸乙酯	$CH_3COCH_2COOC_2H_5$	7.5
乙酰基丙二酸二乙酯	$CH_3COCH(COOC_2H_5)_2$	16.8
苯甲酰乙酸乙酯	$C_6H_5COCH_2COOC_2H_5$	21
2,4-戊二酮	$CH_3COCH_2COCH_3$	80.4

续表

名称	结构式	烯醇式含量 / %
苯甲酰丙酮	$C_6H_5COCH_2COCH_3$	98~99
3-丁酮醛	CH_3COCH_2CHO	>98
苯酚	C_6H_5—OH	100

另外，不同的溶剂对酮式或烯醇式的存在量也有着显著的影响。例如乙酰乙酸乙酯在极性或易于产生氢键的溶剂中烯醇式含量很少。因为它与溶剂发生氢键缔合，分子内的氢键就难以形成。但在非极性溶剂或不易产生氢键的溶剂中，烯醇式的量就大大增加（见表 14-8）。

表 14-8 乙酰乙酸乙酯烯醇式异构体在各种溶剂中的百分含量

溶剂	烯醇式含量/%	溶剂	烯醇式含量/%
水	0.4	戊醇	13.3
乙酸	6.0	乙醚	27.1
甲醇	6.9	二硫化碳	32.4
乙醇	12.0	正己烷	46.4

[问题 14-8] 完成反应方程式：

$$CH_3COCH_2COOC_2H_5 \xrightarrow[\triangle]{OH^-} \xrightarrow{H^+} \xrightarrow[\triangle]{} ?$$

[问题 14-9] 由于β-丁酮酸受热易分解，因而合成β-丁酮酸乙酯时不能采用β-丁酮酸与乙醇酯化的方法进行合成，需要采用其他方法。请提出可行的合成方法。

乙酰乙酸乙酯分子中，活性亚甲基上的氢具有一定的酸性（pK_a=11）。利用乙酰乙酸乙酯亚甲基上氢原子的酸性，首先让乙酰乙酸乙酯与强碱乙醇钠反应转变成碳负离子乙酰乙酸乙酯钠，然后碳负离子与伯卤代烷进行 S_N2 反应实现烷基化，在亚甲基碳原子上引入烷基，并经碱性水解、酸化、加热脱羧得到一烷基取代丙酮、二烷基取代丙酮或二元酮。

$$CH_3\overset{O}{\overset{\|}{C}}CH_2—R \qquad CH_3\overset{O}{\overset{\|}{C}}\underset{R}{\underset{|}{C}}H—R \qquad CH_3\overset{O}{\overset{\|}{C}}CH(R)—(CH_2)_n—CH(R)\overset{O}{\overset{\|}{C}}CH_3 \quad n\geqslant 1$$

β-二羰基化合物的烃化和酰化反应

合成路线如下：

$$CH_3\overset{O}{\overset{\|}{C}}CH_2\overset{O}{\overset{\|}{C}}OC_2H_5 \xrightarrow[-C_2H_5OH]{C_2H_5ONa} \left[CH_3\overset{O}{\overset{\|}{C}}\underset{Na^+}{\overset{-}{C}}H\overset{O}{\overset{\|}{C}}OC_2H_5 \longleftrightarrow CH_3\overset{O^-Na^+}{\overset{|}{C}}=CH\overset{O}{\overset{\|}{C}}OC_2H_5\right] \xrightarrow[-NaX]{RX} CH_3\overset{O}{\overset{\|}{C}}\underset{R}{\underset{|}{C}}H\overset{O}{\overset{\|}{C}}OC_2H_5$$

$$\xrightarrow[(2)\ H^+]{(1)\ OH^-,\ H_2O} CH_3\overset{O}{\overset{\|}{C}}\underset{R}{\underset{|}{C}}H\overset{O}{\overset{\|}{C}}OH \xrightarrow[-CO_2]{\triangle} CH_3\overset{O}{\overset{\|}{C}}CH_2—R$$

如果第二步反应生成的一烷基取代酮酸酯先不水解，直接再与乙醇钠反应，进行第二次烷基化，则可得到二烷基取代丙酮：

$$CH_3\overset{O}{\overset{\|}{C}}\underset{R}{\underset{|}{C}}H\overset{O}{\overset{\|}{C}}OC_2H_5 \xrightarrow[-C_2H_5OH]{C_2H_5ONa} CH_3\overset{O}{\overset{\|}{C}}\underset{R}{\underset{|}{\overset{-}{C}}}\overset{O}{\overset{\|}{C}}OC_2H_5\ Na^+ \xrightarrow[-NaX]{RX} CH_3\overset{O}{\overset{\|}{C}}-\underset{R}{\underset{|}{\overset{R}{\overset{|}{C}}}}-\overset{O}{\overset{\|}{C}}OC_2H_5 \xrightarrow[(2)\ H^+]{(1)\ OH^-,\ H_2O}$$

$$CH_3\overset{O}{\overset{\|}{C}}-\underset{R}{\underset{|}{\overset{R}{\overset{|}{C}}}}-\overset{O}{\overset{\|}{C}}OH \xrightarrow[-CO_2]{\triangle} CH_3\overset{O}{\overset{\|}{C}}-\underset{R}{\underset{|}{\overset{R}{\overset{|}{C}}}}H$$

在合成取代丙酮时，RX 一般不宜用三级卤代烷烃和乙烯式卤代烷烃，最好用一级卤代烷烃；当需要引入两个不同取代基时，先引入较大的烷基，后引入小的烷基。

RX 也可是卤代酸酯或酰卤等。当 RX 是酰卤时，可以用来合成二元酮类化合物：

$$CH_3\overset{O}{\overset{\|}{C}}CH_2\overset{O}{\overset{\|}{C}}OC_2H_5 \xrightarrow[-C_2H_5OH]{C_2H_5ONa} \left[CH_3\overset{O}{\overset{\|}{C}}\overset{-}{C}H\overset{O}{\overset{\|}{C}}OC_2H_5\ Na^+ \longleftrightarrow CH_3\overset{O^-}{\overset{|}{C}}=CH\overset{O}{\overset{\|}{C}}OC_2H_5\ Na^+\right] \xrightarrow[-NaX]{R\overset{O}{\overset{\|}{C}}X} CH_3\overset{O}{\overset{\|}{C}}\underset{O=\underset{R}{\underset{|}{C}}}{\underset{|}{C}}H\overset{O}{\overset{\|}{C}}OC_2H_5$$

$$\xrightarrow[(2)\ H^+]{(1)\ OH^-,\ H_2O} CH_3\overset{O}{\overset{\|}{C}}\underset{O=\underset{R}{\underset{|}{C}}}{\underset{|}{C}}H\overset{O}{\overset{\|}{C}}OH \xrightarrow[-CO_2]{\triangle} CH_3\overset{O}{\overset{\|}{C}}CH_2\overset{O}{\overset{\|}{C}}R$$

【例 14-1】 以乙烯为原料通过乙酰乙酸乙酯合成 2-戊酮。

解 首先由乙烯合成乙酰乙酸乙酯：

$$CH_2{=}CH_2 + H_2O \xrightarrow{H_3PO_4} CH_3CH_2OH \xrightarrow{[O]} CH_3COOH \xrightarrow[H^+]{CH_3CH_2OH} CH_3CO_2C_2H_5$$

$$\xrightarrow{C_2H_5ONa} CH_3\overset{O}{\overset{\|}{C}}CH_2\overset{O}{\overset{\|}{C}}OC_2H_5$$

目标分子 2-戊酮 $CH_3\overset{O}{\overset{\|}{C}}CH_2CH_2CH_3$ 实为一烷基取代丙酮 $CH_3\overset{O}{\overset{\|}{C}}CH_2R$（R =—$CH_2CH_3$），所以其合成路线如下：

$$CH_3CH_2OH + Na \longrightarrow C_2H_5ONa + H_2\uparrow$$

$$CH_2{=}CH_2 + HCl \longrightarrow CH_3CH_2Cl$$

$$CH_3\overset{O}{\overset{\|}{C}}CH_2\overset{O}{\overset{\|}{C}}OC_2H_5 \xrightarrow[-C_2H_5OH]{C_2H_5ONa} \left[CH_3\overset{O}{\overset{\|}{C}}\overset{-}{C}H\overset{O}{\overset{\|}{C}}OC_2H_5\ Na^+ \longleftrightarrow CH_3\overset{O^-}{\overset{|}{C}}=CH\overset{O}{\overset{\|}{C}}OC_2H_5\ Na^+\right] \xrightarrow[-NaCl]{C_2H_5Cl} CH_3\overset{O}{\overset{\|}{C}}\underset{CH_2CH_3}{\underset{|}{C}}H\overset{O}{\overset{\|}{C}}OC_2H_5$$

$$\xrightarrow[(2)\ H^+]{(1)\ OH^-,\ H_2O} CH_3\overset{O}{\overset{\|}{C}}\underset{CH_2CH_3}{\underset{|}{C}}H\overset{O}{\overset{\|}{C}}OH \xrightarrow[-CO_2]{\triangle} CH_3\overset{O}{\overset{\|}{C}}CH_2CH_2CH_3$$

【例 14-2】　利用乙酰乙酸乙酯合成 2,6-庚二酮。

解： $CH_3\overset{O}{\overset{\|}{C}}CH_2\vdots CH_2\vdots CH_2\overset{O}{\overset{\|}{C}}CH_3$ 分子可视为两分子丙酮通过二元卤代烷烃 XCH_2X 取代的产物，故合成方法为：

$$CH_3\overset{O}{\overset{\|}{C}}CH_2\overset{O}{\overset{\|}{C}}OC_2H_5 \xrightarrow[-C_2H_5OH]{C_2H_5ONa} \left[CH_3\overset{O}{\overset{\|}{C}}\underset{Na^+}{\overset{-}{C}H}\overset{O}{\overset{\|}{C}}OC_2H_5 \longleftrightarrow CH_3\overset{O^-Na^+}{\overset{|}{C}}=CH\overset{O}{\overset{\|}{C}}OC_2H_5\right] \xrightarrow[-NaBr]{CH_2Br_2} CH_3\overset{O}{\overset{\|}{C}}\underset{CH_2Br}{\underset{|}{C}H}\overset{O}{\overset{\|}{C}}OC_2H_5$$

$$CH_3\overset{O}{\overset{\|}{C}}CH_2\overset{O}{\overset{\|}{C}}OC_2H_5 \xrightarrow[-C_2H_5OH]{C_2H_5ONa} \left[CH_3\overset{O}{\overset{\|}{C}}\underset{Na^+}{\overset{-}{C}H}\overset{O}{\overset{\|}{C}}OC_2H_5 \longleftrightarrow CH_3\overset{O^-Na^+}{\overset{|}{C}}=CH\overset{O}{\overset{\|}{C}}OC_2H_5\right] \xrightarrow[-NaBr]{CH_3\overset{O}{\overset{\|}{C}}\underset{CH_2Br}{\underset{|}{C}H}\overset{O}{\overset{\|}{C}}OC_2H_5}$$

$$\begin{array}{c} CH_3\overset{O}{\overset{\|}{C}}CH\overset{O}{\overset{\|}{C}}OC_2H_5 \\ | \\ CH_2 \\ | \\ H_3C\underset{O}{\underset{\|}{C}}-CH\underset{O}{\underset{\|}{C}}OC_2H_5 \end{array} \xrightarrow[(2)\ H^+]{(1)\ OH^-,\ H_2O} \begin{array}{c} CH_3\overset{O}{\overset{\|}{C}}CH\overset{O}{\overset{\|}{C}}OH \\ | \\ CH_2 \\ | \\ H_3C\underset{O}{\underset{\|}{C}}-CH\underset{O}{\underset{\|}{C}}OH \end{array} \xrightarrow[-CO_2]{\triangle} CH_3\overset{O}{\overset{\|}{C}}CH_2-CH_2-CH_2\overset{O}{\overset{\|}{C}}CH_3$$

【问题 14-10】　由乙酰乙酸乙酯合成 3-甲基-2-戊酮应使用什么卤代烷？写出反应方程式。

【问题 14-11】　通过乙酰乙酸乙酯合成 2,4-二戊酮，写出反应方程式。

14.5　重要的羰基酸

脂肪和糖类化合物在生物体内代谢时，羰基酸是其重要的代谢中间体，它在代谢过程中起着重要的作用。

14.5.1　乙醛酸

乙醛酸（OHC—COOH）是最简单的醛酸，主要存在于未成熟的水果和动物组织中，是生物体代谢过程的中间产物。由三氯乙醛或二氯乙酸与水一起煮沸可制备乙醛酸，蒸馏乙醛酸的水溶液时得到乙醛酸的水合物，而得不到乙醛本身，其中水以水合形式存在，形成了同碳二元醇，这种同碳二元醇由于受到羧基强吸电子效应的影响而能够稳定存在。其他含有强吸电子基的醛、酮（如三氯乙醛、三氯丙酮等）也能形成类似稳定的水合物。乙醛酸是无色糖浆状液体，易溶于水，有醛和羧酸的典型特质；有羧基的酸性，能与碱性物质发生中和反应，能发生酯化反应；也有羰基的特征性反应，它能与亚硫酸氢钠或氢氰酸发生加成反应，能还原 Tollens 试剂，遇羰基试剂生成黄色沉淀；同时由于醛基的α-C 上无氢原子，还能发生 Cannizzaro 反应。如：

$$\begin{matrix}CHO\\|\\COOH\end{matrix} + Ag(NH_3)_2^+ \longrightarrow \begin{matrix}COONH_4\\|\\COONH_4\end{matrix} + Ag\downarrow$$

$$\begin{matrix}CHO\\|\\COOH\end{matrix} + H_2N-NH-C_6H_3(NO_2)_2 \longrightarrow \begin{matrix}HC=N-NH-C_6H_3(NO_2)_2\\|\\COOH\end{matrix}\downarrow$$

$$\begin{matrix}CHO\\|\\COOH\end{matrix} \xrightarrow{40\%NaOH} \begin{matrix}CH_2OH\\|\\COONa\end{matrix} + \begin{matrix}COONa\\|\\COONa\end{matrix}$$

14.5.2 丙酮酸

丙酮酸（$CH_3COCOOH$）是最简单的酮酸，是动植物体内碳水化合物和蛋白质等代谢的中间产物。丙酮酸是具有刺激性气味的液体，沸点为165℃，熔点为13.6℃，相对密度为1.267，能与水混溶，除了具有一般羧酸和酮的典型性质外，还具有α-酮酸特有的性质。它的酸性比丙酸和羟基丙酸强（K_a=5.6×10^{-3}），羧酸和酮都不易被氧化，但丙酮酸却极易被氧化，使用一般的弱氧化剂即可将其氧化为乙酸。

$$H_3C-\overset{O}{\overset{\|}{C}}-COOH \xrightarrow{H_2O_2} CH_3COOH + CO_2\uparrow$$

丙酮酸可由酒石酸与$KHSO_4$共热制取，该反应与甘油在$KHSO_4$存在下的脱水反应非常相似。

$$\begin{matrix}COOH\\|\\CHOH\\|\\CHOH\\|\\COOH\end{matrix} \xrightarrow[-H_2O]{KHSO_4} \begin{matrix}COOH\\|\\CH\\\|\\C-OH\\|\\COOH\end{matrix} \rightleftharpoons \begin{matrix}COOH\\|\\CH_2\\|\\C=O\\|\\COOH\end{matrix} \xrightarrow{-CO_2} \begin{matrix}CH_3\\|\\C=O\\|\\COOH\end{matrix}$$

酒石酸　草酰乙酸烯醇式　草酰乙酸　酮酸

丙酮酸在动物体内能转变成氨基酸，在生理上具有重大意义。

14.5.3 β-丁酮酸

β-丁酮酸又称为乙酰乙酸（CH_3COCH_2COOH），是β-酮酸的典型代表，是机体内脂肪代谢的中间产物。β-丁酮酸是黏稠状液体，β-酮酸类化合物不稳定，在室温以上则发生脱羧反应生成丙酮或丙酮的衍生物。

$$H_3C-\overset{O}{\overset{\|}{C}}-CH_2-COOH \xrightarrow{\triangle} H_3C-\overset{O}{\overset{\|}{C}}-CH_3 + CO_2\uparrow$$

其他β-酮酸也都有这种反应，生成相应的酮。通常把这个反应称为酮式分解。凡是在α-碳原子上连接强吸电子的原子或基团时，酸就变得不稳定而容易分解出二氧化碳。如：

$$HOOC-CH_2-COOH \longrightarrow CH_3COOH + CO_2\uparrow$$

$$CCl_3COOH \longrightarrow CHCl_3 + CO_2\uparrow$$

β-丁酮酸存在于糖尿病患者的体液中，是因为糖尿病患者缺乏胰岛素，不能使脂肪酸完全氧化的缘故。它和它的分解产物丙酮存在于体内，能引起患者昏迷与死亡。

14.5.4　草酰乙酸与α-酮戊二酸

$$\underset{\text{草酰乙酸}}{HOOC-\overset{\overset{O}{\|}}{C}-CH_2-COOH}\qquad \underset{\alpha\text{-酮戊二酸}}{HOOC-CH_2-CH_2-\overset{\overset{O}{\|}}{C}-COOH}$$

这两种羰基酸也是生物体新陈代谢过程中的重要中间体。

阅读材料

Sergei Reformatsky（1860—1934）

俄国化学家。毕业于俄国化学教授的摇篮俄国喀山大学，在那里他遇到了他的导师—著名化学家 Alexander M. Zaitsev。后来又在德国的哥廷根大学、海德堡大学和莱比锡大学学习。回到俄国后出任基辅大学有机化学系主任。Reformatsky 的主要贡献是首次发现了醛或酮与α-卤代羧酸酯和锌在惰性溶剂中作用，发生缩合得到β-羟基酸酯的反应，即 Reformatsky 反应。反应中，卤代羧酸酯先与锌粉反应生成有机锌化合物，由于有机锌化合物的活性比格氏试剂低，只与活性较强的醛、酮反应，而不与酯中的羰基反应，因为位阻太大且反应后的羟基很容易以水分子脱去，只需微热，就可以形成α,β-不饱和键。此反应不能用镁代替锌，原因是镁太活泼，生成的有机镁化合物会立即和未反应的α-卤代酸酯的羰基发生反应。

本章小结

1. 羟基酸与羰基酸是两种重要的取代酸，为多官能团有机化合物。其命名原则按官能团命名优先次序以羧酸为母体，另一官能团为取代基。有多种重要的羟基酸通常使用其俗名。

2. 羟基酸分子中的两种官能团—COOH 与—OH 可以使化合物既有羧酸的性质，也具有醇的化学性质，同时当两种官能团距离较近时，因—OH 对—COOH 的–I 效应，还会产生只有羟基酸特有的化学性质。

由于—OH 对—COOH 的–I 效应，使其酸性比母体酸强。

羟基酸与醇或羧酸相比，其特殊的化学性质表现为：当化合物受热时，羟基酸既可分子内或分子间酯化脱水，也可分子内消除脱水。究竟采取何种方式，则取决于能否生成稳定的五元或六元环状结构。具体脱水方式分为以下几类：

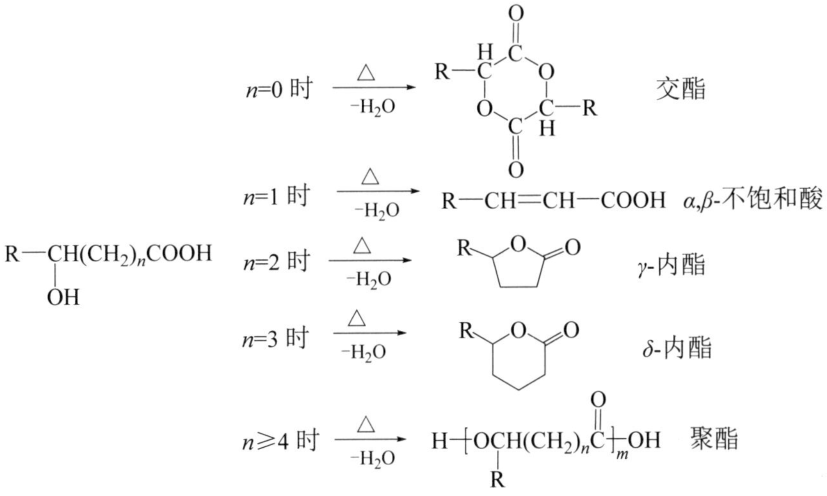

$R-\underset{\underset{OH}{|}}{C}H(CH_2)_nCOOH$

- n=0 时 $\xrightarrow[-H_2O]{\triangle}$ 交酯（六元环：R—CH—C(=O)—O—CH(R)—C(=O)—O—）
- n=1 时 $\xrightarrow[-H_2O]{\triangle}$ $R-CH=CH-COOH$　α,β-不饱和酸
- n=2 时 $\xrightarrow[-H_2O]{\triangle}$ γ-内酯（五元环）
- n=3 时 $\xrightarrow[-H_2O]{\triangle}$ δ-内酯（六元环）
- $n\geqslant4$ 时 $\xrightarrow[-H_2O]{\triangle}$ $H{+}O\underset{\underset{R}{|}}{C}H(CH_2)_n\overset{\overset{O}{\|}}{C}{+}_mOH$　聚酯

3. α-羟基酸的分解反应

$$\mathrm{R{-}\underset{\displaystyle OH}{\underset{|}{C}}HCOOH}\begin{cases}\xrightarrow{\text{稀}H_2SO_4} \mathrm{RCHO + HCOOH}\\ \xrightarrow{KMnO_4} \mathrm{RCOOH + CO_2\uparrow + H_2O}\end{cases}$$

$$\mathrm{R{-}\overset{\displaystyle R'}{\overset{|}{\underset{\displaystyle OH}{\underset{|}{C}}}}{-}COOH}\begin{cases}\xrightarrow{\text{稀}H_2SO_4} \mathrm{R{-}\overset{\displaystyle O}{\overset{\|}{C}}{-}R' + HCOOH}\\ \xrightarrow{KMnO_4} \mathrm{R{-}\overset{\displaystyle O}{\overset{\|}{C}}{-}R' + CO_2\uparrow + H_2O}\end{cases}$$

4. 羰基酸中以酮酸最重要，酮酸衍生物又以β-酮酸酯类最重要。与羟基酸相似，酮酸的性质也取决于 $\rangle$=O 和—COOH 及两者的相互影响。

当两种官能团相距较近时，因羰基对羧基的–I 效应，酮酸的酸性大于其母体酸。

α-及β-酮酸的脱羧反应在生物化学反应中具有重要意义。

5. 酮式与烯醇式互变异构是官能团异构的特例。两种互变异构体构成互变异构平衡，β-丁酮酸乙酯（乙酰乙酸乙酯）是其中最典型的例子。

$$\mathrm{H_3C{-}\overset{\displaystyle O}{\overset{\|}{C}}{-}CH_2{-}\overset{\displaystyle O}{\overset{\|}{C}}{-}OC_2H_5 \rightleftharpoons H_3C{-}\overset{\displaystyle OH}{\overset{|}{C}}{=}CH{-}\overset{\displaystyle O}{\overset{\|}{C}}{-}OC_2H_5}$$

使用 $FeCl_3$ 溶液、$Br_2(H_2O)$和羰基试剂可以通过实验证明异构体的存在并处于异构平衡状态。

利用乙酰乙酸乙酯可合成一烷基取代丙酮、二烷基取代丙酮或二元酮。

习　　题

14-1　命名下列化合物或写出构造式。

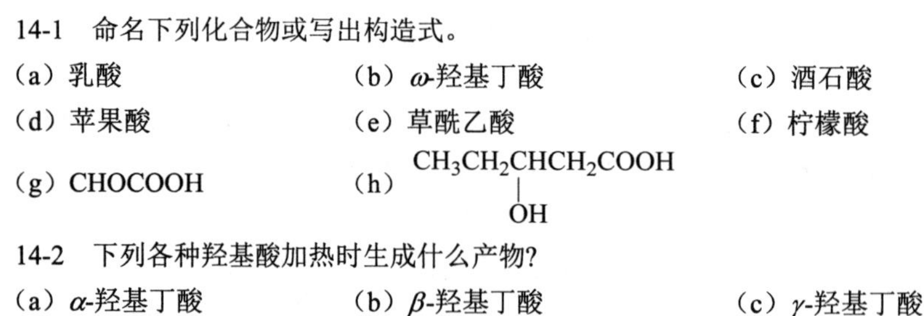

（a）乳酸　（b）ω-羟基丁酸　（c）酒石酸

（d）苹果酸　（e）草酰乙酸　（f）柠檬酸

（g）CHOCOOH　（h）$\mathrm{CH_3CH_2\underset{\displaystyle OH}{\underset{|}{C}}HCH_2COOH}$

14-2　下列各种羟基酸加热时生成什么产物?

（a）α-羟基丁酸　（b）β-羟基丁酸　（c）γ-羟基丁酸

（d）α-甲基-α-羟基丙酸　（e）β-甲基-γ-羟基戊酸　（f）δ-羟基戊酸

14-3　完成下列反应方程式。

（a）$\mathrm{CH_3\overset{\displaystyle OH}{\overset{|}{C}}HCH_2COOH \xrightarrow{\triangle} \xrightarrow[(2)H_2O]{(1)LiAlH_4}}$

（b）$\mathrm{CH_2OHCH_2CH_2COOH \xrightarrow{\triangle}}$

（c）$\mathrm{(CH_3)_2\overset{\displaystyle OH}{\overset{|}{C}}COOH \xrightarrow{KMnO_4} \xrightarrow[OH^-]{HCN}}$

(d) $CH_3CH_2\overset{\overset{\displaystyle OH}{|}}{C}HCH_2COOH \xrightarrow{KMnO_4} \xrightarrow[\triangle]{H^+}$

(e) $CH_3CH_2COOH \xrightarrow[Cl_2]{P} \xrightarrow[(2)\ 稀硫酸,\ \triangle]{(1)\ OH^-}$

14-4　依据实验事实写出反应方程式。

(a) 乙酰乙酸乙酯使溴水褪色。

(b) 2-甲基-2-羟基丙酸与稀硫酸共热后，加入羰基试剂生成黄色沉淀。

(c) 2,4-戊二酮与金属钠反应放出氢气。

(d) 乙醛酸使酸性高锰酸钾溶液褪色。

(e) 丙交酯在酸性溶液中水解。

14-5　用化学方法区分下列各组化合物。

(a) 甲酸、乳酸、β-羟基丁酸　　(b) β-丁酮酸乙酯、丙二酸二乙酯、乙酸

14-6　试判断 (a) $CH_3\overset{\overset{\displaystyle O}{\|}}{C}CH_2\overset{\overset{\displaystyle O}{\|}}{C}CH_3$、(b) $CH_3\overset{\overset{\displaystyle O}{\|}}{C}CH_2COOC_2H_5$、(c) $CH_2(COOC_2H_5)_2$ 的 pK_a 的相对大小，并说明排列理由。

14-7　某卤代酸 A 分子式为 $C_4H_7O_2Br$，与稀碱共热生成 B，B 经加热失水生成 C ($C_8H_{12}O_4$)，C 不溶于水，呈中性，B 经还原得到异丁酸。试写出 A、B、C 的构造式和各步反应方程式。

14-8　有两个化合物 A 和 B，A 的分子式为 $C_4H_8O_3$，B 的分子式为 $C_8H_{12}O_4$，A 显酸性，B 显中性。若将 A 加热生成产物 $C(C_4H_6O_2)$，C 比 A 更容易被 $KMnO_4$ 氧化。若将 B 用稀酸处理则得到 D，D 为 A 的同分异构体，也显酸性。若将 D 与稀硫酸共热则产物可被 Tollens 试剂氧化。试写出 A、B、C 和 D 的构造式及反应方程式。

14-9　某酮酸经还原后得到分子式为 $C_7H_{14}O_3$ 的羟基酸，该羟基酸依次用 HBr、NaOH 溶液和 KCN 溶液处理后再水解，则得到 2,3-二甲基己二酸。试推断原来酮酸的结构，并写出有关的反应式。

第 15 章　含氮有机化合物

胺（amine）及其衍生物是一类重要的含氮有机化合物，广泛存在于自然界中，是生物体的重要组成成分。构成生物体的蛋白质、氨基酸、核酸、激素、生物碱中都含有氨基或取代氨基。

15.1　胺的分类与命名

15.1.1　分类

将胺按不同的方法分类如下：

① 胺可以看成是氨（NH_3）中的 H 被烃基取代的产物，根据氨分子中氢原子被取代的个数，可将胺分成伯胺（一级胺或1°胺，氨分子中的一个氢原子被烃基取代）、仲胺（二级胺或2°胺，氨分子中的两个氢原子被烃基取代）、叔胺（三级胺或3°胺，氨分子中的三个氢原子被烃基取代）。

NH_3——氨（母体）。

RNH_2——1°胺（伯胺），例如：CH_3NH_2，$C_6H_5-NH_2$。

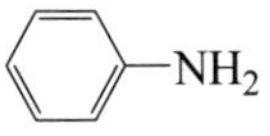

R_2NH——2°胺（仲胺），例如：$(CH_3)_2NH$，$CH_3CH_2NHCH_3$，$C_6H_5-NHCH_2CH_3$。

R_3N——3°胺（叔胺），例如：$(CH_3)_3N$，$CH_3CH_2N(CH_3)_2$，$C_6H_5-N(CH_3)_2$。

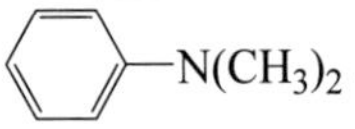

② 胺也可以看成烃中的氢被氨基取代的产物。根据母体烃基的种类不同，可以将胺分成脂肪胺（脂肪烃中的氢原子被氨基取代的产物）和芳香胺（简称芳胺，芳环上的氢原子被氨基取代的产物）。

脂肪胺，例如：$CH_3CH_2NH_2$，$(CH_3)_2NH$，$CH_3CH_2N(CH_3)_2$，（六氢吡啶环）N$-CH_3$。

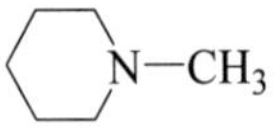

芳香胺，例如：$C_6H_5-NH_2$，$(C_6H_5)_2NH$，$(C_6H_5)_3N$。

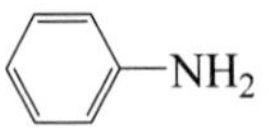

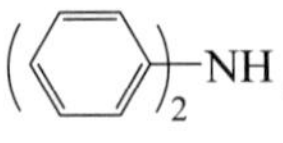

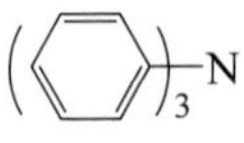

③ 当铵中的四个氢原子都被烃基取代时形成的化合物为季铵盐，相应的氢氧化物为季铵碱。

季铵盐，例如：$(CH_3)_4N^+Cl^-$。

季铵碱，例如：$(CH_3)_4N^+OH^-$。

④ 根据胺分子中氨基（$-NH_2$）的数目可分为一元胺、二元胺及多元胺。

一元胺，例如：CH_3NH_2，$C_6H_5-NH_2$。

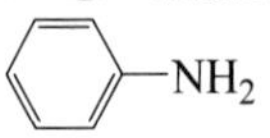

二元胺，例如：$NH_2CH_2CH_2NH_2$，$H_2N-C_6H_4-NH_2$。

必须注意胺的分类（1°胺、2°胺和 3°胺）与醇的分类（1° 醇、2°醇和 3°醇）不同，后者是按羟基所连接的烃基碳上取代基的多少来划分的。

15.1.2 命名

简单的胺可按氨的烃基取代物来命名，称某烃（基）胺。例如：

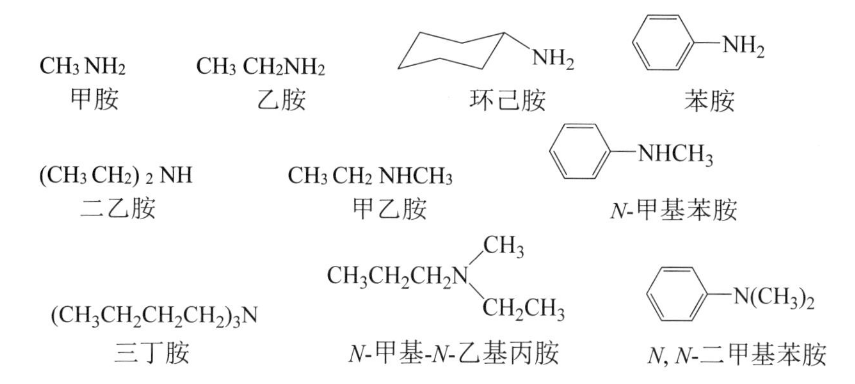

为了明确取代基所在的位置，可以在取代基的前面加上 *N*-。

烃基结构比较复杂的胺，则按烃的氨基取代物命名，称作某氨基（*N*-烷基氨基、*N*,*N*-二烷基氨基）某烃。例如：

$$\underset{\text{2-甲基-5-氨基己烷}}{CH_3\underset{|}{\overset{NH_2}{C}}HCH_2CH_2\overset{CH_3}{C}HCH_3} \qquad \underset{\text{2-}N,N\text{-二甲氨基戊烷}}{CH_3\overset{N(CH_3)_2}{C}HCH_2CH_2CH_3}$$

某些常见的脂环胺则按其对应的杂环化合物来命名。例如下列两种化合物分别对应于杂环化合物吡咯和吡啶，所以它们的名称分别为四氢吡咯和六氢吡啶。

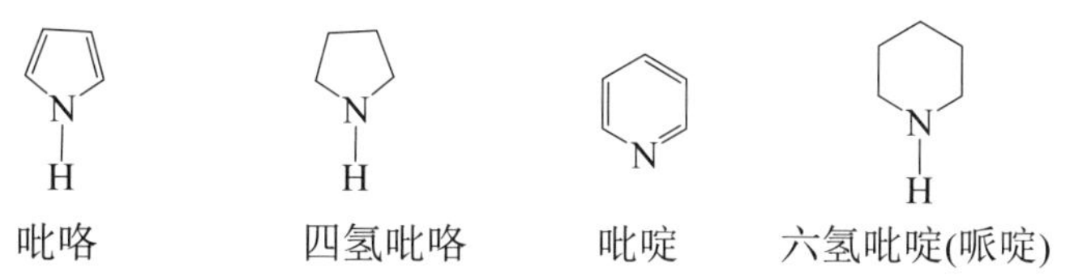

吡咯　　四氢吡咯　　吡啶　　六氢吡啶(哌啶)

季铵化合物的命名与铵盐相似，称作某化（或某酸）某基铵。例如：

$(CH_3)_4N^+Cl^-$	$(CH_3)_4N^+OH^-$	$[(CH_3)_3NCH_2CH_3]^+Br^-$	$[(CH_3)_3NCH_2CH_3]^+OH^-$
氯化四甲铵	氢氧化四甲铵	溴化三甲基乙基铵	氢氧化三甲基乙基铵

在命名胺时，一定要注意“氨”、“胺”和“铵”三个字的不同用法。表示 NH_3 或胺作为烃的氨基取代物命名时，用“氨”字；胺作为氨的烃基取代物命名时，用“胺”字；表示 NH_4^+ 或季铵化合物时用“铵”字。

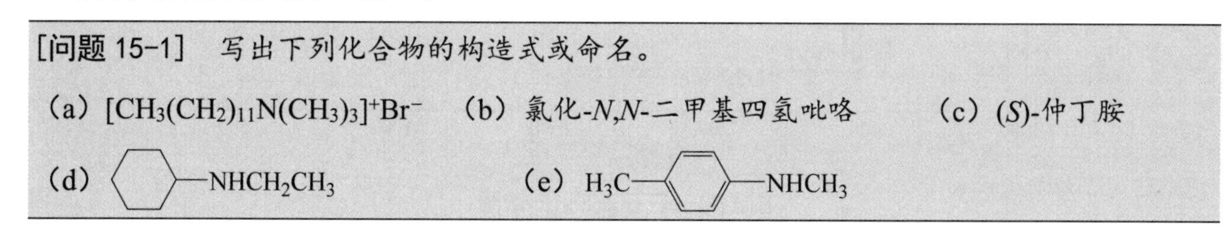

[问题 15-1] 写出下列化合物的构造式或命名。

(a) $[CH_3(CH_2)_{11}N(CH_3)_3]^+Br^-$　(b) 氯化-*N*,*N*-二甲基四氢吡咯　(c) (*S*)-仲丁胺

(d) NHCH2CH3　(e) H3C— —NHCH3

15.2 胺的物理性质

大部分胺为具有一定极性的液体，其中甲胺、二甲胺、三甲胺及乙胺在室温下为气体，丙胺以上为液体，高级胺为固体。乙二胺为黏稠液体，丁二胺以上为固体。一些常见胺的主要物理性质见表 15-1。

表 15-1 一些常见胺的物理性质

胺	分子量	沸点/℃	熔点/℃	溶解度/(g/100g H_2O)
NH_3	17.03	−33.42	−77.75	89.9
CH_3NH_2	31.06	−6.3	−93.5	易溶
$(CH_3)_2NH$	45.09	6.9	−92.2	易溶
$(CH_3)_3N$	59.11	2.9	−117.1	41
$CH_3CH_2NH_2$	45.09	16.6	−81.0	∞
$(CH_3CH_2)_2NH$	73.14	55.5	−50.0	易溶
$(CH_3CH_2)_3N$	101.19	89.6	−114.7	5.5
n-$C_3H_7NH_2$	59.11	47.9	−83.0	∞
n-$C_4H_9NH_2$	73.14	77.9	−50.5	∞
⬡—NH_2	99.18	134.8	−17.7	∞
⬡NH	85.15	106.4	−10.5	∞
$C_6H_5NH_2$	93.13	184.4	−6.0	3.25
$(C_6H_5)_2NH$	169.23	302	53	不溶
$(C_6H_5)_3N$	245.33	347	126	不溶

胺的红外谱图与醇相似，其特征吸收峰主要由 N—H 键和 C—N 键的振动吸收引起。其中 N—H 的伸缩振动吸收峰位于 3310～3500cm^{-1} 区间，在 C—H 伸缩振动吸收峰的左边，为一弱的吸收峰；C—N 的伸缩振动吸收峰在 1020～1250cm^{-1}（脂肪胺）或 1250～1340cm^{-1}（芳香胺）区间；N—H 弯曲振动吸收峰位于 1580～1650cm^{-1} 之间（此峰只有伯胺才有）；N—H 的摇摆振动吸收峰在指纹区 666～909cm^{-1} 之间（此峰只有伯胺和仲胺有）。对于不同级的胺来说，N—H 峰是不相同的，伯胺为双峰，仲胺为单峰，叔胺由于没有 N—H 键，故没有此峰，如正己胺的 IR 谱图（见图 15-1）和苯胺的 IR 谱图（见图 15-2）。

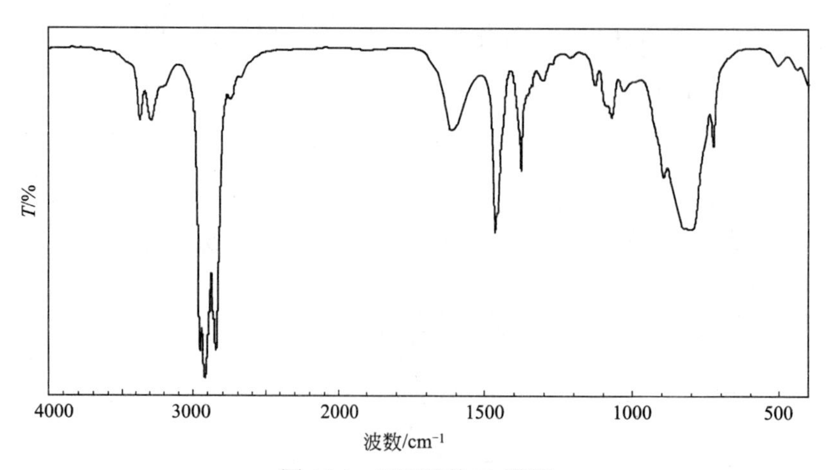

图 15-1 正己胺的 IR 谱图

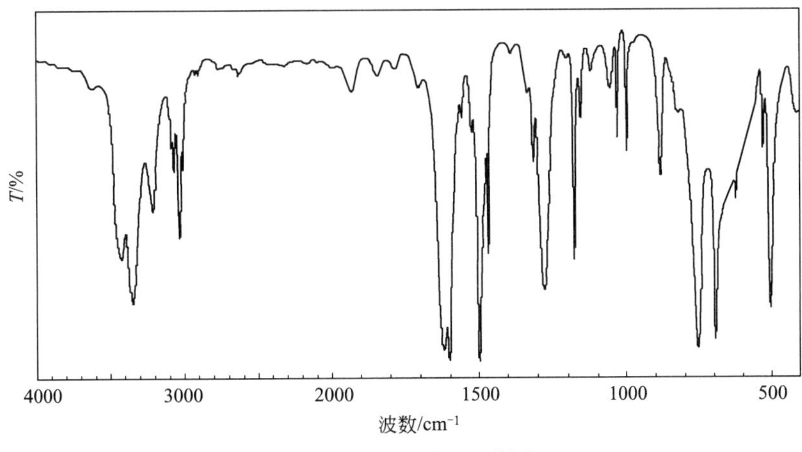

图 15-2　苯胺的 IR 谱图

胺的核磁共振谱图也与醇类似。其特征 ^1H NMR 峰为与氮原子直接相连的 H 的各种共振峰，及与氮直接相连的碳原子上的 H(α-H)的各种共振峰。前者仅伯胺和仲胺才有，为一单峰，不为邻近 H 核裂分，其δ值在 0.6～3.0 之间，且易变，与甲基或亚甲基的 H 核共振吸收峰混杂，难以区分。由于氮的电负性比碳大较氧小，其去屏蔽效应也较碳强较氧弱，因此胺中 α-H 的化学位移较醇中相应 H 核的小，位于 2.2～2.8 之间。胺的β-H 受氮的影响较小，其化学位移δ值通常在 1.1～1.7 之间。二丙胺的 ^1H NMR 谱图见图 15-3。

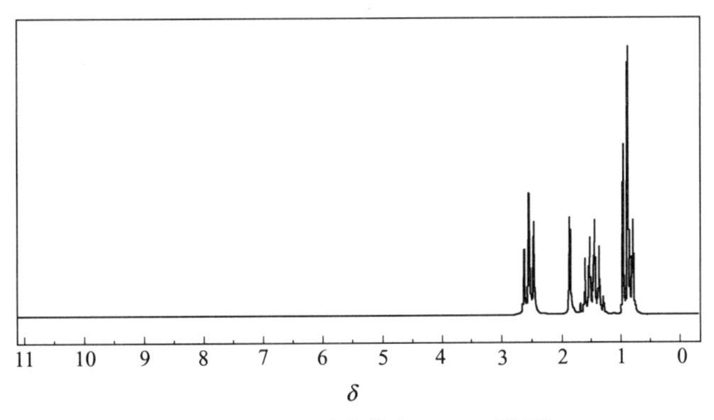

图 15-3　二丙胺的 ^1H NMR 谱图

[问题 15-2]　试用红外光谱区分化合物$(CH_3)_3N$和$(CH_3)_2CHNH_2$。

[问题 15-3]　试画出二乙胺的核磁共振氢谱示意图。

15.2.1　气味

气味对于定性鉴定一类化合物是非常有用的。胺有一种特殊的、不愉快或很难闻的臭味，特别是低分子量胺，其蒸气压较大，挥发性强，气味浓。

低级脂肪胺的气味和氨相似。高级脂肪胺由于挥发性较低，气味较淡，有的几乎没有气味。某些胺具有鱼腥味，如鱼体表面和血液中所含的δ-氨基戊酸。海鱼腐败时，会产生有臭味的三甲胺，肉腐烂时会产生极臭且剧毒的丁二胺（腐胺）和戊二胺（尸胺）。

芳香胺为高沸点的液体或低熔点的固体，具有特殊的气味，且毒性很大。如苯胺食入 0.25mL 就严重中毒。

15.2.2 沸点、水溶性

与醇类似，胺也是具有一定极性的化合物，胺分子中氮原子有较大的电负性，可以和水形成氢键，其中一级胺和二级胺氮原子上具有极性的N—H键可以与水分子形成更强的氢键。因此分子量低的脂肪胺易溶于水，随着疏水基团烃基的增大或烃基取代基的增多，水溶性变差。芳胺中氨基上的孤对电子和苯环π电子形成大的离域体系，氮上电子云密度降低，与水分子形成氢键的能力降低，水溶性随之变差，二苯胺和三苯胺甚至不溶于水。有关数据见表15-1。

伯胺和仲胺分子中存在极性的N—H键，可以形成分子间氢键，但较醇分子中O—H键所形成的分子间氢键弱，因此这些胺的沸点高于与其分子量相近的烷烃及相应的醚，但低于分子量相近的醇。叔胺分子中不含N—H键，不能形成分子间氢键，故叔胺的沸点通常比分子量相近的伯胺和仲胺低，甚至与相应的烷烃及醚相当，如以下示例所示：

	$CH_3CH_2CH_2CH_2NH_2$	$(CH_3CH_2)_2NH$	$CH_3CH_2N(CH_3)_2$	$CH_3CH_2CH(CH_3)_2$
	分子极性和形成氢键的能力下降 →			
偶极矩(μ)/D	1.4	1.2~1.3	0.6	0
沸点/℃	77.8	56.3	37.5	27.8

	$CH_3(CH_2)_3OH$	$CH_3(CH_2)_3NH_2$	$(CH_3CH_2)_2NH$	$(CH_3CH_2)_2O$	$(CH_3CH_2)_2CH_2$
沸点/℃	117.3	77.8	56.3	37.5	36.1

[问题 15-4] 为什么三甲胺的沸点比其异构体正丙胺和甲乙胺低？

[问题 15-5] 试比较下列各组分子量相近的化合物的沸点和水溶性。

（a）甲胺，乙胺，甲醇　　（b）正丙胺，正丙醇，正丁烷

15.3 胺的结构

脂肪胺的结构和氨相似，在成键时氮原子采取不等性sp^3杂化，其价电子层的5个电子分布在这四个杂化轨道中，其中三个未成对电子分别占据三个sp^3杂化轨道，它们分别与氢原子的1s轨道或碳原子的杂化轨道重叠形成三个σ键，第四个sp^3杂化轨道含有一对电子。整个分子具有棱锥体结构，孤对电子处于棱锥体的顶点。

氨　　　　胺

在芳香胺中，氮原子杂化状态比脂肪胺更接近于sp^2杂化。由于氮原子上孤对电子所处的轨道具有更多的p轨道成分，可以与苯环π轨道相互作用构成共轭体系。共轭效应使氮原子上的电子云向苯环离域，氮原子上的电子云密度降低，苯环上的电子云密度增加，苯环被

活化。这种情况可用如下共振结构描述：

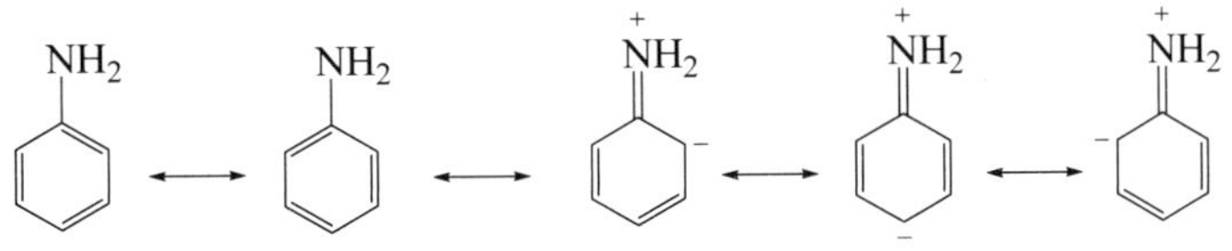

显然，直接与氮原子相连的苯环越多，氮原子孤对电子的离域范围就越大，其电子云密度也越低。

在二级胺和三级胺中，如果氮原子上连接的三个基团不同，则该氮原子是手性的，应存在两个具有光学活性的对映体，它们之间互成镜像，但却从未得到这类异构体。这是由于孤对电子并不是一个完整的化学键，不能起到四面体构型中的第四个基团的作用，整个分子可以通过以下方式在两种镜像之间以极快的速度反转（所需能量很低，仅约 25kJ/mol），这种反转像大风中伞的反转一样，故称为伞效应（umbrella effect），因此不能从中分离出任何一个异构体。

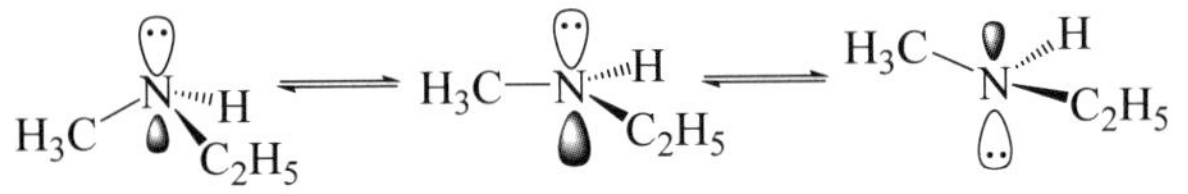

在季铵盐中，氮原子的四个杂化轨道都用于成键，均被烃基占据，所以其构型就不能反转。若氮上的四个基团不同，确实存在也可以分离得到一对旋光异构体。

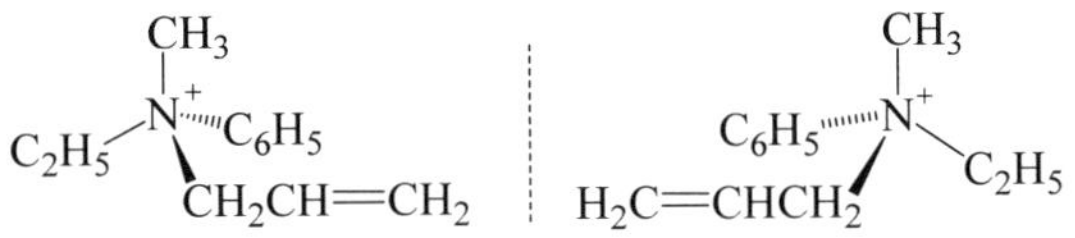

(*S*)　　(*R*)

15.4　胺的化学性质

前已述及胺的结构和氨相似，因此胺的化学性质也和氨相似，均由其共同的结构特点——氮原子上有一对孤对电子所决定，孤对电子的存在左右着胺的化学性质，使得胺表现出碱性、亲核性等。同时官能团氨基对其相连的烃基的性质也会产生影响，如芳香胺的苯环由于氨基的存在，电子云密度增高，苯环变得很活泼，极易发生苯环上的亲电取代反应，也极易被氧化。

胺的碱性

（1）碱性

胺与氨相似，氮原子上有一对孤对电子，是一种 Lewis 碱。低级胺溶于水所形成的溶液具有碱性，其反应过程与氨和水的反应相似：

$$\ddot{N}H_3 + H_2O \rightleftharpoons NH_4^+ + OH^-$$

$$R\ddot{N}H_2 + H_2O \rightleftharpoons RNH_3^+ + OH^-$$

在脂肪胺中，氮原子的电负性大于 C 原子，C—N 键电子云偏向氮原子，脂肪烃基表现出+I 效应，使得氮原子周围电子云密度升高，更容易接受质子，胺的碱性增强。氮上连接的脂肪烃基越多，+I 效应越强，胺的碱性就越强。故脂肪胺的碱性比无机氨强。从伯胺、仲胺到叔胺碱性增强。但若氮原子所连的是三氟甲基，强–I 效应的基团，会使氮原子周围电子云密度降低，碱性减弱，甚至不显示碱性。气相条件下测得下列化合物的碱性强弱顺序如下：

$$NH_3 \quad CH_3NH_2 \quad (CH_3)_2NH \quad (CH_3)_3N$$

氮原子上电子云密度增加，接受质子的能力增强 →

气相条件下碱性增强

在芳香胺中，氮原子的孤电子对与芳环的π电子相互作用形成大的共轭体系，氮原子上的电子部分被分散到芳环上，电子云密度降低，接受质子的能力下降，碱性减弱。由于共轭效应和空间效应的影响，氮原子所连接的苯环数目越多，碱性越弱。

$$C_6H_5NH_2 \quad (C_6H_5)_2NH \quad (C_6H_5)_3N$$

碱性依次减弱 →

例如苯胺可溶于稀盐酸生成盐，而三苯胺已不能溶于盐酸成盐。

通过电子效应分析，脂肪胺的碱性大于无机氨大于芳香胺，pK_b值如下：

	R_3N	R_2NH	RNH_2	NH_3	$Ar—NH_2$
pK_b	5~8			4.76	>9

在水溶液中，胺的碱性强弱顺序并不符合上述规律，研究发现甲胺碱性小于二甲胺，大于三甲胺。水溶液的碱性强弱顺序为（pK_b的具体数值参见表 15-2）：

$$NH_3 \quad (CH_3)_3N \quad CH_3NH_2 \quad (CH_3)_2NH$$

碱性依次增强 →

这一现象的发生是因在水相中影响胺碱性的因素除了氮原子上烃基的电子效应影响其电子云密度之外，还与胺和水作用后生成的产物铵正离子的溶剂化作用有关。伯胺氮上氢原子最多，在水溶液中所形成的铵正离子有三个 N—H 键，和三分子水以氢键结合；仲胺在水溶液中所形成的铵正离子有二个 N—H 键，和二分子水以氢键结合；叔胺有一个 N—H 键，和一个水分子结合。氮上氢越多，与水形成氢键的数目越多，铵正离子的正电荷越分散，就越稳定。由于溶剂化程度越大，铵正离子越稳定，也就是说溶剂化效应使胺的碱性强弱为伯胺>仲胺>叔胺，与脂肪烃基供电子效应的影响相反。因此烷基给电子能力对碱性的影响与氢键对碱性的影响是不一致的，综合这两种因素的共同作用，在水溶液中，三甲胺的碱性反而小于甲胺和二甲胺。

表 15-2　水溶液中胺的碱性

胺	pK_b (25℃)	pK_a (25℃)
NH_3	4.76	9.24
CH_3NH_2	3.38	10.62
$(CH_3)_2NH$	3.27	10.73
$(CH_3)_3N$	4.21	9.79
$CH_3CH_2NH_2$	3.36	10.64
$(CH_3CH_2)_2NH$	3.06	10.94
$(CH_3CH_2)_3N$	3.25	10.75
$C_6H_5NH_2$	9.40	4.60
$(C_6H_5)_2NH$	13.2	0.8
$C_6H_5NHCH_3$	9.60	4.40
$C_6H_5N(CH_3)_2$	9.62	4.38

芳胺的碱性随芳环上连接的取代基的种类及相对位置不同而不同。这种作用与芳环上取代基对芳酸的酸性和对酚的酸性的影响类似。如果芳环上有吸电子的取代基如硝基、磺酸基、羧基等时，这类基团不仅有较强的–I 诱导效应，而且可通过芳环π电子传递–C 共轭效应，结果使氮原子上的电子云密度降低，碱性减弱，特别是当取代基处于邻位或对位时，这种作用就更明显。相反，当芳环上连有供电子的取代基如羟基、烷氧基、烷基等时，将使氮原子上的电子云密度增大，碱性增强，当然取代基处于邻位或对位时作用更明显（表 15-3）。

表 15-3 取代苯胺的碱性

取代基	pK_b		
	邻位	间位	对位
—H	9.40	9.40	9.40
—OH	9.28	9.83	8.50
—OMe	9.48	9.77	8.66
—CH_3	9.56	9.28	8.90
—NO_2	14.26	11.53	13.00
—Cl	11.35	10.48	10.02

无论脂肪胺还是芳香胺都有弱碱性，都可以与强无机酸成盐，但遇强碱又可游离出相应的胺。

$$R\ddot{N}H_2 + HCl \longrightarrow RNH_3^+ Cl^-$$

$$RNH_3^+ Cl^- + NaOH \longrightarrow R\ddot{N}H_2 + NaCl + H_2O$$

利用这一性质可以鉴别、纯化胺类化合物。

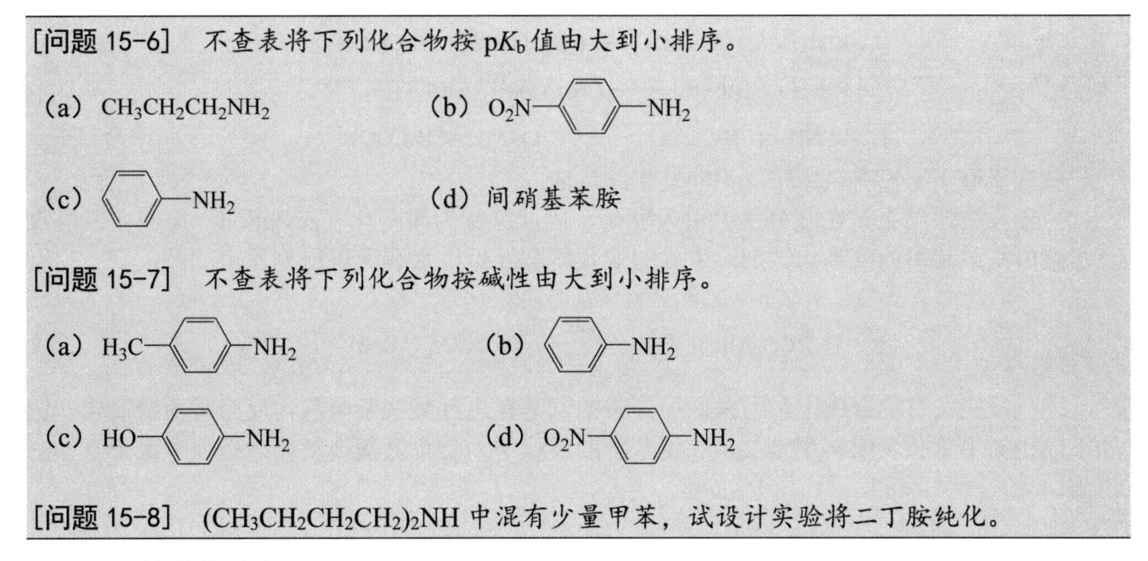

[问题 15-6] 不查表将下列化合物按 pK_b 值由大到小排序。

（a）$CH_3CH_2CH_2NH_2$ （b）$O_2N-C_6H_4-NH_2$

（c）$C_6H_5-NH_2$ （d）间硝基苯胺

[问题 15-7] 不查表将下列化合物按碱性由大到小排序。

（a）$H_3C-C_6H_4-NH_2$ （b）$C_6H_5-NH_2$

（c）$HO-C_6H_4-NH_2$ （d）$O_2N-C_6H_4-NH_2$

[问题 15-8] $(CH_3CH_2CH_2CH_2)_2NH$ 中混有少量甲苯，试设计实验将二丁胺纯化。

（2）烷基化反应

在卤代烃部分已知氨分子中氮原子上的孤对电子有亲核能力，脂肪族卤代烃可以与氨发生氨解反应。与此相似，胺分子中氮原子上的孤对电子也有亲核能力，也可以与脂肪族卤代烃发生亲核取代反应，生成更高级的胺或季铵盐。芳香胺由于氮原子上的电子云密度较低，烷基化能力稍弱：

$$NH_3 + RX \longrightarrow RNH_3^+X^- \xrightarrow[-HX]{OH^-} RNH_2$$

$$RNH_2 + RX \longrightarrow R_2NH_2^+X^- \xrightarrow[-HX]{OH^-} R_2NH$$

$$R_2NH + RX \longrightarrow R_3NH^+X^- \xrightarrow[-HX]{OH^-} R_3N$$

$$R_3N + RX \longrightarrow R_4N^+X^-$$

胺与卤代烃反应的结果是烷基被引入胺分子中，因此称为烷基化（alkylation）反应。卤代烃是广泛使用的烷基化试剂。任何胺彻底烷基化的结果都得到季铵盐。

卤芳烃很难与氨或胺发生此反应。合成芳胺的常用方法是还原芳烃的硝基取代衍生物。例如苯胺的合成反应如下：

$$C_6H_5-NO_2 \xrightarrow{Fe,\ HCl} C_6H_5-NH_2$$

[问题 15-9] 下列反应能否发生？为什么？

$$C_6H_5-X + 2NH_3 \longrightarrow C_6H_5-NH_2 + NH_4X$$

$$C_6H_5-X + RNH_2 \longrightarrow C_6H_5-NHR\cdot HX \xrightarrow{OH^-} C_6H_5-NHR$$

（3）酰基化反应

伯胺和仲胺容易与酰氯或酸酐反应生成 *N*-取代酰胺：

$$RNH_2 + CH_3COCl \longrightarrow CH_3CONHR + HCl$$

$$RNH_2 + (CH_3CO)_2O \longrightarrow CH_3CONHR + CH_3COOH$$

$$R_2NH + CH_3COCl \longrightarrow CH_3CONR_2 + HCl$$

$$R_2NH + (CH_3CO)_2O \longrightarrow CH_3CONR_2 + CH_3COOH$$

叔胺氮原子上没有氢原子，不能发生此反应。

由于反应的结果是在胺分子中引入酰基，因此又称为酰基化（acylation）反应。乙酰氯及乙酸酐是最常用的酰基化试剂。生成的取代酰胺经碱性水解又可得到原来的胺。

$$RCONHR + H_2O \xrightarrow[\triangle]{OH^-} RCOO^- + RNH_2$$

这一反应在有机合成上常用来保护芳胺的氨基在进行某些亲电取代反应时免遭氧化。例如下面由对甲苯胺合成 4-甲基-2,6-二氯苯胺的过程中为防止氨基被氧化，必须有保护氨基的措施：

$$p\text{-}CH_3C_6H_4NH_2 \xrightarrow{(CH_3CO)_2O} p\text{-}CH_3C_6H_4NHCOCH_3 \xrightarrow{Cl_2 + FeCl_3} \text{2,6-}Cl_2\text{-4-}CH_3C_6H_2NHCOCH_3 \xrightarrow{OH^-,\ H_2O} \text{2,6-}Cl_2\text{-4-}CH_3C_6H_2NH_2$$

如果酰基化试剂是苯磺酰氯（$C_6H_5SO_2Cl$），则伯胺、仲胺、叔胺反应情况各异。伯胺和仲胺在碱存在下与之反应生成苯磺酰胺。伯胺生成的苯磺酰胺，因氨基上的氢原子受磺酰基的影响呈弱酸性而溶于碱生成盐。仲胺所生成的苯磺酰胺，氨基上没有氢原子，不能生成盐而溶于碱，以沉淀析出。叔胺不能酰基化，与苯磺酰氯无反应。

$$C_6H_5SO_2Cl + RNH_2 \xrightarrow[-HCl]{NaOH} C_6H_5SO_2NHR \xrightarrow{NaOH} [C_6H_5SO_2NR]^- Na^+ \text{（溶解）}$$

$$C_6H_5SO_2Cl + R_2NH \xrightarrow[-HCl]{NaOH} C_6H_5SO_2NR_2 \downarrow$$

$$C_6H_5SO_2Cl + R_3N \xrightarrow[-HCl]{NaOH} \text{不反应}$$

这个反应称兴斯堡（Hinsberg）反应，利用这一反应可以分离伯胺、仲胺、叔胺的混合物。分离的程序是首先将伯胺、仲胺、叔胺的混合物在 NaOH 溶液中与苯磺酰氯反应，伯胺在碱存在下和苯磺酰氯反应生成的苯磺酰胺可以溶解于 NaOH 溶液中，仲胺和苯磺酰氯反应生成的苯磺酰胺不溶解于 NaOH 溶液，以沉淀形式存在，叔胺和苯磺酰氯不反应。如果蒸馏反应混合物，就可以蒸出叔胺。剩余的蒸馏液过滤，滤液酸化后得到伯胺的磺酰胺，再经酸性水解得到伯胺。滤渣为仲胺的磺酰胺，经酸化水解得到仲胺。

Hinsberg反应

[问题 15-10]　用化学反应方程式表示如何利用 Hinsberg 反应分离甲胺、二甲胺和三甲胺的混合物。

（4）与亚硝酸反应

不同的胺与亚硝酸的反应情况不同。由于亚硝酸不稳定，反应中所使用的亚硝酸通常是通过在反应体系中加入亚硝酸钠和稀无机酸（一般是盐酸或硫酸）而得到的。

$$NaNO_2 + HCl \longrightarrow NaCl + HNO_2$$

$$NaNO_2 + H_2SO_4 \longrightarrow NaHSO_4 + HNO_2$$

胺与亚硝酸的反应

在通常条件下，伯胺与亚硝酸反应定量放出氮气，并生成醇等物质。如果准确计量反应中放出的氮气的量，可换算出伯胺的量。这个反应的基本原理应用于氨基酸和蛋白质的定量测定，被称为 Van Slyke 氨基氮测定法。

$$RNH_2 \xrightarrow[\triangle]{NaNO_2,\ HCl} ROH + N_2\uparrow + H_2O$$

$$C_6H_5NH_2 \xrightarrow[\triangle]{NaNO_2,\ HCl} C_6H_5OH + N_2\uparrow + H_2O$$

在 0～5℃的低温下，伯芳胺与亚硝酸反应得到在有机合成特别是染料合成中非常重要的重氮盐。

$$C_6H_5-NH_2 \xrightarrow[0\sim5℃]{NaNO_2,\ HCl} C_6H_5-N_2^+Cl^- + H_2O$$

$$C_6H_5-NH_2 \xrightarrow[0\sim5℃]{NaNO_2,\ H_2SO_4} C_6H_5-N_2^+HSO_4^- + H_2O$$

这个反应称重氮化反应。$C_6H_5-N_2^+Cl^-$为重氮苯盐酸盐，$C_6H_5-N_2^+HSO_4^-$为重氮苯硫酸盐。仲胺与亚硝酸反应生成黄色油状的*N*-亚硝基胺，*N*-亚硝基胺不溶于水。

$$R_2NH \xrightarrow{NaNO_2,\ HCl} R_2N-N=O + H_2O$$

$$(C_6H_5)_2NH \xrightarrow[0\sim5℃]{NaNO_2,\ HCl} (C_6H_5)_2N-N=O + H_2O$$

N-亚硝基化合物毒性很强，是一类很强的致癌物质。脂肪叔胺因氮原子上没有氢，与亚硝酸无反应。利用不同胺与亚硝酸反应的现象不同，可以区分伯胺、仲胺、叔胺。

[问题 15-11] 用化学方法区分仲丁胺、甲乙胺和二甲基异丙基胺，写出反应方程式。

15.5 季铵化合物及其性质

15.5.1 季铵盐

叔胺与卤代烃作用或低级胺与卤代烃经多步反应（又称胺的彻底烷基化）生成季铵盐。

$$R_3N + R-X \longrightarrow R_4N^+X^-$$

季铵盐与铵盐类似，是一种固体离子化合物，易溶于水，不溶于非极性溶剂（如乙醚），熔点高，常常在熔点分解。

带有一个长链烷基的季铵盐，如溴化三甲基十二烷基铵［$CH_3(CH_2)_{11}N(CH_3)_3$］$^+Br^-$，由于分子中同时存在亲水基团和疏水基团，因此具有表面活性，是一种适用于酸性和中性介质的阳离子表面活性剂，且具有杀菌和抗静电能力。季铵盐还可作为相转移催化剂（phase transfer catalyst），用于有机合成中。

15.5.2 季铵碱

（1）生成

季铵盐与伯胺、仲胺、叔胺的盐不同，与碱作用时得不到游离的胺，而得到含有季铵碱和季铵盐的平衡混合物。

$$[R_4N]^+X^- + KOH \rightleftharpoons [R_4N]^+OH^- + KX$$

当将季铵盐在醇溶液中用氢氧化钾处理，或与湿的氧化银作用时，由于生成的氯化钾不溶于醇而结晶析出或生成卤化银沉淀，使得平衡被打破，整个反应可以向右进行到底。过滤并减压蒸发滤液，则可得到结晶的季铵碱。

$$[R_4N]^+X^- + KOH \xrightleftharpoons{C_2H_5OH} [R_4N]^+OH^- + KX$$

$$[R_4N]^+X^- + Ag_2O \xrightleftharpoons{H_2O} [R_4N]^+OH^- + AgX$$

季铵碱是一种很强的碱，其碱性强度和氢氧化钾相当，具有碱的一般性质，如能迅速吸收空气中的水分和二氧化碳、易溶于水等。

季铵碱受热易分解，其热分解反应取决于结构，表现出明显的规律性。

（2）热分解反应

季铵碱热分解反应的规律如下。

① 氢氧化四甲铵受热分解生成三甲胺和甲醇：

$$(CH_3)_4N^+\ OH^- \xrightarrow{\triangle} (CH_3)_3N + CH_3OH$$

② 季铵碱分子中有一个含有β-氢的烷基，受热分解时，该含有氢的烷基将与 OH^-作用消去β-氢并脱去一分子水，主要得到双键碳原子上含取代基较少的烯烃，其他几个烷基则与氮原子结合生成叔胺。例如：

$$[(CH_3)_3NCH_2CH_3]^+OH^- \xrightarrow{\triangle} (CH_3)_3N + H_2C{=}CH_2 + H_2O$$

$$[(CH_3)_3NCH_2CH_2-C_6H_5]^+OH^- \xrightarrow{\triangle} (CH_3)_3N + CH_2{=}CH-C_6H_5 + H_2O$$

③ 季铵碱分子中含有两个及两个以上的烃基可以消除β-氢时，受热分解消除β-氢的难易程度取决于β-氢的酸性大小，酸性越强越易消除，并得到取代基较少的烯烃。

$$R_2HC- \quad RH_2C- \quad H_3C- \quad C_6H_5-CH_2-$$

$\xrightarrow{\hspace{6em}}$

β-H的酸性增强，易于消去

例如：

$$[CH_3CH_2CH_2N(CH_3)_2CH_2CH_3]^+OH^- \xrightarrow[-H_2O]{\triangle} CH_3CH_2CH_2N(CH_3)_2 + H_2C{=}CH_2$$

$$[\text{3-甲基哌啶-}N(CH_3)_2]^+OH^- \xrightarrow[-H_2O]{\triangle} CH_2{=}CHCH_2CH(CH_3)CH_2N(CH_3)_2$$

$$[C_6H_5-CH_2CH_2N(CH_3)_2CH_2CH_3]^+OH^- \xrightarrow[-H_2O]{\triangle} C_6H_5-CH{=}CH_2 + CH_3CH_2N(CH_3)_2$$

若季铵碱分子中含有几种酸性级别相当的β-氢，消除方向与概率有关。例如：

$$[CH_3CH_2\overset{CH_3}{\underset{CH_3}{N}}C(CH_3)_3]^+OH^- \xrightarrow[-H_2O]{\triangle} \underset{(93\%)}{(CH_3)_2C{=}CH_2} + \underset{(7\%)}{H_2C{=}CH_2}$$

季铵碱的霍夫曼(Hoffmann)消除

季铵碱受热分解是由于OH^-夺取烷基的β-氢而进行消除反应，因此酸性较强的β-氢较易受到进攻而消除，最终得到与Saytzeff消除反应方向相反的烯烃。这一反应称作霍夫曼消除反应（Hoffmann elimination reaction），反应机理如下：

$$[(CH_3CH_2)_3\overset{+}{N}{-}CH_2{-}CH_2{-}H]OH^- \longrightarrow [(CH_3CH_2)_3N\cdots CH_2\overset{\cdots}{=}CH_2\cdots H\cdots OH] \longrightarrow (CH_3CH_2)_3N + H_2C{=}CH_2 + H_2O$$

[问题 15-12]　完成反应方程式，写出主要产物。

(a) $[$2-甲基环己基$-N(CH_3)_2]^+OH^- \xrightarrow{\triangle}$　　(b) $[$1-甲基环己基$-N(CH_3)_3]^+OH^- \xrightarrow{\triangle}$

（3）胺的结构测定

由于季铵碱的消除反应是有规律的，所以上述 Hoffmann 消除反应可以用来测定胺的结构，这一方法称作 Hoffmann 彻底甲基化法，具体过程如下。

第一步：将未知结构的胺用足量的碘甲烷处理，彻底甲基化生成季铵盐。根据引入的甲基数量，可推知未知胺是伯胺（引入 3 个甲基）、仲胺（引入 2 个甲基）或叔胺（引入 1 个甲基）；

第二步：用湿的氧化银处理得到季铵盐，使之转化为季铵碱；

第三步：加热分解季铵碱，根据分解产物推断未知胺的结构。

例如：某未知结构的碱性化合物A(C_4H_9N)经臭氧化并水解的产物之一为甲醛；A经催化加氢生成B($C_4H_{11}N$)，经彻底甲基化生成C($C_7H_{16}NI$)；C用湿的氧化银处理后再加热得到1,3-丁二烯和三甲胺。试确定A的结构。

由A经催化加氢得到B，且B的分子式较A多两个氢可知，A含有一个双键；由A经臭氧化的产物之一为甲醛，可以推得A的双键在链端；由A经彻底甲基化后的产物C较A多三个碳，可以推知A为伯胺；最后根据季铵碱的分解产物是1,3-丁二烯可断定A为：$CH_2{=}CHCH_2CH_2NH_2$ 或 $CH_2{=}CHCH(NH_2)CH_3$。

[问题 15-13]　完成反应式。

(a) ? $\xrightarrow[2.湿Ag_2O]{1.CH_3I(过量)}$ $\xrightarrow{\triangle}$ $\xrightarrow[2.湿Ag_2O]{1.CH_3I(过量)}$ $\xrightarrow{\triangle}$ 1,4-戊二烯 $+ (CH_3)_3N + H_2O$

(b) 3-乙基哌啶（C_2H_5, NH） $\xrightarrow[2.湿Ag_2O]{1.CH_3I(过量)}$ $\xrightarrow{\triangle}$ $\xrightarrow[2.湿Ag_2O]{1.CH_3I(过量)}$ $\xrightarrow{\triangle}$?

（4）生物体中的季铵碱

在生物体中存在着两种非常重要的季铵碱，它们分别是胆碱和乙酰胆碱。

① 胆碱

胆碱 $[(CH_3)_3NCH_2CH_2OH]^+OH^-$ 是一种无色吸湿性很强的晶体，易溶于水和乙醇，是生物体中分布很广的一种季铵碱。动物的脑、心脏、肝脏和神经组织中居多，植物油如大豆油脂中也较多，是卵磷脂的成分。因为最初是从胆汁中发现的，所以称为胆碱。胆碱能调节肝脏中的脂肪代谢，和乙酰胆碱一起在神经传导过程中起着非常重要的作用，具有重要的生理生化功能。

② 乙酰胆碱

乙酰胆碱 $[(CH_3)_3NCH_2CH_2OOCCH_3]^+OH^-$ 是胆碱羟基中的氢被乙酰基取代后生成的酯。它是生物体内神经传导的化学介质。在神经组织中它和蛋白质结合在一起［乙酰胆碱—P（P 代表蛋白质）］。当机体受到刺激时立即与蛋白质分开并被释放出来，同时产生电能，引起神经传导。

$$\text{乙酰胆碱—P} \xrightarrow{\text{刺激}} \text{乙酰胆碱} + \text{P} + \text{生物电流}$$

当乙酰胆碱生成后，迅速被存在于神经组织中的乙酰胆碱酯酶水解（约 0.0001s），传导就停止了。

乙酰胆碱水解产生的胆碱和乙酸在胆碱乙酰化酶作用下再迅速结合生成乙酰胆碱，并重新与蛋白质结合，以非活性形式储存起来。

$$[(CH_3)_3NCH_2CH_2OOCCH_3]^+OH^- + H_2O \underset{\text{胆碱乙酰化酶}}{\overset{\text{胆碱酯酶}}{\rightleftharpoons}} CH_3COOH + [(CH_3)_3NCH_2CH_2OH]^+OH^-$$

$$\text{乙酰胆碱} + \text{P} \longrightarrow \text{乙酰胆碱—P}$$

当某些农药如有机磷进入动物或人体内后，迅速与体内的胆碱酯酶结合成不易水解的磷酰化胆碱酯酶。

$$\underset{\text{胆碱酯酶}}{\text{E—H}} + \underset{\text{有机农药}}{\text{RO—}\overset{\overset{\text{O}}{\|}}{\underset{\underset{\text{OR}}{|}}{\text{P}}}\text{—X}} \longrightarrow \underset{\text{磷酰化胆碱酯酶}}{\text{RO—}\overset{\overset{\text{O}}{\|}}{\underset{\underset{\text{OR}}{|}}{\text{P}}}\text{—E}} + \text{H—X}$$

该酶活性被抑制，使与蛋白质分离的乙酰胆碱不能水解，以致在体内大量积累。一些以乙酰胆碱为传导介质的神经处于过度兴奋状态，引起功能失调而死亡。例如，用敌敌畏熏蒸杀虫时，害虫死亡前在地上挣扎、打旋就是由此引起的。

15.6　几种重要的生物碱

生物碱是一类存在于生物体内具有生理活性的含氮碱性有机物，绝大多数存在于植物体中，极少数存在于动物体内，故又称植物碱，植物生物碱是植物在长期的生态环境适应过程中为抵御动物、微生物、病毒及其他植物的进攻而形成的一大类次生代谢产物，具有庞杂的结构类型和非常大的数量。生物碱对人和动物都有生理作用。

（1）烟碱

N　N　CH_3

烟碱

又称尼古丁，是一种无色至淡黄色透明油状液体，是烟草中含氮生物碱的主要成分，在烟叶中的含量为 1%～3%。烟碱对中枢及周围神经有害，对人畜有毒，可用作农药，在烟草工业上是提高卷烟等级的添加剂。同时，又是药物、食品、饮料及军事工程等行业必不可少的重要原料之一。

（2）麻黄素

麻黄中所含的生物碱麻黄素，是拟交感神经药，对心血管系统、中枢系统、平滑肌系统以及其他方面均有重要作用，医药上常用来代替肾上腺素。如果长期滥用麻黄素，会对药物产生依赖性。其结构式如下：

（3）可卡因

又称可可精，古柯叶中分离出来的一种最主要的生物碱，属于中枢神经兴奋剂，其盐类呈白色晶体状，无气味，味略苦而麻，易溶于水和酒精，兴奋作用强，是一种局部麻醉剂，在脱敏及外科小手术中用处很大。吸食可卡因可产生很强的心理依赖性，长期吸食可导致精神障碍。其结构式如下：

（4）吗啡

阿片中的主要生物碱。吗啡为白色有丝光状的针状结晶或结晶性粉末，无臭，遇光易变质，在水中溶解，在乙醇中略溶解，在氯仿或乙醚中几乎不溶，熔点为 250℃。具有镇痛作用，医疗上常用来止痛，连续使用可造成依赖性。

（5）咖啡因

又称咖啡碱，存在于咖啡果及茶叶内。含结晶水的咖啡因系无色针状晶体，味苦，易溶于氯仿、水及乙醇等。100℃时失去结晶水，并开始升华。咖啡因具有刺激心脏、兴奋大脑神经和利尿等作用，可作为中枢神经兴奋药，其结构式如下：

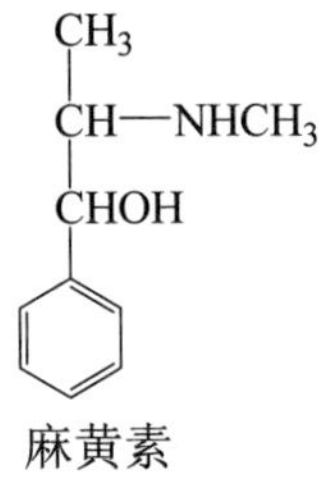

麻黄素 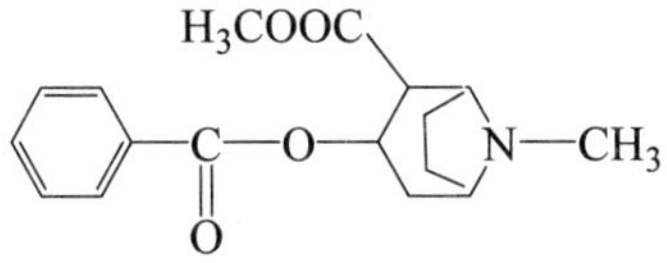　　可卡因 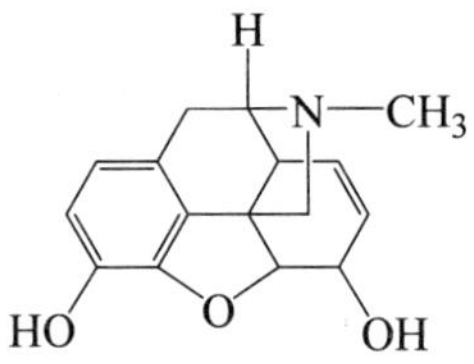　　吗啡 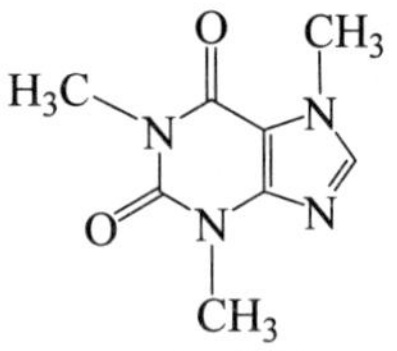　　咖啡因

（6）奎宁

又名金鸡纳霜，是金鸡纳树皮中的一种生物碱，纯品为白色、无臭、味微苦的结晶性粉末或颗粒，微溶于水。是治疗疟疾的特效药，但副作用较强，有微弱的解热镇痛作用。其结构式如下：

（7）利血平

一种吲哚型生物碱，存在于多种植物中，在催吐萝芙木中含量最高可达 1%。无色棱状晶体，熔点为 264～265℃（分解），易溶于氯仿、二氯甲烷、冰醋酸，能溶于苯、乙酸乙酯，稍溶于丙酮、甲醇、乙醇、乙醚、乙酸和柠檬酸的稀水溶液。利血平能降低血压和减慢心率，作用缓慢、温和而持久，对中枢神经系统有持久的安定作用，是一种很好的镇静药。其结构式如下：

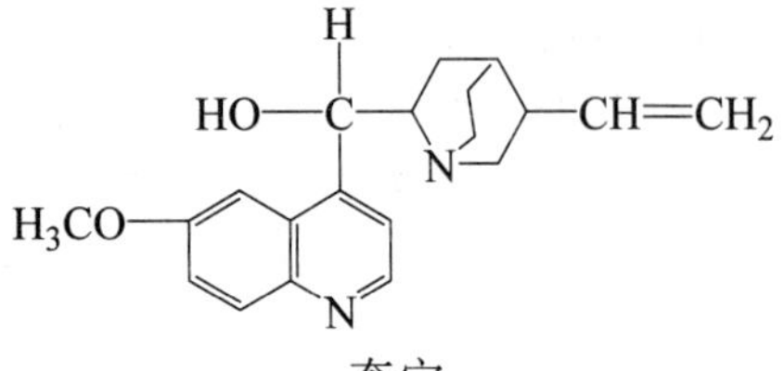

奎宁 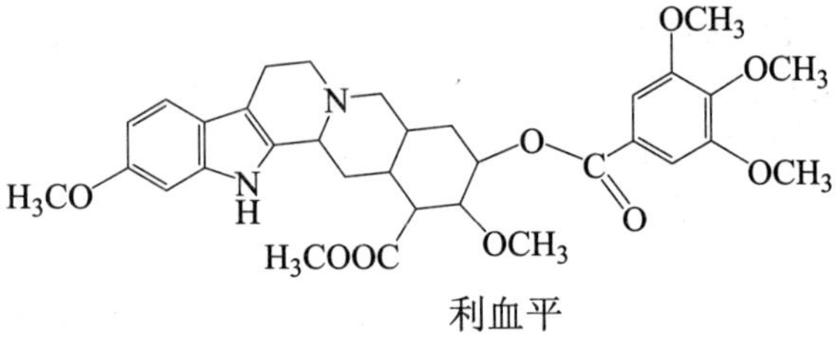　　利血平

15.7　重氮盐的性质与应用

前已述及，伯芳胺在低温下与亚硝酸反应生成一种结构非常特殊、在有机合成中特别是在染料工业中非常重要的化合物——重氮盐。由于共轭体系的共振稳定化作用，芳胺的重氮盐可以在低温下稳定存在。

$$C_6H_5-NH_2 \xrightarrow[0\sim5℃]{NaNO_2,\ HCl} C_6H_5-N_2^+Cl^- + H_2O$$

$$C_6H_5-NH_2 \xrightarrow[0\sim5℃]{NaNO_2,\ H_2SO_4} C_6H_5-N_2^+HSO_4^- + H_2O$$

重氮盐的合成与化学性质

15.7.1　重氮盐的性质与应用

重氮盐的化学性质很活泼，能发生许多反应，一般可分为两类。一类是与重氮基直接相连的芳环碳原子受到亲核试剂的进攻，重氮基被取代，生成各种取代芳香衍生物的反应；另一类是通过重氮基与其他化合物发生偶合反应，生成有色的偶氮化合物——偶氮染料。

（1）重氮基被取代

重氮基在一定条件下可被—OH、—H、—X、—CN 等原子或基团取代。这一反应在有机合成上有两个很重要的应用：a. 在比较温和的条件下，在芳环上引入用其他方法难以引入的—OH、—CN 等取代基；b. 在芳环上引入硝基或氨基作特殊的定位基团之后，将其从芳环上去除。

① 重氮基被—H 取代

重氮盐与次磷酸或乙醇等还原剂一起共热，则重氮基被氢原子取代。例如：

$$C_6H_5-N_2^+Cl^- \xrightarrow[\triangle]{H_3PO_2,\ H_2O} C_6H_6 + N_2\uparrow$$

$$C_6H_5-N_2^+HSO_4^- \xrightarrow[\triangle]{CH_3CH_2OH} C_6H_6 + N_2\uparrow$$

在合成苯的衍生物时，往往要引入硝基或氨基作特殊的定位基团使用，而在合成的最后阶段就需要利用此反应将硝基或氨基去除。例如由甲苯合成 3-溴甲苯，合成路线的最后阶段就应用了该反应。

$$C_6H_5CH_3 \xrightarrow[H_2SO_4]{HNO_3} p\text{-}CH_3C_6H_4NO_2 \xrightarrow[HCl]{Fe} p\text{-}CH_3C_6H_4NH_2 \xrightarrow{(CH_3CO)_2O} p\text{-}CH_3C_6H_4NHCOCH_3 \xrightarrow{Fe/Br_2} \text{4-NHCOCH}_3\text{-3-Br-}C_6H_3CH_3$$

$$\xrightarrow[-CH_3COOH]{OH^-,\ H_2O} \text{4-NH}_2\text{-3-Br-}C_6H_3CH_3 \xrightarrow[0\sim5℃]{NaNO_2,\ HCl} \text{4-N}_2^+\text{-3-Br-}C_6H_3CH_3 \xrightarrow[\triangle]{H_3PO_2,\ H_2O} m\text{-}BrC_6H_4CH_3$$

需要说明的是，在对甲苯胺进行溴化前必须用乙酰化反应将氨基保护起来，否则在溴化过程中氨基很容易被氧化。

[问题 15-14] 完成下列转变：

（1）将甲苯转变成3,5-二氯甲苯。

（2）将对硝基甲苯转化为2-溴苯甲酸。

② 重氮基被—OH 取代

将重氮硫酸盐与稀硫酸共热，重氮基被—OH 取代生成酚。例如：

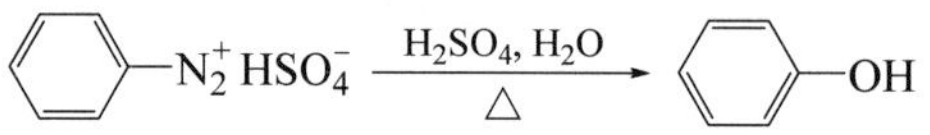

$$C_6H_5-N_2^+HSO_4^- \xrightarrow[\triangle]{H_2SO_4,\ H_2O} C_6H_5-OH$$

注意：在进行该反应时，不能使用重氮苯盐酸盐或盐酸介质，否则将发生—Cl 取代重氮基而生成稳定的芳卤化合物的副反应。

在下述由苯合成3-溴苯酚的合成路线中就利用了此反应。

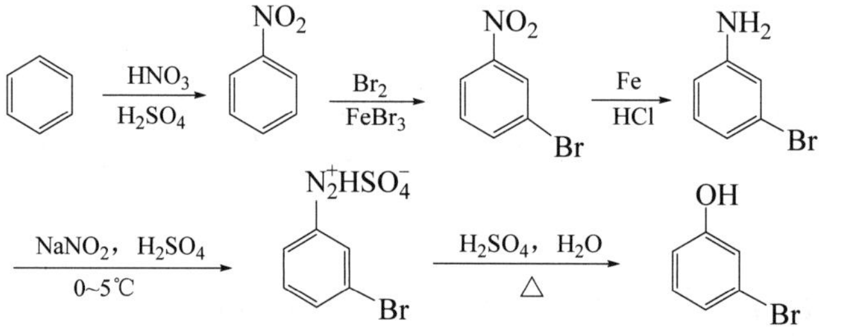

$$C_6H_6 \xrightarrow[H_2SO_4]{HNO_3} C_6H_5NO_2 \xrightarrow[FeBr_3]{Br_2} m\text{-}BrC_6H_4NO_2 \xrightarrow[HCl]{Fe} m\text{-}BrC_6H_4NH_2$$

$$\xrightarrow[0\sim5℃]{NaNO_2,\ H_2SO_4} m\text{-}BrC_6H_4N_2^+HSO_4^- \xrightarrow[\triangle]{H_2SO_4,\ H_2O} m\text{-}BrC_6H_4OH$$

[问题 15-15] 选用适当的有机或无机试剂，将间溴苯胺转变为间溴苯酚。

③ 重氮基被卤素取代

在卤化亚铜的氢卤酸溶液作用下，重氮盐分解放出氮气，同时重氮基被卤原子取代生成相应的芳卤衍生物，其中卤化亚铜是催化剂。该反应是合成某些卤代苯的重要方法之一。例如：

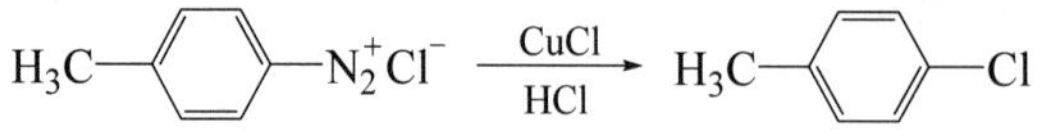

$$H_3C-C_6H_4-N_2^+Cl^- \xrightarrow[HCl]{CuCl} H_3C-C_6H_4-Cl$$

此反应的催化剂还可以使用铜粉。在铜粉存在下，加热重氮化合物的氢卤酸盐也可得到相应的芳卤衍生物。例如：

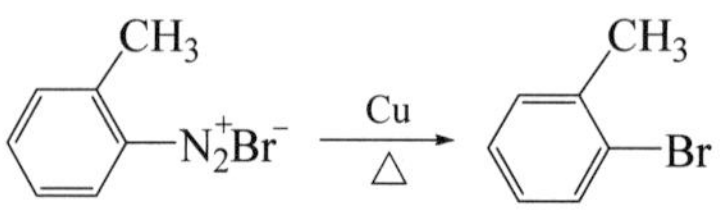

$$o\text{-}CH_3C_6H_4-N_2^+Br^- \xrightarrow[\triangle]{Cu} o\text{-}CH_3C_6H_4-Br$$

[问题 15-16] 将对氯苯胺转化为对溴氯苯。

④ 重氮基被—CN取代

重氮盐在铜粉或氰化亚铜的存在下与氰化钾水溶液作用，重氮基被氰基取代生成芳腈化合物，再经酸性水解可以得到芳香族羧酸衍生物。这是在芳环上引入羧基的一种很重要的方法。例如：

$$o\text{-}Cl\text{-}C_6H_4\text{-}N_2^+HSO_4^- \xrightarrow[KCN]{CuCN} o\text{-}Cl\text{-}C_6H_4\text{-}CN \xrightarrow{H_3O^+} o\text{-}Cl\text{-}C_6H_4\text{-}COOH$$

在由甲苯合成对甲基苯甲酸的过程中就涉及了此反应。

$$C_6H_5CH_3 \xrightarrow[H_2SO_4]{HNO_3} p\text{-}CH_3C_6H_4NO_2 \xrightarrow[HCl]{Fe} p\text{-}CH_3C_6H_4NH_2 \xrightarrow[0\sim5℃]{NaNO_2,\ HCl} p\text{-}CH_3C_6H_4N_2^+Cl^-$$

$$\xrightarrow{CuCN} p\text{-}CH_3C_6H_4CN \xrightarrow{H_3O^+} p\text{-}CH_3C_6H_4COOH$$

[问题15-17]　将对硝基甲苯转变为对甲基苯甲酸。

（2）偶合反应

偶合反应是重氮盐保留氮的反应。因为重氮基带正电，所以重氮苯可以作为弱的亲电试剂，在适当条件下与酚或芳胺等芳环上电子云密度比较高的化合物发生亲电取代反应，生成偶氮化合物，此反应称为偶合反应。例如：

$$C_6H_5\text{-}N_2^+HSO_4^- + C_6H_5\text{-}NH_2 \longrightarrow C_6H_5\text{-}N{=}N\text{-}C_6H_4\text{-}NH_2$$

$$C_6H_5\text{-}N_2^+HSO_4^- + C_6H_5\text{-}OH \longrightarrow C_6H_5\text{-}N{=}N\text{-}C_6H_4\text{-}OH$$

$$C_6H_5\text{-}N_2^+HSO_4^- + H_3C\text{-}C_6H_4\text{-}OH \longrightarrow C_6H_5\text{-}N{=}N\text{-}C_6H_3(OH)(CH_3)$$

芳基重氮盐的偶合反应

偶合反应与介质有关。重氮盐与酚类的偶合反应要求在弱碱性介质中进行，重氮盐与芳胺的偶合反应需在弱酸性条件下进行。

重氮盐与酚或芳胺的偶合反应有两个特点：a. 由于电子效应与大体积ArN_2^+的空间效应的影响，反应一般发生在羟基或氨基的对位；b. 生成的偶氮化合物具有较大的共轭体系，对可见光产生选择性吸收而显示颜色。偶氮染料是染料中一个大的类别，因此偶合反应在化学及染料化学工业中都有非常重要的应用。

> [问题 15-18]　为什么重氮苯与酚类的偶合反应必须在弱碱性介质中进行，而与芳胺的偶合反应又必须在弱酸性条件下进行？

15.7.2　有机化合物的结构与颜色

光都具有一定的波长。波长范围在 400~750nm 之间的光照射到人的视网膜上后，会引起复杂的生理反应而被感知，因此此波段的光被称作可见光。不同波长的可见光被人眼感知后所呈现的颜色不同，五颜六色的客观世界就是这样呈现在人类的脑海中的。自然光是由各种波长的可见光按一定比例混合而成的，当自然光中的某一部分（具有较窄的波长范围及一定颜色）被吸收时，剩余部分就显示出被吸收光颜色的互补色。表 15-4 列出了不同波长光的颜色及其互补色。

表 15-4　可见光的颜色及其互补色对照表

波长/nm	颜色	互补色	波长/nm	颜色	互补色
400~424	紫色	绿-黄	570~585	黄色	蓝色
424~491	蓝色	黄色	585~647	橘黄色	绿-蓝
491~570	绿色	红色	647~700	红色	绿色

（1）分子结构与颜色的关系

有色物质的颜色是由于其对不同波长的光产生不同程度的吸收而造成的。那么有色物质为什么会吸收光波呢？这显然与有色物质的特殊结构密切相关。

当电子在不同的电子能级之间跃迁时，就会吸收能量等于两电子能级差的光，不同结构的化合物由于其不同分子轨道能级之间的差距不同，因此在进行电子能级跃迁时，将吸收不同波长的光而显示不同的颜色。

饱和有机化合物分子中各原子之间均以σ键相连，由于σ键的能量较低，σ键电子向较高能级跃迁需要的能量较高，必须吸收能量较高、波长较短、处于可见光区之外的光波，因此它们无色。

不饱和有机化合物分子中含有能量较高的π轨道，π轨道上的电子跃迁至较高能级所需的能量较低，只需吸收能量较低、波长较长、处于紫外及可见光区的光波。

当有机分子中含有某些基团时，将在紫外及可见光区产生吸收，我们称这些基团为发色团，例如：

$-N=N-$	$>C=O$	$-N=O$	$>C=C<$	$-\underset{H}{C}=N-$	$=\langle\bigcirc\rangle=$	$-C(=O)OH$	$-NO_2$
偶氮基	羰基	亚硝基	烯基双键	次甲氨基	醌基	羧基	硝基

分子中只含有一个发色团的物质如烯烃、炔烃、二烯烃、脂肪族饱和醛酮和羧酸等，多数情况下因吸收波段处于紫外光区而不显颜色。如果在有机分子中含有两个或两个以上的发色团且形成共轭体系时，由于π电子在共轭体系中的跃迁较为容易，吸收的光波波长就较长，一般均处于可见光区，因此这些物质就显示出不同的颜色。共轭体系越大，吸收的光波波长越长，化合物的颜色越深。例如：

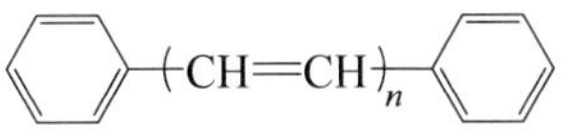

$$C_6H_5-(CH=CH)_n-C_6H_5$$

n	1	3	4	5	11
	无色	淡黄色	棕黄色	橙色	紫黑色

共轭体系变大，π电子激发能量减小，吸收光波长增加，化合物颜色加深

有些基团虽然自身并不会吸收光波产生电子能级间的跃迁，但当它们直接与发色团相连时，却可以使发色团的共轭体系扩大，而使有机物的颜色加深，这些基团称为助色团。例如：

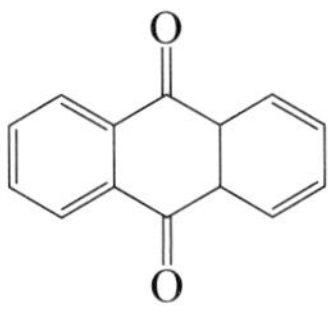

蒽醌（浅黄色） 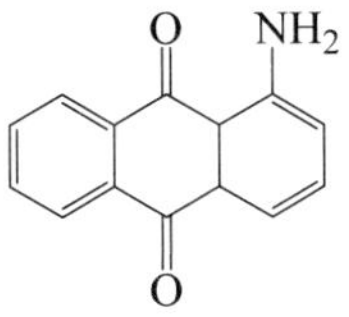　　*α*-氨基蒽醌（红色）

常见的助色团有：

$-NH_2$	$-OH$	$-NHR$	$-OR$	$-NR_2$	$-X$(Cl、Br、I)
氨基	羟基	取代氨基	烷氧基	二取代氨基	卤素原子

研究有机化合物颜色与结构间的关系不仅在染料化学、分析化学领域具有重要意义，而且与粮油食品化学也密切相关。各种粮油与食品都有独特诱人的颜色，例如透青的大豆，金黄色的玉米等，这些粮食的颜色甚至成了其新鲜程度，品质高低的感官指标。其颜色及变化与其中某些化学成分的存在及变化有关。因此研究如何保持它们正常而新鲜的色泽，无论在理论及实践上都具有很重要的意义

（2）染料与指示剂

① 染料

染料是指能将纤维或其他被染物染成各种颜色的有机化合物，主要使用对象是棉、毛、丝、麻等天然纤维和涤纶、腈纶等人造纤维，还广泛应用于纸张、木材、皮革、墨水、感光材料、食品、医药、化妆品等的着色。

染料分子中通常含有发色团（如偶氮基、硝基、羰基等）和助色团（如氨基、羟基等），当自然光射入后发生选择性吸收，并反射出一定波长的光线，从而显示出颜色。

染料的结构复杂，品种繁多。从化学结构看，它们都具有一个共同的特征，即都具有一定的共轭体系，这些共轭体系包括偶氮体系、蒽醌体系、三芳基甲烷体系、酞菁体系、噻嗪体系等，偶氮染料是其中非常重要的一类。

偶氮染料的合成过程都涉及芳胺的重氮化及偶合反应，例如酸性金黄 G，其结构式如下：

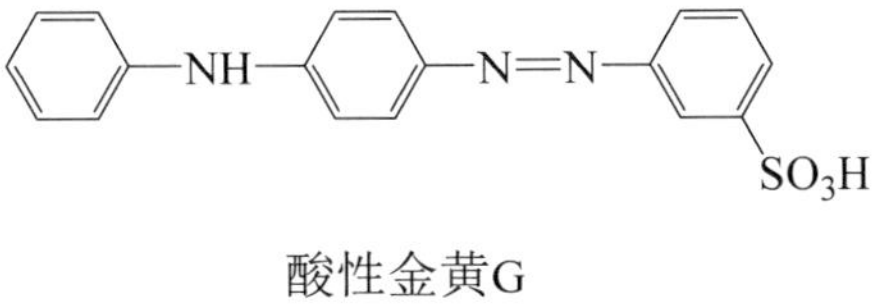

$$C_6H_5-NH-C_6H_4-N=N-C_6H_4-SO_3H$$

酸性金黄G

其合成步骤为：

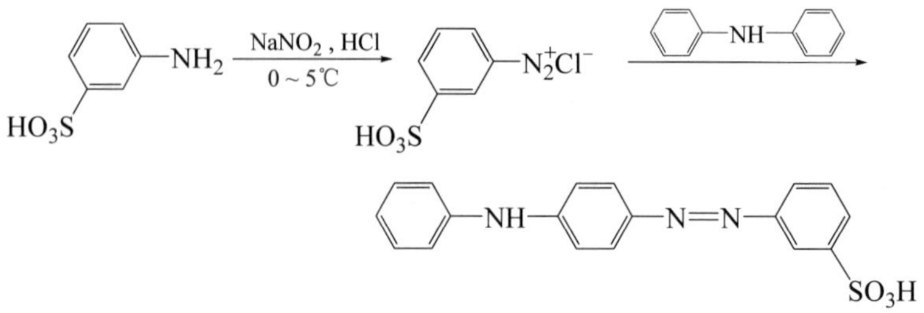

$$\text{HO}_3\text{S-}C_6H_4\text{-NH}_2 \xrightarrow[0\sim5℃]{NaNO_2,\ HCl} \text{HO}_3\text{S-}C_6H_4\text{-}\overset{+}{N_2}Cl^- \xrightarrow{C_6H_5\text{-NH-}C_6H_5} C_6H_5\text{-NH-}C_6H_4\text{-N=N-}C_6H_4\text{-SO}_3\text{H}$$

根据染料本身的性能、应用方法和应用对象，染料可分为酸性染料、碱性染料、冰染染料、直接染料、分散染料、食用染料、活性染料及还原染料等。其中活性染料分子中含有能与纤维分子发生反应的活性基团，且水溶性好，发展很快，现已成为棉用最重要的染料类别之一，在活性染料中不乏偶氮型的，例如活性黄 X—R 的结构为：

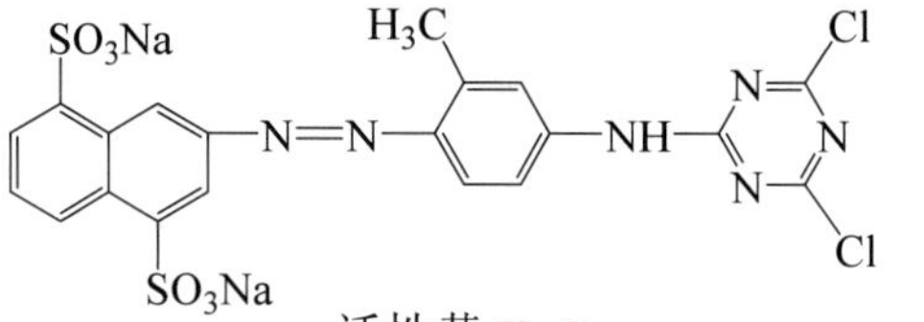

SO₃Na　H₃C　Cl　N=N　NH　N　N　N　SO₃Na　Cl

活性黄 X—R

② 指示剂

指示剂是指在外界条件（如酸碱性、金属离子浓度、电极电位等）改变时可以和周围环境中的某些物质作用而改变颜色的有机化合物，广泛应用于化学分析各类滴定体系的终点指示，因而得名指示剂。

按照指示剂所指示的滴定体系不同，可以将其划分为酸碱指示剂、金属指示剂、氧化还原指示剂等。和染料相同，指示剂的结构体系中也都含有一共轭体系。各种指示剂的作用原理虽然不尽相同，但都有一个共同特点，就是在外界条件改变时，指示剂分子结构中的共轭体系均发生变化，吸收光波长随之发生变化，导致其溶液颜色改变，从而指示滴定终点的到达。

例如酸碱指示剂甲基橙的指示反应为：

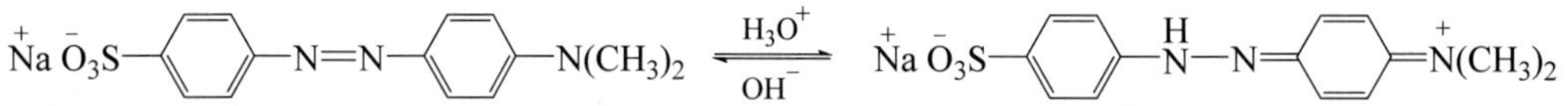

$$\overset{+}{Na}\ \overset{-}{O_3}S\text{-}C_6H_4\text{-N=N-}C_6H_4\text{-N(CH}_3)_2 \underset{OH^-}{\overset{H_3O^+}{\rightleftharpoons}} \overset{+}{Na}\ \overset{-}{O_3}S\text{-}C_6H_4\text{-}\overset{H}{N}\text{-N=}C_6H_4\text{=}\overset{+}{N}(CH_3)_2$$

又如金属指示剂 PAN 的指示反应为：

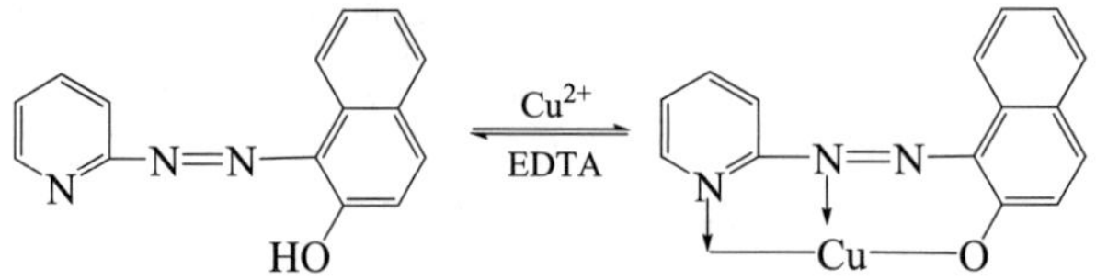

$$\text{PAN (N=N, HO)} \underset{EDTA}{\overset{Cu^{2+}}{\rightleftharpoons}} \text{配合物 (N=N, N→Cu, Cu—O)}$$

PAN(黄色)　　配合物(红色)

再如，氧化还原指示剂二苯胺磺酸钠的指示半反应为：

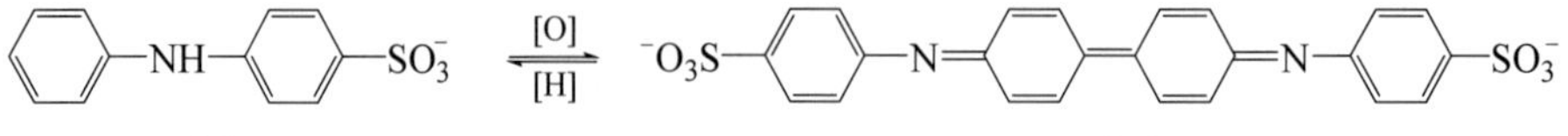

$$C_6H_5\text{-NH-}C_6H_4\text{-SO}_3^- \underset{[H]}{\overset{[O]}{\rightleftharpoons}} {}^-O_3S\text{-}C_6H_4\text{-N=}C_6H_4\text{=}C_6H_4\text{=N-}C_6H_4\text{-SO}_3^-$$

无色　　红紫色

在各类指示剂的结构体系中，偶氮类化合物是其中非常重要的一类，其合成过程中也都包含芳胺的重氮化及偶合反应。

[问题 15-19] 试根据酸碱指示剂甲基橙的指示反应解释甲基橙颜色随介质 pH 值变化的原因。

[问题 15-20] 以对氨基苯磺酸和 *N,N*-二甲基苯胺为原料如何合成甲基橙？提出一种合成路线。

阅读材料

奥古斯特·威廉·霍夫曼（August Wilhelm Hoffmann，1818—1892）

出生在德国吉森。1845 年经德国化学家李比希推荐，到英国皇家化学学院担任化学教授，一直工作了 20 年。1864 年回国后，先后担任波恩大学、柏林大学的教授。1868 年，他创立了德国化学学会，并任会长多年。霍夫曼的研究集中在有机化学的各个方面。他首先研究煤焦油，从煤焦油中分离出了苯和甲苯，并进一步将苯制成硝基苯和苯胺，这些研究为德国的染料化学奠定了基础。霍夫曼在消去反应的区域选择性研究方面也做出了有代表性的贡献。

本章小结

1. 胺是氨的取代衍生物，是氨分子中的一个或多个氢原子被烃基取代的产物。

2. 胺的结构与氨相似，氮原子上有一对孤对电子，它决定了胺的基本性质。苯胺分子中氨基与苯环形成 p-π共轭体系，导致氨基和苯环的性质均与普通氨基和苯环有所不同。

（1）胺是弱的有机碱。低级脂肪胺的碱性比氨强，苯胺的碱性较氨弱。

（2）胺表现出亲核性，参与取代反应。伯胺和仲胺均可发生烷基化反应（烷基化试剂 R—X）、酰基化反应（酰基化试剂有乙酰氯、乙酸酐）、磺酰化反应（常用的磺酰化试剂为苯磺酰氯），可与亚硝酸发生反应，叔胺则不能发生上述反应。

（3）芳胺苯环异常活泼，与溴水立即反应生成白色的三溴苯胺沉淀。

（4）苯胺与亚硝酸在 0～5℃的低温下反应生成重氮盐。

3. 季铵碱的生成与热分解反应

（1）生成。季铵盐用氢氧化钾的乙醇溶液或湿的氧化银处理，即可得到季铵碱。

（2）热分解。如有较大的烃基含有β-H，则消除反应遵守 Hoffmann 规则，产物以 C═C 上取代基较少的烯烃为主。决定消除方向的主要因素为β-H 的酸性大小。

（3）Hoffmann 彻底甲基化反应被用来确定未知胺的结构。

4. 重氮盐的化学性质活泼。重氮盐上的重氮基在一定条件下可以被—OH、—CN、—X、—H 取代，在芳烃上引入—OH、—X、—CN 以及除去$—NO_2$和$—NH_2$；可以与酚类或芳胺类化合物发生偶合反应生成偶氮化合物。

习 题

15-1 命名下列化合物或写出构造式。

（a）$CH_3NHCH(CH_3)_2$ （b）$[(C_2H_5)_4N]^+OH^-$ （c）$CH_3CH_2CH(CH_3)CH_2CH_2NHCH_3$

（d）碘化四甲基铵 （e）乙酰胆碱 （f）乙酰苯胺

（g）2,4,6-三硝基苯胺（结构式：苯环上 NH_2，两侧 O_2N、NO_2，对位 NO_2）

15-2　完成下列反应方程式。

（a）$(CH_3CH_2CH_2)_2NH \xrightarrow{H_2SO_4}$

（b）$(CH_3)_2CHCH_2COCl + (CH_3)_2NH \longrightarrow$

（c）哌啶 N—H $+ CH_3I \longrightarrow \xrightarrow{NaOH}$

（d）环己基—$N(CH_3)_2 \xrightarrow{CH_3I} \xrightarrow[H_2O]{Ag_2O} \xrightarrow{\triangle}$

（e）环己基—NH_2 + 苯基—$SO_2Cl \xrightarrow{NaOH}$

（f）苯基—$NH_2 + CH_3I \longrightarrow ? \xrightarrow{NaOH} ?$

（g）苯基—$NH_2 + CH_3COCl \longrightarrow ? \xrightarrow{Br_2, Fe} ? \xrightarrow{?} H_2N$—苯基—Br（对位）

（h）苯 $\xrightarrow{?}$ 硝基苯（NO_2）$\xrightarrow{Fe+HCl} ? \xrightarrow{?}$ 苯基—$N_2^+ HSO_4^-$ $\xrightarrow[H_2O]{H_2SO_4} ?$

15-3　按碱性由大到小排列下列各组化合物。

（a）乙醇、乙醛、乙酸、乙胺

（b）*N*-甲基乙酰胺、乙酰胺、氨、氯化四甲铵

15-4　用化学方法鉴别下列各组化合物。

（a）甲胺、氢氧化四甲铵、二甲胺

（b）环己基—$NHCH_3$、$(CH_3)_3N$、$CH_3CH(NH_2)CH_3$

（c）苯胺、苯酚、*N*-甲基苯胺

15-5　胆胺的化学名称是乙醇胺或氨基乙醇 $NH_2CH_2CH_2OH$，它是一种无色黏稠液体，是脑磷脂的组成成分。

（a）试比较 $CH_3CH_2NH_2$ 和 $NH_2CH_2CH_2OH$ 的碱性大小，简述理由；

（b）试以乙烯和某些无机试剂为原料合成胆胺，写出反应方程式。

15-6　化合物 A($C_6H_{15}N$)能溶于稀盐酸，与亚硝酸作用放出氮气得到 B。B 能发生碘仿反应；B 与浓硫酸共热得到 C(C_6H_{12})。C 经高锰酸钾处理生成乙酸和甲基丙酸。

（a）写出 A 的构造式；

（b）写出 A 生成 B，C 经高锰酸钾生成乙酸和甲基丙酸，B 进行碘仿反应的方程式。

15-7　（a）未知化合物 A($C_{10}H_{19}NO_2$)可溶于稀盐酸，但与苯磺酰氯无反应。A 在氢氧化钠溶液中回流生成 B(C_3H_8O)和 C($C_7H_{13}NO_2$)。B 可溶于水但与 Lucas 试剂反应缓慢。C 既可溶于酸也可溶于碱，1mol C 恰可被 1mol 氢氧化钠中和。A 和碘甲烷反应生成盐 D（$C_{11}H_{22}NO_2I$），D 和硝酸银水溶液反应产生黄色沉淀，加热该水溶液生成 E($C_{11}H_{21}NO_2$)。试确定 A、B、C 和 E 的构造式，写出所有反应方程式。

（b）试从下面给定的化合物和任何 3 个或 3 个以下碳原子的化合物合成 A。

$$\text{Br}-\!\!\bigcirc\!\!\!\text{N}-\text{CH}_3 \longrightarrow \longrightarrow \longrightarrow \text{A}$$

15-8　试解释下列现象。

（a）丁胺的分子量与丁醇相近，丁胺的沸点 78℃，比丁醇的沸点 117℃低得多。

（b）为什么不能用季铵盐与 NaOH 作用制备季铵碱？

15-9　化合物 A（$C_5H_{15}NO_2$）易溶于水，形成强碱性溶液。A 可用环氧乙烷与三甲胺在有水存在下反应制得。试确定 A 的构造式。

15-10　写出化合物 A 到 H 的构造式。

$$\text{(NCH}_3\text{ 桥环酮)} \xrightarrow{\text{还原}} \text{A(C}_9\text{H}_{17}\text{ON, 醇)}$$

$$\text{A(C}_9\text{H}_{17}\text{ON)} \xrightarrow[-\text{H}_2\text{O}]{\triangle} \text{B(C}_9\text{H}_{15}\text{N)} \xrightarrow{\text{CH}_3\text{I}} \xrightarrow{\text{Ag}_2\text{O}} \text{C(C}_{10}\text{H}_{19}\text{NO)} \xrightarrow{\triangle} \text{D(C}_{10}\text{H}_{17}\text{N)}$$

$$\xrightarrow[2.\text{Ag}_2\text{O}]{1.\text{CH}_3\text{I}} \xrightarrow{\triangle} \text{E(C}_8\text{H}_{10}) \xrightarrow{\text{Br}_2} \text{F(C}_8\text{H}_{10}\text{Br}_2) \xrightarrow{(\text{CH}_3)_2\text{NH}} \text{G(C}_{12}\text{H}_{22}\text{N}_2) \xrightarrow[2.\text{Ag}_2\text{O}]{1.\text{CH}_3\text{I}} \xrightarrow{\triangle} \text{H(C}_8\text{H}_8)$$

15-11　生物碱松里汀是一种从桧松分离出来的分子式为 $C_9H_{17}N$ 的哌啶取代衍生物（A），有光活性，可使溴水褪色。A 先用过量碘甲烷，后用潮湿氧化银处理，再经 Hoffmann 消除得二甲氨基壬二烯。后者经氢化得 2-二甲氨基壬烷（B）。B 也可由（*S*）-2-壬醇（C）与 PBr_3 经 S_N2 反应转化为（*R*）-2-溴壬烷（D），D 再与二甲胺经 S_N2 反应得到。试确定 A 可能的构造式，并写出全部反应方程式。

15-12　下列各对化合物中哪一个碱性较强？

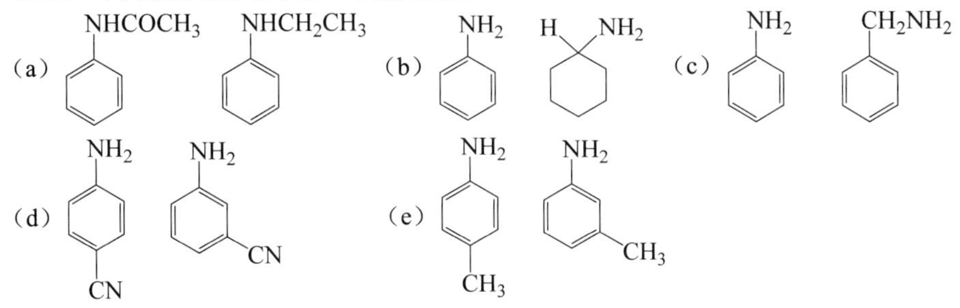

15-13　化合物 A($C_{13}H_{20}N_2O_2$)不溶于水和稀氢氧化钠溶液，但可溶于稀盐酸。A 在 0℃用亚硝酸钠-盐酸处理后可与*β*-萘酚反应生成一种有色物质。A 与氢氧化钠溶液共热时，其水溶性显著增加，最后完全溶解。溶液冷却后，用乙醚萃取，将醚层和水层分开，将醚层干燥，蒸去乙醚，得到一种液体化合物 B($C_6H_{15}NO$)；B 可溶于水，其水溶液呈弱碱性；B 可由二乙胺和环氧乙烷反应得到；用乙酸酐处理 B 得 C($C_8H_{17}NO_2$)；C 不溶于水和稀氢氧化钠溶液，但可溶于稀盐酸中。酸化水层，开始有白色沉淀 D 生成；如果继续加酸，则 D 会溶解。分离出 D，经测定分子式为 $C_7H_7NO_2$。写出 A 的构造式，并写出推断过程的反应式。

15-14　碱性化合物 A(C_7H_9NO)用亚硝酸钠-盐酸在 0℃处理得到 B($C_7H_7ClN_2O$)。加热 B 的水溶液得 C($C_7H_8O_2$)；用浓氢溴酸处理 C 得 D($C_6H_6O_2$)；用 PbO_2 在苯中氧化 D 得到红色化合物 E($C_6H_4O_2$)；E 很容易与邻苯二胺反应得 F($C_{12}H_8N_2$)。写出从 A 到 F 的构造式及有关反应方程式。

第16章 杂环化合物

杂环化合物（heterocyclic compound）有两种概念，广义的概念是指分子闭合成环而且成环原子除碳之外还有氧、氮、硫等杂原子，前面讨论过的环氧乙烷、四氢呋喃、内酯、内酰胺、分子内酸酐等都是杂环化合物。但是，这些化合物在结构上无独特之处，而且和开链有机化合物的关系密切，它们既容易由开链化合物得到，又容易分解变成开链化合物。因此为了研究方便，通常把它们放在前面各章节和相关的开链化合物一起讨论。本章所讨论的杂环化合物是一个狭义的概念，指形成的闭合共轭体系具有一定芳香性的杂环化合物，它们在性质上与苯等芳香族化合物有诸多相似之处。

杂环化合物在自然界中分布极广，是有机化合物中数量最多的一类。天然有机化合物中的维生素、微生物毒素、植物色素、食品中的许多风味物质以及合成药物中很大一部分化合物都含有杂环——具有杂原子的闭合共轭体系这一基本结构。所以，杂环化合物是一类数目繁多、非常重要的有机化合物。

16.1 杂环化合物的分类与命名

16.1.1 分类

杂环化合物按照芳香环结构可分为单杂环与稠杂环两大类。如果分子中只有一个芳香环则为单杂环，最常见的是含有一个杂原子的五元单杂环和六元单杂环。稠杂环是指苯环与一个或两个杂环稠合而成的杂环化合物。表16-1为常见的杂环化合物的分类、构造及命名。

表16-1 常见的杂环化合物的分类、构造及命名

杂环分类		碳环母体	杂环化合物
单环	五元杂环	环戊二烯	一个杂原子：呋喃 furan；噻吩 thiophene；吡咯 pyrrole
			二个杂原子：噻唑 thiazole；噁唑 oxazole；咪唑 imidazole
	六元杂环	苯；环己二烯	吡啶 pyridine；哒嗪 pyridazole；嘧啶 pyrimidine；吡嗪 pyrazine；吡喃 pyran

续表

杂环分类		碳环母体	杂环化合物
稠环	五元稠环		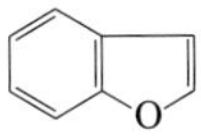 苯并呋喃 benzofuran；吲哚 indole；嘌呤 purine 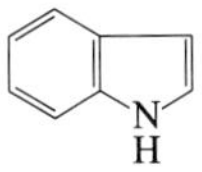 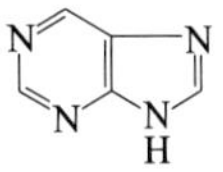
	六元稠环	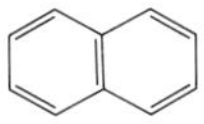 萘	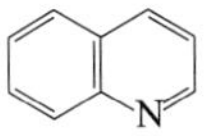 喹啉 quinoline；异喹啉 isoquinoline 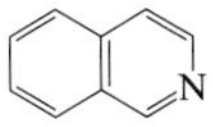

16.1.2　命名

杂环化合物的命名方法有两种，最常见的是音译法，另外还有系统命名法。

（1）音译法

音译法是指将杂环化合物的英文名称发音转变为同音汉字，同时在同音汉字的左边加一“口”字旁，表示为环状化合物。这种方法最为常用，例如：

呋喃 (furan)　　吡咯 (pyrrole)

杂环上原子编号既可用阿拉伯数字 1、2、3、…从杂原子开始依次编号，也可从最靠近杂原子的位置开始用α、β、γ编号。如果一个环上有两个杂原子，则可按 O、S、N 的次序编号，例如：

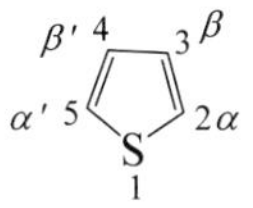

噻吩 (thiophene) 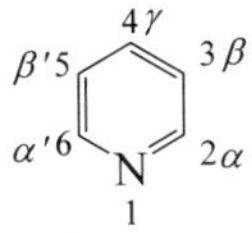　　吡啶 (pyridine) 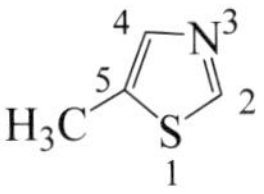　　5-甲基噻唑（不是2-甲基噻唑）　　3-甲基吡啶（不是5-甲基吡啶）

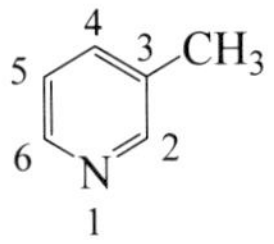

音译法命名所使用的汉字是经过中国化学会认定的，不允许使用同音异形汉字来代替。

（2）系统命名法

系统命名法是按照芳香环的原子数目来命名，并在相应的母体名称前加上杂原子的名称。五元杂环化合物称为“茂”，茂中戊代表五元环，例如五元杂环化合物呋喃、噻吩、吡咯的系统名称分别为：

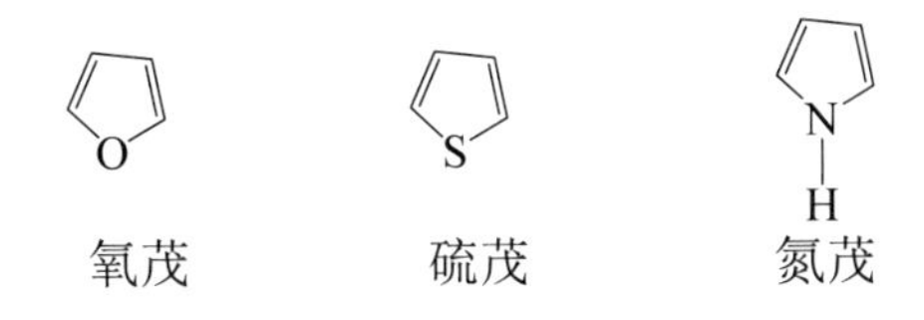

氧茂　　硫茂　　氮茂

杂环化合物的系统命名法实际很少使用。

[问题 16-1]　命名下列杂环化合物。

(a)　　(b)　　(c)

[问题 16-2]　写出下列杂环化合物的构造式。

(a) 四氢呋喃　(b) 六氢吡啶（哌啶）　(c) γ-吡啶甲酸甲酯　(d) α-呋喃甲醛

16.2　五元杂环化合物

五元单杂环化合物是最常见最基本的杂环化合物，它包括含一个杂原子的五元杂环化合物以及含两个或两个以上的杂原子的五元杂环化合物。这里主要介绍含一个杂原子的五元杂环化合物——呋喃、噻吩、吡咯的结构和性质。

16.2.1　五元杂环化合物的结构

五元杂环化合物的结构与化学性质

五元杂环化合物结构上的共同点是环上的碳原子与杂原子均为 sp^2 杂化，成环原子共平面，并以σ键相互连接，没有参加杂化的 p 轨道彼此平行且侧面交盖，形成闭合的共轭体系。该共轭体系中共有六个 p 电子，这就构成了芳香体系。例如：

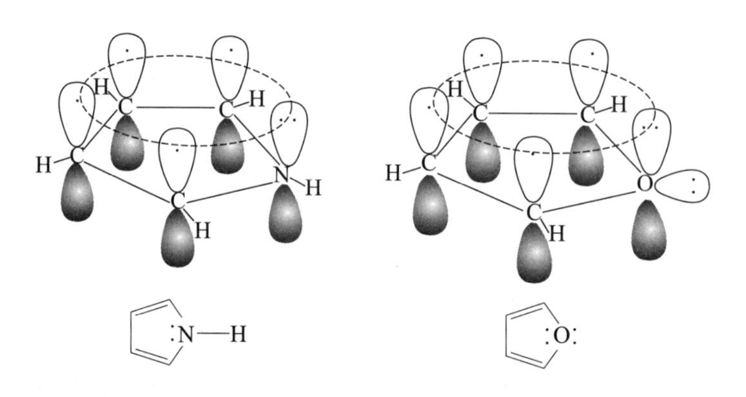

[问题 16-3]　噻唑的构造式为，咪唑的构造式为，已知所有的成环碳原子和杂原子均进行 sp^2 杂化，试画出噻唑和咪唑分子的轨道结构，并标出参与共轭体系构成的 π 电子数。

16.2.2　五元杂环化合物的性质

16.2.2.1　物理性质

呋喃、吡咯、噻吩的物理性质如表 16-2 所示。

表 16-2　呋喃、吡咯、噻吩的物理性质

化合物	沸点/℃	熔点/℃	特性
呋喃	31	−86	无色液体，有氯仿气味，与盐酸浸湿的松木片呈现绿色
噻吩	84	−38	无色液体，有特殊气味，与吲哚醌在浓硫酸作用下发生蓝色反应
吡咯	131	—	无色液体，有特殊气味，其蒸气与盐酸浸湿的松木片呈现红色

这三个五元杂环化合物所形成的芳香环与苯环类似，由于外加磁场的作用而产生一个绕环的环电流，该环电流产生一个与外加磁场方向相反的感应磁场，而环上的质子正好处于环电流的外侧，该外感应磁场的磁力线与外界磁场的磁力线一致，即处于去屏蔽区域。所以与苯环相似，环上的质子吸收位置向低场方向移动，其化学位移一般在 6.20—7.40 范围内。

呋喃：α-H　δ=7.42　β-H　δ=6.37

噻吩：α-H　δ=7.30　β-H　δ=7.10

吡咯：α-H　δ= 6.68　β-H　δ=6.22

吡咯的红外光谱见图 16-1，呋喃的核磁共振氢谱见图 16-2。

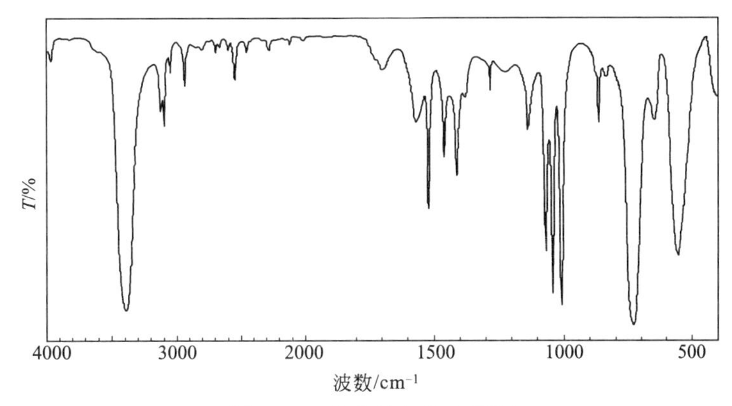

图 16-1　吡咯的红外光谱图

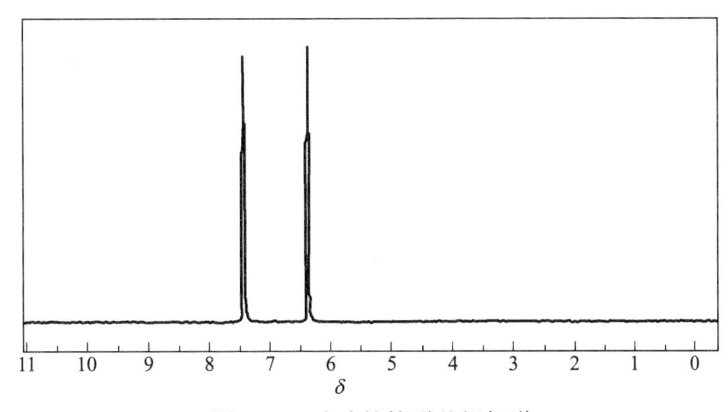

图 16-2　呋喃的核磁共振氢谱

[问题 16-4]　呋喃、吡咯的结构相似，为什么吡咯的沸点要远远高于呋喃？

[问题 16-5]　为什么呋喃、吡咯及噻吩α-H 的化学位移值均大于β-H，而且差值按噻吩、吡咯、呋喃依次增大？

16.2.2.2 化学性质

五元单杂环化合物的芳香环既与苯环相似，又有别于苯环，这主要表现在两个方面。一方面杂原子的未共用电子对参与共轭体系后所表现出的+C 效应使环上电子云密度增加，有利于亲电试剂的进攻；另一方面是杂原子的电负性较大，它们表现出的－I 效应使环上电子云密度分布不均匀。杂原子附近电子云密度较高，这就造成发生亲电取代反应时芳香环的不同位置反应活性不同，表 16-3 为某些芳香化合物的共振能。

表 16-3 某些芳香化合物的共振能

化合物	苯	吡啶	呋喃	吡咯	噻吩
共振能/(kJ/mol)	142~150.5	96~117	67	88~92	121

（1）亲电取代反应

由于杂原子的+C 效应使环上电子云密度增加，使芳香环活化，所以它们进行亲电取代反应的活性较苯高。

① 硝化

因为呋喃、噻吩、吡咯很容易被氧化，甚至能被空气氧化，所以一般不用硝酸硝化，通常用硝酸乙酰酯——非质子的硝化试剂进行硝化。

$$CH_3\overset{O}{\overset{\|}{C}}O\overset{O}{\overset{\|}{C}}CH_3 + HNO_3 \longrightarrow CH_3\overset{O}{\overset{\|}{C}}ONO_2 + CH_3\underset{O}{\underset{\|}{C}}OH$$

噻吩 $\xrightarrow[(CH_3CO)_2O]{CH_3COONO_2,0℃}$ 3-硝基噻吩（10%） + 2-硝基噻吩（60%）

吡咯 $\xrightarrow[(CH_3CO)_2O]{CH_3COONO_2,-10℃}$ 3-硝基吡咯（13%） + 2-硝基吡咯（51%）

呋喃 $\xrightarrow[(CH_3CO)_2O]{CH_3COONO_2,-5\sim30℃}$ $\xrightarrow[\triangle]{吡啶}$ 2-硝基呋喃（35%）

② 磺化

呋喃、吡咯的磺化反应可用三氧化硫的吡啶络合物来进行，噻吩要用 95%的硫酸。

呋喃 + SO_3 $\xrightarrow[室温]{吡啶}$ 呋喃-2-SO_3^-

吡咯 + SO_3 $\xrightarrow[100℃]{吡啶}$ 吡咯-2-SO_3^-

噻吩 + $H_2SO_4(95\%)$ $\xrightarrow{25℃}$ 噻吩-2-SO_3^-

③ 卤化

呋喃、噻吩与氯或溴的亲电取代反应很剧烈，常得到多卤代物，如果想得到一卤代物，反应常在低温下进行，且需要溶剂稀释。

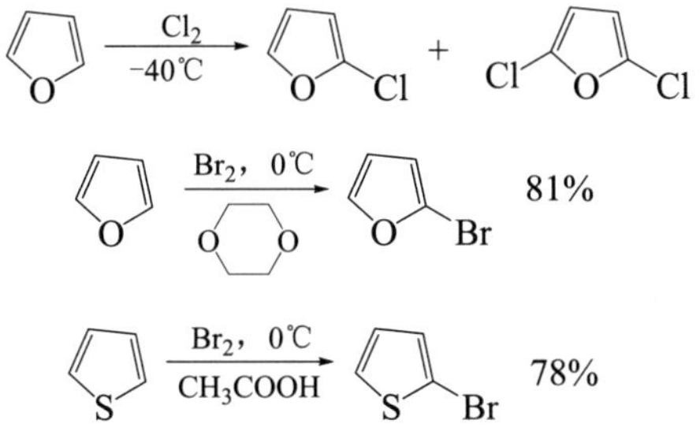

O $\xrightarrow[-40℃]{Cl_2}$ O Cl + Cl O Cl

O $\xrightarrow[\text{O O}]{Br_2，0℃}$ O Br 81%

S $\xrightarrow[CH_3COOH]{Br_2，0℃}$ S Br 78%

吡咯不能直接卤化，因为生成大量多卤代物，通过与氯化砜反应可以制得α-氯吡咯。

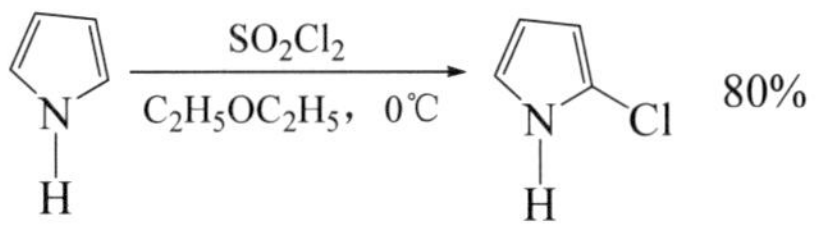

N H $\xrightarrow[C_2H_5OC_2H_5，0℃]{SO_2Cl_2}$ N H Cl 80%

④ 酰基化与烷基化

呋喃、噻吩与吡咯的酰基化与烷基化反应可在温和条件下进行。例如酰基化反应：

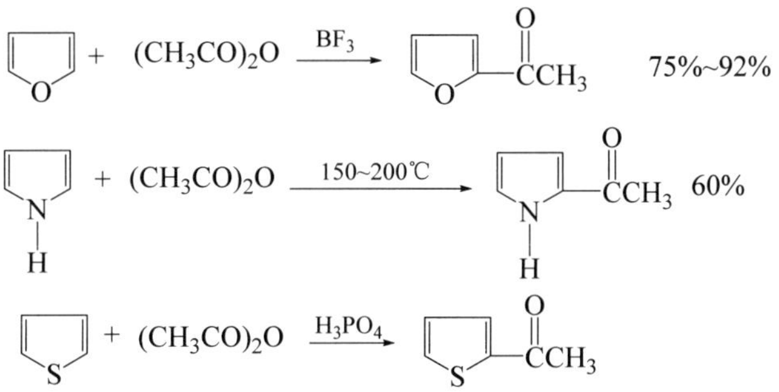

O $+ (CH_3CO)_2O \xrightarrow{BF_3}$ O $\overset{O}{\overset{\|}{C}}CH_3$ 75%~92%

N H $+ (CH_3CO)_2O \xrightarrow{150\sim200℃}$ N H $\overset{O}{\overset{\|}{C}}CH_3$ 60%

S $+ (CH_3CO)_2O \xrightarrow{H_3PO_4}$ S $\overset{O}{\overset{\|}{C}}CH_3$

（a）由以上反应可得出以下结论：呋喃、噻吩、吡咯的亲电取代反应比苯活泼，例如实验测得溴化反应的相对速率为：

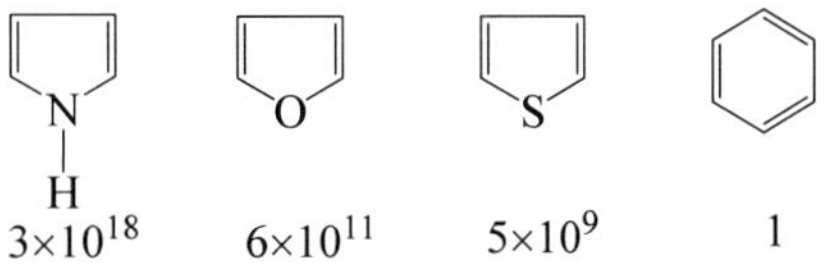

	N H	O	S	苯
溴化反应相对速率：	3×10^{18}	6×10^{11}	5×10^{9}	1

（b）同一化合物不同部位亲电取代反应的活性 α位高于β位，反应主要生成α位取代产物。这一规律可以从分析亲电取代反应过程中间体碳正离子的稳定性得到解释。

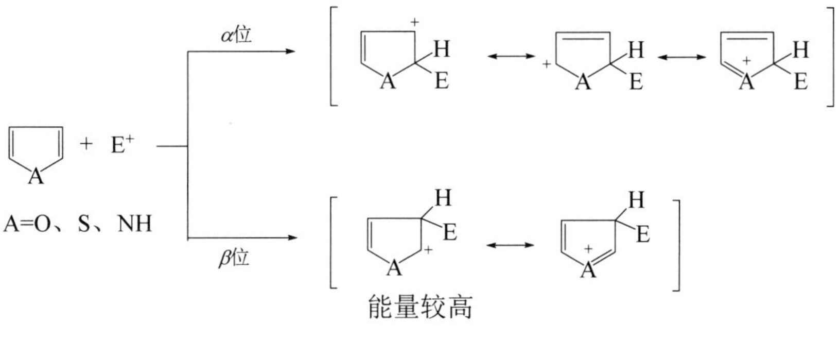

A $+ E^+$
A=O、S、NH

α位 → [A + H E ⟷ + A H E ⟷ + A H E]

β位 → [A H E + ⟷ + A H E]

能量较高

亲电试剂进攻α位时所生成的性活中间体存在三个贡献较大的极限结构式，正电荷比较分散，能量较低。而亲电试剂进攻β位时所生成的活性中间体只存在两个贡献较大的极限结构式，正电荷分散的程度相对较小，能量较高。所以，整个亲电取代反应主要是通过生成能量较低的α位活性中间体转化为α位取代产物。

[问题 16-6] 若将呋喃、吡咯、噻吩和苯彻底氢化，并假定氢化产物的能量水平相同，试预测每摩尔碳碳双键氢化热的相对大小，按由大到小的顺序排列。

[问题 16-7] 解释下列化合物的芳香性顺序：

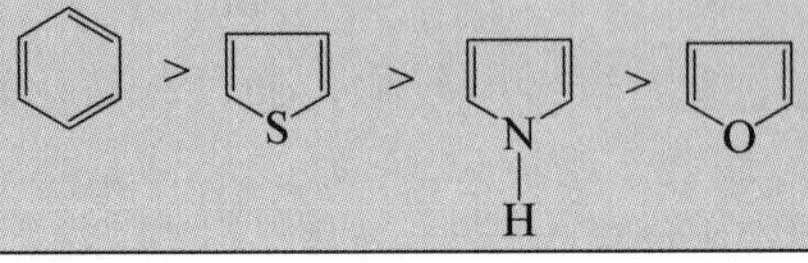

苯 > 噻吩（S） > 吡咯（N—H） > 呋喃（O）

（2）吡咯的酸碱性

有机胺分子中的氮原子有孤对电子，所以有明显的碱性。吡咯是一个二级胺，似乎应该有较强的碱性，但实际上吡咯的碱性极弱（K_b=2.5×10^{-14}），比苯胺（K_b=4.2×10^{-10}）弱得多，甚至不能与稀盐酸生成盐。这是因为吡咯分子中的氮原子为 sp^2 杂化，其孤对电子参与了芳香体系的形成，要使氮原子提供孤对电子显示碱性，必须破坏芳香体系，这需要较大的能量，所以吡咯的碱性很弱。而苯胺中氮原子的孤对电子虽然与芳香体系——苯环形成了共轭，但它本身并不是苯环芳香体系的组成部分，破坏此共轭体系要比破坏芳香体系需要的能量低，所以碱性要强于吡咯。

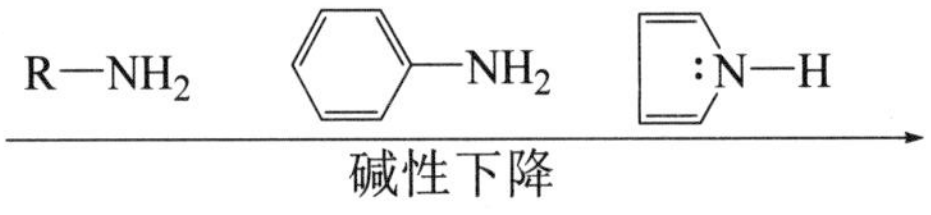

$R—NH_2$　　$C_6H_5—NH_2$　　吡咯 :N—H

碱性下降 →

在吡咯分子中，氮原子以 sp^2 杂化轨道与氢原子成键，表现出更大的电负性，有利于 N—H 电离出 H^+。所以吡咯不但不显碱性，反而显示弱酸性（K_a=10^{-15}），其酸性强于乙醇，弱于苯酚，它可以与固体氢氧化钠或氢氧化钾生成盐。

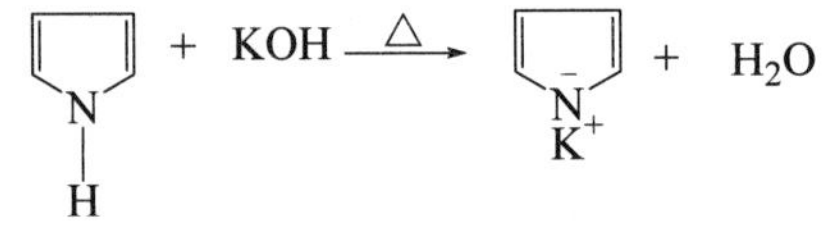

$$\text{吡咯(N—H)} + KOH \xrightarrow{\triangle} \text{吡咯负离子}(N^-K^+) + H_2O$$

16.2.3 五元杂环化合物的重要衍生物

（1）α-呋喃甲醛

α-呋喃甲醛又名糠醛，糠醛是一种重要的化工原料。最初是从米糠中制取的，因此而得名。其他的农副产品如麦秆、玉米芯、花生壳等均可制取糠醛。这些农副产品中含有多缩戊糖，在稀酸中水解生成戊糖，戊糖进一步脱水得到糠醛。

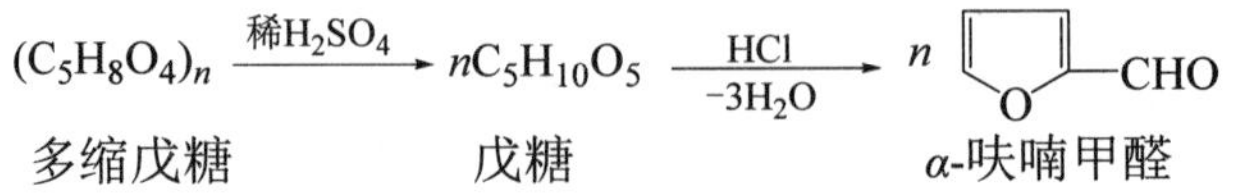

$$\underset{\text{多缩戊糖}}{(C_5H_8O_4)_n} \xrightarrow{\text{稀}H_2SO_4} \underset{\text{戊糖}}{nC_5H_{10}O_5} \xrightarrow[-3H_2O]{HCl} n\underset{\alpha\text{-呋喃甲醛}}{\text{呋喃—CHO}}$$

纯净的 α-呋喃甲醛是无色透明液体，沸点为 161.7℃，能与乙醇、乙醚等混溶，对水的溶解度为 9%。暴露在空气中颜色逐渐加深，由黄色变为黑褐色。

α-呋喃甲醛与苯甲醛相似，均为不含 α-H 的醛，可以发生 Cannizzaro 反应，也可以被高锰酸钾氧化为α-呋喃甲酸（α-呋喃甲酸结构式，俗名糠酸），也可以催化加氢生成α-呋喃甲醇（α-呋喃甲醇结构式，俗名糠醇）。在醋酸存在下糠醛与苯胺反应显红色，这一反应可用于检验糠醛的存在。

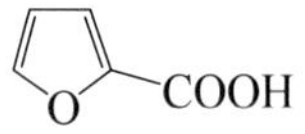

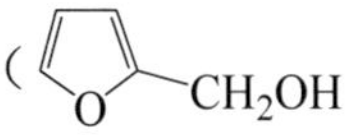

[问题 16-8] 完成下列反应式。

(a) 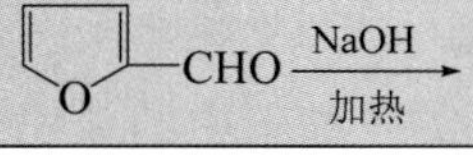 糠醛（呋喃-CHO）$\xrightarrow[\text{加热}]{\text{NaOH}}$ （b）糠醛（呋喃-CHO） + HCN $\xrightarrow[\text{②}H_3O^+]{\text{①}OH^-}$

（2）黄曲霉毒素

黄曲霉毒素是一种叫黄曲霉菌的微生物的代谢产物，具有极强的毒性。1960 年英国发生了有名的“十万只火鸡事件”，有一家养殖场的 10 万只火鸡突然死亡。经分析确证死亡原因是火鸡吃了被黄曲霉毒素浸染过的花生粉饲料，引起火鸡急性肝脏损害致死。至今已知道的黄曲霉毒素有十几种，如 B1、B2、G1、G2、M1、M2 等，其中以 B1、B2、G1、G2 四种最为重要。它们的化学构造大同小异，都含有呋喃环结构，例如黄曲霉毒素 B1 的构造式如下：

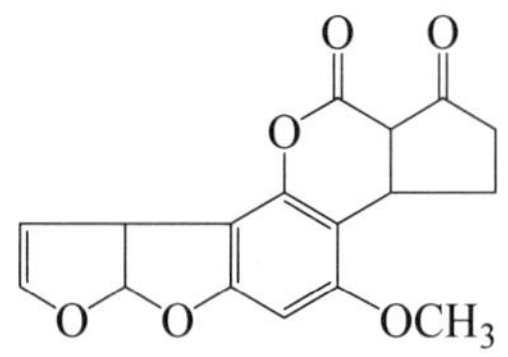

（黄曲霉毒素 B1 构造式，含取代基 OCH_3）

黄曲霉毒素可溶于 $CHCl_3$、CH_3OH 等极性溶剂，在紫外光照射下可产生很强的荧光，利用这一性质可对黄曲霉毒素进行定性定量检测。黄曲霉毒素对热稳定，食用油脂被污染后可用活性白土（Al_2O_3）吸附除去其中的黄曲霉毒素，大米（黄变米）被污染后，通过淘洗可降低黄曲霉毒素的含量。

食物尤其是粮食、油料作物和发酵食品易被黄曲霉毒素污染，对人类的生命安全危害很大，已经引起了广泛的注意。

（3）血红素

血红素常与蛋白质结合成血红蛋白存在于高等动物的红细胞中，起输送氧的作用。血红素的关键结构是被卟啉环螯合的铁离子。在动物的肺部，氧的分压高，血红蛋白的二价铁离子（Fe^{2+}）与氧（O_2）络合并输送到机体的各部分，在动物机体中，由于氧的分压降低，氧合血红蛋白便分解为血红蛋白和氧，供给组织新陈代谢。CO 会使人中毒，其主要原因是 CO 与血红蛋白的结合能力比氧强，以致血红蛋白失去输送氧的能力。

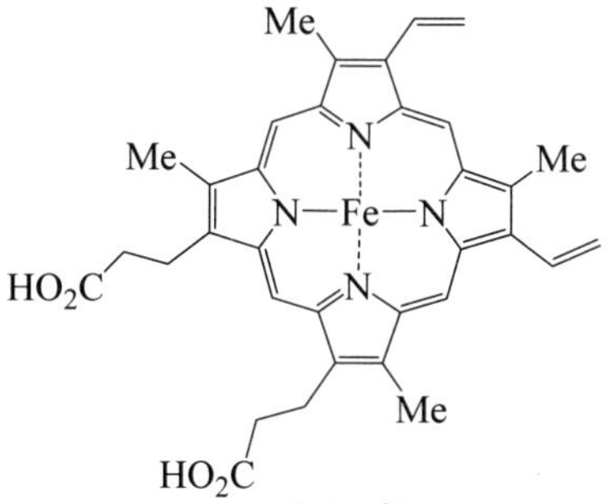

（血红素结构式：Fe、Me、HO_2C）

血红素

（叶绿素结构式：Mg、Me、R、Et、$C_{20}H_{39}$、MeO_2C）

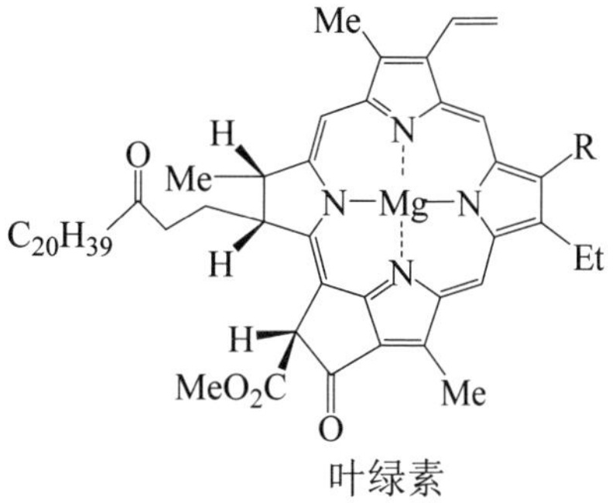

叶绿素

R=—CH_3，叶绿素a；R=—CHO，叶绿素b

催化粮食呼吸发酵过程的一些氧化酶的分子中都有与血红素类似的结构。它们在生物氧化中受酶的蛋白质部分的影响起传递电子的作用，其中二价铁离子可进行可逆的氧化还原反应。

$$Fe^{2+} \underset{+e}{\overset{-e}{\rightleftharpoons}} Fe^{3+}$$

（4）叶绿素

叶绿素分子的基本骨架与血红素相同，这个卟啉是叶绿素吸收光量子，把太阳能转变为化学能的基本结构。

叶绿素含有镁离子，它处于卟啉环的中心。叶绿素是含于植物的叶和茎中的绿色色素，与蛋白质结合存在于叶绿体中，它是叶绿素 a 和叶绿素 b 两种物质的混合物。它们在植物中的比例是 a∶b=3∶1。叶绿素 a 是蓝黑色结晶，熔点为 150～153℃，其乙醇溶液呈蓝绿色，并有深红色荧光；叶绿素 b 是深绿色粉末，熔点为 120～130℃，乙醇溶液呈绿或黄绿色，有红色荧光，二者都有旋光活性（分子中有两个手性碳原子），叶绿素可作食品、化妆品及医药上的无毒着色剂，是一种优良的天然色素。

（5）维生素 B_{12}

维生素 B_{12} 是深红色晶体，于 1948 年首先从动物肝脏中分离得到，治疗贫血效果良好，其基本结构也是卟啉环，其全部结构于 1954 年用 X 衍射的方法予以确定，1972 年完成了它的全部合成工作。其结构如图 16-3 所示。

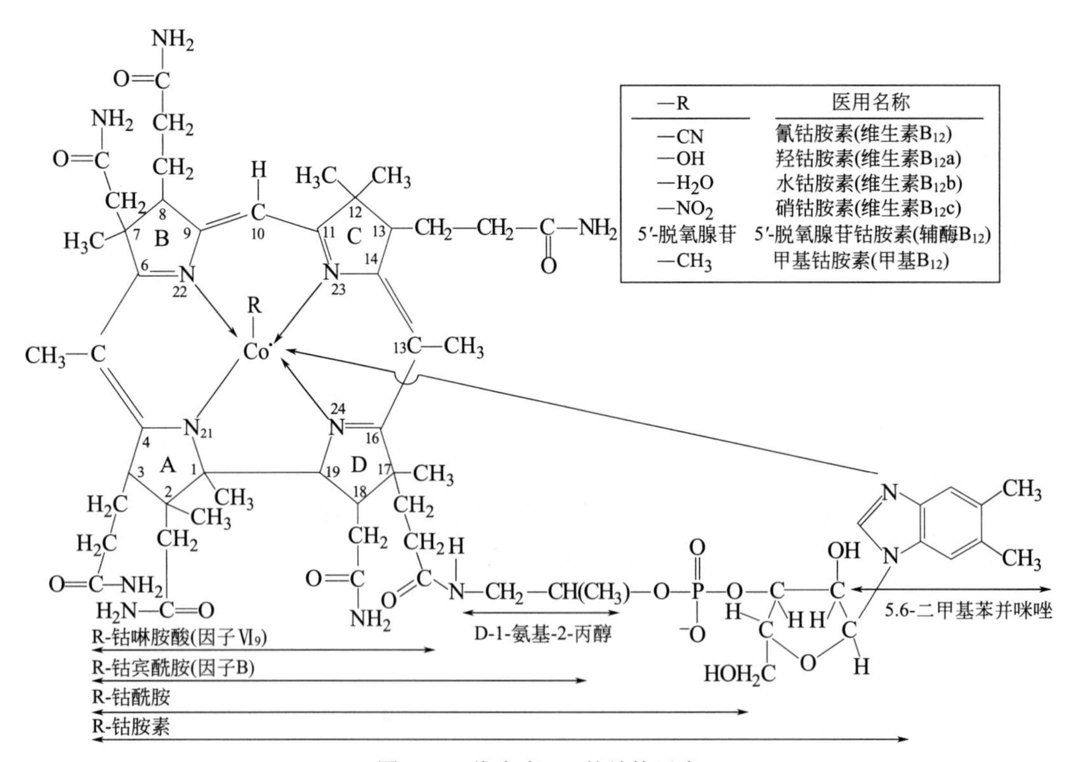

图 16-3　维生素 B_{12} 的结构示意

四个还原的吡咯环连在一起组成一个被称为咕啉（corrin）的大环，咕啉环是维生素 B_{12} 的核心，所有含有这种环的化合物都被称为类咕啉（corrinoids）。咕啉与血红素结构相似，但少一个 σ-亚甲基桥，并且中心金属原子是钴原子而不是铁原子。

自然界所发现的所有维生素 B_{12} 都是微生物产生的，人们日常摄取主要来自肉与肉制品，少量来自乳和乳制品，植物中不存在维生素 B_{12}。

（6）吲哚及其衍生物

吲哚少量存在于煤焦油中，素馨花和柑橘花中也含有。蛋白质降解时，其中色氨酸组分变成吲哚和 3-甲基吲哚残留于粪便中，是粪便的臭味成分。但纯粹的吲哚在浓度极稀时有素馨花的香气，故可用作香料。吲哚是白色结晶，熔点为 52.5℃，沸点为 254℃。含吲哚环的生物碱广泛存在于植物中，如麦角碱、马钱子碱、利血平等。植物生长调节剂β-吲哚乙酸，哺乳动物及人脑中思维活动的重要物质 5-羟基色胺等都含有吲哚环。

CH_2CHNH_2COOH / N / H　—细菌→　CH_3 / N / H　+　N / H

色氨酸　　β-甲基吲哚 (臭粪素)　　吲哚

HO　$CH_2CH_2—NH_2$ / N / H　　CH_2COOH / N / H

5-羟基色胺　　β-吲哚乙酸

16.3　吡啶及其衍生物

16.3.1　吡啶的结构

吡啶相当于苯分子中的一个次甲基被氮原子取代形成的化合物，吡啶环上的氮原子是 sp^2 杂化，三个杂化轨道中两个与碳原子形成σ键，另一个杂化轨道上有一对孤对电子，并且与吡啶环共平面。没有参加杂化的 2p 轨道垂直于吡啶环所在的平面，其中有 1 个电子，氮原子的 2p 轨道与五个碳原子的 2p 轨道形成一个闭合的共轭体系，共有六个π电子构成一个芳香体系。其结构如图 16-4 所示。

六元杂环化合物的结构与化学性质

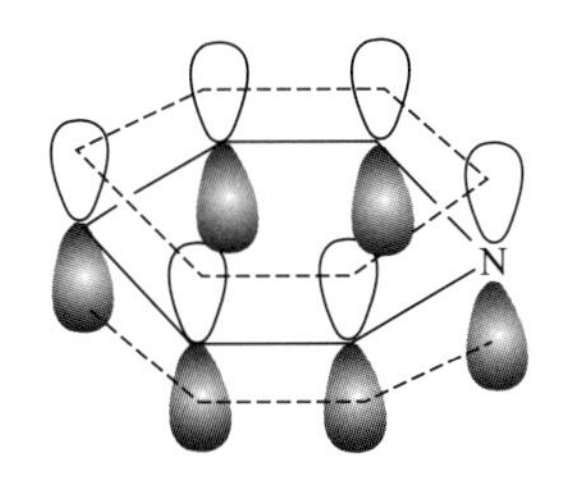

(a) 每个p轨道有一个电子，在N原子的sp^2轨道中有一对电子

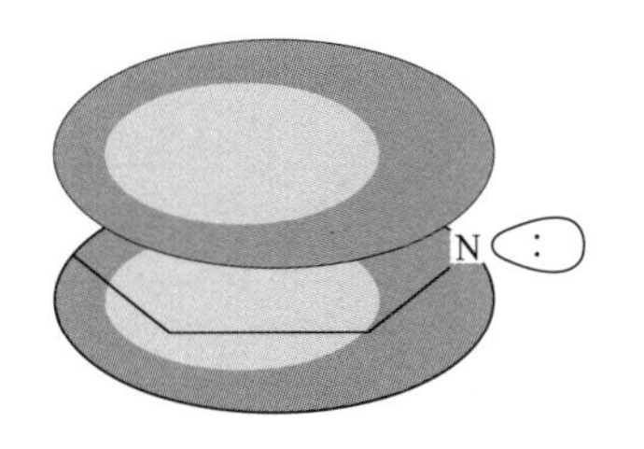

(b) p轨道彼此交盖在环平面上下形成π电子云，一对未共用的电子处于N原子的sp^2轨道

图 16-4　吡啶分子的结构

16.3.2 吡啶的性质

吡啶环上氮原子有一对未成键的孤对电子，因此具有碱性。但是，其孤对电子处于 sp^2 杂化轨道，与 sp^3 杂化轨道相比受氮原子核约束力较大，碱性相当弱（$pK_b = 8.75$），与苯胺相当。作为一个芳香环，吡啶环上可以发生亲电取代反应。但是，由于吡啶分子中氮原子的 –I 效应(这可以从吡啶的偶极矩为$\mu = 2.22D$，六氢吡啶的偶极矩为$\mu = 1.17D$ 看出)，使得吡啶分子中碳原子的电子云密度比苯分子中的低，所以发生亲电取代反应的活性也要比苯低得多。

（1）弱碱性

吡啶能溶于盐酸生成盐。

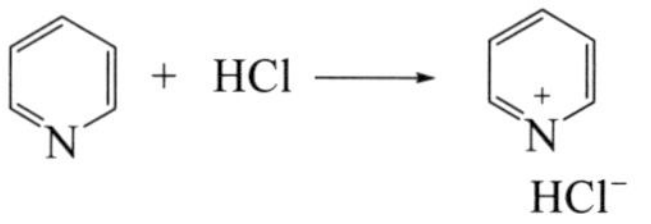

N + HCl ⟶ N⁺ HCl⁻

（2）亲电取代反应

吡啶只有在非常强烈的条件下才能发生磺化、硝化与卤化反应。与硝基苯相似，不能发生 Fridel-Crafts 烷基化与酰基化反应。

HNO_3,H_2SO_4 / 350℃,24h → NO_2 6%

Br_2 / 300℃ → Br 39%

发烟H_2SO_4 / $HgSO_4$,220℃ → SO_3H 70%

从上述例子也可以看出，吡啶亲电取代反应主要发生在β位。因为在可能生成的三种σ-络合物中，β位的能量最低，这一点从下面的反应历程及结构分析清晰可见：

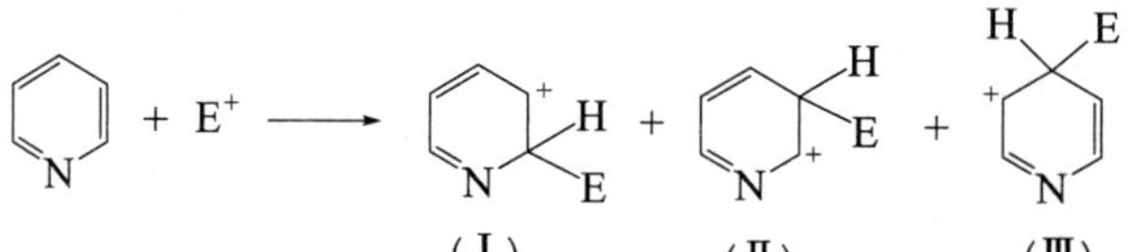

N + E^+ ⟶ (Ⅰ) + (Ⅱ) + (Ⅲ)

σ-位活性中间体（Ⅰ）存在如下共振：

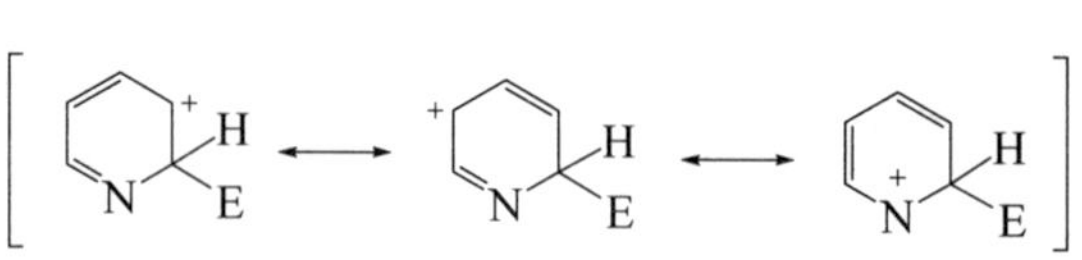

[⟷ ⟷]

贡献特别小，可忽略

β位活性中间体（Ⅱ）存在如下共振：

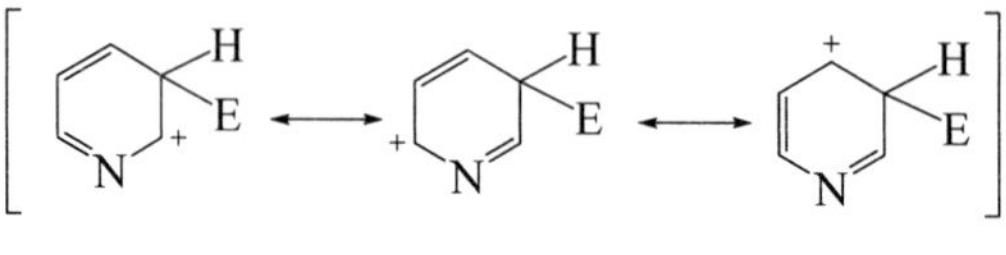

[⟷ ⟷]

γ位活性中间体（Ⅲ）存在如下共振：

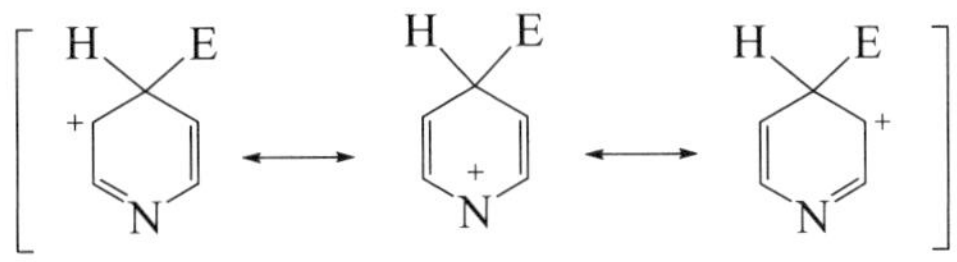

H E　H E　H E
$^+$ N　⟷　$^+$ N　⟷　N $^+$

贡献特别小，可忽略

在（Ⅰ）和（Ⅲ）中都存在一个贡献特别小的极限结构式，可忽略不计，也就是说正电荷主要被两个β位的碳原子所分散。而在（Ⅱ）中存在三个贡献相当的极限结构式，正电荷分散更彻底，因而能量最低，生成的速率最快。所以吡啶亲电取代反应主要是通过生成能量较低的β位σ-络合物转化为β-取代产物。

[问题 16-9] 吡啶环对一般亲电取代反应的活性类似于硝基苯，但吡啶用混酸硝化时需要用350℃高温才能实现，而硝基苯硝化只需 100℃，为什么？

16.3.3 维生素 PP、维生素 B_6、雷米封

（1）维生素 PP

维生素 PP 是吡啶的衍生物，是 B 族维生素之一，它参与机体的氧化还原过程，能促进组织新陈代谢，降低血液中胆固醇含量。体内缺乏维生素 PP 会引起癞皮病，所以维生素 PP 也叫抗癞皮病维生素。

维生素 PP 包括β-吡啶甲酸和β-吡啶甲酰胺两种物质，两者的生理作用相同，它们都是白色结晶，对酸、碱、热等比较稳定，存在于肉、肝、肾、花生、米糠以及酵母中。

COOH　N　　$CONH_2$　N

β-吡啶甲酸（烟酸或尼克酸）　　β-吡啶甲酰胺（烟酰胺或尼克酰胺）

β-吡啶甲酰胺是辅酶 NAD^+（烟酰胺腺嘌呤双核苷酸）中的一个重要组分。

C—NH_2　O　N^+　R　　H H　$CONH_2$　N　R

NAD^+　　NADH

NAD^+是生物氧化过程中很重要的辅酶，它可以使底物脱去氢将羟基氧化为羰基。如在肝中，乙醇被氧化，首先成为乙醛，同样在乙醇发酵过程中，葡萄糖降解成乙醛，乙醛还原成乙醇。这个氧化还原反应就是 NAD^+辅酶在起催化作用。

（2）维生素 B_6

维生素 B_6 是吡啶的衍生物，包括吡哆醇、吡哆醛和吡哆胺，结构式分别如下：

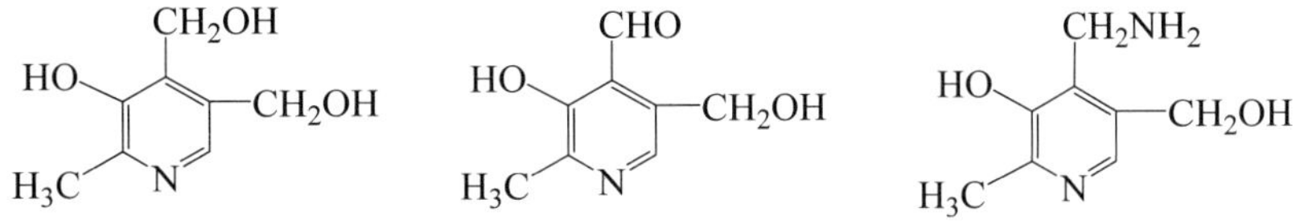

CH_2OH　HO　CH_2OH　H_3C　N　　CHO　HO　CH_2OH　H_3C　N　　CH_2NH_2　HO　CH_2OH　H_3C　N

吡哆醇　　吡哆醛　　吡哆胺

维生素 B_6 为白色结晶，易溶于水及酒精，耐热，在酸碱中稳定，但易被光所破坏。维生素 B_6 在自然界分布很广，存在于蔬菜、肉、鱼、谷物、蛋类等中。它们参与生物体内的转氨作用，是维持蛋白质正常代谢必要的维生素。

（3）雷米封

雷米封别名异烟酰肼，无色或白色结晶性粉末，无臭，味微苦，遇光易变质，易溶于水，微溶于乙醇，极微溶于苯、乙醚，熔点为 170～173℃。

$CONHNH_2$

雷米封

其合成方法为：

CH_3 —(V_2O_5,空气)→ COOH —(H_2NNH_2,缩合)→ $CONHNH_2$

雷米封对分枝杆菌有抗菌作用，主要用于抗结核杆菌感染。

16.3.4 嘧啶及其衍生物

嘧啶相当于苯的 1 位和 3 位次甲基被氮原子取代形成的六元杂环。嘧啶为无色结晶，熔点为 22℃，易溶于水，其亲电取代反应活性比吡啶低。嘧啶衍生物广泛存在于自然界，如维生素 B_1、B_2 及嘌呤等。

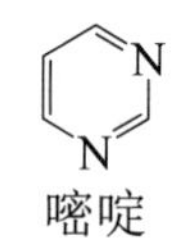

嘧啶

（1）维生素 B_1

维生素 B_1 也称硫胺素或抗神经炎素（thiamine），它是最早被发现的维生素之一。其结构如下：

CH_3 N NH_2 S CH_2OH N N^+ CH_3

硫胺素分子中包含一个嘧啶环和一个噻唑环，通过亚甲基连接而成，其商品形式为盐酸盐或硝酸盐。白色单斜片状结晶性粉末，微有噻唑味，暴露于空气中易受潮，易溶于甘醇、水、甘油、乙醇、甲醇，几乎不溶于醚、苯、己烷和氯仿。对酸稳定，但在碱性条件下易分解破坏。维生素 B_1 对硫酸盐敏感，易被亚硫酸盐分解为嘧啶及噻唑，从而失去生理活性。

缺乏维生素 B_1 会引起脚气病、多发性神经炎、食欲减退，以及影响心肌功能。维生素 B_1 存在于大米、小麦皮层、瘦肉、花生、豆类和酵母中。

（2）维生素 B_2

维生素 B_2 又称核黄素（riboflavin），化学名称为 7,8-二甲基-10-(1'-D-核糖酰)异咯嗪。

其结构如下：

$H_2C—(CHOH)_3—CH_2OH$ CH_3 CH_3 N N O NH N O

维生素 B_2 是橙黄色的针状结晶，味苦，对热稳定，不溶于乙醚、丙酮、苯及氯仿，微溶于水和乙醇，其溶液有强烈荧光。因此，维生素 B_2 的含量可通过荧光比色测定。

维生素 B_2 的主要功能是作为辅酶 FMN 和 FAD 的前体，缺乏维生素 B_2 时，组织中 FMN 和 FAD 的浓度均降低，肝结构被显著破坏，同时维生素 B_2 对中间代谢，特别是对蛋白质和脂肪代谢还有许多其他影响。

维生素 B_2 广泛存在于大豆、小米、绿色蔬菜、肝、蛋、牛乳、酵母等食物中。

（3）嘌呤

嘌呤可看作由一个嘧啶环和一个咪唑环稠合而成，它有两种互变异构体：

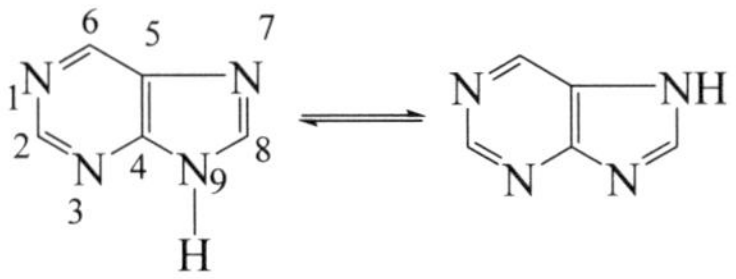

嘌呤是无色结晶，熔点为 216~217℃，易溶于水，其水溶液呈中性，但却能与酸或碱成盐。嘌呤本身不存在于自然界，但它的氨基及羟基衍生物广泛分布于动植物中。

① 尿酸　尿酸在鸟类及爬虫类的排泄物中含量较高，人尿中也含少量。尿酸是无色结晶，难溶于水，酸性很弱，为三元酸。

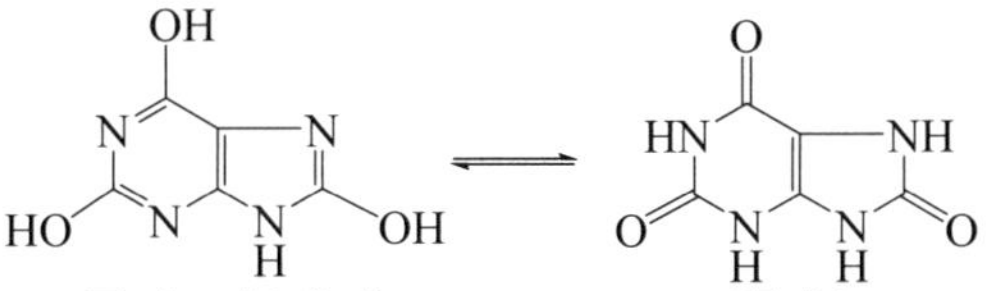

尿酸（烯醇式）　（酮式）

② 咖啡碱、茶碱和可可碱　这三者都是黄嘌呤的甲基衍生物，存在于茶叶、咖啡和可可中，它们有兴奋中枢神经的作用，其中以咖啡碱的作用最强。

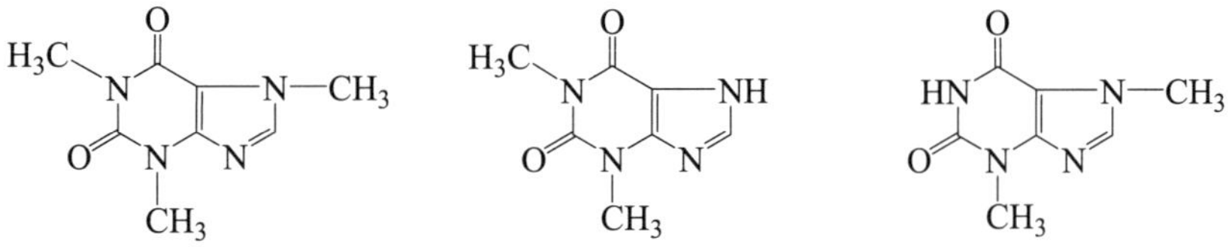

咖啡碱　茶碱　可可碱

③ 黄嘌呤　即 2,6-二羟基嘌呤，存在于茶叶及动植物组织和人尿中。

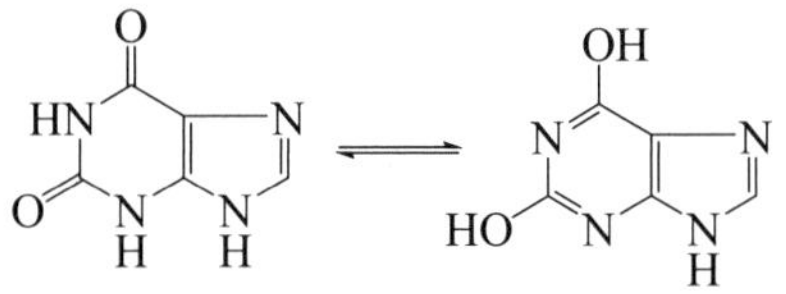

④ 腺嘌呤和鸟嘌呤　广泛存在于生物体核蛋白质中的两种嘌呤衍生物。

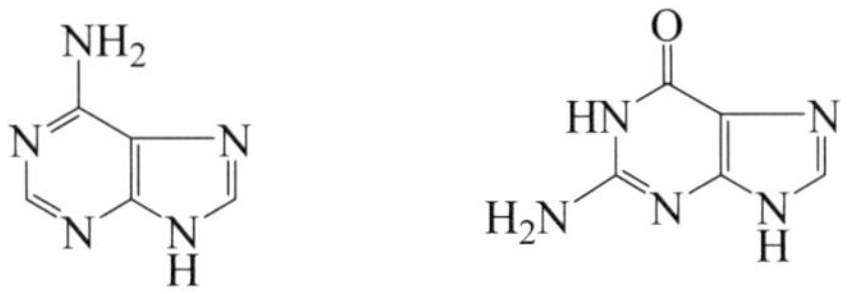

腺嘌呤　鸟嘌呤

16.3.5　苯并吡喃衍生物——花色素与黄酮类物质

（1）花色素

动植物的花和果实之所以显现不同的颜色，是因为它们所含色素不同。这些色素的结构式中都含有 2-苯基-3-羟基苯并吡喃这样一个基本结构，这些色素在植物体内与糖结合成苷，称为花色苷。花色苷用稀盐酸处理后，就分解成糖和花色素。花色素都是锌盐，例如：

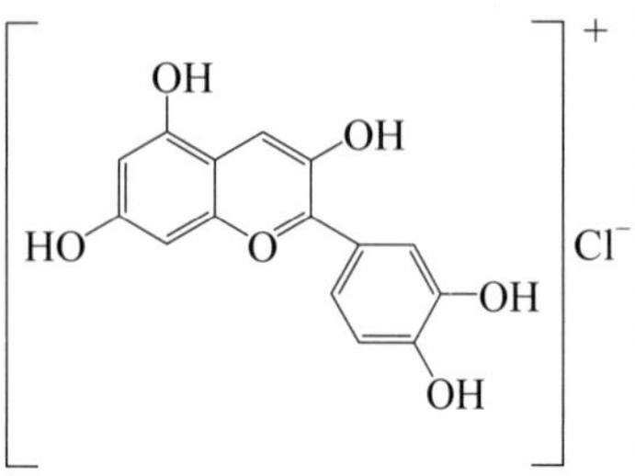

氯化玉米穗色素(红色) 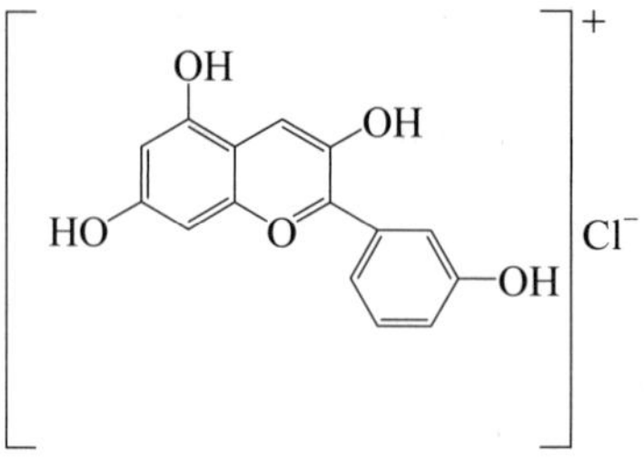　　氯化洋绣球素 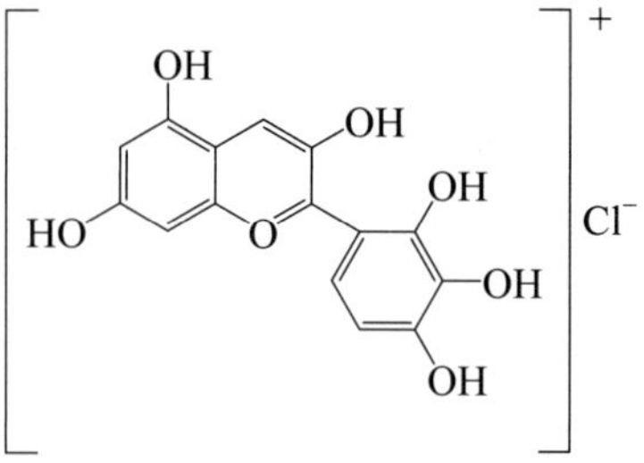　　氯化翠雀素

花色素遇碱后分解为苯醌的衍生物，颜色发生了改变。玉米穗色素与玫瑰花色素相同，但颜色不同，就是因为花色素在不同 pH 值条件下以不同形式存在，也就呈现不同颜色。

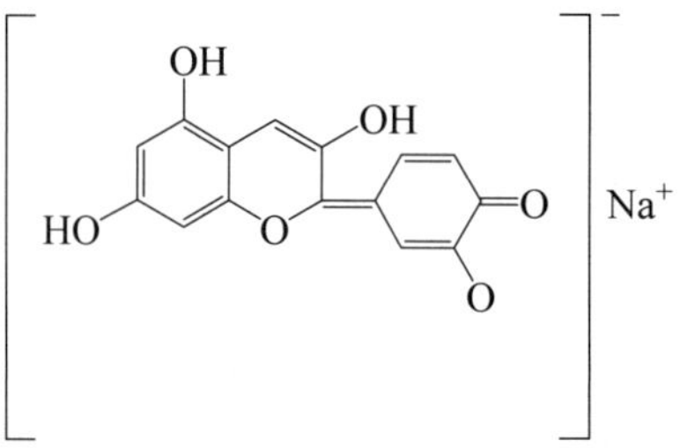

蓝色

（2）黄酮类化合物

黄酮类化合物是指色原酮（chrone）或色原烷（chromane）的衍生物，也属于杂环化合物的一类。通常分为三大类，即 2-苯基衍生物（黄酮或黄酮醇）、3-苯基衍生物（异黄酮类）和 4-苯基衍生物（新黄酮类)。

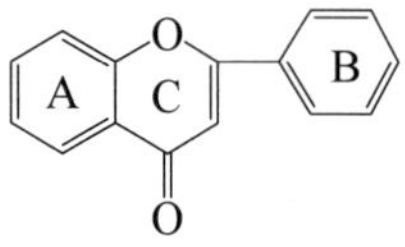

黄酮的基本结构 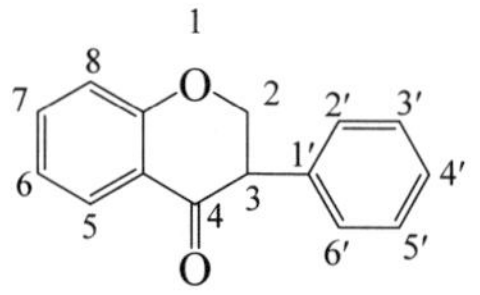　　异黄酮的基本结构

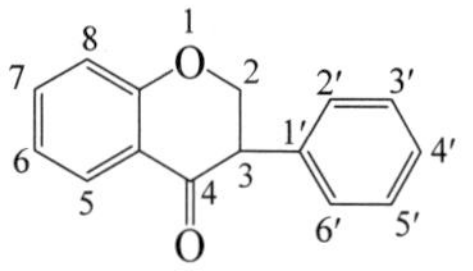

7,4′=OH，大豆异黄酮

7,4′=OH 8=C-glu，葛根素

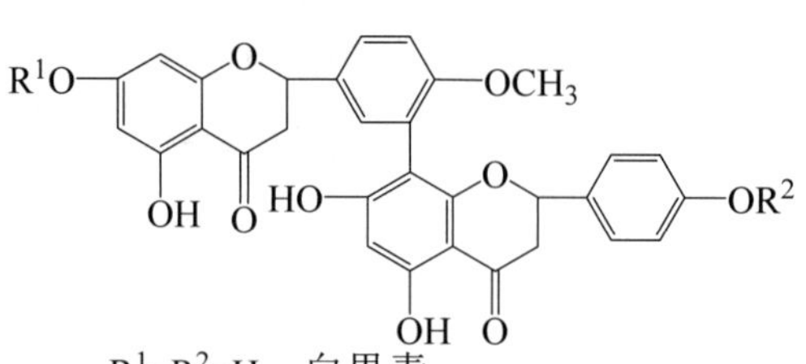

$R^1=R^2=H$，白果素

$R^1=CH_3$、$R^2=H$，银杏素（双黄酮）

黄酮类化合物广泛分布于植物界，生理活性显著，如葛根素（puerarin）有扩张冠状动脉、增加冠状动脉流量及降低心肌耗氧的作用，银杏素具有扩张外周血管、抑制癌细胞生长等药理作用。

16.3.6 吡嗪及其衍生物

吡嗪可以看作苯环 1 位和 4 位次甲基被氮原子取代形成的六元杂环。这是一类杂环香味化合物，在天然鉴定出的食品香料中约占 4%，目前批准使用的有 33 种化合物。在食品中发现吡嗪化合物已有很久的历史，1879 年，人们从甜菜发酵制得的杂醇油中分离得到四甲基吡嗪，1928 年又从咖啡中发现了吡嗪、甲基吡嗪、2,5-二甲基吡嗪，后又发现这些化合物存在于巧克力提取物中。至今陆续从 50 多种食品中发现了近百种吡嗪衍生物。它们主要存在于经过热加工的肉类、蔬菜、坚果中。各种取代吡嗪具有不同的香味，如 2,5-二甲基吡嗪具有坚果香味和烤香，对于改进花生和炸鸡香味很有效；而 2,6-二甲基吡嗪可用于巧克力等香精中；3,5-二甲基-2-乙基吡嗪和 3,6-二甲基-2-乙基吡嗪已用于软饮料、冰淇淋、糖果等；四甲基吡嗪广泛使用于面包、饼干、巧克力、咖啡、烤肉等食品中。从芝麻油中鉴定出的 2-乙酰基吡嗪用于许多加香快餐中；1969 年从青柿子椒中鉴定出的具有典型青椒气味的 2-异丁基-3-甲氧基吡嗪在蔬菜香精中具有特殊的用途。上述这些吡嗪的取代衍生物的构造式如下：

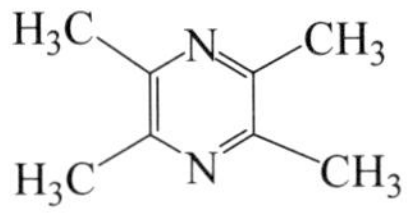

四甲基吡嗪 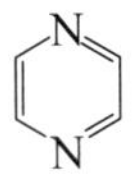　吡嗪 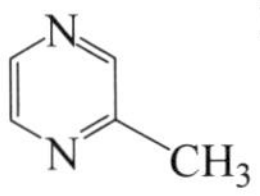　甲基吡嗪 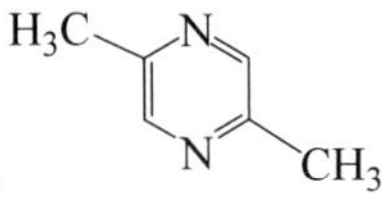　2,5-二甲基吡嗪 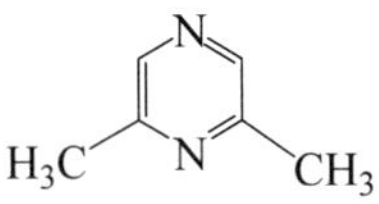　2,6-二甲基吡嗪

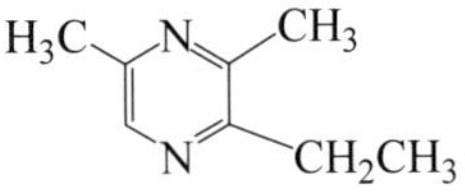

3,5-二甲基-2-乙基吡嗪 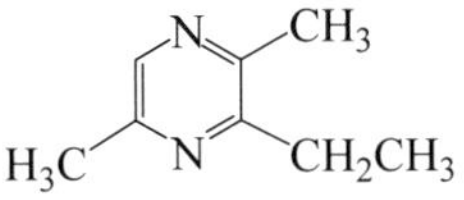　3,6-二甲基-2-乙基吡嗪 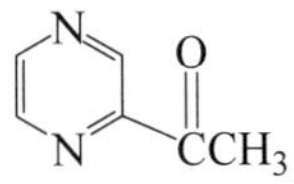　2-乙酰基吡嗪 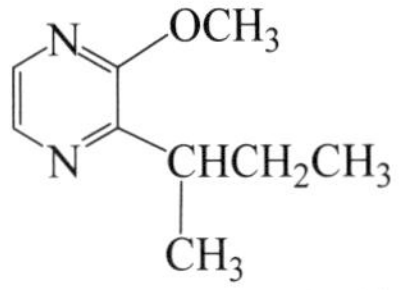　2-仲丁基-3-甲氧基吡嗪

16.4　核酸

核酸是 1869 年首先在细胞核中发现的，因显酸性故名核酸。核酸既可以游离态形式存在，也可与蛋白质结合成为核蛋白。核酸的基本组成单位是核苷酸，所以核酸也称多核苷酸（nucleotide）。核苷酸由磷酸、戊糖（脱氧核糖或核糖）和杂环碱所组成。核酸承担了遗传信息的储存、传送及表达，其中杂环碱是遗传信息的携带者，而糖和磷酸则起结构作用。核酸在不同的条件下水解可得到不同的产物。

16.4.1　核苷酸

（1）戊糖

水解生成β-D-(−)-2-脱氧核糖的核酸称为脱氧核糖核酸（deoxyribonucleic acid，简称 DNA）；生成β-D-(−)-核糖的核酸称为核糖核酸（ribonucleic acid，简称 RNA）。

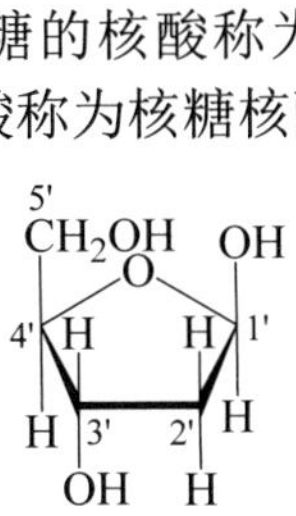

β-D-2-脱氧核糖 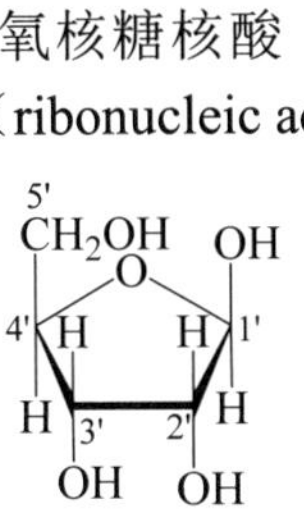　β-D-核糖

（2）杂环碱

组成核酸的杂环碱有嘌呤和嘧啶两类，其中嘧啶类衍生物有尿嘧啶、胞嘧啶、胸腺嘧啶；嘌呤类衍生物有腺嘌呤和鸟嘌呤。其结构如下：

腺嘌呤
（adenines,A）

鸟嘌呤
（guanine,G）

胞嘧啶
（cytosine,C）

胸腺嘧啶
（thymine,T）

尿嘧啶
（uracil,U）

DNA 中含有腺嘌呤（A）、鸟嘌呤（G）、胞嘧啶（C）和胸腺嘧啶（T）。RNA 中含有腺嘌呤（A）、鸟嘌呤（G）、胞嘧啶（C）和尿嘧啶（U）。

（3）核苷及核苷酸

戊糖与杂环碱组成核苷。它是由糖分子 1'位上羟基与嘧啶环上 1 位或嘌呤环上 9 位上的氢失水而生成的，比如组成 DNA 的胞嘧啶脱氧核苷、胸腺嘧啶脱氧核苷、腺嘌呤脱氧核苷、鸟嘌呤脱氧核苷（组成 RNA 的则有尿嘧啶核苷）等。核苷酸则是核苷 5'位上的羟基与磷酸酯化而生成的。比如组成 RNA 的尿嘧啶核苷酸（也称尿苷-5-磷酸）、胞嘧啶核苷酸、腺嘌呤核苷酸、鸟嘌呤核苷酸（组成 DNA 的则有胸腺嘧啶脱氧核苷酸）。

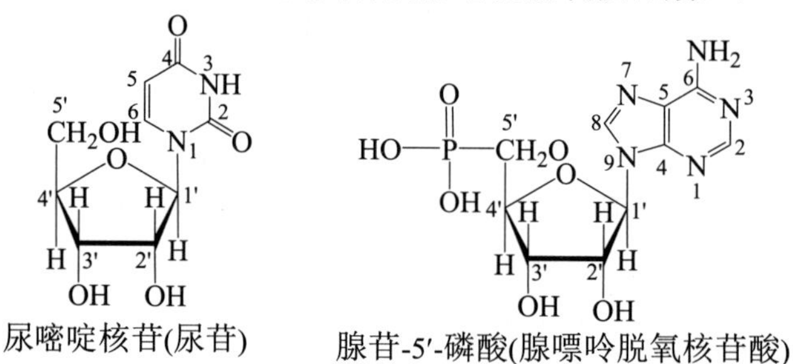

尿嘧啶核苷(尿苷)　　腺苷-5′-磷酸(腺嘌呤脱氧核苷酸)

16.4.2 核酸及其结构

DNA 是许多脱氧核苷酸通过磷酸二酯键连接而成的大分子化合物。这种连接是通过一个脱氧核苷酸糖基部分 3'-羟基和另一分子脱氧核苷酸中的磷酸缩合而成的。RNA 则是由核苷酸通过同样的方式形成的，所不同的只是核糖和碱基的差异。图 16-5 是国际上通用的简洁表示法，而图 16-6 则是 DNA 和 RNA 分子的部分典型结构。

DNA分子部分结构　　RNA分子部分结构

图 16-5　国际通用核酸分子简洁表示法

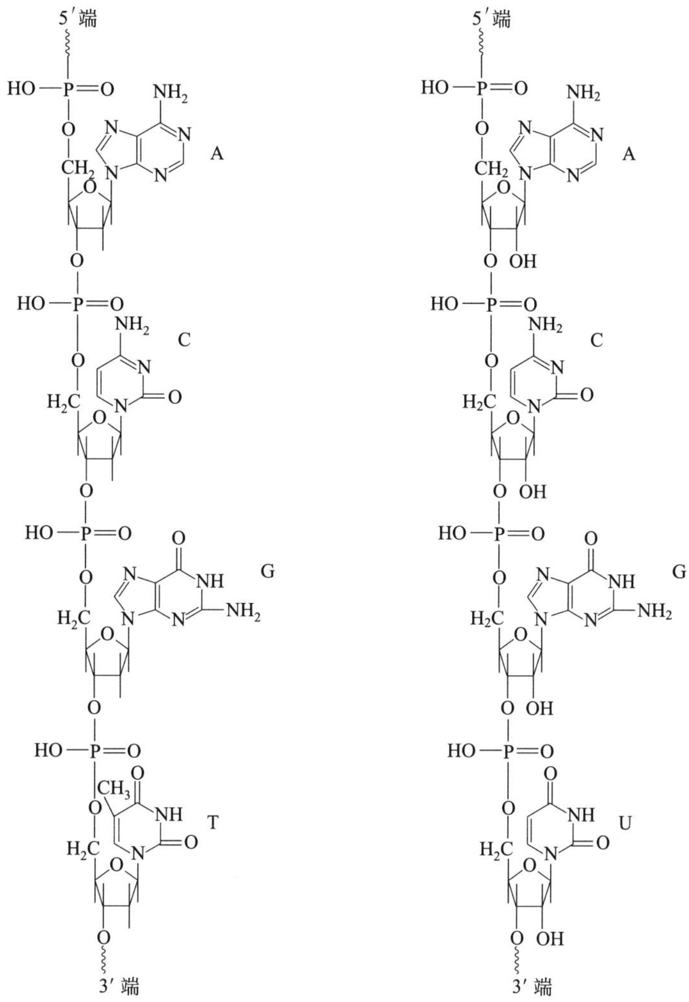

(a) DNA分子部分结构示意图　　(b) RNA分子部分结构示意图

图 16-6　DNA 和 RNA 的典型结构

图 16-5 中所示的 DNA 分子也可简记为 PAPCPGPT 或 ACGT。RNA 同样也可简记为 PAPCPGPU 或 ACGU。值得注意的是，碱基的书写如氨基酸的书写一样，是有顺序的，碱基的顺序是沿 5'→3'方向书写的。ACGT 不同于 TGCA。

核酸分子中核苷酸的排列顺序（也叫碱基顺序）构成了核酸的一级结构。DNA 或 RNA 是从几千个碱基对到几百万个碱基对（DNA 双螺旋外廓长约 0.34μm，质量约为 660kDa)的大分子，并且还有自己独特的二级结构。

1953 年 J. Waston 和 F.Crick 在认真研究了 R. Frankin 和 M. Wilkins 所摄 DNA 纤维的 X 衍射图后，首先在《Nature》杂志上提出了 DNA 的三维空间结构——双螺旋模型（后来的研究证实，他们所研究的就是分子中最常见的 B 型 DNA）。其要点是：

① 两条右手螺旋的多核苷酸链环绕同一中心轴盘旋（图 16-7）。

② 两条链是反平行的，即一条链是 5'端在上，3'端在下，另一条链是 3'端在上，5'端在下。

③ 两条链的磷酸-核糖主链在外，碱基在内，碱基平面相互平行叠加，与中心轴垂直，每个碱基平面距离为 0.34nm。

④ 螺旋转一圈要 10 个碱基，螺距为 3.4nm。

⑤ 两条链相对的碱基存在 A=T 及 C≡G 的互补关系，彼此靠氢键互相作用。G/C 对之间有三个氢键，而 A/T 对之间仅有两个氢键（见图 16-8）。

⑥ 在 DNA 双螺旋分子上交替存在着大沟和小沟。

⑦ C 和 G 核苷酸中的糖苷键是反式构型，脱氧核糖的折叠是 2'在内。

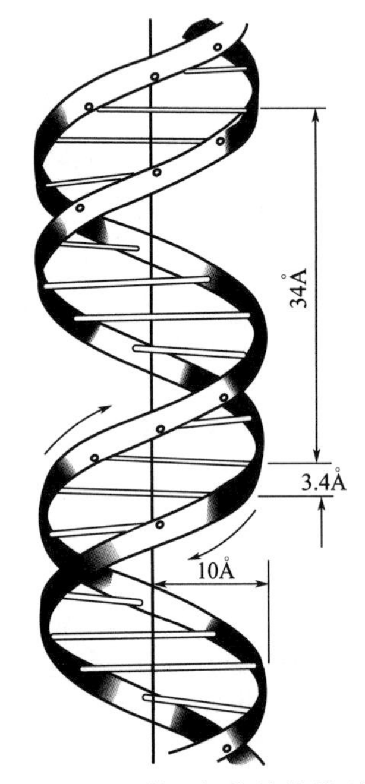

图 16-7 DNA 的双螺旋结构模型

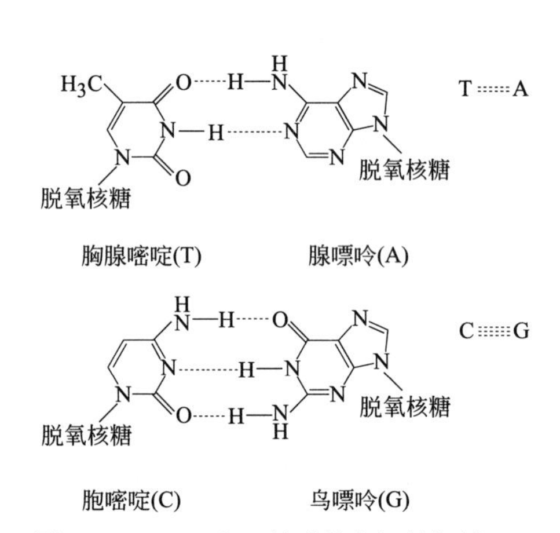

图 16-8 DNA 中互补碱基之间的氢键

DNA 双螺旋结构模型的提出揭开了遗传信息的物质奥秘，对分子生物学的形成和发展产生了极为深远的影响。

16.4.3 核酸的生物学功能

核酸是遗传的物质基础，除少数 RNA 病毒外，DNA 是绝大多数生物的遗传信息储存者，所以 DNA 在生物大分子中占有中心位置，这是 DNA 的第一功能。DNA 以它的巨大分子和千变万化的核苷酸序列及神奇的结构储存着生物的全部信息。

DNA 通过自我复制能将储存的信息稳定地、忠实地从一代细胞传至下代细胞，这是 DNA 的第二功能。DNA 的双螺旋结构和碱基互补配对原则是 DNA 复制以及遗传信息从亲代细胞传至子代细胞的基础；众多的酶、蛋白质因子参与复制是 DNA 复制能忠实、稳定进行的保证。

遗传信息的表达是将 DNA 储存的遗传信息通过转录和翻译产生蛋白质。DNA 的核苷酸序列决定所有细胞内 RNA 核苷酸和蛋白质的氨基酸序列，从而体现生物体的生命活动和生命现象，这是 DNA 的第三功能。

生物的遗传性和变异性同时存在以适应环境的变化。一定范围内的基因突变是生物产生新的遗传特异性和新的生物物种所必需的。没有突变就没有生物的进化，生物界就不能前进，所以变异也可以说是 DNA 的另一项重要功能。

如前所述，DNA 的自我复制是信息遗传的必要途径。DNA 的复制具有以下特点：

① DNA 的复制是半保留复制。即亲代 DNA 双螺旋解开，以每一条链作为模板，按碱

基互补原则合成一条新的互补链，从而生成两个与原来 DNA 结构相同的子代 DNA 分子。这样每一子代 DNA 分子都含有来自亲代的“旧”链和一条新生链。

② DNA 的复制具有半不连续性。DNA 分子是由两条方向相反的互补链(一条是 5'→3'，一条是 3'→5')组成的。但是 DNA 聚合酶只能催化以 3'→5'方向的旧链（前导链）为模板合成的 5'→3'的新链。而以其互补链（随后链）为模板合成的新链（方向 3'→5'）则不能连续合成，依然先按 5'→3'方向合成许多 100～2000bp 的所谓冈崎片段（Okazakifragment），再经连接酶等催化后形成一条连续的新生链。

③ DNA 复制的双向性。DNA 分子的复制除少数病毒和线粒体 DNA 的复制是单向进行的外，大多数都是从 DNA 分子复制起始部位向相反方向同时进行。

④ DNA 复制是在许多酶和蛋白质因子的参与下完成的。参与 DNA 复制的主要特异性酶和蛋白因子有螺旋酶、引物酶、RNA 引物、DNA 聚合酶、连接酶等。

16.4.4　基因工程和人类基因组计划

所谓基因工程就是指按照人们的愿望，设计和建选自然界并无天然存在的基因表达体系。限制性内切酶和连接酶的发现导致了 DNA 重组技术的迅速发展，这使得基因工程的实施成为可能。基因工程具体可定义为：把限切的 DNA 片段插入质粒、病毒或其他载体，组成重组体。重组体转入宿主细胞，使宿主细胞出现可表达、可传代的新遗传性状。基因工程的操作要领可简单地概括为切、接、转、选四个字（图 16-9）。

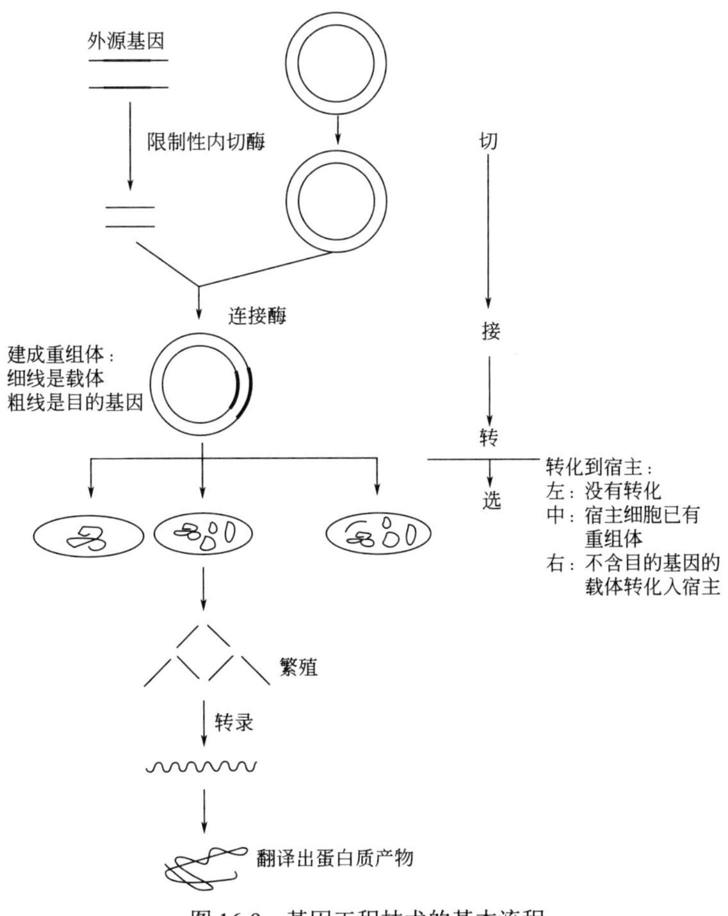

图 16-9　基因工程技术的基本流程

基因工程已经在许多方面得以实施并产生了效果。人们将苏云金杆菌毒蛋白基因转入棉花，已获得抗棉铃虫的抗虫棉。利用反义 RNA 技术延长果实、蔬菜的保鲜期和改变花卉的颜色都已取得成果。

人类细胞中有 23 对染色体，总 DNA 有 3×10^9bp，含有 5 万~10 万个蛋白质编码基因，它决定着人类的全部性状，包括语言、记忆、思维等各类智能因子也由它编码。重组 DNA 技术和分子遗传学的发展已使测出人类基因组 DNA 的全部序列成为可能。于是便有了 20 世纪 90 年代起开始实施的所谓人类基因组计划（Human Genome Project，简称 HGP）。该计划的主要目标和内容有：

① 建立人类基因组高分辨率的遗传图谱。

② 完成全部人类染色体的各种物理图谱及选择某些模型生物的 DNA 物理图谱。

③ 人类 DNA 的模型生物 DNA 全部序列的测定。

④ 建立收集、储存、分类和分析所有有关资料和数据的工作系统。

⑤ 创造完成以上目标所必需的新技术和新方法。

人类基因组计划的最终目标是测定基因组 DNA 重复核苷酸序列，鉴定所有编码蛋白质的基因，分析其功能，以及非编码基因的位置和功能。人类是万物之灵，进化程度最高、最复杂，人类基因组的复杂性可以用庞大（30 亿对碱基对）、分散（分散在各对染色体上）、断裂（编码序列被非编码序列所隔断）、重复（非编码序列占 DNA 全序列的 90%以上，一些 DNA 序列在染色体中可重复出现千次，甚至超过百万次）四个词来概括。这些毫无疑问大大增加了实施人类基因组计划的难度。但是由于科学家们的高度智慧和辛勤工作，大量新技术、新方法（脉冲电场电泳技术、大分子克隆技术、荧光标记核苷酸-DNA 外切酶法、寡核苷酸探针分子杂交技术、扫描隧道显微镜法等）的采用，全部 DNA 的测序工作已经完成。尽管如此，完成全部人类基因组计划的最终目标却是一个长期的任务。与测定全部 DNA 序列相比，对于每一个基因和整个基因组及其产物的协同活动以及它们在细胞和生命活动中功能的研究是更为艰难的工作。

如果人类基因组计划能够成功实施，人类将能彻底了解包括自己在内的生命活动本质。人类研究自身的来源、分化、发育、健康、疾病等就更具目的性。人类将能改变自身的许多遗传缺陷，改革传统的诊断、治疗手段，使基因诊断和基因治疗得以实现。人类还可以根据自己的愿望进行新的基因和蛋白质设计，创造“新物种”，改造生命活动。总之，该领域计划的成功实施将会给生命科学带来根本性的变革。

阅读材料

伍德沃德（Robert Burns Woodward，1917—1979）

美国化学家，生于波士顿。自幼就特别喜欢化学，十六岁时进入麻省理工学院，1936 年毕业获得学士学位。1937 年通过了研究生考试获得博士学位，这时他才二十岁。毕业后进入哈佛大学执教。1950 年任教授。伍德沃德对有机化学很多领域都做过很多贡献。在合成天然有机化合物方面的成就尤为突出。早在 20 世纪 40 年代，他就合成了金鸡纳碱、常生草碱。50 年代中，先后合成了马钱子碱、麦角新碱、利血平、胆甾醇、皮质酮和叶绿素等天然有机化合物，并确定了一系列四环素类抗生素的结构。由于他对有机化学分析方法和合成方法做出了突出贡献，获得了 1965 年诺贝尔化学奖。伍德沃德不但精于合成，富于实际经验，而且在有机化学理论方面也有很深的造诣。1960 年当他完成了叶绿素的合成后，即与瑞士苏黎世高等工业学院的埃申莫塞（A. Eschenmoser）教授合作并分工领导了维生素 B_{12} 的合成工作，就在这个过程中，他不失时机地抓住了不符合现有理论预期的实验结果，和量子化学家霍夫曼合作进行研究，提出了分子轨道对称守恒原理的基本思想，对有机合成起了很大的指导作用。伍德沃德工作作风严谨，培养的研究生和进修生五百人以上，其中许多已成为世界闻名的化学家。

本章小结

1. 杂环化合物通常是指环中含有杂原子（O、S、N）形成的闭合共轭体系且具有芳香性的化合物。根据杂原子的多少、环的类型和数目进行分类命名时按外文音译，选择同音汉字加“口”旁作为杂环母核的名称。

2. 在结构上，五元杂环化合物成环的 C、O、S、N 原子均进行 sp^2 杂化形成闭合的共轭体系；在性质上，芳性和亲电取代反应活性呈现规律性变化，亲电取代反应主要发生在 α位，反应活性相当于苯胺、苯酚。

3. 吡啶分子中，N 原子进行 sp^2 杂化，有一对未成键且未参与形成共轭体系的电子，而且氮原子通过–I 效应使环上电子云密度降低；吡啶显示弱碱性，亲电取代反应活性β位最高，反应活性相当于硝基苯。

4. 杂环化合物与生物体中参与生物化学反应的许多重要物质密切相关，如酶；也参与食品风味物质的构成，其内容十分丰富、复杂，研究与应用前景非常广阔。

5. 核酸是以磷酸、戊糖为骨架，以杂环碱为遗传信息携带者的天然生物大分子。分为 DNA 和 RNA 两大类。DNA 分子具有独特的双螺旋结构，是绝大多数生物的遗传信息储存者。

6. DNA 的自我复制是信息遗传的必要途径。DNA 复制具有半保留性、半不连续性、双向性及酶和蛋白因子的参与等特点。

7.基因工程就是把限切的 DNA 片段插入质粒、病毒或其他载体，组成重组体。重组体转入宿主细胞，使宿主细胞出现可表达、可传代的新的遗传性状。

习　题

16-1　试命名下列化合物。

（a）N N CH_3　（b）N NO_2　（c）O COOH

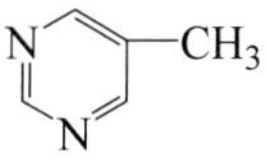

（d）C_2H_5 CH_3 N CH_3 CH_3　（e）N H CH_2—COOH

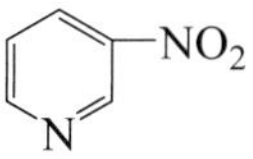

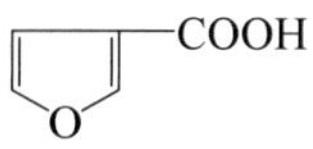

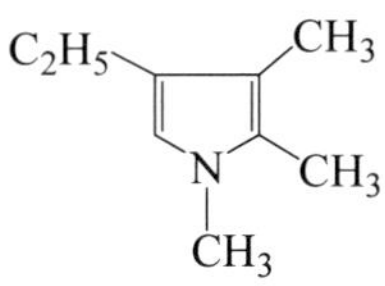

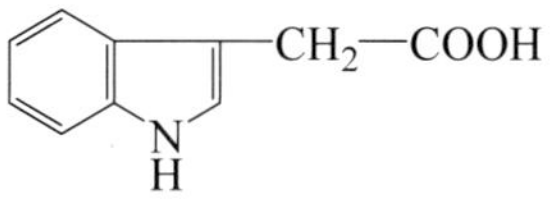

16-2　写出下列化合物的构造式。

（a）5-羟基嘧啶　（b）γ-吡啶甲酸甲酯　（c）2,6-二氧-3,7-二甲基嘌呤　（d）糠醛　（e）THF

16-3　用适当的方法将下列混合物中的少量杂质除去。

（a）甲苯中混有少量吡啶　（b）苯中混有少量噻吩

16-4 写出下列反应的主要产物。

（a）吡啶 + HBr ⟶　　（b）喹啉 + Br_2 $\xrightarrow{FeBr_3}$

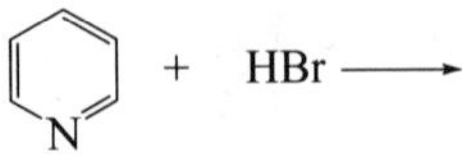

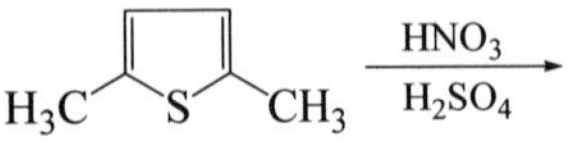

（c）2,5-二甲基噻吩（H_3C, S, CH_3）$\xrightarrow[H_2SO_4]{HNO_3}$　　（d）糠醛（O, CHO）$\xrightarrow{Cl_2}$ 5-氯糠醛（Cl, O, CHO）$\xrightarrow[\triangle]{浓NaOH}$

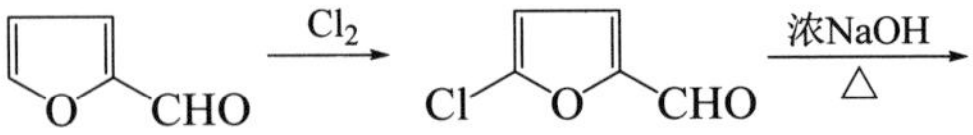

16-5 杂环化合物 $C_5H_4O_2$ 经氧化后生成羧酸 $C_5H_4O_3$。把此羧酸的钠盐与碱石灰作用，转变为 C_4H_4O，后者与金属钠不起作用，也不具有醛和酮的性质。杂环化合物 $C_5H_4O_2$ 是什么？

16-6 用化学方法鉴别下列各组化合物。

（a）糠醛与苯甲醛　（b）吡啶与 α-甲基吡啶　（c）噻吩与苯

16-7 吲哚与 Br_2 反应最可能发生取代反应的位置有哪些？提出反应机理加以说明。

16-8 吡咯和咪唑都是弱酸，它们和很强的碱反应形成阴离子：

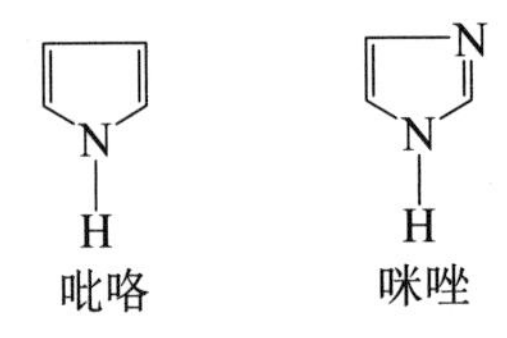

（a）这些阴离子与什么碳环阴离子相似？

（b）写出共振结构式说明吡咯阴离子和咪唑阴离子的稳定性。

16-9 回答下列问题。

（a）吡啶的溴代反应比较困难，需要 300℃的高温才能进行，能否用铁粉催化加速这个反应？

（b）试比较吡啶和吡咯的碱性强弱，并说明理由。

（c）为什么维生素 B_1 在碱性介质中容易被破坏？

（d）将苯、吡啶与吡咯按亲电取代反应活性由大到小排列，并做出解释。

16-10 下面三种化合物在发生亲电反应时，请预计第二个取代基团将取代什么位置，有什么根据？

（a）2-甲基呋喃（O, CH_3）　（b）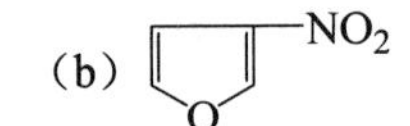

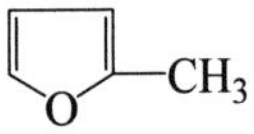

（c）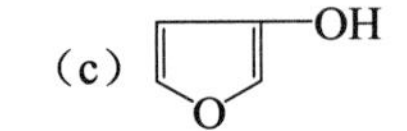

16-11 试确定下列两个反应的产物。

（a）吲哚（N, H）+ Br_2 $\xrightarrow{FeBr_3}$?

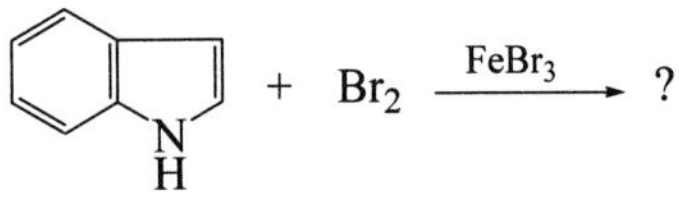

（b）喹啉（N）+ Br_2 $\xrightarrow{FeBr_3}$?

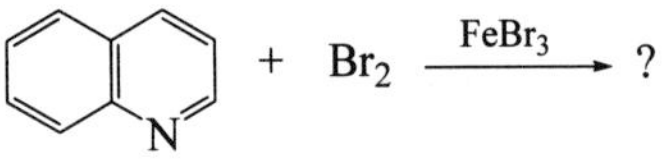

16-12 解释下列现象。

（a）4-氯吡啶（Cl, N）能和 CH_3ONa 反应生成 4-甲氧基吡啶（OCH_3, N），而 3-氯吡啶（Cl, N）则不能。

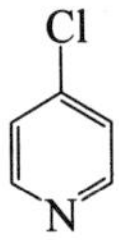

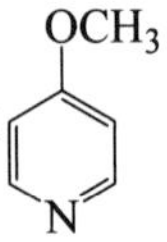

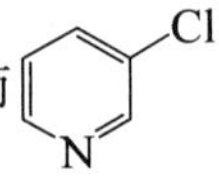

（b）吡啶能和 CH_3I 作用生成季铵盐而吡咯不能。

（c）3-苯甲酰吡啶（N, C, O）的制备不能用苯甲酰氯和吡啶作用，只能用烟酰氯（N, C—Cl, O）和苯作用。

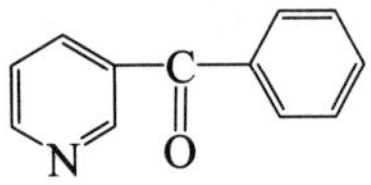

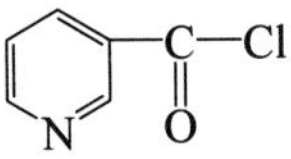

16-13　为什么吡咯分子偶极矩比呋喃和四氢吡咯的偶极矩都大？而且方向相反？

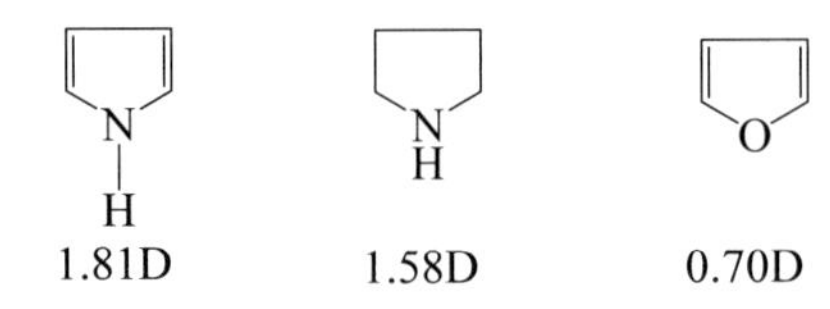

16-14　为什么吡咯比苯容易进行环上的亲电取代反应而吡啶比苯难进行环上的亲电取代反应？

16-15　组胺中哪个氮原子的碱性最强？哪个次之？哪个最弱？说明理由。

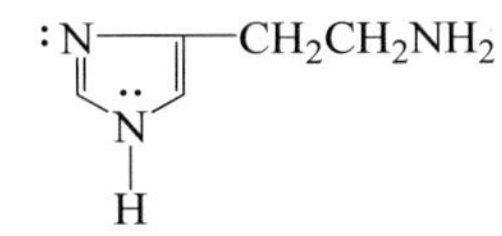

16-16　写出下列化合物的结构式。

① 腺苷　② 2'-脱氧尿苷　③ 胞苷-3'-磷酸　④ 胸腺苷-5'-磷酸

⑤ 碱基序列为腺-胞-鸟的三聚核苷酸

第17章　碳水化合物

碳水化合物也称糖，是一类很重要的天然有机化合物。

早期发现这类物质是由C、H、O三种元素组成的，且其分子中H与O的比例为2∶1，一般可用通式$C_x(H_2O)_y$表示，所以19世纪80年代取名为碳水化合物（carbohydrate)，如葡萄糖的分子式$C_6H_{12}O_6$可写成$C_6(H_2O)_6$。蔗糖的分子式$C_{12}H_{22}O_{11}$可写成$C_{12}(H_2O)_{11}$。后来发现有些具有$C_x(H_2O)_y$组成的化合物(例如乙酸$C_2H_4O_2$、乳酸$C_3H_6O_3$等)并不具有碳水化合物的特征，而另有很多的已知有机化合物，按它们的性质应当属于碳水化合物，但其组成不对应于$C_x(H_2O)_y$，例如鼠李糖（$C_6H_{12}O_5$）、脱氧核糖、氨基糖、糖酸、糖醇、葡萄糖苷、果胶等类似的物质。因此“碳水化合物”这个名称并不十分正确，但因袭用太久，不易更改，故一直沿用至今。从结构上讲，碳水化合物是多羟基醛、酮及其缩合物。

$$6CO_2 + 6H_2O \underset{\text{动植物的呼吸作用(释放、利用贮存的太阳能)}}{\overset{\text{绿色植物的光合作用(吸收转化贮存太阳能)}}{\rightleftharpoons}} C_6H_{12}O_6 + O_2$$

碳水化合物是绿色植物吸收太阳能（到达植物的太阳能约为0.1%），利用空气中的CO_2和H_2O通过光合作用形成的。太阳能转化成化学能，以碳水化合物的形式储存起来，这一基本过程是地球生物圈能量的源泉。动物和植物则通过呼吸作用将碳水化合物逐步氧化成CO_2和H_2O，这是一切生物体维持生命活动过程所需能量的主要来源。

这个循环维持了地球生物圈CO_2和O_2的平衡，确保人类和所有生物的安全。碳水化合物中的纤维素和淀粉是可降解、可再生的天然高分子化合物，它们是纺织、造纸、医药等许多工业部门的原材料，是人类赖以生存发展的物质基础。

因此，讨论碳水化合物的基本结构与性质是近代有机化学不可或缺的基本内容。

17.1　碳水化合物的分类

根据组成、结构、水解情况等因素，碳水化合物一般可以分为三大类：单糖、寡糖和多糖。

单糖（monosaccharide）是不能水解的多羟基醛或酮，根据分子中碳原子数的多少，单糖又可以分为三碳糖、四碳糖、五碳糖和六碳糖，甘油醛是结构最简单的单糖，葡萄糖、核糖、果糖等则最为大家所熟悉。

寡糖又称低聚糖（oligosaccharide），寡糖的一般构成单元为五碳糖或六碳糖，目前已确认的寡糖有1000种以上，是一类由2~10 个单糖经脱水缩合形成糖苷键连接成直链或支链的聚合糖。其分子通式一般可表示为$(C_6H_{10}O_5)_n$，n为2～10，分子量为300～2000。寡糖具有低热、稳定、安全无毒、无残留等理化性质，功能性寡糖能够抑制细菌、真菌，同时对肿瘤细胞有抑制作用，在疾病诊断与预防、营养与保健、畜牧养殖、植物生长调节及抗病等方面具有巨大潜力。

根据构成单元数量的不同，寡糖可以分为双糖（disaccharide)、三糖（trisaccharide）等。

根据构成单元的不同，可以将寡糖分为两类：

① 均一寡糖（homooligosaccharide） 由一种单糖结合而成的，如麦芽糖（可以水解为两分子葡萄糖）。

② 杂寡糖（heterooligosaccharide） 由 2 种或 2 种以上单糖结合而成的，如蔗糖（可以水解为一分子葡萄糖和一分子果糖)、棉籽糖（可以水解为一分子葡萄糖、一分子果糖和一分子半乳糖）。

根据寡糖的生物学功能，又可将其分为功能性寡糖和普通寡糖两大类。普通寡糖可以被机体消化吸收，产生能量，对肠道有益菌生长无促进作用，人们熟悉的蔗糖、麦芽糖、乳糖、海藻糖、环糊精及麦芽寡糖等均属于普通寡糖。功能性寡糖一般不能被机体直接消化吸收、产生能量，但对肠道有益菌生长有促进作用，如果寡糖（FOS）、低聚木糖（XOS）、甘露寡糖（MOS）、乳寡糖（GAS）、寡葡萄糖（COS）、半乳寡糖（TOC）等，功能性寡糖的研究是目前生物化学、食品化学及其他相关学科研究的热点之一。

多糖（polysaccharide） 的构成单元主要也是五碳糖和六碳糖，是 10 个以上单糖的缩聚物。

根据构成单元的不同，多糖又可以分为同多糖和杂多糖。同多糖（homopolysaccharide）水解只产生一种单糖或单糖衍生物，如淀粉、糖原纤维、壳聚糖等；杂多糖（heteropolysaccharide）水解产生一种以上单糖或单糖衍生物，如透明质酸、半纤维素等。

根据多糖的生物学功能，也可以将多糖分为：普通多糖，如淀粉、纤维素等；功能性多糖，如香菇多糖、茯苓多糖、硫酸软骨素 B 等。

根据碳水化合物还原性的差别，还可以将其分为还原糖和非还原糖。

17.2 单糖

自然界中的单糖多以化合态存在于低聚糖和多糖中，游离态的单糖碳链长度一般在三至九个碳原子之间，醛基或酮基处在 C1 或 C2 位置，按碳链原子数命名为某醛糖或某酮糖。羟基乙醛（$HOCH_2CHO$）本不属于糖类，但考虑到它与糖的代谢有关，生物学上仍将其看作最简单的乙糖。

自然界发现的重要的单糖是戊糖和己糖，例如：

戊醛糖	戊酮糖	己醛糖	己酮糖
CHO	CHO	CHO	CH_2OH
C*HOH	C=O	C*HOH	C=O
C*HOH	C*HOH	C*HOH	C*HOH
C*HOH	C*HOH	C*HOH	C*HOH
CH_2OH	CH_2OH	C*HOH	C*HOH
		CH_2OH	CH_2OH

由于单糖含有多个手性碳原子，故它们都有多种构型异构体或旋光异构体。例如戊醛糖有 8 种旋光异构体，其中核糖是最重要的一种。葡萄糖和果糖是最重要的己醛糖和己酮糖，分别有 16 种和 8 种旋光异构体，它们的分子结构是如何确定的呢?下面以葡萄糖构型的推测和确定说明单糖结构的确立。

17.2.1 单糖的开链式结构

人们很早就测出葡萄糖的分子式为 $C_6H_{12}O_6$，分子中含有多个含氧官能团。从葡萄糖可与 HCN 加成、水解后再用 HI 还原成正庚酸，以及将葡萄糖催化氢化得到正己六醇，都说明葡萄糖中的碳链为直链，可能是五羟基醛或酮。葡萄糖可以还原 Fehling 试剂和 Tollens 试剂，以及用过量的乙酐酰化后得到的酯水解可产生五分子乙酸等性质，说明葡萄糖为五羟基醛。

CHO
|
C*HOH
|
C*HOH
|
C*HOH
|
C*HOH
|
CH_2OH

可见，葡萄糖中有 4 个手性碳原子，有 16 个立体异构体，那葡萄糖的构型究竟是怎样的？这是一个基本问题。

在己醛糖的 16 个立体异构体中，有 8 个可由 D-(+)-甘油醛“升级”转化得到，按 D/L 构型标记，它们的构型均为 D 型；同理，另 8 个 L 构型是由 L-(+) -甘油醛“升级”转化得到，是前 8 个构型的对映体。

现将 D 型异构体的 Fischer 投影式列出：

D-(+)-甘油醛：CHO；—OH；CH_2OH

(1) (+)-阿洛糖：CHO；—OH；—OH；—OH；—OH；CH_2OH

(2) (+)-阿卓糖：CHO；HO—；—OH；—OH；—OH；CH_2OH

(3) (+)-葡萄糖：CHO；—OH；HO—；—OH；—OH；CH_2OH

(4) (+)-甘露糖：CHO；HO—；HO—；—OH；—OH；CH_2OH

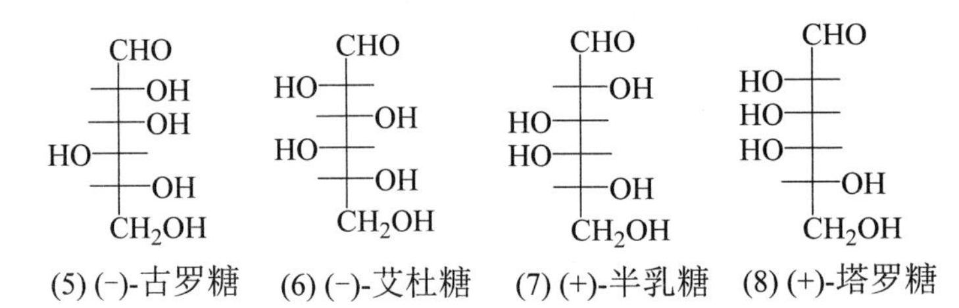

(5) (−)-古罗糖 (6) (−)-艾杜糖 (7) (+)-半乳糖 (8) (+)-塔罗糖

式中，每个交叉点代表一个手性碳，与手性碳相连的氢原子省去。

单糖的构型也可用 *R/S* 构型标记，如（3）可命名为(2*R*,3*S*,4*R*,5*R*)-2,3,4,5,6-五羟基己醛。但因习惯，至今仍用 D/L 构型标记。

上述 8 个 D 型糖的构型式与 D-(+)-甘油醛比较，共同点是第四个手性碳所连羟基都在右边。因此，它们可由 D-(+)-甘油醛经加 HCN、水解转化为内酯，再经还原等步骤逐渐增加 CHOH 链节得到，这一系列过程称为糖的升级。例如：

D-丙醛糖升级为 D-丁醛糖

CHO—C(H)(OH)—CH_2OH $\xrightarrow{HCN}$ CN—C*HOH—C(H)(OH)—CH_2OH $\xrightarrow{H_3O^+}$ COOH—C*HOH—C(H)(OH)—CH_2OH $\xrightarrow{内酯化}$ O=C—C*HOH—C(H)(OH)—CH_2—O（环） $\xrightarrow{H^+}$ CHO—C*HOH—C(H)(OH)—CH_2OH

从上式可看出，新增一个 CHOH 链节所得的 D-丁醛糖会有两个差向异构体：

D-赤藓糖：CHO；H—|—OH；H—|—OH；CH_2OH

和

D-苏阿糖：CHO；HO—|—H；H—|—OH；CH_2OH

同理类推，可知上述的 8 个 D 型糖中（1）和（2）、（3）和（4）、（5）和（6）、（7）和（8）都是差向异构体。所谓差向异构体，指在两个构型中，只有一个手性碳的构型不同，其他都相同。

与“升级”相反的是降解。降解是将高一级的糖氧化为糖酸钙盐，再用 H_2O_2 和 Fe^{2+}处理为 α-酮酸后脱羧，去掉与醛基相连的一个碳原子而变成低一级醛糖的过程（Ruff 降解）。例如 D-(−)-艾杜糖降解后变为 D-木糖。

CHO / HO—H / H—OH / HO—H / H—OH / CH_2OH $\xrightarrow{[O]}$ $[$COO$^-$ / HO—H / H—OH / HO—H / H—OH / $CH_2OH]_2$ Ca^{2+} $\xrightarrow[Fe^{2+}]{H_2O_2}$ COOH / =O / H—OH / HO—H / H—OH / CH_2OH $\xrightarrow{-CO_2}$ CHO / H—OH / HO—H / H—OH / CH_2OH

综合运用升级、降解及立体化学等实验结果，1891 年法国化学家 Emil Fischer 首次确立了开链式葡萄糖的构型。

Fischer 是这样确立葡萄糖构型的。首先他假定葡萄糖 C5 上羟基在 Fischer 投影式的右边，定为 D 型，这样 16 种立体异构体就简化了一半，然后再通过化学方法和严格的推理得出其真实的构型。

CHO / H—OH / HO—H / H—OH / H—OH / CH_2OH

开链葡萄糖

第一，若葡萄糖的构型为（1）和（7），则经强氧化将分别变为下列两个内消旋的糖二酸。

(1) CHO / H—OH / H—OH / H—OH / H—OH / CH_2OH $\xrightarrow{[O]}$ COOH / H—OH / H—OH / - - - / H—OH / H—OH / COOH

(7) CHO / H—OH / HO—H / HO—H / H—OH / CH_2OH $\xrightarrow{[O]}$ COOH / H—OH / HO—H / - - - / HO—H / H—OH / COOH

但天然葡萄糖经氧化所得的葡萄糖二酸有旋光性，这样就排除了（1）和（7）。

第二，将其余的 6 种构型都降解后，再分别氧化成戊糖二酸，（2）、（5）、（6）都是内消旋体，但天然葡萄糖经相同处理后有旋光性，故排除（2）、（5）、（6）。

第三，天然葡萄糖降解为戊糖后再升级得两个差向异构体，两个差向异构体经氧化所得的二酸均有旋光性。但若为构型（8），经上述过程所得的两个二酸，只有一个有旋光性，故排除（8）。

第四，将（4）中的—CHO 和—CH_2OH 互换位置，所得的构型按投影规则仍是（4），而不是另一种己醛糖。但（3）按上述互换位置后却得到另一种己醛糖 L-（+)-古罗糖，而且 L-(+)-古罗糖氧化所得的糖二酸与天然葡萄糖氧化所得的糖二酸等同，故排除（4）。

CH_2OH / H—OH / HO—H / H—OH / H—OH / CHO ═ CHO / H—OH / H—OH / HO—H / H—OH / CH_2OH

L-(+)-古罗糖

Fischer 还通过钠汞齐还原葡萄糖二酸的酯合成了 L-(+)-古罗糖，从而证明了开链式葡萄糖的构型式为（3）。

利用类似方法，Fischer 测定了 16 个己醛糖中的 12 个构型，在糖的研究中 Fischer 成绩显赫，因此获得了 1902 年诺贝尔奖。

天然存在的糖都是 D 糖，在己醛糖的 16 个旋光体中，只有葡萄糖、甘露糖和半乳糖是天然存在的，其余都是人工合成的。

[问题 17-1] 用 *R*/*S* 构型标记 D-葡萄糖和 D-果糖。

[问题 17-2] 下列化合物中，一个是 D-葡萄糖，一个是 L-葡萄糖，另一个是其他的糖，试根据 Fischer 投影式确定它们是其中哪一个。

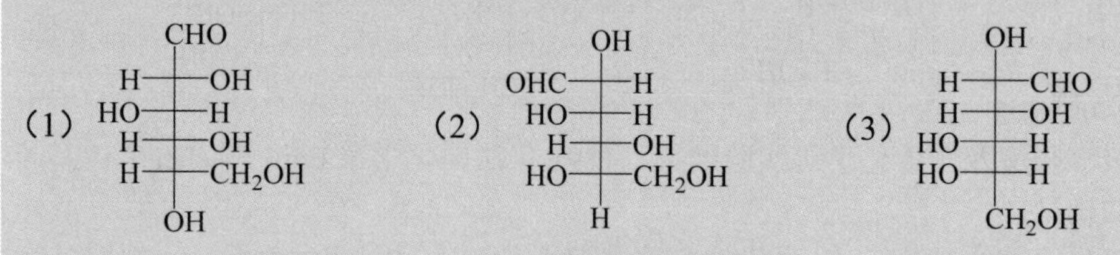

[问题 17-3] 将下列糖分类，确定其是 D 型还是 L 型。

（1）
CHO
H—OH
HO—H
H—OH
HOH_2C—H
OH

（2）
CH_2OH
=O
HO—H
H—OH
H—OH
CH_2OH

（3）C3 构型为 *R* 的葡萄糖的对映体

17.2.2 单糖的环状结构

从 Fischer 确定的单糖结构中不难看出，醛糖中有羰基，但是单糖却不具备羰基的某些性质，例如不能与亚硫酸氢钠加成；只与一分子醇缩合而不是两分子醇；更不能解释的是变旋现象。这说明糖并不是完全以开链式存在的。因此对单糖的结构必须进行更深层的了解。

（1）变旋现象与单糖的环状结构

葡萄糖经分析有两种 D-葡萄糖晶体。常温下从乙酸中结晶得到的葡萄糖叫做 α-D-葡萄糖，其比旋光度为+112.2°，熔点为 146℃。从水-乙醇混合液中结晶得到β-D-葡萄糖，其比旋光度为+18.7°，熔点为 148～155℃。分别将α-体和β-体溶于水中，发现 α-体溶液的比旋光度从+112°逐渐减小并稳定在+52.7°，β-体溶液比旋光度由+18.7° 逐渐上升并稳定在+52.7°。这种比旋光度随时间变化并趋于定值的现象是 1846 年首次观察到的，称为变旋现象（mutarotation）。

为什么有两种 D-葡萄糖？为什么会产生变旋现象？这是开链式结构无法解释的。从开链式结构可以看出，单糖分子中既有羟基也有羰基，那么在分子内可以发生亲核加成生成半缩醛或半缩酮。对于开链式的葡萄糖来说，分子中有五个羟基，羰基既可与 C4 上的羟基（γ-羟基）形成五元环结构的半缩醛（γ-氧环式），也可与 C5 上的羟基（δ-羟基）形成六元环结构的半缩醛（δ-氧环式），实际上葡萄糖主要生成的是 δ-氧环式。在开链的葡萄糖分子中，δ-羟基与羰基加成后，醛基碳原子 C1 成为手性碳原子，它有两种类型：一种是 C1 上的—OH（也称半缩醛羟基）与氧环位于碳链同侧，称为 α-D-葡萄糖；另一种是 C1 的羟基位于氧环的异侧，称为 β-D-葡萄糖。

α-D-葡萄糖与 β-D-葡萄糖可通过开链式相互转化，用 Fischer 投影式表示如下：

α-D-(+)-葡萄糖（δ-氧环式）　D-(+)-葡萄糖（开链式）　β-D-(+)-葡萄糖（δ-氧环式）

α-D-葡萄糖与 β-D-葡萄糖的差别在于 C1 的构型相反，互为差向异构体。当其中任何一种异构体溶于水后，在水作用下均可通过开链式相互转化建立平衡。实验测得平衡体系中 α-体约为 36.4%，β-体约为 63.6%，而开链式仅占 0.01%。所以平衡混合物的比旋光度［α］= +112.2°×36.4%+18.7°×63.6%=+52.7°，这就是产生变旋现象的原因。

由于 δ-氧环式与吡喃环（ ）相似，故称具有这类结构的糖为六环糖或吡喃糖。

与葡萄糖相似，果糖（己酮糖）也具有氧环式结构，在水溶液中也有变旋现象。开链式和氧环式处于动态平衡中。所不同的是果糖的环状结构是半缩酮，既可形成六元环也可形成五元环。因五元环为 γ-环氧式，与呋喃环（ ）相似，称为五环糖或呋喃糖。它们通过开链式可相互转化，用 Fischer 投影式表示如下：

α-D-(−)-吡喃果糖　α-D-(−)-呋喃果糖

β-D-(−)-呋喃果糖　β-D-(−)-呋喃果糖

（2）哈武斯式（Haworth formula）

γ 或 δ 环氧式结构式是 Fischer 投影式，虽书写方便，但毕竟不能真实反映分子内原子间或基团的空间关系，Haworth 建议使用透视式解决这一问题。

画己醛糖的透视式时，先将竖直的开链构型在纸面上按顺时针旋转 90°，并弯曲成环状，再绕 C4—C5 键旋转 120°，使 C5 的羟基与羰基接近加成即可。

D-(+)-葡萄糖开链式画成 Haworth 式的书写过程如下：

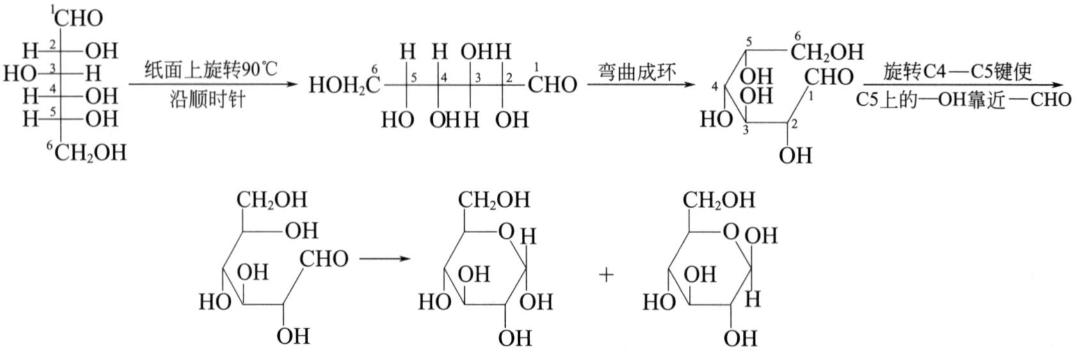

α-D-吡喃葡萄糖　β-D-吡喃葡萄糖

在 Haworth 式中，半缩醛羟基与—CH_2OH 同侧的异构体为 β 型，在异侧的为 α 型。需要指出的是，这种规定与环氧式中各基团或原子间的相互位置是一致的。

由 Fischer 投影式改写成 Haworth 式要遵守以下原则：①Fischer 投影式上手性碳原子右边所连的羟基都放在透视环的下面，而左边的羟基都放在环的上面；②D 构型末端的—CH_2OH 放在环的上面，L 构型的—CH_2OH 放在环的下面。依照此规则所画的透视式与 Haworth 式相同。

类似上述画法，果糖氧环式结构的 Haworth 式如下：

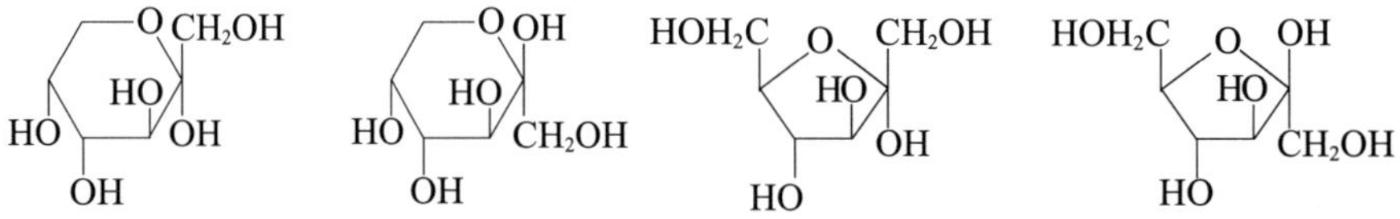

α-D-(−)-吡喃果糖　β-D-(−)-吡喃果糖　α-D-(−)-吡喃果糖　β-D-(−)-吡喃果糖

必须注意，书写 Haworth 式要保持与氧环式一致。整个结构允许在空间翻转或沿中心轴旋转而构型不变，但取代基不能上下随意调换。

（3）构象

Haworth 式将糖的环状结构描绘成一个平面，吡喃糖是六元环，其构象类似环己烷，只是以键角 105°的氧原子代替一个碳原子。呋喃糖的构象略似信封，有三个碳原子和氧原子形成一个平面，另一个碳原子高出平面。例如葡萄糖的稳定构象如下：

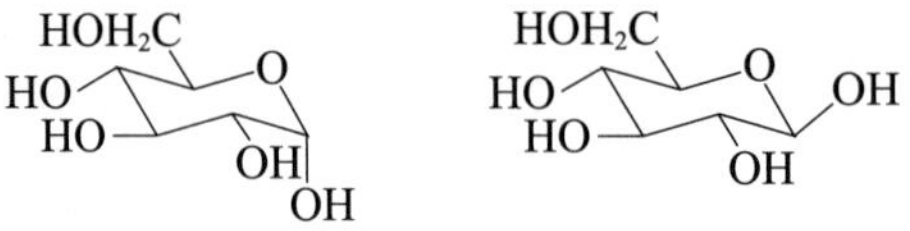

α-D-吡喃果糖　β-D-吡喃果糖

在确定六碳吡喃醛糖最稳定构象时，首先确保较大的取代基—CH_2OH 在 e 键上，其次注意不能改变各个基团的相对位置。从 α-体可看出，有一个—OH 在 a 键上，而 β-体中所有的—OH 和—CH_2OH 都在 e 键上，β-体稳定性较高，这也是在水溶液中 β-体约占 63.6%的原因。

绝大部分戊糖、己糖的构象式都类似葡萄糖的椅式构象。构象式在 Haworth 式的基础上进一步表示了分子的非平面环的形成和价键的角度关系，更准确地描绘出分子中各原子的空间排列方式；与 Haworth 式一样，允许整个分子在空间翻转或沿中轴旋转而构型不变。但绘图较繁，因此构象式只在必要时应用。一般情况下还是常用氧环式和 Haworth 式。

［问题 17-4］　(a) D-核糖在水溶液中形成下列平衡混合物，试解释为什么平衡体系中（Ⅰ）的数量最多？

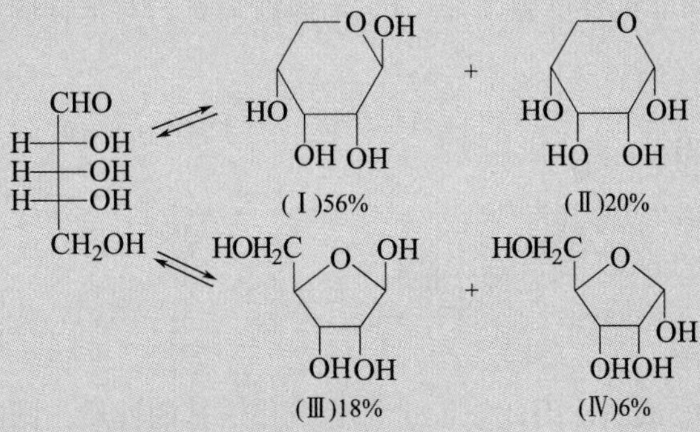

(Ⅰ)56%　(Ⅱ)20%　(Ⅲ)18%　(Ⅳ)6%

(b) 试画出 α-D-(–)-吡喃果糖最稳定的构象。

［问题 17-5］　写出下列糖的 Fischer 投影式。

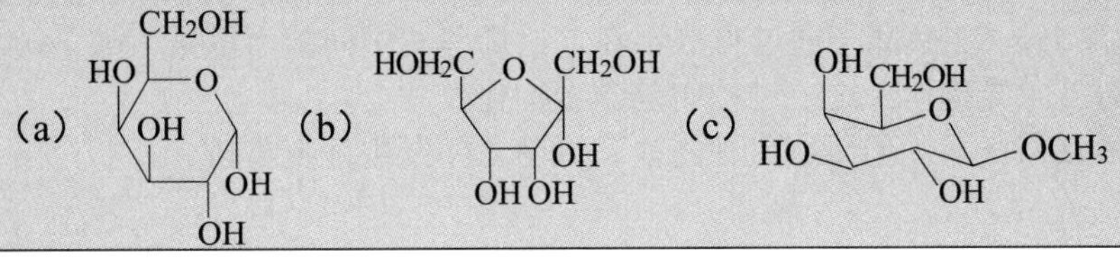

(a)　(b)　(c)

17.2.3　单糖的物理性质

（1）水溶性

纯单糖都是无色结晶，因分子中有多个羟基，所以单糖易溶于水和乙醇，而不溶于乙醚和苯等弱极性溶剂。因单糖溶于水后在开链式和氧环式间相互转变，所以新配制的单糖溶液可观察到变旋现象。

（2）甜味及产生的原因

食物的甜味能改进食品的可口性和某些食用性质，蔗糖、果糖等物质是人们常见的甜味剂。糖类是最有代表性的天然甜味物质，但并非所有的碳水化合物都具有甜味，有的甚至还有苦味。一般来说，甜度随聚合度的增高而降低，例如麦芽糖（含两个葡萄糖）的甜度低于葡萄糖。

影响糖甜味的因素很多，主要与糖的异构体构象有关。如 α-D-葡萄糖甜度高于 β-D-葡萄糖；α-果糖甜度高于 β-果糖；果糖比葡萄糖甜 3～4 倍；结晶的 α-吡喃果糖溶于水后，部分通过开链式向 β-呋喃果糖转化，同时甜味降低。

糖的羰基被还原生成的糖醇也具有甜味，它们都属于多元醇化合物。

甜味与化学结构的关系目前较为完善的是 AH—B 生甜学说。根据这一学说，凡有甜味的物质，分子都含有 A—H 基团，A 是一个电负性较大的原子如氧或氮，故 A—H 可代表—OH、—NH_2、═N—H 等。距 A—H 质子 0.25～0.24nm 距离内还应存在另一个负电性原子 B，也是氧或氮。人舌尖上的味蕾是甜味的感受器，它也有 AH—B 结构，当甜味物质的 AH—B 单位与感受器的 AH—B 单位相互作用时，形成氢键缔合而产生甜味。

一般认为，糖的甜味感是因为其椅式构象中可形成邻二醇结构，其中一个羟基上的氢原子与另一个羟基氧原子的距离约为 0.3nm，正好与味觉感受器上的 AH—B 单位吻合。例如在 α-D-吡喃葡萄糖中，半缩醛羟基与C2 的羟基之间处于部分重叠位置，易感受甜味；而对于 β-D-

吡喃葡萄糖，因半缩醛羟基与 C2 的羟基处于邻位交叉位置，可能因距离较大不易感受甜味，所以 β-D-葡萄糖甜味逊于 α-D-葡萄糖。同理分析 β-D-果糖的稳定构象，在 C2 与 C3、C4 与 C5 的两对羟基均处于部分重叠位置，而 α-D-葡萄糖只有一对这样的羟基，这可能是果糖比葡萄糖更甜的一个原因。

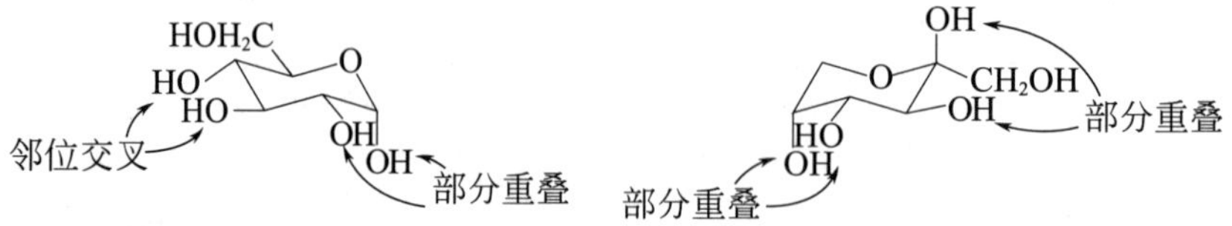

HOH_2C HO HO O OH OH 邻位交叉 部分重叠

OH O CH_2OH OH HO OH 部分重叠 部分重叠

17.2.4 单糖的化学性质

单糖是含多羟基的醛或酮，因此它们也有羟基和羰基的性质；同时由于羟基和羰基的相互影响，单糖也表现出一些特有的性质。

（1）差向异构化

醛、酮分子中的 α-H 因超共轭效应表现一定的活性。单糖与之相似，当以稀碱处理醛糖时，C2 的氢离去，C2 负离子通过形成不稳定的烯醇式中间体而重排，部分转变为酮糖，部分转变为一对差向异构体，这一过程叫差向异构化。

例如在稀碱存在下，葡萄糖、甘露糖、果糖之间发生互变重排。

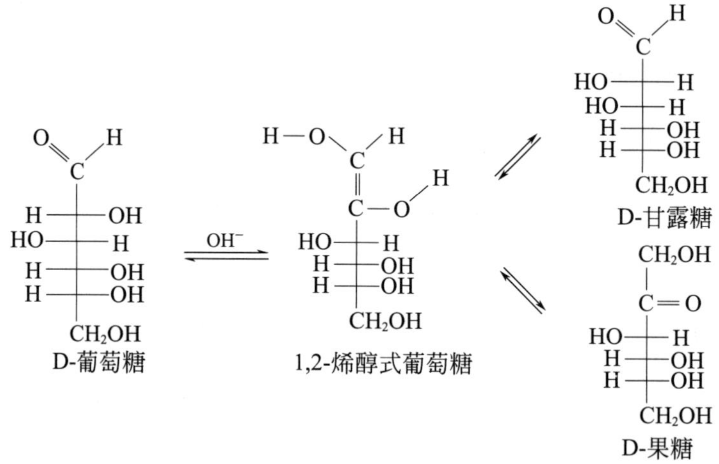

D-葡萄糖 $\underset{}{\overset{OH^-}{\rightleftharpoons}}$ 1,2-烯醇式葡萄糖 ⇌ D-甘露糖；1,2-烯醇式葡萄糖 ⇌ D-果糖

在碱溶液中，D-葡萄糖变为烯醇中间体使 C2 失去手性，C1 上的烯醇 H 回到 C2 时可从 π 键的上、下两侧进攻 C2 产生两种构型，从而实现 D-葡萄糖和 D-甘露糖的转化；C2 上的烯醇式氢与 C1 相结合形成酮糖 D-果糖。

同理可以看出，用碱液处理 D-甘露糖或 D-果糖时，也可得到 D-葡萄糖、D-甘露糖和 D-果糖的混合物。

在生物体内异构酶的催化下，常发生葡萄糖和果糖的相互转化，现代食品工业利用淀粉通过生物生化工程生产果糖糖浆，就是异构酶的工业应用。

（2）氧化反应

① 在碱性溶液中氧化

在碱性溶液中醛糖和酮糖均可被 Fehling 和 Tollens 试剂氧化，这是醛基的典型反应。单糖尽管在水溶液中以环状结构为主，但仍存在开链式醛基。酮糖在碱性溶液中发生差向异构化，也能以醛基的形式存在，所以酮糖也能还原 Fehling 和 Tollens 试剂。具有还原 Fehling

试剂性质的糖叫还原糖，例如葡萄糖、果糖、甘露糖都是还原糖。

$$\text{醛糖（酮糖）} + \text{Fehling 试剂} \longrightarrow \text{糖的氧化产物} + Cu_2O\downarrow$$

$$\text{醛糖（酮糖）} + \text{Tollens 试剂} \longrightarrow \text{糖的氧化产物} + Ag\downarrow$$

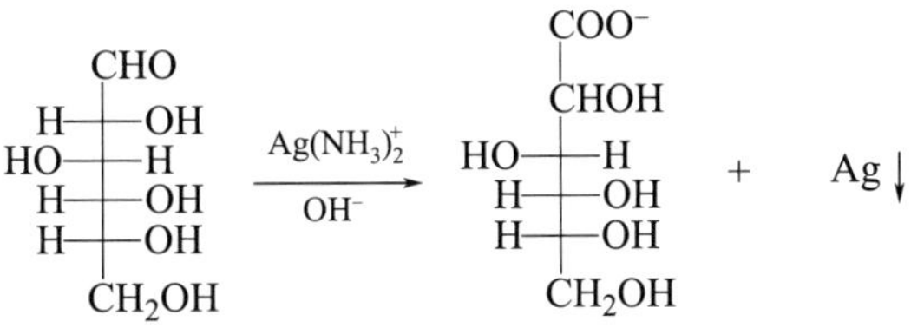

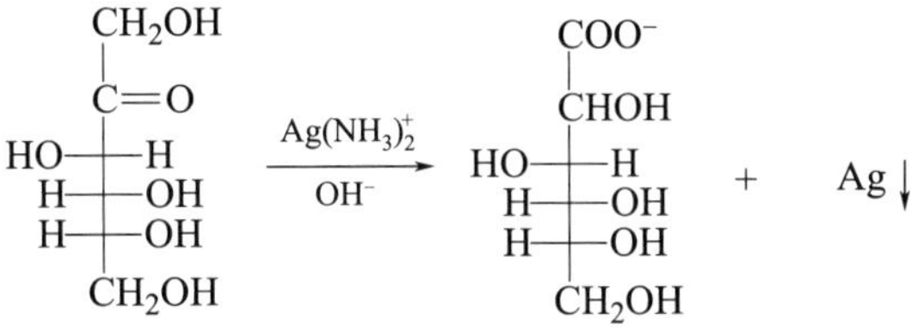

$$\begin{array}{rcl} & CHO & \\ H & — & OH \\ HO & — & H \\ H & — & OH \\ H & — & OH \\ & CH_2OH & \end{array} \xrightarrow[OH^-]{Ag(NH_3)_2^+} \begin{array}{rcl} & COO^- & \\ & CHOH & \\ HO & — & H \\ H & — & OH \\ H & — & OH \\ & CH_2OH & \end{array} + Ag\downarrow$$

$$\begin{array}{rcl} & CH_2OH & \\ & C{=}O & \\ HO & — & H \\ H & — & OH \\ H & — & OH \\ & CH_2OH & \end{array} \xrightarrow[OH^-]{Ag(NH_3)_2^+} \begin{array}{rcl} & COO^- & \\ & CHOH & \\ HO & — & H \\ H & — & OH \\ H & — & OH \\ & CH_2OH & \end{array} + Ag\downarrow$$

［问题 17-6］　下列化合物哪些能被 Fehling 溶液氧化？

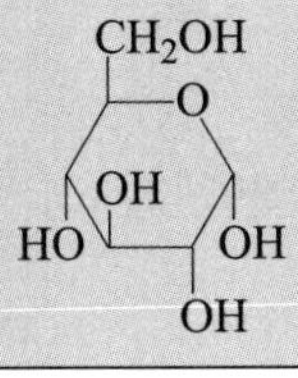

(a) 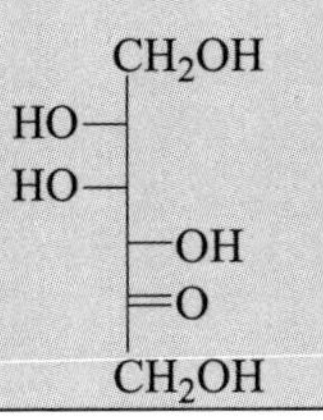 CH_2OH—C(HO)—C(HO)—C(OH)—C(=O)—CH_2OH

(b) 环状结构：CH_2OH、O、OH、HO、OH、OH

(c) 环状结构：HOH_2C、O、CH_2OH、HO、OH

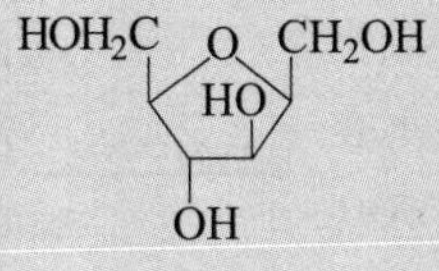

② 在酸性溶液中氧化

在酸性条件下，酮糖不发生差向异构化，酮基不能被弱氧化剂（溴水）氧化，但醛糖可被氧化成糖酸。利用在酸性条件下的弱氧化剂可区分醛糖和酮糖。

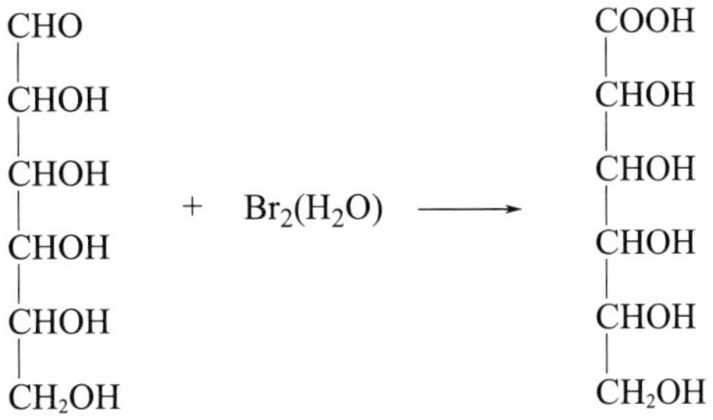

$$\begin{array}{c} CHO \\ | \\ CHOH \\ | \\ CHOH \\ | \\ CHOH \\ | \\ CHOH \\ | \\ CH_2OH \end{array} + Br_2(H_2O) \longrightarrow \begin{array}{c} COOH \\ | \\ CHOH \\ | \\ CHOH \\ | \\ CHOH \\ | \\ CHOH \\ | \\ CH_2OH \end{array}$$

用更强的氧化剂（如硝酸）不仅能氧化醛基，还可氧化糖端基（—CH_2OH）生成糖二酸。例如：

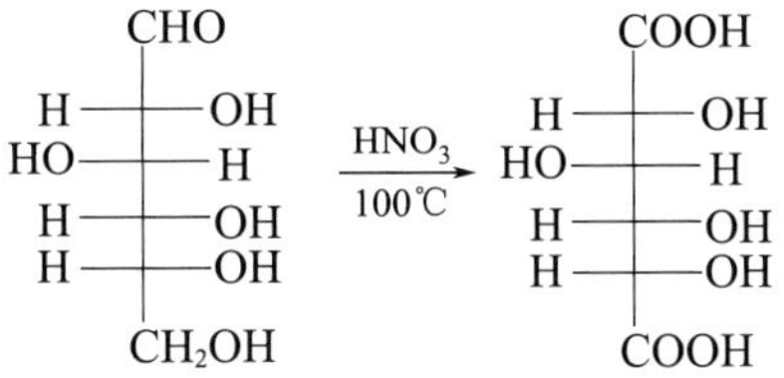

$$\begin{array}{rcl} & CHO & \\ H & — & OH \\ HO & — & H \\ H & — & OH \\ H & — & OH \\ & CH_2OH & \end{array} \xrightarrow[100℃]{HNO_3} \begin{array}{rcl} & COOH & \\ H & — & OH \\ HO & — & H \\ H & — & OH \\ H & — & OH \\ & COOH & \end{array}$$

用高碘酸可氧化邻二醇和 α-羟基醛、酮。例如 D-葡萄糖被 HIO_4 氧化生成 5 分子甲酸和 1 分子甲醛。

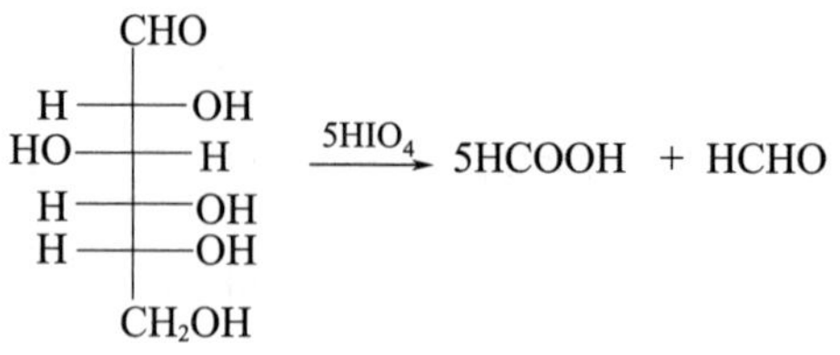

$$\begin{array}{c} CHO \\ H-\!\!\!-OH \\ HO-\!\!\!-H \\ H-\!\!\!-OH \\ H-\!\!\!-OH \\ CH_2OH \end{array} \xrightarrow{5HIO_4} 5HCOOH + HCHO$$

用高碘酸可氧化邻二醇和 α-羟基醛、酮。例如 D-葡萄糖被 HIO_4 氧化生成 5 分子甲酸和一分子甲醛。

（3）成脎反应

与羰基化合物相似，糖分子中的羰基可以与苯肼作用，不同之处在于羰基化合物只与一分子苯肼作用生成苯腙，而糖可与两分子苯肼作用生成糖脎（osazone），例如：

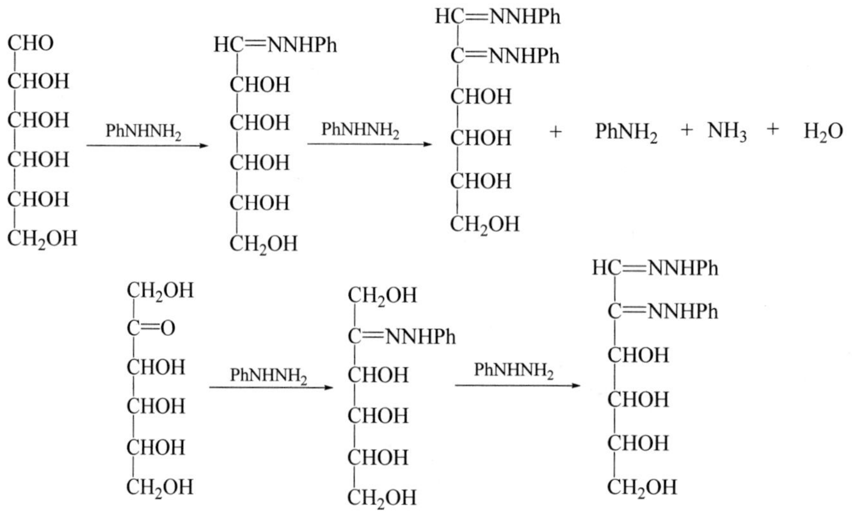

$$\begin{array}{c} CHO \\ | \\ CHOH \\ | \\ CHOH \\ | \\ CHOH \\ | \\ CHOH \\ | \\ CH_2OH \end{array} \xrightarrow{PhNHNH_2} \begin{array}{c} HC{=}NNHPh \\ | \\ CHOH \\ | \\ CHOH \\ | \\ CHOH \\ | \\ CHOH \\ | \\ CH_2OH \end{array} \xrightarrow{PhNHNH_2} \begin{array}{c} HC{=}NNHPh \\ | \\ C{=}NNHPh \\ | \\ CHOH \\ | \\ CHOH \\ | \\ CHOH \\ | \\ CH_2OH \end{array} + PhNH_2 + NH_3 + H_2O$$

$$\begin{array}{c} CH_2OH \\ | \\ C{=}O \\ | \\ CHOH \\ | \\ CHOH \\ | \\ CHOH \\ | \\ CH_2OH \end{array} \xrightarrow{PhNHNH_2} \begin{array}{c} CH_2OH \\ | \\ C{=}NNHPh \\ | \\ CHOH \\ | \\ CHOH \\ | \\ CHOH \\ | \\ CH_2OH \end{array} \xrightarrow{PhNHNH_2} \begin{array}{c} HC{=}NNHPh \\ | \\ C{=}NNHPh \\ | \\ CHOH \\ | \\ CHOH \\ | \\ CHOH \\ | \\ CH_2OH \end{array}$$

无论醛糖或酮糖，反应部位都在 C1 和 C2 上，其余部位不反应，因此对于生成同一种脎的几种糖来讲，可知这三种糖 C3 以下的构型相同。

糖脎是黄色结晶，不同的脎，晶体不同，熔点不同，成脎速率也不同。例如 D-果糖成脎比 D-葡萄糖快。实验室运用显微镜观察脎的晶形及结晶快慢来区分各种单糖。

需要指出的是，除糖外含 α-OH 的醛和酮都可以发生类似成脎的反应，即与过量的苯肼作用。

（4）成酯反应

糖分子中富含—OH，与一般的醇一样，易被有机酸或含氧无机酸酯化。例如：

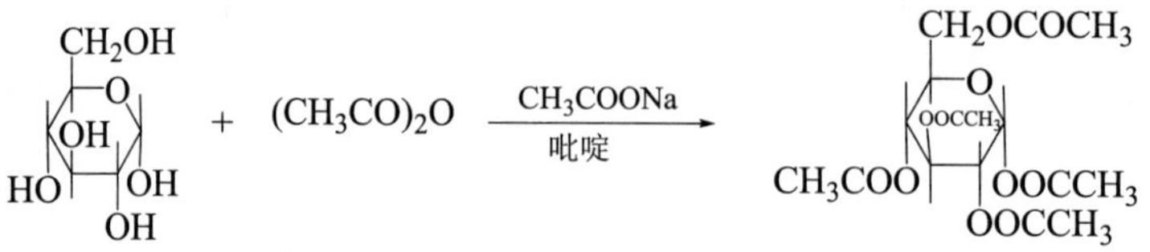

$$\text{(吡喃葡萄糖：}CH_2OH\text{, OH, HO, OH, OH)} + (CH_3CO)_2O \xrightarrow[\text{吡啶}]{CH_3COONa} \text{(}CH_2OCOCH_3\text{, OOCCH}_3\text{, }CH_3COO\text{, OOCCH}_3\text{, OOCCH}_3\text{)}$$

五乙酸-D-葡萄糖酯

某些单糖的磷酸酯在生物体中有重要作用，如三磷酸腺苷（ATP）就含有核酸三磷酸酯的基本结构：

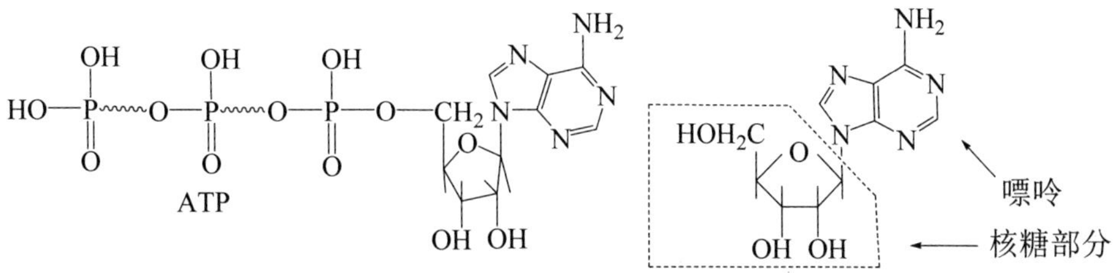

ATP

嘌呤

核糖部分

生物体的新陈代谢作用与核糖有密切关系，而核酸则是通过磷酸根以双酯形式把各个核苷酸中的糖基连接起来的高分子。其中的一个磷酸双酯链节是：

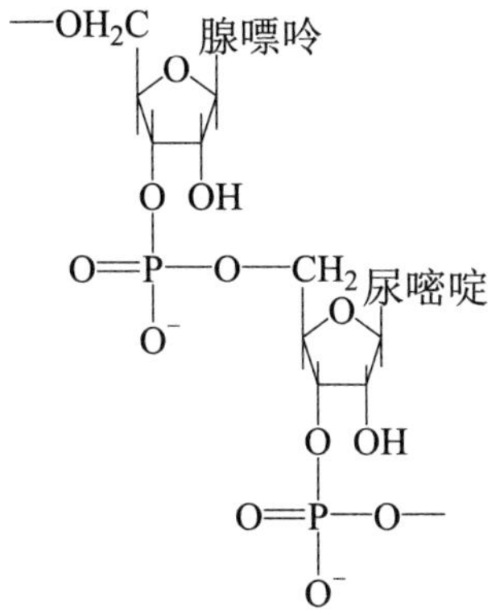

腺嘌呤

尿嘧啶

（5）成苷反应

单糖的环状结构中含有的半缩醛、酮羟基是个活泼的基团，常称为苷羟基。苷羟基若再与醇或其他分子中的羟基、含氮碱基缩合，产物为糖苷，其实质是由半缩醛、酮到缩醛、酮的过程。糖苷的非糖部分称为配基或配糖体，而糖部分称为糖原。由此可以看出，糖苷可看作配糖体与糖原结合而成的缩醛，而单糖只是一个半缩醛。

糖苷也有 α-糖苷和β-糖苷之分，命名时将配基冠于前面，糖名在后，叫做某糖苷。例如：

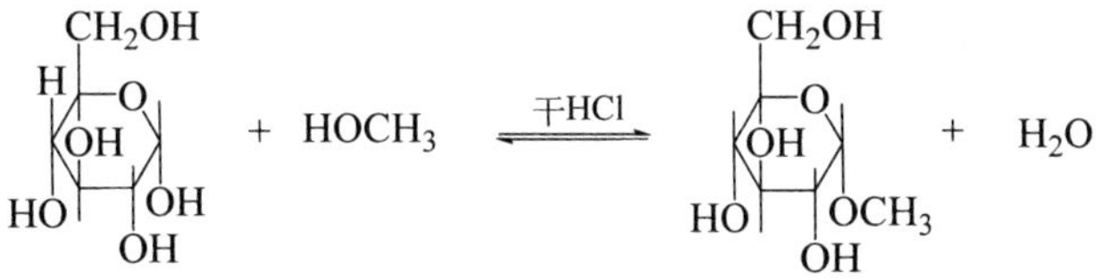

$$\alpha\text{-D-葡萄糖} + HOCH_3 \xrightleftharpoons{\text{干}HCl} \text{甲基-}\alpha\text{-D-葡萄糖苷} + H_2O$$

由于糖苷分子中已不存在苷羟基，是一种缩醛，故性质稳定，不再转化为开链式结构，因此不能还原 Fehling 试剂。因为缩醛耐氧化、还原和碱，所以糖苷在碱性溶液中能稳定存在，不再产生变旋现象，也不能与苯肼生成脎。

但是在糖苷中仍有相邻的两个—OH，所以可被 HIO_4 氧化，由于糖苷中失去了苷羟基，从而使断裂程度减小，如：甲基-D-吡喃葡萄糖苷被氧化生成 1 分子二醛和 1 分子甲酸，反应只消耗 2 分子 HIO_4。

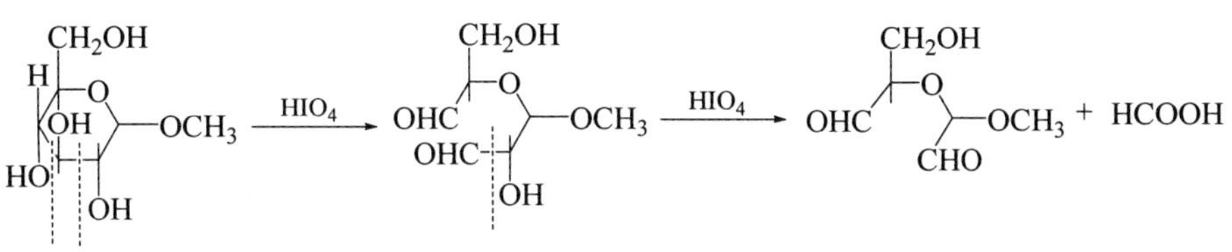

$$\xrightarrow{HIO_4} \xrightarrow{HIO_4} + HCOOH$$

高碘酸氧化邻二醇是测定糖环的重要反应。

糖苷广泛存在于自然界中，尤以植物中居多。例如使花、果、树皮呈红、紫、蓝等颜色的花色素都是糖苷类化合物。

天然花色素来源丰富，提取容易，多具水溶性，是良好的天然食用色素。这方面的研究与开发具有重要的意义，前景广阔。详见 17.3.5 节。

[问题 17-7]　下列两个异构体分别与苯肼作用，产物是否相同？

(a)

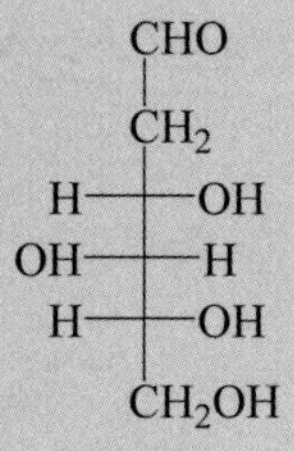

```
        CHO
        |
        CH2
   H ---+--- OH
  OH ---+--- H
   H ---+--- OH
        |
        CH2OH
```

(b)

```
        CHO
   H ---+--- OH
        CH2
   H ---+--- OH
   H ---+--- OH
        |
        CH2OH
```

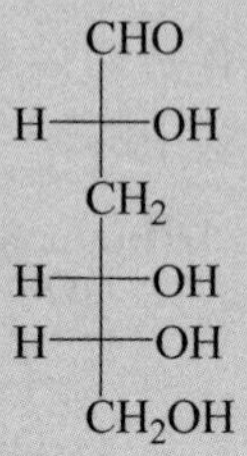

[问题 17-8]　完成下列反应方程式。

(a) （吡喃糖，CH_2OH，OH，HO，OH，OH） + $Br_2(H_2O)$ ⟶

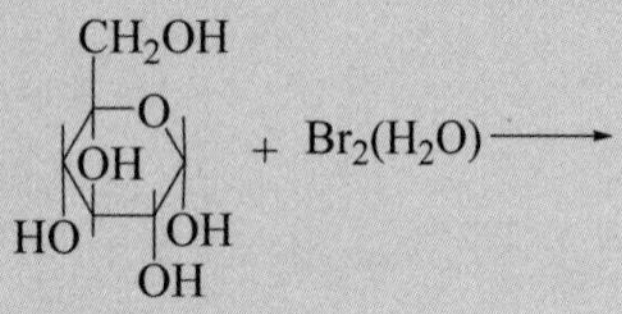

(b) （呋喃糖，$HOCH_2$，OH，OH OH） + CH_3OH $\xrightarrow{干HCl}$

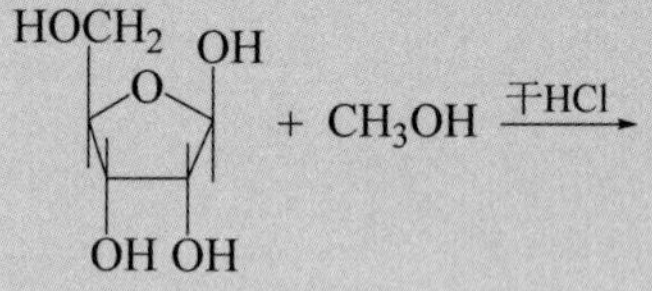

(c) （呋喃糖，$HOCH_2$，OH，OH OH） + $(CH_3CO)_2O$ ⟶

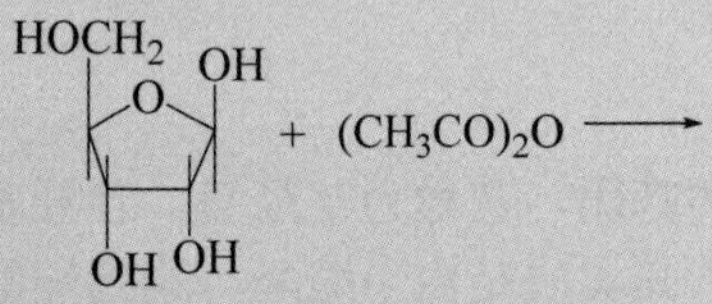

[问题 17-9]　$A(C_6H_{12}O_5)$ $\xrightarrow{HIO_4}$ H—C(—OCH_3)(—OCH_2CHO)—CHO + HCOOH

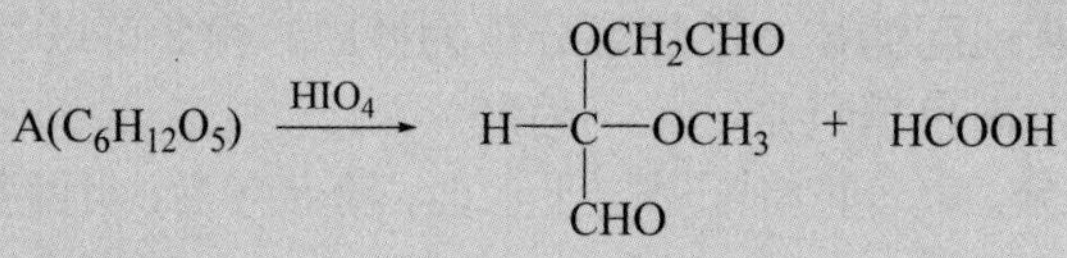

根据以上反应，写出化合物 A 的结构式。

17.3　低聚糖

双糖又叫二糖，是低聚糖中最常见的一类。双糖是由两分子单糖通过糖苷键结合而成的，相当于取代基是糖的糖苷化合物。根据还原性可将双糖分为两类：还原糖和非还原糖。还原糖中组成糖苷键的两个羟基只有一个是苷羟基，另一个单糖部分保留一个完整的苷羟基，使还原糖具有单糖的性质；在水溶液中有开链式和氧环式的相互转化平衡；可以成脎；具有氧化性；能成酯成苷。非还原糖中组成糖苷键的两个羟基是苷羟基，所以此双糖没有活泼的半缩醛羟基，不具备单糖的性质。

尽管已知的 D-单糖和 L-单糖数量很多，但已知的双糖绝大多数是由十余种单糖组成的。主要为 D-葡糖糖、D-半乳糖、L-半乳糖、D-果糖、D-甘露糖、D-木糖、L-阿拉伯糖等。

自然界中存在的麦芽糖、纤维二糖、乳糖等为还原糖，蔗糖、海藻糖为非还原糖。

命名自然界中存在的双糖通常都用俗名，而系统命名法只在必要的情况下才用。最重要的双糖有蔗糖、麦芽糖、纤维二糖、乳糖等。

17.3.1　蔗糖

许多游离的双糖存在于植物的花、果、根、籽、汁中。蔗糖因在甘蔗中含量高达 10%～26%而得名；甜菜中含蔗糖为 15%~25%；枫树、甜高粱的汁中也含有蔗糖，它们在工业上用作提取蔗糖的原料。

用甘蔗制糖时，先将甘蔗切碎压榨，蔗汁约含糖 14%，蔗渣约含 50%纤维素，可作为制造纸浆、人造丝、糠醛、硬纤维板等的工业原料。在蔗汁中加入石灰，使其中的有机酸生成钙盐而沉淀，并使蛋白质凝结。过滤后滤液通入 CO_2 来沉淀与糖结合的钙，再用二氧化硫脱色，最后经减压蒸发即得结晶的蔗糖。

蔗糖的结构可由以下实验推断得出：①蔗糖水解后生成一分子 D-葡萄糖和一分子 D-α-果糖；②蔗糖不能还原 Fehling 溶液，不发生银镜反应，不能与苯肼成脎，没有变旋光现象，说明蔗糖中的糖苷键是 D-葡萄糖和 D-果糖的两个半缩醛羟基缩合而成的。

蔗糖的结构为：

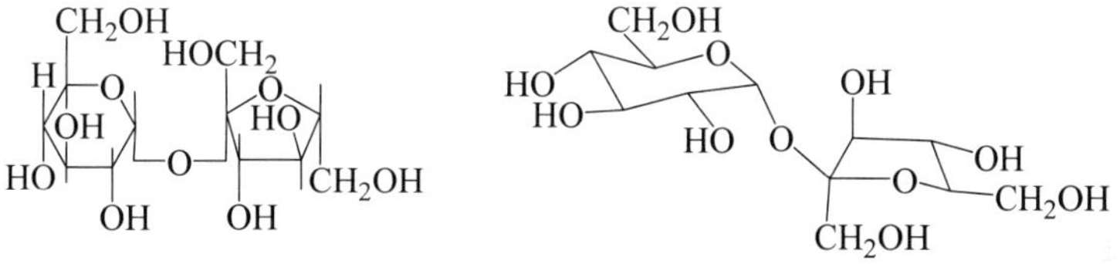

(+)-蔗糖

系统命名为β-D-呋喃果糖基-α-D-吡喃葡萄糖苷或α-D-吡喃葡萄糖基-β-D-呋喃果糖苷，蔗糖在酸或酶作用下水解得到的 D-葡萄糖和 D-果糖混合物叫作转化糖，蔗糖的比旋光度为+66.5°，而转化糖使偏光左旋，全部转化后为–39.7°，这是因为果糖的比旋光度（–92.4°）和葡萄糖的比旋光度（+52.7°）不同且方向相反。

蔗糖是具有甜味的无色结晶，甜味强于葡萄糖而弱于果糖，是食品工业中常用的甜味剂。制糖工业利用蔗糖水解生产若干不同水解程度的转化糖以供食品工业应用，如饮料等。蔗糖与许多来自油脂中的十二碳至十八碳的脂肪酸形成的蔗糖酯是良好的表面活性剂，因其无毒，在许多食品（如糕点、面包、饼干、雪糕、糖果等）中作乳化剂。

17.3.2　麦芽糖

早先发现麦芽作用于淀粉后可得到一种双糖，称为麦芽糖。后来才知道麦芽糖是植物中淀粉的组成成分，也是动物肝脏中肝糖的组成成分。

麦芽糖的组成可由下列实验推出：①麦芽糖经 α-葡萄糖苷酶水解得到两分子 D-葡萄糖，说明麦芽糖是由两分子 D-葡萄糖组成的；② α-葡萄糖苷酶只水解 α-糖苷键，说明麦芽糖是由一个 D-葡萄糖的半缩醛羟基与另一分子葡萄糖的一个羟基脱水缩合而成的；③当用 Fehling 试剂作用时有 Ag 沉淀生成，说明另一个 D-葡萄糖分子中有半缩醛羟基；④麦芽糖羟基全部甲基化后再酸性水解得到 2,3,4,6-四甲氧基-D-吡喃葡萄糖和 2,3,6-三甲氧基-D-吡喃葡萄糖，后者在 4 位存在自由的羟基，说明麦芽糖是通过 1,4-糖苷键组成的。

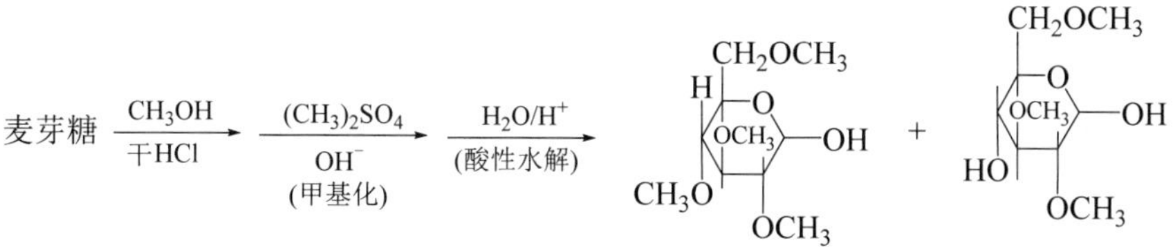

麦芽糖 $\xrightarrow[\text{干HCl}]{CH_3OH}$ $\xrightarrow[OH^-\text{(甲基化)}]{(CH_3)_2SO_4}$ $\xrightarrow[\text{(酸性水解)}]{H_2O/H^+}$ 2,3,4,6-四甲氧基-D-吡喃葡萄糖 + 2,3,6-三甲氧基-D-吡喃葡萄糖

所谓 α-1,4-糖苷键是指一分子葡萄糖以它的 α-半缩醛羟基和另一分子葡萄糖 C4 上的—OH 缩合而成的苷键。麦芽糖的结构为：

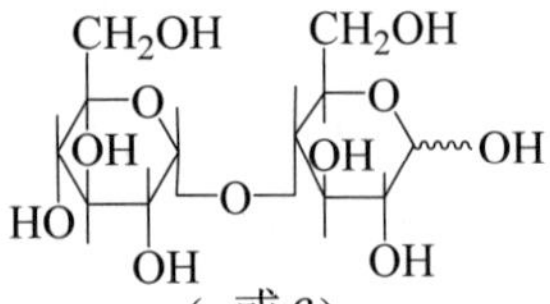

(α或β)

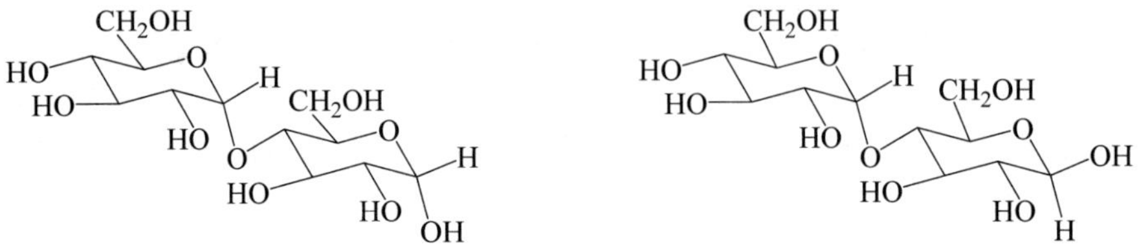

D-麦芽糖(α-异头物)　　D-麦芽糖(β-异头物)

麦芽糖的结构中有一个苷羟基，因此具有单糖的性质：有变旋现象、能成脎、能还原 Fehling 试剂和 Tollens 试剂，是一个还原糖。

麦芽糖是白色晶体，熔点为 160～165℃，变旋平衡时比旋光度为+136°。在水溶液中麦芽糖的 α式和β式呈平衡状态存在，利用结晶法难以制备纯的 α-或β-异构体。市售的麦芽糖制剂只要是含一分子结晶水的β-麦芽糖，已有 5%～10%转为 α-异构体。

麦芽糖的甜度约为蔗糖的 30%，但甜味性质好，通过氢化得到麦芽糖醇，甜度可提高到蔗糖的水平。

17.3.3 纤维二糖

纤维二糖广泛存在于植物中，是纤维素的基本组成单位。纤维二糖是两个 D-葡萄糖经由 β-1,4-糖苷键结合而成的，其结构为：

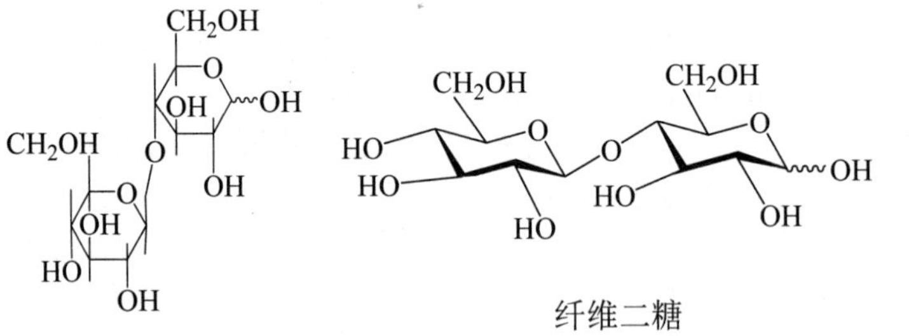

纤维二糖

纤维二糖的名称为 4-*O*-(β-D-吡喃葡萄糖基)-D-吡喃葡萄糖苷。不难看出纤维二糖含有一个半缩醛羟基，因此它具有单糖的性质：有变旋现象和成脎反应，能被氧化，是还原糖，这一点与麦芽糖相似，但与麦芽糖不同的是纤维二糖的β-糖苷键水解时，只被苦杏仁酶等β-糖苷酶催化，而不被麦芽糖酶、淀粉酶等 α-糖苷酶催化。

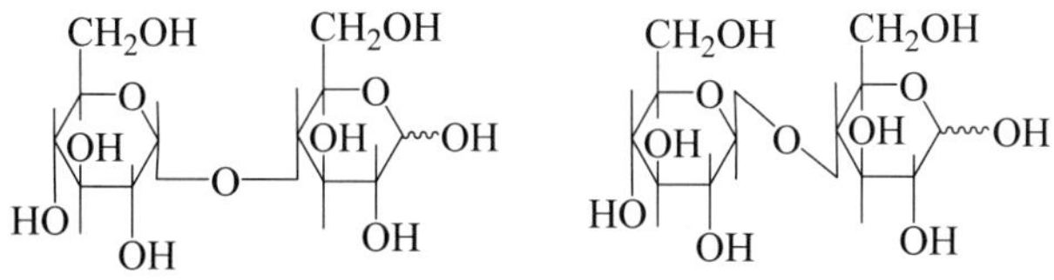

麦芽糖(α-1,4-糖苷键)　　纤维二糖(β-1,4-糖苷键)

纤维二糖也是白色晶体，熔点为 225℃，可溶于水，比旋光度为+35°，无甜味。

17.3.4　环糊精

环糊精（cyclodextrin，CD）是淀粉（以直链淀粉最佳）在某些葡萄糖基转移酶作用下水解得到的环状低聚糖。一般由 6、7 或 8 个 D-吡喃葡萄糖单元通过 α-1,4-糖苷键连接而成。根据所含葡萄糖单元的个数（6、7 或 8）分别称为 α-、β-或γ-环糊精，其中β-环糊精易得，价格最低。

环糊精分子的结构形似截顶圆锥状花环，所有葡萄糖的 C6 位羟基都在大环另一面的边缘上，而 C2 和 C3 位的羟基都在大环另一面的边缘。如图 17-1 所示，环糊精内部是疏水环境（亲油性），空腔外部因羟基分布于外而具有亲水性。由于环糊精特殊的结构，它既能很好溶于水，又能从溶液中吸入疏水分子或分子的疏水部分进入分子的空腔内，形成水溶性包合物。由于组成环糊精葡萄糖的个数不同，其形成的空腔大小也不相同，因而环糊精类似冠醚，不同的环糊精可包含大小不同的分子。例如 α-环糊精能与苯形成包合物，γ-环糊精能包合分子量更大的蒽。由于环糊精空腔内具有疏水性和空腔外具有亲水性的特点，使其在有机合成和医药等工业中具有重要的应用价值。如用于手性物质的分离和吸附、与有机物和高分子形成稳定复合体、生物工程中酶的保护和酶活性的提高、药物载体、模拟酶的研究等多个方面。如β-环糊精能与丹磺酰氯形成水溶性的笼形物而用于蛋白质的荧光标记，被用于色谱和光谱学测定。环糊精还能使食品的色、香、味得到保存和改善，因此广泛用作医药、食品、化妆品等行业的稳定剂、抗氧化剂、抗光解剂、乳化剂和增溶剂等。

[问题 17-10]　试用化学方法区分下列各组化合物。

（a）麦芽糖和淀粉　（b）蔗糖、麦芽糖和果糖　（c）半乳糖和葡萄糖

[问题 17-11]　试画出 α-麦芽糖、β-纤维二糖和β-乳糖的构象式。

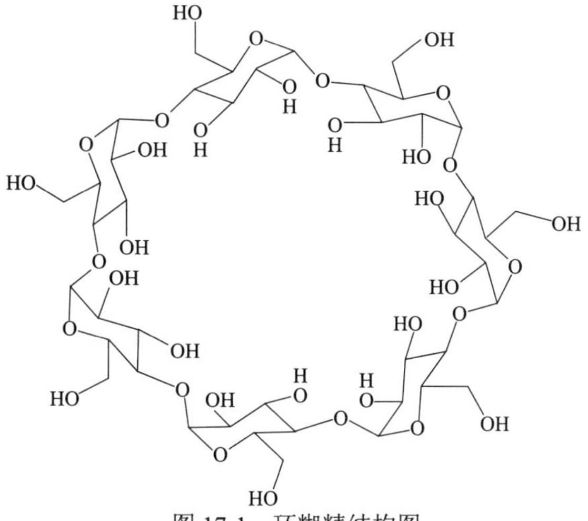

图 17-1　环糊精结构图

17.4　多糖

多糖广泛存在于自然界中，它既具有构成动、植物机体组织的功能，又有储存和转化能量的功能。

多糖是由几百至数千个单糖以糖苷键相连形成的天然高聚物。按单糖是否相同分为均多糖和杂多糖。多糖与低聚糖的区别在于多糖是由十个以上的单糖构成的，一般多糖无还原性和变旋现象，也不具有甜味，大多数多糖不溶于水。

虽然可以人为地把单糖经缩聚反应制成多糖，但生物体中多糖的天然合成与酶催化的专一性有关。因此尽管单糖的异构体繁多，不同的结构似乎有构成若干多糖的可能，但天然多糖的结构却都有一定的重复规律。杂多糖种类虽多，但存在量远不如均多糖，最复杂的杂多糖也不过是由三或四种单糖组成的。

可组成天然多糖的单糖主要是少数几种 D-己糖，例如葡萄糖、甘露糖、果糖和半乳糖等。昆虫的甲壳主要是氨基糖构成的多糖。

17.4.1　淀粉

淀粉（starch）是白色无定形粉末。它是植物储存的物质，在许多高等植物的根、籽粒、块茎和髓中广泛存在。粮食中淀粉含量高达 60%~70%；豆类如绿豆中含量约为 50%；薯类如马铃薯的块茎中含 25%~30%。

随着淀粉来源不同，其颗粒大小、形状和物理性质等也存在差别，这与其化学组成上的差异有关。

（1）淀粉的分子结构

淀粉是 α-D-葡萄糖组成的均多糖，分为直链淀粉（amylose）和支链淀粉（amylopectin）两类，直链淀粉是直链分子，其中的两个葡萄糖之间由 α-1,4-糖苷键连接。

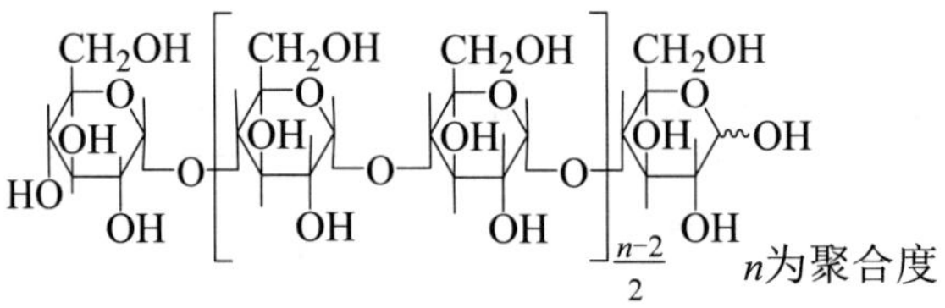

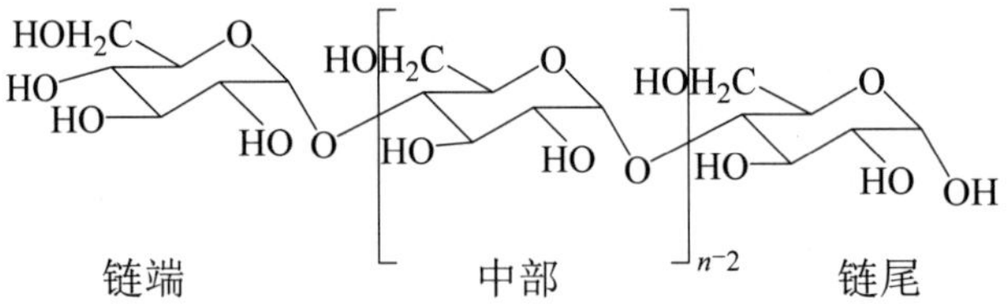

n为聚合度

链端　　中部　　链尾

支链淀粉则是链上有分支的分子，其分子中除 α-1,4-糖苷键外，还有 α-1,6-糖苷键。分子量比直链分子的还大，是由 1000 个以上 α-D-葡萄糖连接而成的枝状分子。

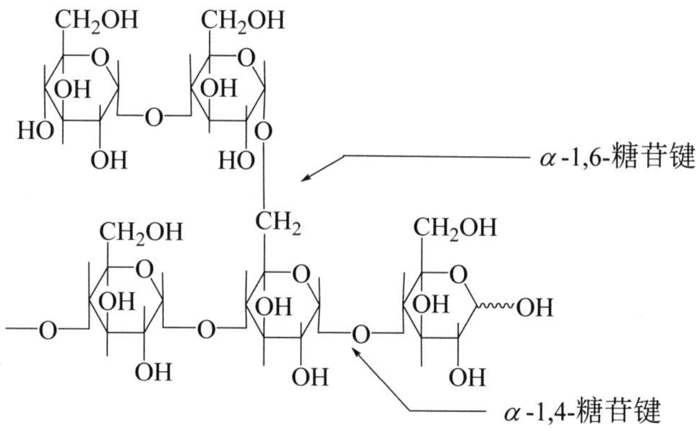

α-1,6-糖苷键

α-1,4-糖苷键

直链淀粉经淀粉酶水解可得到麦芽糖，故麦芽糖可视为淀粉的基本构成单元。而支链淀粉部分水解时还得到异麦芽糖，它是两分子葡萄糖以 α-1,6-糖苷键连接的双糖。淀粉若用酸彻底水解则只得到葡萄糖而无其他单糖。通过彻底甲基化法分析和 1941 年直链和支链淀粉首次分离成功，明确了淀粉实质上是由这两种高分子物质组成的，现在淀粉可用通式 $(C_6H_{10}O_5)_n$ 表示，式中，n 为聚合度（葡萄糖的单元数）。如果考虑到分子尾端的单糖仍是 $C_6H_{10}O_6$，则通式写为 $(C_6H_{10}O_5)_n \cdot H_2O$ 更为准确。直链淀粉分子的聚合度在 100～6000 之间，一般为 200～300，平均分子量为 32000～50000。

同一种直链淀粉分子的大小差别大，不同品种的直链淀粉间差别更大。谷类直链淀粉分子较小，薯类的分子较大。

支链淀粉有树枝状的枝叉结构，每个支链和每个叉链（支链上的支链）尾端为一个非还原尾基，叉链与叉链、支链与主链相交处都以 α-1,6-糖苷键相连接，每分子支链淀粉只有一个主链。主链的两端分别是非还原尾基和还原尾基（苷羟基）。支链淀粉是一个立体的大分子，聚合度在 1000～3.0×10^6 之间，一般在 6×10^3 以上，平均分子量在 160000~1000000。

支链淀粉的支链数目也随淀粉来源不同而不同，一般在 50 个以上。粮食中一般两种淀粉都含有。大多数淀粉中含直链淀粉 10%~12%，含支链淀粉 80%~90%。美国有一种淀粉，其直链淀粉的含量约为 70%。通常含支链高的淀粉，蒸煮后黏性大，如粳米比籼米黏性大，糯米含支链淀粉 100%，故黏性更大。表 17-1 所示为几种粮食中两种淀粉的含量。

表 17-1　几种粮食中直链和支链淀粉的含量

粮食	直链淀粉/%	支链淀粉/%	粮食	直链淀粉/%	支链淀粉/%
小麦	24	76	籼米	17	83
玉米	23	77	糯米	0	100
糯玉米	0	100			

（2）淀粉的性质

由于淀粉的主链较长，还原性尾基在整个分子中微不足道，且被若干葡萄糖链所屏蔽，故淀粉不显还原性，不能还原 Fehling 试剂。

在水溶液中由于分子内的氢键使直链淀粉成弯曲螺旋状，当与碘分子接触时，碘分子钻入螺旋中，借范德华力联系而形成一种复合物，从而使碘呈深蓝色。直链淀粉遇 I_2 则呈紫红色，可能是因为分支单位聚合度小于直链淀粉的缘故。

直链淀粉易溶于热水，支链淀粉在热水中吸水膨胀，生成黏度很高的溶液。冷却稀的淀粉糊，黏度降低，出现白色沉淀，这种现象称为“凝沉”。这是由于直链淀粉分子间生成氢键而缔合，当体积增大到一定程度后而沉降的缘故。凝沉的淀粉与原先分散的淀粉在结构上有差别，部分具有结晶结构，而且再难溶于热水。从淀粉中分离出来的直链淀粉具有比原来的淀粉更强的凝沉性。

支链淀粉由于结构上有很多分支，更易与水分子接触，故易溶于水生成稳定的溶液，具有较高的黏度。可能是由于支链淀粉叉链较短，凝沉作用比直链淀粉弱得多。面包、米饭等食物冷后变硬就是一种凝沉作用，凝沉后的淀粉不易被唾液消化。

17.4.2 纤维素

纤维素是地球上含量最多的碳水化合物，广泛存在于植物界，是植物细胞壁的主要成分。棉花中纤维素含量最高，约98%（干基）；其次是麻类，含60%~90%；木材含纤维素为40%~50%，虽然较少，但它来源丰富、价格低廉，是工业上纤维素的主要来源。

（1）纤维素的分子结构

与直链淀粉结构有所不同，纤维素是D-葡萄糖经由β-1,4-糖苷键连接成的直链多糖，纤维素彻底水解仅得D-葡萄糖一种单糖，纤维素彻底甲基化再水解得到很少量2,3,4,6-四甲氧基-D-葡萄糖和大量2,3,6-三甲氧基-D-葡萄糖，说明前者是吡喃糖链的尾端，后者是其余的葡萄糖单位。也就是说纤维素中两个D-葡萄糖是以1,4-糖苷键连接在一起的。纤维素经不完全酸水解得到纤维二糖和纤维三糖等低聚糖，说明1,4-糖苷键是β-1,4-糖苷键。纤维素的结构如下：

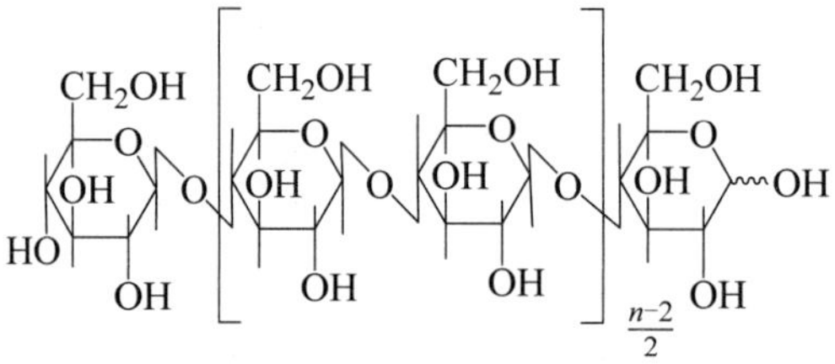

式中n为聚合度

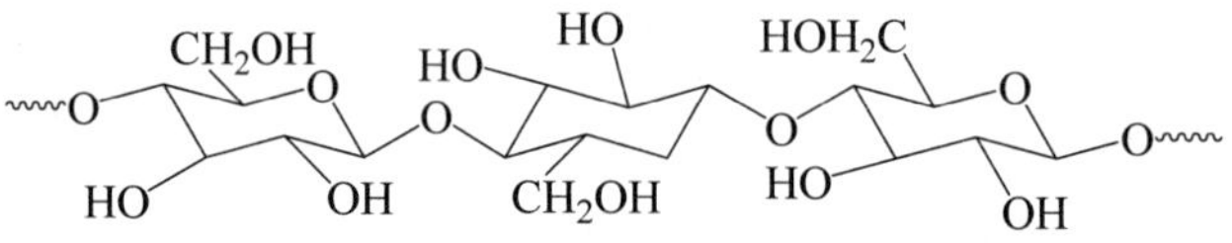

n随测定方法的不同而不同，约在数百到数千的范围内。纤维素的分子量远大于淀粉，约为一百万到二百万。

X射线研究已证明纤维素的长链分子彼此平行排列形成纤维素束，而几个纤维素束又彼此像麻绳一样绞在一起，这显然与β-1,4-糖苷键的存在及分子间若干羟基间的氢键缔合有关。这也是纤维素与淀粉的主要区别。纤维素正是以这种绳索状结构嵌入木质素中构成木材，正如钢筋嵌入水泥构成钢筋混凝土一样。

（2）纤维素的性质

纤维素是无色无臭的白色纤维状物质，相对密度为1.51～1.52，不溶于水和有机溶剂，受热即分解，也不熔化。

与淀粉一样，纤维素不显示还原性，没有甜味。由于羟基的存在，纤维素具有羟基的一般性质，其产品用途较广。例如纤维素硝酸酯，俗称硝化纤维素或硝化棉，是纤维素硝化的产物。

根据酯化度和含氮量的不同，硝化纤维素用途不同：高氮硝化纤维素常用于制造火药；低氮硝化纤维素用于油漆、塑料的制造。

醋酸纤维素（cellulose）是人类制得的第一种具有真正意义的塑料，它是由乙酐酰化纤维素而得，主要用于制人造丝或电影胶片。

羧甲基纤维素是一氯乙酸与纤维素在碱作用下的产物。

低醚化度的羧甲基纤维素为白色粉末，溶于稀酸或在水中分散成黏稠溶液，可做造纸的胶料。

纤维素在碱存在下用烷基氯处理可生成纤维素醚，这个产物也是纺织、胶片、塑料工业的重要原料。

人体不能产生分解纤维素的酶，故不能消化利用纤维素，而反刍动物的消化道能产生硝化纤维素的微生物，故动物能从纤维中吸取和利用葡萄糖。

纤维素是天然产物，可被微生物分解，不同于以石油为原料生产的塑料。为了保护环境，现在研究人员已经着手研制由纤维素及改性产品来替代非生物降解的塑料，这是一个具有长远意义的课题。

阅读材料

功能性多糖

近年来随着分子生物学的发展，人们发现多糖和蛋白质、核酸一样是共同组成生命活动的三类大分子。多糖一般以游离形式和糖缀合物的形式存在。糖缀合物是糖链与其他大分子以共价键相连所形成的化合物，如糖蛋白、糖肽及糖脂等。它们参与许多重要的生命活动，可以说一切重要的生命活动过程都有糖的参与。

功能性多糖按来源分可分为以下几种。

植物多糖：南瓜多糖、茶叶多糖、枸杞多糖、西洋参多糖、大枣多糖等。

真菌类多糖：香菇多糖、裂褶菌多糖、茯苓多糖、灵芝多糖、木耳多糖、虫草多糖、酵母葡聚糖等。

动物类多糖：肝磷脂、硫酸软骨素 B。

细菌类多糖：肺炎球菌荚膜多糖、脑膜炎球菌角膜多糖、流感杆菌荚膜多糖等。

至今已经报道了一百多种具有免疫增强、抗病毒、抗凝和疫苗作用等多种生理活性的中药多糖。

活性多糖发挥作用需要特点部位与受体结合，研究者参照酶学研究，最新提出活性多糖的活性中心概念：即多糖本身存在一定的活性中心，多糖通过该活性中心与受体结合，该活性中心是多糖发挥活性所必需的部分，与受体结合需要多糖具有合适的构象，多糖的其他部分为其提供构象支持。

多糖的药理与生理活性受很多因素的影响，其构效关系目前还未完全认识，多糖种类与活性功能之间也并非是简单对应关系，往往一种多糖同时具有多种生物活性。如肝素等同时具有抗病毒活性和抗凝血活性；香菇多糖等通过增强免疫力，也能产生对病毒的抗性。

虽然多糖的构效关系是一个非常复杂的问题，但功能以结构为基础，同一种功能的多糖其作用机制可能存在一定的相似性，而多糖的作用机制同结构存在必然的联系。

例如在研究中发现，多糖的主链组成对抗肿瘤活性的影响较大。对于葡聚糖，大多数活性多糖都是具有β-1,3-糖苷键主链的葡聚糖。分子的大小是多糖具备生物活性的必要条件，这可能与多糖分子形成的高级构型有关。对于水溶性β-1,3-葡聚糖，只有分子量在 90000 以上才能形成 3 股螺旋结构。具有 3 股螺旋结构的葡聚糖大多都具有多糖的免疫活性。其中分子量在 100000～200000 之间的多糖活性最强。当糖主链上的基团或基团比例有所改变时，其生理或药理活性也改变。连接在β-D-葡聚糖骨架上的一些基团如聚羟基、聚醛基、羧甲基、乙酰基、甲酰基、硫酸基等对抗肿瘤活性有重要作用。6-*O*-硫酸羧甲基几丁质对肿瘤细胞有明显的抑制作用，且硫酸化程度越高抑制作用越强。肝素是酸性分子，其表面基团的密度一定程度上可能决定其与蛋白质的结合。肝素的抗凝血活性随分子链中—COOH、—SO_3H 比例的增大而升高。

影响多糖活性的因素有很多，例如化学衍生化后结构的改变影响活性；香菇多糖和裂褶菌多糖不具有抗 HIV 活性，经硫酸酯化后产生显著的抗 HIV 活性，而原有的免疫增强作用消失，目前发现的抗 HIV 活性最强的香菇多糖硫酸酯的结构分子内，每葡萄糖单位含有 1.7 个硫酸根。

随着国民生活水平的提高，对健康的要求也越来越高，近年来多糖和寡糖的抗癌、提高机体免疫力的作用受到广泛的重视。目前，灵芝多糖、茯苓多糖及香菇多糖注射液已被广泛用于临床治疗各种肿瘤，牛膝寡糖作为免疫增强剂应用于临床。有关糖的研究将成为未来生命科学的中心，随着研究的进一步深入，会对多糖的功效有更深刻的认识以及开发出更多功能型多糖。多糖在人类的生活、健康等方面具有广阔的应用前景。

本章小结

1. 碳水化合物是一类属于多羟基醛或多羟基酮，以及水解后能生成多羟基醛或多羟基酮的有机化合物，可分为单糖、低聚糖和多糖三类。

2. 单糖中以葡萄糖、果糖和核糖最为重要，它们都属于 D 型。它们在固态都以氧环式结构存在，溶于水时形成氧环式与开链式的平衡混合物，大部分以氧环式存在。它们的立体结构即可用 Fischer 投影式，也可用 Haworth 式表示，构象式可用来分析它们稳定性的大小，应熟练掌握。

3. 单糖溶于水时都有变旋现象。产生变旋现象的主要原因是单糖的氧环式结构是一种半缩醛或半缩酮结构，在水溶液中易开环通过开链式建立 α-异构体与β-异构体的异构平衡。

4. 单糖的主要化学反应取决于羰基、羟基[特别是半缩醛(酮)羟基]及其相互影响。其中最重要的有差向异构化、氧化反应、成脎、成酯、成苷反应。

葡萄糖、果糖都是还原糖。果糖是酮糖，但在碱性溶液中可差向异构化转变成醛糖。

5. 最重要的二糖有蔗糖、乳糖、麦芽糖和纤维二糖。其中蔗糖是非还原糖，它在水溶液中不能开环，无变旋现象；乳糖、麦芽糖和纤维二糖是还原性二糖，它们在水溶液中可以开环，有变旋现象。

6. 淀粉和纤维素是重要的多糖。淀粉的基本结构是麦芽糖；纤维素的基本结构是纤维二糖。多糖不显还原性。

习　题

17-1　写出 2-戊酮糖的旋光异构体的构型式，注明哪些属于 D 型，哪些属于 L 型，哪些互为对映体，哪些属于差向异构体。

17-2　将下列糖改写成 Haworth 结构式。

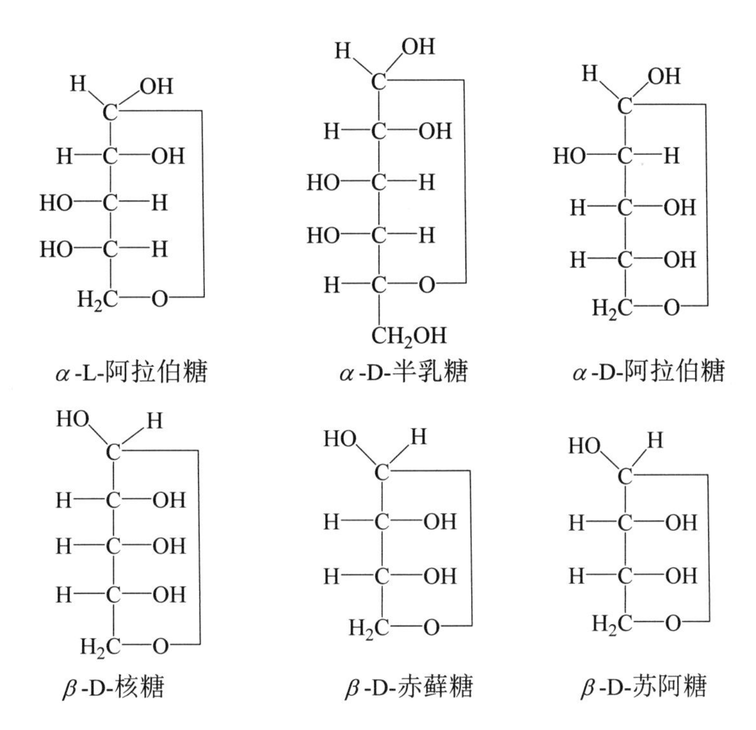

17-3　用 *R*、*S* 标记下列糖手性碳的构型。

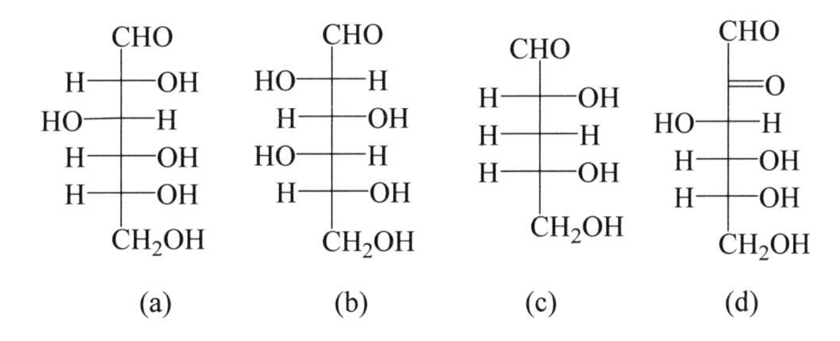

17-4　(*R*)-5-羟基庚醛有两种半缩醛形式，写出它们的稳定构象并判断哪一个更稳定。

17-5　不考虑旋光方向，命名下列各化合物。

(a)　(b)　(c)

(d)　(e)　(f)

17-6　完成下列反应式。

（a）D-半乳糖+$C_2H_5OH \xrightarrow{H^+}$　　　　（b）D-甘露糖$\xrightarrow[\text{吡啶}]{(CH_3CO)_2O}$

（c）甲基-D-吡喃阿洛糖苷$\xrightarrow{HIO_4}$　　　　（d）纤维二糖$\xrightarrow{Br_2/H_2O}$

（e）甲基-(4β-D-吡喃半乳糖基)-α-D-吡喃葡萄糖苷$\xrightarrow{H_3O^+}$

17-7　L-葡萄糖是D-葡萄糖的对映体，试写出其开链结构式、δ-氧环式、Haworth 渗透式。

17-8　画出下列化合物的稳定构象式。

（a）α-D-吡喃葡萄糖　（b）β-D-吡喃葡萄糖　（c）α-D-吡喃果糖

（d）β-D-吡喃果糖　（e）β-乳糖　（f）α-麦芽糖　（g）纤维二糖

17-9　某海藻糖不能还原 Fehling 试剂，苦杏仁酶不能使之水解，但在麦芽糖酶的作用下可水解为两分子 D-吡喃葡萄糖。写出该糖的结构式和系统名称。

17-10　写出 α-D-赤藓糖溶液与下列试剂的反应式。

（a）Fehling 试剂　（b）$H_2NNHC_6H_5$　（c）溴水　（d）HNO_3强氧化

（e）H_2NOH　（f）过量乙酐　（g）CH_3OH，干 HCl　（h）HCN，再水解

17-11　蜜二糖是一个双糖，可被麦芽糖酶水解，不被苦杏仁酶水解。该糖能使 Fehling 试剂显红色；该糖经溴水氧化后再彻底甲基化，最后酸水解得到 2,3,4-三甲氧基-D-葡萄糖酸和 2,3,4,6-四甲氧基-D-半乳糖。试写出其结构式，进行系统命名，并写出各步反应式。

17-12　某一 D-戊醛糖，经降解而成的丁醛糖用硝酸氧化生成（2*S*,3*S*）-左旋酒石酸；此戊醛糖经升级而得的两个己醛糖中，有一个用硝酸氧化生成内消旋的己糖二酸。试推测此戊醛糖的开链式结构，说明理由。

17-13　用化学法区分下列物质。

（a）葡萄糖与果糖　（b）蔗糖与麦芽糖　（c）D-甘露糖与 D-木糖　（d）淀粉与纤维素

17-14　A、B、C 都是 D-己醛糖，催化加氢后 A 和 B 生成同样的具有旋光性的糖醇。但与苯肼作用时，A 和 B 生成的糖脎不同。B 和 C 能生成同样的糖脎，但加氢时所得糖醇不同。试写出 A、B 和 C 的 Fischer 投影式。

17-15　D-戊醛糖 A 氧化后生成具有旋光性的糖二酸 B。A 通过碳链缩短反应得到丁醛糖 C。C 氧化后生成没有旋光性的糖二酸 D。试推测 A、B、C 和 D 的结构。

17-16　维生素 C（亦称抗坏血素）是碳水化合物的衍生物，其构造式为：

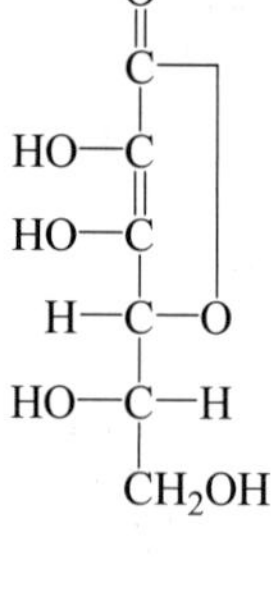

```
         O
         ‖
         C———┐
         |   |
    HO—C    |
         ‖   |
    HO—C    |
         |   |
     H—C—O
         |
    HO—C—H
         |
        CH2OH
```

其 pK_{a1}=4.17，pK_{a2}=11.57。分子式中什么官能团呈酸性？为什么烯醇结构（$-\underset{\text{HO}}{\underset{|}{C}}=\underset{\text{OH}}{\underset{|}{C}}-$）稳定？

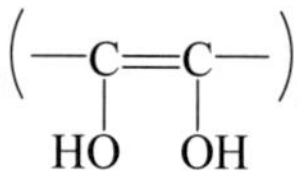

17-17　一个 D-己醛糖 A 用硝酸氧化生成有旋光活性的糖二酸 B，A 经 Ruff 降解生成一个戊醛糖 C，C

经还原得到有旋光活性的糖醇 D，C 经鲁夫降解生成丁醛糖 E，E 被硝酸氧化生成有旋光活性的糖二酸 F。写出 A~F 的费歇尔投影式。

17-18　一个双糖 A($C_{12}H_{22}O_{11}$)用 CH_3OH/H^+处理后与$(CH_3)_2SO_4/OH^-$反应得到 B。B 水解生成 2,3,4,6-四甲氧基-D-半乳糖和 2,3,6-三甲氧基-D-葡萄糖。A 水解可得到等量 D-半乳糖和 D-葡萄糖。当 A 用 Br_2/H_2O 处理生成一个酸 C，C 被分离出来后进行酸性水解生成 D-葡萄糖酸和 D-半乳糖。写出 A、B、C 的结构式。

第 18 章　氨基酸、多肽和蛋白质

蛋白质（protein）和核酸（nucleic acid）是构成生命的主要物质基础。蛋白质在几乎所有的生物学过程中起着关键作用，是生命的存在形式。核酸控制蛋白质的合成，蛋白质的催化作用又控制着核酸的代谢活动。

蛋白质由一个或多个相同或不同的多肽链组成，多肽链之间通过非共价键或二硫键结合起来而具有特定的结构与功能。肽链则是多个氨基酸通过酰胺键（肽键）连接而成的。蛋白质在受到酸、碱或酶的作用时，都水解生成 α-氨基酸，因此，氨基酸是构成蛋白质的基本结构单元。

蛋白质是广泛存在于一切生物体内的生物大分子，其种类繁多，结构复杂。它们在生物体内承担了诸如构建组织（结构蛋白）、催化反应（酶）、协调运动（肌蛋白）、神经传导（受体蛋白）、免疫保护（抗体蛋白）、生长和分化的控制（激素）等生理作用。

核酸分为脱氧核糖核酸（DNA）和核糖核酸（RNA），它们承担了生物遗传信息的储存、传送和表达功能。1953 年 Watson 和 Crick 发现 DNA 的双螺旋分子构象，揭开了人类对细胞遗传信息储存和利用的崭新一页。今天，分子遗传学和蛋白质化学的完美结合已使生命有机化学的研究空前活跃和令人鼓舞。我们相信随着研究的深入以及检测方法和手段的进步，随着重组 DNA 技术的建立和发展，随着人类基因组计划的完成和后基因组计划的实施，遗传的奥秘将被揭开，许多遗传病的治疗和避免将成为可能，许多不治之症将成为历史，展现在我们面前的将是令人神往的生物学世纪。

18.1　氨基酸

氨基酸（amino acid）可以看成是羧酸烃基部分中的氢原子被氨基取代的衍生物。自然界中已经发现的氨基酸已有 200 多种，但构成所有生物体蛋白质的氨基酸仅有 20 余种（如表 18-1 所示）。

表 18-1　常见氨基酸的分类与命名

中英文名称	英文缩写	系统名称	结构式
脂肪族氨基酸		中性氨基酸	
甘氨酸 Glycine	Gly	氨基乙酸	O; H_2N; OH
丙氨酸 Alanin	Ala	2-氨基丙酸	O; OH; NH_2

续表

中英文名称	英文缩写	系统名称	结构式
*缬氨酸 Valine	Val	3-甲基-2-氨基丁酸	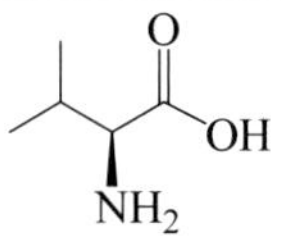
*亮氨酸 Leucine	Leu	4-甲基-2-氨基戊酸	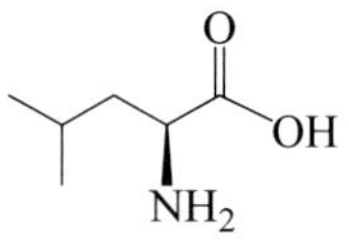
*异亮氨酸 Isoleucine	Ile	3-甲基-2-氨基戊酸	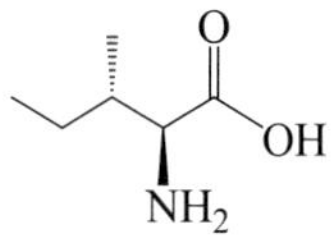
*苏氨酸 Threonine	Thr	2-氨基-3-羟基丁酸	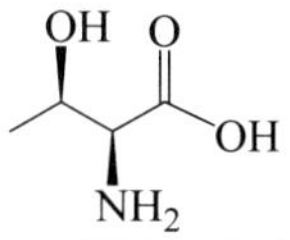
丝氨酸 Serine	Ser	2-氨基-3-羟基丙酸	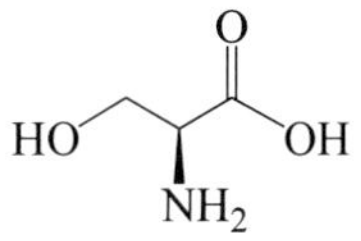
天冬酰胺 Asparagine	Asn	α-氨基丁二酸一酰胺	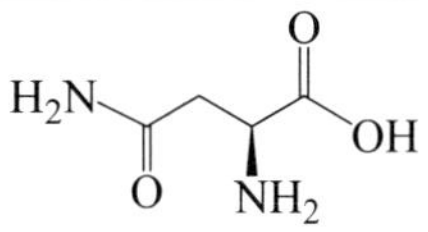
谷氨酰胺 Glutamine	Gln	α-氨基戊二酸一酰胺	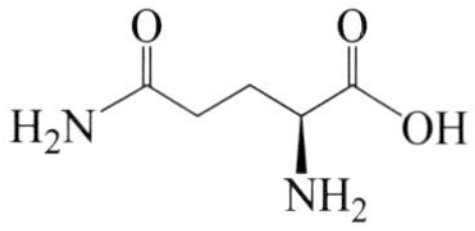
酸性氨基酸			
天冬氨酸 Aspartic Acid	Asp	2-氨基丁二酸	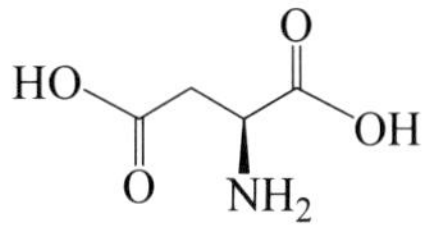
谷氨酸 Glutamic Acid	Glu	2-氨基戊二酸	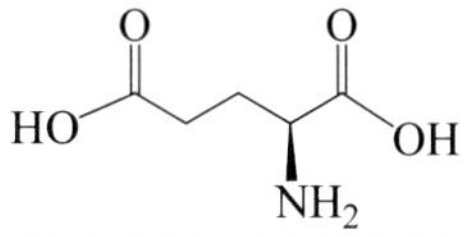
碱性氨基酸			
精氨酸 Arginine	Arg	2-氨基-5-胍基戊酸	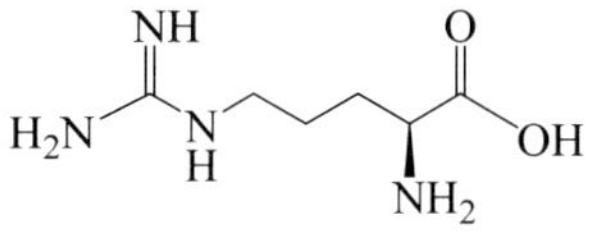
*赖氨酸 Lysine	Lys	2,6-二氨基己酸	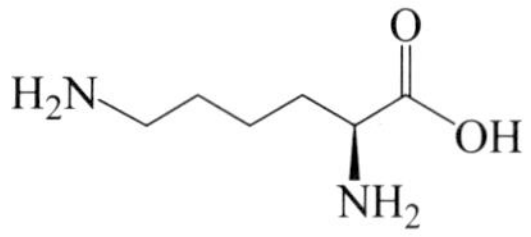

续表

中英文名称	英文缩写	系统名称	结构式
		含硫氨基酸	
**半胱氨酸 Cysteine	Cys	2-氨基-3-巯基丙酸	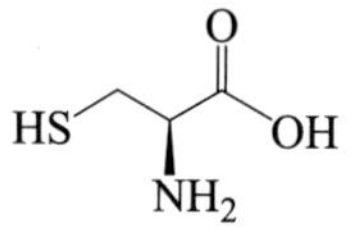
胱氨酸 Cystine	Cys	双-3-硫代-2-氨基丙酸	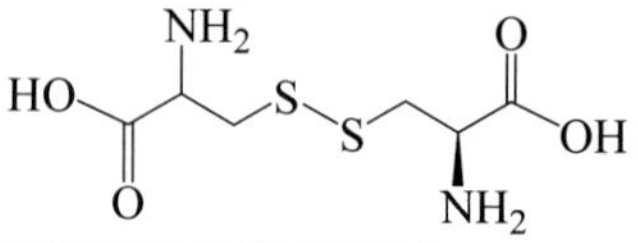
*蛋氨酸 Methionine	Met	2-氨基-4-甲硫基丁酸	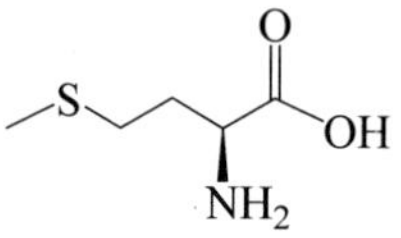
含环氨基酸		芳香族氨基酸	
*苯丙氨酸 Phenylalanine	Phe	3-苯基-2-氨基丙酸	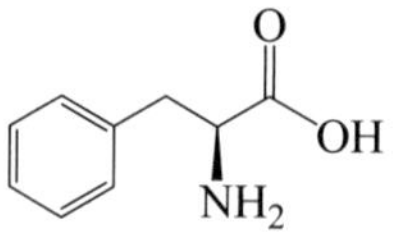
**酪氨酸 Tyrosine	Tyr	2-氨基-3-(对羟苯基)丙酸	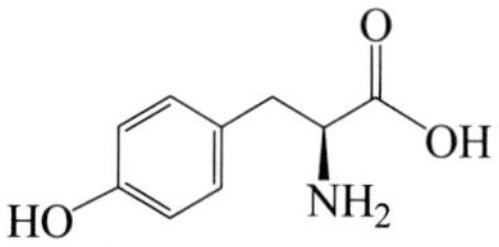
		杂环氨基酸	
脯氨酸 Proline	Pro	吡咯啶-2-甲酸	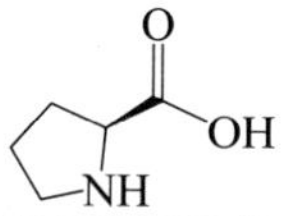
羟脯氨酸 Hydroxyproline	Hyp	4-羟基-吡咯啶-2-甲酸	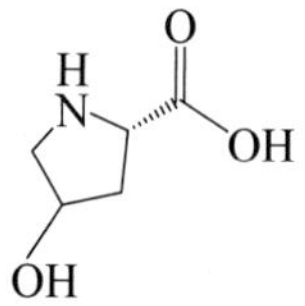
组氨酸 Histidine	His	2-氨基-3-(5-咪唑)丙酸	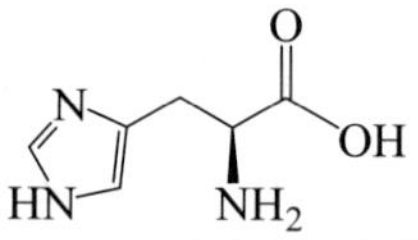
*色氨酸 Tryptophan	Trp	2-氨基-3-(β-吲哚)丙酸	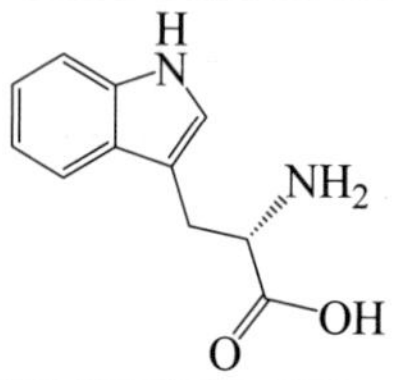

* 人类必需氨基酸；**人类条件必需氨基酸（半必需氨基酸）。

18.1.1 氨基酸的分类与命名

（1）分类

从化学结构上讲，自然界的氨基酸可分为脂肪族氨基酸和含环氨基酸。根据分子中氨基和羧基的相对位置又可以将脂肪族氨基酸分为 α-氨基酸、β-氨基酸、γ-氨基酸、ω-氨基酸等。如：

$$\underset{\alpha\text{-氨基酸}}{\text{R—}\underset{\text{NH}_2}{\text{CH}}\text{COOH}} \qquad \underset{g\text{-氨基酸}}{\text{R—}\underset{\text{NH}_2}{\text{CH}}\text{CH}_2\text{CH}_2\text{COOH}} \qquad \underset{\omega\text{-氨基酸}}{\text{H}_2\text{N—CH}_2(\text{CH}_2)_n\text{COOH}}$$

参与蛋白质合成的 20 余种氨基酸，根据其侧链的结构和性质，可将其中的脂肪族氨基酸分为中性氨基酸（氨基羧基数目均为 1）、酸性氨基酸（一个氨基二个羧基）、碱性氨基酸（二个氨基一个羧基）。其中的含环氨基酸又可分为芳香族氨基酸和杂环氨基酸。

（2）命名

天然氨基酸一般采用习惯命名法，即根据其来源和性质命名。如天门冬氨酸是最初从天门冬的幼苗中发现的；甘氨酸则因其具有甜味而得名。至于氨基酸的系统名称则是以羧酸为母体，同时标出氨基及其他取代基的位置而命名的。

（3）必需氨基酸和条件必需氨基酸

组成蛋白质的 20 多种氨基酸中有 8 种氨基酸在人体内不能或不能足量地由糖类或脂肪族的代谢中间产物自行合成，但又是人体所必需的，称为必需氨基酸（essential amino acid）。这 8 种氨基酸是赖氨酸、色氨酸、苯丙氨酸、蛋氨酸、苏氨酸、亮氨酸、异亮氨酸和缬氨酸。另外，婴儿体内不能合成组氨酸和精氨酸，但这两种氨基酸还是婴儿的必需氨基酸。各种动物也有各自必需的氨基酸。如果人和动物缺少各自必需的氨基酸，就会影响生长发育或产生某种疾病。例如人体缺少赖氨酸，青少年的生长发育会受到影响，缺少色氨酸会引起癞皮病。每种必需氨基酸每人每天约需 1~2g。由于人体根本不能合成或不能合成足量的这种氨基酸以维持身体健康，就必须从食物中摄取。但是，每种食物的蛋白质并非都含有全部必需的氨基酸。含有全部必需氨基酸的蛋白质称为完全蛋白质。例如牛乳中的蛋白质（酪蛋白）含有 19 种氨基酸和全部必需氨基酸。玉米蛋白质缺乏赖氨酸和色氨酸两种必需氨基酸，是一种不完全的蛋白质。

对于粮食和饲料来说，我们不仅要注意蛋白质的总含量，而且要特别注意必需氨基酸的含量。例如人和动物长期食用玉米、高粱，因缺乏赖氨酸、蛋氨酸和色氨酸，会影响生长发育，禽畜的肉、奶、蛋产量会降低。因此，合理搭配膳食，设计最佳饲料配方和补充某些必需氨基酸进行食品、饲料强化，已被世界各国所重视。

条件必需氨基酸（conditionally essential amino acid）指人体虽能够合成，但通常不能满足正常的需要，因此，又被称为半必需氨基酸。其中酪氨酸可由苯丙氨酸转变而来，而半胱氨酸可由蛋氨酸转变而来。如果酪氨酸和半胱氨酸的摄入充足，就可以节省必需氨基酸苯丙氨酸和蛋氨酸，因此酪氨酸和半胱氨酸被称为半必需氨基酸。半必需氨基酸也指在某些临床条件下（早产儿或某些急、慢性疾病情况下）变成必需氨基酸，需要从膳食中得到供应者。

18.1.2　氨基酸的结构

构成蛋白质的氨基酸结构上有两个共同点：第一，它们都是 α-氨基酸；第二，除甘氨酸外，都含有一个或一个以上的手性碳原子，都有旋光性。而且，天然的氨基酸都是 L 型的。所以，讲到构成蛋白质的氨基酸构型，若无特殊说明，都指 L-氨基酸。即天然的 L-氨基酸都有以下 Fischer 投影通式：

$$\begin{array}{c} \text{COOH} \\ \text{H}_2\text{N}\!-\!\!\!\!+\!\!\!\!-\!\text{H} \\ \text{R} \end{array}$$

氨基酸的 D/L 构型是联系人为规定的 D/L 甘油醛而确定的（见图 18-1）。

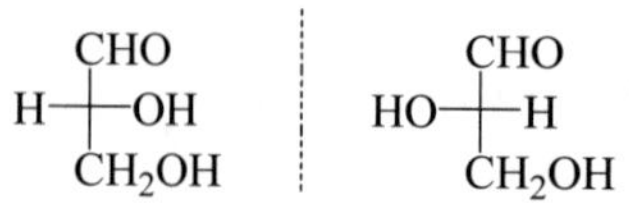

$$\begin{array}{c} CHO \\ H-\!\!\!\!+\!\!\!\!-OH \\ CH_2OH \end{array} \qquad \begin{array}{c} CHO \\ HO-\!\!\!\!+\!\!\!\!-H \\ CH_2OH \end{array}$$

D-(+)-甘油醛　　L-(−)-甘油醛

图 18-1　D/L 甘油醛的规定

必须指出的是，和人为规定的 D/L 甘油醛相联系的其他 D/L 构型物质包括氨基酸的旋光方向不能由 D/L 甘油醛决定，而是由实验来确定的。

18. 1. 3　氨基酸的物理性质

α-氨基酸为无色晶体，分子中羧基和氨基的相互作用使得氨基酸晶体以内盐的形式存在。所以氨基酸通常具有较高的熔点，一般在 200℃以上，但熔融时易发生分解（见表 18-2）。

各种氨基酸在水中的溶解度差别很大，并能分别溶解于稀酸或稀碱中。氨基酸难溶于乙醇（脯氨酸和羟脯氨酸除外）、乙醚等有机溶剂，通常酒精能把氨基酸从其溶液中沉淀析出。

表 18-2　氨基酸的物理性质

氨基酸	分解点/℃	溶解度（25℃）/(g/100g 水)	$[\alpha]_D^{25}$	pK_{a1}	pK_{a2}	pK_{a3}	等电点（pI）
甘氨酸	233	25		2.34	9. 60		5.97
丙氨酸	297	16.7	+8.5	2.35	9.69		6.02
缬氨酸	315	8. 9	+13.9	2. 32	9.62		5. 96
亮氨酸	293	2.4	−10.8	2. 36	9.60		5.98
异亮氨酸	284	4.1	+11.3	2. 36	9.60		6.02
蛋氨酸	280	3. 4	−8.2	2. 17	9.27		5. 74
脯氨酸	220	162	−85.0	1. 95	10.64		6. 30
苯丙氨酸	283	3.0	−35.1	2.58	9. 24		5.48
色氨酸	289	1.1	−31. 5	2.43	9.44		5.89
丝氨酸	228	5.0	−6.8	2.19	9.44		5.68
苏氨酸	225	很大	−28.3	2.09	9. 10		5.60
半胱氨酸		很大	+6.5	1. 86	8.35	10.34	5.07
酪氨酸	342	0.04	−10.6	2.20	9.11	10.07	5.66
天冬酰胺	234	3.5	−5. 4	2.02	8. 80		5.41
谷氨酰胺	185	3.7	+6.1	2. 17	9.13		5.65
天冬氨酸	270	0. 54	+25.0	1. 99	3. 90	10.00	2.77
谷氨酸	247	0.86	+31. 4	2.13	4. 32	9.95	3.22
赖氨酸	225	很大	+14. 6	2. 16	9. 20	10.80	9.74
精氨酸	244	15	+12.5	1. 82	8. 99	13. 20	10.76
组氨酸	287	4. 2	−39.7	1. 81	6.05	9. 15	7. 59

18. 1. 4　氨基酸的化学性质

由氨基酸的结构可知，氨基酸的化学性质来源于官能团—NH_2 和—COOH，以及这两个官能团之间的相互作用。

（1）氨基酸的两性和等电点

氨基酸含有弱碱性的氨基和弱酸性的羧基，其晶态以内盐的形式存在。在水溶液中氨基酸依据 pH 值的大小不同而呈现如下的动态平衡：

$$\underset{NH_2}{R—CHCOO^-} \underset{-H^+}{\overset{H^+}{\rightleftharpoons}} \underset{^+NH_3}{R—CHCOO^-} \underset{-H^+}{\overset{H^+}{\rightleftharpoons}} \underset{^+NH_3}{R—CHCOOH}$$

pH>11　阴离子　　pH=3~8　两性离子　pH<1　阳离子

以丙氨酸为例，丙氨酸的盐酸盐类似一个典型的二元酸，其电离平衡如下：

$$\underset{^+NH_3}{CH_3CHCOOH} \overset{K_{a1}}{\rightleftharpoons} \underset{^+NH_3}{CH_3CHCOO^-} + H^+$$

$$K_{a1}=\frac{[H^+][CH_3CH(\overset{+}{N}H_3)COO^-]}{[CH_3CH(\overset{+}{N}H_3)COOH]} \tag{18-1}$$

$$\underset{^+NH_3}{CH_3CHCOO^-} \overset{K_{a2}}{\rightleftharpoons} \underset{NH_2}{CH_3CHCOO^-} + H^+$$

$$K_{a2}=\frac{[CH_3CH(NH_2)COO^-][H^+]}{[CH_3CH(\overset{+}{N}H_3)COO^-]} \tag{18-2}$$

其滴定曲线如图 18-2 所示。在滴定过程中，当丙氨酸盐酸盐有一半被碱中和时，有 $[CH_3CH(\overset{+}{N}H_3)COOH]=[CH_3CH(\overset{+}{N}H_3)COO^-]$，由式（18-1）知，此时溶液的 pH=p$K_{a1}$=2.35。

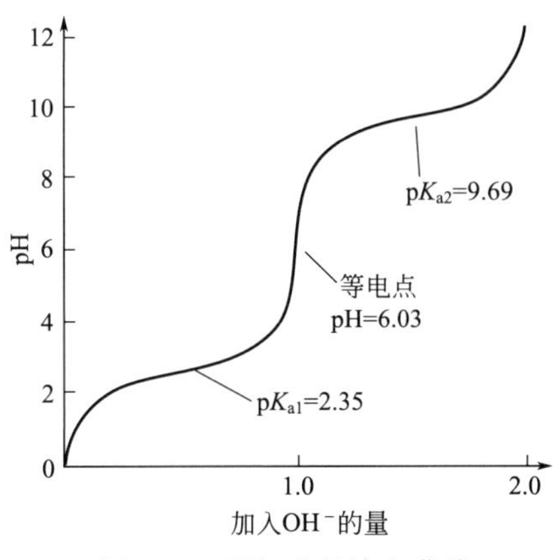

图 18-2　丙氨酸的滴定曲线

而当剩余的一半盐酸盐全部被碱中和时，溶液中 $[CH_3CH(\overset{+}{N}H_3)COOH]=[CH_3CH(NH_2)COO^-]$，且均达到最低值，此时溶液中的丙氨酸主要以偶极离子形式存在。此时的溶液 pH 值称为等电点 pI（isoelectric point）。

继续用中和一半盐酸盐的碱中和时，有 $[CH_3CH(\overset{+}{N}H_3)COO^-]=[CH_3CH(NH_2)COO^-]$，由式（18-2）知，此时溶液的 pH=p$K_{a2}$=9.69。

我们将式（18-1）和式（18-2）相乘，有

$$K_{a1}K_{a2}=\frac{[CH_3CH(NH_2)COO^-][H^+]^2}{[CH_3CH(\overset{+}{N}H_3)COOH]}$$

又有等电点时$[CH_3CH(NH_2)COO^-]=[CH_3CH(\overset{+}{N}H_3)COOH]$，则有

$K_{a1}K_{a2}=[H^+]^2$，即 2 pH=pK_{a1}+pK_{a2}，则

$$pH = pI=\frac{pK_{a1}+pK_{a2}}{2}$$

对丙氨酸而言，pI=(2.35+9.69)/2=6.03。表 18-2 列出了常见氨基酸的 pK_{a1}、pK_{a2} 及 pI 值。不同的氨基酸其酸性或碱性官能团的数目不同，基团的解离程度也不同，因而其 pI 也不同。表中 pK_{a3} 一项表示具有 3 个酸碱官能团的氨基酸的解离情况。

由于氨基酸在等电点时为偶极离子，因此若将此溶液置于电场中，氨基酸本身既不移向阳极，也不移向阴极；由于等电点时质点的净电荷为零，彼此无排斥作用，容易彼此相互结合而沉降。所以，处于等电点的氨基酸在水中的溶解度最小。不同种类氨基酸的等电点不同，可以利用这一原理实现不同种类氨基酸的分离。在味精的生产中，利用等电点原理可以有效地从结晶母液中回收谷氨酸。

[问题 18-1]　若某氨基酸在纯水中的 pH=6，试预计其 pI 应大于 6、等于 6 或小于 6，为什么？

[问题 18-2]　一氨基二羧基氨基酸的等电点应大于 7 还是小于 7？

（2）酰基化反应

氨基酸与酰氯或酸酐在弱碱性条件下作用而被酰化。

$$NH_2\underset{}{\overset{R}{C}}HCOONa + C_6H_5CH_2O\overset{O}{\overset{\|}{C}}Cl \xrightarrow[0℃]{H_2O,\text{pH约为}9} \xrightarrow[\text{pH约为}1]{H_3O^+} C_6H_5CH_2O\overset{O}{\overset{\|}{C}}NH\overset{R}{C}HCOOH$$

苄氧羰基氨基酸

$$NH_2\overset{R}{C}HCOONa + (CH_3)_3COC\overset{O}{\overset{\|}{C}}Cl \xrightarrow[0℃]{H_2O,\text{pH约为}9} \xrightarrow[\text{pH约为}1]{H_3O^+} (CH)_3CO\overset{O}{\overset{\|}{C}}NH\overset{R}{C}HCOOH$$

叔丁氧基羰基氨基酸

生成的两种氨酯在三氟乙酸作用下都可以水解成原来的氨基酸，因此这两个反应常用于多肽合成中的氨基保护。

（3）与 HNO_2 反应

除脯氨酸和羟脯氨酸外，α-氨基酸都可在室温条件下迅速与 HNO_2 作用放出 N_2，反应可定量完成，放出的 N_2 一半来自—NH_2，一半来自 HNO_2。通过测定放出 N_2 的量可计算出氨基酸中氨基的含量，这一方法称为范斯莱克（Van Slake）氨基测定法。

$$NH_2\overset{R}{C}HCOOH + HNO_2 \longrightarrow HO\overset{R}{C}HCOOH + N_2\uparrow + H_2O$$

（4）与 HCHO 反应

氨基酸的—NH_2 可与甲醛反应，通过亲核加成-消去反应生成亚胺结构。

$$NH_2CH(R)COOH + HCHO \longrightarrow H_2C{=}NCH(R)COOH + H_2O$$

之所以用甲醛处理氨基酸，是因为氨基酸在溶液中以两性离子存在，在氨基酸分析中用标准碱溶液滴定—COOH，在酚酞类指示剂的变色处，$-\overset{+}{N}H_3$ 的质子并不能完全被中和。只有通过上述处理才能使$-\overset{+}{N}H_3$ 的质子全部释放出来，达到准确测定—COOH 的目的。

（5）酯化反应

氨基酸的羧基可用通常方法进行酯化，其甲酯、乙酯和苄基酯是多肽合成过程中广泛使用的中间体。

$$C_6H_5CH_2CH(\overset{+}{N}H_3)COO^- \xrightarrow{CH_3OH,\ HCl} C_6H_5CH_2CH(\overset{+}{N}H_3Cl^-)COOCH_3$$

90%

$$H_3N^+CH_2COO^- + C_6H_5CH_2OH \xrightarrow{C_6H_5SO_3H} [C_6H_5CH_2OOCCH_2\overset{+}{N}H_3]C_6H_5SO_3^-$$

（6）失羧反应

将氨基酸小心加热或在高沸点溶剂中回流，则氨基酸失去 CO_2 成为胺。

$$H_3\overset{+}{N}CH_2CH_2CH_2CH_2CH(NH_2)COO^- \xrightarrow{\triangle} H_3\overset{+}{N}CH_2CH_2CH_2CH_2NH_2$$

赖氨酸 戊二胺（尸胺）

（7）失羧失氨作用

氨基酸受某些微生物中酶的作用，同时失羧失氨而得到醇。

$$(CH_3)_2CHCH_2CH(NH_2)COOH + H_2O \xrightarrow{酶} (CH_3)_2CHCH_2CH_2OH + CO_2 + NH_3$$

亮氨酸 异戊醇

发酵法制乙茚醇时，发酵液中的杂醇油就是这样形成的。

（8）与水合茚三酮反应

α-氨基酸遇水合茚三酮能够生成 Ruhemann 紫色化合物（脯氨酸、羟脯氨酸则显黄色，$\lambda_{max}=440nm$），最大吸收在 570nm。该反应非常灵敏，是鉴定氨基酸最迅速、最简便的方法。

$$2\ \text{水合茚三酮} + H_3\overset{+}{N}CH(R)COO^- \xrightarrow[pH=9]{LiOAc}$$

水合茚三酮

$$\text{Ruhemann紫色（茚三酮亚胺缩合物）} + RCHO + CO_2 + NH_3$$

Ruhemann紫色

（9）与金属离子的络合作用

许多金属离子如 Cu^{2+}、Co^{2+}、Mn^{2+}等和氨基酸作用产生螯合物。因为氨基酸阴离子中氧原子和氮原子都是很好的电子供体。例如当氧化铜与甘氨酸的水溶液共热时生成美丽的深蓝色铜盐。

$$(H_2NCH_2COO)_2Cu$$

不同的氨基酸形成不同类型的内络盐晶体，可以利用此性质分离或鉴定氨基酸。

（10）热分解反应

氨基酸受热分解的情况与羟基酸类似，产物的稳定性决定着反应的方向。产物随氨基与羧基的距离不同而异。α-氨基酸受热时，其羧基与氨基进行双分子失水形成哌嗪二酮的衍生物。

$$2\,RCH(NH_2)COOH \xrightarrow{\triangle} \text{3,6-二取代哌嗪-2,5-二酮} + 2H_2O$$

β-氨基酸受热脱氨生成 α,β-不饱和酸。

$$NH_2CH(R)CH_2COOH \xrightarrow{\triangle} R-CH=CHCOOH + NH_3$$

γ-氨基酸或δ-氨基酸受热，则分子内脱水生成较稳定的五元或六元环内酰胺。

$$R-CH(NH_2)CH_2CH_2COOH \xrightarrow{\triangle} \text{5-R-吡咯烷-2-酮} + H_2O$$

$$R-CH(NH_2)CH_2CH_2CH_2COOH \xrightarrow{\triangle} \text{6-R-哌啶-2-酮} + H_2O$$

若氨基与羧基距离更远，则受热后分子间的氨基与羧基失水而形成聚酰胺。

$$nNH_2(CH_2)_mCOOH \xrightarrow{\triangle} NH_2(CH_2)_m\overset{O}{\overset{\|}{C}}\text{—}[NH(CH_2)_m\overset{O}{\overset{\|}{C}}]_{n-2}NH(CH_2)_mCOOH + (n-1)H_2O$$

由ω-氨基己酸生成的聚酰胺 $HO\text{—}[\overset{O}{\overset{\|}{C}}(CH_2)_5NH]_n\text{—}H$ 叫尼龙-6，是一种应用广泛的高分子材料，具有强度高、耐磨性能好，无毒无味的特点，是制作食品机械零部件的优良材料，其纤维商品名为锦纶，是重要的合成纤维产品。

[问题 18-3] 氨基酸受热分解反应是受热力学控制的，为什么？

18.2　肽

18.2.1　肽的结构

氨基酸分子间氨基和羧基失水，以酰胺键（—C(=O)—NH—，也称肽键）相连而形成的化合物称为肽（peptide）。由两个氨基酸缩合而成的叫二肽，多个氨基酸缩合而成的叫多肽。

1925 年 Linus Pauling 等对肽结晶中肽键各原子间键长与键角进行分析，发现形成肽键的 C 与 N 之间的键长为 0.132nm，比正常单键（0.149nm）短，而比 C═N 正常双键（0.127nm）长。C═O 键长又较一般醛或酮长 0.002nm。这是由于 C—N 与 C═O 之间发生了共振，[—C(=O)—NH— ⟷ —C(O^-)=$\overset{+}{N}$H—]，导致键长平均化。肽键具有如图 18-3 所示的平面构象。

从图 18-3 可以看出，构成肽键的 C、O、N、H 以及两个 α-C 共平面，但是绕（a）和（b）键旋转时，连在α-C 上的基团可产生不同的空间排布。肽键的这种独特结构是多肽乃至蛋白质分子产生复杂的二级、三级结构的一个主要原因。

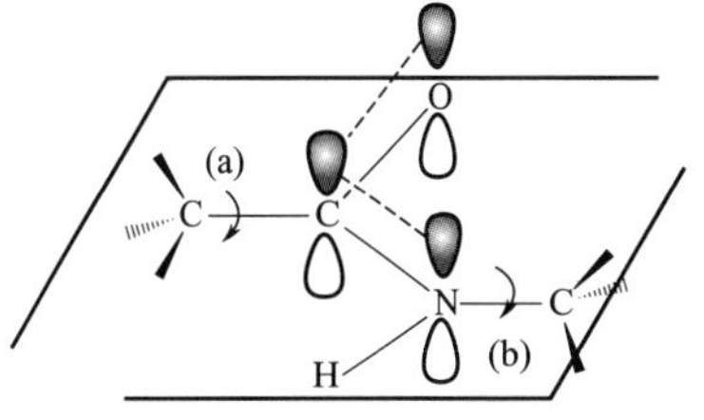

图 18-3　肽键的几何构型

构成多肽的每个氨基酸单位称为一个残基。多肽链的书写是有方向的，按照惯例，通常从氨基端残基写起，以羧基端残基终止。因而其命名也是以含羧基（C-端）的氨基酸为母体，以其他氨基酸为酰基进行命名，称为某酰某酸。也可将其简称以短线相连作为其名称。例如：

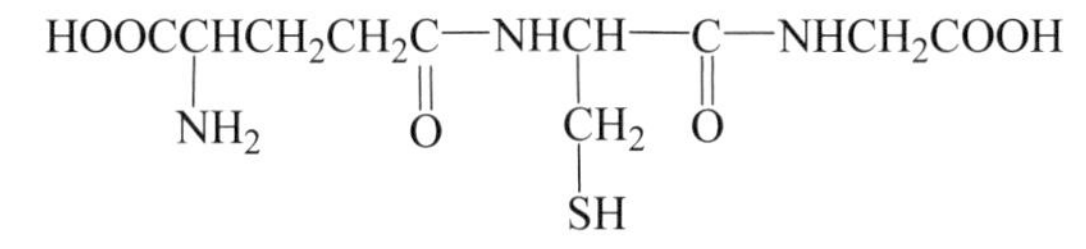

谷氨酰-半胱氨酰-甘氨酸（俗称谷胱甘肽）或简记为谷-半胱-甘（Glu-Cys-Gly）

自 20 世纪 50~60 年代催产素和胰岛素（结构见图 18-4、图 18-5）人工合成成功后，多肽的研究获得迅速的发展。近二十年来，随着一些活性多肽如神经肽、免疫活性肽及肾素-血管紧张素系统肽等的发现，人们对生物活性肽在生命活动中的作用及作用机制的认识逐步深入。现在，人们正尝试利用已积累的结构和功能知识，像建筑师那样按照人们所需的化学性质、生物性质或催化性质，创造出一系列全新的多肽（或蛋白质）分子。多肽的研究正朝结构生物学和多肽工程方向发展。我国科学家于 1965 年 9 月人工合成牛胰岛素成功，这是世界上第一个合成的具有生物活性的结晶蛋白质。1968 年以后又完成了人工合成酵母丙氨酸转移核糖核酸的工作。这些都是举世瞩目的科学成就，为生命科学的进步作出了巨大贡献。

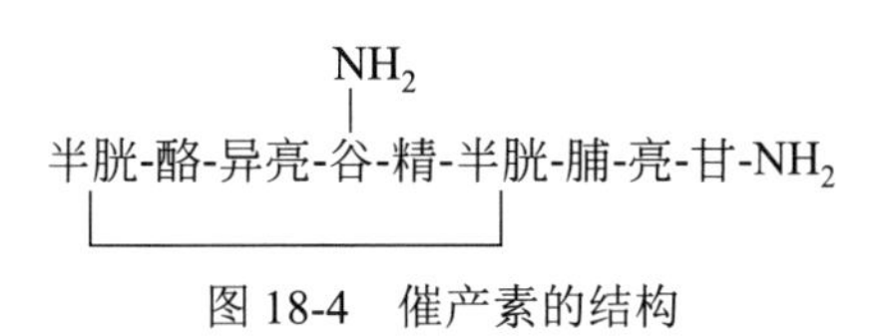

图 18-4　催产素的结构

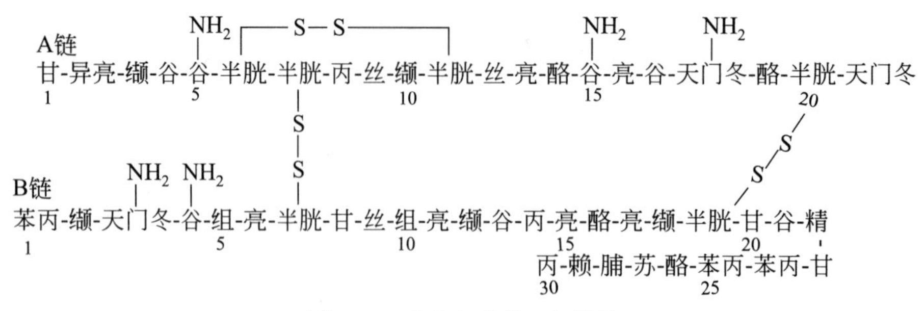

图 18-5 牛胰岛素的一级结构

18.2.2 肽的结构测定

测定肽的结构的目的是确定肽分子由哪些氨基酸组成，每种氨基酸的数目以及它们在肽链中排列的顺序等。其测定的大致顺序如下。

（1）氨基酸残基的组成分析

将已知分子量的、纯化的肽在 6mol/L HCl 溶液中 110℃真空水解 18~36h，再用离子交换树脂将肽完全水解的氨基酸分开，以茚三酮染色检测各氨基酸的含量，计算其在肽中的组成。

（2）多肽链氨基末端（N-端）和羧基末端（C-端）的测定

氨基末端的测定方法常用的有两种。第一种是 Frederick Sanger 在测定胰岛素的结构中使用的，称为 Sanger 法。他于 1955 年完成了对胰岛素结构的测定，并因此获得了 1958 年度的诺贝尔化学奖。该法是利用 2,4-二硝基氟苯（简称 DNFB）同 N-端游离的氨基酸发生亲核取代反应生成二硝基苯氨基酸（简称 DNP-氨基酸），经 20%的盐酸水解，分离出黄色的 DNP-氨基酸，鉴定该物质的结构即可确定 N-端。

丹磺酰化（Dansgl）法是另一种常用的测定 N-端氨基酸的方法。丹磺酰氯 [$N(CH_3)_2$ … SO_2Cl] 与 N-端氨基作用后，水解产生的 N-端α-DNS 氨基酸具有强烈的荧光，易于在纸电泳或薄层色谱中检出。

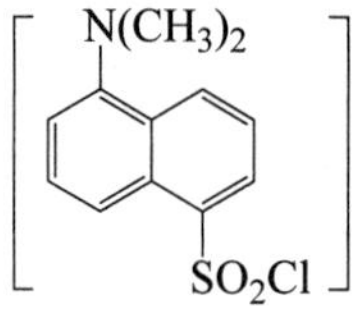

测定 C-端氨基酸最成功的方法是酶催化法。该法是利用专一性的羧肽酶选择性地切下 C-端氨基酸，而其他肽键保留。降解的肽的 C-端可以继续被羧肽酶水解，因此通过测定氨基酸在水解过程中出现的速度，可以鉴定 C-端氨基酸及其序列。

（3）蛋白质或长肽裂解为短肽段

常用的裂解方法有胰蛋白酶法、糜蛋白酶法及溴化氰法等。胰蛋白酶选择性地水解由赖氨酸或精氨酸的羧基参与形成的肽键；糜蛋白酶则选择性地水解芳香族和其他庞大的非极性残基的羧基；溴化氰则水解甲硫氨酸羧基侧的肽键。如二硫键可用过甲酸使其氧化成磺酸基而使二硫键断裂，产生的多个肽段可用各种色谱法或电泳法进行分离纯化。图 18-6 表示了肽段水解及确定其次序的原理。

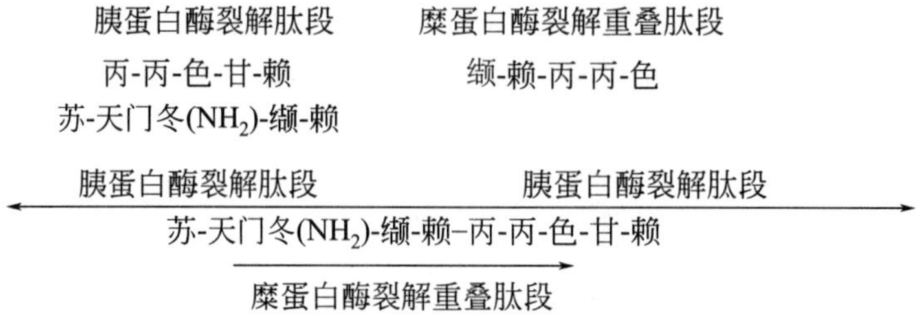

胰蛋白酶裂解肽段　　糜蛋白酶裂解重叠肽段

丙-丙-色-甘-赖　　缬-赖-丙-丙-色

苏-天门冬(NH_2)-缬-赖

胰蛋白酶裂解肽段　　胰蛋白酶裂解肽段

苏-天门冬(NH_2)-缬-赖–丙-丙-色-甘-赖

糜蛋白酶裂解重叠肽段

图 18-6 水解酶确定肽段序列

（4）肽段序列测定

一般采用 Edman 降解法使纯化的肽段与异硫氰酸苯酯（PTC）反应，肽段的氨基末端与 PTC 结合生成 PTC 肽，用冷稀酸处理，则此末端残基从肽段脱落下来成为 PTC 衍生物。用色谱法可鉴定出为何种氨基酸衍生物，残留的肽段可继续与 PTC 作用，从而逐个从氨基端断下氨基酸残基，借此鉴定出肽段中氨基酸的序列。图 18-7 为 Edman 降解法的原理。此种重复降解法一般可测出 30~40 个氨基酸残基组成的肽段。

要获得完整的蛋白质或长肽链的一级结构氨基酸顺序，了解各肽段在长肽链中的前后次序，一般要采用数种水解法得到不同肽段的氨基酸序列，经过多肽段重叠排列对比才能得到完整的长肽链的全部氨基酸序列。

近年来随着 DNA 序列测定技术的进步，可以快速测定 DNA 中的碱基排列顺序。人们只需从组织中分离出某蛋白质的 mRNA，纯化后在逆转录酶催化下生成 cDNA，再测定此 cDNA 的碱基序列，就能间接分析出蛋白质肽链的氨基酸序列。或者先测出该蛋白质氨基末端约 25 个氨基酸残基的序列，再根据其中 5~7 个氨基酸残基片段反译成核苷酸序列的 DNA 片段，合成后用核素标记此片段作为探针，从克隆的基因片段中探测出互补 DNA，分离扩增后就可测得该互补 DNA 碱基序列而间接推测出蛋白质的一级结构。利用此类方法目前已探测出大量蛋白质的一级结构。

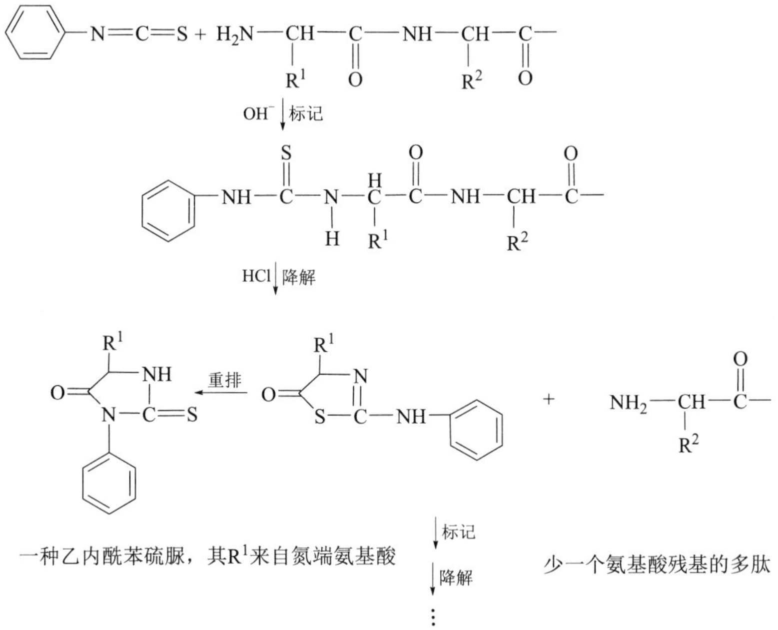

图 18-7 Edman 降解法测定肽段氨基酸序列的原理

18.3 蛋白质

蛋白质（protein）存在于一切生物体细胞中，在机体中担负着各种各样的生理功能和机械功能，在生命现象中起着决定性的作用。

18.3.1 蛋白质的组成与分类

蛋白质同样是由氨基酸通过肽键形成的生物高分子化合物，与肽没有严格的界限。分子量在一万以上的肽一般称为蛋白质。经元素组成分析，其组成中主要含有 C、H、O、N 四种元素，多数含有 S 元素。一切蛋白质几乎具有相近或相同的含氮量，一般平均含氮 16%。因此任何生物样品中每克氮的存在，大约表示该样品含蛋白质 100/16 = 6. 25g（6. 25 称为蛋白质系数）。这样，我们只要测定生物样品中的含氮量，就能粗略估算出其蛋白质含量。

蛋白质按形状可分为纤维状蛋白（如丝纤蛋白和角蛋白）和球形蛋白（如卵清蛋白、酪蛋白和酶）。蛋白质按组成一般分为两大类：简单蛋白和结合蛋白。前者水解只产生 α-氨基酸，后者的水解物中还含有其他化合物。属于简单蛋白质的有清蛋白（溶于水和稀酸溶液，如卵清蛋白）、球蛋白（不溶于水而溶于稀酸溶液，如血纤维蛋白原）、组蛋白（溶于水但不溶于稀盐溶液，如珠蛋白）和硬蛋白（不溶于水和稀盐溶液，如角蛋白、毛、皮等）。属于结合蛋白的有磷蛋白（磷酸与蛋白质结合），如牛乳中的酪蛋白、糖蛋白（糖类与蛋白质结合，如唾液中的黏蛋白）、色蛋白（着色部分与蛋白质结合，如血液中的血红蛋白）、核蛋白（核酸与蛋白质结合，如细胞核内的蛋白质）、脂蛋白（脂类与蛋白质结合，如神经鞘髓磷脂中的蛋白质）。依据蛋白质在生命系统中的不同功能可将其分为结构蛋白（皮、软骨、骨髓中的蛋白）、收缩蛋白（骨骼肌）、酶、激素、抗体、血红蛋白等。

18. 3. 2 蛋白质的理化性质

（1）胶体性质

蛋白质是高分子化合物，若溶于水则生成亲水溶胶，在生物体内部即以溶胶或凝胶状态存在。蛋白质分子颗粒的直径在胶粒范围之内（1～100nm），呈胶体性质。蛋白质分子不能通过半透膜，人们可以利用这种性质将蛋白质、小分子或无机盐通过透析法分离开来，达到分离纯化的目的。

（2）水解

蛋白质在酸性或碱性溶液中水解的最终产物是各种 α-氨基酸。

（3）两性性质与等电点

在蛋白质的两端有游离的氨基和羧基，加上侧链上未结合的极性基团使得蛋白质具有类似于氨基酸的两性性质。不同种类的蛋白质其酸性基团或碱性基团的相对数量不同。碱性基团占多数的蛋白质称碱性蛋白，其 pI 偏碱性，如鱼精蛋白、组蛋白等；反之则称为酸性蛋白，如稻谷、小麦中的蛋白质多属此类。蛋白质的两性电离可示意为：

$$\mathrm{H_2N{-}P{-}COOH}\ (\text{蛋白质})$$

$$\underset{\substack{\text{复杂阳离子}\\ \mathrm{pH<p}I}}{\mathrm{H_3\overset{+}{N}{-}P{-}COOH}} \underset{\mathrm{H^+}}{\overset{\mathrm{OH^-}}{\rightleftharpoons}} \underset{\substack{\text{两性离子}\\ \mathrm{pH=p}I}}{\mathrm{H_3\overset{+}{N}{-}P{-}COO^-}} \underset{\mathrm{H^+}}{\overset{\mathrm{OH^-}}{\rightleftharpoons}} \underset{\substack{\text{复杂阴离子}\\ \mathrm{pH>p}I}}{\mathrm{H_2N{-}P{-}COO^-}}$$

蛋白质的许多性质与等电点有关。一般说来，等电点时蛋白质的渗透压、溶胀能力、黏度和溶解度都降到最低点。此外，蛋白质分子中大量酸性和碱性基团使蛋白质溶液对酸碱都有巨大的缓冲能力。

（4）沉淀作用

蛋白质多肽链上含有大量的亲水极性基团，这使蛋白质分子表面形成一层水化膜，水化膜的存在增加了蛋白质溶液的稳定作用。此外，蛋白质分子表面带有的同性电荷也增加了蛋白质溶液的稳定性。如果在蛋白质溶液中加入大量盐类，电解质强烈的水化作用能剥去蛋白质分子表面的水化层而使蛋白质沉淀下来，称为盐析。盐析是可逆过程，在一定条件下蛋白质可重新溶解，并恢复原来的生理活性。不同的蛋白质盐析时，盐的最低浓度是不同的。利用这个性质可以分离不同的蛋白质。

在蛋白质分离和强化技术中，常常使用生物化学试剂三氯乙酸和苦味酸。它们能够与大多数蛋白质阳离子结合生成不溶物而沉淀，但有个别蛋白质不沉淀。因此后者可用三氯乙酸或苦味酸纯化。

$$P(\overset{+}{N}H_3)(COOH) + C_6H_2(OH)(NO_2)_3 \longrightarrow [P(\overset{+}{N}H_3)(COO^-)]\,{}^-O\text{-}C_6H_2(NO_2)_3\downarrow$$

（5）变性作用

具有生物活性的蛋白质受物理和化学因素的影响，其复杂精密的空间结构被破坏，同时丧失生理活性的过程和现象称为变性作用。蛋白质变性后，其溶解度降低，黏度降低，生物活性丧失，蛋白质分子多肽链特有的规则排列变为较混乱的排列（见图 18-8），但变性蛋白质并未改变它的成分与分子量。蛋白质变性有可逆变性与不可逆变性。一般认为若破坏了蛋白质的二级结构，则会引起不可逆变性。如鸡蛋煮熟之后，鸡蛋蛋白发生的就是不可逆变性；一些酶在变性以后失去活性等都是不可逆的变性。若仅破坏了蛋白质的三级结构则只引起可逆的变性。例如有的蛋白质在加热时发生变性，冷却后又复原。不管是哪一种变性，都不涉及一级结构，即蛋白质分子中肽键并没有断裂，下面简要讨论几种变性因素引起的蛋白质变性情况。

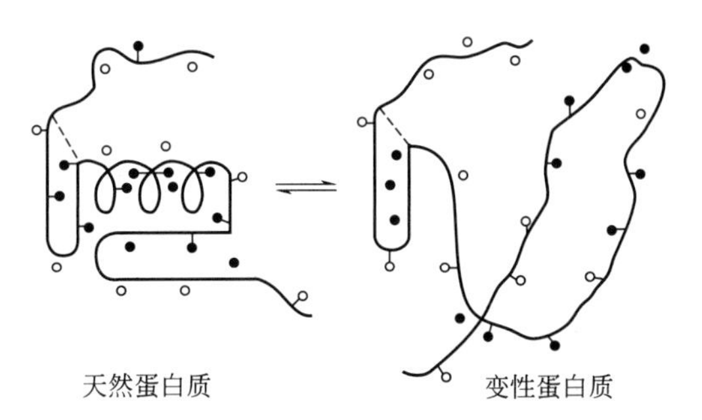

—o 表示极性及离子性基团　—• 表示疏水性基团

图 18-8　蛋白质分子变性示意图

① 热致变性　蛋白质的热致变性是日常生活中最常见的变性现象。瘦肉在烹调时收缩变硬，蛋清加热时凝固等，都是由蛋白质的热变性作用引起的。若温度很高，或长时间处在较高的温度下，则蛋白质的变性将是不可逆的。若温度较低，暴露时间短，则变性将是可逆的。蛋白质热致变性的原因是维系蛋白质分子空间结构的副键受到破坏。几乎所有的蛋白质在加热时都发生变性作用。蛋白质的热变性作用在食品工业得到广泛的应用。例如，在乳粉工业及罐头工艺中采用高温短时间的热力杀菌，以便保存食品的原有风味。

② 酸和碱的作用　在常温下，蛋白质在一定的 pH 值范围内保持天然状态，超出这一范围，蛋白质将变性。酸碱变性为可逆或不可逆。在强酸强碱条件下发生不可逆变性；在较温和的条件下，则引起可逆的变性作用。酸碱引起蛋白质变性的机制可能是因为蛋白质溶液 pH 值的改变导致多肽链中某些基团的解离程度发生变化，维持蛋白质分子空间构象所必需的带

相反电荷基团之间以静电作用形成的副键被破坏。加酸和加碱可加速热变性的速度。水果罐头杀菌所采取的温度一般较蔬菜罐头低，这和水果罐头中含有机酸较多（pH 值较低），加热容易引起细菌原生蛋白质变性有关。

③ 其他变性因素　有机溶剂如乙醇、丙酮达到相当饱和度时，蛋白质的水化膜被夺去并进入蛋白质分子内部引起结构破坏，蛋白质可沉淀下来。

汞、铜、银等重金属盐类加入蛋白质溶液中也能引起蛋白质变性，这一作用在高于蛋白质等电点时更为显著。因为重金属离子能与蛋白质分子中某些基团形成复合物而沉淀。这样蛋白质分子中原来的盐键受到了破坏，因此破坏了分子的空间结构。

$$P(\overset{+}{N}H_3)COOH \xrightarrow{HO^-} P(\overset{+}{N}H_3)COO^- \xrightarrow{Ag^+} P(\overset{+}{N}H_3)COO^-Ag^+\downarrow$$

这一变化可用于临床上抢救重金属中毒的病人，例如给汞中毒的病人喝大量牛乳或鸡蛋清，使蛋白质在消化道中与汞盐结合成变性的不溶解物，从而阻止有毒的汞盐离子被人体吸收。表面作用也能引起蛋白质的变性，例如蛋清起泡时，在气-液界面上的蛋白质分子由于受到不平衡力的作用而发生变性作用。

此外，放射线照射、超声波等许多因素也能造成蛋白质不同程度的变性。

（6）颜色反应

蛋白质所含的特殊氨基酸或特殊结构可与某些试剂反应生成有色物质。这些反应非常灵敏，常用于蛋白质的鉴定和定量测定。

① 双缩脲反应（又称缩二脲反应）　当尿素加热时，两分子尿素缩合放出一分子氨形成双缩脲 $H_2N\overset{O}{\overset{\|}{C}}NH\overset{O}{\overset{\|}{C}}NH_2$。它在碱性溶液中能与硫酸铜结合生成紫红色的络合物，这种络合物是具有螯形结构的有色物质。因为蛋白质与 $CuSO_4$ 及碱发生同样的颜色反应，所以叫做双缩脲反应。

② 黄色反应　蛋白质溶液中加入浓硝酸时，蛋白质先沉淀析出，再加热时，变成姜黄色沉淀及溶液。这一反应为苯丙氨酸、酪氨酸、色氨酸等含苯环的氨基酸所特有。硝酸与这些氨基酸中的苯环形成黄色的硝基化合物。

③ 与水合茚三酮的反应　与氨基酸相似，在蛋白质溶液中加入水合茚三酮并加热至沸腾则显蓝色。

④ 砖红色反应　在蛋白质溶液中加入米隆试剂（汞及亚汞的硝酸和亚硝酸盐混合物），蛋白质首先沉淀析出，再加热时变成砖红色。这一反应为酪氨酸中酚羟基所特有，并非蛋白质的特征反应，但因多数蛋白质均含酪氨酸残基，所以也是检验蛋白质的一种方法。

[问题 18-4]　2,3-二巯基-1-丙醇是抢救 Hg、As、Pb 等中毒病人的特效药，试阐明解毒原理并写出反应方程式。

[问题 18-5]　实验室中不小心触及硝酸为什么皮肤会留下黄色？

18.3.3　蛋白质的结构

（1）一级结构

简单地说，一级结构指蛋白质分子中的氨基酸顺序和二硫键桥的位置（如果有的话）。也就是说，一级结构反映了蛋白质分子中共价键连接的全部情况，包括分子的构造。图 18-5

表示了牛胰岛素的一级结构。蛋白质的一级结构决定了蛋白质的高级结构。

（2）二级结构

正如 18.2 节中所指出的，肽键所连接的羰基碳、氧和氮及氮上所连的氢四个原子共平面。C_α恰好处于两个酰胺平面的交接线上，N—C_α键和 C_α—C 键是可以自由旋转的。因此相邻的两个酰胺平面可以通过 C_α而相对旋转形成所谓的双面角。不同双面角导致主链构象产生不同的变化。图 18-9 表示了肽链双面角的两种典型构象。

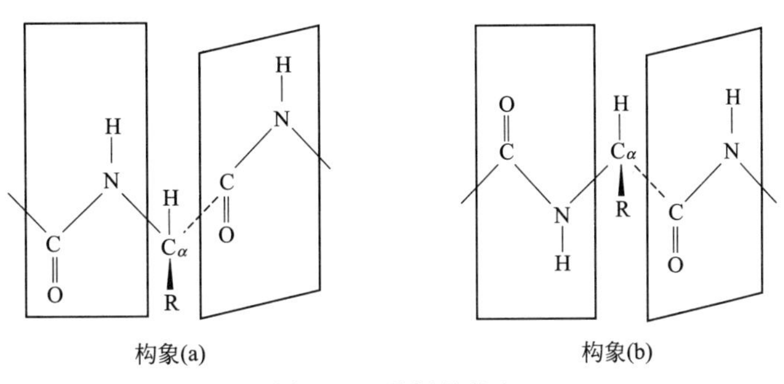

图 18-9 肽链的构象

肽链以不同的构象连接时产生了蛋白质不同的二级结构。以构象（a）连接时形成的 α-螺旋，以构象（b）连接形成的β-褶皱片层结构以及肽链走向逆转的β-转角是常见的蛋白质的二级结构。

① α-螺旋

α-螺旋结构（如图 18-10 所示）是 L. Pauling 和 R. Corey 于 1951 年首先提出来的。α-螺旋主链的旋转方向理论上既可以是左手螺旋，也可以是右手螺旋。但由于组成蛋白质的氨基酸均为 L 构型的，C_α与所连接的侧链基 C_β太接近，以至发生空间干扰，影响其稳定性，故一般蛋白质中只出现右手螺旋，仅在个别蛋白质的局部出现少见的左手 α-螺旋。

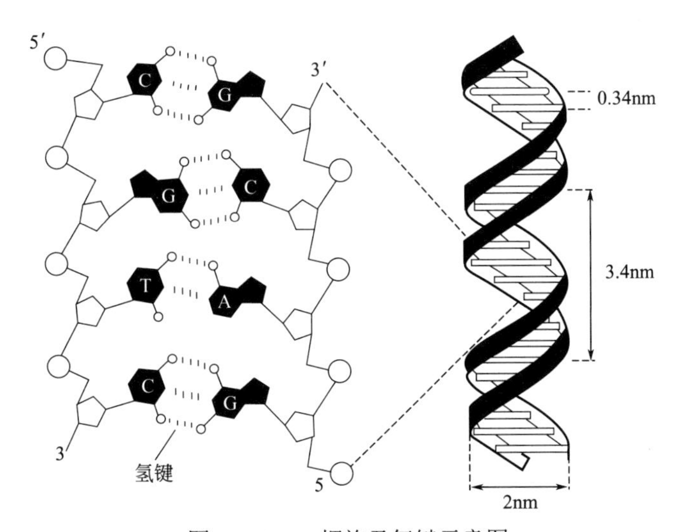

图 18-10 α-螺旋及氢键示意图

在α-螺旋中多肽链主链骨架围绕中心轴螺旋式上升，每上升一圈为 3.6 个氨基酸残基，相当于 0.544nm 的垂直距离，因此每个氨基酸残基沿中心轴上升 0.15nm，旋转 100°。螺旋是通过氢键而稳定的，氢键与螺旋主轴平行或近乎平行。蛋白质的一级结构不同，形成α-螺旋的多少也不同，如α-角蛋白几乎全是α-螺旋，肌红蛋白中约含 75%的α-螺旋，球蛋白中仅有少量α-螺旋存在。

② β-折叠

当肽链以图 18-9 中的构象（b）连接时，多肽链以伸展褶皱状平行或反平行排列在一起，链之间以氢键连接，这种看上去像瓦楞板一样的褶皱片就是β-折叠。β-折叠根据平行肽链主体之间的方向可分为平行与反平行两种方式。若多肽链 N-端均在β-折叠的同一端属平行式，若 N-端按反方向排列则为反平行式（如图 18-11 所示）。构成蚕丝的丝心蛋白就是以反平行方式组成的。

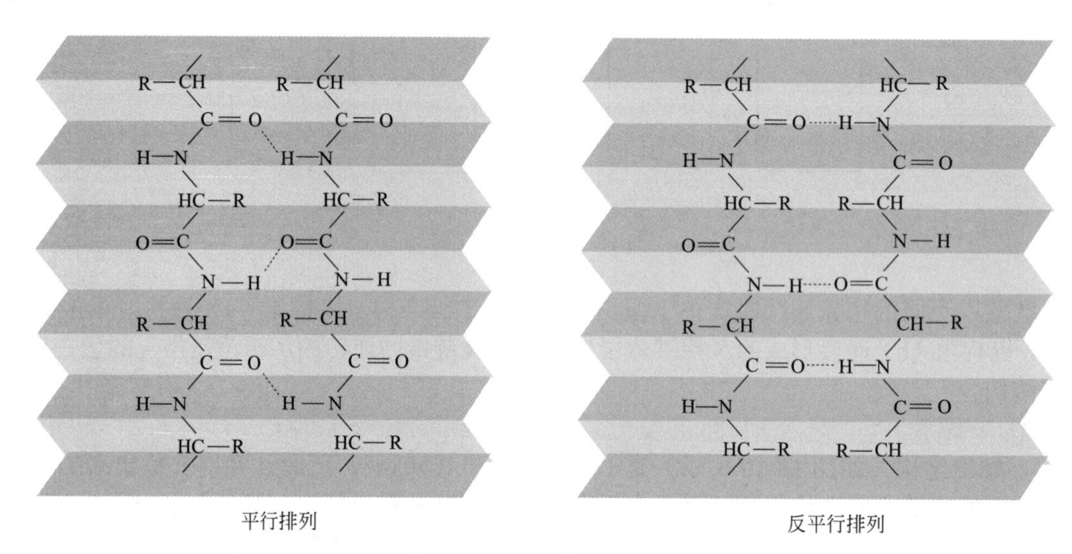

图 18-11 β-折叠结构

③ β-转角

球状蛋白的紧密球形是肽链走向的多次逆转的结果，主要是通过β-转角来实现的，因此β-转角是球状蛋白质重要的二级结构，在其他各种二级结构之间起连接作用。它可以出现在α-螺旋之间、α-螺旋与β-折叠之间或反平行β-折叠的片层之间连接两段肽链。在球状蛋白中含量颇多，并常位于分子表面，这与亲水性氨基酸残基形成β-转角的倾向很强有关。此外，甘氨酸及脯氨酸由于其结构特点也常出现在β-转角中，在β-转角的中间两个残基几乎有 2/3 是脯-天门冬-NH_2或脯-甘残基对。图 18-12 表示出了两种主要的β-转角结构。

（3）三级结构与四级结构

蛋白质的三级结构涉及蛋白质分子或亚基内所有原子的空间排布，是多肽链折叠卷曲的最终状态（见图 18-13）。由于蛋白质种类繁多、功能复杂，其最终空间结构显然也是千变万化的。然而无论如何复杂，总是由各种二级结构单元以各种连接方式结合成较大的折叠单位以构成更大的结构域。结构域是指球状蛋白的多肽链（构象单元）形成的一个或多个紧密的球状构象，多个球状构象由松散的肽链相连接。结构域中的某些部位往往承担一定的功能，称为功能域。功能域往往位于结构域的交界处。

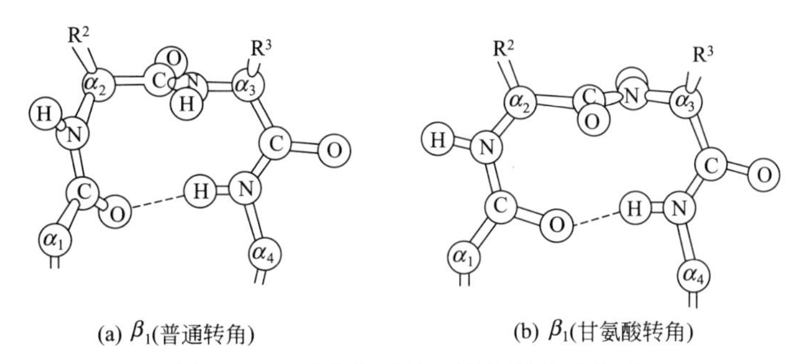

图 18-12　两种主要的β-转角结构示意图

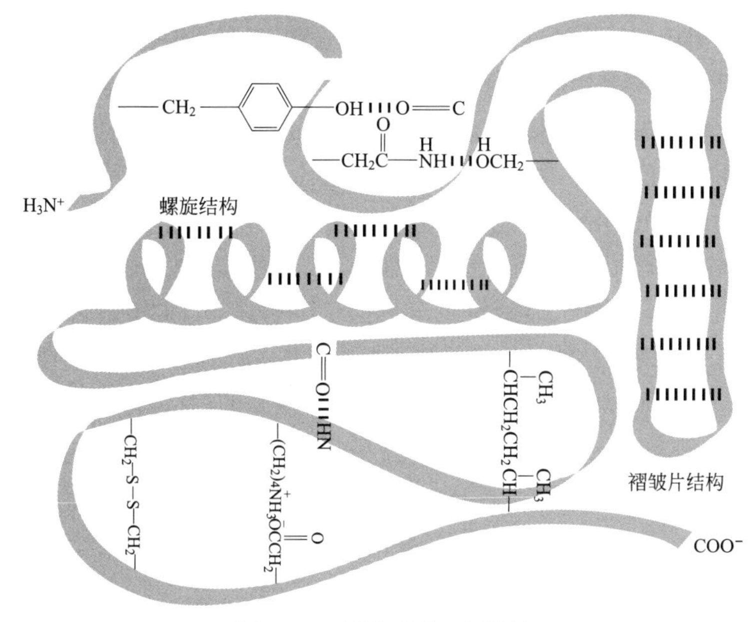

图 18-13　蛋白质的三级结构

维系蛋白质三级结构的力除氢键外，还有化学键、静电引力和范德华力，特别是形成二硫键的化学键力。

蛋白质的三级结构是生理条件下最稳定的构象。当改变温度、pH 值等条件时，其构象也可以改变。因此 pH 值的大小可以影响链间的氢键，温度可以改变不同构象间的平衡常数。由于构象的改变，原有分子的功能域——活性中心，可能会改变或消失，因此失去生理活性。原来亲水基在表面，现在不在了，因而失去水溶性等。这些现象就是蛋白质的变性。

两个或多个具有三级结构的肽链（亚基）缔合在一起就形成所谓的四级结构。由四条多肽链缔合而成的血红蛋白分子就是蛋白质四级结构的典型例子。

（4）蛋白质工程与药物分子设计

蛋白质工程是以蛋白质空间结构及其与生物学功能的关系为基础，通过分子设计和自设计结果所指导的特定基因修饰，实现对天然蛋白质的定向改造。其目的是为构造并生产性能比现有蛋白质更符合人类需要的蛋白质新品种提供科学依据和技术途径；同时，为分子生物学的研究提供强有力的新手段。改造的方法不是一个个地改变已存在的天然蛋白质，而是改造它们的基因，以改造后的基因为模板，再用基因工程的方法由工程菌种来生产蛋白质。

当前蛋白质工程研究主要集中在两个方面：一方面是对具有明显生物功能的天然蛋白质

分子进行改性及分子设计；另一方面是基于生物大分子结构的药物设计。众所周知，导致肿瘤发生的主要原因是存在于人类染色体上的原癌基因被激活，估计在人类基因组中约有1000个原癌基因位点。P_{53}被认为是肿瘤抑制家族中的主要成员之一，P_{53}基因突变是至今已知的与癌症相关的最普遍化的基因变化，约50%的癌症是由P_{53}基因突变引发的。P_{53}蛋白是抑癌基因的表达物。P_{53}基因和P_{53}蛋白能够调节正常细胞的生长和分化，监视细胞基因组的完整性，抑制细胞生长，协调细胞周期的进展和DNA复制，进而抑制肿瘤的生长。但是野生型P_{53}蛋白在人体内的半衰期很短，人们如果通过改性设计生产出性能优良的P_{53}蛋白，就能使癌症的基因疗法具有更好的效果。

随着人类基因组计划的执行，找到人类5万到10万个基因的碱基序列已经指日可待。因而确定人的上千个原癌基因和几万个与疾病相关基因表达产物的氨基酸顺序也会逐渐实现，这无疑会给人类疾患的治疗带来巨大希望。我们知道，药物的治疗作用主要是通过药物与受体的相互作用实现的。蛋白质是生物体中最主要的受体，如果人们了解受体蛋白的结构，就可以根据其结构来研究药物是怎样改变它的构象，进而产生治疗作用。设想各种可能的药的结构来模拟这种相互作用有助于找到较好的药物。这种基于大分子结构的药物设计使常规的药物开发从随机筛选，逐渐过渡到理性化，避免了财力、时间的浪费和盲目性。目前，已经有很多生物大分子（酶、抗体、致癌抑癌基因表达物、细胞表面受体、转录因子等）作为药物的受体模型，此类研究的成功实施将使人类许多疾患的治疗治愈成为可能。

18.4　酶

酶（enzyme）是一类高效、专一的生物催化剂，其结构是功能化蛋白，它在物质代谢中发挥着非常重要的作用，没有酶就没有生命体的活动。不仅生命体内的代谢反应都是由酶所催化的，而且酶和有机化学学科的联系越来越紧密，酶化学已经成为架设在化学学科和生物学学科之间的“桥梁”。

18.4.1　酶的命名

（1）习惯命名法

1961年以前酶的命名沿用的都是习惯名称。主要依据酶作用的底物和酶催化反应的性质及类型命名，如催化淀粉水解的酶叫淀粉酶，催化蛋白质水解的酶叫蛋白酶。有时还加上来源以区别不同来源的同一类酶，如胃蛋白酶、膜蛋白酶；或者根据酶催化反应的性质及类型命名，如水解酶、转移酶、氧化酶等。有的酶结合上述两个原则来命名，如琥珀酸脱氢酶是催化琥珀酸脱氢反应的酶。

习惯命名法比较简单，应用历史较长，尽管缺乏系统性，但现在还被人们使用。

（2）系统命名法

国际系统命名法原则上以酶所催化的整体反应为基础，规定每种酶的名称应当明确标明酶的底物及催化反应的性质。如果一种酶催化两个底物起反应，应在它们的系统名称中包括两种底物的名称，并以“：”号将它们隔开。若底物之一是水时，可将水略去不写（见表18-3）。

表 18-3　酶国际系统命名法举例

习惯命名	系统命名	催化反应
乙醇脱氢酶	乙醇：NAD^+氧化还原酶	乙醇+NAD^+ ⟶ 乙醛+NADH
谷丙转氨酶	丙氨酸：α-酮戊二酸氨基转移酶	丙氨酸+α-酮戊二酸 ⟶ 谷氨酸+丙酮酸
脂肪酶	脂肪：水解酶	脂肪+H_2O ⟶ 脂肪酸+甘油

（3）国际系统分类法及酶的编号

国际酶学委员会根据各种酶所催化反应的类型，把酶分为 6 大类，即氧化还原酶类、转移酶类、水解酶类、裂合酶类、异构酶类和连接酶类，分别用 1、2、3、4、5、6 来表示。再根据底物中被作用基团或键的特点将每一大类分为若干亚类，每个亚类又按顺序编成 1、2、3、4 等数字。每个亚类可再分为亚亚类，仍用 1、2、3、4 等编号。每个酶的分类编号由 4 个数字组成，数字间由“.”隔开。第一个数字指明该酶属于 6 大类中的哪一类；第二个数字指出该酶属于哪一亚类；第三个数字指出该酶属于哪一亚亚类；第四个数字则表明该酶在亚亚类中的排号。编号之前冠以 EC（为 Enzyme Commision 的缩写）。例如催化下列反应

$$ATP + D\text{-葡萄糖} \longrightarrow ADP + D\text{-葡萄糖-6-磷酸}$$

所用的酶命名为 ATP 葡萄糖磷酸转移酶，它催化从 ATP 中转移一个磷酸到葡萄糖的反应，分类数是 EC2.7.1.1。EC 表示国际酶学委员会，第一个数字“2”代表酶的分类（转移酶类）；第二个数字“7”代表亚类（磷酸转移酶类）；第三个数字“1”代表亚亚类（以羟基作为受体的磷酸转移酶类）；第四个数字“1”代表该酶在亚亚类中的排号（以 D-葡萄糖作为磷酸基的受体）。

这种系统命名原则及系统编号是相当严格的，一种酶只可能有一个名称和一个编号。一切新发现的酶都能按此系统得到适合的编号。从酶的编号可了解该酶的类型和反应性质。

18.4.2　酶的催化特点

酶作为催化剂与一般的化学催化剂一样，都能显著改变反应速率，使之快速达到平衡，但不能改变平衡常数。

因为酶的本质是蛋白质，其催化效果必然受到多种因素的调节控制，与一般的非生物催化剂相比，酶的催化具有以下特点。

（1）酶催化反应条件温和，剧烈条件下易失活

酶是一类生物大分子，使大分子变性的因素都能导致酶的变性，进而使酶失去催化活性，如高温、强酸、强碱、重金属盐等。因此酶催化的条件都比较温和，如在常压、常温、pH 接近中性的环境下进行。例如工业上合成氨需在 500℃和几百个大气压下才能完成，而生物固氮是在植物体中的固氮酶催化下完成的，通常在 27℃和中性环境下进行。

（2）酶具有高催化效率

酶催化反应与非催化反应相比，反应速率高 10^8～10^{20} 倍，比非生物催化剂高 10^7～10^{13} 倍。如刀豆脲酶催化尿素水解的反应：

$$NH_2-\overset{\overset{\displaystyle O}{\|}}{C}-NH_2 + 2H_2O + H^+ \longrightarrow 2\,NH_4^+ + HCO_3^-$$

在 20℃时，刀豆脲酶催化的反应速率常数是 $3\times10^4\ s^{-1}$，在非催化下，尿素的水解速率常数是 $3\times10^{-10}\ s^{-1}$，可见，酶催化下的速率常数是非催化下的 10^{14} 倍。

（3）酶具有高度专一性

酶催化的专一性是指酶对催化的反应和反应物有严格的选择性，被作用的反应物称为底物。酶的专一性可分为两种类型。

① 结构专一性

有些酶对底物的结构要求很严，只作用于一种底物，这种专一性称绝对专一性。例如脲酶只能水解尿素，而对尿素的各种衍生物没有作用；再如麦芽糖酶只作用于麦芽糖，对其他双糖则不催化。有些酶可作用于一些结构相近的底物，这种专一性称相对专一性。例如 α-D-葡萄糖苷键只要求α-糖苷键和糖苷键一端的糖基具有葡萄糖基，而对配基要求不严，因此它可催化各种α-D-葡萄糖苷衍生物中α-糖苷键的水解。

② 立体异构专一性

当底物具有立体异构体时，酶只作用于其中一种异构体，这种专一性称为立体异构专一性，如旋光异构专一性，L-氨基酸氧化酶只能催化 L-氨基酸的氧化，对 D-氨基酸无作用。

$$\text{L-氨基酸} + H_2O + CO_2 \xrightarrow{\text{L-氨基酸氧化酶}} \alpha\text{-酮酸} + NH_3 + H_2O_2$$

又如几何异构专一性，琥珀酸（丁二酸）脱氢酶只能催化琥珀酸脱氢生成反丁烯二酸，而不能生成顺丁烯二酸。

$$\underset{\text{琥珀酸}}{HOOC\text{—}CH_2CH_2\text{—}COOH} \xrightarrow{\text{琥珀酸脱氢酶}} \underset{\text{反丁烯二酸}}{HOOC\text{—}CH{=}CH\text{—}COOH}$$

酶的立体专一性在有机、生物合成中有很大的使用价值，例如在合成旋光性药物时，利用酶催化或酶的不对称拆分可得到所需产物，而一般的化学催化得到的是外消旋的混合体。

18.4.3 酶的活力测定

（1）酶活力

酶活力是指酶催化某一化学反应的能力，可以用在一定条件下所催化的某一化学反应的反应速率（reaction velocity 或 reaction rate）来表示酶活力的大小，两者呈线性关系。酶催化的反应速率越大，酶的活力越高；反应速率越小，酶的活力越低。所以测定酶的活力就是测定酶促反应的速率。酶催化的反应速率可用单位时间内底物的减少量或产物的增加量来表示。在酶活力测定试验中底物往往是过量的，因此底物的减少量只占总量的极小部分，测定时不易准确，相反产物从无到有，只要测定方法足够灵敏就可以准确测定。由于在酶促反应中底物减少与产物增加的速率相等，因此在实际酶活力测定中一般以测定产物的增加量为准。产物生成量（或底物减少量）对反应时间作图，如图 18-14 所示。

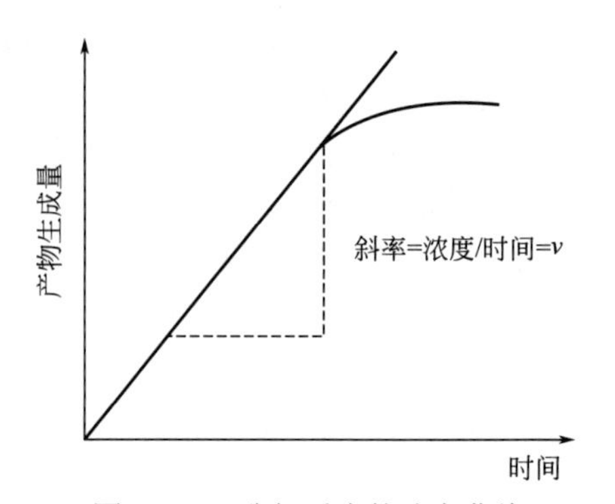

图 18-14 酶促反应的速率曲线

（2）酶的活力单位（U，activity unit）

酶活力的大小即酶含量的多少，用酶活力单位表示，即酶单位（U）。酶单位的定义是：在一定的条件下，一定时间内将一定量的底物转化为产物所需酶的用量。这样酶的含量就可以用每克酶制剂或每毫升酶制剂含有多少酶单位来表示（U/g 或 U/mL）。

为使各种酶活力单位标准化，1961 年国际生物化学协会酶学委员会及国际纯化学和应用化学协会临床化学委员会提出采用统一的国际单位（IU）来表示酶活力，规定在最适反应条件（温度 25℃）下每分钟内催化 1μmol 底物转化为产物所需的酶量为一个酶活力单位，即 lIU=lμmol/min，但人们仍常用习惯的单位。例如α-淀粉酶的活力单位规定为每小时催化 1g 可溶性淀粉液化所需要的酶量，也有用每小时催化 1mL 2%可溶性淀粉液所需要酶的量定为一个酶单位。

酶的比活力（specific activity）代表酶的纯度，根据国际酶学委员会的规定比活力用每毫克蛋白质所含的酶活力单位数表示，对同一种酶来说，比活力愈大，表示酶的纯度愈高。

比活力=活力 U/mg 蛋白=总活力 U/总蛋白 mg

有时用每克酶制剂或每毫升酶制剂含有多少个活力单位来表示（U/g 或 U/mL）。比活力大小可用来比较单位质量蛋白质的催化能力。比活力是酶学研究及生产中经常使用的数据。

18.4.4　影响酶促反应的因素

（1）温度对酶促反应的影响

酶催化的反应如大多数一般化学反应一样受温度的影响。酶是蛋白质，其受热温度有一最佳温度。当反应超过此温度时，反应速率不仅没有增加，而且会大幅度下降，这是因为酶失活所致，通常把这个最佳温度称为酶的最适温度。不同的酶有不同的最适温度，通常酶的最适温度在 35～40℃之间。

酶的固体状态比在溶液中相对耐热，如酶的冻干粉在冰箱中可放置几个月，甚至更久。而酶溶液即使在冰箱中也只能保存几周，甚至几天就会失活，一般酶制剂以固态为佳。

（2）pH 值对酶促反应的影响

酶的催化活性也受 pH 值的影响。各种酶在一定条件下都有其最合适 pH 值，即 pH 值高于或低于最合适 pH 值时，酶的活性下降。大多数酶最合适的 pH 值在 5～8 之间，但也有例外，如肝中精氨酸酶最合适 pH 值为 9.7。

pH 值影响酶活力的原因可能有以下几个方面：①过酸、过碱时，引起酶构象的变化，致使酶失活；②影响反应时的活力，例如影响底物的解离、酶与底物的结合等；③pH 值也可能影响酶分子有关基团解离，从而影响酶活性部分的构象，进而影响酶的活性。

由于酶的活性受 pH 值的影响较大，因此酶的提纯及活力测定都在某一缓冲溶液中进行。需要指出的是不同的酶其最合适 pH 值是不相同的。

（3）酶的激活与抑制

能提高酶活性的物质均称为酶的激活剂（activator），其中大部分为无机离子或简单的有机化合物。其中金属离子有 K^+、Ca^{2+}、Mg^{2+}、Zn^{2+}及 Fe^{2+}等，无机阴离子如 Cl^-、Br^-、I^-、CN^-、PO_4^{3-}等。具有激活作用的离子可能直接参与辅酶或底物的反应，如结合在黄素上的铁离子。有的离子本身就是酶的一部分，如碱性磷酸酶中的 Zn^{2+}，可作为酶活性构象的稳定剂。

有些小分子有机化合物可作为酶的激活剂，例如半胱氨酸、还原型谷胱甘肽等还原剂对某些含巯基的酶有激活作用，使酶中二硫键还原成巯基，从而提高酶活性。木瓜蛋白酶和甘油醛-3-磷酸脱氢酶都属于巯基酶。在它们的分离纯化过程中，往往需加上述还原剂以保护巯基不被氧化。再如一些金属螯合剂如 EDTA（乙二胺四乙酸）等能除去重金属离子对酶的抑制，也可视为酶的激活剂。

能使酶活力降低的物质称为酶的抑制剂（inhibitor）。但强酸、强碱等造成酶变性失活不属酶的抑制作用而称酶的钝化。可见酶的抑制作用是指抑在制剂作用下酶活性中心或必需基团发生性质的改变并导致酶活性降低或丧失的过程。

按抑制剂的作用方式分为不可逆性抑制和可逆性抑制两类。不可逆性抑制作用的抑制剂以共价键与酶的必需基团结合，因结合很牢不能用透析或超滤方法使两者分开，故所造成的抑制作用是不可逆的。如重金属离子（Pb^{2+}、Cu^{2+}等）和对氯汞苯甲酸与酶分子的巯基进行不可逆结合；化学毒剂“路易氏气”则是一种含砷的化合物，它能抑制含巯基酶的活性。重金属离子与酶分子必需基团巯基结合是造成酶活性抑制的主要原因。二巯基丙醇是一种含巯基的化合物，可以置换结合酶分子上的重金属离子而使酶恢复活性，因此临床上用作抢救重金属中毒的药物；二异丙基氟磷酸（diisopropyl phosphofluoride，DIFP）专一性地共价结合胆碱酯酶活性中心的丝氨酸残基的羟基，造成酶活性的抑制。有机磷农药、敌敌畏等具有与DIFP类似的结构，它能使昆虫胆碱酯酶磷酰化，而胆碱酯酶与中枢神经系统有关。正常机体在神经兴奋时，神经末梢释放出乙酰胆碱传导刺激。乙酰胆碱发挥作用后，被乙酰胆碱酯酶水解为乙酸和胆碱。若胆碱酯酶被抑制，神经末梢分泌的乙酰胆碱不能及时地分解掉，造成突触间隙乙酰胆碱的积累，引起一系列胆碱能神经过度兴奋，如抽搐等症状，最后导致昆虫死亡，同样的机制可使人畜受害，因此这类物质又称神经毒剂。解磷定等药物可以置换结合于胆碱酯酶上的磷酰基而恢复酶活力，故用于抢救因农药而中毒的病人。一氧化碳等物质能与金属离子形成稳定的络合物，而使一些需要金属离子的酶活性受到抑制，如含铁的卟啉辅基的细胞色素氧化酶。抑制剂以非共价键与酶结合，不牢固，可用透析等物理方法把酶与抑制剂分开，使酶恢复催化活性，故称为酶的可逆性抑制作用。例如丙二酸竞争性地抑制琥珀酸脱氢酶催化琥珀酸脱氢生成反式丁烯二酸的反应。丙二酸只比琥珀酸少一个碳原子，故可与琥珀酸竞争结合琥珀酸脱氢酶的活性中心，但该酶不能催化丙二酸脱氢而形成死端，从而抑制琥珀酸脱氢酶的活力。此时增加反应系统中琥珀酸的浓度，可以解除丙二酸对酶的抑制作用。草酰乙酸、苹果酸的化学结构也与琥珀酸相似，它们也是琥珀酸脱氢酶的竞争性抑制剂。

阅读材料

酶工程

酶工程就是将酶或者微生物细胞、动植物细胞、细胞器等在一定的生物反应装置中，利用酶所具有的生物催化功能，借助工程手段将相应的原料转化成有用物质并应用于社会生活的一门科学技术。它包括酶制剂的制备、酶的固定化、酶的修饰与改造及酶反应器等方面的内容。酶工程的应用主要集中于食品工业、轻工业以及医药工业。实际上人类有意识地利用酶已经有好多年历史了，也经历了几个发展阶段。开始的时候人们直接从动植物或微生物体内提取酶做成酶制剂用于产品生产，这种方法直到现在仍被沿用。比如说，现在我们使用的洗涤剂，大部分是加酶的，其去污力大大加强了。此外，在制造奶酪、水解淀粉、酿造啤酒及食品烤制中，酶制剂都可以得到直接的应用。由于从动植物中提取酶较麻烦，数量也有限，人们普遍看好通过微生物大规模培养，然后从中提取酶以获取大量酶制剂的方法。目前很多的商品酶，如淀粉酶、糖化酶、蛋白酶等，主要来自微生物，所以酶工程离不开微生物发酵工程，也可以说是发酵工程的产物。

20世纪70年代以后，伴随着第二代酶——固定化酶及其相关技术的产生，酶工程才算真正登上了历史舞台。固定化酶正日益成为工业生产的主力军，在化工医药、轻工食品、环境保护等领域发挥着巨大的作用。不仅如此，还产生了威力更大的第三代酶，它是包括辅助因子再生系统在内的固定化多酶系统，它正在成为酶工程应用的主角。我们知道酶在生物体内的含量是有限的，不管是哪种酶在细胞中的浓度都不会很高，这也是出于生物机体生命活动平衡调节的需要。可是这样一来，就限制了直接利用天然酶更有效地解决很多化学反应的可能性，利用基因工程的方法可以解决这一难题。只要在生物体内找到某种有用的酶，即使含量再低，只要应用基因重组技术，通过基因扩增与增强表达就可能建立高效表达特定酶制剂的基因工程菌或基因工程细胞。把基因工程菌或基因工程细胞固定起来就可构建成新一代的生物催化剂——固定化工程菌或固定化工程细胞。人们也把这种新型的生物催化剂称为基因工程酶制剂。新一代基因工程酶制剂的开发研制，无疑使酶工程如虎添翼。固定化基因工程菌、基因工程细胞技术将使酶的威力发挥得更出色，科学家们预言，如果把相关的技术与连续生物反应器巧妙结合起来，将导致整个发酵工业和化学合成工业的根本性变革。对酶进行改造和修饰也是酶工程的一项重要内容。

本章小结

1. α-氨基酸是蛋白质的基本组成单位。构成蛋白质的 20 余种天然氨基酸均属 L 型。氨基酸具有氨基和羧基的典型反应。两性性质和等电点是氨基酸的重要性质。

2. 不同氨基酸—NH_2和—COOH 的数目不同，解离程序不同，因而其等电点也不同。

等电点时，氨基酸以偶极离子形式存在；溶液的 pH 值大于 pI 时，以阴离子形式存在；溶液的 pH 值小于 pI 时，以阳离子形式存在。等电点时氨基酸的溶解度最小。

3. 蛋白质是由 α-氨基酸通过肽键结合的具有生理功能的生物大分子。维系蛋白质分子骨架和精细空间结构的力除肽键，还有二硫键、氢键、盐键和疏水作用等。蛋白质分子中氨基酸的连接顺序构成蛋白质的一级结构。α-螺旋、β-折叠和β-转角是蛋白质二级结构的主要形式。三级结构是蛋白质分子在生理条件下最稳定的构象。在一定的条件下，蛋白质分子原有的精细空间结构或构象被破坏，导致蛋白质分子丧失原有的生理活性，称为蛋白质的变性。

4. 许多活性多肽在生命活动中起着重要的调节作用。肽结构的测定首先要进行氨基酸残基的组成分析，接下来要进行氨基和羧基末端的测定，以及蛋白质或长肽段的裂解。Sanger 法和丹磺酰化法常用于 N-端的测定；测定 C-端氨基酸最成功的是酶催化法；肽段裂解常用的是专一性酶切断法或溴化氰法。Edman 降解法是使用最广泛的肽段序列测定法。

5. 蛋白质工程是以蛋白质空间结构及其与生物学功能的关系为基础，通过分子设计和自由设计结果所指导的特定的基因修饰而实现对天然蛋白质的定向改造。

习　题

18-1　氨基酸既具有酸性又具有碱性，但它们的等电点都不等于 7。即使一个氨基、一个羧基的氨基酸，其等电点也不等于 7，这是为什么？

18-2　请预测下列氨基酸水溶液在等电点时是酸性还是碱性？为什么？

（a）丙氨酸　（b）精氨酸　（c）胱氨酸

（d）赖氨酸　（e）天门冬氨酸　（f）酪氨酸

18-3　写出谷氨酸在指定条件下占优势的结构形式。

（a）在强酸溶液中　（b）在强碱溶液中　（c）在等电点时

18-4 （a）谷氨酰胺（$H_2NC(=O)CH_2CH_2CH(NH_2)COOH$）的等电点（5.65）比谷氨酸（$HOOCCH_2CH_2CH(NH_2)COOH$）的（3.22）高，给予解释。

（b）写出下列反应式：

① 亮氨酸+NaOH ② 丙氨酸+$NaNO_2$ + HCl ③ 丙氨酸+C_2H_5OH + HCl（干） ④ 丙氨酸受热

⑤ 2,4-二硝基氟苯（O_2N—$C_6H_3(NO_2)$—F）+丙氨酸 ⑥$C_6H_5CH_2OCOCl$+丙氨酸

18-5 写出符合下列实验现象的 α-氨基酸的结构式。

（a）和过量的乙酐作用生成单乙酰衍生物，但用 HNO_2 处理时无 N_2 放出。

（b）0.445g 样品用 HNO_2 处理，可生成 112mL N_2（标准状况下）。

18-6 怎样分离赖氨酸和丙氨酸的混合物？

18-7 如何用化学方法区分下列各组化合物？

（a）天门冬氨酸和丙氨酸 （b）丝氨酸和苏氨酸 （c）甘氨酸乙酯和缬氨酸

18-8 一个三肽的结构式如下：

$$H_2N(CH_2)_4CH(NH_2)C(=O)—NHCH(CH_3)C(=O)—NHCH(COOH)CH_2—C_6H_5$$

（a）写出此三肽的名称。

（b）要使其达到等电点，应如何调节其溶液的 pH 值？

（c）完全水解时能生成哪些氨基酸？

18-9 某一蛋白质的等电点为 4.5，放在 pH 值为 6.5 的水溶液中，在电场中蛋白质颗粒向哪一极移动？为什么？

18-10 已知甲、乙、丙三种蛋白质的等电点依次为 2.0、7.5、9.0，问：

（a）它们在水溶液中各以何种离子形式存在？

（b）要使这三种蛋白质在混合溶液中都主要以正离子存在，将怎样调节溶液的 pH 值？该值至少小于或大于何 pH 值？

18-11 有一种化合物 A（$C_3H_7O_2N$）具有旋光性，与乙醇脱水成酯，与盐酸作用成盐，与亚硝酸作用放出 N_2。试推断 A 的构造式。

18-12 有一液体样品，用何种方法可以鉴定其中的蛋白质及葡萄糖？

18-13 一个三肽用酸水解后生成三种 α-氨基酸：Ala、Val、Glu。写出该三肽可能的结构式并命名。

18-14 用甘氨酸和丙氨酸能合成多少种二肽？

18-15 电流通过缓冲 pH=6 的丙氨酸（6.0）、谷氨酸（3.2）和精氨酸（10.7）水溶液时，出现什么情况？（括号内为等电点）

18-16 经分析一个七肽的氨基酸组成是：Lys、Gly、Arg、Phe、Ala、Tyr 和 Ser。此肽未经糜蛋白酶处理时，与 FDNB 反应不产生α-DNP-氨基酸。经糜蛋白酶作用后，此肽断裂成两个肽段，其氨基酸组成分别为 Ala、Tyr、Ser 和 Gly、Phe、Lys、Arg。这两个肽段分别与 FDNB 反应，可分别产生 DNP-Ser 和 DNP-Lys。此肽与胰蛋白酶反应同样能生成两个肽段，它们的氨基酸组成分别是 Arg、Gly 和 Phe、Tyr、Lys、Ser、Ala。试问此七肽的一级结构是怎样的？

第 19 章 脂类及相关的天然产物

习惯上人们把油脂（fat and oil）、蜡（wax）、磷脂（phospholid）等统称为脂类或脂质（lipid），它与糖、蛋白质等构成了生物的三大营养元素。萜类（terpene）、甾体化合物（steroid）、维生素 A、维生素 D、前列腺素（prostaglandin）等尽管结构上与脂类不尽相同，但基于物态和物理性质（如含碳较高、难溶于水易溶于非极性溶剂等）的相似性，以及共同的生物来源（醋酸根生物合成的衍生物或次生衍生物），化学家习惯上把它们统称为类脂化合物。

19.1 油脂

油脂定义为混脂肪酸三酰甘油（triacylglycerol）或甘油三酯（triglceride）的混合物。通常将常温下呈液态的称为油，如花生油、菜籽油等；呈固态或半固态的称为脂，如可可脂、牛脂等。

19.1.1 结构与命名

从结构上讲，甘油三酯可以看成脂肪酸和甘油生成的酯。其中的酰基部分占据了整个甘油三酯分子量的90%以上，天然油脂的性质主要取决于其脂肪酸组成。

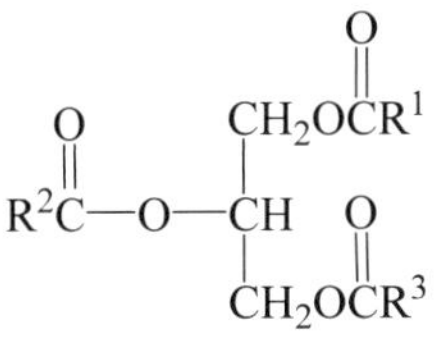

$$\begin{array}{l} \quad\quad\quad\quad\quad\; CH_2OC(=O)R^1 \\ R^2C(=O)-O-CH \\ \quad\quad\quad\quad\quad\; CH_2OC(=O)R^3 \end{array}$$

甘油三酯通式

$$\begin{array}{ll} \quad\quad\quad\quad\quad\quad\quad\quad\quad\; CH_2OC(=O)(CH_2)_{10}CH_3 & Sn\text{-}1(\alpha) \\ H_3C(H_2C)_{12}C(=O)O-\!\!-H & Sn\text{-}2(\beta) \\ \quad\quad\quad\quad\quad\quad\quad\quad\quad\; CH_2OC(=O)R(CH_2)_{10}CH_3 & Sn\text{-}3(\alpha') \end{array}$$

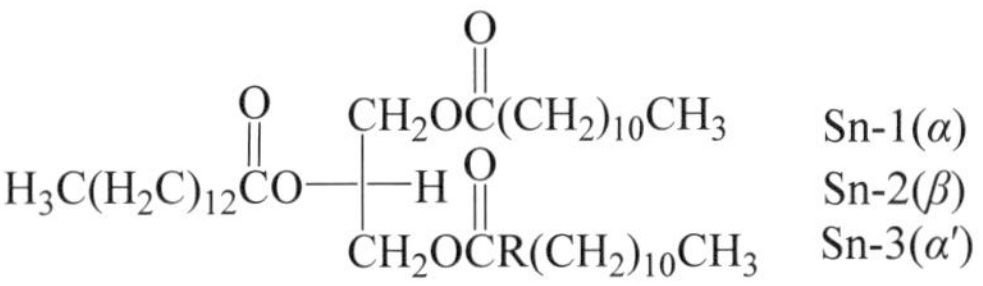

α-月桂酰-β-豆蔻酰-α'-软脂酰甘油酯

Hirschmann 于 1969 年提出的 Sn 命名法被国际纯粹和应用化学联合会及国际生物化学联合会（IUPAC-IUB）规定为甘油三酯命名的标准方法。命名原则是：处于 L 构型的甘油三酯（Fischer 投影平面构型）三个酰基自上而下依次标记为 Sn-1、Sn-2、Sn-3 或 α、β、α'，如 B 的系统名称应为：Sn-1-月桂酰-2-豆蔻酰-3-软脂酰甘油酯。该命名方法准确地表示出了天然油脂中甘油三脂肪酸酯的结构。

19.1.2 脂肪酸

构成天然油脂的近 200 种脂肪酸多数为偶数碳直链羧酸，奇数碳、带支链、含环或带羟基等特殊官能团的脂肪酸仅占少数。表 19-1 列出了组成油脂的有代表性的脂肪酸，其中软脂酸、硬脂酸、油酸、亚油酸、亚麻酸分布最广，是构成绝大多数动植物油脂的主要脂肪酸。

有关研究表明，诸如亚油酸、α-亚麻酸、γ-亚麻酸等是人和其他哺乳动物生长所必需的而人体内又不能合成的脂肪酸，称为必需脂肪酸（essential fatty acid，EFA）。花生四烯酸可以通过亚麻酸代谢产生，故不能称为必需脂肪酸。EPA、DHA 等不饱和脂肪酸由于对心血管病有明显的治疗作用而引起人们的重视。共轭亚油酸（CLA）更是由于它显著的抗癌作用、减肥作用等生理活性而成为研究的热点。晁模酸俗称大风子酸，可用于治疗麻风病。蓖麻酸则具有广泛的工业用途。

表 19-1 构成天然油脂的部分脂肪酸

俗名或简称	系统名称	速记表达	结构式	熔点/℃	来源
月桂酸（lauric acid）	十二烷酸	C_{12}：0	$CH_3(CH_2)_{10}COOH$	44	椰子油、棕榈仁
肉豆蔻酸（myristic acid）	十四烷酸	C_{14}：0	$CH_3(CH_2)_{12}COOH$	53.9	肉豆蔻种子油
棕榈酸（palmitic acid）	十六烷酸	C_{16}：0	$CH_3(CH_2)_{14}COOH$	63	所有动植物油
硬脂酸（stearic acid）	十八烷酸	C_{18}：0	$CH_3(CH_2)_{16}COOH$	69.6	所有动植物油
棕榈油酸（zoomaric acid）	顺-9-十六碳烯酸	9c~16：1	$CH_3(CH_2)_5\overset{H}{C}=\overset{H}{C}(CH_2)_7COOH$	1.0	海洋动物油、动物乳
油酸（oleic acid）	顺-9-十八碳烯酸	9c~18：0	$CH_3(CH_2)_7\overset{H}{C}=\overset{H}{C}(CH_2)_7COOH$	16.3	茶油、橄榄油等
芥酸（erucic acid）	顺-13-二十二碳烯酸	13c~22：1	$CH_3(CH_2)_7\overset{H}{C}=\overset{H}{C}(CH_2)_{11}COOH$	33.5	十字花科芥籽属
亚油酸[①]（linoleic acid）	顺-9,顺-12-十八碳二烯酸	9c,12c~18：2	$CH_3(CH_2)_4\overset{H}{C}=\overset{H}{C}CH_2\overset{H}{C}=\overset{H}{C}(CH_2)_7COOH$	−5	红花油、葵花籽油
CLA(conjugated linoleic acid)	9,11-十八碳二烯酸 10,12-十八碳二烯酸	9,11～18：2 10,12～18：2	$CH_3(CH_2)_5CH=CHCH=CH(CH_2)_7COOH$ $CH_3(CH_2)_4CH=CHCH=CH(CH_2)_8COOH$		瘤胃动物乳汁
α-亚麻酸[①]（linolenic acid）	顺-9,顺-12,顺-15-十八碳三烯酸	9c,12c,15c~18：3	$CH_3CH_2\overset{H}{C}=\overset{H}{C}CH_2\overset{H}{C}=\overset{H}{C}CH_2\overset{H}{C}=\overset{H}{C}(CH_2)_7COOH$	−10~−10.3	亚麻籽油、苏籽油
γ-亚麻酸[①]（γ-linolenic acid）	顺-6,顺-9,顺-12-十八碳三烯酸	6c,9c,12c~18：3	$CH_3(CH_2)_4\overset{H}{C}=\overset{H}{C}CH_2\overset{H}{C}=\overset{H}{C}CH_2\overset{H}{C}=\overset{H}{C}(CH_2)_4COOH$		月见草油
α-桐酸（α-eleostearic acid）	顺-9,反-11,反-13-十八碳三烯酸	9c,11t,13t~18：3	$CH_3(CH_2)_3\overset{H}{C}=\underset{H}{C}\overset{H}{C}=\underset{H}{C}\overset{H}{C}=\overset{H}{C}(CH_2)_7COOH$	48~49	桐油
花生四烯酸（arachidonic acid）	顺-5,顺-8,顺-11,顺-14-二十碳四烯酸	5c,8c,11c,14c~20:4	$CH_3(CH_2)_4\overset{H}{C}=\overset{H}{C}CH_2\overset{H}{C}=\overset{H}{C}CH_2\overset{H}{C}=\overset{H}{C}$ $HOOC(H_2C)_3\underset{H}{C}=\underset{H}{C}-CH_2$	−49.5	海洋动物鱼油、花生油

续表

俗名或简称	系统名称	速记表达	结构式	熔点/℃	来源
EPA	顺-5,顺-8,顺-11,顺-14,顺-17-二十碳五烯酸	5c,8c,11c,14c,17c~20:5	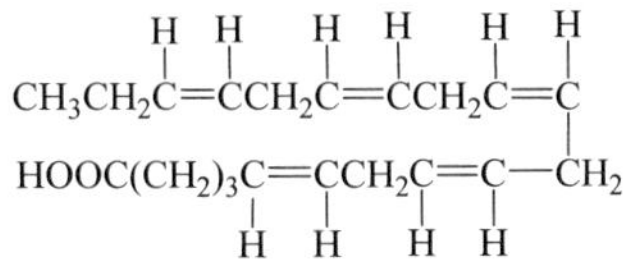 H H H H H H $CH_3CH_2C{=}CCH_2C{=}CCH_2C{=}C$ $HOOC(CH_2)_3C{=}CCH_2C{=}C{-}CH_2$ H H H H		鳕鱼肝油
DHA	顺-4,顺-7,顺-10,顺-13,顺-16,顺-19-二十二碳六烯酸	4c,7c,10c,13c,16c,19c~22:6	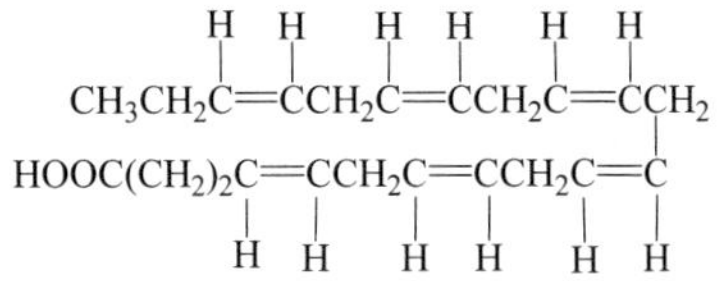 H H H H H H $CH_3CH_2C{=}CCH_2C{=}CCH_2C{=}CCH_2$ $HOOC(CH_2)_2C{=}CCH_2C{=}CCH_2C{=}C$ H H H H H H		沙丁鱼肝油
晁模酸（chaumoogric acid）	13-（2-环戊烯基）-十三碳酸		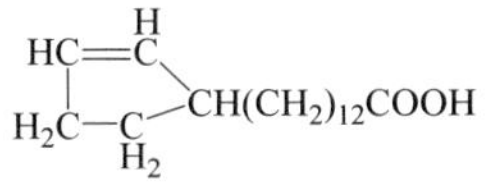 H $HC{=}C$ $CH(CH_2)_{12}COOH$ $H_2C{-}C$ H_2		大风子种子油
环氧油酸（epoxy acid）	12,13-环氧-顺-9-十八碳烯酸		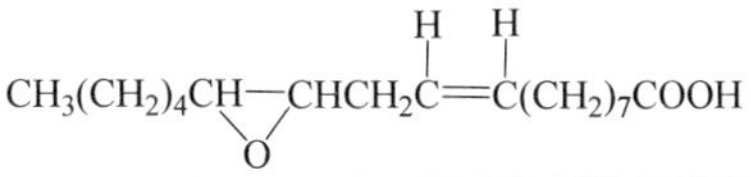 H H $CH_3(CH_2)_4CH{-}CHCH_2C{=}C(CH_2)_7COOH$ O		秋葵及锦葵科种子油
蓖麻酸（ricinolic acid）	12-羟基-顺-9-十八碳烯酸		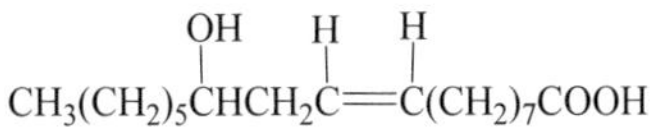 OH H H $CH_3(CH_2)_5CHCH_2C{=}C(CH_2)_7COOH$	16	蓖麻油

① 人体必需脂肪酸。

花生四烯酸、EPA 等二十碳多烯酸虽然不是必需脂肪酸，但却是许多内源性天然活性物质诸如前列腺素、凝血噁烷、前列环素、白三烯等的生物前体。花生四烯酸通过环化氧化酶生成前列腺素、凝血噁烷及前列环素。前列腺素有多种类型，承担不同的生理功能，如引起平滑肌收缩，抗血小板凝聚和血栓的形成，引起炎症及疼痛等防卫反应，也是多种生理过程的重要介质。凝血噁烷能使血小板凝集和血管收缩，与前列腺素作用相反。正常情况下机体通过释放这两类物质使创伤部分止血和防止正常人体血液循环中血栓的形成。这些化合物活性很强，半衰期短，只有当需要时才由膜结合的花生四烯酸等应急合成。白三烯是二十碳多烯脂肪酸的衍生物，因其来源于白细胞且分子结构中有三个共轭双键而得名。白三烯是免疫反应、炎症及肺功能的重要调节物质。

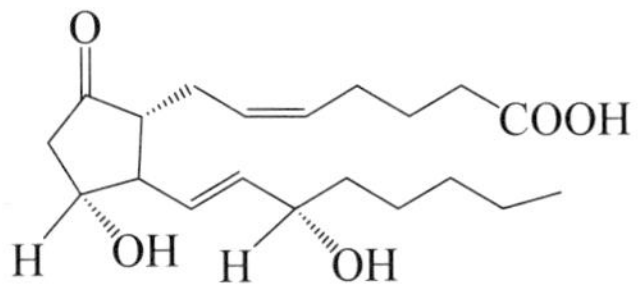

前列腺素 (PGE_2) 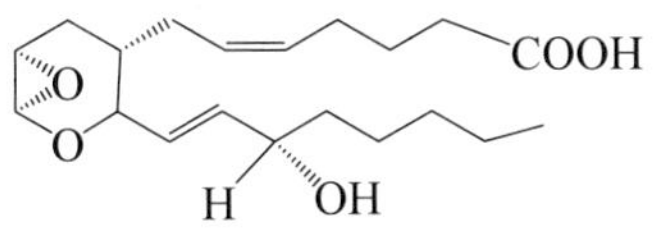　　凝血噁烷 (TXA_2) 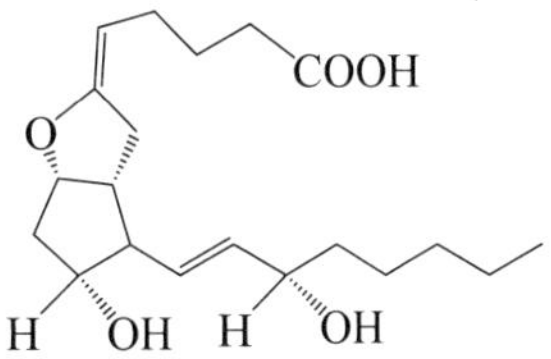　　前列环素 (DGI_2)

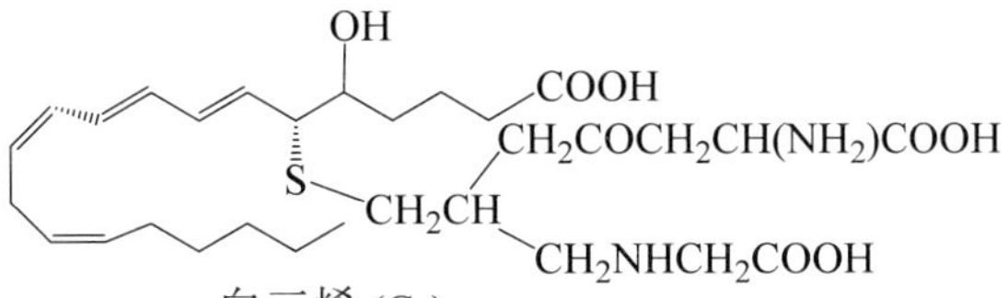

白三烯 (C_4)

天然油脂的物理性质与其脂肪酸组成有很大关系。如不饱和脂肪酸含量很高的豆油、花生油等常温下为液态，而饱和脂肪酸含量很高的猪油、可可脂等常温下为固态。脂肪酸组成相同的油脂，不同类型的脂肪酸在三个位置的分布不同，其物理性质也会有明显差异。可可脂正是由于其独特的脂肪酸分布和结晶熔化特性而作为巧克力生产的主要用脂，具有很高的经济价值。

19.1.3 化学性质

油脂的相对密度小于 1，难溶于水，易溶于乙醚、正己烷、石油醚、热乙醇等有机溶剂。

天然油脂的官能团主要是酯酰键和脂肪酸碳链上的双键。所以甘油三酯的化学性质主要表现在酯键上的水解反应、酯交换反应等，以及双键上的加成、氢化、聚合等反应。另外一些特殊的脂肪酸酯如蓖麻油中的羟基表现出其独有的一些性质。

（1）水解

油脂的水解反应既可以在酸、碱催化下进行，也可以在解脂酶催化下进行。酸催化的水解反应是可逆的，有许多中间产物生成，为使其进行彻底，通常需要一定的温度和压力。NaOH（KOH）催化的水解反应称为皂化反应，反应生成钠皂（钾皂）和甘油。

$$\begin{array}{l} CH_2COOR^1 \\ | \\ CHCOOR^2 \\ | \\ CH_2COOR^3 \end{array} + NaOH \longrightarrow \begin{array}{l} CH_2OH \\ | \\ CHOH \\ | \\ CH_2OH \end{array} + \left\{ \begin{array}{l} R^1COONa \\ R^2COONa \\ R^3COONa \end{array} \right.$$

完全皂化 1g 油脂（甘油酯及少量游离脂肪酸）所需 KOH 的毫克数称为皂化值（SV）。可以利用皂化值估算脂肪酸的平均分子量 M_F（M_F=56108/SV-12.67）。如果在食用油脂中加入非皂化成分（如液体石蜡），则会导致 M_F 偏低，所以测定油脂的皂化值也是识别油脂掺伪的一种方法。

（2）酯交换

酯交换与分提、氢化一起构成油脂改性的三大手段，也是油脂深加工的一项重要内容。酯交换（不包括醇解和酸解）可以发生在甘油三酯与其他脂肪酸酯之间，也可以发生在甘油三酯内部。酯交换反应通常在强碱或酶催化下进行。

$$\begin{array}{l} CH_2COOR^1 \\ | \\ CHCOOR^2 \\ | \\ CH_2COOR^3 \end{array} \xrightleftharpoons{CH_3O^-Na^+} \begin{array}{l} CH_2COOR^2 \\ | \\ CHCOOR^1 \\ | \\ CH_2COOR^3 \end{array} \xrightleftharpoons{CH_3O^-Na^+} \begin{array}{l} CH_2COOR^2 \\ | \\ CHCOOR^3 \\ | \\ CH_2COOR^1 \end{array}$$

$$2\begin{array}{l} CH_2COOR^1 \\ | \\ CHCOOR^2 \\ | \\ CH_2COOR^3 \end{array} + 2RCOOMe \xrightarrow{Lipase} \begin{array}{l} CH_2COOR \\ | \\ CHCOOR^2 \\ | \\ CH_2COOR^3 \end{array} + \begin{array}{l} CH_2COOR^1 \\ | \\ CHCOOR^2 \\ | \\ CH_2COOR \end{array} + \left\{ \begin{array}{l} R^1COOMe \\ R^3COOMe \end{array} \right.$$

通过酯交换可以改变油脂的结晶及熔化特性，并可改变油脂的塑性范围，扩大其用途，如用于人造奶油、起酥油和代可可脂的生产。

（3）氢化

在催化剂作用下可以有选择地将油脂中的不饱和键加氢，从而改变油脂的性能。通过氢化可以提高油脂的饱和程度，使之变“硬”，所以也称“硬化”。氢化后的油脂熔点升高，塑性改变，抗氧化能力增强且不易回味。尽管氢化过程中有大量反式脂肪酸生成，但氢化目前仍是获得人造奶油基料油脂的主要手段之一。

（4）加成

油脂中脂肪酸上的双键具有烯烃的典型性质，能与许多亲电试剂发生加成反应。

在特定条件下脂肪酸上的双键与 Br_2、ICl、IBr 等的加成可以定量完成。分析上常用碘值来衡量油脂的不饱和程度，碘值指的是 100g 油脂所能加成碘的克数。考虑到碘加成速率较慢且不能完全加成，实验室常用 ICl（Wijis 法）或 IBr（Hans 法）来代替碘。

$$-CH{=}CH- + \begin{cases} X_2 \longrightarrow -CH(X)-CH(X)- \\ ICl \longrightarrow -CH(I)-CH(Cl)- \\ (SCN)_2 \longrightarrow -CH(SCN)-CH(SCN)- \\ H_2SO_4 \longrightarrow -CH(H)-CH(OSO_3H)- \end{cases}$$

［问题 19-1］　为什么 ICl 或 IBr 与油脂分子中的 C═C 加成反应的速率比 I_2 快得多？

（5）氧化

油脂脂肪酸上的双键在不同条件下氧化，得到不同的氧化产物。

$$-CH{=}CH- + \begin{cases} OsO_4 \longrightarrow -CH(OH)-CH(OH)- \\ RCOOOH \longrightarrow -CH\overset{O}{\frown}CH- \\ H^+,KMnO_4 \longrightarrow -COOH + HOOC- \\ NaIO_4 \longrightarrow -CHO + OHC- \\ ①O_3\ ②Zn,H_2O \longrightarrow -CHO + OHC- \end{cases}$$

在过酸作用下可将大豆油氧化成环氧大豆油，环氧大豆油是一种性能优良的增塑剂，已经工业化生产。

（6）干化

不饱和度高的脂肪酸甘油酯涂成薄膜后暴露在空气中逐渐变稠，继而形成柔软的膜，最后形成坚硬的膜，这种现象称为油脂的干化。具有干化能力的油脂称为干性油，桐油、亚麻油等是传统的干性油。

油脂的干化机理至今尚不清楚，一般认为是干性油经氧化聚合或热聚合形成了网状交联的高分子聚合物。

桐油是我国特有的、性能优良的干性油品种。它所形成的薄膜韧性好，且能耐寒、耐热、耐潮湿，是我国的传统油漆，在世界上占有重要地位。

油脂的干化性能与分子的不饱和度有关。通常将碘值在 130 以上的称为干性油，如桐油、亚麻油、梓油等；碘值在 80～130 之间的称为半干性油，如棉籽油、花生油等；碘值在 80 以下的称为非干性油，如橄榄油、猪油、棕榈油等。

（7）空气氧化与酸败

油脂在空气中的氧化首先产生氢过氧化物，依照产生氢过氧化物的途径，可将油脂的氧化分为自动氧化、光氧化和酶促氧化。一般认为自动氧化是油脂酸败的主要原因，并经历自由基反应历程。

氧是一种稳定的双自由基 $\cdot\ddot{\underset{\cdot\cdot}{O}}-\ddot{\underset{\cdot\cdot}{O}}\cdot$，具有高度的选择性。食用油脂与空气接触，尤其是油脂中有金属离子存在时，基态氧被激活并与油脂分子的烯丙位作用生成烯丙位自由基，引发自由基连锁反应，经链传递生成氢过氧化物。

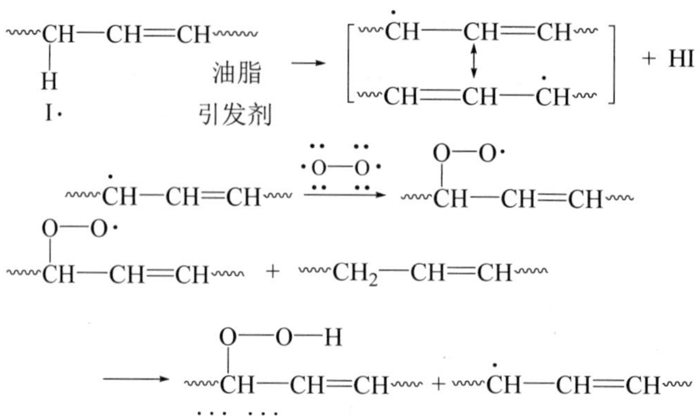

$$\sim\sim CH(H)-CH=CH\sim\sim \xrightarrow[\text{引发剂}]{I\cdot\ \text{油脂}} \left[\begin{array}{c} \sim\dot{C}H-CH=CH\sim \\ \updownarrow \\ \sim CH=CH-\dot{C}H\sim \end{array}\right] + HI$$

$$\sim\sim\dot{C}H-CH=CH\sim\sim \xrightarrow{\cdot\ddot{O}-\ddot{O}\cdot} \sim\sim CH(O-O\cdot)-CH=CH\sim\sim$$

$$\sim\sim CH(O-O\cdot)-CH=CH\sim\sim + \sim\sim CH_2-CH=CH\sim\sim$$

$$\longrightarrow \sim\sim CH(O-O-H)-CH=CH\sim\sim + \sim\sim\dot{C}H-CH=CH\sim\sim$$

$$\cdots\ \cdots$$

随着氢过氧化物的积累和逐步分解，生成低分子量的醛、酮、羧酸等，油脂出现难闻的气味，品质逐步劣变，这一过程称为油脂的自动氧化。

过氧化值（POV，一千克油脂中所含氢过氧化物的毫摩尔数）是评价油脂氧化程度的重要指标。防止油脂自动氧化品质劣变的近代技术措施，一是精炼油脂（除杂），二是添加抗氧化剂。抗氧化剂的作用原理是通过链转移及时终止有害的使油脂自动氧化的自由基连锁反应。例如 BHT 是目前广泛使用的一种油脂抗氧化剂：

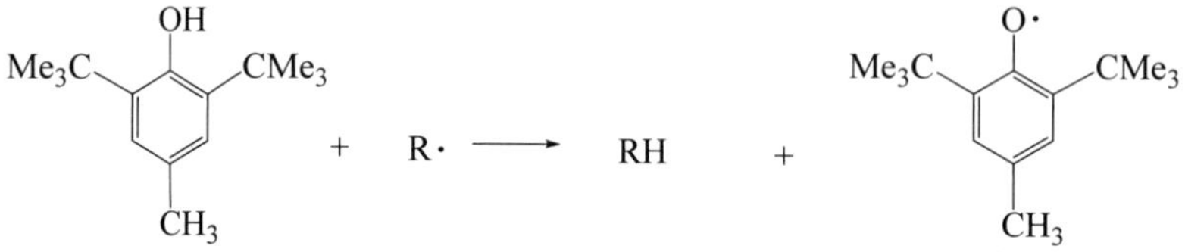

$$\underset{\text{BHT(抗氧化剂)}}{\text{2,6-}(Me_3C)_2\text{-4-}CH_3C_6H_2OH} + \underset{\text{高活性有害自由基}}{R\cdot} \longrightarrow RH + \underset{\substack{\text{不活泼自由基}\\\text{(不能参与链转移)}}}{\text{2,6-}(Me_3C)_2\text{-4-}CH_3C_6H_2O\cdot}$$

开发和研制各种油脂抗氧化剂是一个极有意义且十分活跃的领域。显然，维生素 E 也具有很好的抗氧化作用。

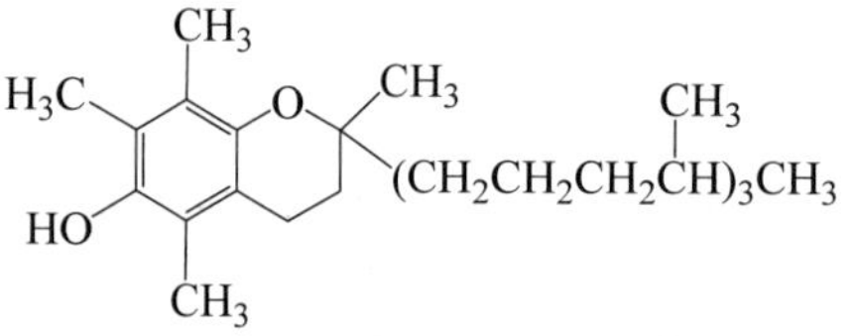

维生素E（结构式：苯并二氢吡喃环上含 H_3C、CH_3、HO、CH_3 取代基，2-位连 CH_3 及 $(CH_2CH_2CH_2\overset{CH_3}{\overset{|}{C}}H)_3CH_3$）

［问题 19-2］ 为什么 Me_3C-（2,6-二 CMe_3 苯基）-$O\cdot$ 不能继续参与链转移自由基反应？为什么维生素 E 具有抗氧化作用？

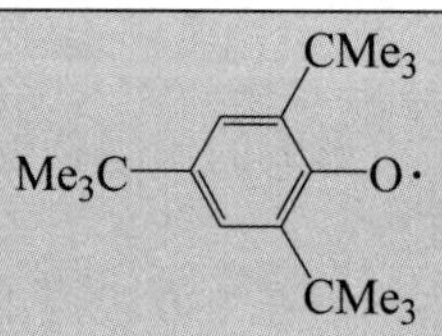

19.2 肥皂和表面活性剂

19.2.1 去污原理

肥皂的主要有效成分是高级脂肪酸的碱金属盐。肥皂具有去除油污的能力，是应用历史最悠久的一种表面活性剂（surface-active agent）。

肥皂具有表面活性剂典型的“双亲”（amphipathic）结构，即它有一个长链非极性的烃基，该基团的存在使高级脂肪酸钠分子易与非极性分子相互作用，体现出亲油的特性，叫作亲油基或疏水基。而—COO^-Na^+的存在则使分子产生亲水性，叫亲水基，表面活性剂就是指分子中具有亲水和亲油结构，加入少量即能显著降低溶剂（一般指水）的表面张力，具有润湿、乳化、分散、增溶等作用的一类物质。表面活性剂独特的结构使得它在溶液中不同浓度时具有不同的存在状态。特别是当表面活性剂达到一定浓度（临界胶束浓度）时，大量的分子相互聚集，形成亲水基团朝外、亲油基团向内的分子缔合体——胶束。胶束的形成与表面活性剂乳化、增溶等许多作用有关。

洗涤去污作用是表面活性剂最广泛、最具代表性的特性，但它又是一个复杂的过程，是多种现象如吸附、润湿、渗透、乳化、分散、起泡、增溶等在不同情况下的综合作用。洗涤去污的基本原理在于吸附污物与基质界面的表面活性剂分子降低了界面的自由能，改变了污物与基质的界面性质。通过吸附层电荷相斥或吸附层的铺展压使污垢从基质上移去，再经脱离、乳化、分散、增溶等作用，借助于机械力、流体力等因素，随溶液除去（见图 19-1）。

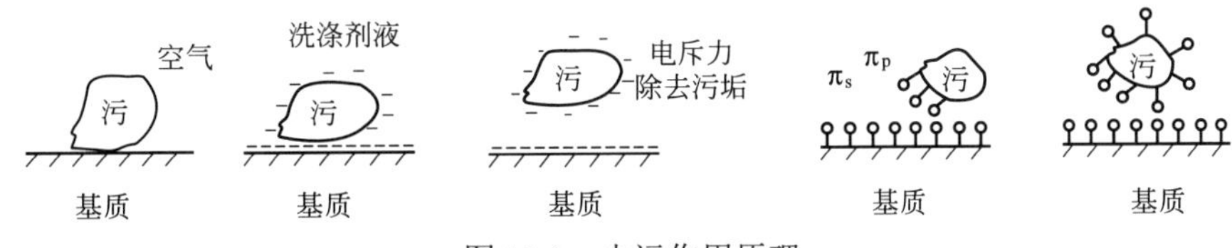

图 19-1　去污作用原理

19.2.2　表面活性剂的种类

目前使用的表面活性剂大多数是人工合成的。按照用途可以将表面活性剂分为乳化剂、润湿剂、起泡剂、渗透剂、洗涤剂、分散剂等。按照表面活性剂的分子结构特点，又可将其分为阴离子型表面活性剂、阳离子型表面活性剂、两性表面活性剂、非离子型表面活性剂以及特殊表面活性剂等。

（1）阴离子型表面活性剂

阴离子型表面活性剂在水中解离出带亲油基的阴离子，是应用历史最悠久的一种表面活性剂。有代表性的阴离子表面活性剂有高级脂肪酸盐（肥皂）、硫酸酯盐、脂肪酰-肽缩合物等。

$CH_3(CH_2)_{16}COO^- Na^+$　硬脂酸钠

$C_{12}H_{25}—C_6H_4—SO_3^- Na^+$　十二烷基苯磺酸钠

$RSO_3^- Na^+$　烷基磺酸钠

$CH_3(CH_2)_{10}CH_2OSO_3^- Na^+$　十二烷基硫酸钠

$C_{17}H_{35}CO(NHCH_2CO)_nO^- Na^+$　Lamepon　A

其中十二烷基苯磺酸钠是通过丙烯聚合、苯的烷基化和磺化等步骤合成的，如下：

$$4CH_2{=}CH—CH_3 \xrightarrow{聚合} C_{12}H_{24} \xrightarrow[H_2SO_4]{C_6H_6} C_{12}H_{25}—C_6H_5$$

$$\xrightarrow{H_2SO_4,\ SO_3} C_{12}H_{25}—C_6H_4—SO_3H \xrightarrow{Na_2CO_3} C_{12}H_{25}—C_6H_4—SO_3^-Na^+$$

阴离子表面活性剂低温下溶解度较小，随温度升高溶解度增大，一般具有良好的渗透、润湿、乳化、分散、增溶、起泡和抗静电作用。磺酸盐、硫酸酯盐不与 Ca^{2+}、Mg^{2+}生成沉淀，可以在硬水中使用。十二烷基苯磺酸钠是合成洗衣粉的主要成分；烷基磺酸钠多用于洗发香波的生产；十二烷基硫酸钠是家用洗涤剂、化妆品、药物、牙膏等的乳化剂或起泡剂；Lamepon A 则广泛用于印纺业和金属加工业，用作乳化剂、扩散剂、上浆剂、脱脂剂、金属清洗剂等。

（2）阳离子型表面活性剂

阳离子型表面活性剂在水中解离出带亲油基的阳离子。有代表性的阳离子表面活性剂是季铵盐类、胺盐类、咪唑啉类等。

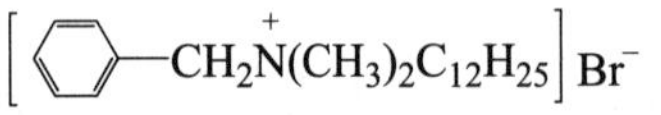

$$[C_6H_5-CH_2\overset{+}{N}(CH_3)_2C_{12}H_{25}]Br^-$$

溴化二甲基苄基十二烷基铵（新洁尔灭）

$$[C_{17}H_{35}COOCH_2CH_2N(CH_2CH_2OH)_2]\cdot HCOOH$$

Soromine A (商品名)

季铵盐表面活性剂除具有乳化作用外，还具有较强的杀菌力，一般用作消毒剂和灭菌剂。如新洁尔灭用于外科手术时的皮肤及器械消毒。胺盐类和咪唑啉类则通常用作纤维的柔软剂。

季铵盐也是一种性能优良的相转移催化剂（PTC）。利用相转移催化可以有效地提高负离子的亲核能力，显著地加速亲核取代反应的速率。例如 1-溴辛烷与 NaCN 反应时常用辛烷与水作溶剂，反应仅在有机相（含有 1-溴辛烷）和水相（含有 NaCN）的接触面进行，反应速率很低。加入［$CH_3(CH_2)_{11}N^+(CH_3)_3$］$Br^-$以后，水中的 CN^-以氰化三甲基十二烷基铵离子对的形式进入有机相中，完全脱去了溶剂化膜的 CN^-迅速与 1-溴辛烷反应。同时又使溴化三甲基十二烷基铵恢复原结构回到水相中，形成连续不断的反应循环。

$$\underset{\text{有机相}}{CH_3(CH_2)_6CH_2Br} + \underset{\text{水相}}{NaCN} \xrightarrow[\text{搅拌}]{[CH_3(CH_2)_{11}N(CH_3)_3]^+Br^-} \underset{99\%}{CH_3(CH_2)_6CH_2CN}$$

$$[CH_3(CH_2)_{11}N(CH_3)_3]^+Br^- + NaCN \longrightarrow NaBr + [CH_3(CH_2)_{11}N(CH_3)_3]^+CN^-$$

相界面 ↑ 水相 / 有机相 ↓

$$[CH_3(CH_2)_{11}N(CH_3)_3]^+Br^- + CH_3(CH_2)_6CH_2CN \longleftarrow CH_3(CH_2)_6CH_2Br + [CH_3(CH_2)_{11}N(CH_3)_3]^+CN^-$$

（3）两性表面活性剂

两性表面活性剂在水中解离出的亲油基分子同时携带阴、阳两种离子，偏酸性时呈阳离子活性，偏碱性时呈阴离子活性。具有代表性的两性表面活性剂有氨基酸型、甜菜碱型、咪唑啉型和氧化叔胺型等。

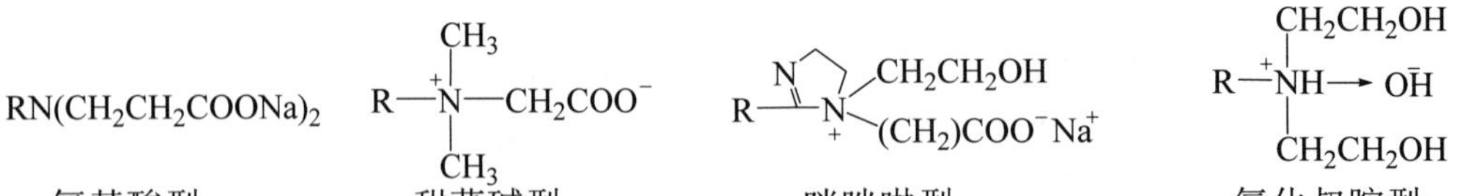

$RN(CH_2CH_2COONa)_2$ 氨基酸型

$R-\overset{+}{N}(CH_3)_2-CH_2COO^-$ 甜菜碱型

咪唑啉环 $R-C$（环内 $\overset{+}{N}$ 上连 CH_2CH_2OH 和 $(CH_2)COO^-Na^+$） 咪唑啉型

$R-\overset{+}{N}H(CH_2CH_2OH)_2\rightarrow\bar{O}H$ 氧化叔胺型

两性表面活性剂毒性小，具有良好的杀菌作用，耐硬水性好，与其他表面活性剂的相容性好，通常用作安全性高的香波的起泡剂、扩散剂，以及纤维柔软剂、抗静电剂、金属防锈剂等。

（4）非离子型表面活性剂

非离子型表面活性剂的亲水基团是一定数量的含氧基团（如羟基、聚氧乙烯链）构成。按亲水基分类，代表性的非离子表面活性剂有聚乙二醇型、脂肪醇酰胺型和多元醇型等。

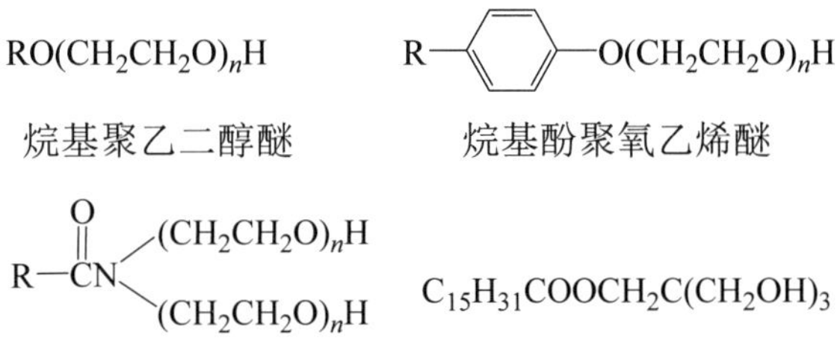

$RO(CH_2CH_2O)_nH$ 烷基聚乙二醇醚

$R-C_6H_4-O(CH_2CH_2O)_nH$ 烷基酚聚氧乙烯醚

$R-C(=O)N[(CH_2CH_2O)_nH]_2$ 聚氧乙烯烷基醇酰胺

$C_{15}H_{31}COOCH_2C(CH_2OH)_3$ 棕榈酸单季戊四醇酯

非离子表面活性剂大多为液态或浆状物质，在水中的溶解度随温度升高而降低，通常具有很好的洗涤、分散、乳化、增溶、发泡能力，广泛应用于纺织、造纸、食品、化妆品、橡胶、塑料、环保等工业。

（5）特殊表面活性剂

特殊表面活性剂主要有氟表面活性剂、硅表面活性剂、有机金属表面活性剂和生物表面活性剂等。

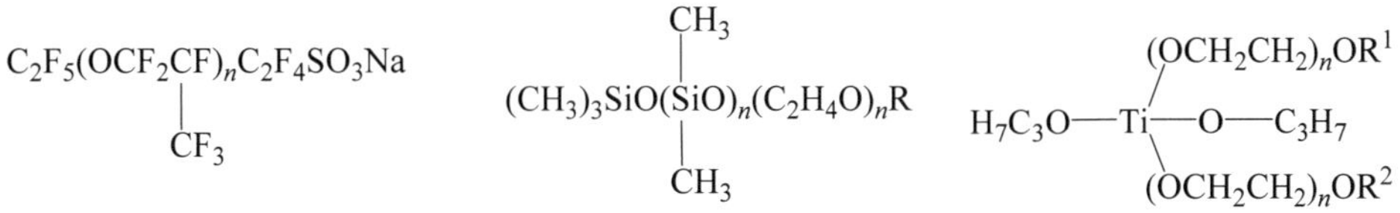

$C_2F_5(OCF_2CF(CF_3))_nC_2F_4SO_3Na$ 全氟磺酸盐类

$(CH_3)_3SiO(Si(CH_3)_2O)_n(C_2H_4O)_nR$ 硅氧烷类

$H_7C_3O-Ti[(OCH_2CH_2)_nOR^1][(OCH_2CH_2)_nOR^2]-O-C_3H_7$ 含钛有机金属类

这类表面活性剂通常用于特殊场合，有的还处于开发阶段。如氟表面活性剂具有显著降低表面张力、耐高温、耐化学制剂的特性，可用作电镀添加剂，氟代烯烃的聚合乳化剂，塑料、橡胶等的表面改性剂，泡沫灭火剂等。磷脂则是典型的生物表面活性剂。

19.3 蜡

蜡是重要的工业原料，广泛应用于食品、医药、日化、皮带、纺织、造纸等行业。按照组成和结构分为以高级脂肪酸和脂肪醇的酯为主的动物蜡、植物蜡和褐煤蜡（蒙旦蜡），以及以高级饱和脂肪烃为主的矿物蜡（石蜡和地蜡）。

蜡存在于许多海洋浮游生物中，也是许多飞禽的羽毛、毛皮或植物的叶及果实的保护层。动植物蜡及蒙旦蜡都是以十六碳以上的饱和脂肪酸和脂肪醇为主形成的混合蜡，此外还含有少量游离的脂肪酸和脂肪醇等。它们通常质硬而脆，性质稳定，难以氢化，酸性条件下很难水解，皂化也较难。

在我国使用较多产量又大的动物蜡主要是蜂蜡和虫蜡。蜂蜡是分离蜂蜜后的蜂巢熔化过滤精制而成的。虫蜡是白蜡虫分泌在所寄生的女贞树或白蜡树枝上的蜡质，主要产于我国四川，也称川蜡。国外使用的鲸蜡则取自抹香鲸的头部（表 19-2）。

植物蜡主要有巴西棕榈蜡、小烛树蜡、糠蜡和甘蔗蜡等。巴西棕榈蜡是由巴西卡那巴棕榈树的叶子分泌出来的。小烛树蜡是从一种芦苇状植物的鳞片状表层中提取的，产于墨西哥北部和美国得克萨斯州南部。糠蜡是米糠油经冷冻、压滤、精制、用溶剂萃取回收得到的。

褐煤蜡是用溶剂从褐煤中萃取出来的，因为民主德国雷比克的蒙旦工厂产量较大，又名蒙旦蜡。

表 19-2 几种重要的蜡

名称	熔点/℃	主要烷基酯
蜂蜡	61～65	$C_{15}H_{31}COOC_{30}H_{61}$，$C_{15}H_{29}COOC_{30}H_{61}$，$C_{25}H_{51}COOC_{26}H_{53}$
虫蜡	65～86	i-$C_{26}H_{53}COOC_{27}H_{55}$、$i$-$C_{25}H_{51}COOC_{26}H_{53}$
鲸蜡	42～47	$C_{15}H_{31}COOC_{16}H_{33}$
巴西棕榈蜡	82.5～86	$C_{25}H_{51}COOC_{30}H_{61}$
糠蜡	76～82	$C_{15}H_{31}COOC_{30}H_{61}$
蒙旦蜡	75～87	$C_{23}H_{47}COOC_{28}H_{57}$

石蜡和地蜡都是石油加工过程中取自不同馏分的精制产品，主要成分都是长碳链的饱和脂肪烃，组成略有差别。石蜡质脆，地蜡则具有良好的可塑性。

此外，从羊毛中抽提出来的蜡状物习惯上称作羊毛脂，按结构上说也属于蜡。

19.4 磷脂

磷脂即磷酸甘油酯，作为构成生物膜的成分及代谢过程中的活性参与物，磷脂对生命活动起着非常重要的作用。动物的脑、心脏、肝脏、蛋黄以及植物的种子中都含有相当数量的磷脂。大豆油在各种植物油中磷脂含量最高。

许多磷脂的母体结构是磷脂酸，其磷酸部分上的一个氢被其他基团取代后就得到一系列磷脂。

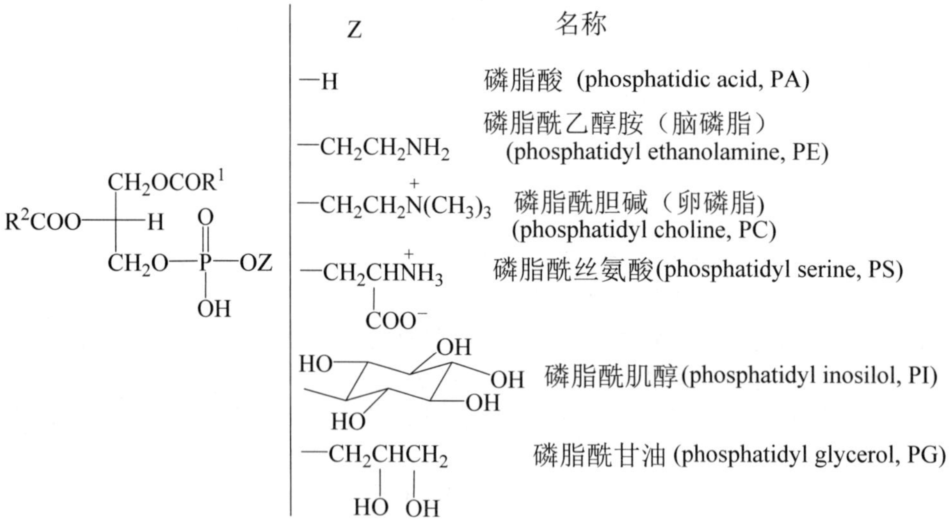

CH_2OCOR^1 / R^2COO—C—H / CH_2O—P(=O)(OH)—OZ

Z	名称
—H	磷脂酸 (phosphatidic acid, PA)
$—CH_2CH_2NH_2$	磷脂酰乙醇胺（脑磷脂）(phosphatidyl ethanolamine, PE)
$—CH_2CH_2\overset{+}{N}(CH_3)_3$	磷脂酰胆碱（卵磷脂）(phosphatidyl choline, PC)
$—CH_2CH(\overset{+}{N}H_3)COO^-$	磷脂酰丝氨酸(phosphatidyl serine, PS)
肌醇基（HO, OH, OH, OH, HO）	磷脂酰肌醇(phosphatidyl inosilol, PI)
$—CH_2CH(OH)CH_2OH$	磷脂酰甘油 (phosphatidyl glycerol, PG)

神经鞘磷脂是构成生物膜的磷脂中仅有的一种不是从甘油引出的磷脂。

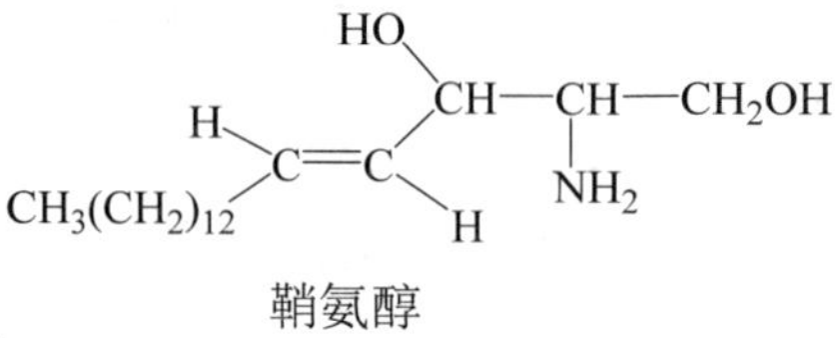

$CH_3(CH_2)_{12}CH=CH—CH(OH)—CH(NH_2)—CH_2OH$

鞘氨醇

$$\begin{array}{c} \text{HO} \\ \text{H} \qquad \text{CH—CH—CH}_2\text{—O—}\overset{O^-}{\underset{O}{P}}\text{—OCH}_2\text{CH}_2\overset{+}{N}(CH_3)_3 \\ \text{C=C} \qquad | \\ CH_3(CH_2)_{12} \qquad \text{H} \qquad \text{NHCOR} \end{array}$$

鞘磷脂

从磷脂分子的组成可以看出，它既有疏水的长链烃基，也有亲水的极性基因。所以磷脂是一种天然生物表面活性剂，是食品工业中一种常用的乳化剂。磷脂也是广泛流行于西方发达国家的保健食品，它具有防治动脉硬化、健脑、改善脂质代谢等生理功能。

从大豆中制备的新鲜磷脂为无色或浅黄色物质，暴露于空气中很易变成深黄色或褐色。磷脂在水中溶解度很小，易溶于乙醚等有机溶剂。

19.5　萜类化合物

萜类（terpene）化合物是广泛存在于动植物体内的一类天然化合物。其分子结构可以看成由若干个异戊二烯单位聚合而成的烃类及其含氧衍生物，即分子中碳原子的总数都是 5 的整倍数，这种现象称为萜类化合物的“异戊二烯规则”。究其生物来源（表 19-3），萜类物质的生物前体是焦磷酸异戊烯酯，其关键性前体是(3*R*)-甲戊二羟酸（MVA），最基本前体是乙酰辅酶 A（图 19-2）。

表 19-3　萜类化合物的分类及分布

名 称	碳 数	异戊二烯单位数	分布
半萜	5	1	植物叶
单萜	10	2	挥发油
倍半萜	15	3	挥发油、海洋生物
二萜	20	4	树脂、苦味质、植物醇、海洋生物
二倍半萜	25	5	海绵、植物病菌、昆虫代谢物
三萜	30	6	皂苷、树脂、植物乳液
四萜	40	8	植物胡萝卜素类
多萜	$7.5\times10^3\sim3\times10^5$	多个	橡胶、硬橡胶

萜类化合物的碳骨架可以看成是由异戊二烯相接而成的。大多数萜类分子都是以头尾相连而成，仅有少数以头头或尾尾相接。其骨架结构既有开链形式，也有环状结构，而且许多萜类化合物含有羟基、羰基、羧基等官能团。

$$CH_2{=}\overset{\overset{\large CH_3}{|}}{C}{-}CH{=}CH_2 \qquad \overset{\overset{\large C}{|}}{C{=}C}{-}C{=}C$$

异戊二烯　　　　头　尾

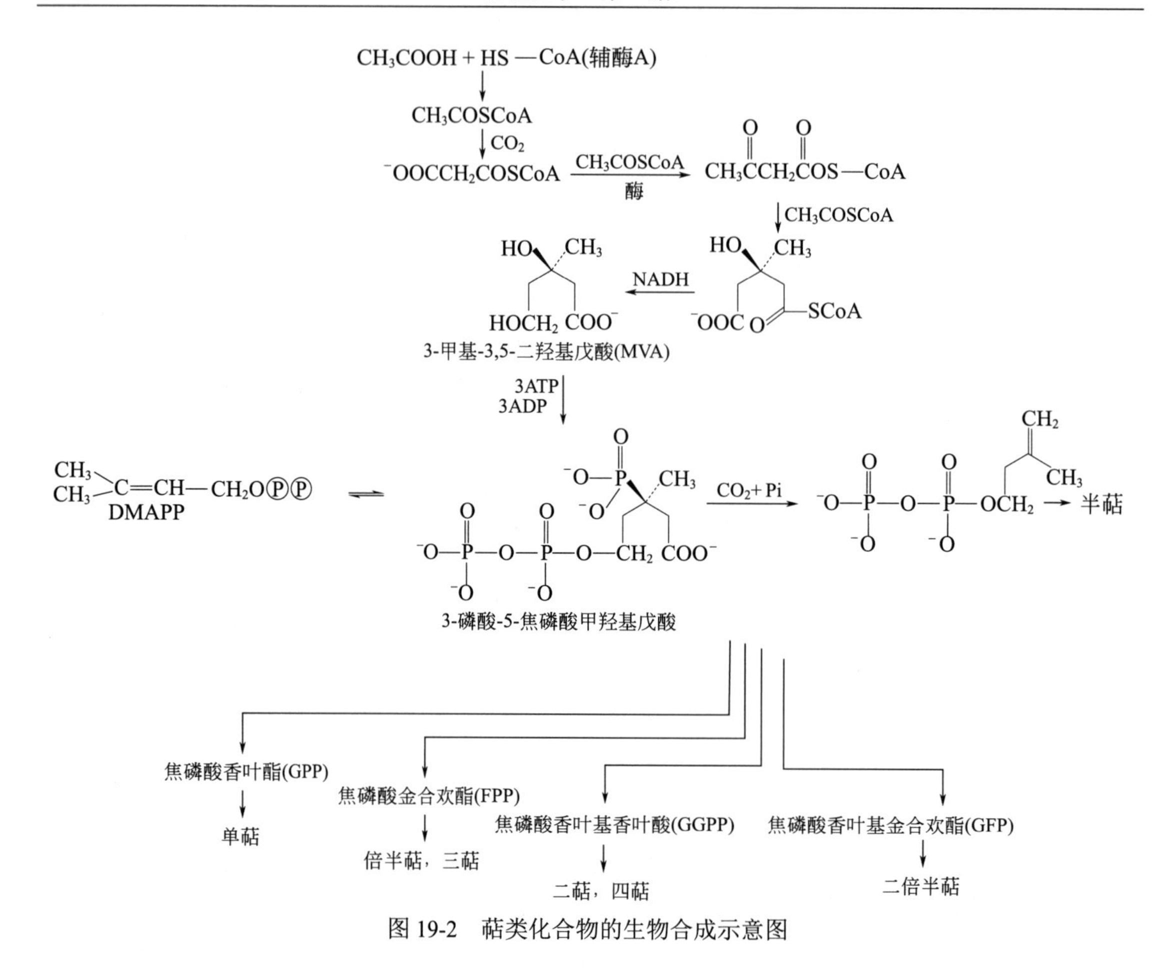

图 19-2　萜类化合物的生物合成示意图

19.5.1　单萜

单萜（monoterpene）是由两个异戊二烯单元组成的化合物，是从许多植物的叶、花或果实中提取的挥发油的主要成分。

按照单萜的碳骨架构成可将单萜分为开链单萜、单环萜和多环萜，按照单萜分子中的主要官能团可分为单萜烃、单萜醇、单萜醛酮等。

（1）单萜烃

杨梅叶烯（俗称月桂烯）广泛存在于杨梅叶、鱼腥草、啤酒花、松节油、黄柏果实等的挥发油中，天然存在的为β-杨梅叶烯。

苧烯含有一个手性碳原子，有一对对映体。左旋苧烯主要存在于薄荷、松针、土荆芥等的挥发油中；右旋苧烯则主要存在于橘属果皮（柠檬、橘、柑、佛手）的挥发油中；外消旋体在香茅油中含量较高，它们都是具有柠檬香味的无色液体，可用作香料。

蒎烯有 α-蒎烯和β-蒎烯两种位置异构体。松节油中含 α-蒎烯约 70%，β-蒎烯约 30%。

在柠檬、八角、茴香等许多中药中广泛存在，是合成龙脑、樟脑及其他萜类化合物的重要原料。另一种重要的萜烯——莰烯，主要存在于姜油、冷杉中。

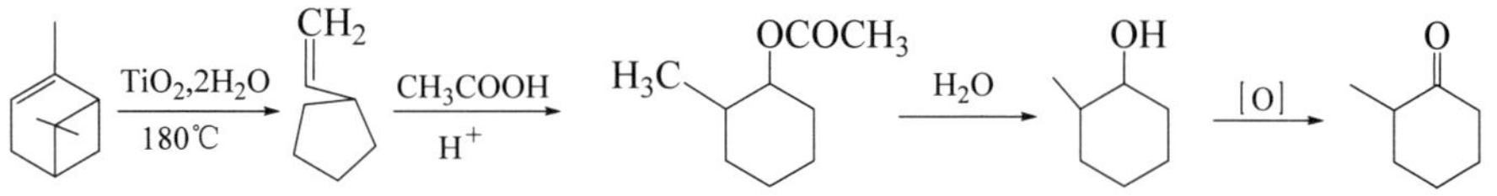

（2）单萜醇

单萜醇可以看成单萜烯的水解衍生物。

香叶醇（俗称牻儿醇）广泛存在于玫瑰油、香叶油、天竺葵油、香茅油等中，是玫瑰系香料不可缺少的成分。香叶醇还是一种重要的体外激素，蜜蜂发现食物后，通知其他蜜蜂而分泌的就是香叶醇。橙花醇是香叶醇的几何异构体，香气比后者柔和。

薄荷醇（俗称薄荷脑）的左旋体是薄荷油的主要成分（某些品种的薄荷油的左旋体含量高达 90%），为白色片状或针状结晶，熔点 43℃，沸点 213.5℃。薄荷醇可氧化成薄荷酮，也可脱水生成薄荷烯。薄荷醇有三个手性碳原子，理论上有八种立体异构体。但在薄荷油中只存在左旋薄荷醇和右旋薄荷醇。薄荷醇具有镇痛、止痒、局部麻醉、清凉、杀菌等作用，用于医药、食品及化妆品工业中，如制清凉油、薄荷糖等。

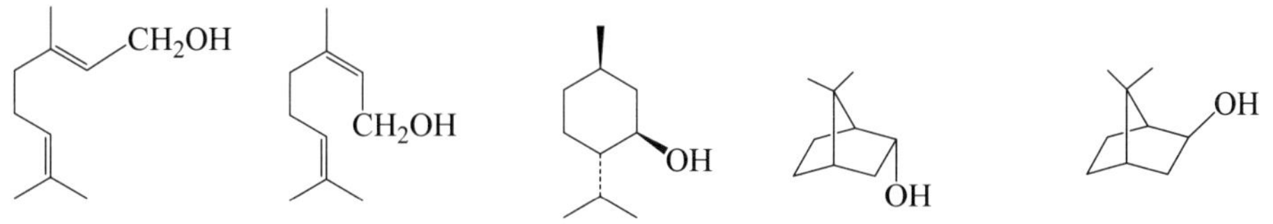

香叶醇　橙花醇　左旋薄荷醇　左旋菠醇（冰片）右旋菠醇（异冰片）

菠醇（俗称龙脑、冰片、2-莰醇）的右旋体来自龙脑树干孔洞内的渗出物，为无色片状结晶，合成的龙脑是消旋体，均可用于香料、清凉剂及中成药。

（3）单萜醛酮

柠檬醛有顺反（α-柠檬醛和β-柠檬醛）两种异构体，顺式（α-柠檬醛）的俗称香叶醛，反式（β-柠檬醛）的俗称橙花醛。柠檬醛在香茅油中含量可达 70%～85%，柠檬油、橘子油中也大量存在。柠檬醛具有很强的柠檬香味，是配制柠檬香精或合成维生素 A 的原料。香茅醛（俗称雄刈萱草醛）产于斯里兰卡香茅油中的为右旋体，产于爪哇香茅油中的为左旋体。香茅醛是重要的柠檬香气原料。

薄荷酮在薄荷油中存在的是左旋体，在芥末挥发油中存在的是右旋体。

樟脑（俗称辣薄荷酮）主要存在于我国台湾省的樟树中，将樟树的干、枝、叶粉碎进行水蒸气蒸馏得到樟脑油。樟脑的右旋体在樟脑油中含量为 50%，左旋体在菊蒿油中存在。以 α-蒎烯为原料合成的是外消旋体。樟脑有强心效能和愉快香味，是医药和化妆品工业的重要原料。

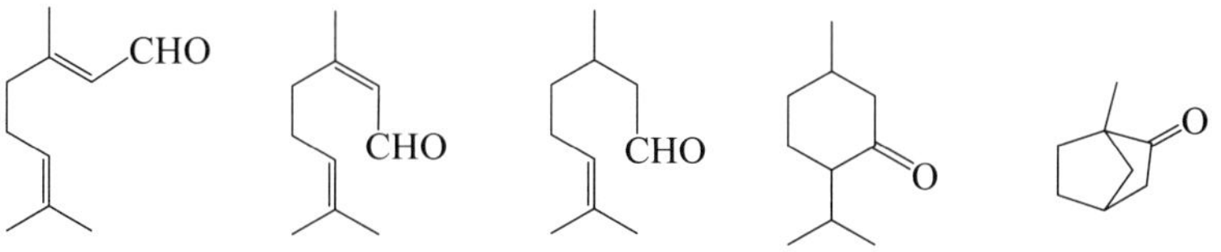

香叶醛　橙花醛　香茅醛　薄荷酮　樟脑

19.5.2　倍半萜

倍半萜是三个异戊二烯单位的聚合体，是萜类化合物中最多的一类，常与单萜类化合物共存于植物挥发油中，广泛存在于木兰目、芸香目、山茱萸目、菊目等中。倍半萜的含氧衍生物多具较强的香气和生理活性，如抗肿瘤、抗菌消炎、抗病毒、抗疟原虫、降血脂等，是医药、食品、化妆品工业的重要原料。

（1）倍半萜烃

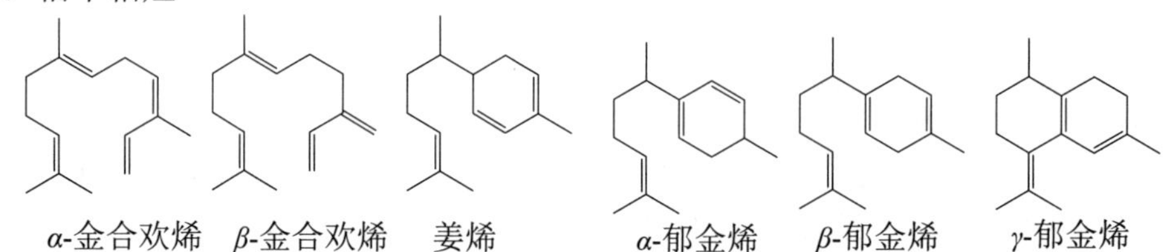

α-金合欢烯　β-金合欢烯　姜烯　α-郁金烯　β-郁金烯　γ-郁金烯

金合欢烯主要存在于姜、杨芽、依兰及洋甘菊花的挥发油中。啤酒花的挥发油中为β-金合欢烯。姜烯主要存在于生姜、莪术、姜黄、百里香等的挥发油中。α-郁金烯、β-郁金烯则主要存在于郁金根的挥发油中。

（2）倍半萜醇

金合欢醇也称法尼醇，为无色黏稠液体，有铃兰香气，在金合欢花油、橙花油、香茅油、玫瑰油中含量较多，是重要的高级香料原料。有关的研究表明，法尼醇还具有昆虫保幼激素的特性。

存在于橙花油中的倍半萜橙花醇，具有草果香气。

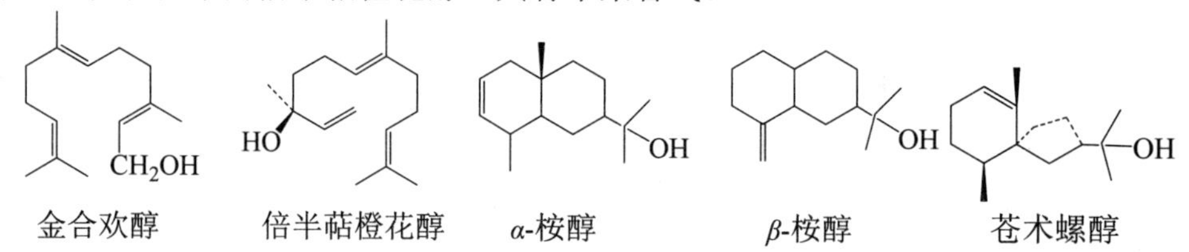

金合欢醇　倍半萜橙花醇　α-桉醇　β-桉醇　苍术螺醇

桉醇主要存在于桉油、厚朴、苍术中，其中的β-异构体具有镇咳、祛痰作用。苍术螺醇主要存在于苍术根茎的挥发油中。

（3）其他倍半萜衍生物

落叶酸存在于未成熟的棉花果实中，是一种促进落叶的激素，能抑制种子及球根顶芽的发育。

青蒿素是从中药青蒿（黄花蒿）中分离出的一种抗恶性疟疾的有效成分，吸收快，副作用小，我国医药化学家屠呦呦首先发现，于 2015 年荣获诺贝尔医学奖。

山道年主要存在于山道年草或蛔蒿草中，为无色结晶，熔点为 170℃。它是强力驱蛔剂，但对人畜有一定毒性，是宝塔糖的主要成分。

许多昆虫性引诱剂也是萜类物质，但由于含量甚微，很难获得并进行结构鉴定。人们用 30 多年时间收集了 75000 只未交配过的雌虫，才弄清了美国蟑螂性引诱激素的结构。

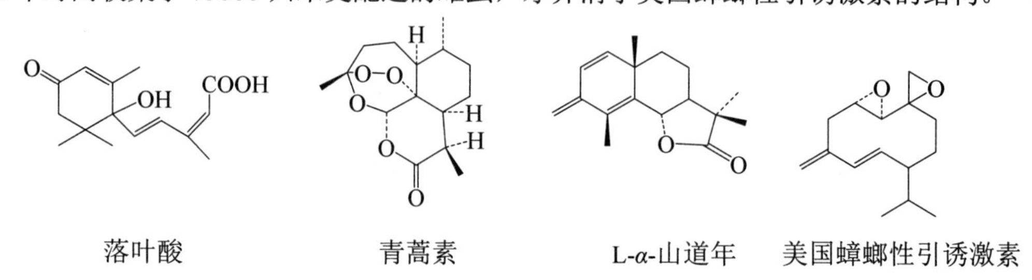

落叶酸　青蒿素　L-α-山道年　美国蟑螂性引诱激素

19.5.3　二萜和二倍半萜

叶绿醇、维生素 A、松香酸、银杏内酯等是常见的重要二萜；长蠕孢素 A 则是二倍半萜的代表物。紫杉醇是具有独特抗癌作用机理的二萜衍生物。

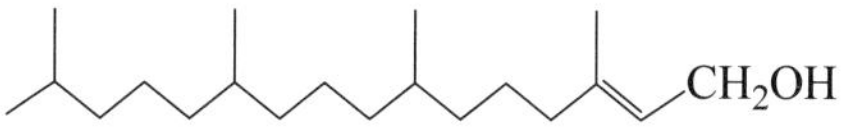

叶绿醇 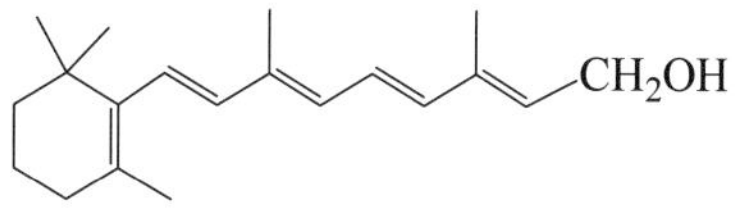　　维生素 A

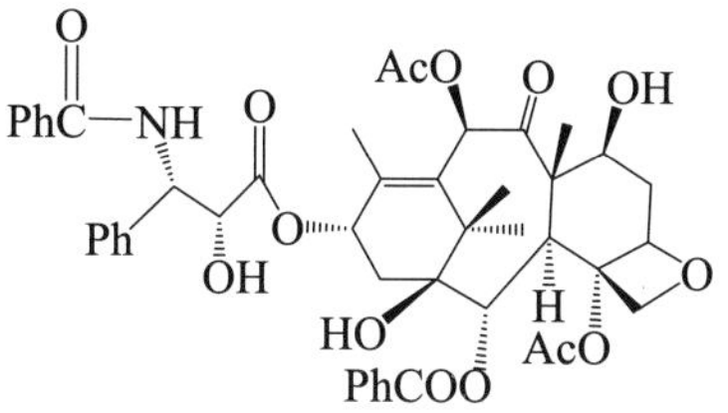

紫杉醇 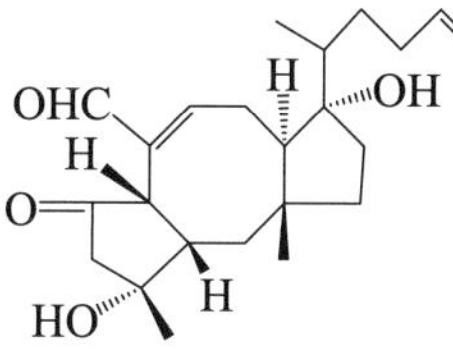　　长蠕孢素 A 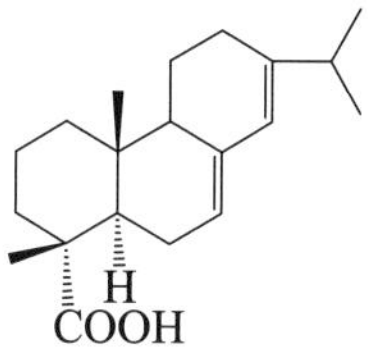　　松香酸

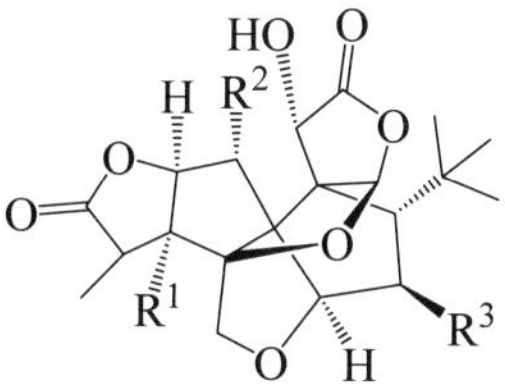

	R^1	R^2	R^3
银杏内酯 A	—OH	—H	—H
银杏内酯 B	—OH	—OH	—H
银杏内酯 C	—OH	—OH	—OH
银杏内酯 M	—H	—OH	—OH

银杏内酯

叶绿醇可以从碱性水解的叶绿素得到，是合成维生素 K_1 和维生素 E 的原料。

松香酸是结构相似的松香脂酸的异构产物，是松香的主要成分之一。松香酸的钠盐和钾盐具有乳化作用，常用作肥皂的起泡剂，还可用于纸张上胶、油漆等。

维生素 A 主要存在于鱼肝油、蛋黄等中，为浅黄色晶体，在空气中易氧化失活。维生素 A 是动物视觉生理中的重要组分。维生素 A 缺乏易患角膜硬化症，初期表现为夜盲症。

维生素 A 较稳定的形式是全反式异构体。通过生物体内氧化成相应的醛，继之 C11 上的双键经视黄醛异构酶催化异构化为顺式，生成新视黄醛 b，后者与暗视蛋白结合形成视觉色素视紫红质。视网膜内的视紫红质接触光时，就发生新视黄醛 b 从顺式到反式的异构化，从而引起反应传递到脑神经，产生视觉。接下来蛋白复合物分解，顺式在酶催化下重新异构化为反式，反式与暗视蛋白重新结合生成视紫红质，产生视觉循环（图 19-3）。George Wald 因为此发现获 1967 年度诺贝尔奖。

银杏是我国特有的树种，资源丰富。银杏内酯是从银杏叶中分离出的二萜化合物，是一种强血小板活化因子拮抗剂，用于治疗中老年的血液循环障碍和哮喘病。银杏内酯的全合成也已获得成功。

紫杉醇是从紫杉植物中分离得到的一种抗肿瘤活性成分，是一种二萜衍生物。它具有独特的抗癌机制，不是通过阻滞癌细胞的有丝分裂发挥抗肿瘤作用，而是引起微管蛋白的不正常聚合，产生极为稳定的非功能性微管，抑制细胞有丝分裂。所以紫杉醇既可以迅速“冻结”肿瘤细胞生长，也能抑制肿瘤细胞转移。

长蠕孢素是人们认识的长蠕孢烷型二倍半萜的第一个化合物，最先从能使水稻产生斑叶病的长蠕孢属真菌中分离得到，后来从其他植物的病原菌中也分离得到了许多结构类似的二倍半萜化合物。

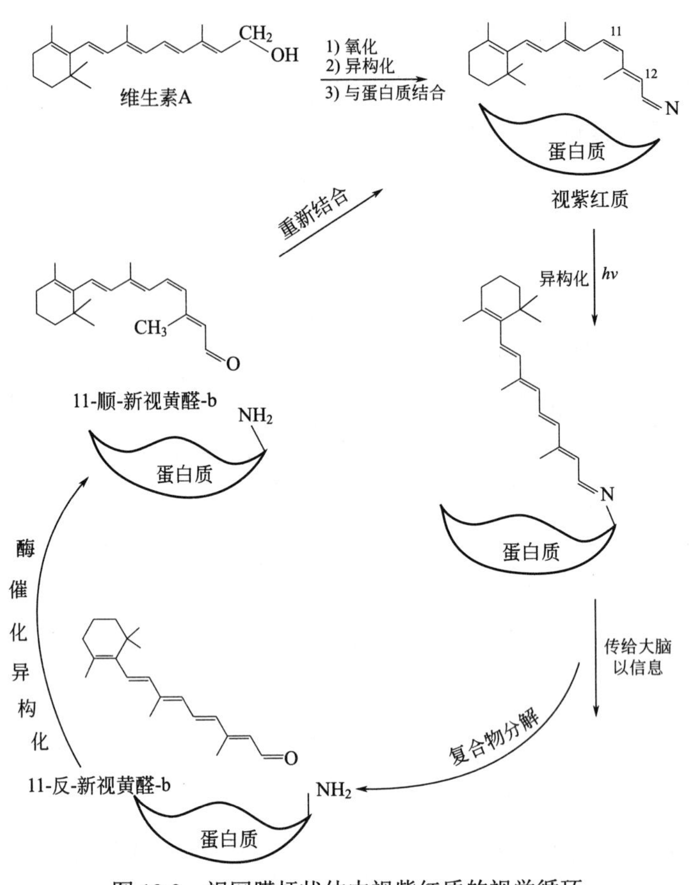

图 19-3 视网膜杆状体中视紫红质的视觉循环

19.5.4 三萜

三萜化合物在自然界分布很广，大多是含氧衍生物。一些重要的中药如人参、甘草、桔梗、远志、柴胡、茯苓等多含有一些特殊生理活性的三萜皂苷或游离的三萜化合物。近年来从海洋生物中也得到不少新型三萜化合物。

角鲨烯　　齐墩果酸

R
原人参二醇 —H
原人参三醇 —OH

羊毛甾醇　　原人参二醇、三醇

角鲨烯是含有六个双键的无限三萜，主要存在于鲨鱼肝油或其他鱼类的肝油中；也存在于一些植物油如橄榄油、米糠油以及酵母、麦芽中。角鲨烯为不溶于水的油状液体，它是羊毛甾醇的生物前体，羊毛甾醇则是其他甾类化合物的生物前体（图 19-4）。

甲羟戊酸 ⟶ 金合欢醇焦磷酸酯 ⟶ 角鲨烯

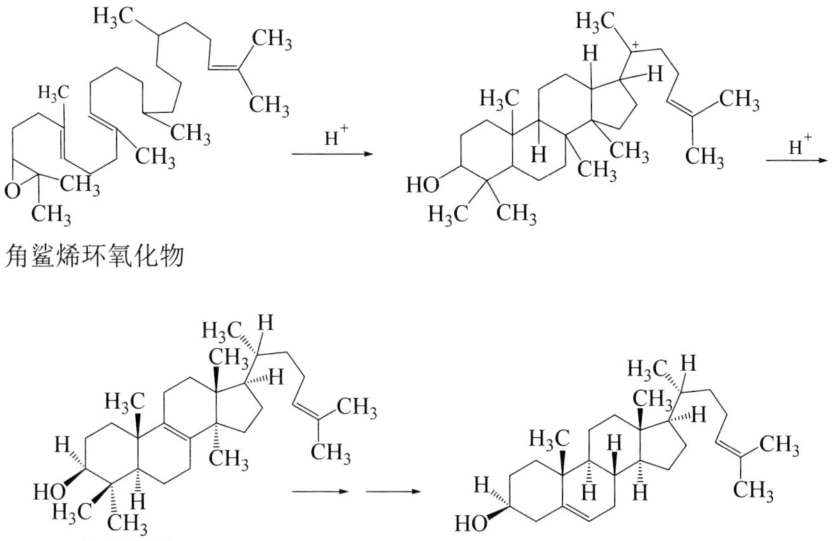

角鲨烯环氧化物 $\xrightarrow{H^+}$ … $\xrightarrow{H^+}$

羊毛甾醇 ⟶ ⟶ 胆甾醇

图 19-4　羊毛甾醇和胆甾醇的生物合成

齐墩果酸是广泛存在的一种三萜酸，许多冬青属植物的树皮、叶子及木通、柿蒂、槲寄生等都含有这种三萜酸。齐墩果酸具有消渴、降低血糖浓度等生理活性，用于治疗高血压、糖尿病。

三萜醇在人参中多以皂苷形式存在，具有抗疲劳及中枢神经激活作用，并能促进肝细胞核糖核酸及蛋白质的合成。

19.5.5　四萜

四萜类化合物多以多烯色素的形式存在，有 8 个异戊二烯单位组成，中间以尾尾相接。分子中有较长的共轭体系，双键主要以反式构型存在，颜色变化由黄到红。有以烃存在的胡萝卜素类，以多烯醇存在的叶黄素类，以及含羟基的黄黄素类、褐藻黄素、虾青素和虾红素等。

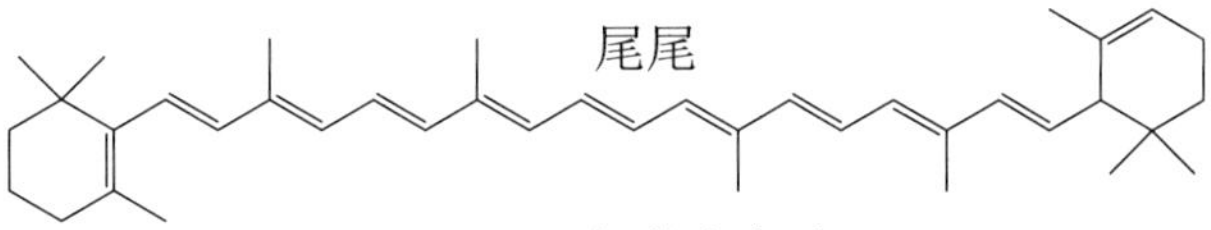

尾尾

α-胡萝卜色素

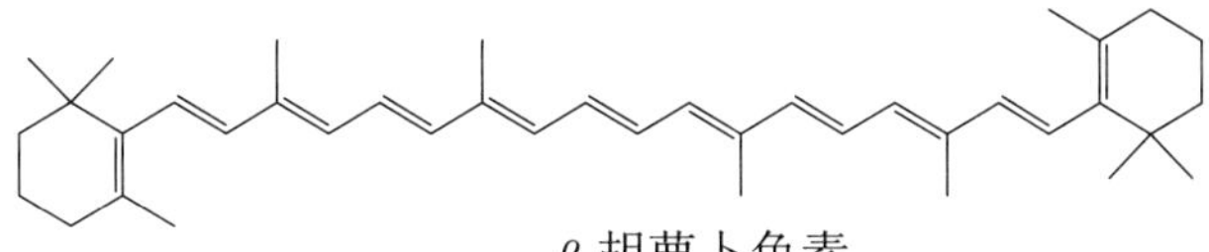

β-胡萝卜色素

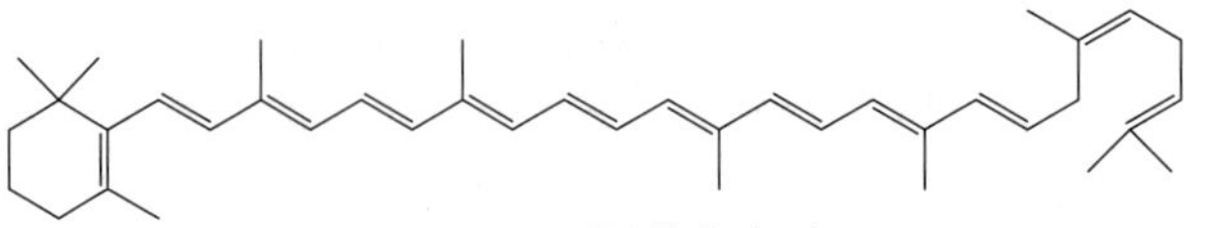

γ-胡萝卜色素

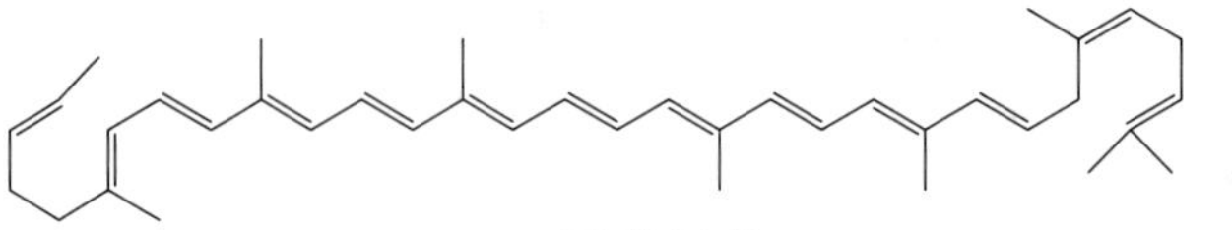

番茄红素

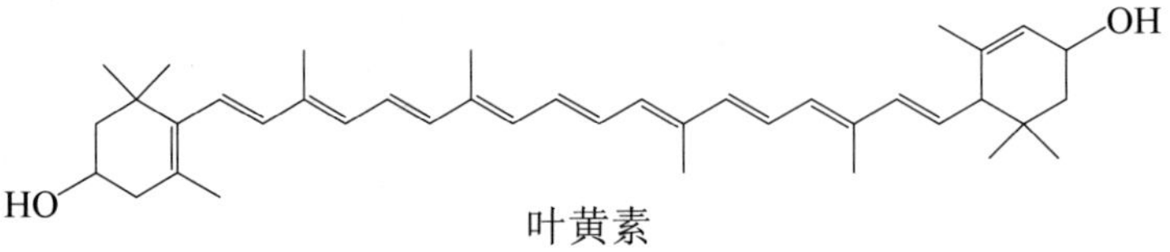

叶黄素

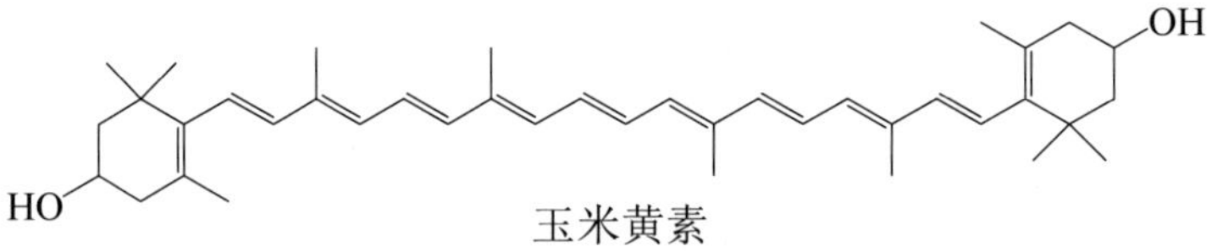

玉米黄素

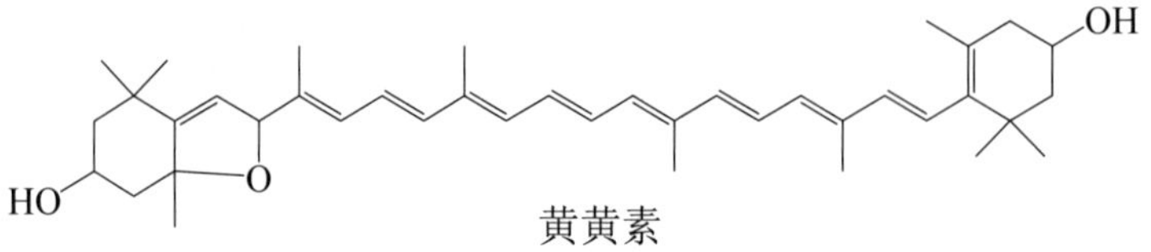

黄黄素

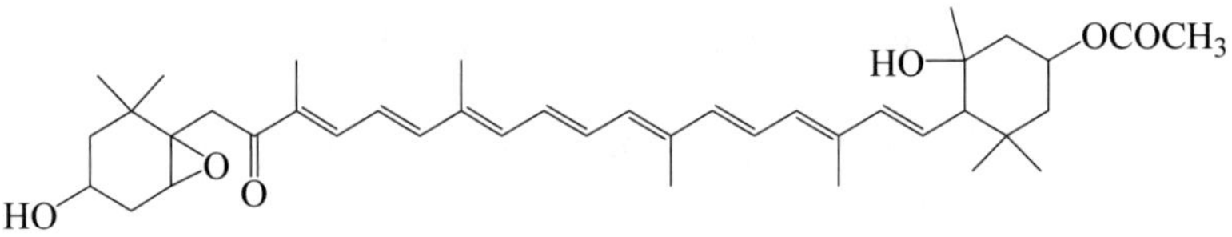

褐藻黄素

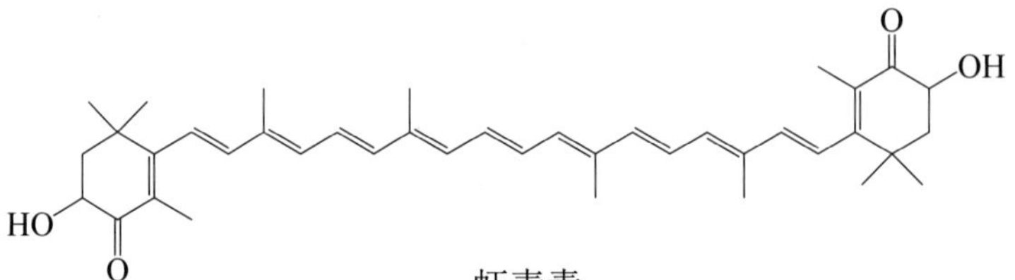

虾青素

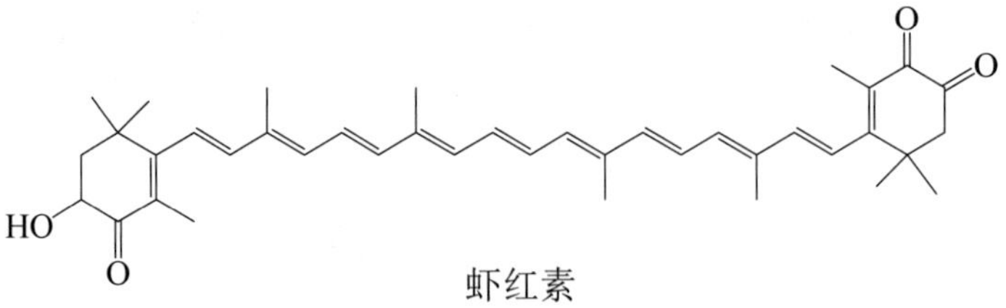

虾红素

此类化合物难溶于水，易溶于有机溶剂，遇浓硫酸或 $SbCl_3$ 的 $CHCl_3$ 溶液都显深蓝色。

胡萝卜素在胡萝卜、南瓜、橘属植物果皮及大部分绿叶植物中广泛存在，有 α、β、γ三种异构体，但β-异构体占 90%以上。β-胡萝卜素在动物体内可转化为维生素 A，α-异构体和γ-异构体只能生成一分子维生素 A，故胡萝卜素又称维生素 A 原。天然胡萝卜素容易氧化而失去活性。

叶黄素普遍存在于绿叶及卵黄中。玉米黄素存在于玉米、柿子、辣椒等果实中。黄黄素存在于蒲公英、毛茛、连翘、金盏花等花中。褐藻黄素存在于褐藻类植物中。

虾青素是广泛存在于甲壳类动物和腔肠动物体内的一种多烯色素，最初是从龙虾壳中发现的。虾青素在空气中易被氧化成虾红素，虾死亡后通体呈红色就是虾青素被氧化成虾红素的缘故。

19.6　甾体化合物

甾体化合物是广泛存在于生物体内的一类重要的天然有机化合物。甾醇、维生素 D、胆酸、许多性激素、肾上腺皮质激素、某些致癌烃、强心苷等均属此类。许多甾体化合物具有十分重要的生理作用，是医药业中引人注目的领域。

甾体化合物的组成特点是分子中都含有一个环戊烷并全氢化菲骨架，且几乎所有化合物在 C10 及 C13 处有甲基（称角甲基），在 C17 处常为含两个以上碳原子的碳链或某些含氧或氮的取代基。“甾”字的“田”表示四个环，“巛”表示 C10、C13、C17 上的三个取代基。

甾体有四个环并联而成，而每两个环间既可以以顺式构型连接，也可以以反式构型连接，而自然界的甾体化合物中 B、C 及 C、D 环之间，绝大多数以反式并联，只有 A、B 两环之间存在顺反两种构型，这已被 X 衍射分析所证实。由图 19-5 所示的构象式可以看出两角甲基位于环面的同侧，C5 上的氢与角甲基位于环面同侧的称为 α系，反之称为β系。

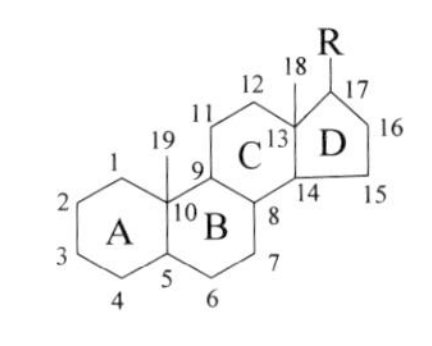

图 19-5　甾烷骨架及编号

19.6.1　甾醇类

甾醇广泛存在于动物和植物体内，胆固醇（又名胆甾醇）和麦角甾醇是分别来源于动植物有代表性的化合物。谷维素则是环木菠萝烯醇、谷甾醇等的阿魏酸酯的混合物，主要存在于米糠等农副产品中。

（1）胆固醇

胆固醇以醇或脂肪酸酯的形式存在于所有动物的细胞中，成年人体内大约含有 240g，因胆结石患者体内的胆石几乎全为胆固醇而得名。胆固醇为无色或微黄色结晶，熔点 148.5℃，微溶于水，易溶于热乙醇、乙醚等有机溶剂。胆固醇在体内含量过高会引起胆结石、粥状动脉硬化等症。

A、B 反式（5α系）　　A、B 顺式（5β系）　　胆固醇

紫外光

7-脱氢胆固醇　　维生素D_3（熔点 82~83℃）

7-脱氢胆固醇是另外一种动物胆甾醇，主要存在于人体皮肤，经紫外光照射，B 环开环转化为维生素 D_3。

（2）麦角甾醇

麦角甾醇因最初得自麦角而得名，大量存在于酵母中，是一种植物甾醇。其结构与 7-脱氢胆固醇很相似，只是 C17 侧链上多一个甲基和一个双键。麦角甾醇经紫外光照射，B 环开环成维生素 D_2。

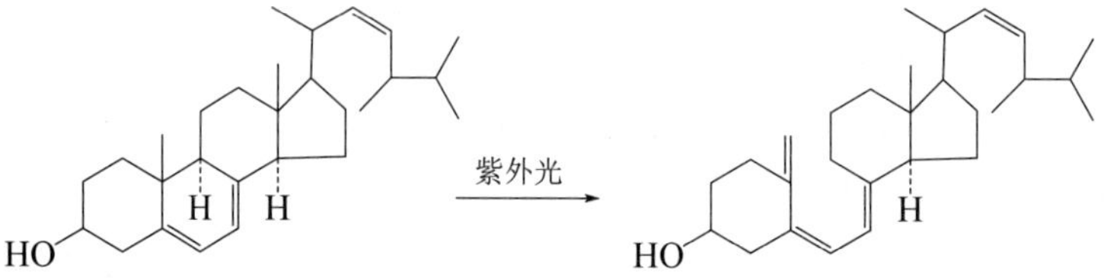

HO H H —紫外光→ HO H

麦角甾醇　　　　维生素D_2（熔点115~117℃）

（3）谷维素

谷维素是多种阿魏酸酯的混合物，如环木菠萝烯醇阿魏酸酯、24-亚甲基环木菠萝烯醇阿魏酸酯、*β*-谷固醇阿魏酸酯等，其中前两种是有效成分。它们的构造式如下：

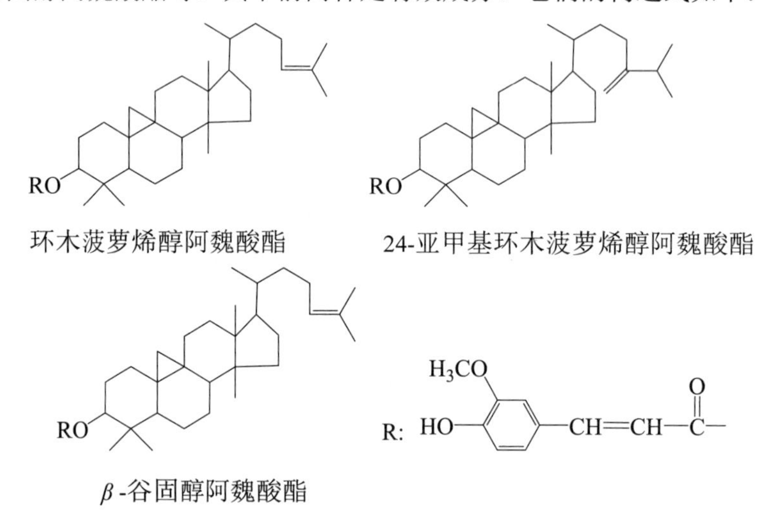

环木菠萝烯醇阿魏酸酯　　24-亚甲基环木菠萝烯醇阿魏酸酯

β-谷固醇阿魏酸酯

谷维素为白色或微黄色结晶粉末，无臭，难溶于水，易溶于乙醇、石油醚、氯仿等。谷维素能调整大脑功能，用于治疗植物神经失调、周期性精神病、脑震荡后遗症、更年期综合征、妇女经前期紧张症、血管性头痛和胃肠、心血管神经官能症等。

19.6.2 维生素 D

维生素 D 可以促进钙磷在肠内的吸收，确保两种元素在体液中的含量，促进骨骼正常钙化。幼儿缺乏维生素 D 易患佝偻病，成人则易患软骨症。动物皮肤含有 7-脱氢胆甾醇，多晒太阳是获得维生素 D_3 的简易方法。

维生素 D 有很多种，已分离出的有 D_2、D_3、D_4 和 D_5 四种，其中 D_2 和 D_3 的生理作用最强。

19.6.3 胆酸

仅少数胆酸以单独形式存在，多以甘氨酸或牛磺酸的酰胺形式存在于动物的胆汁中。它们在胆汁中以胆酸盐的形式存在，具有乳化作用，可减小水与脂肪的表面张力，使脂肪乳化成微粒，增加脂肪与消化液的接触面积，起促进消化的作用。

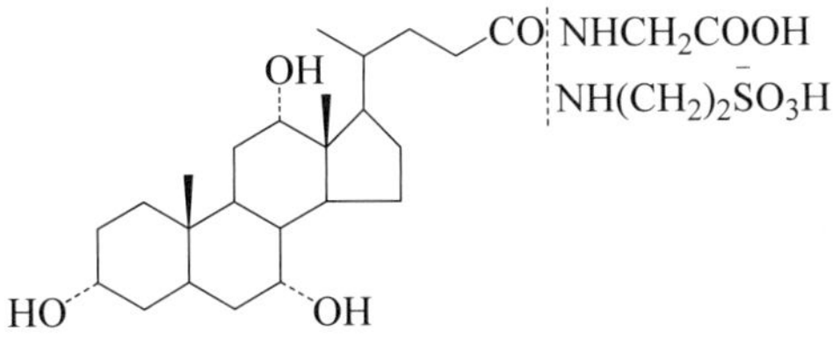

甘氨（牛磺）胆酸 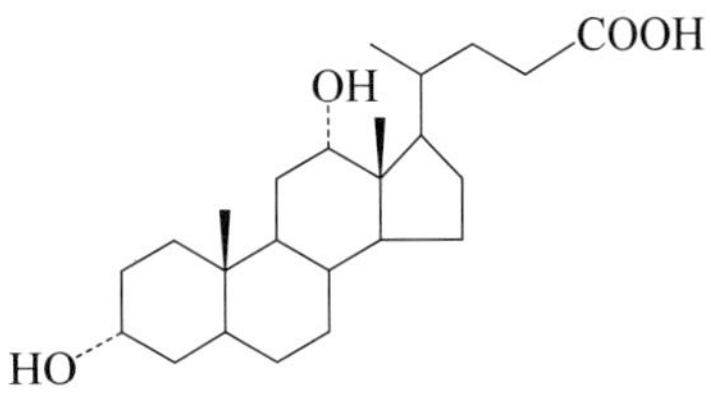　　去氧胆酸

胆酸的种类很多，最重要的是胆酸和去氧胆酸。

19.6.4　甾体激素

通常根据来源，将甾体激素分为肾上腺皮质激素和性激素，性激素又可分为雄性激素和雌性激素。

（1）肾上腺皮质激素

肾上腺皮质激素是肾上腺皮质分泌的一类激素，这类激素多为甾体化合物。现已从肾上腺皮质浸出液中分离出 30 多种甾体化合物。其中皮质甾酮、11-去氧皮质甾酮、皮质醇（氢化可的松）、皮质酮（可的松）等七种有较强的生理活性。

这类化合物的结构特点是 A 环 C3 上均有酮基，C4 和 C5 之间均有双键，C17 上的侧链均有羟酮基。

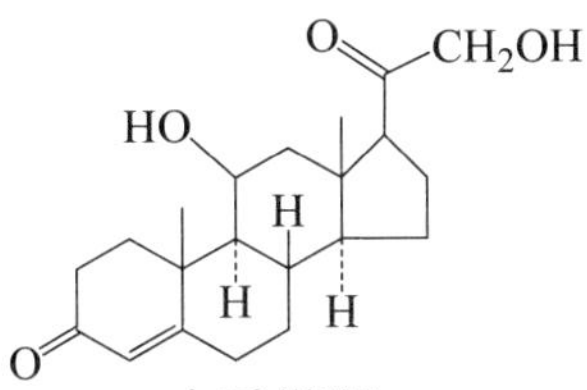

皮质甾酮 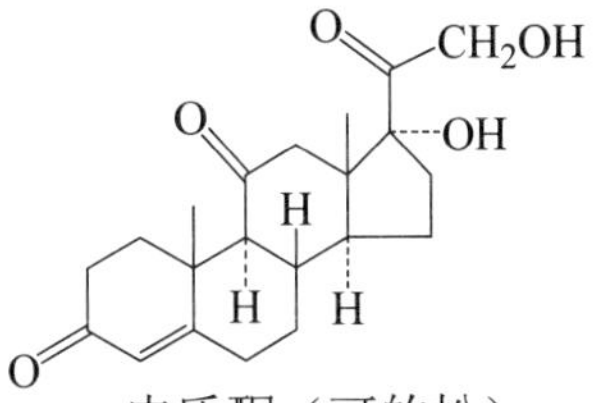　　皮质酮（可的松）

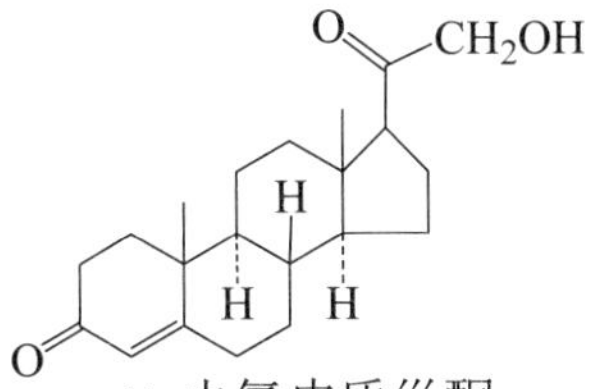

11-去氧皮质甾酮 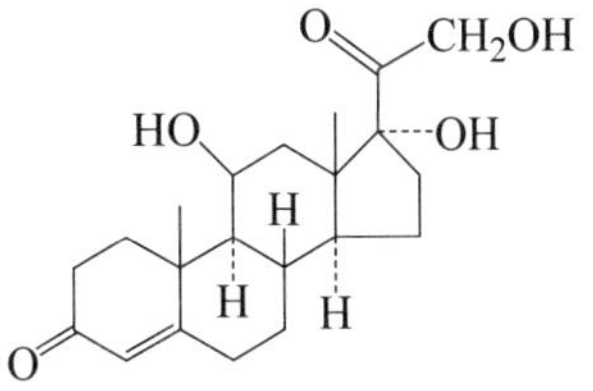　　皮质醇（氢化可的松）

肾上腺皮质激素有调节糖、蛋白质、脂肪代谢的功能。更为重要的是皮质酮和皮质醇具有治疗风湿性关节炎、支气管哮喘、皮肤炎症、过敏等作用，是一类重要的药物。

（2）性激素

① 雄性激素

雄性激素具有促进雄性器官的形成与副性征发育的作用。重要的有雄甾酮、去氢表雄甾酮和睾丸甾酮。

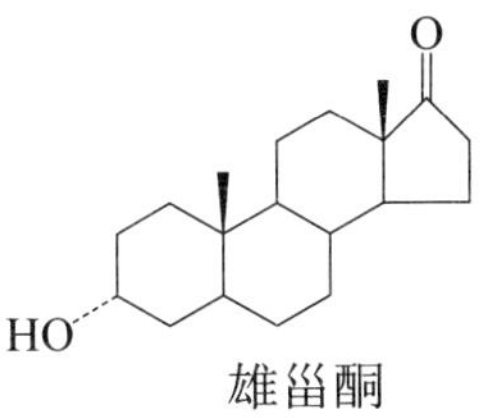

雄甾酮 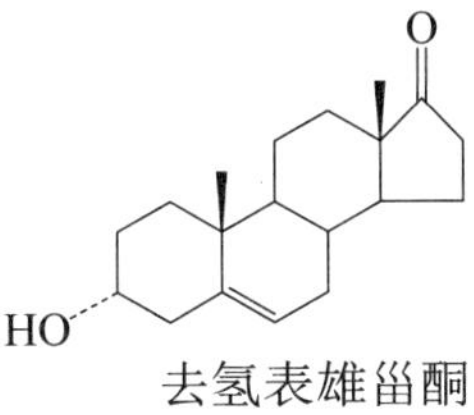　　去氢表雄甾酮 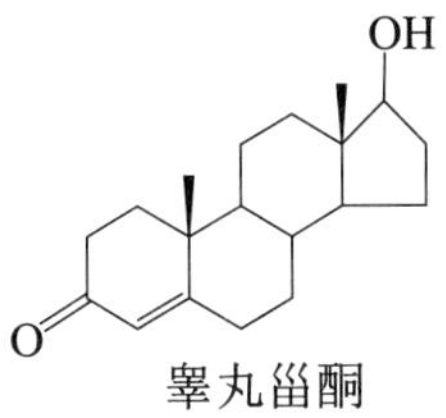　　睾丸甾酮

睾丸甾醇可用于治疗男子因缺乏该醇而导致的病症，也可用于治疗女子的机能性子宫出血、痛经、月经过多等疾病。

② 雌性激素

雌性激素是由卵巢分泌出来的物质，分为雌激素和孕激素。前者由成熟的卵胞产生，具有促进雌性副性征的发育与性器官的最后形成作用，后者由卵胞排卵后形成的黄体产生（又称黄体激素），具有促进子宫壁的发育、安胎、抑制排卵、促进乳腺发育等生理作用。雌激素中具有代表性的是雌酮、雌二醇和炔雌醇；孕激素具有代表性的是黄体酮和炔诺酮。

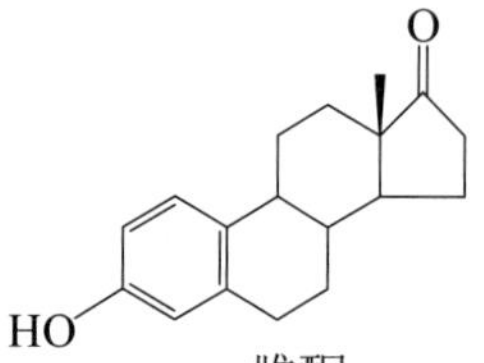

雌酮 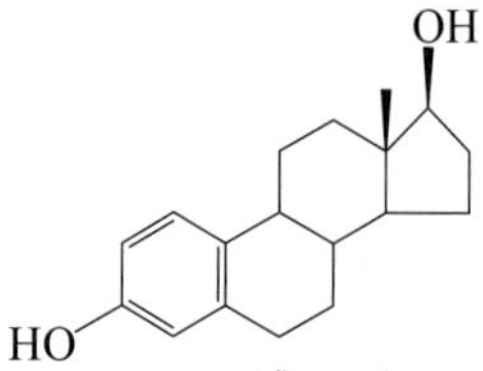　雌二醇 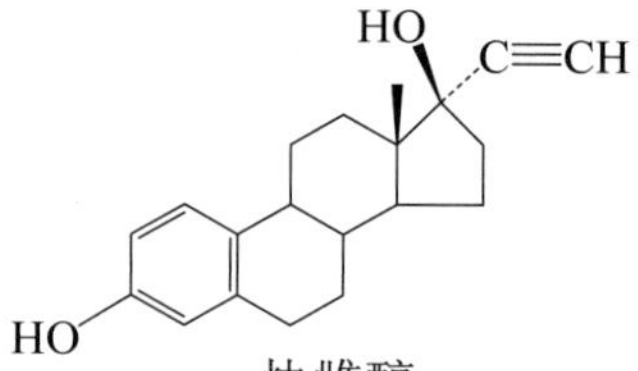　炔雌醇

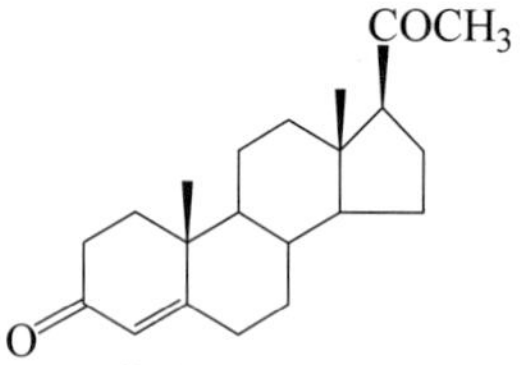

黄体酮（孕甾酮） 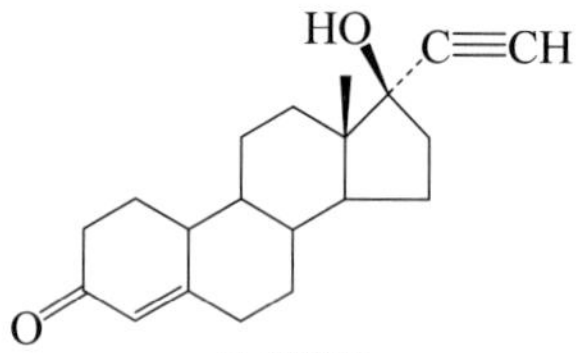　炔诺酮

黄体酮是天然避孕药，但口服效果不佳。由去氢表雄甾酮合成的炔诺酮，口服效果很好，与由雌酮合成的炔雌醇配合使用效果更好。

19.6.5 强心苷和皂苷

强心苷、皂苷都是以甾体类物质作为配基与寡聚糖通过糖苷键连接而成的甾体衍生物。华蟾毒素的结构特征则是 C17 侧链为六元不饱和内酯环。

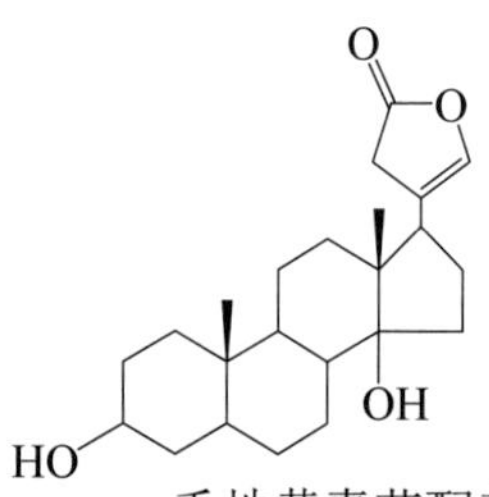

毛地黄毒苷配基 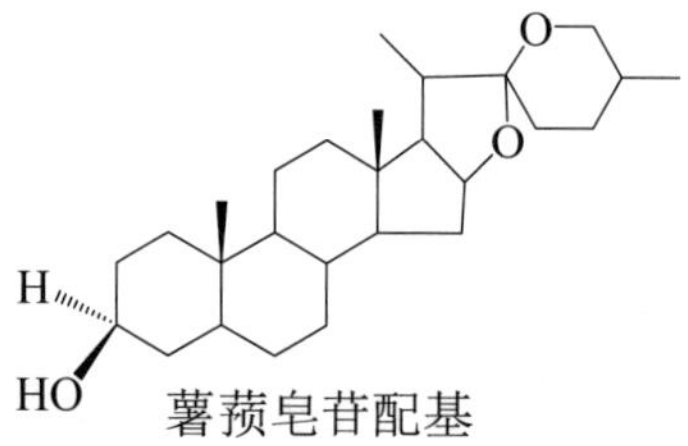　薯蓣皂苷配基 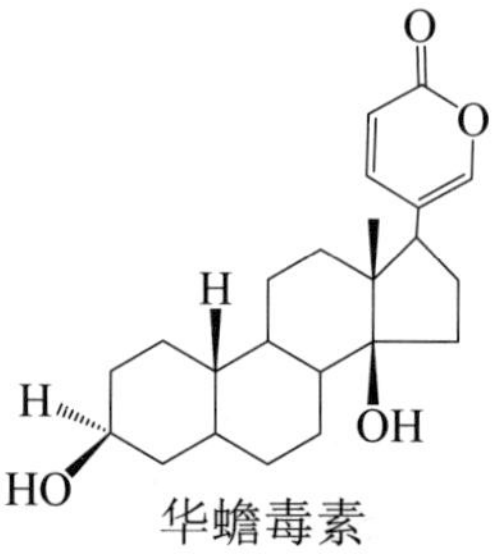　华蟾毒素

强心苷主要存在于夹竹桃科、玄参科、百合科等植物中。主要生理作用是加强心肌收缩，使动脉加速，具有强心作用。临床上用作强心剂，用于治疗心力衰竭等症。若使用过量则可使心跳停止，乃至死亡。华蟾毒素是蟾蜍体内分泌的一种毒素，具有与强心苷类似的作用。

皂苷则广泛存在于植物界。与水一起振荡能够产生泡沫，起乳化作用，可用作去垢剂。皂苷水解的非糖配基多为三萜或甾体物质，可用作合成许多甾体类物质如氢化可的松、氟轻松等的原料。

阅读材料

大豆磷脂

大豆磷脂是从生产大豆油的油脚料中提取的，是由甘油、脂肪酸、胆碱或胆胺所组成的酯，能溶于油脂及非极性溶剂。大豆磷脂的组成成分复杂，主要含有卵磷脂（约 34.2%）、脑磷脂（约 19.7%）、肌醇磷脂（约 16.0%）、磷脂酰丝氨酸（约 15.8%）、磷脂酸（约 3.6%）及其他磷脂（约 10.7%），为浅黄至棕色的黏稠液体或白色至浅棕色的固体粉末。

磷脂是人体细胞（细胞膜、核膜、质体膜）的基本成分，对神经系统、生殖系统、激素水平等有重要调节作用，具有很高的营养价值和医用价值。大豆磷脂作为一种功能性的健康食品，没有药物的副作用，因此其在预防疾病方面受到了极大关注。

大豆磷脂作为一种生命的基础物质，在医药工业中被誉为“细胞的保护神”“血管的清道夫”，是保护人体正常新陈代谢和健康生存必不可少的营养物质。对人体的细胞活化、生存及脏器功能的维持、肌肉关节的活力及脂肪的代谢等都起到非常重要的作用。

本章小结

1. 天然油脂主要是由长链偶碳混三酰甘油组成的混合物。液体的油比固体的脂包含更多的不饱和脂肪酸（通常为顺式构型）。氢化和酯交换是油脂重要的改性手段。前列腺素等是由二十碳不饱和脂肪酸衍生的内源性活性物质。

2. 肥皂的主要成分是高级脂肪酸的碱金属盐，是一种常用的表面活性剂。表面活性剂是分子中具有亲水亲油结构，加入少量即能显著降低水的表面张力，具有润湿、乳化、分散、增溶等作用的一类物质。表面活性剂可分为阴离子型、阳离子型、两性型、非离子型和特殊的表面活性剂。

3. 天然蜡是长碳链的脂肪酸脂肪醇酯。根据其来源可分为动物蜡、植物蜡和褐煤蜡等。石蜡和地蜡则主要是高级的饱和脂肪烃。

4. 磷脂酸可以看成磷脂的母体结构，其磷酸部分上的一个氢被其他基团取代后得到的一系列磷脂，如磷脂酰胆碱（PC）、磷脂酰乙醇胺等。

5. 萜类是广泛存在于动植物体内的一类天然化合物。它可以看成是由若干异戊二烯单位聚合而成的衍生物，其最根本的生物来源是乙酰辅酶 A。许多萜类或其衍生物在各种生命活动中起着重要的生理生化作用。

6. 甾体化合物是具有环戊烷并全氢菲环结构的一类化合物。动植物甾醇、维生素 D、胆酸、性激素、肾上腺皮质激素、某些致癌烃和强心苷等都属此类。在人的生命活动中担负着重要的生理功能的甾体化合物是医疗和制药行业中引人注目的领域。

习　题

19-1　一种未知结构的脂肪具有光活性，经皂化酸化后产生两分子棕榈酸和一分子的油酸。试推测该脂肪分子的结构。

19-2　下列哪些化合物具有表面活性？

(a) $CH_3OSO_3^- Li^+$　(b) $CH_3(CH_2)_4CH(CH_3)(CH_2)_2OSO_3^- K^+$　(c) $(CH_3)_2CHCH_2SO_3^- Na^+$　(d) $CH_3(CH_2)_{16}CH_2OH$

（e）$CH_3(CH_2)_6CH_2-C_6H_4-SO_3^-NH_4^+$

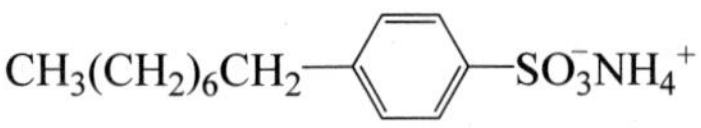

19-3　下面的化合物是香脂油的主要成分，请表示出其异戊二烯单元，该化合物是单萜、倍半萜还是双萜？

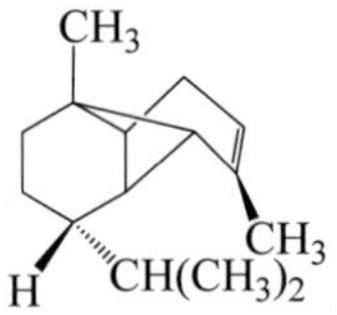

CH_3　CH_3　H　$CH(CH_3)_2$

19-4　单萜 A 的分子式为 $C_{10}H_{18}$，经催化氢化后得到分子式为 $C_{10}H_{22}$ 的化合物，用 $KMnO_4$ 氧化 A，得到 $CH_3\overset{O}{\overset{\|}{C}}CH_2CH_2COOH$、$CH_3COOH$ 及 $CH_3\overset{O}{\overset{\|}{C}}CH_3$。试推测 A 的结构。

19-5　给出下列萜类化合物重排的机理。

（a）CH_2OH $\overset{H^+}{\rightleftharpoons}$

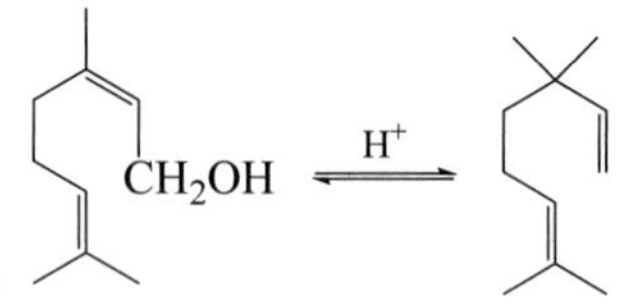

（b）CH_2OH $\xrightarrow{H^+}$ OH

（c）O $\xrightarrow{H^+}$ O + O

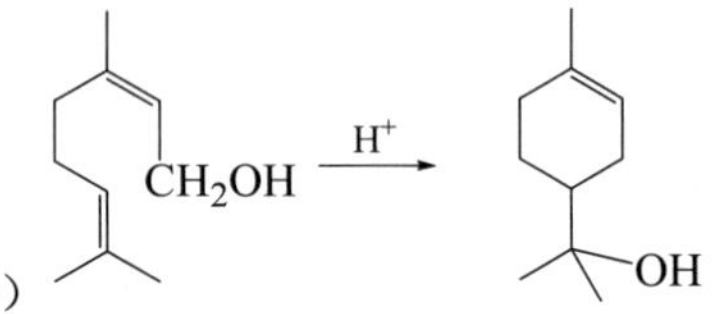

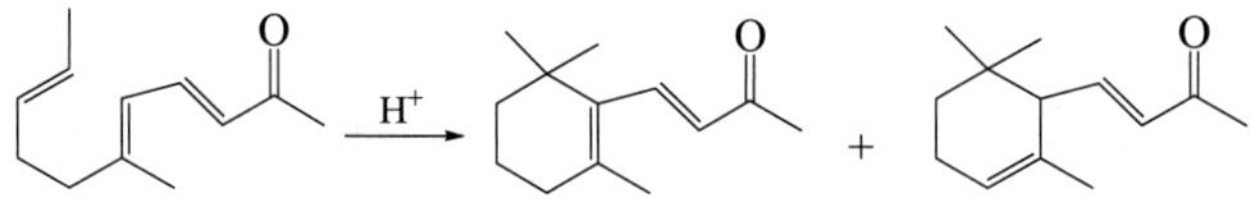

第 20 章　元素有机化合物

有机化合物都含有碳，一般还含有氢。此外，通常还含有氧、氮，其次是硫、氯、溴和碘。除了这八种元素以外，有机化合物中含有的其他元素，常称作异元素。当这些异元素直接与碳原子相连时，则这类有机化合物称为元素有机化合物。此外，一些异元素间接（通过 O、S 或 N 原子）连于碳原子上的有机化合物，习惯上也常划入广义的元素有机化合物的范围，如用作杀虫剂的有机磷农药（往往含 C—O—P 键或 C—S—P 键），生物化学上重要的化合物如叶绿素（含镁）、氧化血红素（含铁），以及核酸和卵磷脂（含磷）等。

目前已知的 118 种元素中，已经发现有七十多种元素能生成有机化合物。

元素有机化合物可粗略地分为金属元素有机化合物和非金属元素有机化合物两大类。目前所知实际上只有 B、Si、P、Se、Te、F 六种元素所生成的元素有机化合物属于非金属元素有机化合物的范围。性质介于金属与非金属之间的例如砷，习惯上归入金属有机化合物一类。

本章只初步介绍几种在有机化学研究及有机工业上较重要的元素有机化合物。

20.1　有机铝化合物

有机铝化合物，按照铝原子所连的三个基团（或原子）的状况而分为下列三类：

$$R_3Al \qquad\qquad R_2AlZ \qquad\qquad RAlZ_2$$

R=烃基, Z= —H、—F、—Cl、—Br、—I、—OR、—SR、—NH_2、—NHR、—NR_2、—PR_2等

其中应用最广、最重要的是烷基铝及其卤化物，如三乙基铝$(C_2H_5)_3Al$、三异丁基铝$(i\text{-}C_4H_9)_3Al$、二乙基氯化铝$(C_2H_5)_2AlCl$等等。本节主要讨论烷基铝。

20.1.1　烷基铝的制法

（1）由卤代烃和金属铝作用

卤代烷与金属铝作用是制备烷基铝的比较常用的方法。产物为等量的二卤一烷基铝（$RAlX_2$）和一卤二烷基铝（R_2AlX）的混合物，称为倍半卤代烷基铝，常用 $R_3Al_2X_3$ 来表示。

$$2Al + 3RX \xrightarrow{I_2} \underbrace{RAlX_2 + R_2AlX}_{R_3Al_3X_3} \quad (R= —CH_3、—C_2H_5)$$

倍半卤代烷基铝被碱金属还原可得三烷基铝。例如，为了制备三乙基铝，可将制得的 $C_2H_5AlCl_2$ 先以钠还原为$(C_2H_5)_2AlCl$，进而再还原为$(C_2H_5)_3Al$。

$$2C_2H_5AlCl_2 + 3Na \longrightarrow (C_2H_5)_2AlCl + Al + 3NaCl$$

$$3(C_2H_5)_2AlCl + 3Na \xrightarrow{120\sim130℃} 2(C_2H_5)_3Al + Al + 3NaCl$$

（2）烯烃与氢化铝作用

烷基铝也可由氢化铝和α-烯烃作用得到：

$$AlH_3 + 3RCH{=}CH_2 \longrightarrow [AlH_2CH_2CH_2R \longrightarrow AlH(CH_2CH_2R)_2] \longrightarrow Al(CH_2CH_2R)_3$$

由于 AlH_3 价格较高，也可用氢和铝代替 AlH_3，在没有氧的存在下，直接和α-烯烃反应制取，例如：

$$6(CH_3)_2C{=}CH_2 + 3H_2 + 2Al \xrightarrow[I_2]{160℃,\ 3MPa} 2Al[CH_2CH(CH_3)_2]_3$$

三异丁基铝

（3）卤化铝与格利雅试剂作用

烷基铝可由卤化铝与有机金属化合物（如格利雅试剂）作用而得到。

$$AlX_3 \xrightarrow{RMgX} RAlX_2 \xrightarrow{RMgX} R_2AlX \xrightarrow{RMgX} R_3Al$$

20.1.2 烷基铝的性质

烷基铝一般为无色液体，低级的烷基铝通常以二或三分子缔合形式存在，随着分子量的增大，缔合程度减小。低级烷基铝与空气接触则迅速氧化甚至自燃。烷基铝与水发生强烈反应，生成 $Al(OH)_3$ 和 RH，故通常把烷基铝溶于烃类溶剂中。它们的化学性质活泼，热稳定性差，较难制得其纯品。

（1）络合物的生成

烷基铝分子中，铝原子的价电子层是未充满的，它具有路易斯酸的性质，可以与乙醚、叔胺等路易斯碱生成稳定的络合物。例如：

$$[(CH_3)_3Al^{-}N^{+}(CH_3)_3] \qquad (CH_3)_3Al\cdot O(C_2H_5)_2$$

（2）与卤化物反应（烷基化）

烷基铝与卤化物反应是制备许多元素有机合物的重要反应之一。例如：

$$2R_3Al + AlX_3 \longrightarrow 3R_2AlX$$

$$R_3Al + 2AlX_3 \longrightarrow 3RAlX_2$$

$$2R_3Al + ZnCl_2 \longrightarrow R_2Zn + 2R_2AlCl$$

$$4R_3Al + SnCl_4 \longrightarrow R_4Sn + 4R_2AlCl$$

通过这些方法可以使金属卤化物烷基化。这样就几乎可以制备第Ⅱ~Ⅴ族所有非过渡元素的烷基衍生物。这种方法可以避免使用格利雅试剂烷基化时所需的大量易燃的乙醚。

（3）与烯烃反应

烷基铝与α-烯烃能发生加成反应。例如，三乙基铝同乙烯在 100~120℃和加压下反应，能使乙烯聚合为聚乙烯，这实际上是一系列加成的结果。

$$Al(C_2H_5)_3 \xrightarrow{CH_2{=}CH_2} (CH_2{-}CH_2{-}C_2H_5)Al(C_2H_5)_2 \xrightarrow{CH_2{=}CH_2} \cdots \longrightarrow Al[(CH_2CH_2)_mC_2H_5][(CH_2CH_2)_nC_2H_5][(CH_2CH_2)_pC_2H_5]$$

$$\xrightarrow[\text{水解}]{H_2O} CH_3(CH_2CH_2)_mCH_3 + CH_3(CH_2CH_2)_nCH_3 + CH_3(CH_2CH_2)_pCH_3 + Al(OH)_3$$

$(C_2H_5)_3Al$ 与 $TiCl_4$ 组合的复合催化剂——齐格勒-纳塔催化剂，可使乙烯在常压下进行聚合，所得聚乙烯的平均分子量通常在 10 万～30 万，也可高达 300 万左右。这个复合催化剂还能使丙烯进行定向聚合，得到熔点高达 170℃的聚丙烯。它是个性能优异的工程塑料。

20.2　有机硅化合物

硅和碳都位于周期表的ⅣA 族中，它们都是四价元素。因此，硅也能形成类似于碳化合物的结构，这种化合物称为有机硅化合物。例如：

CH_4	$CHCl_3$	CCl_4	CH_3OH
甲烷	三氯甲烷	四氯化碳	甲醇
SiH_4	$SiHCl_3$	$SiCl_4$	SiH_3OH
甲硅烷	三氯甲硅烷	四氯硅烷	甲硅醇

但硅与碳又有所不同：硅的原子体积比较大（硅原子半径 0.17nm，碳原子半径 0.077nm），价电子离原子核较远，因此与碳相比，硅具有较强的给电子性，因而它的电负性较小（Si 1.8，C 2.5）。由硅原子所形成的化学键，其键能数据和碳化合物的键能对比如下：

键型	键能/(kJ/mol)	键型	键能/(kJ/mol)
Si—Si	222	C—C	347
Si—H	318	C—H	414
Si—O	452	C—O	360
Si—C	301		

由此可见，Si—Si 键键能较 C—C 键键能小，因此硅原子不能像碳原子那样形成长链化合物。已知最高的硅烷为己硅烷。Si—O 键键能较 C—O 键键能大，所以硅能通过 Si—O 键形成具有如下结构的长链化合物：

$$\cdots-\overset{|}{\underset{|}{Si}}-O-\overset{|}{\underset{|}{Si}}-O-\overset{|}{\underset{|}{Si}}-O-\cdots$$

有机硅化合物在 20 世纪三四十年代就有了迅速发展，它是元素有机化合物中研究得较多的一种，它的制品在现代工业上有着相当重要的地位。

20.2.1　硅烷、卤硅烷和烃基硅烷

将石英（SiO_2）粉末与金属镁共热而得的镁硅合金溶解于盐酸或其他无机酸中，即得各种硅烷的混合物，经低温分馏，可将它们分离。

$$SiO_2 + 4Mg \xrightarrow{\text{高温}} Mg_2Si + 2MgO$$

$$Mg_2Si + \text{无机酸} \longrightarrow \underset{40\%}{SiH_4} + \underset{30\%}{Si_2H_6} + \underset{15\%}{Si_3H_8} + \underset{10\%}{Si_4H_{10}} + Mg^{2+}$$

由键能数据可知 Si—H 键比 C—H 键容易断裂，所以硅烷的化学性质很活泼，在空气中能自燃生成 SiO_2 和 H_2O，并放出大量热。硅烷可被水解而成 SiO_2 及 H_2。例如：

$$SiH_4 + 2H_2O \longrightarrow SiO_2 + 4H_2$$

硅烷也可与卤素发生卤代反应，生成卤代硅烷，反应很剧烈。

$$SiH_4 \xrightarrow{Cl_2} SiH_3Cl \xrightarrow{Cl_2} SiH_2Cl_2 \xrightarrow{Cl_2} SiHCl_3$$

氯硅烷和有机金属化合物作用，即形成烃基硅烷。RMgX 是常用的试剂，烃基硅烷可看作硅烷分子中的氢原子被烃基取代后的生成物。例如：

$$SiHCl_3 + 3RMgCl \longrightarrow R_3SiH + 3MgCl_2$$

$$SiCl_4 + 4RMgCl \longrightarrow R_4Si + 4MgCl_2$$

烃基硅烷的化学性质因硅烷中的氢原子被烃基取代的程度而不同，被烃基取代的氢原子多，则化学稳定性增加。例如 R_4Si 具有耐热，不易水解，不易卤代等性质。如果硅原子上还连有未被取代的氢原子，那么 Si—H 键容易断裂而起许多化学反应。例如，在三氯化铝催化下，它们可与氯化氢作用生成烃基氯硅烷。

$$CH_3SiH_3 + HCl \xrightarrow{AlCl_3} CH_3SiH_2Cl + H_2$$

20.2.2 烃基氯硅烷、硅醇、烷基正硅酸酯

烃基氯硅烷包括一烃基三氯硅烷（$RSiCl_3$）、二烃基二氯硅烷（R_2SiCl_2）及三烃基一氯硅烷（R_3SiCl）三种类型，其中 R 可以是脂肪族烃基或芳香族烃基。由四氯化硅和格利雅试剂作用可以生成各种烃基氯硅烷的混合物。

$$SiCl_4 + RMgCl \longrightarrow RSiCl_3 + MgCl_2$$

$$RSiCl_3 \xrightarrow{RMgCl} R_2SiCl_2 + MgCl_2$$

$$R_2SiCl_2 \xrightarrow{RMgCl} R_3SiCl + MgCl_2$$

$$R_3SiCl \xrightarrow{RMgCl} R_4Si + MgCl_2$$

适当调节格利雅试剂的用量，可使其中一种烃基氯硅烷成为主要产物。

工业上，也可由氯代烃蒸气通过加热的硅粉在高温及催化剂的存在下直接合成烃基氯硅烷：

$$2RCl + Si \xrightarrow[300\sim500℃]{\text{催化剂}} R_2SiCl_2$$

产品往往为混合物，但以 R_2SiCl_2 为主。此法适用于制备甲基氯硅烷、乙基氯硅烷和苯基氯硅烷，常用的催化剂为 Cu、Ag、Sn、Zn 等金属。

烃基氯硅烷是比水重的液体，由于 Si—Cl 键容易断裂，所以性质活泼，容易发生水解、醇解以及和格利雅试剂作用等反应。水解最好在碱存在下进行，产物相当于醇，称为硅醇。由二烃基二氯硅烷和一烃基三氯硅烷水解而得到的分别是硅原子上连有两个或三个羟基的二元硅醇或三元硅醇。

$$R_3SiCl + HOH \xrightarrow{OH^-} R_3SiOH + HCl$$

$$R_2SiCl + 2HOH \xrightarrow{OH^-} R_2Si(OH)_2 + 2HCl$$

$$RSiCl + 3HOH \xrightarrow{OH^-} RSi(OH)_3 + 3HCl$$

醇解产物为烷基正硅酸酯（或称为烃基烷氧基硅烷）：

$$R_3SiCl + R'OH \xrightarrow{OH^-} R_3SiOR' + HCl$$

$$R_2SiCl_2 + 2R'OH \xrightarrow{OH^-} R_2Si(OR')_2 + 2HCl$$

$$RSiCl_3 + 3R'OH \xrightarrow{OH^-} RSi(OR')_3 + 3HCl$$

烷基正硅酸酯是具有特殊臭味的无色液体，可在大气压下蒸馏而不分解，它们也容易水解而得相应的硅醇。例如：

$$(C_2H_5)_3SiOC_2H_5 + HOH \xrightarrow{OH^-} (C_2H_5)_3SiOH + C_2H_5OH$$

它们和烃基氯硅烷一样，都是合成有机硅高分子的重要原料，且反应缓和易于控制，有利于工业操作。

20.2.3　有机硅高聚物

硅醇中，硅二醇和硅三醇都不稳定，一旦生成即发生分子间脱水，形成具有硅氧链的缩聚物，称为多缩硅醇，又称聚硅醚或聚硅氧烷。由硅二醇失水可得线形缩聚物，硅三醇缩聚则可得体形（网状）结构的缩聚物。例如：

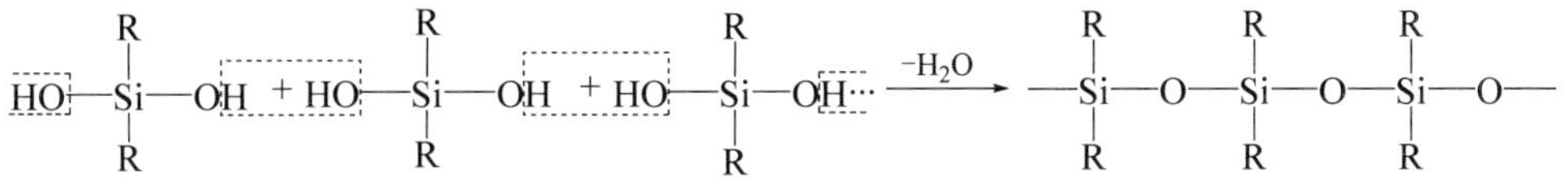

$$HO-SiR_2-OH + HO-SiR_2-OH + HO-SiR_2-OH\cdots \xrightarrow{-H_2O} -SiR_2-O-SiR_2-O-SiR_2-O-$$

线形

$$HO-SiR(OH)-OH + HO-SiR(OH)-OH + HO-SiR(OH)-OH\cdots \xrightarrow{-H_2O} \text{网状 Si—O—Si 结构}$$

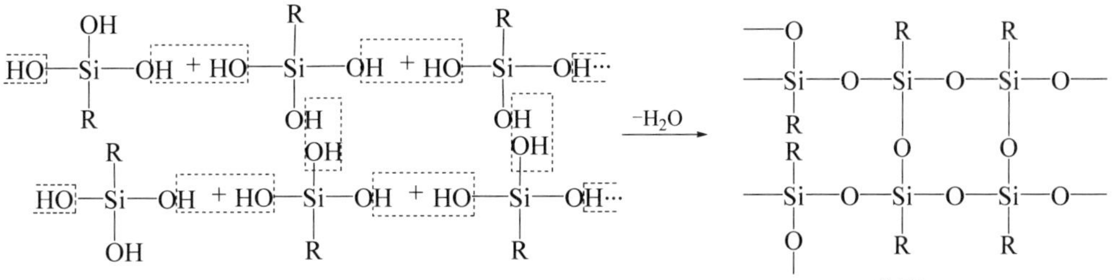

体形

多缩硅醇具有与 SiO_2 类似的 Si—O 键，要破裂 Si—O 键需要较多的能量，因此多缩硅醇具有良好的耐热性。此外，硅氧链具有许多侧链——烃基，烃基是憎水性的，它们都在主链的外层，所以这种高聚物耐水性极佳。此外，它还具有优良的抗氧化、电绝缘及耐低温等特性。因此在近代工业上多缩硅醇占有相当重要的地位。在工业应用上，常根据产物的结构和性质，将它们分为三类：

（1）硅油

工业上产量最大的甲基硅油，通常是以$(CH_3)_2SiCl_2$和少量的$(CH_3)_3SiCl$为原料一同水解缩聚而得的线形缩聚物。由于水解产物中少量三甲基甲硅醇只能和一分子其他硅醇进行脱水，因此，使得缩聚产物的链在一端不能再继续增长，链长就有一定的限度。产物的分子量通常可由两种原料的用量比例来控制。

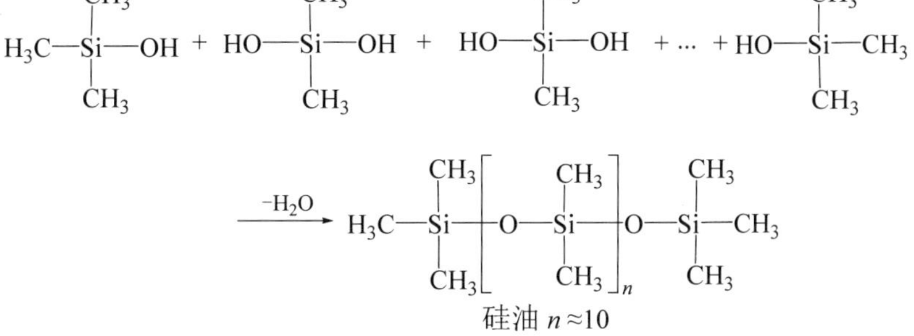

$$H_3C-Si(CH_3)_2-OH + HO-Si(CH_3)_2-OH + HO-Si(CH_3)_2-OH + \cdots + HO-Si(CH_3)_2-CH_3$$

$$\xrightarrow{-H_2O} H_3C-Si(CH_3)_2-\left[O-Si(CH_3)_2\right]_n-O-Si(CH_3)_2-CH_3$$

硅油 $n\approx10$

硅油是无色透明的油状液体，不易燃烧，对金属没有腐蚀性，绝缘性和化学稳定性良好，常用作精密仪器的润滑剂，高级变压器油，还可作为热载体。硅油的表面张力小，所以又是良好的消泡剂。

（2）硅橡胶

应用最广的硅橡胶为甲基硅橡胶。一般用高纯度的$(CH_3)_2SiCl_2$ (99.98%)水解，所得的硅二醇经缩聚后就可以生成高分子的线形多缩硅醇。聚合度在 2000 以上，分子量在 40 万～50 万之间的高聚物是无色透明软糖状的弹性物质，称为硅橡胶。

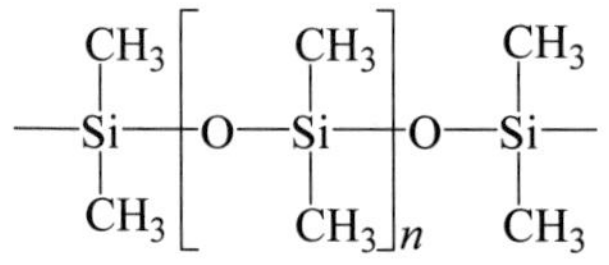

$$-\underset{CH_3}{\overset{CH_3}{\underset{|}{\overset{|}{Si}}}}-\left[O-\underset{CH_3}{\overset{CH_3}{\underset{|}{\overset{|}{Si}}}}\right]_n-O-\underset{CH_3}{\overset{CH_3}{\underset{|}{\overset{|}{Si}}}}-$$

硅橡胶的特性是既耐低温，又耐高温，在–100~300ºC 间仍能保持弹性。它是目前使用温度最广的橡胶，适用于制造飞机和宇宙航行中应用的密封件、薄膜、胶管等。硅橡胶绝缘性能好，在电子设备、电缆和电线中也广泛应用。另外，它无毒，无味，化学稳定性好，近年来也应用于制造人造心脏瓣膜和血管，因此它也是一种很有发展前途的医用高分子材料。

（3）硅树脂

用$(CH_3)_2SiCl_2$和一定比例的 CH_3SiCl_3 进行水解，生成的甲基硅三醇能与其他三分子硅醇进行分子间脱水，形成的体形结构的高聚物叫甲基硅树脂：

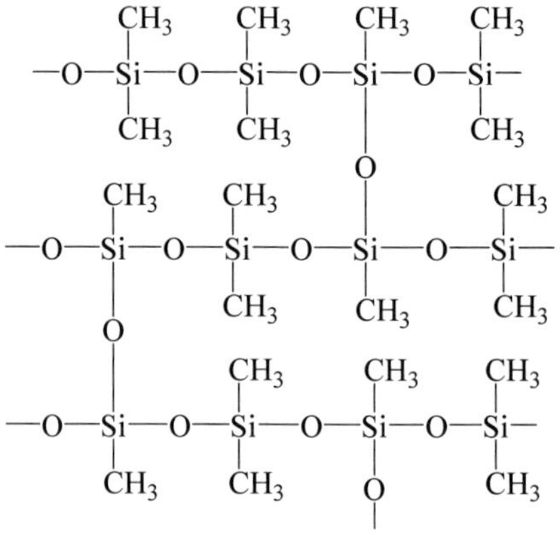

$$\begin{array}{ccccccccc}
 & CH_3 & & CH_3 & & CH_3 & & CH_3 & \\
 & | & & | & & | & & | & \\
-O- & Si & -O- & Si & -O- & Si & -O- & Si & - \\
 & | & & | & & | & & | & \\
 & CH_3 & & CH_3 & & O & & CH_3 & \\
 & & & & & | & & & \\
 & CH_3 & & CH_3 & & | & & CH_3 & \\
 & | & & | & & | & & | & \\
-O- & Si & -O- & Si & -O- & Si & -O- & Si & - \\
 & | & & | & & | & & | & \\
 & O & & CH_3 & & CH_3 & & CH_3 & \\
 & | & & CH_3 & & CH_3 & & CH_3 & \\
 & | & & | & & | & & | & \\
-O- & Si & -O- & Si & -O- & Si & -O- & Si & - \\
 & | & & | & & | & & | & \\
 & CH_3 & & CH_3 & & O & & CH_3 & \\
 & & & & & | & & &
\end{array}$$

硅树脂耐热，抗油，抗水，并具有高度的绝缘性，广泛应用于电器工业中，如用作发电机、电动机、电视及雷达的绝缘材料和线圈浸渍剂等。硅树脂做成的涂漆在大气中暴露三四年而毫不开裂，且可耐 500ºC 高温，所以也广泛用作耐高温绝缘涂料、黏合剂及泡沫塑料。

20.3　有机磷化合物

磷和氮酮在周期表ⅤA 族，它们的化合价相同，性质相近，因此磷也能生成类似氮化合物结构的化合物。例如：

NH_3	RNH_2	R_2NH	R_3N	$R_4N^+X^-$
氨	伯氨	仲氨	叔胺	季铵盐
PH_3	RPH_2	R_2PH	R_3P	$R_4P^+X^-$
磷化氢	伯膦	仲膦	叔膦	季鏻盐

上述化合物中，“膦”表示含有碳磷键的化合物，在表示相当于季铵类化合物的含磷化

合物时用“鏻”字。

20.3.1　制法和性质

磷化氢通常用三氯化磷和氢化铝锂作用而得，再与金属钠作用可得磷化钠。

$$PCl_3 + LiAlH_4 \xrightarrow{THF} PH_3 \xrightarrow[\text{乙醚}]{Na} H_2PNa$$

卤代烃与磷化钠、烷基膦或芳基膦以及取代膦化钠作用，可得到伯膦、仲膦、叔膦。

$$H_2PNa + RX \longrightarrow \underset{\text{伯膦}}{RPH_2} + NaX$$

$$RPH_2 + Na \longrightarrow RHPNa \xrightarrow{R'X} \underset{\text{仲膦}}{RR'PH} + NaX$$

$$RPH_2 + 2R'X \longrightarrow \underset{\text{叔膦}}{R'_2RP} + 2HX$$

将碘化鏻（PH_4I）和碘烷在氧化锌存在下加热至 150℃左右，可生成伯膦和仲膦。反应式如下：

$$2RI + 2PH_4I + ZnO \longrightarrow 2RPH_2 \cdot HI + ZnI_2 + H_2O$$

$$2RPH_2 \cdot HI + ZnO \longrightarrow 2RPH_2 + ZnI_2 + H_2O$$

$$RPH_2 + RI \longrightarrow R_2PH \cdot HI$$

$$2R_2PH \cdot HI + ZnO \longrightarrow 2R_2PH + ZnI_2 + H_2O$$

叔膦一般是用格利雅试剂和三氯化磷的反应来制得：

$$3CH_3MgI + PCl_3 \xrightarrow{\text{乙醚}} \underset{\text{三甲膦}}{(CH_3)_3P} + 3Mg\begin{smallmatrix}Cl\\I\end{smallmatrix}$$

$$3C_6H_5MgBr + PCl_3 \xrightarrow{\text{乙醚}} \underset{\text{三苯膦}}{(C_6H_5)_3P} + 3Mg\begin{smallmatrix}Cl\\Br\end{smallmatrix}$$

甲膦在常温下是气体。大多数膦是沸点较低的液体（甲膦−14ºC，二甲膦 21.5ºC，三甲膦 41ºC）。膦类均有强烈臭味，毒性很大，难溶于水而易溶于有机溶剂，相对密度均小于 1。膦比胺碱性弱，不能使石蕊试纸变色，但能与强酸作用生成盐。

膦非常容易被氧化，较低级的膦在空气中即迅速氧化而引起自燃。当以空气或硝酸为氧化剂时，则伯膦、仲膦、叔膦分别氧化成烷基膦酸、二烷基次膦酸和氧化叔膦（三烷基氧化膦）。

$$RPH_2 + 3[O] \longrightarrow \underset{\text{烷基膦酸}}{R-\overset{O\uparrow}{\underset{OH}{P}}-OH}$$

$$R_2PH + 2[O] \longrightarrow \underset{\text{二烷基次膦酸}}{R-\overset{O\uparrow}{\underset{R}{P}}-OH}$$

$$R_3P + [O] \longrightarrow \underset{\text{氧化叔膦}}{R_3P \rightarrow O}$$

烷基膦酸和二烷基次膦酸都是结晶固体，易溶于水，呈强酸性。

叔膦可与氯或硫加成，生成五价膦化合物，还可与卤代烃作用生成季鏻盐。季鏻盐与湿的氧化银作用，可得像季铵碱似的强碱——季鏻碱。

$$R_3P + Cl_2 \longrightarrow R_3PCl_2$$

$$R_3P + S \longrightarrow R_3P \rightarrow S$$

$$(C_2H_5)_3P + C_2H_5I \longrightarrow [(C_2H_5)_4P]^+I^-$$

$$(C_6H_5)_3P + R^1R^2CHX \longrightarrow \left[(C_6H_5)_3\overset{+}{P}-C(R^1)(R^2)H\right]X^-$$

$$[(C_2H_5)_4P]^+I^- + AgOH \longrightarrow [(C_2H_5)_4P]^+OH^- + AgI\downarrow$$

20.3.2 叶立德

季鏻盐用强碱处理（一般常用丁基锂、苯基锂的醚溶液，氨基钠的液氨溶液，氢化钠的四氢呋喃溶液，醇锂的醇溶液等），能使连接磷的一个 α-碳原子上的质子分离而形成亚甲基膦烷式的化合物，这个化合物的磷碳键具有很强的极性，因此具有内盐的性质，它可以用两个共振结构式的叠加来表示：

$$(C_6H_5)_3P^+-CH_3 + C_6H_5Li \longrightarrow \left[(C_6H_5)_3\overset{+}{P}-\overset{-}{C}H_2 \longleftrightarrow (C_6H_5)_3P=CH_2\right] + C_6H_6 + Li^+$$

一般制得后不需分离，让其保存在溶液中，再加入其他反应试剂即可进一步反应。

凡具有 $^+Y-\ddot{C}^-$ 一结构的一类化合物（Y 常为 P、S 或 N）总称为叶立德（ylide）。按带正电原子的不同可分别称为磷叶立德、硫叶立德和氮叶立德等，一些例子如下所示：

$$:\overset{-}{C}H_2-\overset{+}{P}(C_6H_5)_3 \qquad \triangleright\overset{-}{\ddot{}}-\overset{+}{S}(C_6H_5)_2 \qquad :\overset{-}{C}H_2-\overset{+}{N}\equiv N$$

磷叶立德　　硫叶立德　　氮叶立德

如前面反应式所示，磷叶立德通常由三苯基膦和一个伯卤烷（或仲卤烷）反应先生成季鏻盐，再用一个强碱处理而得。

如果分子中具有能分散α-碳原子上负电荷的取代基如—CN、—COR、—COOR 等，则可使生成的叶立德更为稳定，一般用较弱的碱即可完成反应。例如：

$$(C_6H_5)_3P + C_6H_5\overset{O}{\overset{\|}{C}}CH_2Br \longrightarrow C_6H_5\overset{O}{\overset{\|}{C}}CH_2\overset{+}{P}(C_6H_5)_3\overset{-}{Br} \xrightarrow{Na_2CO_3}$$

$$\left[C_6H_5\overset{O^-}{\overset{|}{C}}=CH-\overset{+}{P}(C_6H_5)_3 \longleftrightarrow C_6H_5\overset{O}{\overset{\|}{C}}-CH=P(C_6H_5)_3\right]$$

又如：

$$(C_6H_5)_3P + CH_2=CHCH_2Cl \longrightarrow (C_6H_5)_3\overset{+}{P}-CH_2CH=CH_2Cl^- \xrightarrow{NaOC_2H_5}$$

$$\left[(C_6H_5)_3\overset{+}{P}-\overset{-}{C}H-CH=CH_2 \longleftrightarrow (C_6H_5)_3P=CH-CH=CH_2\right]$$

叶立德α-碳原子上带有负电荷，是具有碱性和极性的化合物，性质活泼，它是一类很强的亲核试剂，但与一般的碳负离子不同，它们中绝大多数都能稳定存在，个别的甚至可以晶体状态被分离出来。

叶立德与水很快作用，所以制备时必须防潮。

$$(C_6H_5)_3\overset{+}{P}-\overset{-}{C}RR' + H_2O \longrightarrow [(C_6H_5)_3\overset{+}{P}-CHRR']OH^- \xrightarrow{\triangle} (C_6H_5)_2\overset{O}{\overset{\|}{P}}-CHRR' + C_6H_6$$

由于叶立德具有很强的亲核能力，因此可发生一系列化学反应，其中尤其重要的是与羰基化合物的反应，在有机合成上有一定的用途。

20.3.3　魏悌希反应

磷叶立德与醛或酮加成，结果羰基的氧转移到磷上，亚甲基碳置换了羰基的氧。这个反应称为魏悌希（Wittig）反应。

$$\underset{\text{醛或酮}}{>C=O} + \underset{\text{磷叶立德}}{R_2CH=P(C_6H_5)_3} \longrightarrow \underset{\text{烯烃}}{>C=CR_2} + \underset{\text{氧化三苯基膦}}{O=P(C_6H_5)_3}$$

叶立德与羰基化合物发生亲核反应，与醛反应最快，酮其次，这是一个非常有价值的合成方法，用于从醛、酮直接合成烯烃。例如：

$$\text{环己酮}{=}O + (C_6H_5)_3P=CH_2 \longrightarrow \text{环己烷}{=}CH_2 + (C_6H_5)_3PO$$

$$C_6H_5CHO + (C_6H_5)_3P=CH-CH=CHC_6H_5 \longrightarrow C_6H_5CH=CH-CH=CHC_6H_5 + (C_6H_5)_3PO$$

$$CH_3CH_2CH_2CHO + (C_6H_5)_3P=\overset{CH_3}{\overset{|}{C}}CH_2CH_3 \longrightarrow CH_3CH_2CH_2CH=\overset{CH_3}{\overset{|}{C}}CH_2CH_3 + (C_6H_5)_3PO$$

$$\underset{R'}{\overset{R}{>}}C=O + (C_6H_5)_3P=CH(CH_2)_nY \longrightarrow \underset{R'}{\overset{R}{>}}C=CH(CH_2)_nY + (C_6H_5)_3PO$$

(Y=COOR，CN)

魏悌希反应的历程一般认为，首先可能是叶立德碳对羰基碳的亲核加成，中间产物受热消去$(C_6H_5)_3P=O$生成烯烃。

$$CH_3\overset{O}{\overset{\|}{C}}CH_3 + (C_6H_5)_3P=CHCH_3 \longrightarrow \left[CH_3-\overset{O^-}{\overset{|}{\underset{CH_3}{\underset{|}{C}}}}-\overset{P^+(C_6H_5)_3}{\overset{|}{C}HCH_3}\right]$$

$$\longrightarrow \left[CH_3-\overset{O-P(C_6H_5)_3}{\overset{|\quad\quad|}{\underset{CH_3}{\underset{|}{C}}-CHCH_3}}\right] \xrightarrow{0℃} CH_3-\underset{CH_3}{\underset{|}{C}}=CHCH_3 + (C_6H_5)_3P=O$$

魏悌希反应的特点是：①产物中亚甲基碳所占的位置就是原来羰基氧的位置；②反应条件温和，产率较高；③对 α,β-不饱和醛或酮作用，一般不发生 1,4-加成；④反应具有立体选择性。

在非极性溶剂中，共轭稳定的磷叶立德与醛反应，优先生成反式烯烃，而不稳定的磷叶立德则优先生成顺式烯烃。例如 $R_3P=CHCOOC_2H_5$ 和苯甲醛作用得到 75% $\underset{H}{\overset{C_6H_5}{>}}C=C\underset{COOC_2H_5}{\overset{H}{<}}$ 和

25% $\underset{H}{\overset{C_6H_5}{\diagdown}}C=C\underset{H}{\overset{COOC_2H_5}{\diagup}}$ ；而如果用$(C_6H_5)_3P=CHCH_3$和2,2-二甲基丙醛作用，则得到99%顺式烯烃和1%反式烯烃。

上述磷叶立德与羰基化合物的立体选择性一般适用于制备顺、反异构的双取代烯烃，而制备三取代烯烃的立体定向合成法是利用不稳定的磷叶立德与醛作用，制得的内鎓盐再与丁基锂反应生成β-氧化磷叶立德，它再进一步与另一种醛反应，通过具有三个不对称碳原子的中间体分解成立体专一的三取代烯烃。例如：

$$Ph_3P=CHCH_3 + n\text{-}C_6H_{13}CHO \xrightarrow[-78℃]{THF} Ph_3\overset{+}{P}CH(CH_3)-CH(O^-)C_6H_{13}\text{-}n \xrightarrow{C_4H_9Li} Ph_3\overset{+}{P}\overset{-}{C}(CH_3)-CH(O^-)C_6H_{13}\text{-}n$$

聚甲醛 → [中间体：H_3C、$\overset{+}{P}Ph_3$、H、^-O、$n\text{-}C_6H_{13}$、H、O^-] → $n\text{-}C_6H_{13}(H)C=C(CH_2OH)(CH_3)$ 73%

RCHO → [中间体：H_3C、$\overset{+}{P}Ph_3$、H、^-O、$n\text{-}C_6H_{13}$、R、H、O^-] → $(H_3C)(n\text{-}C_6H_{13}CH(OH))C=C(R)(H)$ 67%

近年来，魏悌希反应在有机合成上的应用得到了很大发展，除了用于烯类化合物的合成外，还可用于脂环烃、芳烃、萜类化合物、杂环化合物以及一些天然产物（前列腺素、昆虫性激素）等的合成中。由于魏悌希反应的广泛应用，所以磷叶立德也常称为魏悌希试剂。

20.3.4 叶立德的酰化反应及烃化反应

酰基磷叶立德可用磷叶立德与酰卤在苯溶液中反应先生成鏻盐，此鏻盐的α-氢原子受酰基的影响酸性较强，因此能再和未反应的叶立德作用，生成更稳定的羰基磷叶立德及鏻盐。

$$Ph_3\overset{+}{P}-\overset{-}{C}H_2 + C_6H_5COCl \xrightarrow{苯} \left[Ph_3\overset{+}{P}-CH_2-C(=O)-C_6H_5\right]Cl^- \xrightarrow{Ph_3P=CH_2} Ph_3\overset{+}{P}-\overset{-}{C}H-\overset{O}{\overset{\|}{C}}-C_6H_5 + Ph_3\overset{+}{P}-CH_3Cl^-$$

但该反应中，叶立德只有一半生成酰基磷叶立德，若用酯或硫代羧酸酯作为酰基化试剂，则叶立德都可变成预期的酰基叶立德。

$$Ph_3\overset{+}{P}-\overset{-}{C}HR + R'COSC_2H_5 \longrightarrow [Ph_3\overset{+}{P}-\underset{COR'}{\underset{|}{C}HR}]\overset{-}{S}C_2H_5 \xrightarrow{Ph_3\overset{+}{P}-\overset{-}{C}HR}$$

$$Ph_3\overset{+}{P}-\underset{COR'}{\underset{|}{\overset{-}{C}R}} + [Ph_3\overset{+}{P}-CH_2R]\overset{-}{S}C_2H_5 \rightleftharpoons Ph_3\overset{+}{P}-\overset{-}{C}HR + C_2H_5SH$$

酰基磷叶立德是有机合成的重要中间体，它可用热水水解或锌-醋酸还原裂解制得酮，亦可与醛反应制得 α,β-不饱和酮，若进行热解则生成炔烃。

$$Ph_3\overset{+}{P}-\underset{O=CR'}{\underset{|}{\overset{-}{C}R}} \xrightarrow[\text{或}Zn + CH_3COOH]{H_2O} R\overset{O}{\overset{\|}{C}}CH_2R \ (74\%\sim93\%) + Ph_3\overset{+}{P}-\overset{-}{O}$$

[R为芳基，还原法产率较高(79%)；R为烷基，则水解法产率较高]

$$Ph_3\overset{+}{P}-\underset{O=CR'}{\underset{|}{\overset{-}{C}R}} \xrightarrow{R''CHO} R''CH=\underset{R}{\underset{|}{C}}\overset{O}{\overset{\|}{C}}-R' + Ph_3\overset{+}{P}-\overset{-}{O}$$

$$Ph_3\overset{+}{P}-\underset{O=CR'}{\underset{|}{\overset{-}{C}R}} \xrightarrow{\triangle} RC\equiv CR' \ (66\%\sim81\%) + Ph_3\overset{+}{P}-\overset{-}{O}$$

磷叶立德亦可与氯甲酸酯反应，制得的叶立德再与水、醛和酰氯作用，则可得羧酸酯、α-取代的 α,β-不饱和羧酸酯或累积二烯化合物。

$$Ph_3\overset{+}{P}-\overset{-}{C}HR + Cl\overset{O}{\overset{\|}{C}}OC_2H_5 \longrightarrow Ph_3\overset{+}{P}-\underset{COOC_2H_5}{\underset{|}{\overset{-}{C}R}}$$

$$\xrightarrow{H_2O} RCH_2COOC_2H_5 + Ph_3\overset{+}{P}-\overset{-}{O}$$

$$\xrightarrow{R'CHO} R'CH=\underset{R}{\underset{|}{C}}-COOC_2H_5 + Ph_3\overset{+}{P}-\overset{-}{O}$$

$$\xrightarrow{R'CH_2COCl} \left[Ph_3\overset{+}{P}-\overset{R}{\overset{|}{\underset{COOC_2H_5}{\underset{|}{C}}}}-COCH_2R'\right]Cl^- \xrightarrow{Ph_3\overset{+}{P}-\underset{COOC_2H_5}{\underset{|}{\overset{-}{C}R}}}$$

$$Ph_3\overset{+}{P}-\overset{R}{\overset{|}{\underset{COOC_2H_5}{\underset{|}{C}}}}-\overset{O^-}{\overset{|}{C}}=CHR' \longrightarrow R'CH=C=C\begin{matrix}R\\COOC_2H_5\end{matrix}$$

各种取代的磷叶立德可与卤代烃进行烃化反应。烷基取代的磷叶立德与简单卤代烃作用一般得到碳烃化产物鏻盐：

$$Ph_3P=CHR + R'X \longrightarrow [Ph_3\overset{+}{P}-\underset{R'}{\underset{|}{C}HR}]X^-$$

酯基取代的磷叶立德亦可与卤代烃或α-溴代酮作用。

$$Ph_3\overset{+}{P}-\overset{-}{C}HCOOC_2H_5 + RX \longrightarrow \left[Ph_3\overset{+}{P}-\underset{R}{\underset{|}{C}}HCOOC_2H_5\right]X^- \xrightarrow{Ph_3\overset{+}{P}-\overset{-}{C}HCOOC_2H_5}$$

$$Ph_3\overset{+}{P}-\underset{R}{\underset{|}{\overset{-}{C}}}COOC_2H_5 + \left[Ph_3\overset{+}{P}-CH_2COOC_2H_5\right]X^-$$

$$Ph_3\overset{+}{P}-\overset{-}{C}HCOOC_2H_5 + R\overset{O}{\overset{\|}{C}}CH_2Br \longrightarrow \left[Ph_3\overset{+}{P}-\underset{CH_2\underset{O}{\underset{\|}{C}}R}{\underset{|}{C}}HCOOC_2H_5\right]Br^- \xrightarrow{Ph_3\overset{+}{P}-\overset{-}{C}HCOOC_2H_5}$$

$$R\overset{O}{\overset{\|}{C}}CH=CHCOOC_2H_5 + \left[Ph_3\overset{+}{P}-CH_2COOC_2H_5\right]Br^- + PPh_3$$

ω-溴代磷叶立德可以发生分子内的烃化反应形成环状化合物。

$$Ph_3P=CHCH_2CH_2CH_2Br \longrightarrow Ph_3\overset{+}{P}-\diamond\ Br^- \xrightarrow{C_6H_5Li} Ph_3P=\diamond$$

阅读材料

魏悌希（Georg Wittig，1897—1987）

魏蒂希出生在柏林的一个教师家庭，早年他对音乐、艺术产生了浓厚的兴趣，高中毕业后考入蒂宾根大学学习化学。毕业后历任弗赖堡大学、蒂宾根大学和海德堡大学教授。

他在 1954 年发现了醛或酮与三苯基磷叶立德（魏蒂希试剂）作用生成烯烃和三苯基氧膦的一类有机化学反应，也就是著名的“魏蒂希反应（Wittig Reaction）”并因此获得诺贝尔化学奖，获奖时已 82 岁。魏蒂希反应在烯烃合成中具有十分重要的地位。1987 年 8 月 26 日魏蒂希逝世。

本章小结

1. 烷基铝通常以二或三分子缔合形式存在，随着分子量的增大，缔合程度减小。低级烷基铝与空气接触则迅速氧化甚至自燃。烷基铝与水发生强烈反应，生成 $Al(OH)_3$ 和 RH，故通常把烷基铝溶于烃类溶剂中。

（1）烷基铝可以与乙醚、叔胺等路易斯碱生成稳定的络合物。

（2）烷基铝与卤化物反应可制备许多元素有机合物。

（3）烷基铝与α-烯烃能发生加成反应。

2. 因 Si—Si 键键能小，故硅原子不能像碳原子那样形成长链化合物。有机硅化合物是元素有机化合物中研究得较多的一种，它的制品在现代工业上有着相当重要的地位。

3. 季鏻盐用强碱处理，能使连接磷的一个α碳原子上的质子分离而形成亚甲基膦烷式的化合物，这个化合物的磷碳键具有很强的极性，因此具有内盐的性质，称为磷叶立德试剂。

4. 磷叶立德与醛或酮加成，羰基的氧转移到磷上，亚甲基碳置换了羰基的氧，这个反应叫作魏悌希反应。

魏悌希反应的特点是：① 产物中亚甲基碳所在的位置就是原来羰基氧的位置；②反应条件温和，产率较高；③与α,β-不饱和醛或酮作用，一般不发生 1,4 加成；④反应具有立体选择性。

习　　题

20-1　解释下列名词，并举例说明。

（1）元素有机化合物　（2）倍半卤代烷基铝　（3）魏悌希试剂

20-2　命名下列各化合物。

（1）$(C_2H_5)_2PH$　（2）$(C_2H_5)_4PI$

（3）$(C_6H_5)_2SiCl_2$　（4）$Al(CH_2CH_2CH_3)_3$

20-3　写出下列化合物的构造式。

（1）β-吡啶基锂　（2）四甲基甲硅烷　（3）三乙基甲硅烷

（4）甲基氯代甲硅烷　（5）二乙基二乙氧基硅烷

20-4　完成下列各反应式。

（1）$CH_3CH_2CH_2Li$ + 1-溴萘（Br 取代的萘环） $\longrightarrow$?

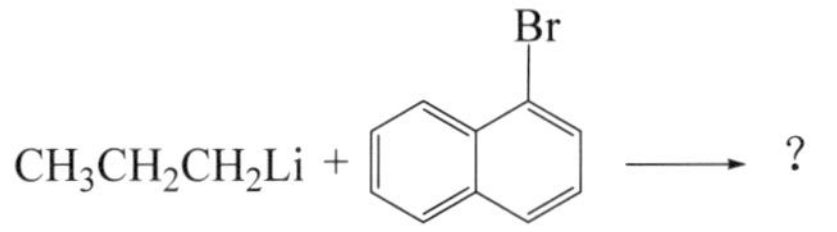

（2）$CH_3CH_2CH_2Li + H_2O \longrightarrow$?

（3）$CH_3CH_2CH_2Li + CH_3CH_2OH \longrightarrow$?

（4）$CH_3CH_2CH_2Li + CH_3CHO \longrightarrow ? \xrightarrow[H^+]{H_2O}$?

（5）$CH_2{=}CH{-}\underset{\underset{O}{\|}}{C}{-}CH_3 \xrightarrow{(CH_3)_2CuLi} ? \xrightarrow{H_3O^+}$?

（6）$(C_2H_5)_3Al + HgCl_2 \longrightarrow$?

（7）$(C_2H_5)_3Al + SbX_3 \longrightarrow$?

（8）（含 CHO 的双环化合物，C 上连两个 CH_3） + ? $\longrightarrow$ （对应的 $CH{=}CH_2$ 取代产物，C 上连两个 CH_3）

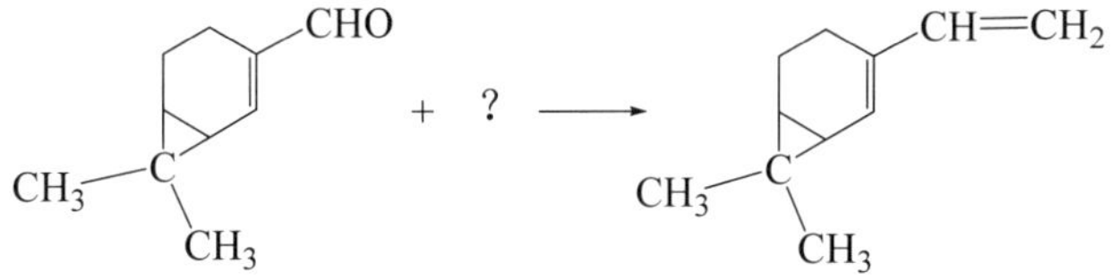

（9）（含 H_3C、OH 及 $CH(CH_3){-}CHO$ 侧链的双环化合物） + ? $\longrightarrow$? $\xrightarrow{?}$ （侧链为 $CH(CH_3){-}(CH_2)_3{-}CH(CH_3)_2$ 的产物，含 H_3C、OH）

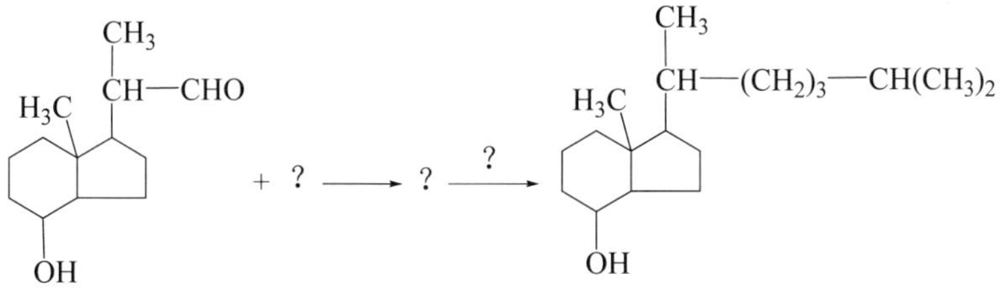

20-5　合成题。

（1）由正丁基锂制取 5-壬酮

（2）由乙醇和苯合成 $CH_3CH_2\underset{\underset{CH_3}{|}}{C}{=}CHCOOC_2H_5$

（3）以苯和小于或等于三个碳的有机化合物为原料合成 $(H_3C)_2C{=}C(C_6H_5)CH_3$

参考文献

[1] 彭凤鼐，等. 有机化学. 北京：化学工业出版社，2008.

[2] 高鸿斌，等. 有机化学. 第4版. 北京：高等教育出版社，2005.

[3] 胡宏纹，等. 有机化学. 第5版. 北京：高等教育出版社，2020.

[4] 邢其毅，等. 基础有机化学. 第4版. 北京：北京大学出版社，2016.

[5] 汪小兰. 有机化学. 第5版. 北京：高等教育出版社，2017.

[6] 徐寿昌. 有机化学. 第2版. 北京：高等教育出版社，1993.

[7] 宁永成. 有机化合物结构鉴定与有机波谱学. 第4版. 北京：科学出版社，2018.

[8] 毕艳兰. 油脂化学. 北京：化学工业出版社，2005.

[9] 王镜岩. 生物化学. 第4版. 北京：高等教育出版社，2017.

[10] 中国化学会 有机化合物命名审定委员会. 有机化合物命名原则 2017. 北京：科学出版社，2017.

[11] 戴立信，席振峰，罗三中等译. 有机化学：结构与功能. 第8版. 北京：化学工业出版社，2020.

[12] 余远斌. 有机化学习题精解. 北京：科学出版社，2002.

[13] Maitland Jones Jr. Organic Chemistry. Fourth Edition. New York： W.W.Norton & Company，Inc.，2010.

微信扫码

视频讲解
课件
读者交流群